Universum

Physik

Gesamtband SII

Cornelsen

Universum Physik

Sekundarstufe II, Gesamtband

Autorinnen und Autoren: Dr. Christian Burisch, Essen; Dr. Hans-Otto Carmesin, Stade; Anneke Emse, Krefeld; Ulf Konrad, Verden; Dr. Josef Küblbeck, Pleidelsheim; Carl-Julian Pardall, Heidelberg; Martin Piehler, Loxstedt; Inka Katharina Pröhl, Bremerhaven

Teile dieses Werkes beruhen auf Arbeiten von: Eva-Maria Geck, Prof. Dr. Lutz Kasper, Dr. Reiner Kienle, Dr. Detlef Lauterjung, Susanne Lauterjung, Björn Mai, Prof. Bruno Rager, Antonius Rübbelke, Josef Schöpper, Torsten Trumme, Dr. Ursula Wienbruch, Lutz Witte

Beratung: Dr. Detlef Lauterjung, Susanne Lauterjung

Redaktion: Dr. Wiebke Salzmann

Redaktionelle Mitarbeit: Dr. Christian Wende

Layoutkonzept und Umschlaggestaltung: SOFAROBOTNIK GbR, Augsburg & München

Grafik: Atelier tigercolor Tom Menzel, Scharbeutz/Klingenberg; Karin Mall, Berlin; newVISION! GmbH Bernhard A. Peter, Pattensen; ww-visuell Werner Wildermuth, Würzburg

Layout und technische Umsetzung: Straive

Begleitmaterialien zum Lehrwerk:

Schülerbuch als E-Book	978-3-06-010901-2
Lösungen zum Schülerbuch	978-3-06-010905-0
Unterrichtsmanager Plus online inkl. E-Book als Zugabe und Begleitmaterialien auf cornelsen.de	978-3-06-013717-6

www.cornelsen.de

Dieses Werk enthält Vorschläge und Anleitungen für Untersuchungen und Experimente. Vor jedem Experiment sind mögliche Gefahrenquellen zu besprechen. Beim Experimentieren sind die Richtlinien zur Sicherheit im naturwissenschaftlichen Unterricht einzuhalten.

1. Auflage, 1. Druck 2022

Alle Drucke dieser Auflage sind inhaltlich unverändert und können im Unterricht nebeneinander verwendet werden.

Druck: Mohn Media Mohndruck, Gütersloh

ISBN 978-3-06-010869-5

Mechanik und Gravitation 8

Mechanik

Gravitation

Thermodynamik 122

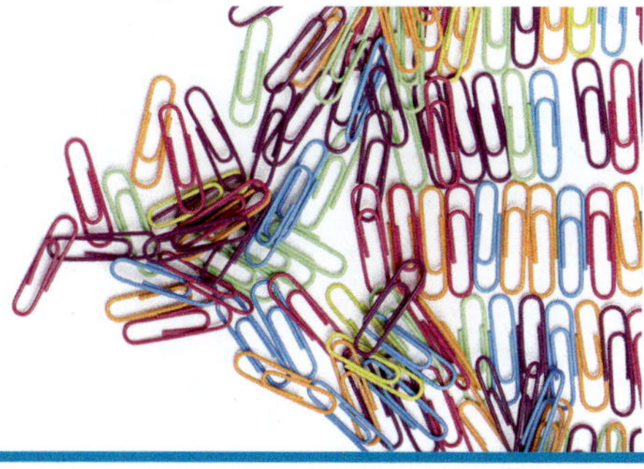

Energie und Entropie

Strahlungsphysik

Elektromagnetismus 150

Schwingungen und Wellen 262

Struktur der Materie 350

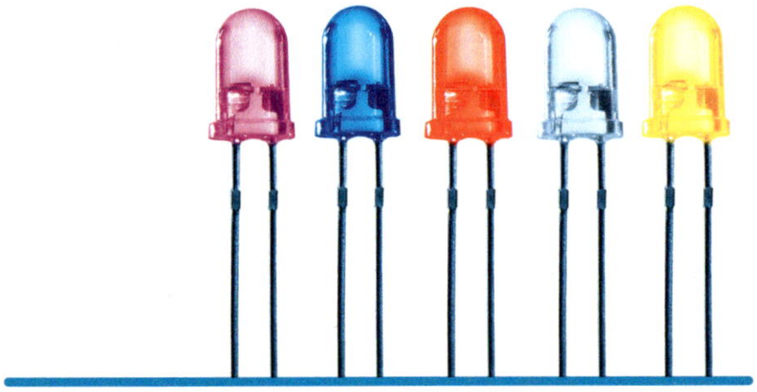

Relativität und Astrophysik 470

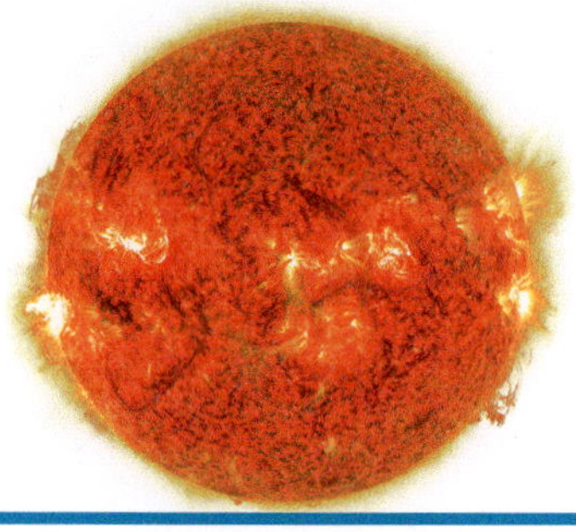

Relativitätstheorie

Astrophysik

Anhang

Mechanik und Gravitation

In diesem Kapitel beschäftigen Sie sich mit:

- geradlinigen Bewegungen. Sie lernen, wie man Bewegungen mit den Größen Geschwindigkeit und Beschleunigung beschreibt.
- dem freien Fall und Würfen. Sie lernen, Bewegungen durch Überlagerung von Einzelbewegungen zu beschreiben.
- dem Einfluss von Kräften auf Bewegungen. Sie lernen das Wechselwirkungsprinzip kennen. Sie lernen, wie man Kräfte zerlegt.
- Erhaltungssätzen. Sie erfahren, wie Sie mit den Erhaltungssätzen für Energie und Impuls physikalische Probleme lösen können.
- Kreisbewegungen. Sie erfahren, wie Sie Kreisbewegungen beschreiben können.

- der Entwicklung unseres Weltbildes. Sie erfahren, wie sich das Weltbild von der Antike bis zur heutigen Zeit gewandelt hat.
- der Beschreibung von Planetenbahnen. Sie lernen die Keplerschen Gesetze kennen.
- dem Gravitationsgesetz. Sie verwenden dieses, um Flugabläufe von Raketen, Satelliten und Kometen zu berechnen.
- dem Gravitationsfeld. Sie lernen das allgemeine Feldkonzept kennen und lernen, mithilfe des Gravitationspotenzials Energien und Bewegungen im Gravitationsfeld zu analysieren.

1 Start bei einem 100-m-Lauf

Die Geschwindigkeit

Ort: Startlinie im Olympiastadion in Berlin. Zeit: 16. 8. 2009. Usain Bolt stellt einen neuen Weltrekord im 100-m-Lauf auf. Er legt die Strecke von 100 m in einer Zeitspanne von nur 9,58 s zurück. Würde er in einer 30-$\frac{\text{km}}{\text{h}}$-Zone geblitzt werden?

Umrechnung: $1\frac{\text{km}}{\text{h}} = \frac{1000\,\text{m}}{3600\,\text{s}} = \frac{1\,\text{m}}{3{,}6\,\text{s}}$

Die mittlere Geschwindigkeit wird auch **Durchschnittsgeschwindigkeit** genannt.

Die mittlere Geschwindigkeit • Zunächst entnehmen wir der Weltrekordzeit, dass Bolt die Strecke $\Delta s = 100\,\text{m}$ in einem Zeitintervall von $\Delta t = 9{,}58\,\text{s}$ zurückgelegt hat. Daraus bestimmen wir seine mittlere Geschwindigkeit $\overline{v}$:

$$\overline{v} = \frac{\Delta s}{\Delta t} = \frac{100\,\text{m}}{9{,}58\,\text{s}} = 10{,}44\,\frac{\text{m}}{\text{s}} = 37{,}58\,\frac{\text{km}}{\text{h}}.$$

In einer 30-$\frac{\text{km}}{\text{h}}$-Zone könnte Bolt also tatsächlich geblitzt werden.

Vermutlich ist Usain Bolt sogar schneller gelaufen als $10{,}44\,\frac{\text{m}}{\text{s}}$. Denn beim Start musste er erst allmählich schneller werden. Wie groß war denn seine Höchstgeschwindigkeit? Dazu betrachten wir in ▸Tabelle 2 die Zwischenzeiten.

t in s	0	2,89	4,64	6,31	7,92	9,58
Δt in s	–	2,89	1,75	1,67	1,61	1,66	–
s in m	0	20	40	60	80	100

2 Gemessene Zwischenzeiten bei Usain Bolts Lauf

Um Bolts maximale Geschwindigkeit zu finden, suchen wir das kleinste Zeitintervall Δt. Man berechnet das Zeitintervall als Differenz aufeinanderfolgender Zwischenzeiten. Die kleinste Differenz beträgt $\Delta t = 1{,}61\,\text{s}$ und entsteht bei den Zwischenzeiten $t = 6{,}31\,\text{s}$ und $t + \Delta t = 7{,}92\,\text{s}$. Die zugehörige Strecke berechnet man ebenso als Differenz:

$$\Delta s = s(t + \Delta t) - s(t) = 80\,\text{m} - 60\,\text{m} = 20\,\text{m}.$$

Die mittlere Geschwindigkeit im kleinsten Zeitintervall ist gegeben durch den **Differenzenquotienten**:

$$\overline{v} = \frac{\Delta s}{\Delta t} = \frac{s(t + \Delta t) - s(t)}{\Delta t} = \frac{20\,\text{m}}{1{,}61\,\text{s}} = 12{,}42\,\frac{\text{m}}{\text{s}}.$$

Bolt lief also deutlich schneller als $10{,}44\,\frac{\text{m}}{\text{s}}$.

Je kleiner das Zeitintervall Δt ist, desto genauer beschreibt die mittlere Geschwindigkeit die Geschwindigkeit zu einem Zeitpunkt.

Bolt erreichte auf der Strecke zwischen 60 m und 80 m eine mittlere Geschwindigkeit von $12{,}42\,\frac{\text{m}}{\text{s}}$. Aber selbst das war nicht seine größte Geschwindigkeit.

Die momentane Geschwindigkeit • Können wir überhaupt für einen bestimmten Zeitpunkt t eine momentane Geschwindigkeit $v(t)$ bestimmen? Dazu müssten wir die Zeitintervalle Δt beliebig klein wählen. Das hat aber Grenzen in der Messtechnik. Es gibt jedoch eine Möglichkeit, die momentane Geschwindigkeit am Diagramm zu bestimmen.

Hierzu betrachten wir ein $s(t)$-Diagramm, bei dem zu jedem Zeitpunkt t der zugehörige Ort $s(t)$ eingezeichnet ist (▸Abb. 3). Wie bestimmt man die momentane Geschwindigkeit $v(t)$, z. B. für den Zeitpunkt $t = 1\,\text{s}$?
Zunächst ermitteln wir die mittlere Geschwindigkeit für das Zeitintervall [1 s; 2 s] mithilfe des Differenzenquotienten:

$$\overline{v} = \frac{\Delta s}{\Delta t} = \frac{s(t+\Delta t) - s(t)}{\Delta t} = \frac{8\,\text{m} - 2\,\text{m}}{1\,\text{s}} = 6\,\frac{\text{m}}{\text{s}}.$$

Diesen Differenzenquotienten deuten wir als die Steigung m der schwarzen Sekante in ▸Abb. 3:

$$m(\Delta t) = \frac{6\,\text{m}}{1\text{s}} = 6\,\frac{\text{m}}{\text{s}}.$$

Nun betrachten wir ein kleineres Intervall, z. B. [1 s; 1,5 s] und stellen analog das zugehörige Steigungsdreieck in ▸Abb. 3 blau dar. Wir berechnen:

$$m(\Delta t) = \overline{v} = \frac{4{,}5\,\text{m} - 2\,\text{m}}{0{,}5\,\text{s}} = \frac{2{,}5\,\text{m}}{0{,}5\,\text{s}} = 5\,\frac{\text{m}}{\text{s}}.$$

Die Verkleinerung von Δt stellen wir uns unendlich fortgesetzt vor, bis zum **Grenzfall** $\Delta t = 0\,\text{s}$. Im Grenzfall gehen die Sekanten über in die Tangente (▸Abb. 4). Dabei gehen die Sekantensteigungen $m(\Delta t) = \overline{v}$ über in die Tangentensteigung $m = v(t)$. Diese berechnen wir mit dem Steigungsdreieck in ▸Abb. 4:

$$m = v(t) = \frac{6\,\text{m} - 2\,\text{m}}{1\text{s}} = \frac{4\,\text{m}}{1\text{s}} = 4\,\frac{\text{m}}{\text{s}}.$$

Wir fassen zusammen:

Die momentane Geschwindigkeit $v(t)$ ist gegeben durch die Steigung m der Tangente, die den $s(t)$-Graphen an der Stelle t berührt.

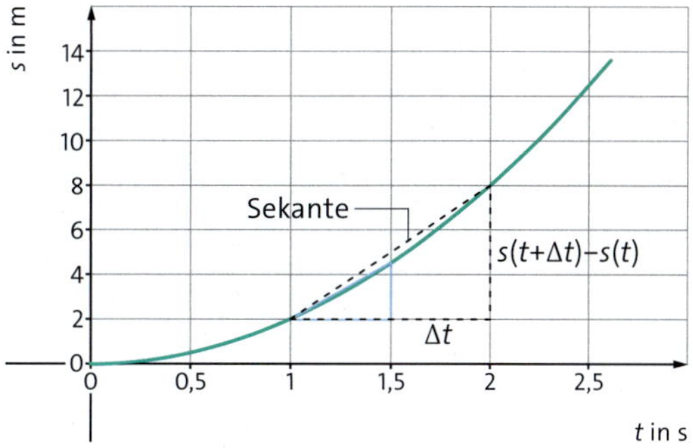

3 Mittlere Geschwindigkeit gleich Sekantensteigung

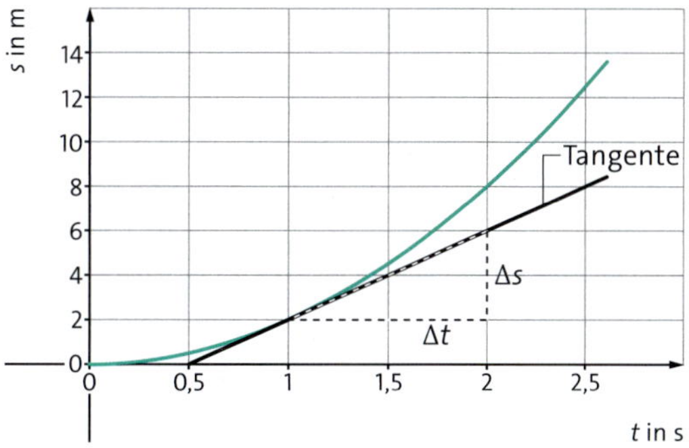

4 Momentane Geschwindigkeit gleich Tangentensteigung

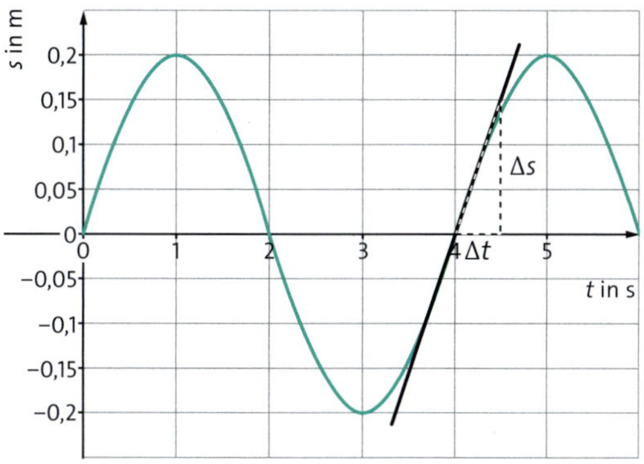

5 $s(t)$-Diagramm einer Schwingung

1 Ein Falke legt während 0,5 s eine Strecke von 50 m zurück. Bestimmen Sie die mittlere Geschwindigkeit in $\frac{\text{m}}{\text{s}}$ und in $\frac{\text{km}}{\text{h}}$.

2 In ▸Abb. 5 ist das $s(t)$-Diagramm einer Schwingung dargestellt.
a) Bestimmen Sie die mittlere Geschwindigkeit für die Zeitspanne von $t = 3\,\text{s}$ bis $t = 5\,\text{s}$.
b) Bestimmen Sie die momentane Geschwindigkeit $v(t)$ für den Zeitpunkt $t = 4\,\text{s}$.
c) Vergleichen Sie die Ergebnisse aus a) und b) miteinander und erklären Sie, wie es zu dem Unterschied kommt.

1 Maultrommel

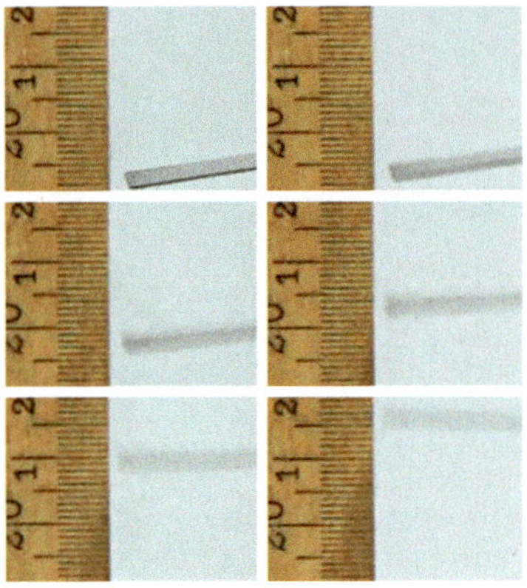

2 Schwingende Blattfeder

Wir können für Datenpunkte in einem Diagramm einen funktionalen Zusammenhang ermitteln, indem wir eine **Ausgleichsgerade** oder eine **Ausgleichskurve** erstellen. Diese wird in Tabellenkalkulationsprogrammen auch als Trendlinie bezeichnet. Allgemein nennt man dieses Verfahren Regressionsanalyse oder kurz **Regression**.

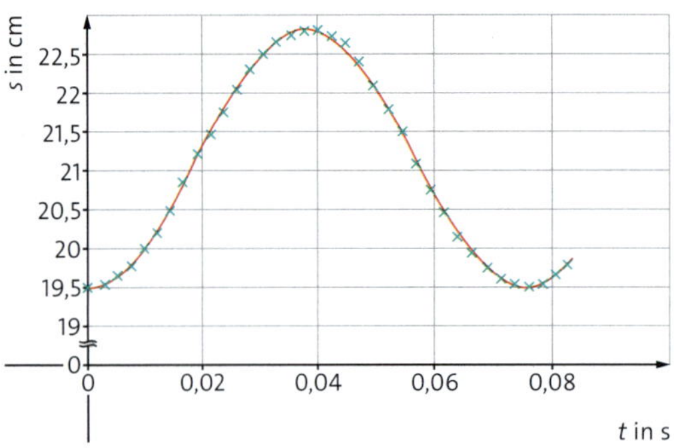

3 Blattfeder: Messwerte (grün) und Regression (rot)

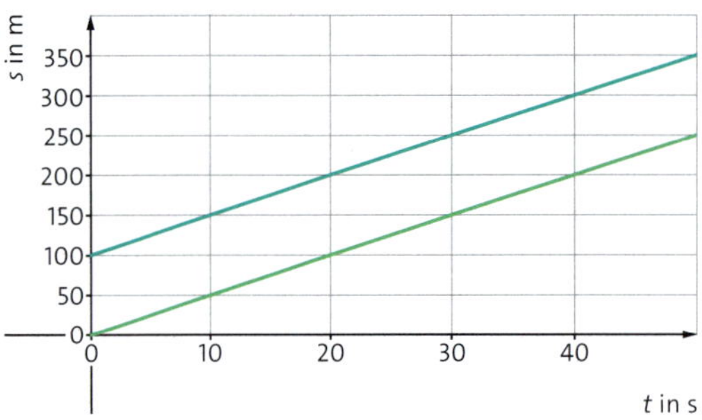

4 Bewegungen mit der Geschwindigkeit $v = 5\,\frac{m}{s}$

Geschwindigkeit in Zeitlupe • Bei der Maultrommel (▸Abb.1) schwingt in der Mitte eine Blattfeder und verursacht dabei einen Ton. Nach dem gleichen Prinzip funktionieren Mundharmonika, Harmonika und Akkordeon. Kann man die momentane Geschwindigkeit einer schwingenden Blattfeder messen?

Wir probieren es mit einer Hochgeschwindigkeitskamera mit 210 Bildern pro Sekunde. Einige Bilder zeigt ▸Abb.2. Die Zeitdifferenz zwischen aufeinanderfolgenden Bildern beträgt $\Delta t = \frac{1}{210\,s^{-1}} \approx 0{,}0048\,s$. Beim ersten Zeitintervall beträgt die zurückgelegte Strecke $\Delta s = 1{,}0\,mm$ und die mittlere Geschwindigkeit $\frac{\Delta s}{\Delta t} = 0{,}21\,\frac{m}{s}$. Da das Zeitintervall sehr klein ist, kommt die mittlere Geschwindigkeit der momentanen Geschwindigkeit schon recht nahe. Der Grenzfall $\Delta t = 0\,s$ wird aber von keiner Messung erreicht, weil jede Messung eine endliche Messdauer erfordert. Man kann aber die momentane Geschwindigkeit mithilfe einer Idealisierung bestimmen.

Dazu führt man mit den Messwerten eine Regression durch und erhält so ein lückenloses $s(t)$-Diagramm (▸Abb.3). Die momentane Geschwindigkeit $v(t)$ bestimmt man dann als Steigung der Tangente an die Kurve im Zeitpunkt t.

Gleichförmige Bewegung • Manche Bewegungen beschreibt man idealerweise als eine geradlinige Bewegung mit konstanter Geschwindigkeit. Eine solche Bewegung nennt man gleichförmige Bewegung. Bei solchen Bewegungen sind Durchschnitts- und Momentangeschwindigkeit gleich. Man kann auf die Intervallbetrachtung verzichten. Für die zurückgelegte Strecke gilt in diesem Fall:

$$\Delta s = v \cdot t.$$

Wenn die Bewegung zum Zeitpunkt $t = 0\,s$ bei einem Ort $s_0 \neq 0\,m$ startet, ergibt sich für den Ort zum Zeitpunkt t (▸Abb.4):

$$s(t) = s_0 + v \cdot t.$$

Bei der gleichförmigen Bewegung ist die Geschwindigkeit konstant. Falls die Bewegung bei einem Ort $s_0 \neq 0\,m$ startet, gilt: $s(t) = s_0 + v \cdot t$.

1 Begründen Sie, dass für beide in ▸Abb.4 dargestellten Bewegungen die in 20 s zurückgelegte Strecke jeweils 100 m beträgt.

2 Ein Jumbojet legt die 6200 km von Frankfurt nach New York in 7 h 45 min zurück.
a) Berechnen Sie die Geschwindigkeit.
b) Der Jet fliegt mit der gleichen Geschwindigkeit in 11 h 24 min von Frankfurt nach San Francisco. Berechnen Sie die Entfernung.

METHODE

Umgang mit physikalischen Größen

Darstellung von Größen • Mit physikalischen Größen kann man Objekte und Vorgänge quantitativ beschreiben. Dazu hat man für jede Größe eine **Maßeinheit** oder kurz Einheit festgelegt. Nur mit Zahlenwert und **Einheit** ist eine Größe bestimmt.
Oft sind die Zahlenwerte unanschaulich groß oder klein. Um solche Größen darzustellen, verwendet man Zehnerpotenzen oder **Präfixe** vor den Einheiten. In der **Normdarstellung** schreibt man den Zahlenwert in der Form $a \cdot 10^b$, wobei der Vorfaktor a zwischen 1 und unter 10 liegt. ▸Tabelle 1 zeigt dies anhand von Beispielen.

Angabe mit Präfix	Angabe ohne Präfix	Angabe in Normdarstellung	Anzahl signifikanter Ziffern
$s = 2{,}5\,\text{km}$	$s = 2\,500\,\text{m}$	$s = 2{,}5 \cdot 10^3\,\text{m}$	2
$t = 0{,}165\,\text{ms}$	$t = 0{,}000\,165\,\text{s}$	$t = 1{,}65 \cdot 10^{-4}\,\text{s}$	3

1 Angabe von Größen mit großen und kleinen Zahlenwerten

① Geg.: $v = 14{,}3\,\frac{\text{mm}}{\text{s}} = 1{,}43 \cdot 10^{-4}\,\frac{\text{m}}{\text{s}}$
$t = 0{,}12\,\text{s}$

② Ges.: s

③, ④ $v = \frac{s}{t} \Rightarrow s = v \cdot t$

⑤ $= 1{,}43 \cdot 10^{-4}\,\frac{\text{m}}{\text{s}} \cdot 0{,}12\,\text{s}$

⑥ $= 1{,}7 \cdot 10^{-5}\,\text{m}$

① Notieren Sie die gegebenen Größen möglichst in den Grundeinheiten und mit Zehnerpotenzen.
② Notieren Sie die gesuchte Größe.
③ Notieren Sie die erforderliche Gleichung.
④ Formen Sie die Gleichung nach der gesuchten Größe um.
⑤ Setzen Sie die gegebenen Größen mit Zahlenwerten und Einheiten ein.
⑥ Berechnen Sie den Zahlenwert und runden Sie nach der Ziffernregel.

2 Musterbeispiel zur Lösung von Aufgaben

Signifikante Ziffern • Gemessene Größen sind nicht exakt bestimmt. Die Anzahl der sogenannten **signifikanten Ziffern** ist ein Maß für die Genauigkeit von Größen. In der Normdarstellung $a \cdot 10^b$ ist die Anzahl der signifikanten Ziffern gleich der Anzahl an bekannten Ziffern des Faktors a (▸Tabelle 1). Bei einer Angabe wie $s = 1000\,\text{m}$ ist die Anzahl der signifikanten Ziffern nicht eindeutig. Es ist daher besser, eine eindeutige Präfixdarstellung wie $s = 1\,\text{km}$ oder die Normdarstellung $s = 1 \cdot 10^3\,\text{m}$ zu verwenden.

Rechnen mit Größen • Aus bekannten Größen können unbekannte Größen berechnet werden. ▸Abb. 2 zeigt die Vorgehensweise am Beispiel der gleichförmigen Bewegung. Dabei wird aus der gemessenen Geschwindigkeit und der benötigten Zeit die zurückgelegte Strecke berechnet.

Ziffernregel • Sowohl die Geschwindigkeit als auch die Zeitdauer sind als gemessene Größen nicht genau bekannt. Daher kann auch die daraus berechnete Strecke nicht exakt angegeben werden. Folglich muss ihr Zahlenwert gerundet werden.

Die **Ziffernregel** besagt, dass die berechnete Größe auf die gleiche Anzahl signifikanter Ziffern gerundet wird wie die gegebene Größe mit der kleinsten Anzahl an signifikanten Ziffern.

Im Beispiel aus ▸Abb. 2 hat die Geschwindigkeit drei und die Zeit zwei signifikante Ziffern. Also wird die Geschwindigkeit auf zwei Ziffern gerundet.

Einheitenkontrolle • Eine Kontrolle der Einheiten kann auf einen Fehler in der Berechnung hinweisen. Dazu rechnet man mit den Einheiten wie mit den entsprechenden Größen.

Da $s = v \cdot t$ ist, muss als Einheit der Strecke m herauskommen:

$$s = v \cdot t$$
$$= 1{,}43 \cdot 10^{-4}\,\frac{\text{m}}{\text{s}} \cdot 0{,}12\,\text{s}$$
$$= 1{,}7 \cdot 10^{-5}\,\frac{\text{m}}{\text{s}}\,\text{s}$$
$$= 1{,}7 \cdot 10^{-5}\,\text{m}$$

Bei diesem Beispiel ist dies leicht zu sehen, bei komplizierteren Formeln lohnt sich eine Kontrolle immer.

BLICKPUNKT

Internationales Einheitensystem (SI)

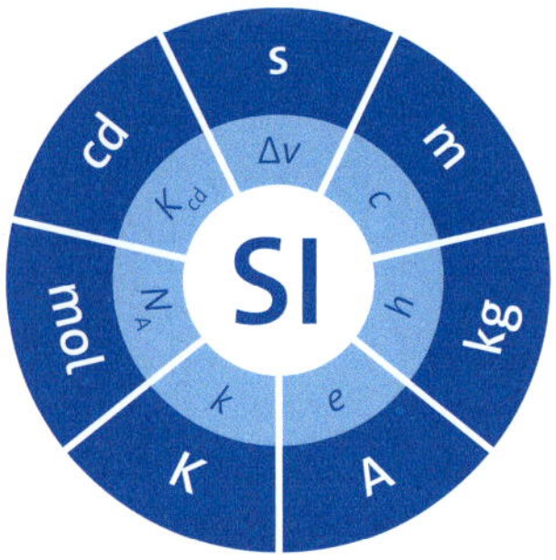

Die Generalkonferenz für Maß und Gewicht legte die sieben Basiseinheiten des SI fest, deren Wert seit 2019 durch definierte Naturkonstanten bestimmt ist. Wenn eine physikalische Größe in einer Basiseinheit gemessen wird, dann setzt man voraus, dass die jeweilige Naturkonstante den definierten Wert hat. Während man also früher über festgelegte Einheiten die Naturkonstanten bestimmt hat, bestimmt man heute umgekehrt über festgelegte Naturkonstanten einheitliche Basiseinheiten.

Um beispielsweise festzustellen, wie lang eine Sekunde ist, wird ein striktes Messverfahren vorgegeben, bei dem die Frequenz der Strahlung, die beim Übergang zwischen den Hyperfeinstrukturniveaus des Grundzustandes des Caesium-Nuklids ^{133}Cs entsteht, genau den Wert $\Delta \nu_{cs} = 9\,192\,631\,770\ s^{-1}$ annimmt.

Alle weiteren Einheiten können aus diesen Basiseinheiten abgeleitet werden. Die Einheit der Energie Joule basiert auf dem Kilogramm, dem Meter und der Sekunde:

$$1\ J = 1\ \frac{kg \cdot m^2}{s^2}$$

Größe	Einheit	beruht auf der festgelegten Naturkonstante	verwendet
Zeit	Sekunde (s)	Strahlung des Caesium-Atoms $\Delta \nu_{Cs} = 9\,192\,631\,770\ s^{-1}$	$\Delta \nu_{Cs}$
Länge	Meter (m)	Lichtgeschwindigkeit $c = 299\,792\,458\ m \cdot s^{-1}$	$c, \Delta \nu_{Cs}$
Masse	Kilogramm (kg)	Plancksches Wirkungsquantum $h = 6{,}626\,070\,15 \cdot 10^{-34}\ kg \cdot m^2 \cdot s^{-1}$	$h, c, \Delta \nu_{Cs}$
Stromstärke	Ampere (A)	Elementarladung $e = 1{,}602\,176\,634 \cdot 10^{-19}\ A \cdot s$	$e, \Delta \nu_{Cs}$
Temperatur	Kelvin (K)	Boltzmann-Konstante $k_B = 1{,}380\,649 \cdot 10^{-23}\ kg \cdot m^2 \cdot s^{-2} \cdot K^{-1}$	$k_B, h, \Delta \nu_{Cs}$
Stoffmenge	Mol (mol)	Avogadro-Konstante $N_A = 6{,}022\,140\,76 \cdot 10^{23}\ mol^{-1}$	N_A
Lichtstärke	Candela (cd)	Photometrisches Strahlungsäquivalent $K_{cd} = 683\ cd \cdot sr \cdot s^3 \cdot kg^{-1} \cdot m^{-2}$	$K_{cd}, \Delta \nu_{Cs}, h$

1 Basiseinheiten

Faktor	Vorsatz	Präfix
10^1	Deka	da
10^2	Hekto	h
10^3	Kilo	k
10^6	Mega	M
10^9	Giga	G
10^{12}	Tera	T
10^{15}	Peta	P
10^{18}	Exa	E
10^{21}	Zetta	Z
10^{24}	Yotta	Y

Faktor	Vorsatz	Präfix
10^{-1}	Dezi	d
10^{-2}	Zenti	c
10^{-3}	Milli	m
10^{-6}	Mikro	µ
10^{-9}	Nano	n
10^{-12}	Piko	p
10^{-15}	Femto	f
10^{-18}	Atto	a
10^{-21}	Zepto	z
10^{-24}	Yokto	y

2 Präfixe

METHODE

Berechnung momentaner Geschwindigkeiten

Für das $s(t)$-Diagramm in ▸Abb. 5 können wir die momentane Geschwindigkeit $v(t)$ für $t = 1\,\text{s}$ zeichnerisch bestimmen. Wir zeigen hier, wie man $v(t)$ mithilfe des Differenzenquotienten auch berechnen kann. Die Idee ist, Δt aus dem Nenner des Differenzenquotienten zu kürzen.

Zunächst drücken wir die mittlere Geschwindigkeit abhängig von Δt aus:

$$\bar{v} = \frac{\Delta s}{\Delta t} = \frac{s(1\,\text{s} + \Delta t) - s(1\,\text{s})}{\Delta t}.$$

Dann vereinfachen wir den Zähler und setzen dazu in Δs den Funktionsterm $s(t) = 2\frac{\text{m}}{\text{s}^2} \cdot t^2$ ein (▸Abb. 5):

$$\Delta s = 2\frac{\text{m}}{\text{s}^2} \cdot (1\,\text{s} + \Delta t)^2 - 2\,\text{m}.$$

Wir multiplizieren das Quadrat aus und erhalten:

$$\Delta s = 2\frac{\text{m}}{\text{s}^2} \cdot (1\,\text{s}^2 + 2\,\text{s} \cdot \Delta t + (\Delta t)^2) - 2\,\text{m}$$
$$= 2\,\text{m} + 4\frac{\text{m}}{\text{s}} \cdot \Delta t + 2\frac{\text{m}}{\text{s}^2} \cdot (\Delta t)^2 - 2\,\text{m}.$$

Die beiden Terme $2\,\text{m}$ heben einander auf. Anschließend können wir Δt ausklammern:

$$\Delta s = \Delta t \cdot \left(4\frac{\text{m}}{\text{s}} + 2\frac{\text{m}}{\text{s}^2} \cdot \Delta t\right).$$

Wenn wir diesen Term für Δs in den Differenzenquotienten einsetzen, können wir Δt kürzen. So gewinnen wir einen Term für $\bar{v}$:

$$\bar{v} = \frac{\Delta s}{\Delta t} = 4\frac{\text{m}}{\text{s}} + 2\frac{\text{m}}{\text{s}^2} \cdot \Delta t.$$

Im Grenzfall $\Delta t = 0\,\text{s}$ fällt der zweite Summand weg und die mittlere Geschwindigkeit wird zur momentanen Geschwindigkeit:

$$v(t) = 4\frac{\text{m}}{\text{s}}.$$

In einem **alternativen Rechenverfahren** muss man noch nicht einmal kürzen. Die Idee ist, dass man die mittlere Geschwindigkeit für kleine Intervalle berechnet. Für die eine Intervallgrenze legt man t fest, z. B. $t = 1\,\text{s}$, für die andere wählt man einen Zeitpunkt t_1 nahe t:

$$\bar{v} = \frac{\Delta s}{\Delta t} = \frac{s(t_1) - s(t)}{t_1 - t}, \text{ mit } s(t) = 2\frac{\text{m}}{\text{s}^2} \cdot t^2.$$

▸Tabelle 6 zeigt die mittleren Geschwindigkeiten für verschiedene t_1. Für $t_1 = 1\,\text{s}$ ergänzen wir die Geschwindigkeit $v(t)$ passend zur Tabelle und erhalten so $v(t) = 4\frac{\text{m}}{\text{s}}$. Eine solche Ergänzung einer Größe v, bei der Sprünge von v vermieden werden, nennt man **stetige Ergänzung**.

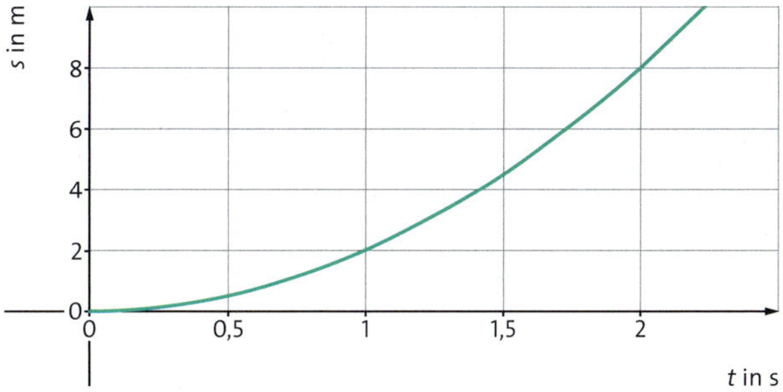

5 $s(t)$-Diagramm zum Funktionsterm $s(t) = 2\frac{\text{m}}{\text{s}^2} \cdot t^2$

t_1 in s	0,985	0,99	0,995	1	1,005	1,01	1,015
$\bar{v}$ in $\frac{\text{m}}{\text{s}}$	3,97	3,98	3,99	–	4,01	4,02	4,03

6 Mittlere Geschwindigkeit abhängig von der Intervallgrenze t_1

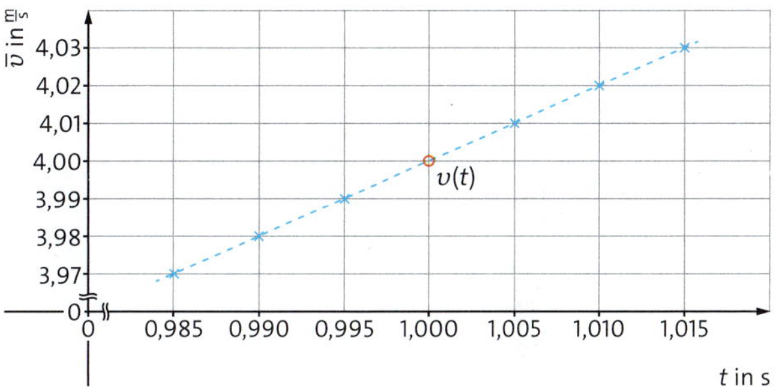

7 Mittlere Geschwindigkeit und stetige Ergänzung von $v(t)$

Die Sprungfreiheit der stetigen Ergänzung zeigt ▸Abb. 7 deutlich.
Wir fassen zusammen:

Man berechnet $v(t)$, indem man …
entweder
im Differenzenquotienten Δt kürzt und danach Δt gleich null setzt
oder
für verschiedene t_1 nahe t die mittlere Geschwindigkeit $\bar{v}$ ausrechnet und für $t_1 = t$ die momentane Geschwindigkeit $v(t)$ stetig ergänzt.

3 Berechnen Sie die momentane Geschwindigkeit für den Zeitpunkt $t = 2\,\text{s}$.

Versuch A • Messen von Geschwindigkeiten bei verschiedenen Bewegungen

V1 Rosinen im Hefeteig

Material:
Hefeteig, Rosinen, Lineal, Uhr

Arbeitsauftrag:
Anhand der Geschwindigkeit, mit der sich die Rosinen im Teig voneinander entfernen, wird bestimmt, ob der Teig gleichmäßig aufgeht.
a) Bereiten Sie einen Hefeteig, der Rosinen enthält. Markieren Sie an der Oberfläche die Mitte und bestimmen Sie für vier Rosinen die Entfernungen zur Mitte.
b) Messen Sie nach zwei Stunden wieder die vier Entfernungen und bestimmen Sie die vier mittleren Geschwindigkeiten.
c) Teilen Sie für jede Rosine die Geschwindigkeit durch den Abstand. Wenn die vier Quotienten gleich sind, dann ist der Teig gleichmäßig aufgegangen.

V2 Radtour

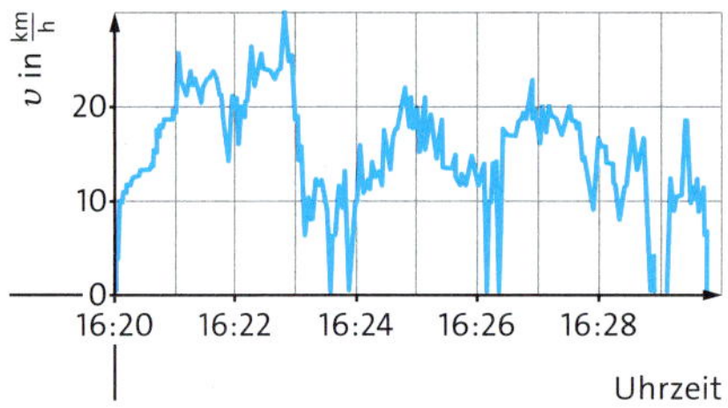

Material:
Fahrrad, Smartphone

Arbeitsauftrag:
a) Installieren Sie auf Ihrem Smartphone eine App zur Aufzeichnung des Ortes und der Geschwindigkeit mithilfe des Global Positioning Systems GPS. Aktivieren Sie die App und fahren Sie einige Kilometer weit mit dem Fahrrad.
b) Versuchen Sie, eine Teilstrecke mit möglichst konstanter Geschwindigkeit zu fahren. Versuchen Sie, eine andere Teilstrecke möglichst schnell zu fahren.
c) Übertragen Sie die Messdaten auf einen Computer und stellen Sie sie mithilfe einer Tabellenkalkulation grafisch dar (siehe Abbildung).
d) Bestimmen Sie Ihre maximale Geschwindigkeit.
e) Bestimmen Sie für die erste Teilstrecke die mittlere Geschwindigkeit und die größte Abweichung vom Mittelwert.

V3 Abgeschossener Fußball

Material:
Fußball, Digitalkamera, Maßband oder Gliedermaßstab

Arbeitsauftrag:
a) Legen Sie den Ball auf den Boden und stellen Sie in Schussrichtung eine Markierung 1 m vor dem Ball als Maßstab auf. Schießen Sie den Ball flach ab, während eine andere Person von der Seite ein Video vom Schuss aufzeichnet.
b) Bestimmen Sie die Zeitspanne in Sekunden zwischen zwei aufeinanderfolgenden Bildern. Finden Sie dazu mithilfe von Herstellerangaben heraus, wie viele Bilder Ihre Kamera pro Sekunde aufnimmt.
c) Bestimmen Sie für zwei aufeinanderfolgende Einzelbilder mithilfe des Maßstabs die Strecke, die der Ball zurückgelegt hat.
d) Bestimmen Sie daraus die Geschwindigkeit des Balls und erörtern Sie, inwiefern dies als momentane Geschwindigkeit genutzt werden kann.

Material A • Auswerten eines $s(t)$-Diagramms

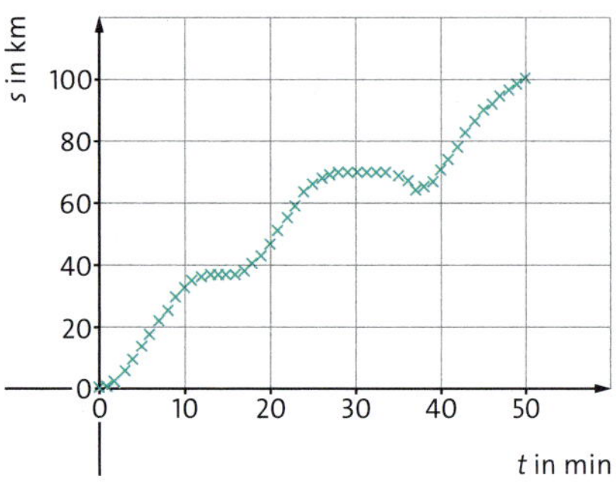

A1 Die Abbildung zeigt die gefahrene Strecke eines ICE als $s(t)$-Diagramm.
a) Bestimmen Sie die mittlere Geschwindigkeit für die Zeitspanne von $t = 0$ min bis $t = 10$ min.
b) Ermitteln Sie die mittlere Geschwindigkeit für die ganze Zeitspanne.

A2 **a)** Geben Sie eine Zeitspanne an, während der der Zug stand.
b) Bestimmen Sie eine Zeitspanne, während der der Zug zurückfuhr.
c) Geben Sie eine Zeitspanne an, während der die Geschwindigkeit konstant war.

A3 Bestimmen Sie eine Zeitspanne, während der der Zug
a) schneller,
b) langsamer wurde.

Material B • Auswerten von $s(t)$-Diagrammen eines Fallschirmsprungs

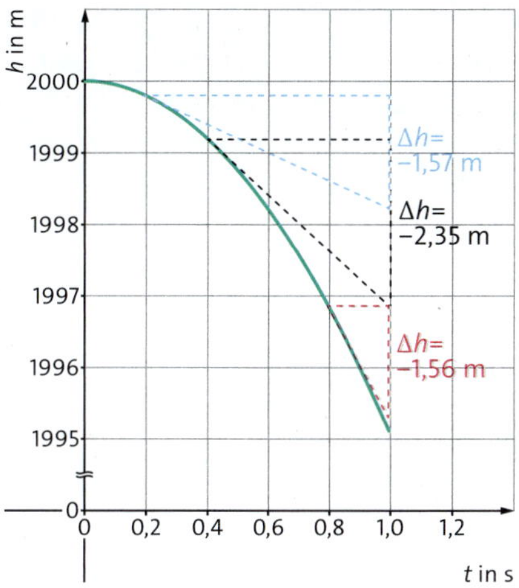

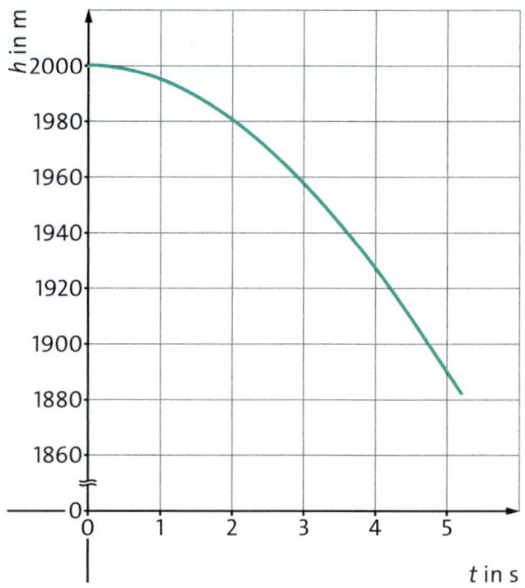

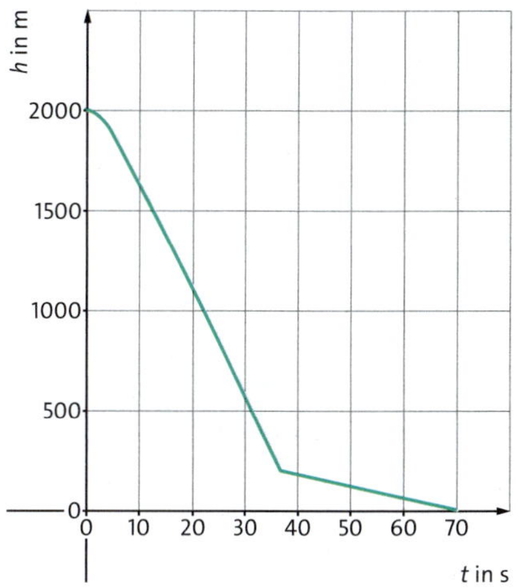

B1 Ein Fallschirmspringer springt in 2000 m Höhe aus dem Flugzeug. Anfangs wird er immer schneller (Abbildung links).
a) Bestimmen Sie die momentane Geschwindigkeit für die Zeitpunkte $t = 0\,\text{s}$, $t = 0{,}2\,\text{s}$, $t = 0{,}4\,\text{s}$ und $t = 0{,}8\,\text{s}$.
b) Erstellen Sie daraus ein $v(t)$-Diagramm und deuten Sie es im Sachkontext.

B2 Nach einer Weile scheint sich die Geschwindigkeit auf einen Wert zu stabilisieren (Abbildung Mitte).
a) Bestimmen Sie die mittleren Geschwindigkeiten für folgende Zeitintervalle: [3 s; 4 s] und [4 s; 5 s] sowie [20 s; 30 s].
b) Deuten Sie diese Geschwindigkeiten im Sachkontext.

B3 In 200 m Höhe öffnet der Fallschirmspringer den Fallschirm (Abbildung rechts).
Bestimmen Sie die Geschwindigkeit, mit der er landet.

Material C • Berechnen der momentanen Geschwindigkeit einer Katapultachterbahn

Bei einer Katapultachterbahn wird der Wagen beim Start nach vorne katapultiert. Dabei kann man die zurückgelegte Strecke abhängig von der Zeit z. B. durch folgende Gleichung beschreiben:

$s(t) = 2\,\frac{\text{m}}{\text{s}^2} \cdot t^2$.

C1 Die zum Zeitpunkt $t = 0{,}5\,\text{s}$ auftretende momentane Geschwindigkeit soll mithilfe von Umformungen berechnet werden.
Geben Sie zunächst einen Term zur mittleren Geschwindigkeit für das Zeitintervall von 0,5 s bis $0{,}5\,\text{s} + \Delta t$ an, wobei Δt variabel bleibt.

C2 **a)** Formen Sie den Zähler passend um, sodass Sie Δt kürzen können.
b) Kürzen Sie den Term Δt.
c) Ermitteln Sie die momentane Geschwindigkeit zum Zeitpunkt 0,5 s.

Material D • Pfeil beim Abschuss: Momentane Geschwindigkeit mit Tabelle berechnet

Ein Pfeil wird abgeschossen. Für die Bewegung des Pfeils kann man die Strecke abhängig von der Zeit durch folgende Gleichung beschreiben:

$s(t) = 0{,}5\,\text{m} \cdot \left[1 - \cos\left(\frac{200}{\text{s}} \cdot t\right)\right]$

D1 Die zum Zeitpunkt $t = 0{,}004\,\text{s}$ auftretende momentane Geschwindigkeit soll mithilfe einer Tabelle und stetiger Ergänzung berechnet werden.
Erstellen Sie eine Tabelle mit mittleren Geschwindigkeiten für Zeitintervalle von $t = 0{,}004\,\text{s}$ bis $t = 0{,}004\,\text{s} + \Delta t$, wobei Sie für Δt Werte wählen, die immer kleiner werden.

D2 **a)** Ergänzen Sie in der Tabelle passend eine momentane Geschwindigkeit.
b) Erläutern Sie den Begriff der stetigen Ergänzung.

1 Autorennen

Die Beschleunigung

Beim Wettrennen erreichte das schwarze Elektroauto aus dem Stand innerhalb von 3,7 s eine Geschwindigkeit von 100 $\frac{km}{h}$, während das weiße Auto mit Verbrennungsmotor hierfür 4,3 s benötigte. Welches Auto erzielte dabei die größere Beschleunigung?

Die Einheit der Beschleunigung wird nach den Regeln der Bruchrechnung bestimmt. Im Zähler steht die Einheit der Geschwindigkeit, im Nenner die der Zeit:

$\frac{1\frac{m}{s}}{1\,s}$

Vereinfachen ergibt:

$1\frac{m}{s} \cdot \frac{1}{s} = 1\frac{m}{s^2}$.

Die mittlere Beschleunigung • Offenbar beträgt beim Elektroauto im gesamten Zeitintervall $\Delta t = 3{,}7\,s$ die Geschwindigkeitsänderung $\Delta v = 100\,\frac{km}{h}$. Ganz allgemein bezeichnet man den Quotienten aus der Änderung der Geschwindigkeit und dem Zeitintervall als **Beschleunigung**. Die hier auftretende Geschwindigkeitsänderung Δv pro Zeitintervall Δt nennt man mittlere Beschleunigung und bezeichnet sie mit $\bar{a}$.

$$\bar{a} = \frac{\Delta v}{\Delta t} = \frac{100\,\frac{km}{h}}{3{,}7\,s} = \frac{27{,}8\,\frac{m}{s}}{3{,}7\,s} \approx 7{,}5\,\frac{m}{s^2}.$$

Die mittlere Beschleunigung ist die Änderung der Geschwindigkeit Δv pro Zeitintervall Δt.

Vermutlich hat das Elektroauto in den 3,7 s eine höhere Beschleunigung erzielt als 7,5 $\frac{m}{s^2}$. Denn das ist die mittlere Beschleunigung während des gesamten Zeitintervalls von 3,7 s. Wir gehen analog vor wie bei der mittleren Geschwindigkeit und betrachten die Geschwindigkeiten zu verschiedenen Zwischenzeiten (▸Tabelle 2).

Die ▸Tabelle 2 zeigt, dass die mittlere Beschleunigung während der ersten 1,5 s tatsächlich höher ist als die mittlere Beschleunigung für die gesamten 3,7 s.

t in s	$v(t)$ in $\frac{m}{s}$	$\bar{a}$ in $\frac{m}{s^2}$
0,0	0,0	–
		8,9
1,5	13,4	
		7,5
2,1	17,9	
		6,4
2,8	22,4	
		5,0
3,7	27,8	
		4,1
4,8	31,3	
		2,8
6,4	35,8	
		2,1
8,5	40,2	
		1,5
11,5	44,7	–

2 Mittlere Beschleunigungen beim Elektroauto

Die momentane Beschleunigung • Um zu entscheiden, welches der beiden Autos zu einem Zeitpunkt t die größere momentane Beschleunigung $a(t)$ erreicht, müssen wir $a(t)$ erst einmal bestimmen.

Dazu gehen wir zeichnerisch vor, ähnlich wie bei der Bestimmung der momentanen Geschwindigkeit $v(t)$. Hierzu benötigen wir ein $v(t)$-Diagramm. Dieses erhalten wir aus den Zwischenzeiten in ▸Tabelle 2 mithilfe einer Ausgleichskurve (▸Abb. 3). Wir bestimmen beispielhaft die momentane Beschleunigung $a(t)$ für den Zeitpunkt $t = 3{,}7\,\text{s}$. Zunächst berechnen wir eine mittlere Beschleunigung $\bar{a}$ für das Intervall [3,7 s; 11,5 s] mit dem Differenzenquotienten:

$$\bar{a} = \frac{\Delta v}{\Delta t} = \frac{44{,}7\,\frac{\text{m}}{\text{s}} - 27{,}8\,\frac{\text{m}}{\text{s}}}{11{,}5\,\text{s} - 3{,}7\,\text{s}} = \frac{16{,}9\,\frac{\text{m}}{\text{s}}}{7{,}8\,\text{s}} \approx 2{,}17\,\frac{\text{m}}{\text{s}^2}.$$

Diese mittlere Beschleunigung ist zugleich die Steigung m der Sekante im schwarzen Steigungsdreieck in ▸Abb. 3. Um für die Beschleunigung einen genaueren Wert zu erhalten, verkleinern wir Δt und wählen dazu das Intervall [3,7 s; 6,4 s]. Die mittlere Beschleunigung ist jetzt gleich der Steigung $m = 2{,}96\,\frac{\text{m}}{\text{s}^2}$ der blauen Sekante in ▸Abb. 3.

Die momentane Beschleunigung $a(t)$ erhalten wir für den Grenzfall $\Delta t = 0\,\text{s}$. Diesen Grenzfall führen wir zeichnerisch durch, indem wir von den Sekanten zur Tangente übergehen, die den Graphen im Zeitpunkt $t = 3{,}7\,\text{s}$ berührt. Damit gehen wir von den Sekantensteigungen zur Tangentensteigung über. Daher ist die momentane Beschleunigung $a(t)$ gleich der Tangentensteigung m. Diese bestimmen wir mithilfe des grünen Steigungsdreiecks in ▸Abb. 3.

$$a(t) = m = \frac{\Delta v}{\Delta t} = \frac{33{,}5\,\frac{\text{m}}{\text{s}}}{8\,\text{s}} \approx 4{,}2\,\frac{\text{m}}{\text{s}^2}.$$

Wir fassen zusammen:

> Die momentane Beschleunigung $a(t)$ ist die Steigung m der Tangente, die im Zeitpunkt t den $v(t)$-Graphen berührt.

Wir vergleichen die momentanen Beschleunigungen der beiden Autos. Zum Zeitpunkt $t = 3{,}7\,\text{s}$ verläuft der $v(t)$-Graph für das schwarze Auto steiler als der für das weiße. Zu diesem Zeitpunkt hat die Tangente an den $v(t)$-Graphen für das weiße Auto offensichtlich eine geringere Steigung als die an den $v(t)$-Graphen für das schwarze Elektroauto (▸Abb. 4). Die beiden Graphen kreuzen sich bei $t = 8{,}5\,\text{s}$. Hier hat die Tangente an den $v(t)$-Graphen des weißen Autos eine größere Steigung als die Tangente an den anderen $v(t)$-Graphen. Also hat zu diesem Zeitpunkt das weiße Auto die größere Beschleunigung.

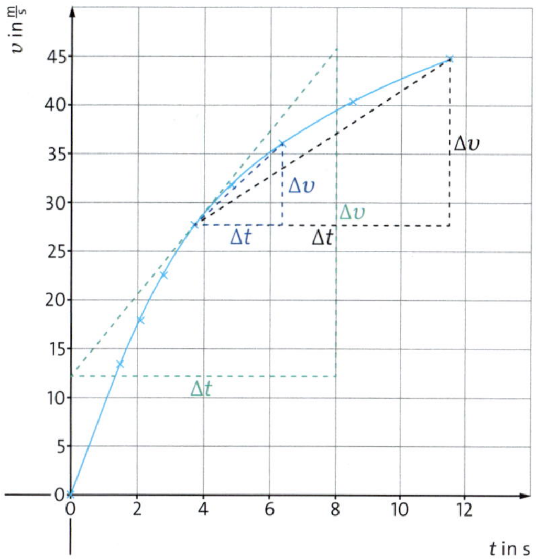

3 $v(t)$-Diagramm des Elektroautos: Annäherung der momentanen Beschleunigung durch Sekante und Tangente

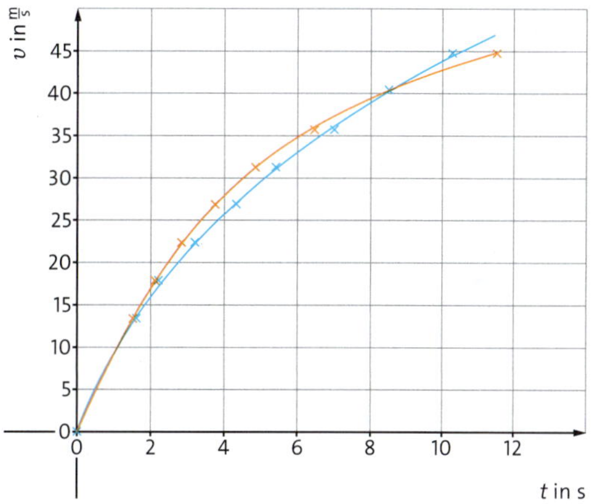

4 $v(t)$-Diagramm des Elektroautos (orange) und des Autos mit Verbrennungsmotor (blau)

1 Bestimmen Sie für das weiße Auto zur Beschleunigung von $0\,\frac{\text{km}}{\text{h}}$ auf $100\,\frac{\text{km}}{\text{h}}$ die mittlere Beschleunigung.

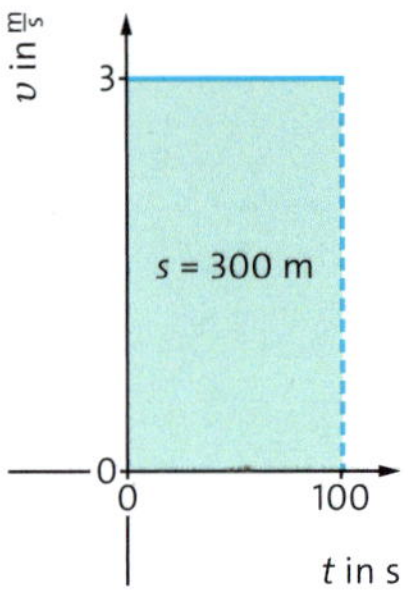

1 Strecke als Flächeninhalt im $v(t)$-Diagramm

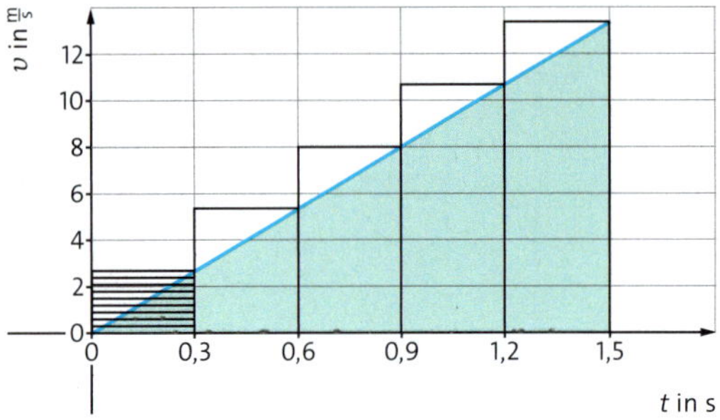

2 Geschwindigkeit und Strecke beim Anfahren mit konstanter Beschleunigung

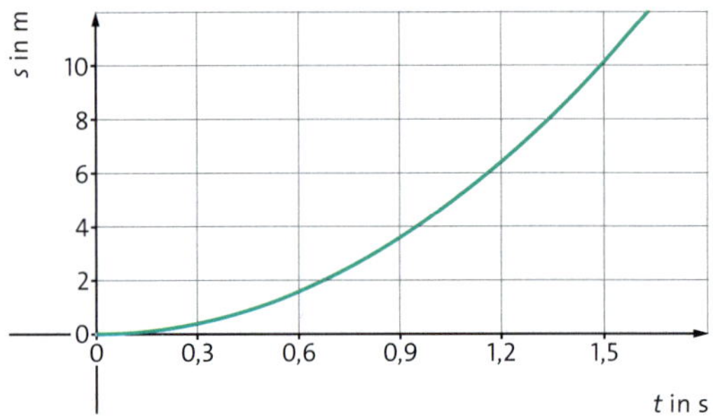

3 Strecke beim Anfahren

Warum steht in der rechten Spalte nun nur noch $s(t)$ statt Δs? Δs ist die zurückgelegte Wegstrecke, $s(t)$ der Ort, an dem sich das Auto zur Zeit t befindet. Beginnt die Fahrt bei $s_0 = 0$, ist $\Delta s = s(t)$. Allgemein ist $s(t) = s_0 + \Delta s$.

Konstante Beschleunigung • Das Elektroauto beschleunigt während der ersten 1,5 s in etwa konstant mit $8{,}9\,\frac{\text{m}}{\text{s}^2}$. Den Idealfall einer Bewegung mit konstanter Beschleunigung nennt man **gleichmäßig beschleunigte Bewegung.** Beim Anfahren beträgt dann die Geschwindigkeit zum Zeitpunkt t:

$v(t) = a \cdot t$, dabei ist a konstant.

Falls zum Zeitpunkt $t = 0\,\text{s}$ eine Anfangsgeschwindigkeit v_0 vorliegt, gilt:

$v(t) = v_0 + a \cdot t$.

Strecke bei konstanter Beschleunigung • Wir bestimmen nun die Strecke, die das Elektroauto in den ersten 1,5 s zurücklegt. Das lösen wir wieder zeichnerisch. Dazu betrachten wir zunächst eine Fahrt mit konstanter Geschwindigkeit in einem $v(t)$-Diagramm (▸Abb. 1). Bei einer Geschwindigkeit von $v = 3\,\frac{\text{m}}{\text{s}}$ hat das Auto nach 100 s die Strecke

$$\Delta s = v \cdot \Delta t = 3\,\frac{\text{m}}{\text{s}} \cdot 100\,\text{s} = 300\,\text{m}$$

zurückgelegt. Im $v(t)$-Diagramm sind Δt und v die Kanten eines Rechtecks. Der Flächeninhalt des Rechtecks gibt die zurückgelegte Strecke Δs an.

Und beim Elektroauto? Es fährt nicht mit konstanter Geschwindigkeit. Deshalb unterteilen wir das Zeitintervall von 0 s bis 1,5 s in Teilintervalle (▸Abb. 2). In jedem Teilintervall ist die Geschwindigkeit nahezu konstant. Die zugehörige Strecke stellen wir durch ein Rechteck dar.

Beispielsweise ist beim schraffierten Rechteck $v \cdot \Delta t = 2{,}67\,\frac{\text{m}}{\text{s}} \cdot 0{,}3\,\text{s} \approx 0{,}80\,\text{m}$. Um die gesamte Strecke zu erhalten, addieren wir die Flächeninhalte aller Rechtecke. Diese Annäherung der Strecke durch die Rechtecke wird genauer, je kleiner wir Δt wählen. Im **Grenzfall** $\Delta t = 0\,\text{s}$ geht die durch die Rechtecke insgesamt dargestellte Fläche in die Fläche über, die zwischen dem $v(t)$-Graphen und der Zeitachse liegt und bis zum Zeitpunkt t reicht. Der Flächeninhalt ist gleich der bis zum Zeitpunkt t zurückgelegten Strecke. Dieses Vorgehen ist allgemein anwendbar:

Die bis zum Zeitpunkt t zurückgelegte Strecke ist gleich dem Inhalt der Fläche, die zwischen dem $v(t)$-Graphen und der Zeitachse liegt und bis t reicht.

Für das Elektroauto stellt diese Fläche ein Dreieck dar mit der Grundseite $t = 1{,}5\,\text{s}$ und der Höhe $v(t) = 13{,}4\,\frac{\text{m}}{\text{s}}$. Der Flächeninhalt beträgt also:

$$s(t) = \frac{1}{2} \cdot v(t) \cdot t = \frac{1}{2} \cdot 13{,}4\,\frac{\text{m}}{\text{s}} \cdot 1{,}5\,\text{s} = 10{,}05\,\text{m}.$$

Wenn wir für $v(t)$ den Term $a \cdot t$ einsetzen, erhalten wir eine allgemeine Gleichung für die beim Anfahren zurückgelegte Strecke:

$$s(t) = \frac{1}{2} \cdot a \cdot t^2.$$

▸Abb. 3 zeigt ein entsprechendes $s(t)$-Diagramm. Allgemein kann die beschleunigte Bewegung eines Körpers an einem Ort s_0 und mit einer konstanten Anfangsgeschwindigkeit v_0 beginnen. Die zum Zeitpunkt t zurückgelegte Strecke ist dann:

$$s(t) = s_0 + v_0 \cdot t + \frac{1}{2} a \cdot t^2.$$

Wenn sich ein Körper mit einer konstanten Beschleunigung a bewegt, dann legt er in der Zeit t die Strecke $s(t) = s_0 + v_0 \cdot t + \frac{1}{2}\,a \cdot t^2$ zurück.

Vollbremsung • Beim Fahrrad sollten die Bremsen immer gut funktionieren, damit man sicher fahren kann. Wie gut die Bremsen funktionieren, wollen wir mit dem Smartphone untersuchen.

Dazu installieren wir eine App, die die Beschleunigung abhängig von der Zeit aufzeichnet. Die Daten übertragen wir in eine Tabellenkalkulation und stellen sie dort als $a(t)$-Diagramm dar (▸Abb. 4). Dabei lassen wir das Anfahren weg. Die Daten schwanken sehr stark, deshalb zeichnen wir in den einzelnen Fahrabschnitten eine Trendlinie ein. Bis zum Zeitpunkt $t = 1{,}2\,\text{s}$ rollte das Fahrrad, dabei schwankte die Beschleunigung um den Wert von $-0{,}5\,\frac{\text{m}}{\text{s}^2}$. Was bedeutet das negative Vorzeichen? Die Beschleunigung ist nicht null, also ändert sich die Geschwindigkeit. Weil die Beschleunigung negativ ist, wird die Geschwindigkeit kleiner. Das tritt schon beim Rollen auf und erst recht beim Abbremsen. Das Fahrrad wurde zwischen den Zeitpunkten $t = 1{,}2\,\text{s}$ und $t = 3{,}5\,\text{s}$ kräftig gebremst. Das zeigt sich in ▸Abb. 4 an einer Beschleunigung, die um den Wert von $-3\,\frac{\text{m}}{\text{s}^2}$ schwankt. Danach steht das Rad und die Beschleunigung ist praktisch null.

Ein Körper wird abgebremst, solange er entgegen seiner Bewegungsrichtung beschleunigt wird.

Als nächstes ermitteln wir die Geschwindigkeit in Abhängigkeit von der Zeit. Dazu bestimmen wir den Inhalt der Fläche zwischen dem $a(t)$-Graphen und der Zeitachse mithilfe einer Tabellenkalkulation. Für benachbarte Zeitpunkte t und $t + \Delta t$ stellt die Fläche ein Trapez dar (▸Abb. 5). Sie wird wie folgt berechnet:

$$\Delta v = \frac{1}{2} \cdot [a(t) + a(t + \Delta t)] \cdot \Delta t.$$

Δv muss man zur Anfangsgeschwindigkeit v_0 addieren. Zur Ermittlung von v_0 wurde die Geschwindigkeit zum Zeitpunkt $t = 5\,\text{s}$ gleich null gesetzt. Daraus folgt $v_0 = 7{,}6\,\frac{\text{m}}{\text{s}}$. Das Ergebnis zeigt das $v(t)$-Diagramm in ▸Abb. 6. Man erkennt, dass sich die Schwankungen im $a(t)$-Diagramm beim Auswerten weitgehend wegmitteln. Dadurch treten die drei Phasen Rollen, Vollbremsung und

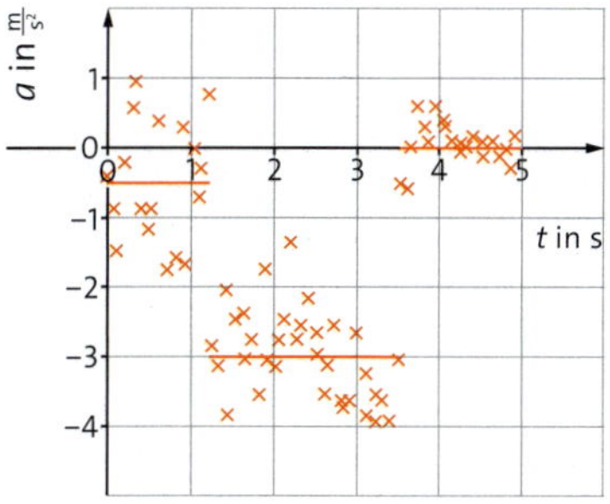

4 $a(t)$-Diagramm der Vollbremsung

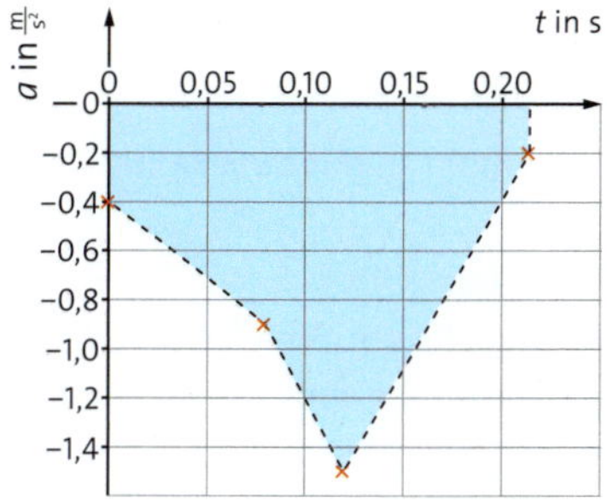

5 Ausschnitt aus ▸Abb. 4 mit Trapezen

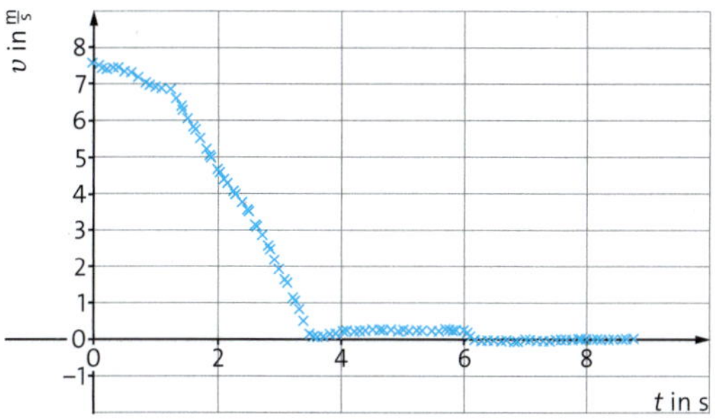

6 Auswertung: $v(t)$-Diagramm aus dem $a(t)$-Diagramm

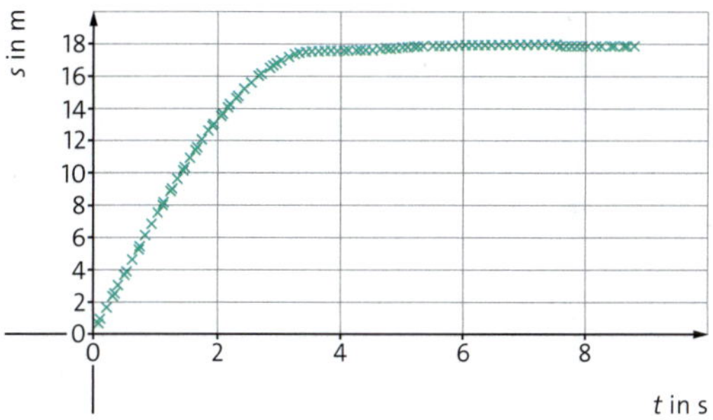

7 Strecke bei einer Vollbremsung

Stehen klar durch drei verschiedene Steigungen hervor.
Schließlich ermitteln wir die zurückgelegte Strecke. Dazu bestimmen wir den Inhalt der Fläche zwischen dem $v(t)$-Graphen und der Zeitachse. Ähnlich wie beim Ermitteln der Geschwindigkeit wird eine Trapezfläche berechnet:

$$\Delta s = \frac{1}{2} \cdot [v(t) + v(t + \Delta t)] \cdot \Delta t.$$

Das Ergebnis ist in ▸Abb. 7 als $s(t)$-Diagramm dargestellt. Daraus lesen wir den Bremsweg s_B ab:

$$s_B = s(3{,}5\,\text{s}) - s(1{,}2\,\text{s}) = 17{,}6\,\text{m} - 8{,}2\,\text{m} = 9{,}4\,\text{m}.$$

Bei $v_0 = 7{,}6\,\frac{\text{m}}{\text{s}}$, also etwa $27\,\frac{\text{km}}{\text{h}}$, sind Bremswege von 6 m bis 8 m üblich. Unsere Untersuchung zeigt: Die Bremsen sind deutlich optimierbar.

Versuch A • Messen von Beschleunigungen bei verschiedenen Bewegungen

V1 Anfahren mit dem Fahrrad

Material:
Fahrrad, Kissen, Smartphone, App zur Aufzeichnung von Beschleunigungen

Arbeitsauftrag:
a) Installieren Sie auf Ihrem Smartphone eine App zur Aufzeichnung der Beschleunigung abhängig von der Zeit.
b) Befestigen Sie das Smartphone auf einem Kissen am Gepäckträger, sodass eine seiner Kanten in Fahrtrichtung zeigt.
c) Aktivieren Sie die App und fahren Sie möglichst schnell an.
d) Übertragen Sie nach der Fahrt die Daten auf einen Computer und stellen Sie sie mit einer Tabellenkalkulation grafisch dar.
e) Bestimmen Sie die mittlere und die maximale Beschleunigung.
Ermitteln Sie mit einer Tabellenkalkulation die Geschwindigkeit $v(t)$ und die Strecke $s(t)$.

V2 Bremsweg und Beschleunigung

Material:
Fahrrad, Fahrradtachometer, Maßband oder Gliedermaßstab

Arbeitsauftrag:
a) Vereinbaren Sie auf einem Radweg eine Markierung für den Beginn einer Vollbremsung.
b) Bringen Sie Ihr Fahrrad auf eine Anfangsgeschwindigkeit v_0 und lesen Sie diese am Tachometer ab. Alternativ können Sie die Anfangsgeschwindigkeit auch mit einem Smartphone und einer passenden App aufzeichnen. Beginnen Sie bei der Markierung mit einer Vollbremsung und bringen Sie dabei das Fahrrad zum Stehen.
c) Messen Sie die Länge des Bremswegs.
d) Gehen Sie von einer gleichmäßig beschleunigten Bewegung aus und berechnen Sie mit der entsprechenden Gleichung die Dauer des Bremsvorgangs.

V3 Kugelstoßen

Material:
Kugel, Digitalkamera, Maßband oder Gliedermaßstab, Videoanalysesoftware

Arbeitsauftrag:
a) Stellen Sie eine Markierung in Stoßrichtung 1 m vor den Ort des Abstoßens als Maßstab auf. Stoßen Sie die Kugel, während eine andere Person von der Seite ein Video aufzeichnet.
b) Bestimmen Sie die Zeitspanne zwischen zwei aufeinanderfolgenden Bildern. Finden Sie dazu mithilfe von Herstellerangaben heraus, wie viele Bilder Ihre Kamera pro Sekunde aufnimmt.
c) Erzeugen Sie mithilfe einer Software zur Videoanalyse ein $v(t)$-Diagramm.
d) Ermitteln Sie aus dem $v(t)$-Diagramm die momentane Beschleunigung mithilfe der Tangentensteigung. Wählen Sie dazu einen Zeitpunkt mit einer besonders großen Beschleunigung aus.

Material A • Beschleunigung, Geschwindigkeit und Strecke

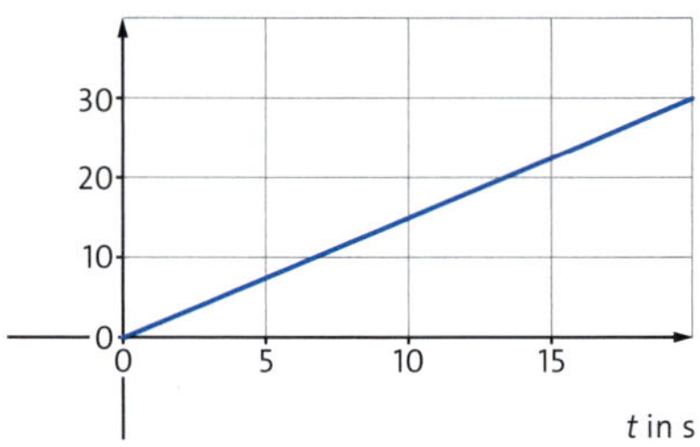

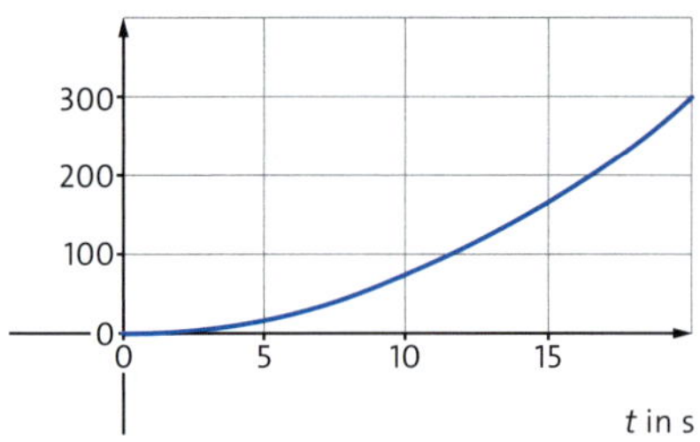

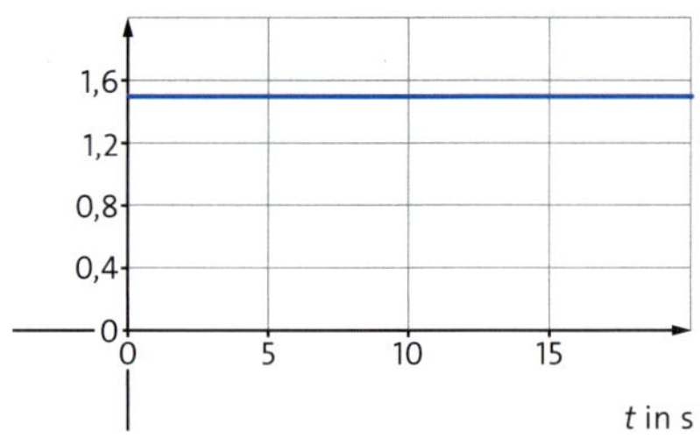

Bei einem anfahrenden Zug wurden das $a(t)$-Diagramm, das $v(t)$-Diagramm und das $s(t)$-Diagramm aufgezeichnet. Allerdings sind die Achsenbeschriftungen unvollständig.

A1 Ordnen Sie den drei Diagrammen die drei Größen Beschleunigung, Geschwindigkeit und Strecke zu.

A2 **a)** Bestimmen Sie jeweils einen Funktionsterm für $a(t)$, $v(t)$ und $s(t)$.
b) Bestimmen Sie die zum Zeitpunkt $t = 2\,\text{s}$ erreichte Geschwindigkeit.
c) Berechnen Sie die bis zum Zeitpunkt $t = 2{,}3\,\text{s}$ zurückgelegte Strecke.

A3 **a)** Berechnen Sie, zu welchem Zeitpunkt die Geschwindigkeit $v = 100\,\frac{\text{km}}{\text{h}}$ erreicht wird.
b) Berechnen Sie, zu welchem Zeitpunkt der Zug eine Strecke von 100 m zurückgelegt hat.
Berechnen Sie auch die Geschwindigkeit, die der Zug dann erreicht hat.

Material B • Auswerten eines Crashtests mit dem $v(t)$-Diagramm

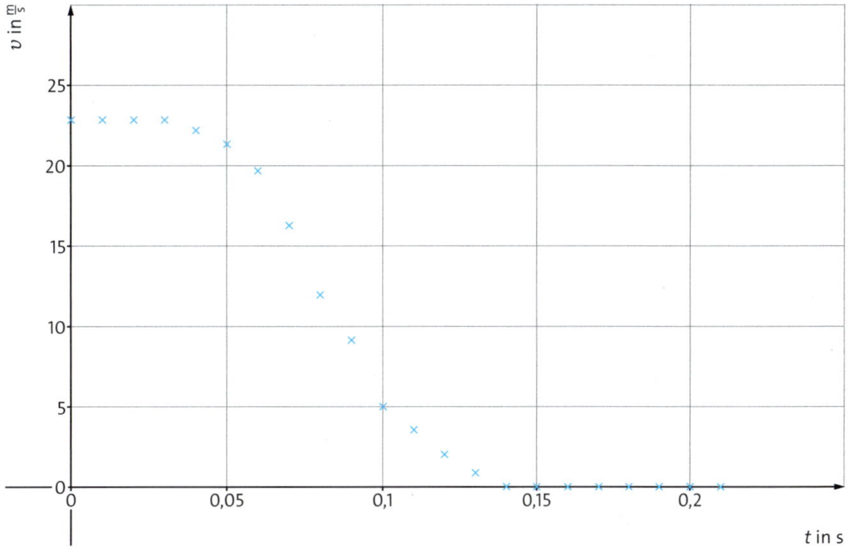

Körperteil	Beschleunigung in $\frac{m}{s^2}$
Kopf	800
Brustkorb	600
Becken	800
Fuß	1500

Bei einem Crashtest wurde das abgebildete $v(t)$-Diagramm aufgezeichnet.

B1 **a)** Geben Sie die Zeitspanne an, während der das Auto aufprallte.
b) Geben Sie die Anfangsgeschwindigkeit v_0 in $\frac{m}{s}$ und in $\frac{km}{h}$ an.

B2 **a)** Bestimmen Sie die mittlere Beschleunigung für die Zeitspanne des Aufpralls.
b) Bestimmen Sie die momentanen Beschleunigungen für die Zeitpunkte $t = 0{,}07\,s$, $t = 0{,}08\,s$, $t = 0{,}09\,s$, $t = 0{,}10\,s$ und $t = 0{,}11\,s$. Zeichnen Sie dazu Tangenten an den Graphen und bestimmen Sie jeweils die Steigung.

B3 Die Tabelle zeigt für verschiedene Körperbereiche Grenzwerte der Beschleunigung, ab denen man mit Verletzungen rechnen muss.
Vergleichen Sie mit den in B2 ermittelten Beschleunigungen.

Material C • Ein Verkehrsunfall wird untersucht

Bei einem Verkehrsunfall wird eine Bremsspur von 13 m Länge gemessen. Die Polizei geht beim Bremsen von einer Beschleunigung von $-7\,\frac{m}{s^2}$ bis $-8\,\frac{m}{s^2}$ aus.

C1 Nehmen Sie an, dass die Räder ab dem Beginn des Bremsvorgangs blockierten und die Bremsspur erzeugten.
a) Bestimmen Sie die Geschwindigkeit, die das Auto zum Beginn der Vollbremsung mindestens hatte.
b) Berechnen Sie die Geschwindigkeit, die das Auto zum Beginn der Vollbremsung höchstens hatte. Wurden 50 $\frac{km}{h}$ überschritten?

C2 Bei der vorliegenden Situation benötigte der Fahrer 1,1 s bis 1,6 s, um die Gefahr zu erkennen und zu reagieren.
a) Bestimmen Sie den Reaktionsweg.
b) Ermitteln Sie den Anhalteweg, also die Summe aus Bremsweg und Reaktionsweg.

METHODE

Die Änderungsrate

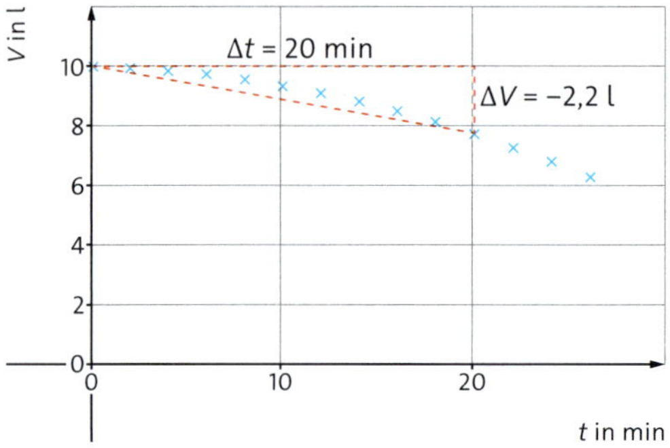

1 Die mittlere Änderungsrate ist gleich der Sekantensteigung beim $V(t)$-Graphen.

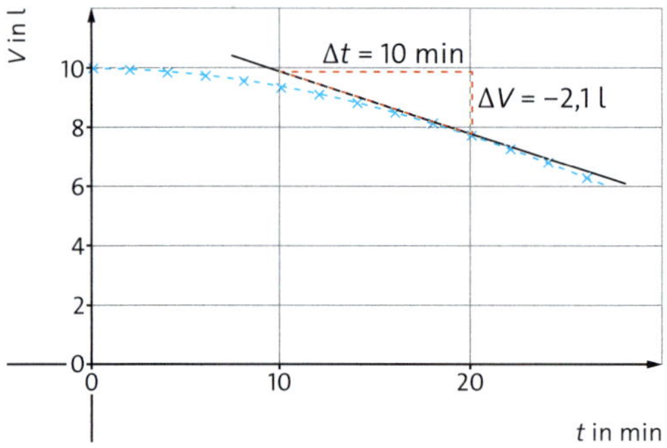

2 Die momentane Änderungsrate ist gleich der Tangentensteigung beim $V(t)$-Graphen.

Wir haben aus dem $s(t)$-Graphen die momentane Geschwindigkeit $v(t)$ und aus dem $v(t)$-Graphen die momentane Beschleunigung $a(t)$ mithilfe der **Tangentensteigung** bestimmt. Unser Vorgehen ist umkehrbar und allgemein anwendbar. Beides erkennen wir deutlich an folgendem Beispiel:

Wir bestimmen den momentanen Benzinverbrauch eines Autos, das einen langen, steiler werdenden Berg hinauffährt. Das Volumen $V(t)$ des Benzins im Tank bezeichnet man dabei allgemein als **Bestand**. Im Beispiel sind anfangs 10 Liter im Tank, also $V_0 = 10\,\text{l}$.
Wenn man während eines Zeitintervalls Δt fährt, dann tritt eine Bestandsänderung ΔV auf. Die Bestandsänderung pro Zeitintervall heißt mittlere Änderungsrate $\bar{r}$:

$$\bar{r} = \frac{\Delta V}{\Delta t} = \frac{V(t+\Delta t) - V(t)}{\Delta t}.$$

In diesem Kontext bedeutet die Änderungsrate den Verbrauch pro Zeit. Diese mittlere Änderungsrate ist gleich der Steigung der Sekante im $V(t)$-Graphen in ▸Abb. 1. Im Beispiel in ▸Abb. 1 beträgt die mittlere Änderungsrate für das Intervall von 0 s bis 20 s:

$$\bar{r} = \frac{\Delta V}{\Delta t} = -\frac{2{,}2\,\text{l}}{20\,\text{min}} = -0{,}11\,\frac{\text{l}}{\text{min}}.$$

Diese Änderungsrate ist negativ, weil das Volumen des Benzins mit der Zeit abnimmt.

Entsprechend unserem Vorgehen ist die **momentane Änderungsrate** $r(t)$ gleich der Steigung der Tangente, die den $V(t)$-Graphen an der Stelle t berührt. In ▸Abb. 2 ist zunächst ein lückenloser $V(t)$-Graph dargestellt, der durch Regression ermittelt wurde. Für $t = 20\,\text{min}$ sind die Tangente und das Steigungsdreieck eingezeichnet. Daraus kann man die momentane Änderungsrate bestimmen:

$$r(t) = \frac{\Delta V}{\Delta t} = -\frac{2{,}1\,\text{l}}{10\,\text{min}} = -0{,}21\,\frac{\text{l}}{\text{min}}.$$

Das ist ein relativ hoher Verbrauch pro Minute. Die Ursache ist, dass das Auto bergauf fährt.

Wir fassen zusammen: Die momentane Änderungsrate $r(t)$ eines Bestandes V zu einem Zeitpunkt t ist gleich der Steigung der Tangente, die den $V(t)$-Graphen im Zeitpunkt t berührt.

1 Bestimmen Sie mithilfe der Sekante den mittleren Verbrauch pro Zeit des Autos zwischen den Zeitpunkten $t = 0\,\text{min}$ und $t = 20\,\text{min}$, ausgehend von ▸Abb. 1.

2 Ermitteln Sie mithilfe der Tangente den momentanen Verbrauch pro Zeit des Autos zum Zeitpunkt $t = 20\,\text{min}$, ausgehend von ▸Abb. 2.

3 ▸Abb. 3 zeigt die Leistung $P(t)$, die ein solarer Energiespeicher aufnimmt. Bestimmen Sie die momentane Änderungsrate für den Zeitpunkt $t = 9\,\text{h}$.

Die Umkehrung

Bei der Bewegung haben wir aus der Strecke $s(t)$ die momentane Geschwindigkeit $v(t)$ nach dem Konzept der Tangentensteigung bestimmt. Umgekehrt haben wir aus der momentanen Geschwindigkeit $v(t)$ die Strecke $s(t)$ ermittelt, die bis zu einem Zeitpunkt t zurückgelegt wird. Das haben wir mithilfe der **Fläche** zwischen dem $s(t)$-Graphen und der Zeitachse erreicht.

Mithilfe der Tangentensteigung haben wir aus einem allgemeinen Bestand $V(t)$ die momentane Änderungsrate $r(t)$ erhalten. Daher ist zu vermuten, dass wir umgekehrt aus der momentanen Änderungsrate $r(t)$ den Bestand $V(t)$ ermitteln können. Konkret vermuten wir, dass wir den Bestand mithilfe der Fläche zwischen dem Graphen und der Zeitachse bestimmen können. Das überprüfen wir am Beispiel des Autos.

Die momentanen Änderungsraten $r(t)$ sind in ▸Abb. 4 abhängig von der Zeit dargestellt. In diesem Fall ist der Graph offenbar geradlinig. Daher können wir die Fläche zwischen dem Graphen und der Zeitachse genau bestimmen. Wir betrachten wie oben wieder den Zeitpunkt $t = 20\,\text{min}$. Die zugehörige Fläche ist das gelb markierte Trapez. Dessen Flächeninhalt A ist gegeben durch:

$$A = \frac{1}{2} \cdot (r(0\,\text{min}) + r(20\,\text{min})) \cdot \Delta t$$

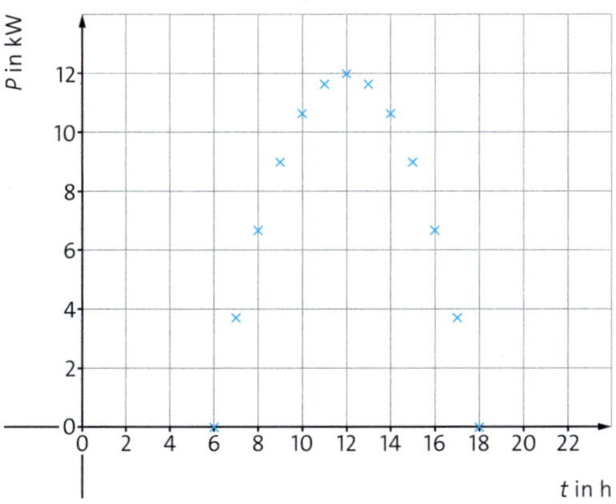

3 Einem Energiespeicher zugeführte Leistung $P(t)$

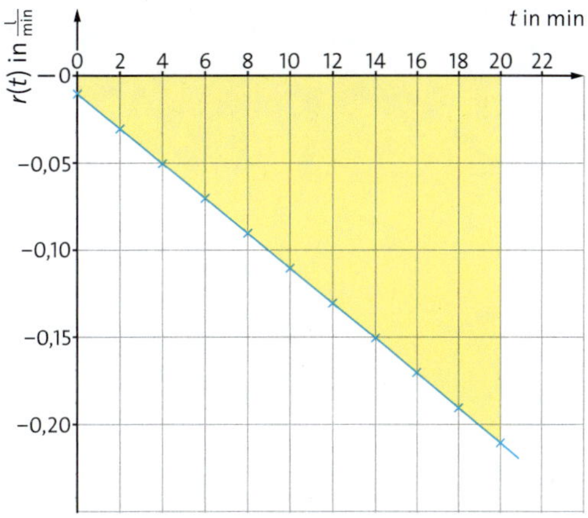

4 Änderungsrate $r(t)$ mit Trapezfläche

$$A = \frac{1}{2} \cdot \left(-0{,}01\frac{\text{l}}{\text{min}} - 0{,}21\frac{\text{l}}{\text{min}}\right) \cdot 20\,\text{min} = -2{,}2\,\text{l}.$$

Dieser Flächeninhalt gibt die Änderung des Bestands $V(t)$ bis zum Zeitpunkt $t = 20\,\text{min}$ an. Das negative Vorzeichen zeigt an, dass der Bestand abnimmt. Der Anfangsbestand ist $V_0 = 10\,\text{l}$. Der Bestand zum Zeitpunkt $t = 20\,\text{min}$ ist also:

$$V(20\,\text{min}) = V_0 + A = 10\,\text{l} - 2{,}2\,\text{l} = 7{,}8\,\text{l}.$$

Dieser Bestand passt zu den in ▸Abb. 1 dargestellten Daten. Unsere Vermutung hat sich bestätigt:
Wir können aus dem Bestand die momentane Änderungsrate bestimmen. Umgekehrt können wir aus der momentanen Änderungsrate den Bestand bestimmen. Die erste Operation führen wir mit der Tangentensteigung aus, die Umkehroperation mit der Fläche zwischen dem Graphen und der Zeitachse.

4 Ermitteln Sie anhand von ▸Abb. 4 den Tankinhalt zum Zeitpunkt $t = 10\,\text{min}$.

5 Ein solarer Energiespeicher hat zum Zeitpunkt $t = 0$ die Energie 100 kWh und nimmt entsprechend ▸Abb. 3 Leistung auf.
a) Bestimmen Sie die Energie, die zum Zeitpunkt $t = 8\,\text{h}$ gespeichert ist.
b) Ermitteln Sie die gespeicherte Energie $E(t)$ für die Zeitspanne bis $t = 24\,\text{h}$.

1 Containerbrücken im Hafen

Bewegungen in einer Ebene

Im Hafen sollen Schiffe möglichst schnell be- und entladen werden. Dazu läuft an der Containerbrücke eine sogenannte Laufkatze zwischen Schiff und Kaimauer. An der Laufkatze hängt der Container am Seil. Pro Sekunde bewegt sie sich 4 m auf die Kaimauer zu und zieht zugleich die Stahlbox 3 m nach oben. Welche Geschwindigkeit erreicht der Container?

Überlagerung von Bewegungen • Bei schnellem Transport beträgt die Geschwindigkeit der Laufkatze $v_L = 4\,\frac{m}{s}$, während sie das Seilende mit der Geschwindigkeit $v_S = 3\,\frac{m}{s}$ nach oben zieht. Diese beiden Bewegungen finden gleichzeitig statt. Man spricht von einer **Überlagerung von Bewegungen.**

Nun untersuchen wir diese Überlagerung. Dazu bestimmen wir die Strecke, die der Container in einer Sekunde zurücklegt. Diese tragen wir im Koordinatensystem in ▸Abb. 3 ein. Den Ausgangspunkt legen wir in den Ursprung. Die von der Laufkatze zur Kaimauer zurückgelegte Strecke stellen wir durch einen Pfeil der Länge 4 m auf der x-Achse dar. Die von der Laufkatze gezogene Seillänge tragen wir als dazu senkrechten Pfeil der Länge 3 m ab. Dieser Pfeil geht vom Ende des ersten Pfeils aus, damit wir zu der Position gelangen, die der Container nach 1 s einnimmt. Wir tun zunächst also so, als würde der Container erst zur Kaimauer und dann nach oben gezogen. Tatsächlich erreicht er die Endposition aber auf dem direkten geradlinigen Weg. Diesen zeichnen wir als dritten Pfeil vom Ausgangspunkt des ersten Pfeils zum Endpunkt des zweiten Pfeils. Man sagt, der erste und der zweite Pfeil sind **verkettet.** Die gesamte zurückgelegte Strecke ist die Länge des dritten Pfeils im Koordinatensystem. Wir messen die Länge 5 m. Der Container hat also die Geschwindigkeit $5\,\frac{m}{s}$.

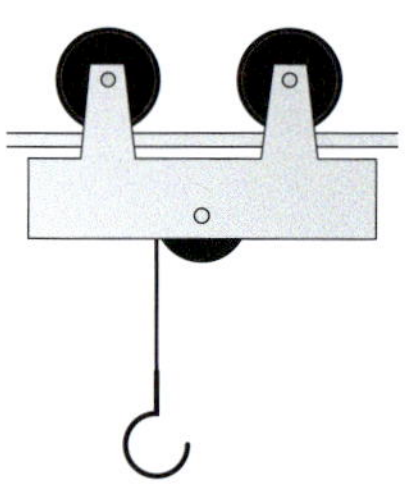

2 Laufkatze: Prinzip

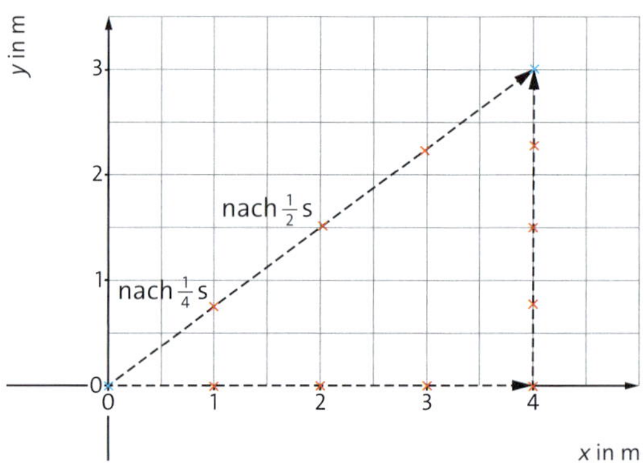

3 Verschiebung von Laufkatze und Container in 1 s

Vektordarstellung • Wir wissen bereits, dass man eine Kraft als Pfeil darstellen kann, denn sie ist eine vektorielle Größe. Entsprechend können wir die Pfeile in ▸Abb. 3 als Vektoren für Verschiebungen deuten, die pro Sekunde auftreten. Eine Verschiebung um eine bestimmte Strecke pro Sekunde entspricht einer Geschwindigkeit. Die Geschwindigkeit ist also ebenfalls eine vektorielle Größe. Der Geschwindigkeitsvektor der Laufkatze hat die ***x*-Komponente** $4\frac{m}{s}$ und die ***y*-Komponente** $0\frac{m}{s}$. Diese Komponenten schreibt man in einer Klammer übereinander:

$$\vec{v}_L = \begin{pmatrix} v_x \\ v_y \end{pmatrix} = \begin{pmatrix} 4\frac{m}{s} \\ 0\frac{m}{s} \end{pmatrix} = \begin{pmatrix} 4 \\ 0 \end{pmatrix}\frac{m}{s}.$$

Das Seilende wird von der Laufkatze aus senkrecht nach oben gezogen. Diese Bewegung hat folgenden Geschwindigkeitsvektor:

$$\vec{v}_S = \begin{pmatrix} 0 \\ 3 \end{pmatrix}\frac{m}{s}.$$

Diese Geschwindigkeitsvektoren sind in ▸Abb. 4 im Koordinatensystem gezeichnet. Wie bei den Verschiebungsvektoren in ▸Abb. 3 überlagern wir die beiden Geschwindigkeiten durch Verketten der Vektoren. So erhalten wir den Vektor der überlagerten Bewegung und lesen in ▸Abb. 4 die Koordinaten ab:

$$\vec{v} = \begin{pmatrix} 4 \\ 0 \end{pmatrix}\frac{m}{s} + \begin{pmatrix} 0 \\ 3 \end{pmatrix}\frac{m}{s} = \begin{pmatrix} 4+0 \\ 0+3 \end{pmatrix}\frac{m}{s} = \begin{pmatrix} 4 \\ 3 \end{pmatrix}\frac{m}{s}.$$

Wir erkennen hier, dass die beiden Bewegungen sich bei der Überlagerung nicht gegenseitig beeinflussen. Diese Tatsache bezeichnet man als Unabhängigkeitsprinzip oder **Superpositionsprinzip.** Wir fassen zusammen:

Bei der Überlagerung von Bewegungen gilt das Superpositionsprinzip. Wir bestimmen den Geschwindigkeitsvektor einer Überlagerung von Bewegungen, indem wir die ursprünglichen Geschwindigkeitsvektoren addieren.

Die Vektoren in ▸Abb. 4 bilden ein rechtwinkliges Dreieck. Der Betrag v der Geschwindigkeit $\vec{v}$ ist gleich der Länge der Hypotenuse. Diese können wir abmessen oder mithilfe des Satzes des Pythagoras berechnen:

$$v = \sqrt{\left(4\frac{m}{s}\right)^2 + \left(3\frac{m}{s}\right)^2} = \sqrt{4^2+3^2}\,\frac{m}{s} = 5\frac{m}{s}.$$

1 Beim stehenden Hubschrauber Sikorsky S-65 bewegt sich die Rotorblattspitze mit einer Geschwindigkeit von $837\frac{km}{h}$. Die Blattspitze darf nicht die Schallgeschwindigkeit von $1235\frac{km}{h}$ erreichen. Bestimmen Sie die entsprechende Höchstgeschwindigkeit des Hubschraubers.

2 Ein Schwimmer schwimmt mit einer Geschwindigkeit von $v_S = 1{,}2\frac{m}{s}$ auf das gegenüberliegende Flussufer zu, während das Wasser mit der Geschwindigkeit $v_W = 0{,}5\frac{m}{s}$ fließt. Mit welcher Geschwindigkeit v_G bewegt er sich über dem Grund?

a) Lösen Sie die Aufgabe zeichnerisch, indem Sie die beiden Geschwindigkeitsvektoren in ▸Abb. 5 verketten und die Länge des resultierenden Vektors messen.

b) Lösen Sie die Aufgabe rechnerisch.

Man addiert Vektoren, indem man ihre entsprechenden Koordinaten addiert.

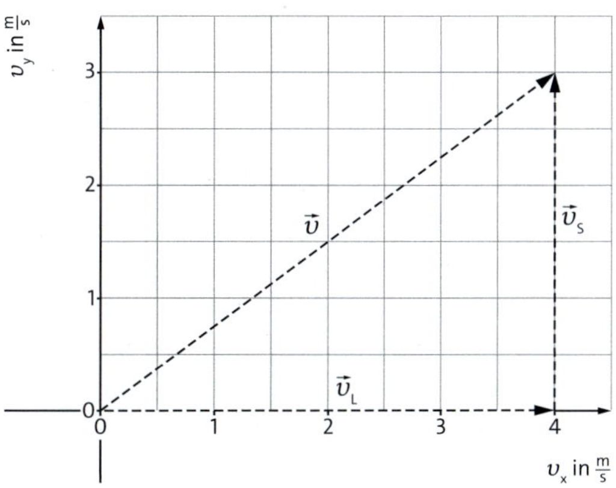

4 Geschwindigkeitsvektoren

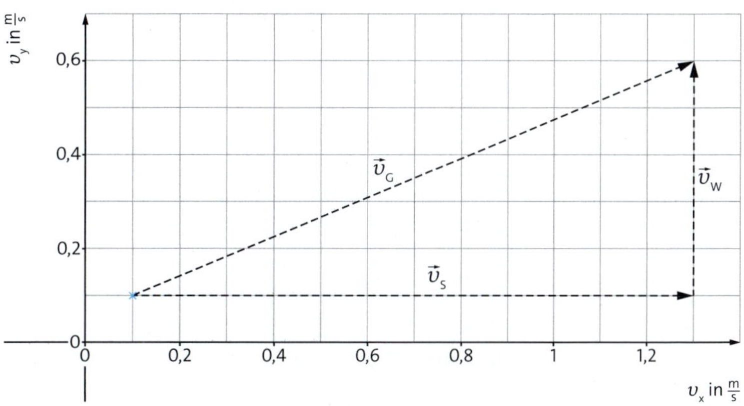

5 Schwimmer in der Strömung

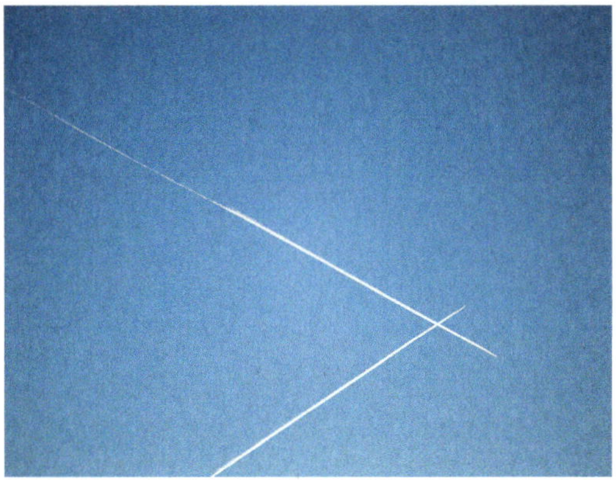

1 Flugzeuge: Besteht Kollisionsgefahr?

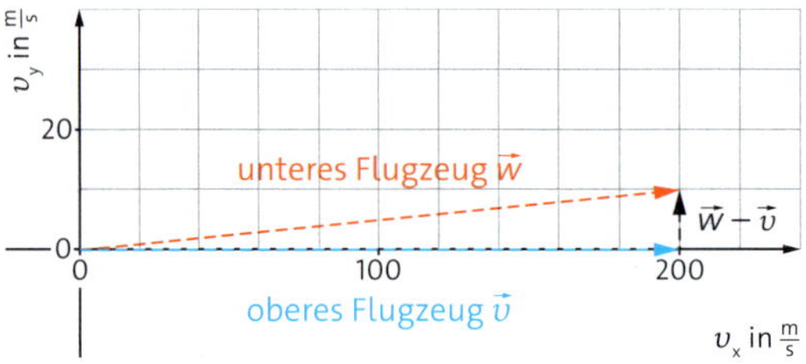

2 Geschwindigkeitsvektoren der Flugzeuge

Perspektivwechsel mit Vektoren • Zwei Flugzeuge begegnen sich am Himmel (▸Abb. 1). Zum Zeitpunkt $t = 0\,s$ wird die Position des oberen Fliegers durch die Koordinaten $x = 0\,m$ und $y = 460\,m$ (Höhe) dargestellt. Die Position des Flugzeugs ist ein Punkt im Koordinatensystem. Einen solchen Punkt kann man als Endpunkt eines Vektors auffassen, der vom Ursprung ausgeht. Man nennt den Vektor dann **Ortsvektor:**

$$\vec{b} = \begin{pmatrix} 0 \\ 460 \end{pmatrix} m.$$

Entsprechend wird zum Zeitpunkt $t = 0$ der untere Flieger durch diesen Ortsvektor dargestellt:

$$\vec{c} = \begin{pmatrix} 0 \\ 400 \end{pmatrix} m.$$

Ein Fluglotse bemerkt die beiden Flugzeuge, erkennt eine Kollisionsgefahr und gibt eine Warnung heraus.

Für die Frage, ob es zu einer Kollision kommt, ist die Flughöhe selbst nicht so wichtig, viel wichtiger ist die Differenz der Flughöhen.

Aus der Sicht des Piloten im oberen Flugzeug erhält der Fluglotse eine Höhendifferenz von $400\,m - 460\,m = -60\,m$ und eine waagerechte Differenz von 0 m. Diese beiden Differenzen notiert er als Komponenten von Vektoren:

$$\begin{pmatrix} 0 \\ 400 \end{pmatrix} m - \begin{pmatrix} 0 \\ 460 \end{pmatrix} m = \begin{pmatrix} 0 \\ -60 \end{pmatrix} m.$$

Nun betrachtet er die Geschwindigkeiten der beiden Flieger anhand von ▸Abb. 2. Die Geschwindigkeit des unteren Flugzeugs ($\vec{w}$) hat die x-Koordinate $200\,\frac{m}{s}$ und die y-Koordinate $10\,\frac{m}{s}$. Also lautet der Geschwindigkeitsvektor:

$$\vec{w} = \begin{pmatrix} 200 \\ 10 \end{pmatrix} \frac{m}{s}.$$

Für die Geschwindigkeit des oberen Fliegers ($\vec{v}$) liest der Fluglotse ab:

$$\vec{v} = \begin{pmatrix} 200 \\ 0 \end{pmatrix} \frac{m}{s}.$$

Auch hier sind nicht die absoluten Geschwindigkeiten entscheidend, sondern ihre Differenz. Der Fluglotse bildet die Differenzen der Koordinaten und erhält den Vektor der Differenzgeschwindigkeit:

$$\vec{w} - \vec{v} = \begin{pmatrix} 200 \\ 10 \end{pmatrix} \frac{m}{s} - \begin{pmatrix} 200 \\ 0 \end{pmatrix} \frac{m}{s} = \begin{pmatrix} 200 - 200 \\ 10 - 0 \end{pmatrix} \frac{m}{s} = \begin{pmatrix} 0 \\ 10 \end{pmatrix} \frac{m}{s}.$$

Aus Sicht des oberen Fliegers kommt der untere also mit $10\,\frac{m}{s}$ auf ihn zu. Da der Abstand zum Zeitpunkt $t = 0$ noch 60 m beträgt, käme es ohne Kurswechsel nach 6 s zur Kollision. Es ist also höchste Zeit für einen neuen Kurs.

Wir fassen zusammen: Ein Vektor kann passend zur Perspektive eines Beobachters bestimmt werden, der Beobachter steht dann im Koordinatenursprung. Dazu wird von einer Koordinate des beobachteten Körpers die entsprechende Koordinate des Beobachters abgezogen.

1 Ein Handelsschiff fährt mit der Höchstgeschwindigkeit $\begin{pmatrix} 5 \\ 20 \end{pmatrix} \frac{km}{h}$, als in 5 km Entfernung seitlich ein Piratenboot gesichtet wird, das mit der Geschwindigkeit $\begin{pmatrix} 17 \\ 17 \end{pmatrix} \frac{km}{h}$ fährt und sich nähert.

a) Berechnen Sie die Geschwindigkeit der Piraten aus Sicht der Handelsschiffer.

b) Bestimmen Sie die entsprechende Fahrtdauer bis zum Eintreffen der Piraten.

c) Ermitteln Sie zeichnerisch einen neuen Geschwindigkeitsvektor für das Handelsschiff, sodass die Piraten aus Sicht der Handelsschiffer möglichst langsam fahren.

d) Ein Helikopter könnte in einer Stunde zur Hilfe eintreffen. Entscheiden Sie begründet, was zu tun ist.

Umgang mit Vektoren

Addition von Vektoren • Als Beispiel betrachten wir ein Boot, das mit der Geschwindigkeit $\vec{v}_B = \begin{pmatrix}1\\2\end{pmatrix}\frac{\text{km}}{\text{h}}$ auf dem Wasser fährt, während dieses mit der Geschwindigkeit $\vec{v}_W = \begin{pmatrix}3\\-5\end{pmatrix}\frac{\text{km}}{\text{h}}$ strömt.

Die Geschwindigkeit $\vec{v}$ über dem Grund bestimmen wir zeichnerisch durch Verketten oder rechnerisch durch Addition von Vektoren:

$$\vec{v} = \vec{v}_B + \vec{v}_W = \begin{pmatrix}1\\2\end{pmatrix}\frac{\text{km}}{\text{h}} + \begin{pmatrix}3\\-5\end{pmatrix}\frac{\text{km}}{\text{h}}.$$

Wir addieren zwei Vektoren, indem wir entsprechende Koordinaten jeweils addieren – das bedeutet, die Summe aus der x-Koordinate von $\vec{v}_B$ und der von $\vec{v}_W$ ergibt die x-Koordinate von $\vec{v}$, für die y-Koordinate analog:

$$\vec{v} = \begin{pmatrix}1+3\\2+(-5)\end{pmatrix}\frac{\text{km}}{\text{h}} = \begin{pmatrix}4\\-3\end{pmatrix}\frac{\text{km}}{\text{h}}.$$

Die zeichnerische Verkettung führt auf dasselbe Ergebnis, wie in ▸Abb. 3 A zu sehen ist.

Betrag von Vektoren • Nun bestimmen wir den **Betrag v** der Geschwindigkeit $\vec{v}$ des Bootes über Grund. Der Vektor $\vec{v}$ ergab sich als Summe der Vektoren $\vec{v}_B$ und $\vec{v}_W$. Man kann $\vec{v}$ aber auch zerlegen in zwei zueinander senkrechte Vektoren. Der eine hat die Koordinaten $\begin{pmatrix}4\\0\end{pmatrix}\frac{\text{km}}{\text{h}}$ und entspricht der Geschwindigkeit in x-Richtung, der andere stellt mit den Koordinaten $\begin{pmatrix}0\\-3\end{pmatrix}\frac{\text{km}}{\text{h}}$ die Geschwindigkeit in y-Richtung dar. Diese beiden bilden die Katheten eines rechtwinkligen Dreiecks (rot in ▸Abb. 3A). Das Boot bewegt sich also mit $4\frac{\text{km}}{\text{h}}$ in x-Richtung und mit $-3\frac{\text{km}}{\text{h}}$ in y-Richtung. Die Länge der Hypotenuse ist der Betrag v von $\vec{v}$, den wir mit dem Satz des Pythagoras berechnen:

$$v^2 = \left(4\frac{\text{km}}{\text{h}}\right)^2 + \left(-3\frac{\text{km}}{\text{h}}\right)^2 = 25\left(\frac{\text{km}}{\text{h}}\right)^2.$$

Wir erhalten $v = 5\frac{\text{km}}{\text{h}}$. Wir fassen das Rechenverfahren allgemein für einen Vektor $\vec{a}$ als Formel zusammen:

$$a = \left|\begin{pmatrix}a_x\\a_y\end{pmatrix}\right| = \sqrt{a_x^2 + a_y^2}.$$

Eine vektorielle physikalische Größe wird in einer Formel oft mit einem Vektorpfeil dargestellt, wenn es im Kontext auf die Richtung ankommt. Anderenfalls lässt man den Vektorpfeil weg, um nicht vom Wesentlichen abzulenken. Den Betrag eines Vektors stellt man durch das Formelzeichen ohne Vektorpfeil dar.

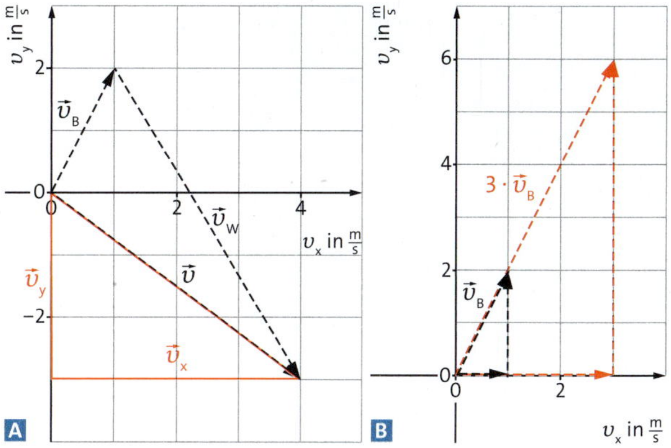

3 **A** Boot und Strömung, **B** Vielfache von Vektoren

Vielfache von Vektoren • Um gegen die Strömung fahren zu können, müsste das Boot seine Geschwindigkeit erhöhen, beispielsweise verdreifachen. Wir könnten den Pfeil dreimal so lang zeichnen. Stattdessen können wir auch die Koordinaten jeweils mit drei multiplizieren:

$$3 \cdot \vec{v}_B = 3 \cdot \begin{pmatrix}1\\2\end{pmatrix}\frac{\text{km}}{\text{h}} = \begin{pmatrix}3\cdot 1\\3\cdot 2\end{pmatrix}\frac{\text{km}}{\text{h}} = \begin{pmatrix}3\\6\end{pmatrix}\frac{\text{km}}{\text{h}}.$$

Demnach berechnet man **Vielfache von Vektoren,** indem man jede Koordinate mit dem Faktor multipliziert.

Gleichheit von Vektoren • Zwei Vektoren sind gleich, wenn sie gleichen Betrag, gleiche Richtung und gleiche Orientierung haben. Fährt ein zweites Boot mit der betragsmäßig gleichen Geschwindigkeit genau parallel zum ersten, hat es den gleichen Geschwindigkeitsvektor, auch wenn es 20 m neben dem ersten fährt. Wenn seine Geschwindigkeit einen anderen Betrag hat, es entgegengesetzt oder nicht parallel zum ersten fährt, sind die Geschwindigkeitsvektoren der beiden Boote nicht gleich.

1 Bestimmen Sie den Betrag der dreifachen Geschwindigkeit des Bootes $\begin{pmatrix}3\\6\end{pmatrix}\frac{\text{km}}{\text{h}}$ mithilfe des Satzes des Pythagoras und vergleichen Sie diesen mit der Geschwindigkeit des Bootes.

2 Vektoren im Raum haben 3 Koordinaten und werden analog addiert wie Vektoren in der Ebene. Addieren Sie die Vektoren $\begin{pmatrix}1\\4\\6\end{pmatrix}$ und $\begin{pmatrix}4\\3\\2\end{pmatrix}$. Begründen Sie, dass der Vektor $\begin{pmatrix}4\\4\\2\end{pmatrix}$ den Betrag 6 hat.

Versuch A • Messen von Beschleunigungen bei verschiedenen Bewegungen

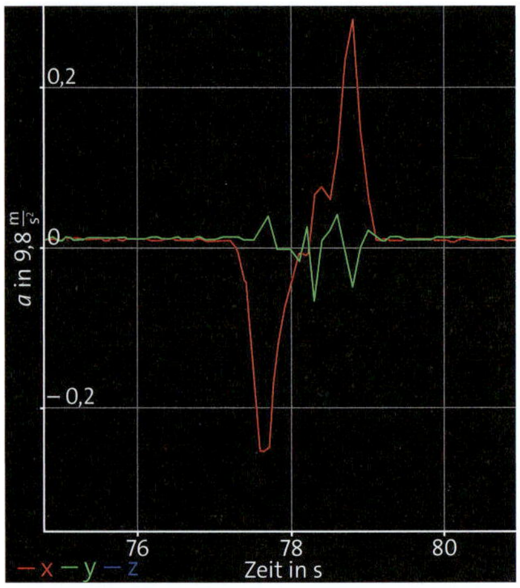

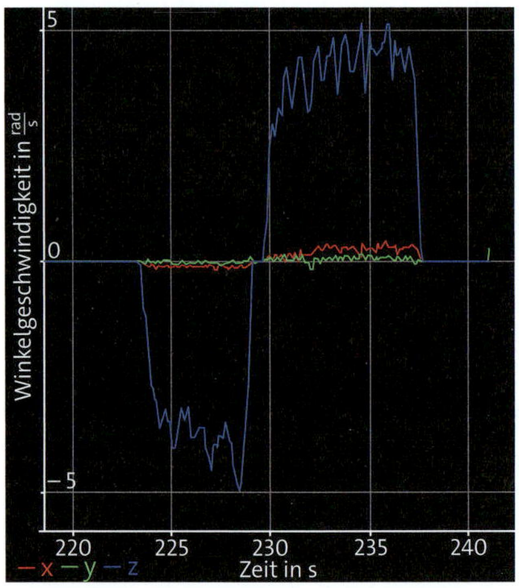

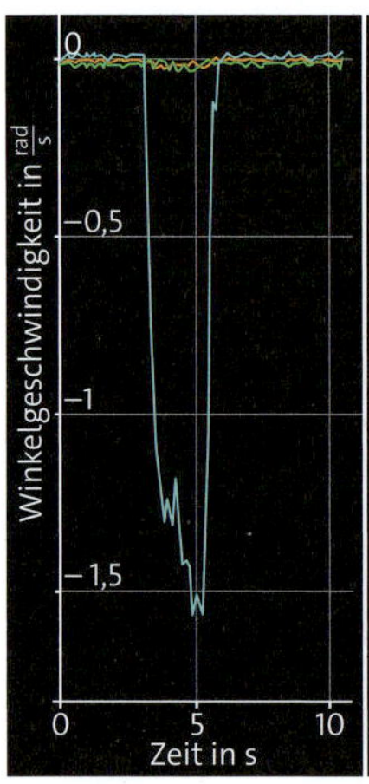

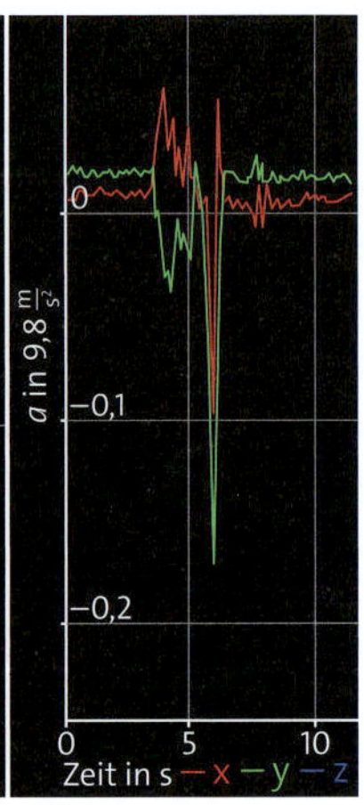

V1 Ebener Verschiebungsvektor

Material:
Smartphone, Tisch, Lineal

Arbeitsauftrag:

a) Installieren Sie auf Ihrem Smartphone eine App zur Aufzeichnung der Beschleunigung. Legen Sie das Phone flach auf den Tisch und starten Sie die Aufzeichnung der *x*-Koordinate a_x sowie der *y*-Koordinate a_y der Beschleunigung (Abbildung oben).

b) Stellen Sie die Lage der *x*- und der *y*-Achse auf dem Display fest.

c) Verschieben Sie das Phone zügig und messen Sie mit dem Lineal die Koordinaten Δx und Δy des Verschiebungsvektors.

d) Ermitteln Sie mithilfe einer Tabellenkalkulation für alle aufgezeichneten Zeitpunkte die *x*-Koordinate der Geschwindigkeit $v_x(t)$ als entsprechende Fläche unter dem $a_x(t)$-Graphen. Berechnen Sie analog $v_y(t)$.

e) Ermitteln Sie entsprechend die Verschiebungen Δx und Δy aus den Koordinaten der Geschwindigkeit $v_x(t)$ und $v_y(t)$.

f) Vergleichen Sie die mit dem Lineal und mit dem Smartphone gemessenen Verschiebungen miteinander und erörtern Sie Messungenauigkeiten.

V2 Drehung in der Ebene

Material:
Smartphone, Tisch, Geodreieck

Arbeitsauftrag:

a) Installieren Sie auf Ihrem Smartphone eine App zur Aufzeichnung der Winkelgeschwindigkeit, also eine Gyroskopsensor-App (Abbildung Mitte), legen Sie das Phone flach auf den Tisch und starten Sie die Aufzeichnung der *z*-Komponente ω_z der Winkelgeschwindigkeit.

b) Bestätigen Sie, dass eine Drehung in der *xy*-Ebene durch die *z*-Koordinate der Winkelgeschwindigkeit angezeigt wird (Abbildung unten).

c) Drehen Sie das Phone um seine *z*-Achse und messen Sie mit dem Geodreieck den Drehwinkel α.

d) Ermitteln Sie den Drehwinkel als Fläche unter dem $\omega_z(t)$-Graphen und vergleichen Sie mit der Messung mit dem Geodreieck.

e) Begründen Sie, dass eine Bewegung eines Körpers in der *xy*-Ebene durch die drei Komponenten v_x, v_y und ω_z vollständig dargestellt wird.

V3 Verschiebung und Drehung

Material:
Zwei Smartphones, Brett, Geodreieck

Arbeitsauftrag:

a) Legen Sie das Brett auf den Tisch und darauf die beiden Smartphones. Bewegen Sie das Brett in der *xy*-Ebene und bestimmen Sie mit dem Geodreieck sowie mit den Phones die Größen Δx, Δy und α.

b) Bestätigen Sie, dass sich die Verschiebungen Δx und Δy sowie die Drehung α unabhängig voneinander überlagern.

V4 Krummlinige Bewegungen

Material:
Tisch, Magnet, Eisenkugel

Arbeitsauftrag:

a) Befestigen Sie den Magneten unter dem Tisch. Lassen Sie die Kugel so rollen, dass die Bahn etwas gekrümmt wird.

b) Lassen Sie die Kugel so rollen, dass die Bahn ungefähr eine Runde um den Magneten ausführt.

c) Erklären Sie die Bedeutung der Kraft für eine krummlinige Bewegung in der Ebene.

Material A • Bordwind beim Boot

In der Seefahrt unterscheidet man wahren Wind, Fahrtwind und Bordwind. Der wahre Wind ist der vom ruhenden Beobachter gemessene Wind, der Fahrtwind ist der beim fahrenden Schiff auftretende Gegenwind und der Bordwind ist der Wind, wie er vom fahrenden Schiff aus wahrgenommen wird. An der Mastspitze eines Bootes wird daher der Bordwind $\vec{v}_B$ gemessen.

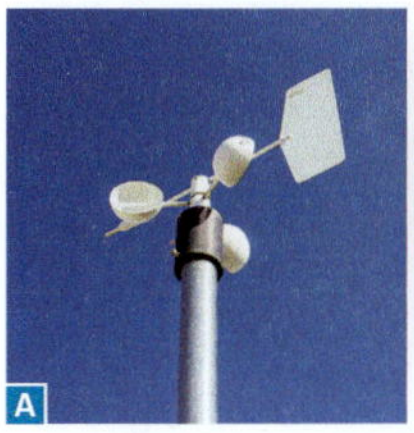
A

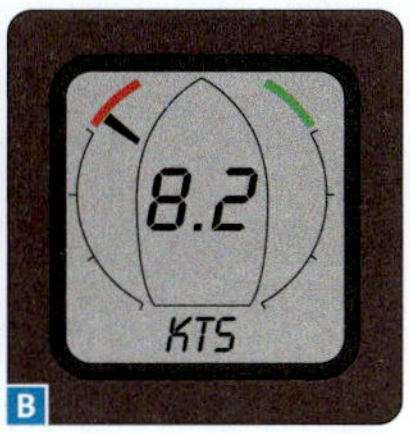

B

A1 Das Display in der Abbildung zeigt an, dass der Bordwind $\vec{v}_B$ von vorne links kommt und einen Betrag von 8,2 Knoten hat. Zeichnen Sie den Bordwind in ein Koordinatensystem. Verwenden Sie den Maßstab „1 Knoten entspricht 1 cm".

A2 Gleichzeitig wird über GPS für das Schiff eine Geschwindigkeit von 6,2 Knoten gemessen. Demnach hat der Fahrtwind $\vec{v}_F$ den gleichen Betrag. Zeichnen Sie den Fahrtwind in die Skizze.

A3 Bei einem ankernden Boot ist der wahre Wind $\vec{v}_W$ gleich dem Bordwind. Die vektorielle Summe des wahren Windes und des Fahrtwindes ergibt den Bordwind. Bestimmen Sie zeichnerisch den wahren Wind.

Material B • Untersuchung eines Flugzeugabsturzes

Jeder Flugzeugabsturz wird ausführlich untersucht, damit man in Zukunft ähnliche Flugzeugabstürze verhindern und noch sicherer fliegen kann. Dabei gibt der Flugschreiber wichtige Informationen über den Flug wie Flughöhe über dem Meeresspiegel oder Geschwindigkeit in der Luft. Im Diagramm sind für einen Absturz die Höhe (altitude) in Fuß (feet) und die Geschwindigkeit (speed) in Knoten (kts) aufgezeichnet.

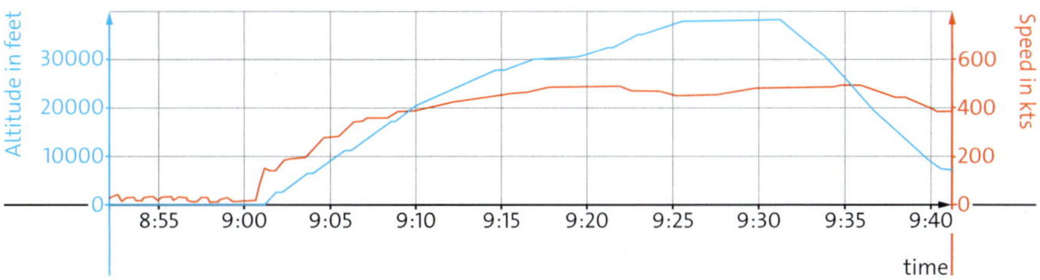

B1 Das Flugzeug ging um 9.32 Uhr in den Sinkflug über.

a) Bestimmen Sie für den Anfang und das Ende des Sinkflugs die Geschwindigkeit. Ein Knoten (kts) entspricht $1{,}852\,\frac{\text{km}}{\text{h}}$.

b) Ermitteln Sie die vertikale Koordinate v_y der Geschwindigkeit. (1 Fuß ≈ 0,3048 m)

c) Lesen Sie für den Anfang und das Ende des Sinkflugs die horizontale Koordinate v_x der Geschwindigkeit ab.

d) Berechnen Sie die entsprechenden Neigungswinkel der Flugbahn des Sinkflugs.

Material C • Falke nutzt Aufwinde

Ein Falke flog mit einer horizontalen Geschwindigkeitskoordinate von $v_x = 21\,\frac{\text{km}}{\text{h}}$ und steigerte mit Aufwinden seine Flughöhe (rote Markierung).

C1 **a)** Ermitteln Sie die erzielte vertikale Geschwindigkeitskoordinate v_y.

b) Berechnen Sie den Betrag der Geschwindigkeit.

C2 Der Falke hat eine Masse von 230 g.

a) Bestimmen Sie die vom Falken durch die Thermik aufgenommene Leistung und Energie.

b) Ein Falke kann im Sturzflug $300\,\frac{\text{km}}{\text{h}}$ erreichen. Ermitteln Sie die Höhe, aus der er mit $21\,\frac{\text{km}}{\text{h}}$ starten und diese Geschwindigkeit im Sturzflug erreichen kann.

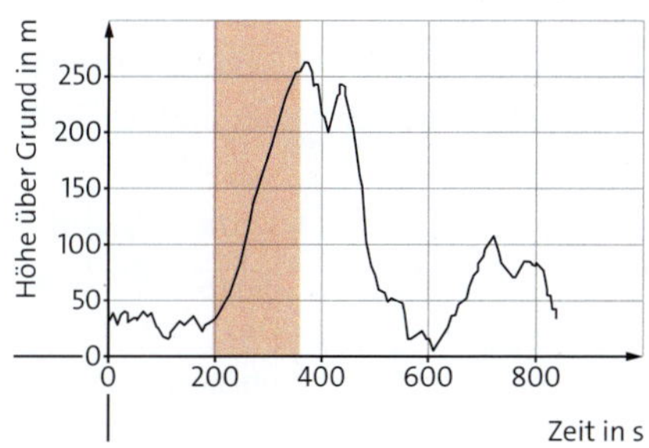

1 Welcher Ball ist zuerst unten?

Fallbewegungen

Zwei unterschiedliche Bälle fallen gleichzeitig aus der zweiten Etage. Welcher der Bälle wird zuerst unten auftreffen?

Analyse der Bewegung • Um zu überprüfen, welcher der beiden Bälle schneller ist, müssen wir zuerst klären, um was für eine Bewegung es sich handelt.

Da der Körper aus der Ruhe startet und dann schneller wird, muss es sich um eine beschleunigte Bewegung handeln. Um einen Körper zu beschleunigen, muss eine Kraft auf ihn ausgeübt werden. Als beschleunigende Kraft wirkt hier die Gewichtskraft $F_G = m \cdot g$. Wir nehmen deshalb an, dass die Masse des Körpers und der Ortsfaktor g eine Rolle spielen.

Zudem haben vermutlich Luftreibung, Größe und Querschnittsfläche des Körpers sowie die Dichte der Luft Einfluss auf die Fallbewegung.

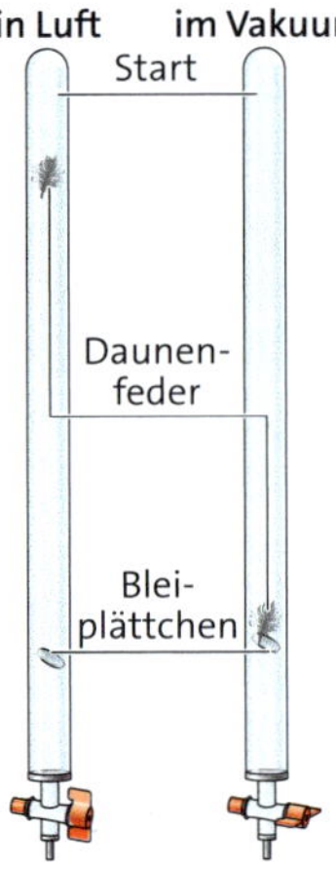

2 Fallröhre mit Luft, Fallröhre mit Vakuum

Vom Fallschirm wissen wir, dass die Querschnittsfläche eines fallenden Körpers einen Einfluss auf die Fallgeschwindigkeit hat, wenn Reibung mit der Luft auftritt. Die Überlegungen und Berechnungen dazu sind aber etwas komplizierter. Daher idealisieren wir den Vorgang zunächst, indem wir die Luftreibung vernachlässigen. Bei dieser Idealisierung sprechen wir vom **freien Fall.**

Der freie Fall ist eine idealisierte Fallbewegung, bei der die Luftreibung vernachlässigt wird.

Damit können wir die Dichte der Luft, die Größe und die Querschnittsfläche des Körpers zunächst vernachlässigen. Es bleiben die Masse und der Ortsfaktor als zu untersuchende Größen.

Untersuchung des freien Falls • Wenn wir den freien Fall untersuchen wollen, dann müssen wir eine Experimentieranordnung finden, in der die Luftreibung vernachlässigt werden kann. Diese Möglichkeit bietet die in ▸Abb. 2 dargestellte Fallröhre, weil wir mit einer Vakuumpumpe die Luft herauspumpen können, sodass im Inneren der Röhre ein Vakuum entsteht.

In der Fallröhre befinden sich eine Feder und ein Bleiplättchen, die wir gleichzeitig fallen lassen. Ist die Fallröhre mit Luft gefüllt, passiert das, was wir erwarten: Das Bleiplättchen fällt schneller als die Feder (▸Abb. 2, links).

Nun pumpen wir die Luft aus der Fallröhre und wiederholen den Versuch in gleicher Weise. Was wir jetzt beobachten ist überraschend: Bleiplättchen und Feder fallen gleich schnell!

Im Vakuum fallen alle Körper gleich schnell. Die Fallgeschwindigkeit ist von der Masse unabhängig.

Den Ortsfaktor können wir in einem Experiment in der Schule nicht signifikant variieren. Im Internet gibt es aber Videos zum Fall verschiedener Gegenstände auf dem Mond. Die Gegenstände fallen dort langsamer als auf der Erde, also ist der Ortsfaktor dort offenbar geringer.
Nun wollen wir den Ortsfaktor auf der Erde bestimmen. Da die Fallbewegung sehr schnell erfolgt, ist die Messung mit einer Handstoppuhr nicht sinnvoll. Wir vermessen die Fallbewegung daher mit der Soundkarte eines Computers.

Experiment mit der Soundkarte • Um ein PVC-Rohr wickeln wir dazu Kupferlackdraht in Form mehrerer Spulen. Die Spulen haben untereinander einen Abstand von 10 cm (▸Abb. 3).
Die Enden des Drahtes verbinden wir über einen Klinkenstecker mit dem Mikrofoneingang des Computers. Normalerweise wird hier ein Mikrofon angeschlossen, das den Schall in Spannungsimpulse umwandelt. Hier werden die Spannungsimpulse dadurch induziert, dass ein Magnet durch die Spule fällt. Wir können sie mit einem Soundanalyseprogramm aufzeichnen (▸Abb. 4).
Im Soundanalyseprogramm liest man die Zeitpunkte ab, zu denen der fallende Magnet die Spulen passiert hat. Wir übertragen die Strecke y in Abhängigkeit von der Zeit x in eine Tabellenkalkulation und führen eine Regression durch. Eine quadratische Regression der Form

$$y(x) = a_1\,x^2 + a_2 x + a_3$$

liefert den besten Zusammenhang. In der Tabellenkalkulation können wir ablesen:

$$y(x) = 4{,}8\,x^2 + 1{,}02\,x + 0{,}002.$$

Da y eine Strecke ist, haben alle drei Summanden die Dimension einer Strecke. Eine Einheitenbetrachtung zeigt: $a_1 = 4{,}8$ hat die Einheit der Beschleunigung, $a_2 = 1{,}02$ die Einheit der Geschwindigkeit und $a_3 = 0{,}002$ die Einheit der Strecke. Die Gewichtskraft wirkt als beschleunigende Kraft auf den Magneten. Wir vergleichen deshalb mit der Gleichung der beschleunigten Bewegung:

$$s = \frac{a}{2} \cdot t^2 + v_0 \cdot t + s_0.$$

Es zeigt sich, dass gilt:

$$a = 2 \cdot a_1 = 9{,}6\,\frac{\text{m}}{\text{s}^2};\ v_0 = a_2 = 1{,}02\,\frac{\text{m}}{\text{s}};\ s_0 = a_3 = 0{,}002\,\text{m}.$$

An diesen Parametern erkennen wir, dass die Geschwindigkeit beim 1. Signal, also beim Durchfallen der 1. Spule, v_0 war, die Beschleunigung betrug $9{,}6\,\frac{\text{m}}{\text{s}^2}$.

Bei diesem Versuch wird ein Teil der Bewegungsenergie in elektrische Energie umgewandelt. Genauere Messungen liefern für die Fallbeschleunigung einen Wert von $9{,}8\,\frac{\text{m}}{\text{s}^2}$. Diesen Wert kennen wir bereits als Ortsfaktor g.

Der freie Fall ist eine gleichmäßig beschleunigte Bewegung.
Auf der Erde werden frei fallende Körper mit ca. $9{,}8\,\frac{\text{m}}{\text{s}^2}$ beschleunigt.

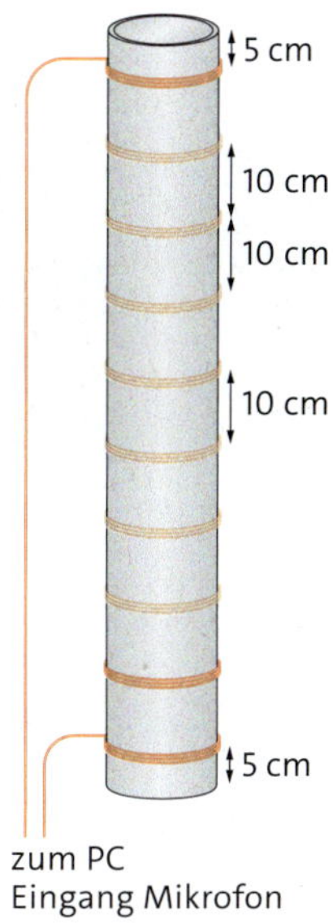

3 Aufbau der Fallröhre

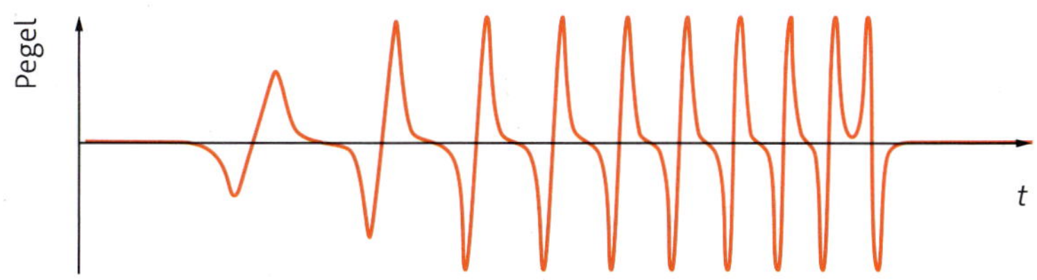

4 Aufnahme mit einem Soundanalyseprogramm

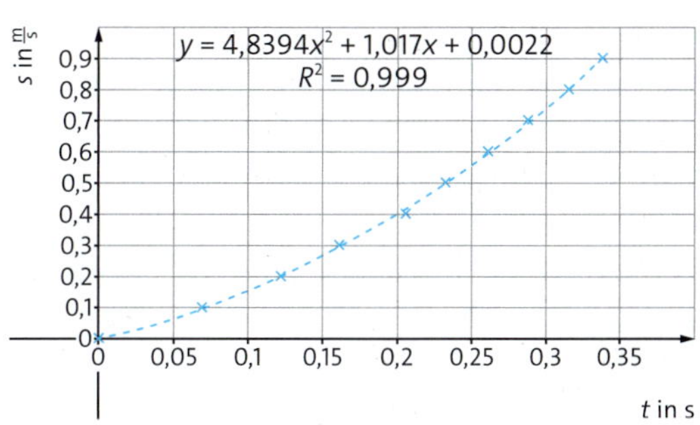

5 Messwerte und Regression

1 Fallschirmspringer

2 Fallender Kegel

t in s	v in $\frac{m}{s}$
0	0,00
0,1	1,00
0,2	1,87
0,3	2,43
0,4	2,67
0,5	2,76
0,6	2,78
0,7	2,80
0,8	2,80

3 Tabelle $v(t)$

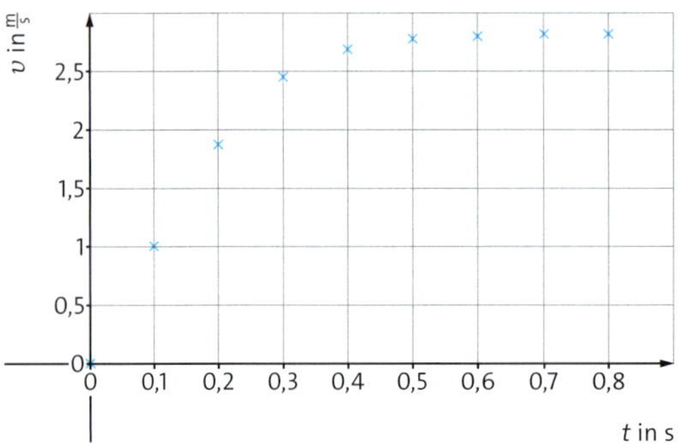

4 $v(t)$-Diagramm

Fallbewegung mit Reibung • Auf jeden Körper wirkt die Gewichtskraft F_G, die den Körper in Richtung des Erdmittelpunkts beschleunigt.
Die Vorstellung, dass alle Körper in gleicher Weise fallen, widerspricht aber unserer täglichen Erfahrung. In vielen Fällen, wenn z.B. eine Bleikugel über eine kurze Strecke fällt, bietet der freie Fall eine gute Näherung. Wenn ein Körper aber eine sehr große Oberfläche und gleichzeitig eine geringe Masse hat, wie zum Beispiel ein Blatt Papier, dann versagt diese Näherung wegen der auftretenden Reibung.
Um den Fall mit Reibung zu untersuchen, verwenden wir einen Papierkegel, weil seine Größe und Masse leicht zu variieren sind und er stabil fällt. Wir wählen für den Papierkegel einen Radius von 6 cm und eine Fallhöhe von 2 m. Die Bewegung wird mithilfe einer Videoanalyse ausgewertet (▸Abb. 2).
Die Auswertung zeigt, dass es sich nicht um eine gleichmäßig beschleunigte Bewegung handelt. Zu Beginn der Fallbewegung wird der Kegel zwar beschleunigt, die Beschleunigung wird dann aber kleiner und der Kegel bewegt sich am Ende gleichförmig weiter (▸Abb. 2).
Die Gewichtskraft, die auf den Kegel wirkt, ändert sich nicht. Es muss folglich eine zweite Kraft auf den Kegel wirken, die der Gewichtskraft entgegengerichtet ist. Diese Kraft ist die **Luftreibungskraft F_{LR}**.
Offensichtlich nimmt die Luftreibungskraft mit der Geschwindigkeit zu, bis sie entgegengesetzt gleich der Gewichtskraft ist (▸Tabelle 3 und ▸Abb. 4). Man sagt, es besteht ein Kräftegleichgewicht.
Wenn sich die Wirkungen beider Kräfte also aufheben, bewegt sich der Körper mit konstanter Geschwindigkeit. Wir können die Luftreibungskraft F_{LR} nicht messen, aber wir wissen, dass sie im Kräftegleichgewicht so groß ist wie die Gewichtskraft: $F_{LR} = F_G$. Dieses Kräftegleichgewicht ermöglicht die Bestimmung von F_{LR}.

Luftreibung und Masse • Durch das Einfüllen kleiner Massestücke können wir die Masse des Kegels bei sonst unveränderten Bedingungen erhöhen. Wir nehmen die Endgeschwindigkeit v_{End} in Abhängigkeit von der Masse m auf und tragen beide Größen in eine Tabelle ein (▸Tabelle 6 A).
Die Auswertung des Experimentes liefert die Gleichung:
$v_{End} = 1{,}99 \cdot m^{0{,}49}$.
Der Exponent ist ungefähr 0,5 und wir können auf $v \sim \sqrt{m}$ schließen (▸Abb. 6 B). Dieser Zusammenhang lässt sich mit einer Linearisierung bestätigen (▸Abb. 6 C). Daraus ergibt sich, dass sich das Quadrat der Endgeschwindigkeit proportional zur Masse verhält: $v^2 \sim m$.

Luftreibung und Fallgeschwindigkeit • Die Luftreibungskraft nimmt mit steigender Geschwindigkeit zu. ▸Tabelle 6 A zeigt die aufgenommenen Messwerte. Wir wissen bereits, dass sich beim Fall mit Reibung nach einiger Zeit ein Kräftegleichgewicht zwischen Gewichtskraft und Luftreibungskraft einstellt. Wegen $F_{LR} = F_G = m \cdot g$ und $m \sim v^2$ folgt: $F_{LR} \sim v^2$.

Abhängigkeit von der Querschnittsfläche •
Die Erfahrung sagt uns, dass bei zunehmender Querschnittsfläche die Fallbewegung stärker ge-

bremst wird. Um einen mathematischen Zusammenhang festzustellen, variieren wir die Querschnittsfläche des Kegels. Die Auswertung zeigt, dass die Luftwiderstandskraft proportional zur Querschnittsfläche zunimmt: $F_{LR} \sim A$.

Luftreibung und Dichte • Wenn wir diesen Zusammenhang untersuchen, dann stellen wir fest, dass die Luftreibungskraft F_{LR} proportional zur Dichte des Mediums zunimmt: $F_{LR} \sim \rho$.

Die drei erhaltenen Proportionalitäten $F_{LR} \sim \rho$, $F_{LR} \sim A$ und $F_{LR} \sim v^2$ lassen sich zu einer Proportionalität zusammenfassen:

$F_L \sim \rho \cdot A \cdot v^2$.

Bis jetzt haben wir die Form des sich bewegenden Körpers nicht beachtet. Es ist aber ein Unterschied, ob der sich bewegende Körper bei gleicher Querschnittsfläche „windschnittig" ist oder nicht. Die Form des Körpers wird durch den c_W-Wert (Widerstandsbeiwert, ▸Tabelle 5) beschrieben. Über eine Einheitenbetrachtung sehen wir, dass der c_W-Wert dimensionslos ist.

$F_{LR} \sim c_W \cdot \rho \cdot A \cdot v^2$.

Der Proportionalitätsfaktor ist $\frac{1}{2}$, das lässt sich aus Überlegungen zur kinetischen Energie des fallenden Körpers ableiten, die wir hier nicht durchführen.
Für den Betrag der Luftreibungskraft gilt also:

$F_{LR} = \frac{1}{2} \cdot c_W \cdot \rho \cdot A \cdot v^2$.

1 Berechnen Sie die Geschwindigkeit, mit der ein Turmspringer bei einer Sprunghöhe von 3 m (5 m, 10 m) auf dem Wasser auftrifft.

2 Berechnen Sie die Höhe, aus der ein Körper frei fallen muss, um auf eine Geschwindigkeit von $10\,\frac{km}{h}$ $\left(20\,\frac{km}{h}, 30\,\frac{km}{h}, 50\,\frac{km}{h}\right)$ beschleunigt zu werden.

3 Berechnen Sie die maximale Geschwindigkeit, die ein Fallschirmspringer erreichen kann. Der Schirm habe einen Durchmesser von 5 m, Springer und Ausrüstung haben Gesamtmasse von 100 kg.

4 Berechnen Sie die Geschwindigkeit, die ein Regentropfen mit dem Durchmesser 3 mm erreichen kann. Sie können zur einfacheren Berechnung von einer Kugelform des Regentropfens ausgehen.

5 In Wanaka (Neuseeland) wirbt ein Unternehmen damit, mit 18 000 ft (1 ft = 0,3048 m) die höchsten Tandemsprünge und somit die längsten Freifälle anzubieten. Der freie Fall endet bei Erreichen einer Höhe von 1500 ft.
a) Berechnen Sie die Zeit, die im freien Fall zurückgelegt wird.
b) Berechnen Sie die Geschwindigkeit, die die Springer vor dem Öffnen des Fallschirms maximal erreichen können.
c) Im Tandemsprung haben Kunde, Instruktor und Ausrüstung zusammen eine Masse vom 180 kg. Berechnen Sie die erforderliche Größe des Fallschirms, wenn die Springer am Boden eine Geschwindigkeit von $3\,\frac{m}{s}$ erreichen sollen.

Körper	c_w-Wert
Kreisscheibe	1,1
Kugel	0,4
Halbkugel	1,3
Halbkugel	0,3
Stromlinien-Körper	0,05
Pkw	0,3–0,5
Lkw	0,6–1,0
Fallschirm	1,3

5 Einige c_w-Werte

m in g	v in $\frac{m}{s}$	v^2 in $\frac{m^2}{s^2}$
1	2	4,0
2	2,8	7,8
3	3,4	11,6
4	4	16,0
5	4,4	19,4
6	4,85	23,5
7	5,2	27,0
8	5,6	31,4

A

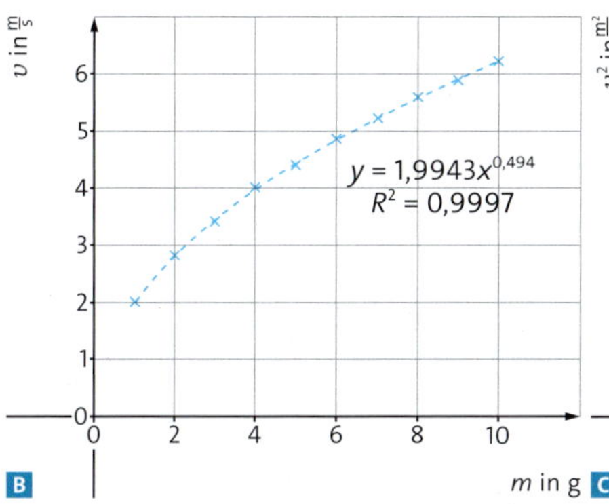

B

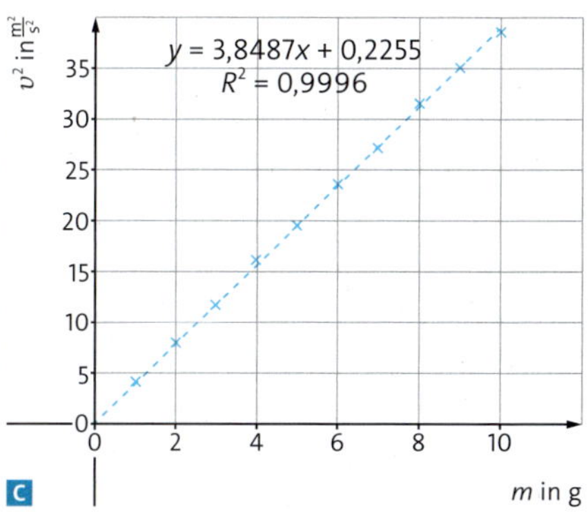

C

6 **A** Messwerte $v = f(m)$, **B** Diagramm $v = f(m)$, **C** Diagramm $v^2 = f(m)$

BLICKPUNKT

Historie

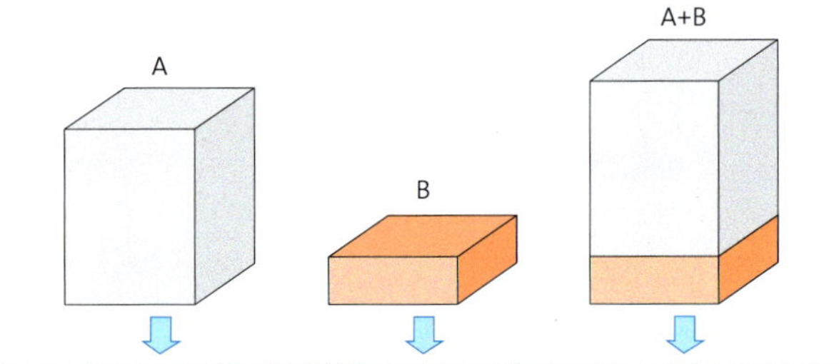

1 Gedankenexperiment

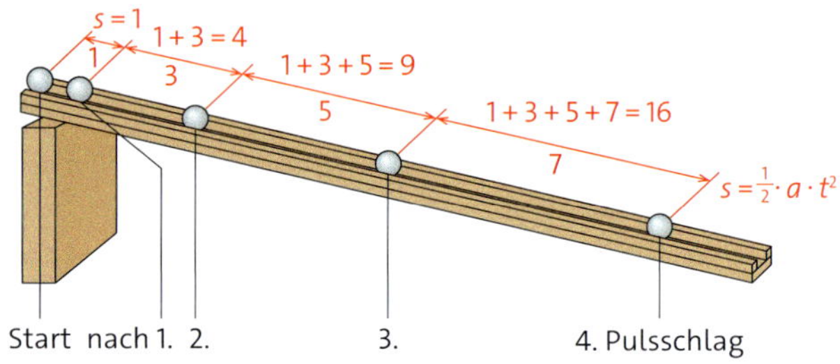

2 Galileis Fallversuche

Aristoteles • Einer der bekanntesten Universalgelehrten des Altertums war sicher ARISTOTELES. Er lebte etwa von 384 bis 322 v. Chr. und war in der Antike als Schüler von PLATON und Lehrer von ALEXANDER dem Großen eine unbestrittene Autorität. Aristoteles beobachtete die Natur, experimentierte jedoch nicht. Bewegungen klassifizierte er in zwei Gruppen: die Bewegung der Himmelskörper und die irdischen Bewegungen. Letztere wiederum unterteilte er in die Bewegung der Lebewesen, die natürlichen und die erzwungenen Bewegungen:
Lebewesen – seien es schwimmende Fische, fliegende Vögel oder einkaufende Menschen – bewegen sich selbstständig. ARISTOTELES zufolge ist diese Bewegung naturgegeben, weil es Lebewesen sind.
Ein Stein fällt nach unten, weil nach ARISTOTELES' Auffassung unten sein angestammter Platz ist. Die natürliche Bewegung ist daher für leichte Körper nach oben und für schwere nach unten gerichtet. Diese Bewegung dient der Wiederherstellung einer natürlichen Ordnung.
Ein Karren wiederum bewegt sich nur, weil eine äußere Kraft wirkt. Die natürliche Ordnung des Karrens liegt nach ARISTOTELES in der Ruhe, seine Bewegung ist eine erzwungene.

Die Mechanik des ARISTOTELES hatte fast 2000 Jahre lang Bestand und wurde so auch an den Universitäten gelehrt. Doch warum dauerte es so lange, dieses Weltbild zu erschüttern? Das aristotelische Weltbild war ein in sich geschlossenes System, in dem die einzelnen Komponenten untereinander konsistent waren. So war es schwer, einen Aspekt zu widerlegen, ohne am gesamten System zu rütteln. Außerdem passten die Gesetze des ARISTOTELES zu den Beobachtungen im Alltag, auch wenn sie mit dem heutigen Wissen als falsch angesehen werden müssen.

Galilei • Der italienische Universalgelehrte GALILEO GALILEI (1564 bis 1642) war einer der Ersten, die das Experiment zum Bestandteil wissenschaftlicher Untersuchungen machten. Mit dem in ▸Abb. 1 dargestellten Gedankenexperiment begann er, das Weltbild des ARISTOTELES zu erschüttern:
Nach ARISTOTELES fallen schwere Körper A schneller als leichte Körper B. Wenn nun aber Körper A über Körper B liegt, dann müsste Körper B den Fall des Körpers A abbremsen. Da aber Körper A und B zusammen schwerer sind als Körper A, müssten die verbundenen Körper schneller fallen als Körper A. Körper A müsste also gleichzeitig schneller und langsamer fallen. Dieser Widerspruch in der Mechanik des ARISTOTELES inspirierte GALILEI, die Gesetze beim Fall zu untersuchen.
Um 1600 waren Zeitmessungen nur sehr ungenau möglich z. B. über den Pulsschlag. GALILEI musste also einen Weg finden, die zu untersuchende Fallbewegung zu verlangsamen, um sie mit seinen Möglichkeiten messen zu können. Statt eine Kugel senkrecht fallen zu lassen, ließ er sie in einer schrägen Fallrinne hinabrollen (▸Abb. 2). Er ging davon aus, dass die Bewegung für einen Neigungswinkel von 90° dem senkrechten Fall entspräche. GALILEI wiederholte die Messungen wieder und wieder, wobei er die Neigung der Fallrinne variierte. Die Beobachtung war stets dieselbe: Die zurückgelegten Strecken verhielten sich wie die Quadrate der zugehörigen Zeiten: $s \sim t^2$.

Diese Versuche mögen vor dem Hintergrund der heutigen Möglichkeiten trivial wirken. Zur damaligen Zeit waren sie jedoch eine herausragende Leistung eines mutigen, genialen Denkers. Zudem zeigte GALILEI den Zusammenhang zwischen mathematischer Formulierung von Naturgesetzen und deren experimenteller Überprüfung auf.

Versuch A • Messung der Reaktionszeit

V1 Fallendes Lineal

Material:
Lineal (mindestens 30 cm lang) oder Meterstab, Versuchspartner

Arbeitsauftrag:
Halten Sie die Hände wie in der Abbildung um den Nullpunkt des Lineals. Der Versuchspartner lässt dann das Lineal ohne Ankündigung los und Sie versuchen, das Lineal so schnell wie möglich zu fassen.

Notieren Sie die Strecke, die das Lineal gefallen ist. Aus der Fallstrecke können Sie ihre Reaktionszeit bestimmen.

a) Beschreiben Sie die Versuchsidee.

b) Berechnen Sie Ihre Reaktionszeit.

c) Wiederholen Sie den Versuch mit dem Unterschied, dass jetzt ein Startsignal gegeben wird. Ihre Reaktionszeit sollte jetzt deutlich kürzer ausfallen. Begründen Sie die kürzere Reaktionszeit.

d) Berechnen Sie die neue Reaktionszeit.

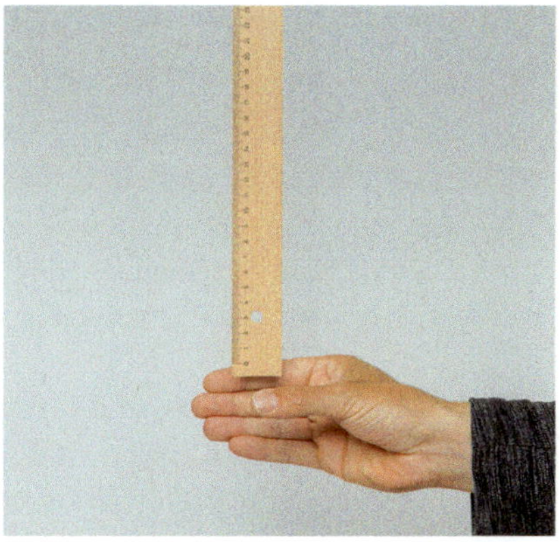

Versuch B • Zusammenhang zwischen Fallzeit und Fallstrecke hörbar machen

V1 Knotenseil

Material:
2 dünne Seile (ca. 2,5 m), zweimal 10 Muttern (M 5 oder größer – abhängig von der Dicke des Seils), Backblech o. Ä.

Arbeitsauftrag:
Knoten Sie 10 Muttern in Abständen von 10 cm in eines der Seile. Beachten Sie, dass durch das Verknoten der Muttern die Seillänge reduziert wird.
Legen Sie das Backblech oder eine andere metallene Unterlage auf einen Tisch.

Halten Sie das Seil in voller Länge über das Backblech. Lassen Sie das Seil los.

a) Beschreiben Sie die Abstände, in denen Sie die Aufschläge der Muttern hören.

b) Begründen Sie Ihre Beobachtung.

c) Beschreiben Sie, wie ein Knotenseil aussehen müsste, bei dem die Aufschläge in gleichen Zeitabständen zu hören sind, und bauen Sie dieses aus dem verbleibenden Material.

d) Überprüfen Sie die Zeitabstände der Aufprallgeräusche für beide Knotenseile mit dem Smartphone mithilfe einer geeigneten App.

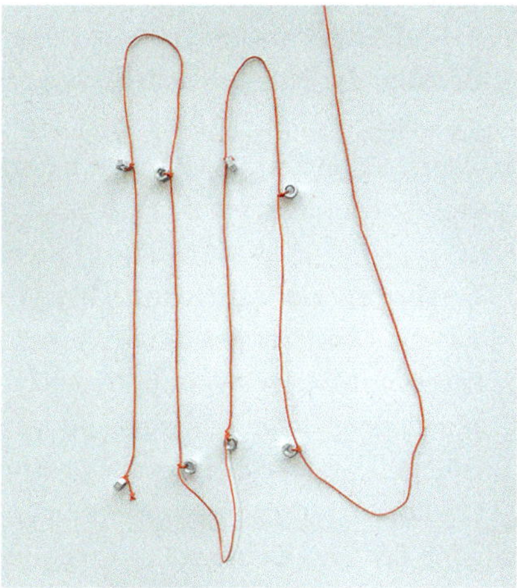

Material A • Reaktionszeit im Straßenverkehr

In Versuch A haben Sie Ihre Reaktionszeit ermittelt. Reaktionszeiten spielen auch im Straßenverkehr eine entscheidende Rolle.

A1 a) Ermitteln sie die Strecken, die Sie innerhalb Ihrer ermittelten Reaktionszeit mit verschiedenen Geschwindigkeiten zurücklegen würden (Reaktionswege).

b) Fertigen Sie mit diesen Werten ein $s(v)$-Diagramm für Ihren Reaktionsweg an, indem Sie die Strecken über der zugehörigen Geschwindigkeit auftragen.

A2 Zur Ermittlung des Reaktionsweges in Metern gibt es die Faustformel „Tachostand durch 10 mal 3".

a) Berechnen Sie die Reaktionswege nach dieser Faustformel.

b) Beurteilen Sie die Brauchbarkeit der Faustformel.

METHODE

Analyse mithilfe von Soundkarten

Bei der Aufnahme von schnell ablaufenden Bewegungen ist die Zeitmessung häufig sehr ungenau. Mithilfe der Soundkarte eines Computers ist es jedoch möglich, Zeitmessungen mit einer höheren Genauigkeit durchzuführen. Dabei gibt es verschiedene Möglichkeiten, die Audioeingänge des Computers zu nutzen.

Eigenschaften von Soundkarten • Selbst die einfachsten Soundkarten haben eine Auflösung von 16 bit, was 65 536 Stufen der Elongation entspricht (2^{16}). Dabei beträgt die Samplingrate bzw. Abtastrate 44,1 kHz. Das bedeutet, dass Messwerte in einem Abstand von 22,7 µs aufgenommen werden können. Die Soundkarte kann Wechselspannungen im Frequenzbereich von 20 Hz bis 20 kHz mit einer Spannung zwischen 5 mV und 1 V aufzeichnen.
Bei der Arbeit mit der Soundkarte ist darauf zu achten, die Grenzen der Eingangsspannung von 1 V nicht signifikant zu überschreiten. Es können sowohl im Computer integrierte Soundkarten als auch externe USB-Soundkarten genutzt werden.

Ohrhörer als Mikrofon • Dynamische Lautsprecher, wie die Ohrhörer des Smartphones, können auch umgekehrt als Mikrofon genutzt werden. So wie bei einer Stereowiedergabe verschiedene Signale auf beide Lautsprecher gelangen, so können auch getrennte Signale mit den Ohrhörern aufgenommen werden (▸Abb. 1). Auf den Eingang der Soundkarte gelangen dabei Spannungssignale. Zur Aufzeichnung des Geräuschs (bspw. ein Klatschen) werden die Ohrhörer in einem bekannten Abstand positioniert. Das Geräusch erreicht die Ohrhörer zu verschiedenen Zeitpunkten, welche mithilfe eines Soundanalyseprogramms bestimmt werden können (▸Abb. 2). Der Screenshot zeigt die Signale des Klatschens, dessen Geräusch mit der Zeitdifferenz Δt die Lautsprecher erreicht. Aus der bekannten Strecke Δs und der berechneten Zeit Δt kann dann die Geschwindigkeit berechnet werden.

Messungen zur Fallgeschwindigkeit • Mit einem selbst gebastelten Fallrohr können auch die Zeiten beim Fall sehr genau bestimmt werden. Der fallende Magnet verursacht in den Spulen eine elektrische Spannung, die auf den Audioeingang der Soundkarte gelegt wird. Diese Spannungsimpulse werden im Soundanalyseprogramm dargestellt und können zeitlich sehr genau abgelesen werden (▸Abb. 3).
An den Spannungsimpulsen ist sehr deutlich zu erkennen, wie der Magnet in die Spulen eintaucht und sie wieder verlässt.
Die Zeiten können aufgenommen und z. B. mit einer Regression ausgewertet werden. Bei allen gängigen Soundanalyseprogrammen können wir sowohl die zeitliche Auflösung als auch die Lautstärke anpassen.

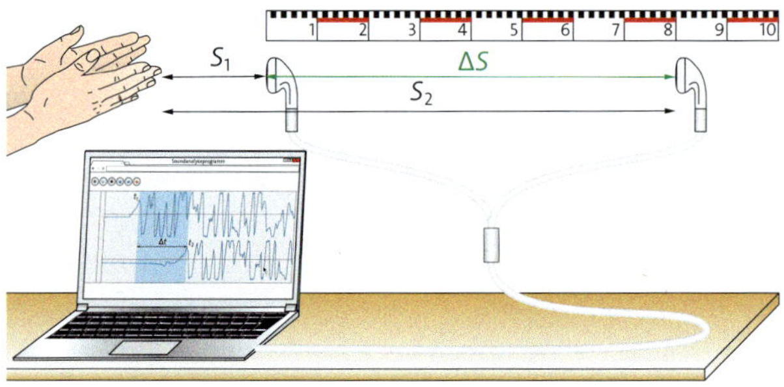

1 Experimentaufbau: Aufnahme getrennter Signale

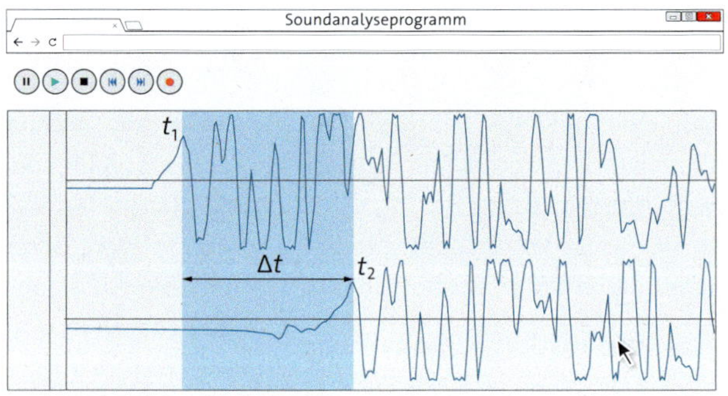

2 Screenshot: Signalaufzeichnung über die beiden Lautsprecher

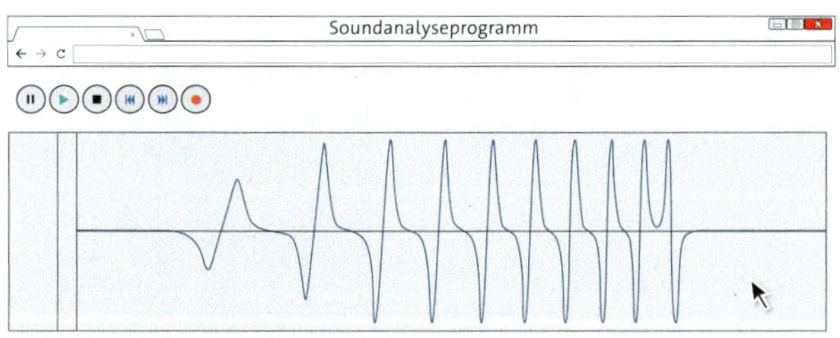

3 Screenshot: Signale des fallenden Magneten

Auswertung von Messungen – Regression

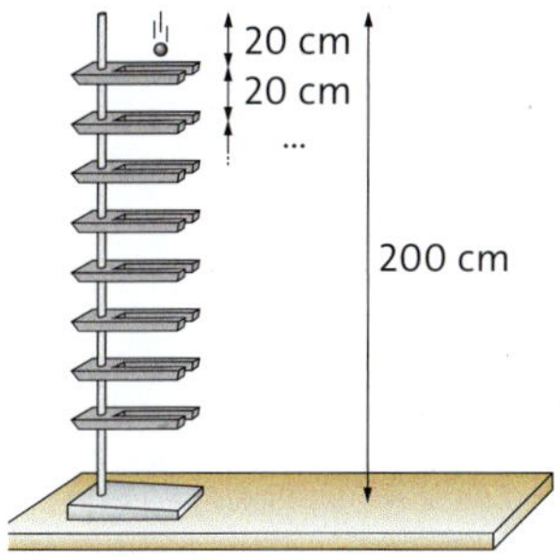

4 Experiment: Kugel fällt längs einer Strecke von Lichtschranken

Der Fall einer Kugel (▸Abb. 4) wurde mithilfe von Lichtschranken aufgezeichnet. Die Messwerte wurden in ein Tabellenkalkulationsprogramm übertragen und grafisch dargestellt (▸Abb. 5). Mithilfe der Tabellenkalkulation ist es möglich, die Messwerte auf mathematische Zusammenhänge zu untersuchen. Ein solches Verfahren nennen wir **Regression.** Bei der Regression mit Taschenrechner oder Computer wählt man zunächst einen Regressionstyp. Es gibt verschiedene Möglichkeiten wie linear, quadratisch, kubisch, exponentiell, potenziell usw. Für die Wahl des Regressionstyps gibt es zwei wesentliche Auswahlkriterien:

- Passt die Funktion zu den Daten?
- Was ist physikalisch sinnvoll?

Passt die Funktion zu den Daten? • Das Bestimmtheitsmaß R^2 gibt an, wie gut eine gefundene Funktion mit den Daten übereinstimmt. Es nimmt Werte von 0 bis 1 an. Je dichter das Bestimmtheitsmaß an 1 liegt, desto besser ist der gefundene Zusammenhang. Einige Taschenrechner arbeiten auch mit dem Korrelationskoeffizienten R, der Werte von –1 bis 1 annehmen kann.

Was ist physikalisch sinnvoll? • Ist eine passende Regressionsgleichung gefunden, müssen wir überlegen, ob diese auch über die Grenzen der Messwerte hinaus sinnvoll ist oder ob ein physikalischer Zusammenhang bekannt ist. Das Schließen auf Werte außerhalb des untersuchten Bereichs nennen wir **Extrapolation.**

Wir wollen dies für die Messung aus ▸Abb. 4 untersuchen. Die lineare Regression (blauer Graph in ▸Abb. 6) liefert ein akzeptables Bestimmtheitsmaß, scheint aber für erwartete Messwerte über 0,6 s permanent zu flach zu verlaufen. Auch der y-Achsenabschnitt bei –0,66 widerspricht den Erwartungen nach dem Experiment. Der Graph der exponentiellen Regression (roter Graph in ▸Abb. 6) liefert ein akzeptables Bestimmtheitsmaß, scheint aber für Messwerte über 0,6 s deutlich stärker zu steigen.
Der Graph in ▸Abb. 7 zeigt eine quadratische Regression. Das Bestimmtheitsmaß ist nahe 1 und zeigt den besten Zusammenhang zwischen Regressionsfunktion und Messdaten. Der zugehörige Funktionsterm lautet:

$$y = 4{,}84\,x^2 + 0{,}077\,x - 0{,}0082.$$

Da wir die Strecke in Abhängigkeit von der Zeit dargestellt haben, entspricht die Variable y der Strecke s und die Variable x der Zeit t. Die Gleichung erinnert an die gleichmäßig beschleunigte Bewegung:

$$s = \frac{a}{2} \cdot t^2 + v_0 \cdot t + s_0$$

Mit den Zahlenwerten erhalten wir die Beschleunigung $a = 9{,}68\,\frac{\text{m}}{\text{s}^2}$, die Anfangsgeschwindigkeit $v_0 = 0{,}077\,\frac{\text{m}}{\text{s}}$ und die Anfangshöhe $s_0 = 0{,}0082\,\text{m}$.
Mithilfe der Regression ist es möglich, mathematische Zusammenhänge zwischen gemessenen Werten zu überprüfen. Dabei liefert die Regression eine Näherung. v_0 und s_0 sind so klein, dass sie vor dem Hintergrund einer Näherung vernachlässigt werden können.

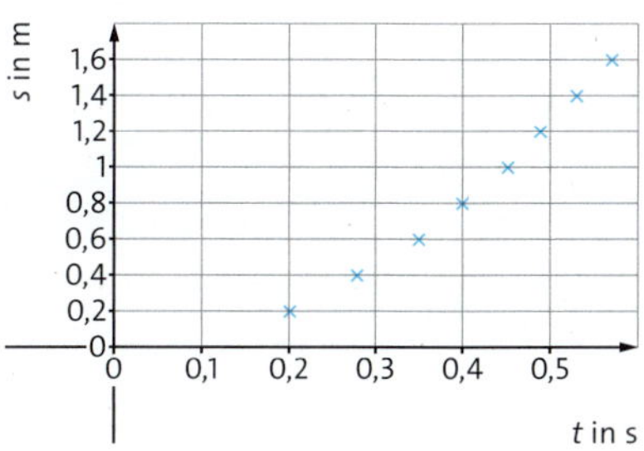

5 Messwerte

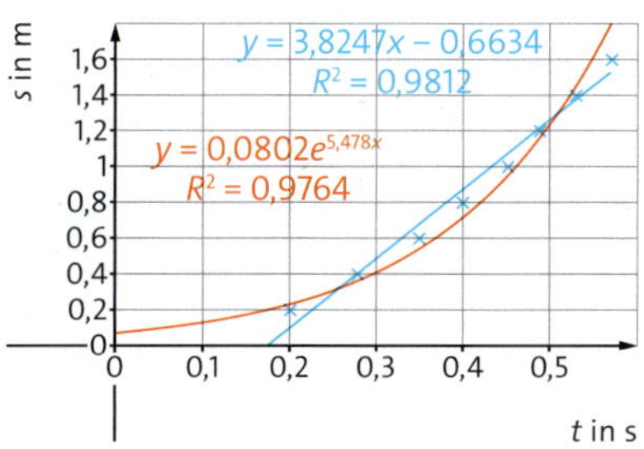

6 Lineare und exponentielle Regression

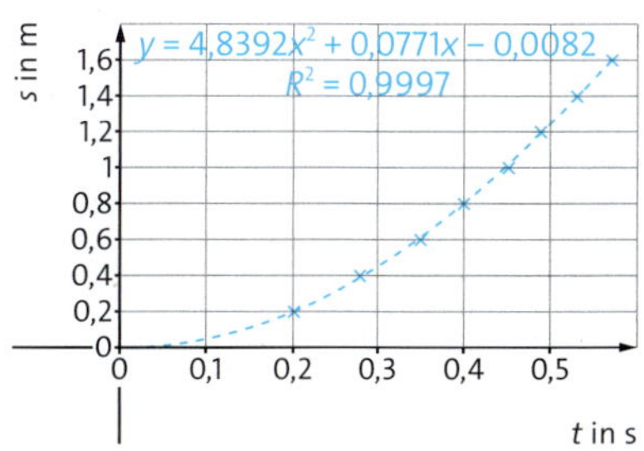

7 Quadratische Regression

1 Turmspringer

Der waagerechte Wurf

Max steht auf dem Sprungturm. Er stellt sich die Frage, ob er länger in der Luft ist, wenn er mit einem Anlauf über den Rand des Sprungbretts läuft.

Wie bewegt sich Max? • Für die Bahn, auf der Max sich bewegt, können wir verschiedene Hypothesen aufstellen (▸Abb. 2). Bahn A wird Ihnen aus verschiedenen Zeichentrickfilmen bekannt sein. Aber auch die Bahnen B, C und D wären denkbar. Um die Hypothesen zu überprüfen, filmen wir eine vergleichbare Bewegung (▸Abb. 3). Die Stroboskopaufnahme der Kugel zeigt, dass sich ein waagerecht geworfener Körper auf einer Bahn ähnlich der in Hypothese B bewegt.

Bewegungen, bei denen ein Körper nur eine waagerechte Anfangsgeschwindigkeit besitzt, nennen wir **waagerechten Wurf.**

Ist Max länger in der Luft? • Um diese Frage zu untersuchen, bauen wir folgendes Experiment auf (▸Abb. 4). Eine Kugel A rollt über die Anlaufbahn waagerecht bis an die Abwurfkante. Wenn Kugel A die Kante passiert, dann löst sie einen Schalter aus. Dieser Schalter unterbricht den Stromkreis zur Spule, die hier als Haltemagnet für Kugel B wirkt. Kugel B beginnt daher zu fallen, wenn Kugel A die Kante passiert.

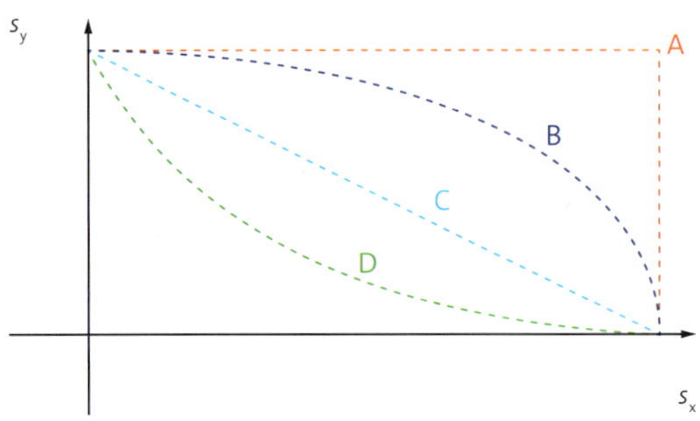

2 Hypothesen für die Bahn von Max

3 Stroboskopaufnahme eines waagerechten Wurfs

Wir beobachten, dass beide Kugeln zur gleichen Zeit auf dem Boden aufkommen. Auch wenn wir den Versuch für verschiedene Höhen und Geschwindigkeiten der Kugel A wiederholen, treffen jedes Mal beide Kugeln gleichzeitig auf.

Eine waagerecht geworfene Kugel trifft stets gleichzeitig mit einer aus gleicher Höhe frei fallenden Kugel auf dem Boden auf.

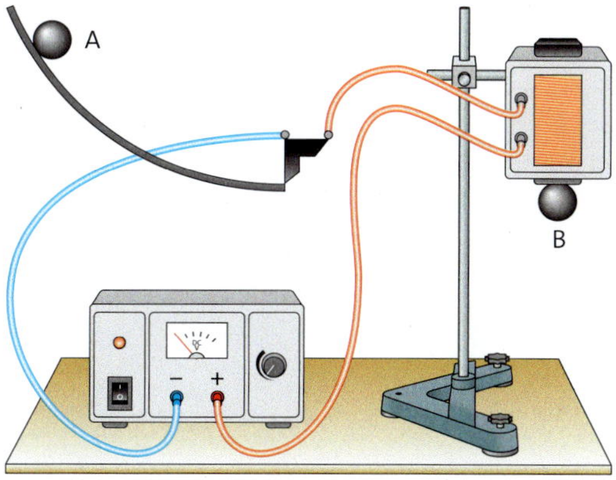

4 Experiment zur Fallzeit waagerecht geworfener und frei fallender Kugeln

Max ist also nicht länger in der Luft.

Komponentenzerlegung • Nach dem Superpositionsprinzip können wir die Wurfbewegung in zwei Teilbewegungen in x- und in y-Richtung zerlegen. Das Ortsdiagramm in ▸Abb. 5 zeigt diese Zerlegung der Bahn von Kugel A.
In ▸Abb. 5 erkennen wir, dass in gleichen Zeiten gleiche Strecken in x-Richtung zurückgelegt werden. Also vollführt der Körper in x-Richtung eine gleichförmige Bewegung.
In x-Richtung gilt somit:

$s_x = v_x \cdot t$	Strecke in x-Richtung
$v_x = v_0$	Geschwindigkeit in x-Richtung
$a_x = 0$	Beschleunigung in x-Richtung

Je länger der Körper in der Luft ist, desto größer werden in y-Richtung die Strecken zwischen zwei Marken. Es liegt also eine beschleunigte Bewegung vor. Die y-Komponente der Strecke entspricht beim waagerechten Wurf dem freien Fall.

Wenn sich der Springer auf der Höhe $h_0 = 10\,\text{m}$ befindet, beginnt die Bewegung bei $s_y = 10\,\text{m}$. Die zurückgelegte Strecke wird also nach unten abgetragen und erhält deshalb ein negatives Vorzeichen. Diese nach unten zurückgelegte Strecke wird von der Starthöhe 10 m subtrahiert.
Für die Bewegung in y-Richtung gilt daher:

$$s_y = h_0 - \frac{g}{2} \cdot t^2.$$

Um ein Ortsdiagramm wie in ▸Abb. 5 zu erhalten, müssen wir die Zeit t in dieser Gleichung durch s_x ersetzen.

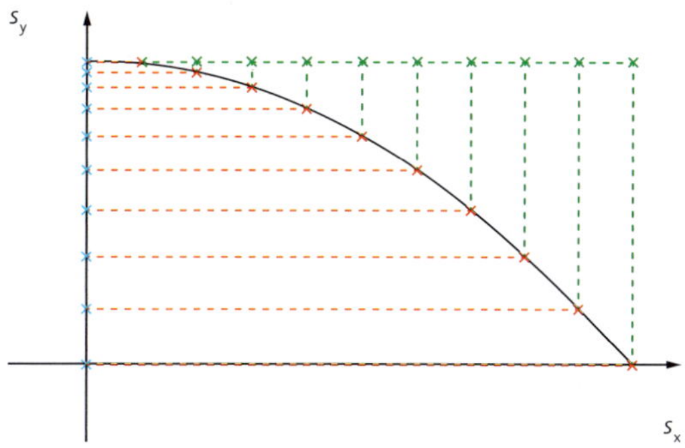

5 Ortsdiagramm der waagerecht geworfenen Kugel

Wir wissen, dass gilt: $s_x = v_x \cdot t$. Stellen wir diese Gleichung für s_x nach t um und setzen das Ergebnis in die Gleichung für s_y ein, erhalten wir (wegen $v_x = v_0$):

$$s_y(s_x) = h_0 - \frac{g}{2} \cdot \frac{s_x^2}{v_0^2}.$$

1 Max läuft mit einer Geschwindigkeit von $3\,\frac{\text{m}}{\text{s}}$ auf dem 10-m-Turm an.
a) Stellen Sie die Flugbahn von Max in einem $s_y(s_x)$-Diagramm dar.
b) Das quadratische Sprungbecken ist 10 m lang. Berechnen Sie die maximale Geschwindigkeit, mit der Max anlaufen darf, um noch im Becken zu landen.

2 Ein Ball wird in einer Höhe von 10 m mit einer Geschwindigkeit von $15\,\frac{\text{m}}{\text{s}}$ waagerecht abgeworfen.
a) Berechnen Sie die Strecke, die der Ball in horizontaler Richtung zurücklegt.
b) Berechnen Sie die Geschwindigkeit, mit der der Ball auf dem Boden auftrifft.
c) Berechnen Sie die erforderliche Abwurfgeschwindigkeit, wenn der Ball in horizontaler Richtung 40 m zurücklegen soll.

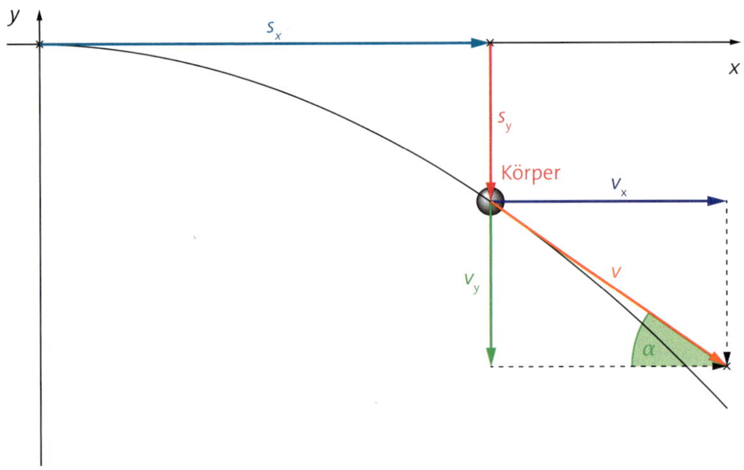

1 Geschwindigkeitskomponenten beim waagerechten Wurf

Auftreffwinkel • Unter welchem Winkel trifft ein waagerecht geworfener Körper auf dem Boden auf? Dazu schauen wir uns seine Bewegungsrichtung an. Diese erhalten wir über die Komponenten der Geschwindigkeit v_x und v_y (▸Abb.1). Die Geschwindigkeitskomponenten v_x und v_y spannen ein Rechteck auf. Wenn die Geschwindigkeitskomponenten in normierter Länge gezeichnet werden, dann gibt die Diagonale im Rechteck den Betrag und die Richtung der Geschwindigkeit des Körpers an:

Normierte Länge: Dem Geschwindigkeitsvektor wird eine Länge zugeordnet, z. B. $10\,\frac{\text{m}}{\text{s}} \rightarrow 1\,\text{cm}$

$$v = \sqrt{{v_x}^2 + {v_y}^2}.$$

Außerdem gilt:

$$\tan\alpha = \frac{v_y}{v_x}.$$

Berechnung des Auftreffwinkels • Als Beispiel stellen wir uns ein Flugzeug der Bundeswehr vor, das Hilfsgüter in ein Katastrophengebiet bringt. Da in dieser Gegend keine Landebahn verfügbar ist, müssen die Hilfsgüter abgeworfen werden. Die Maschine fliegt in einer Höhe von 50,0 m mit einer Geschwindigkeit von $250\,\frac{\text{km}}{\text{h}}$.
Wie weit vor dem Ziel müssen die Hilfsgüter ausgeklinkt werden, mit welcher Geschwindigkeit und unter welchem Winkel treffen sie auf der Erde auf?
Nach dem Ausklinken fliegen die Hilfsgüter in horizontaler Richtung weiter mit der Geschwindigkeit des Flugzeugs $v_x = 250\,\frac{\text{km}}{\text{h}} = 69{,}4\,\frac{\text{m}}{\text{s}}$. Mit v_x fliegen sie so lange weiter, wie sie fallen. Wir ermitteln also zunächst die Fallzeit aus der Höhe $h = s_y$ und der Fallbeschleunigung g:

$$s_y = \frac{g}{2} \cdot t^2.$$

$$t = \sqrt{\frac{2 s_y}{g}} = \sqrt{\frac{2 \cdot 50\,\text{m} \cdot \text{s}^2}{9{,}8\,\text{m}}} \approx 3{,}19\,\text{s}.$$

Die zurückgelegte Strecke s_x ist dann:

$$s_x = v_x \cdot t = 69{,}4\,\frac{\text{m}}{\text{s}} \cdot 3{,}19\,\text{s} \approx 221\,\text{m}.$$

Um Auftreffwinkel und Auftreffgeschwindigkeit v_R zu bestimmen, benötigen wir noch die vertikale Geschwindigkeitskomponente v_y:

$$v_y = g \cdot t = 9{,}8\,\frac{\text{m}}{\text{s}^2} \cdot 3{,}19\,\text{s} = 31{,}3\,\frac{\text{m}}{\text{s}}.$$

Aus v_x und v_y berechnen wir den Auftreffwinkel α:

$$\tan\alpha = \frac{v_y}{v_x} = \frac{31{,}3\,\text{m} \cdot \text{s}}{69{,}4\,\text{m} \cdot \text{s}} = 0{,}45,$$

$$\alpha = \arctan 0{,}45 = 24{,}2°.$$

Und schließlich die Auftreffgeschwindigkeit:

$$v = \sqrt{{v_x}^2 + {v_y}^2} = 76{,}3\,\frac{\text{m}}{\text{s}}.$$

1 In ▸Abb. 4 der vorherigen Seite ist ein Experiment dargestellt, bei dem eine Kugel A über eine Anlaufbahn rollt und von dort waagerecht abfliegt. In dem Moment, wo sie die Bahn verlässt, wird der freie Fall einer Kugel B ausgelöst.
Die fallende Kugel B befindet sich im Abstand von 50 cm von der Abwurfposition. Mit welcher Geschwindigkeit v_x muss die Kugel A waagerecht abgeworfen werden, damit sich beide Kugeln 1 m unterhalb der Startposition treffen?

2 Zeichnen Sie die Bahnkurve eines Körpers, der mit einer Geschwindigkeit von $5\,\frac{\text{m}}{\text{s}}$ waagerecht aus einer Höhe von 10 m abgeworfen wurde. Zeichnen Sie die Geschwindigkeitsvektoren (v_x und v_y) nach jeweils 2 m, 4 m, 6 m, 8 m und 10 m Fallhöhe ein.

3 Das Flugzeug der Bundeswehr fliegt einen weiteren Einsatz im Katastrophengebiet. Dieses Mal fliegt es mit einer Geschwindigkeit von $320\,\frac{\text{km}}{\text{h}}$ in einer Höhe von 80 m.
a) Berechnen Sie die Abwurfposition der Hilfsgüter relativ zum gewünschten Landeort.
b) Berechnen Sie die Geschwindigkeit, mit der die Hilfsgüter auf dem Boden auftreffen, und den Auftreffwinkel.

Versuch A • Abwurfgeschwindigkeit und Abwurfhöhe

V1 Wasserstrahl

Material:
Schlauch mit Anschlussmöglichkeit an einen Wasserhahn; Gefäß, um das Wasser aufzufangen

Arbeitsauftrag:
a) Bauen Sie das abgebildete Experiment auf und führen Sie die Versuche durch. Nehmen Sie Fotos der Experimente auf – genau senkrecht zum Versuch, um perspektivische Verzerrungen zu vermeiden.

Variieren Sie:
1. die Höhe des Wasserauslasses,
2. die Geschwindigkeit des Wassers, indem Sie den Wasserhahn weiter aufdrehen oder schließen.

b) Beschreiben Sie Ihre Beobachtungen in 1. und 2. und fassen Sie diese in zwei Je-desto-Sätzen zusammen.

c) Fügen Sie die angefertigten Fotos in eine geeignete Software ein und ermitteln Sie einen funktionalen Zusammenhang zwischen $s_x(h_0)$ und $s_x(v_0)$.

d) Führen Sie den Versuch bei unterschiedlich weit geöffnetem Wasserhahn durch. Berechnen Sie anhand geeigneter Messdaten die Geschwindigkeit, mit der das Wasser den Schlauch verlässt.

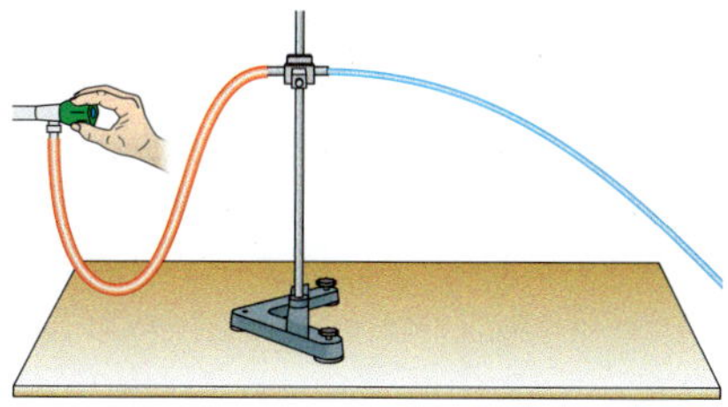

Versuch B • Trickreich experimentieren

V1 Rollen auf der schiefen Ebene

Material:
Kugel, gebogenes Rohr, Brett als schiefe Ebene, Winkelmesser, Lineal

Arbeitsauftrag:
Würfe laufen in der Regel sehr schnell ab. Um den Wurf genauer zu untersuchen, bedienen wir uns einer Idee von Galilei.
Dabei reduzieren wir die Geschwindigkeitskomponente, mit der die Kugel fällt, indem wir die Kugel nicht senkrecht fallen lassen, sondern auf eine schiefe Ebene zwingen.

a) Bauen Sie den Versuch auf, wie abgebildet. Das Rohr dient dazu, die Anfangsgeschwindigkeit v_0 für alle Versuchsteile konstant zu halten.

b) Variieren Sie den Anstellwinkel α des Bretts und nehmen Sie die Wurfweite für mindestens 5 verschiedene Winkel auf.

c) Ermitteln Sie die Anfangsgeschwindigkeit v_0.

d) Ermitteln Sie einen mathematischen Zusammenhang zwischen der Beschleunigung a, die die schräg fallende Kugel erfährt, und dem Anstellwinkel: $a = f(\alpha)$.

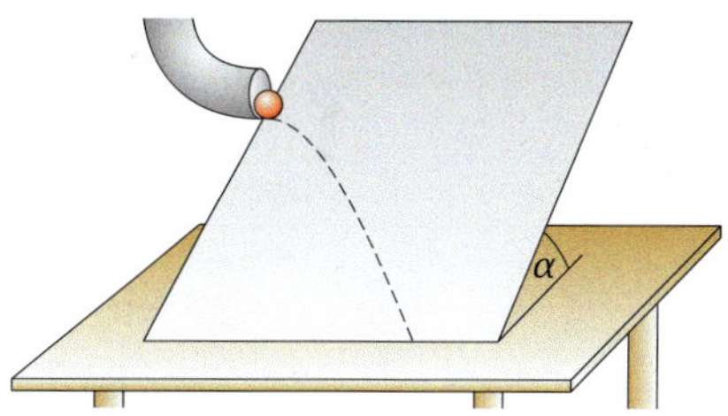

Material A • Treffen zweier Kugeln

Eine waagerecht geworfene und eine frei fallende Kugel sollen sich in der Luft treffen.

A1 Beschreiben Sie den Aufbau des abgebildeten Versuchs und die Bedeutung der einzelnen Elemente.

A2 Beschreiben Sie, wie Sie das Experiment aufbauen müssen, damit sich beide Kugeln in der Luft treffen.

A3 Die erste Kugel rollt auf einer gekrümmten Schiene aus einer Höhe von 20 cm über dem Torzeitschalter ab. Berechnen Sie, wie weit die zweite Kugel vom Torzeitschalter entfernt hängen muss, damit sich beide Kugeln nach 10 cm, 20 cm oder 50 cm Fallstrecke in der Luft treffen.

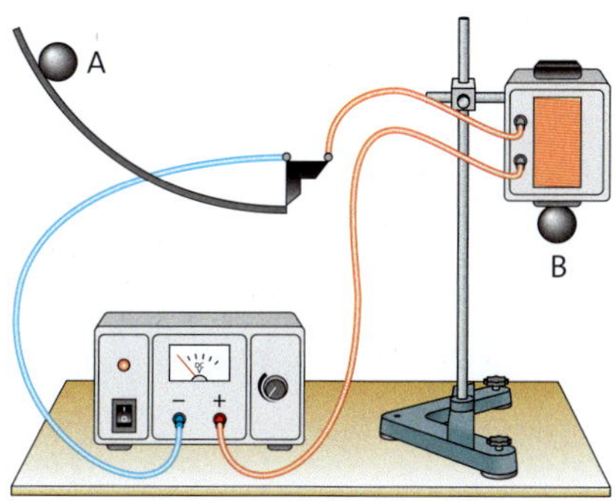

1 Kugelstoßer

Der schiefe Wurf

Der Sportler möchte die Kugel möglichst weit stoßen. Unter welchem Winkel muss er die Kugel abstoßen?

Die maximale Wurfweite • Um möglichst weit zu werfen, muss man sich über den Einfluss der Größen Abwurfwinkel, Abwurfgeschwindigkeit und Abwurfhöhe Gedanken machen.
Wie schon bei den waagerechten Würfen vernachlässigen wir auch hier die Reibung mit der Luft. Damit können wir die Dichte der Luft sowie die Größe der Kugel vernachlässigen.
Im Wettkampf stoßen alle Teilnehmer mit Kugeln gleicher Masse. Daher vernachlässigen wir zunächst auch die Masse der Kugel. Es bleiben die Abwurfgeschwindigkeit v_0 und der Abwurfwinkel α als zu untersuchende Größen. Die Höhe, von der der Abwurf erfolgt, werden wir später berücksichtigen.

Planung eines Experiments • Wir benötigen ein Experiment, bei dem wir entweder a) nur die Geschwindigkeit oder b) nur den Abwurfwinkel variieren können, während die anderen Größen jeweils unverändert bleiben.

Für den Versuch a) wählen wir einen Wasserstrahl. Dazu spannen wir das Ende eines Wasserschlauchs in einem festen Winkel ein und variieren die Geschwindigkeit des Wassers, indem wir den Wasserhahn stärker auf- oder zudrehen (▸Abb. 2). Wie zu vermuten, zeigt das Experiment: je größer die Abwurfgeschwindigkeit, desto größer die Wurfweite.
Für den Versuch b) wählen wir eine feste Einstellung des Wasserhahns, um die Abwurfgeschwindigkeit konstant zu halten (▸Abb. 3). Jetzt variieren wir den Abwurfwinkel. Die Beobachtungen zeigen, dass die Wurfweiten bis zu einem Abwurfwinkel von 45° zunehmen. Oberhalb von 45° nehmen die Wurfweiten wieder ab.

Beträgt der optimale Abwurfwinkel für den Kugelstoßer 45°?

Superposition • Wie schon beim waagerechten Wurf nehmen wir wieder eine Zerlegung der Bewegung in ihre s_x- und s_y-Komponenten vor.
Der Körper wurde unter dem Winkel α zur Horizontalen abgeworfen. Der Abwurfwinkel hat Einfluss auf beide Komponenten der Bewegung. Zudem wirkt beim Flug auf den Körper die Ge-

wichtskraft in y-Richtung. Daher müssen wir die Geschwindigkeit der Fallbewegung ($g \cdot t$) zum jeweiligen Zeitpunkt t von der v_y-Komponente subtrahieren. Damit ergibt sich für die Geschwindigkeitskomponenten:

$v_x(t) = v_0 \cdot \cos \alpha,$

$v_y(t) = v_0 \cdot \sin \alpha - g \cdot t.$

Für die Komponenten s_x und s_y gilt dann:

$s_x(t) = v_0 \cdot t \cdot \cos \alpha,$

$s_y(t) = v_0 \cdot t \cdot \sin \alpha - \frac{g}{2} \cdot t^2.$

Um ein **Ortsdiagramm** zu erstellen, muss s_y als Funktion von s_x dargestellt werden. Dazu stellen wir die Gleichung für s_x nach t um:

$$t = \frac{s_x}{v_0 \cdot \cos \alpha}$$

und setzen dies in s_y ein:

$$s_y = v_0 \cdot \frac{s_x}{v_0 \cdot \cos \alpha} \cdot \sin \alpha - \frac{g}{2} \cdot \frac{s_x^2}{v_0^2 \cdot \cos^2 \alpha},$$

$$s_y = s_x \cdot \tan \alpha - \frac{g}{2} \cdot \frac{s_x^2}{v_0^2 \cdot \cos^2 \alpha}.$$

Maximale Wurfweite • Die Kugel bewegt sich auf einer Parabelbahn (▸Abb. 4). Dabei gibt die Komponente s_y die Höhe der Kugel an. Der Wurf beginnt und endet bei der Höhe $s_y = 0$.
$s_y(t)$ ist eine quadratische Funktion. Wenn wir $s_y = 0$ setzen und die Gleichung nach t auflösen, dann erhalten wir zwei Lösungen bzw. Nullstellen $t_1 = 0\,\text{s}$ und t_2:

$$0 = v_0 \cdot t \cdot \sin \alpha - \frac{g}{2} \cdot t^2,$$

$$t_1 = 0; \; t_2 = \frac{2 v_0 \cdot \sin \alpha}{g}.$$

$t_1 = 0$ entspricht dem Zeitpunkt des Abwurfs, t_2 ist der Zeitpunkt des Auftreffens, die Wurfdauer. Die Wurfweite ist die Strecke s_x, die während der Wurfdauer zurückgelegt wird:

$$s_x = v_x \cdot t_2 = \frac{v_0^2 \cdot 2 \cos \alpha \cdot \sin \alpha}{g} = \frac{v_0^2 \cdot \sin 2\alpha}{g}.$$

Da die Sinusfunktion für 90° ein Maximum hat, wird s_x für $\alpha = 45°$ maximal.

Maximale Wurfhöhe • Die Parabelbahn verläuft symmetrisch zur Senkrechten durch ihr Maximum. Damit ist die maximale Höhe zum Zeitpunkt $\frac{t_2}{2}$ erreicht.

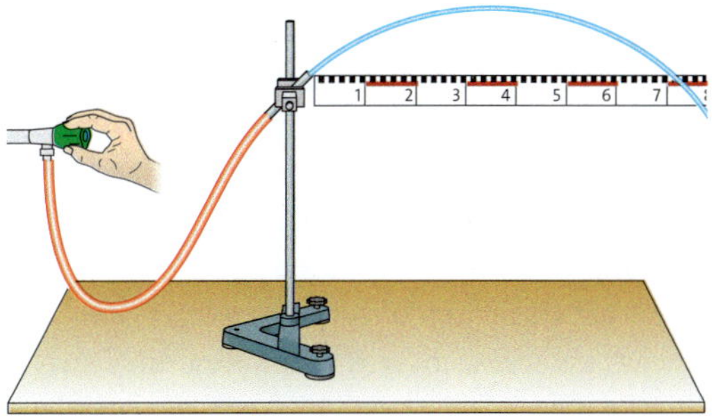

2 Variation der Abwurfgeschwindigkeit

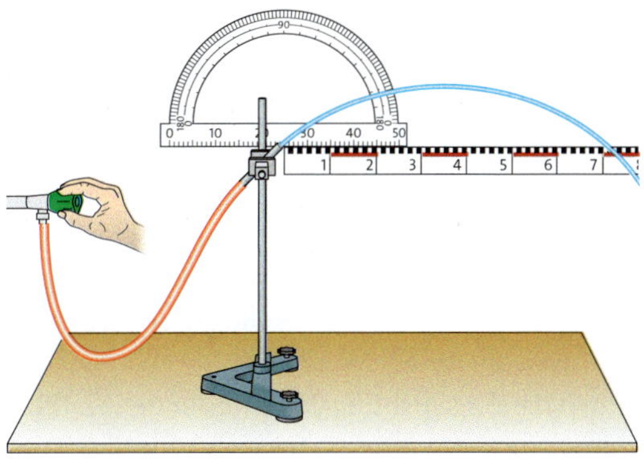

3 Variation des Abwurfwinkels

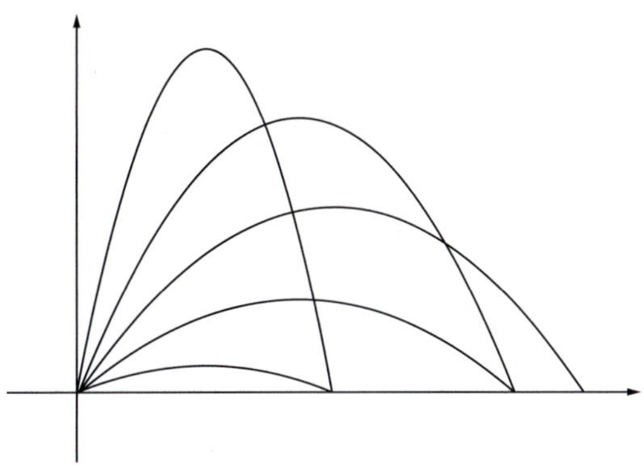

4 Wurfweiten für verschiedene Abwurfwinkel

1 Eine Kugel wird mit einer Anfangsgeschwindigkeit von $12\,\frac{\text{m}}{\text{s}}$ unter einem Winkel von 40° abgeworfen.
a) Berechnen Sie die Wurfweite.
b) Ermitteln Sie den Winkel, unter dem die Kugel auf der Erde auftrifft.
c) Berechnen Sie die maximale Höhe, die die Kugel erreicht.
d) Stellen Sie die Bewegung in einem Ortsdiagramm ($s_y(s_x)$-Diagramm) dar.

2 Berechnen Sie die Abwurfgeschwindigkeit, die nötig ist, damit die Kugel bei einem Abwurfwinkel von 45° eine Weite von 50 m erreicht.

Beim Herleiten der Formel für s_x benutzen wir ein Additionstheorem für trigonometrische Funktionen.

Würfe mit Anfangshöhe • Bei den meisten schiefen Würfen sind Abwurfort und Auftreffort nicht auf einer Höhe. Bei einem realen Wurf oder beim Kugelstoßen erfolgt der Abwurf mit einer Anfangshöhe, weil der Sportler z. B. in aufrechter Haltung wirft.
Dies berücksichtigen wir im Folgenden. Zunächst verschieben wir unser Koordinatensystem (▸Abb. 1). Ändert sich dadurch der optimale Abwurfwinkel?

Vom schiefen Wurf ohne Anfangshöhe wissen wir, dass der optimale Abwurfwinkel 45° beträgt. In ▸Abb. 1 ist dieser Winkel zu erkennen, wenn man die Kugelbahn rückwärts bis zur Höhe 0 m verlängert. Weil die Flugbahn umso flacher wird, je mehr man sich dem Maximum annähert, gilt: Je höher die Abwurfstelle der Kugel, desto kleiner der optimale Abwurfwinkel.
Durch die Verschiebung des Koordinatensystems (Abwurfort = Ursprung) können wir die Gleichungen des schiefen Wurfs nutzen.

Wir betrachten ein Beispiel: Die Kugel verlässt die Hand der Kugelstoßerin mit einer Geschwindigkeit von $10\,\frac{\text{m}}{\text{s}}$ im Koordinatenursprung unter einem Winkel von 40°. Der Auftreffpunkt liegt jetzt aber bei $y = -1{,}8\,\text{m}$. Zunächst berechnen wir die Geschwindigkeitskomponenten mithilfe der bekannten Gleichungen:

$v_x(0) = v_0 \cdot \cos\alpha \qquad v_x(0) = 7{,}7\,\frac{\text{m}}{\text{s}},$

$v_y(0) = v_0 \cdot \sin\alpha - g \cdot 0\,\text{s} \qquad v_y(0) = 6{,}4\,\frac{\text{m}}{\text{s}}.$

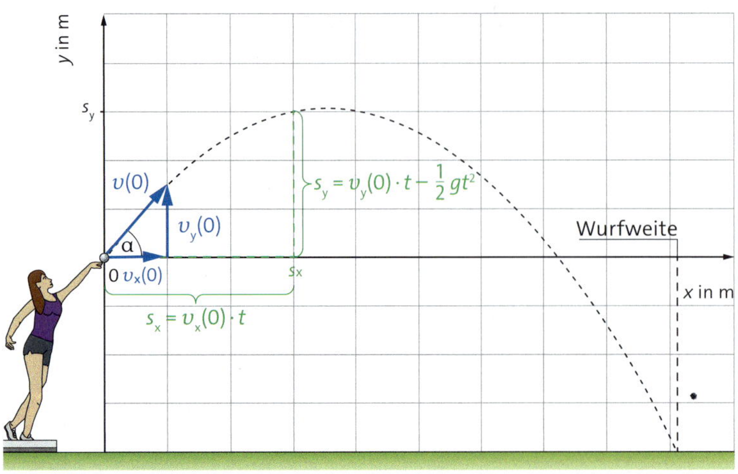

1 Wurf mit einer Anfangshöhe

Wir wissen, dass der Wurf beendet ist, wenn die Kugel den Boden, also die s_y-Koordinate $-1{,}8\,\text{m}$, erreicht hat. Wir berechnen also zunächst die Zeit, die die Kugel bis zum Auftreffen benötigt:

$$s_y(t) = v_0 \cdot t \cdot \sin\alpha - \frac{g}{2} t^2,$$

$$s_y(t) = v_y(0) \cdot t - \frac{g}{2} t^2.$$

Einsetzen der Zahlenwerte liefert:

$$-1{,}8\,\text{m} = 6{,}4\,\frac{\text{m}}{\text{s}} \cdot t - 4{,}9\,\frac{\text{m}}{\text{s}^2} \cdot t^2.$$

Wir erkennen eine quadratische Gleichung. Die Lösung der Gleichung ergibt: $t_1 = -0{,}14\,\text{s}$ und $t_2 = 1{,}54\,\text{s}$. Die Lösung für t_1 entfällt, da dies eine Zeit vor dem Abwurf wäre. t_2 setzen wir in die Gleichung für die s_x-Komponente des Weges ein:

$$s_x(1{,}54\,\text{s}) = v_x \cdot t_2 = 7{,}7\,\frac{\text{m}}{\text{s}} \cdot 1{,}54\,\text{s} = 11{,}9\,\text{m}.$$

Die Kugel wird 11,9 m weit gestoßen. Für $\alpha = 45°$ erhält man 11,8 m, also etwas weniger.

Einfluss der Masse • Bis jetzt haben wir bei den Berechnungen die Masse nicht berücksichtigt. Wir wissen aber aus dem Sportunterricht, dass schwere Kugeln nicht so weit gestoßen werden können wie leichte. Welchen Einfluss hat die Masse der Kugel auf die Wurfweite?
Die Kugel muss vom Werfer auf die Abwurfgeschwindigkeit v_0 beschleunigt werden. Nach dem 2. Newtonschen Grundgesetz gilt $F = m \cdot a$ bzw. $a = \frac{F}{m}$. Je größer also die Masse ist, desto kleiner ist bei gleicher Kraft des Werfers die Beschleunigung. Daher sind die Abwurfgeschwindigkeit und somit auch die Wurfweite kleiner.

1 Ein Kugelstoßer stößt die Kugel in einer Höhe von 2,0 m mit einer Geschwindigkeit von $10\,\frac{\text{m}}{\text{s}}$ ab.
a) Ermitteln Sie grafisch den optimalen Abwurfwinkel auf 1° genau.
b) Berechnen Sie für einen Abwurfwinkel von 40° die Abwurfgeschwindigkeit v_0, bei der die Kugel 10 m (15 m, 20 m) weit gestoßen werden soll.

2 Den deutschen Rekord im Kugelstoßen stellte 1988 Ulf Timmermann auf. Er stieß die Kugel aus einer Höhe von 2,10 m mit einer Geschwindigkeit von $14{,}55\,\frac{\text{m}}{\text{s}}$ unter einem Winkel von 40° ab. Berechnen Sie die Wurfweite.

Versuch A • Abwurfgeschwindigkeit und Abwurfwinkel

V1 Wasserstrahl

Material:
Wasserhahn mit Schlauch, Stativ und Ausflussröhrchen, Auffangrinne und Messzylinder, Lineal, Stoppuhr, Winkelmesser, Maßband

Arbeitsauftrag:
Bauen Sie den Versuch wie abgebildet auf.

a) Bestimmen Sie die Querschnittsfläche *A* der Öffnung des Ausflussröhrchens.

b) Drehen Sie den Wasserhahn in einer festen Stellung für 10 s auf und messen Sie das Volumen der in dieser Zeit ausgeflossenen Wassermenge.

c) Aus dem ausgeflossenen Volumen *V* des Wassers, der Querschnittsfläche *A* des Röhrchens und der Zeit *t* können Sie die Geschwindigkeit *v* des Wasserstrahls berechnen:

$$v = \frac{V}{A \cdot t}.$$

d) Variieren Sie die Austrittsgeschwindigkeit des Wassers und den Winkel, unter dem das Wasser das Röhrchen verlässt. Beschreiben Sie Ihre Beobachtungen zur Bahn des Wasserstrahls mit einer Je-desto-Beziehung:

1. in Abhängigkeit von v_0,
2. in Abhängigkeit vom Winkel α.

e) Berechnen Sie für drei verschiedene Winkel die theoretische Wurfweite.

f) Überprüfen Sie die Ergebnisse experimentell und bewerten Sie diese.

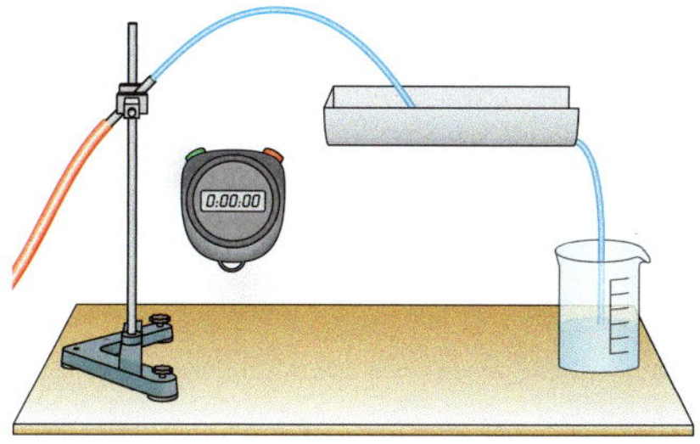

Material A • Modellieren von Wurfprozessen

Mithilfe eines Tabellenkalkulationsprogramms lassen sich Wurfprozesse modellieren.
Beachten Sie, dass Tabellenkalkulationen nicht mit Winkelangaben in Grad, sondern in Bogenmaß rechnen.

A1 Modellieren Sie den schiefen Wurf von Körper 1 mit Hilfe einer Tabellenkalkulation. Sie können die Ausgangsgrößen in den grün unterlegten Feldern beliebig anpassen.

A2 Erstellen Sie die Tabelle für einen zweiten Körper und stellen Sie die Bewegung beider Körper in einem gemeinsamen $s_y(s_x)$-Diagramm dar.

A3 Passen Sie Ihr Diagramm und die Tabelle so an, dass die Werte unterhalb der s_x-Achse nicht dargestellt werden.

A4 a) Passen Sie die Tabelle so an, dass Sie auch den Ortsfaktor *g* variieren können.

b) Passen Sie die Tabelle so an, dass Sie auch die Abwurfhöhe variieren können.

	A	B	C	D	E	F	G
1	**schiefer Wurf**						
2							
3		Körper 1				Körper 2	
4	v0=	20	m/s		v0=	15	m/s
5	alpha =	45	°		alpha =	45	°
6							
7							
8	t / s	sx/m	sy/m		sx/m	sy/m	
9	0	0	0,00		0,00	0,00	
10	0,1	1,41	1,37		1,06	1,01	
11	0,2	2,83	2,63		2,12	1,93	
12	0,3	4,24	3,80		3,18	2,74	
13	0,4	5,66	4,87		4,24	3,46	
14	0,5	7,07	5,85		5,30	4,08	
15	0,6	8,49	6,72		6,36	4,60	
16	0,7	9,90	7,50		7,42	5,02	
17	0,8	11,31	8,18		8,49	5,35	
18	0,9	12,73	8,76		9,55	5,58	
19	1	14,14	9,24		10,61	5,71	

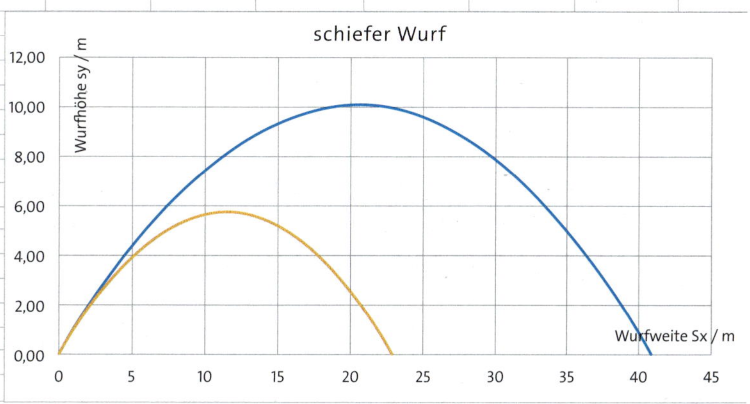

1 Flugzeugstart

Kraft und Beschleunigung

Ein Pilot gibt Vollgas. Er beschleunigt mit der ganzen Schubkraft von 600 000 N, um die Startmasse von 240 000 kg auf die fürs Abheben nötige Geschwindigkeit von 300 $\frac{km}{h}$ zu bekommen. Die Startbahn in Gibraltar hat nur eine Länge von 1777 m. Ist sie lang genug?

Ursache der Bewegung • Bisher haben wir Bewegungen mithilfe von Strecken, Geschwindigkeiten und Beschleunigungen untersucht. Dabei hat uns noch nicht interessiert, was die Bewegung verursacht hat. Beim Flugzeugstart setzt die Schubkraft das Flugzeug in Bewegung. Daher untersuchen wir, wie die Bewegungsänderung und die auf einen Körper mit einer Masse m wirkende Kraft F zusammenhängen. Wir können natürlich nicht mit Verkehrsflugzeugen experimentieren, deshalb machen wir einen Modellversuch.

Modellversuch • Im Versuch in ▸Abb. 2 entspricht der Schlitten dem Flugzeug. Wir nehmen die Schubkraft idealerweise als konstant an. Dies realisieren wir durch die Gewichtskraft F_G der Massestücke. Um zusätzliche Kräfte durch Reibung weitgehend zu vermeiden, verwenden wir einen Schlitten auf einer Luftkissenbahn. Die Masse m des bewegten Körpers setzt sich aus der Masse m_S des Schlittens und der Masse m_G der Massestücke zusammen, kurz $m = m_S + m_G$.

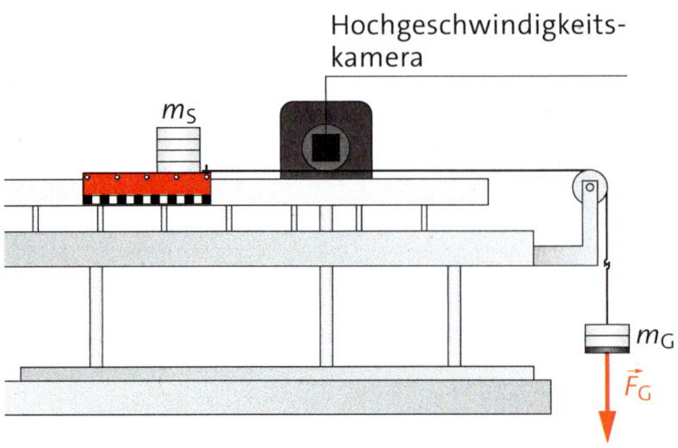

2 Modellversuch 1 zum Fugzeugstart

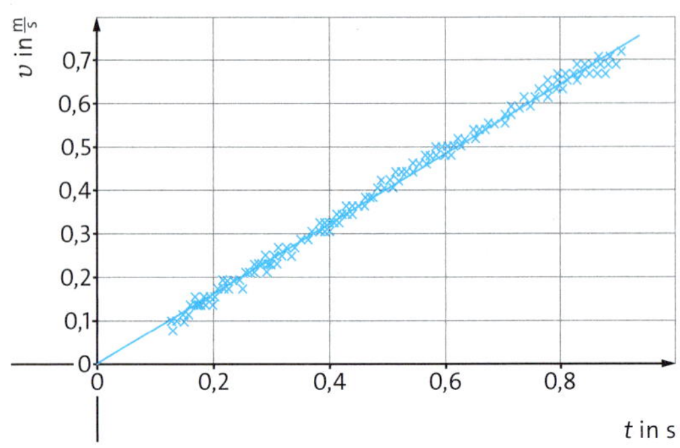

3 $v(t)$-Diagramm mit Ursprungsgerade

Die Bewegung des Schlittens zeichnen wir mithilfe einer Hochgeschwindigkeitskamera mit 420 Bildern pro Sekunde auf. Wir werten die Bildfolge mit einem Videoanalyseprogramm aus und erhalten die Geschwindigkeit in Abhängigkeit von der Zeit t nach dem Start des Schlittens.

Das $v(t)$-Diagramm in ▸Abb. 3 zeigt das Ergebnis. Eine lineare Regression ergibt eine Ursprungsgerade. Die entsprechende Proportionalitätskonstante $\frac{\Delta v}{\Delta t}$ ist eine Beschleunigung. Unser erstes Ergebnis lautet damit: Wenn eine konstante Kraft F auf einen Körper der Masse m ausgeübt wirkt, dann erfährt der Körper eine konstante Beschleunigung.

Wovon hängt die Beschleunigung ab? • Für den Start in ▸Abb. 1 muss die Schubkraft eine ausreichend große Beschleunigung bewirken. Daher suchen wir die Abhängigkeit der Beschleunigung von der Kraft. Beim Versuch ändern wir die beschleunigende Kraft und halten die Masse des beschleunigten Körpers konstant. Dazu bringen wir Massestücke, die zunächst am Seil hängen, nach und nach auf den Schlitten, sodass die gesamte Masse $m_S + m_G$ gleich bleibt. Die Beschleunigung messen wir direkt, z. B. mit dem Beschleunigungssensor eines Smartphones (▸Abb. 4). Die Messwerte tragen wir in einem $a(F)$-Diagramm auf. Sie liegen auf einer Ursprungsgeraden (▸Abb. 5). Unser zweites Ergebnis lautet also: Wenn eine Masse m von einer Kraft F beschleunigt wird, dann ist die Beschleunigung a proportional zur Kraft:

$a \sim F$ bei konstanter Masse m.

Die Beschleunigung des Flugzeugs hängt vermutlich auch von seiner Masse ab. Dabei dürfte die Beschleunigung bei kleiner Masse größer sein als bei großer Masse. Eine passende Hypothese ist $a \sim \frac{1}{m}$. Bei konstanter Kraft $F_G = 0{,}1\,\text{N}$ variieren wir die Masse auf dem Schlitten. Wir stellen die Messwerte der Beschleunigung a abhängig von $\frac{1}{m}$ dar. So erhalten wir eine Ursprungsgerade (▸Abb. 6). Unser drittes Resultat lautet damit: Wenn eine Masse m von einer Kraft F beschleunigt wird, dann ist die Beschleunigung a proportional zum Kehrwert der Masse:

$a \sim \frac{1}{m}$ bei konstanter Kraft F.

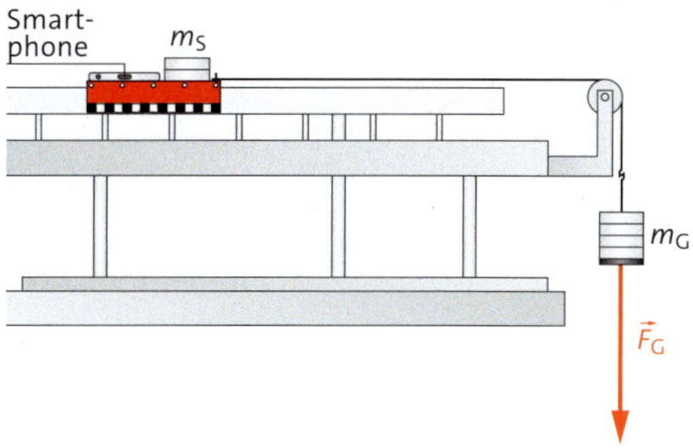

4 Modellversuch 2 zum Flugzeugstart

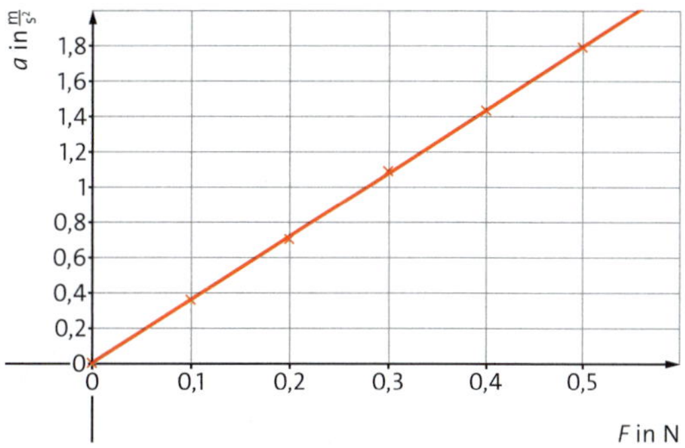

5 Beschleunigung abhängig von der Kraft

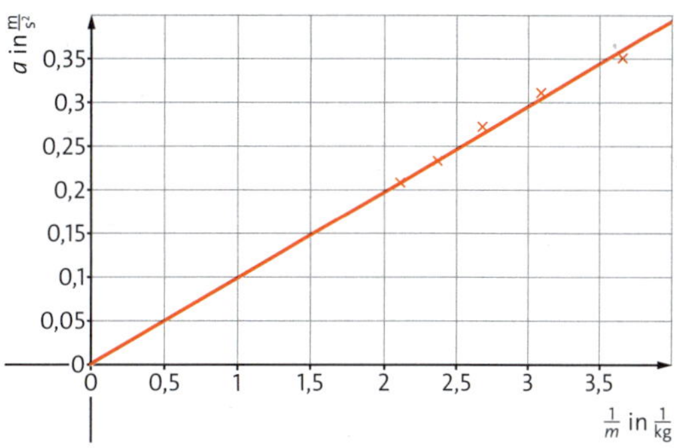

6 Beschleunigung abhängig vom Kehrwert der Masse

1 Eine Rakete erzielt mit einem Triebwerk eine Beschleunigung von $10\,\frac{\text{m}}{\text{s}^2}$.
a) Ein zweites, gleichartiges Triebwerk wird gezündet. Bestimmen Sie die Beschleunigung der Rakete.
b) Nach 10 Minuten hat sich die Masse der Rakete auf ein Drittel reduziert. Erklären Sie den Massenverlust und ermitteln Sie die Beschleunigung.

2 Ein Sprinter hat eine Masse von 70 kg und erreicht eine Beschleunigung von $3\,\frac{\text{m}}{\text{s}^2}$. Bestimmen Sie die mittlere Kraft, die den Sprinter beschleunigt.

F in N	$m \cdot a$ in $\mathrm{kg} \cdot \frac{\mathrm{m}}{\mathrm{s}^2}$
0	0
0,1	0,096
0,2	0,191
0,3	0,300
0,4	0,396
0,5	0,491

1 Kraft F in Abhängigkeit vom Produkt $m \cdot a$

Grundgleichung der Mechanik • Wenn eine Kraft F eine Masse m beschleunigt, dann hängt die erreichte Beschleunigung a von F und von m ab. Hierzu haben wir zwei proportionale Zusammenhänge herausgefunden:

$a \sim F$ bei konstanter Masse m,

$a \sim \frac{1}{m}$ bei konstanter Kraft F.

Daraus folgt, dass die Beschleunigung a proportional zum Produkt aus F und $\frac{1}{m}$ ist.

$a \sim F \cdot \frac{1}{m}$.

Das stellen wir als Gleichung für F dar:

$F = k \cdot m \cdot a$ mit dem Proportionalitätsfaktor k.

Wir bestimmen den Proportionalitätsfaktor k aus den Daten unserer ersten Versuchsreihe zu $a \sim F$. ▸Tabelle 1 zeigt, dass die Kraft F praktisch den gleichen Betrag wie das Produkt $m \cdot a$ hat. Allerdings stehen in der Tabelle noch verschiedene Einheiten. Passend hierzu hat man 1874 festgelegt, dass die Einheit der Kraft 1 N heißt und gleich der Einheit $1\,\mathrm{kg}\,\frac{\mathrm{m}}{\mathrm{s}^2}$ ist. Das gilt auch im heutigen **internationalen Einheitensystem** (**SI**, système international d'unités). Somit gilt $F = m \cdot a$.
Wir fassen zusammen:

Wirkt eine Kraft F während eines Zeitintervalls Δt auf einen beweglichen Körper, so bezeichnet man das Produkt $F \cdot \Delta t$ als **Kraftstoß.**

NEWTON hat die Mechanik durch drei Axiome charakterisiert. Die Grundgleichung stellt das **2. Newtonsche Axiom** dar. Man bezeichnet es auch als **Aktionsprinzip.**

> Wenn eine Kraft F auf einen Körper der Masse m ausgeübt wird, dann erfährt er eine Beschleunigung a und es gilt:
> $F = m \cdot a$.
> Diese Gleichung heißt **Grundgleichung der Mechanik.**

Diese Gleichung ist sehr wichtig, weil sie genau angibt, welche Bewegungsänderung eine Kraft hervorruft. Beispielsweise können wir mit dieser Gleichung berechnen, ob die Startbahn in Gibraltar mit 1777 m Länge für das Flugzeug reicht.

Grundgleichung beim Flugzeugstart • Wir berechnen zunächst mit der Grundgleichung der Mechanik die Beschleunigung des Flugzeugs:

$a = \frac{F}{m} = \frac{600\,000\,\mathrm{N}}{240\,000\,\mathrm{kg}} = 2{,}5\,\frac{\mathrm{m}}{\mathrm{s}^2}$.

Daraus ermitteln wir die Zeitspanne, während der das Flugzeug beschleunigt wird, um die nötige Geschwindigkeit von $300\,\frac{\mathrm{km}}{\mathrm{h}}$ zu erreichen. Mit $v = a \cdot t$ und $300\,\frac{\mathrm{km}}{\mathrm{h}} = 83{,}3\,\frac{\mathrm{m}}{\mathrm{s}}$ ist:

$$t = \frac{v}{a} = \frac{83{,}3\,\frac{\mathrm{m}}{\mathrm{s}}}{2{,}5\,\frac{\mathrm{m}}{\mathrm{s}^2}} = 33{,}3\,\mathrm{s}.$$

Daraus bestimmen wir die während dieser Zeitspanne zurückgelegte Strecke:

$s = \frac{1}{2} \cdot a \cdot t^2 = 1{,}25\,\frac{\mathrm{m}}{\mathrm{s}^2} \cdot (33{,}3\,\mathrm{s})^2 = 1386\,\mathrm{m}$.

Die Länge der Startbahn reicht also bequem aus.

Kraft und Bewegungsänderung • Wir schauen uns die Grundgleichung der Mechanik einmal genauer an. Die in der Gleichung vorkommende Beschleunigung a ist gleich der Änderung der Geschwindigkeit während der Zeitspanne Δt: $a = \frac{\Delta v}{\Delta t}$. Wir setzen dies in die Grundgleichung ein und multiplizieren beide Seiten mit Δt.

$$F = m \cdot a \quad = \quad m \cdot \frac{\Delta v}{\Delta t} \;\Big|\; \cdot \Delta t$$
$$F \cdot \Delta t \quad = \quad m \cdot \Delta v$$
„Ursache“ „Auswirkung“

Die Gleichung $F \cdot \Delta t = m \cdot \Delta v$ beschreibt die Bewegungsänderung. Auf der linken Seite steht die **Ursache** für die Änderung, auf der rechten Seite steht, welche **Auswirkung** die Kraft auf einen bestimmten Körper hat. Eine große Kraft während einer kurzen Zeitspanne hat dieselbe Auswirkung auf einen Körper wie eine kleine Kraft während einer entsprechend größeren Zeitspanne.

Ein Beispiel: Bei einem Kopfball (▸Abb. 2) ändert der Ball seine Geschwindigkeit infolge der Richtungsänderung um z. B. $\Delta v = 20\,\frac{\mathrm{m}}{\mathrm{s}}$. Das kann man entweder mit einer großen Kraft in einer kleinen Zeitspanne erreichen oder mit einer kleinen Kraft in einer großen Zeitspanne, beispielsweise indem ein Torwart den Ball fängt und wieder abwirft.

Kräfte erkennen • Kräfte kann man nicht direkt sehen. Man kann sie nur an ihren Auswirkungen erkennen. So bewirken sie beispielsweise Verformungen von Stahlfedern. Diese Verformungen kann man zur Kraftmessung nutzen. Somit sind Verformungen die Grundlage für den **statischen Kraftbegriff.**

Auch an der Beschleunigung eines Körpers kann man eine Kraft erkennen. Man kann zudem die wirkende Kraft bestimmen, indem man die Beschleunigung misst und die Grundgleichung der Mechanik anwendet. Das erkennt man schon an der Einheit der Kraft $1\,\text{N} = 1\,\text{kg} \cdot \frac{\text{m}}{\text{s}^2}$. Sie besagt, dass eine Kraft von 1 N einen beweglichen Körper mit einer Masse von 1 kg um $1\,\frac{\text{m}}{\text{s}^2}$ beschleunigt. Somit ist die Beschleunigung die Grundlage für den **dynamischen Kraftbegriff.**

Grundgleichung beim Crashtest • Beim Crashtest prallt ein Auto auf eine Wand. Im Auto prallt der Dummy gegen die Windschutzscheibe (▸Abb. 3). Offenbar wird der Dummy im Auto nach vorne beschleunigt. Eine solche Beschleunigung nach vorne ist dem dynamischen Kraftbegriff zufolge ein Beleg für eine nach vorne gerichtete Kraft. Beim Crash wirkt aber keine nach vorne gerichtete Kraft auf den Dummy. Das erscheint widersprüchlich. Man löst diesen scheinbaren Widerspruch, indem man zwei Beobachter unterscheidet:

Ein **ruhender Beobachter** stellt fest, dass die Wand eine der Fahrtrichtung entgegengesetzte Kraft auf das Auto ausübt. Dadurch wird die Windschutzscheibe langsamer, der Dummy aber nicht und daher prallt der Dummy gegen die Scheibe.

Ein festangeschnallter Beobachter im Auto ist beim Aufprall ein **beschleunigter Beobachter.** Er könnte den Dummy von hinten mit einem Federkraftmesser halten und am Federkraftmesser eine Kraft ablesen, obwohl gar keine Kraft auf den Dummy wirkt. Er sollte diese Kraft als **Trägheitskraft** deuten.

Je nachdem, ob ein Beobachter beschleunigt oder unbeschleunigt ist, befindet er sich in einem beschleunigten oder unbeschleunigten **Bezugssystem**. Die Grundgleichung gilt nur in unbeschleunigten Bezugssystemen.

2 Bewegungsänderung beim Kopfball

3 Der Dummy wurde im Auto beschleunigt.

Die Grundgleichung der Mechanik gilt in unbeschleunigten Bezugssystemen.

Grundgleichung im Raum • Bewegungen finden im dreidimensionalen Raum statt. Gilt $F = m \cdot a$ auch dann? Ja, man kann z. B. eine Luftkissenbahn in jede Raumrichtung ausrichten und so für jede Richtung die Grundgleichung der Mechanik finden. Das Ganze stellt man dann vektoriell dar:

Wird eine Kraft $\vec{F}$ auf einen beweglichen Körper mit der Masse m ausgeübt, dann wird der Körper beschleunigt und es gilt: $\vec{F} = m \cdot \vec{a}$.

1 Bei einem Dragster-Rennen erzielt ein Auto mit der Masse 500 kg eine Beschleunigung von $60\,\frac{\text{m}}{\text{s}^2}$. Bestimmen Sie die Kraft.

2 Ein Floh hat eine Masse von 1 mg und springt mit einer Kraft von 1,7 mN ab. Ermitteln Sie seine Beschleunigung beim Absprung.

Dragster sind Fahrzeuge, die speziell für das Drag Racing (Beschleunigungsrennen) gebaut werden.

1 Curling

Der Crashtest-Dummy behält seine Bewegung in Fahrtrichtung bei, da auf ihn die Wand keine abbremsende Kraft ausübt. Deshalb prallt er gegen die Windschutzscheibe.

Reibungskraft • Beim Curling wird ein Curlingstein zum Gleiten auf einer Eisbahn gebracht (▸Abb. 1). Auf den Curlingstein wirkt eine Reibungskraft. Diese Reibungskraft ist entgegengesetzt zur Bewegungsrichtung des Steins gerichtet. Das führt zu einer negativen Beschleunigung, also zum Abbremsen. Somit bleibt der Curlingstein irgendwann liegen.

In der Realität wirkt immer eine Reibungskraft. Dadurch kommt ein Körper irgendwann zum Stillstand, wenn auf ihn keine weitere Kraft ausgeübt wird.

In Gedanken könnte man die Reibungskraft ja auf null bringen. Dann würde der Curlingstein sich unendlich weit bewegen. Dabei hätte der Stein zu jedem Zeitpunkt die Anfangsgeschwindigkeit v_0. Diesen Idealfall beschrieb bereits GALILEI (1564–1642) als das **Trägheitsprinzip:**

Ein Körper behält seine geradlinig-gleichförmige Bewegung bei – oder er bleibt in Ruhe –, solange keine Kraft auf ihn ausgeübt wird.

NEWTON hat die Mechanik durch drei Axiome charakterisiert. Das Trägheitsprinzip bezeichnet man als **1. Newtonsches Axiom.**

Trägheit und Kraftstoß • Das Trägheitsprinzip können wir durch einen Schlag auf eine Holzleiste deutlich machen. Wir kleben eine Holzleiste an den Enden mit Klebestreifen lose an zwei Stativstangen fest (▸Abb. 1A). Anschließend versuchen wir, die Leiste mit einer breiten Holzlatte zu durchschlagen. Wenn wir die Latte langsam bewegen, dann lösen sich die Klebestreifen und die

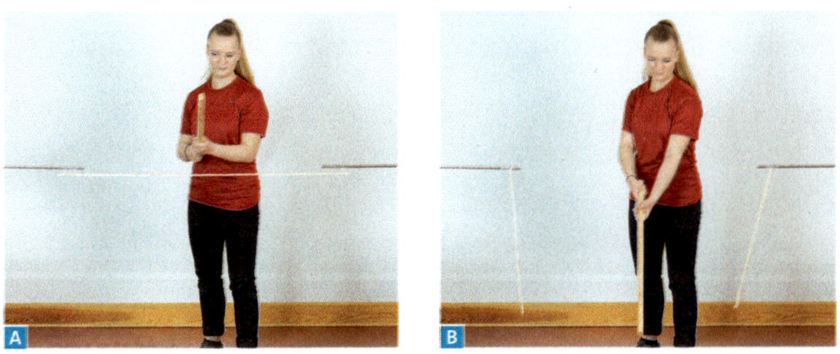

2 Eine lose angeklebte Holzleiste wird durchschlagen.

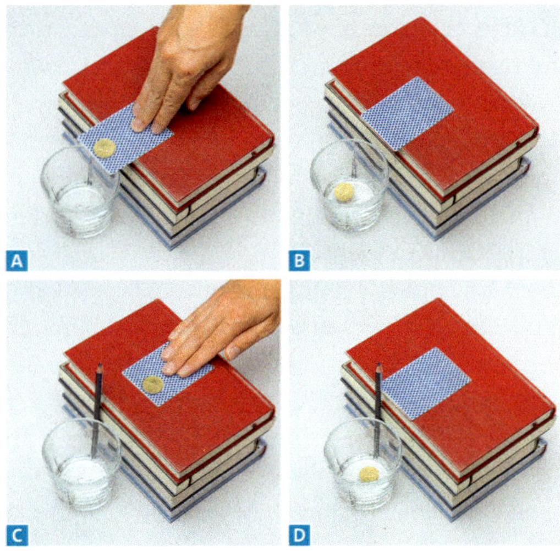

3 Die träge Münze fällt ins Glas.

Leiste fällt herunter. Bewegen wir dagegen die Latte schnell, dann bricht die Leiste in zwei Teile (▸Abb. 2B). Was genau geschieht hier?

Die dünne Leiste kann von der Mitte aus nur eine kleine Kraft an die Enden übertragen. Da außerdem die Zeitspanne Δt sehr klein ist, erfahren die Enden der Leiste nur einen kleinen Kraftstoß $F \cdot \Delta t$. Aus diesem ergibt sich wegen $F \cdot \Delta t = m \cdot \Delta v$ eine nur kleine Geschwindigkeitsänderung Δv für die Enden der Leiste. Diese bewegen sich daher kaum, während die Leistenmitte durch die Latte weit nach unten gedrückt wird. Das führt zum Bruch der Holzleiste.

1 Erläutern Sie, weshalb die Holzleiste aus ▸Abb. 2 bei langsamer Bewegung der Latte herunterfällt.

2 Jemand legt auf ein Glas erst eine Karte und darauf eine Münze (▸Abb. 3 A). Dann zieht er die Karte so weg, dass die Münze
- ins Glas fällt,
- nicht ins Glas fällt.

a) Erklären Sie die beiden Versuche.
b) Probieren Sie es selbst aus.

3 Jemand legt auf ein Podest eine Karte und darauf eine Münze wie in ▸Abb. 3 C. Dann schiebt er die Karte so, dass die Münze
- ins Glas fällt,
- nicht ins Glas fällt.

a) Probieren Sie es selbst aus.
b) Begründen Sie den Unterschied zu A 2.

Trägheitsprinzip in der Technik

Das Trägheitsprinzip wird in der Technik häufig genutzt. Beispielsweise können Sie bei Ihren Fotos Verwackeln vermeiden, indem Sie eine Kamera mit einem Bildstabilisator nutzen (▸Abb. 4). Verwackelte Fotos haben zwei Ursachen, für die es zwei passende Kompensationen gibt.

Eine Ursache ist eine seitliche Bewegung der Kamera. Diese Bewegung wird durch einen **Beschleunigungssensor** erfasst. Zur Kompensation werden die Linsen oder der Bildsensor durch kleine Motoren entsprechend bewegt. Der Beschleunigungssensor nutzt die Trägheit eines Körpers, der auf einer elastischen Befestigung beweglich angebracht ist (▸Abb. 5). Beispielsweise bleibt der Körper bei einer Beschleunigung der Kamera nach rechts entsprechend dem Trägheitsprinzip etwas zurück. Dadurch verbiegt sich die elastische Halterung nach links. Diese Verbiegung wird im Sensor z. B. elektrisch erfasst und in die ursächliche Beschleunigung umgerechnet. Der Beschleunigungssensor kann auch verwendet werden, um die Gewichtskraft zu erfassen (▸Abb. 5 C).

Eine zweite Ursache fürs Verwackeln ist eine drehende Bewegung der Kamera. Zur Messung bestimmt man den Drehwinkel $\Delta\alpha$, der während einer Zeitspanne Δt auftritt. Analog zur Geschwindigkeit bezeichnet man hier den Quotienten aus Drehwinkel und Zeitspanne als **Winkelgeschwindigkeit ω.** Es gilt $\omega = \frac{\Delta\alpha}{\Delta t}$. Die Einheit ist ein Grad pro Sekunde. Diese Winkelgeschwindigkeit wird beim Bildstabilisator durch einen sogenannten **Gyroskopsensor** erfasst. Zur Kompensation können Linsen durch kleine Motoren entsprechend bewegt werden.

Das Funktionsprinzip des Sensors erkennen wir in einem Modellversuch. Wir befestigen auf einem Rolltisch ein Fadenpendel (▸Abb. 6). Der Pendelkörper bewegt sich in eine Richtung, die innerhalb einer Ebene liegt, der sogenannten Pendelebene. Während das Pendel schwingt, drehen wir den Tisch um die Achse, die lotrecht durch den Aufhängepunkt verläuft. Dabei bleibt gemäß dem Trägheitsprinzip die Geschwindigkeit des Pendelkörpers unverändert. Somit steht die Pendelebene unbewegt im Raum, während sich der Tisch dreht. So kann man die Drehgeschwindigkeit ermitteln. Beim Gyroskopsensor entspricht dem Tisch das Gehäuse des Sensors. Dem Faden entspricht eine elastische Halterung eines Probekörpers im Sensor (▸Abb. 7).

4 Ohne Stativ können Aufnahmen verwackeln.

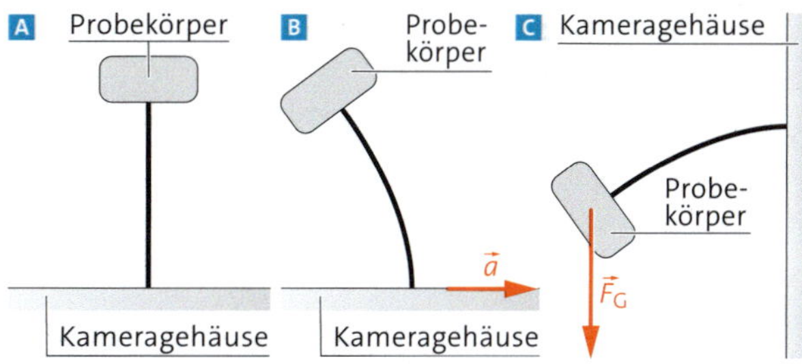

5 A Prinzip eines Beschleunigungssensors: B beschleunigt, C geneigt

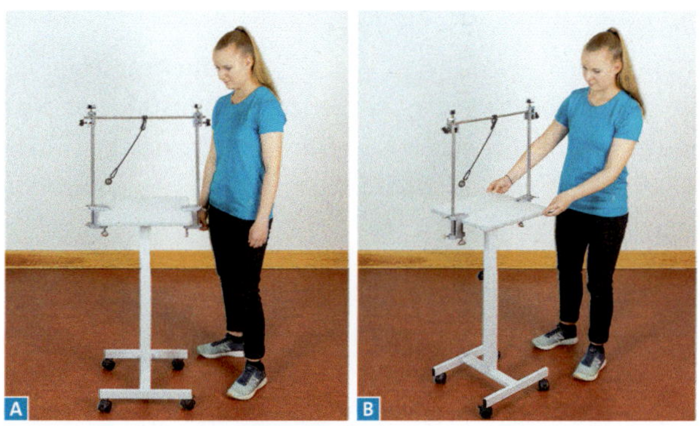

6 Die Pendelebene bleibt fest im Raum.

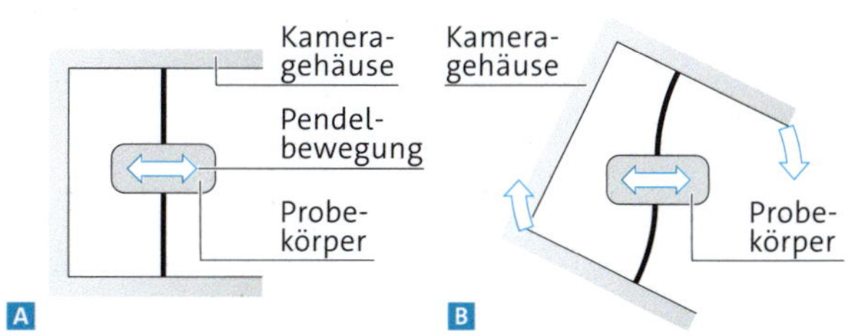

7 Prinzip eines Gyroskopsensors

Versuch A • Auswirkung der Trägheit bei verschiedenen Bewegungen

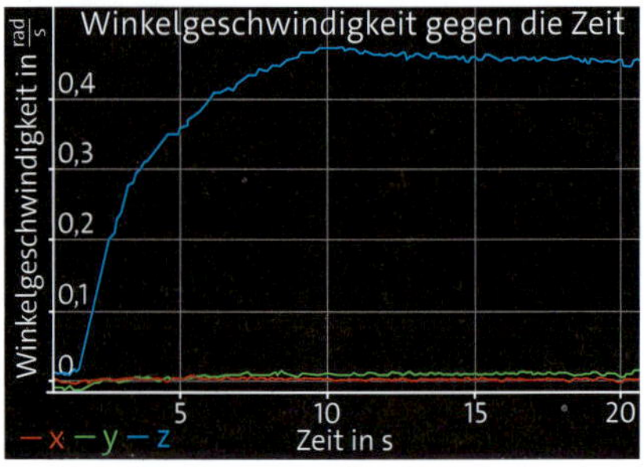

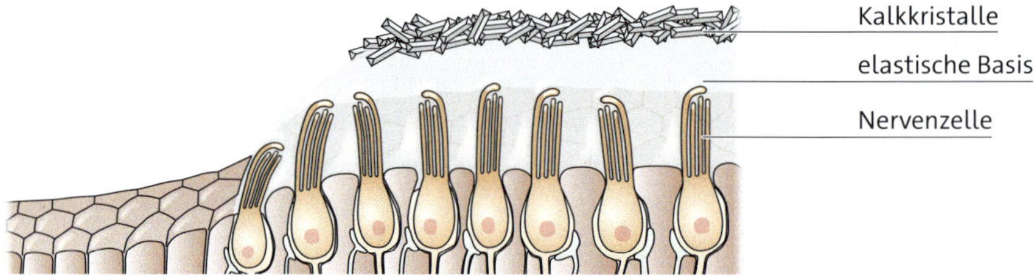

V1 Trägheit beim Anfahren

Material:
Wasserwaage, Smartphone, Fahrzeug, z. B. Auto, Bus oder Zug

Arbeitsauftrag:
a) Installieren Sie auf Ihrem Smartphone eine App zur Aufzeichnung der Beschleunigung.
b) Fahren Sie mit dem Zug – oder einem anderen Fahrzeug – und zeichnen Sie die Beschleunigung beim Anfahren auf.
c) Legen Sie beim Anfahren eine Wasserwaage auf den Tisch und beobachten Sie die Luftblase. Erklären Sie die Beobachtung.
d) Stellen Sie sich in den Zug, schließen Sie die Augen und balancieren Sie beim Anfahren. Beschreiben Sie, was Sie dabei spüren und wie Sie balancieren.
e) In Ihrem Gleichgewichtsorgan befindet sich das Maculaorgan (Abbildung oben). Es enthält eine elastische Basis, auf der sich Kalkkristalle befinden. In der elastischen Basis befinden sich Nervenzellen, die Verformungen signalisieren. Erklären Sie, wie dieses Organ Beschleunigungen erfasst und beim Balancieren hilft.

V2 Trägheit im Karussell

Material:
Wasserwaage, Smartphone, Stoppuhr, Kinderkarussell (Spielplatz)

Arbeitsauftrag:
a) Installieren Sie auf Ihrem Smartphone eine App zur Aufzeichnung der Winkelgeschwindigkeit, also eine Gyroskopsensor-App und eine Wasserwaagen-App.
b) Fahren Sie mit dem Karussell und messen Sie dabei die Winkelgeschwindigkeit mit der Stoppuhr sowie mit der Gyroskopsensor-App (Abbildung oben). Vergleichen Sie die Ergebnisse miteinander.
c) Legen Sie bei der Fahrt eine Wasserwaage im Karussell ab und halten Sie diese fest. Beobachten Sie die Luftblase. Testen Sie verschiedene Ausrichtungen der Wasserwaage. Deuten Sie die Beobachtungen mithilfe der Beschleunigung.
d) Schließen Sie die Augen, beschreiben Sie, was Sie bei konstantem Betrag der Geschwindigkeit spüren und deuten Sie das mit dem Maculaorgan.

Material A • Kraftstoß

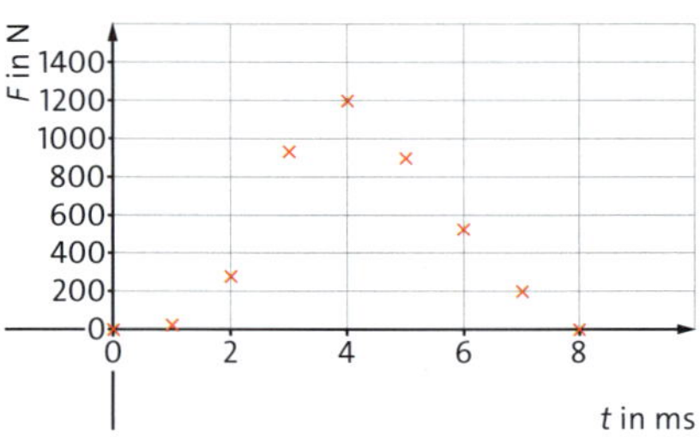

Ein Ball mit der Masse 400 g fällt aus 1,5 m Höhe auf den Boden und springt wieder hoch. Die dabei vom Boden auf den Ball wirkende Kraft $F(t)$ zeigt das Diagramm.

A1 **a)** Bestimmen Sie das Produkt $F \cdot \Delta t$, also die Fläche unter dem Graphen.
b) Ermitteln Sie die Änderung der Geschwindigkeit Δv.

A2 **a)** Bestimmen Sie die Geschwindigkeit des Balles beim Aufprall.
b) Bestimmen Sie die Geschwindigkeit, mit der der Ball vom Boden abhebt.

Material B • Start der Saturn-V-Rakete

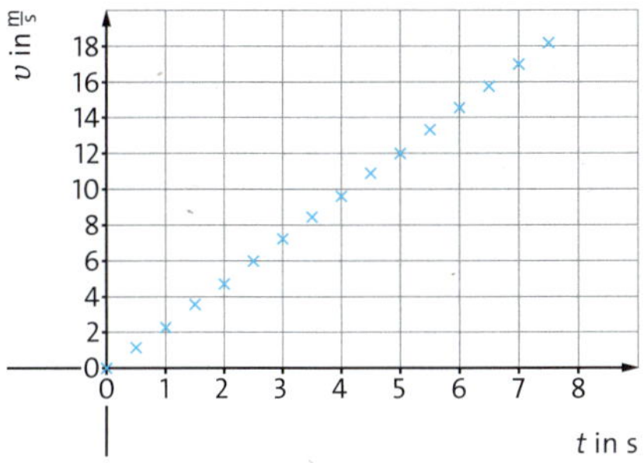

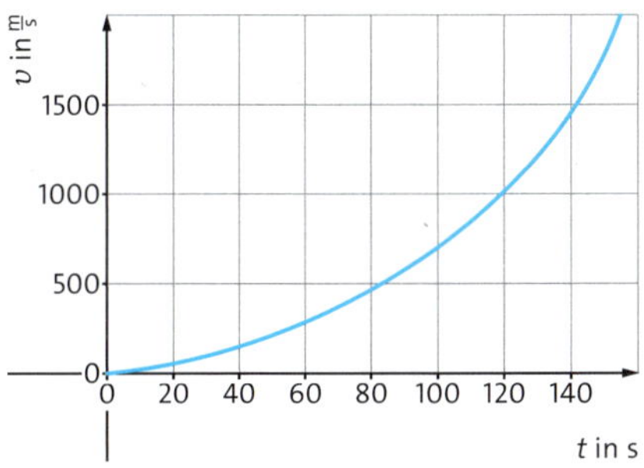

Am 21. Juli 1969 landeten mit NEIL ARMSTRONG und EDWIN ALDRIN die ersten Menschen auf dem Mond. Sie flogen mit der Saturn-V-Rakete dorthin. Diese Rakete hatte eine Startmasse von 2770 t.

B1 Die Rakete startete am 16. Juli senkrecht nach oben. Dabei nahm die Geschwindigkeit anfangs wie im oberen Diagramm gezeigt zu.

a) Begründen Sie, dass die Bewegung in der Startphase gleichmäßig beschleunigt war und bestimmen Sie die Beschleunigung.

b) Ermitteln Sie die Schubkraft der Rakete und beachten Sie dabei auch deren Gewichtskraft.

B2 Die erste Stufe der Rakete arbeitete 150 s lang. Dabei verbrannte sie gleichmäßig sehr viel Treibstoff und stieg weitgehend senkrecht auf. Entsprechend entwickelt sich die Geschwindigkeit wie im unteren Diagramm gezeigt.

a) Erklären Sie, warum die Geschwindigkeit mit der Zeit überproportional zunimmt.

b) Ermitteln Sie die momentane Beschleunigung der Rakete zum Zeitpunkt $t = 100\,s$.

c) Bestimmen Sie die Masse, die die Rakete zum Zeitpunkt $t = 100\,s$ hat.

d) Berechnen Sie daraus, wie viel Treibstoff die Rakete pro Sekunde verbrennt und welche Masse die Rakete zum Zeitpunkt $t = 150\,s$ noch hat.

e) Trotz gleichmäßiger Verbrennung nimmt die von der Rakete aufgenommene Leistung mit der Zeit zu. Begründen Sie dies.

Material C • Grundgleichung der Mechanik: Gefahrenquellen

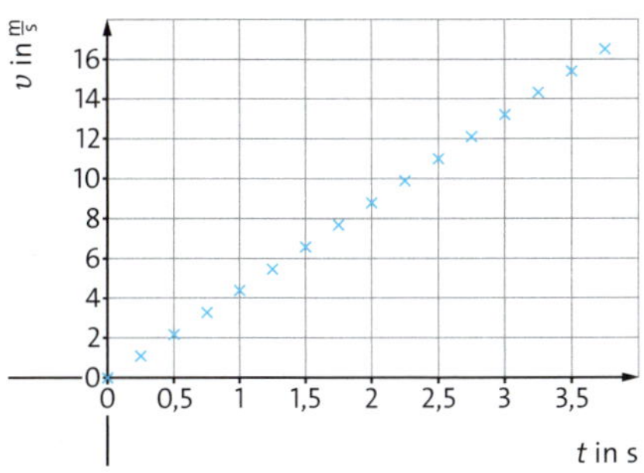

Wenn wir die Grundgleichung anwenden, dann sollten wir auf zwei Dinge achten:

1. Falls auf den betrachteten Körper mehrere Kräfte wirken, dann muss *F* deren resultierende Kraft sein.
2. Die Beschleunigung sollte zudem aus der Perspektive eines unbeschleunigten Beobachters erfasst werden.

C1 Ein Skifahrer mit der Masse 80 kg fährt einen Hang mit einem Neigungswinkel von 30° hinab.

a) Den Geschwindigkeitsverlauf zeigt das Diagramm. Ermitteln Sie daraus die Beschleunigung.

b) Zeigen Sie, dass hier für die folgenden drei Größen $F < m \cdot a$ gilt.

c) Erklären Sie dies durch die Wirkung einer weiteren Kraft und bestimmen Sie deren Betrag.

C2 Auf der B 58 hatte ein abbiegender Bus einen Lkw übersehen. Dessen Fahrer bremste stark. Dabei schoss ein Rohr von hinten durch die Fahrerkabine.

a) Aus Sicht des Lkw-Fahrers wurde das Rohr nach vorne beschleunigt. Nach der Grundgleichung der Mechanik müsste hierfür eine Kraft die Ursache gewesen sein. Begründen Sie, dass dies nicht die Bremskraft sein kann. Begründen Sie mit dem Ausschlussverfahren, dass hier niemand eine Kraft auf das Rohr ausgeübt hat.

b) Beschreiben Sie den Vorgang aus der Perspektive eines am Straßenrand stehenden Beobachters.

c) Deuten Sie den Vorgang im Rahmen der Grundgleichung sowohl aus der Sicht des Fahrers als auch aus der des stehenden Beobachters.

BLICKPUNKT

Dynamik im Straßenverkehr

Unfallgefahr • Im Straßenverkehr kann jederzeit etwas den Vorausfahrenden zum Bremsen zwingen. Um die Gefahr eines Auffahrunfalls zu vermeiden, müssen Geschwindigkeit und Abstand angepasst sein. Das gelingt leider viel zu selten, denn das Statistische Bundesamt führt etwa 30 % der Verkehrstoten in Deutschland auf Fehler bei Geschwindigkeit und Abstand zurück. Welchen Sicherheitsabstand sollten zwei Autos haben?

Sicherheitsabstand • Zum schnellen Ermitteln eines sinnvollen Sicherheitsabstands lernt man in der Fahrschule die Faustformel „halber Tachostand": Der Sicherheitsabstand sollte außerhalb geschlossener Ortschaften den halben Tachostand in Metern betragen. Ist z.B. eine Geschwindigkeit von maximal 80 $\frac{km}{h}$ erlaubt, sollten zwei Autos also einen Abstand von 40 m haben. Man beobachtet jedoch oft geringere Abstände. Wir untersuchen, ob dies gefährlich ist. Als Beispiel nehmen wir zwei Autos im Abstand von zwei Pkw-Längen an, also von etwa 9 m.

Reaktionsweg • Nehmen wir an, dass der vordere Autofahrer z.B. ein querendes Wild sieht und plötzlich bremst, während das Tier für den hinteren verdeckt ist. Dieser kann also nur auf das Bremsen des vorderen reagieren und fährt während der Reaktionszeit mit 80 $\frac{km}{h}$ auf das vordere Auto zu. Wenn wir von einer Reaktionszeit von 1 s ausgehen, beträgt der Reaktionsweg s_R für den hinteren Fahrer:

$$s_R = v \cdot t = \frac{80}{3{,}6} \cdot \frac{m}{s} \cdot 1\,s \approx 22\,m.$$

Für den Reaktionsweg gibt es ebenfalls eine Faustformel: Man teilt den Tachostand durch 10, multipliziert mit 3 und erhält den Reaktionsweg s_R in Metern. Für eine Geschwindigkeit von 80 $\frac{km}{h}$ berechnen wir so $\frac{80}{10} \cdot 3\,m = 24\,m$.

Bei einem Abstand von nur 9 m würde der hintere Fahrer auf den vorderen auffahren. Hätten die Autos den empfohlenen „halber-Tacho-Abstand" von 40 m, käme er rechtzeitig zum Stehen. Der Sicherheitsabstand nützt also nur, wenn er mindestens gleich dem Reaktionsweg ist.
Wer die Faustregel „halber Tachostand" einhält, kann trotz der Reaktionszeit noch rechtzeitig bremsen und einen Auffahrunfall vermeiden. Wer zu dicht auffährt, kann nicht mehr rechtzeitig reagieren und gefährdet sich und andere.

Anhalteweg • Reagiert der hintere Autofahrer auf das Bremsen des Vorausfahrenden, ist der Bremsweg für beide etwa gleich. Schützt die obige Faustregel auch, wenn der Vorausfahrende ohne Bremsweg abrupt stehen bleibt, z. B., weil er auf ein Hindernis auffährt? Damit der hintere Autofahrer nicht auch auffährt, müsste er seinen Anhalteweg als Sicherheitsabstand haben. Dieser setzt sich aus dem Reaktionsweg und dem Bremsweg zusammen.
Der Bremsweg hängt vom Zustand der Bremsen und Reifen, vom Straßenbelag, vom Wetter und vom Bremsverhalten ab. Wir gehen vom ungünstigsten Fall blockierender Räder aus, wenn die Räder über den Asphalt gleiten. Der Gleitreibungskoeffizient ist dann etwa $\mu_{GR} = 0{,}5$. Damit erhalten wir für die Bremskraft folgende Formel:

$$F = \mu_{GR} \cdot m \cdot g.$$

Mithilfe der Grundgleichung der Mechanik leiten wir für die Bremsbeschleunigung her:

$$a = \frac{F}{m} = \mu_{GR} \cdot g = \frac{1}{2} g.$$

Damit nimmt die Geschwindigkeit linear mit der Zeit ab:

$$v = v_0 - a \cdot t = v_0 - \frac{1}{2} g \cdot t$$

Ist die Anfangsgeschwindigkeit 80 $\frac{km}{h} \approx 22 \frac{m}{s}$, erreicht v nach einer Bremszeit von t_B = 4,5 s den Betrag null (▸Abb. 1, blau). Bis zum Stillstand nach 4,5 s hat das Auto den Bremsweg s_B von 50 m zurückgelegt (▸Abb. 1, rot). Der Anhalteweg s_A ergibt sich somit wie folgt:

$$s_A = s_R + s_B \approx 22\,m + 50\,m = 72\,m.$$

Auch für den Bremsweg s_B lernt man eine Faustformel: Man teilt den Tachostand durch 10, quadriert und erhält den Bremsweg s_B in Metern. Damit berechnen wir:

$$\left(\frac{80}{10}\right)^2 m = 64\,m.$$

Entsprechend berechnen wir mithilfe der beiden Faustformeln einen Anhalteweg von 88 m.
Bei einem Abstand von 9 m kann der hintere Autofahrer also auf ein plötzlich auftretendes stehendes Hindernis überhaupt nicht mehr angemessen reagieren.

Die in der Fahrschule gelernten Faustformeln entsprechen also relativ genau der Newtonschen Mechanik.

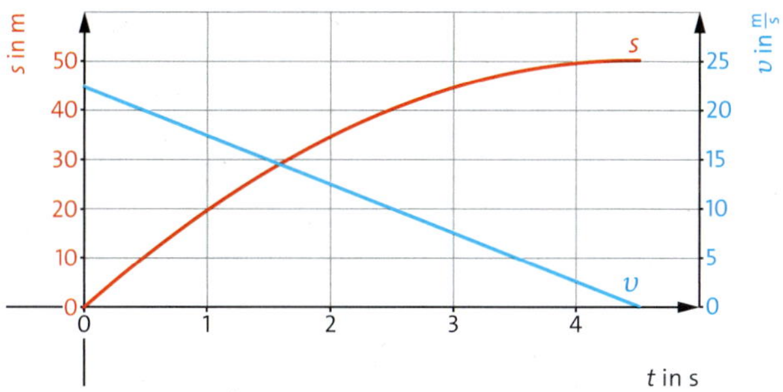

1 Bremsen: Geschwindigkeit v, zurückgelegte Strecke s

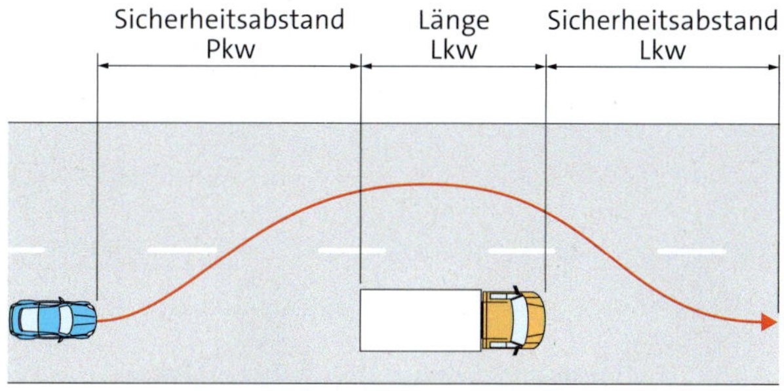

2 Komponenten einer Überholstrecke

Überholen • Wie lang muss die freie Strecke sein, damit der Pkw in ▸Abb. 2 den Lkw gefahrlos überholen kann? Um die mindestens benötigte Überholstrecke zu berechnen, nehmen wir an, dass der Pkw mit 100 $\frac{km}{h}$ und der Lkw mit 60 $\frac{km}{h}$ fährt. Der Lkw hat eine Länge von 15 m, der Pkw von 4,5 m. Die Sicherheitsabstände betragen nach der Regel „halber Tachostand" 50 m für den Pkw und 30 m für den Lkw.

Besonders einfach ist es, den Überholvorgang aus der Perspektive des Lkw-Fahrers zu untersuchen:
Der Pkw startet 50 m hinter dem Lkw, passiert die Lkw-Länge von 15 m, fährt den neuen Sicherheitsabstand von 30 m mitsamt der eigenen Länge von 4,5 m und schert wieder auf die rechte Spur ein (▸Abb. 2). Wir berechnen diese Überholstrecke s_{Lkw}:

$$s_{Lkw} = 50\,m + 15\,m + 30\,m + 4{,}5\,m = 99{,}5\,m.$$

Aus der Perspektive des Lkw-Fahrers ist die Geschwindigkeit des Pkw gleich der Geschwindigkeitsdifferenz zwischen beiden Fahrzeugen:

$$\Delta v = 100\,\frac{km}{h} - 60\,\frac{km}{h} = 40\,\frac{km}{h} \approx 11\,\frac{m}{s}.$$

Daher hat der Überholvorgang aus der Perspektive des Lkw-Fahrers folgende Überholdauer:

$$\Delta t = \frac{s_{Lkw}}{\Delta v} = \frac{99{,}5\,m}{11{,}1\,\frac{m}{s}} \approx 9{,}0\,s.$$

Ein am Straßenrand stehender Passant beobachtet die gleiche Überholdauer.

Allerdings stellt er als Überholstrecke die vom Pkw während dieser Überholdauer gefahrene Strecke s_{Pkw} fest. Diese ist länger als die aus der Sicht des Lkw-Fahrers berechnete, weil der Lkw sich aus Sicht des stillstehenden Beobachters bewegt.

s_{Pkw} ergibt sich aus Überholdauer Δt und Pkw-Geschwindigkeit v_{Pkw} zu $s_{Pkw} = v_{Pkw} \cdot \Delta t$.
Die Überholdauer Δt ist die gleiche wie aus der Perspektive des Lkw-Fahrers. Somit können wir nutzen $\Delta t = \frac{s_{Lkw}}{\Delta v}$ und erhalten:

$$s_{Pkw} = \frac{v_{Pkw}}{\Delta v} \cdot s_{Lkw}.$$

Diese Formel wird allgemein zur Berechnung der Überholstrecke verwendet. Wir berechnen die Überholstrecke für das Auto in ▸Abb. 1:

$$s_{Pkw} = \frac{v_{Pkw}}{\Delta v} \cdot s_{Lkw} = \frac{100}{40} \cdot 99{,}5\,m \approx 249\,m.$$

Der Pkw-Fahrer müsste also eine freie Strecke von 249 m vor sich auf der Gegenfahrbahn sehen.
Wenn der Überholende schon länger direkt hinter dem Lkw fährt, dann muss er zunächst beschleunigen und benötigt somit eine etwas längere Strecke als 249 m. Um diese zusätzliche Strecke abzuschätzen, braucht er viel Übung. Eine Hilfe kann der Abstand der Leitpfosten sein, der in Deutschland auf übersichtlichen Strecken in der Regel 50 m beträgt. An unübersichtlichen Stellen, wie z. B. vor Kurven, stehen die Pfosten dichter. Hier sollte man keinesfalls überholen!

1 Ein Autofahrer soll eine so lange Reaktionszeit haben, dass sein Reaktionsweg gleich dem „halben Tachostand" ist. Berechnen Sie seine Reaktionszeit und beurteilen Sie das Ergebnis.

2 Ein Pkw fährt 100 $\frac{km}{h}$ und möchte einen 20 m langen Lkw überholen, der mit 80 $\frac{km}{h}$ auf einer Landstraße fährt.
Berechnen Sie die Überholstrecke aus der Perspektive des Lkw und des am Straßenrand stehenden Beobachters.

1 Tauziehen

Reibungskräfte

Die Jugendlichen wollen das Tauziehen gewinnen. Wie können sie eine möglichst große Kraft am Seil zur Wirkung bringen?

Vorüberlegungen • Beim Tauziehen geht es darum, das Seil bis zu einem bestimmten Punkt auf die eigene Seite zu ziehen. Wir stellen zunächst zusammen, welche Kräfte dabei am Körper eines Sportlers angreifen. Hierzu wählen wir als Angriffspunkt einen Schuh (▸Abb. 2). Wir untersuchen also nicht die Übertragung von Kräften innerhalb des Körpers.

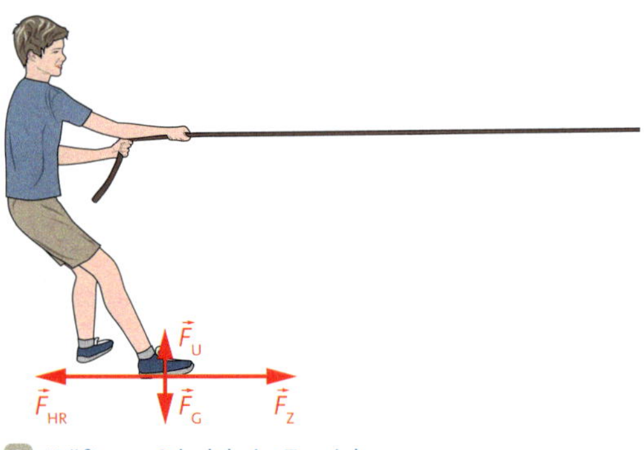

2 Kräfte am Schuh beim Tauziehen

Von der gegnerischen Mannschaft wird eine Zugkraft $\vec{F}_Z$ auf das Seil zur Wirkung gebracht, die den Körper des Sportlers nach vorne zieht. Er kann sich dieser Zugkraft entgegenstellen, weil die Haftreibung seiner Schuhe ihn festhält. Nur dadurch kann er selbst mit gleich großer Kraft am Seil ziehen wie der Gegner. Nach hinten wirkt also die **Haftreibungskraft** $\vec{F}_{HR}$. Wir betrachten zunächst eine Situation ohne Beschleunigung, wenn also beide Mannschaften mit gerade gleich großer Kraft ziehen. Dann sind die Beträge dieser beiden Kräfte gleich groß. So lange der Sportler sich nicht bewegt, halten Haftreibungskraft und Zugkraft am Schuh sich die Waage. Je größer die Zugkraft ist, desto größer ist demzufolge auch die Haftreibungskraft. Nach unten wirkt die Gewichtskraft $\vec{F}_G = m \cdot \vec{g}$. Dieser wirkt von unten eine gleich große Kraft $\vec{F}_U$ entgegen, mit der der Erdboden gegen den Schuh drückt.

Um die Zugkraft $\vec{F}_Z$ zu maximieren, muss daher auch die Reibungskraft maximiert werden. Diese hängt von den Materialien des Schuhs und des Untergrunds, von der Masse des Sportlers sowie von der Art der Reibung ab.

Gleitreibungskraft • Geraten die Sportler ins Rutschen, also in Bewegung, wirkt statt der Haftreibungskraft eine **Gleitreibungskraft** $\vec{F}_{GR}$.

Modellversuche • Um zu untersuchen, wie man die Haftreibungskraft maximiert, machen wir einen Modellversuch (▸Abb. 3).
Wir stellen einen Schuh auf den Fußboden des Physikraums. Die Gewichtskraft $\vec{F}_G = m \cdot \vec{g}$ des Körpers modellieren wir durch ein Massenstück im Schuh. Wir maximieren die Haftreibungskraft $\vec{F}_{HR}$, indem wir am Schuh mit einer Zugkraft $\vec{F}_Z$ so ziehen, dass der Schuh sich gerade nicht bewegt. Dabei messen wir den Betrag dieser Kraft mit einem Federkraftmesser (▸Abb. 3) und lesen F_{HR} ab. In einer Versuchsreihe variieren wir die Masse m und stellen F_{HR} abhängig von m im Diagramm dar (▸Abb. 4).
Das Diagramm zeigt, dass die Haftreibungskraft proportional zur Gewichtskraft ist (▸Abb. 4). Das deuten wir wie folgt: Die Gewichtskraft drückt den Schuh senkrecht an den Fußboden. Dadurch kann die Kontaktfläche eine Haftreibungskraft ausüben, die umso größer ist, je stärker der Schuh an den Boden gedrückt wird.
Die Haftreibungskraft F_{HR} ist um so größer, je besser das Material des Schuhs auf dem Boden haftet. Diese Abhängigkeit wird in ▸Abb. 4 durch die Steigung der Geraden dargestellt – je besser die Haftung des Materials, desto steiler die Gerade. Daher nennt man diese Steigung **Haftreibungskoeffizient** μ_{HR}. Beispielsweise ist in ▸Abb. 4 für den Turnschuh $\mu_{HR} = 0{,}7$ und für den Lederschuh $\mu_{HR} = 0{,}5$.

Zur Untersuchung der **Gleitreibungskraft** führen wir ein analoges Experiment durch. Diesmal ziehen wir am Schuh mit einer Zugkraft F_Z so, dass der Schuh sich mit konstanter Geschwindigkeit bewegt. Als Ergebnis erhalten wir wieder eine Proportionalität der Gleitreibungskraft zur Gewichtskraft. Entsprechend nennt man die Steigung dieser Geraden **Gleitreibungskoeffizient** μ_{GR}. Typische Werte zeigt die ▸Tabelle 5. Wir sehen, dass der Gleitreibungskoeffizient kleiner ist als der Haftreibungskoeffizient.

In den Modellversuchen drückt die Gewichtskraft den Schuh senkrecht auf den Boden, allgemein kann dies durch eine Normalkraft $\vec{F}_N$ geschehen. Wir fassen zusammen.

Die Haftreibungskraft F_{HR} ist das Produkt aus dem Haftreibungskoeffizienten μ_{HR} und der Normalkraft F_N: $F_{HR} = \mu_{HR} \cdot F_N$.

Die Gleitreibungskraft F_{GR} ist das Produkt aus dem Gleitreibungskoeffizienten μ_{GR} und der Normalkraft F_N: $F_{GR} = \mu_{GR} \cdot F_N$.

Ein Athlet mit einer Masse von 65 kg kann bei einem Haftreibungskoeffizienten von 0,8 folgende Haftreibungskraft zur Wirkung bringen:

$$F_{HR} = \mu_{HR} \cdot 65\,\text{kg} \cdot 9{,}8\,\frac{\text{N}}{\text{kg}} = 509{,}6\,\text{N}.$$

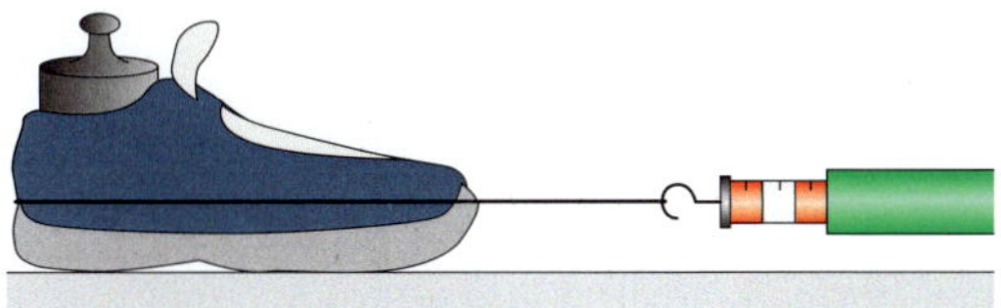

3 Modellversuch zum Tauziehen

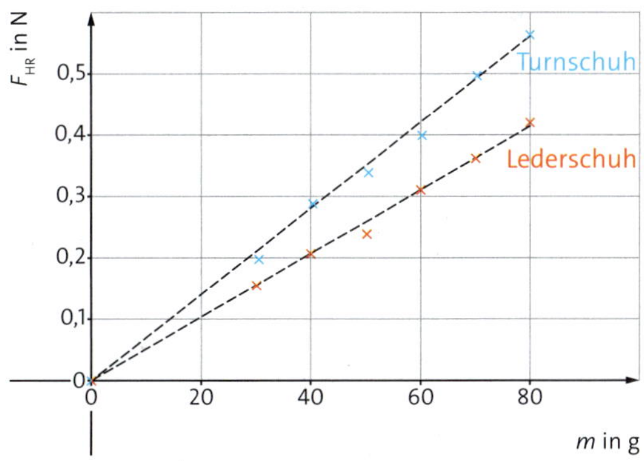

4 Messwerte: Turnschuh (blau), Lederschuh (rot)

	μ_{HR}	μ_{GR}
Reifen auf trockener Straße	0,8	0,5
Reifen auf nasser Straße	0,5	0,2
Reifen auf Eis	0,1	0,05
Gummi auf trockenem Beton	1,0	0,8
Gummi auf nassem Beton	0,3	0,25
Leder auf Metall	0,6	0,4
Stahl auf Eis	0,03	0,01

Reibungskoeffizienten sind vom Material abhängig, sie können z. B. je nach Asphaltsorte und Reifenmaterial in einem weiten Bereich liegen.

5 Haft- und Gleitreibungskoeffizienten (Beispielwerte)

Strategien beim Tauziehen • Die Sportler können mit besonders großer Kraft am Seil ziehen, wenn sie Schuhe mit großem Haftreibungskoeffizienten nutzen. Kommen Sportler ins Gleiten, wirkt die kleinere Gleitreibungskraft. Sie sollten daher sofort wieder zum Stehen kommen, damit die größere Haftreibungskraft wirkt. Zudem kann ein Sportler die dauerhaft wirkende Haftreibungskraft kurzzeitig überraschend ändern. Übt er beispielsweise einen Ruck aus, kann er die Gegner zum Gleiten bringen, wodurch diese nur die geringere Gleitreibungskraft einbringen.

Rollreibung • Für die Umweltbilanz beim Transport ist auch der benötigte Energiebetrag wichtig. Diesen untersuchen wir am Beispiel einer Ladung von 10 t, die mit dem Lkw oder der Bahn eine Strecke von 1000 km transportiert wird. Dabei rollen Räder, wobei eine Rollreibungskraft F_{RR} auftritt.

Ähnlich wie bei der Gleitreibung kann man auch diese Kraft bestimmen und zwar als Produkt aus der Normalkraft und einem Rollreibungskoeffizienten μ_{RR}. Bei Stahlrädern auf Schienen beträgt dieser $\mu_{RR} = 0{,}001$ und bei Reifen auf Asphalt ist $\mu_{RR} = 0{,}01$. Wir berechnen zuerst die Rollreibungskraft für den Transport mit der Bahn:

Ein Körper mit einem Volumen V und einer Dichte ρ hat folgende Masse: $m = \rho \cdot V$.

$$F_{RR} = 0{,}001 \cdot 10\,000\,\text{kg} \cdot 9{,}8\,\frac{\text{N}}{\text{kg}} = 98{,}0\,\text{N}.$$

Für den Lkw erhalten wir aufgrund der Proportionalität der Kraft zum Reibungskoeffizienten die 10-fache Kraft, also $F_{RR} = 980\,\text{N}$.
Auf einer Strecke von $s = 1000\,\text{km}$ wird für die Bahn folgende Energie E_{RR} benötigt, um gegen die Reibungskraft zu arbeiten:

$$E_{RR} = F_{RR} \cdot s = 98{,}0\,\text{MJ} = 27{,}22\,\text{kWh}.$$

Der Lkw benötigt entsprechend die 10-fache Energie, also $E_{RR} = 980\,\text{MJ} = 272{,}2\,\text{kWh}$.

Körper	c_W-Wert
Fallschirm	1,33
Stehender Mensch	0,78
Fahrrad	0,6
Kleinbus	0,5
1-Liter-Auto	0,159
Flugzeug	0,08
Pinguin	0,03

1 c_W-Werte

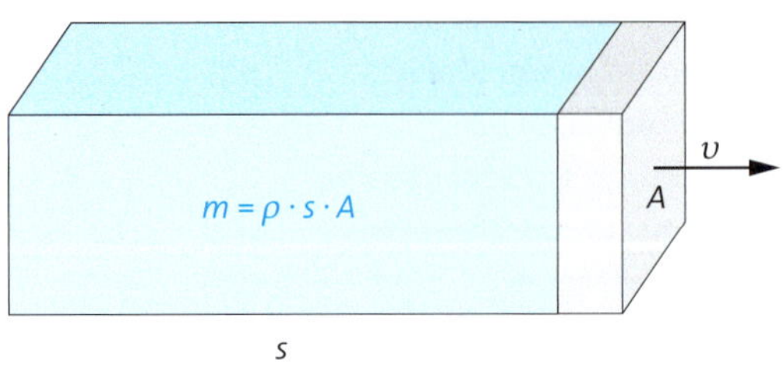

2 Zur Ermittlung der Luftreibung

Luftreibung • Neben der Rollreibung spielt beim Transport auch die Luftreibung eine Rolle. Hierfür entwickeln wir mit einer einfachen Überlegung eine Formel: Wenn sich eine Platte mit einer Querschnittsfläche A und einer Geschwindigkeit v um eine Strecke s bewegt, dann wird die in dem überstrichenen Volumen $V = s \cdot A$ befindliche Luft ungefähr auf die Geschwindigkeit v gebracht (▸Abb. 2). Diese Luft hat eine Dichte von $\rho = 1{,}3\,\frac{\text{kg}}{\text{m}^3}$ und nimmt daher folgende Bewegungsenergie auf:

$$E_{LR} = \frac{1}{2} \cdot m \cdot v^2 = \frac{1}{2} \cdot \rho \cdot V \cdot v^2 = \frac{1}{2}\rho \cdot s \cdot A \cdot v^2.$$

Diese Energie ist gleich dem Produkt aus der Reibungskraft F_{LR} und der Strecke s. Also ist die Luftreibungskraft gleich E_{LR} geteilt durch s:

$$F_{LR} = \frac{1}{2} \cdot \rho \cdot A \cdot v^2.$$

Wenn man die Platte durch einen stromlinienförmigen Körper mit gleicher Querschnittsfläche ersetzt, denn ist die Luftreibungskraft ein wenig geringer. Das beschreibt man durch den sogenannten c_W-Wert als Faktor (▸Tabelle 1):

$$F_{LR} = \frac{1}{2} \cdot c_W \cdot A \cdot \rho \cdot v^2.$$

Bei unserem Beispiel gehen wir von einer Fläche $A = 10\,\text{m}^2$, einer Geschwindigkeit von $72\,\frac{\text{km}}{\text{h}}$ sowie einem c_W-Wert von 1 aus und berechnen:

$$F_{LR} = \frac{1}{2} \cdot 10\,\text{m}^2 \cdot \frac{1{,}3\,\text{kg}}{\text{m}^3} \cdot \left(20\,\frac{\text{m}}{\text{s}}\right)^2 = 2600\,\text{N}.$$

Wie oben bestimmen wir die Energie:

$$E_{LR} = F_{LR} \cdot s = 2600\,\text{N} \cdot 1000\,\text{km} = 2600\,\text{MJ} = 722\,\text{kWh}.$$

Eine Lokomotive kann viele Waggons ziehen, wobei jeder im Windschatten rollt. Daher benötigt ein Transport mit der Bahn weniger Energie aufgrund der Luftreibung als ein Transport per Lkw.

1 Ein Fahrrad mit Fahrer hat die Masse 70 kg, die Querschnittsfläche von $0{,}5\,\text{m}^2$ und die Rollreibungskraft 3 N.
a) Bestimmen Sie den Rollreibungskoeffizienten.
b) Ermitteln Sie für einen c_W-Wert von 1 und eine Geschwindigkeit von $18\,\frac{\text{km}}{\text{h}}$ die Luftreibungskraft.

Versuch A • Untersuchung von Reibungskräften

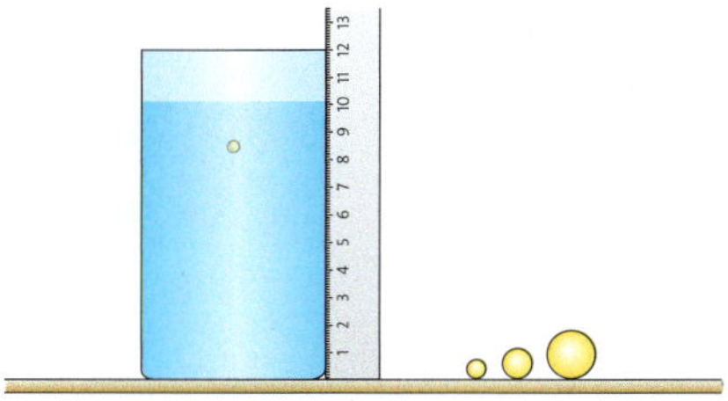

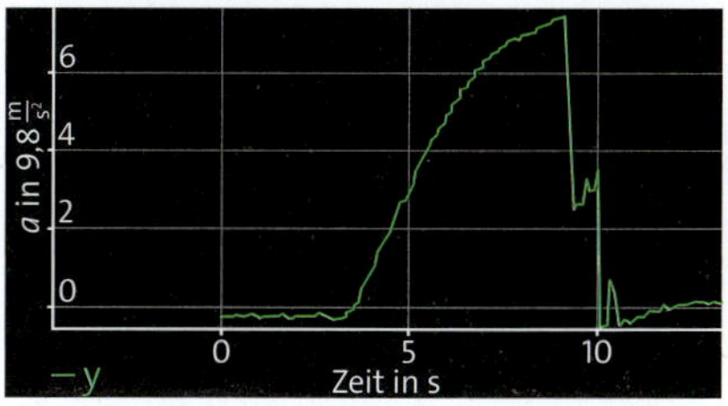

V1 Gesetz von Stokes

Material:
Hohes Glas mit Wasser, Lineal, Stoppuhr, einige Gramm Käse, Waage

Arbeitsauftrag:

a) Formen Sie eine Käsekugel mit einem Durchmesser von etwa 1 mm. Befestigen Sie das Lineal lotrecht am Wasserglas. Lassen Sie die Kugel im Wasser sinken. Erstellen Sie ein $s(t)$-Diagramm und bestimmen Sie die sich langfristig einstellende Geschwindigkeit v.

b) Ermitteln Sie die Masse der Kugel. Bestimmen Sie daraus die sich langfristig einstellende Reibungskraft.

c) Führen Sie den Versuch mit Kugeln unterschiedlicher Radien r durch. Bestätigen Sie, dass folgender Quotient konstant ist: $\eta = \frac{F_R}{6\pi \cdot r \cdot v}$.

d) Dieser Quotient heißt dynamische Viskosität. Ermitteln Sie ihn für Wasser.

V2 Haftreibungskraft

Material:
Brett, Geodreieck, Schuh

Arbeitsauftrag:

a) Stellen Sie den Schuh auf das Brett und heben Sie das Brett an einer Seite etwas an. Vergrößern Sie die Neigung des Bretts, bis der Schuh gerade anfängt zu rutschen, und messen Sie den entsprechenden Neigungswinkel φ.

b) Begründen Sie, dass für die Haftreibungskraft gilt: $F_{HR} = m \cdot g \cdot \sin \varphi$.

c) Begründen Sie, dass für den Haftreibungskoeffizienten gilt: $\mu_{HR} = \tan \varphi$.

d) Wenn der Schuh rutscht, dann können Sie diesen durch Absenken der Platte wieder anhalten. Überprüfen Sie dies, bestimmen Sie den entsprechenden Neigungswinkel φ und daraus den Gleitreibungskoeffizienten μ_{GR}.

V3 Gleitreibungskraft

Material:
Langes Brett, Smartphone

Arbeitsauftrag:

a) Installieren Sie eine App zur Aufzeichnung der Beschleunigung. Legen Sie das Phone auf das Brett, starten Sie die App und heben Sie das Brett an einer Seite gleichmäßig an, bis das Phone gerade anfängt zu rutschen. Behalten Sie die Neigung bei. Beschreiben Sie das aufgezeichnete $a(t)$-Diagramm.

b) Begründen Sie, dass die Haftreibungskraft F_{HR} gleich dem Produkt aus der Masse m des Phones sowie dem aufgezeichneten Spitzenwert der Beschleunigung ist, und ermitteln Sie F_{HR}.

c) Begründen Sie mithilfe des $a(t)$-Diagramms, dass auf das rutschende Smartphone eine fast konstante Gleitreibungskraft F_{GR} wirkt.

d) Bestimmen Sie die Gleitreibungskraft.

Material A • Befestigen von Ladung

Drei Surfbretter mit einer Gesamtmasse von 30 kg werden auf einem Dachgepäckträger mit Spanngurten niedergezogen.

A1 **a)** Die Spanngurte üben auf die Bretter eine Normalkraft von 300 N aus. Berechnen Sie die maximale Haftreibungskraft für $\mu_{HR} = 0{,}8$.

b) Die Spanngurte sollen einen Neigungswinkel von 45° haben. Auf die Spanngurte wirkt an den Enden beim Dachgepäckträger eine größere Kraft als 300 N. Ermitteln Sie den Betrag.

c) Analysieren Sie die Befestigung für eine Beschleunigung von $-8\,\frac{m}{s^2}$.

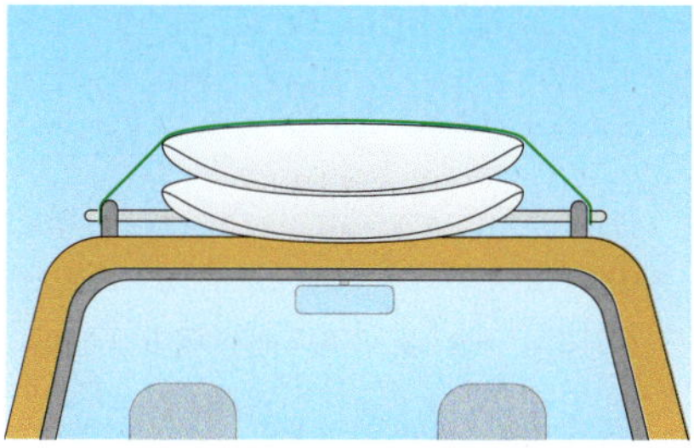

METHODE

Kräfte an der schiefen Ebene

Der Skispringer (▸Abb. 1) beschleunigt aufgrund der Erdanziehungskraft die Sprungschanze hinunter. Aber es wirkt offenbar nicht die gesamte Erdbeschleunigung, denn die Bewegung endet nicht so wie ein freier Fall aus dieser Höhe. Wie kann die tatsächlich beobachtete Beschleunigung ermittelt werden?

Ähnlich wie bei der Zerlegung der Geschwindigkeit bei einem Wurf muss hier die für die Bewegung des Skispringers ursächliche Gewichtskraft $\vec{F}_g$ vektoriell in ihre Komponenten zerlegt werden. Es gilt:

$$\vec{F}_g = \vec{F}_{\mathrm{H}} + \vec{F}_{\mathrm{N}}.$$

Die auf den Springer wirkende Kraft muss hangabwärts gerichtet sein, denn dorthin bewegt er sich (▸Abb. 2). Entsprechend wird sie **Hangabtriebskraft** F_{H} genannt. Die Gewichtskraft wirkt natürlich wie üblich senkrecht nach unten. Es fehlt noch eine Kraft, um die Vektorsumme zu komplettieren. Diese Kraft wirkt senkrecht auf den Untergrund, d. h. auf die schiefe Ebene, und heißt daher **Normalkraft**. Dies gilt auch auf horizontaler Ebene; dort entspricht die Normalkraft der Gewichtskraft. Das betrachtete Objekt drückt mit der Normalkraft auf den Untergrund, was z. B. auch bei Reibungskräften relevant ist.

Die konkrete Berechnung der Kräfte kann auch sehr einfach ohne Vektoren in skalarer Schreibweise erfolgen, da es sich hier um ein rechtwinkliges Dreieck handelt. Der Hangwinkel α zwischen der Hangseite l und dem horizontalen Erdboden b tritt auch im dazu ähnlichen Kräftedreieck zwischen F_{N} und F_g auf. Daher kann die Hangabtriebskraft als Gegenkathete zu α über die Definition des Sinus im rechtwinkligen Dreieck dargestellt werden:

$$\sin\alpha = \frac{\text{Gegenkathete}}{\text{Hypotenuse}} = \frac{F_{\mathrm{H}}}{F_g} \Leftrightarrow F_{\mathrm{H}} = F_g \cdot \sin\alpha.$$

Die Normalkraft ergibt sich entsprechend aus der Definition des Cosinus im rechtwinkligen Dreieck:

$$\cos\alpha = \frac{\text{Ankathete}}{\text{Hypotenuse}} = \frac{F_{\mathrm{N}}}{F_g} \Leftrightarrow F_{\mathrm{N}} = F_g \cdot \cos\alpha.$$

Ist der Hangwinkel unbekannt, aber dafür z. B. die Höhe des Hangs h und die Länge l, kann er ebenfalls z. B. mit der Definition des Sinus berechnet werden:

1 Ein Skispringer auf der Sprungschanze

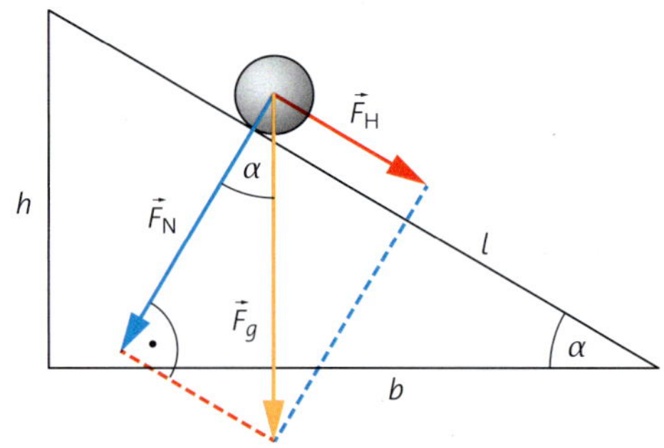

2 Kräftezerlegung am Hang

$$\sin\alpha = \frac{\text{Gegenkathete}}{\text{Hypotenuse}} = \frac{h}{l} \Leftrightarrow \alpha = \arcsin\left(\frac{h}{l}\right).$$

Mittels der Masse des Skispringers ist es nun möglich, die Beschleunigung aus der Hangabtriebskraft nach der Grundgleichung der Mechanik zu ermitteln:

$$a_{\mathrm{H}} = \frac{F_{\mathrm{H}}}{m}.$$

1 Ein Skispringer (m = 80 kg) fährt eine h = 100 m hohe und l = 200 m lange Sprungschanze hinunter.
a) Berechnen Sie den Winkel des Hanges, die Hangabtriebskraft und die Normalkraft.
b) Die Gleitreibungszahl von Skiern auf Eis beträgt μ_{GR} = 0,05. Berechnen Sie die Gleitreibungskraft und die mit der Hangabtriebskraft resultierende Beschleunigung.
c) Berechnen Sie die maximale Geschwindigkeit beim Absprung, also am Ende der Schanze.

Zerlegung von Kräften

Jede Kraft kann in Komponenten für verschiedene Richtungen zerlegt oder umgekehrt solche Kraftkomponenten zu einer resultierenden Kraft addiert werden. Sinnvoll sind üblicherweise die Richtungen, in die auch eine real auftretende Kraft wirkt, z. B. wenn ein Objekt von zwei Personen gezogen wird (▸Abb. 3) oder an Streben einer Halterung aufgehängt ist (▸Abb. 5).
Eine resultierende Kraft kann entweder grafisch über ein **Kräfteparallelogramm** (▸Abb. 3A) oder rechnerisch über ein Kräftedreieck (▸Abb. 3B) bestimmt werden. Dies kann entweder in skalarer Betrachtung wie zuvor bei den Kräften am Hang erfolgen oder rein vektoriell. Dazu müssen die einzelnen Koordinaten der Kraftvektoren bekannt sein. Im zweidimensionalen Fall gilt:

$$\vec{F}_r = \vec{F}_1 + \vec{F}_2 = \begin{pmatrix} F_{1,x} \\ F_{1,y} \end{pmatrix} + \begin{pmatrix} F_{2,x} \\ F_{2,y} \end{pmatrix} = \begin{pmatrix} F_{1,x} + F_{2,x} \\ F_{1,y} + F_{2,y} \end{pmatrix}.$$

Sind die einzelnen Koordinaten nicht bekannt, können sie aus skalaren Kraftbeträgen und Winkelangaben berechnet werden. Dazu ist es sinnvoll, das System so zu drehen, dass einer der Vektoren in Richtung einer der Koordinatenachsen zeigt (▸Abb. 4). Dann ergeben sich nach Drehung auf die vertikale Achse seine Koordinaten z. B. zu:

$$\vec{F}_1 = \begin{pmatrix} 0 \\ F_{1,y} \end{pmatrix}.$$

Der Winkel zwischen den Kräften wird damit zum Winkel der zweiten Kraft zur gewählten Koordinatenachse. Die Einzelkoordinaten ergeben sich mit den Definitionen von Sinus und Cosinus im rechtwinkligen Dreieck und dem Betrag der Kraft, also der Länge $|\vec{F}_2|$ des Vektors:

$$\vec{F}_2 = \begin{pmatrix} |\vec{F}_2| \cdot \sin\alpha \\ |\vec{F}_2| \cdot \cos\alpha \end{pmatrix}.$$

Ist die Länge eines Kraftvektors nicht bekannt, kann sie wie folgt berechnet werden:

$$|\vec{F}_1| = \sqrt{F_{1,x}{}^2 + F_{1,y}{}^2}.$$

Mit diesen Werkzeugen kann man z. B. die Kräfte auf die einzelnen Teile einer Aufhängung einer Lampe ermitteln. In ▸Abb. 5 sind zwei Varianten gezeigt.
In ▸Abb. 5A wird die Gewichtskraft der Lampe in die Komponenten zerlegt, die entlang der beiden Aufhängungsteile wirken. So können die Druck- $(\vec{F}_1, \vec{F}_3)$ und Zugkräfte $(\vec{F}_2)$ bestimmt und z. B. die Tragfähigkeit der Aufhängungsbauteile und Wandschrauben ausreichend dimensioniert werden.
Ebenso können die Länge und die Stärke des Aufhängungsseiles in ▸Abb. 5B optimiert werden, um die Zugkräfte auf die Wandschrauben so gering wie möglich zu halten.

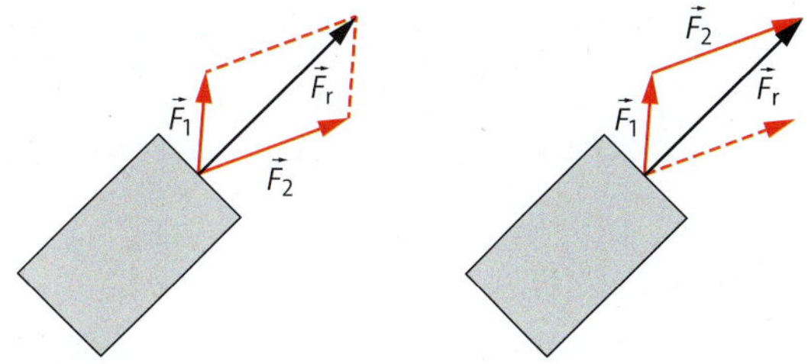

A Addition mit Kräfteparallelogramm
B Addition mit Kräftedreieck

3 Addition von Kräften

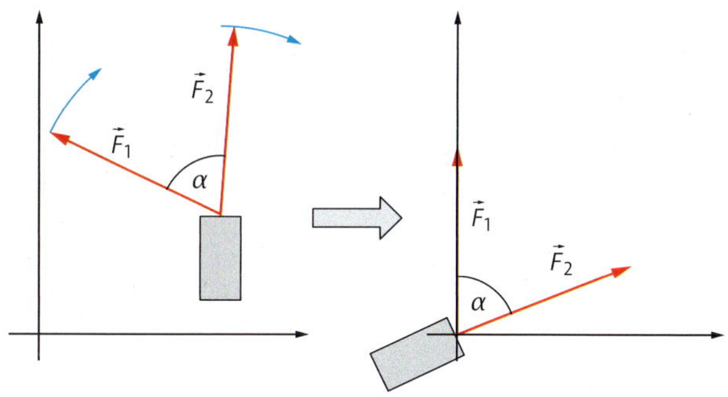

4 Drehung des Systems

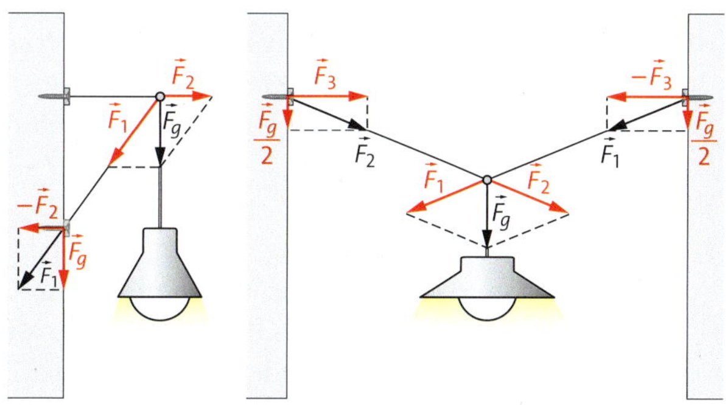

A B

5 Aufhängung von Lampen

1 Tennisschlag

Wechselwirkungsprinzip

Beim Schlag mit dem Tennisschläger wird der Ball heftig verformt. Denn die Schlagfläche des Schlägers übt eine große Kraft auf den Ball aus, sodass dieser eine große Beschleunigung erfährt. Erstaunlicherweise wird auch die Schlagfläche deutlich verformt. Welche zweite Kraft führt zu dieser Verformung?

Ursache der Verformung • In ▸Abb. 1 erkennen wir, dass beim Tennisschlag nur ein Körper Kontakt mit der Schlagfläche hat: der Ball. Es ist daher der Ball, der die gesuchte zweite Kraft $\vec{F}_2$ auf die Schlagfläche ausübt.

Dies wirft zwei weitere Fragen auf: Wie groß ist die zweite Kraft? Können wir erklären, warum der Ball plötzlich die zweite Kraft ausübt?

2 Ein Bootsfahrer stößt einen anderen weg.

Bestimmung der zweiten Kraft • Wir betrachten eine analoge Situation, bei der wir die gesuchte zweite Kraft schon berechnen können (▸Abb. 2). Die Person im roten Boot will das blaue Boot wegstoßen und übt dazu eine Sekunde lang eine Kraft von $F = 200\,\mathrm{N}$ auf das blaue Boot aus. Das blaue Boot entspricht somit dem Tennisball, das rote dem Tennisschläger. Jedes der Boote hat mitsamt Bootsfahrer eine Masse von 100 kg. Das blaue Boot erfährt somit entsprechend der Grundgleichung der Mechanik folgende Beschleunigung:

$$a = \frac{F}{m} = \frac{200\,\mathrm{N}}{100\,\mathrm{kg}} = 2\,\frac{\mathrm{m}}{\mathrm{s}^2}.$$

Beide Boote sind anfangs in Ruhe, daher erreicht das blaue Boot folgende Geschwindigkeit:

$$v = a \cdot 1\,\mathrm{s} = 2\,\frac{\mathrm{m}}{\mathrm{s}^2} \cdot 1\,\mathrm{s} = 2\,\frac{\mathrm{m}}{\mathrm{s}}.$$

Während des Wegstoßens können wir Reibungskräfte vernachlässigen. Damit stellen die beiden Boote zusammen ein System dar, auf das von außen keine Kräfte einwirken. Entsprechend dem **Trägheitsprinzip** ändert sich die Geschwindigkeit des gesamten Systems also nicht.

Zu Beginn war das System in Ruhe. Da das blaue Boot eine Geschwindigkeit von $2\,\frac{\text{m}}{\text{s}}$ nach rechts erhält, kann die Geschwindigkeit des gesamten Systems nur unverändert null bleiben, wenn das rote Boot eine Geschwindigkeit von $2\,\frac{\text{m}}{\text{s}}$ nach links erreicht, kurz: $v = -2\,\frac{\text{m}}{\text{s}}$. Daher erfährt das rote Boot folgende Beschleunigung:

$$a = \frac{v}{1\,\text{s}} = -\frac{2\,\frac{\text{m}}{\text{s}}}{1\,\text{s}} = -2\,\frac{\text{m}}{\text{s}^2}.$$

Das rote Boot fährt also nach links und hat sich somit vom blauen Boot abgestoßen. Dazu wurde entsprechend der Grundgleichung der Mechanik folgende Kraft auf das rote Boot ausgeübt:

$$F = m \cdot a = 100\,\text{kg} \cdot \left(-\frac{2\,\text{m}}{\text{s}^2}\right) = -200\,\text{N}.$$

Diese Kraft von $-200\,\text{N}$ hat das blaue Boot auf das rote ausgeübt, denn es ist kein weiterer Körper beteiligt. Die Kraft hat den gleichen Betrag wie die, die das rote auf das blaue Boot ausgeübt hat, aber entgegengesetzte Richtung.

In der Analogie entspricht das blaue Boot dem Tennisball. Dieser übt auf den Tennisschläger eine Kraft aus, die den gleichen Betrag hat wie die Kraft, die der Schläger auf den Ball ausübt, aber entgegengesetzte Richtung (▸Abb. 1).
Damit haben wir nicht nur den Betrag der zweiten Kraft $\vec{F}_2$ bestimmt. Darüber hinaus können wir auch erklären, warum der Ball plötzlich eine Kraft auf den Schläger ausübt: Ohne diese zweite Kraft wäre das Trägheitsprinzip verletzt, da sich ohne sie der Bewegungszustand des Gesamtsystems ändern würde.
Eine solche Kraft $\vec{F}_2$ nennt man passend zu ihrer entgegengesetzten Richtung **Gegenkraft.** Wir beschreiben das Auftreten der Gegenkraft durch ein weiteres Prinzip, das **Wechselwirkungsprinzip:**

> **Wenn ein Körper A eine Kraft $\vec{F}_{AB}$ auf einen zweiten Körper B ausübt, dann übt gleichzeitig der Körper B eine Gegenkraft $\vec{F}_{BA}$ auf den Körper A aus.**
> **Dabei gilt: $\vec{F}_{AB} = -\vec{F}_{BA}$.**

Relevanz dieses Prinzips • Der Tennisball hat eine Masse von 58 g und kann beim Aufschlag Geschwindigkeiten von über $252\,\frac{\text{km}}{\text{h}}$ oder $70\,\frac{\text{m}}{\text{s}}$ erreichen. Um diese Geschwindigkeit mit einer gleichmäßigen Beschleunigung über einer Strecke von 2 m zu erreichen, muss der Schläger auf den Ball eine Kraft von 21121 N ausüben.

Entsprechend dem Wechselwirkungsprinzip übt der Ball eine Gegenkraft von $-21121\,\text{N}$ auf den Schläger aus. Diese Gegenkraft stellt nicht nur für den Schläger eine starke Belastung dar, sondern auch für den Arm des Spielers. Dabei kann es zu einer Überlastung kommen, die langfristig zu einer Entzündung im Arm des Tennisspielers führen kann, die als Tennisarm bezeichnet wird.

Wenn man die Auswirkungen einer Kraft F umfassend beurteilen will, dann sollte man also immer auch an die Gegenkraft denken. Wir betrachten dazu folgende Zusammenhänge:
- Gegenkraft und Trägheitskraft sowie
- Gegenkraft und Reibungskraft.

3 Drohender Überschlag bei Vollbremsung

Nach dem **Trägheitsprinzip,** auch 1. Newtonsches Gesetz, verharrt ein Körper in Ruhe oder der gleichförmigen geradlinigen Bewegung, wenn keine äußeren Kräfte auf ihn einwirken.

Gegenkraft und Trägheitskraft • Wenn ein Motorradfahrer plötzlich bremst, dann spürt er nach vorn gerichtete Trägheitskräfte, die sogar zu einem Überschlag führen können (▸Abb. 3). Ein am Straßenrand stehender Passant dagegen sieht keine Trägheitskraft. Er erklärt sich den drohenden Überschlag in ▸Abb. 3 durch die Trägheit des Motorrads: Während das Vorderrad gebremst wird, verharrt der Rest des Motorrads in seiner Bewegung nach vorn.

Ob eine Trägheitskraft wahrgenommen wird, hängt also von der Perspektive ab. Insofern hat eine Trägheitskraft keine Gegenkraft.

Newton hat die Mechanik durch drei Axiome charakterisiert. Das Wechselwirkungsprinzip stellt das **dritte** Newtonsche **Axiom** dar. Man nennt es auch **Reaktionsprinzip.**

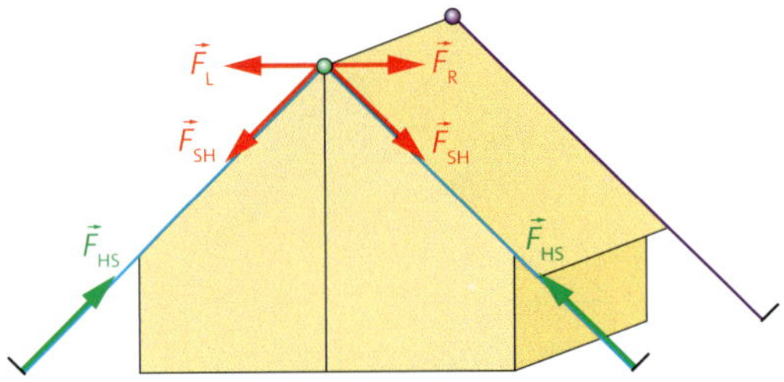

1 Zelt: Gegenkraft (grüne Pfeile) auch ohne Bewegung

2 Sprung vom Dreimeterturm

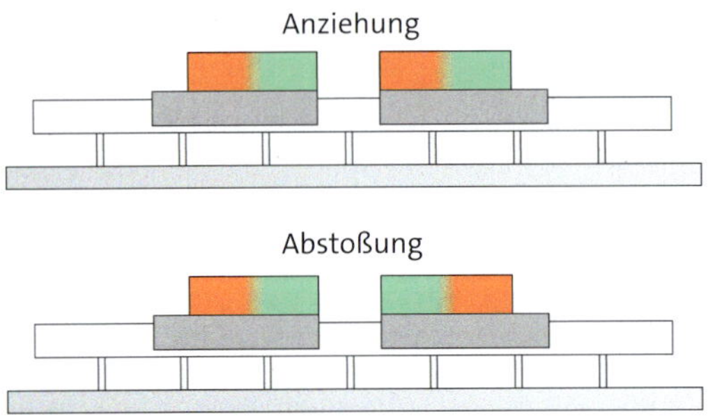

3 Gegenkraft auch ohne Berührung

Gegenkraft und Reibungskraft • Ein Sportler beim Tauziehen übt auf seinen Schuh eine nach vorne gerichtete Kraft aus. Solange diese Kraft kleiner ist als die Haftreibungskraft, übt der Schuh auf den Sportler eine Gegenkraft nach hinten aus. Diese nach hinten gerichtete Gegenkraft ermöglicht dem Sportler erst das Ziehen, also das Ausüben der Kraft.

Gegenkraft ohne Bewegung • Die grüne Spitze am Zeltfirst in ▸Abb. 1 steht unbewegt. Also befindet sie sich im Kräftegleichgewicht. Konkret ziehen die beiden blauen Seile an der Spitze nach links unten und rechts unten, wobei die waagerechten Kraftkomponenten $\vec{F}_L$ und $\vec{F}_R$ einander aufheben. Zwischen diesen beiden herrscht ein **Kräftegleichgewicht.**

Treten hier auch Gegenkräfte auf? Ja, der linke Hering zieht mit der Kraft $\vec{F}_{SH}$ an der Spitze, während diese mit der Gegenkraft $\vec{F}_{HS}$ am Hering zieht (analog auf der rechten Seite).
Die Spitze wird also durch ein Kräftepaar im Kräftegleichgewicht gehalten, während sie und jeder Hering durch Kraft und Gegenkraft miteinander wechselwirken.

Gegenkraft ohne Berührung • Springt eine Schülerin vom Dreimeterturm (▸Abb. 2), übt die Erde eine nach unten gerichtete Gewichtskraft auf sie aus. Übt die Schülerin dann eine nach oben gerichtete Gegenkraft auf die Erde aus? Wäre dies dann auch eine Gewichtskraft?
Dies untersuchen wir mit einem Modellversuch: Die Gewichtskraft wirkt während des Sprungs ohne Berührung. Daher modellieren wir diese Kraft durch die magnetische Kraft. Erde und Schülerin modellieren wir durch zwei Magnete auf Schlitten (▸Abb. 3), die freie Beweglichkeit während des Sprungs durch eine Luftkissenbahn. Wir halten die Schlitten anfangs fest und lassen sie dann los. Beide bewegen sich aufeinander zu. Somit übt der linke Schlitten auf den rechten eine Kraft $\vec{F}$ aus und gleichzeitig der rechte Schlitten auf den linken die Gegenkraft $\vec{F}_{WW}$.
Wir übertragen dieses Ergebnis vom Modellversuch auf die springende Schülerin in ▸Abb. 2: Beim Springen übt die Erde auf sie die Gewichtskraft $\vec{F}$ aus und gleichzeitig übt sie auf die Erde die Gegenkraft $\vec{F}_{WW}$ aus. Da für diese Gegenkraft keine andere Ursache als die Gewichtskraft zu erkennen ist, muss es ebenfalls eine Gewichtskraft sein. Die Schülerin übt also tatsächlich eine Gewichtskraft auf die Erde aus, die den gleichen Betrag hat wie die Gewichtskraft, welche die Erde auf sie ausübt. Allerdings wird die Erde dadurch nicht merklich beschleunigt. Denn nach der Grundgleichung der Mechanik ist diese Beschleunigung gleich der Kraft geteilt durch die Masse der Erde – und die ist mit $6 \cdot 10^{24}$ kg so groß, dass keine messbare Beschleunigung entsteht.

1 Betrachten Sie noch einmal ▸Abb. 1. Analysieren Sie Lage und Anzahl der Kraftpfeile:
a) beim Kräftegleichgewicht,
b) beim Wechselwirkungsprinzip.

Versuch A • Wechselwirkung

V1 Magnetische Kraft

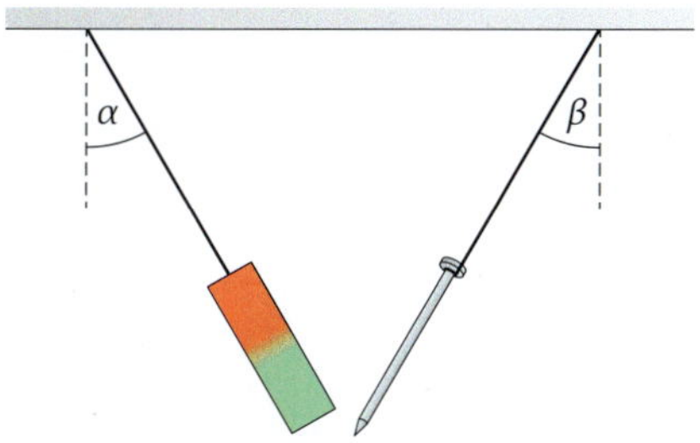

Material:
Faden, Stabmagnet, Nagel, Geodreieck, Waage

Arbeitsauftrag:
a) Messen Sie die Massen eines Stabmagneten und eines Nagels.
b) Hängen Sie beide mit je einem Faden an eine Stange wie abgebildet. Messen Sie die beiden Neigungswinkel α und β, um welche die Fäden ausgelenkt werden.
c) Bestimmen Sie den Betrag F_G der Gewichtskraft des Stabmagneten und begründen Sie mithilfe einer Skizze, dass der Nagel den Stabmagneten mit einer Kraft vom Betrag $F_1 = \tan \alpha \cdot F_G$ anzieht.
d) Berechnen Sie die Kraft F_1.
e) Ermitteln Sie mithilfe des Winkels β die Kraft F_2, mit welcher der Stabmagnet den Nagel anzieht.

V2 Messung der magnetischen Kraft

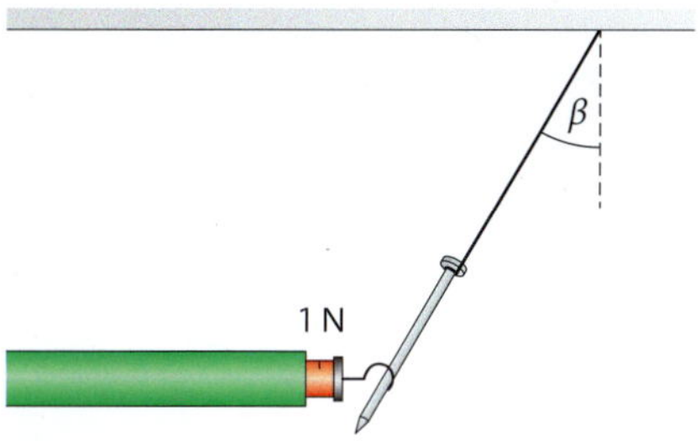

Material:
Faden, Stabmagnet, Geodreieck, Federkraftmesser

Arbeitsauftrag:
a) Messen Sie mithilfe des Federkraftmessers am Aufbau von Versuch V1 die waagerecht gerichtete Kraft F_2, mit der der gleiche Ablenkwinkel β des Nagels erzielt wird wie durch die magnetische Kraft in Versuch V1 (Abbildung oben). Messen Sie analog die Kraft F_1.
b) Erörtern Sie die Genauigkeit, mit der die Kräfte F_1 und F_2 ermittelt wurden.
c) Begründen Sie mithilfe der ermittelten Kräfte F_1 und F_2, dass bei magnetischen Kräften das Wechselwirkungsprinzip gilt.
d) Erläutern Sie anhand der Versuche V1 und V2, wie der Nagel und der Magnet miteinander wechselwirken.

V3 Schaltbare Wechselwirkung

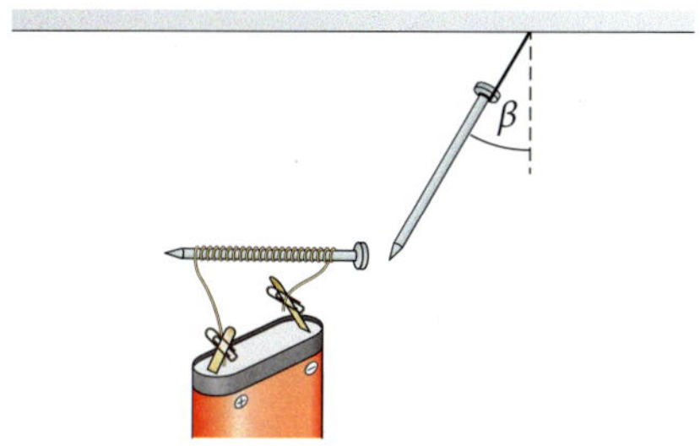

Material:
Faden, Nägel, Geodreieck, lackierter Kupferdraht, Batterie

Arbeitsauftrag:
a) Wickeln Sie den Draht um einen Nagel, kratzen Sie an den Enden den Lack ab und schließen Sie den Stromkreis wie abgebildet.
b) Überprüfen Sie, ob Sie einen funktionierenden Elektromagneten gebaut haben.
c) Positionieren Sie beim Versuchsaufbau von Versuch V1 den Elektromagneten so, dass der Faden des hängenden Nagels um den Winkel β ausgelenkt wird.
d) Erklären Sie, wie man mit dem Elektromagneten eine Wechselwirkung ein- und ausschalten und sogar von anziehend auf abstoßend umschalten kann.

Material A • Wechselwirkungsprinzip und Beschleunigung

Die Oberfläche von Eis wurde mit einem Atomkraftmikroskop (AFM) abgetastet. Dabei zeigten sich Eiskristalle mit einem Tiefenprofil von ungefähr 20 nm. An diesem Profil haftet ein sehr dünner Film von praktisch flüssigem Wasser.

A1 Erklären Sie jeweils mithilfe des Wechselwirkungsprinzips und einer Skizze:
a) warum man mit Schuhen auf einer Eisbahn kaum beschleunigen kann,
b) wie ein Ruderboot im Wasser beschleunigt,
c) wie ein Auto auf einer Fähre beschleunigt.

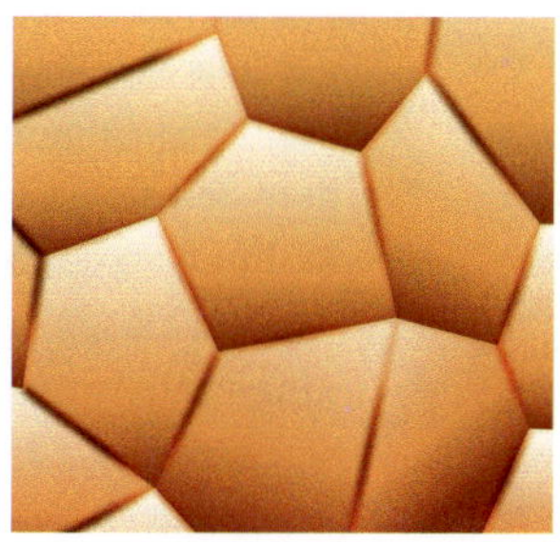

1 Beim Bungeesprung

Energieerhaltung

Nur ganz Mutige wagen den Sprung in die Tiefe. Sie stürzen mit einem Seil an den Füßen hinab, bis das Seil sich strafft und die Bewegung allmählich abbremst. Damit niemand zu Schaden kommt, darf das Seil nicht zu lang sein. Woher wissen die Veranstalter, wie lang es sein muss?

Höhenenergie wird auch Lageenergie genannt.
Die kinetische Energie wird auch als Bewegungsenergie bezeichnet.
Beide sind, wie auch die Spannenergie, Formen mechanischer Energie.

Energie wird umgewandelt • Die Veranstalter wissen, dass Energie erhalten bleibt. Sie wissen auch, dass die Springerin beim Bungeesprung zunächst Höhenenergie E_H besitzt. Während des Fallens wird diese Höhenenergie allmählich in kinetische Energie E_{kin} und schließlich, sobald sich das Seil spannt, in Spannenergie E_{spann} umgewandelt. Mit diesen Kenntnissen sind sie in der Lage, die Länge des Seils zu berechnen.
Wir schätzen die notwendige Länge eines Bungeeseils ab. Dazu betrachten wir ein System, das aus der Springerin, der Aufhängung des Seils und dem Seil selbst besteht. Die Luftreibung und die Reibung an der Seilaufhängung und im Seil können wir als sehr gering annehmen. Die Umwandlung in thermische Energie ist somit vernachlässigbar.

Nach dem Hookeschen Gesetz ist die Kraft auf das Seil proportional zu dessen Ausdehnung. Die Proportionalitätskonstante wird auch Federkonstante D genannt.

Energieerhaltung • Weil keine Energie nach außen abgegeben wird, bleibt die Summe der Energien konstant. In diesem Fall handelt es sich um ein energetisch **abgeschlossenes System.**

In einem abgeschlossenen, mechanischen System bleibt die Summe der mechanischen Energien erhalten. Die gesamte mechanische Energie E_{Ges} ist also zu jedem Zeitpunkt gleich und es gilt:
$E_{Ges} = E_H + E_{kin} + E_{Spann}$.

Mit diesem Erhaltungssatz kann man viele Fragestellungen in der Mechanik einfach lösen, ohne Genaueres über die Kräfte zu wissen, die zu einem bestimmten Zeitpunkt wirken. Er hilft uns auch, die Länge des Bungeeseils zu berechnen.

Wie lang darf das Seil sein? • Zunächst muss man sich überlegen, welche Größen bekannt sind. Dafür müssen wir einige vereinfachende Annahmen machen. Ein Bungeeseil enthält eine große Anzahl an elastischen Gummifäden. Zur Vereinfachung nehmen wir an, dass sich dieses Seil entsprechend dem Hookeschen Gesetz verhält. Ein typischer Wert für die Federkonstante D eines Bungeeseils ist $60{,}0\,\frac{N}{m}$.

Als weitere Vereinfachung vernachlässigen wir die Masse des Gummiseils und gehen von einem freien Fall aus. Damit können wir die Fragestellung allein mit dem Energieerhaltungssatz beantworten.

Beispielhaft nehmen wir die folgenden Werte an: Die maximale Fallstrecke entspricht der Höhe $h = 80{,}0\,\text{m}$ der Brücke über einem Fluss. Die Springerin ist 1,70 m groß und ihre Masse beträgt 65,0 kg.

Im Zustand I, vor dem Absprung, steht sie auf dem Startpodest (▸Abb. 2). Das Seil ist an ihren Füßen befestigt. In diesem Zustand ist die Geschwindigkeit null und das Seil ist entspannt.
Damit sind die kinetische Energie und die Spannenergie null. Die Gesamtenergie im System entspricht also der Höhenenergie E_H:

$$E_{Ges} = E_H = m \cdot g \cdot h$$
$$= 65{,}0\,\text{kg} \cdot 9{,}8\,\frac{\text{m}}{\text{s}^2} \cdot 80{,}0\,\text{m} \approx 50\,960\,\text{J}.$$

Im Zustand II ist die Springerin so weit hinabgefallen, dass das Seil gerade noch entspannt ist. Jetzt ist die Höhe $h - l$ erreicht, wobei l die gesuchte Seillänge angibt.

Im Zustand III, wenn die Springerin am tiefsten Punkt angekommen ist, ist die gesamte Energie in Spannenergie E_{Spann} umgewandelt. Also ist die kinetische Energie null. Damit können wir für den Zustand III die Verlängerung s des Seils aus dem Energieerhaltungssatz bestimmen:

$E_{Ges} = E_{Spann}$, also:

$$E_{Ges} = \frac{1}{2} \cdot D \cdot s^2.$$

Lösen wir diese Gleichung nach s auf, erhalten wir:

$$s = \sqrt{\frac{2\,E_{ges}}{D}} = \sqrt{\frac{2 \cdot 50960\,\text{J}}{60{,}0\,\frac{\text{N}}{\text{m}}}} \approx 41{,}2\,\text{m}.$$

Die maximale Verlängerung des Seils beträgt also 41,2 m.

Die Höhe $h = 80{,}0\,\text{m}$ setzt sich aus der Seillänge l, der Körpergröße $l_K = 1{,}7\,\text{m}$ und der maximalen Verlängerung des Seils $s = 41{,}2\,\text{m}$ zusammen:

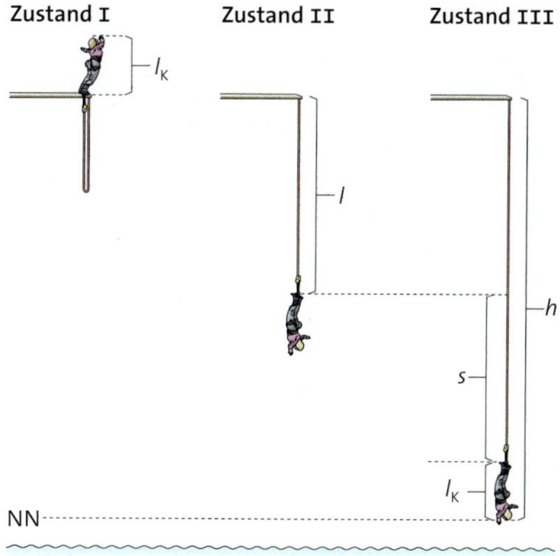

2 Besondere Zustände beim Bungeesprung

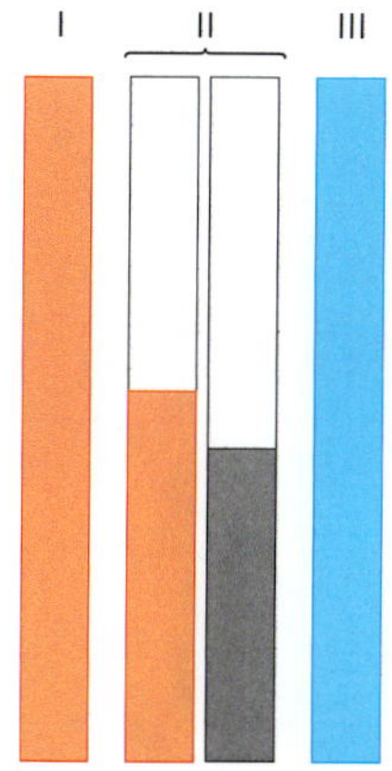

3 Energiekonten:
E_H: rot
E_{kin}: schwarz
E_{Spann}: blau

$$h = s + l + l_K.$$

Daraus können wir nun die erlaubte Seillänge l berechnen:

$$l = h - s - l_K = 80{,}0\,\text{m} - 41{,}2\,\text{m} - 1{,}7\,\text{m} = 37{,}1\,\text{m}.$$

Ein Sicherheitsabstand ist bereits enthalten, weil ein Teil der Energie in der Realität in thermische Energie umgewandelt wird. Daher wird weniger Energie in Spannenergie umgewandelt und die maximale Ausdehnung des Seils fällt geringer aus.

1 Ein 1,8 m großer Mann ($m = 80\,\text{kg}$) möchte von einer 120 m hohen Brücke einen Bungeesprung wagen. Wegen der Bepflanzung in der Nähe der Brücke soll er zur Sicherheit 10 m über dem Boden den tiefsten Punkt erreichen. Das Seil hat eine Federkonstante von $60\,\frac{\text{N}}{\text{m}}$. Berechnen Sie die maximal mögliche Seillänge.

2 Erstellen Sie ein Energiekontodiagramm zum Fall der Bungeespringerin. Wählen Sie dazu fünf besondere Zustände beim Bungeesprung aus und zeichnen Sie die zugehörigen Energiekonten. Betrachten Sie hier die mechanischen Energieformen.

1 Springender Ball

Energieumwandlung beim springenden Ball • Wenn man einen Tennisball fallen lässt, springt er (▸Abb.1). Beobachtet man den Ball genauer, so stellt man fest, dass er während seiner Sprünge die Starthöhe nicht wieder erreicht. Woran liegt das? Vor dem Loslassen hat der Ball Höhenenergie, aber keine kinetische Energie. Während der Fallbewegung wandelt sich die Höhenenergie in kinetische Energie um. Wenn der Ball auf den Boden trifft, wird er abgebremst. Dabei verformt er sich und seine kinetische Energie wandelt sich in Spannenergie um. Anschließend bildet sich die Verformung wieder zurück und die gespeicherte Spannenergie wandelt sich wieder in kinetische Energie um. Während der Ball steigt, wird ein Teil der kinetischen Energie wieder in Höhenenergie umgewandelt. Am höchsten Punkt hat der Ball keine kinetische Energie mehr und seine Höhenenergie erreicht ein Maximum. Nun beginnt der Umwandlungsprozess von vorn.

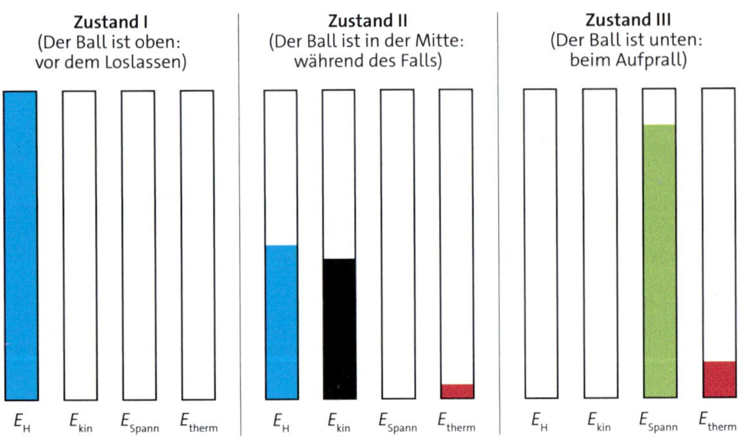

2 Kontomodell des springenden Balls

Energie bleibt erhalten • Während sich der Ball durch die Luft bewegt, wandelt sich auch ein Teil seiner kinetischen Energie durch Reibung in thermische Energie um.

Diese thermische Energie verteilt sich in der Umgebung und der Ball springt nicht mehr so hoch wie zu Beginn. Die Energie ist zwar noch vorhanden, aber nicht mehr so leicht nutzbar. Deshalb sprechen wir davon, dass die Energie entwertet ist.

Wir sehen uns die besonderen Zustände beim springenden Ball im **Kontomodell** (▸Abb.2) an. Bevor der Ball losgelassen wird, ist sein Energiekonto der Höhenenergie E_H vollständig gefüllt, während des Fallens wandelt sich Höhenenergie in kinetische Energie um.

Beide Energiekonten ergeben aber erst zusammen mit der Energie auf dem Konto der thermischen Energie E_{therm} wieder den Wert der anfänglichen Höhenenergie. Auch beim Aufprall auf den Boden wird das Energiekonto E_{therm} weiter gefüllt.

Energiebilanz • Für verschiedene Zustände während der Ballbewegung bilden wir die Summe aller auftretenden Energieformen. Nach dem Energieerhaltungssatz bleibt diese Summe in einem abgeschlossenen System erhalten. Wir haben somit eine Bilanz der Energien aufgestellt.

Verändert sich der Betrag einer Energieform beim Übergang von einem Zustand in einen anderen, so müssen sich die Beträge der übrigen Energieformen entsprechend ändern, sodass die Summe vor und nach dem Übergang gleich ist.

Die Methode der Energiebilanz kann für viele Vorgänge in der Mechanik eingesetzt werden, um auch dann weitere Größen berechnen zu können, wenn man nur wenig Information über ein System hat. Allerdings handelt es sich meist um Näherungen, da man oft vereinfachende Annahmen macht, wie z.B. die Reibungsfreiheit.

BEISPIEL

Bilanzieren beim Bouncen

Aufgabe • Die Hersteller der Sprungstelzen für das Bouncen geben an, dass Sprintgeschwindigkeiten bis zu $45\,\frac{\text{km}}{\text{h}}$ erreicht werden können. Die Federkonstanten von Sprungstelzen sind unterschiedlich, da sie für die Masse des Nutzers angepasst sein müssen.

Die Federkonstante unserer Sprungstelze kann mit $100\,\frac{\text{N}}{\text{cm}}$ abgeschätzt werden. Bisher wurden Höhen von 2 m und Weiten von 5 m erreicht. Es wird auch von 3 m Höhe berichtet.

Beim Bouncen kann der Sportler nicht direkt aus dem Sprint in die Höhe springen, sondern wird unter einem bestimmten Winkel abspringen. Wir betrachten hier die Komponente der nach oben gerichteten Bewegung. In ▸Abb. 3 B ist die vektorielle Zerlegung der maximalen Geschwindigkeit in die x- und y-Komponente zu sehen.

a) Berechnen Sie die maximale Sprunghöhe der Sprungstelzen unter Annahme eines senkrechten Absprungs für $v_0 = 45\,\frac{\text{km}}{\text{h}}$.
b) Berechnen Sie aus der bekannten maximalen Sprunghöhe von 3 m die Absprunggeschwindigkeit in y-Richtung und den Absprungwinkel α. Gehen Sie bei der Masse des Sportlers von 60 kg aus.

Lösung • **a)** Unter Vernachlässigung der Reibung gilt, dass die kinetische Energie vollständig in Höhenenergie umgewandelt wird: $E_\text{H} = E_\text{kin}$, also:

$$m \cdot g \cdot h = \frac{1}{2} \cdot m \cdot v_0^2.$$

An dieser Gleichung erkennt man, dass die maximale Sprunghöhe von der Masse des Sportlers unabhängig ist, da die Masse auf beiden Seiten der Gleichung steht.

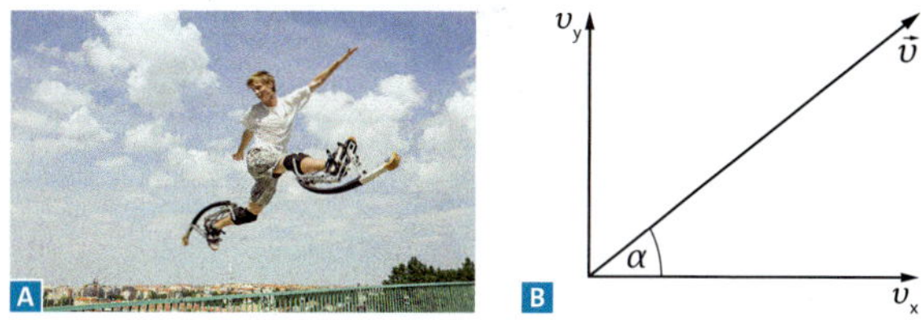

3 **A** Bouncer, **B** Zerlegung der maximalen Geschwindigkeit

Dividieren durch m führt auf:

$$g \cdot h = \frac{1}{2} \cdot v_0^2 \qquad | :g$$

$$h = \frac{1}{2} \cdot \frac{v_0^2}{g} = \frac{\left(45\,\frac{\text{km}}{\text{h}}\right)^2}{2 \cdot 9{,}8\,\frac{\text{m}}{\text{s}^2}} = \frac{\left(12{,}5\,\frac{\text{m}}{\text{s}}\right)^2}{2 \cdot 9{,}8\,\frac{\text{m}}{\text{s}^2}} \approx 7{,}97\,\text{m}.$$

Die theoretische maximale Sprunghöhe beträgt also fast 8 m.

b) Wenn wir eine Höhe von 3 m annehmen, können wir die Geschwindigkeit in y-Richtung beim Absprung berechnen:

$$v_{0y} = \sqrt{2 \cdot g \cdot h} = \sqrt{2 \cdot 9{,}8\,\frac{\text{m}}{\text{s}^2} \cdot 3\,\text{m}} \approx 7{,}67\,\frac{\text{m}}{\text{s}}.$$

Also gilt für die Geschwindigkeit in y-Richtung:

$$v_{0y} \approx 27{,}6\,\frac{\text{km}}{\text{h}}.$$

Um den Absprungwinkel zu berechnen, nutzen wir die Beziehung aus ▸Abb. 3 B:

$$\sin\alpha = \frac{v_{0y}}{|\vec{v}_0|} \approx \frac{27{,}6\,\frac{\text{km}}{\text{h}}}{45\,\frac{\text{km}}{\text{h}}} \approx 0{,}613.$$

Der Absprungwinkel α beträgt also etwa 37,8°.

METHODE

Bilanzieren mit dem Energiekontenmodell

Man kann die Energieerhaltung nutzen, um verschiedene Zustände in einem System zu untersuchen. Zunächst muss man sich einen Überblick über die Beiträge der verschiedenen Energieformen verschaffen. Dabei hilft es, jeder Energieform ein eigenes Konto zuzuweisen. Die Energiemenge bzw. den Kontostand einer jeden Energieform veranschaulichen wir in unserem Energiekontenmodell durch eine Säule für jede Energieform. Die Höhe der Säulen entspricht der Gesamtenergie. Je nach Zustand des Systems sind die Säulen für jede Energieform mehr oder weniger gefüllt.

Wir wenden dies auf ein ideales Federpendel an: Zu Beginn ist die Feder entspannt und die Masse in Ruhe (▸Abb. 1 A). Die Gesamtenergie befindet sich im Konto der Höhenenergie, dieses ist vollständig gefüllt. Die Konten für Bewegungs- und Spannenergie sind dagegen leer. Wenn wir die Masse loslassen, bewegt sie sich nach unten und dehnt die Feder. Die Energie im Höhenenergiekonto nimmt ab, auf die Konten von Bewegungs- und Spannenergie und thermischer Energie wird „eingezahlt" (▸Abb. 1 B). Dieser Prozess setzt sich fort, bis nur noch die Konten von Spannenergie und thermischer Energie gefüllt sind (▸Abb. 1 C). Dann kehrt sich der Prozess um.

Aufstellen der Energiebilanz • Die Beiträge der einzelnen Konten summieren sich zur Gesamtenergie. Wir betrachten den reibungsfreien Fall, also $E_{therm} = 0$. Hier lautet die Bilanz: $E_{Ges} = E_H + E_{kin} + E_{Spann}$.

Bestimmen der Gesamtenergie • Als Nächstes betrachten wir einen Zustand, bei dem nur Energieformen auftreten, deren Beträge wir aus gemessenen Größen berechnen können. Dazu eignet sich der Zustand in ▸Abb. 1 A. Für die von uns gewählte Masse $m = 100\,\text{g}$ beträgt die gemessene Höhe oberhalb der maximalen Auslenkung $h = 10\,\text{cm}$. Für die Gesamtenergie gilt dann:

$$E_{Ges} = E_H = m \cdot g \cdot h$$
$$= 0{,}1\,\text{kg} \cdot 9{,}8\,\frac{\text{N}}{\text{kg}} \cdot 0{,}1\,\text{m} = 0{,}098\,\text{Nm} = 0{,}098\,\text{J}.$$

Rechnen mit der Energiebilanz • Mithilfe der Energiebilanz können wir jetzt verschiedene Größen, z. B. die Federkonstante bestimmen:

In ▸Abb. 1 C wäre für $E_{therm} = 0$ das Konto der Spannenergie vollständig gefüllt. Für die Spannenergie gilt daher:

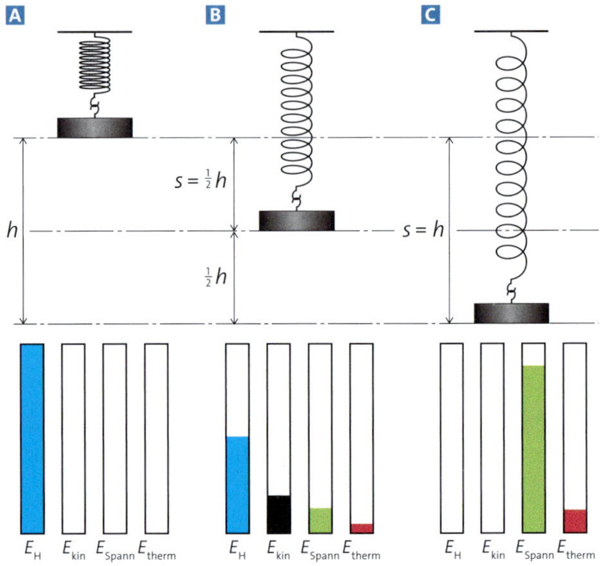

1 Energiekonten bei der Bewegung eines Federpendels

$$E_{Ges} = E_{Spann} = \frac{1}{2} \cdot D \cdot s^2.$$

Damit erhalten wir:

$$D = \frac{2 \cdot E_{Ges}}{s^2} = \frac{2 \cdot 0{,}098\,\text{Nm}}{(0{,}1\,\text{m})^2} = 19{,}6\,\frac{\text{N}}{\text{m}}.$$

Jetzt kennen wir so viele Größen des Systems, dass wir die Kontostände aller Energiekonten für jeden Zustand berechnen können. Wir wählen z. B. den Zeitpunkt in ▸Abb. 1 B. Dort ist die Auslenkung $s = 0{,}5 \cdot h = 5\,\text{cm}$ und die Höhe oberhalb der maximalen Auslenkung ist $0{,}5 \cdot h = 5\,\text{cm}$. Wir stellen unsere Energiebilanz nach E_{kin} um und erhalten:

$$E_{kin} = E_{Ges} - E_H - E_{Spann} = E_{Ges} - m \cdot g \cdot h - \frac{1}{2} \cdot D \cdot s^2$$
$$= 0{,}098\,\text{J} - 0{,}1\,\text{kg} \cdot 9{,}8\,\frac{\text{m}}{\text{s}^2} \cdot 0{,}05\,\text{m} - \frac{1}{2} \cdot 19{,}62\,\frac{\text{N}}{\text{m}} \cdot (0{,}05\,\text{m})^2$$
$$\approx 0{,}098\,\text{J} - 0{,}049\,\text{J} - 0{,}0245\,\text{J} = 0{,}0245\,\text{J}.$$

1 Zeichnen und berechnen Sie für $E_{therm} = 0$ den Kontostand für einen Zustand analog zu ▸Abb. 1, in dem die Auslenkung der Feder $s = 0{,}75 \cdot h$ beträgt.

2 Ein Ball wird mit einer Geschwindigkeit von $10\,\frac{\text{m}}{\text{s}}$ senkrecht nach oben geworfen. Stellen Sie eine Energiebilanz auf und bestimmen Sie die Höhe, die der Ball maximal erreichen kann. Zeigen Sie, dass die erreichte Höhe unabhängig von der Masse ist.

Material A • Notfallspuren

A1 An ausgedehnten Hangstrecken mit starkem Gefälle befinden sich häufig Notfallspuren (▸Abb. 2). Auf ihnen können Fahrzeuge, deren Bremsen versagen, zum Stillstand gebracht werden.

a) Beschreiben Sie, wie eine solche Notfallspur gebaut ist.

b) Geben Sie an, welche Energieumwandlungen beim Abbremsen des Fahrzeugs stattfinden.

c) Ein Lkw fährt mit $90\,\frac{\text{km}}{\text{h}}$, als seine Bremsen versagen. Er nutzt eine Notfallspur mit 10 % Steigung. Berechnen Sie unter der Annahme, dass die Bewegungsenergie reibungsfrei in Höhenenergie umgewandelt wird, nach welcher Strecke der Lkw zum Stehen kommt.

d) Begründen Sie, warum in der Regel ein tiefes Kiesbett als Bodenbelag eingesetzt wird.

Material B • Energieformen beim Federpendel

In der Abbildung sind die Anteile der mechanischen Energieformen an der Gesamtenergie beim Federpendel in Abhängigkeit von der Ausdehnung der Feder dargestellt. Bei der Auslenkung C z. B. hat die Höhenenergie (auch: Lageenergie) einen Anteil von 50 %, die Bewegungsenergie und die Spannenergie haben jeweils einen Anteil von 25 % an der Gesamtenergie.

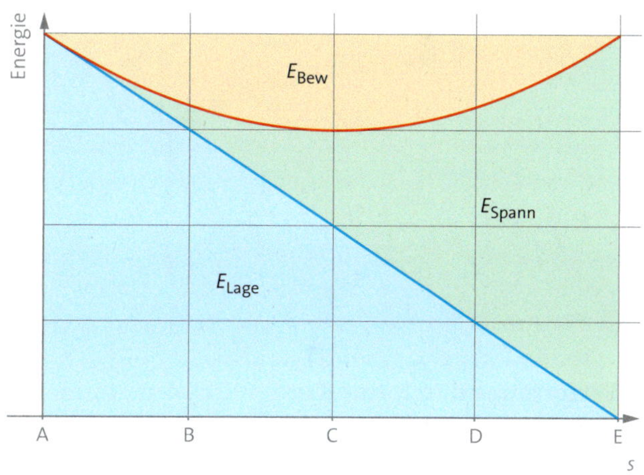

B1 **a)** Skizzieren Sie die Zustände eines Federpendels, die jeweils zu den Auslenkungen A bis E gehören.

b) Geben Sie die Anteile der Energieformen für die jeweiligen Auslenkungen A, B, D und E an.

B2 Erstellen Sie ein entsprechendes Diagramm für die Bewegung eines Federpendels, dessen Feder im oberen Umkehrpunkt nicht vollständig entspannt ist.

Material C • Auf dem Jahrmarkt

C1 Auf dem Jahrmarkt gibt es eine Achterbahn mit einem Looping, der einen Durchmesser von 10 m hat. Der Wagen wird bis zum Punkt A hochgezogen und setzt sich dort von selbst in Bewegung.

a) Stellen Sie für den Punkt B eine Energiebilanz auf.

b) Berechnen Sie, in welcher Höhe der Wagen mindestens starten muss, damit er sicher durch den Looping kommt. Hinweis: Im Punkt B muss die Zentripetalkraft mindestens so groß wie die Gewichtskraft auf den Wagen sein.

c) Die in b) berechnete Mindesthöhe reicht in der Realität nicht aus. Begründen Sie.

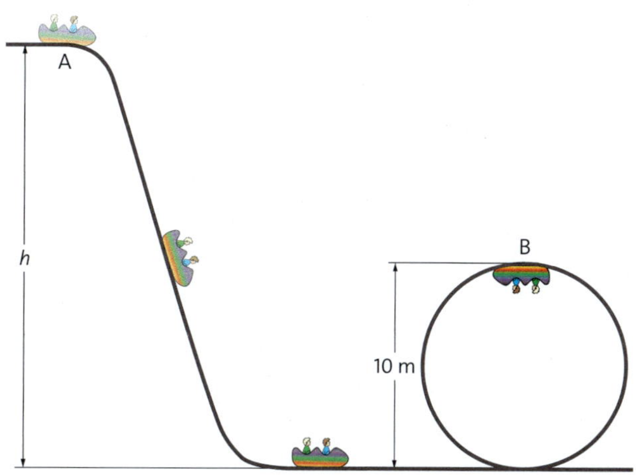

METHODE

Verformung: linearer und nichtlinearer Bereich

1 Sturmschaden

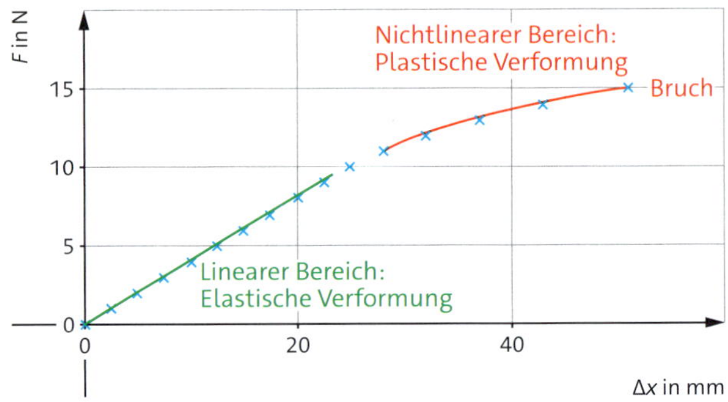

3 Modellversuch zum Sturmschaden

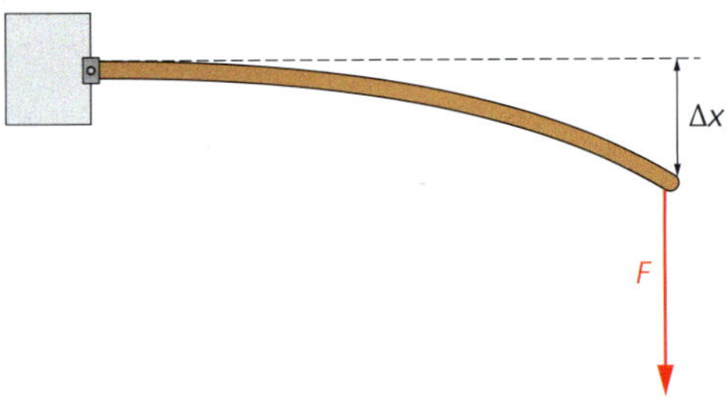

2 Modellversuch

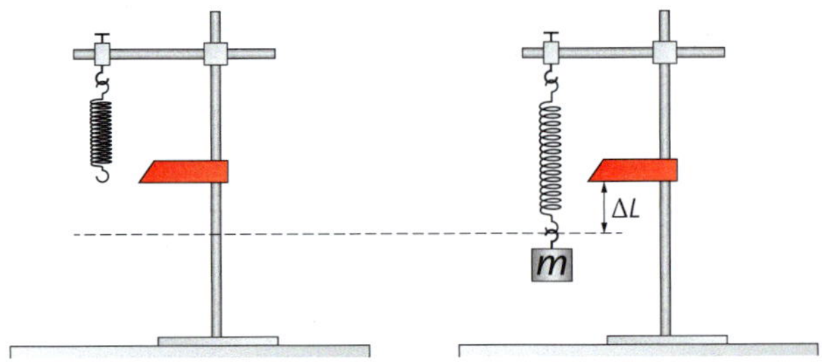

4 Versuch mit einer Schraubenfeder

Verformung durch eine Kraft • Nach dem Sturm sind einige Bäume umgeknickt (▸Abb. 1), während die meisten noch kerzengerade stehen. Wir klären das mit der Methode des **Modellversuchs** (▸Abb. 2). Dazu modellieren wir den Baum durch einen senkrecht eingespannten Holzstab und die Wirkung des Windes auf den Baum durch eine waagerecht am oberen Stabende angreifende Kraft F. Die dadurch verursachte Biegung des Stabes beschreiben wir durch die Auslenkung Δx in ▸Abb. 2. Dann stellen wir Δx abhängig von F in ▸Abb. 3 dar.

Wir erkennen drei Bereiche: Wenn die Kraft nicht zu groß ist, dann nimmt die Auslenkung proportional zur Kraft zu, $\Delta x \sim F$. Diese Gesetzmäßigkeit heißt **Hookesches Gesetz**. Wenn eine Kraft in diesem linearen Bereich wirkt und anschließend zu null wird, dann geht die Auslenkung wieder zu null zurück. Eine solche reversible Verformung heißt elastische Verformung. Eine Verformung im nichtlinearen Bereich geht nicht vollständig zurück und heißt plastische Verformung. Wird die Kraft im nichtlinearen Bereich zu groß, dann bricht der Stab.

Die meisten Bäume können die Windböen also durch elastische Verformung abfedern, allerdings können zu heftige Böen plastische Verformungen und Bruch bewirken.

Schraubenfeder • Auch in Fahrzeugen und anderen Geräten müssen Kräfte abgefedert werden. Eine besonders kompakte Federung erhält man, wenn man den zu verbiegenden Draht zu einer Schraubenlinie aufwickelt, so entsteht eine Schraubenfeder (▸Abb. 4). In einer Versuchsreihe untersuchen wir die durch Dehnung hervorgerufene Verlängerung ΔL abhängig von Gewichtskräften $F = m \cdot g$, indem wir verschiedene Massenstücke m an die Feder hängen (▸Abb. 4). Wir erkennen, dass die Schraubenfeder einen großen linearen Bereich hat und bestimmen den Proportionalitätsfaktor:

$$D = \frac{F}{\Delta L}.$$

Dieser Proportionalitätsfaktor heißt **Federkonstante** D. Die Einheit ist ein $\frac{\mathrm{N}}{\mathrm{m}}$. Bei einer Schraubenfeder hat das Hookesche Gesetz also einen großen Gültigkeitsbereich.

Lineare Modelle • Jedes Modell hat zwei grundlegende Qualitätsmerkmale: Einfachheit und Allgemeingültigkeit. Lineare Modelle sind besonders einfach. Ihr Gültigkeitsbereich ist aber stets durch Nichtlinearität und die Endlichkeit physikalischer Größen begrenzt.
Beispielsweise sind Verformungen in Natur und Technik meist im linearen Bereich, sodass Zerstörungen vermieden werden. Auch das Ohmsche Gesetz ist linear und dient als Grundlage zur Planung vieler elektrischer Anlagen.
Zudem werden lineare Gesetze für Messgeräte genutzt, beispielsweise für Federkraftmesser oder Multimeter. Ferner wird in der Optik meist das lineare Superpositionsprinzip verwendet, obwohl es in manchen Materialien auch nichtlineare Effekte gibt. Auch in der Wellenlehre wird meist das lineare Superpositionsprinzip verwendet, obwohl Wasserwellen schon bei einer Windstärke von 5 deutliche nichtlineare Erscheinungen zeigen.

Nutzung der Spannenergie • Eine Schraubenfeder kann auch als Energiespeicher genutzt werden, z. B. beim Luftgewehr. Die bei einer elastischen Verformung gespeicherte Energie heißt **Spannenergie**. Das Luftgewehr in ▸Abb. 5 hat eine Schraubenfeder mit der Federkonstante $D = 1600\,\frac{\text{N}}{\text{m}}$ und wird mit der Längenänderung $\Delta L = 0{,}1$ m gespannt. Wie groß ist die Spannenergie?
Im linearen Modell stellen wir die Kraft F abhängig von ΔL grafisch dar. Für eine konstante Kraft ist die Energie E gleich dem Produkt aus Kraft und Verlängerung:

$$\Delta E = F_{\text{konstant}} \cdot \Delta L.$$

Die Energie ist die Fläche unter dem Graphen für $F(x)$ über der Strecke ΔL in ▸Abb. 6. Ebenso ist auch beim linearen Modell die Energie gleich der Fläche unter dem Graphen für $F(x)$ und über der Strecke ΔL in ▸Abb. 7. Diese Fläche ist das rechtwinklige Dreieck mit der Grundseite ΔL und der Höhe $F(\Delta L)$. Also gilt:

$$\Delta E = \frac{1}{2} \cdot F(\Delta L) \cdot \Delta L.$$

Wir wenden das lineare Kraftgesetz $F = D \cdot \Delta L$ an. Somit erhalten wird das folgende quadratische Gesetz für die Spannenergie:

$$E(\Delta L) = \frac{1}{2} \cdot D \cdot \Delta L^2.$$

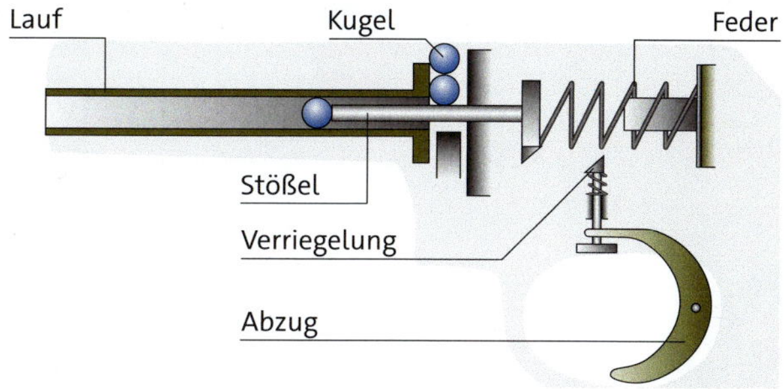

5 Luftgewehr mit Schraubenfeder

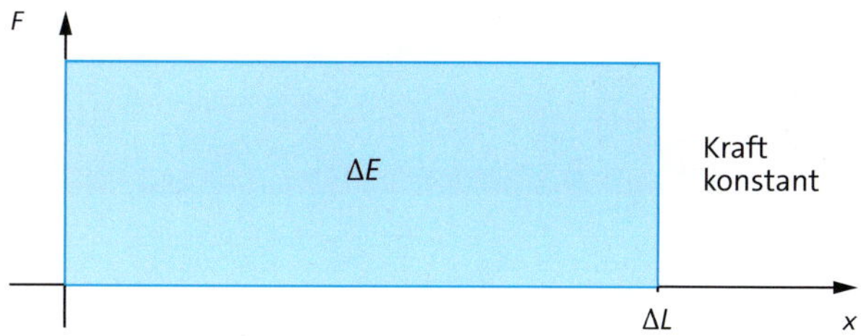

6 Energie bei konstanter Kraft

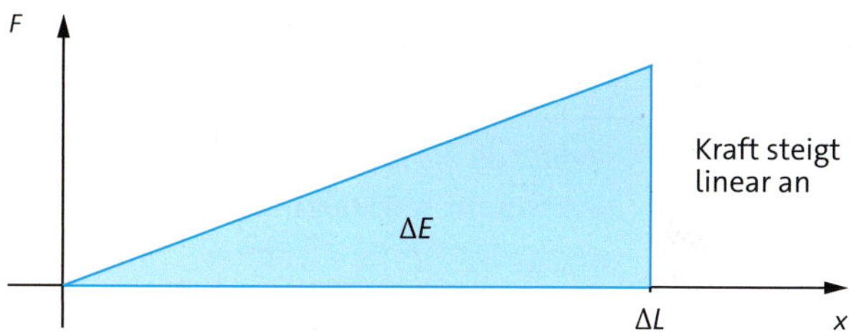

7 Energie bei linearem Modell

Wir setzen die Größen ein und erhalten:

$$E(0{,}1\text{ m}) = \frac{1}{2} \cdot 1600\frac{\text{N}}{\text{m}} \cdot (0{,}1\text{ m})^2 = 8\text{ J}.$$

1 Die Federung eines Autos besteht aus vier Schraubenfedern mit Federkonstanten von jeweils $D = 15\frac{\text{kN}}{\text{m}}$. Es steigen Personen mit einer Gesamtmasse von 300 kg so zu, dass sich jede Schraubenfeder um die gleiche Länge ΔL verkürzt.
a) Ermitteln Sie ΔL.
b) Berechnen Sie die dabei in den Schraubenfedern enthaltene Spannenergie.
c) Berechnen Sie die beim Einsteigen freigesetzte Lageenergie und begründen Sie, dass 50 % davon durch Reibung in den Stoßdämpfern aufgenommen wurde.

1 Auffahrunfall

Impuls und Impulserhaltung

Das dunkle Auto fuhr mit einer Geschwindigkeit von 20 $\frac{km}{h}$ auf das stehende helle Auto auf. Hierbei verhakten sich die beiden Autos und fuhren gemeinsam mit einer kleineren Geschwindigkeit weiter. Das vorher ruhende Auto wurde also auf diese gemeinsame Geschwindigkeit beschleunigt. Ist seine Geschwindigkeitsänderung größer als 10 $\frac{km}{h}$, besteht die Gefahr eines Schleudertraumas. Trat diese Gefahr auf?

Geschwindigkeitsänderung • Während des Zusammenstoßes beschleunigt das erste, dunkle Auto das zweite, helle, bis beide die gemeinsame Geschwindigkeit v_E haben. Erst später kommen beide gemeinsam zum Stillstand.
Beide Autos ändern also ihre Geschwindigkeit während des Zusammenstoßes. Dieser dauert nur eine kurze Zeitspanne Δt. Die während dieser Zeitspanne auftretenden Kräfte oder Geschwindigkeiten kennen wir nicht. Dennoch können wir die Geschwindigkeit v_E bestimmen.

Da das helle Auto vor dem Zusammenstoß stand, ist seine Anfangsgeschwindigkeit null. v_E ist daher gleich der Geschwindigkeitsänderung Δv_2 des zweiten, hellen Autos. Diese hängt nur von der mittleren Beschleunigung $\overline{a}_2$ ab, die das zweite Auto beim Stoß erfährt:

$$\Delta v_2 = \overline{a}_2 \cdot \Delta t.$$

Die mittlere Beschleunigung ergibt sich gemäß der Grundgleichung der Mechanik aus der mittleren Kraft und der Masse m_2 des zweiten Autos:

$$\overline{a}_2 = \frac{\overline{F}_2}{m_2}.$$

Damit erhalten wir für die Geschwindigkeitszunahme des zweiten Autos folgenden Term:

$$\Delta v_2 = \frac{\overline{F}_2}{m_2} \cdot \Delta t.$$

Wie groß ist Δv_1 beim dunklen Auto? Aufgrund des Wechselwirkungsprinzips ist die mittlere Kraft auf das erste Auto genauso groß wie die auf das zweite Auto, nur entgegengesetzt:

$$\Delta v_1 = -\frac{\overline{F}_2}{m_1} \cdot \Delta t.$$

Somit haben wir ein Gleichungssystem für Δv_1 und Δv_2. Beide Gleichungen enthalten die Größen $\overline{F}_2$ und Δt. Wir bringen diese Größen auf die rechte Seite des Gleichheitszeichens:

$$m_2 \cdot \Delta v_2 = \overline{F}_2 \cdot \Delta t \quad \text{und} \quad m_1 \cdot \Delta v_1 = -\overline{F}_2 \cdot \Delta t.$$

Wir setzen gleich und lösen nach Δv_1 auf:

$\Delta v_1 = -\Delta v_2 \cdot \frac{m_2}{m_1}$.

Die Endgeschwindigkeit ist $v_E = \Delta v_2$. Das erste Auto hat die Anfangsgeschwindigkeit $v_{10} = 20\,\frac{\text{km}}{\text{s}}$ und die Geschwindigkeitsänderung Δv_1. Also ist $v_{10} + \Delta v_1 = v_E$ oder $v_{10} = v_E - \Delta v_1$. Wir kombinieren beide Gleichungen und erhalten:

$$v_{10} = \Delta v_2 - \Delta v_1 = \Delta v_2 + \Delta v_2 \cdot \frac{m_2}{m_1} = \Delta v_2 \cdot \frac{m_1 + m_2}{m_1}.$$

Wir lösen nach der gesuchten Endgeschwindigkeit $v_E = \Delta v_2$ auf und erhalten:

$$v_E = v_{10} \cdot \frac{m_1}{m_1 + m_2} = 20\,\frac{\text{km}}{\text{h}} \cdot \frac{m_1}{m_1 + m_2}.$$

Die Endgeschwindigkeit, also die Geschwindigkeitszunahme beim zweiten Auto, ist größer als $10\,\frac{\text{km}}{\text{h}}$, wenn die Masse m_1 des dunklen Autos größer als die Masse m_2 des hellen Autos ist.

Es ist erstaunlich, dass wir die Endgeschwindigkeit berechnen konnten, obwohl wir die wirkenden Kräfte gar nicht kennen.
Anscheinend genügt es, eine andere wichtige physikalische Größe zu kennen.

Impuls als neue Erhaltungsgröße • Wir konnten die Endgeschwindigkeit berechnen, weil beim Zusammenstoß das Produkt aus der mittleren Kraft und der Dauer des Zusammenstoßes für beide Autos den gleichen Betrag $F_2 \cdot \Delta t$ hatte. Diesen Betrag haben wir schon einmal kennengelernt: Er heißt **Kraftstoß.** Wir haben hier herausgefunden, dass dieser Kraftstoß sowohl gleich dem Produkt $m_2 \cdot \Delta v_2$ als auch gleich dem Produkt $-m_1 \cdot \Delta v_1$ ist:

$m_2 \cdot \Delta v_2 = -m_1 \cdot \Delta v_1$.

oder: $m_2 \cdot \Delta v_2 + m_1 \cdot \Delta v_1 = 0$.

Bei beiden Autos ändert sich das Produkt $m \cdot v$ um den gleichen Betrag, aber mit entgegengesetztem Vorzeichen, sodass die Summe der Änderungen null ist. Demnach ist dieses Produkt $m \cdot v$ eine Erhaltungsgröße. Diese Erhaltungsgröße heißt **Impuls** p und hat die Einheit $1\,\frac{\text{kg} \cdot \text{m}}{\text{s}}$.

Der Impuls eines Systems ist nur dann erhalten, wenn keine äußeren Kräfte auf das System einwirken. Im Fall der beiden Autos ist der Impuls demnach nur während des Zusammenstoßes erhalten, weil in der kurzen Zeitspanne äußere Kräfte wie beispielsweise die Bremskräfte vernachlässigbar sind. (Langfristig sorgen diese Bremskräfte aber natürlich dafür, dass beide Autos zum Stillstand kommen.) Während des Zusammenstoßes bilden die beiden Autos somit ein abgeschlossenes System, auf das von außen keine Kräfte wirken, und es gilt das **Prinzip der Impulserhaltung:**

Das Produkt aus Masse m und Geschwindigkeit $\vec{v}$ heißt Impuls $\vec{p} = m \cdot \vec{v}$.
In einem abgeschlossenen System ist der Impuls erhalten.

Die Gefahr eines Schleudertraumas ist also besonders hoch, wenn das auffahrende Auto eine sehr große Masse hat.

Der Gesamtimpuls eines Systems ist die Summe der Einzelimpulse:
vor dem Stoß: $p = m_1 v_1 + m_2 v_2$,
nach dem Stoß: $p' = m_1 v'_1 + m_2 v'_2$.
Im abgeschlossenen System ist $p = p'$.

Modellversuch • Den Zusammenstoß der Autos und das Prinzip der Impulserhaltung untersuchen wir in einem Modellversuch. Wir modellieren die beiden Autos durch Schlitten auf der Luftkissenbahn, messen die Geschwindigkeiten v_{10} und v_E mit Lichtschranken und variieren die Massen m_1 und m_2. Knetmasse sorgt für das Aneinanderhaften der Schlitten. ▸Tabelle 2 zeigt die Messwerte sowie die Impulse p vor und p' nach dem Zusammenstoß. p und p' sind im Rahmen der Messungenauigkeiten gleich, das Prinzip der Impulserhaltung ist bestätigt.

Aufgabe einer Knautschzone:
Autos werden mit einer sogenannten Knautschzone gebaut. Diese wird beim Unfall zusammengeknautscht und soll dabei möglichst viel Energie aufnehmen, um die beim Unfall gefährliche Bewegungsenergie zu verringern.

m_1 in kg	0,25	0,25	0,35	0,25	0,25
m_2 in kg	0,25	0,35	0,25	0,25	0,25
v_0 in $\frac{\text{m}}{\text{s}}$	0,52	0,52	0,52	0,70	0,30
v_E in $\frac{\text{m}}{\text{s}}$	0,25	0,21	0,30	0,34	0,14
p in kg $\frac{\text{m}}{\text{s}}$	0,130	0,130	0,182	0,175	0,075
p' in kg $\frac{\text{m}}{\text{s}}$	0,125	0,126	0,180	0,170	0,070

2 Die im Modellversuch gemessenen Größen

1 Rock beim Curling

Bedeutung der Masse • Auch der Modellversuch zeigt, dass eine große Masse m_1 eine große Endgeschwindigkeit bewirkt. Während dies beim Auffahrunfall zum Schleudertrauma führen kann, kann man die Masse auch sinnvoll nutzen – z.B., wenn man einen Pfahl mit einem Hammer in den Boden schlägt. Der Aufprall des Hammers auf den Pfahl stellt einen Kraftstoß dar. Da der Hammer anschließend zum Stillstand kommt, wird gemäß dem Prinzip der Impulserhaltung der gesamte Impuls des Hammers auf den Pfahl übertragen. Wollen wir den Impuls des Hammers verdoppeln, können wir entweder die Masse oder die Geschwindigkeit des Hammers verdoppeln. Welcher Fall benötigt weniger Energie? Dazu betrachten wir den Term der Bewegungsenergie des Hammers:

$$E = \frac{1}{2} \cdot m \cdot v^2.$$

Verdoppeln wir die Masse, benötigen wir die doppelte Energie. Verdoppeln wir die Geschwindigkeit, benötigen wir die vierfache Energie. Wir müssen bei gleichem Impuls also weniger schwitzen, wenn wir mit einem schweren Hammer etwas langsamer schlagen, als wenn wir mit einem leichteren Hammer schneller schlagen.

Die Bewegungsenergie • Unsere Untersuchung des Hammerschlags zeigt, dass beim Kraftstoß zwar der Impuls erhalten ist, nicht aber die **Bewegungsenergie.** Wo bleibt die Bewegungsenergie? Schlägt man den Pfahl in die Erde, tritt Reibung auf und ein Teil der Energie wird in thermische Energie umgewandelt. Beim Auffahrunfall wird das Blech verformt. Dazu wird Energie benötigt. Wir berechnen die Bewegungsenergie für den Auffahrunfall. Haben beide Autos eine Masse von 1000 kg, beträgt die kinetische Energie vor dem Zusammenstoß:

$$E_{kin} = \frac{1}{2} \cdot 1000\,\text{kg} \cdot \left(20\,\frac{\text{km}}{\text{h}}\right)^2 = 15\,432\,\text{J}.$$

Nach dem Zusammenstoß hat sie den Betrag:

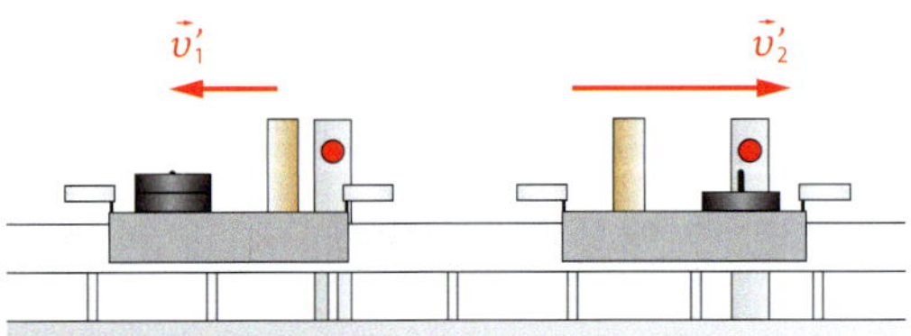

2 Luftkissenfahrbahn mit zwei Gleitern

$$E_{kin} = \frac{1}{2} \cdot 2000\,\text{kg} \cdot \left(10\,\frac{\text{km}}{\text{h}}\right)^2 = 7716\,\text{J}.$$

Die Differenz von 7716 J hat die Knautschzone aufgenommen, als sie verformt wurde.

Erhaltungssätze nutzen • Wenn der Rock genannte Stein beim Curling einen anderen zentral trifft, bewegt sich der getroffene Rock in der gleichen Richtung weiter. Warum bleibt der erste liegen, statt dass sich beide Steine mit einer gemeinsamen Geschwindigkeit weiterbewegen?
Dies können wir nur erklären, wenn wir berücksichtigen, dass bei diesem Vorgang nicht nur die Energie, sondern auch der Impuls erhalten bleibt. Am Anfang führen wir dem System von außen Energie zu, indem wir einen Rock über das Eis gleiten lassen. Der Rock hat somit im Moment des Loslassens kinetische Energie und damit eine Geschwindigkeit v_1 . Der zweite Rock hat die Geschwindigkeit $v_2 = 0$. Im Augenblick des Zusammenstoßes werden Energie und Impuls auf den ruhenden Stein übertragen, wobei die Steine beim Curling alle die gleiche Masse haben.
Der getroffene Rock bewegt sich weiter, während der erste Rock zum Stehen kommt, also muss die Energie auf den getroffenen Stein übergegangen sein. Der Energieerhaltungssatz ist erfüllt, da wir die Reibung vernachlässigen können. Für die kinetische Energie vor und nach dem Stoß gilt (Geschwindigkeiten nach dem Stoß: v'_1, v'_2):

$$E_{kin} = \frac{1}{2} \cdot m_1 \cdot v_1^2 + \frac{1}{2} \cdot m_2 \cdot v_2^2$$
$$= \frac{1}{2} \cdot m_1 \cdot v'^2_1 + \frac{1}{2} \cdot m_2 \cdot v'^2_2.$$

Wegen $m_1 = m_2 = m$ können wir alle Massen durch m ersetzen und durch $\frac{1}{2}m$ teilen:

$$v_1^2 + v_2^2 = v'^2_1 + v'^2_2.$$

Die Geschwindigkeit v_2 vor dem Stoß ist $v_2 = 0$.

$$v_1^2 = v'^2_1 + v'^2_2. \qquad (1)$$

Wir haben eine Gleichung mit zwei Unbekannten (v'_1 und v'_2). Diese sind somit nicht eindeutig festgelegt. Es fehlt eine weitere Gleichung, die v'_1 und v'_2 enthält. Der Impuls bleibt erhalten: $p = p'$:

$$m_1 \cdot v_1 + m_2 \cdot v_2 = m_1 \cdot v'_1 + m_2 \cdot v'_2.$$

Wenn wir wieder nutzen, dass die Massen gleich groß sind und $v_2 = 0$ einsetzen, erhalten wir:

$v_1 = v'_1 + v'_2$.

Damit folgt aus Gleichung 1:

$(v'_1 + v'_2)^2 = v'^2_1 + v'^2_2$ bzw. $2 \cdot v'_1 \cdot v'_2 = 0$.

Also muss entweder $v'_1 = 0$ oder $v'_2 = 0$ sein. Da der zweite Rock sich aufgrund des Impulsübertrages auf jeden Fall bewegen wird, kann nur $v'_1 = 0$ zutreffen. Folglich gilt:

$v_1 = v'_1 + v'_2 = 0 + v'_2 = v'_2$.

Der erste Rock bleibt also liegen, der zweite bewegt sich nach dem Stoß mit v_1.

Spezielle Stoßprozesse • Zum einen werden die Stöße danach unterschieden, ob die kinetische Energie beim Stoß erhalten bleibt oder nicht. Ist die kinetische Energie beim Stoß erhalten, so wie z.B. beim Curling, handelt es sich um einen **elastischen Stoß.** Wird ein Teil der kinetischen Energie in Wärme umgewandelt oder ein Körper dauerhaft verformt, liegt ein **inelastischer Stoß** vor.
Zum anderen wird nach den Bewegungsrichtungen unterschieden. Bewegen sich die beiden Körper vor und nach dem Stoß längs ein- und derselben Geraden durch ihre Schwerpunkte, handelt es sich um einen geraden **zentralen Stoß.** Andernfalls liegt ein **dezentraler Stoß** vor.
Energieerhaltungssatz und Impulserhaltungssatz müssen bei allen Stoßprozessen erfüllt sein. Dabei lassen sich mehrere Fälle unterscheiden.

Zentraler elastischer Stoß • Auf einer Luftkissenfahrbahn (▸Abb. 3) stoßen zwei Gleiter elastisch aufeinander. Die Gleiter haben unterschiedliche Massen und Anfangsgeschwindigkeiten. Wegen der Impulserhaltung gilt:

$m_1 \cdot v_1 + m_2 \cdot v_2 = m_1 \cdot v'_1 + m_2 \cdot v'_2$.

Sind beide Massen gleich groß, ergibt sich:

$v'_1 = v_2$ und $v'_2 = v_1$.

Stößt ein Körper mit einer großen Masse m_1 gegen einen ruhenden Körper mit sehr viel geringerer Masse m_2, kann man m_2 vernachlässigen. Der angestoßene Körper bewegt sich mit doppelter Geschwindigkeit $v'_2 = 2\,v_1$ weiter. Dies nutzt man z.B. beim Abschlag mit dem Golfschläger.

Senkrechte Reflexion an einer Wand • Wenn wir einen Flummi gegen eine Wand werfen, liegt ein elastischer Stoß vor. Geschwindigkeit und Impuls des Flummis haben nach dem Stoß die entgegengesetzte Richtung. Da die Wand im Vergleich zum Flummi jedoch eine sehr große Masse hat ($m_2 >> m_1$), bleibt ihre Geschwindigkeit nach dem Stoß null. Die Impulserhaltung gilt natürlich auch hier. Es gilt:

$p_1 = m_1 \cdot v_1$ und $p'_1 = m_1 \cdot v'_1 = -m_1 \cdot v_1 = -p_1$.

Außerdem folgt wegen der Impulserhaltung:

$p_1 = p'_1 + p'_2 = -p_1 + p'_2$, somit $p'_2 = 2p_1$.

Die Wand nimmt also einen Impuls auf, der doppelt so groß ist wie der des Flummis.

Unelastischer Stoß • Wenn nach dem Stoß beide Körper aneinanderhaften, liegt ein inelastischer Stoß vor. Beide Körper haben dann nach dem Stoß eine gemeinsame Geschwindigkeit v'. Der Impulserhaltungssatz liefert:

$m_1 \cdot v_1 + m_2 \cdot v_2 = (m_1 + m_2) \cdot v'$.

Für die gemeinsame Geschwindigkeit gilt also:

$$v' = \frac{m_1 \cdot v_1 + m_2 \cdot v_2}{m_1 + m_2}.$$

1 Ein Kleinbus mit der Masse von 4000 kg und ein Pkw der Masse 1000 kg fahren mit der Geschwindigkeit von $20\,\frac{\text{km}}{\text{h}}$ auf das jeweils andere, stehende Auto auf. Beide Autos verhaken sich.
Berechnen Sie die gemeinsame Endgeschwindigkeit v_E unmittelbar nach dem Auffahrunfall für beide Fälle. Beurteilen Sie jeweils die Gefahr eines Schleudertraumas.

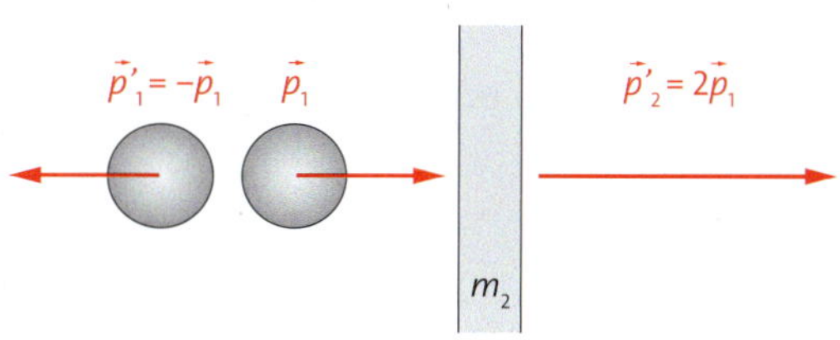

4 Impulsübertragung bei der Reflexion an einer Wand

Dezentrale Stöße: Die meisten Stöße sind nicht zentral. Die Impulse kann man dennoch bestimmen. Wenn eine Kugel nicht zentral auf eine andere stößt, lassen sich die Vektoren jeweils in zwei zueinander senkrechte Komponenten zerlegen (▸Abb. 5). Für die eine Komponente ergibt sich dann ein zentraler Stoß, für den die bekannten Gleichungen gelten, und die dazu senkrechte Komponente ändert sich nicht.

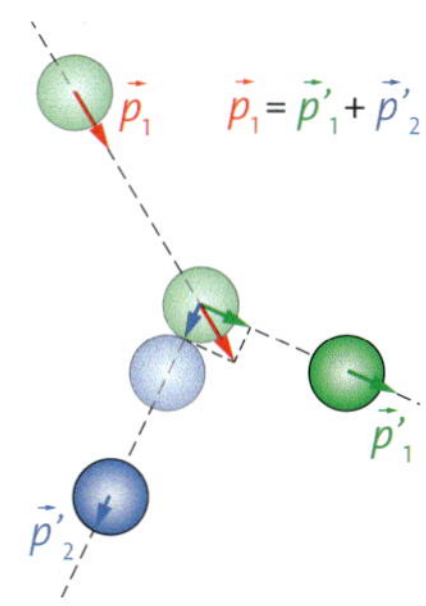

5 Dezentraler Stoß

Aus dem Impulserhaltungssatz lassen sich fur den zentralen elastischen stoß die Geschwindigkeiten v_1 und v_2 herleiten. Dies tun wir in einem METHODEN-Kasten.

METHODE

Herleitung der Geschwindigkeiten nach dem zentralen elastischen Stoß

Wir suchen die Geschwindigkeiten v'_1 und v'_2 nach dem Stoß.
Zu zeigen ist, dass folgende Formeln gelten:

$$v'_1 = \frac{(m_1 - m_2) \cdot v_1 + 2m_2 \cdot v_2}{m_1 + m_2},$$

$$v'_2 = \frac{(m_2 - m_1) \cdot v_2 + 2m_1 \cdot v_1}{m_1 + m_2}.$$

Dafür nutzen wir den **Energieerhaltungssatz:**

$$\frac{1}{2} \cdot m_1 \cdot v_1^2 + \frac{1}{2} \cdot m_2 \cdot v_2^2 = \frac{1}{2} \cdot m_1 \cdot v'^2_1 + \frac{1}{2} \cdot m_2 \cdot v'^2_2, \qquad (1)$$

und den **Impulserhaltungssatz:**

$$m_1 \cdot v_1 + m_2 \cdot v_2 = m_1 \cdot v'_1 + m_2 \cdot v'_2. \qquad (2)$$

Da beide Gleichungen zusammen erfüllt sein müssen, bilden sie ein Gleichungssystem. Dieses lösen wir durch geschicktes Umformen der Gleichungen.

Betrachten wir zunächst den Energieerhaltungssatz und multiplizieren diesen mit 2, so erhalten wir:

$$m_1 \cdot v_1^2 + m_2 \cdot v_2^2 = m_1 \cdot v'^2_1 + m_2 \cdot v'^2_2.$$

Indem wir auf beiden Seiten dieser Gleichung $m_1 \cdot v'^1_2$ und $m_2 \cdot v_2^2$ subtrahieren, erhalten wir:

$$m_1 \cdot v_1^2 - m_1 \cdot v'^2_1 = m_2 \cdot v'^2_2 - m_2 \cdot v_2^2.$$

Ausklammern liefert:

$$m_1\left(v_1^2 - v'^2_1\right) = m_2\left(v'^2_2 - v_2^2\right).$$

Nutzen der 3. binomischen Formel führt schließlich auf:

$$m_1(v_1 + v'_1)(v_1 - v'_1) = m_2(v'_2 + v_2)(v'_2 - v_2). \qquad (3)$$

Nun wenden wir uns dem Impulserhaltungssatz zu und subtrahieren $m_1 \cdot v'_1$ und $m_2 \cdot v_2$. Wir erhalten:

$$m_1 \cdot v_1 - m_1 \cdot v'_1 = m_2 \cdot v'_2 - m_2 \cdot v_2.$$

Ausklammern liefert:

$$m_1(v_1 - v'_1) = m_2(v'_2 - v_2).$$

Diese Gleichheit nutzen wir aus und ersetzen in Gleichung (3) $m_1(v_1 - v'_1)$ durch $m_2(v'_2 - v_2)$.
Anschließend teilen wir durch $m_2(v'_2 - v_2)$ und erhalten:
$v_1 + v'_1 = v'_2 + v_2$.

Es gilt also auch:

$$v'_2 = v_1 + v'_1 - v_2. \qquad (4)$$

Diese Gleichung (4) nutzen wir wiederum und setzen ihre rechte Seite für v'_2 in den Impulserhaltungssatz (2) ein:

$$m_1 \cdot v_1 + m_2 \cdot v_2 = m_1 \cdot v'_1 + m_2(v_1 + v'_1 - v_2).$$

Wir multiplizieren aus und erhalten:

$$m_1 \cdot v_1 + m_2 \cdot v_2 = m_1 \cdot v'_1 + m_2 \cdot v_1 + m_2 \cdot v'_1 - m_2 \cdot v_2.$$

Diese Gleichung stellen wir so um, dass alle (und nur die) Summanden mit dem Faktor v'_1 auf der rechten Seite des Gleichheitszeichens stehen.

Durch Subtraktion von $m_2 \cdot v_1$ und Addition von $m_2 \cdot v_2$ ergibt sich:

$$m_1 \cdot v_1 + 2m_2 \cdot v_2 - m_2 \cdot v_1 = m_1 \cdot v'_1 + m_2 \cdot v'_1.$$

Durch Ausklammern erhalten wir:

$$(m_1 - m_2)v_1 + 2m_2 \cdot v_2 = (m_1 + m_2)v'_1.$$

Im letzten Schritt teilen wir durch $(m_1 + m_2)$ und erhalten die gewünschte Gleichung:

$$\frac{(m_1 - m_2) \cdot v_1 + 2m_2 \cdot v_2}{m_1 + m_2} = v'_1.$$

1 Führen Sie die Herleitung entsprechend für
$$v'_2 = \frac{(m_2 - m_1) \cdot v_2 \cdot + 2m_1 \cdot v_1}{m_1 + m_2}$$
durch.

2 Ein Medizinball ($m = 3\,\mathrm{kg}$) wird mit $4\,\frac{\mathrm{m}}{\mathrm{s}}$ gegen einen ruhenden Basketball ($m = 0{,}6\,\mathrm{kg}$) geschossen. Berechnen Sie die Geschwindigkeiten nach dem Stoß.

3 Eine Kugel mit der Geschwindigkeit v_1 stößt gegen eine ruhende Kugel ($v_2 = 0$).
Berechnen Sie die Geschwindigkeiten nach dem Stoß für beide Kugeln für folgende Fälle:
a) Kugel 1 ist genauso schwer wie die ruhende Kugel 2.
b) Kugel 1 ist sehr viel leichter als die ruhende Kugel 2, d. h., m_1 ist gegenüber m_2 vernachlässigbar.
c) Kugel 1 ist sehr viel schwerer als die ruhende Kugel 2, d. h., m_2 ist gegenüber m_1 vernachlässigbar.

Versuch A • Messung von Impulsen beim Fußball

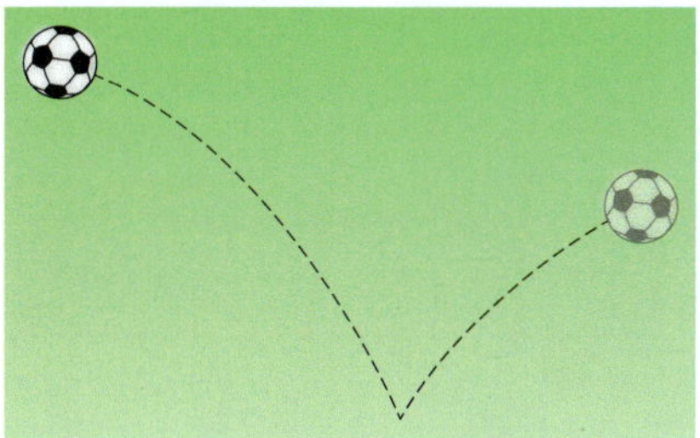

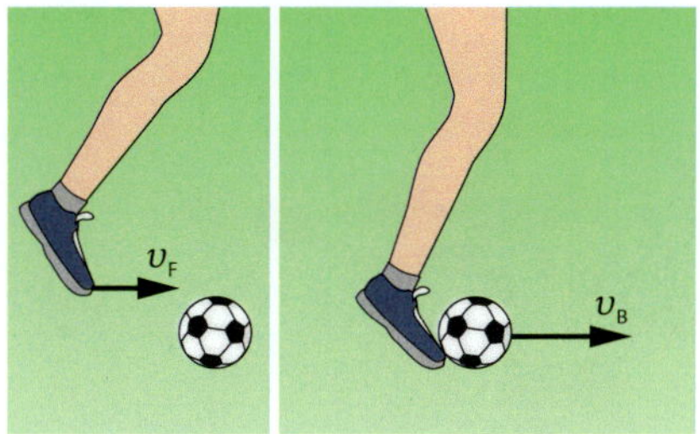

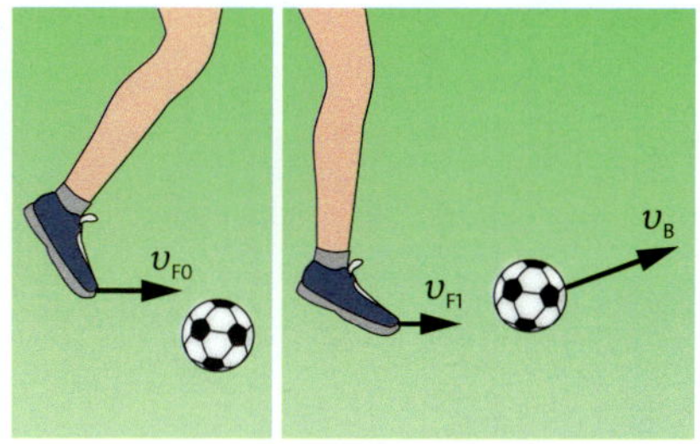

Mit Radarsensoren wurde gemessen, dass Dario Vidosic den Fußball mit $134\,\frac{km}{h}$ auf das Tor schoss. Mit den folgenden Versuchen können Sie analysieren, wie eine so hohe Geschwindigkeit möglich ist.

V1 Springender Ball

Material:
Ball, Lineal, Waage

Arbeitsauftrag:

a) Messen Sie die Masse des Balls.

b) Lassen Sie den Ball fallen und vom Boden wieder hochspringen. Messen Sie die Fallhöhe und die maximale Steighöhe.

c) Der fallende Ball wird mit der Fallbeschleunigung $g = 9{,}8\,\frac{m}{s^2}$ beschleunigt. Die nach einer Fallstrecke s erreichte Geschwindigkeit berechnet man mit: $v = \sqrt{2 \cdot g \cdot s}$.
Ermitteln Sie mithilfe der berechneten Geschwindigkeiten die Impulse p_1 unmittelbar vor dem Aufprall und p_2 unmittelbar danach.

d) Nun führen Sie den Versuch für verschiedene Fallhöhen durch und bestimmen Sie den mittleren relativen Erhalt des Impulses $e = \left|\frac{p_2}{p_1}\right|$ des Balls beim Aufprall, der die Elastizität charakterisiert und entsprechend e genannt wird.

e) Führen Sie den Versuch für verschiedene Bälle und Böden durch und ermitteln Sie günstige Bälle und Böden.

V2 Abgeschossener Fußball

Material:
Fußball, Kamera, Maßstab, Waage

Arbeitsauftrag:

a) Messen Sie die Masse m des Balls. Legen Sie den Ball auf den Sportplatz und platzieren Sie in Schussrichtung 1 m vor dem Ball eine Markierung als Maßstab.
Schießen Sie den Ball ab, während ein Mitschüler oder eine Mitschülerin von der Seite ein Video aufzeichnet.

b) Bestimmen Sie die Zeitspanne in Sekunden zwischen zwei aufeinanderfolgenden Bildern. Finden Sie dazu mithilfe von Herstellerangaben heraus, wie viele Bilder Ihre Kamera pro Sekunde aufnimmt und bestimmen Sie den Kehrwert.

c) Bestimmen Sie für zwei aufeinanderfolgende Einzelbilder mithilfe des Maßstabs die vom Ball zurückgelegte Strecke.

d) Bestimmen Sie die Geschwindigkeit v_{F0} des Fußes unmittelbar vor und die Geschwindigkeit v_B des Balls nach dem Schuss.

e) Ermitteln Sie den relativen Geschwindigkeitsverlust $e = \left|\frac{v_{F0}}{v_B - v_{F0}}\right|$.

f) Experimentieren Sie mit verschiedenen Bällen.

V3 Fußball-Abschussgeschwindigkeit

Material:
Fußball, Kamera, Maßstab, Waage

Arbeitsauftrag:

a) Bereiten Sie das Abschießen eines Fußballs wie im Versuch V2 vor. Schießen Sie den liegenden Ball ab und zeichnen Sie die Bewegung mit der Kamera des Smartphones auf.

b) Ermitteln Sie die Geschwindigkeit v_{F0} des Fußes unmittelbar vor dem Abschuss, die Geschwindigkeit v_{F1} des Fußes unmittelbar nach dem Abschuss sowie die Geschwindigkeit v_B des Balles unmittelbar nach dem Abschuss.

c) Überprüfen Sie mit Ihren Aufzeichnungen, dass die Abschussgeschwindigkeit v_B des Balls gleich der Endgeschwindigkeit des Fußes v_{F1} plus e-mal die Anfangsgeschwindigkeit v_{F0} des Fußes ist, also:
$v_B = v_{F1} + e \cdot v_{F0}$

d) Begründen Sie die obige Formel, indem Sie die Bewegung des Balls aus der Perspektive des Fußes beschreiben, wobei der Ball auf den Fuß mit v_{F0} zukommt und sich nach dem Schuss mit der Geschwindigkeit $e \cdot v_{F0}$ vom Fuß entfernt.

e) Berechnen Sie mit Hilfe obiger Formel die maximale Abschussgeschwindigkeit, die ein Torschütze bei einem Ball mit $e = 0{,}5$ und $v_{F0} = 90\,\frac{km}{h}$ erzielen kann.

1 Hammerwerfer

Kreisbewegungen beschreiben

Beim Hammerwerfen schleudert der Werfer einen 16 englische Pfund (7,26 kg) schweren Hammer, der an einem 4 Fuß (1,22 m) langen Draht befestigt ist. Dabei dreht sich der Sportler in einem Abwurfkreis mit einem Durchmesser von 7 Fuß (2,14 m) und lässt schließlich los. Wie ist es möglich, dass Spitzenathleten Wurfweiten von über 80 m erreichen?

Kenngrößen der Kreisbewegung • Zunächst müssen wir einige Größen der Kreisbewegung kennenlernen und definieren. Dabei beschränken wir uns auf die gleichförmige Kreisbewegung.

Die Bewegung eines Körpers mit konstanter Geschwindigkeit auf einer Kreisbahn heißt gleichförmige Kreisbewegung.

ω – griech. „omega"
φ – griech. „phi"

Die Bahngeschwindigkeit v berechnet man, wie schon von der gleichförmigen Bewegung bekannt, mit $v = \frac{\Delta s}{\Delta t}$. Welche Größen entsprechen bei einer Kreisbewegung Δt und Δs (▸Abb. 2 A)?

Die **Umlaufzeit** T ist die Zeit für einen Umlauf auf der Kreisbahn.
Die **Drehfrequenz** f ist der Kehrwert der Umlaufzeit bzw. der Quotient aus der Zahl der Umläufe n und der dafür benötigten Zeit t.

$$f = \frac{1}{T} = \frac{n}{t}.$$

Die Einheit von f ist: $[f] = \frac{1}{\text{s}} = 1\,\text{Hz}$ (Hertz).
Für eine Umdrehung entspricht Δs dem Kreisumfang. Es gilt also:

$$v = \frac{\Delta s}{\Delta t} = \frac{2 \cdot \pi \cdot r}{T} = 2 \cdot \pi \cdot r \cdot f.$$

Alle Körper in ▸Abb. 2 B bewegen sich auf einer Kreisbahn mit derselben Umlaufzeit bzw. Drehfrequenz, aber die Radien ihrer Bahnen sind verschieden. Folglich sind auch ihre Bahngeschwindigkeiten verschieden. Die Änderung des Drehwinkels $\Delta\varphi$ ist aber bei allen Körpern auf der Drehscheibe gleich. Sie haben die gleiche **Winkelgeschwindigkeit** ω.

$$\omega = \frac{\Delta\varphi}{\Delta t}.$$

Bevor wir die Winkelgeschwindigkeit genau angeben, betrachten wir den Zusammenhang von Gradmaß und Bogenmaß.

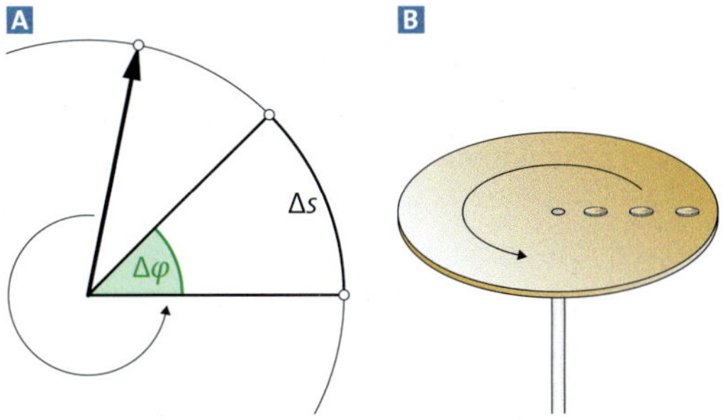

2 **A** Größen am Kreis, **B** Drehscheibe

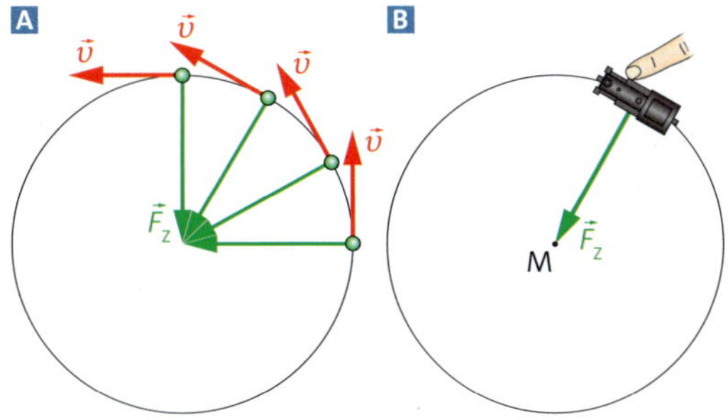

3 **A** Vektoren am Kreis, **B** Lokomotive auf Kreisbahn

Bogenmaß • Bisher haben wir den Winkel meist in Grad angegeben. Bei Kreisbewegungen ist es jedoch besonders einfach, den Winkel aus der Länge des Kreisbogens zu bestimmen. Eine weitere Möglichkeit, Winkel anzugeben, ist das **Bogenmaß.** Hierbei ist die Länge des Kreisbogens im Einheitskreis ein Maß für den Winkel. So entspricht $\alpha = 360°$ einem Bogenmaß von $\alpha_{rad} = 2\pi$. Damit gilt für die Winkelgeschwindigkeit:

$$\omega = \frac{\Delta\varphi}{\Delta t} = \frac{2\pi}{T} = 2\pi \cdot f.$$

Die Einheit von ω ist nicht 1 Hz, sondern $1\frac{1}{s}$.

Kräfte am Kreis • Nach dem ersten Newtonschen Axiom (Trägheitsgesetz) verharrt ein Körper in Ruhe oder in geradlinig gleichförmiger Bewegung, solange keine Kraft auf ihn wirkt. Nach dem Loslassen des Hammers bewegt dieser sich bei Vernachlässigung von Reibung und Gravitation geradlinig gleichförmig. Die Richtung der Geschwindigkeit entspricht also der Tangente am Kreis (▸Abb. 3 A). Was hält den Hammer aber vor dem Loslassen auf der Kreisbahn?
Dazu führen wir ein Experiment durch (▸Abb. 3 B). Eine elektrisch betriebene Modelllokomotive soll auf einer Kreisbahn fahren. Der Elektromotor realisiert jedoch eine geradlinig gleichförmige Bewegung. Damit wir die Lok auf der Kreisbahn halten, muss ständig eine zum Kreismittelpunkt gerichtete Kraft, die **Zentripetalkraft** F_Z, auf die Lok wirken (▸Abb. 3 B).

Damit sich ein Körper auf einer Kreisbahn bewegt, muss ständig eine zum Kreismittelpunkt gerichtete Kraft, die Zentripetalkraft, auf ihn wirken.

Für eine große Wurfweite muss der Hammer eine möglichst große Bahngeschwindigkeit erreichen. Diese große Geschwindigkeit erreicht der Hammerwerfer durch seine Kreisbewegung mit großem Radius und hoher Drehfrequenz.

$$v = 2\pi \cdot r \cdot f = \omega \cdot r.$$

Doch warum dreht sich der Hammerwerfer nicht noch öfter? Dazu müssen wir uns die Zentripetalkraft ansehen.

Zentripetalkraft • Welche Größen haben Einfluss auf die Zentripetalkraft?
Betrachten wir das Experiment mit den Münzen auf der Drehscheibe (▸Abb. 2 B), dann sehen wir, dass die Münzen bei zunehmender Drehfrequenz nicht gleichzeitig zu rutschen beginnen. Der Radius und die Bahngeschwindigkeit müssen also Einfluss auf die Zentripetalkraft haben.
Wenn wir uns den Hammerwerfer anschauen und uns vorstellen, er würde eine Styroporkugel schleudern, dann können wir vermuten, dass auch die Masse des Hammers Einfluss auf die Kraft hat, die erforderlich ist, um den Hammer auf der Kreisbahn zu halten.

1 Die Drehscheibe (▸Abb. 2 B) dreht sich mit einer Umlaufzeit von 0,8 s. Die drei Münzen haben vom Drehpunkt einen Abstand von 5 cm, 10 cm und 15 cm. Berechnen Sie Winkelgeschwindigkeit und Bahngeschwindigkeit der Münzen.

2 Ein Hammerwerfer beschleunigt den Hammer auf eine Geschwindigkeit von $20\,\frac{m}{s}$. Die Summe aus Draht- und Armlänge betrage 2,0 m. Berechnen Sie die Umlaufzeit und die Drehfrequenz, die der Hammerwerfer erreichen muss.

Ein Winkel im Bogenmaß hat die Einheit rad:
$360° = 2\pi$ rad.
Entsprechend gilt für die Einheit der Winkelgeschwindigkeit:
$[\omega] = \frac{rad}{s}$
rad ist jedoch eine dimensionslose Einheit und kann daher in Rechnungen durch 1 ersetzt werden.

1 Zentralkraftgerät

	F_Z in N	m in kg
1	0,20	0,05
2	0,38	0,10
3	0,58	0,15
4	0,80	0,20
5	1,00	0,25

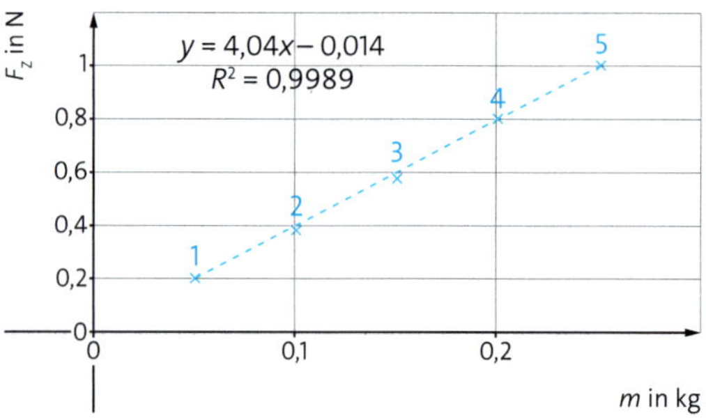

2 Abhängigkeit der Zentripetalkraft von der Masse

	F_Z in N	T in s	v in $\frac{\text{m}}{\text{s}}$
1	0,10	2,35	0,53
2	0,20	1,43	0,88
3	0,45	0,94	1,34
4	0,70	0,75	1,68
5	0,90	0,65	1,93

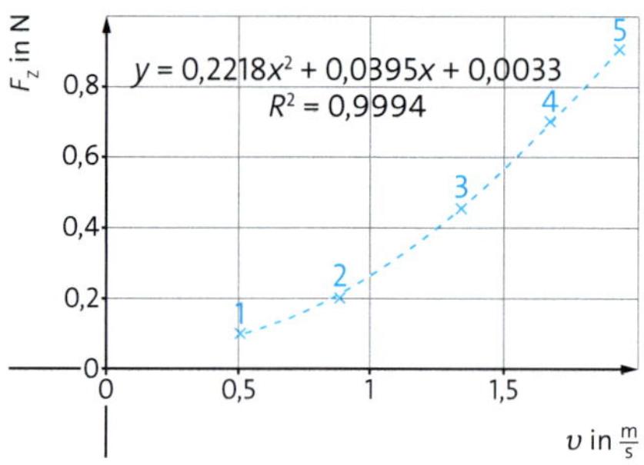

3 Abhängigkeit der Zentripetalkraft von der Bahngeschwindigkeit

	F_Z in N	T in s	r in m
1	1,00	0,63	0,10
2	0,65	0,94	0,15
3	0,50	1,26	0,20
4	0,40	1,57	0,25
5	0,33	1,88	0,30
6	0,28	2,20	0,35

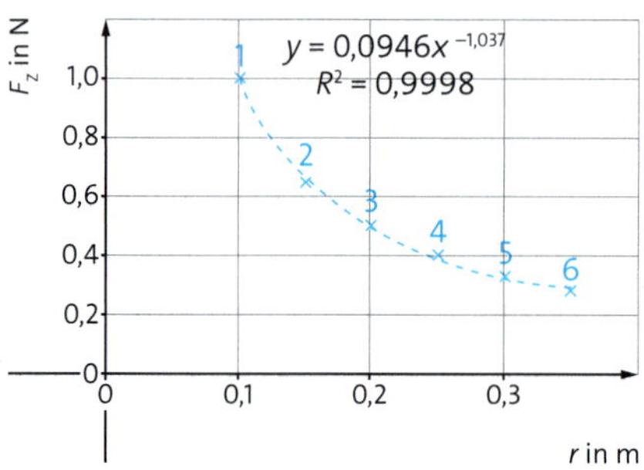

4 Abhängigkeit der Zentripetalkraft vom Radius

Experimente zur Zentripetalkraft • Mit einem Zentralkraftgerät (▸Abb. 1) untersuchen wir den Einfluss der Größen Masse, Geschwindigkeit und Umlaufzeit auf die Zentripetalkraft. Die Zentripetalkraft F_Z können wir am Federkraftmesser ablesen. Dieser ist über einen Faden mit einem beweglichen Wagen auf dem rotierenden Schlitten verbunden. Am Motor können wir die Drehzahl und damit die Umlaufzeit T einstellen. Über die Fadenlänge können wir den Radius r variieren. Der Wagen bietet die Möglichkeit, verschiedene Massestücke aufzusetzen.

Abhängigkeit von der Masse • Bei konstanter Umlaufzeit und konstantem Radius $\left(T = 1{,}88\,\text{s},\ r = 0{,}25\,\text{m},\ v = 1{,}00\,\frac{\text{m}}{\text{s}}\right)$ variieren wir die Masse m des Wagens. Die Messwerte in ▸Abb. 2 zeigen, dass die Zentripetalkraft proportional zur Masse steigt: $F_Z \sim m$.

Abhängigkeit von der Bahngeschwindigkeit • Die Bahngeschwindigkeit ändern wir, indem wir die Drehzahl variieren. Masse und Radius halten wir konstant $(m = 0{,}05\,\text{kg},\ r = 0{,}20\,\text{m})$. Die Messwerte in ▸Abb. 3 zeigen, dass die Zentripetalkraft mit der Bahngeschwindigkeit zunimmt. Es gilt: $F_Z \sim v^2$.

Abhängigkeit vom Radius • Um die Abhängigkeit von F_Z vom Radius zu untersuchen, wählen wir für den Wagen eine feste Masse $(m = 0{,}10\,\text{kg})$ und eine feste Bahngeschwindigkeit $\left(v = 1{,}00\,\frac{\text{m}}{\text{s}}\right)$. Mithilfe des Fadens variieren wir den Radius der Kreisbahn. Die Messwerte (▸Abb. 4) zeigen, dass die Zentripetalkraft mit zunehmendem Radius abnimmt. Es gilt: $F_Z \sim \frac{1}{r}$.

Aus den drei gewonnenen Zusammenhängen können wir schließen:

$$F_Z \sim \frac{m \cdot v^2}{r}.$$

Durch Einsetzen der aufgenommenen Messwerte erkennen wir, dass der Proportionalitätsfaktor 1 ist. Für die Zentripetalkraft gilt somit:

$$F_Z = \frac{m \cdot v^2}{r}.$$

5 Zentripetalkraft

Zentripetalbeschleunigung • Damit sich ein Körper auf einer Kreisbahn bewegt, muss es eine zum Mittelpunkt des Kreises gerichtete Kraft, die Zentripetalkraft, geben. Nach dem zweiten Newtonschen Axiom gilt:

$F = m \cdot a.$

Es muss also auch eine zum Mittelpunkt gerichtete Beschleunigung geben (▸Abb. 5). Dies ist die Zentripetalbeschleunigung a_Z:

$$\left.\begin{aligned} F_Z &= \frac{m \cdot v^2}{r} \\ F_Z &= a_Z \cdot m \end{aligned}\right\} \quad a_Z = \frac{v^2}{r}.$$

Die Zentripetalbeschleunigung $a_Z = \frac{v^2}{r}$ wirkt senkrecht zur Bewegungsrichtung des Körpers und ist zum Kreismittelpunkt gerichtet.

Drehung des Hammerwerfers • Warum nun dreht sich der Hammerwerfer nicht schneller, um den Hammer auf eine noch größere Geschwindigkeit zu beschleunigen? Der Hammerwerfer muss den Hammer während der Drehung halten. Dabei muss er die Kraft F_Z aufbringen. Eine typische Abwurfgeschwindigkeit bei Weiten um 80 m beträgt ca. $25\,\frac{\text{m}}{\text{s}}$. Ein typischer Radius ergibt sich aus der Draht- und Armlänge sowie der Bewegung im Wurfkreis und beträgt ca. 2,2 m. Mit der Hammermasse von 7,26 kg ergibt sich:

$$F_Z = \frac{m \cdot v^2}{r} = \frac{7{,}26\,\text{kg} \cdot 625\,\frac{\text{m}^2}{\text{s}^2}}{2{,}2\,\text{m}} = 2063\,\text{N}.$$

Der Hammerwerfer muss kurzzeitig also eine Kraft von ca. 2060 N aufbringen. Das schaffen nur Spitzenathleten.

6 Funkenflug beim Winkelschleifer

1 Die Trennscheibe eines Winkelschleifers (Flex) dreht sich mit 12 500 Umdrehungen pro Minute (▸Abb. 6). Die Trennscheibe habe einen Durchmesser von 125 mm.
a) Berechnen Sie die Winkelgeschwindigkeit der Trennscheibe und die Bahngeschwindigkeit, die ein Punkt am äußeren Rand der Trennscheibe hat.
b) Berechnen Sie die Zentripetalbeschleunigung, die ein Punkt am äußeren Rand der Trennscheibe erfährt.

2 Die Erde dreht sich an einem Tag um die eigene Achse und in 365 Tagen um die Sonne. Gehen Sie bei beiden Bewegungen von einer Kreisbahn aus.
Berechnen Sie die Bahngeschwindigkeit, mit der sich ein Körper auf der Erdoberfläche bewegt
a) bei der Rotation um die Erdachse,
b) bei der Rotation um die Sonne.

3 Wäscheschleudern mit einem Trommeldurchmesser von 30 cm erreichen Drehzahlen von bis zu 2400 Umdrehungen pro Minute.
a) Berechnen Sie die Geschwindigkeit, mit der sich die Trommelwand bewegt.
b) Berechnen Sie die Zentripetalbeschleunigung auf ein Wasserteilchen an der Trommelwand.
c) Berechnen Sie die Kraft, die auf ein Wasserteilchen in der Nähe der Trommelwand wirkt.

4 Berechnen Sie die minimale Geschwindigkeit, mit der eine Kugel der Masse 100 g einen Looping mit dem Durchmesser 1 m durchrollen kann.

5 Für Spielzeugautos gibt es Loopingbahnen, bei denen die Autos auf einer biegsamen Anlaufbahn beschleunigt werden. Der Looping der Bahn habe einen Durchmesser von 25 cm. Berechnen Sie die Höhe, aus der das Auto mindestens starten muss, um den Looping durchfahren zu können.

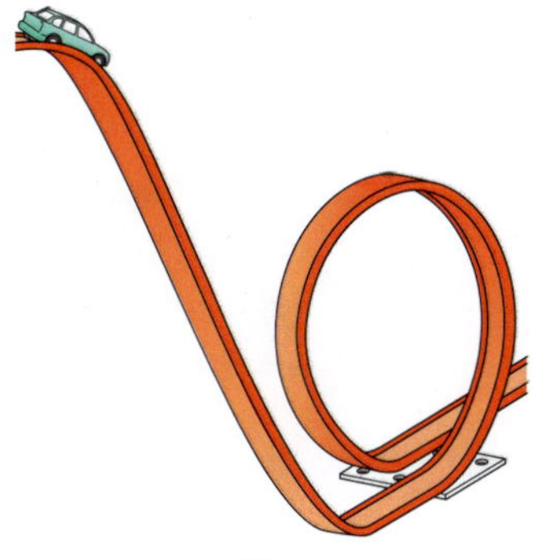
7 Loopingbahn

Versuch A • Verhalten von Körpern bei der Kreisbewegung

V1 Kräfte sichtbar machen

Material:
Experimentiermotor, Stativmaterial, Drehscheibe, Glas, Korken, Kerze, Windlicht, Klebstoff oder Klebeband

Arbeitsauftrag:
a) Bauen Sie das Experiment entsprechend der Abbildung auf: Befestigen Sie einen Faden am Korken und kleben Sie diesen Faden an den Deckel des Glases. Der Faden sollte so lang sein, dass der Korken bei geschlossenem Deckel ca. 2 cm über dem Boden des Glases hängt. Füllen Sie das Glas mit Wasser und schließen Sie es mit dem Deckel.
Stellen Sie das Glas umgekehrt auf die Drehscheibe. Regeln Sie die Drehzahl des Motors langsam hoch, sodass das Glas nicht herunterfällt.
b) Beschreiben Sie Ihre Beobachtungen und erklären Sie diese.
c) Wiederholen Sie das Experiment mit einer brennenden Kerze. Stellen Sie die Kerze dazu in das Windlicht. Vergleichen Sie Ihre Beobachtungen und erklären Sie diese.

Versuch B • Winkelgeschwindigkeit und Beschleunigung

V1 Analyse mit dem Smartphone

Material:
Salatschleuder, Smartphone mit geeigneter App zur Aufzeichnung von Winkelgeschwindigkeit und Beschleunigung, Handtuch oder Schal

Arbeitsauftrag:
Öffnen Sie die App. Starten Sie die Messung und legen Sie das Smartphone an den Innenrand der Salatschleuder. Fixieren Sie nun das Smartphone mit dem Handtuch so, dass es bei der Rotation der Salatschleuder an der gewählten Position bleibt. Schließen Sie den Deckel der Salatschleuder und drehen Sie diese mit verschiedenen Geschwindigkeiten. Achten Sie darauf, das Smartphone gut zu fixieren, sodass es bei dem Versuch nicht beschädigt wird.
a) Die App liefert das $a(\omega)$-Diagramm und das $a(\omega^2)$-Diagramm. Beschreiben Sie den Zusammenhang von Winkelgeschwindigkeit und Zentripetalbeschleunigung.
b) Messen Sie den Radius, auf dem sich das Smartphone in der Salatschleuder gedreht hat. Berechnen Sie aus den gewonnenen Daten die Bahngeschwindigkeit des Smartphones.
c) Überprüfen Sie den Zusammenhang von ω und a in weiteren Experimenten, z. B. während einer Kurvenfahrt.

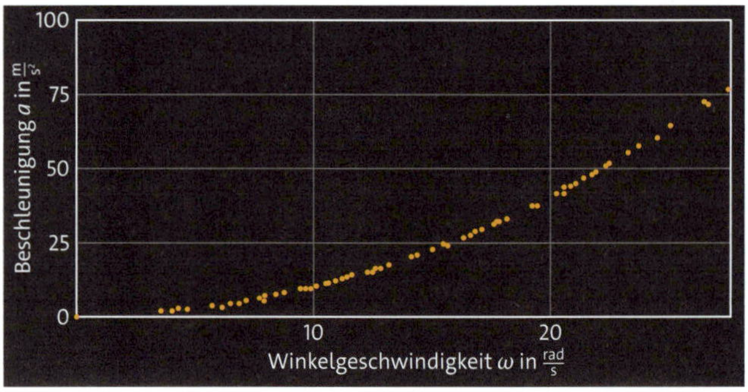

Material A • Höchstgeschwindigkeit bei Kreisbewegungen

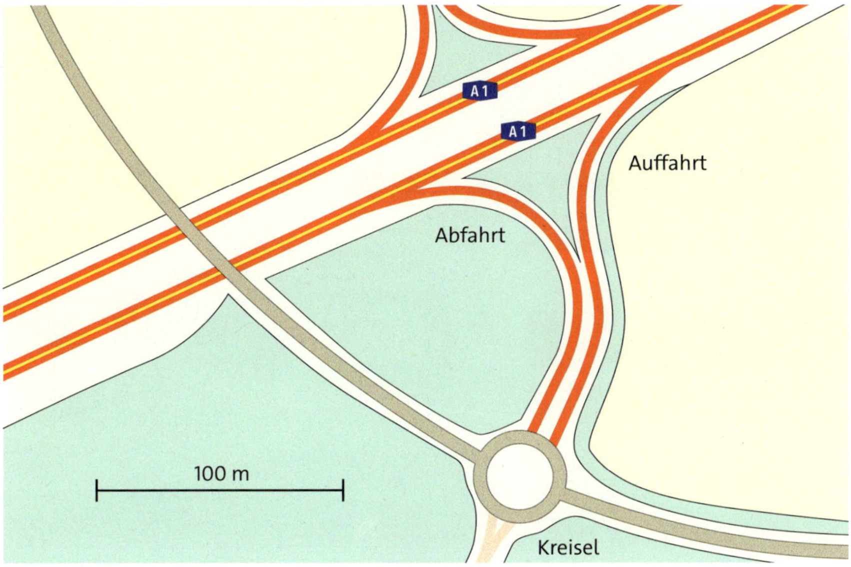

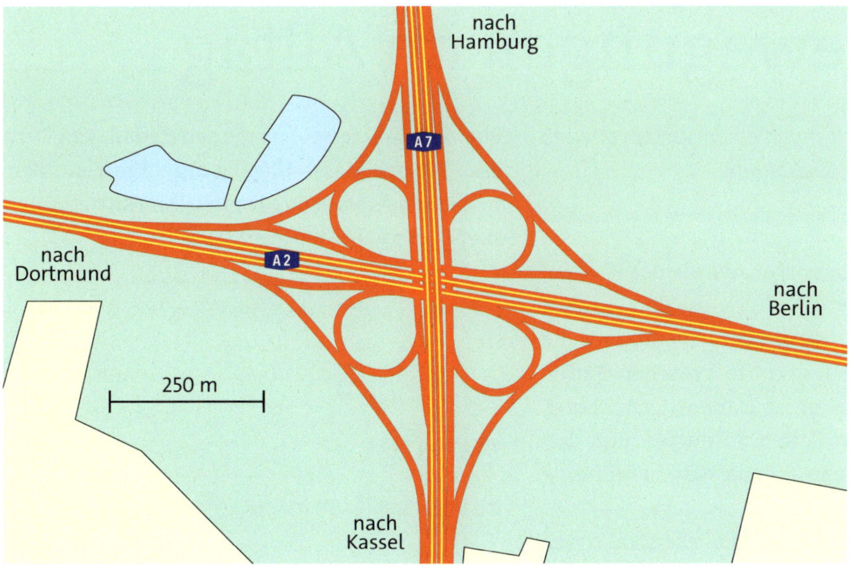

Die Abbildungen zeigen eine Abfahrt der Autobahn A1 (oben) und das Autobahnkreuz Hannover-Ost (unten).

A1 Berechnen Sie die maximalen Geschwindigkeiten, mit denen ein Pkw bei trockener Straße an der Anschlussstelle
a) von der Autobahn abfahren kann,
b) auf die Autobahn auffahren kann,
c) den Kreisel durchfahren kann.

A2 Wiederholen Sie ihre Berechnungen
a) für eine nasse Fahrbahn,
b) für eine vereiste Fahrbahn.
c) Schlagen Sie ein jeweils geeignetes Tempolimit vor und begründen Sie ihre Entscheidung.

A3 Berechnen Sie die Geschwindigkeit, mit der ein Pkw auf trockener Straße am Autobahnkreuz den Übergang von
a) Berlin nach Hamburg,
b) Dortmund nach Hamburg
fahren kann.

A4 Wiederholen Sie ihre Berechnungen für
a) nasse Fahrbahn,
b) vereiste Fahrbahn.

Fahrbahn	Haftreibungszahl
trocken	0,8 (0,4–1,0)
nass	0,5 (0,4–0,6)
vereist	0,1

Material B • Winkelgeschwindigkeit beim Hammerwerfen

Den Weltrekord im Hammerwerfen der Männer hält der Russe JURIJ SJEDYCH mit einer Weite von 86,74 m. Diesen Rekord stellte er 1986 bei den LeichtathletikEuropameisterschaften in Stuttgart auf.

Gehen Sie davon aus, dass die Summe aus Drahtlänge des Hammers und Armlänge des Werfers bei ca. 2,0 m lag. Die Abwurfhöhe kann vernachlässigt werden.

B1 Berechnen Sie die Winkelgeschwindigkeit und die Umlaufzeit, die JURIJ SJEDYCH im Moment des Abwurfs erreichen musste.

1 Kurvenfahrt eines Pkw

Kreisbewegungen im Alltag

Ein Pkw fährt schnell durch einen Verkehrskreisel. Was hält ihn auf der Kreisbahn?

Würden keine Kräfte wirken, würde der Pkw geradeaus weiterfahren. Die Kraft, die den Pkw auf der Kreisbahn hält, ist die Zentripetalkraft, die hier durch die Reibungskräfte zwischen Reifen und Fahrbahn realisiert ist. Daher ist es wichtig, keine abgefahrenen Reifen zu nutzen und den Fahrbahnbedingungen angemessen zu fahren.

Kurvenfahrt • Wo liegen die physikalischen Grenzen bei einer Kurvenfahrt? Wir vermuten, dass die folgenden Größen Einfluss auf die Kurvenfahrt und die mögliche Maximalgeschwindigkeit haben: Kurvenradius, Bahngeschwindigkeit, Masse des Autos, Beschaffenheit von Reifen und Straße.

Im Fall der Kurvenfahrt ist die Normalkraft F_N gleich der Gewichtskraft F_G.

Damit der Pkw in der Kurve die Spur halten kann, muss die Haftreibungskraft F_{HR} zwischen Straße und Reifen mindestens so groß wie die Zentripetalkraft sein:

$F_Z \leq F_{HR}$, wobei $F_Z = \frac{m \cdot v^2}{r}$ und $F_{HR} = \mu_{HR} \cdot F_N$.

Ein Verkehrskreisel habe einen Radius von 20 m. Ein Pkw der Masse 1000 kg durchfährt auf dem trockenen Asphalt den Kreisel. Der Haftreibungskoeffizient habe den Wert 0,9.

$$F_Z \leq F_{HR}$$

$$\frac{m \cdot v^2}{r} \leq \mu_{HR} \cdot F_G$$

$$\frac{m_{Pkw} \cdot v^2}{r} \leq \mu_{HR} \cdot m_{Pkw} \cdot g$$

$$v \leq \sqrt{\mu_{HR} \cdot g \cdot r}$$

$$v \leq \sqrt{0{,}9 \cdot 9{,}8\,\frac{m}{s^2} \cdot 20\,m} \approx 13{,}3\,\frac{m}{s} \approx 47{,}8\,\frac{km}{h}$$

Der Pkw kann den trockenen Kreisel mit einer Maximalgeschwindigkeit von 47 $\frac{km}{h}$ durchfahren. Wir erkennen in der Rechnung, dass die Masse des Pkw keinen Einfluss hat. Sie kann beim Lösen der Ungleichung gekürzt werden.

Betrachten wir einige Kurven genauer, so stellen wir fest, dass diese eine sogenannte Kurvenüberhöhung aufweisen, d. h., dass die Fahrbahn an der Innenseite tiefer liegt als an der Außenseite (▸ Abb. 2). Welchen Sinn haben diese Kurvenüberhöhungen?

Hier wirken weitere Kräfte, die es ermöglichen, die Kurve schneller zu durchfahren.

Zentrifugalkraft • Häufig hört man im Zusammenhang mit Kreisbewegungen von der Zentrifugal- bzw. Fliehkraft. Diese Kraft haben Sie schon erfahren, wenn Sie sich im Auto bei einer Kurvenfahrt an die Tür gedrückt fühlten (▸Abb. 2, rotes Kräfteparallelogramm). Diese Kraft lässt sich mit dem Trägheitsprinzip erklären. Daher handelt es sich bei der Zentrifugalkraft um eine **Trägheitskraft**.
Zur näheren Untersuchung nehmen wir eine zweite Perspektive ein. Ein ruhender Beobachter am Straßenrand erkennt, dass die Fahrzeugwand eine nach innen gerichtete Kraft auf den Mitfahrer ausübt (▸Abb. 2, blaues Kräfteparallelogramm). Dies ist die Zentripetalkraft. Sie hält den Mitfahrer auf der Kreisbahn. Zentrifugalkraft $\vec{F}_{ZF}$ und Zentripetalkraft $\vec{F}_Z$ sind betragsmäßig gleich und entgegengesetzt gerichtet. Da die beiden Kräfte nicht in einem gemeinsamen Bezugssystem auftreten, sind es weder Gegenkräfte noch bilden sie ein Kräftegleichgewicht.

Die Zentrifugalkraft $\vec{F}_{ZF}$ bzw. Fliehkraft ist eine Trägheitskraft. Sie ist entgegen der Zentripetalkraft gerichtet, hat den gleichen Betrag wie die Zentripetalkraft und kann nur in beschleunigten Bezugssystemen gemessen werden.

Kurvenüberhöhung • ▸Abb. 2 zeigt eine überhöhte Kurve. Man erkennt, dass die Zentripetalkraft nicht ausschließlich durch die Haftreibungskraft aufgebracht werden muss. Auf den Pkw wirkt eine Trägheitskraft, die ihn stärker gegen die Fahrbahn drückt. So kann der Pkw bei der richtigen Geschwindigkeit auch ohne Reibung durch die Kurve fahren.
Die gleiche Situation beobachten wir nun aus der Perspektive des Fahrers. Am Kräfteparallelogramm in ▸Abb. 2 ist der Fall dargestellt, dass die Resultierende aus Zentrifugalkraft und Gewichtskraft gleich der Normalkraft ist. Auch aus dieser Perspektive treten keine weiteren Kräfte längs der Fahrbahn auf und der Pkw kann die Kurve reibungsfrei durchfahren.

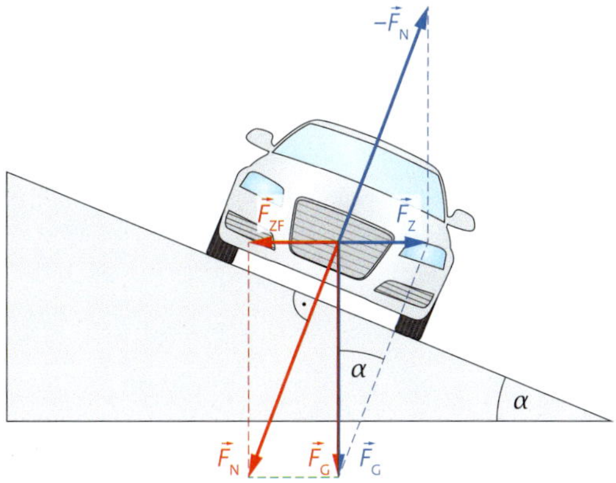

2 Kräfte bei Kurvenüberhöhung

Für welche Geschwindigkeit ist diese Bedingung erfüllt? Es gilt:

$\vec{F}_Z = -\vec{F}_N + \vec{F}_G$ und $\vec{F}_{ZF} = \vec{F}_N - \vec{F}_G$.

Wir sehen, dass $\tan\alpha = \frac{F_Z}{F_G}$.
Setzen wir die Formeln für F_Z und F_G ein, so erhalten wir:

$$\tan\alpha = \frac{m \cdot v^2}{r \cdot m \cdot g} = \frac{v^2}{r \cdot g},$$

$$v = \sqrt{r \cdot g \cdot \tan\alpha}.$$

Mit dieser Formel berechnen wir die Geschwindigkeit, mit der ein Pkw eine überhöhte Kurve reibungsfrei durchfahren kann.

1 Ein Pkw durchfährt eine Kurve mit dem Radius 50 m. Die Kurve habe eine Neigung von 10°.
a) Berechnen Sie die Geschwindigkeit, mit der der Pkw die Kurve reibungsfrei durchfahren kann.
b) Berechnen Sie die erforderliche Kurvenneigung, damit der Pkw die Kurve mit einer Geschwindigkeit von 60 $\frac{\text{km}}{\text{h}}$ durchfahren kann.

2 Bei trockener Fahrbahn kann der Pkw deutlich schneller durch die Kurve fahren.
a) Skizzieren Sie den Pkw an einer geneigten Ebene (ähnlich ▸Abb. 2). Zeichnen Sie die Vektoren der Reibungskräfte ein.
b) Ergänzen Sie die Zeichnung um den Vektor der Hangabtriebskraft.
c) Stellen Sie eine Gleichung auf, die alle zum Kreismittelpunkt gerichteten Kräfte zusammenfasst.

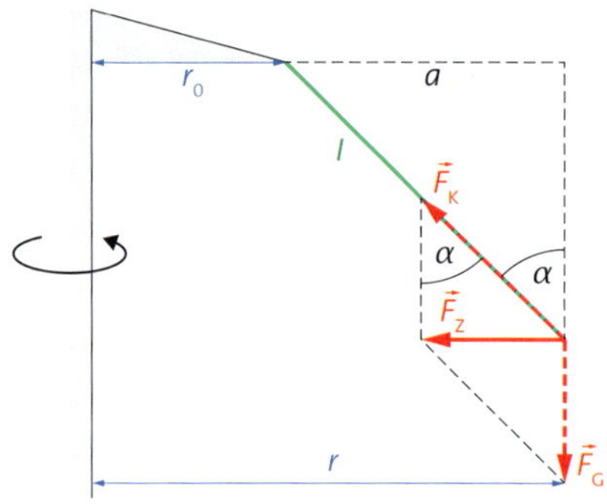

1 Kräfte am Kettenkarussell

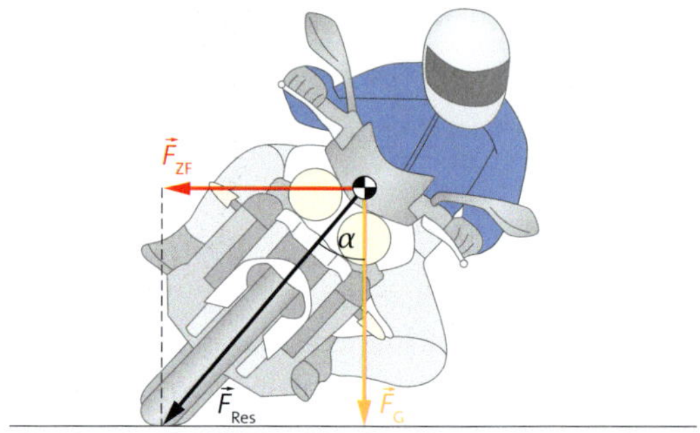

3 Kräfte aus Sicht des Motorradfahrers

2 Kettenkarussell

Kräfte am Kettenkarussell • Im Kettenkarussell bewegen sich die Sitze bei der Rotation nach außen. Welche Kräfte wirken hier (▸Abb. 1 und 2)? Im Ruhezustand wirkt die Gewichtskraft $\vec{F}_G$. Setzt sich das Kettenkarussell in Bewegung, dann bewegen sich die Sitze nach außen auf eine Kreisbahn mit einem größeren Radius. Auf die Sitze wirken jetzt die nach unten gerichtete Gewichtskraft $\vec{F}_G$ und die von der Kette ausgehende Kraft $\vec{F}_K$. Die Diagonale in dem von den beiden Kräften aufgespannten Kräfteparallelogramm ist die Zentripetalkraft $\vec{F}_Z$. Nach Abb. 1 gilt:

$$\tan\alpha = \frac{F_Z}{F_G} = \frac{m \cdot v^2}{r \cdot m \cdot g} = \frac{v^2}{r \cdot g}.$$

Mithilfe dieser Beziehung können wir ermitteln, welcher Winkel α sich einstellt, wenn sich das Karussell mit einer Umlaufzeit T bewegt. Dazu ersetzen wir die Bahngeschwindigkeit v und verwenden:

$$v = \frac{2\pi \cdot r}{T}.$$

Wir erhalten:

$$\tan\alpha = \frac{v^2}{r \cdot g} = \frac{4\pi^2 \cdot r^2}{r \cdot g \cdot T^2} = \frac{4\pi^2 \cdot r}{g \cdot T^2}.$$

Wir müssen weiter berücksichtigen, dass die Kette nicht direkt an der Drehachse befestigt ist, sondern in einem Abstand r_0. Die Länge der Kette sei l. Mit $a = l \cdot \sin\alpha$ und $r = r_0 + a$ folgt schließlich:

$$\tan\alpha = \frac{4\pi^2 \cdot r}{g \cdot T^2} = \frac{4\pi^2 \cdot (r_0 + l \cdot \sin\alpha)}{g \cdot T^2}.$$

Diese Gleichung können wir nicht nach α umstellen. Wir können aber die Lösungsfunktion des Taschenrechners nutzen, um zu bekannten Werten von r_0, l und T den Winkel α ermitteln zu lassen. Für $r_0 = 8{,}0\,\text{m}$, $l = 5{,}0\,\text{m}$ und $T = 9{,}0\,\text{s}$ erhält man z. B. $\alpha \approx 27{,}1°$.

Kurvenfahrt eines Motorrads • Wir betrachten die Kurvenfahrt eines Motorrads aus der Sicht des Fahrers. Die vektorielle Summe aus Zentrifugalkraft $\vec{F}_{ZF}$ und Gewichtskraft $\vec{F}_G$ ergibt die resultierende Kraft $\vec{F}_{Res}$, mit der das Motorrad gegen die Straße gedrückt wird. Die Kräfte werden ausgehend vom Massenschwerpunkt des Systems aus Motorrad und Fahrer eingezeichnet (▸Abb. 3). Wir sehen, dass: $\vec{F}_{ZF} = \vec{F}_{Res} - \vec{F}_G$.
Die Zentrifugalkraft $\vec{F}_{ZF}$ darf nicht größer werden als die Haftreibungskraft $\vec{F}_{HR}$ der Reifen, sonst verliert das Motorrad seine Haftung auf der Straße.
Welchen Einfluss hat die Schräglage auf die Kurvenfahrt? Durch die stärkere Schräglage des Motorrads verlagert der Motorradfahrer seinen Schwerpunkt nach innen und verringert so den Radius und die Bahngeschwindigkeit. Damit das Motorrad nicht kippt, muss die resultierende Kraft $\vec{F}_{Res}$ durch die Schwerpunktachse des Motorrads verlaufen.

1 Die Umlaufzeit eines Kettenkarussells betrage 4 s. Die Kette habe eine Länge von 5 m und sei im Abstand von 4 m von der Drehachse angebracht.
a) Berechnen Sie den Winkel, um den die Sitze ausgelenkt werden.
b) Berechnen Sie den Radius der Kreisbahn und die Bahngeschwindigkeit des Sitzes.

2 Beschreiben Sie den Einfluss der Masse der Passagiere auf den Auslenkwinkel.

3 Skizzieren Sie den Motorradfahrer aus ▸Abb. 3. Nehmen Sie einen Perspektivwechsel vor und zeichnen Sie die Kräfte aus der Sicht eines ruhenden Beobachters ein. Beschreiben Sie die wirkenden Kräfte.

Material A • Berechnungen am Kettenkarussell

Die Abbildung zeigt die maßstäbliche Abbildung eines Kettenkarussells. Sie können ihr den Massenschwerpunkt entnehmen.

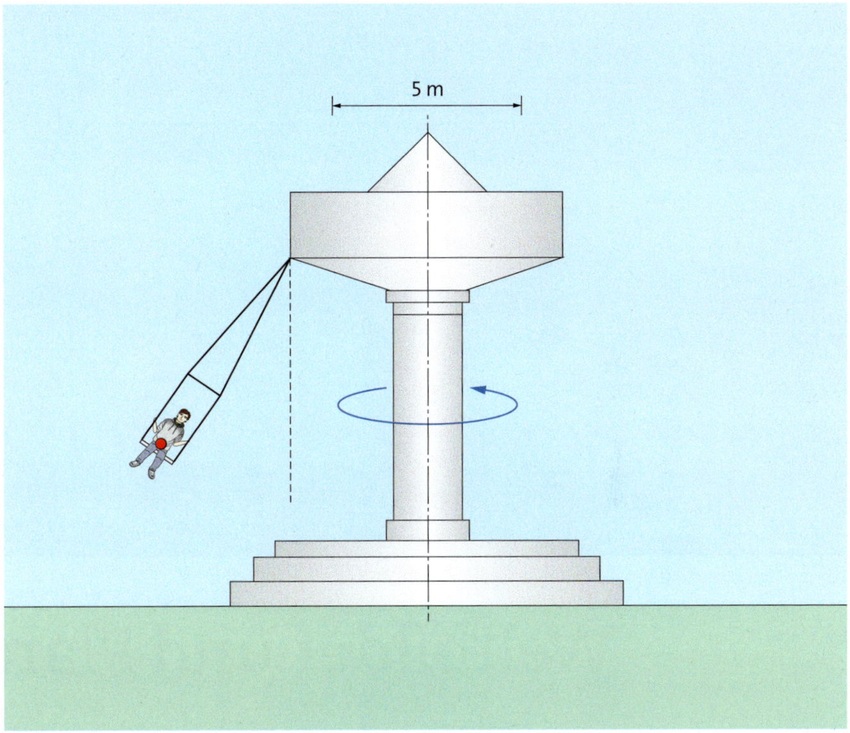

A1 **a)** Nehmen Sie alle benötigten Maße aus der Abbildung auf.
b) Bestimmen Sie aus den Daten die Drehfrequenz und die Umlaufzeit des Kettenkarussells.
c) Berechnen Sie die Bahngeschwindigkeit der Person im Karussell.
d) Wiederholen Sie die Berechnungen aus A1 b) und c) für einen doppelt so großen Winkel der Auslenkung der Kette.

A2 Bei einem Kettenkarussell sei $r_0 = 8{,}0\,\text{m}$; $l = 5{,}0\,\text{m}$ und $T = 10\,\text{s}$.
a) Ermitteln Sie den Winkel der Auslenkung.
b) Berechnen Sie die Kraft, die am Aufhängepunkt angreift, wenn Sitz und Passagier zusammen eine Masse von 80 kg haben.

Material B • Motorradfahrer in Kurven

Die Abbildung zeigt das sogenannte Hanging-off, eine Methode, die von geübten Rennfahrern genutzt wird, um Kurven zu durchfahren. Dies ist gefährlich und im öffentlichen Straßenverkehr nicht zulässig!

B1 Übertragen Sie das Bild sinnvoll reduziert. Schätzen Sie die Position des Massenschwerpunkts des Systems Fahrer–Motorrad ab und zeichnen Sie diesen und die wirkenden Kräfte ein. Vergleichen Sie mit ▸Abb. 3.

B2 Beschreiben Sie, welchen Nutzen der Rennfahrer aus dem Hanging-off zieht.

Material C • Tempolimit in Kurven

In einer neuen Umgehungsstrecke hat die engste Kurve einen Innenradius von 80 m.

C1 Entscheiden Sie auf Basis einer Berechnung, ob in dieser Kurve ein Tempolimit erforderlich ist.

Fahrbahn	Haftreibungszahl (Beispielwerte)
trocken	0,8
nass	0,5
vereist	0,1

1 Unser Sonnensystem

Weltbilder und Planetenbahnen

Unser Sonnensystem umfasst zahlreiche Planeten, die sich jeweils auf eigenen Umlaufbahnen um die Sonne bewegen. Heute ist dieses Bild selbstverständlich, doch war das schon immer so? Wie hat sich unser Weltbild von der Antike bis zur heutigen Zeit gewandelt?

Das Weltbild der Antike • Schon in der Antike beobachtete man den Himmel genau. Astronomen konnten u.a. die Zeitpunkte für Sonnen- und Mondfinsternisse im Voraus berechnen. Anhand der Positionen, die Planeten vor den Sternbildern einnahmen, wurde aber auch das Schicksal der Menschen vorhergesagt. Philosophen wie z.B. ARISTOTELES (384–322 v. Chr.) beschäftigten sich ebenfalls mit Himmelserscheinungen. PTOLEMÄUS (100–160 n. Chr.) fügte die Überlegungen seiner Vorgänger zusammen. Er etablierte ein Weltbild, das bis ins Mittelalter anerkannt blieb.

Im Zentrum des ptolemäischen Weltbilds steht die Erde (▸Abb. 2), weshalb man auch vom geozentrischen Weltbild spricht. Dabei setzen sich auf der Erde alle Körper aus den vier Elementen Erde, Wasser, Feuer und Luft zusammen. Diese bestimmen auch, wohin sich ein Körper von sich aus bewegt: Ein Stein fällt herunter, weil er zur Erde gehört, während eine Kerzenflamme nach oben steigt, da Feuer über der Luft liegt. Alles außerhalb der Mondsphäre besteht aus einem fünften Element, dem Äther. Mond, Sonne und die damals bekannten fünf Planeten bewegen sich auf kugelförmigen Himmelssphären. Ganz außen liegt die Sphäre der ortsfesten Fixsterne.

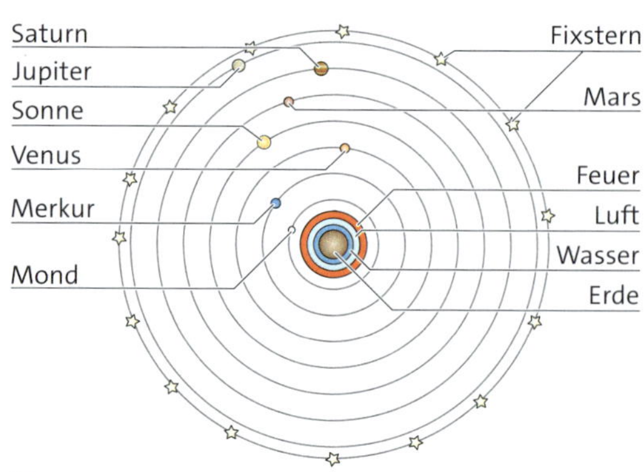

2 Geozentrisches Weltbild nach Ptolemäus

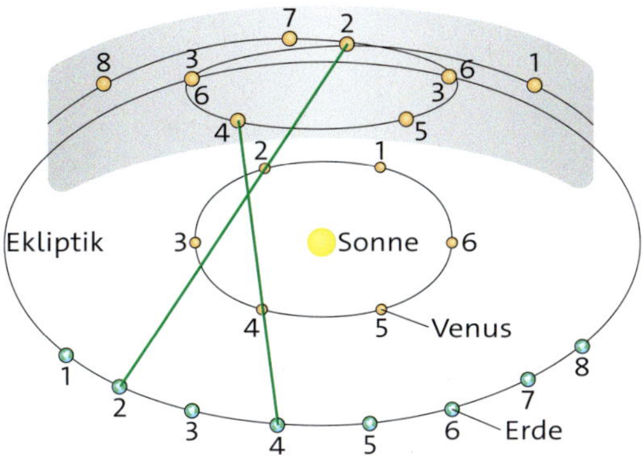

3 Planetenschleife der Venus

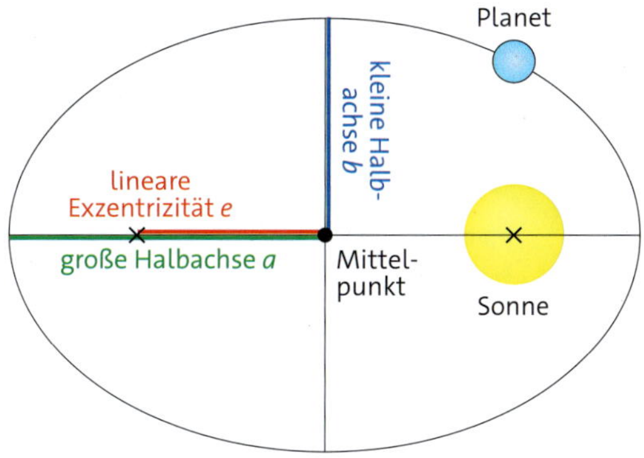

4 Charakteristische Größen einer Planetenbahn

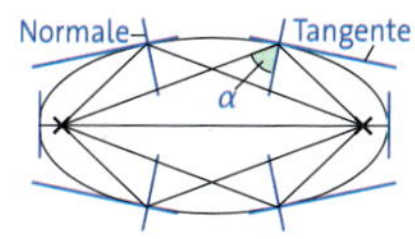

5 Brennpunkte einer Ellipse

Die Geburt der Naturwissenschaften • Anfang des 17. Jahrhunderts beobachtete der Italiener GALILEO GALILEI (1564–1642) den Nachthimmel erstmals mithilfe eines Fernrohrs. Er entdeckte, dass mehrere Monde um den Jupiter kreisen und dass somit nicht alle Himmelskörper um die Erde kreisen müssen. Damit brachte er das geozentrische Weltbild ins Wanken.
Galilei begann, die Bewegungen von Körpern planmäßiger zu untersuchen, und beschrieb seine Beobachtungen konsequent mithilfe der Mathematik. So erkannte er z.B., dass die Fixsterne viel weiter von uns entfernt sind als ursprünglich angenommen.

Von der Erde aus betrachtet bewegen sich die Planeten gelegentlich mit wechselnder Geschwindigkeit in rückwärts gerichteten Schleifenbahnen (▸Abb. 3). PTOLEMÄUS erklärte dies mithilfe eines komplizierten Systems von verschachtelten Kreisbahnen, auf denen sich die Planeten um ihre eigentlichen Kreisbahnen drehen. Für GALILEI war die einfachere Erklärung überzeugender, die das bereits 1514 von NIKOLAUS KOPERNIKUS (1473–1543) vorgeschlagene heliozentrische Weltbild lieferte: Alle Planeten bewegen sich auf kreisförmigen Bahnen um die Sonne.

Die Vorhersagen deckten sich aber nicht immer genau mit den Beobachtungen. Dieses Problem löste sich durch die Arbeiten des deutschen Astronomen JOHANNES KEPLER (1571–1630).
Mit seinen Keplerschen Gesetzen konnte er die Planetenbahnen mathematisch exakt beschreiben und vorhersagen.

Die Planetenbahnen nach KEPLER • Eine zentrale Erkenntnis von KEPLER war, dass sich die Planeten unseres Sonnensystems nicht auf Kreisbahnen, sondern auf elliptischen Bahnen um die Sonne bewegen. Die Sonne befindet sich dabei in einem Brennpunkt der Ellipsen und somit nicht im Zentrum (▸Abb. 4 und 5). Mathematisch wurde dies als erstes Keplersches Gesetz formuliert.

Die Geometrie einer Ellipse • Ellipsen besitzen eine ovale Form und somit haben im Gegensatz zu Kreisen nicht alle Punkte auf einer Ellipse den gleichen Abstand zum Mittelpunkt. Charakteristische Punkte einer Ellipse sind die sogenannten Brennpunkte, welche auf den großen Halbachsen liegen. Die lineare Exzentrizität gibt dabei den Abstand zwischen Brennpunkt und Mittelpunkt an. Daraus lässt sich eine wichtige Kenngröße der Ellipse ableiten, die sogenannte **numerische Exzentrizität** ε. Sie stellt die lineare Exzentrizität mit der Länge der großen Halbachse ins Verhältnis und dient anschaulich als Maß der Deformation eines Kreises.

Nach Keplers erstem Gesetz bewegen sich Planeten auf elliptischen Umlaufbahnen um die Sonne.

1 Recherchieren Sie, welche Bedeutungen der Kalender und somit die Astronomie für das Entstehen der Landwirtschaft hatten. Beschreiben Sie den Umgang der verschiedenen Kulturen damit.

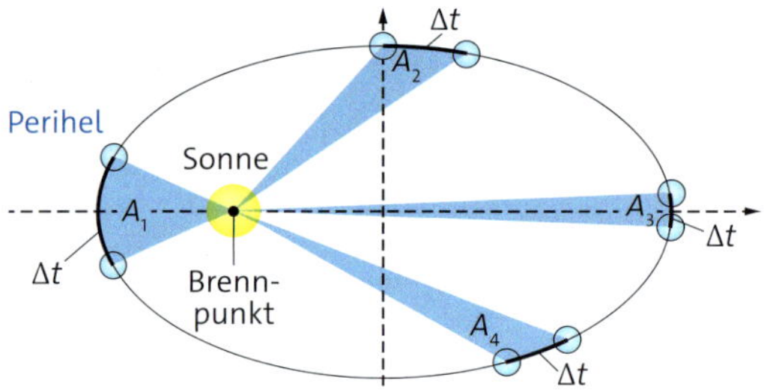

1 KEPLERs Flächensatz

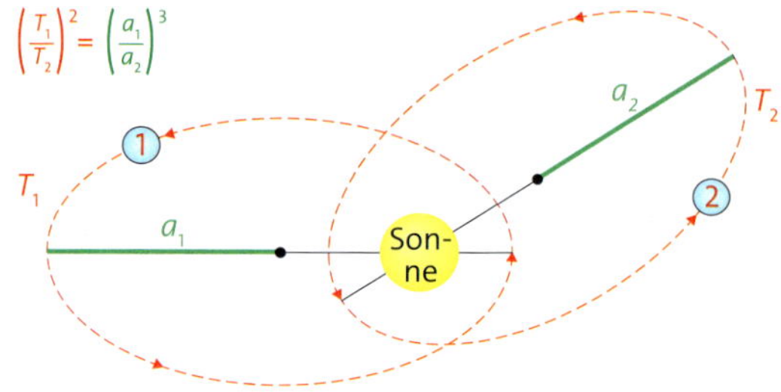

2 Zwei Planeten umkreisen die Sonne

Fahrstrahlen im Sonnensystem • Wenn wir den Brennpunkt mit einem Punkt auf dem Rand der Ellipse mittels einer Linie verbinden, haben wir einen sogenannten Fahrstrahl konstruiert. Stellen wir uns nun vor, dass sich dieser Punkt kontinuierlich auf der Ellipse in eine Richtung bewegt und wir den Fahrstrahl mitverfolgen, so wird eine Fläche innerhalb der Ellipse aufgespannt (▸Abb. 1).

Eine weitere zentrale Erkenntnis von KEPLER war, dass der Fahrstrahl eines Planeten, welcher die Sonne auf einer elliptischen Umlaufbahn umkreist, stets in gleichen Zeiten jeweils gleiche Flächen überstreicht. Die Flächen sind gleich, wenn die Geschwindigkeit des Planeten bei Annäherung an die Sonne ansteigt. Sie erreicht ihr Maximum am sonnennächsten Punkt, dem Perihel. Entsprechend verringert sie sich, nachdem das Perihel passiert wurde und erreicht ihr Minimum am sonnenfernsten Punkt, dem Aphel. Mathematisch wurde dieser Zusammenhang als das zweite. Keplersche Gesetz, auch bekannt als **Flächensatz**, formuliert.

Der Fahrstrahl zwischen Sonne und Planeten überstreicht in gleichen Zeiten jeweils gleiche Flächen. Die Geschwindigkeit des Planeten steigt mit fallendem Abstand zur Sonne.

Planetenbahnen hängen zusammen • Wir betrachten nun die Bewegung zweier Planeten um die Sonne. Jeder Planet bewegt sich auf seiner eigenen elliptischen Umlaufbahn, wobei sich die Sonne in einem gemeinsamen Brennpunkt befindet (▸Abb. 2). In beeindruckender Weise lässt sich eine geometrische Verbindung zwischen den Umlaufzeiten T_1 und T_2 beider Planeten herleiten. Und zwar erkannte Kepler, dass das Verhältnis der 2. Potenzen ihrer Umlaufzeiten genau dem Verhältnis der 3. Potenzen der Längen der großen Halbachsen ihrer Ellipsenbahnen entspricht:

$$\left(\frac{T_1}{T_2}\right)^2 = \left(\frac{a_1}{a_2}\right)^3.$$

So können wir beispielsweise die Umlaufzeit eines Planeten um die Sonne messen und unter der Kenntnis beider Umlaufbahnen rechnerisch exakt auf die Umlaufzeit des anderen Planeten schließen. Dieser Zusammenhang ist als drittes Keplersches Gesetz bekannt. Aus der obigen Gleichung können wir ableiten, dass das Verhältnis zwischen Umlaufzeit und Länge der großen Halbachse mit entsprechenden Potenzen für jede elliptische Umlaufbahn konstant ist:

$$\frac{T_1^2}{a_1^3} = \frac{T_2^2}{a_2^3} = K.$$

Diese Konstante ist die sogenannte Kepler-Konstante. Tatsächlich können wir Keplers drittes Gesetz auf sämtliche Himmelskörper, die sich um ein zentrales Objekt bewegen, ausweiten und kommen zu demselben Ergebnis. So lässt sich für alle Planeten unseres Sonnensystems eine einheitliche Kepler-Konstante berechnen, jedoch beispielsweise auch für alle Monde, welche sich um den Jupiter bewegen. Der Literaturwert für die unsere Sonne umkreisenden Planeten beträgt $K = 2{,}97 \cdot 10^{-19}\,\frac{s^2}{m^3}$.

Für die Bewegung aller Himmelskörper um ein zentrales Objekt gilt nach dem dritten Keplerschen Gesetz:

$$\frac{T^2}{a^3} = K.$$

Inquisition • Die Beobachtungen von Galilei und Kepler zeigten, dass das geozentrische Weltbild nicht haltbar war. Doch ihr naturwissenschaftliches Vorgehen war noch nicht akzeptiert. Das heliozentrische Weltbild widersprach dabei besonders den Ansichten der christlichen Kirche. Unter anderem bot es keinen Platz für Himmelssphären. Daher wurden die Verfechter des heliozentrischen Weltbildes durch die Inquisition verfolgt und in Gerichtsprozessen zu Gefängnis- und Todesstrafen verurteilt. So lebte GALILEI viele Jahre in Hausarrest und wurde gezwungen, seine Ansichten öffentlich zu widerrufen. Erst 1992 wurde GALILEI formal durch die römisch-katholische Kirche rehabilitiert.

Im Jahr 2008 distanzierte sich die Kirche erneut von der Verurteilung GALILEIs. Heute hat der Vatikan Kirche und Wissenschaft als miteinander vereinbar erklärt. Der Vatikan betreibt sogar ein eigenes High-Tech-Teleskop in Arizona, mit dem christliche Astronomen das Universum erforschen.

Das Gravitationsgesetz • Im Jahr 1685 gelang dem britischen Physiker ISAAC NEWTON (1643–1727) der entscheidende Schritt zum neuen Weltbild. Er konnte die Bewegungen der Himmelskörper ebenso wie die Bewegungen der Körper auf der Erde auf ein gemeinsames Prinzip zurückführen: die Gravitation. Er erkannte, dass sich alle Körper nur aufgrund ihrer Masse gegenseitig anziehen. Mit seinem Gravitationsgesetz ließen sich all diese Bewegungen erklären. Newtons Vorgehen war so erfolgreich, dass man glaubte, man könne alle physikalischen Vorgänge auf diese Weise beschreiben und auch exakt vorhersagen.

Heutiges Weltbild • Trotz Newtons Leistungen wurde die Natur der Gravitation auch in der heutigen Zeit noch nicht vollständig enträtselt. Eine der Hauptaufgaben in der modernen Physik besteht nach wie vor in der Formulierung einer einheitlichen Theorie der Gravitation, welche die Physik extrem kleiner Objekte, die sogenannte Quantenphysik, mit der Physik in astronomischen Größen, der Allgemeinen Relativitätstheorie, verbindet.

Reale Planetenbahnen • In der Realität gibt es zahlreiche Störfaktoren, die sich auf die Form der Planetenbahnen auswirken. So besitzen diese keine konstanten Exzentrizitäten, sondern verlaufen ungleichmäßig. Dominierend hierfür ist die Kraft, welche ursächlich für die Keplerbahnen ist – die Gravitation. Anschaulich lässt sich sagen, dass jeder Himmelskörper in gravitativer Wechselwirkung zu allen anderen Himmelskörpern steht. Betrachtet man also nur die Bewegung von beispielsweise zwei Körpern, so vernachlässigt man einige maßgebliche Kraftbeiträge, welche für ein exaktes Modell der Realität betrachtet werden müssen. Jedoch sind solche Berechnungen komplex und für ein System aus drei Himmelskörpern oder mehr nur noch näherungsweise lösbar.

Mit der fortschreitenden technologischen Entwicklung erreichen die Genauigkeiten und Komplexitäten solcher Berechnungen allerdings eine immer höhere Güte.

AE ist die Abkürzung für Astronomische Einheit. Dies ist der ungefähre mittlere Abstand der Erde zur Sonne: 1 AE = 149 597 870 700 m.

Planet	Große Halbachse in AE	Mittlere Exzentrizität
Merkur	0,387	0,20563069
Venus	0,723	0,00677323
Erde	1	0,01671022
Mars	1,524	0,09341233
Jupiter	5,203	0,04839266
Saturn	9,537	0,05415060
Uranus	19,191	0,04716771
Neptun	30,069	0,00858587

3 Daten zu den Planetenbahnen

1 Berechnen Sie mithilfe der Kepler-Konstante, sowie der Längen der großen Halbachsen für die Planeten Venus, Saturn, Jupiter und Neptun (▸Tabelle 3) die jeweiligen Umlaufzeiten der Planetenbahnen.

2 Berechnen Sie mithilfe von ▸Tabelle 3 für Merkur und Jupiter die Entfernungen Perihel–Sonne, sowie Aphel–Sonne. Erklären Sie, inwiefern sich beide Bahnen unterscheiden.

Versuch A • Bahnen

V1 Bahn in der Ebene

Dieser Versuch klärt, warum eine Planetenbahn innerhalb einer Ebene verläuft.

Material:
Radiergummi, Seil

Arbeitsauftrag:
a) Bohren Sie ein Loch in den Radiergummi und binden Sie ihn ans Ende eines Fadens. Schleudern Sie den Radiergummi auf einer vertikalen Kreisbahn. Bestätigen Sie: Wenn der Geschwindigkeitsvektor und der Kraftvektor stets in der Bahnebene liegen, dann bleibt die Bewegung in dieser Ebene.
b) Schleudern Sie den Radiergummi so, dass die Bahn eine Schraubenlinie bildet. Begründen Sie experimentell: Wenn der Geschwindigkeitsvektor und der Kraftvektor zunächst in einer Ebene liegen, dann führt eine zusätzliche senkrecht zur Ebene wirkende Kraftkomponente zu einer Bahn, die nicht mehr in einer Ebene, sondern allgemeiner durch den Raum verläuft.
c) Erzeugen Sie eine weitere Bahn, die nicht in einer Ebene verläuft und beschreiben Sie die dazu nötigen Kräfte.
d) Erläutern Sie mithilfe der beiden Versuche, warum die Bewegung einer Probemasse im Gravitationsfeld einer felderzeugenden Masse immer in einer Ebene abläuft.

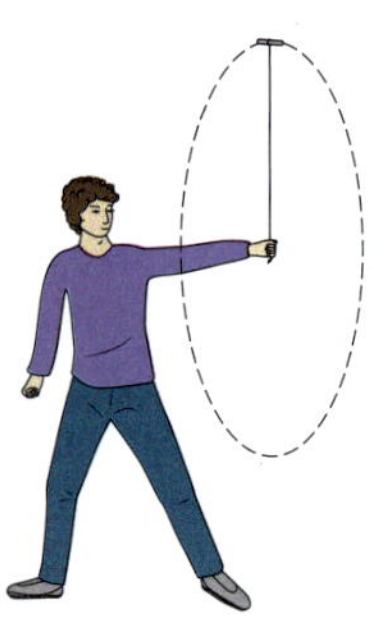

V2 Bahnen im Feld einer Zentralkraft

Material:
Starker Neodymmagnet, Stahlkugel, Tischplatte

Arbeitsauftrag:
a) Befestigen Sie einen starken Neodymmagneten mittig unterhalb einer Tischplatte. Lassen Sie eine Stahlkugel über die Tischplatte rollen. Geben Sie dabei der Kugel so Schwung, dass ungefähr eine elliptische Bahn entsteht, die allerdings langfristig nach innen verläuft.
b) Erklären Sie, warum die Bahn langfristig nach innen verläuft.
c) Geben Sie der Kugel so Schwung, dass die Kugel von außen auf das Kraftzentrum zuläuft und ungefähr eine Hyperbelbahn entsteht.
d) Untersuchen Sie, welchen Einfluss die Anfangsgeschwindigkeit darauf hat, ob die Bahn elliptisch oder hyperbolisch verläuft. Recherchieren Sie zur Fluchtgeschwindigkeit und vergleichen Sie.
e) Starten Sie die Kugel vom Kraftzentrum aus so, dass diese zurückkommt bzw. nicht mehr zurückkommt. Deuten Sie mithilfe des Konzepts der Fluchtgeschwindigkeit.
f) Deuten Sie die Versuchsergebnisse als Modellversuche für die Bahnen im Gravitationsfeld einer felderzeugenden Masse. Beobachten Sie, wo die Kugel besonders schnell ist und vergleichen Sie mit dem zweiten Keplerschen Gesetz.

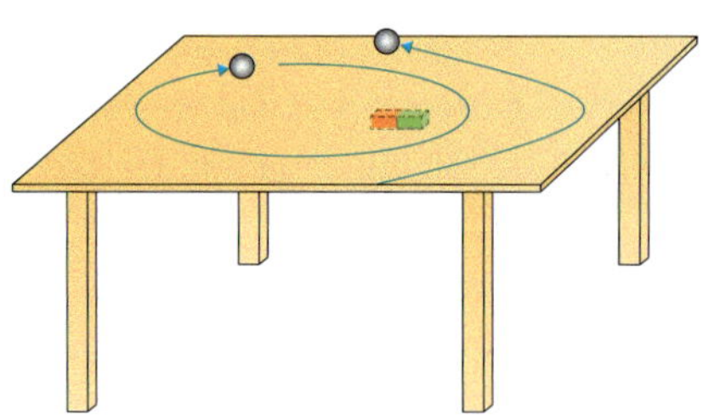

V3 Mittlere und wahre Ortszeit

Um 12 Uhr wahre Ortszeit WOZ steht die Sonne am höchsten, wogegen um 12 Uhr mittlere Ortszeit MOZ der Zeiger einer Uhr 12 anzeigt. Der Zeitunterschied Δt hat zwei Summanden: Die Zeitunterschiede Δt_E durch die Elliptizität der Erdbahn und Δt_N durch die Neigung der Erdachse. Wir ermitteln Δt_E.

Material:
Computer, Tabellenkalkulationsprogramm

Arbeitsauftrag:
a) Stellen Sie in den Spalten A–E die Zeit t in Schritten von $\Delta t = 10^5$ s, den zugehörigen Polarwinkel $\Delta\varphi$, den gesamten Winkel φ von 0 bis 2π nach einem Umlauf und den Abstand $r(\varphi) = \frac{p}{(1+\varepsilon\cos(\varphi))}$ zwischen Erde und Sonne dar. Dabei sind $p = 149\,553\,329$ km, $\varepsilon = 0{,}016708$ und die Ellipsenfläche $A = \frac{p^2}{(1-\varepsilon^2)^{1,5}}$. Nach dem zweiten Keplerschen Gesetz gilt für die Fläche $A(t) = q \cdot t$ mit einer Konstanten q. Berechnen Sie q als Quotienten aus A und der Dauer t_a eines Jahres.
b) Wir stellen die Fläche $\Delta A(t)$ als Dreiecksfläche $\Delta A(t) = r \cdot \frac{\Delta r}{2}$ mit $\Delta r = r \cdot \Delta\varphi$ dar. Leiten Sie damit $\Delta\varphi = 2 \cdot q \cdot \frac{\Delta t}{r^2}$ her und ermitteln Sie hiermit die Werte in den Spalten A–E iterativ.
c) Stellen Sie den mittleren Winkel $\overline{\varphi} = \omega \cdot t$ und $\Delta t_E = 24 \cdot 60\ \text{min} \cdot \frac{(\varphi - \overline{\varphi})}{(2\pi)}$ in den Spalten F und G dar. Erstellen Sie ein $\Delta t_E(t)$-Diagramm und beschreiben sowie erläutern Sie das Diagramm.

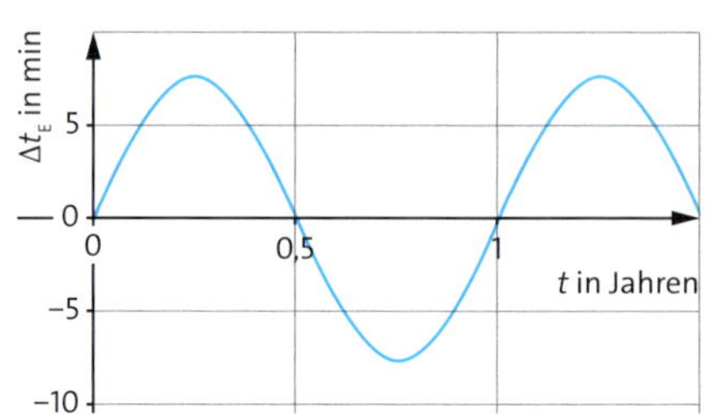

Material A • Beobachtungen zum dritten Keplerschen Gesetz

KEPLER entdeckte 1619 sein drittes Gesetz anhand von Beobachtungsdaten des Astronomen TYCHO BRAHE (1546–1601).

Planet	Halbachse *a* in *a*(Erde)	Umlaufdauer in Tagen
Saturn	9,556	10759,12
Jupiter	5,206	4332,37
Mars	1,5225	686,59
Erde	1	365,25
Venus	0,721	224,42
Merkur	0,392	87,58

A1 a) Recherchieren Sie zu BRAHE und seinen Beobachtungen der Planeten und beschreiben Sie die entsprechenden Daten in der Tabelle.

b) Stellen Sie diese Daten im $T(a)$-Diagramm dar. Begründen Sie, dass eine lineare Regression auszuschließen ist.

c) Stellen Sie lg T abhängig von a dar. Begründen Sie, dass eine exponentielle Regression auszuschließen ist.

d) Stellen Sie lg T abhängig von lg a dar. Zeichnen Sie eine Ausgleichsgerade und formulieren Sie den passenden Funktionsterm.

A2 a) Lösen Sie den Funktionsterm nach der Periodendauer T auf und vergleichen Sie mit dem dritten Keplerschen Gesetz.

b) Fassen Sie zusammen, wie man mit logarithmischen Darstellungen eine passende Regression finden kann.

Material B • Startplätze für Weltraumraketen

Europäische Raketen starten in Französisch-Guayana bei 5° nördlicher Breite.

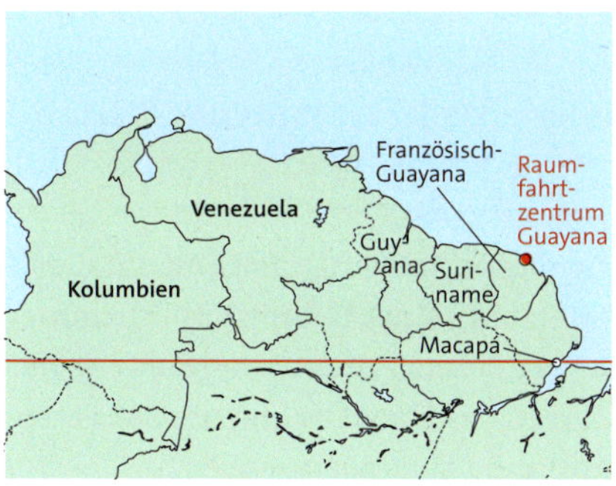

B1 a) Eine Rakete vom Typ Ariane startet dort mit einer Masse von 800 t. Ermitteln Sie die Geschwindigkeit, welche die Rakete aufgrund der Erddrehung dort schon vor dem Start hat.

b) Ermitteln Sie entsprechend die kinetische Energie, welche die Rakete aufgrund der Erdrotation schon vor dem Start hat.

B2 a) Berechnen Sie für einen Start der Rakete in Deutschland bei 50° nördlicher Breite die Geschwindigkeit und die kinetische Energie vor dem Start.

B3 a) Bestimmen Sie die Differenz der kinetischen Energien. Gehen Sie von einem Treibstoff mit 50 kJ Energie je Kilogramm aus. Ermitteln Sie den in Französisch Guayana gesparten Treibstoff. Entwickeln und erörtern Sie Folgerungen über die Nutzlast. Recherchieren Sie den Wert des Transports der Nutzlast.

Material C • Installation eines Satelliten

WALTER HOHMANN hat 1925 einen effizienten Ablauf beschrieben, mit dem man eine Rakete mit kurzer Brenndauer und permanent einsetzbaren Steuerdüsen entsprechend den Keplerschen Gesetzen in einen gewünschten Orbit bringen kann. Die Idee dazu ist in der Abbildung dargestellt.

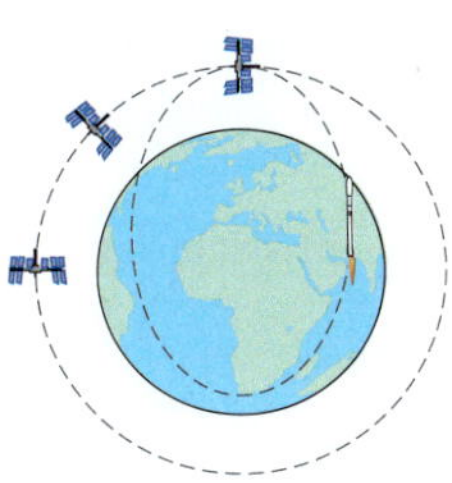

C1 Beschreiben Sie die Abbildung.

a) Deuten Sie die gestrichelten Linien als Keplersche Bahnen. Übertragen Sie dazu die Keplerschen Gesetze von der Masse der Sonne auf die Masse der Erde.

b) Geben Sie an, wo ungefähr die Brennpunkte der Ellipse liegen.

c) Beschreiben Sie den erreichten Orbit.

C2 a) Beschreiben Sie den Ablauf des Fluges.

b) Leiten Sie einen Term zur Berechnung der Bahngeschwindigkeit im erreichten Orbit her.

c) Begründen Sie, dass diese Geschwindigkeit beim Zusammentreffen der beiden Teilorbits auf der Ellipse unterschritten bleibt.

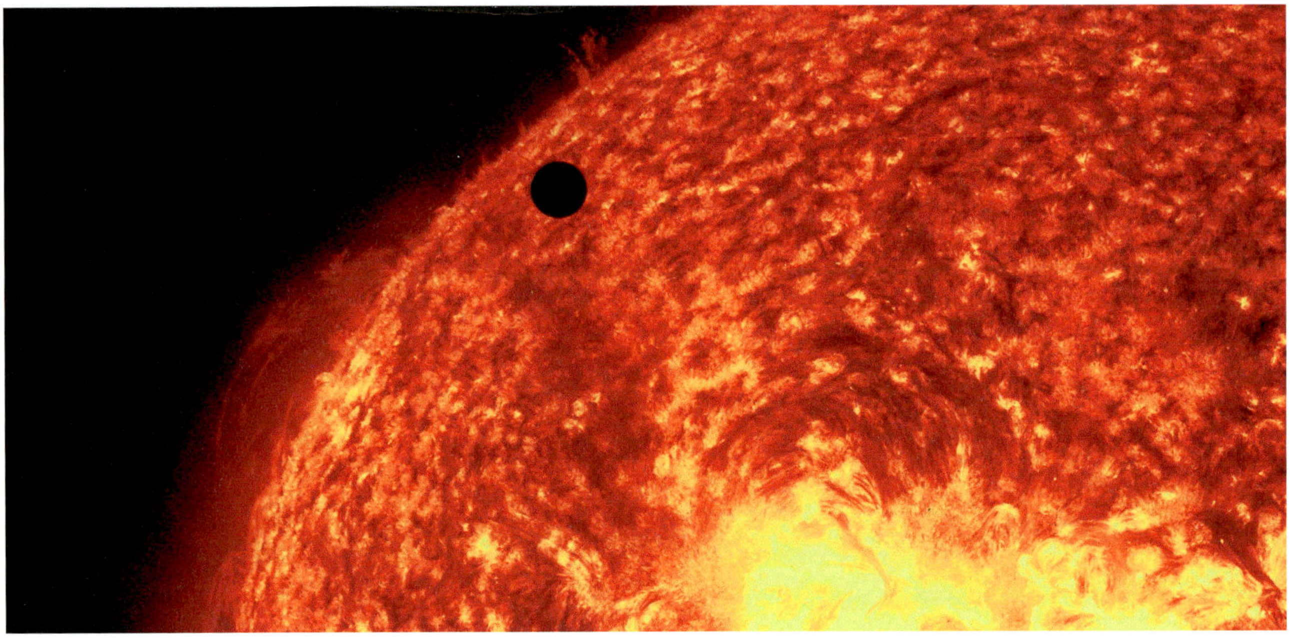

1 Venustransit und Protuberanzen

Das Gravitationsgesetz

Wenn Gase in sogenannten Protuberanzen von der Sonnenoberfläche nach oben schießen, sind sie oft schneller als die Venus beim Transit. Dennoch ist die Gravitationskraft meist stark genug, um die Gase zurückzubewegen, aber zu schwach, um die Venus auf die Sonne fallen zu lassen. Welches Kraftgesetz liegt dem zugrunde?

Kraft auf Planet • Wenn ein Planet mit einer Masse m die Sonne auf einer Umlaufbahn mit einem Radius r umkreist (▸Abb. 1), dann muss folgende Zentripetalkraft wirken:

$$F_z = m \cdot r \cdot \omega^2 = m \cdot r \cdot \frac{4\pi^2}{T^2}.$$

Welche grundlegende Kraft stellt diese benötigte Zentripetalkraft bereit? Die einzige wesentliche Kraft ist hierbei die Gravitationskraft F_G.

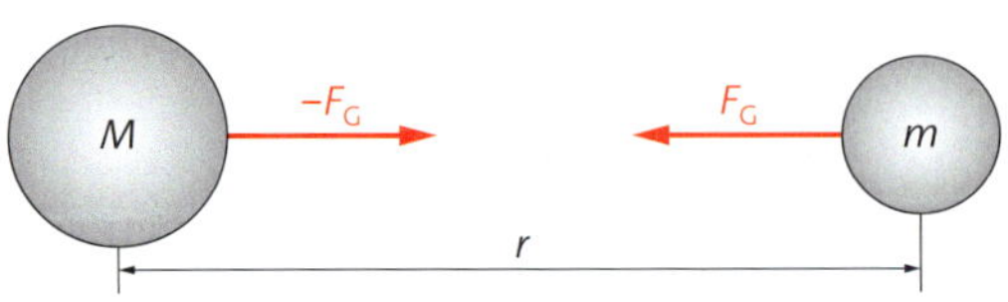

2 Wechselwirkende Gravitationskraft zwischen zwei Massen

Wir setzen diese mit der Zentripetalkraft gleich:

$$F_G = F_z = m \cdot r \cdot \frac{4\pi^2}{T^2}.$$

Unabhängig davon, wie groß die Umlaufdauer T eines Planeten auf seiner Bahn ist, sollte immer das gleiche Kraftgesetz gelten. Daher sollte F_G nur von den Massen des Planeten und der Sonne, sowie vom Abstand r abhängen (▸Abb. 2).

Wir wollen zuerst T durch r ausdrücken. Das erreichen wir mit Keplers drittem Gesetz. Es gilt daher, wegen $T^2 = K \cdot a^3$ mit $a = r$:

$$F_G = m \cdot \frac{4\pi^2}{K} \cdot \frac{1}{r^2}.$$

Massenabhängigkeit • Kepler hat sein drittes Gesetz für die sechs damals bekannten Planeten gezeigt. Allgemeiner sollte es für jede beliebige Masse m gelten, die eine Entfernung r zur Sonne hat.
Also ist die Gravitationskraft F_G sowohl proportional zu $\frac{1}{r^2}$ als auch zu m:

$$F_G \sim \frac{m}{r^2}$$

Wie hängt die Gravitationskraft von der Masse m_S der Sonne ab? Erde wie Sonne bestehen aus Atomen, Elektronen und Atomkernen. Daher sollte die Gravitationskraft F_G ebenso proportional zur Masse m_S wie zur Masse m sein.

Gravitationsgesetz • Wir kombinieren beide Proportionalitäten, indem wir das Produkt bilden:

$$F_G \sim \frac{m_S \cdot m}{r^2}.$$

Die Proportionalitätskonstante heißt **universelle Graviationskonstante** G. Sie wurde von ISAAC NEWTON 1687 im Zusammenhang mit dem Kraftgesetz dargelegt, aber noch nicht experimentell ermittelt. Die erste Messung von G gelang HENRY CAVENDISH 1797. Er konnte die Gravitationskraft F_G messen, die zwischen den beiden großen Kugeln M und den beiden kleinen Kugeln m in ▸Abb. 3 wirkt. Dazu hängte er die beiden kleinen Kugeln an einen drehbar aufgehängten Balken und beobachtete den durch F_G hervorgerufenen Drehwinkel. Man spricht hierbei von einer **Drehwaage**. Die Kugeln in seinem Experiment besaßen die Massen $M = 158\,\text{kg}$ sowie $m = 0{,}73\,\text{kg}$. Für eine Entfernung von $r = 211\,\text{mm}$ stellte Cavendish eine Kraft von $F_G = 0{,}1746\,\mu\text{N}$ fest. Dem entspricht eine Gravitationskonstante von:

$$G = \frac{F_G \cdot r^2}{M \cdot m} \approx 6{,}74 \cdot 10^{-11} \frac{\text{m}^3}{\text{kg} \cdot \text{s}^2}.$$

Der heutige Literaturwert beträgt:

$$G = 6{,}6741 \cdot 10^{-11} \frac{\text{m}^3}{\text{kg} \cdot \text{s}^2}.$$

Zwei Massen m_1 und m_2 in einem Abstand r ziehen einander mit folgender Gravitationskraft an:

$$F_G = G \cdot \frac{m_1 \cdot m_2}{r^2}$$

Dieses Kraftgesetz heißt Newtons Gravitationsgesetz oder universelles Gravitationsgesetz.

Masse der Erde • Cavendish untersuchte mit seinem Versuch primär die Masse m_{Erde} der Erde. Dazu analysierte er die Gravitationskraft, welche die Masse m_{Erde} pro Probemasse m am Erdboden, also beim Erdradius $r_E = 6371\,\text{km}$, ausübt:

$$\frac{F_G}{m} = \frac{G \cdot m_{Erde}}{r_E^2} = g.$$

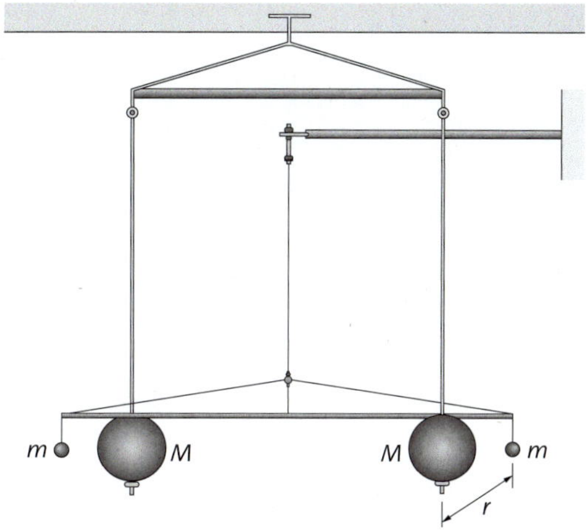

3 Cavendishs Drehwaage

Der Quotient ist offensichtlich gleich dem Ortsfaktor $g = 9{,}81 \frac{\text{N}}{\text{kg}}$. Wir lösen nach m_{Erde} auf:

$$m_{\text{Erde}} = \frac{g \cdot r_E^2}{G} = 5{,}966 \cdot 10^{24}\,\text{kg}.$$

Daraus ermittelte Cavendish die Dichte der Erde:

$$\rho_{\text{Erde}} = \frac{m_{\text{Erde}}}{\frac{4\pi r_E^3}{3}} = 5508 \frac{\text{kg}}{\text{m}^3}.$$

Der Term im Nenner zur Berechnung der Dichte der Erde entspricht dem Volumen einer Kugel mit dem Radius der Erde. Dies ist nur eine sehr gute Näherung, da die Erde keine vollständig regelmäßige Kugel ist.

Er traf die Schlussfolgerung, dass der Erdkern überdurchschnittlich dicht sein muss und vermutlich aus Eisen besteht.

Nach heutigem Kenntnisstand besteht der der innere Erdkern aus Eisen und Nickel, während der äußere noch einen geringen Prozentsatz leichterer Elemente enthält.

1 Ein Gewichtheber hat eine Masse von 100 kg. Berechnen Sie die Kraft, welche die Erde auf ihn ausübt und die Kraft, mit der er die Erde zu sich zieht.

2 Die ISS hat die Masse 420 t. Ein Astronaut hat mit Ausrüstung eine Masse von 100 kg.
a) Berechnen Sie die Gravitationskraft, die den Astronauten zur ISS zieht.
b) Erläutern Sie, warum die ISS nicht auf die Erde stürzt.
c) Erläutern Sie, warum die Venus nicht auf die Sonne fällt.
d) Erläutern Sie, warum die Protuberanzen auf die Sonne zurücksinken.

3 HUYGENS hat die Formel zur Zentripetalkraft entdeckt und 1669 in England veröffentlicht.
a) Erörtern Sie die mögliche Bedeutung dieser Entdeckung für KEPLER, NEWTON und CAVENDISH.
b) Recherchieren Sie, welche Kraft KEPLER für die Planetenbahnen vermutete.

1 Komet Neowise über Norddeutschland

3 Komet 2I/Borisov

Der Parameter p, auch Halbparameter, ist die halbe Länge einer Ellipsensehne durch einen Brennpunkt, die senkrecht auf der Hauptachse steht.

Bahnen • NEWTON entwickelte nicht nur das universelle Gravitationsgesetz, er analysierte auch, welche Bahnen ein Himmelskörper im Gravitationsfeld einer Masse haben kann: Kreise, Ellipsen, Parabeln oder Hyperbeln. Diese Bahnen charakterisieren wir durch eine gemeinsame Gleichung. Ausgehend vom sonnennächsten Punkt, gibt diese den Radius r in Abhängigkeit vom Winkel φ an, den der Himmelskörper bei der Bewegung um die Sonne zurückgelegt hat:

$$r(\varphi) = \frac{p}{(1 + \varepsilon \cdot \cos\varphi)}.$$

Dabei haben wir ε bereits als die **numerische Exzentrizität** kennengelernt. Hier bestätigen wir, dass sie die Abweichung von der Kreisbahn beschreibt, denn für $\varepsilon = 0$ ist der Radius konstant und die Bahn kreisförmig. Die Radien sind offensichtlich proportional zum sogenannten **Parameter** p der Bahn. Für die Bahn der Erde um die Sonne beträgt $p = 1{,}49553 \cdot 10^{11}\,\text{m}$ und $\varepsilon = 0{,}0167$. Somit ist die Bahn fast kreisförmig. Dagegen beträgt beim Kometen Neowise (▸Abb. 1) der Parameter $p = 8{,}22 \cdot 10^{10}\,\text{m}$ und $\varepsilon = 0{,}9992$. Also ist die Ellipse sehr länglich. Entsprechend hat Neowise eine sehr lange Umlaufdauer T von über 5000 Jahren. Newton konnte mit dem Gravitationsgesetz also die durch KEPLERs Gesetze beschriebenen Bahnen physikalisch erklären. Dabei haben wir bisher nur Bahnen mit numerischen Exzentrizitäten $\varepsilon < 1$ betrachtet. Welche Bahnen entstehen bei $\varepsilon \geq 1$?

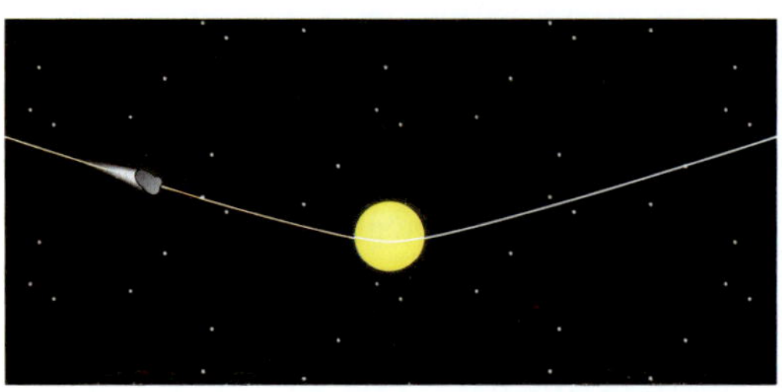

2 Hyperbelbahn des Kometen 2I/Borisov mit $\varepsilon = 3{,}4$

Aperiodischer Komet • Wenn die numerische Exzentrizität eines Kometen größer als 1 ist, dann wird der Nenner bei einem entsprechenden Winkel φ genau null. Das heißt, der Radius r wird bei diesem Winkel unendlich groß. Somit liegt bei diesem Winkel eine Asymptote der Flugbahn. Der Komet bewegt sich entsprechend auf einer **Hyperbelbahn** (▸Abb. 2). Daher kehrt er nie zurück, sondern verlässt das Sonnensystem. Die Bewegung ist deshalb nicht periodisch, sondern **aperiodisch**. Ein Beispiel ist der Komet 2I/Borisov in ▸Abb. 3. Er wurde am 30. August 2019 vom Amateurastronomen GENNADI WLADIMIROWITSCH BORISSOV entdeckt und erreichte auf seiner Hyperbelbahn am 2.10.2019 seine geringste Entfernung zur Sonne: 2 Erdbahnradien.

Wenn die numerische Exzentrizität größer als 1 ist, dann ist die Bewegung aperiodisch und die Flugbahn ist eine Hyperbel.

Bei der numerischen Exzentrizität 1 ist die Bahn eine Parabel. Ein solcher Grenzfall tritt natürlich mit verschwindender Wahrscheinlichkeit auf. Die Bewegung ist ebenfalls aperiodisch.
Ein Himmelskörper hat immer dann eine aperiodische Bewegung, wenn er so schnell ist, dass die Gravitationskraft durch die Sonne zu klein ist, um ihn einzufangen.

4 Kommunikationssatellit über der Erde

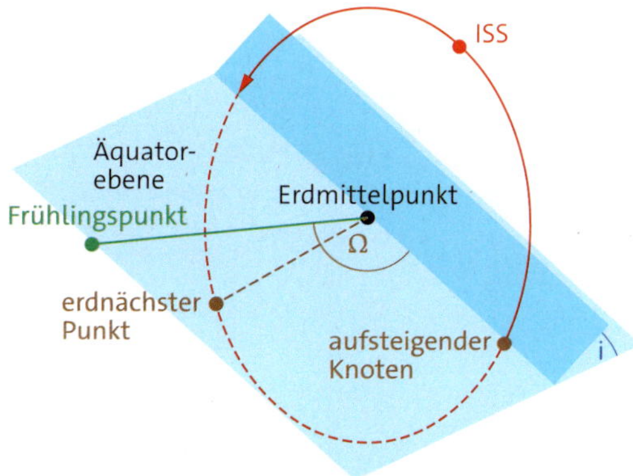

5 Orbit der ISS

Kommunikationssatellit • Der Satellit Astra 2E steht stets über dem Äquator in Afrika. So kann man gut eine Satellitenschüssel auf Astra 2E richten und somit Daten empfangen oder hinauf senden. Warum fällt der Satellit nicht herunter, wenn er immer an der gleichen Stelle steht?

Der Satellit ist von der Erde aus gesehen stationär, das nennt man geostationär. Somit hat er eine Umlaufdauer von 24 Stunden, $T = 24\,\text{h}$. Der Satellit hat eine Masse von $m = 6\,\text{t}$ sowie eine konstante Höhe. Also bewegt er sich auf einer Kreisbahn mit einem Radius r und seine Zentripetalkraft beträgt:

$$F_z = m \cdot r \cdot \omega^2 = m \cdot r \cdot \frac{4\pi^2}{T^2}.$$

Diese Kraft wird durch die Anziehung der Masse m_E der Erde bereitgestellt. Entsprechend wenden wir das Gravitationsgesetz an:

$$F_G = \frac{G \cdot m_E \cdot m}{r^2} = \frac{m \cdot r \cdot 4\pi^2}{T^2}.$$

Wir lösen nach r auf:

$$r = \left(\frac{G \cdot m_E \cdot T^2}{4\pi^2}\right)^{\frac{1}{3}}.$$

Nun setzen wir die Werte ein und berechnen:

$$r = 42\,226\,\text{km}.$$

Die Flughöhe beträgt (nach Subtraktion des Erdradius) somit $h = 35\,855\,\text{km}$.

Missionskontrolle • Im Europäischen Raumflugkontrollzentrum in Darmstadt werden viele Satelliten auf ihren Ellipsenbahnen um die Erde überwacht. Dazu sind sechs Zahlen wichtig, die **Bahnelemente**:

Der **Parameter** p und die **numerische Exzentrizität** ε charakterisieren die Form der Bahn. Beispielsweise fliegt die ISS auf einer Bahn mit $\varepsilon = 0{,}0008835$ und $p = 6\,723{,}837\,\text{km}$.

Jede Ellipse liegt in einer **Bahnebene**. Diese liegt aufgrund des Trägheitsprinzips stabil im Raum. Ihre Lage wird durch zwei weitere Bahnelemente beschrieben: Die ISS hat eine Bahnneigung relativ zur **Äquatorebene** von $i = 51{,}6448°$. Der Bahnpunkt, an dem die ISS von der Süd- zur Nordhalbkugel wandert, heißt **aufsteigender Knoten** (▸Abb. 5). Sein Längengrad am Himmel ist $\Omega = 122$. Die Länge $\Omega = 0$ markiert der **Frühlingspunkt,** die Position der Sonne am Frühlingsanfang.
Als fünftes Bahnelement gibt man den Winkel zwischen dem aufsteigenden Knoten und dem erdnächsten Punkt an. Dies wären 257° bei der ISS. Diese fünf Bahnelemente erhalten als sechstes Element einen **Bezugszeitpunkt.**

1 Geben Sie begründet an, ob die ISS senkrecht über Frankfurt oder über Hamburg zu sehen sein kann.

2 Analysieren Sie den Orbit der ISS.
a) Berechnen Sie minimale, maximale und mittlere Flughöhe.
b) Berechnen Sie näherungsweise die Umlaufdauer der ISS, indem Sie den mittleren Bahnradius als Kreisbahnradius verwenden.
c) Ermitteln Sie zu Teil b) die Geschwindigkeit der ISS.
d) Recherchieren Sie die Lage des aufsteigenden Knotens und der großen Halbachse (▸Abb. 5) der ISS.

Versuch A • Fernkräfte und Abstand

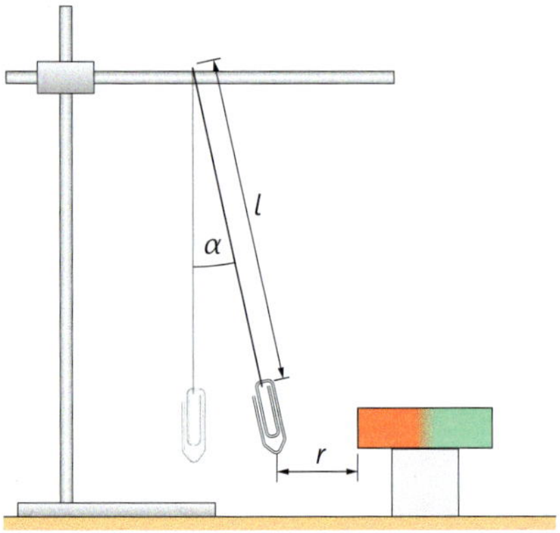

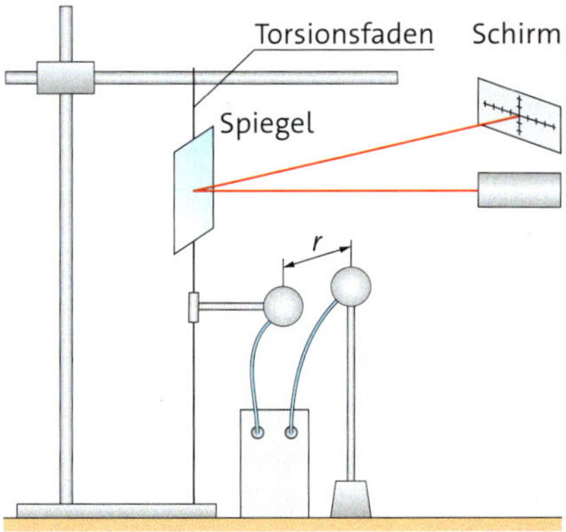

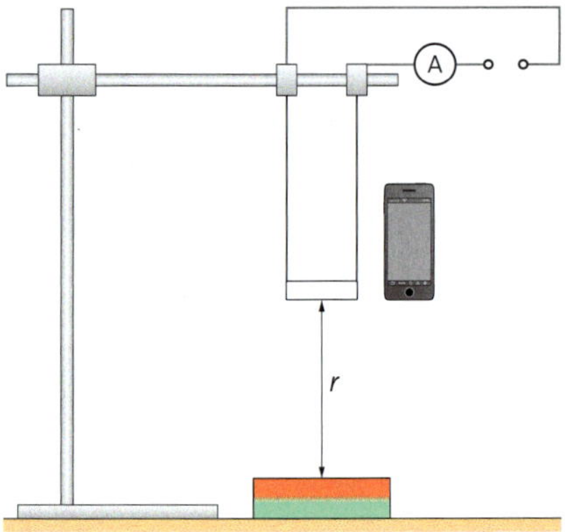

Neben der Gravitationskraft gibt es weitere grundlegende Fernkräfte: elektrische und magnetische Kräfte. Wir ermitteln die für die Fernkräfte wesentlichen Abstandsabhängigkeiten.

V1 Magnetische Kraft

Material:
Stabmagnet, Büroklammer, Faden, Stativ, Lineal

Arbeitsauftrag:
a) Hängen Sie einen Faden mit einer Länge l an eine waagerechte Stativstange. Befestigen Sie daran eine Büroklammer mit einer Masse m. Legen Sie einen Stabmagneten auf eine Box in Höhe der Büroklammer und bringen Sie den Magneten in einen Abstand $r = 1\,\text{cm}$.
b) Messen Sie den Winkel α, um den der Faden ausgelenkt wird.
c) Leiten Sie für die magnetische Kraft F_m den folgenden Term her:

$F_m = m \cdot g \cdot \tan\alpha$.

d) Ermitteln Sie die Kraft F_m, welche der Magnet auf die Büroklammer ausübt.
e) Variieren Sie in einer Versuchsreihe den Abstand r und tragen Sie F_m abhängig von r in einem Diagramm auf.
f) Untersuchen Sie das Kraftgesetz mithilfe einer passenden Regression.
g) Vergleichen Sie mit dem Newtonschen Gravitationsgesetz.

V2 Drehwaage

Material:
Drehwaage, Spannungsquelle, dünnes Lichtbündel, Lineal

Arbeitsauftrag:
a) Bauen Sie die Drehwaage zur Messung der elektrischen Kraft F_{el} wie abgebildet auf, sodass die Strecke r orthogonal zur Halterung ist. Markieren Sie die Reflexion des Lichtbündels an einer Wand.
b) Lenken Sie in einem Vorversuch die Halterung mit einer Kraft F um einen Winkel α aus und ermitteln Sie die Proportionalitätskonstante $D = \frac{F}{\alpha}$.
c) Schließen Sie die beiden Kugeln mit weichen Drähten an eine Spannungsquelle an und schalten Sie eine Spannung von 5000 V bei geringer berührungssicherer Stromstärke ein (Vorsicht!). Messen Sie die Verschiebung des reflektierten Lichtbündels an der Wand und ermitteln Sie daraus den Winkel α, um den sich der Torsionsfaden dreht. Ermitteln Sie die elektrische Kraft.
d) Variieren Sie in einer Versuchsreihe r und erstellen Sie das $F_{el}(r)$-Diagramm. Zeigen Sie, dass $\frac{F_{el}}{r^2} \sim 1$ ist.

V3 Kraft und Magnetfeld

Material:
Leiterschaukel, Netzgerät, Kabel, Amperemeter, breiter Magnet, Lineal, Smartphone

Arbeitsauftrag:
a) Wie ein Elektromagnet, so erfährt auch ein stromdurchflossener Leiter im Feld eines Magneten eine magnetische Kraft F_m. Bauen Sie dazu den Versuch wie abgebildet auf.
b) Hängen Sie die Leiterschaukel in eine Höhe $r = 2\,\text{cm}$ und stellen Sie die Stromstärke auf 1 A. Messen Sie die Winkel α, um den die Schaukel ausgelenkt wird. Ermitteln Sie daraus die magnetische Kraft F_m, welche auf die Leiterschaukel wirkt.
c) Die Stärke des Magnetfeldes wird durch die physikalische Größe B charakterisiert. Installieren Sie auf Ihrem Smartphone eine App zur Aufzeichnung der Stärke des Magnetfeldes und messen Sie diese.
d) Variieren Sie in einer Versuchsreihe die Höhe r und messen Sie F_m sowie B. Zeigen Sie, dass B proportional zu F_m ist.
e) Erstellen Sie ein $F_m(r)$-Diagramm und ermitteln Sie das Kraftgesetz mit einer passenden Regression.

Material A • Bahnen von Himmelskörpern

Bei einem Planeten kann man den minimalen und den maximalen Abstand von der Sonne beobachten. Beispielsweise beträgt beim Merkur $r_{min} = 46\,001\,345$ km und $r_{max} = 69\,817\,326$ km.

A1 **a)** Zeigen Sie, dass für die Exzentrizität gilt: $\varepsilon = \frac{(r_{max} - r_{min})}{(r_{max} + r_{min})}$. Zeigen Sie außerdem, dass der Parameter mithilfe des sonnennächsten Punktes durch $p = r_{min} \cdot (1 + \varepsilon)$ bestimmbar ist. Berechnen Sie p und ε.

b) Für drei Winkel φ wurden der Abstand r von der Sonne und die Koordinaten x und y mit einer Tabellenkalkulation berechnet. Erläutern Sie die Formeln und Zahlen in der Abbildung.

A2 **a)** Um einen Graphen der Bahn zu erzeugen, wird die Tabellenkalkulation für 17 weitere Winkel fortgesetzt. Aus den Koordinaten wird das abgebildete $y(x)$-Diagramm erstellt. Bestätigen Sie das Diagramm durch eine eigene Tabelle.

b) Erstellen Sie ebenso einen Graphen für den erdnahen Asteroiden Apollo mit $r_{min} = 96\,939\,420$ km und $r_{max} = 343\,327\,113$ km.

c) Recherchieren Sie, inwiefern Apollo-Asteroiden auf die Erde stürzen können.

A3 **a)** Erstellen Sie entsprechend einen Graphen für den Kometen Neowise.

b) Erstellen Sie einen Graphen für den Kometen Borisov mit $\varepsilon = 3{,}4$ und $p = 2{,}99 \cdot 10^{11}$ m. Schränken Sie dazu φ so ein, dass stets $|\varepsilon \cdot \cos\varphi| < 1$ erfüllt ist.

A

A	B	C	D	E	F
1					
2	r_min	46001345			
3	r_max	69817326			
4	eps	=(C3-C2)/(C2+C3)			
5	p	=C2*(1+C4)			
6					
7	φ	r	x	y	Δφ
8	0	=p/(1+eps*COS(B8))	=C8*COS(B8)	=C8*SIN(B8)	=0,314
9	=B8+F8	=p/(1+eps*COS(B9))	=C9*COS(B9)	=C9*SIN(B9)	=0,314

B

A	B	C	D	E	F
1					
2	r_min	46001345			
3	r_max	69817326			
4	eps	0,2056316			
5	p	55460676			
6					
7	φ	r	x	y	Δφ
8	0	46001345	46001345	0	0,314
9	0,314	46388193	44120076	14327713	0,314
10					

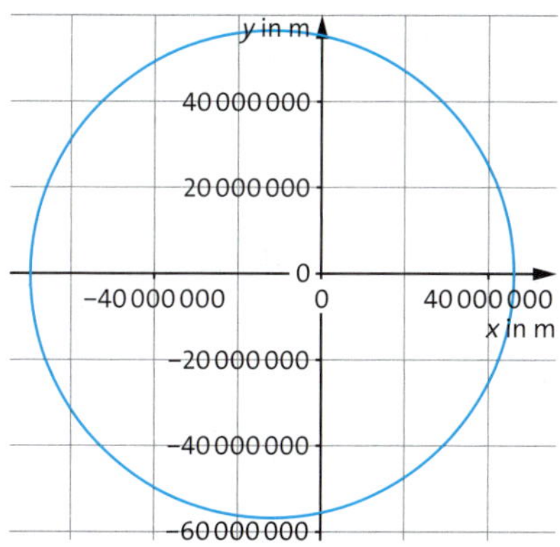

Material B • Bewegung von Himmelskörpern und Raumsonden

Wir wollen zusätzlich zu Material A auch das zeitliche Verhalten darstellen.

B1 **a)** Auf seiner elliptischen Bahn überstreicht der Fahrstrahl in gleichen Zeitintervallen Δt stets die gleiche Fläche ΔA, aber auch einen zeitabhängigen Winkel $\Delta\varphi$. Die Fläche ist ungefähr ein Dreieck. Dabei entspricht die Höhe dem Abstand r zwischen Planet und Sonne und die Grundseite ist gleich der Bogenlänge $r \cdot \Delta\varphi$. Begründen Sie, dass somit gilt: $\Delta A = \frac{1}{2} \cdot r^2 \cdot \Delta\varphi$.

b) Die doppelte Änderungsrate beträgt somit: $2 \cdot \frac{\Delta A}{\Delta t} = r^2 \cdot \frac{\Delta\varphi}{\Delta t}$. Diese konstante doppelte Änderungsrate ist bei jedem Planeten, Kometen und bei jeder Raumsonde mit abgeschaltetem Antrieb gleich der Wurzel aus dem Produkt aus Parameter p, Gravitationskonstante G und Sonnenmasse m: $2 \cdot \frac{\Delta A}{\Delta t} = \sqrt{p \cdot G \cdot m}$. Berechnen Sie diesen Betrag für den Merkur.

B2 **a)** Wählen Sie für die Tabellenkalkulation in Material A das Zeitintervall $\Delta t = 380\,000$ s, leiten Sie die Formel $\Delta\varphi = \sqrt{(p \cdot G \cdot m)} \cdot \frac{2}{r^2}$ her und verwenden Sie diese Winkelzunahmen $\Delta\varphi$ in der Tabellenkalkulation. Stellen Sie die variable Winkelgeschwindigkeit $\frac{\Delta\varphi}{\Delta t}$ abhängig von der Zeit für einen Umlauf dar. Bestätigen und erläutern Sie.

b) Erstellen und deuten Sie ebenso die $\omega(t)$-Diagramme für Neowise, 2I/Borisov, 1862 Apollo und die Raumsonde „Mercury Planetary Orbiter" mit $\varepsilon = 0{,}16$ und $p = 3483$ km. Recherchieren Sie dazu die Aufgaben der Sonde.

c) Recherchieren Sie die Umlaufdauern T der elliptischen Bahnen und bestätigen Sie, dass die Simulationen diese Perioden T ergeben.

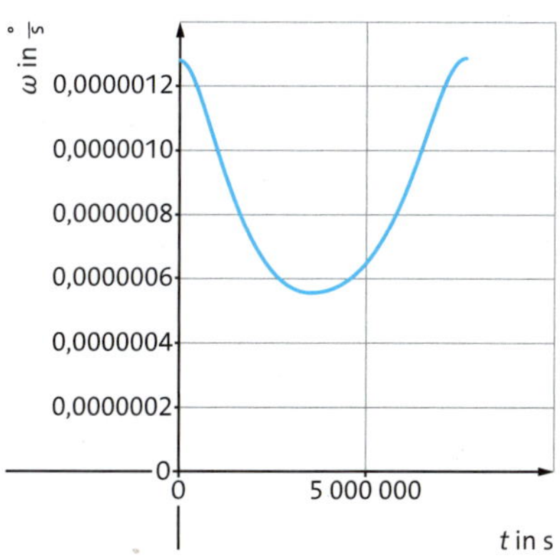

1 Zwei Astronauten an ihrem Arbeitsplatz

Gravitationsfeld und Energie

Zwei Astronauten führen gerade Arbeiten an der ISS in der Umlaufbahn 408 km über dem Erdboden durch. Sie scheinen ruhig neben der Raumstation zu schweben. Wie ist das möglich?

Beim Konzept der Fernkraft bleibt die Frage offen, wie die Wechselwirkung zweier entfernter Körper übertragen wird. Das raumfüllende Gravitationsfeld dagegen bietet hierfür eine Erklärung und kann genau erforscht werden.

Gemeinsame Beschleunigungen • Wir sehen die Astronauten schwebend neben der ISS und erkennen so, dass sie durch die Erde die gleiche Beschleunigung erfahren wie die Raumstation. Warum sind diese Beschleunigungen trotz der stark unterschiedlichen Masse gleich? Die Erde zieht eine Masse *m* entsprechend dem Ortsfaktor *g* mit folgender Gravitationskraft an:

$$F_G = g \cdot m.$$

Nach dem zweiten Newtonschen Gesetz erfährt eine Masse die Beschleunigung

$$a = \frac{F_G}{m} = \frac{g \cdot m}{m} = g.$$

Die beiden Beschleunigungen entsprechen also jeweils dem Ortsfaktor *g*. Da sich die ISS und die Astronauten am gleichen Ort befinden, erfahren sie folglich die gleiche Beschleunigung.

Die gravitative Beschleunigung wird durch den Ortsfaktor bestimmt.

Das Gravitationsfeld • Die Erde erzeugt in ihrer Umgebung ortsspezifische Gravitation, ein sogenanntes Gravitationsfeld. Der Ortsfaktor beschreibt die lokale Stärke dieses Gravitationsfeldes, d. h. die **Gravitationsfeldstärke**. Die Gravitationskraft wird durch dieses raumfüllende **Feld** von der Erde auf eine Masse *m* übertragen.

Analog wird der Magnetismus vom Stabmagneten auf die Kompassnadeln durch ein **Magnetfeld** übertragen. Die Feldlinien beider Felder zeigen jedoch in unterschiedliche Richtungen. So zeigt das Gravitationsfeld der Erde zu dieser hin, wogegen das Magnetfeld geschlossene Feldlinien bildet (▸Abb. 2).

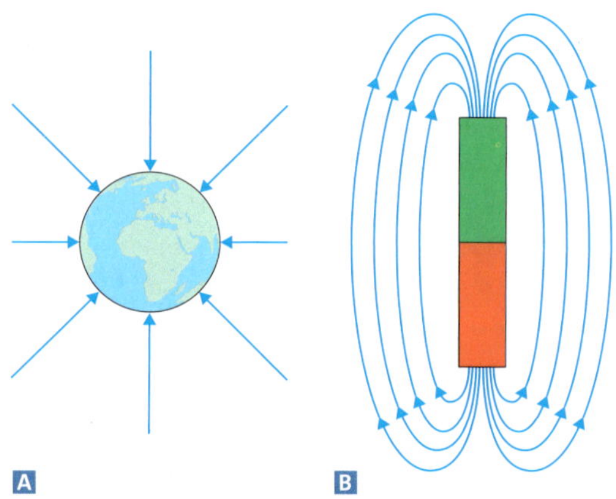

2 Im Vergleich: **A** Gravitationsfeld der Erde, **B** Magnetfeld eines Stabmagneten

3 Flut 1962 in Hamburg

Die Gezeiten • In der Nacht zum 17.2.1962 gab es an der deutschen Nordseeküste eine besonders hohe Flut, die auch in Hamburg zu verheerenden Überschwemmungen führte (▸Abb. 3). Wie kam es dazu? Dazu betrachten wir zunächst die beiden **Flutberge**, welche sich ständig auf der Erde bilden (▸Abb. 4). Die Erde befindet sich im Gravitationsfeld des Mondes. Die Gravitationsfeldstärke nimmt, wie wir wissen, mit dem Quadrat der Entfernung ab. Da die Erde eine gewisse Ausdehnung hat, wirkt daher auf die dem Mond zugewandte Seite (A in ▸Abb. 4) eine größere Mondgravitation als auf den Massenmittelpunkt der Erde (M in ▸Abb. 4). Entsprechend wirkt auf die vom Mond abgewandte Seite der Erde (B in ▸Abb. 4) eine geringere Mondanziehung als auf den Erdmittelpunkt. Die Differenz zwischen der gravitativen Beschleunigung $g_{M,A}$ in A und der Beschleunigung g_M in M wirkt als Gezeitenbeschleunigung, analog auch die Differenz zwischen der in B ($g_{M,B}$) und der in M. Zwar wird durch die Gezeitenkräfte auch der Erdkörper geringfügig verformt, in viel stärkerem Maße jedoch das Wasser der Ozeane. Auf der dem Mond zugewandten Seite wird das Wasser vom Erdmittelpunkt weggezogen, deshalb bildet sich ein Flutberg. Auf der vom Mond abgewandten Seite wird umgekehrt der Erdmittelpunkt (und damit der Ozeanboden) vom Ozean weggezogen, was auch hier in einem Flutberg resultiert.

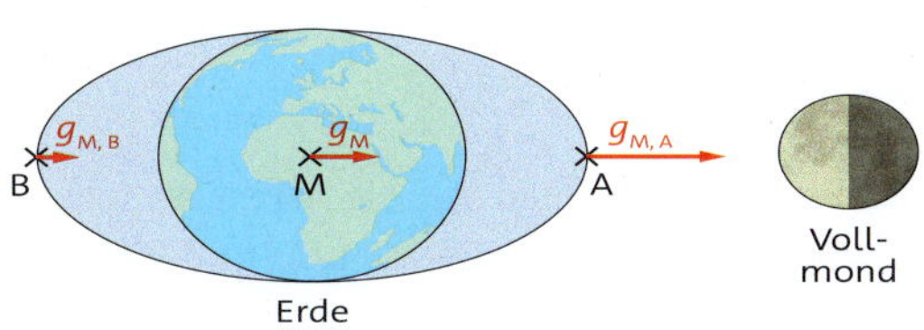

4 Flutberge auf der Erde

Höhe der Flut • Um zu verstehen, wie es zu dieser verheerenden Flut kommen konnte, untersuchen wir zuerst die Höhe des Wassers bezogen auf Normalnull. Die Deiche hatten eine Höhe von $h_D = 5{,}7\,\text{m}$, das mittlere Niedrigwasser lag bei $h_N = -0{,}73\,\text{m}$ und der mittlere Tidenhub durch den Mond bei $h_M = 2{,}44\,\text{m}$. Zusätzlich staute ein Orkan aus Nordwesten das Wasser in der Elbe auf, weshalb eine Zunahme der Wasserhöhe um $h_O = 3{,}05\,\text{m}$ beobachtet wurde. Das maximale Hochwasser wäre somit folgende Summe:

Indices an h und g:
M: Mond
S: Sonne
O: Orkan
N: mittleres Niedrigwasser

$$h = h_N + h_M + h_O = 4{,}76\ \text{m}.$$

Dies liegt allerdings nach wie vor unterhalb der Deichhöhe, also fehlt uns noch ein wichtiger Teil der Erklärung. Wir müssen nämlich zusätzlich die Effekte der Sonne auf die Gezeiten betrachten. In der besagten Nacht war Vollmond, daher lagen Mond, Erde und Sonne auf einer Geraden und durch die Gravitationskraft der Sonne vergrößerte sich einer der Flutberge weiter um die Höhe h_S. Der mittlere Tidenhub $h_M = 2{,}44\,\text{m}$ wird durch die folgende Differenz der beiden Gravitationsfeldstärken erzeugt:

Wenn die Flutberge von Sonne und Mond einander addieren, spricht man von einer **Springflut**. Wenn sie einander aufheben, spricht man von einer **Nippflut.**

$$\Delta g = g_{M,A} - g_M = 0{,}112 \cdot 10^{-5}\,\frac{\text{N}}{\text{kg}}.$$

Analog berechnen wir die Gravitationsfeldstärkendifferenz Δg_S, welche die Sonne mit ihrer Masse $m_S = 2 \cdot 10^{30}\,\text{kg}$ aus ihrer Entfernung von $d_S = 150 \cdot 10^6\,\text{km}$ erzeugt:

Wir erleben den Wechsel von Ebbe und Flut, weil sich die Erde unter den Flutbergen dreht.

$$\Delta g_S = g_{S,A} - g_S = 0{,}0504 \cdot 10^{-5}\,\frac{\text{N}}{\text{kg}}.$$

Diese ist nur in etwa halb so groß, wie die Gravitationsfeldstärkendifferenz des Mondes. Daher ist ihre Gezeitenwirkung auch nur ungefähr halb so groß, woraus sich $h_S = 1{,}22\,\text{m}$ ergibt. Die gesamte Fluthöhe ist also folgende Summe, welche oberhalb der Deichhöhe liegt:

$$h = h_N + h_M + h_O + h_S = 5{,}98\,\text{m}.$$

Dies erklärt die Deicheinbrüche von 1962.

1 Leiten Sie aus dem Newtonschen Gravitationsgesetz einen Term für die Gravitationsfeldstärke her.

2 Berechnen Sie die Gravitationsfeldstärke g_S der Sonne bei der Erde.

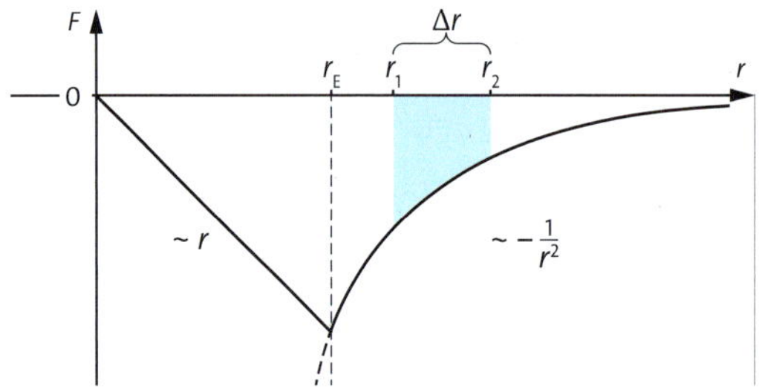

1 Gravitationskraft $F(r)$ mit Fläche als Arbeit

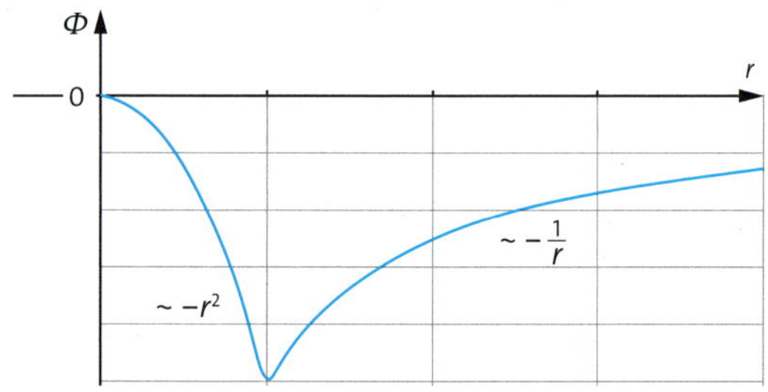

2 Gravitationspotenzial $\Phi(r)$

Arbeit *W* als Fläche • Ein Astronaut muss zur Reparatur eines Satelliten erst einmal an seinen Arbeitsplatz kommen. Dazu muss eine **Arbeit** *W* verrichtet werden. Wie können wir diese berechnen?

In ▸Abb. 1 sehen wir die Gravitationskraft *F* einer Kugel, etwa der Erde, grafisch über den Abstand *r* vom Mittelpunkt aufgetragen. Da die Gravitationskraft zur Erde gerichtet ist, wählen wir ein negatives Vorzeichen. Die Gravitationskraft steigt näherungsweise linear bis zur Erdoberfläche und nimmt danach umgekehrt proportional zum Quadrat des Abstandes vom Erdmittelpunkt ab. Die Berechnung der Gravitationskraft hängt von der Masse eines zweiten Körpers im Gravitationsfeld des ersten ab, z. B. der des Astronauten m_A.

Zur Berechnung der Arbeit *W* können wir die Fläche zwischen dem $F(r)$-Graphen und der *r*-Achse berechnen (▸Abb. 1). Dafür betrachten wir die aufgespannte Fläche für die Abstandsdifferenz $\Delta r = r_2 - r_1$ und erhalten:

$$W = G \cdot M \cdot m_A \cdot \left(\frac{1}{r_2} - \frac{1}{r_1}\right).$$

Anschaulicher ist jedoch eine feldspezifische Größe, die unabhängig von der Masse im Feld ist.

Gravitationspotenzial • Die Arbeit in ▸Abb. 1 hängt ebenfalls noch von der Masse m_A des Astronauten ab. Das können wir ähnlich wie bei der Gravitationsfeldstärke vereinfachen, indem wir die Energie pro Masse $\frac{E_{pot}}{m_A}$ betrachten. Diesen Quotienten nennt man **Gravitationspotenzial**. Das Symbol dafür ist Φ und die Einheit $1\,\frac{J}{kg}$. Ebenso wie die Gravitationsfeldstärke hängt auch das Gravitationspotenzial nur von der felderzeugenden Masse der Erde ab, nicht aber beispielsweise von der Masse des Astronauten.

Durch die übliche Vereinbarung, dass das Potenzial $\Phi(r)$ bei *r* gegen unendlich null wird, erreichen Körper mit negativer Energie $E < 0$ nur Entfernungen $r < \infty$ und sind somit im Potenzial an die felderzeugende Masse *M* **gravitativ gebunden**. Körper mit $E \geq 0$ dagegen sind nicht gebunden und verlassen *M*.

Da die Gravitationsfeldstärke eine vektorielle Größe ist, ist sie unabhängig vom Ausgangspunkt. Dagegen ist für das Potenzial Φ ein Nullpunkt zu vereinbaren. Es ist üblich, diesen Nullpunkt beim Grenzfall unendlicher Distanz *r* zur felderzeugenden Masse zu wählen. Von dort aus gesehen geht es immer abwärts. Daher ist das Potenzial Φ immer negativ (▸Abb. 2). Daraus ergeben sich unter anderem Vorteile bei der Berechnung der verrichteten Arbeit im Gravitationsfeld, man kann den Nullpunkt jedoch frei wählen. Im Vergleich zur grafischen Bestimmung der Arbeit können wir das Potenzial mit einer handlichen Formel berechnen. Eine Masse *m* hat in der Entfernung *r* folgendes Gravitationspotenzial:

$$\Phi = -m \cdot \frac{G}{r}.$$

Das Gravitationspotenzial ist eine feldspezifische Größe, welche die Energie pro Masseneinheit in Abhängigkeit vom Abstand zum **felderzeugenden** Körper angibt.

Energie im Potenzial • Mithilfe des Potenzials können wir direkt berechnen, wie viel **potenzielle Energie** ΔE_{pot} einem Astronauten zugeführt wird, beziehungsweise welche Arbeit er verrichtet, wenn er vom Erdboden bei $r_E = 6378\,\text{km}$ zu seinem Arbeitsplatz auf der ISS im Orbit mit $r_O = r_E + 408\,\text{km}$ fliegt. Wir bestimmen zunächst mithilfe der Erdmasse

$m_E = 5{,}972 \cdot 10^{24}\,\text{kg}$

die Potenzialdifferenz:

$$\Delta\Phi = \Phi(r_O) - \Phi(r_E) = 3{,}757\,\frac{\text{MJ}}{\text{kg}}.$$

Schließlich berechnen wir die Arbeit als folgendes Produkt aus Potenzialdifferenz und Masse:

$$W = \Delta\Phi \cdot m_A = \frac{3{,}757\,\text{MJ}}{\text{kg}} \cdot 100\,\text{kg} = 375{,}7\,\text{MJ}.$$

Fluchtgeschwindigkeit • Im Jahr 1981 wurde in Alaska im Allan-Hills-Eisfeld ein 31,4 g wiegender Stein gefunden. Der Stein entspricht in seiner Zusammensetzung völlig dem Mondgestein, das bei Mondlandungen eingesammelt und zur Erde gebracht wurde. Daher ist eindeutig geklärt, dass der Stein vom Mond stammt. Wie kommt dieser Stein dann nach Alaska?

Man vermutet, dass bei einem Asteroideneinschlag auf dem Mond dieser Stein vom Mond ins Weltall geschleudert wurde und später zufällig auf die Erde gefallen ist. Damit wir uns das genauer vorstellen können, fragen wir uns: Wie schnell muss der Stein dabei an der Mondoberfläche nach oben geschleudert worden sein?

Dazu bestimmen wir das Gravitationspotenzial an der Oberfläche des Mondes. Der Mond besitzt die Masse $m = 7{,}349 \cdot 10^{22}\,\text{kg}$ und hat den Radius $r = 1738\,\text{km}$. Demnach beträgt das Potenzial an der Mondoberfläche:

$$\Phi = \frac{-7{,}349 \cdot 10^{22}\,\text{kg} \cdot G}{1738\,\text{km}} = 2{,}822\,\frac{\text{MJ}}{\text{kg}}.$$

Somit besaß jedes Kilogramm des Steins eine Startenergie von mindestens 2,822 MJ. Entsprechend dem Prinzip der Energieerhaltung lag diese Energie beim Start als Bewegungsenergie vor:

$$E_{\text{kin}} = \frac{1}{2} \cdot 1\,\text{kg} \cdot v^2 \geq 2{,}822\,\text{MJ}.$$

Wir lösen nach der Geschwindigkeit auf und erhalten:

$$v \geq \sqrt{5\,644\,000}\,\frac{\text{m}}{\text{s}} = 2376\,\frac{\text{m}}{\text{s}} = 8553\,\frac{\text{km}}{\text{h}}.$$

3 Voyager 2

Das ist ein Vielfaches der Schallgeschwindigkeit. Man kennt inzwischen über 90 solcher Mondmeteoriten. Jeder von ihnen hatte beim Start an der Mondoberfläche mindestens diese Geschwindigkeit, sonst hätten sie den Mond nicht verlassen können. Man spricht daher von der **Fluchtgeschwindigkeit** v_{F} des Mondes. Generell hat jeder Himmelskörper seine spezifische Fluchtgeschwindigkeit. An unserer Berechnung erkennen wir, dass bei der Fluchtgeschwindigkeit die potenzielle Energie pro Kilogramm oder das Potenzial am Grund r_{Grund} gleich der kinetischen Energie pro Kilogramm ist:

$$\Phi(r_{\text{Grund}}) = \frac{1}{2} \cdot v_{\text{F}}^2.$$

Für die Fluchtgeschwindigkeit folgt somit:

$$v_F = \sqrt{2\,\Phi(r_{\text{Grund}})}.$$

Im Januar 1959 verließ mit Lunik 1 erstmals eine künstliche Raumsonde die Erde. Die entsprechende Fluchtgeschwindigkeit beträgt $v_{\text{F}} = 11\,183\,\frac{\text{m}}{\text{s}}$. Die Sonde ging anschließend in eine Umlaufbahn um die Sonne über.

Die Fluchtgeschwindigkeit kennzeichnet die Mindestgeschwindigkeit, bei der ein Objekt genug kinetische Energie besitzt, um dem Gravitationspotenzial eines Himmelskörpers zu entfliehen.

1 Berechnen Sie die potenzielle Energie des Merkurs an Perihel und Aphel seiner Umlaufbahn. Erklären Sie damit KEPLERs Flächensatz aus einem energetischen Gesichtspunkt.

2 Die Raumsonde Voyager 2 in ▸Abb. 3 verlässt gerade das Sonnensystem. Berechnen Sie die entsprechende Fluchtgeschwindigkeit.

3 **a)** Stellen Sie Erde, Mond und Sonne wie bei einer Springflut auf der Querachse eines Koordinatensystems dar und skizzieren Sie auf der Hochachse das Summenpotenzial der drei Himmelskörper.

b) Skizzieren Sie in diesem Potenzial die Bewegung des Meteoriten und der Sonde Lunik 1.

c) Skizzieren Sie in diesem Potenzial die Gravitationsfeldstärken an typischen Stellen.

Versuch A • Computerexperimente zu Feldern und Potenzialen

V1 Masse beim Zentrum

Material:
Computer, Tabellenkalkulationsprogramm

Arbeitsauftrag:

a) Im Zentrum der Milchstraße wird ein schwarzes Loch vermutet. Um dessen Masse *M* zu bestimmen, betrachten wir den Stern S0-102, der das schwarze Loch SgrA* in $T = 11{,}5$ Jahren umrundet. Bestätigen Sie, dass der mit dem Teleskop beobachtete lange Durchmesser *d* der Bahn einem Sehwinkel von 0,20 Bogensekunden oder $\frac{0{,}20}{3600°}$ entspricht.

b) Das galaktische Zentrum ist 27 000 Lichtjahre entfernt. Ermitteln Sie den Durchmesser *d* in m.

c) Gehen Sie näherungsweise von einer Kreisbahn aus und stellen Sie die Masse *M* des Objekts abhängig vom Bahnradius des Sterns dar.

d) Berechnen Sie diese Masse *M*.

e) Recherchieren Sie, was der Nobelpreisträger REINHARD GENZEL und sein Team über dieses schwarze Loch herausgefunden haben.

V2 Potenzial beim Zentrum

Material:
Computer, Tabellenkalkulationsprogramm

Arbeitsauftrag:

a) Stellen Sie das Gravitationspotenzial des Objekts im Zentrum der Milchstraße (Abbildung links) abhängig vom Abstand *r* dar. Verwenden Sie dabei die Masse aus V1.

b) Ermitteln Sie den Wert des Gravitationspotenzials, bei dem die Fluchtgeschwindigkeit ebenso groß wird wie die Lichtgeschwindigkeit $c = 300\,000\,\frac{\text{km}}{\text{s}}$. Zeichnen Sie diesen Wert als waagerechte Linie im Diagramm aus a) ein.

c) Vergleichen Sie mit dem Bahnradius und beurteilen Sie.

d) Der Radius, bei dem das Licht nicht mehr entkommen kann, heißt Schwarzschild-Radius R_S. Ermitteln Sie diesen für das Objekt.

e) Bestätigen Sie anhand der mittleren Abbildung, dass das schwarze Loch einen Sehwinkel von 20 Mikrobogensekunden hat und vergleichen Sie mit R_S aus Teil d). Begründen Sie, dass das Radioteleskop zu ungenau ist.

V3 Gravitationsfeldstärke beim Zentrum

Material:
Computer, Tabellenkalkulationsprogramm

Arbeitsauftrag:

a) Stellen Sie die Gravitationsfeldstärke abhängig vom Abstand in der Nähe des Zentrums dar. Verwenden Sie dabei die Masse aus V1.

b) Stellen Sie zum Vergleich den Differenzenquotienten $\frac{\Delta\Phi}{\Delta r}$ abhängig von *r* im gleichen Diagramm dar.

c) Vergleichen Sie und erklären Sie die weitgehende Gleichheit.

d) Vergleichen Sie mit der Gravitationsfeldstärke am Erdboden.

e) Leiten Sie die Gleichheit her. *Hinweis*: Sie können den Zusammenhang von Energie und Kraft verwenden.

f) Das Gravitationspotenzial beim Zentrum der Milchstraße ist als Heatmap (d. h. mithilfe einer Farbcodierung) dargestellt. Deuten Sie diese und erstellen Sie eine entsprechende Heatmap für die Gravitationsfeldstärke.

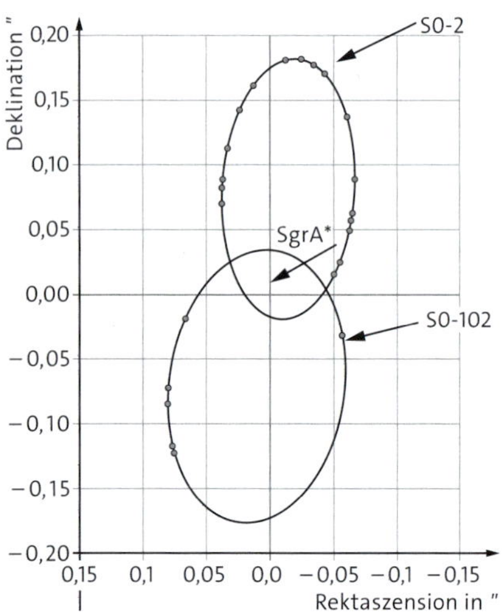

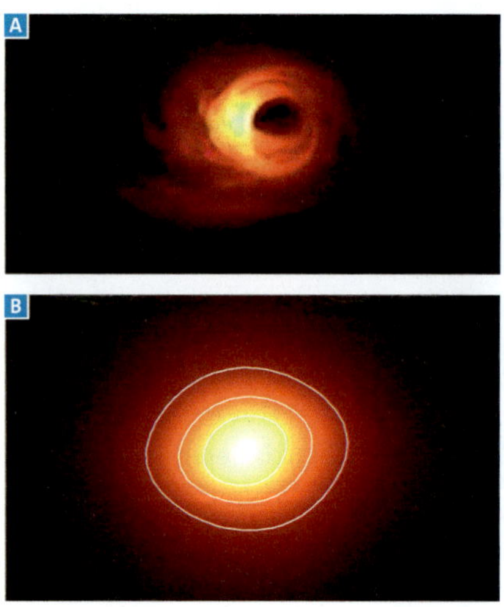

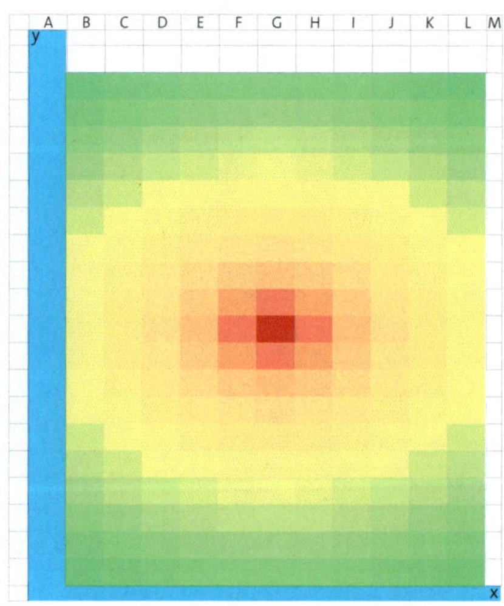

Material A • Korrigiertes Gravitationspotenzial

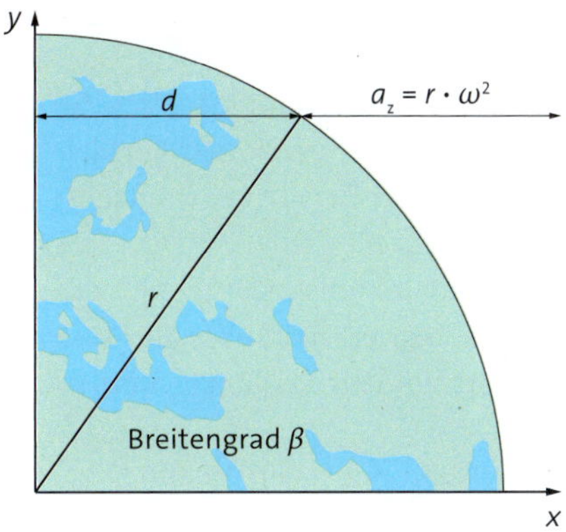

Der europäische Weltraumbahnhof ist das Raumfahrtzentrum in Kourou in Französisch-Guyana. Dort können Raketen energetisch günstig gestartet werden, wenn sie in östlicher Richtung abheben. Begründen Sie das anhand der Abbildung.

A1 a) Erklären Sie, warum zur Analyse des Standorts die Gravitationsfeldstärke besser geeignet ist, als die Gravitationskraft. Erklären Sie, warum man von der Gravitationsfeldstärke folgenden Korrekturterm subtrahiert: $a_z = d \cdot \omega^2$.
b) Der Term $\Phi_z = -\frac{1}{2}d^2 \cdot \omega^2$ wird als Korrektur zum Gravitationspotenzial beim Erdradius r vorgeschlagen. Stellen Sie grafisch den Differenzenquotienten $\frac{\Delta\Phi}{\Delta r}$ sowie a_z in Abhängigkeit von r dar. Begründen Sie damit das korrigierte Potenzial.

A2 a) Für die beim Start benötigte Energie ist das Potenzial wesentlich. Begründen Sie dies.
b) Leiten Sie den folgenden Term her: $\Phi_z = -\frac{1}{2}r^2 \cdot \cos^2\boldsymbol{\beta} \cdot \omega^2$
c) Stellen Sie das korrigierte Potenzial abhängig vom Breitengrad β dar.
d) Ermitteln Sie die Potenziale Φ_z für Kourou und Köln, Cape Canaveral sowie Baikonur und analysieren Sie die Konsequenzen für den Start einer Rakete mit der Masse der Ariane 5ME von 800 t.

Material B • Gravitationsfeldstärke bei Mond und Erde

Beim Mond wurde die Gravitationsfeldstärke aufgezeichnet und nach dem Prinzip der Weltkarte dargestellt (Abbildung links).

B1 a) Erläutern Sie die Einheit Galileo $1\,\text{Gal} = \frac{1\,\text{cm}}{\text{s}^2}$. Ermitteln Sie die mittlere Gravitationsfeldstärke für den Mond aus dessen Masse und Radius.
b) Ermitteln Sie die größten prozentualen Abweichungen der Gravitationsfeldstärke.

B2 a) Vergleichen Sie mit der Karte des Mondes (Abbildung Mitte). Ordnen Sie den Maren Imbrium (1), Serenitatis (2) und Crisium (3) die entsprechenden Anomalien der Feldstärke zu.
b) Ordnen Sie den Kratern Copernicus (4), Aristarch (5) und Kepler (6) passende Gravitationsanomalien zu.
c) Begründen Sie, dass man mit der Gravitationsfeldstärke auch versteckte tief liegende Verdichtungen sichtbar machen und so im Prinzip Erze finden kann.

B3 a) Vergleichen Sie die Gravitationsanomalien der Erde (Abbildung rechts) mit den Schwankungen des Ortsfaktors. Recherchieren Sie zum Thema Referenzellipsoid und erklären Sie damit, dass die Gravitationsanomalien so klein sind.
b) Vergleichen Sie die Gravitationsanomalien der Erde mit denen des Mondes. Nennen Sie Vorgänge, die Gravitationsanomalien auf der Erde verringern, nicht jedoch auf dem Mond.

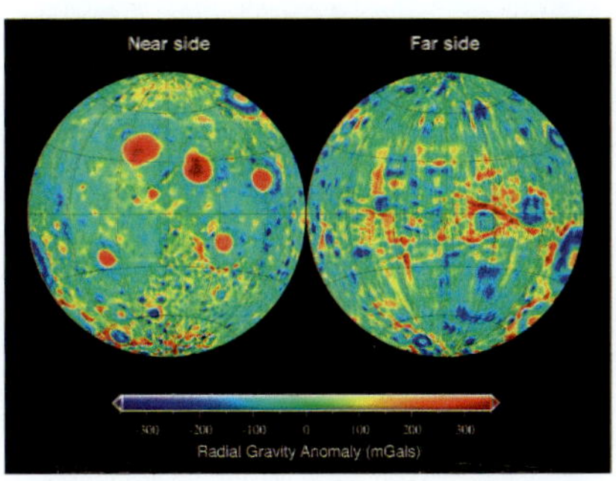

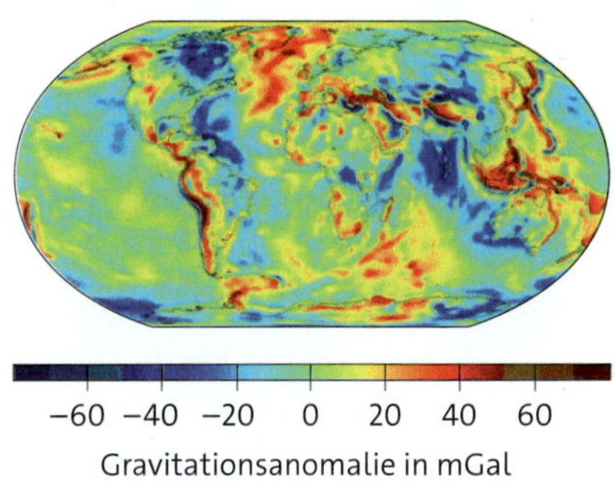

BLICKPUNKT

Der Drehimpuls bleibt erhalten

Alte Muscheln und fliehender Mond • Wenn Weichtiere wie Muscheln wachsen, müssen die Schalen mitwachsen. Dabei entsteht ein Muster aus Wachstumsringen, ähnlich der Jahresringe von Bäumen. Muscheln bilden Wachstumsringe jedoch nicht jährlich, sondern täglich. Dabei wird die Abfolge der Tagesringe überlagert von einer Modulation durch den Wechsel der Jahreszeiten. Man kann also abzählen, wie viele Tagesringe während eines Jahres dazugekommen sind. Muscheln gibt es seit mehr als 500 Millionen Jahren. Überraschenderweise deutet die Untersuchung fossiler Muscheln daraufhin, dass vor 300 Millionen Jahren ein Jahr etwa 400 Tage hatte. Bei gleicher Dauer eines Jahres hatte ein Tag nur gut 20 Stunden.

Ein kürzerer Tag bedeutet aber nichts anderes als eine schnellere Erdrotation.

Eine andere Beobachtung ist die, dass der Mond sich pro Jahr um etwa 3,8 cm von der Erde entfernt. Aber was haben diese beiden Effekte miteinander zu tun?

Drehende Räder fallen nicht um • Zunächst machen wir ein einfaches Experiment. Wir hängen ein Rad drehbar an zwei Fäden auf und versetzen es aufrechtstehend in Drehung. Nun können wir einen der beiden Fäden loslassen, das sich drehende Rad bleibt trotzdem aufrecht stehen (▸Abb. 2B). Erklären können wir dies mit einem Analogon zum Impulserhaltungssatz, den wir für geradlinige Bewegungen kennen. Für eine Drehbewegung gibt es eine analoge Erhaltungsgröße: den Drehimpuls L. Er ist definiert als das Produkt aus dem Impuls p eines Körpers und seinem Abstand r zur Drehachse (▸Abb. 2A): $L = p \cdot r$.

Da der Impuls p auch bei einer Kreisbewegung (betragsmäßig) erhalten ist, gilt dies auch für den Drehimpuls.

Der Drehimpuls ist zudem wie der Impuls ein Vektor. Krümmt man die Finger der rechten Hand in Richtung der Kreisbewegung (▸Abb. 2A), zeigt der nach außen gereckte Daumen die Richtung des Drehimpulses an.

Trägheitsmoment • Nun gibt es für Drehbewegungen ausgedehnter Körper oder für den Fall, dass die Drehachse durch den Körper geht, keinen einheitlichen Abstand für den ganzen Körper. Stattdessen stellt man sich den Körper zusammengesetzt aus vielen Massenpunkten vor und berücksichtigt die Abstände aller Massenpunkte. Dazu benutzt man statt der Masse das Trägheitsmoment. Ein Massenpunkt i der Masse m_i im Abstand r_i von der Drehachse hat das Trägheitsmoment $J = m_i \cdot r_i^2$.

Für einen aus vielen Massenpunkten zusammengesetzten Körper summiert bzw. integriert man über alle Massenpunkte, um das Trägheitsmoment des ganzen Körpers zu berechnen.

Ist der Körper der Masse m klein gegen den Abstand r zur Drehachse, hat er näherungsweise das Trägheitsmoment $J = m \cdot r^2$.

Wegen $L = p \cdot r = m \cdot v \cdot r = m \cdot \omega \cdot r \cdot r = m \cdot \omega \cdot r^2$ gilt: $L = J \cdot \omega$, wobei ω die Winkelgeschwindigkeit ist.

Je mehr Masse eines Körpers sich in größerer Entfernung von der Drehachse befindet, desto größer ist sein Trägheitsmoment. Das führt dazu, dass Körper für verschiedene Drehachsen verschiedene Trägheitsmomente haben können. Dabei stehen die Achsen mit dem größten und dem kleinsten Trägheitsmoment senkrecht aufeinander und bilden zusammen mit einer dritten, senkrecht zu diesen beiden stehenden die Hauptträgheitsachsen.

Ist die Drehachse keine Hauptträgheitsachse oder verläuft sie nicht durch den Schwerpunkt, kommt es zu Unwuchten, wie bei einer schlecht aufgestellten Waschmaschine.

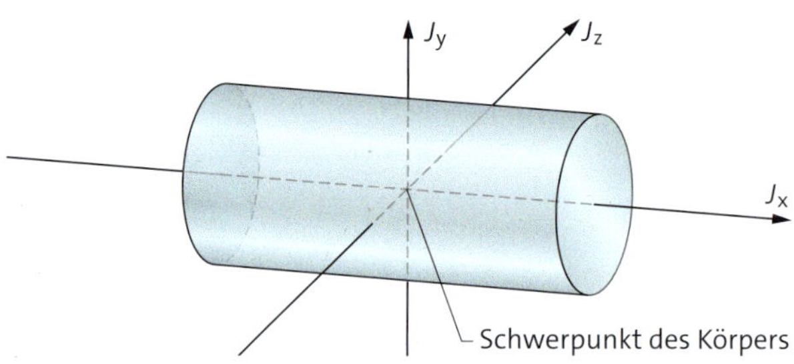

1 Hauptträgheitsachsen eines Vollzylinders

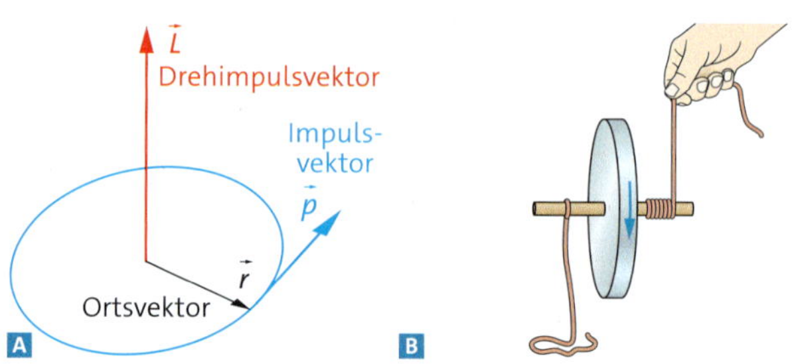

2 Drehimpuls

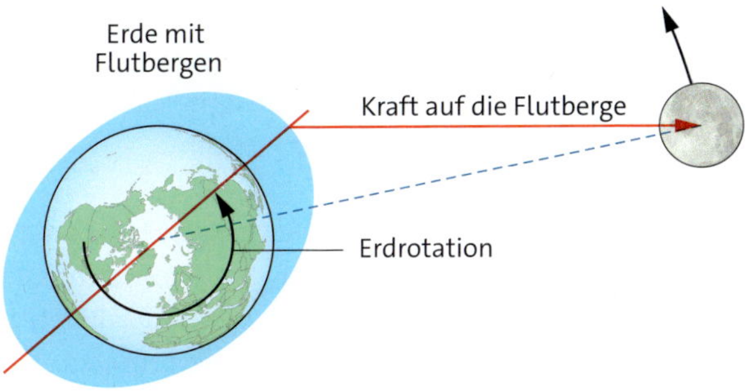

3 Gezeitenreibung

Drehmoment • Wie der Impuls lässt sich auch der Drehimpuls durch eine Kraft ändern. Dabei spielt wieder der Abstand zur Drehachse eine Rolle. Bekannt ist das Spiel ungleich schwerer Kinder auf einer Wippe. Haben beide denselben Abstand vom Drehpunkt, schwebt das Ende mit dem leichteren Kind in der Luft, denn das schwerere Kind drückt mit einer größeren Gewichtskraft. Das leichtere Kind kann dies ausgleichen, indem es weiter in die Mitte rückt und den Abstand zur Drehachse verringert. Deshalb wird die Kraft durch das Drehmoment ersetzt. Die Kraft F ist die zeitliche Ableitung des Impulses p. Entsprechend leiten wir das Drehmoment D als zeitliche Ableitung des Drehimpulses L für den Fall eines starren Körpers her:

$$L = p \cdot r \Longrightarrow \dot{L} = \dot{p} \cdot r \Longrightarrow D = F \cdot r.$$

Wegen der Drehimpulserhaltung kippt das drehende Rad nicht: Bei einer Kippbewegung müsste sich die Richtung des Drehimpulses ändern und dies geschieht nicht von allein. Irgendwann kippt das Rad doch, weil die Reibung zu einer Verringerung der Winkelgeschwindigkeit und damit des Drehimpulses führt. Deshalb beginnt man beim Radfahren umso eher zu wackeln, je langsamer man fährt.

Gezeitenreibung • Reibungskräfte und Drehimpulserhaltung sind auch die Gründe für die Zunahme von Tageslänge und Mondbahnradius. Zunächst ist auch der Drehimpuls der Erddrehung erhalten und der Tag immer gleich lang. Aufgrund der Gezeitenreibung wird der Tag jedoch im Laufe der Zeit länger. Warum ist das so?
Wenn die Erde sich unter den Flutbergen der Ozeane dreht, übt sie Reibungskräfte auf die Wassermassen aus. Man spricht von Gezeitenreibung. Die Flutberge können der Mondbewegung deshalb nur verzögert folgen. Daher liegen sie nicht genau in Richtung Mond, sondern leicht versetzt. Damit ist auch die Kraft des Mondes auf die Flutberge nicht entlang der Verbindungslinie Erde–Mond gerichtet, sondern in einem Winkel dazu. Damit übt der Mond ein Drehmoment auf den Flutberg aus.

Drehimpuls im System Erde–Mond • Das Drehmoment des Mondes auf die Flutberge bewirkt in diesem Fall jedoch keine (zusätzliche) Drehung, sondern schwächt diese ab. Die Drehung der Erde verlangsamt sich. Damit haben wir eine Erklärung für die zunehmende Tageslänge. (Daneben gibt es noch weitere Einflüsse auf die Erdrotation.) Mit abnehmender Winkelgeschwindigkeit nimmt auch der Drehimpuls der Erde ab. Wir wissen aber, dass der Drehimpuls eine Erhaltungsgröße ist. Um das zu verstehen, betrachten wir das gesamte System aus Erde und Mond.

Wenn eine Kugel auf eine zweite, ruhende prallt, überträgt die aufprallende Kugel Impuls an die ruhende. Zu einem analogen Übertrag von Drehimpuls kommt es im System Erde–Mond: Der Mond übernimmt den Drehimpuls, den die Erde verliert. Dies äußert sich allerdings nicht in einer schnelleren Drehung des Mondes um die Erde, sondern in einem zunehmenden Abstand.
Betrachten wir den Mond näherungsweise als punktförmig (was angesichts des im Vergleich zum Bahnradius sehr kleinen Mondradius zulässig ist), erhalten wir für seinen Bahndrehimpuls: $L = J \cdot \omega = m \cdot r^2 \cdot \omega$.
Eine Vergrößerung des Abstandes erhöht also den Bahndrehimpuls des Mondes bei gleichbleibender Winkelgeschwindigkeit.
Der Gesamtdrehimpuls des Erde-Mond-Systems bleibt auf die Weise erhalten.

Eisläufer • Etwas anders begegnet man diesem Effekt bei Pirouetten drehenden Eisläufern. Wenn diese die Arme ausstrecken, haben einige ihrer Massenpunkte einen größeren Abstand zur Drehachse. Da der Eisläufer selbst ein abgeschlossenes System bildet (die Reibung auf dem Eis vernachlässigen wir), muss sein Drehimpuls erhalten bleiben. Damit der größere Abstand also keine Zunahme des Drehimpulses bewirkt, sinkt die Drehgeschwindigkeit des Eisläufers.

METHODE

Fehlerbetrachtung

Wenn man ein physikalisches Experiment macht, erhält man Messwerte, die vom wahren Wert der Größe abweichen. Man muss sich also Gedanken über die Ursachen der Messabweichungen machen, um deren Größe einschätzen zu können. Man unterscheidet systematische und zufällige Messabweichungen.

Systematische Messabweichungen • Führt man eine Messung mehrfach durch, treten systematische Messabweichungen in immer gleicher Weise auf. Betrachten wir als Beispiel eines der einfachsten Messgeräte: Mit einem Lineal soll die Länge L eines knapp 10 cm langen Blattes gemessen werden. Experimentator A nimmt ein Lineal bei Raumtemperatur, B nimmt eines, was in der prallen Sonne gelegen hat. Das Lineal von B hat sich durch die Erwärmung ausgedehnt und misst daher systematisch eine zu kleine Länge (vorausgesetzt, das Lineal kühlt nicht während der Messungen ab). Die beiden Experimentatoren erkennen die Ursache für die Abweichungen zwischen ihren beiden Linealen, erfragen beim Hersteller den Längenausdehnungskoeffizienten des Materials. Sie messen die Temperatur des Lineals in der Sonne und können nun die Längenausdehnung berechnen und die systematische Messabweichung korrigieren.
In diesem Fall könnte man auch die Messwerte des erwärmten Lineals verwerfen und nur die bei Zimmertemperatur verwenden. Meist hat man aber nicht zwei gleiche Messgeräte zur Verfügung.

Zufällige Messabweichungen • Die beiden Experimentatoren haben die Länge des Blattes mehrfach gemessen und folgende Ergebnisse erhalten:

L in mm	96,5	97,5	97,0	97,0	96,5

Die gemessene Länge ist jedes Mal eine leicht andere, sie schwankt zufällig. Dies zeichnet zufällige Messabweichungen aus – sie sind nicht reproduzierbar. Das bedeutet, es ist nicht vorhersagbar oder berechenbar, wie der zufällige Fehler bei der nächsten Messung ausfällt. Im Beispiel kann eine Ursache z. B. sein, dass das Lineal nicht immer genau parallel zur Blattkante lag. Dazu kommt, dass der kleinste Skalenwert auf dem Lineal ein Millimeter ist. Endet die Blattkante zwischen zwei Skalenstrichen, kann man die Länge nur schätzen. Bei Messgeräten mit Skalen nimmt man deshalb an, dass die zufällige Abweichung die Hälfte des kleinsten Skalenwertes beträgt – im Beispiel des Lineals also 0,5 mm.

Mittelwert • Zufällige Messabweichungen lassen sich mit Methoden der Statistik erfassen. Man bestimmt aus den Messdaten den Mittelwert und errechnet den Bereich, in dem die Messwerte um diesen Mittelwert streuen.
Dazu muss man eine Messung mehrfach durchführen, idealerweise mehr als zehnmal. Man bildet aus den n Messwerten x_i denMittelwert $\overline{x}$, indem man alle n Werte addiert und durch die Zahl n der Messungen dividiert:

$$\overline{x} = \frac{x_1 + x_2 + \ldots + x_n}{n} = \frac{\sum_{i=1}^{n} x_i}{n}$$

Das Symbol $\sum_{i=1}^{n} x_i$ bedeutet, die Summe aus allen Werten x_i zu berechnen, wobei i von 1 bis n läuft. Im Beispiel berechnet man also die mittlere Länge:

$$\overline{L} = \frac{96{,}5 + 97{,}5 + 97{,}0 + 97{,}0 + 96{,}5}{n}\ \text{mm} = 96{,}9\ \text{mm}$$

Standardabweichung • Um anzugeben, wie stark die Messwerte um diesen Mittelwert streuen, d. h. wie weit die Messwerte im Mittel vom Mittelwert abweichen, nutzt man die Standardabweichung. Aus dem Mathematikunterricht kennen wir die Standardabweichung als: $\sigma = \sqrt{E\left((x - E(x))^2\right)}$, wobei E für den Erwartungswert steht. Bei Messwerten können wir meist als Erwartungswert den Mittelwert verwenden: $E(x) = \overline{x}$. Da man nur eine begrenzte Anzahl Messungen durchführt, können wir nur einen Schätzwert für die Standardabweichung berechnen, die empirische Standardabweichung σ_{emp}. Man bildet für jeden Messwert das Quadrat der Differenz zwischen Messwert und Mittelwert $(x_i - \overline{x})^2$, summiert über alle Messwerte und dividiert durch n. Wurzelziehen ergibt:

$$\sigma_{\text{emp}} = \sqrt{\frac{1}{n} \sum_{i=1}^{n} (x_i - \overline{x})^2}$$

Im Beispiel erhält man für σ_{emp}:

$$\sqrt{\frac{1}{5} \cdot \left[(96{,}5\ \text{mm} - 96{,}9\ \text{mm})^2 + \ldots + (96{,}5\ \text{mm} - 96{,}9\ \text{mm})^2\right]}$$

$$= \sqrt{\frac{1}{5} \cdot [0{,}16 + 0{,}36 + 0{,}01 + 0{,}01 + 0{,}16]\ \text{mm}^2}$$

$$= 0{,}374 \ldots\ \text{mm} < 0{,}4\ \text{mm}.$$

Standardabweichung des Mittelwertes • Nun müsste man aber immer noch (im Beispiel) fünf einzelne Werte mit der berechneten Standardabweichung angeben. Man möchte stattdessen aber den Mittelwert als bestmögliches Messergebnis verwenden und benötigt deshalb die mittlere Abweichung dieses Mittelwertes. Es lässt sich herleiten, dass für die Standardabweichung σ_E des Erwartungswertes gilt: $\sigma_E = \frac{\sigma}{\sqrt{n}}$. Für empirische Standardabweichungen gilt dieses Gesetz näherungsweise, wobei die Standardabweichung des Mittelwertes meist als mittlerer Fehler $\Delta\overline{x}$ bezeichnet wird:

$$\Delta\overline{x} = \frac{\sigma_{\text{emp}}}{\sqrt{n}}$$

Im Beispiel ergibt sich für die mittlere Abweichung des Mittelwertes: $\Delta\overline{x} = \frac{0{,}374...}{\sqrt{5}} = 0{,}167 ... < 0{,}2$, und für das Ergebnis der Messung: $\overline{l} = (96{,}9 \pm 0{,}2)$ mm.

Beim Runden des Endergebnisses müssen wir zwei Dinge beachten: Zum einen wird im Endergebnis grundsätzlich aufgerundet. Ein Abrunden der Messunsicherheiten würde eine größere Genauigkeit vortäuschen, als vorhanden ist. Zum anderen darf der Mittelwert nicht auf eine kleinere Stelle aufgerundet werden als der mittlere Fehler. Eine Angabe wie $\overline{l} = (96{,}97 \pm 0{,}2)$ mm ist daher nicht sinnvoll, denn der Messwert wäre hier schon mit größerer Genauigkeit angegeben, als tatsächlich vorhanden ist.

Fehlerfortpflanzung • Es kommt vor, dass man einige Größen misst und weitere aus diesen rechnerisch ermittelt. Um für eine solche zusammengesetzte Größe die Abweichung aus denen der gemessenen Größen zu ermitteln, benutzt man die Regeln der Fehlerfortpflanzung:

Größen und Verknüpfung	Fehler
$z = x + y$	$\Delta z = \Delta x + \Delta y$
$z = x - y$	
$z = x \cdot y$	$\frac{\Delta z}{z} = \frac{\Delta x}{x} + \frac{\Delta y}{y}$
$z = \frac{x}{y}$	

Als Beispiel sollen für eine gleichmäßige Bewegung Weg s und Zeit t gemessen werden, um die Geschwindigkeit v aus diesen zu berechnen. Gemessen wurde:
$s = (32{,}0 \pm 0{,}3)$ m und $t = (5{,}0 \pm 0{,}4)$ s.

Als Geschwindigkeit ergibt sich daraus:

$$v = \frac{s}{t} = \frac{32{,}0\ \text{m}}{5{,}0\ \text{s}} = 6{,}4\ \frac{\text{m}}{\text{s}}.$$

Die Abweichung der Geschwindigkeit erhält man mit der passenden Formel aus der Tabelle (nach Aufrunden):

$$\frac{\Delta v}{v} = \frac{\Delta s}{s} + \frac{\Delta t}{t} = \frac{\pm 0{,}3}{32{,}0} + \frac{\pm 0{,}4}{5{,}0} \approx \pm 0{,}09.$$

Der größte positive Fehler ergibt sich mit +0,09, wenn sowohl für Δs wie auch für Δt das positive Vorzeichen gewählt wird, der größte negative Fehler −0,09, wenn für beide jeweils das negative Vorzeichen gewählt wird. Zusammen beträgt der Fehler für v damit ±0,09.
Die ermittelte Geschwindigkeit beträgt somit:
$\overline{v} = (6{,}40 \pm 0{,}09)\ \frac{\text{m}}{\text{s}}$.

Messabweichungen im Diagramm • Im Diagramm berücksichtigt man Messabweichungen durch Fehlerbalken. Im Beispiel der gleichförmigen Bewegung wurde über eine Strecke von 10 m alle 2 m die Zeit gestoppt. Die Messung wurde mehrfach durchgeführt und für die Zeitwerte Mittelwerte sowie die mittlere Abweichung von diesem gebildet. Die mittleren Abweichungen zeichnet man als Fehlerbalken entsprechender Länge an die Messwerte. Haben beide Größen Abweichungen, zeichnet man Fehlerbalken in beide Richtungen.

s in m	2	4	6	8	10
t in s	0,31 ± 0,2	0,63 ± 0,1	0,93 ± 0,4	1,23 ± 0,2	1,57 ± 0,5

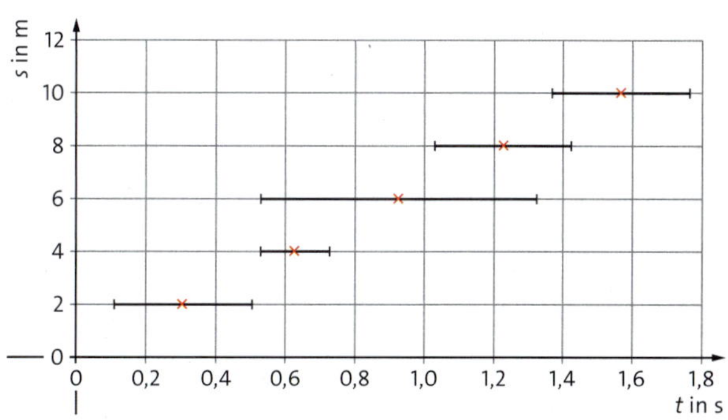

1 Fehlerbalken für die Zeitmessung

Musteraufgabe mit Lösung • Mechanik und Gravitation

Aufgabe • Skispringen

Stefan Kraft erzielte 2017 mit einer Sprungweite von 253,5 m den Weltrekord im Skispringen. Man kann den Sprung als schiefen Wurf oder als Gleitflug modellieren. Die erste Phase ist jeweils der Anlauf. Bei der Schanze betrug die Anlauflänge $a = 134$ m, der typische Neigungswinkel $\gamma = 36°$.

a) Berechnen Sie die Höhe h des Anlaufs. Ermitteln Sie die maximale Absprunggeschwindigkeit v_{max}, die ohne jede Reibung erreicht würde.

b) Die reale Absprunggeschwindigkeit beträgt $v_0 = 28\frac{m}{s}$, beim Absprung hat die Anlaufbahn den Neigungswinkel $\alpha = 11°$. Berechnen Sie die waagerechte und senkrechte Komponente v_{x0} und v_{y0} der Absprunggeschwindigkeit mit richtigen Vorzeichen. Geben Sie den Vektor der Absprunggeschwindigkeit an.

c) Leiten Sie eine Gleichung für die zurückgelegte Flugweite $x(t)$ abhängig von der Flugdauer für den idealen Fall ohne Reibung her.

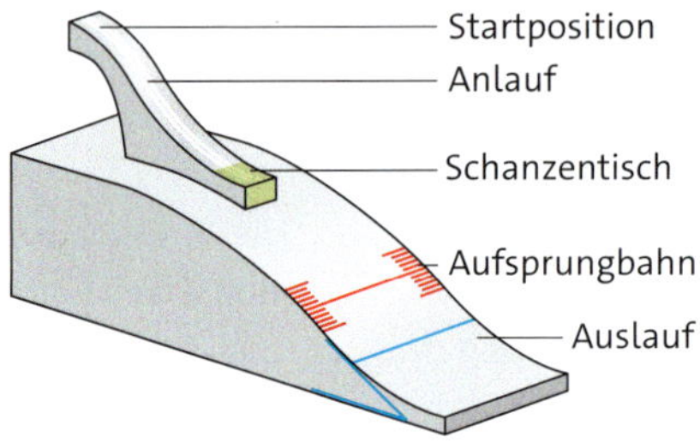

d) Begründen Sie für den Fall eines Wurfs ohne Reibung die Gleichung für die vertikale Flugstrecke abhängig von der Flugdauer t: $y(t) = v_{y0} \cdot t - \frac{g}{2} \cdot t^2$.

e) Der Hang hinter der Absprungkante wird näherungsweise durch die Gleichung $y = -3\text{ m} - 0{,}6 \cdot x$ dargestellt. Zeichnen Sie diesen Hang und die Flugparabel $y(x)$ vom Absprung bis zur Landung. Ermitteln Sie dabei die Flugweite x_L und die Flugdauer t_L bis zur Landung. Vergleichen Sie mit der tatsächlichen Flugweite von 253,5 m.

f) Ermitteln Sie für die Hypothese konstanter Geschwindigkeitskomponente $v_x(t) = v_{x0}$ die zur Flugweite von 253,5 m passende Flugdauer t_L. Realistisch ist $t_L = 8$ s.

Beurteilen Sie die Hypothese $v_x = v_{x0}$, stellen Sie eine Folgerung für v_{xL} im Vergleich zu v_{x0} auf.

g) Die tatsächliche Geschwindigkeit bei der Landung beträgt $v_L = 130\,\frac{km}{h}$. Vergleichen Sie mit v_0. Berechnen Sie daraus die vertikale Komponente der Geschwindigkeit bei der Landung v_{yL} für den Fall, dass die Flugbahn bei der Landung tangential zum Hang mit der Gleichung $y = -3\text{ m} - 0.6 \cdot x$ verläuft.

h) Ermitteln Sie die Beschleunigung a, die bei einer gleichmäßig beschleunigten Bewegung zu diesem Wert v yL führen würde. Erläutern Sie das tatsächliche Flugverhalten anhand der unteren Abbildung.

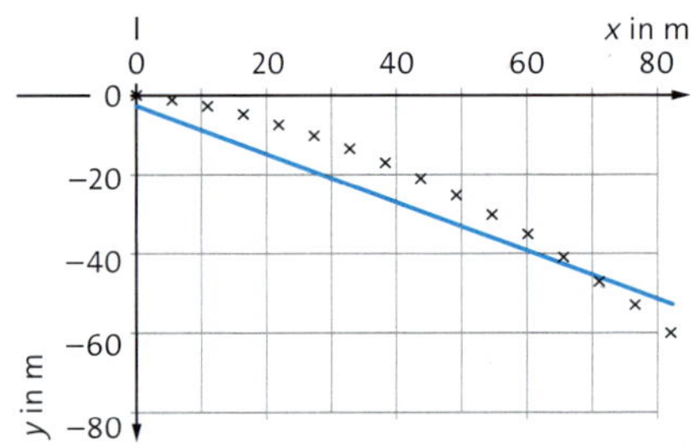

Lösung

a) $h = 134\text{ m} \cdot \sin 36° = 78{,}76$ m;
$\frac{1}{2}m \cdot v^2 = E_{kin} = E_{pot} = m \cdot g \cdot h$
$\Rightarrow v = \sqrt{2g \cdot h} = 39{,}3\frac{m}{s} = v_{max}$

b) $v_{x0} = 28\,\frac{m}{s} \cdot \cos 11° = 27{,}49\frac{m}{s}$
$v_{y0} = -28\frac{m}{s} \cdot \sin 11° = -5{,}34\frac{m}{s}$
$\vec{v}_0 = \begin{pmatrix} 27{,}49 \\ -5{,}34 \end{pmatrix} \frac{m}{s}$

c) Ohne Reibung ist v_x konstant:
Flugweite $x(t) = v_x \cdot t = 27{,}49\frac{m}{s} \cdot t$.

d) Wir überprüfen die Formel für $y(t)$ durch Ableiten von $y(t)$:
$\dot{y} = v_{y0} - g \cdot t$
$\Rightarrow$ Die Gleichung für die Geschwindigkeit $\dot{y} = v_y$ ist richtig.

e) Wir berechnen für die Zeitpunkte $t_0 = 0$ s, $t_1 = 0{,}2$ s, $t_2 = 0{,}4$ s etc. die Komponenten $x(t)$ sowie $y(t)$ und zeichnen die Punkte ins $y(x)$-Diagramm. Auch zeichnen wir die Gerade $y = -3\text{ m} - 0{,}6 \cdot x$ ein.
Schnittpunkte der beiden Graphen: bei $x = 70$ m und $y = -45{,}5$ m.

f) $t = \frac{253{,}5\text{m}}{v_x} = \frac{253{,}5\text{m}}{27{,}49\frac{m}{s}} = 9{,}22$ s

Da Stefan Kraft die Flugweite schneller erreichte, war v_x größer. Die Hypothese $v_{x0} = v_x$ ist falsch.

g) $v_L = 130 \cdot 3{,}6\frac{m}{s} = 36{,}11\frac{m}{s} > v_0$
$v_{yL} = v_L \cdot (-0{,}6) = -21{,}67\frac{m}{s}$

h) $a = \frac{\Delta v_{yL}}{t} = \frac{(21{,}67 - 534)\frac{m}{s}}{8\text{s}} = -2{,}04\frac{m}{s^2}$
Der Springer wirkt wie eine Tragfläche und erzeugt die Auftriebskraft $F = m \cdot 7{,}77\frac{m}{s^2}$.

Übungsaufgaben mit Hinweisen • Mechanik und Gravitation

Aufgabe 1 • Newtons Axiome

a) Nennen Sie Newtons drei Axiome.
b) Bei einer Flutkatastrophe ist Familie Sieling auf dem Dach ihres überfluteten Hauses von Wasser eingeschlossen. Die Rettungskräfte lassen ein Boot ins Wasser und stoßen mit ihren Paddeln das Wasser kräftig nach hinten. Kurz vor dem Haus hören die Retter auf zu paddeln und das Boot fährt von alleine zu den Sielings. Als die Familie an Bord ist, nimmt das Boot relativ langsam Fahrt auf, obwohl alle Retter wieder kräftig paddeln. Da greifen auch die Sielings zu den Paddeln, sodass das Boot eine größere Beschleunigung erreicht. Ordnen Sie den verschiedenen Phasen der Rettung passende Axiome zu und erläutern Sie diese am Beispiel.

Aufgabe 2 • Geostationärer Satellit

Das Europäische Daten-Relais-System EDRS betreibt mehrere Satelliten in je einem geostationären Orbit (GEO).
a) Erläutern Sie Newtons Gravitationsgesetz.
b) Erläutern Sie den Zweck, die Umlaufdauer und die Form eines GEO.
c) Leiten Sie den Radius und die Flughöhe eines GEO her.
d) Der Satellit EDRS-C mit der Masse 3,2 t wurde am 6. 8. 2019 von einer Rakete innerhalb von 29 min ins Perigäum eines geostationären Transferorbits gebracht (GTO). Das ist ein Hohmann-Orbit mit einem Perigäum von typischerweise 600 km Höhe und einem Apogäum von 35858 km Höhe. Vergleichen Sie mit einem GEO. Erläutern Sie das Konzept der Hohmann-Orbits.
e) Ermitteln Sie die große Halbachse des obigen GTOs.
f) Berechnen Sie für den GTO die Umlaufdauer und die Flugdauer, nach welcher der Satellit erstmals die Flughöhe des GEOs erreicht.

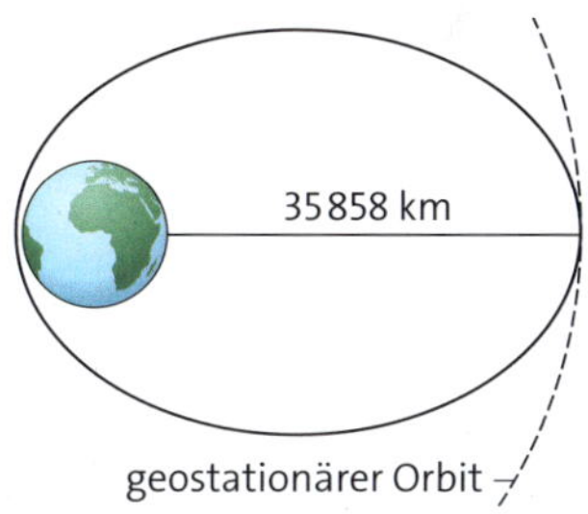

Hinweise

Aufgabe 1

a) Trägheitsprinzip: Ein Körper behält seine gleichförmige Bewegung bei oder bleibt in Ruhe, solange keine Kraft auf ihn ausgeübt wird. Aktionsprinzip: Wird eine Kraft $\vec{F}$ auf einen Körper der Masse m ausgeübt, dann erfährt er eine Beschleunigung $\vec{a}$. Es gilt: $\vec{F} = m \cdot \vec{a}$.
Wechselwirkungsprinzip: Wenn ein Körper A eine Kraft $\vec{F}_{AB}$ auf einen zweiten Körper B ausübt, dann übt gleichzeitig der Körper B eine Gegenkraft $\vec{F}_{BA}$ auf den Körper A aus und es gilt: $\vec{F}_{AB} = \vec{F}_{BA}$
b) Paddeln: Wechselwirkungsprinzip. Indem man eine Kraft nach hinten auf das Wasser ausübt, erfährt man selbst eine Kraft nach vorne. Kurz vor dem Ziel: Trägheitsprinzip. Die vorhandene Geschwindigkeit wird (nahezu) beibehalten.
Rückfahrt: Aktionsprinzip. Größere Masse verringert die Beschleunigung. Größere Kraft (mehr Paddler) vergrößert die Beschleunigung.

Aufgabe 2

a) Masse der Erde: m_E, Masse des Satelliten m_S, Abstand zwischen den beiden Massenschwerpunkten r.
Beide ziehen sich mit $F = \frac{G \cdot m_E \cdot m_S}{r^2}$ an. Die Richtung der Kraft ist parallel zur Verbindungsstrecke.
b) Der Satellit steht immer über der gleichen Stelle der Erdoberfläche, Satellitenschüsseln können konstant ausgerichtet werden. Exzentrizität = 0, Umlaufdauer $T = 24$ h.
c) Zentripetalkraft = Gravitationskraft:
$m_S \cdot \omega^2 \cdot r = \frac{G \cdot m_E \cdot m_S}{r^2}$
$\Rightarrow r = \sqrt[3]{\frac{G \cdot m_E}{\omega^2}} = 42236$ km
Äquatorradius $r_E = 6378$ km
$\Rightarrow$ Höhe $h = 35\,858$ km.
d) Beim Start einer Rakete verbrennt man den meisten Treibstoff so schnell wie möglich, um die Last zu verringern. Also erreicht das Fahrzeug schnell eine Kepler-Ellipse. Man wählt deren Apogäum auf dem geplanten Orbit und beschleunigt dort, sodass man auf dem Orbit bleibt.
e) Gemäß der Abbildung gilt:
$a = \frac{600\,\text{km} + 2r_E + 35858\,\text{km}}{2}$
f) Keplers 3. Gesetz: $\frac{T^2}{a^3} = \frac{T^2_{GEO}}{a^3_{GEO}}$.
$\Rightarrow T = 10$ h 40 min
Der Satellit ist also nach 5 h 49 min erstmals auf seiner Flughöhe.

Übungsaufgaben mit Hinweisen • Mechanik und Gravitation

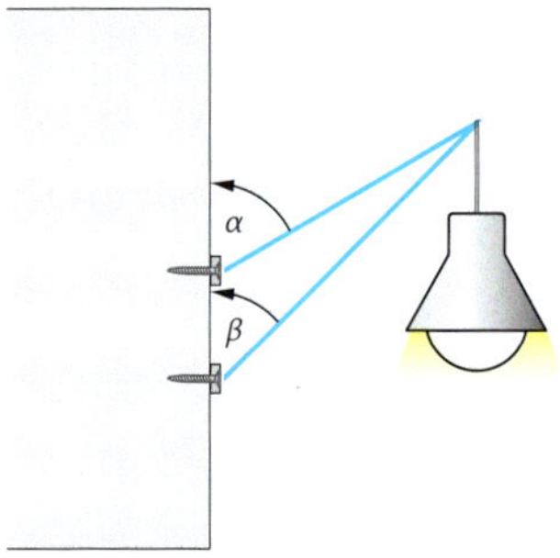

A

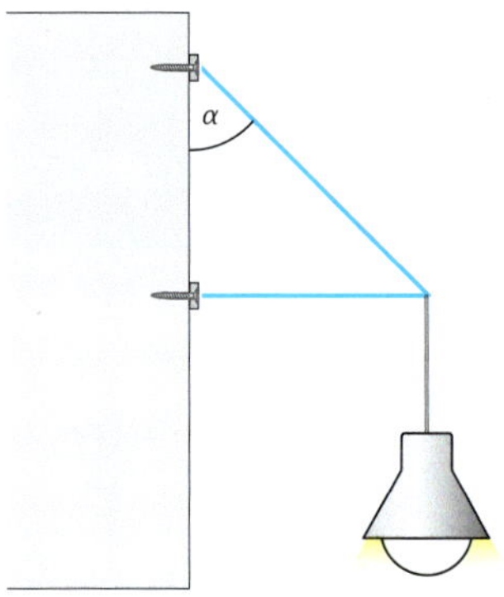

B

Aufgabe 1 • Montage von Lampen

Straßenlaternen der Masse m = 2,0 kg sollen mit zwei verschiedenen Aufhängungen an Wänden befestigt werden. Die Winkel der Konstruktion in Abbildung A betragen α = 60° und β = 45°, der Abstand der Aufhängungen d = 0,50 m. In Abbildung B beträgt der Winkel α = 45°.

a) Bestimmen Sie in a) zeichnerisch die Zugkraft F_Z und die Druckkraft F_D entlang der beiden Streben der Halterung am Aufhängepunkt der Lampe.

b) Bestimmen Sie in ▸Abb. A zeichnerisch die Kräfte auf die untere Schraube senkrecht und parallel zur Wand.

c) Bestimmen Sie in A zeichnerisch die Kräfte auf die obere Schraube senkrecht und parallel zur Wand.

d) Berechnen Sie in B die Zugkraft F_Z und die Druckkraft F_D entlang der beiden Streben der Halterung am Aufhängepunkt der Lampe.

e) Berechnen Sie in B die Kräfte auf die obere Schraube senkrecht ($F_{SO\perp}$) und parallel ($F_{SO\perp}$) zur Wand.

f) Berechnen Sie in B die Kräfte auf die untere Schraube senkrecht ($F_{SU\perp}$) und parallel ($F_{SU\perp}$) zur Wand.

g) Beurteilen Sie, welche Aufhängung hinsichtlich der Stabilität der Konstruktion sinnvoller ist. Überlegen Sie, in welchem Fall die andere Aufhängung sinnvoller sein könnte.

Aufgabe 2 • Feder zum Schießen

Max schießt während des Physikunterrichts mit einer Schraubenfeder aus einem Kugelschreiber eine Kaugummikugel von der Tischoberfläche (h_T = 80 cm) in die Luft. Diese fällt neben dem Tisch zu Boden. Die Physiklehrerin bemerkt dies und möchte, dass er wieder mitarbeitet. Sie stellt ihm daher passende Fragen.

a) Max soll die Federhärte der Schraubenfeder bestimmen. Er hängt dazu ein Wägestück (m_W = 20 g) an die Feder, die dadurch um Ds = 1 cm gedehnt wird. Berechnen Sie die Federhärte D.

b) Berechnen Sie die maximale Flughöhe h_{max} der Kugel (m_K = 2 g) über dem Boden, wenn Max die Feder um Ds = 3 cm zusammendrückt.

c) Berechnen Sie die Aufprallgeschwindigkeit der Kugel auf dem Boden.

Aufgabe 3 • Die Tibet-Bahn

Die Tibet-Bahn von Xining nach Lhasa im Himalaya ist eine technische Meisterleistung. Sie ist 1956 km lang und als höchste Bahnstrecke der Welt führt sie bis in 5072 m Höhe. Dabei überwindet sie Steigungen bis 2 % (das entspricht einem Höhenunterschied von 2 m auf einer horizontalen Strecke von 100 m).

a) Begründen Sie, welche Reibungsart bezüglich der Steigung der begrenzende Faktor ist.

b) Berechnen Sie den minimalen Reibungskoeffizienten, der zwischen Schiene und Rad auftreten darf.

Aufgabe 4 • Gewichtskraft und Gravitation

Die Gleichung für die Gewichtskraft F_g gilt nur in der Nähe der Oberfläche der Erde (r_E = 6378 km, m_E = 5,972 · 10^{24} kg). Zeigen Sie, dass die Formel der Gewichtskraft nur ein Spezialfall der Gravitationskraft ist.

Aufgabe 5 • Weltraumstation am abarischen Punkt

Ein sogenannter abarischer Punkt ist ein Ort, z. B. zwischen Erde und Mond, an dem sich die Gravitationskräfte der beiden Himmelskörper auf ein Objekt der Masse m_A gegenseitig aufheben. Er wird als mögliche Position für eine Weltraumstation diskutiert.

Berechnen Sie den Abstand r_{EA} des abarischen Punktes vom Erdmittelpunkt (Massen Erde m_E = 5,972 · 10^{24} kg, Mond m_M = 7,349 · 10^{22} kg, Abstand Erde-Mond r_{EM} = 3484 · 10^2 km).

Hinweis: Rechnen Sie zunächst mit der Entfernung des abarischen Punktes zum Mond r_{MA} und ersetzen Sie diese Unbekannte erst nach Auflösen der Gleichung.

Hinweise

Aufgabe 1

a) Die Konstruktion der Kräfte erfolgt mittels Kräfteparallelogrammen, siehe Abbildung, Gewichtskraft: F_g

b) siehe a)

c) siehe a)

d) $\sin\alpha = \frac{F_g}{F_Z} \Longleftrightarrow F_Z = \frac{F_g}{\sin\alpha}$

$\Longleftrightarrow F_Z = \frac{m \cdot g}{\sin\alpha}$

$\Longleftrightarrow F_Z = \frac{2{,}0\,kg \cdot 9{,}81\,\frac{m}{s^2}}{\sin 45°} \approx 28\text{ N}$

$\cos\alpha = \frac{F_D}{F_Z} \Longleftrightarrow F_D = \cos\alpha \cdot F_D$

$\Longleftrightarrow F_D = \cos\alpha \cdot \frac{F_g}{\sin\alpha}$

$= \cot\alpha \cdot F_g$

$\Longleftrightarrow F_D = \cos 45° \cdot F_g = F_g$

$\approx 20\,N$

e) $\sin\alpha = \frac{F_{SO\perp}}{F_Z}$

$\Longleftrightarrow F_{SO\perp} = F_Z \cdot \sin\alpha$

$\Longleftrightarrow F_{SO\perp} = \frac{F_g}{\sin\alpha} \cdot \sin\alpha$

$\Longleftrightarrow F_{SO\perp} = F_g$

$\cos\alpha = \frac{F_{SO\perp}}{F_Z}$

$\Longleftrightarrow F_{SO\parallel} = F_Z \cdot \cos\alpha$

$F_{SO\parallel} = \frac{F_g}{\sin\alpha} \cdot \cos\alpha$

$\Longleftrightarrow F_{SO\parallel} = F_g \cdot \frac{\cos\alpha}{\sin\alpha}$

$\Longleftrightarrow F_{SO\parallel} = F_g \cdot \cot\alpha$

$\Longleftrightarrow F_{SO\parallel} = F_g \cdot \cot 45°$

$= F_g \approx 20\,N$

f) $F_{SU\perp} = F_D$

$F_{SU\parallel} = 0$

g) Die Kräfte in Aufhängung A sind deutlich größer als die in Aufhängung B, d. h. es werden deutlich stärkere Streben und Schraubverbindungen benötigt. Aufhängung B ist also deutlich einfacher zu konstruieren bei gleicher Stabilität. Aufhängung A könnte aber sinnvoll sein, wenn sich in der Wand ein Fenster o. ä. befindet, die Lampe aber in einer gewissen Höhe aufgehängt werden soll. Möglich sind natürlich auch ästhetische Gründe.

Aufgabe 2

a) $F_{\text{Spann}} = D \cdot \Delta s \Longleftrightarrow D = \frac{F_{\text{Spann}}}{\Delta s}$

$\Longleftrightarrow D = \frac{m_W \cdot g}{\Delta s}$

$\Longleftrightarrow D = \frac{20 \cdot 10^{-3}\,\text{kg} \cdot 9{,}81\,\frac{\text{m}}{\text{s}^2}}{0{,}5 \cdot 10^{-2}\,\text{m}}$

$\approx 39\,\frac{\text{kg}}{\text{s}^2}$

b) $E_{\text{Spann}} = E_{\text{pot}}$

$\Longleftrightarrow \frac{1}{2} \cdot D \cdot \Delta s^2 = m_K \cdot g \cdot h$

$\Longleftrightarrow h = \frac{1}{2} \cdot \frac{D \cdot \Delta s^2}{m_K \cdot g}$

$h_{\max} = h + h_T$

$\Longleftrightarrow h_{\max} = \frac{1}{2} \cdot \frac{D \cdot \Delta s^2}{m_K \cdot g} + h_T$

$\Longleftrightarrow h_{\max} = \frac{1}{2} \cdot \frac{39\,\frac{\text{kg}}{\text{s}^2} \cdot (3 \cdot 10^{-2}\,\text{m})^2}{2 \cdot 10^{-3}\,\text{kg} \cdot 9{,}81\,\frac{\text{m}}{\text{s}^2}}$

$+ 80 \cdot 10^{-2}\,\text{m}$

$\approx 1{,}7\,\text{m}$

c) $E_{\text{Spann}} = E_{\text{pot}}$

$\Longleftrightarrow \frac{1}{2} \cdot m_K \cdot v^2 = m_K \cdot g \cdot h_{\max}$

$\Longleftrightarrow v = \sqrt{2 \cdot g \cdot h_{\max}}$

$\Longleftrightarrow v = \sqrt{2 \cdot 9{,}81\,\frac{\text{m}}{\text{s}^2} \cdot 1{,}7\,\text{m}}$

$\approx 5{,}8\,\frac{\text{m}}{\text{s}}$

Aufgabe 3

a) Gleitreibungskraft, da die Räder nicht durchdrehen dürfen.

b) $F_{GR} = F_H$

$\Longleftrightarrow F_N \cdot \mu_{GR} = F_g \cdot \sin\alpha$

$\Longleftrightarrow F_g \cdot \cos\alpha \cdot \mu_{GR} = F_g \cdot \sin\alpha$

$\Longleftrightarrow \mu_{GR} = \frac{\sin\alpha}{\cos\alpha} \Longleftrightarrow \mu_{GR} = \tan\alpha$

$\tan\alpha = \frac{h}{b} \Longleftrightarrow \mu_{GR} = \frac{h}{b}$

$\Longleftrightarrow \mu_{GR} = \frac{2\,\text{m}}{100\,\text{m}} = 0{,}02$

Aufgabe 4

a) $F_g = F_G \Longleftrightarrow m \cdot g = G \cdot \frac{m \cdot m_E}{r_E^2}$

$\Longleftrightarrow g = G \cdot \frac{m_E}{r_E^2}$

$\Longleftrightarrow g = 6{,}67430 \cdot 10^{-11} \cdot \frac{\text{m}^3}{\text{kg} \cdot \text{s}^2} \cdot \frac{5{,}972 \cdot 10^{24}\,\text{kg}}{(6378 \cdot 10^3\,\text{m})^2}$

$\approx 9{,}798\,\frac{\text{m}}{\text{s}^2}$

Aufgabe 6

$F_{MA} = F_{EA}$

$\Longleftrightarrow G \cdot \frac{m_A \cdot m_M}{r_{MA}^2} = G \cdot \frac{m_A \cdot m_E}{r_{EA}^2}$

$\Longleftrightarrow \frac{m_M}{r_{MA}^2} = \frac{m_E}{r_{EA}^2}$

$\Longleftrightarrow r_{EA} = r_{MA} \cdot \sqrt{\frac{m_E}{m_M}}$

$\Longleftrightarrow r_{EA} = (r_{EM} - r_{EA}) \cdot \sqrt{\frac{m_E}{m_M}}$

$\Longleftrightarrow r_{EA} = \frac{r_{EM} \cdot \sqrt{\frac{m_E}{m_M}}}{1 + \sqrt{\frac{m_E}{m_M}}}$

$\Longleftrightarrow r_{EA} = \frac{3484 \cdot 10^2\,\text{km} \cdot \sqrt{\frac{5{,}972 \cdot 10^{24}\,\text{kg}}{7{,}349 \cdot 10^{22}\,\text{kg}}}}{1 + \sqrt{\frac{5{,}972 \cdot 10^{24}\,\text{kg}}{7{,}349 \cdot 10^{22}\,\text{kg}}}}$

$\approx 3136 \cdot 10^2\,\text{km}$

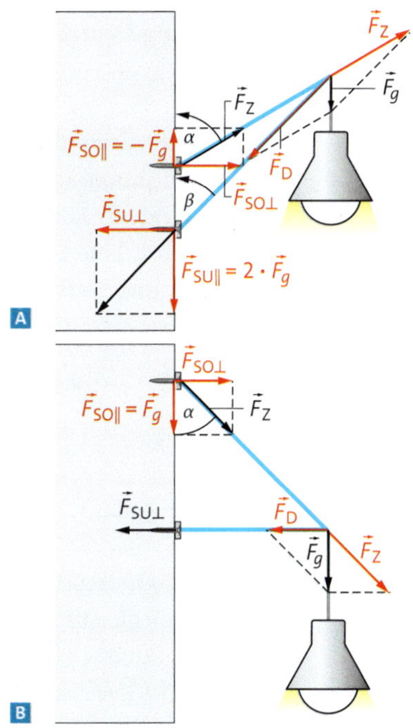

Mechanik

Geschwindigkeit: Die mittlere Geschwindigkeit ist der Quotient aus einer Strecke Δs und dem dafür benötigten Zeitintervall Δt:

$$\overline{v} = \frac{\Delta s}{\Delta t}.$$

Je kleiner Δt ist, desto genauer beschreibt $\overline{v}$ die **momentane** Geschwindigkeit $v(t)$ zu einem Zeitpunkt t. Die momentane Geschwindigkeit ist gegeben durch die Steigung der Tangente, die den $s(t)$-Graphen an der Stelle t berührt.
Bei einer **gleichförmigen Bewegung** ist die Geschwindigkeit konstant (▸Abb. 1). Es gilt:

$$s(t) = s_0 + v \cdot t,$$

s_0 : Ort zum Zeitpunkt $t = 0\,\text{s}$.

Beschleunigung: Die **mittlere** Beschleunigung ist der Quotient aus der Geschwindigkeitsänderung Δv und dem benötigten Zeitintervall Δt:

$$\overline{a} = \frac{\Delta v}{\Delta t}.$$

Die **momentane** Beschleunigung $a(t)$ zu einem Zeitpunkt t ist gegeben durch die Steigung der Tangente, die den $v(t)$-Graphen an der Stelle t berührt. Eine Bewegung mit konstanter Beschleunigung heißt **gleichmäßig beschleunigte Bewegung** (▸Abb. 2). Dafür gilt:

$$v(t) = v_0 + a \cdot t,$$

$$s(t) = s_0 + v_0 \cdot t + \frac{1}{2} a \cdot t^2.$$

v_0 : Anfangsgeschwindigkeit für $t = 0\,\text{s}$

Trägheitsprinzip: Ein Körper behält seine geradlinig gleichförmige Bewegung bei – oder er bleibt in Ruhe –, solange keine Kraft auf ihn ausgeübt wird. Dieses Prinzip bezeichnet man als das 1. Newtonsche Axiom.

Grundgleichung der Mechanik: Wird eine Kraft $\vec{F}$ auf einen Körper der Masse m ausgeübt, erfährt er eine Beschleunigung $\vec{a}$ und es gilt:

$$\vec{F} = m \cdot \vec{a}.$$

Diesen Zusammenhang bezeichnet man als das 2. Newtonsche Axiom.

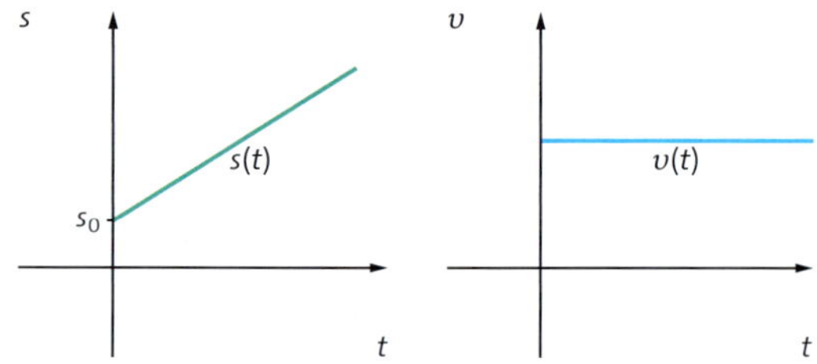

1 $s(t)$- und $v(t)$-Diagramm einer gleichförmigen Bewegung

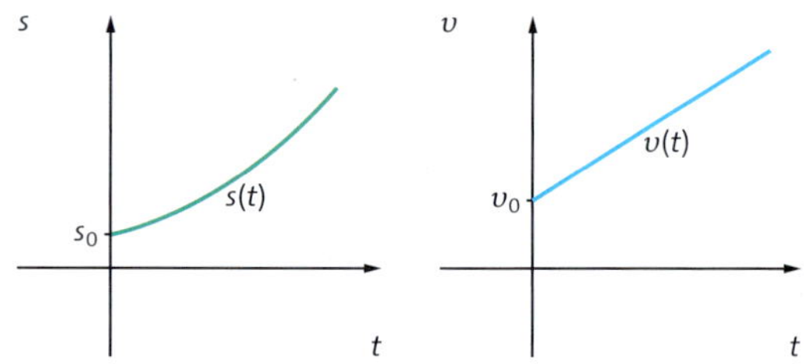

2 $s(t)$- und $v(t)$-Diagramm einer gleichmäßig beschleunigten Bewegung

Wechselwirkungsprinzip: Wenn ein Körper A eine Kraft $\vec{F}_{AB}$ auf einen zweiten Körper B ausübt, dann übt gleichzeitig der Körper B eine Gegenkraft $\vec{F}_{BA}$ auf den Körper A aus.
Dabei gilt: $\vec{F}_{AB} = -\vec{F}_{BA}$.
Diesen Zusammenhang bezeichnet man als das 3. Newtonsche Axiom.

Reibungskräfte: Wenn ein Körper an einem anderen haftet, entlang gleitet oder rollt oder sich durch Luft bewegt, dann treten die folgenden Reibungskräfte auf:
Die **Haftreibungskraft** F_{HR} ist das Produkt aus dem Haftreibungskoeffizienten μ_{HR} und der Normalkraft F_N, kurz: $F_{HR} = \mu_{HR} \cdot F_N$.
Die **Gleitreibungskraft** F_{GR} ist das Produkt aus dem Gleitreibungskoeffizienten μ_{GR} und der Normalkraft F_N, kurz: $F_{GR} = \mu_{GR} \cdot F_N$.
Die **Rollreibungskraft** F_{RR} ist das Produkt aus dem Rollreibungskoeffizienten μ_{RR} und der Normalkraft F_N, kurz: $F_{RR} = \mu_{RR} \cdot F_N$.
Für die **Luftreibungskraft** F_{LR} gilt:

$$F_{LR} = \frac{1}{2} \cdot c_W \cdot \rho \cdot A \cdot v^2.$$

c_W = Widerstandsbeiwert
ρ = Dichte der Luft
A = Querschnittsfläche des Körpers
v = Geschwindigkeit des Körpers
Luftreibung wirkt bspw. zwischen der Luft und einem fallenden Körper.

Der freie Fall ist eine Fallbewegung ohne Luftreibung, d.h. gleichmäßig beschleunigt. Die Fallgeschwindigkeit ist von der Masse unabhängig. Auf der Erde beträgt die Fallbeschleunigung $9{,}8\,\frac{\text{m}}{\text{s}^2}$.

Würfe: Beim **waagerechten Wurf** überlagern sich eine gleichförmige Bewegung in x-Richtung und der freie Fall in y-Richtung. Eine waagerecht geworfene Kugel trifft stets **gleichzeitig** mit einer aus gleicher Höhe frei fallenden Kugel auf dem Boden auf. Die parabelförmige Bahn beim **schiefen Wurf** entsteht durch die Überlagerung einer gleichförmigen Bewegung in Abwurfrichtung und des freien Falls. Bei einer Anfangshöhe von 0 m erreicht man die größte Wurfweite bei einem Abwurfwinkel von 45°.

Kreisbewegungen: Bei einer Kreisbewegung hält die zum Mittelpunkt gerichtete **Zentripetalkraft** den Körper auf der Kreisbahn. Bei einer gleichförmigen Kreisbewegung gilt für die **Bahngeschwindigkeit** v:

$$v = \frac{2\pi \cdot r}{T} = 2\pi \cdot r \cdot f.$$

r = Radius der Kreisbahn

T = Umlaufzeit

f = Frequenz

Die **Winkelgeschwindigkeit** ω gibt an, welches Kreissegment ($\Delta\varphi$) in einer bestimmten Zeit Δt überstrichen wird:

$$\omega = \frac{\Delta\varphi}{\Delta t}.$$

Prinzip der Energieerhaltung: In einem abgeschlossenen, mechanischen System bleibt die Summe der mechanischen Energien erhalten. Die gesamte mechanische Energie E_{Ges} ist also zu jedem Zeitpunkt gleich.

Prinzip der Impulserhaltung: In einem abgeschlossenen System ist der Impuls erhalten.
Der **Impuls** $\vec{p}$ ist das Produkt aus Masse m und Geschwindigkeit $\vec{v}$:

$$\vec{p} = m \cdot \vec{v}.$$

Gravitation

Weltbilder und ihre Begründung: Bis zur Entstehung des heutigen Weltbilds war es ein langer Weg, der über mehrere fundamental verschiedene Erklärungen der bereits seit der Antike durchgeführten astronomischen Beobachtungen führte.

Das geozentrische Weltbild nach PTOLEMÄUS kennzeichnet einen wichtigen Schritt in dieser Entwicklung. Dort steht die Erde im Mittelpunkt (geozentrisch) und wird von kugelförmigen Himmelssphären umrandet, auf denen sich der Erdenmond, die Sonne und die fünf damals bekannten Planeten bewegen. Die beobachtbaren Sterne stellte man sich als ortsfeste Fixsterne auf der äußersten Sphäre vor.

Das heliozentrische Weltbild nach KOPERNIKUS hingegen erklärte die Beobachtungen der Planetenbahnen mittels eines Sonnensystems, indem sich alle Planeten auf kreisförmigen Bahnen um die Sonne im Zentrum (heliozentrisch) herum bewegen. Durch maßgebliche Forschung von GALILEI und KEPLER konnten Erklärungen der astronomischen Beobachtungen und Vorhersagen der Planetenbewegungen im heliozentrischen Weltbild vereint werden. Das Gravitationsgesetz nach NEWTON lieferte erstmalig eine detaillierte Erklärung der von Kepler formulierten Gesetze.

Bis heute ist die mathematische Formulierung der Gravitation noch ein wichtiges Forschungsgebiet in den Bereichen der Quantentheorie und Allgemeinen Relativitätstheorie.

Keplersche Gesetze: Der deutsche Astronom JOHANNES KEPLER erklärte die grundlegenden Beobachtungen der Planetenbahnen mittels dreier fundamentaler Gesetzmäßigkeiten, welche heutzutage als die drei Keplerschen Gesetze bekannt sind.

1. Keplersches Gesetz: Die Planeten unseres Sonnensystems bewegen sich auf elliptischen Umlaufbahnen um die Sonne, wobei sich diese in einem Brennpunkt der Ellipsen befindet.

2. Keplersches Gesetz: Der Fahrstrahl zwischen Sonne und Planet überstreicht in gleichen Zeiten jeweils gleiche Flächen. Dies beschreibt die Dynamik der Umlaufbewegung. Es wird deutlich, dass die Geschwindigkeit des Planeten abhängig vom Abstand des Planeten zur Sonne ist und so am Perihel maximal und am Aphel minimal wird.

3. Keplersches Gesetz: Für das Verhältnis der Umlaufzeiten und Längen der großen Halbachsen zweier Planetenbahnen gilt stets:

   $\left(\frac{T_1}{T_2}\right)^2 = \left(\frac{a_1}{a_2}\right)^3.$

   Daraus lässt sich ableiten, dass das Verhältnis zwischen Umlaufzeit und der Länge der großen Halbachse mit entsprechenden Potenzen für jede elliptische Umlaufbahn konstant ist:

   $\frac{T^2}{a^3} = K.$

   Die Konstante heißt Kepler-Konstante und ihr Literaturwert für unser Sonnensystem beträgt $6{,}672\,59 \cdot 10^{-11}\,\frac{\mathrm{N \cdot m^2}}{\mathrm{kg}}$.

Gravitationsgesetz: Das universelle Gravitationsgesetz erklärt die Wechselwirkung zwischen zwei Massen mittels einer Fernkraft, der sogenannten Gravitationskraft. Befinden sich zwei Massen m_1 und m_2 in einem Abstand r voneinander entfernt, dann ziehen sie einander mit folgender Gravitationskraft an:

$F_\mathrm{G} = G \cdot \frac{m_1 \cdot m_2}{r^2}.$

Dabei bezeichnet G die sogenannte Gravitationskonstante, die erstmals von Cavendish experimentell bestimmt wurde. Ihr Literaturwert beträgt $G = 6{,}6741 \cdot 10^{-11}\,\frac{\mathrm{m^3}}{\mathrm{kg \cdot s^2}}$.

Bahnen: Die Bahnen eines Himmelskörpers im Gravitationsfeld einer Masse lassen sich wie folgt über den Bahnradius parametrisieren:

$r(\varphi) = \frac{p}{(1 + \varepsilon \cdot \cos(\varphi))}.$

Der Winkel φ beträgt dabei am Perihel 0° und am Aphel 180°. Der Bahnparameter p und die numerische Exzentrizität ε sind charakteristische Größen der Bahnen. Beträgt $\varepsilon < 1$, handelt es sich um eine geschlossene Keplerellipse. Für $\varepsilon = 1$ liegt eine offene Parabelbahn vor und für $\varepsilon > 1$ eine offene Hyperbelbahn. Geschlossene Bahnen nennt man periodisch und offene Bahnen aperiodisch.

Gravitationsfeld: Massen erzeugen in ihrer räumlichen Umgebung ortsspezifische Gravitation, sprich sogenannte Gravitationsfelder. Der Ortsfaktor g beschreibt dabei die lokale Stärke des Gravitationsfeldes, die Gravitationsfeldstärke. Im Gegensatz zur Vorstellung der Gravitationskraft als Fernkraft, ist das im Raum erzeugte Feld das Medium der Kraftübertragung.

Gravitationspotenzial: Das Gravitationspotenzial ist eine feldspezifische Größe, welche die Energie pro Masseneinheit in Abhängigkeit vom Abstand zum felderzeugenden Körper angibt. Ein felderzeugender Körper mit Masse M besitzt in der Entfernung r folgendes Gravitationspotenzial:

$\Phi = -\frac{M \cdot G}{r}.$

Die potenzielle Energie eines Körpers mit Masse m beträgt dann

$E_\mathrm{pot} = m \cdot \Phi.$

Somit kann auch die verrichtete Arbeit im Gravitationsfeld direkt über das Gravitationspotenzial berechnet werden:

$W = \Delta\Phi \cdot m.$

Fluchtgeschwindigkeit: Die Fluchtgeschwindigkeit v_F kennzeichnet die Mindestgeschwindigkeit, bei welcher ein Objekt genug kinetische Energie besitzt, um dem Gravitationspotenzial eines Himmelskörpers zu entfliehen. Daraus resultiert eine aperiodische Flugbahn des Objekts. Die Fluchtgeschwindigkeit lässt sich mithilfe des Gravitationspotenzials berechnen:

$v_F = \sqrt{2\Phi(r_\mathrm{Grund})}.$

Überprüfen Sie sich selbst:

Kann ich ...

- die mittlere und die momentane Geschwindigkeit aus einem $s(t)$-Diagramm ermitteln?
- Verfahren zur Berechnung der momentanen Geschwindigkeit anwenden?
- den Begriff der gleichförmigen Bewegung erläutern?
- mittlere und momentane Beschleunigung aus einem $v(t)$-Diagramm ermitteln?
- aus einem v(t)-Diagramm die zu einem Zeitpunkt t zurückgelegte Strecke bestimmen?
- aus einem $a(t)$-Diagramm die zu einem Zeitpunkt t erreichte Geschwindigkeit bestimmen?
- den Zusammenhang zwischen Kraft, Masse und Beschleunigung angeben, erläutern und anwenden?
- das Trägheitsprinzip erläutern und Alltagsphänomene damit erklären?
- die Einflüsse von Reibungskräften erläutern und berechnen?
- erklären, aus welchen Bewegungen sich der waagerechte Wurf zusammensetzt?
- den Unterschied zwischen Fallbewegungen mit und ohne Reibung erklären?
- Wurfweiten und Wurfhöhen beim schiefen Wurf berechnen?
- für eine Kreisbewegung Bahngeschwindigkeit und Winkelgeschwindigkeit berechnen?
- angeben, von welchen Größen die Zentripetalkraft abhängig ist?
- das Energiekontenmodell anwenden?
- die Endgeschwindigkeiten bei elastischen zentralen Stößen mithilfe der Erhaltungssätze der Energie und des Impulses angeben?
- die Entwicklung des Weltbildes unter Nennung geeigneter Fachbegriffe erklären?
- die Kenngrößen von Ellipsenbahnen beschreiben?
- die Keplerschen Gesetze erläutern und rechnerisch auf die Planetenbewegungen anwenden?
- das Gravitationsgesetz erläutern und anwenden?
- die Herleitung und Messung der Gravitationskonstanten beschreiben?
- die Zusammenhänge zwischen den Keplerschen Gesetzen und dem Gravitationsgesetz erklären?
- die unterschiedlichen Flugbahnen von Objekten im Gravitationsfeld einer großen Masse charakterisieren?
- das Gravitationsgesetz mit anderen Kraftgesetzen vergleichen?
- den Begriff des Gravitationsfeldes im Zusammenhang mit der Gravitationskraft erklären?
- mithilfe des Gravitationsfeldes von Sonne, Mond und Erde Gezeitenphänomene erklären?
- Energie und Arbeit im Gravitationsfeld mithilfe des Gravitationspotenzials berechnen?
- die Fluchtgeschwindigkeiten von Körpern im Gravitationsfeld eines Himmelskörpers berechnen?

Thermodynamik

In diesem Kapitel beschäftigen Sie sich mit:

- Gasen. Sie erfahren, wie der Druck von der Teilchenbewegung abhängt, und lernen die allgemeine Zustandsgleichung idealer Gase kennen.
- Hauptsätzen und Kreisprozessen. Sie erfahren, wie Wärmepumpen und Kältemaschinen arbeiten und was sie von Motoren unterscheidet. Sie lernen die Hauptsätze der Thermodynamik kennen.
- der Entropie. Sie lernen eine anschauliche Vorstellung von Entropie kennen und erfahren, wie die Entropie und der zweite Hauptsatz der Thermodynamik zusammenhängen.
- Strahlungsgesetzen. Sie lernen, wie man mithilfe von Strahlungsgesetzen die Temperatur eines Systems im Strahlungsgleichgewicht berechnet.
- dem Treibhauseffekt. Sie lernen den Unterschied zwischen dem natürlichen und dem menschengemachten Treibhauseffekt kennen und welche Bedeutung beide haben.

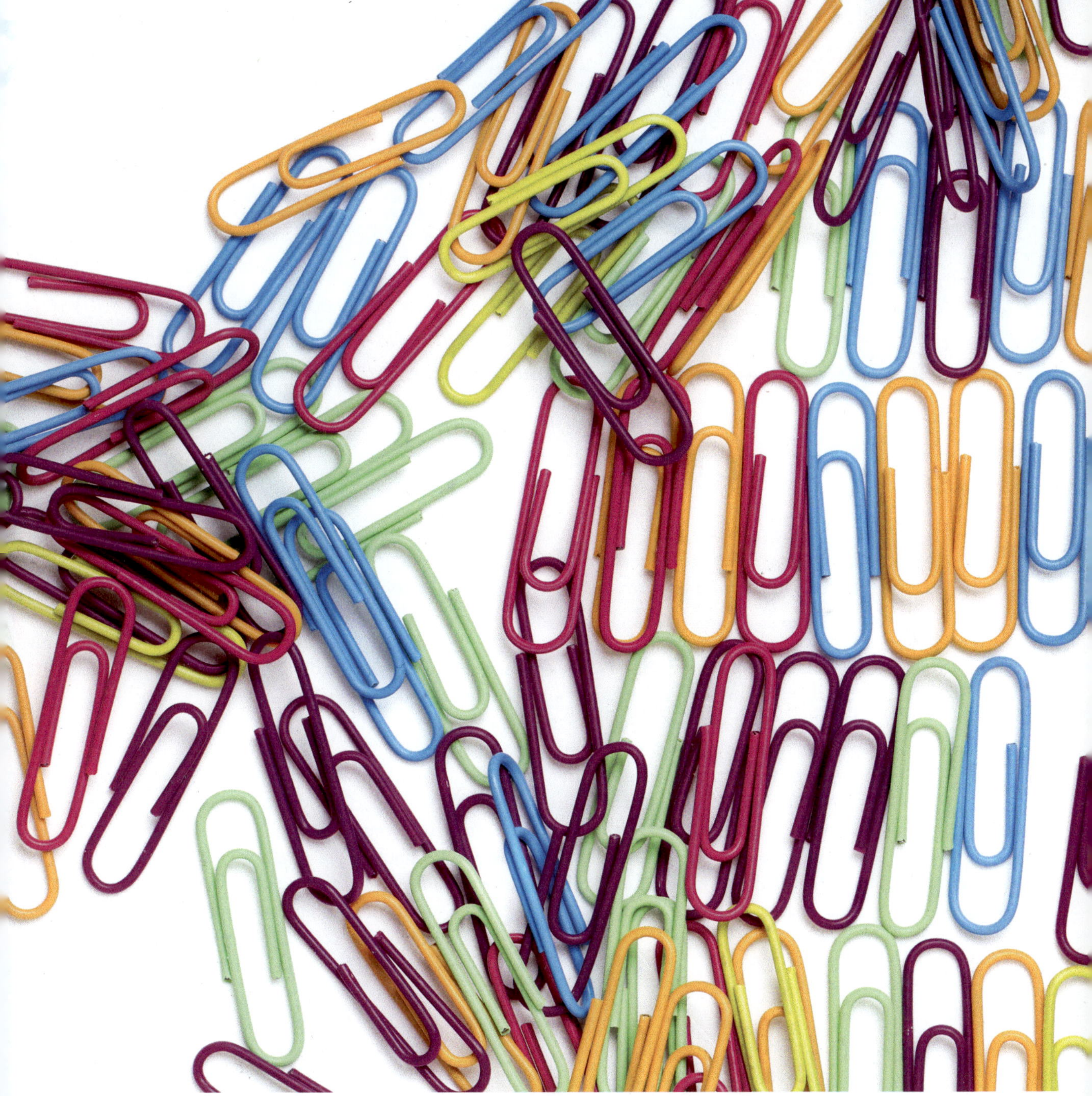

1 Tauchen

Dynamik der Gase

Die Taucher können über eine Stunde tauchen, obwohl ihre Flaschen nur ein Volumen von 10 Litern haben. Wie kann das Volumen ausreichen?

Ein Druck p wirkt in alle Richtungen gleich.

Wirkt ein Druck p auf eine Fläche A, dann wird die Kraft $F = A \cdot p$ auf diese Fläche ausgeübt. Entsprechend leiten wir eine Gleichung für den Druck eines Gases her, indem wir diese Kraft F ermitteln und durch die Fläche A teilen:

$p = \frac{F}{A}$

Druck und Volumen eines Gases • Vermutlich steht die Luft in den Flaschen in ▸Abb. 1 unter Druck. Zur Planung eines Tauchgangs sollte man wissen, wie groß das Volumen V eines Gases bei einem Druck p ist. Dieses Gesetz leiten wir mit einem **Teilchenmodell** her. Wir modellieren ein Gas in einem Würfel, das aus N nicht wechselwirkenden punktförmigen Teilchen besteht. Zur Analyse des Modells benötigen wir die Teilchenmasse m und die Kantenlänge L (▸Abb. 2).

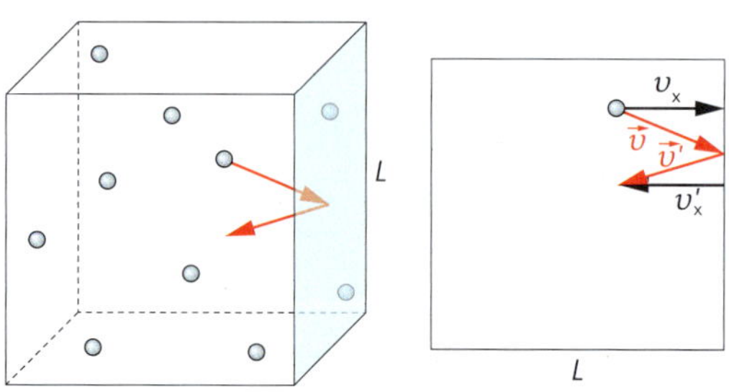

2 Teilchenmodell, **A** Schrägbild, **B** Aufsicht

Der **Gasdruck** auf eine Wand in ▸Abb. 2 entsteht durch **Stöße** der Teilchen gegen diese Wand. Bei einem Stoß kehrt sich die x-Komponente v_x der Geschwindigkeit um, also beträgt die Geschwindigkeitsänderung $\Delta v_x = 2v_x$, die Impulsänderung $\Delta p_x = 2m \cdot v_x$, die Kraft $F = \frac{\Delta p_x}{\Delta t}$ und der **Druck** bei N Teilchen

$$p = N \cdot \frac{F}{A} = N \cdot \frac{F}{L^2}.$$

p ist sowohl für den Druck als auch für den Impuls ein übliches Symbol. Da wir die x-Komponente des Impulses betrachten, bezeichnen hier Δp_x den Impuls und p den Druck.

Zwischen zwei Stößen mit derselben Wand in ▸Abb. 2 legt ein Teilchen eine Strecke in x-Richtung von $\Delta x = 2L$ zurück und benötigt dafür die Zeit $\Delta t = 2 \cdot \frac{L}{v_x}$. Also gilt für den Gasdruck p:

$$p = N \cdot \frac{\Delta p_x}{L^2 \cdot \Delta t} = N \cdot \frac{m \cdot v_x}{\frac{L^3}{v_x}} = N \cdot m \cdot \frac{v_x^2}{L^3}.$$

L^3 ist das Volumen V des Würfels. Ein Teilchen hat eine **mittlere Geschwindigkeit** $\overline{v}$ und somit folgende **mittlere kinetische Energie** $\overline{E}_{kin}$:

$$\overline{E}_{kin} = \frac{1}{2} m \cdot \overline{v}^2 = \frac{1}{2} m \cdot \left(\overline{v}_x^2 + \overline{v}_y^2 + \overline{v}_z^2\right).$$

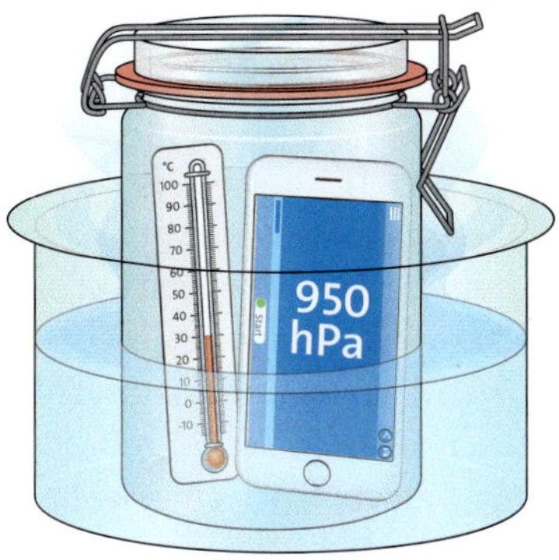

3 Versuch zur Temperaturabhängigkeit von p

Für die Geschwindigkeitskomponente $\overline{v}_x$ gilt somit $\overline{v}_x^2 = \frac{1}{3}\overline{v}^2$. Also ist m $\cdot$ $\overline{v}_x^2$ gleich $\frac{2}{3}\overline{E}_{\text{kin}}$. Daher gilt:

$$p = \frac{2}{3}\overline{E}_{\text{kin}} \cdot \frac{N}{V}.$$

Druck und Temperatur eines Gases • Vermutlich hängt der Druck auch von der Temperatur eines Gases ab. Dazu untersuchen wir das eingeschlossene Gas in ▸Abb. 3. Wir erwärmen das Wasserbad und damit das Glas, lesen die Temperatur am Thermometer ab und rechnen sie in die absolute Temperatur T um. Zugleich messen wir den Druck p mithilfe eines Smartphones mit Drucksensor. Die Messwerte tragen wir im $p(T)$-Diagramm auf und erkennen eine Ursprungsgerade, also ist $p \sim T$. Mithilfe des Teilchenmodells haben wir bereits $p \sim \frac{N}{V}$ hergeleitet. Wir kombinieren beide Proportionalitäten und erhalten $p \sim \frac{N \cdot T}{V}$ oder $p \cdot V \sim N \cdot T$. Der Proportionalitätsfaktor heißt **Boltzmann-Konstante** k_B, somit gilt:

$$p \cdot V = N \cdot k_B \cdot T.$$

Diese Gleichung heißt **Zustandsgleichung** des Gases. Die Größen p, V und T nennt man entsprechend **Zustandsgrößen** des Gases. Wir haben punktförmige Teilchen ohne Wechselwirkung modelliert. Ein solches Gas heißt **ideales Gas**:

Ein ideales Gas besteht aus punktförmigen nicht wechselwirkenden Teilchen. Im idealen Gas mit den Zustandsgrößen p, V und T gilt das ideale oder universelle Gasgesetz: $p \cdot V = N \cdot k_B \cdot T$.

Boltzmann-Konstante • Wir ermitteln die Boltzmann-Konstante aus den Daten des Versuchs in ▸Abb. 3.
Das Volumen beträgt 0,5 Liter = $5 \cdot 10^{-4}\,\text{m}^3$. Luft hat eine Dichte von $1{,}3\,\frac{\text{kg}}{\text{m}^3}$, somit hat das Gas die Masse $m = 0{,}65$ g. Luft besteht aus 78 % Stickstoff und 22 % Sauerstoff mit den Massen $m_{N2} = 28$ u, $m_{O2} = 32$ u und $\overline{m} = 4{,}8 \cdot 10^{-26}$ kg. Die Anzahl N der Teilchen im Glas beträgt somit $N = \frac{m}{\overline{m}} = 1{,}35 \cdot 10^{22}$. Bei $T = 290$ K haben wir den Druck $p = 1025$ hPa gemessen.
Somit erhalten wir für die Boltzmann-Konstante den Wert:

$$k_B = \frac{p \cdot V}{N \cdot T} = \frac{1025\,\text{hPa} \cdot 5 \cdot 10^{-4}\,\text{m}^3}{1{,}35 \cdot 10^{22} \cdot 290\,\text{K}} = 1{,}36 \cdot 10^{-23}\,\frac{\text{J}}{\text{K}}.$$

Der Literaturwert beträgt:

$$k_B = 1{,}380\,649 \cdot 10^{-23}\,\frac{\text{J}}{\text{K}}.$$

Die Taucher in ▸Abb. 1 haben Gasflaschen mit dem Volumen $V_F = 10$ Liter und mit dem Druck $p_F = 200$ bar = 20 MPa. Der Luftdruck beträgt $p_{\text{Luft}} =$ 0,1 MPa. Also nimmt die Flasche Luft auf, die bei Luftdruck folgendes Volumen V_{Luft} hat:

$$V_{\text{Luft}} = \frac{V_F \cdot p_F}{p_{\text{Luft}}} = 2000 \text{ Liter}.$$

Ein Taucher benötigt je Minute Luft mit $V_{\text{Luft}} = 8$ Liter. Somit könnte die Luft bei optimaler Nutzung für folgende Zeit reichen: $t = \frac{V_{\text{Luft}}}{8 \text{ Liter}} =$ 250 min = 4 h 10 min.
Realistisch ist eher ein Viertel dieser Zeit.

Reales Gas • Wenn sich zwei Moleküle eines realen Gases näher kommen, dann üben sie eine mittlere anziehende Wechselwirkung aufeinander aus.
Bei hoher Temperatur überwiegt die chaotische Bewegung der Teilchen, was dem Modell des idealen Gases entspricht.
Bei niedriger Temperatur überwiegen die anziehenden Kräfte, Teilchen sammeln sich in Tröpfchen und das Gas kondensiert zur Flüssigkeit. In der Flüssigkeit haben benachbarte Teilchen also sehr kleine Abstände voneinander, sie sind aber noch gut beweglich. Wenn die Temperatur weiter sinkt, dann überwiegt die anziehende Wechselwirkung die chaotische Teilchenbewegung so sehr, dass die Teilchen bei ihren jeweiligen Nachbarn bleiben, die Flüssigkeit erstarrt und wird zum Festkörper.

Die Wechselwirkung ist im Mittel bei typischen Entfernungen benachbarter Teilchen im Gas anziehend und erst bei sehr kleinen Entfernungen abstoßend.

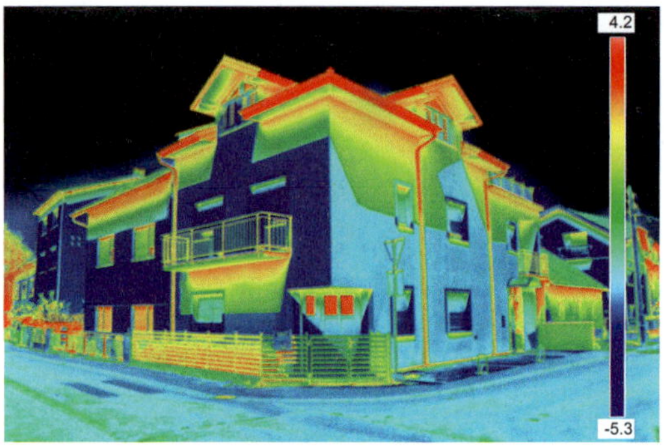

1 Wärmebild eines Hauses

Transport von Wärme • Im Winter fühlen wir uns im Haus nur wohl, wenn es angenehm warm ist. Allerdings wird dann immer thermische Energie von innen nach außen transportiert (▸Abb. 1). Wie funktioniert das?

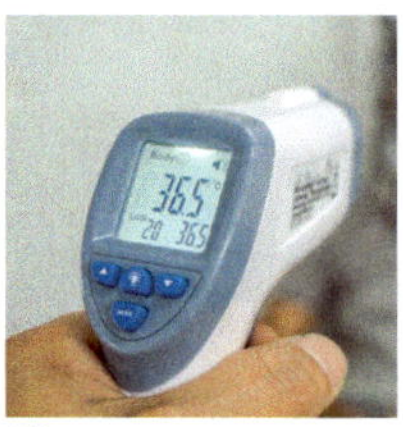
2 Infrarot-Thermometer

Wärmestrahlung • Das Foto in ▸Abb. 1 wurde mit einer Wärmebildkamera aufgenommen. Diese erfasst die Intensität der Infrarotstrahlung, die jeder Körper aufgrund seiner Temperatur abgibt. Man kann sogar von der gemessenen Wärmestrahlung auf die Temperatur des emittierenden Körpers schließen. Das ist auch das Grundprinzip des Infrarot-Thermometers in ▸Abb. 2. Es funktioniert wie eine Wärmebildkamera, liefert aber nur einen Messpunkt.

Wärmeleitung • Der Giebel der Dachgaube in ▸Abb. 1 ist offensichtlich relativ warm. Wie kommt die thermische Energie aus dem Inneren des Hauses an diese Außenwand?
Das ist im Teilchenmodell leicht verständlich. Die Innenseite der Wand ist warm, also bewegen sich die Teilchen dort relativ schnell. Sie stoßen an benachbarte Teilchen in der Wand und übertragen so ihre mikroskopische Bewegungsenergie, also ihre thermische Energie. So wird die thermische Energie von einem Teilchen zum nächsten transportiert und wandert in der Wand nach außen. Dieser Vorgang heißt **Wärmeleitung**. Versuche zeigen, dass die dabei übertragene Leistung P jeweils proportional zu folgenden Größen ist:
zur **Temperaturdifferenz** ΔT zwischen Innen- und Außenseite, zur Fläche A der Wand, zum Kehrwert der Dicke d der Wand und zur **Wärmeleitfähigkeit** λ, einer Materialkonstanten.

Es gibt drei Formen des Transports thermischer Energie: Wärmestrahlung, Wärmeleitung und Konvektion.

Somit gilt:

$$P = \frac{\lambda}{d} \cdot \Delta T \cdot A = U \cdot \Delta T \cdot A.$$

Der Quotient $\frac{\lambda}{d}$ heißt **U-Wert** U und beschreibt die von einer Wand übertragene Leistung pro Fläche A und Temperaturdifferenz ΔT. Der Kehrwert ist der **Wärmedurchlasswiderstand** $R = \frac{1}{U}$. Die Wärmeleitung einer Wand ist somit strukturgleich zur Leitfähigkeit von elektrischem Strom: Die Schichten einer Wand entsprechen einer Reihenschaltung und die Widerstände werden addiert. Nebeneinanderstehende Wandabschnitte, Fenster, Türen oder Dächer entsprechen einer Parallelschaltung, die Leistungen werden addiert.

Konvektion • Beim Lüften wandert warme Luft nach außen und nimmt dabei ihre thermische Energie mit. Allgemein heißt der Transport von thermischer Energie durch transportierte Materie **Konvektion**.

1 Familie Müller hat eine 100 m^2 große und 24 cm dicke Ziegelwand mit $\lambda = 0{,}9\ \frac{W}{m \cdot K}$.
a) Berechnen Sie den U-Wert U_Z der Wand.
b) Der mittlere Temperaturunterschied beträgt $\Delta T = 10$ K. Ermitteln Sie die übertragene Leistung und den jährlichen Energieverlust ΔE_{therm}.
c) Ermitteln Sie den entsprechenden CO_2-Ausstoß für eine Heizung, die je kWh eine Masse von 250 g CO_2 emittiert.
d) Familie Müller will die Wand mit einer 20 cm dicken Mineralfaserschicht mit $\lambda = 0{,}04\ \frac{W}{m \cdot K}$ isolieren. Berechnen Sie den U-Wert U_M.
e) Ermitteln Sie die Verringerung der jährlichen CO_2-Emission.

2 Familie Müller montiert solarthermische Module mit einer Fläche von 20 m^2 und einem Wirkungsgrad von 50 %.
a) Bei Sonnenschein beträgt die Leistungsdichte der Sonnenstrahlen $S = 1000\ \frac{W}{m^2}$ und es gibt jährlich 1000 Sonnenstunden.
b) Berechnen Sie die Leistung der Anlage bei Sonnenschein.
c) Ermitteln Sie den jährlichen Energieertrag.
d) Ermitteln Sie die Verringerung der jährlichen CO_2-Emission bei einer Heizung, die je kWh eine Masse von 250 g CO_2 emittiert.

Versuch A • Physik der Gase

V1 V abhängig von p

Material:
Spritze mit Radius von ca. 12,5 mm und Verschluss, Halterung, Massenstücke von 0,5 bis 10 kg. Vorsicht: Die Massenstücke dürfen nicht herunterfallen.

Arbeitsauftrag:
a) Bauen Sie den Versuch auf, wie in der oberen Abbildung gezeigt.
b) Führen Sie eine Versuchsreihe durch, bei der Sie jeweils ein Massenstück m auf die Spritze setzen, und lesen Sie das Gasvolumen V an der Spritze ab. Berechnen Sie die Querschnittsfläche A und den Druck $p = p_{\text{Luft}} + m \cdot \frac{g}{A}$.
c) Stellen Sie p abhängig von $\frac{1}{V}$ dar und begründen Sie die Proportionalität.

V2 Elektrolyse von Wasser

Material:
Elektrolyseur oder umkehrbare Brennstoffzelle, Auffangbehälter, Solarzelle oder Netzgerät, Ventilator oder Widerstand

Arbeitsauftrag:
a) Bauen Sie den Versuch auf, wie in der unteren Abbildung gezeigt. Zeichnen Sie die Volumina des erzeugten Wasserstoffgases V_{H2} und Sauerstoffgases V_{O2} abhängig von der Zeit t auf.
b) Erstellen Sie den $V_{H2}(t)$-Graphen sowie den $V_{O2}(t)$-Graphen und ermitteln Sie je eine passende Regression. Deuten Sie die Ergebnisse.
c) Erstellen Sie den $V_{H2}(V_{O2}(t))$-Graphen und ermitteln Sie eine passende Regression. Deuten Sie das Ergebnis. Recherchieren Sie zum Gesetz von Avogadro und zur Avogadro-Konstanten N_A. Vergleichen Sie mit dem Versuchsergebnis.
d) Leiten Sie das Gesetz von Avogadro aus dem universellen Gasgesetz her.
e) Definitionsgemäß exakt sind die Konstanten $N_A = 6{,}022\,104\,76\ \frac{\text{Teilchen}}{\text{mol}}$ und $k_B = 1{,}380\,649 \cdot 10^{-23}\ \frac{\text{J}}{\text{K}}$. Ermitteln Sie für die Normbedingungen $p_N = 101\,325$ Pa und $T_N = 273{,}15$ K das Volumen von einem Mol Gas.
f) Berechnen Sie die universelle Gaskonstante $R = N_A \cdot k_B$ und erläutern Sie das ideale Gasgesetz $p \cdot V = n \cdot R \cdot T$.

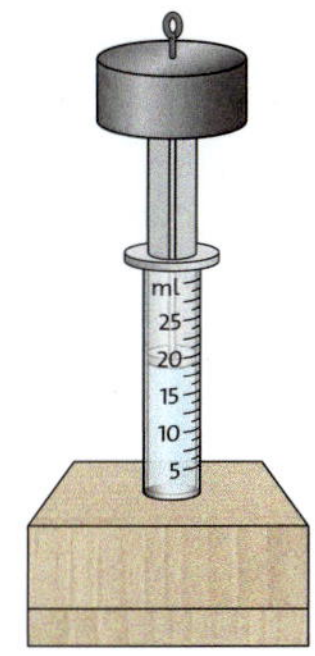

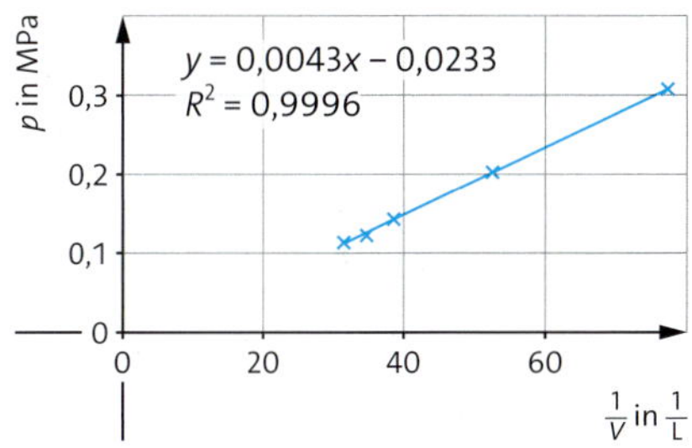

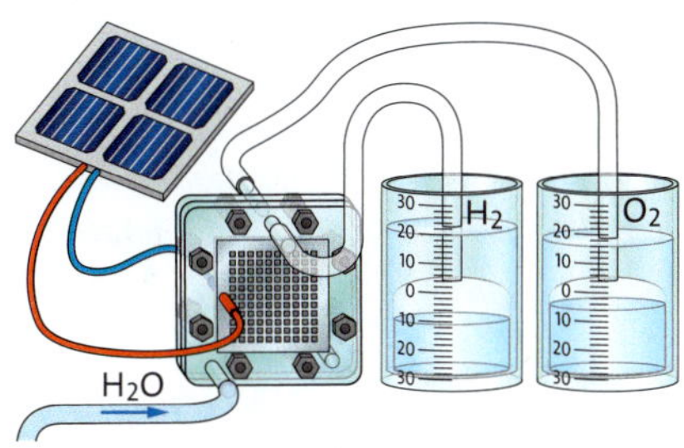

Material A • Reales Gas

A1 a) Das Modell realer Gase beschreibt auch die Kondensation. Dazu wird das ideale Gasgesetz durch ein Ko-Volumen V_K zur Modellierung der Teilchenvolumina sowie einen anziehend wirkenden Kohäsionsdruck $p_K = \frac{a}{V_K^2}$ ergänzt und der Druck abhängig vom Molvolumen $V_m = \frac{V}{n}$ beschrieben:

$$p = \frac{R \cdot T}{V_m - V_K} - \frac{a}{V_m^2}.$$

Bei Wasser ist $V_K = 31 \cdot 10^{-6}\ \frac{\text{m}^3}{\text{mol}}$ und $a = 0{,}5573\ \text{Pa} \cdot \frac{\text{m}^6}{\text{mol}^2}$. Erstellen Sie das $p(V_m)$-Diagramm für $2\,V_K < V_m < 7\,V_K$ sowie für Temperaturen T von 610 K, 620 K, 630 K, 640 K und 650 K.
b) Wenn es zu einem Druck mehrere Volumina gibt, dann liegen Gas und Flüssigkeit gemeinsam vor. Ermitteln Sie die höchste Temperatur, bei der Wasserdampf noch kondensieren kann, die kritische Temperatur T_c.
c) Kondensation wird durch Anziehungskräfte zwischen den Teilchen hervorgerufen. Erläutern Sie, durch welchen Term in obiger Gleichung das modelliert wird.

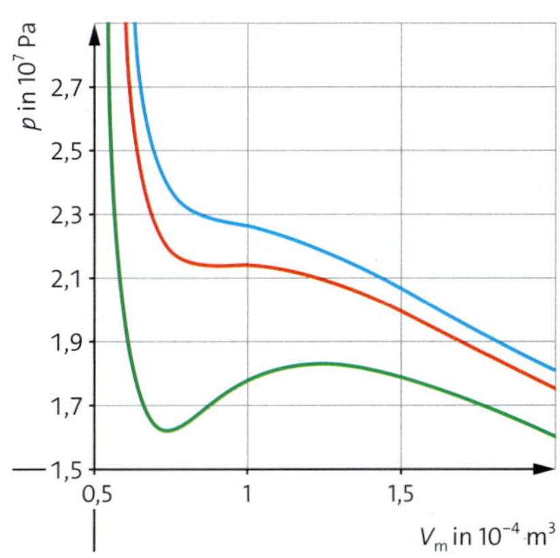

1 Eisbahn

Hauptsätze und Kreisprozesse

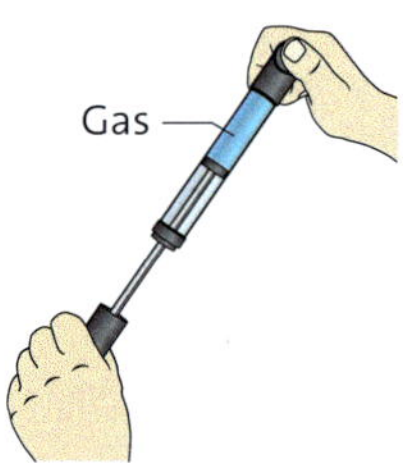

2 Luftpumpe

Wesentliche Prozessschritte sind Übertragungen und Umwandlungen von Energien ΔE. Entsprechende **Prozessgrößen** sind dabei die mechanische Energie ΔE_{mech} oder Arbeit W und die thermische Energie ΔE_{therm} oder Wärme Q.

Mehrere Wintersportarten benötigen eine Eisbahn. Wie wird die Eisbahn so perfekt kühl gehalten?

Kälte durch ein Gas • Leistungsfähige **Kälteanlagen** nutzen stets ein Gas und seine Energieumwandlungen. Die Kälteanlage transportiert **thermische Energie** von dem zu kühlenden Bereich in die wärmere Umgebung. Aber normalerweise strömt thermische Energie vom warmen zum kalten Bereich, beispielsweise bei der Wärmeleitung. Wie bringt man die thermische Energie dazu, in die umgekehrte Richtung zu fließen?

Das Gas arbeitet • Grundlegend ist die Fähigkeit des Gases, Arbeit zu verrichten. Wenn wir bei einer Handluftpumpe die Austrittsöffnung mit dem Daumen verschließen (▸Abb. 2), dann haben wir in der Pumpe ein eingeschlossenes Gas. Wenn wir nun mit der anderen Hand die Pumpe eine Strecke Δs zusammenschieben, dann verringern wir das Volumen V des Gases um den Betrag $\Delta V = A \cdot \Delta s$, wobei A die Querschnittsfläche der Pumpe ist. Dabei spüren wir, dass wir eine große Kraft F ausüben müssen. Also verrichten wir folgende **Arbeit** W am Gas, wobei Arbeit einer übertragenen mechanischen Energie ΔE_{mech} entspricht:

$$\Delta E_{mech} = W = F \cdot \Delta s.$$

Wir erweitern die rechte Seite der Gleichung mit der Fläche A und identifizieren den Druck $p = \frac{F}{A}$ und die Volumenänderung $\Delta V = A \cdot \Delta s$:

$$W = \frac{F}{A} \cdot \Delta s \cdot A = p \cdot \Delta V.$$

Wenn wir den Griff der Pumpe loslassen, dann schiebt das Gas den Griff umgekehrt wieder heraus, nimmt sein altes Volumen ein und verrichtet dabei die Arbeit $W = p \cdot \Delta V$, die sogenannte **Volumenarbeit**. Da sich der Druck während dieses Prozesses ändert, erhält man genaue Ergebnisse nur mit einem Integral $W = \int \mathrm{d}W = \int p \, \mathrm{d}V$.

Das Gas kühlt • Wenn sich das Gas in der Luftpumpe ausdehnt oder **expandiert**, dann gibt es die Arbeit $W = p \cdot \Delta V$ ab. Diese Energie wird der mikroskopischen kinetischen Energie der Teilchen entnommen. Diese ist aber die thermische Energie des Gases, das Gas kühlt sich somit ab.

Kreisprozess • Eine Kälteanlage nutzt das gleiche Gas immer wieder in einem **Kreisprozess** (▸Abb. 3). Dieser erfolgt **idealisiert** in vier Schritten: Dazu gliedern wir die Expansion in zwei Teile, ein Teil findet **reversibel** statt, d. h. ohne Wärmeübertragung $\Delta E_{\text{therm}} = Q$, ein Teil findet isotherm statt, also bei konstanter Temperatur. Die Kompression ist ebenso gegliedert.

(1 → 2) **Reversible Expansion**: Das Gas expandiert vom Volumen V_1 bis V_2 und kühlt dabei auf die tiefe Temperatur T_K ab (▸Abb. 3). Dabei gilt:

$$\frac{V_1}{V_2} = \left(\frac{T_H}{T_K}\right)^{\beta} \qquad (1)$$

Hierbei ist der Betrag von β unwesentlich.

(2 → 3) **Isotherme Expansion**: Das Gas expandiert bei konstant bleibender tiefer Temperatur T_K von V_2 bis V_3. Die Energie des Gases E_{therm} ist somit konstant. Das Gas gibt die Arbeit $W_{23} = p \cdot (V_3 - V_2)$ ab und nimmt dazu eine der abgegebenen Arbeit entsprechende **Wärme** $Q_{23} = W_{23}$ auf. Wir wenden das ideale Gasgesetz $p = N \cdot k_B \cdot \frac{T_K}{V}$ an und integrieren:

$$W_{23} = N \cdot k_B \cdot T_K \cdot \int_{V_2}^{V_3} \frac{1}{V} \mathrm{d}V = N \cdot k_B \cdot T_K \cdot \ln\left(\frac{V_3}{V_2}\right)$$

(3 → 4) **Reversible Kompression**: Das Gas wird von V_3 bis V_4 komprimiert und erwärmt sich dabei auf T_H. Wie bei Schritt (1 → 2) gilt:

$$\frac{V_3}{V_4} = \left(\frac{T_H}{T_K}\right)^{\beta}.$$

(4 → 1) **Isotherme Kompression**: Das Gas wird von V_4 bei konstanter hoher Temperatur T_H auf V_1 komprimiert. Die Energie ist somit konstant. Das Gas nimmt die Arbeit $W_{41} = p \cdot (V_4 - V_1)$ auf und gibt die Wärme $Q_{41} = W_{41}$ ab. Wie bei W_{23} gilt:

$$W_{41} = N \cdot k_B \cdot T_K \cdot \ln\left(\frac{V_4}{V_1}\right).$$

(1 → 2 → 3 → 4 → 1) **Leistungszahl**: Der Quotient aus der bei der Expansion von der Eisbahn (▸Abb. 1) ins Gas übertragenen Wärme Q_{23} (hierbei genutzte Energie) und der netto dem Gas zugeführten Arbeit $W = W_{41} - W_{23}$ heißt Leistungszahl $\varepsilon_{KA} = \frac{Q_{23}}{W}$.

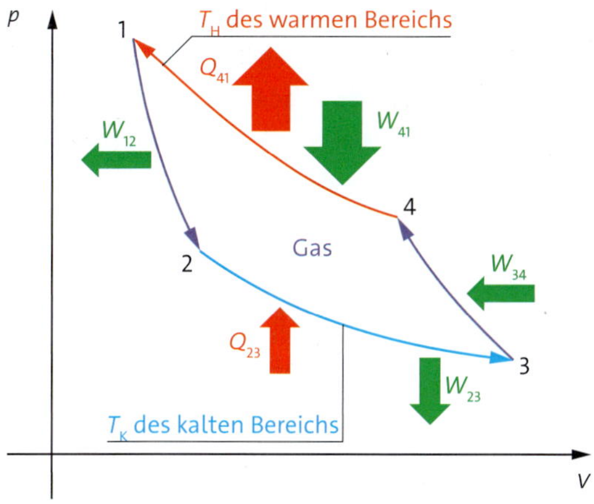

3 $p(V)$-Diagramm einer Kälteanlage

Wir wenden Gleichung (1) auf den Term für W_{41} an und erhalten:

$$W_{41} = N \cdot k_B \cdot T_H \cdot \ln\left(\frac{V_4}{V_2} \cdot \left(\frac{T_K}{T_H}\right)^{\beta}\right).$$

Eine entsprechende Herleitung für W_{23} ergibt:

$$W_{23} = N \cdot k_B \cdot T_K \cdot \ln\left(\frac{V_4}{V_2} \cdot \left(\frac{T_K}{T_H}\right)^{\beta}\right) = Q_{23}.$$

Einsetzen ergibt die Leistungszahl:

$$\varepsilon_{KA} = \frac{T_K}{T_H - T_K}.$$

Der dargestellte Kreisprozess entspricht einer idealen Kälteanlage und gilt als Standard in der Kältetechnik. Diesen Kreisprozess hat NICOLAS LEONARD SADI CARNOT im Jahr 1824 als Gedankenexperiment entwickelt, weshalb man ihn Carnot-Prozess nennt. Der Prozess beschreibt sowohl Kälteanlagen als auch Motoren. Denn Motoren wandeln Wärme Q in nutzbare mechanische Energie W um, während Kälteanlagen umgekehrt zugeführte mechanische Energie W in abgeführte Wärme Q umwandeln. CARNOT entwickelte den Prozess für Motoren, da diese zum Beginn der Industrialisierung besonders wichtig waren.

Eine ideale Kälteanlage nach dem Carnot-Prozess hat bei einer hohen Umgebungstemperatur T_H und einer Temperatur T_K des zu kühlenden Gases die Leistungszahl:

$$\varepsilon_{KA} = \frac{T_K}{T_H - T_K}.$$

Die Richtung der Energieübertragungen in das Gas W_{ij} und Q_{ij} stellen wir mit Pfeilen dar (▸Abb. 3). Alternativ kann man diese Richtung mit Vorzeichen darstellen, dann zeigen logischerweise alle Pfeile in die gleiche Richtung.

Gemäß dem Gesetz von GAY-LUSSAC gilt für die isobare Expansion $V \sim T$, dem entspricht der Exponent $\beta = 1$. Hier ändert sich der Druck jedoch, entsprechend ist β ungleich 1.

Bei der reversiblen Expansion wird am Gas Arbeit W_{12} verrichtet und in Energie des Gases $\Delta U_{12} = W_{12}$ umgewandelt. Dieser Prozess kann bei der reversiblen Kompression umgekehrt werden, eben weil er reversibel ist. Somit hat W_{34} in ▸Abb. 3 den gleichen Betrag wie W_{12}.

Die nötige Reversibilität wird im Versuch meist durch eine langsame oder **adiabatische Zustandsänderung** erreicht.

Vier Arten von Zustandsänderungen:

Isotherm:

T = konstant

$\Longrightarrow p \cdot V$ = konstant

V nimmt mit wachsendem p ab.

Isobar:

p = konstant

$\Longrightarrow \frac{V}{T}$ = konstant

V nimmt mit T zu.

Isochor:

V = konstant

$\Longrightarrow \frac{p}{T}$ = konstant

p nimmt mit T zu.

Adiabatisch:

Es findet kein Wärmeaustausch mit der Umgebung statt.

Erster Hauptsatz • Bei der Analyse der Kälteanlage haben wir in jedem Schritt das Prinzip der Energieerhaltung verwendet. In einem **thermodynamischen System** heißt dieses **erster Hauptsatz der Thermodynamik**:

Der erste Hauptsatz der Thermodynamik lautet: In einem abgeschlossenen System ist die Energie konstant.

Wärmepumpe • In Deutschland werden 56 % der gesamten Energie für Wärme oder Kälte aufgewendet. Daher ist es sinnvoll, Wärme aus der Natur zu gewinnen, beispielsweise durch Solarthermie oder mit Wärmepumpen aus dem Garten (▸Abb. 1). Die Wärmepumpe funktioniert wiederum nach dem Konzept des Carnot-Prozesses.

Während bei Kälteanlagen die aus dem kalten Bereich in das Gas übertragene Wärme Q_{23} genutzt wird, so wird bei der Wärmepumpe die vom Gas in den warmen Bereich übertragene Wärme Q_{41} verwendet.
Bei der Wärmepumpe laufen die vier Schritte genauso wie bei der Kältemaschine ab.

(1 → 2 → 3 → 4 → 1) **Leistungszahl**: Die Leistungszahl der Wärmepumpe ε_{WP} ist der Quotient aus der genutzten Energie Q_{41} und der netto zugeführten Arbeit W:

$W = W_{41} - W_{23}$.

Somit ist die Leistungszahl $\varepsilon_{WP} = \frac{Q_{41}}{W}$. Es gilt:

$$W_{41} = N \cdot k_B \cdot T_H \cdot \ln\left(\frac{V_4}{V_2} \cdot \left(\frac{T_K}{T_H}\right)^{\beta}\right) = Q_{41},$$

$$W_{23} = N \cdot k_B \cdot T_K \cdot \ln\left(\frac{V_4}{V_2} \cdot \left(\frac{T_K}{T_H}\right)^{\beta}\right).$$

Einsetzen ergibt die Leistungszahl:

$$\varepsilon_{WP} = \frac{T_H}{T_H - T_K}.$$

Die Wärme Q_{34} in ▸Abb. 3 wird beim Komprimieren freigesetzt, kann kaum noch genutzt werden und ist somit entwertet. Ohne diese Kühlung würde das Komprimieren mehr Arbeit erfordern, sodass der Wirkungsgrad weiter sinken würde. Diese **Energieentwertung** ist also nicht vermeidbar.

Wärmekraftmaschinen • Die Umkehrung von Kältemaschine oder Wärmepumpe stellt eine Wärmekraftmaschine dar. Das bedeutet, die vier Schritte des Carnot-Prozesses laufen in umgekehrter Reihenfolge ab (▸Abb. 2). Während der Carnot-Prozess jedoch ein besonders allgemeingültiger Kreisprozess ist, folgen reale Verbrennungsmotoren speziellen Kreisprozessen, wie Otto-Kreisprozess oder Diesel-Kreisprozess.

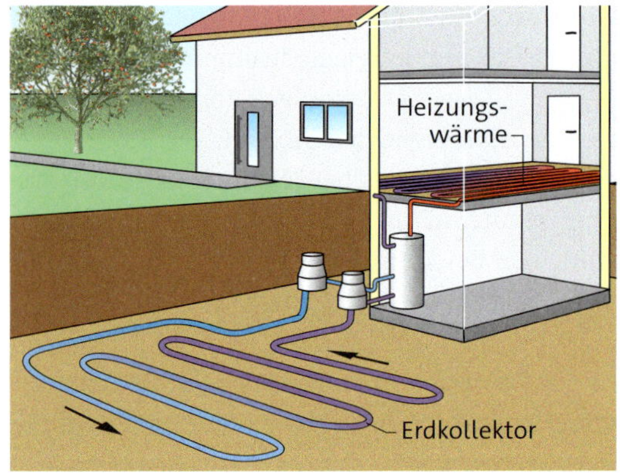

1 Wärmepumpe

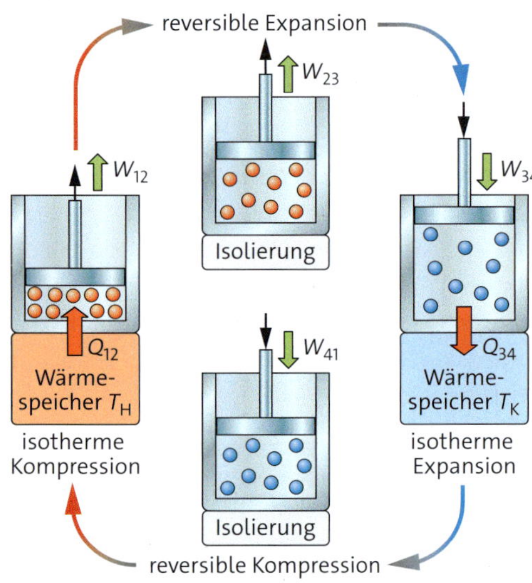

2 Carnot-Prozess einer Wärmekraftmaschine

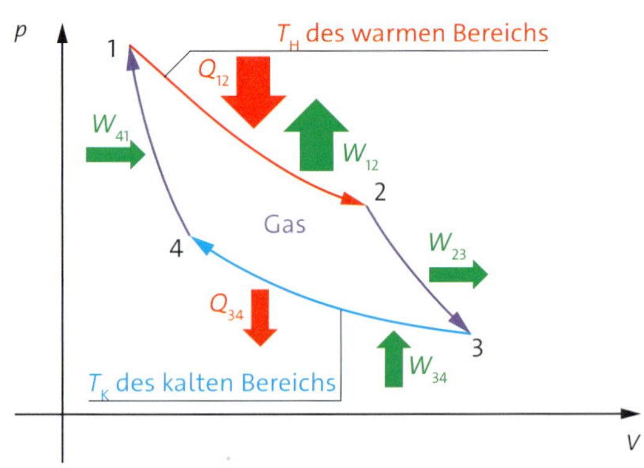

3 $p(V)$-Diagramm einer Wärmekraftmaschine

(1 ⟶ 2) **Isotherme Expansion**: Das Gas expandiert bei konstanter hoher Temperatur T_H von V_1 bis V_2. Die Energie des Gases ist somit konstant. Das Gas gibt die Arbeit $W_{12} = p \cdot (V_1 - V_2)$ ab und nimmt dazu die **Wärme** $Q_{12} = W_{12}$ auf. Wir wenden das ideale Gasgesetz $p = N \cdot k_B \cdot \frac{T_K}{V}$ an und integrieren:

$$W_{12} = N \cdot k_B \cdot T_K \cdot \int_{V_1}^{V_2} \frac{1}{V} dV$$

$$= N \cdot k_B \cdot T_K \cdot \ln\left(\frac{V_2}{V_1}\right)$$

(2 ⟶ 3) **Reversible Expansion**: Das Gas expandiert von V_2 bis V_3 und kühlt dabei auf T_K ab. Wie bei der Kältemaschine gilt:

$$\frac{V_2}{V_3} = \left(\frac{T_H}{T_K}\right)^{\beta}.$$

(3 ⟶ 4) **Isotherme Kompression**: Das Gas wird von V_3 bei konstanter tiefer Temperatur T_K zu V_4 komprimiert. Die Energie des Gases ist somit konstant. Das Gas nimmt die Arbeit $W_{34} = p \cdot (V_3 - V_4)$ auf und gibt dazu die Wärme $Q_{34} = W_{34}$ ab. Wie bei W_{12} erhalten wir:

$$W_{34} = N \cdot k_B \cdot T_H \cdot \ln\left(\frac{V_4}{V_3}\right).$$

(4 ⟶ 1) **Reversible Kompression**: Das Gas wird vom Volumen V_4 bis V_1 komprimiert und erwärmt sich dabei auf die hohe Temperatur T_H (▸Abb. 3). Dabei gilt:

$$\frac{V_4}{V_1} = \left(\frac{T_H}{T_K}\right)^{\beta}.$$

(1 ⟶ 2 ⟶ 3 ⟶ 4 ⟶ 1) **Wirkungsgrad**: Der Quotient aus der netto abgegebenen Arbeit (genutzte Energie) $W = W_{21} - W_{34}$ und der zugeführten Wärme Q_{12} ist der Wirkungsgrad $\eta_C = \frac{W}{Q_{12}}$.
Wie bei der Herleitung der Leistungszahl der Kälteanlage setzen wir die obigen Terme ein, vereinfachen und erhalten somit den Kehrwert der Leistungszahl ε der Wärmepumpe:

$$\eta_C = \frac{T_H - T_K}{T_H} = \frac{1}{\varepsilon_{WP}}$$

Universalität des Wirkungsgrades • Ist der Wirkungsgrad η_C eigentlich maximal? Zur Untersuchung stellen wir die gegenteilige Hypothese auf, es gäbe einen Motor mit einem größeren Wirkungsgrad (▸Abb. 4): $\eta_{Hypo} > \eta_C$.

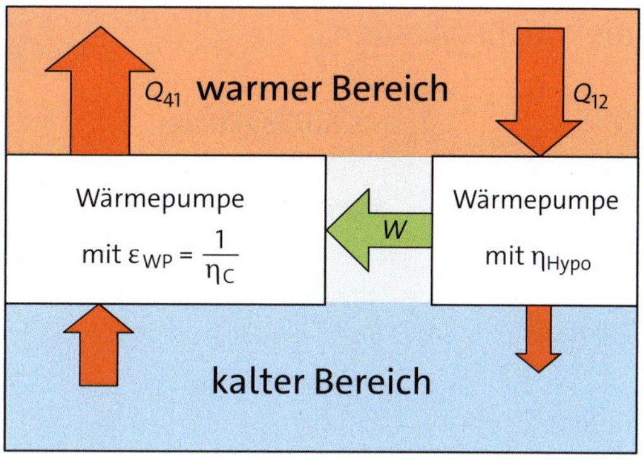

4 Hypothetisches Perpetuum mobile zweiter Art

Dann könnten wir dem Motor eine Wärme Q_{12} zuführen. Diese würde die Arbeit $W = \eta_{Hypo} \cdot Q_{12}$ verrichten und könnte damit eine Wärmepumpe antreiben. Diese könnte die Wärme $Q_{41} = W \cdot \varepsilon_{WP} = \frac{W}{\eta_C}$ in den warmen Bereich transportieren. Wir setzen für W ein:

$$Q_{41} = \frac{\eta_{Hypo} \cdot Q_{12}}{\eta_C} > \frac{\eta_C \cdot Q_{12}}{\eta_C} = Q_{12}.$$

Da die in den warmen Bereich transportierte Wärme Q_{41} größer wäre als die aus diesem Bereich entnommene Wärme Q_{12}, würde ständig Wärme vom kalten in den warmen Bereich transportiert. Diese Anlage in ▸Abb. 4 wäre daher ein **Perpetuum mobile**. Sie verstößt zwar nicht gegen den ersten Hauptsatz der Thermodynamik, wie ein **Perpetuum mobile 1. Art**. Stattdessen verstößt sie aber gegen das Prinzip, dass Wärme im abgeschlossenen System netto stets vom Warmen ins Kalte fließt.

Dieses Prinzip entspricht dem **zweiten Hauptsatz der Thermodynamik**. Eine Anlage, die diesem Hauptsatz widerspricht, nennt man **Perpetuum mobile 2. Art**.

Der zweite Hauptsatz der Thermodynamik besagt, dass keine Maschine einen Wirkungsgrad größer als den des Carnot-Prozesses hat:

$$\eta_C = \frac{T_H - T_K}{T_H}.$$

Gleichwertig ist die These, dass Wärme von alleine stets vom Warmen ins Kalte strömt.

Würde die Wärme in ▸Abb. 4 von alleine vom Kalten ins Warme strömen, dann würde die Energieentwertung durch den Motor rückgängig gemacht. Man kann also den zweiten Hauptsatz der Thermodynamik auch so formulieren, dass sich Energieentwertung nicht von alleine umkehrt, sondern **irreversibel** ist, also nicht **reversibel**.

Versuch A • Wärmekraftmaschinen

V1 Stirlingmotor

Material:
Stirlingmotor

Arbeitsauftrag:
a) Stellen Sie einem Stirlingmotor ein warmes Reservoir bereit wie in der oberen Abbildung. Beschreiben Sie den Aufbau und die Bewegung des Motors.
b) Erklären Sie anhand des idealen $p(V)$-Diagramms in der Abbildung die vier Takte und die Funktionsweise des Motors.

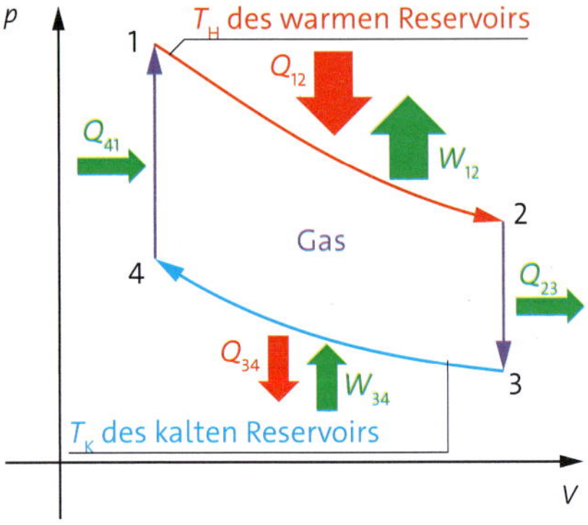

V2 Stirlingkühler

Material:
Stirlingmotor, Elektromotor, Temperaturfühler, Netzgerät

Arbeitsauftrag:
a) Bauen Sie den Versuch auf wie in der oberen Abbildung. Schalten Sie das Netzgerät und damit den Elektromotor ein und zeichnen Sie die Temperaturverläufe am warmen und kalten Bereich abhängig von der Zeit auf wie in der unteren Abbildung.
b) Beschreiben Sie den Aufbau und die Funktionsweise der Anlage. Deuten Sie die Anlage sowohl als Kälteanlage als auch als Wärmepumpe. Erläutern Sie anhand der Anlage die Leistungszahlen ε_{KA} und ε_{WP} sowie den Zusammenhang mit dem Wirkungsgrad η.
c) Erklären Sie die Funktionsweise der Anlage mithilfe des $p(V)$-Diagramms.

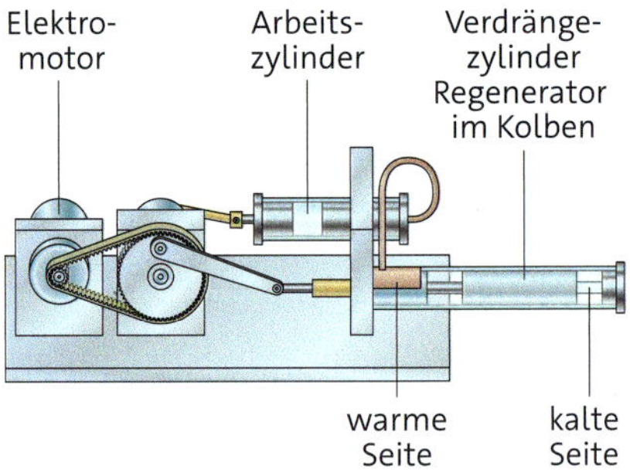

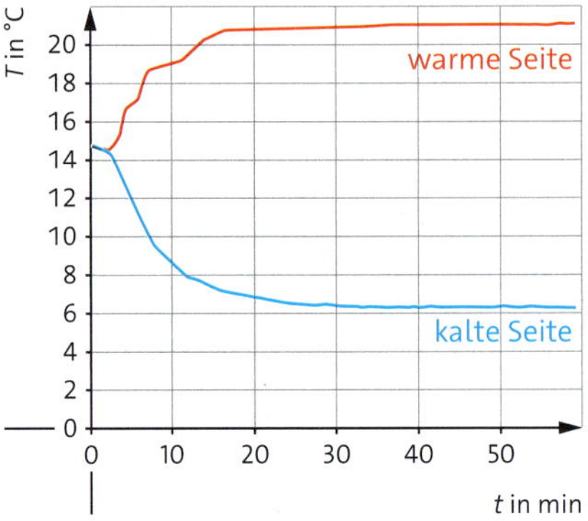

V3 Trinkvogel

Material:
Trinkvogel

Arbeitsauftrag:
a) Stellen Sie einen Trinkvogel auf wie in der Abbildung. Skizzieren und beschreiben Sie den Aufbau des Trinkvogels.
b) Starten Sie den Trinkvogel durch Befeuchten des Schnabels. Beschreiben Sie die beim Betrieb des Trinkvogels wesentlichen Vorgänge.
c) Das Wärmebild zeigt, dass der Schnabel deutlich kälter ist als die Umgebung. Erklären Sie diese Beobachtung. Deuten Sie den Trinkvogel als Wärmekraftmaschine. Berechnen Sie anhand des Wärmebildes den aktuell maximal möglichen Wirkungsgrad dieses Trinkvogels.
d) Erklären Sie die Funktionsweise des Trinkvogels.

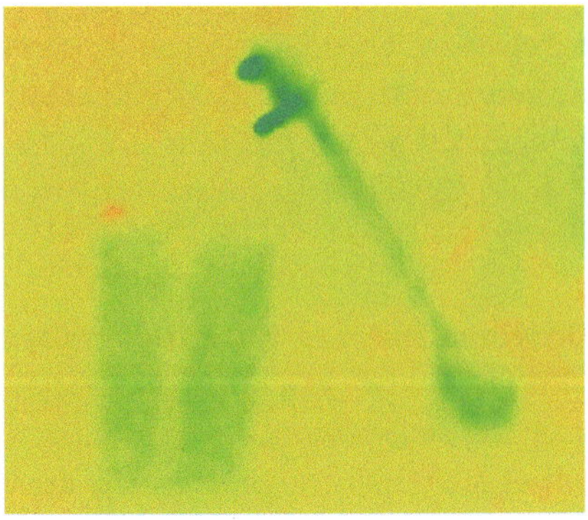

Material A • Wirkungsgrad des Stirlingmotors

Bei einem Stirlingmotor wurde das gezeigte $p(V)$-Diagramm gemessen.

a) Leiten Sie anhand des $p(V)$-Diagramms aus V1 eine Gleichung für den maximal möglichen Wirkungsgrad η her, abhängig von den Temperaturen T_H des warmen und T_K des kalten Reservoirs. Dabei können Sie vom idealen Stirlingmotor ausgehen: Hier verlaufen die Prozessschritte von Zustand 1 zu Zustand 2 sowie von 3 zu 4 isotherm, wie beim Carnot-Motor. Die Prozessschritte von 2 zu 3 sowie von 4 zu 1 verlaufen isochor. Daher wird bei diesen Schritten keine Arbeit verrichtet, weshalb die entsprechende Erwärmung und Abkühlung durch die Übertragung von Wärme vom Arbeitskolben in den Verdrängerkolben und zurück erfolgen. Hierbei sind die Beträge gleich, da die Temperaturdifferenzen gleich sind.

b) Begründen Sie, dass die vom Motor während eines Umlaufs netto verrichtete Arbeit gleich dem eingeschlossenen Flächeninhalt im $p(V)$-Diagramm (gelb) ist. Sie können die Arbeit als Flächen im $p(V)$-Diagramm darstellen.

c) Ermitteln Sie die eingeschlossene Fläche im $p(V)$-Diagramm.

d) Der Motor läuft mit 3000 $\frac{1}{\text{min}}$. Ermitteln Sie die netto abgegebene mechanische Leistung.

e) Die zugeführte und abgegebene Leistung wurde mithilfe von Sensoren erfasst und abhängig von dem Kurbelwinkel oder Phasenwinkel des Motors dargestellt. Ermitteln Sie daraus die zugeführte Wärmeleistung und den Wirkungsgrad.

f) Lesen Sie T_H und T_K im $p(V)$-Diagramm ab und berechnen Sie den maximal möglichen Wirkungsgrad. Vergleichen Sie mit e). Deuten Sie mögliche Unterschiede.

g) Vergleichen Sie den maximal möglichen Wirkungsgrad des Stirlingmotors mit dem des Carnotschen Kreisprozesses. Vergleichen Sie die optimalen Leistungszahlen der entsprechenden Kältemaschinen und Wärmepumpen. Erläutern und begründen Sie die Universalität dieser Wirkungsgrade und Leistungszahlen.

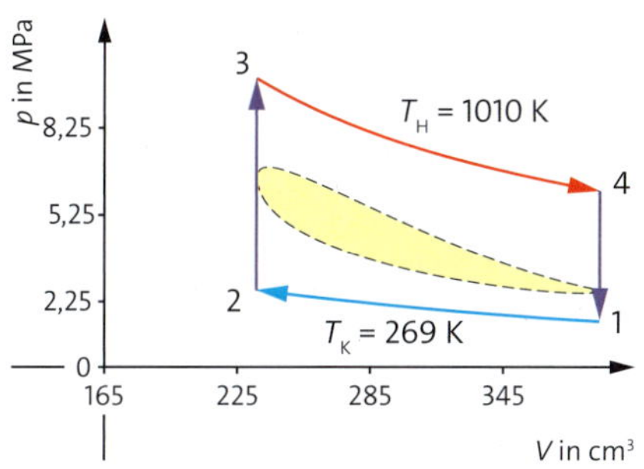

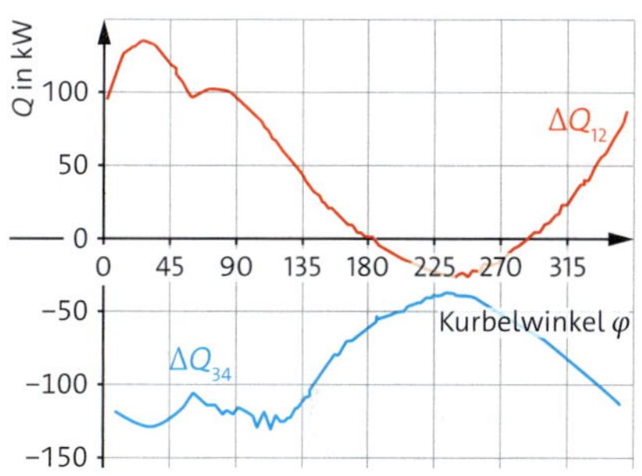

Material B • Solarer Stirlingmotor mit Generator

a) Bei der Solaranlage mit Stirlingmotor und Generator wird das warme Reservoir mit Sonnenenergie erhitzt. Beschreiben Sie den Aufbau. Erklären Sie die Funktionsweise.

b) Erläutern Sie, wie die Bündelung von Sonnenstrahlen den maximal möglichen Wirkungsgrad beeinflusst. In fokussierenden Solaranlagen wurden Temperaturen von 800 °C erreicht. Ermitteln Sie den maximal möglichen Wirkungsgrad für den Fall, dass mit Luft der Temperatur 25 °C gekühlt wird.

c) An der Sonnenoberfläche beträgt die Temperatur 5800 K. Begründen Sie mithilfe des maximal möglichen Wirkungsgrades, dass man im Brennpunkt einer bündelnden Solaranlage keine Temperaturen oberhalb von 5800 K erreichen kann. Erläutern Sie, wie der maximal mögliche Wirkungsgrad von der Temperatur der Kühlung abhängt. Berechnen Sie den maximal möglichen Wirkungsgrad für Kühlung mit Luft der Temperatur 25° C.

d) Recherchieren Sie, welche Wirkungsgrade Solarzellen erreichen und wie der Wirkungsgrad von der Kühlung abhängt.

1 Wenn man nicht aktiv dagegen arbeitet, werden Zimmer immer unordentlicher.

Entropie

Aufräumen ist anstrengend, die Unordnung verschwindet nicht von selbst. Im Gegenteil, sie wird immer größer: Gegenstände verteilen sich im ganzen Raum, bevorzugt auf dem Boden. Diese Beobachtung hat vermutlich jeder schon einmal gemacht. Aber was hat das mit Physik zu tun?

2 Phasenraumvolumen

Der Phasenraum eines Systems von n Teilchen entspricht einem Koordinatensystem mit $3n$ Raumdimensionen (sowie $3n$ Impulsdimensionen, die hier nicht betrachtet werden). ▸Abb. 2 veranschaulicht die unterschiedlichen Phasenraumvolumina der beiden Makrozustände.

Ist Unordnung messbar? • Ein ordentliches Zimmer befindet sich im Zustand „aufgeräumt“. Da man dafür das Zimmer als Ganzes betrachtet, nennt man dies einen Makrozustand. Die Gesamtheit der konkreten Positionen aller Gegenstände im Raum nennt man dagegen Mikrozustand. Innerhalb des Raumes gibt es nur wenige sinnvolle Ablagemöglichkeiten für jeden Gegenstand, d. h., im aufgeräumten Makrozustand befindet sich alles an wenigen, klar definierten Orten. Im unaufgeräumten Makrozustand dagegen können die Gegenstände sehr viele Positionen auf dem Boden, dem Schreibtisch usw. einnehmen.

Die **Entropie** ist ein Maß für die Anzahl der möglichen Mikrozustände, die zu einem Makrozustand gehören. Jeder Mikrozustand enthält eine Kombination aller möglichen Positionen aller n Gegenstände des Systems. Er ist ein Punkt in einem $3n$-dimensionalen Koordinatensystem, dem **Phasenraum** (▸Abb. 2). Das Volumen eines Makrozustands im Phasenraum entspricht dabei der Entropie des Systems. Umgangssprachlich wäre das der Grad seiner Unordnung.

Im Makrozustand „aufgeräumtes Zimmer“ können die Gegenstände nur wenige Mikrozustände belegen; das Phasenraumvolumen des Makrozustandes ist klein, d. h. die Entropie des Raumes niedrig. Können in einem bestimmten Makrozustand viele Mikrozustände belegt werden, ist das Phasenraumvolumen dieses Makrozustands groß und die Entropie ist hoch (▸Abb. 2).

Die Entropie ist ein Maß für die Zahl der Mikrozustände eines Systems, die zu einem Makrozustand gehören. Dies entspricht dem Volumen des Makrozustands im Phasenraum.

MAX PLANCK formulierte 1900 den Zusammenhang zwischen Entropie S und Volumen Ω eines Makrozustands im Phasenraum:

$$S = k_\mathrm{B} \cdot \ln\left(\frac{\Omega}{\Omega_0}\right).$$

Dabei ist Ω_0 ein willkürlich gewählter Nullpunkt der Entropie und die Proportionalitätskonstante k_B ist die Boltzmann-Konstante.

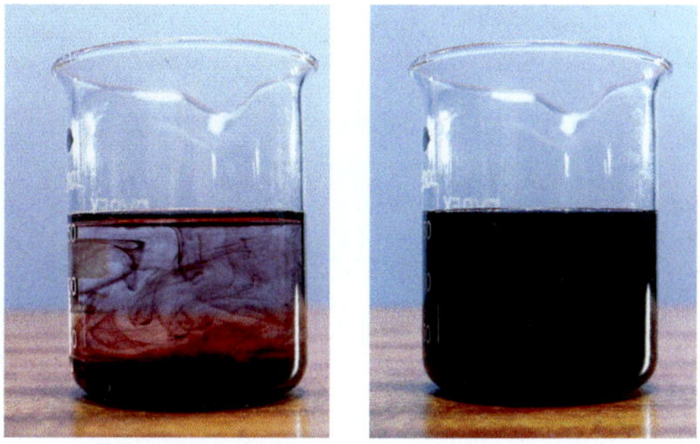

3 Eine irreversible Mischung

Die Entropie nimmt immer zu • Wärmetransport findet normalerweise nur von einem heißen Körper zu einem Körper niedrigerer Temperatur statt. Der Zweite Hauptsatz der Thermodynamik besagt, dass der umgekehrte Weg nur erfolgen kann, wenn ein weiterer Prozess mithilfe von Energieeinsatz den Transport ermöglicht. Eine Trennung eines Gases mittlerer Temperatur in seine heißen und kalten Bestandteile wäre also nur möglich, wenn man die heißen von den kalten Teilchen durch gezieltes Öffnen einer Klappe trennen könnte. Nur ein übernatürliches Wesen wie der **Maxwellsche Dämon** aus einem Gedankenexperiment von MAXWELL schafft dies, ohne dafür Energie aufzuwenden (▸Abb. 4).
Auch Diffusion und Mischung von Gasen oder Flüssigkeiten verlaufen häufig spontan und irreversibel durch die thermische Bewegung der Teilchen (▸Abb. 3). Die Gleichverteilung ist ein Zustand maximaler Entropie, den Systeme anstreben. Bei spontan ablaufenden Prozessen nimmt die Entropie zu, diese sind irreversibel. Es gibt also eine bevorzugte Richtung für irreversible Prozesse. Damit legt die Entropiezunahme solcher Prozesse die Richtung der Zeit fest: Eine Entmischung z. B. von zwei Gasen kann man niemals beobachten, genau wie eine Vase immer fällt und zerspringt und niemals umgekehrt. Nur bei reversiblen Prozessen bleibt die Entropie konstant. Ein solcher Prozess müsste völlig ohne Energieentwertung (z. B. durch Reibung) ablaufen.

Die Entropie eines isolierten Systems kann nicht abnehmen, sie nimmt in der Regel zu.

Wird einem System die Wärmemenge Q zugeführt, so erhöht sich seine Entropie um $\mathrm{d}S$, wobei die reziproke absolute Temperatur T des Systems die Entropiezunahme gewichtet:

$$\mathrm{d}S = \frac{Q}{T}.$$

Bei niedriger Temperatur sorgt Wärmezufuhr also für eine höhere Entropiezunahme als bei höherer Temperatur. Die Einheit der Entropie ist $\frac{\mathrm{J}}{\mathrm{K}}$.

Entropie und Chemie • Neben der Entropieänderung bestimmt die Änderung der inneren Energie U eines Systems, ob ein Prozess spontan abläuft. Die Summe der Änderung der Inneren Energie $\mathrm{d}U$ und der mit der absoluten Temperatur T gewichteten Änderung der Entropie $\mathrm{d}S$ ist die Änderung der Freien Energie $\mathrm{d}F$ (bei konstanter Temperatur und Volumen):

$$\mathrm{d}F = \mathrm{d}U - \mathrm{d}S \cdot T.$$

Ist $\mathrm{d}F < 0$, kann ein Prozess (z. B. eine chemische Reaktion) spontan ablaufen, bei $\mathrm{d}F > 0$ muss dafür freie Energie zugeführt werden, bei $\mathrm{d}F = 0$ ist ein Prozess im Gleichgewicht. Die Abnahme der Inneren Energie kann entweder als Wärme Q oder Arbeit W frei werden:

$$\mathrm{d}U = Q + W.$$

In der Chemie wird häufig anstatt der Freien Energie die Änderung der Freien Enthalpie $\mathrm{d}G$ bei konstantem Druck und Temperatur verwendet:

$$\mathrm{d}G = \mathrm{d}H - \mathrm{d}S \cdot T.$$

Die Enthalpieänderung $\mathrm{d}H$ entspricht dabei:

$$\mathrm{d}H = \mathrm{d}U + p \cdot \mathrm{d}V.$$

Viele Reaktionen sind aktivierte Prozesse, d. h. es muss eine energetische Barriere, die Aktivierungsenergie $\mathrm{d}G^{\neq}$ oder $\mathrm{d}F^{\neq}$, überwunden werden, bevor sie ablaufen (▸Abb. 5). Beispielsweise muss brennbares Material angezündet werden, damit ein Feuer entsteht. Katalysatoren wie Platinoberflächen oder Enzyme senken diese Aktvierungsenergie. In manchen biochemischen Prozessen werden die Reaktionspartner durch Bindung an ein Enzym vom umgebenden Wasser abgeschirmt, was die Reaktion wahrscheinlicher macht, weil sie entropisch erleichtert wird.

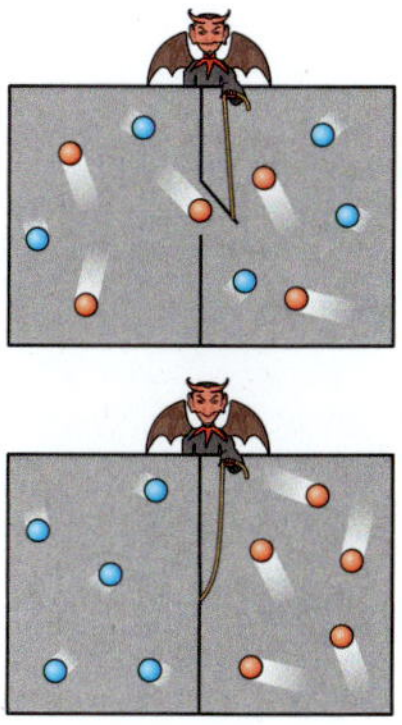

4 Der Maxwellsche Dämon bei der Arbeit

Die innere Energie U ist die gesamte für Energieumwandlungsprozesse zur Verfügung stehende Energie eines Systems. Sie setzt sich aus der kinetischen und der potenziellen Energie der Teilchen zusammen, also z. B. ihren Bindungsenergien.

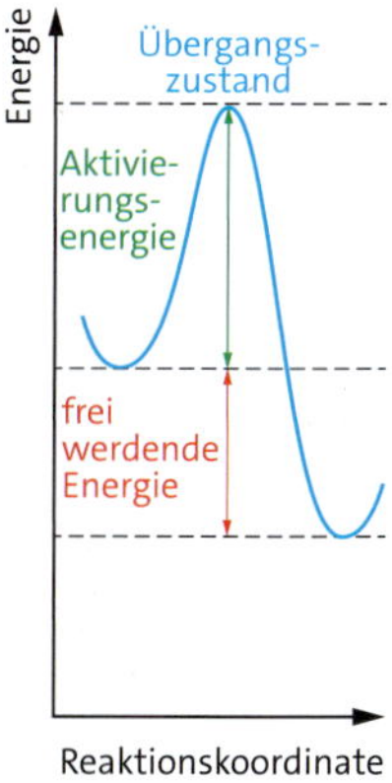

5 Aktivierungsenergie

Entropie und Leben • Wir Menschen als biologische Systeme sind hochgeordnet, d. h., unsere individuelle Entropie ist sehr gering. Diesen Zustand können wir nur aufrechterhalten, indem wir geordnete, verwertbare Energie aus unserer Umwelt nutzen und damit deren Entropie erhöhen. Üblicherweise geschieht dies durch Nahrungsaufnahme. Unsere Nahrung zeichnet sich ebenfalls durch niedrige Entropie aus, zumindest bevor wir sie gegessen und verdaut haben. Nachher sieht dies schon anders aus. Unsere Ausscheidungen sind wesentlich weniger geordnet, zudem strahlen wir permanent Wärme in die Umgebung ab. Lebewesen existieren also in einem Zustand niedriger Entropie, indem sie die Entropie ihrer Umwelt erhöhen. Tun wir dies nicht, d. h., nehmen wir keine Nahrung mehr auf, sterben wir. Dann erhöht sich die Entropie unserer Körper, d. h. ihre komplexen Strukturen zerfallen und die Materie verteilt sich in der Umwelt.

Entropie und Sternentstehung • Die Entropie des Universums nimmt immer zu, die Materie müsste sich also immer weiter im Raum verteilen. Dies widerspricht jedoch den Beobachtungen: In interstellaren Staubwolken führt die Anziehung zwischen den Partikeln zu wachsenden Agglomeraten, die schließlich zu Planeten und Sonnen werden. Viele Sternensysteme bilden dann Galaxien, diese wiederum Galaxienhaufen, die ihrerseits filamentartige Strukturen formen (▸Abb. 1). Die Materie im Universum strebt also nicht Gleichverteilung an, sondern bildet hochgeordnete Systeme, deren Entstehung den Zweiten Hauptsatz zu widerlegen scheint. Wie kann das sein?
Bei der gravitativen Kontraktion der Staubwolken wird potenzielle in kinetische Energie der Staubteilchen umgewandelt, deren Temperatur erhöht sich, Wärme wird in die Umgebung abgestrahlt.

Daher sinkt die Entropie der kollabierenden Staubwolken, während sich ihre Umgebung erwärmt, also die Entropie dort steigt. Da letzterer Betrag

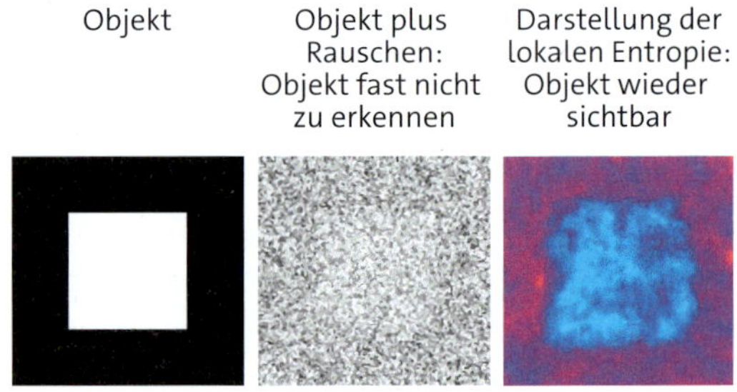

2 Objekterkennung durch die Entropie eines Fotos

überwiegt, widerspricht die Sternbildung nicht dem Zweiten Hauptsatz der Thermodynamik.

Bei manchen Prozessen sinkt die Entropie der direkt beteiligten Komponenten. Damit die Reaktion ablaufen kann, muss die Entropie der Umgebung steigen, was z. B. durch Wärmeabgabe geschehen kann.

Entropie und Information • Ein System mit wenigen Mikrozuständen, d. h. niedriger Entropie, ist vergleichsweise einfach zu beschreiben, es sind wenig Informationen dafür nötig. Damit ist Entropie auch ein Maß für den Informationsgehalt eines Systems. Die Rechenmethoden zur Entropie sind so vielseitig, dass sie in der Informatik auf digitale Fotos und Videos z. B. zur Bilderkennung angewendet werden. So können Objekte und ihre Bewegungen für künstliche Intelligenzen sichtbar gemacht werden. Auch die Fokussierung von Kameras kann mittels Entropie optimiert werden, da diese an scharfen Kanten zunimmt (▸Abb. 2).

1 Interpretieren Sie die Gleichung zum Zusammenhang von Entropieänderung und Wärmezufuhr. Überlegen Sie, warum Wärmezufuhr in ein kaltes System zu einer größeren Entropiezunahme führt als in ein warmes System und umgekehrt.

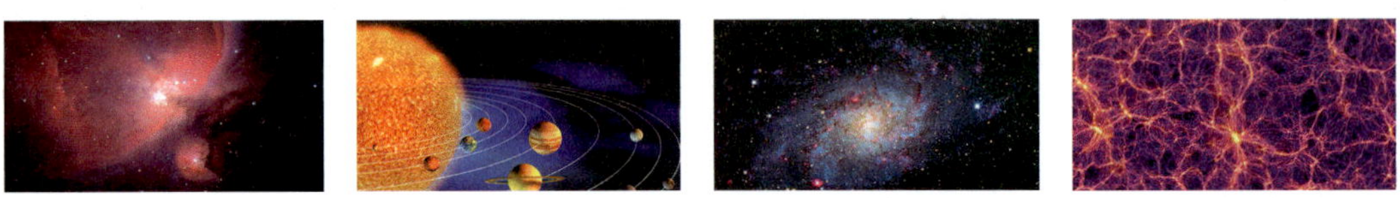

1 Strukturbildung im Universum.

Material A • Entropie beim Würfeln

Bei einem Würfel sind die Wahrscheinlichkeiten, die Augenzahlen 1 bis 6 zu würfeln, gleich groß: Jede Augenzahl kann mit genau einer Würfelkombination erzielt werden. In den Begriffen der Thermodynamik entspricht ein Makrozustand einer bestimmten (Gesamt-)Augenzahl. Die Zahl der Mikrozustände entspricht der Zahl der möglichen Würfelkombinationen, um eine (Gesamt-)Augenzahl zu erreichen. Dies ist das Volumen eines Makrozustands. Bei nur einem Würfel sind die Volumina der Makrozustände mit $\Omega = 1$ alle gleich groß. Bei zwei Würfeln z. B. gibt es Gesamtaugenzahlen, also Makrozustände, die mit mehreren Würfelkombinationen, also Mikrozuständen, erzielt werden können, wie in der Abbildung dargestellt.

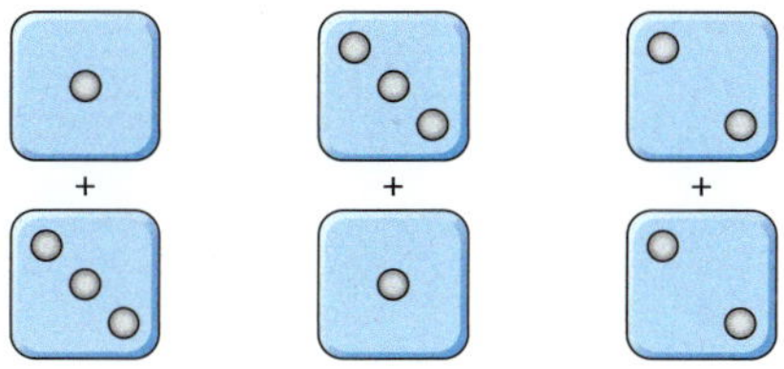

A1 **a)** Beschreiben Sie, wie sich die Zahl der Würfel auf die Zahl und die Volumina der Makrozustände auswirkt.
b) Berechnen Sie das Verhältnis des kleinsten und des größten Makrozustandsvolumens bei zwei Würfeln. Erläutern Sie, welche Bedeutung dieses Verhältnis in einem Würfelspiel hat.
c) Berechnen Sie die Differenz der Entropien des kleinsten und des größten Makrozustandsvolumens bei zwei Würfeln.

Material B • Entropie auf molekularer Ebene

Mischt man Öl in Wasser, bildet sich keine homogene Flüssigkeit, sondern das Öl bildet Tröpfchen, sogenannte Micellen. Die hydrophoben Ketten der Ölmoleküle schirmen sich im Innern der Gebilde vom Wasser ab, während die hydrophilen Köpfe nach außen ragen.

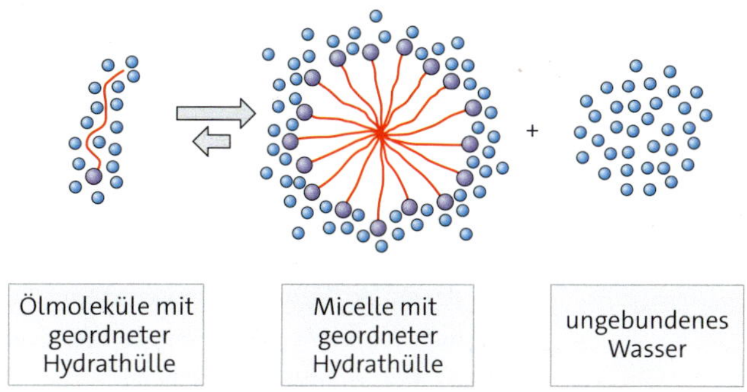

B1 **a)** Diskutieren Sie, warum dies auf den ersten Blick dem zweiten Hauptsatz zu widersprechen scheint.
b) Überlegen Sie anhand der Grafik, warum der Prozess trotzdem entropisch möglich ist.

Material C • Entropie eines schwarzen Lochs

Am Ende seiner Lebensdauer kann ein massereicher Stern zu einem extrem kleinen Objekt kollabieren: einem schwarzen Loch. Innerhalb eines bestimmten Abstandes um sein Zentrum – dem Schwarzschild-Radius – ist die Gravitation so stark, dass nicht einmal Licht entkommen kann. Diese Grenze nennt man Ereignishorizont, da sich alles darin der Beobachtung von außen entzieht. Trotzdem strahlt ein schwarzes Loch aufgrund von Quanteneffekten. Überall im Raum entstehen nämlich permanent Teilchen-Antiteilchen-Paare, die sofort wieder verschwinden (Vakuumfluktuation). Findet dieser Prozess am Ereignishorizont statt, kann eines der Teilchen ins schwarze Loch gezogen werden. Das andere Teilchen entkommt als Hawking-Strahlung in den freien Raum, was aufgrund der Energieerhaltung zu einer Verkleinerung des schwarzen Loches führt; man spricht von einer „Verdampfung" des schwarzen Loches.

C1 **a)** Erörtern Sie, ob der Sturz von Materie in ein schwarzes Loch mit dem zweiten Hauptsatz der Thermodynamik vereinbar ist.
b) Überlegen Sie, ob die Entstehung der Hawking-Strahlung mit dem zweiten Hauptsatz der Thermodynamik vereinbar ist.

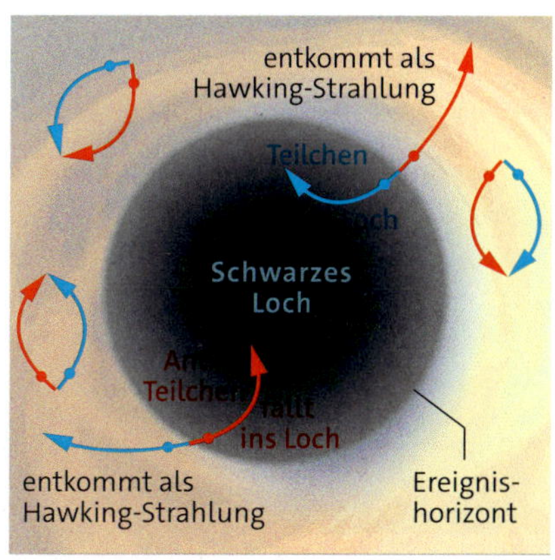

1 Ein Heizkörper im Wärmebild

Strahlungsgesetze

Eine Wärmebildkamera nimmt Wärmestrahlung auf und stellt sie farbcodiert dar. Alle warmen Körper geben Wärmestrahlung ab – die heiße Heizung deutlich mehr als die kühle Wand dahinter. Wie können wir das beschreiben?

Absorption von Wärmestrahlung • Ein Heizkörper gibt Wärme ab, die beispielsweise durch einen Solarthermiekollektor aufgenommen und ursprünglich von der Sonne abgegeben wurde (▸Abb. 2). Man sagt, der Kollektor absorbiert die Strahlung. Bei klarem Himmel kann eine solche Solarthermie-Anlage pro Quadratmeter Kollektorfläche eine Leistung von 900 W gewinnen.

3 Arbeiter am Hochofen

2 Solarthermiemodul

Anscheinend ist hier die Leistung P je Flächeninhalt A wichtig. Diesen Quotienten nennt man Leistungsdichte $S = \frac{P}{A}$. Der Kollektor in ▸Abb. 2 absorbiert die Strahlung mit einem Wirkungsgrad von 90 %. Also hat die einfallende Sonnenstrahlung eine Leistungsdichte von $S = 1000\ \frac{\text{W}}{\text{m}^2}$, was typisch für klaren Himmel ist.

Ein Körper kann Wärmestrahlung absorbieren und dabei die Strahlungsenergie in thermische Energie umwandeln. Die pro Flächeninhalt A absorbierte Leistung P heißt Leistungsdichte $S = \frac{P}{A}$.

Emission von Wärmestrahlung • Der Arbeiter am Hochofen steuert die Strömung von flüssigem Eisen, das eine Temperatur von 1600 °C hat. Dieses sendet dabei so intensive Wärmestrahlung aus, dass der Arbeiter sich mit einem speziellen Anzug schützen muss (▸Abb. 3). Man sagt, ein warmer Körper emittiert Wärmestrahlung. Welche Leistungsdichte hat dabei die Wärmestrahlung, die das Eisen emittiert?

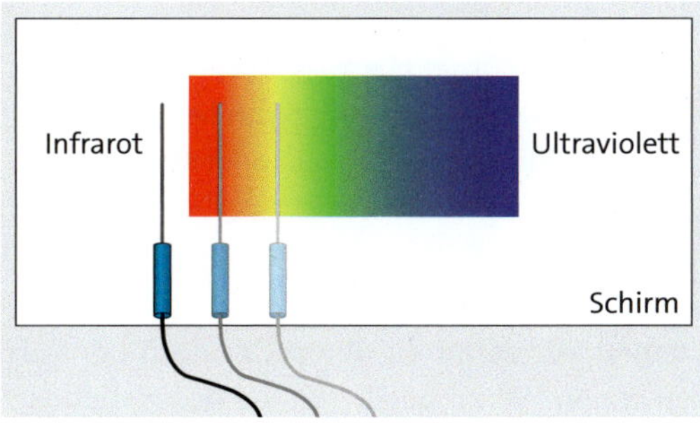

4 Erwärmung jenseits des roten Lichts

Abhängigkeit von der Temperatur • Misst man die Leistungsdichte eines Strahlers in Abhängigkeit von seiner Temperatur, zeigt sich folgender Zusammenhang:

$S = \sigma \cdot T^4.$

Damit ist die Leistungsdichte proportional zur vierten Potenz der Temperatur, also $S \sim T^4$. Der Proportionalitätsfaktor σ ist eine Naturkonstante und heißt Stefan-Boltzmann-Konstante, sie beträgt $\sigma = 5{,}67 \cdot 10^{-8}\ \frac{\text{W}}{\text{m}^2 \cdot \text{K}^4}$.

Ein Körper mit einer absoluten Temperatur T emittiert Wärmestrahlung mit der Leistungsdichte $S = \sigma \cdot T^4$. Dieses Gesetz heißt Stefan-Boltzmann-Gesetz.

Was ist Wärmestrahlung? • Welche Art Strahlung enthalten eigentlich die wärmenden Sonnenstrahlen? Das fragte sich schon 1800 der Musiker und Astronom WILHELM HERSCHEL. Dazu führte er das Experiment in ▸Abb. 4 durch. Er projizierte Sonnenstrahlen auf einen Tisch und zerlegte sie mit einem Prisma. Auf dem Tisch entstand ein Ausschnitt des Regenbogens, die Spektralfarben. Hinter dem roten Bereich konnte man keine weitere Spektralfarbe sehen. Dort platzierte Herschel Thermometer. Erstaunlicherweise zeigten diese eine Erwärmung an. Anscheinend absorbierten die Thermometer eine unsichtbare Komponente der Sonnenstrahlen, die jenseits des roten Lichts liegt, die Infrarotstrahlung oder kurz IR-Strahlung. Das Infrarot können wir mit einer Wärmebildkamera aufzeichnen (▸Abb. 1).

Transmission • Herschels Experiment ist auch bei geschlossenen Fenstern durchführbar. Offensichtlich dringen sichtbares Licht und Infrarotstrahlung durch Fensterscheiben. Die Durchstrahlung von Materie nennt man Transmission. Die sogenannte Terahertz-Strahlung, deren Wellenlänge zwischen der von Infrarot- und Mikrowellenstrahlung liegt (▸Abb. 5), kann sogar für sichtbares Licht intransparente Materialien durchdringen. Dies wird technisch genutzt: Entsprechende Kameras werden an Flughäfen verwendet, um bei Fluggästen versteckte Waffen zu finden. Das funktioniert, da Kleidung die Terahertz-Strahlung durchlässt, also transmittiert. Daher spricht man umgangssprachlich auch vom „Nacktscanner". Moderne Geräte zeigen aus diesem Grund nicht das gemessene Bild direkt an, sondern nur eine Computergrafik der Person.

Bei sichtbarem Licht, Infrarotstrahlung und den anderen Strahlungsarten des Spektrums handelt es sich um elektromagnetische Wellen. Daher hat die Strahlung eine Wellenlänge und auch eine entsprechende Frequenz. Dieser Zusammenhang wird im Rahmen der Wellenlehre genauer erläutert.

Reflexion • In heißeren Ländern sind die Häuser oft hell gestrichen. Welchen Vorteil bietet das? Weißes Licht ist aus allen Spektralfarben zusammengesetzt. Eine weiße Wand reflektiert daher das Licht aller Wellenlängen. Eine farbige Wand dagegen reflektiert nur das Licht der eigenen Farbe, die Strahlung anderer Wellenlängen wird absorbiert. Die absorbierte Strahlungsenergie erwärmt die Wand und damit das Haus. Daher werden weiße Häuser in der Sonne weniger warm.

Ein Körper kann Strahlung reflektieren oder durchlassen, letzteres nennt man Transmission.

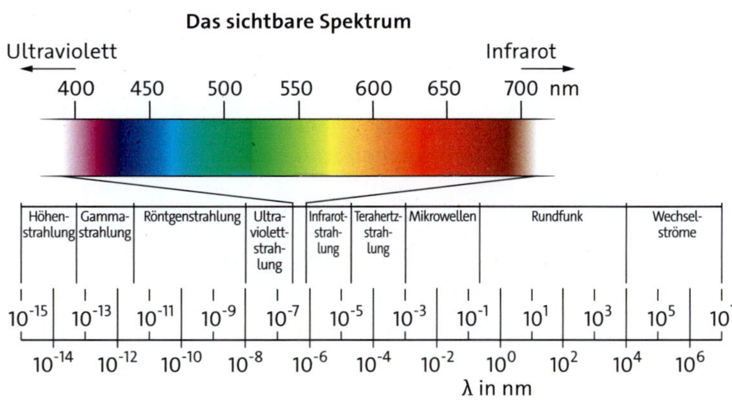

5 Elektromagnetisches Spektrum

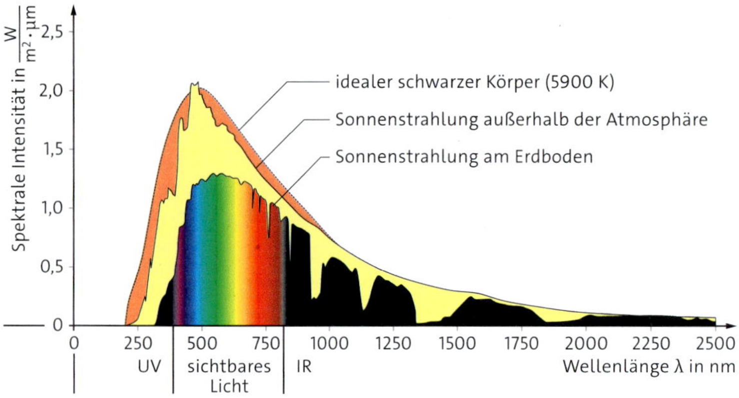

1 Spektrum der Sonne am Erdboden und oberhalb der Atmosphäre

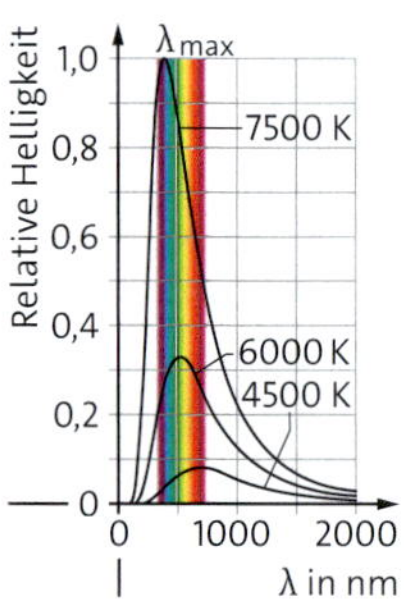

2 Wiensches Verschiebungsgesetz

Farbe und Temperatur • In ▸Abb. 1 erkennen wir, dass das Spektrum der am Erdboden eintreffenden Sonnenstrahlen Lücken aufweist. Diese entstehen dadurch, dass Moleküle in der Atmosphäre Strahlung bestimmter Wellenlängen absorbieren. Ohne diese Absorption würde man das gestrichelt gezeichnete Spektrum beobachten. Es stellt die Wärmestrahlung der Sonne dar, für deren Photosphäre eine Temperatur von ca. 5800 K gemessen wurde. Diese Strahlung hat ihr Maximum bei einer Wellenlänge von ca. 500 nm. Ähnlich hat jeder Strahler eine Wellenlänge λ, bei der die entsprechende Intensität maximal wird. Diese Wellenlänge hängt wie folgt von der Temperatur T des Strahlers ab:

$$\lambda_{max} = \frac{1}{T} \cdot 2{,}8978 \cdot 10^6 \cdot \text{nm} \cdot \text{K}.$$

Diesen Zusammenhang nennt man Wiensches Verschiebungsgesetz, da sich die Wellenlänge λ_{max} maximaler Intensität mit der Temperatur verschiebt (▸Abb. 2).

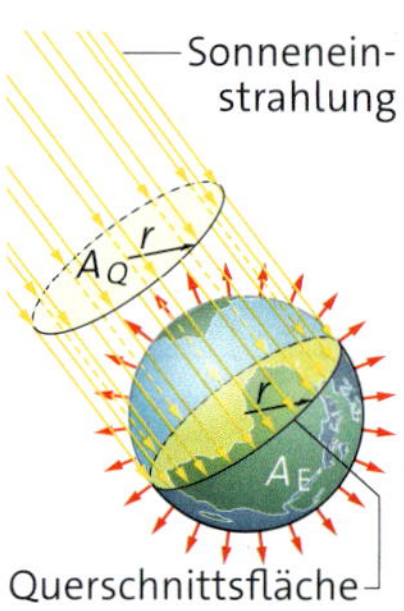

3 Globale Absorption und Emission

Wiensches Verschiebungsgesetz: Je heißer ein Körper ist, desto kleiner ist die Wellenlänge λ_{max} maximaler Intensität seiner thermischen Strahlung.

Globales Strahlungsgleichgewicht • Die Erde absorbiert Strahlung der Sonne, erwärmt sich dabei und gibt entsprechend Infrarotstrahlung ab. Dabei hat sich ein Gleichgewicht und somit eine konstante Temperatur eingestellt.

Wenn ein Körper ebenso viel Leistung absorbiert wie er emittiert, dann befindet er sich im Fließgleichgewicht oder Strahlungsgleichgewicht.

Können wir damit die Temperatur auf der Erde berechnen? Wir modellieren die Absorption auf der Querschnittsfläche A_Q, denn dieser Flächeninhalt wird bestrahlt (▸Abb. 3). Dabei berücksichtigen wir, dass von der eingestrahlten Leistungsdichte S_E nur 70 % absorbiert werden, wogegen die Atmosphäre die übrigen 30 % reflektiert. Wir berechnen die Flächen A_E mit dem mittleren Erdradius r = 6371 km. Mit der Solarkonstanten $S_E = 1370\ \frac{W}{m^2}$ und der Querschnittsfläche $A_Q = \pi \cdot r^2$ berechnen wir die zugeführte Leistung P_{zu}:

$$P_{zu} = 0{,}7 \cdot S_E \cdot A_Q$$
$$= 0{,}7 \cdot 1370\ \frac{W}{m^2} \cdot \pi \cdot 6371 \cdot 10^3\ m^2$$
$$= 122 \cdot 10^{15}\ W.$$

Im Strahlungsgleichgewicht emittiert die Erde diese Leistung mit ihrer gesamten Oberfläche A_E (▸Abb. 3). Wir ermitteln die emittierte Leistungsdichte als den Quotienten aus der Leistung und der Erdoberfläche $A_E = 4 \cdot \pi \cdot r^2 = 5{,}10 \cdot 10^{14}\ m^2$:

$$S_{em} = \frac{P_{zu}}{A_E} \approx \frac{122 \cdot 10^{15}\ W}{5{,}10 \cdot 10^{14}\ m^2} \approx 239\ \frac{W}{m^2}.$$

Wir bestimmen die globale Temperatur durch Anwendung des Stefan-Boltzmann-Gesetzes. Wir lösen nach der Temperatur auf:

$$T = \sqrt[4]{\frac{S_{em}}{\sigma}} \approx 255\ K \approx -18\ °C.$$

Das erscheint sehr kalt. Tatsächlich beträgt die mittlere Temperatur der Erde 15 °C. Um diese Abweichung zu erklären, beschäftigen wir uns mit dem Treibhauseffekt.

1 Berechnen bzw. ermitteln Sie für die Strahlung, welche die Erdoberfläche bei 300 K emittiert,
a) die Leistungsdichte,
b) die Wellenlänge maximaler Intensität,
c) die Strahlungsart.

Versuch A • Beobachtung und Messung von Strahlung

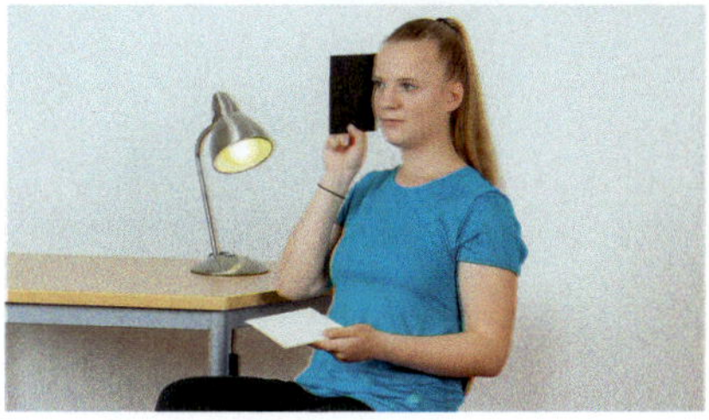

V1 Schwarz und weiß

Material:
Lampe (möglichst hell), schwarzes und weißes Papier (etwa postkartengroß), Glasplatte

Arbeitsauftrag:
a) Halten Sie das schwarze Papier etwa 1 min lang ca. 10 cm vor die Lampe. Bringen Sie die bestrahlte Seite dicht vor Ihre Wange. Wiederholen Sie den Versuch mit dem weißen Papier. Vergleichen Sie, was Sie spüren.
b) Halten Sie die Glasplatte zwischen Lampe und Papier. Wiederholen Sie a) und vergleichen Sie.
c) Erklären Sie Ihre Beobachtungen. Verwenden Sie dabei die Begriffe: sichtbares Licht, Infrarotstrahlung, Absorption, Reflexion, Transmission, Energieaufnahme, Energieabgabe.

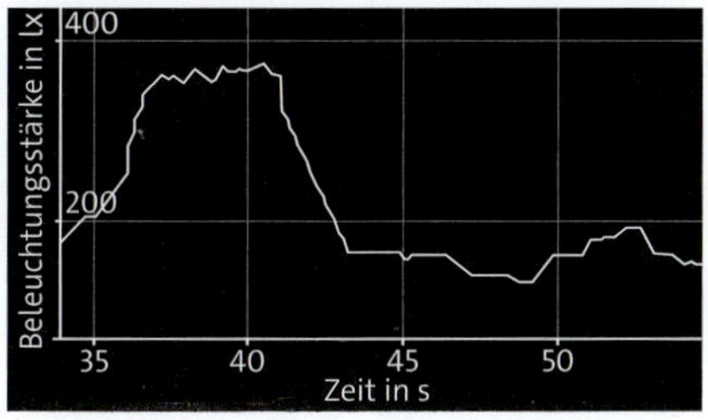

V2 Licht

Material:
Smartphone, Lampe, Lineal

Arbeitsauftrag:
a) Installieren Sie auf Ihrem Smartphone eine App zur Aufzeichnung der Beleuchtungsstärke E_V in Lux. Messen Sie die Beleuchtungsstärke der Beleuchtung an Ihrem Sitzplatz.
b) Rechnen Sie die Beleuchtungsstärke mit der Faustformel $1\,\text{lx} = 1{,}4\,\frac{\text{mW}}{\text{m}^2}$ für grünes Licht in die Leistungsdichte um.
c) Ermitteln Sie so die Solarkonstante bei blauem Himmel. Messen Sie die Beleuchtungsstärke bei unterschiedlicher Bewölkung. Beurteilen Sie quantitativ die Bedeutung der Bewölkung für den Ertrag einer Solaranlage.
d) Messen Sie ebenso die Beleuchtungsstärke von Auto- und Fahrradbeleuchtungen in verschiedenen Entfernungen. Beurteilen Sie die Sichtbarkeit.

V3 Absorption

Material:
Smartphone, Farbfolien gleicher Farbe

Arbeitsauftrag:
a) Installieren Sie auf Ihrem Smartphone eine App zur Aufzeichnung der Beleuchtungsstärke E_V in Lux. Legen Sie das Phone auf den Tisch und messen Sie E_V. Legen Sie eine Farbfolie auf den Sensor und messen Sie erneut. Deuten Sie mit Absorption und Transmission.
b) Verändern Sie die Anzahl n der aufgelegten Folien und messen Sie für jedes n E_V. Wählen Sie begründet eine passende Regression aus und formulieren Sie das Ergebnis in Form eines Gesetzes.
c) Begründen Sie dieses Gesetz mithilfe der Überlegung, dass jede aufgelegte Folie einen bestimmten Anteil absorbiert.
d) Erklären Sie, weshalb es in der Tiefsee dunkel ist, obwohl Wasser im Trinkglas lichtdurchlässig ist.

Material A • Fell des Eisbären

Im Wärmebild des Eisbären zeigt das Fell fast keine Wärmestrahlung

A1 a) Der Eisbär hat unter der Haut eine 5 bis 10 cm dicke Fettschicht. Erklären Sie, wie diese zur Verringerung der Wärmestrahlung führt.
b) Die Haut des Eisbären ist schwarz. Erklären Sie die Funktion dieser Farbe für den Energiehaushalt des Eisbären.

c) Die Haare des Eisbären sind transparent, teils hohl und erscheinen weiß.

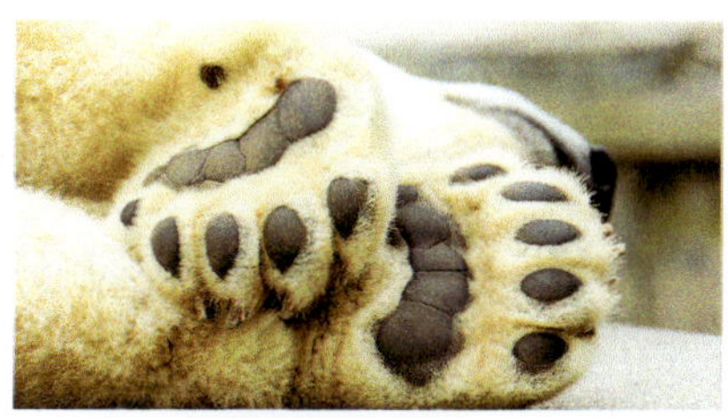

Recherchieren und erklären Sie daraus resultierende Vorteile für den Eisbären.

1 Im Gewächshaus ist der Boden wärmer als im Außenbereich.

Treibhauseffekt

Das Treibhaus enthält keine Heizung und dennoch betrug die Bodentemperatur an einem sonnigen, windigen Junitag dort 33 °C, im Außenbereich jedoch nur 17 °C. Wie funktioniert ein Treibhaus?

Energieströme beim Treibhaus • Vom Treibhaus strömt permanent thermische Energie nach außen, durch Wärmestrahlung, durch Wärmeleitung und durch Luftaustausch oder Konvektion. Daher muss regelmäßig Energie hineinströmen, damit es im Treibhaus relativ warm ist. Somit entwickelt sich ein Fließgleichgewicht.

Die Wände des Treibhauses sind lichtdurchlässig, damit die Sonnenstrahlen innen absorbiert werden können. Der Garten absorbiert die gleichen Sonnenstrahlen. Daher ist das Treibhaus bei der Energiezufuhr nicht im Vorteil.
Aber wenn sich im Garten durch Absorption die Luft erwärmt, wird diese leicht verweht. Im Treibhaus dagegen wird die warme Luft durch die Scheiben festgehalten und die Konvektion somit wirksam reduziert.
Das Treibhaus verschiebt also die Temperatur des Fließgleichgewichts nach oben, indem es die Energieabgabe durch Konvektion verringert. Zusätzlich vermindern die Scheiben die Energieabgabe durch Wärmestrahlung, da diese für IR-Strahlung nicht vollständig transparent ist.

Globaler Treibhauseffekt • Funktioniert der globale Treibhauseffekt ebenso? Ja und nein. Die Konvektion der Atmosphäre ist nach oben zum All hin durch die Gravitation begrenzt und seitlich unbegrenzt. Beim globalen Treibhauseffekt wird also nicht die Konvektion verringert, wie beim Treibhaus. Aber die Atmosphäre beinhaltet Gase, welche die Sonnenstrahlen durchlassen, jedoch das vom Erdboden emittierte IR kaum herauslassen.
Das Gemeinsame des Treibhauses und der Atmosphäre ist somit, dass beide die Energieabgabe verringern und so die Temperatur des Fließgleichgewichts nach oben verschieben.

Erweiterung des Modells • Wir verfeinern unser Modell zum Fließgleichgewicht der Erde, um den Treibhauseffekt zu berücksichtigen. Zunächst ermitteln wir die Leistung der auf die Atmosphäre treffenden Sonnenstrahlen, indem wir die Querschnittsfläche $\pi \cdot r^2$ der Erde (r = 6371 km) mit der Solarkonstante $\left(S_E = 1370\,\frac{W}{m^2}\right)$ multiplizieren:

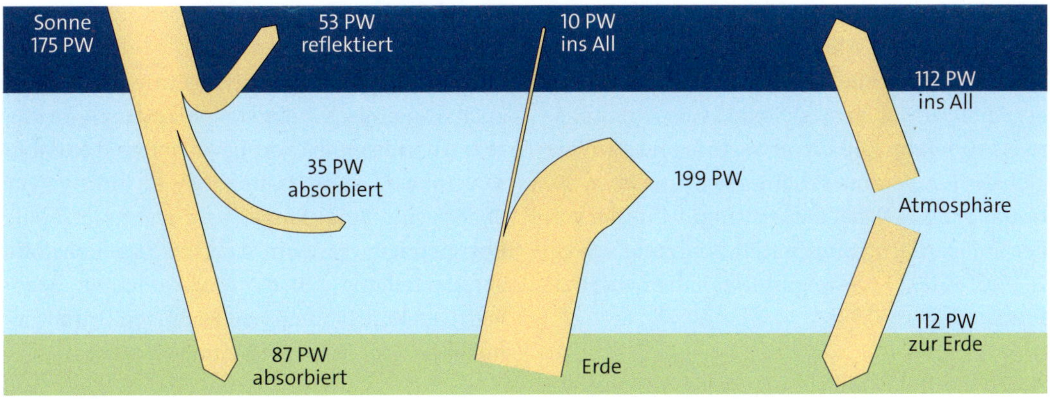

2 Modell zum globalen Treibhauseffekt

$P = \pi \cdot r^2 \cdot S_E = 175 \cdot 10^{15}\,\text{W} \approx 175\,\text{PW}.$

Die Atmosphäre reflektiert hiervon 30 % und absorbiert den Anteil von 20 %, auf den Erdboden treffen also 50 % (▸Abb. 2). Zusammen nehmen die Erdatmosphäre und der Erdboden also eine Leistung von 70 % oder 122 PW auf. Im Fließgleichgewicht strahlen die Atmosphäre und die Erdoberfläche zusammen diese Leistung von 122 PW ins Weltall ab.

Energieströme in der Atmosphäre • Würde die Atmosphäre die gesamte von der Erdoberfläche abgegebene Leistung absorbieren, dann würde die Erdoberfläche Strahlung nicht direkt ins All emittieren. In diesem Fall würde also allein die Atmosphäre die 122 PW ins All abstrahlen (▸Abb. 2).

Die Atmosphäre emittiert in alle Richtungen gleich, 122 PW nach oben und 122 PW nach unten. Also würde die Erdoberfläche diese von der Atmosphäre nach unten emittierte Strahlung mit der Leistung 122 PW absorbieren.

Teilweise Absorption • Beobachtungen zeigen allerdings, dass 10 PW der von der Erdoberfläche emittierten Strahlung direkt ins Weltall gelangen. Daher emittiert die Atmosphäre nur 122 PW − 10 PW = 112 PW ins All. Somit emittiert sie den gleichen Betrag zum Erdboden hin. Folglich absorbiert die Erdoberfläche insgesamt 112 PW + 87 PW = 199 PW (▸Abb. 2). Im Strahlungsgleichgewicht emittiert sie die gleiche Leistung. Wir berechnen die entsprechende Leistungsdichte, indem wir durch den Oberflächeninhalt $4\pi \cdot r^2$ der Erdkugel teilen:

$$S_{em} \approx \frac{199\,\text{PW}}{5{,}10 \cdot 10^{14}\,\text{m}^2} \approx 390{,}02\,\frac{\text{W}}{\text{m}^2}.$$

Wir lösen das Stefan-Boltzmann-Gesetz nach der Temperatur auf und ermitteln die Temperatur der Erdoberfläche:

$$S_{em} = \sigma \cdot T^4,$$

$$T = \sqrt[4]{\frac{S_{em}}{\sigma}} \approx 287{,}99\,\text{K} = 14{,}84\,°\text{C}.$$

Unser Ergebnis stimmt also gut mit der beobachteten Temperatur von 15 °C überein. Die Atmosphäre steigert demnach die Temperatur von −18 °C auf 15 °C, man spricht vom natürlichen Treibhauseffekt. Dieser ist für uns sehr günstig, denn schon eine Abkühlung um nur wenige Kelvin würde zu einer Kaltzeit führen, in der wir lieber nicht leben wollen.

Industrialisierung • Was kann passieren, wenn sich die Zusammensetzung der Atmosphäre ändert? Im Zuge der Industrialisierung, d. h. in den letzten 200 Jahren, geschah nämlich genau das.

Die wesentliche Grundlage der bisherigen Industrialisierung ist die Ersetzung von Muskelkraft durch Verbrennungsmotoren, zuerst angetrieben von Kohle, später und bis heute von Benzin, Diesel und ähnlichen Kraftstoffen. Dies erzeugt meist Kohlenstoffdioxid, CO_2, als Abgas.

Technologien zur nichtfossilen Energiebereitstellung sind bereits in der Entwicklung: Kernfusion, Wasserstofftechnologien wie Brennstoffzellen und synthetische Kraftstoffe. Auch die Speicherung von Energie aus volatilen Quellen wie Windkraft und Solaranlagen ist ein wichtiger Baustein: Dazu wird u. a. an Salzschmelzespeichern, Akkumulatoren und hochkapazitiven Kondensatoren geforscht. Auch in Deutschland!

Nach einer mittelfristigen Minimierung des Ausstoßes von CO_2 bei der technischen Energiebereitstellung wird das bereits vorhandene CO_2 u.a. von den Pflanzen aus der Atmosphäre entfernt und in Biomasse umgewandelt.

Temperaturanstieg • Kohlenstoffdioxid wiederum absorbiert Wärmestrahlung und verstärkt so den Treibhauseffekt (▸Abb. 1). Tatsächlich stieg der Anteil an Kohlenstoffdioxid in der Atmosphäre bis zum Jahr 2019 um etwa 46 % und auch die globale Temperatur erhöhte sich um etwa 1 K (▸Abb. 2). Das CO_2 hat die Leistungsdichte der von der Erdoberfläche emittierten Strahlung um ca. $2\,\frac{\text{W}}{\text{m}^2}$ auf $392{,}02\,\frac{\text{W}}{\text{m}^2}$ gesteigert. Dies entspricht einer Erwärmung um 0,37 K.

Durch die Industrialisierung gelangten weitere Treibhausgase, aber auch kühlende Aerosole in die Atmosphäre. Insgesamt steigerte sich die von der Erdoberfläche emittierte Leistung dadurch um $3{,}14\,\frac{\text{W}}{\text{m}^2}$ auf $393{,}16\,\frac{\text{W}}{\text{m}^2}$. Entsprechend dem Stefan-Boltzmann-Gesetz hat die Erdoberfläche dadurch folgende Temperatur:

$$T = \sqrt[4]{\frac{S_{\text{em}}}{\sigma}} \approx 288{,}57\,\text{K} = 15{,}42\,°\text{C}.$$

Dies entspricht einer Erwärmung um 0,58 K. Die anthropogenen, d. h. menschengemachten, Beiträge erklären die beobachtete Erwärmung um 1 K bis zum Jahr 2019 somit größtenteils. Neben dem unmittelbaren Einfluss der Treibhausgase sind noch Rückkopplungseffekte möglich, wie z.B. die schnellere Verdunstung von Wasser: Wasserdampf ist ebenfalls ein Treibhausgas, kann aber in Form von Wolken auch kühlend wirken.

Bisherige Folgen • Durch die globale Erwärmung kam es in den letzten Jahren weltweit zum Abschmelzen von Gletschern und polarem Eis und zu einem schnelleren Anstieg des Meeresspiegels, der langfristig Küstenregionen bedrohen könnte. Weitere Folgen könnten Dürren und andere Extremwetterereignisse sein.

Langfristige Lösungen • Neben den klimatischen und ökologischen Folgen ist die Verbrennung von fossilen Energieträgern wie z.B. Erdöl auch ökonomisch äußerst problematisch, da diese nicht unbegrenzt verfügbar sind und es daher sehr sinnvoll ist, sparsam mit ihnen umzugehen. Zudem sind Erdöl, Erdgas usw. nicht nur fossile Energieträger, sondern unersetzbare Rohstoffe zur Herstellung z.B. von Medikamenten, hochwertigen Kunststoffen und wichtigen Grundchemikalien. Viel zu wertvoll zum Verbrennen!

Jeder kann dazu beitragen, indem er darauf achtet, Ressourcen nicht zu verschwenden. Aber auch die Wirtschaft muss mitziehen. Daher spielt die Entwicklung ressourcenschonender neuer Technologien eine wichtige Rolle. Die Finanzierung und Umsetzung solcher Forschung setzt allerdings eine leistungsfähige Wirtschaft und Industrie voraus, die wiederum auf eine bezahlbare und stabile Energieversorgung angewiesen ist. Die Entwicklungen der letzten 30 Jahre in Deutschland zeigen: Unsere Wirtschaft ist deutlich stärker gewachsen als erwartet. Gleichzeitig haben wir das Ziel, die CO_2-Emissionen in dieser Zeit um 40 % zu senken, nur knapp verfehlt. Ressourcenschonung und Vermeidung von CO_2-Ausstoß sind also mit steigendem Wohlstand und technischer Entwicklung kompatibel, wenn man maßvoll, überlegt und kompromissbereit handelt.

1 Recherchieren Sie zu neuen Technologien zur Energiebereitstellung und -speicherung und erstellen Sie eine Präsentation dazu.

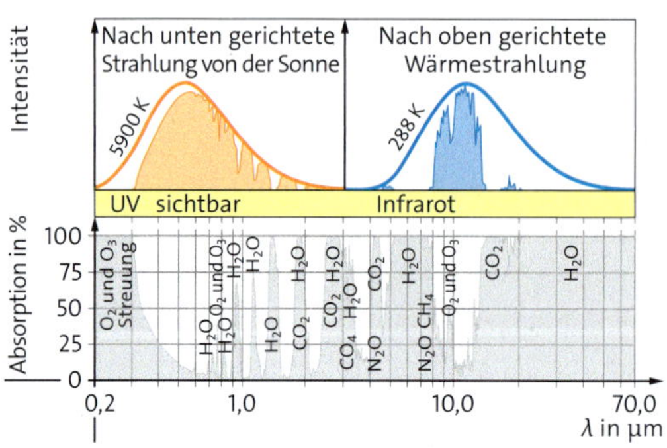

1 Absorption und Emission in der Atmosphäre

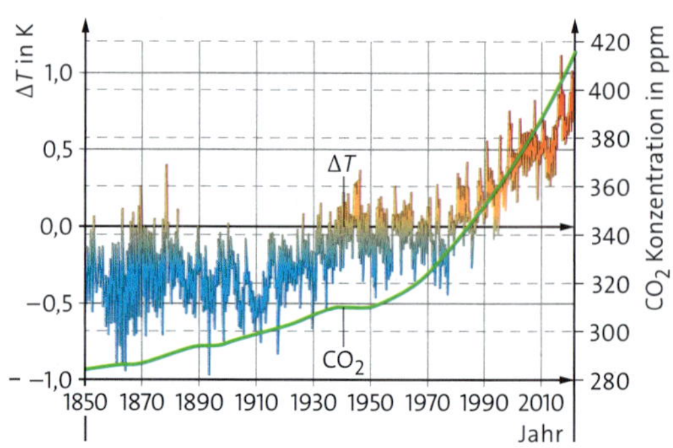

2 Globale Temperatur und CO_2- Konzentration

Versuch A • Ein Modell-Experiment für den Energiehaushalt der Erde

V1 Erdatmosphäre

Material:
Zwei Joghurtbecher, Nagel, Waschbecken

Arbeitsauftrag:
a) Stechen Sie mit dem Nagel kurz über dem Boden mehrere Löcher in den Becher. Halten Sie den Becher unter den Wasserhahn. Lassen Sie das Wasser so lange laufen, bis sich im Becher eine konstante Wasserhöhe einstellt.
b) Drehen Sie den Wasserhahn unterschiedlich stark auf. Untersuchen Sie, wie sich dadurch die Wasserhöhe ändert. Im Modell entspricht der Becher der Erde. Die Wassermenge im Becher entspricht der inneren Energie auf der Erde. Finden Sie die Entsprechungen für die Temperatur auf der Erde und die von der Erde aufgenommene bzw. abgegebene Leistung.
c) Drehen Sie den Wasserhahn schwach auf. Halten Sie nun einige der Löcher im Becher zu. Beobachten Sie, was sich dadurch ändert. Übertragen Sie Ihre Beobachtungen auf den Energiehaushalt der Erde.
d) Drehen Sie den Wasserhahn schwach auf. Fangen Sie mit dem zweiten Becher einen Teil des Wassers aus dem ersten Becher auf und schütten Sie es zurück in den ersten Becher. Wiederholen Sie dies regelmäßig. Beobachten Sie, was sich dadurch ändert. Übertragen Sie Ihre Beobachtungen auf den Energiehaushalt der Erde. Erläutern Sie, was dem zweiten Becher entspricht.

Versuch B • Strahlungsgleichgewichte ermitteln

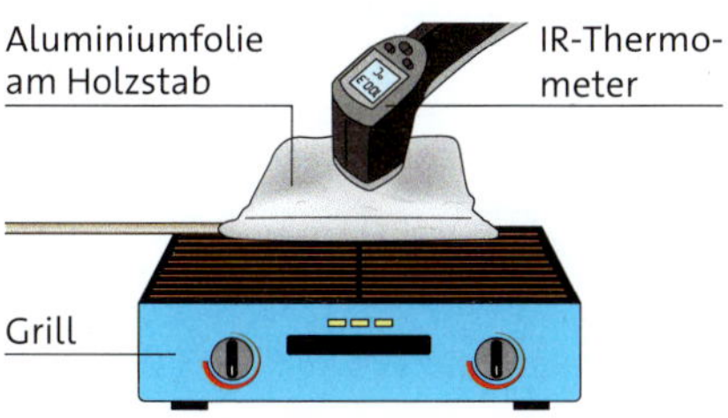

V1 Ausbreitung von Wärmestrahlung

Material:
Elektrogrill, Alufolie, IR-Thermometer

Arbeitsauftrag:
a) Halten Sie ein Stück Alufolie senkrecht zur Ausbreitungsrichtung der Strahlung des Grills und messen Sie die Temperatur auf der vom Grill abgewandten Seite.
b) Ermitteln Sie aus der gemessenen Temperatur die Leistungsdichte der von der Alufolie emittierten Strahlung.
c) Analysieren Sie das Strahlungsgleichgewicht, das sich an der Alufolie einstellt. Ermitteln Sie daraus die Leistungsdichte der vom Grill emittierten Strahlung am Ort der Unterseite der Alufolie.
d) Untersuchen Sie die Abhängigkeit der Leistungsdichte der vom Grill emittierten Strahlung von der Entfernung. Erstellen Sie einen Graphen.
e) Deuten Sie das Experiment als Modellversuch für die Strahlungsgleichgewichte von Planeten. Erörtern Sie Ähnlichkeiten und Unterschiede.

V2 Erdatmosphäre und Kleine Eiszeit

Material:
Tabellenkalkulationsprogramm

Arbeitsauftrag:
Sie modellieren das Strahlungsgleichgewicht der Erdatmosphäre. Gehen Sie von der Masse $5 \cdot 10^{18}$ kg und der spezifischen Wärmekapazität $c = 1 \frac{\text{kJ}}{\text{kg} \cdot \text{K}}$ aus. Starten Sie eine Tabellenkalkulation.
a) Stellen Sie für den Zeitschritt $\Delta t = 10^6$ s in der ersten Spalte die Zeit t, in der zweiten die absolute Temperatur T, in der dritten die absorbierte Leistung $P_{ab} = 0{,}7 \cdot S_E \cdot \pi \cdot r^2$, in der vierten die emittierte Leistung $P_{em} = \sigma \cdot T^4 \cdot 4\pi \cdot r^2$, in der fünften die Energieänderung $\Delta E = (P_{ab} - P_{em}) \cdot \Delta t$ und in der sechsten die Temperaturänderung $\Delta T = \frac{\Delta E}{m \cdot c}$ dar.
b) Zeigen Sie, dass sich das Strahlungsgleichgewicht bei 255 K einstellt.
c) Starten Sie bei einer Temperatur von 200 K und ermitteln Sie, nach welcher Zeit sich die Temperatur 254 K eingestellt hat.
d) Erörtern Sie denkbare weitere Einflüsse auf die Zeitspanne, während der sich das Gleichgewicht einstellt.
e) Im Zeitraum 1570–1715 sank die Temperatur global um etwa 0,8 K, man spricht von der Kleinen Eiszeit. Dabei nahm die Solarkonstante um 0,2 % ab (Diagramm). Starten Sie hierzu die Tabellenkalkulation wie in a).
f) Überprüfen Sie, ob die verringerte Solarkonstante alleinige Ursache für die Kleine Eiszeit gewesen sein kann.
g) Vergleichen Sie mit dem Diagramm und beurteilen Sie.

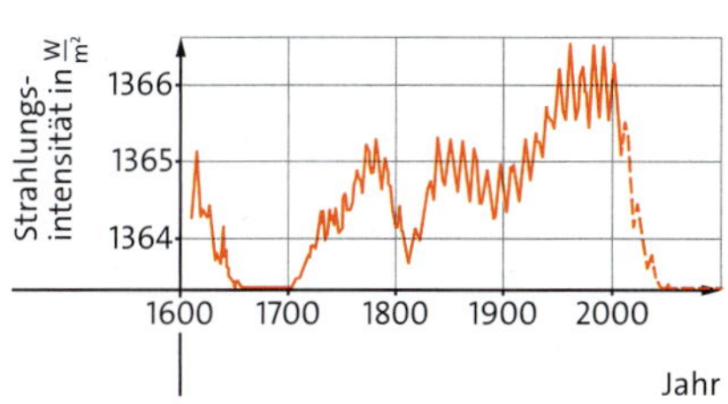

Musteraufgabe mit Lösung • Thermodynamik

Aufgabe • Temperaturen auf anderen Himmelskörpern

a) Die Sonne hat einen Radius von $6{,}96 \cdot 10^8$ m und eine Strahlungsleistung von $3{,}86 \cdot 10^{26}$ W. Berechnen Sie die Temperatur auf der Sonnenoberfläche mit dem Gesetz von STEFAN und BOLTZMANN.

b) Venus ist $1{,}08 \cdot 10^8$ km und Mars $2{,}28 \cdot 10^8$ km von der Sonne entfernt. Berechnen Sie die Solarkonstanten für beide und damit jeweils die Temperatur auf diesen Planeten.

c) Aus Messungen von Raumsonden kennt man die Temperaturen auf Venus (464 °C) und Mars (−55 °C). Vergleichen Sie mit Ihren Ergebnissen aus a). Finden Sie mögliche Gründe für die Abweichungen.

d) Die Solarkonstante schwankt regelmäßig etwa alle elf Jahre zwischen $1366\,\frac{\text{W}}{\text{m}^2}$ und $1368\,\frac{\text{W}}{\text{m}^2}$. Berechnen Sie, wie stark die Temperatur des Strahlungsgleichgewichts auf der Erde dadurch schwankt.

e) Berechnen Sie, um welchen Betrag die Solarkonstante steigen müsste, um eine Temperaturerhöhung von 3 K hin zu einem Warmklima mit eisfreien Polen zu bewirken.

f) Die Tabelle zeigt für verschiedene Sterne die Oberflächentemperatur. Berechnen Sie jeweils die Frequenz maximaler Intensität. Ermitteln Sie die entsprechende Farbe.

Stern	*T* in K
Sirius	9940
Wega	9602
Polaris	6500
Sonne	5778
Arktur	4290
Proxima Centauri	3042

Lösung

a) $S = \frac{P}{A} = \frac{3{,}86 \cdot 10^{26}\,\text{W}}{4\pi \cdot (6{,}96 \cdot 10^8\,\text{m})^2}$
$= 6{,}341 \cdot 10^7\,\frac{\text{W}}{\text{m}^2}$

Stefan-Boltzmann-Gesetz: $S = \sigma \cdot T^4$

Auflösen: $T = \sqrt[4]{\frac{S}{\sigma}} = 5783\,\text{K}$

b) Venus:

$S = \frac{P}{A} = \frac{3{,}86 \cdot 10^{26}\,\text{W}}{4\pi \cdot (1{,}08 \cdot 10^{11}\,\text{m})^2}$
$= 2633\,\frac{\text{W}}{\text{m}^2}$

Zugeführte Leistung: $P_{zu} = S \cdot \pi \cdot r^2$

Abgegebene Leistung:

$P_{ab} = S_{ab} \cdot 4\pi \cdot r^2$

Gleichsetzen und Auflösen:

$S \cdot \pi \cdot r^2 = S_{ab} \cdot 4\pi \cdot r^2$ oder $S_{ab} = \frac{S}{4}$

Stefan-Boltzmann-Gesetz:

$S = \sigma \cdot T^4$

Auflösen:

$T = \sqrt[4]{\frac{S}{\sigma}} = 328{,}3\,K \approx 55\,°\text{C}$

Mars (Rechnung analog):

$S = 590{,}9\,\frac{\text{W}}{\text{m}^2}$

$T = 225{,}9\,K \approx -47\,°\text{C}$

c) Beim Mars liegt die gemessene Temperatur 8 K unter der berechneten, es besteht also gute Übereinstimmung.

Bei der Venus liegt die gemessene Temperatur 409 K über der berechneten. Der Grund hierfür ist, dass der natürliche Treibhauseffekt gerade bei der Venus mit ihrer sehr dichten Atmosphäre zu einer wesentlich höheren Temperatur führt, als beim Modell ohne Atmosphäre ermittelt wurde.

d) Erde:

Zugeführte Leistung: $P_{zu} = S \cdot \pi \cdot r^2$

Abgegebene Leistung:

$P_{ab} = S_{ab} \cdot 4\pi \cdot r^2$

Gleichsetzen und Auflösen:

$S \cdot \pi \cdot r^2 = S_{ab} \cdot 4\pi \cdot r^2$ oder $S_{ab} = \frac{S}{4}$

Berücksichtigung der Reflexion:

$S_{ab} = \frac{S}{4} \cdot 0{,}7$

Stefan-Boltzmann-Gesetz:

$S = \sigma \cdot T^4$

Berechnen von T für $1366\,\frac{\text{W}}{\text{m}^2}$:

$$T = \sqrt[4]{\frac{0{,}25 \cdot 0{,}7 \cdot 1366\,\frac{\text{W}}{\text{m}^2}}{\sigma}} = 254{,}8\,\text{K}$$

Berechnen von T für $1368\,\frac{\text{W}}{\text{m}^2}$:

$$T = \sqrt[4]{\frac{0{,}25 \cdot 0{,}7 \cdot 1368\,\frac{\text{W}}{\text{m}^2}}{\sigma}} = 254{,}9\,\text{K}$$

Es entsteht ein Temperaturunterschied von 0,1 K.

e) Wir probieren verschiedene Leistungsdichten aus, bis eine Temperaturschwankung von 3 K entsteht. Zum Erfolg führt:

$$T = \sqrt[4]{\frac{0{,}25 \cdot 0{,}7 \cdot 1432\,\frac{\text{W}}{\text{m}^2}}{\sigma}} = 257{,}9\,\text{K}$$

Eine Leistungsdichte von $1432\,\frac{\text{W}}{\text{m}^2}$ erzeugt eine Temperaturerhöhung von 3 K.

f) Sirius:

$\lambda_{max} = \frac{1}{T} \cdot 2{,}8978 \cdot 10^6\,\text{nm} \cdot \text{K}$
$= \frac{1}{9940\text{K}} \cdot 2{,}8978 \cdot 10^6\,\text{nm} \cdot \text{K}$
$= 291{,}5$ nm, violett bis UV

Wega: $l_{max} = 301{,}8$ nm, violett bis UV

Polaris: $l_{max} = 445{,}8$ nm, blau

Sonne: $l_{max} = 501{,}5$ nm, blau-grün

Arktur: $l_{max} = 675{,}5$ nm, rot

Proxima Centauri: $l_{max} = 952{,}6$ nm, rot bis IR

Übungsaufgaben mit Hinweisen • Thermodynamik

Aufgabe 1 • Ideales Gas

a) Erläutern Sie anhand der Abbildung das Modell des idealen Gases.

b) Erklären Sie mithilfe der Abbildung, warum im idealen Gas der Druck p proportional zur kinetischen Energie E_{kin} ist und weshalb p proportional zu T ist. Nennen Sie die entsprechenden Gleichungen.

c) Erläutern Sie für das ideale Gas die Zustandsgrößen T, p und V sowie die Zustandsgleichung.

d) Die Anzahl N der Teilchen eines Gases kann auch als Produkt aus Molzahl n und Avogadro-Konstante N_A dargestellt werden. Erläutern Sie n und N_A und recherchieren Sie den Betrag von N_A. Stellen Sie die Zustandsgleichung des idealen Gases mithilfe der universellen Gaskonstanten $R = N_A \cdot k_B$ dar. Berechnen Sie das Volumen von einem Mol eines idealen Gases unter Normalbedingungen: $p_N = 101\,325$ Pa, $T_N = 273{,}15$ K.

e) Die Pressluftflasche mit dem Volumen $V = 10$ L eines Retters der Feuerwehr wird bei der Temperatur T_N mit Luft befüllt, bis in der Flasche ein Druck von 20 MPa herrscht. Ermitteln Sie die Molzahl des Gases. Bei einem Einsatz steigt die Temperatur des Gases auf 400 K. Berechnen Sie den entstehenden Gasdruck.

Aufgabe 2 • Wärme-Kraft-Kopplung

a) Bei einer Heizungsanlage wird Methan verbrannt und die freigesetzte Wärme zunächst von einem Stirlingmotor genutzt. Erklären Sie die Funktionsweise der Anlage anhand der unten stehenden Abbildung.

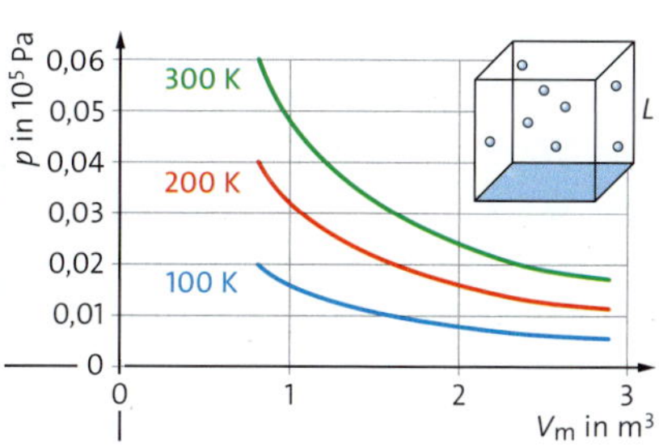

b) Beim Verbrennen entsteht die Temperatur $T_H = 1000$ K, während die Temperatur im Heizkreislauf $T_K = 320$ K beträgt. Berechnen Sie den maximal möglichen Wirkungsgrad des Motors.

c) Die Anlage nimmt die thermische Leistung $P_{Brenner} = 35$ kW auf und gibt die elektrische Leistung $P_{el} = 9$ kW ab. Ermitteln Sie den elektrischen Wirkungsgrad $\eta_{el} = \frac{P_{el}}{P_{Brenner}}$.

d) Dabei gibt die Anlage eine Heizleistung von $P_H = 25$ kW ab. Ermitteln Sie den Heizwirkungsgrad $\eta_H = \frac{P_H}{P_{Brenner}}$ und den Gesamtwirkungsgrad $\eta_{el} + \eta_H$.

e) Erläutern, beurteilen und bewerten Sie das Konzept der Kraft-Wärme-Kopplung anhand der dargestellten Anlage.

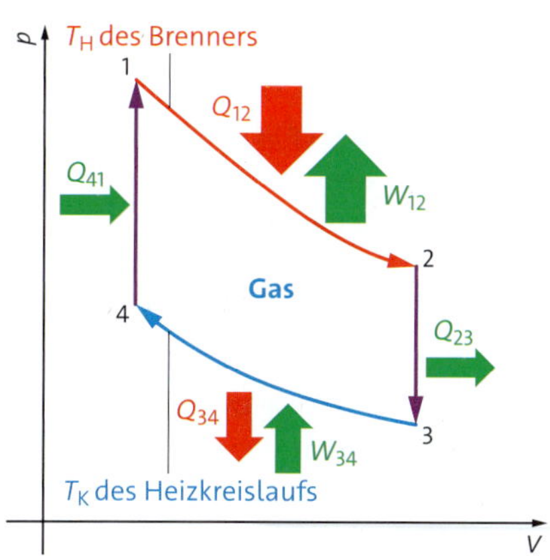

Hinweise

Aufgabe 1

a) nicht wechselwirkende Teilchen ohne Ausdehnung

b) Es gilt $p = \frac{F}{A}$. Ein stoßendes Teilchen übt die Kraft aus: $F = \frac{\Delta p_x}{\Delta t}$.

$$\Rightarrow p \sim \frac{\Delta p_x}{L^2 \cdot \Delta t} \sim \frac{m \cdot v_x}{\frac{L^3}{v_x}} \sim m \cdot v_x^2.$$

Da $E_{kin} \sim v_x^2$, ist auch $p \sim E_{kin}$.

Gesetz von Amontons: $p \sim T$.

c) T charakterisiert die Bewegungsenergie der Teilchen im Würfel. p beschreibt den Impulsübertrag der Teilchen auf die Würfelwände. V ist das Würfelvolumen. Die Zustandsgleichung $p \cdot V \sim T$ veranschaulichen die Graphen.

d) $N_A = 6{,}022\,140\,76 \cdot 10^{23}$ Teilchen bilden 1 mol. $p \cdot V = n \cdot R \cdot T$.

$$V_N = \frac{R \cdot T_N}{p_N} = 22{,}414\,\text{L}.$$

e) $\frac{V_{\text{Gas bei } p_N}}{V_{\text{Flasche}}} = \frac{20\,\text{MPa}}{p_N} = 22{,}414\,\text{L}$

$$V_{\text{Gas bei } p_N} = V_{\text{Flasche}} \cdot \frac{20\,\text{MPa}}{p_N} = 1974\,\text{L}$$

1 mol mit dem Volumen 22,414 L entspricht c):

$$\Rightarrow n = \frac{1974\,\text{L}}{22{,}414\,\frac{\text{L}}{\text{mol}}} = 88\,\text{mol}.$$

Da $p \sim T$ ist, gilt:

$$p = \frac{400\,\text{K}}{T_N} \cdot 20\,\text{MPa} = 29{,}3\,\text{MPa}.$$

Aufgabe 2

b) $\eta_{max} = \frac{T_H - T_K}{T_H} = 0{,}68$

c) $\eta_{el} = \frac{9}{35} = 0{,}257$

$\eta_H = \frac{25}{35} = 0{,}714$

$\eta = \eta_{el} + \eta_H = 0{,}971$

Die Anlage erzielt einen sehr hohen Wirkungsgrad von fast 1, da sie auch die Abwärme nutzt.

Thermodynamik

Energie eines Teilchens im Gas: Ein Teilchen hat eine mittlere Geschwindigkeit v und somit folgende mittlere kinetische Energie $\overline{E}_{\text{kin}}$:

$$\overline{E}_{\text{kin}} = \frac{1}{2} m \cdot \overline{v}^2 = \frac{1}{2} m \cdot (\overline{v}_x^2 + \overline{v}_y^2 + \overline{v}_z^2).$$

Der **Gasdruck auf eine Wand entsteht durch** Stöße der Teilchen gegen diese Wand. Der **Druck** bei N Teilchen beträgt:

$$p = N \cdot \frac{F}{A} = N \cdot \frac{F}{L^2}.$$

Ideales Gas: Ein ideales Gas besteht aus punktförmigen nicht wechselwirkenden Teilchen. Im idealen Gas mit den Zustandsgrößen p, V und T gilt das ideale oder **universelle Gasgesetz:**

$$p \cdot V = N \cdot k_B \cdot T$$

Wärmetransport kann auf drei Arten erfolgen:
Wärmeleitung. Wärmeleitung erfolgt immer vom warmen Bereich zum kalten. Im warmen Bereich bewegen sich die Teilchen relativ schnell. Sie stoßen an benachbarte Teilchen und übertragen so ihre mikroskopische Bewegungsenergie, also ihre thermische Energie. So wird die thermische Energie von einem Teilchen zum nächsten transportiert und wandert zum kalten Bereich. Dabei ist die Wärmeleitfähigkeit eine Stoffkonstante.
Konvektion heißt der Transport von thermischer Energie durch transportierte Materie. Dies geschieht z.B., wenn beim Lüften warme Luft nach draußen strömt.
Wärmestrahlung: Jeder Körper gibt aufgrund seiner Temperatur Strahlung ab. Man kann von der gemessenen Wärmestrahlung auf die Temperatur des emittierenden Körpers schließen.

Volumenarbeit: Wenn wir ein Gas komprimieren, verrichten wir am Gas eine Arbeit. Lassen wir das Gas wieder expandieren, nimmt es sein altes Volumen ein und verrichtet dabei die Arbeit $W = p \cdot \Delta V$, die sogenannte **Volumenarbeit**.

Ein **Kreisprozess** ist eine Abfolge von Zuständen, die ein System periodisch durchläuft. Das bedeutet, es kehrt immer wieder in seinen Ausgangszustand zurück. Ein bekannter Kreisprozess ist der **Carnot-Prozess**, ein Gedankenexperiment, das eine reversibel arbeitende **Wärmekraftmaschine** darstellt bzw. in seiner Umkehrung eine **Wärmepumpe** oder eine **Kälteanlage**.
Die **Leistungszahl** der **Wärmepumpe** ε_{WP} ist:

$$\varepsilon_{\text{WP}} = \frac{T_H}{T_H - T_K}.$$

Die der **Kälteanlage** ist:

$$\varepsilon_{\text{KA}} = \frac{T_K}{T_H - T_K},$$

denn hier soll Wärme abgeführt werden, während bei der Wärmepumpe Wärme zugeführt werden soll. Bei ersterer ist die hohe Temperatur das Ziel, bei letzterer die tiefe Temperatur.

Der **erste Hauptsatz der Thermodynamik** lautet: In einem abgeschlossenen System ist die Energie konstant.

Der **zweite Hauptsatz der Thermodynamik** besagt, dass keine Maschine einen Wirkungsgrad größer als den des Carnot-Prozesses hat:

$$\eta_C = \frac{T_H - T_K}{T_H}$$

Gleichwertig ist die These, dass Wärme von alleine stets vom Warmen ins Kalte strömt.

Der **Phasenraum** eines Systems von n Teilchen entspricht einem Koordinatensystem mit 3n Raumdimensionen (sowie 3n Impulsdimensionen).

Die **Entropie** ist ein Maß für die Zahl der **Mikrozustände** eines Systems, die zu einem **Makrozustand** gehören. Dies entspricht dem Volumen des Makrozustands im Phasenraum.

Entropie und Irreversibilität: Bei spontan ablaufenden Prozessen nimmt die Entropie zu, diese sind deshalb irreversibel. Es gibt also eine bevorzugte Richtung für irreversible Prozesse. Damit legt die Entropiezunahme solcher Prozesse auch die Richtung der Zeit fest:
Die Entropie eines isolierten Systems kann nicht abnehmen, sie nimmt in der Regel zu.

Entropie und Wärme: Wird einem System die Wärmemenge Q zugeführt, so erhöht sich seine Entropie um dS, wobei die reziproke absolute Temperatur T des Systems die Entropiezunahme gewichtet: $\mathrm{d}S = \frac{Q}{T}$.

Bei niedriger Temperatur sorgt Wärmezufuhr also für eine höhere Entropiezunahme als bei höherer Temperatur. Die Einheit der Entropie ist $\frac{J}{K}$.

Strahlung und Strahlungsgleichgewicht: Ein Körper kann Wärmestrahlung absorbieren und dabei die Strahlungsenergie in thermische Energie umwandeln. Die pro Flächeninhalt A eintreffende Leistung P heißt Leistungsdichte $S = \frac{P}{A}$.
Wenn ein Körper ebenso viel Leistung absorbiert wie er emittiert, dann befindet er sich im Fließgleichgewicht oder Strahlungsgleichgewicht.

Stefan-Boltzmann-Gesetz: Ein Körper mit einer absoluten Temperatur T emittiert Wärmestrahlung mit der Leistungsdichte $S = \sigma \cdot T^4$. Dieses Gesetz heißt Stefan-Boltzmann-Gesetz.
Der Proportionalitätsfaktor σ ist eine Naturkonstante und heißt Stefan-Boltzmann-Konstante, sie beträgt $\sigma = 5{,}67 \cdot 10^{-8}\ \frac{W}{m^2 \cdot K^4}$.

Wiensches Verschiebungsgesetz: Je heißer ein Körper ist, desto kleiner ist die Wellenlänge λ_{max} maximaler Intensität seiner thermischen Strahlung: $\lambda_{max} = \frac{1}{T} \cdot 2{,}8978\ \text{nm} \cdot \text{K}$.

Die **Temperatur der Erdoberfläche** lässt sich mithilfe des Stefan-Boltzmann-Gesetzes ermitteln:

$$T = \left(\frac{S_{em}}{\sigma}\right)^{\frac{1}{4}} \approx 287{,}99\ \text{K} \approx 15\ °\text{C}.$$

Dies stimmt gut mit der beobachteten Temperatur von 15 °C überein. Eine Rechnung ohne Berücksichtigung der Atmosphäre ergibt eine Temperatur von –18 °C. Die Erhöhung auf 15 °C nennt man den natürlichen Treibhauseffekt.

Temperaturanstieg: Kohlenstoffdioxid absorbiert Wärmestrahlung und verstärkt so den Treibhauseffekt. Seit dem Beginn der Industrialisierung ist der Anteil an Kohlenstoffdioxid in der Atmosphäre bis zum Jahr 2019 um etwa 46 % angestiegen, die globale Temperatur erhöhte sich in dem Zeitraum um etwa 1 K.
Durch die Industrialisierung gelangten weitere Treibhausgase, aber auch kühlende Aerosole in die Atmosphäre. Insgesamt steigerte sich die von der Erdoberfläche emittierte Leistung dadurch auf $393{,}16\ \frac{W}{m^2}$. Entsprechend dem Stefan-Boltzmann-Gesetz hat die Erdoberfläche dadurch folgende Temperatur:

$$T = \left(\frac{S_{em}}{\sigma}\right)^{\frac{1}{4}} \approx 288{,}57\ \text{K} = 15{,}42\ °\text{C}.$$

Dies entspricht einer Erwärmung um 0,58 K. Die anthropogenen, d. h. menschengemachten, Beiträge erklären die beobachtete Erwärmung um 1 K bis zum Jahr 2019 somit größtenteils.

Überprüfen Sie sich selbst:

Kann ich ...

- den Druck über Stöße der Gasteilchen erklären?
- drei Zustandsgrößen des idealen Gases nennen?
- die Zustandsgleichung des idealen Gases nennen?
- einen Versuch zur Ermittlung der Boltzmann-Konstante beschreiben?
- die Unterschiede zwischen idealen und realen Gasen erläutern?
- drei Arten des Wärmetransportes nennen und beschreiben?
- den Begriff Volumenarbeit erklären?
- die vier Schritte des Carnot-Prozesses der Kältemaschine beschreiben?
- die Unterschiede zwischen Kältemaschine, Wärmepumpe und Wärmekraftmaschine erklären?
- den ersten Hauptsatz der Thermodynamik nennen und erläutern?
- zwei Formulierungen für den zweiten Hauptsatz der Thermodynamik nennen?
- den Unterschied zwischen Makro- und Mikrozustand erklären?
- den scheinbaren Gegensatz zwischen dem zweiten Hauptsatz und der Existenz von Leben aufklären?
- das Stefan-Boltzmann-Gesetz beschreiben?
- den Unterschied zwischen natürlichem und anthropogenem Treibhauseffekt erklären?

Elektromagnetismus

In diesem Kapitel beschäftigen Sie sich mit

- der elektrischen Feldstärke. Sie lernen das elektrische Feld als Vermittler der Kraft zwischen geladenen Körpern kennen und erfahren, wie die Spannung und das Potenzial mit der Energie des elektrischen Felds zusammenhängen.
- Elektronenstrahlen. Sie beschreiben die Bewegung der Elektronen.
- Kondensatoren. Sie erfahren, wie in Kondensatoren Ladung und Energie gespeichert werden.

- der Wirkung des Magnetfelds auf stromführende Leiter und dem Magnetfeld von Drähten und Spulen. Sie lernen, wie man die magnetische Flussdichte als Ursache des Magnetfelds berechnet.
- der Bewegung von Elektronen im Magnetfeld. Sie lernen, diese Bewegung mithilfe der Lorentz-Kraft zu beschreiben. Sie erfahren, wie man die spezifische Ladung des Elektrons bestimmen kann.

- der elektromagnetischen Induktion. Sie lernen, wie man die Magnetfeldänderung mathematisch beschreiben kann.
- der Erzeugung von Wechselstrom. Sie erfahren, wie Wechselspannungen und Wechselströme in Generatoren technisch erzeugt werden und dass die Magnetfeldänderung und die Induktion im selben Stromkreis auftreten können.

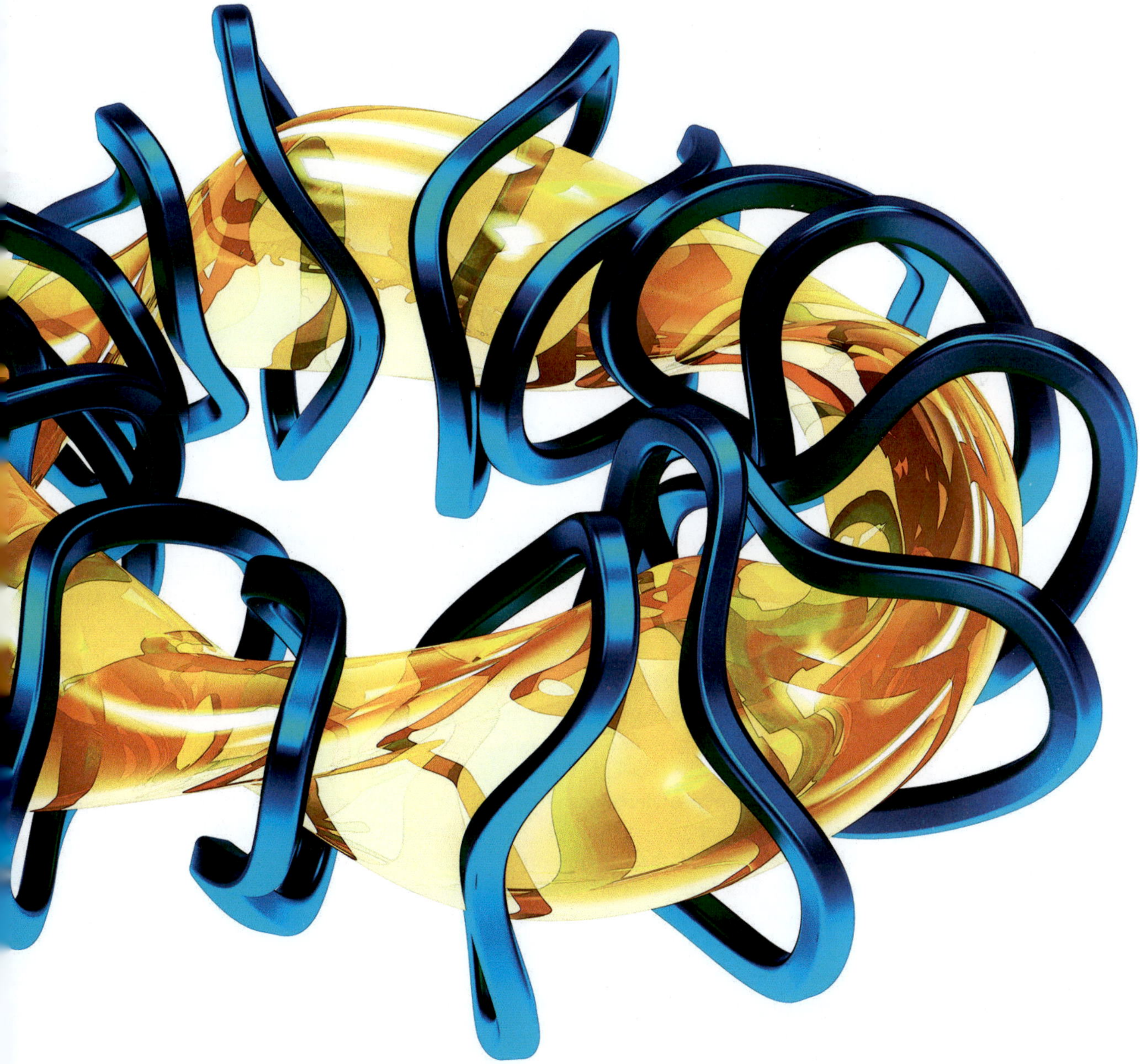

1 Elektrisch geladene Haare

Ladung und Ladungsträger

Das kennen Sie vielleicht: Die Haare stehen nach dem Kämmen ab. Es knistert. Sie spüren, wie Ihre Haare elektrisch geladen sind. – Doch was bedeutet elektrisch geladen genau?

Elektrische Kräfte • Beim Kämmen der Haare kann man zwei Beobachtungen machen: Zum einen werden die Haare vom Kamm angezogen. Zum anderen stoßen sich die Haare auch gegenseitig ab, selbst nachdem man den Kamm schon längst weggenommen hat.
Wie wir wissen, üben elektrisch geladene Körper Kräfte aufeinander aus. Dabei können sie positiv oder negativ geladen sein. Wenn die Körper ungleichnamig geladen sind, ziehen sie sich gegenseitig an. Sind sie gleichnamig geladen, so stoßen sie sich gegenseitig ab. Folglich müssen Haare und Kamm ungleichnamig geladen sein.

2 Nachweis der Ladung des Kamms mit dem Elektroskop

Nachweis der Ladung • Mit einem Elektroskop können wir die Ladung des Kamms nachweisen (▸Abb. 2). Nach der Berührung fließt etwas Ladung vom Kamm auf das Elektroskop. Das Elektroskop lädt sich dabei auf. Da der bewegliche Zeiger und die Halterung gleichnamig geladen sind, stoßen sie sich gegenseitig ab.

Die elektrische Ladung • Für systematische Untersuchungen verwenden wir ein Hochspannungsnetzgerät, um Metallkugeln zu laden. Laden wir eine kleine Kugel am Pluspol (▸Abb. 3 A) und berühren damit das Elektroskop, so schlägt der Zeiger nur wenig aus (▸Abb. 3 B). Wiederholen wir den Versuch mit einer großen Kugel, dann beobachten wir einen größeren Ausschlag (▸Abb. 3 C). Die Ladung ist nun also größer. Wir laden ein zweites Elektroskop mit einer großen negativ geladenen Kugel. Beide Elektroskope zeigen denselben Ausschlag. Verbinden wir die beiden Elektroskope, so gehen die Zeigerausschläge zurück (▸Abb. 3 D). Die ungleichnamigen Ladungen der Elektroskope haben sich neutralisiert.

Mit einem Ladungsmessgerät können wir die Ladung Q einer Kugel messen. Sie wird in der Einheit Coulomb angegeben. Für die kleine Kugel erhalten wir 13 nC, für die große Kugel 35 nC.

Körper können elektrisch geladen sein. Die Ladung eines Körpers wird mit Q oder q bezeichnet, die Einheit ist Coulomb (C). Die Ladung kann positiv oder negativ sein.

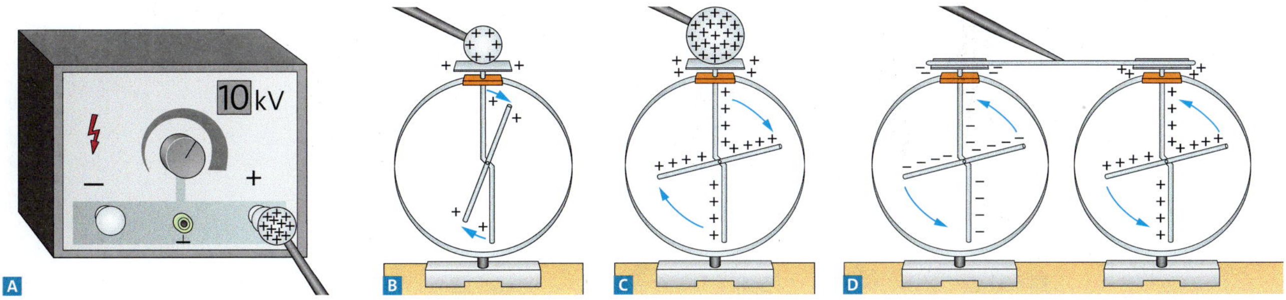

3 **A** Eine Metallkugel wird am Pluspol geladen. **B** Bei Berührung fließt ein Teil der Ladung von der Kugel auf das Elektroskop. **C** Von der größeren Kugel fließt mehr Ladung auf das Elektroskop. **D** Die ungleichnamigen Ladungen neutralisieren sich.

Ladung und Stromstärke • In einem Stromkreis fließt die Ladung, auf einer Metallkugel ruht sie. ▸Abb. 4 A zeigt einen ungewöhnlichen Stromkreis: Zwei Metallplatten sind an ein Hochspannungsnetzgerät angeschlossen. Zwischen den Platten hängt eine kleine Metallkugel an einem Faden. Die Kugel wird so ausgelenkt, dass sie die linke Platte einmal berührt. Anschließend pendelt sie von selbst hin und her. Ein im Stromkreis eingebautes empfindliches Amperemeter zeigt an, dass Ladung fließt. Durch die pendelnde Kugel wird die Ladung über die Unterbrechung transportiert.

Wenn die neutrale Kugel zum ersten Mal die linke positive Platte berührt, dann fließt Ladung von der Platte auf die Kugel. Die Kugel ist dann positiv geladen und wird von der ebenfalls positiv geladenen Platte abgestoßen (▸Abb. 4 B). Trifft sie auf die rechte negative Platte, dann fließt Ladung von der Kugel auf die rechte Platte. Dabei wird die Kugel nicht nur entladen, sondern sogar negativ geladen (▸Abb. 4 C). Mit einem Ladungsmessgerät messen wir die Ladung der Kugel zu etwa +6 nC bzw. −6 nC, je nachdem ob sie von der linken oder von der rechten Platte kommt. Jedes Mal, wenn die Kugel auf die linke Platte trifft, fließt folglich die Ladung 6 nC − (−6 nC) = 12 nC von der Platte auf die Kugel. Entsprechend fließt jedes Mal, wenn die Kugel auf die rechte Platte trifft, dieselbe Ladung von der Kugel auf die Platte.

Die Zeitspanne für eine komplette Hin- und Herbewegung, also die Periodendauer T, messen wir zu 150 ms. Wenn q der Betrag der Kugelladung ist, dann wird während der Periodendauer T die Ladung $2 \cdot q = 12\,\text{nC}$ von der linken zur rechten Platte übertragen. Da die Ladung stoßweise übertragen wird, ist die Stromstärke nicht konstant. Die zeitlich gemittelte Stromstärke oder kurz die mittlere Stromstärke beträgt folglich:

$$I = \frac{\Delta Q}{\Delta t} = \frac{2 \cdot q}{T} = \frac{2 \cdot 6\,\text{nC}}{0{,}15\,\text{s}} = 80\,\text{nA}.$$

Dieser Wert stimmt mit der gemessenen mittleren Stromstärke in den Leitungen überein.

Wird in der Zeitspanne Δt die Ladung ΔQ übertragen, dann beträgt die mittlere Stromstärke

$$I = \frac{\Delta Q}{\Delta t};\ \text{Einheit: } [I] = \frac{\text{C}}{\text{s}} = \text{A (Ampere)}.$$

1 Erklären Sie, warum man am Zeigerausschlag eines Elektroskops nicht erkennen kann, ob das Elektroskop positiv oder negativ geladen ist.

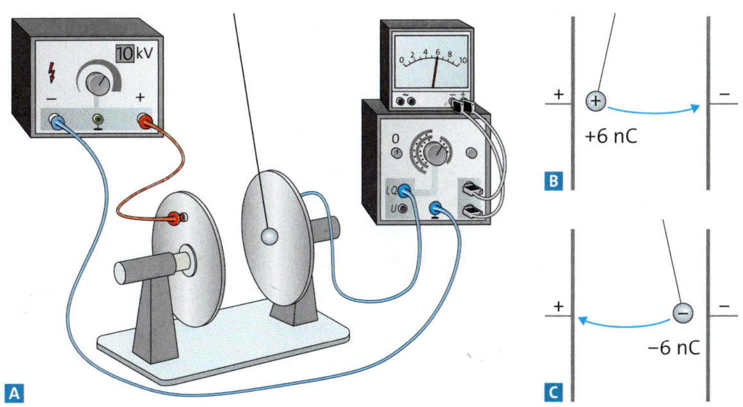

4 **A** Ladungstransport durch eine hin- und herschwingende Metallkugel, **B** Umladung an der linken Platte, **C** Umladung an der rechten Platte

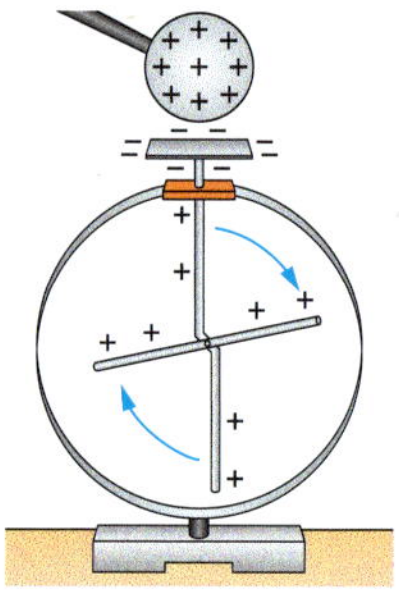

1 Zeigerausschlag durch elektrische Influenz

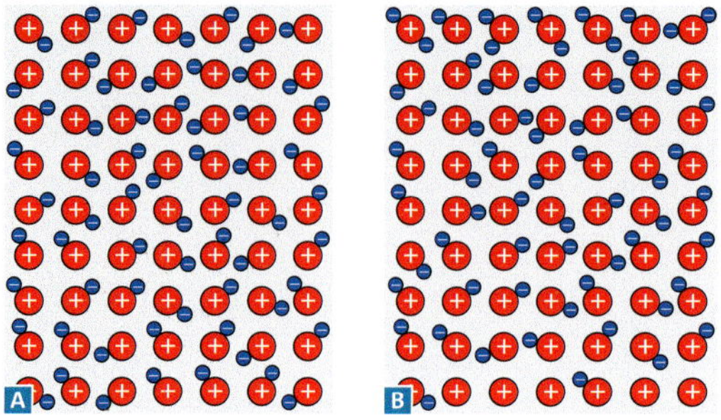

2 Influenz im Modell: **A** Atomrümpfe und gleichmäßig verteilte Elektronen eines Metalls, **B** Elektronenüberschuss oben und Elektronenmangel unten

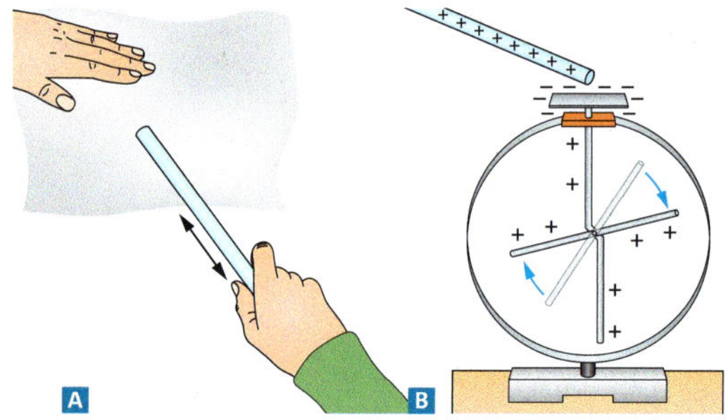

3 **A** Ein Glasstab wird an einem Baumwolltuch gerieben. **B** Nachweis der Ladung des Glasstabs mit einem schwach positiv geladenen Elektroskop

Elektrische Influenz • Hält man eine geladene Metallkugel über ein ungeladenes Elektroskop, dann schlägt der Zeiger aus (▸Abb. 1). Nimmt man die geladene Kugel weg, so geht der Zeigerausschlag wieder zurück.
Um dieses Phänomen zu erklären, benötigen wir Kenntnisse über den Aufbau von Metallen. In einem einfachen Modell bestehen Metalle aus positiv geladenen Atomrümpfen und negativ geladenen Elektronen. Dabei stellen die Elektronen bewegliche **Ladungsträger** dar, während die Atomrümpfe ortsfest sind. Bei neutralen metallischen Körpern gleichen sich die Ladungen der Atomrümpfe und der frei beweglichen Elektronen aus (▸Abb. 2 A). Unter dem Einfluss elektrisch geladener Körper, wie der von oben angenäherten positiv geladenen Kugel, werden auf die Elektronen Kräfte ausgeübt. Aufgrund dieser Kräfte bewegen sich einige der Elektronen nach oben (▸Abb. 2 B). Dadurch entsteht oben ein Elektronenüberschuss, unten ein Elektronenmangel. Dadurch lädt sich der Teller des Elektroskops negativ auf, Halterung und Zeiger dagegen positiv. So kommt der Zeigerausschlag zustande.
Dieses als **elektrische Influenz** bezeichnete Phänomen erfordert bewegliche Ladungsträger. Sie tritt daher nur bei elektrischen Leitern auf.

Bei der elektrischen Influenz bewegen sich Elektronen aufgrund von elektrischen Kräften innerhalb eines elektrisch leitenden Körpers. Dadurch entstehen Bereiche mit einem Überschuss und Bereiche mit einem Mangel an Elektronen.

Kontaktelektrizität • Wir reiben einen Glasstab an einem Baumwolltuch (▸Abb. 3 A). Mit einem Elektroskop, das schwach positiv geladen ist, können wir prüfen, ob und wie der Glasstab geladen ist. Hält man ihn über das Elektroskop, so verstärkt sich der Zeigerausschlag (▸Abb. 3 B). Wir erklären dies wieder mit der elektrischen Influenz. Da der Zeiger stärker ausschlägt, muss sich der Elektronenmangel von Zeiger und Halterung vergrößert haben. Elektronen haben sich also von dort zum Teller bewegt. Dies kann nur durch einen positiv geladenen Glasstab erfolgt sein. Reibt man einen Kunststoffstab an einem Baumwolltuch und hält ihn über das schwach positiv geladene Elektroskop, verringert sich der Zeigerausschlag. Der Kunststoffstab muss negativ geladen sein, sodass sich Elektronen vom Teller zur Halterung und zum Zeiger bewegen und den Elektronenmangel dort verringern.

Wie kommt es, dass durch Reiben an Baumwolle manche Materialien positiv, andere dagegen negativ geladen werden? Dies liegt daran, dass manche Materialien Elektronen eher abgeben und andere Materialien Elektronen eher aufnehmen. Dadurch treten beim Kontakt unterschiedlicher Materialien Elektronen von einem Material zum anderen über. Damit dieser Vorgang effektiv abläuft, müssen sich die Materialien bis auf Abstände in der Größenordnung von Atomen nähern. Dies wird z. B. durch Reiben erreicht.

Bei der **Kontaktelektrizität** treten Elektronen von einem Material zum anderen über.

Elektrische Polarisation • Wenn man den positiv geladenen Glasstab über die Papierschnipsel hält, dann springen die Schnipsel zum Stab (▸Abb. 4). Obwohl die Papierschnipsel ungeladen sind, werden sie vom geladenen Stab angezogen.

Die Erklärung erfolgt im Atommodell. Papier ist wie alle Stoffe aus Atomen aufgebaut. Ein Atom besteht aus einem positiven Kern und einer Hülle aus negativen Elektronen (▸Abb. 6 A). Auf Kern und Hülle werden durch den positiv geladenen Glasstab elektrische Kräfte in entgegengesetzte Richtungen ausgeübt. In jedem Atom wird der Kern etwas vom positiv geladenen Stab weggeschoben und die Hülle etwas zum positiv geladenen Stab hingezogen (▸Abb. 6 B). Betrachtet man ein Papierschnipsel als Ganzes, dann ergibt sich eine oberflächliche negative Ladungsschicht an der dem Glasstab zugewandten Seite, während sich an der dem Glasstab abgewandten Seite eine positive Ladungsschicht ergibt (▸Abb. 6 C). Im Innern des Papierschnipsels wirkt sich die gegenseitige Verschiebung von Hülle und Kern nicht aus, es bleibt elektrisch neutral.

Der positiv geladene Glasstab übt folglich eine anziehende Kraft auf die negativ geladene Seite des Papiers und eine abstoßende Kraft auf die positiv geladene Seite aus. Diese Kräfte sind unterschiedlich groß, da die negativ geladene Seite näher am Glasstab ist als die positiv geladene Seite. Dadurch ergibt sich insgesamt eine anziehende Kraft auf das Papierschnipsel.

Bei der **elektrischen Polarisation** werden Kern und Hülle der Atome unter dem Einfluss elektrischer Kräfte gegeneinander verschoben. Dadurch bilden sich oberflächliche Ladungsschichten aus.

Bei Wasser ist die Polarisation besonders ausgeprägt (▸Abb. 5). Dies liegt daran, dass die Wassermoleküle schon eine positive und negative Seite haben. Die Moleküle werden durch die elektrischen Kräfte zuerst gedreht und, da die Kräfte auf die positiv und negativ geladene Seite unterschiedlich groß sind, vom Luftballon angezogen.

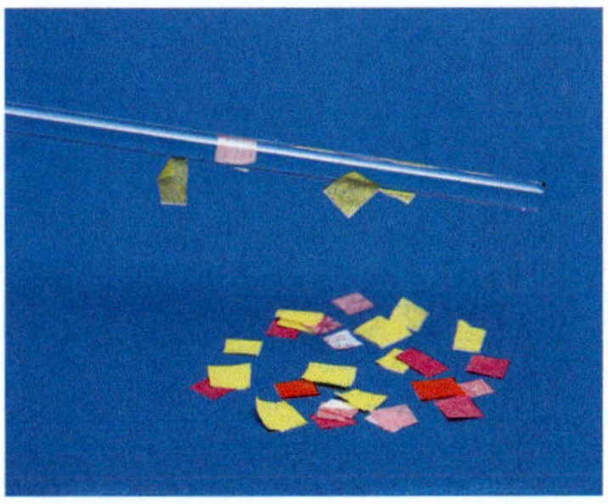

4 Anziehung von Papierschnipseln

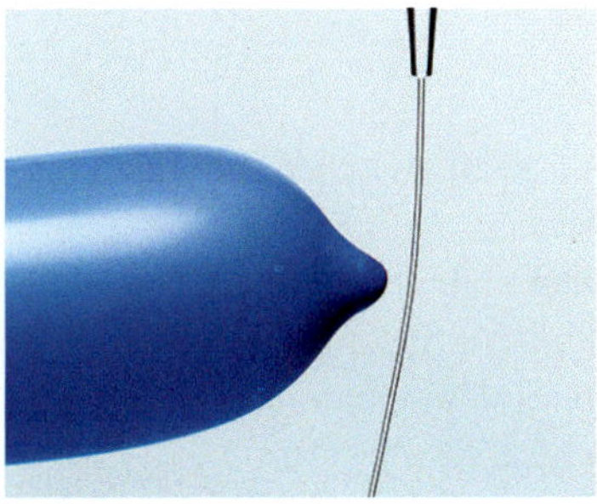

5 Ablenkung eines Wasserstrahls

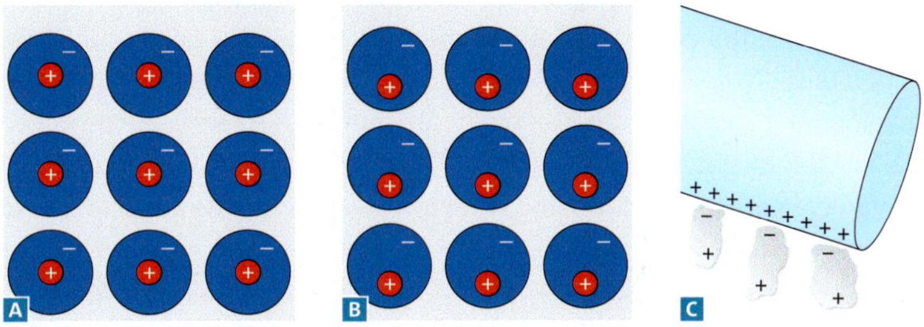

6 Polarisation im Atommodell: **A** Atome mit Kern und Hülle, **B** Atome unter dem Einfluss elektrischer Kräfte, **C** Bildung negativer und positiver Ladungsschichten

Zur Bedeutung der Modelle • Zur Erklärung elektrischer Phänomene werden Modelle herangezogen. Viele Beobachtungen, z. B. der Versuch mit dem Ladungstransport durch das schwingende Pendel auf der vorangegangenen Seite, können mit geladenen Körpern und den von ihnen und auf sie ausgeübten Kräften, der Ladung, der Stromstärke und anderen physikalischen Größen erklärt werden. Annahmen über den atomaren Aufbau sind dazu kaum erforderlich. Um aber die Influenz oder die Polarisation zu erklären, müssen Modellvorstellungen zum Aufbau von Stoffen herangezogen werden.

Werden Ladungen innerhalb des Atoms verschoben, spricht man von Verschiebungspolarisation. Werden Moleküle gedreht, nennt man dies Orientierungspolarisation.

1 Entfernt man in ▸Abb. 1 die geladene Kugel, verschwindet der Zeigerausschlag wieder. Erklären Sie dies.
2 Beschreiben Sie Gemeinsamkeiten und Unterschiede zwischen Influenz und Polarisation.
3 Elektrische Polarisation tritt auch in Metallen auf, kann aber in der Regel vernachlässigt werden. Erklären Sie dies.
4 Ein Elektroskop ist schwach negativ geladen. Ein positiv geladener Glasstab bzw. ein negativ geladener Kunststoffstab wird über das Elektroskop gehalten. Erklären Sie mit Skizzen, wie sich der Ausschlag ändert.

Versuch A • Elektrische Ladungen wirken aufeinander

V1 Kraft zwischen Ladungen

Material:
Kunststofffolien, handlicher Styroporblock, Stativmaterial, Glimmlampe, Klebefilm

Arbeitsauftrag:
a) Reiben Sie mit dem Styroporblock auf den Kunststofffolien und hängen Sie die Folien mithilfe des Klebefilms jeweils an einem Stativständer auf wie in der Abbildung gezeigt.
b) Variieren Sie den Abstand und stellen Sie eine „Je desto"-Regel auf.
c) Bestimmen Sie das Ladungsvorzeichen der Folien mit einer Glimmlampe. Hinweis: Berühren Sie das eine Ende der Glimmlampe als Erdung mit dem Finger und halten Sie das andere Ende an die Folien. Die Glimmlampe leuchtet dann kurz am negativen Pol auf.
d) Führen Sie die Versuche a) bis c) erneut durch, wobei Sie nun eine Folie und den Styroporblock an die Stativstangen hängen.
e) Formulieren Sie eine Regel zu der zwischen zwei geladenen Körpern auftretenden Kraft, abhängig vom Abstand und dem Vorzeichen der Ladung.

V2 Influenz

Material:
Metallkugeln mit Kunststoffhalter, Stativmaterial, Glimmlampe, Elektroskop, Hochspannungsnetzgerät ohne berührungsgefährliche Spannung

Arbeitsauftrag:
a) Stellen Sie eine Metallkugel mit einem Stativfuß fest auf. Laden Sie eine andere bewegliche Kugel mit dem Netzgerät positiv auf und bringen Sie die bewegliche Kugel in die Nähe der festen.
b) Skizzieren Sie den Versuch und die vermutete Ladungsverschiebung auf der festen Kugel.
c) Berühren Sie die feste Kugel mit dem Finger auf der Seite, die von der positiv geladenen Kugel am weitesten entfernt ist. Begründen Sie, dass bei dieser Erdung negative Ladung auf die feste Kugel fließt.
d) Überprüfen Sie die resultierende negative Ladung der festen Kugel mit dem Elektroskop und der Glimmlampe.
e) Führen Sie die obigen Versuche mit umgekehrtem Vorzeichen durch.
f) Legen Sie Papierschnipsel auf den Tisch und heben Sie diese aus der Ferne mit einer geladenen Kugel an.

V3 Elektrische Kraft beim Kopieren

Material:
Klemmbrett, Kunststofffolie, kleines Tuch, Mehl, Pinsel, Teller

Arbeitsauftrag:
a) Befestigen Sie die Kunststofffolie am Klemmbrett. Zeichnen Sie mit einem mit dem Tuch bedeckten Finger einen Buchstaben auf die Folie. Drücken Sie dabei fest auf und reiben Sie mehrmals hin und her. Streuen Sie etwas Mehl auf die Folie und verteilen Sie es mit dem Pinsel. Halten Sie die Folie über den Teller und lassen Sie das lose Mehl von der Folie auf den Teller fallen. Beurteilen Sie, ob der Buchstabe erkennbar ist.
b) Der abgebildete Buchstabe wurde wie beschrieben erstellt. Erklären Sie das Verfahren mit den Begriffen elektrische Ladung, Kontaktelektrizität, Aufladen, Influenz. Hinweis: Zwei unterschiedliche Stoffe ziehen Elektronen unterschiedlich stark an.
c) Das Experiment ist ein Modellversuch für den Kopierer. Ordnen Sie Begriffe des Modellversuchs den Begriffen des Kopierers zu. Verwenden Sie dabei die Begriffe Belichten, Toner, Zeichnen mit Tuch, Mehl. Hinweis: Licht kann Ladungen von einem Stoff ablösen.

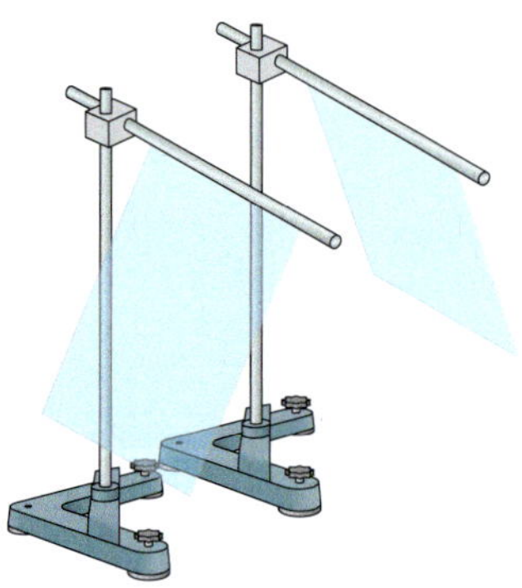

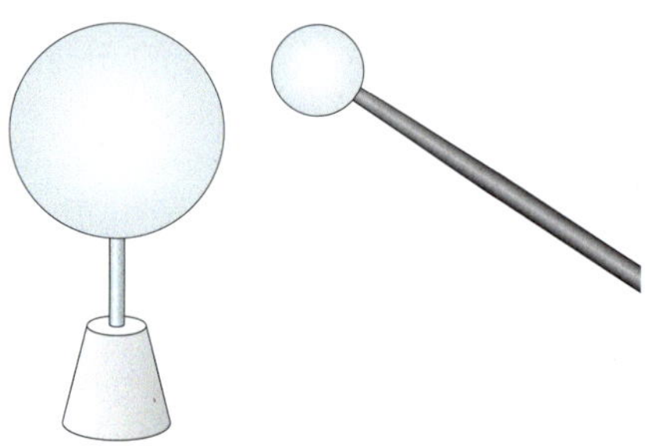

Material A • Influenz und Polarisation

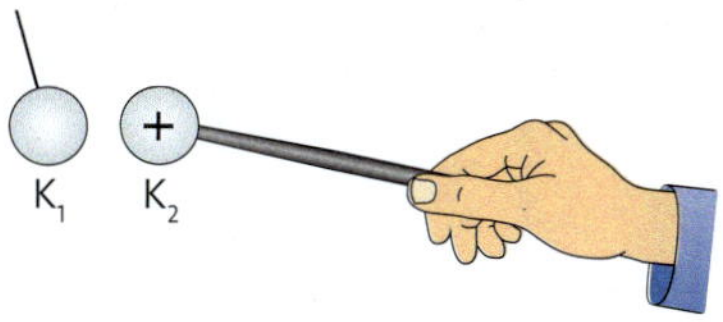

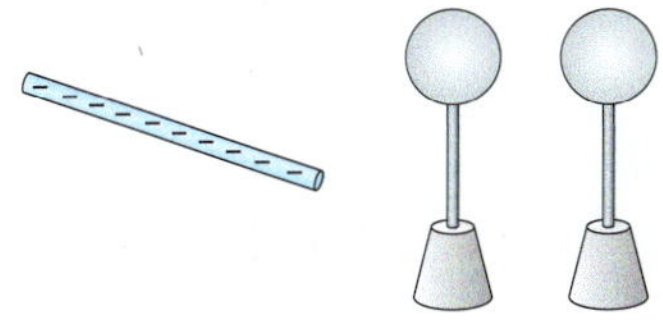

A1 An einem langen Faden hängt eine metallbeschichtete Kugel K_1. Wenn man eine zweite, positiv geladene Kugel K_2 der Kugel K_1 nähert, wird diese angezogen. Erklären Sie diese Beobachtung. Skizzieren Sie die Ladungsverteilung in der Kugel K_1.

A2 Ein Luftballon wird an einem Wollpullover gerieben. Drückt man den Luftballon anschließend gegen eine Wand, so bleibt er an der Wand „kleben". Erklären Sie dieses Phänomen.

A3 Wie kann man mit einem negativ geladenen Kunststoffstab die Metallkugeln so aufladen, dass eine Kugel positiv und die andere negativ ist? Erklären Sie mithilfe einer Skizze.

Material B • Faradayscher Becher

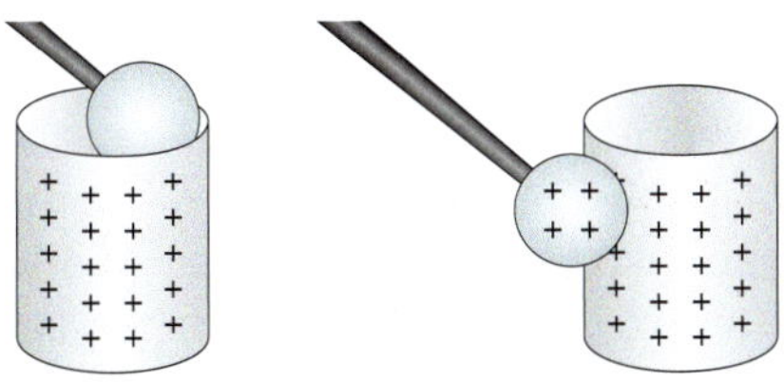

MICHAEL FARADAY machte um 1830 eine interessante Entdeckung: Berührt man mit einer ungeladenen Kugel das Innere eines elektrisch geladenen Metallbechers, dann bleibt die Kugel ungeladen. Berührt man jedoch das Äußere des Bechers, dann wird die Kugel geladen. Faraday folgerte daraus, dass bei metallischen Körpern die gesamte Ladung außen verteilt und das Innere von Metallkörpern ungeladen ist.

B1 Von zwei Elektroskopen mit Metallbechern ist das linke geladen und das rechte ungeladen. Erklären Sie, wie man mit einer kleinen Metallkugel die Ladung vom linken zum rechten Elektroskop transportieren kann.

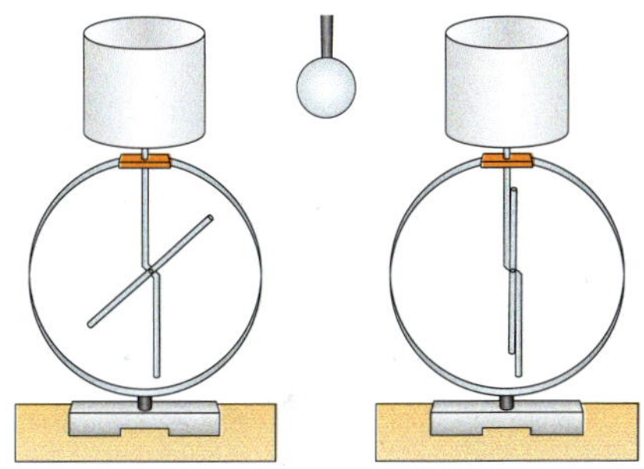

B2 Ohne die beiden Metallbecher gelingt die Übertragung der Ladung nur teilweise. Erklären Sie.

Material C • Elektrische Ladung und Elektronen

Die Ladung kleiner geladener Metallkugeln liegt in der Größenordnung von Nanocoulomb. Um sich darunter etwas vorstellen zu können, bestimmen Sie die Zahl der zusätzlichen oder fehlenden Elektronen und setzen diese ins Verhältnis zur Zahl der insgesamt auf der Oberfläche einer neutralen Kugel vorhandenen beweglichen Elektronen.

C1 Eine metallische Kugel hat einen Durchmesser von 1,0 cm und eine Ladung von –1,0 nC. Ein Elektron trägt die Ladung $-e$, mit der Elementarladung $e = 1{,}60 \cdot 10^{-19}$ C. Berechnen Sie die Zahl N_{zus} der zusätzlichen Elektronen.

C2 Die Kugel aus C1 ist nun ungeladen. Im Modell besteht die Metallkugel aus beweglichen negativen Elektronen und ortsfesten positiven Atomrümpfen. Bei einer neutralen Kugel ist die Zahl der beweglichen Elektronen gleich der Zahl der Metallatome. Ein Atom benötigt auf der Kugeloberfläche eine Fläche von etwa $5 \cdot 10^{-20}\,m^2$. Die Oberfläche einer Kugel berechnet sich mit $A = 4 \cdot \pi \cdot r^2$, mit dem Kugelradius r. Bestimmen Sie die Zahl N_{bew} der beweglichen Elektronen.

C3 Berechnen Sie für die mit –1,0 nC geladene Kugel das Verhältnis der Zahl der zusätzlichen Elektronen zur Zahl der beweglichen Elektronen der neutralen Kugel.

1 Naturschauspiel Blitz

Elektrisches Feld und Feldstärke

Man sagt, dass Blitze meistens in den höchsten Punkt einschlagen. Stimmt das? Und wenn ja, weshalb?

Gewitterentstehung • In einer Gewitterwolke werden bei Zusammenstößen von Eiskristallen mit Hagelkörnern durch Kontaktelektrizität Ladungen getrennt. Während die leichten positiv geladenen Eiskristalle durch Aufwinde aufwärts steigen, fallen die schweren negativ geladenen Hagelkörner nach unten. Dadurch laden sich die Oberseite der Wolke positiv und die Unterseite negativ auf (▸Abb. 2). Aufgrund von Influenz lädt sich nun die Erdoberfläche positiv auf. Da der Berggipfel mit dem Sendemast weit hinaufragt, befindet sich dort besonders viel positive Ladung.

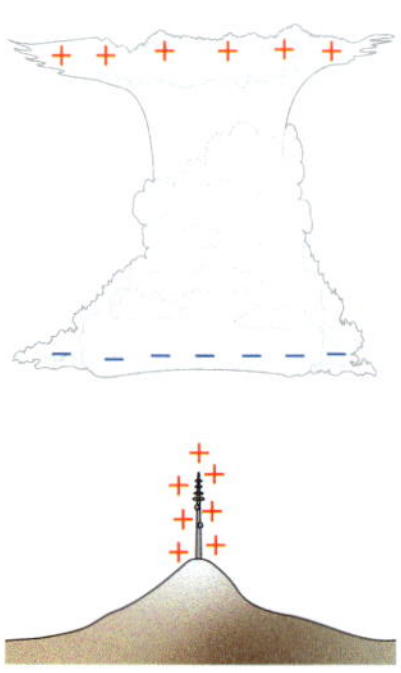

2 Stark vereinfachtes Schema der Ladungsverteilung in und unter einer Gewitterwolke

Man könnte meinen, dass es am kürzesten Abstand liegt, dass der Blitz in den Mast einschlägt. Dies reicht aber als Begründung nicht aus. Die genaue Erklärung ist komplex. Jedoch ist es so, dass die Ladungen von Berg und Wolke ein **elektrisches Feld** erzeugen. Da die Ladung auf dem Berggipfel sehr konzentriert ist, ist das Feld dort besonders stark. Die große Stärke des elektrischen Felds in der Nähe des Sendemasts bewirkt eine Ionisation der Luft. Dadurch entsteht Stück für Stück ein leitfähiger Kanal, durch den die Entladung stattfindet. Der Kanal verästelt sich immer mehr, bis die Wolkenunterseite erreicht ist. Ein solcher sogenannter Aufwärtsblitz geht tatsächlich meistens von exponierten Punkten aus. Bei den häufigeren Abwärtsblitzen kann man nicht vorhersagen, wo sie einschlagen werden.

Elektrisches Feld • Von einem Magneten wissen Sie, dass dieser ein Magnetfeld erzeugt. Das Magnetfeld wiederum wirkt auf andere Magnete. Analog dazu erzeugt jeder elektrisch geladene Körper ein elektrisches Feld. Dieses Feld wirkt dann auf andere elektrisch geladene Körper. In dieser Vorstellung sind es nicht die geladenen Körper selbst, die die Kräfte aufeinander ausüben. Stattdessen erzeugt ein geladener Körper ein elektrisches Feld, das dann auf den zweiten Körper eine Kraft ausübt. Das elektrische Feld ist also der Vermittler der Kraft zwischen den geladenen Körpern.

Mit dem elektrischen Feld können Kräfte zwischen geladenen Körpern beschrieben werden.

Probekörper • Mit einer Watteflocke untersuchen wir das von zwei geladenen Kugeln erzeugte elektrische Feld (▸Abb. 3). Durch Berühren an der linken Kugel wird die Watteflocke positiv geladen. Wir beobachten, wie sich die Flocke auf einer gekrümmten Bahn zur rechten Kugel bewegt. Dort wird sie umgeladen und bewegt sich zur linken Kugel. Wir betrachten die Watteflocke als Test- oder Probekörper mit der kleinen **Probeladung** q. Die gekrümmten Bahnen sind ein Hinweis darauf, dass sich die Richtung der Kraft $\vec{F}_{el}$ auf die Watteflocke beim Flug ständig ändert.

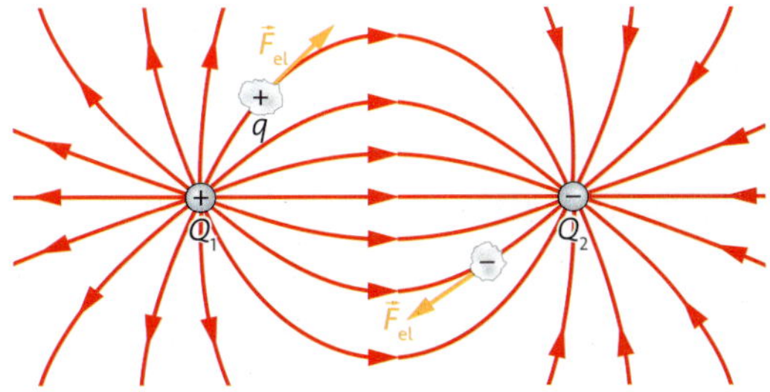

3 Auf die Watteflocken im elektrischen Feld werden Kräfte tangential zu den Feldlinien ausgeübt.

Feldlinien • Die Ortsabhängigkeit der Kraftrichtung kann man mit gedachten Linien, sogenannten **Feldlinien**, veranschaulichen (▸Abb. 3). Dabei gibt die an eine Feldlinie gelegte Tangente die Kraftrichtung im Berührungspunkt an. Die Richtung einer Feldlinie ist so festgelegt, dass die Feldlinie in Richtung der Kraft auf einen positiv geladenen Probekörper zeigt. Folglich beginnen die Feldlinien an der positiven und enden an der negativen Kugel. Feldlinien können sich nicht schneiden oder verzweigen, da ansonsten die Kraft auf den Probekörper nicht eindeutig wäre.

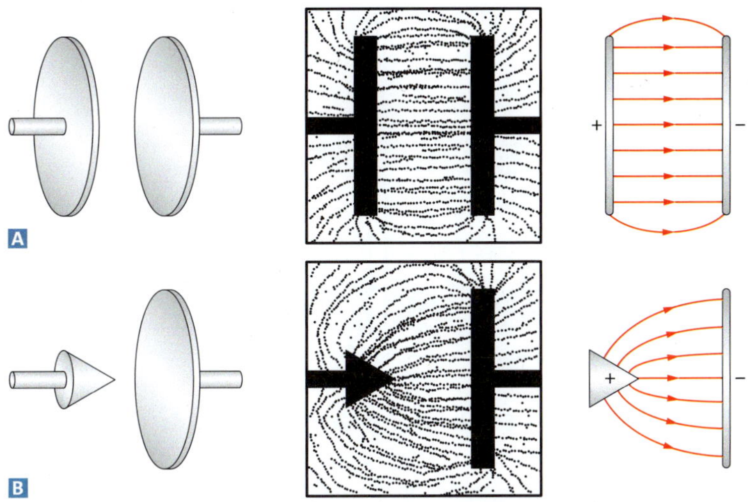

4 Modellversuch zum Feldlinienverlauf jeweils mit räumlicher Darstellung der geladenen Körper, Ketten aus Grießkörnern im Feld und idealisiertem Feldlinienbild:
A Zwischen den parallelen Platten bildet sich ein homogenes Feld aus.
B Zwischen Spitze und Platte bildet sich ein inhomogenes Feld aus.

Feldstrukturen im Experiment • Die Felder von geladenen Körpern haben eine dreidimensionale Struktur. Im zweidimensionalen Modellversuch stellen wir die Körper durch Metallplättchen dar (▸Abb. 4). Mit Grießkörnern in Öl untersuchen wir die Felder zwischen den geladenen Plättchen. Die Grießkörner werden aufgrund des elektrischen Felds polarisiert und richten sich entlang von Feldlinien aus. Mit ihren positiv und negativ geladenen Enden ziehen sich benachbarte Grießkörner gegenseitig an und bilden Ketten.

Die Grießkörnerketten geben den Feldlinienverlauf nur ungefähr wieder. Dennoch legt ▸Abb. 4 nahe, dass die Feldlinien stets orthogonal zur metallischen Oberfläche stehen. Berücksichtigt man noch, dass sich Feldlinien niemals schneiden oder verzweigen, so erhält man aus den Grießkörnerketten das zugehörige idealisierte Feldlinienbild. Dabei zeichnet man von den theoretisch unendlich vielen Feldlinien eine geeignete Auswahl. In der Idealisierung verlaufen die Feldlinien zwischen den Platten von ▸Abb. 4 A parallel. Dagegen laufen in ▸Abb. 4 B die an der Spitze beginnenden Feldlinien auseinander. Anschaulich ist klar, dass die Stärke des Felds dabei abnimmt. Sind die Feldlinien wie in ▸Abb. 4 A parallel, dann weist dies darauf hin, dass Stärke und Richtung des Felds überall gleich sind. Ein solches Feld heißt **homogen.**

Die Struktur eines elektrischen Felds kann mit Feldlinien dargestellt werden. Feldlinien sind gedachte Linien, die die Kraftrichtungen auf einen positiv geladenen Probekörper angeben.

1 **a)** Skizzieren Sie das Feldlinienbild zwischen Sendemast und Wolkenunterseite.
b) Die Blitze von ▸Abb. 1 geben den Feldlinienverlauf nicht korrekt wieder. Erklären Sie.

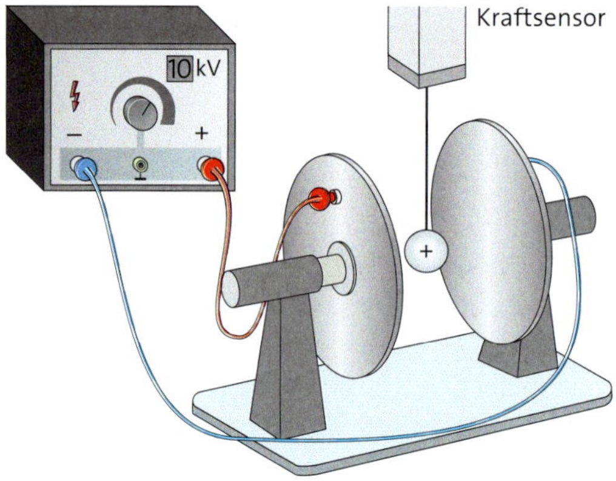

1 Messung der Kraft auf eine geladene Kugel im elektrischen Feld

A

stärkeres Feld			
q in nC	18	9,0	4,5
F_{el} in mN	2,82	1,44	0,70
$\frac{F_{el}}{q}$ in $\frac{kN}{C}$	157	160	156

B

schwächeres Feld			
q in nC	18	9,0	4,5
F_{el} in mN	1,46	0,70	0,36
$\frac{F_{el}}{q}$ in $\frac{kN}{C}$	81	78	80

2 Kraft in Abhängigkeit von der Probeladung

Eine Anordnung aus zwei parallelen Platten (wie beschrieben) bezeichnet man als **Plattenkondensator.**

Stärke des elektrischen Felds • Um elektrische Felder miteinander vergleichen zu können, benötigt man eine Festlegung der Stärke eines elektrischen Felds. Wir betrachten dazu das homogene Feld zwischen zwei ungleichnamig geladenen parallelen Platten (▸Abb. 1). In dieses Feld bringen wir eine kleine geladene Kugel als Probekörper. Mit einem hochempfindlichen Kraftmesser messen wir den Betrag der Kraft $\vec{F}_{el}$ auf die Kugel. Anschaulich ist klar, dass die Kraft von der Ladung q des Probekörpers abhängt. Wir vermuten, dass die Kraft F_{el} proportional zur sogenannten Probeladung q ist.

Wir laden die Kugel mit $q = 18\,nC$ und messen die Kraft (▸Tabelle 2 A). Zur Prüfung der vermuteten Proportionalität berühren wir die Kugel mit einer ungeladenen gleich großen Kugel. Dabei fließt die Hälfte der Ladung von der geladenen auf die ungeladene Kugel. Die Probeladung halbiert sich dadurch. Wenn unsere Vermutung stimmt, sollte sich damit auch die Kraft halbieren. Die Messung bestätigt dies. Auch bei der weiteren Halbierung der Probeladung halbiert sich die Kraft. Die Vermutung $F_{el} \sim q$ wird dadurch bestätigt. Wir wiederholen den Versuch mit schwächer geladenen Kondensatorplatten. Wir erwarten, dass das elektrische Feld nun schwächer ist. Die Kugel laden wir wieder mit derselben Probeladung $q = 18\,nC$ wie im ersten Versuch. Nun messen wir kleinere Beträge für die Kraft, für die aber wieder $F_{el} \sim q$ gilt (▸Tabelle 2 B).

Die Kraft F_{el} ist kein gutes Maß für die Stärke des elektrischen Felds, denn sie hängt von der willkürlichen Wahl der Probeladung q ab. Bildet man aber den Quotienten aus F_{el} und q, dann erhält man eine von der Probeladung unabhängige Größe. Der zweite Versuch zeigt zudem, dass der Quotient bei einem schwächeren Feld kleiner ist. Es ist daher sinnvoll, die Stärke eines elektrischen Felds mit dem Quotienten $\frac{F_{el}}{q}$ zu beschreiben.

Elektrische Feldstärke • Die **elektrische Feldstärke** $\vec{\mathcal{E}}$ als physikalische Größe ordnet jedem Punkt eines elektrischen Felds einen Betrag und eine Richtung zu. Die Richtung von $\vec{\mathcal{E}}$ ist gleich der Kraftrichtung auf einen positiv geladenen Probekörper und damit auch gleich der Feldlinienrichtung. Der Betrag $\mathcal{E}$ der elektrischen Feldstärke ist gleich dem Quotienten aus dem Kraftbetrag F_{el} und der Probeladung q. Die folgende Gleichung fast beides zusammen:

Die elektrische Feldstärke $\vec{\mathcal{E}}$ ist festgelegt als Quotient aus der Kraft $\vec{F}_{el}$ auf einen Probekörper und der Ladung q des Probekörpers.

$$\vec{\mathcal{E}} = \frac{\vec{F}_{el}}{q}; \text{ Einheit: } [\mathcal{E}] = \frac{N}{C}.$$

Man stellt fest, dass bei nicht zu großem Plattenabstand die Feldstärke im Kondensator überall dieselbe Richtung und denselben Betrag hat. Dies bestätigt unsere aus den Feldlinienbildern gewonnene Vermutung, dass das Feld eines solchen Plattenkondensators homogen ist.

Bei einem Plattenkondensator mit nicht zu großem Plattenabstand ist das elektrische Feld homogen. Die Feldlinien verlaufen parallel zueinander und die Feldstärke hat überall denselben Betrag.

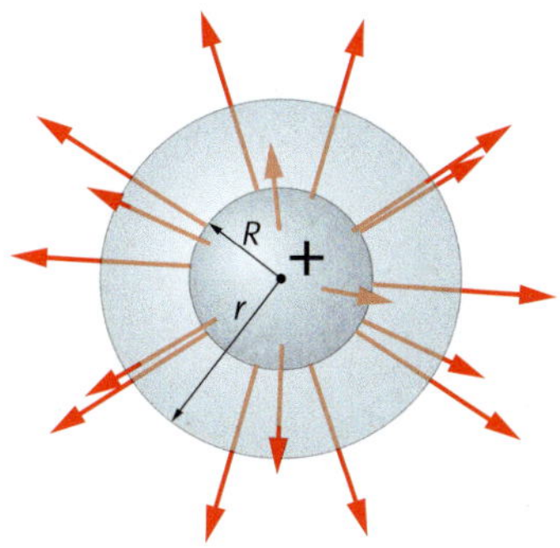

3 Feld einer positiv geladenen Kugel: Die Dichte der gezeichneten Feldlinien verhält sich umgekehrt proportional zum Flächeninhalt der durchstoßenen Kugelschalen.

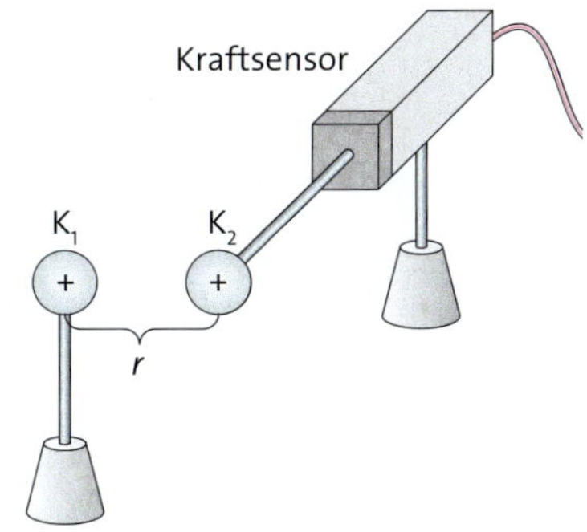

4 Messung der Kraft auf die Kugel K_2 im Feld der Kugel K_1

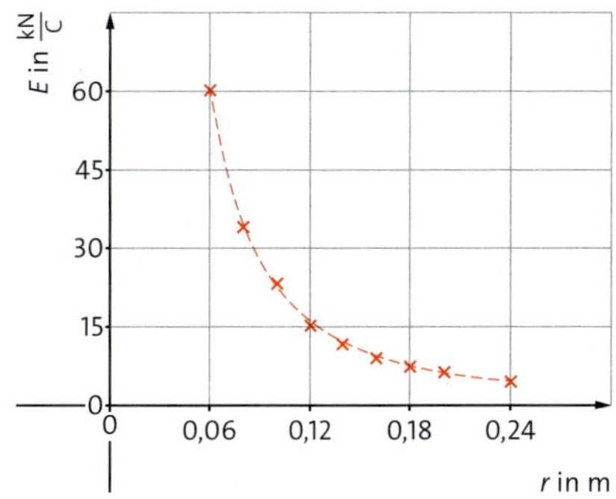

5 Elektrische Feldstärke der Kugel K_1 als Funktion des Abstands r zum Mittelpunkt von K_1

Kraft im elektrischen Feld • Bei bekannter Feldstärke $\vec{\mathcal{E}}$ kann man die **elektrische Kraft** $\vec{F}_{el}$ auf einen Körper mit der Ladung q berechnen:

$$\vec{F}_{el} = q \cdot \vec{\mathcal{E}}.$$

Für positiv geladene Körper zeigt die Kraft $\vec{F}_{el}$ in Richtung von $\vec{\mathcal{E}}$, für negativ geladene Körper zeigt sie entgegengesetzt zur Richtung von $\vec{\mathcal{E}}$.

Feld einer geladenen Kugel • Bringt man einen positiv geladenen Probekörper in das Feld einer gleichmäßig positiv geladenen Kugel, dann wird dieser von der Kugel abgestoßen. Die Kraft zeigt vom Kugelmittelpunkt weg. Folglich verlaufen alle Feldlinien von der Kugeloberfläche nach außen (▸Abb. 3). Die Verlängerungen der Feldlinien nach innen treffen sich im Kugelmittelpunkt. Man sagt, das Feld ist **radial.**

Da die Dichte der gezeichneten Feldlinien nach außen abnimmt, sollte auch die elektrische Feldstärke mit zunehmenden Abstand r vom Kugelmittelpunkt abnehmen. In der räumlichen Darstellung von ▸Abb. 3 erkennt man, dass die Feldlinien mit zunehmendem Abstand r immer größere Kugelschalen durchstoßen. Da der Flächeninhalt der Kugelschalen proportional zu r^2 ist, nimmt die Dichte der Feldlinien mit $\frac{1}{r^2}$ ab. Wir stellen uns vor, dass die Dichte der gezeichneten Feldlinien ein Maß für die Feldstärke darstellt. Dann nimmt die Feldstärke auf die gleiche Weise ab, also

$$\mathcal{E}(r) \sim \frac{1}{r^2}.$$

Um die Vermutung zu überprüfen, bringen wir in das Feld einer geladenen Kugel K_1 eine weitere geladene Kugel K_2 als Probekörper (▸Abb. 4). Mit einem Sensor messen wir die Kraft auf die Kugel K_2 in Abhängigkeit vom Abstand r der Kugelmittelpunkte und berechnen bei bekannter Probeladung die elektrische Feldstärke. Entsprechend unserer Vermutung sinkt die Feldstärke bei Verdopplung des Abstands auf ein Viertel, bei Verdreifachung auf ein Neuntel usw. (▸Abb. 5).

Das elektrische Feld einer gleichmäßig geladenen Kugel ist radial. Die geradlinigen Feldlinien stehen orthogonal zur Kugeloberfläche und die Feldstärke nimmt mit $\frac{1}{r^2}$ nach außen ab.

Lässt man den Radius der geladenen Kugel in Gedanken immer kleiner werden, dann erhält man das Modell einer **Punktladung.** Das Feld einer solchen Punktladung ist radial und die Feldstärke nimmt ebenfalls mit $\frac{1}{r^2}$ ab.

1 Eine Watteflocke hat eine Masse von 2,3 mg und ist mit 0,11 nC geladen. Berechnen Sie die Kraft im elektrischen Feld der Stärke $15\frac{\text{kN}}{\text{C}}$. Vergleichen Sie mit der Gewichtskraft.

2 Ein Öltröpfchen ($m = 6{,}2 \cdot 10^{-15}\,\text{kg}$, $q = -7{,}8 \cdot 10^{-19}\,\text{C}$) schwebt im elektrischen Feld eines Plattenkondensators. Bestimmen Sie Betrag und Richtung der elektrischen Feldstärke. Erstellen Sie eine Skizze.

Material A • Feldlinienbilder

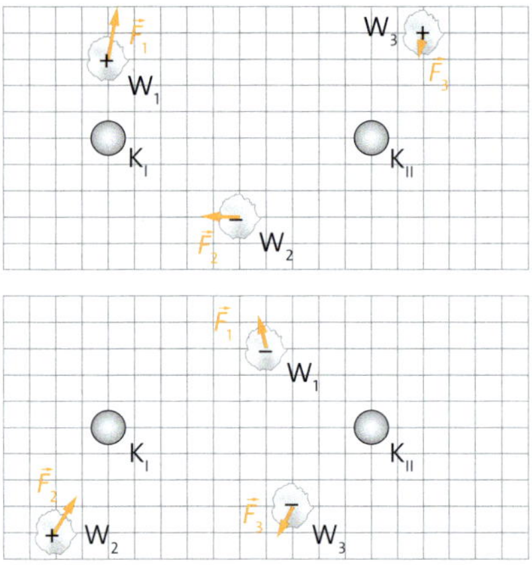

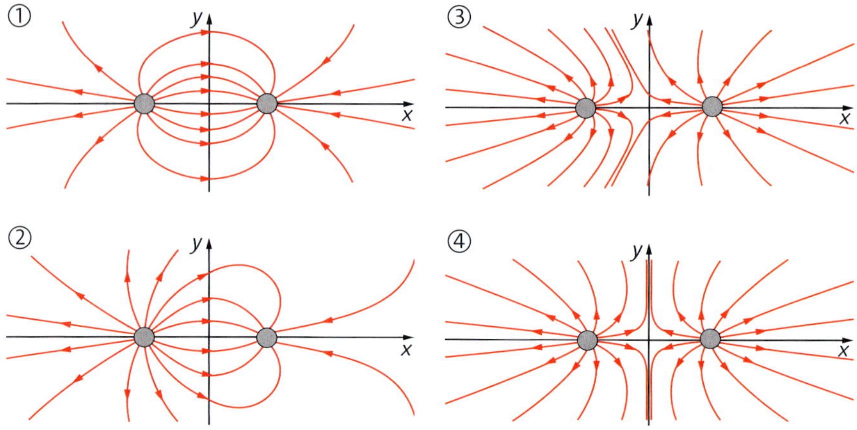

A1 Auf die geladenen Watteflocken W_1 bis W_3 im Feld der geladenen Kugeln K_I und K_{II} werden Kräfte ausgeübt. Übertragen Sie die Skizzen in Ihr Heft. Ergänzen Sie die Ladungsvorzeichen der Kugeln. Skizzieren Sie die zugehörigen Feldlinienbilder

A2 In den berechneten Feldlinienbildern ① bis ④ ist die linke Kugel mit $Q_1 = +1{,}0\,\text{nC}$ geladen. Die Ladung Q_2 der rechten Kugel hat den Betrag 0,5 nC, 1,0 nC oder 2,0 nC.

a) Erklären Sie mithilfe eines gedachten geladenen Probekörpers, wie die zweite Kugel geladen ist.

b) Begründen Sie mit dem Probekörper, dass für jeden Punkt auf der *x*-Achse der Feldstärkevektor parallel oder antiparallel zur *x*-Achse ist.

c) Im Punkt (0|0) beträgt die Feldstärke $-3{,}6\,\frac{\text{kN}}{\text{C}}$, $0\,\frac{\text{kN}}{\text{C}}$, $5{,}4\,\frac{\text{kN}}{\text{C}}$ oder $7{,}2\,\frac{\text{kN}}{\text{C}}$. Ordnen Sie die vier Werte den Feldlinienbildern zu.

Material B • Bestimmung der elektrischen Feldstärke

q in nC	4,5	8,2	12,3	18,6
F_{el} in mN	0,7	1,5	2,1	3,3

−3,9	−6,8	−9,5	−11,2	−15,6
−0,8	−1,3	−1,6	−1,8	−3,0

B1 In einem Experiment wurde die Kraft auf eine geladene Kugel im elektrischen Feld gemessen. Bestimmen Sie aus den Messwerten der Tabelle den Betrag der Feldstärke möglichst genau:

a) aus der Steigung der Ausgleichsgeraden im $F_{el}(q)$-Diagramm.

b) als Mittelwert der Quotienten aus Kraft und Probeladung.

c) mittels linearer Regression.

d) Bewerten Sie die drei Methoden der Auswertung.

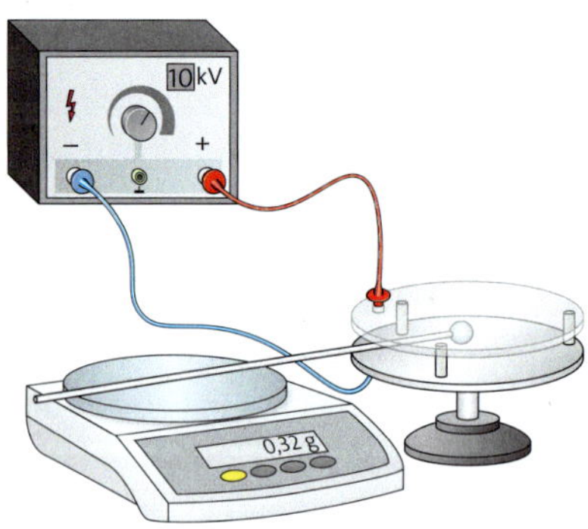

B2 Auf einer Waage liegt ein dünner Stab mit einer kleinen geladenen Kugel mit $q = 12\,\text{nC}$. Die Waage wird auf null gestellt. Anschließend wird der Kondensator so verschoben, dass die Kugel im Feld ist. Die Waage zeigt 0,32 g an. Ermitteln Sie die Feldstärke.

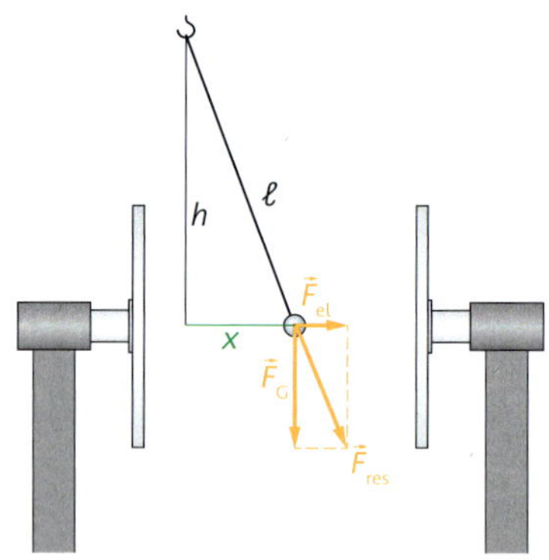

B3 Eine Kugel ($m = 0{,}45\,\text{g}$, $q = 3{,}0\,\text{nC}$) hängt an einem 1,2 m langen Faden. Die Kugel wird in das Feld eines Kondensators gebracht. Man misst eine Auslenkung von $x = 5{,}2\,\text{cm}$.

a) Zeigen Sie, dass für kleine Auslenkungen $\frac{F_{el}}{F_G} \approx \frac{x}{l}$ gilt.

b) Ermitteln Sie die Feldstärke.

METHODE

Analogien zwischen Gravitationsfeld und elektrischem Feld beschreiben und nutzen

Feld und Kraft • Eine geladene Kugel erzeugt ein elektrisches Feld, das auf eine zweite geladene Kugel eine Kraft ausübt. Man kann ähnliche Betrachtungen für Körper mit Masse anstellen. Die Gravitation wirkt zwischen allen Körpern mit Masse. Da die Gravitation immer anziehend wirkt, ist die Masse immer positiv.

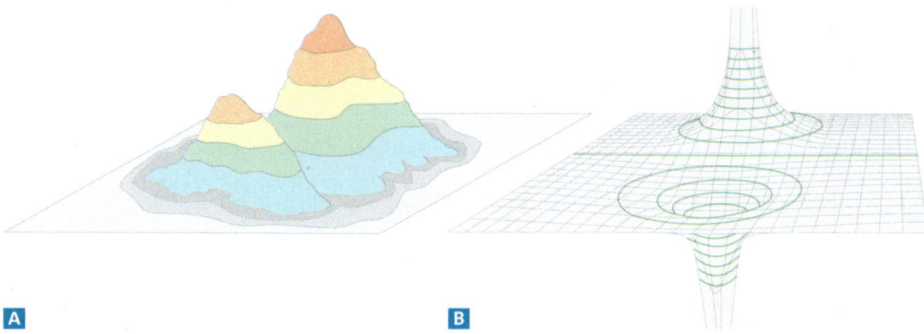

2 **A** Höhenlinien im Gravitationsfeld, **B** Äquipotenziallinien im elektrischen Feld

Die Analogie nutzen • Nach dem Gravitationsgesetz von ISAAC NEWTON gilt für die Kraft zwischen zwei Körpern der Massen M und m, beim Abstand r ihrer Schwerpunkte:

$$F_G \sim \frac{M \cdot m}{r^2}.$$

Wir nutzen die Analogie und schließen vom Gravitationsgesetz auf die elektrische Kraft zwischen zwei geladenen Kugeln im Abstand r. Ersetzt man im Gravitationsgesetz die Massen M und m durch die Ladungen der Kugeln Q und q, dann erhält man (▸Abb. 1):

$$F_{el} \sim \frac{Q \cdot q}{r^2}.$$

Dieser Zusammenhang wurde zum ersten Mal von CHARLES AUGUSTIN COULOMB nachgewiesen.

Elektrisches Feld

Felder elektrisch geladener Kugeln

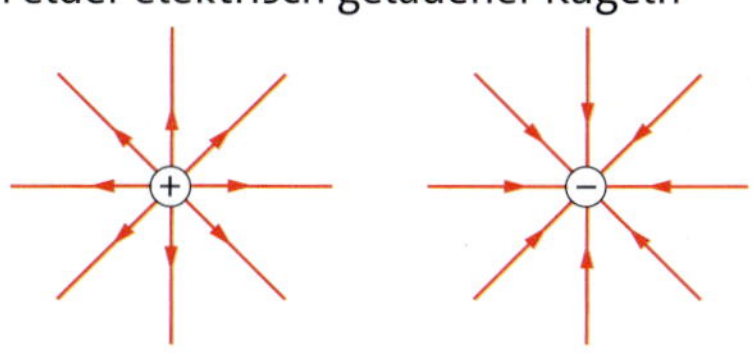

Feldstärke: $\vec{\mathcal{E}} = \frac{\vec{F}_{el}}{q}$

Gravitationsfeld

Feld einer Kugel mit Masse

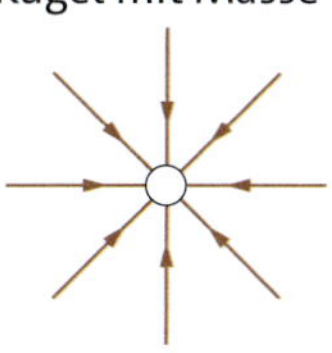

Feldstärke: $\vec{g} = \frac{\vec{F}_G}{m}$

1 Elektrisches Feld und Gravitationsfeld im Vergleich

Potenzielle Energie im Feld • Um auf der Erde einen Körper um die Strecke Δs gegen die Gewichtskraft anzuheben, benötigt man die Energie $F_G \cdot \Delta s$. Durch die Änderung im Gravitationsfeld vergrößert sich die im Feld gespeicherte Energie um $F_G \cdot \Delta s$. Diesen Betrag bezeichnet man als die potenzielle Energie des Körpers im Gravitationsfeld. Damit gilt mit der Höhe h des Körpers über der Erdoberfläche:

$$E_{pot} = F_G \cdot h = m \cdot g \cdot h.$$

Beim elektrischen Feld ist es entsprechend: Um einen positiv geladenen Probekörper gegen die elektrische Kraft um die Strecke Δs „anzuheben", benötigt man die Energie $F_{el} \cdot \Delta s$. Diese Energie ist entsprechend die potenzielle Energie des geladenen Körpers im elektrischen Feld. Meistens wählt man das Bezugsniveau für die potenzielle Energie so, dass diese für einen Körper auf der negativ geladenen Platte gleich null ist. Dann gilt:

$$E_{pot} = F_{el} \cdot s = q \cdot \mathcal{E} \cdot s = q \cdot \varphi.$$

Eine Veranschaulichung • Wir wissen, dass eine Kugel von selbst den Berg hinabrollt und dass ihre Beschleunigung umso größer ist, je steiler der Hang ist. Mit Höhenlinien kann man die Verhältnisse gut darstellen (▸Abb. 2 A). Je kleiner der Abstand benachbarter Höhenlinien ist, desto steiler ist der Hang und desto größer ist die beschleunigende Kraft auf die Kugel.
Im elektrischen Feld kann man die potenzielle Energie mithilfe des Potenzials berechnen. Grafisch kann man das Potenzial mit Äquipotenzialflächen darstellen, wobei diese in Zeichnungen meistens als Linien dargestellt werden (▸Abb. 2 B). Dann erhält man für einen Körper der Ladung q, der sich in einem Punkt mit dem Potenzial φ befindet, die potenzielle Energie durch Multiplikation des Potenzials mit q. Je kleiner der Abstand benachbarter Äquipotenziallinien ist, desto größer ist die elektrische Feldstärke.

METHODE

Überlagerung von Feldern

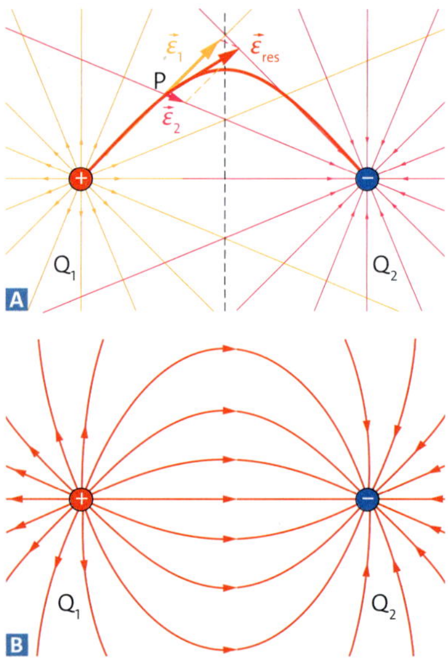

1 **A** Felder zweier Punktladungen mit Feldstärkevektoren im Punkt P, **B** resultierendes Feld der beiden Punktladungen

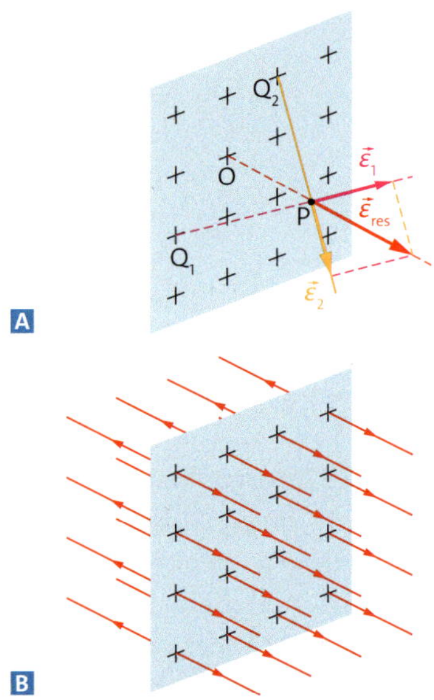

2 **A** Feldstärkevektoren der Punktladungen Q_1 und Q_2 im Punkt P, **B** resultierendes Feld einer gleichmäßig geladenen Platte

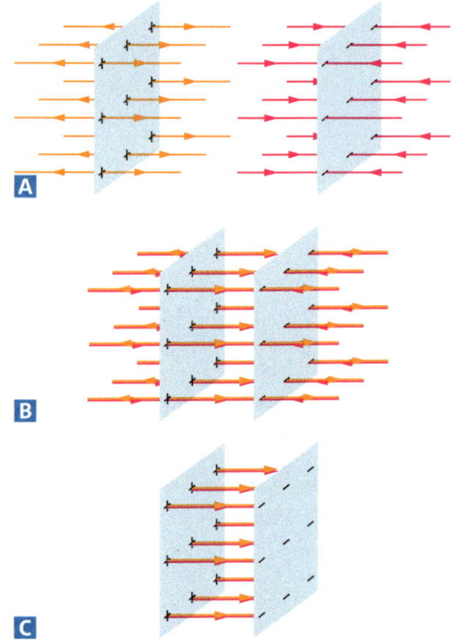

3 **A** Feldstärkevektoren zweier geladener Platten, **B** Überlagerung der Felder, **C** resultierendes Feld der geladenen Platten

Prinzip der Überlagerung • Elektrische Felder können sehr unterschiedliche Strukturen haben. Dennoch kann man sie sich alle aus Radialfeldern entstanden denken. Dazu betrachten wir zuerst die Überlagerung der Felder einer positiven Punktladung Q_1 und einer betragsmäßig gleichen negativen Punktladung Q_2. In ▸Abb. 1 A sind die Feldlinien übereinander gezeichnet. Im Kreuzungspunkt P zweier Feldlinien sind die berechneten Feldstärkevektoren $\vec{\varepsilon}_1$ der linken Ladung und $\vec{\varepsilon}_2$ der rechten Ladung eingezeichnet. Wie bei Kraftvektoren erhält man den resultierenden Feldstärkevektor $\vec{\varepsilon}_{res}$ durch vektorielle Addition. $\vec{\varepsilon}_{res}$ liegt tangential an der Feldlinie des resultierenden Felds. Durch Berechnung des Feldstärkevektors $\vec{\varepsilon}_{res}$ für möglichst viele Punkte erhält man das resultierende Feldlinienbild (▸Abb. 1 B).

Geladene Platte • Das Feld einer gleichmäßig geladenen Platte erhält man aus der Überlagerung der Felder von unendlich vielen Punktladungen. In ▸Abb. 2 A sind Q_1 und Q_2 zwei punktsymmetrisch zu O befindliche Ladungen und P ein Punkt auf der Orthogonalen durch O. Dann liegt der resultierende Feldstärkevektor $\vec{\varepsilon}_{res}$ im Punkt P auf dieser Orthogonalen. Wenn wir annehmen, dass die Platte im Modell unendlich ausgedehnt ist, dann gibt es zu jeder Ladung auf der Platte eine dazu punktsymmetrisch liegende Ladung, sodass der resultierende Vektor $\vec{\varepsilon}_{res}$ auf der Orthogonalen liegt. Zusammen mit der in O befindlichen Ladung Q_0 zeigt der resultierende Vektor aus allen Punktladungen orthogonal nach außen. Den idealisierten Feldlinienverlauf einer solchen unendlich ausgedehnten Platte zeigt ▸Abb. 2 B.

Kondensatorfeld • Beim idealen Plattenkondensator verlaufen die Feldlinien nur zwischen den Platten. Der Raum außerhalb der Platten ist feldfrei. Kann man dieses Feld durch Überlagerung der Felder zweier ungleichnamig geladener Platten erhalten? ▸Abb. 3 A zeigt die Felder der einzelnen Platten. Während bei der positiv geladenen Platte die Feldlinien von der Platte weg zeigen, ist es bei der negativ geladenen Platte umgekehrt. Bei der Überlagerung der beiden Felder verlaufen die Feldlinien zwischen den Platten in dieselbe Richtung, außerhalb der Platten dagegen in entgegengesetzte Richtungen (▸Abb. 3 B). Daraus folgt eine Verstärkung des Felds zwischen den Platten und eine Auslöschung außerhalb der Platten. So ergibt sich tatsächlich das Feld eines idealen Plattenkondensators (▸Abb. 3 C).

Faradayscher Käfig

Das haben Sie sicherlich schon gehört: Im Flugzeug ist man vor Blitzen geschützt (▸Abb. 4). Aber warum eigentlich? Ein Blitz ist eine elektrische Entladung. Die Ladung fließt dabei durch einen leitfähigen Kanal von ionisierten Luftmolekülen. Damit dieser Kanal entstehen kann, muss die Feldstärke sehr groß sein. Wenn im Flugzeug kein leitfähiger Kanal entsteht, dann muss das elektrische Feld im Innern des Flugzeuges schwach oder gar nicht vorhanden sein.

Wir prüfen diese Vermutung im zweidimensionalen Modellversuch (▸Abb. 5 A): Statt des Flugzeugs betrachten wir einen ungeladenen Metallring im Feld zwischen zwei geladenen Stäben. Mit Grießkörnern in Öl untersuchen wir den Feldlinienverlauf. Wir beobachten, dass innerhalb des Rings die Körner ungeordnet sind. In diesem Bereich gibt es offensichtlich kein elektrisches Feld. Außerhalb des Rings ordnen sich die Körner in Ketten an. Ein Teil der Feldlinien verläuft vom linken Stab zur linken Seite des Rings, ein anderer Teil von der rechten Ringseite zum rechten Stab (▸Abb. 5 B).

Wenn Feldlinien an der einen Seite des Rings enden und an der anderen Seite beginnen, dann bedeutet dies, dass die Ringhälften unterschiedlich geladen sein müssen. Das können wir durch elektrische Influenz erklären. Aufgrund des elektrischen Feldes bewegen sich Elektronen von der rechten zur linken Ringhälfte. Dadurch lädt sich die linke Seite negativ und die rechte Seite positiv auf.

Man könnte meinen, dass aufgrund der geladenen Ringhälften erst recht ein elektrisches Feld im Ring entsteht. Dass dies nicht der Fall ist, zeigt die idealisierte Betrachtung eines Metallkastens in einem homogenen Feld (▸Abb. 6). Durch Influenz lädt sich die linke Seite negativ und die rechte Seite positiv auf. Dadurch entsteht ein zusätzliches Feld. Dieses innere Feld ist dem äußeren Feld entgegengesetzt gerichtet. Die Feldstärken der beiden Felder müssen betragsmäßig gleich sein. Denn die Elektronen im Metallkasten bewegen sich solange von rechts nach links, bis sich inneres und äußeres Feld gegenseitig aufheben.

Dabei spielt die Form des metallischen Hohlkörpers keine Rolle. Sowohl in den Wänden als auch im Innern des Hohlkörpers heben sich äußeres und inneres Feld gegenseitig auf. Dies gilt auch, wenn die Wände des Hohlkörpers Öffnungen haben, wie etwa die Fenster des Flugzeugs. Nur in der Nähe der Fenster wird das äußere Feld nicht vollständig aufgehoben. Auch das Innere eines metallenen Käfigs ist frei von elektrischen Feldern. Nach seinem Entdecker, MICHAEL FARADAY, bezeichnet man einen solchen metallenen Hohlkörper als Faradayschen Käfig.

1 Eine innere Hohlkugel ist von einer äußeren umschlossen. Die Mittelpunkte fallen zusammen. Einmal ist die äußere Kugel positiv geladen, das andere Mal die innere Kugel. Skizzieren Sie für beide Fälle das elektrische Feld.

4 Blitzeinschlag im Flugzeug

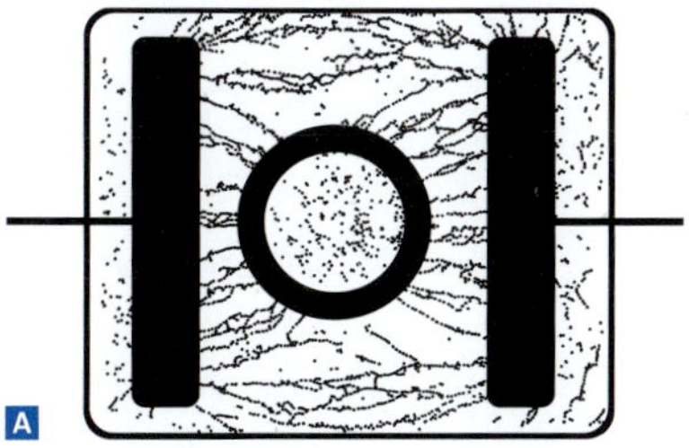

A

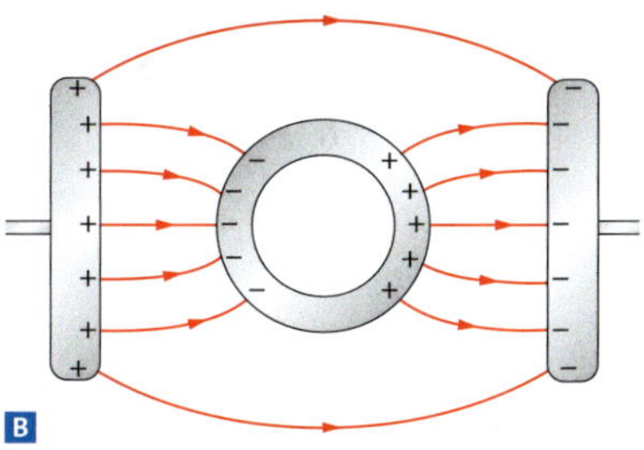

B

5 Metallring im elektrischen Feld:
A Untersuchung mit Grießkörnern,
B Feldlinienverlauf

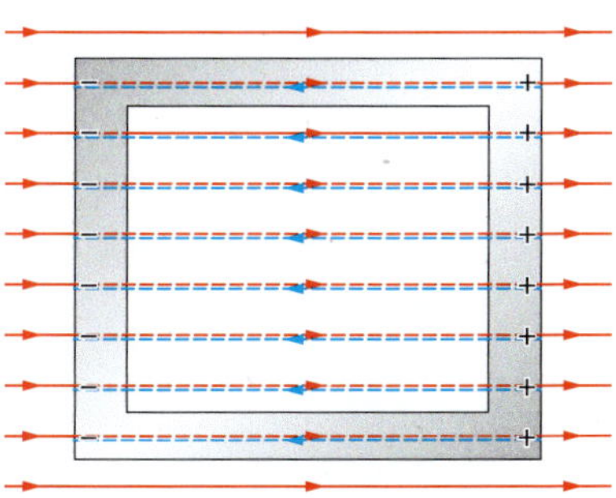

6 Äußeres Feld (rot) und inneres Feld (blau) heben sich gegenseitig auf.

1 Elektrische Energiequellen – gefährlich oder nicht?

Spannung und Potenzial

Die Spannung ist eine wichtige Größe bei elektrischen Energiequellen. Sie sagt auch etwas darüber aus, wie gefährlich die Quelle ist. Batterien haben Spannungen von wenigen Volt – sie sind ungefährlich. Der Bandgenerator erzeugt eine Spannung bis 100 000 V. Ist er gefährlich? Auch ein geladener Kondensator hat eine Spannung. Was bedeutet die Spannung beim Kondensator?

$$\Delta E = P \cdot \Delta t = U \cdot I \cdot \Delta t = U \cdot \Delta Q$$

Spannung und Energie im Stromkreis • In einem geschlossenen Stromkreis wird Energie übertragen, z. B. von der Batterie zur Glühlampe.

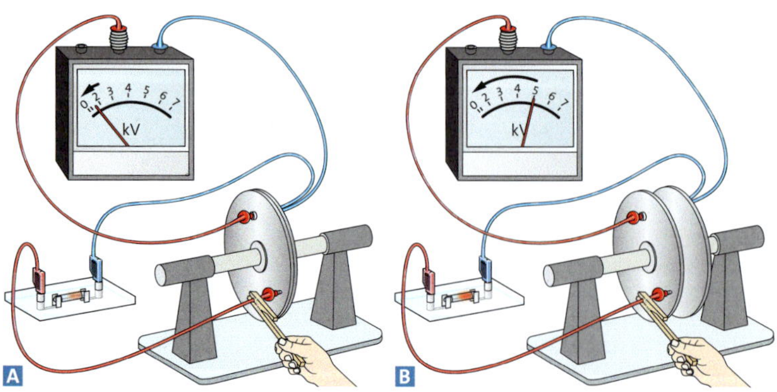

2 **A** Die an den Kondensator angeschlossene Glimmlampe leuchtet schwach. **B** Nach dem Auseinanderziehen der Platten vergrößert sich die Spannung und die Glimmlampe leuchtet heller.

Wie viel Energie E dabei übertragen wird, hängt nicht nur von der geflossenen Ladung ΔQ, sondern auch von der Spannung U ab. Es gilt:

$$\Delta E = U \cdot \Delta Q.$$

Für eine 1,5-V-Batterie folgt, dass pro geflossenem Coulomb an Ladung eine Energie von 1,5 J übertragen wird. Beim abgebildeten Bandgenerator sind es entsprechend 100 000 J pro Coulomb. Allerdings fließt bei diesem Bandgenerator nur sehr wenig Ladung. Damit gibt der Bandgenerator aus ▸Abb. 1 auch nur sehr wenig Energie ab und ist daher normalerweise ungefährlich.

Feld und Energie • Eine wichtige Eigenschaft des elektrischen Felds ist, dass in ihm Energie gespeichert ist: Schließen wir eine Glimmlampe an einen geladenen Kondensator an, dann leuchtet die Lampe schwach (▸Abb. 2 A). Wir laden den Kondensator erneut bei der gleichen Spannung und ziehen anschließend die Platten auseinander. Wenn wir nun die Glimmlampe anschließen, dann leuchtet die Lampe viel heller (▸Abb. 2 B). Wir erklären dies damit, dass wir dem elektrischen Feld durch das Auseinanderziehen der Platten Energie zugeführt haben. Deshalb hat die Glimmlampe heller geleuchtet. Das angeschlossene Messgerät zeigt, dass beim Auseinanderziehen die Spannung zugenommen hat. Wir nehmen dies als Hinweis darauf, dass Spannung und Energie auch beim Kondensator zusammenhängen.

Energieabgabe in Portionen • Beim Entladen der Platten über die Glimmlampe wird die gesamte Energie des Felds in kurzer Zeit abgegeben. Das elektrische Feld kann die Energie aber auch portionsweise abgeben. Wir betrachten dazu eine Metallkugel, die zwischen den Platten hin- und herpendelt (▸Abb. 3). Die geladene Kugel wird im Feld von der einen zur anderen Platte beschleunigt. Die dazu erforderliche Energie stammt aus dem Feld. Im Idealfall ohne Reibung nimmt die kinetische Energie der Kugel um denselben Betrag zu, wie die Energie des Felds abnimmt.

Spannung beim Kondensator • Je größer die Spannung zwischen den Platten ist, desto stärker wird die Kugel beschleunigt und desto größer ist die Energie, die vom Feld auf die Kugel übertragen wird. Anschaulich ist klar, dass die übertragene Energie außerdem umso größer ist, je größer die Ladung der Kugel ist. Tatsächlich gilt für die vom Feld auf einen Probekörper mit der Ladung q übertragene Energie ΔE eine einfache Beziehung:

$$\Delta E = q \cdot U.$$

Dieser Zusammenhang gilt sowohl für homogene wie auch für inhomogene Felder, z.B. dem Feld zwischen den Kugeln des Bandgenerators.

Wird ein Körper mit der Ladung q von einem Leiter zu einem anderen Leiter beschleunigt, dann beträgt die vom elektrischen Feld auf den Körper übertragene Energie
$\Delta E = q \cdot U$.
Dabei ist U die Spannung zwischen den geladenen Leitern.

Ohne Reibung und wenn die Beschleunigung aus der Ruhe heraus erfolgt, erhält man die Geschwindigkeit am Ende des Beschleunigungsvorgangs zu

$$\tfrac{1}{2} m \cdot v^2 = q \cdot U \iff v = \sqrt{\frac{2 \cdot q \cdot U}{m}}.$$

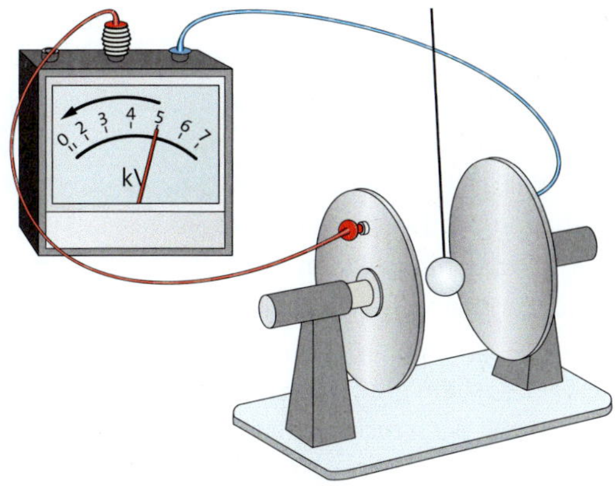

3 Die hin- und herpendelnde Kugel erhält Energie aus dem elektrischen Feld.

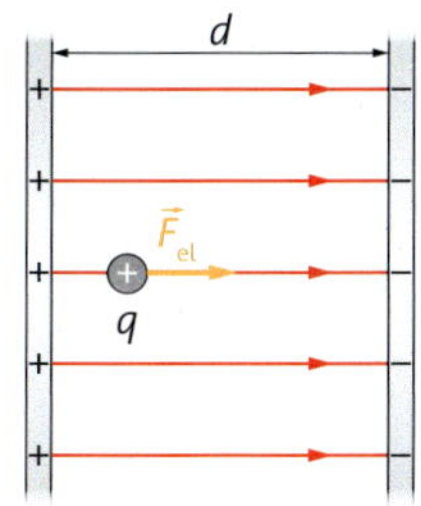

4 Ein Probekörper wird im Feld beschleunigt.

Spannung und Feldstärke • Für das homogene Feld eines Kondensators mit Plattenabstand d kann man die vom Feld auf den Probekörper übertragene Energie noch auf eine andere Weise berechnen (▸Abb. 4). Da die Kraft konstant ist, gilt:

$$\Delta E = F \cdot \Delta s = F_{el} \cdot d = q \cdot \mathcal{E} \cdot d.$$

Aus dem Vergleich der Gleichungen für ΔE folgt:

$$U = \mathcal{E} \cdot d.$$

Diese Gleichung ermöglicht oft eine einfache Bestimmung der elektrischen Feldstärke.

Beim Plattenkondensator mit homogenem Feld gilt für den Zusammenhang zwischen der Feldstärke $\mathcal{E}$, der Spannung U und dem Plattenabstand d:
$\mathcal{E} = \frac{U}{d}$; Einheit: $[\mathcal{E}] = \frac{\text{V}}{\text{m}} = \frac{\text{N}}{\text{C}}$.

1 Eine Lampe wird für 3 Minuten an einen 6-V-Akku angeschlossen. Die Stromstärke beträgt 0,5 A. Berechnen Sie die Leistung, die geflossene Ladung und die übertragene Energie.

2 Der Bandgenerator von ▸Abb. 1 gibt eine Ladung in der Größenordnung von 1 μC ab. Schätzen Sie die abgegebene Energie ab.

3 **a)** An einem Kondensator (d = 0,10 m) liegen 12 kV an. Berechnen Sie die Feldstärke.
b) Eine Kugel (q = 2,5 nC, m = 0,40 g) wird von der einen zur anderen Platte beschleunigt. Bestimmen Sie, mit welcher Energie und Geschwindigkeit die Kugel dabei aufprallt.

Achtung, Lebensgefahr durch hohe Spannungen! Experimentieren Sie nie mit Gleichspannungen größer als 60 V und mit Wechselspannungen größer als 25 V!

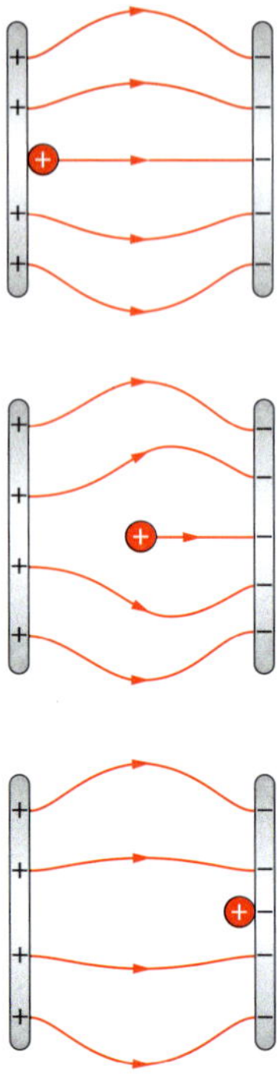

1 Abschwächung des elektrischen Felds eines Kondensators

Energie aus dem Feld • Wird ein geladener Körper im elektrischen Feld beschleunigt, dann erhält er Energie aus dem Feld. Daher muss sich auch das Feld selbst ändern. ▸Abb. 1 zeigt, dass sich das Feld eines Kondensators abschwächt, wenn ein positiv geladener Körper von der positiv zur negativ geladenen Platte beschleunigt wird. Zu Beginn, wenn der Körper ganz links ist, dann ist das Feld am stärksten und die Energie des Felds ist am größten (▸Abb. 1 A). Je weiter sich der Körper nach rechts bewegt hat, desto schwächer ist das Feld und desto mehr hat die Energie des Felds abgenommen (▸Abb. 1 B, C). Dieser Betrag, um den sich die Energie des Felds insgesamt verringert hat, wurde auf den Körper übertragen.

Potenzielle Energie im Feld • Wenn man die Bewegung eines Körpers im elektrischen Feld beschreiben möchte, interessiert man sich nicht für die insgesamt im Feld gespeicherte Energie, sondern nur für den Teil der Energie, der auf den Körper übertragen werden kann. Diese Energie bezeichnet man als seine **potenzielle Energie.** Die potenzielle Energie hängt vom Ort des Körpers ab: Je weiter der Körper von der negativ geladenen Platte entfernt ist, desto größer ist die Energie, die er aus dem Feld aufnehmen kann, desto größer ist also seine potenzielle Energie.

Elektrisches Potenzial • Sicherlich hängt die potenzielle Energie eines Körpers im elektrischen Feld auch von seiner Ladung ab. Man kann zeigen, dass die potenzielle Energie sogar proportional zu seiner Ladung ist. Ähnlich wie bei der Festlegung der elektrischen Feldstärke betrachtet man einen Probekörper im Punkt P eines elektrischen Felds und dividiert seine potenzielle Energie E_{pot} durch seine Ladung q. Dieser Quotient ist unabhängig von q und hängt nur vom Feld und vom betrachteten Punkt P ab. Er wird als **elektrisches Potenzial φ_P** im Punkt P bezeichnet.

In der Praxis ist es oft umgekehrt: Man kennt das Potenzial und kann daraus die potenzielle Energie eines Körpers berechnen:

Für die potenzielle Energie eines Körpers mit der Ladung q in einem Punkt P eines elektrischen Felds gilt:

$$E_{pot,P} = q \cdot \varphi_P .$$

Dabei ist φ_P das Potenzial im Punkt P.

Messung des Potenzials • Im Stromkreis kann man das Potenzial auf einfache Weise mit einem Voltmeter messen. Das Prinzip einer Potenzialmessung lässt sich auch auf das elektrische Feld z. B. eines Kondensators übertragen (▸Abb. 2 A). Um das Potenzial in einem Punkt P des Felds zu messen, muss man zuerst ein Bezugsniveau festlegen, bei dem das Potenzial gleich null ist. Als **Nullniveau** des Potenzials wählen wir die mit dem Minuspol verbundene Platte (Anschluss M). Die Spannung zwischen den Punkten P und M stimmt dann mit dem Potenzial im Punkt P überein. Eine Flammensonde sorgt dafür, dass die Messung nicht durch Influenz gestört wird.

Wir untersuchen die Abhängigkeit des Potenzials entlang der Mittelachse des Kondensators. Dabei beobachten wir, dass das Potenzial umso größer ist, je weiter die Sonde von der negativ geladenen Platte entfernt ist (▸Abb. 2 B). Tatsächlich hängt das Potenzial im Punkt M des homogenen Felds wie die potenzielle Energie in diesem Punkt linear vom Abstand s_{PM} zur negativ geladenen Platte ab:

$$\varphi_P = \frac{E_{pot,P}}{q} = \frac{F_{el} \cdot s_{PM}}{q} = \frac{q \cdot \mathcal{E} \cdot s_{PM}}{q} = \mathcal{E} \cdot s_{PM} .$$

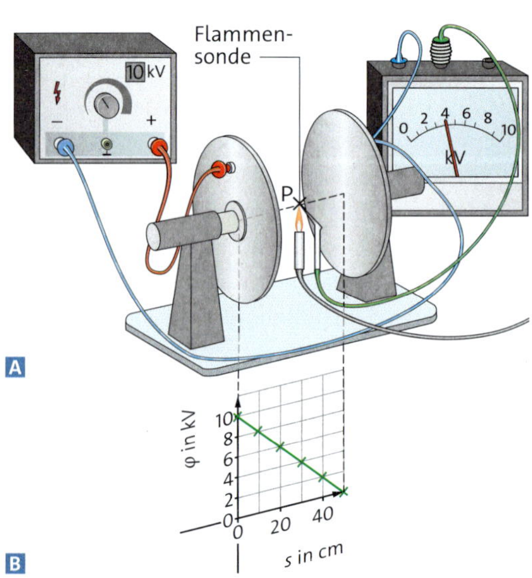

2 **A** Potenzialmessung im Kondensatorfeld, **B** Das Potenzial nimmt gleichmäßig von der positiv zur negativ geladenen Platte ab.

Potenzial und Spannung • Mit zwei Flammensonden kann man zwischen zwei beliebigen Punkten eines elektrischen Felds eine Spannung messen. Sie ist gleich der Differenz der Potenziale in den entsprechenden Punkten. Auch die Umkehrung gilt: Wenn man eine Spannung misst, dann gibt es auch ein zugehöriges Feld. Tatsächlich gehören Feld, Potenzial und Spannung immer zusammen.

> Die Spannung zwischen zwei Punkten P und M eines elektrischen Felds ist gleich der Differenz der Potenziale in diesen Punkten:
> $U_{PM} = \varphi_P - \varphi_M$.

Gleiches Potenzial • Ist die Spannung zwischen zwei Punkten gleich null, dann haben sie auch gleiches Potenzial. Alle Punkte mit gleichem Potenzial bilden eine Fläche, die sogenannte **Äquipotenzialfläche.** Aus der Festlegung des Potenzials folgt unmittelbar, dass die potenzielle Energie eines Probekörpers auf einer Äquipotenzialfläche konstant ist. Folglich bilden die Äquipotenzialflächen im homogenen Feld eines idealen Plattenkondensators Ebenen parallel zu den Kondensatorplatten.

Im Allgemeinen sind die Äquipotenzialflächen gekrümmt. ▸Abb. 3 zeigt beispielhaft vom Computer berechnete Feldstrukturen ruhender Ladungsverteilungen. Die Ergebnisse lassen vermuten, dass die Äquipotenzialflächen orthogonal zu den sie schneidenden Feldlinien verlaufen. Tatsächlich muss dies auch so sein, da orthogonal zu den Feldlinien auf einen Probekörper keine Kraft ausgeübt wird und sich daher die potenzielle Energie orthogonal zu den Feldlinien nicht ändert. Da die Leiteroberflächen selbst auch Äquipotenzialflächen darstellen, verlaufen die Feldlinien auf Leiteroberflächen ebenfalls orthogonal.

> Bei ruhenden Ladungsverteilungen bilden die Oberflächen von Leitern Äquipotenzialflächen. Feldlinien und Äquipotenzialflächen verlaufen orthogonal zueinander.

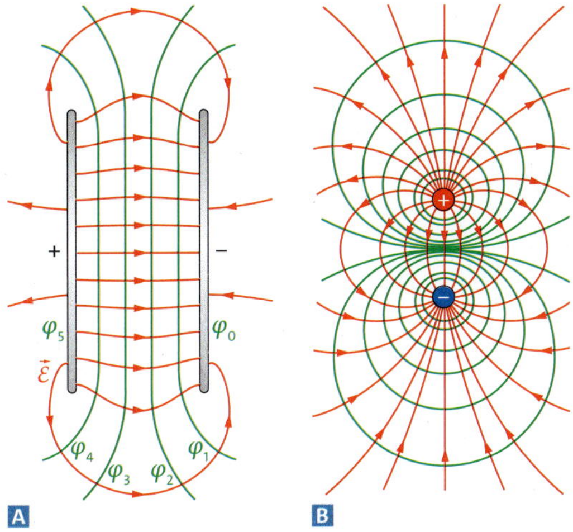

3 Berechnete Feldlinien (rot) und Schnitte durch Äquipotenzialflächen (grün): **A** Kondensatorfeld, **B** Feld zweier ungleichnamig geladener Kugeln

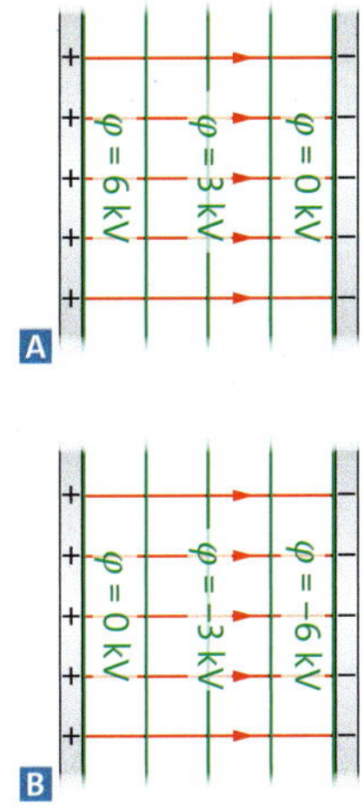

4 **A** Negative Platte bzw. **B** positive Platte als Nullniveau des Potenzials

Wahl des Potenzialnullniveaus • Beim Plattenkondensator haben wir das Potenzial auf die negativ geladene Platte bezogen (▸Abb. 4 A). Man hätte aber genauso die positiv geladene Platte (▸Abb. 4 B) oder jede beliebige Äquipotenzialfläche als Nullniveau des Potenzials wählen können. Das Potenzial kann dann auch negative Werte annehmen. Solange nicht ein Leiter geerdet ist, ist das Nullniveau frei wählbar. Ist aber einer der Leiter geerdet, dann wählt man die Oberfläche des geerdeten Leiters als Nullniveau des Potenzials.

So wie das Potenzial kann auch die potenzielle Energie positiv, negativ oder gleich null sein. Unabhängig davon bewegt sich ein Körper aus der Ruhe heraus immer so, dass seine potenzielle Energie abnimmt. Dabei bleibt die Summe aus potenzieller und kinetischer Energie erhalten.

1 **a)** Zeichnen und beschriften Sie einige Äquipotenzialflächen eines Kondensators mit $U = 10\,\text{kV}$ und $d = 5{,}0\,\text{cm}$ und dem Nullniveau in der Mitte zwischen den Platten.
b) Zeichnen Sie das zugehörige Diagramm der potenziellen Energie in Abhängigkeit vom Ort für einen Körper mit $q = -5{,}0\,\text{nC}$.
c) Erklären Sie mit dem Diagramm aus b): Zu welcher Platte bewegt sich der Körper, wenn er in der Mitte aus der Ruhe heraus startet? Mit welcher kinetischen Energie trifft er auf die Platte?

Versuch A • Potenziale vermessen

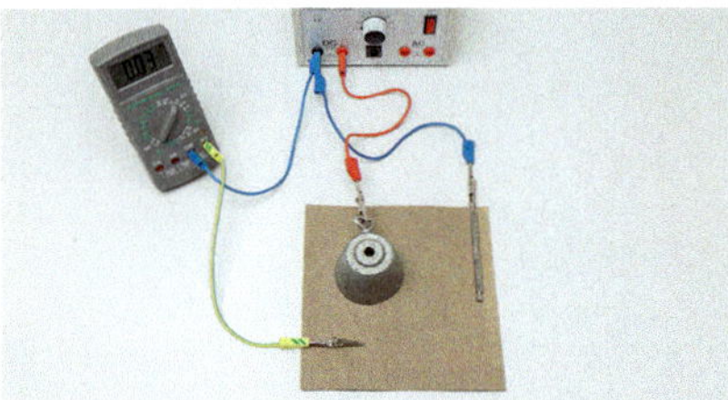

Material:
Netzgerät, Voltmeter, dünner Karton, Stativmaterial (u. a. Tonnenfuß)

V1 Untersuchung von Feldern

Sie messen das Potenzial für unterschiedliche Punkte eines elektrischen Felds und stellen es in geeigneter Weise dar.

Arbeitsauftrag:

a) Legen Sie den Karton für einige Minuten in Wasser, bis er gleichmäßig durchfeuchtet ist. Positionieren Sie den Tonnenfuß und die Stativstange als Elektroden auf dem feuchten Karton. Achten Sie darauf, dass die Elektroden mit ihrer ganzen Unterseite auf dem Karton aufliegen. Markieren Sie die Position der Elektroden.

b) Schließen Sie das Netzgerät und das Voltmeter wie abgebildet an. Legen Sie eine Spannung von 10 V an.

c) Erkunden Sie das Potenzial für einige Punkte des Felds, indem Sie die Spannung zwischen dem Punkt und dem Minuspol messen.

d) Bestimmen Sie mehrere Punkte des Felds mit dem Potenzial $\varphi = 2\,\text{V}$. Verbinden Sie die Punkte zu einer Äquipotenziallinie. Ermitteln Sie auf diese Weise weitere Äquipotenziallinien ($\varphi = 4\,\text{V}, 6\,\text{V} \ldots$).

e) Skizzieren Sie einige Feldlinien. Achten Sie darauf, dass sich die Feldlinien und Äquipotenziallinien im richtigen Winkel schneiden.

f) Berechnen Sie für eine ausgewählte Feldlinie die mittlere Feldstärke $\mathcal{E} = \frac{\Delta\varphi}{\Delta x}$ zwischen den Äquipotenziallinien 0 V und 2 V, 2 V und 4 V usw.

g) Variieren Sie die Form und Anordnung der Elektroden und untersuchen Sie das zugehörige Feld.

Material A • Spannung und Feldstärke beim Plattenkondensator

$d = 0{,}08$ m						
U in kV	0	5	10	15	20	25
F_{el} in mN	0	0,75	1,6	2,2	3,0	3,8

$U = 25$ kV					
d in m	0,05	0,10	0,15	0,20	0,25
F_{el} in mN	6,1	2,9	1,9	1,5	1,1

In einem Experiment wird die Abhängigkeit der elektrischen Feldstärke von der Spannung und vom Plattenabstand untersucht. Die Bestimmung der Feldstärke erfolgt über die Messung der Kraft auf eine geladene Kugel.

A1 Vorerst beträgt der Plattenabstand 0,08 m. Die Kugel wird mit 12 nC geladen. Die Kraft auf die Kugel wird in Abhängigkeit von der Spannung zwischen den Platten gemessen. Man erhält die Werte der linken Tabelle.

a) Erstellen Sie eine Tabelle für die Feldstärke in Abhängigkeit von der Spannung.

b) Ergänzen Sie die Tabelle aus a) mit einer Zeile für den Quotienten aus Spannung und Feldstärke.

c) Begründen Sie, dass Feldstärke und Spannung proportional zueinander sind.

A2 Die Spannung beträgt nun 25 kV. Die Kugel wird wieder mit 12 nC geladen. Es wird der Plattenabstand verändert. Man erhält die Werte der rechten Tabelle.

a) Erstellen Sie entsprechend zu A1 eine Tabelle für die Feldstärke in Abhängigkeit vom Plattenabstand.

b) Ergänzen Sie die Tabelle aus a) mit einer Zeile für das Produkt aus Feldstärke und Plattenabstand.

c) Begründen Sie, dass Feldstärke und Plattenabstand umgekehrt proportional zueinander sind.

A3 Die Proportionalität $\mathcal{E} \sim U$ und die Antiproportionalität $\mathcal{E} \sim \frac{1}{d}$ lassen sich zu $\mathcal{E} \sim \frac{U}{d}$ zusammenfassen. Folglich muss der Quotient $\frac{\mathcal{E}}{\frac{U}{d}} = \mathcal{E} \cdot \frac{d}{U}$ konstant sein.

a) Bestätigen Sie dies durch Berechnung einiger Werte dieses Quotienten.

b) Stellen Sie eine Vermutung über den genauen Wert dieser Konstanten auf.

c) Zeigen Sie, dass die Konstante dimensionslos ist, also keine Einheit hat.

d) Stellen Sie damit eine Gleichung für die Feldstärke in Abhängigkeit von der Spannung und dem Plattenabstand beim Kondensator auf.

BLICKPUNKT

Feld und Potenzial im elektrischen Stromkreis

Feld als Ursache des Stroms • Damit Ladung durch einen Draht fließen kann, muss der Widerstand des Drahts überwunden werden. Auf die beweglichen Ladungsträger müssen also Kräfte ausgeübt werden. Als Ursache für diese Kräfte kommt nur ein elektrisches Feld in Frage. Tatsächlich existiert sowohl außerhalb wie auch innerhalb eines stromführenden Drahts ein elektrisches Feld (▸Abb. 1 A). Im Groben erinnert es an das Feld zweier ungleichnamiger Punktladungen. Innerhalb des Drahts verlaufen die Feldlinien parallel zum Draht. Wäre das nicht so, dann würden die Ladungsträger nicht dem Verlauf des Drahts folgen.

Feldstärke und Potenzial • Ein stromführender Draht ist im Inneren also nicht feldfrei. Folglich bildet die Drahtoberfläche auch keine Äquipotenzialfläche. Vielmehr schneiden die Äquipotenzialflächen den Draht orthogonal. Nur so verlaufen die Feldlinien parallel zum Draht. Die Feldstärke stellt sich so ein, dass die Stromstärke überall im Stromkreis gleich ist. Wenn sich die Dicke und das Material des Drahts entlang des Stromkreises nicht ändern, dann muss die Feldstärke im Stromkreis überall gleich sein. Daraus folgt wegen $\Delta\varphi = E \cdot \Delta x$, dass der Abstand Δx benachbarter Äquipotenzialflächen im Draht konstant ist. Bei einem Stromkreis aus unterschiedlich gut leitenden Drähten muss die Feldstärke unterschiedlich sein, damit die Stromstärke überall gleich ist (▸Abb. 1 B). In einem solchen Stromkreis schneiden die Äquipotenzialflächen den Draht nicht in konstanten Abständen.

Ursache des Felds • Sie wissen, dass elektrische Felder durch Ladungen erzeugt werden. Wo befinden sich im Stromkreis die felderzeugenden Ladungen? Erstens sind die Pole der Batterie geladen. Das Feld der beiden ungleichnamig geladenen Pole ergibt die Grobstruktur des Felds mit Feldlinien, die am Pluspol beginnen und am Minuspol enden. Zweitens sorgt die Batterie dafür, dass Ladungsträger auf die Oberfläche des Drahts geschoben werden. Dabei stellt sich die Ladungsverteilung auf der Drahtoberfläche so ein, dass die Feldlinien den Biegungen des Drahts folgen. Das Innere des Drahts ist dabei ungeladen. Eine Ausnahme bilden die Ladungen beim Übergang zwischen unterschiedlichen Materialien. Insgesamt stellt sich durch die felderzeugenden Ladungen das Feld im Stromkreis so ein, dass die Stromstärke überall konstant ist.

Größenordnungen • Die Feldstärke in einem üblichen Stromkreis ist mit ca. $100\,\frac{\mathrm{V}}{\mathrm{m}}$ gering. Folglich ist auch die Ladung auf dem Draht und bei den Übergängen zwischen unterschiedlichen Materialien klein. Sie liegt in der Größenordnung von $10^{-15}\,\frac{\mathrm{C}}{\mathrm{mm}^2}$ und ist damit sehr klein im Vergleich zur Ladung eines Plattenkondensators bei z. B. 10 kV.

1 Erläutern Sie anhand von ▸Abb. 1 grundlegende Unterschiede, aber auch Gemeinsamkeiten, zwischen Feldern stromführender und stromloser Leiter.

2 Schätzen Sie die Feldstärken in den Drähten der Stromkreise von ▸Abb. 1 ab.

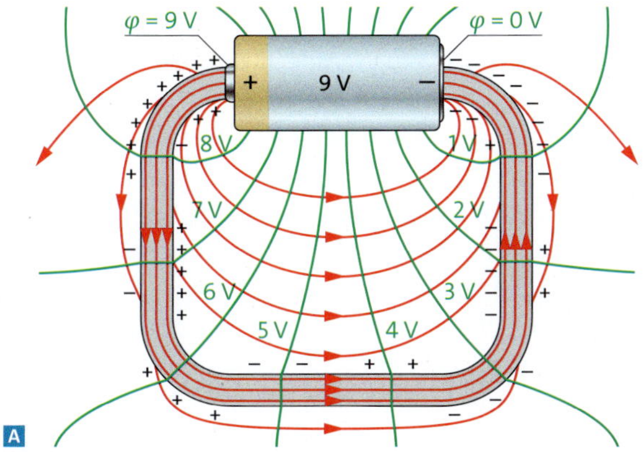

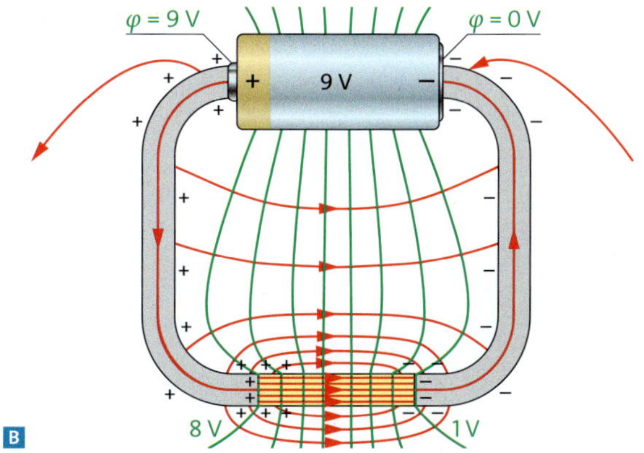

1 Elektrisches Feld (rot) und Äquipotenzialflächen (grün) **A** eines Stromkreises, **B** eines Stromkreises aus unterschiedlichen Materialien (Die Feldliniendichte innerhalb des Drahts entspricht nicht genau der Feldstärke.)

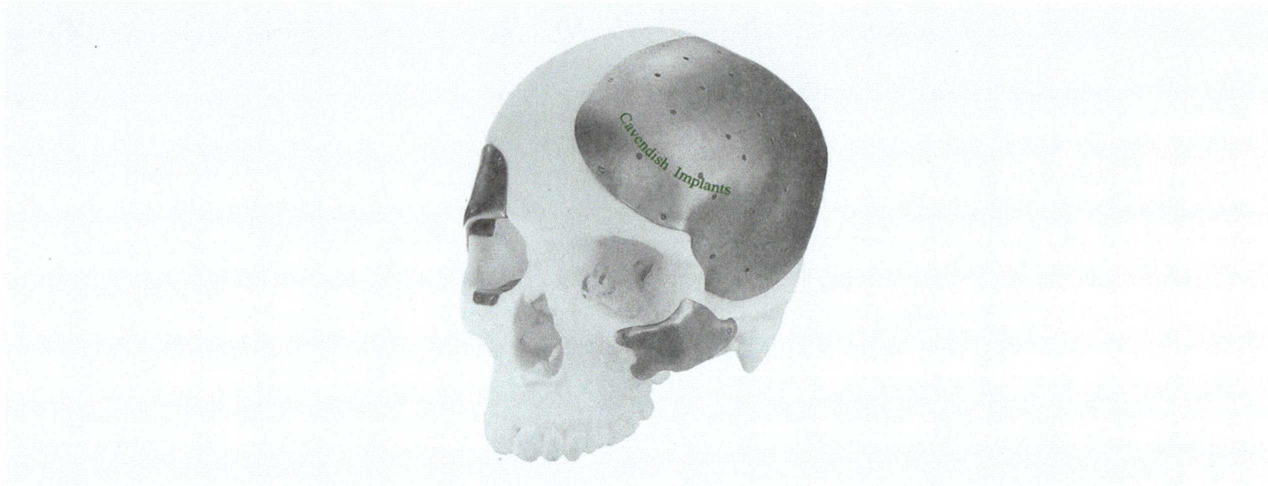

1 Ein Schädelimplantat aus Titan aus dem „3-D-Elektronenstrahldrucker“

Elektronenstrahlen

Ein Schädelimplantat muss leicht, robust und passgenau sein. Dies gelingt mit dem sogenannten Elektronenstrahlschmelzen. Mithilfe eines Strahls aus schnellen Elektronen wird ein Metallpulver pixelweise aufgeschmolzen. Wie beim 3-D-Druck können damit Objekte in allen Formen hergestellt werden. Der Elektronenstrahl muss energiereich sein und präzise auf jede Stelle gelenkt werden können. Wie erzeugt man einen solchen Elektronenstrahl und wie lenkt man ihn ab?

Elektronenstrahlröhre • Wir untersuchen die Erzeugung und Ablenkung eines Elektronenstrahls anhand einer Elektronenstrahlröhre oder sogenannten Braunschen Röhre (▸Abb. 2). Eine solche Röhre besteht im Wesentlichen aus einem evakuierten Glaskolben, einer **Glühkathode,** den die Kathode umgebenden Wehnelt-Zylinder und einer plattenförmigen **Anode** mit einer kleinen Öffnung in der Mitte. Hinter der Anode befinden sich zwei Ablenkkondensatoren. Die Vorderseite des Glaskolbens ist von innen mit einer fluoreszierenden Schicht bedeckt (Leuchtschirm). Zusätzlich ist der gesamte Kolben innen mit einer dünnen metallischen Beschichtung versehen.

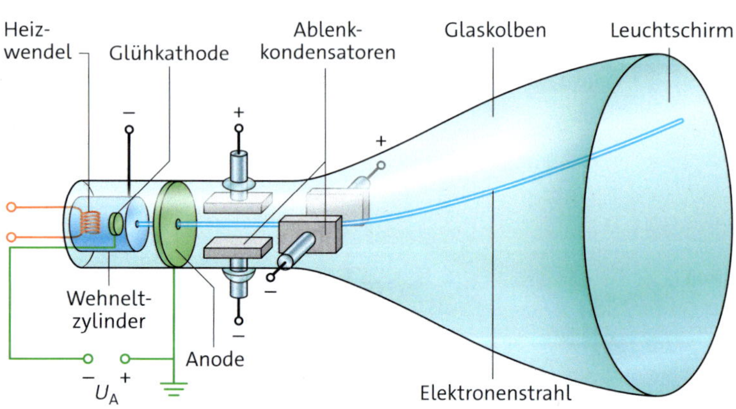

2 Aufbau einer Braunschen Röhre

Erzeugung des Elektronenstrahls • Durch die Heizwendel wird die Kathode zum Glühen gebracht. Aufgrund der hohen Temperatur ist die thermische Energie der Elektronen in der Kathode so groß, dass ein Teil der Elektronen aus dem Metall austritt. Dies wird als **glühelektrischer Effekt** bezeichnet.

Zwischen Kathode und Anode liegt die **Anodenspannung U_A** an. Durch das zugehörige elektrische Feld werden die Elektronen zur Anode hin beschleunigt. Der negativ geladene Wehnelt-Zylinder sorgt für eine Bündelung der Elektronen auf die Anodenöffnung. Dadurch bewegt sich ein großer Teil der Elektronen mit hoher Geschwindigkeit durch die Anodenöffnung. Auf diese Weise entsteht hinter der Anode ein Elektronenstrahl. Dieser ist unsichtbar.

Ablenkung des Strahls • In den elektrischen Feldern der Ablenkkondensatoren werden auf die Elektronen Kräfte nach oben oder unten beziehungsweise nach links oder rechts ausgeübt. Mit den passenden Spannungen kann der Strahl auf jede Stelle des Schirms gelenkt werden. Am Auftreffpunkt regen die Elektronen die Atome des Leuchtschirms zur Aussendung von Licht an.

Elektronenkreislauf • Nach dem Auftreffen auf dem Schirm fließen die Elektronen über die metallische Beschichtung zum Pluspol der Anodenspannungsquelle (▸Abb. 3). Dort werden sie unter Energieaufwand zum Minuspol gepumpt und können erneut aus der Kathode austreten. Wie bei einem gewöhnlichen Stromkreis durchlaufen die Elektronen unterschiedliche Potenziale. Im Gegensatz zum Stromkreis erfahren die Elektronen im Vakuum keinen Widerstand. Potenzialunterschiede wirken sich daher unmittelbar auf die kinetische Energie der Elektronen aus. In der Darstellung der Potenziale in ▸Abb. 3 ist zu beachten, dass der Pluspol der Anodenspannung geerdet ist. Daher liegt die Anode auf dem Potenzial $\varphi_A = 0\,\text{V}$. Bei einer Anodenspannung von 500 V erhält man für die Kathode das Potenzial $\varphi_K = -500\,\text{V}$.

Energie der Elektronen • Während die Elektronen zwischen Kathode und Anode beschleunigt werden, nehmen sie Energie aus dem elektrischen Feld auf. Auch wenn das Feld nicht homogen ist, kann man die übertragene Energie ΔE aus der Anodenspannung berechnen. Da die Elektronen die Ladung $q = -e$ tragen, wobei e die Elementarladung ist, folgt:

$$\Delta E = e \cdot U_A.$$

Vernachlässigt man die geringe kinetische Energie der Elektronen beim Austritt aus der Kathode, dann folgt für die kinetische Energie und die Geschwindigkeit beim Durchfliegen der Anode:

$$E_{\text{kin, A}} = \frac{1}{2} m_e \cdot v_A^2 = e \cdot U_A \Rightarrow v_A = \sqrt{2 \frac{e}{m_e} U_A}.$$

Da Anode und Glaskolben geerdet sind, bewegen sich die Elektronen hinter der Anode im feldfreien Raum. Nach dem Trägheitsgesetz behalten sie ihre Geschwindigkeit und kinetische Energie bis zum Eintritt in die Ablenkkondensatoren bei.

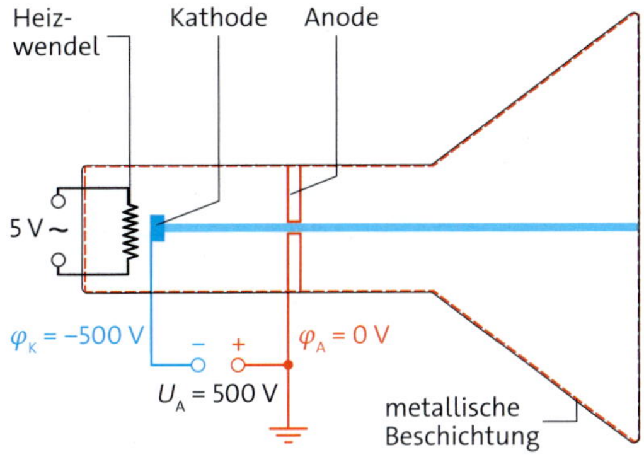

3 Stark vereinfachte Schaltskizze einer Elektronenstrahlröhre mit Potenzialverlauf ohne Wehnelt-Zylinder und ohne Ablenkplatten

In der Elektronenstrahlröhre erreichen die Elektronen nach Durchlaufen der Anodenspannung U_A die kinetische Energie:

$E_{\text{kin, A}} = \frac{1}{2} m_e \cdot v_A^2 = e \cdot U_A$, mit

$m_e = 9{,}11 \cdot 10^{-31}\,\text{kg}$ (Elektronenmasse)

$e = 1{,}60 \cdot 10^{-19}\,\text{C}$ (Elementarladung)

Die Einheit Elektronvolt • In der Atom- und Elementarteilchenphysik ist eine eigene Einheit für die Energie üblich. Sie ist gleich der Änderung der kinetischen Energie eines Protons oder Elektrons nach Durchlaufen einer Spannung von 1 V. Wegen $q = \pm e$ ändert sich die kinetische Energie eines Protons oder Elektrons pro Volt durchlaufener Spannung betragsmäßig um $|q \cdot U| = e \cdot 1\,\text{V} = 1\,\text{eV}$, genannt **Elektronvolt.**

Die Elementarladung e ist die kleinste Ladung, die Materie annehmen kann. Die Elementarladung ist positiv. Protonen tragen die Ladung $+e$, Elektronen die Ladung $-e$.

Ein Elektronvolt (eV) ist gleich der Änderung der kinetischen Energie eines Elektrons oder Protons nach Durchlaufen einer Spannung von 1 V.
Es gilt: $1\,\text{eV} = 1{,}60 \cdot 10^{-19}\,\text{J}$

1 Bei einer Elektronenstrahlröhre ist $U_A = 500\,\text{V}$.
a) Berechnen Sie die Geschwindigkeit der Elektronen beim Durchfliegen der Anode.
b) Geben Sie die potenzielle und die kinetische Energie der Elektronen in der Kathode, in der Anodenöffnung und auf dem Schirm an.

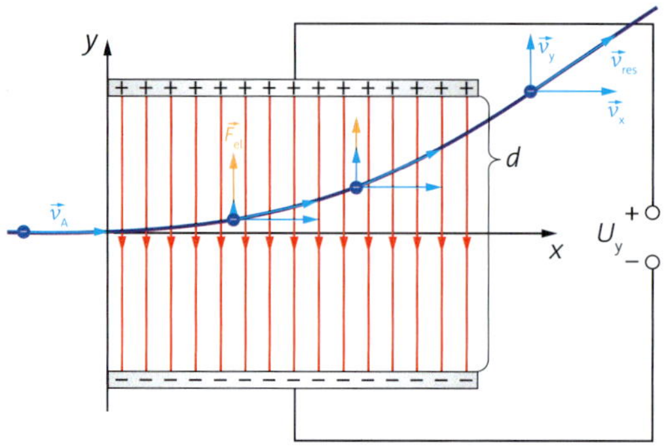

1 Ablenkung des Elektronenstrahls im homogenen Feld

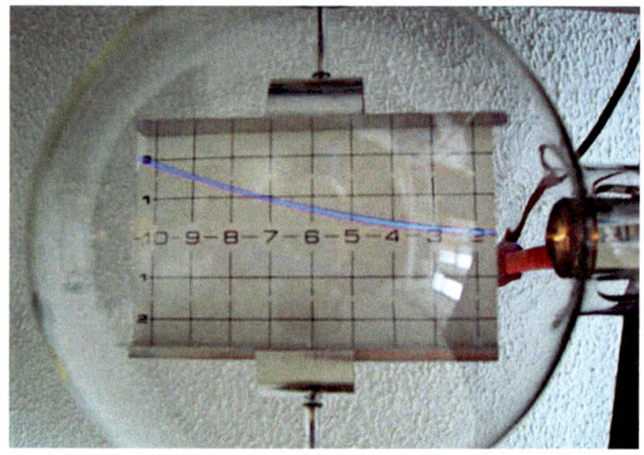

2 Elektronenstrahlablenkung im Experiment

Elektronen im Ablenkkondensator • Nachdem sich die Elektronen durch die Anodenöffnung bewegt haben, gelangen sie in den Ablenkkondensator. Um ihre weitere Bewegung durch den Kondensator mathematisch beschreiben zu können, idealisieren wir das zugehörige elektrische Feld. Wir nehmen an, dass das Feld zwischen den Ablenkplatten homogen und der Raum außerhalb des Kondensators feldfrei ist (▸Abb. 1).

Bewegung in zwei Richtungen • Wir beschreiben die Bewegung in einem x-y-Koordinatensystem. Die Geschwindigkeit $\vec{v}_A$, mit der die Elektronen in das Feld eintreten, zeigt in x-Richtung. Die auf die Elektronen ausgeübte Kraft $\vec{F}_{el}$ zeigt dagegen in y-Richtung. Aufgrund dieser Kraft werden die Elektronen in y-Richtung beschleunigt. Dies führt zu einer zunehmenden Geschwindigkeitskomponente $\vec{v}_y$ in y-Richtung. In x-Richtung behalten die Elektronen die ursprüngliche Geschwindigkeit bei, also $\vec{v}_x = \vec{v}_A$. Wie beim waagrechten Wurf kann man die Bewegung der Elektronen gedanklich in zwei Teilbewegungen zerlegen, eine Bewegung mit konstanter Geschwindigkeit in x-Richtung und eine Bewegung mit konstanter Beschleunigung in y-Richtung. Für diese Teilchenbewegungen gelten die Gesetzmäßigkeiten:

$v_x(t) = v_A = \text{konstant}$, $\quad x(t) = v_A \cdot t$,

$v_y(t) = a_y \cdot t$, $\quad y(t) = \frac{1}{2} \cdot a_y \cdot t^2$,

Die Beschleunigung a_y in y-Richtung erhält man aus der Kraft $\vec{F}_{el}$, diese aus der Feldstärke $\mathcal{E}_y$ und diese wiederum aus der Ablenkspannung U_y:

$$a_y = \frac{F_{el}}{m_e} = \frac{e \cdot \mathcal{E}_y}{m_e} = \frac{e \cdot U_y}{m_e \cdot d}.$$

Bahnkurve • Die Bahnkurve der Elektronen erhält man durch Elimination von t in der Gleichung für $y(t)$ mithilfe der Gleichung für $x(t)$:

$$y = \frac{1}{2} \cdot a_y \cdot t^2 = \frac{1}{2} \cdot a_y \cdot \left(\frac{x}{v_A}\right)^2 = \frac{a_y}{2 \cdot v_A^2} \cdot x^2.$$

Die Gleichung hat die Struktur $y = C \cdot x^2$, mit einer Konstanten C, die nur von a_y und v_A abhängt. Die Ablenkung y hängt also quadratisch von x ab und die Bahnkurve ist folglich eine Parabel. Ferner gilt für die Geschwindigkeit v_A:

$$v_A^2 = \frac{2 \cdot e \cdot U_A}{m_e}.$$

Setzt man diese Beziehung sowie die Gleichung für die Beschleunigung a_y in die Gleichung für die Bahnkurve ein, so erhält man endgültig:

$$y = \frac{U_y}{4 \cdot d \cdot U_A} \cdot x^2.$$

Überprüfung im Experiment • Mit einem Leuchtschirm zwischen den Ablenkplatten untersuchen wir die Form der Bahnkurve und die Abhängigkeit von den Spannungen U_A und U_y. ▸Abb. 2 zeigt den Schirm für $U_A = 4{,}0\,\text{kV}$ und $U_y = 3{,}0\,\text{kV}$. Die Bahnkurve scheint parabelförmig zu sein. Eine genaue Auswertung bestätigt dies. Halbieren wir die Ablenkspannung, dann halbiert sich auch die Ablenkung, wie zu erwarten war. Wenn zusätzlich die Anodenspannung halbiert wird, dann sollte sich die Ablenkung wieder verdoppeln. Dies ist tatsächlich der Fall und die ursprüngliche Bahnkurve erscheint wieder.

1 Zeichnen Sie die Bahnkurve im Ablenkkondensator für $U_A = 2{,}5\,\text{kV}$, $U_y = 3{,}0\,\text{kV}$, $d = 8\,\text{cm}$ im Bereich von $0 \le x \le 10\,\text{cm}$.

METHODE

Energiebetrachtung bei Ladungsträgern im Feld

Prinzip eines Driftröhrenbeschleunigers • Für Experimente in der Kern- und Teilchenphysik werden z. B. Protonen mit großer kinetischer Energie benötigt. Zur Beschleunigung von Protonen und anderen Ladungsträgern eignet sich das in ▸Abb. 3 gezeigte Prinzip. Dabei fliegen die aus der Quelle S stammenden Protonen durch viele hintereinander angeordnete sogenannte Driftröhren. Quelle und Röhren sind abwechselnd positiv und negativ geladen, sodass zwischen den Röhren jeweils ein elektrisches Feld herrscht. In diesen Feldern werden die Protonen beschleunigt. Im Inneren der metallischen Röhren existiert wie bei einem Faradayschen Käfig kein Feld. Dort bewegen sich die Protonen mit konstanter Geschwindigkeit. Damit die Protonen zwischen den Röhren immer weiter beschleunigt werden, müssen Quelle und Röhren ständig umgepolt werden (▸Abb. 3 A und 3 B). Dazu wird eine Wechselspannung hoher Frequenz verwendet.

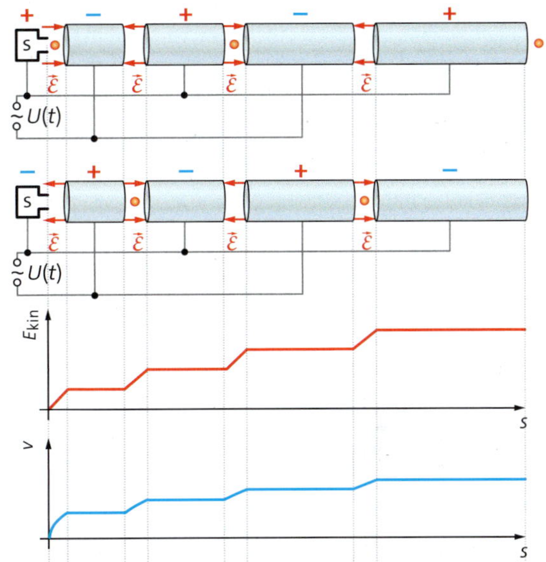

3 **A, B** Durch passende Umpolung werden die Protonen zwischen den Röhren beschleunigt. Ortsabhängigkeit **C** der kinetischen Energie und **D** der Geschwindigkeit der Protonen

Energiezunahme • Bei jedem Durchgang durch eines der elektrischen Felder zwischen den Röhren nehmen die Protonen Energie aus dem Feld auf. Die Energiezunahme kann man aus der zwischen den Röhren anliegenden Spannung berechnen. Mit einer Spannung von z. B. 40,0 kV und mit $q = e$ erhält man für die Energiezunahme

$$\Delta E = q \cdot U = 40\,000\,\text{eV} = 40{,}0\,\text{keV} = 6{,}40 \cdot 10^{-15}\,\text{J}.$$

Nach dem ersten Felddurchlauf haben die Protonen eine kinetische Energie von 40 keV, nach dem zweiten Durchlauf eine Energie von 80 keV. Nach n Felddurchläufen gilt:

$$E_{\text{kin, n}} = n \cdot \Delta E = n \cdot q \cdot U = n \cdot 40{,}0\,\text{keV}.$$

Wenn wir annehmen, dass die Felder homogen sind, dann nimmt die Energie im Feld linear mit der zurückgelegten Strecke zu. Man erhält die in ▸Abb. 3 C dargestellte Ortsabhängigkeit der kinetischen Energie.

Geschwindigkeit • Mit der Geschwindigkeit v_n nach dem n-ten Felddurchlauf sowie mit der Protonenmasse m_p gilt:

$$E_{\text{kin, n}} = \frac{1}{2} \cdot m_p \cdot v_n^2 = n \cdot q \cdot U.$$

Daraus folgt mit $m_p = 1{,}67 \cdot 10^{-27}\,\text{kg}$:

$$v_n = \sqrt{\frac{2 \cdot n \cdot q \cdot U}{m_p}} = \sqrt{n} \cdot 2{,}77 \cdot 10^6\,\frac{\text{m}}{\text{s}}.$$

Während die kinetische Energie also bei jedem Felddurchlauf um denselben Betrag zunimmt, ist dies bei der Geschwindigkeit nicht mehr der Fall (▸Abb. 3 D). Auch im Feld selbst nimmt die Geschwindigkeit proportional zur Wurzel der zurückgelegten Strecke zu.

Stärken und Schwächen der Methode • Mithilfe der Energiebetrachtung kann man auf einfache Weise die Änderung der kinetischen Energie von Ladungsträgern im elektrischen Feld bestimmen. Mit der Methode kann man aber nicht berechnen, wie lange die Bewegung eines Ladungsträgers dauert. Da beim Linearbeschleuniger die Umpolung der Spannung immer nach derselben Zeitspanne erfolgt, kann man auf diese Weise auch nicht die erforderlichen Längen der Röhren bestimmen. Dazu muss man mit den Gesetzen der Kinematik rechnen.

1 Begründen Sie, warum die Driftröhren von links nach rechts immer länger werden müssen.

2 Berechnen Sie für 10 Driftröhren die kinetische Energie und die Geschwindigkeit der Protonen am Ende des Beschleunigers. Wie ändern sich die Werte, wenn He^+-Ionen statt Protonen beschleunigt werden?

Material A • Beschleunigung und Ablenkung von Elektronen

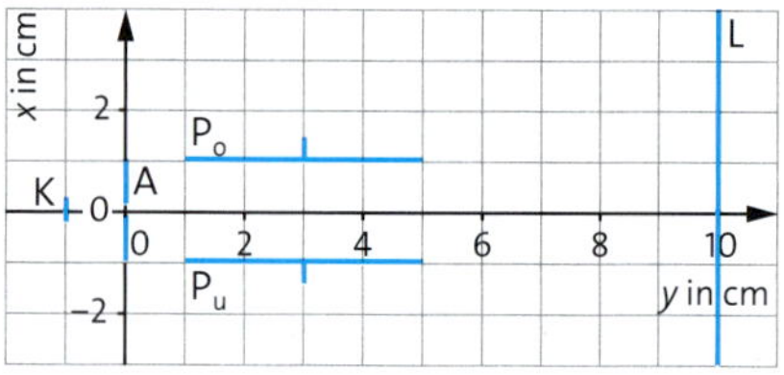

Bei einer Braunschen Röhre liegt zwischen der Kathode K und der geerdeten Anode A die Spannung 250 V an. Im Abstand von 1,0 cm zur Anode befinden sich zwei Ablenkplatten P_o und P_u mit einer Plattenlänge von 4,0 cm und einem Plattenabstand von 2,0 cm. Ein geerdeter Leuchtschirm L im Abstand von 10,0 cm von der Anode bildet den Abschluss der Röhre.

A1 An den Ablenkplatten liegt vorerst keine Spannung an. Zeigen Sie, dass die Elektronen den Leuchtschirm mit einer Geschwindigkeit von $9{,}37 \cdot 10^6 \frac{\text{m}}{\text{s}}$ erreichen.

A2 An den Ablenkkondensator wird nun eine Spannung von $U_y = 100\,\text{V}$ so angelegt, dass die obere Platte positiv geladen ist.

a) Berechnen Sie die Flugdauer der Elektronen durch den Kondensator.

b) Bestimmen Sie die Koordinaten des Punkts P, in dem die Elektronen den Kondensator verlassen.

c) Bestimmen Sie die Geschwindigkeitskomponenten v_x und v_y der Elektronen im Punkt P.

d) Berechnen Sie für den Punkt P den Betrag der resultierenden Geschwindigkeit sowie den Winkel, den diese zur Horizontalen einnimmt.

e) Bestimmen Sie die Koordinaten des Auftreffpunkts Q auf dem Leuchtschirm. Vernachlässigen Sie dazu das inhomogene Feld außerhalb des Ablenkkondensators.

f) Anode und Schirm haben dasselbe Potenzial. Was folgt daraus für die Geschwindigkeit der Elektronen beim Auftreffen auf dem Schirm? Erklären Sie den Widerspruch zu e).

Material B • Ionenantrieb

Die erste europäische Raumsonde zur Erkundung des Monds wurde am 27.09.2003 von einer Trägerrakete in eine 4800 km hohe Erdumlaufbahn gebracht. Von dort aus schraubte sich die 370 kg schwere Sonde SMART-1 in 410 Tagen auf einer spiralförmigen Bahn zum Mond. Als Antrieb wurde zum ersten Mal für eine Mission zum Mond ein solarelektrisches Ionentriebwerk genutzt. Dabei wurden Xenon-Atome ionisiert, im elektrischen Feld auf $15\,000 \frac{\text{m}}{\text{s}}$ beschleunigt und anschließend wieder neutralisiert. Durch die vom Triebwerk ausgestoßenen Xenon-Atome wurde auf diese Weise eine Antriebskraft von 70 mN erreicht.

B1 **a)** Erklären Sie, warum die Xenon-Atome zuerst ionisiert und nach dem Beschleunigungsvorgang wieder neutralisiert werden müssen.

b) Skizzieren und beschreiben Sie einen möglichen Aufbau eines Triebwerks auf der Basis von positiv geladenen Xenon-Ionen.

c) Die Masse eines Xe^+-Ions beträgt $2{,}17 \cdot 10^{-25}$ kg. Berechnen Sie die Beschleunigungsspannung.

B2 Im Folgenden wird vom Einfluss der Gravitation abgesehen; ebenso von der Massenabnahme der Sonde durch das Ausstoßen von Xenon.

a) Berechnen Sie, wie viel Xenon pro Sekunde ausgestoßen werden muss, um die angegebene Antriebskraft zu erreichen.

b) Berechnen Sie die Zeitspanne, um die Geschwindigkeit der Sonde um $1{,}0 \frac{\text{m}}{\text{s}}$ zu erhöhen.

c) SMART-1 hatte 84 kg Xenon an Bord. Schätzen Sie die erreichbare Endgeschwindigkeit der Sonde ab.

B3 Ein Problem besteht im großen Leistungsbedarf des Ionenantriebs.

a) Berechnen Sie die zur Beschleunigung der Xe^+-Ionen erforderliche Leistung.

b) Bestimmen Sie die Energie zum Ausstoßen von 84 kg Xenon. Vergleichen Sie diese Energie mit der kinetischen Energie der Sonde.

B4 **a)** Erläutern Sie, warum SMART-1 sich auf einer spiralförmigen Bahn langsam dem Mond näherte, statt ihn auf direktem Weg zu erreichen.

b) Diskutieren Sie die Eignung des Ionentriebwerks, um SMART-1 bei einer Mondlandung abzubremsen.

Bestimmung der Elementarladung

Überprüfung der These von der kleinsten Ladung • Wenn es stimmt, dass die elektrische Ladung quantisiert ist, dann sollte jeder geladene Körper ein Vielfaches einer kleinsten Ladung tragen. Zur Überprüfung hat man die Ladung von kleinen Öltröpfchen sehr genau vermessen. Das im Folgenden beschriebene Experiment nennt man den **Millikan-Versuch**.

Öltröpfchen im Kondensator • Zwischen die Platten eines luftgefüllten Kondensators mit Plattenabstand d werden feine Öltröpfchen gesprüht (▸Abb. 2). Beim Einsprühen reiben die Tröpfchen aneinander und an der Luft. Dabei laden sie sich elektrisch auf, teils negativ, teils positiv. Bei ausgeschalteter Spannung sinken alle Tröpfchen unabhängig von ihrer Ladung kurze Zeit nach dem Einsprühen nach unten. Erhöht man die Spannung von null an, dann werden die positiv geladenen Tröpfchen schneller und die negativ geladenen langsamer.

Schweben • Durch passende Einstellung der Spannung U kann man ein einzelnes negativ geladenes Tröpfchen zum Schweben bringen (▸Abb. 3 A). Aus dem Kräftegleichgewicht zwischen elektrischer Kraft F_{el} und Gewichtskraft F_G erhält man im Prinzip die Ladung q des Tröpfchens:

$$F_{el} = F_G \Rightarrow q \cdot \frac{U}{d} = m \cdot g \Rightarrow q = \frac{m \cdot g \cdot d}{U}$$

Sinken • Da die Tröpfchen sehr klein sind, kann man ihre Masse m nicht direkt messen. Aber man kann sie aus der Sinkgeschwindigkeit bei ausgeschalteter Spannung bestimmen. Bei konstanter Sinkgeschwindigkeit v sind die Gewichtskraft F_G und die Luftreibungskraft F_R im Gleichgewicht (▸Abb. 3 B). Da sich bei der geringen Geschwindigkeit kaum Luftwirbel bilden, gilt für die Reibungskraft auf das Tröpfchen ein proportionaler Zusammenhang zu seiner Geschwindigkeit v. Sie ist außerdem noch proportional zum Radius r des kugelförmigen Tröpfchens. Daneben spielt noch die Viskosität η der Luft eine Rolle. Sie gibt an, wie leicht sich benachbarte Luftschichten gegeneinander verschieben lassen. Es gilt das Gesetz von Stokes:

$$F_R = 6\pi \cdot \eta \cdot r \cdot v.$$

Auch die Gewichtskraft hängt vom Tröpfchenradius r ab:

$$F_G = m \cdot g = V \cdot \rho \cdot g = \frac{4}{3}\pi \cdot r^3 \cdot \rho \cdot g.$$

Dabei ist ρ die Dichte des Öls. Aus der Bedingung für das Kräftegleichgewicht beim Sinken ($F_R = F_G$) folgt eine Gleichung für den Radius r in Abhängigkeit von der Sinkgeschwindigkeit v des Tröpfchens:

$$r = 3\sqrt{\frac{\eta \cdot v}{2 \cdot \rho \cdot g}}.$$

Setzt man dies in die Gleichung für $F_G = F_R$ ein, dann erhält man daraus letztlich die Ladung des Tröpfchens:

$$q = \frac{9\pi \cdot d}{U}\sqrt{\frac{2 \cdot \eta^3 \cdot v^3}{\rho \cdot g}}.$$

Elementarladung • Führt man den Versuch mit sehr vielen Tröpfchen durch, dann erhält man ein Ergebnis wie in ▸Abb. 4 dargestellt. Es bestätigt sich, dass die Tröpfchenladungen Vielfache einer kleinsten Ladung sind. In immer weiter verbesserten und verfeinerten Experimenten nach dem Prinzip des hier beschriebenen Versuchs hat man die Elementarladung immer genauer bestimmt. Im Jahr 2019 hat man sie auf exakt $e = 1{,}602176634 \cdot 10^{-19}\,C$ festgelegt. Aus dieser Definition folgt die Einheit der Ladung zu $1\,C \cong 6{,}2415090745 \cdot 10^{18}\,e$.

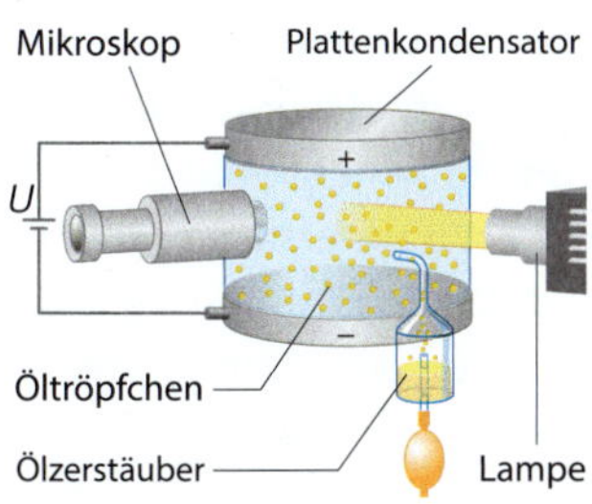

2 Öltröpfchenversuch

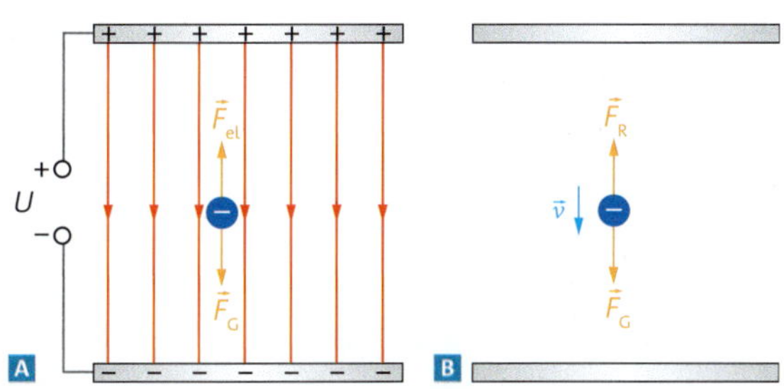

3 Kräftegleichgewicht beim **A** Schweben und **B** Sinken

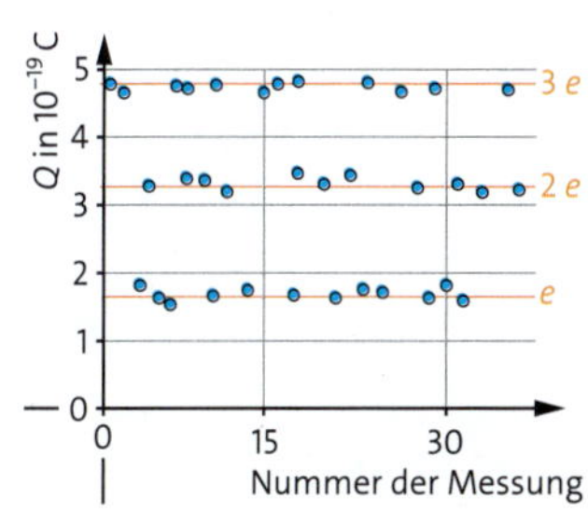

4 Ladungen der Öltröpfchen

1 Beleuchtetes Fluchtwegschild

Kondensator und Kapazität

Fluchtwege müssen auch im Dunkeln leicht erkannt werden. Damit die Beleuchtung der Schilder bei Stromausfall nicht erlischt, werden oft Kondensatoren eingesetzt. Diese speichern elektrische Ladung und damit auch Energie. Bei Bedarf geben sie beides wieder ab.

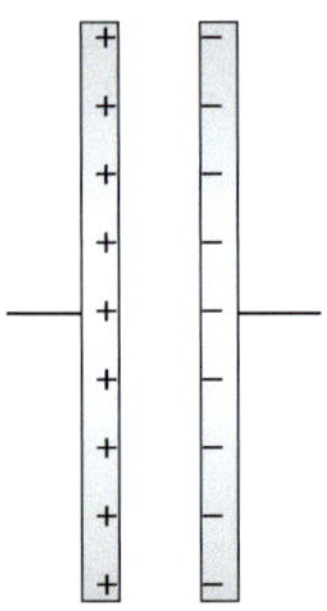

2 Geladener Plattenkondensator

Gespeicherte Ladung • Wenn ein Plattenkondensator geladen ist, dann ist die eine Platte positiv und die andere negativ geladen (▸Abb. 2). Der Betrag der Ladung Q ist auf beiden Platten gleich. Schließt man einen geladenen Kondensator an eine Glühlampe an, dann fließt die Ladung Q durch die Lampe. Daher ist es sinnvoll, Q als die gespeicherte Ladung zu bezeichnen.

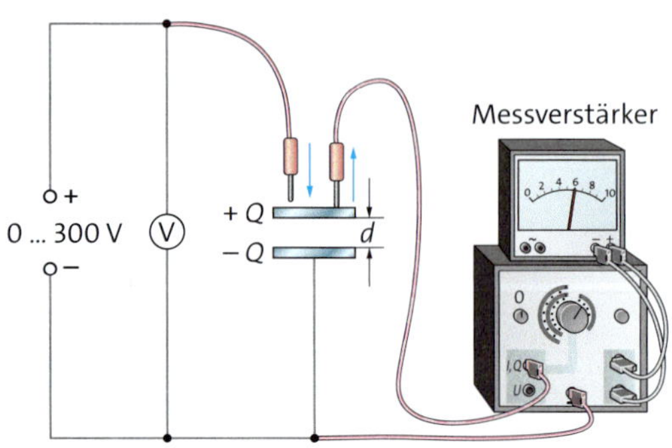

3 Messung der gespeicherten Ladung

Vermutungen • Es ist naheliegend, dass die gespeicherte Ladung von der Plattengröße abhängt. Zum Aufladen des Kondensators benötig man eine elektrische Quelle. Die gespeicherte Ladung ist vermutlich umso größer, je größer die Spannung ist, bei der man den Kondensator lädt. Diese Spannung liegt auch dann noch zwischen den Platten an, wenn der Kondensator nach dem Ladevorgang von der Quelle getrennt wird. Zwischen den geladenen Platten existiert ein elektrisches Feld. Die Feldstärke hängt von der Spannung und dem Plattenabstand ab. Folglich könnte die gespeicherte Ladung ebenfalls vom Plattenabstand abhängen. Schließlich könnte noch das Material der Platten eine Rolle spielen oder auch das Material zwischen den Platten.

Experiment • Um die Vermutungen systematisch zu prüfen, verändern wir von den möglichen Einflussfaktoren immer nur einen und halten alle anderen konstant. Wir untersuchen zuerst die Abhängigkeit von der Spannung und laden einen ungefüllten Kondensator aus Aluminiumplatten mit der Plattenfläche $A = 0{,}047\,\mathrm{m}^2$ und dem Plattenabstand $d = 1{,}0\,\mathrm{mm}$ an unterschiedlichen Spannungen und messen anschließend jeweils die gespeicherte Ladung (▸Abb. 3).

$A = 47 \cdot 10^{-3}\,m^2$, $d = 1{,}0 \cdot 10^{-3}\,m$			
U in V	100	200	300
Q in 10^{-9} C	43	83	125
$C = \frac{Q}{U}$ in $10^{-9}\,\frac{C}{V}$	0,43	0,42	0,42
$\varepsilon_0 = \frac{Q \cdot d}{U \cdot A}$ in $10^{-12}\,\frac{C}{V \cdot m}$	9,1	8,8	8,9

A

$U = 400\,V$, $d = 1{,}0 \cdot 10^{-3}\,m$			
A in $10^{-3}\,m^2$	47	16	8,0
Q in 10^{-9} C	165	58	27
$\frac{Q}{A}$ in $10^{-6}\,\frac{C}{m^2}$	3,5	3,6	3,4
$\varepsilon_0 = \frac{Q \cdot d}{U \cdot A}$ in $10^{-12}\,\frac{C}{V \cdot m}$	8,8	9,1	8,4

B

$U = 400\,V$, $A = 47 \cdot 10^{-3}\,m^2$			
d in 10^{-3} m	1,0	2,0	3,0
Q in 10^{-9} C	210	110	66
$Q \cdot d$ in 10^{-9} C · m	0,21	0,22	0,20
$\varepsilon_0 = \frac{Q \cdot d}{U \cdot A}$ in $10^{-12}\,\frac{C}{V \cdot m}$	8,9	9,4	8,4

C

4 Messung der Ladung in Abhängigkeit von **A** der Spannung, **B** der Plattenfläche und **C** dem Plattenabstand

Kapazität • Im Rahmen der Messgenauigkeit ist die auf den Platten gespeicherte Ladung Q proportional zur Spannung U zwischen den Platten (▸Tabelle 4 A). Daraus folgt, dass der Quotient $\frac{Q}{U}$ konstant, also unabhängig von der Spannung ist. Für unterschiedliche Kondensatoren nimmt dieser Quotient im Allgemeinen unterschiedliche Werte an. Er beschreibt, wie gut ein Kondensator Ladung speichern kann und wird als **Kapazität C** bezeichnet.

Die in einem Kondensator gespeicherte Ladung ist proportional zur anliegenden Spannung. Der Quotient aus Ladung Q und Spannung U heißt Kapazität C und gibt an, wie viel Ladung der Kondensator bei einer bestimmten Spannung speichern kann.
$C = \frac{Q}{U}$; Einheit: $[C] = \frac{C}{V}$ = F (Farad).

Kapazität eines Plattenkondensators • Wir untersuchen die Abhängigkeiten von der Plattengröße A und dem Plattenabstand d. ▸Tabelle 3 B und 3 C zeigen, dass die Ladung proportional zu A und umgekehrt proportional zu d ist. Dabei erkennt man die Proportionalität an der Konstanz des Quotienten $\frac{Q}{A}$ und die Antiproportionalität an der Konstanz des Produkts $Q \cdot d$. Da die Messungen bei der konstanten Spannung $U = 400\,V$ durchgeführt wurden, können wir schließen, dass auch die Kapazität proportional zu A und umgekehrt proportional zu d ist. Die Proportionalität und die Antiproportionalität können zu einer einzigen Proportionalität zusammengefasst werden:

$$C \sim \frac{A}{d}.$$

Folglich ist der Quotient aus C und $\frac{A}{d}$ der konstante Proportionalitätsfaktor, bezeichnet mit ε_0:

$$\varepsilon_0 = C : \frac{A}{d} = \frac{C \cdot d}{A} = \frac{Q \cdot d}{U \cdot A}.$$

Die Messung bestätigt, dass dieser Term für alle Messreihen im Rahmen der Messgenauigkeit gleich ist (letzte Zeilen in ▸Tabelle 3 A bis 3 C). Genauere Messungen haben für diese als **elektrische Feldkonstante ε_0** bezeichnete Naturkonstante

$$\varepsilon_0 = 8{,}854 \cdot 10^{-12}\,\frac{C}{Vm}$$

ergeben. In weiteren Messungen hat man festgestellt, dass das Material der Platten keinen Einfluss hat. Daraus folgt für die Kapazität des Plattenkondensators:

$$C = \varepsilon_0 \cdot \frac{A}{d}.$$

Die Kapazität C ist also proportional zur Plattengröße A und umgekehrt proportional zum Plattenabstand d. Bei unseren Messungen war der Abstand d klein gegenüber dem Radius r der Platten. Wenn dies nicht der Fall ist, gilt die Gleichung $C = \varepsilon_0 \cdot \frac{A}{d}$ nicht mehr.

Die Kapazität C eines ungefüllten Plattenkondensators wird durch die Plattengröße A und den Plattenabstand d bestimmt:

$$C = \varepsilon_0 \cdot \frac{A}{d}.$$

Dabei beträgt die elektrische Feldkonstante

$$\varepsilon_0 = 8{,}854 \cdot 10^{-12}\,\frac{C}{V \cdot m}.$$

1 Ein Kondensator hat kreisförmige Platten mit $r = 12\,cm$ und $d = 5{,}0\,mm$. Berechnen Sie die Kapazität sowie die Ladung bei $U = 25\,kV$.

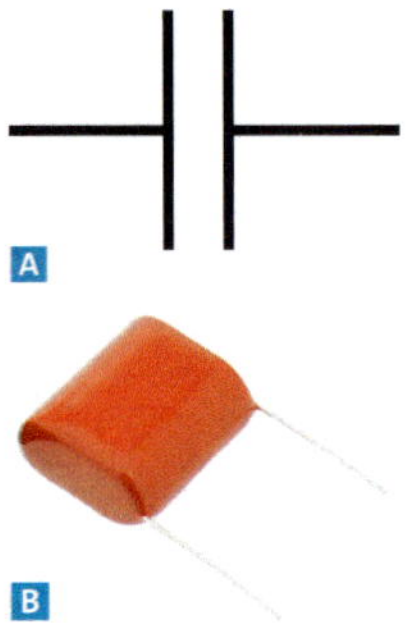

1 A Schaltsymbol eines Kondensators, B Folienkondensator

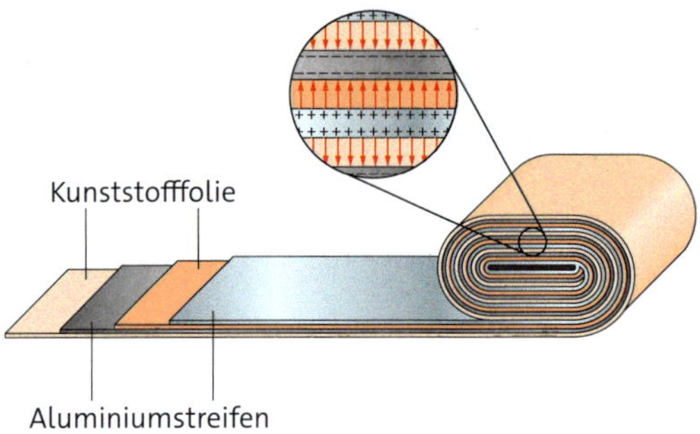

2 Aufbau eines Folienkondensators

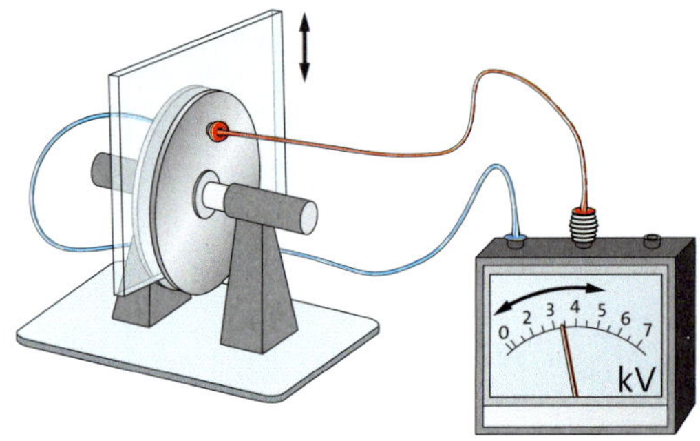

3 Wirkung einer Plexiglasscheibe auf die Spannung

Folienkondensatoren • Die Kapazität eines Plattenkondensators mit $1\,\text{m}^2$ Plattengröße und 1 mm Plattenabstand beträgt ca. 9 nF. Der Kondensator in ▸Abb. 1 ist viel kleiner und hat mit 10 µF eine viel größere Kapazität. Wie ist das möglich?

Das Geheimnis liegt im Aufbau (▸Abb. 2). Der Kondensator besteht aus zwei Aluminiumstreifen mit dazwischenliegenden Streifen aus isolierendem Kunststoff, z. B. einer PET-Folie. Die Schichtfolge PET-Alu-PET-Alu ist platzsparend aufgewickelt. Auf diese Weise erhält man eine große Fläche A und einen kleinen Abstand d der als Platten wirkenden Aluminiumstreifen und damit wegen $C = \varepsilon_0 \cdot \frac{A}{d}$ eine große Kapazität.

Allerdings enthält der Folienkondensator Kunststoff statt Luft zwischen den Metallstreifen. Wie wirkt sich das aus? Zur Klärung der Frage schließen wir einen ungefüllten Kondensator an eine Quelle mit 5 kV an (▸Abb. 3). Anschließend trennen wir den Kondensator von der Quelle. Wenn wir nun eine Plexiglasscheibe zwischen die Metallplatten schieben, dann sinkt die Spannung auf etwa 2 kV. Ziehen wir die Platte wieder heraus, dann geht die Spannung näherungsweise auf den ursprünglichen Wert zurück.

Kunststoff wird im elektrischen Feld polarisiert. Dabei bleibt das Innere der Scheibe elektrisch neutral. Aber auf der linken und rechten Seite der Scheibe bilden sich oberflächliche Ladungsschichten aus, wodurch ein inneres Feld in der Scheibe entsteht (▸Abb. 4 B). Die Feldlinien des inneren Felds sind antiparallel zu den Feldlinien des äußeren Felds. Dadurch wird das Feld insgesamt abgeschwächt und die resultierende Feldstärke ist kleiner als ohne Scheibe (▸Abb. 4 C im Vergleich zu 4 A). Damit ist auch die Spannung wegen $U = \mathcal{E} \cdot d$ kleiner. Da sich die Ladung auf den Platten nicht geändert hat, folgt mit $C = \frac{Q}{U}$, dass die Kapazität mit Kunststoff größer ist als ohne. Allgemein gilt: Ein isolierendes Material zwischen den Platten, auch als **Dielektrikum** bezeichnet, vergrößert die Kapazität um einen Faktor $\varepsilon_r > 1$ gegenüber einem ungefüllten Kondensator. Dieser materialtypische Faktor ε_r heißt **Permittivitätszahl** oder Dielektrizitätszahl und hängt davon ab, wie gut sich das Material polarisieren lässt (▸Tabelle 5).

Die Kapazität C eines mit einem Dielektrikum gefüllten Kondensators vergrößert sich gegenüber einem ungefüllten Kondensator um den materialtypischen Faktor ε_r:

$$C = \varepsilon_0 \cdot \varepsilon_r \cdot \frac{A}{d}.$$

ε_0 ist die elektrische Feldkonstante und ε_r die Permittivitätszahl des Füllmaterials.

Im Gegensatz zum gewöhnlichen Plattenkondensator sind beim Folienkondensator beide Seiten der Aluminiumstreifen geladen (▸Abb. 2). Von jeder Seite gehen Feldlinien aus bzw. kommen Feldlinien an. Dadurch verdoppelt sich die effektive Fläche und es gilt:

$$C = 2 \cdot \varepsilon_0 \cdot \varepsilon_r \cdot \frac{A}{d};$$

dabei ist A die Fläche der Aluminiumstreifen und d die Dicke der Kunststoffstreifen.

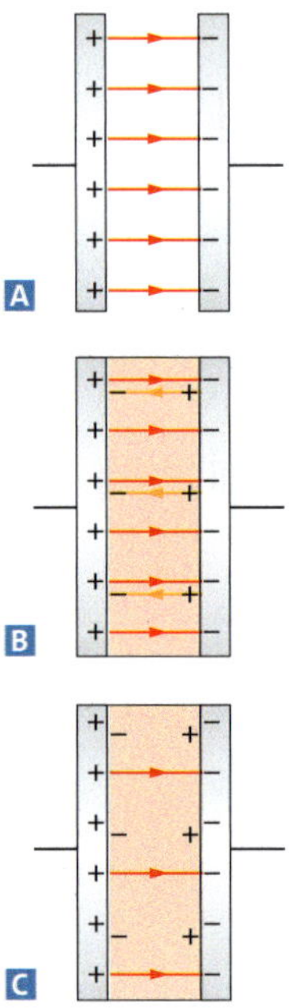

4 Elektrisches Feld A ohne Kunststoff, B und C mit Kunststoff

Material	ε_r
Vakuum	1 (exakt)
Luft	1,0006
Gummi	2,5 ... 3
Glas	6 ... 8
Wasser	80

5 Permittivitätszahlen einiger Materialien

Kondensatoren als Energiespeicher • Die Straßenbahn in ▸Abb. 6 hat sogenannte Superkondensatoren auf dem Dach. Beim Bremsen werden die Kondensatoren geladen. Anschließend kann die gespeicherte Energie beim Beschleunigen wieder abgerufen werden.
Wir laden einen Kondensator mit einer Kapazität von 1 F an einer Quelle mit 2,5 V. Den geladenen Kondensator verbinden wir mit einem Motor, der eine Last anhebt (▸Abb. 7). Laden wir den Kondensator an 5,0 V, also der doppelten Spannung, dann erwarten wir, dass die gespeicherte Energie größer ist. Überraschenderweise wird die Last nun etwa viermal so hoch angehoben wie zuvor.

6 Straßenbahn mit Kondensatoren zur Speicherung von Energie

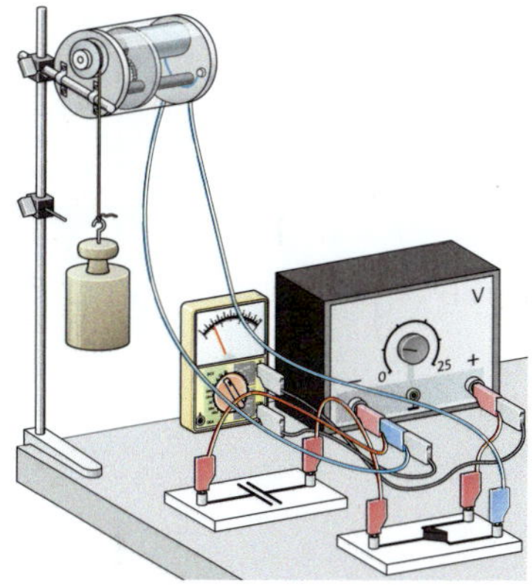

7 Mit der im Kondensator gespeicherten Energie wird eine Last angehoben.

Energieabgabe bei einer Batterie • Bei einer Batterie mit der konstanten Spannung U_B ist die abgegebene Energie ΔE proportional zur geflossenen Ladung ΔQ und es gilt:

$\Delta E = U_B \cdot \Delta Q$.

Im $U(Q)$-Diagramm kann man die von der Batterie abgegebene Energie als Rechteckfläche interpretieren (▸Abb. 8 A).

... und bei einem Kondensator • Beim Kondensator bleibt die Spannung nicht konstant, wenn er, z. B. über den Motor, entladen wird. Daher zerlegen wir den Entladevorgang gedanklich in kleine Schritte. Die pro Schritt abgegebene Ladungsportion ΔQ wählen wir so klein, dass sich die Spannung am Kondensator während eines solchen Schritts näherungsweise nicht ändert.

Die beim ersten Schritt abgegebene Energieportion beträgt $\Delta E_1 = U_1 \cdot \Delta Q$. Dabei ist U_1 die ursprüngliche Spannung U_C am Kondensator. Da die Ladung am Kondensator von Schritt zu Schritt abnimmt, gilt dies auch für die Spannung. Daher gilt für die beim i-ten Schritt abgegebene Energieportion $\Delta E_i = U_i \cdot \Delta Q$. Im $U(Q)$-Diagramm stellen die Energieportionen ΔE_i Rechteckflächen dar (▸Abb. 8 B). Die Summe aller Rechteckflächen ergibt die insgesamt abgegebene und damit die im Kondensator gespeicherte Energie. Diese entspricht näherungsweise einer Dreieckfläche. Daher erhält man für die Energie des Kondensators:

$E_{Kond} = \frac{1}{2} \cdot Q_C \cdot U_C$.

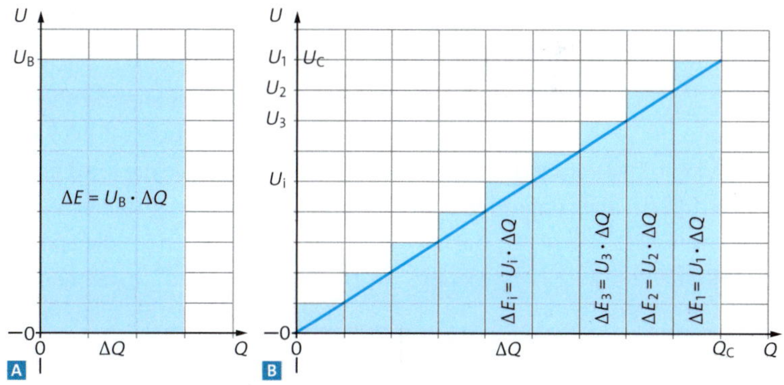

8 Energieabgabe **A** bei einer Batterie und **B** bei einem Kondensator

Damit können wir die Beobachtung aus dem Versuch in ▸Abb. 7 verstehen: Bei der doppelten Spannung ist auch die doppelte Ladung gespeichert und damit die vierfache Energie. Ersetzt man in obenstehender Gleichung Q_C durch $C \cdot U_C$ oder U_C durch $\frac{Q_C}{C}$, dann erkennt man die quadratische Abhängigkeit der gespeicherten Energie von der Spannung beziehungsweise von der Ladung noch deutlicher:

Die in einem Kondensator gespeicherte Energie beträgt:

$$E_{Kond} = \frac{1}{2} \cdot Q \cdot U = \frac{1}{2} \cdot C \cdot U^2 = \frac{1}{2} \cdot \frac{Q^2}{C}$$

1 Berechnen Sie die im Kondensator der ▸Abb. 7 gespeicherte Energie bei 2,5 V und bei 5,0 V.

2 Überprüfen Sie die Einheiten in den Gleichungen zur Energie des Kondensators.

Versuch A • Ein selbstgebauter Kondensator

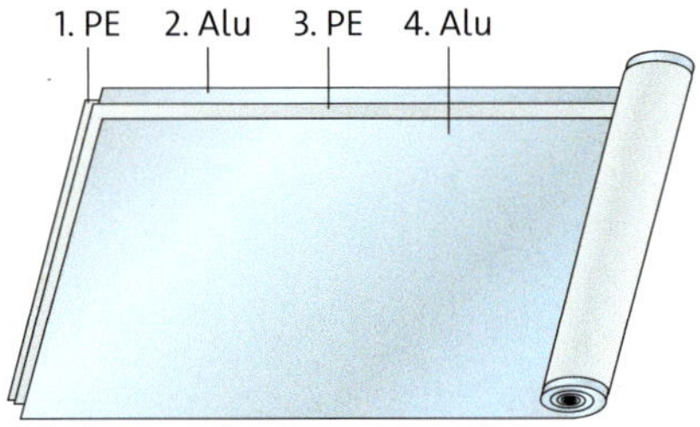

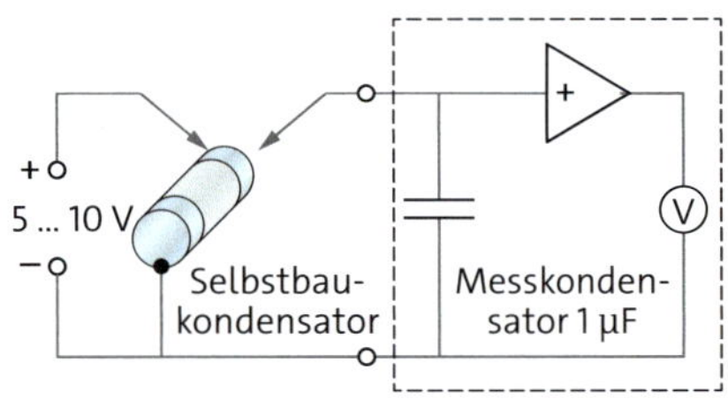

Material:
Alu- und Frischhaltefolie gleicher Breite (ca. 30 cm), passende Papprolle o. ä., low-current-LED, Netzgerät, Elektrometer-Verstärker mit 1-µF-Messkondensator, Voltmeter

V1 Bau und Test des Kondensators

Arbeitsauftrag:

a) Rollen Sie die Frischhaltefolie aus Polyethylen (PE) möglichst glatt auf den Tisch aus (ca. 60 cm). Legen Sie einen etwa 50 cm langen Alu-Streifen so auf den PE-Streifen, dass er seitlich 1 cm übersteht. Rollen Sie einen zweiten PE-Streifen auf die Alu-Folie exakt über den ersten PE-Streifen. Legen Sie darauf einen zweiten Alu-Streifen so, dass er auf der anderen Seite 1 cm übersteht. Achten Sie darauf, dass die Alu-Folien sich nirgends gegenseitig berühren. Wickeln Sie die übereinandergelegten Folienstreifen so dicht wie möglich auf die Papprolle.

b) Schließen Sie die links und rechts überstehenden Alu-Folien an das Netzgerät an. Stellen Sie die Spannung auf z. B. 5 V. Trennen Sie den Kondensator von der Quelle und schließen Sie ihn an die LED an. Testen Sie, ab welcher Spannung die LED leuchtet.

V2 Kapazitätsbestimmung

Arbeitsauftrag:

a) Schätzen Sie die Größenordnung der Kapazität durch eine Rechnung ab.

b) Bauen Sie die Schaltung zur Kapazitätsmessung mit dem Elektrometer auf. Laden Sie den Selbstbaukondensator an 5 V. Entladen Sie ihn über den Messkondensator. Seine Spannung können Sie am Voltmeter ablesen. Berechnen Sie damit die Ladung.

c) Welche Ladung erwarten Sie bei 10 V? Prüfen Sie Ihre Vermutung. Bestimmen Sie aus den Messungen von b) und c) die Kapazität des Selbstbaukondensators.

d) Vergleichen Sie die Messung mit der Abschätzung aus a). Diskutieren Sie Gründe für Abweichungen.

Versuch B • Der Elektrophor – ein bisschen Ladung zum Mitnehmen

Material:
Aluminiumplatte (10 cm bis 15 cm Durchmesser) mit Isoliergriff, Styroporplatte, Glimmlampe, Stück Stoff aus Seide oder Wolle

V1 Laden und Entladen

Arbeitsauftrag:

a) Reiben Sie die Styroporplatte kräftig mit der Seide oder Wolle (ca. 1 min). Aufgrund von Kontaktelektrizität lädt sich die Styroporplatte negativ auf. Halten Sie die Aluminiumplatte am Isoliergriff und legen Sie diese auf die geladene Styroporplatte. Erklären Sie, warum es in der Aluminiumplatte zur Ladungstrennung kommt.

b) Berühren Sie mit der Glimmlampe die Aluminiumplatte von oben. Beschreiben Sie Ihre Beobachtungen. Erklären Sie, warum die Platte nach dem Berühren positiv geladen ist.

c) Die Anordnung aus negativ geladener Styroporplatte und positiv geladener Aluminiumplatte können Sie als Kondensator betrachten. Heben Sie die Aluminiumplatte ca. 20 cm bis 30 cm an. Erklären Sie, wie sich dadurch die Spannung und die Energie des Kondensators ändern. Berühren Sie mit der Glimmlampe die angehobene Aluminiumplatte von der Seite. Erklären Sie Ihre Beobachtung.

V2 Perpetuum mobile?

Arbeitsauftrag:

a) Führen Sie den Versuch erneut durch, indem Sie die entladene Aluminiumplatte nochmals auf die geladene Styroporplatte legen. Erstellen Sie eine Abfolge von Skizzen zur Beschreibung des Versuchs.

b) Das Laden und Entladen der Aluminiumplatte kann theoretisch unendlich oft wiederholt werden. Erklären Sie, warum dies weder der Erhaltung der Ladung noch der Erhaltung der Energie widerspricht.

Material A • Plattenkondensator

A1 a) Die quadratischen Platten eines ungefüllten Kondensators ($a = 30\,\text{cm}$) stehen sich im Abstand von 5,0 mm gegenüber. An die Platten wird eine Gleichspannung von 1,0 kV angelegt. Berechnen Sie die Ladung des Kondensators.

b) Bei angeschlossener Quelle wird zwischen die Platten eine 5,0 mm dicke Glasplatte ($\varepsilon_r = 6$) eingeschoben. Die Spannung bleibt dabei konstant. Erklären Sie, warum und wie sich die Ladung verändert.

c) Der Kondensator wird von der Quelle getrennt. Danach wird die Glasplatte herausgezogen. Erklären Sie, welche Größe konstant bleibt und welche sich wie ändert.

A2 a) Ein Kondensator mit kreisförmigen Platten ($r = 15\,\text{cm}$) und einem Plattenabstand von 1,0 cm wird an einer Quelle mit 2,0 kV geladen. Berechnen Sie die Ladung und die elektrische Feldstärke.

b) Der Kondensator wird von der Quelle getrennt. Anschließend werden die Platten auf 5,0 cm auseinandergezogen. Erklären Sie, wie sich dabei die Ladung, die Spannung und die Feldstärke ändern.

c) Vergleichen Sie die im Kondensator gespeicherte Energie vor und nach dem Auseinanderziehen der Platten. Erklären Sie die „wundersame Energievermehrung".

A3 Das Experiment aus A2 legt nahe, dass die Energie nicht auf den Kondensatorplatten, sondern im elektrischen Feld gespeichert ist.

a) Zeigen Sie durch eine Herleitung, dass für die im Feld gespeicherte Energie $E_{el} = \frac{1}{2} \cdot \varepsilon_0 \cdot \varepsilon_r \cdot V \cdot \mathcal{E}^2$ gilt, mit dem Volumen $V = A \cdot d$ des Kondensators.

b) Interpretieren Sie die Gleichung.

Material B • Kenngrößen von Kondensatoren

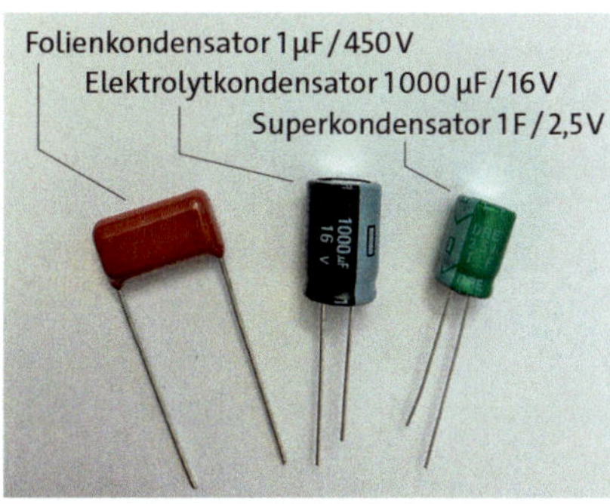

Achten Sie beim Anschluss von Elektrolytkondensatoren (ELKO) und Superkondensatoren auf die richtige Polung!

Die wichtigsten Kenngrößen eines Kondensators sind die Kapazität und die maximale Spannung.

B1 Vergleichen Sie die maximal gespeicherten Ladungen und die maximal gespeicherten Energien der drei Kondensatoren.

B2 Die Alu-Streifen des Folienkondensators sind 1,2 cm breit und 4,2 m lang und durch eine 2 µm dicke isolierende Folie aus Polypropylen ($\varepsilon_r = 2{,}2$) getrennt. Bestätigen Sie durch eine Rechnung, dass die Kapazität etwa 1 µF beträgt.

B3 Durch technische Maßnahmen erreicht man beim Elektrolytkondensator und noch mehr beim Superkondensator sehr dünne isolierende Schichten. Zusätzlich sind die Ladung speichernden Schichten aufgeraut, wodurch sich ihre Oberflächen stark vergrößert. Erklären Sie, wie sich diese Maßnahmen auf die Kapazität im Vergleich zum Folienkondensator auswirken.

Material C • Durchschlagsfestigkeit und maximale Dichte der im Feld gespeicherten Energie

Bei genügend großer Feldstärke werden auch Isolatoren leitend. Man sagt, es kommt zum Durchschlag. Die Durchschlagsfestigkeit eines Isolators ist die maximale Feldstärke $\mathcal{E}_{max}$, ohne dass es zum Durchschlag kommt. Diese begrenzt die Dichte der im Feld des Isolators gespeicherten Energie:
$\rho_{el,\,max} = \frac{1}{2} \cdot \varepsilon_0 \cdot \varepsilon_r \cdot \mathcal{E}^2_{max}$

C1 Beim Experimentieren mit einem luftgefüllten Kondensator ($d = 0{,}5\,\text{cm}$) kommt es bei etwa 15 kV zum Funkenüberschlag. Berechnen Sie die maximale Dichte der im Feld gespeicherten Energie.

C2 a) Ein Superkondensator hat eine extrem dünne isolierende Schicht ($d \approx 0{,}5\,\text{nm}$) in der Größenordnung eines Wassermoleküls. An dieser Schicht liegt eine Spannung von ca. 2,5 V an. Schätzen Sie die Energiedichte des Felds ab ($\varepsilon_r \approx 6$).

b) Im Internet findet man für die Energiedichte von Superkondensatoren einen Wert von etwa $2\,\frac{\text{kWh}}{\text{m}^3}$. Vergleichen Sie und erklären Sie den Unterschied.

1 Im Tonstudio

Kondensatoren im Stromkreis

Sie sind mit Ihren Freunden im Tonstudio. Die Aufnahme läuft, das Mikro ist eingeschaltet. – Haben Sie sich einmal Gedanken gemacht, wie ein Mikrofon den Schall in ein elektrisches Signal umwandelt?

Kondensatormikrofon • Für anspruchsvolle Aufnahmen im Tonstudio verwendet man meistens Kondensatormikrofone. Deren Aufbau zeigt ▸Abb. 2. Vor einer festen Metallplatte befindet sich eine dünne elektrisch leitfähige Membran. Membran und Platte bilden zusammen einen Kondensator. Wenn Schall auf die Membran trifft, dann schwingt die Membran im Takt der Schallwelle. Dabei ändert sich der Abstand der Membran zur festen Metallplatte, womit sich auch die Kapazität des Mikrofonkondensators ändert. Um die Kapazitätsänderungen in entsprechende Spannungsänderungen umwandeln zu können, ist der Mikrofonkondensator in Reihe mit einem Widerstand an eine elektrische Quelle angeschlossen (▸Abb. 2). Wenn die Membran sich auf die Metallplatte zubewegt, dann nimmt die Kapazität zu und es fließt Ladung von der Quelle über den Widerstand zum Kondensator. Dadurch entsteht eine Spannung am Widerstand. Bewegt sich die Membran von der Metallplatte weg, dann nimmt die Kapazität ab und es fließt Ladung vom Kondensator über den Widerstand zur Quelle zurück. Wieder entsteht eine Spannung am Widerstand, aber diesmal mit umgekehrtem Vorzeichen. Die Spannung am Widerstand ändert sich also periodisch mit der Auslenkung der Membran.

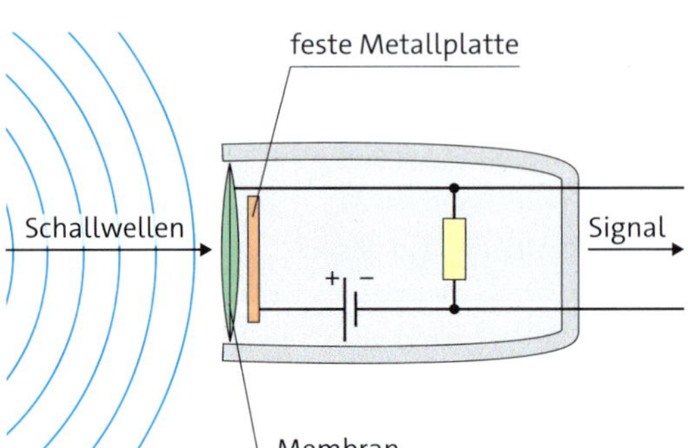

2 Aufbau und Funktionsweise eines Kondensatormikrofons

Aufladen und Entladen • Das Beispiel zeigt, dass bei einer Reihenschaltung aus Kondensator und Widerstand nur dann Ladung fließt, wenn sich die im Kondensator gespeicherte Ladung ändert. Dies ist insbesondere dann der Fall, wenn der Kondensator aufgeladen oder entladen wird. Zur Untersuchung dieser Vorgänge schließen wir einen Kondensator ($C = 10\,\mu F$) über einen Widerstand ($R = 100\ \Omega$) und einen Umschalter an eine

Quelle mit $U_0 = 10\,\text{V}$ (▸Abb. 3) an. In der Schalterstellung 1 wird der Kondensator über den Widerstand geladen, in der Stellung 2 wird er über denselben Widerstand entladen. Mit einem Messwerterfassungssystem messen wir die Spannung $U_C(t)$ am Kondensator und die Stromstärke $I(t)$ in der Zuleitung zum Kondensator.

Diagramme für Spannung und Strom • ▸Abb. 4 A zeigt, dass $U_C(t)$ beim Aufladen zuerst schnell und dann immer langsamer zunimmt. Nach einiger Zeit erreicht die Spannung $U_C(t)$ die Spannung U_0 der Quelle. Beim Entladen nimmt $U_C(t)$ erst schnell und dann immer langsamer bis auf den Wert 0 V ab. Die Stromstärke dagegen springt im Moment des Einschaltens auf ihren Maximalwert und nimmt anschließend ebenfalls erst schnell und dann immer langsamer bis 0 A ab (▸Abb. 4 B). Beim Entladen ist es genauso, aber die angezeigte Stromstärke ist negativ, da der Kondensator sich nun entlädt.

Qualitative Erklärung • Beim Aufladen sind Kondensator und Widerstand in Reihe an die Quelle angeschlossen. Wie bei der Reihenschaltung von Widerständen addieren sich auch hier die Teilspannungen zur Gesamtspannung:

$$U_R(t) + U_C(t) = U_0.$$

Man könnte meinen, dass die Stromstärke abnimmt, weil der Kondensator mit zunehmender Zeit immer weniger Platz für die Ladung hat. Diese Vorstellung ist aber nicht korrekt, da die Ladung proportional zur Kondensatorspannung ist und bei größerer Spannung auch entsprechend weiter steigen könnte. Der eigentliche Grund ist, dass die Stromstärke nur vom Widerstand R und der zugehörigen Teilspannung $U_R(t)$ abhängt. Da $U_C(t)$ zunimmt, muss $U_R(t)$ abnehmen und damit auch die Stromstärke:

$$I(t) = \frac{U_R(t)}{R} = \frac{U_0 - U_C(t)}{R}.$$

Wenn die Stromstärke aber abnimmt, dann fließt immer weniger Ladung pro Zeiteinheit auf den Kondensator. Die Ladung $Q(t)$ des Kondensators nimmt immer langsamer zu und damit auch die Spannung am Kondensator:

$$U_C(t) = \frac{Q(t)}{C}.$$

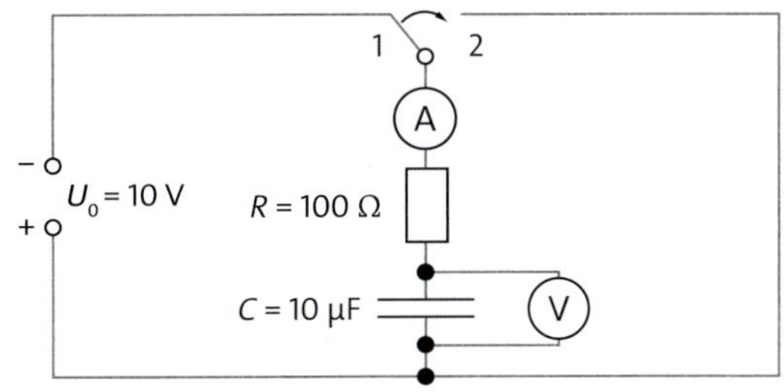

3 Schaltskizze für das Auf- und Entladen eines Kondensators über einen Widerstand

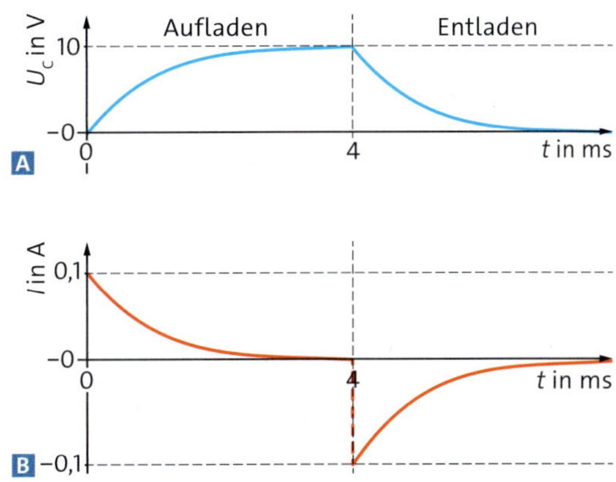

4 **A** $U_C(t)$-Diagramm und **B** $I(t)$-Diagramm beim Auf- und Entladen

Beim Entladen ist $U_0 = 0\,\text{V}$ und es folgt:

$$I(t) = \frac{U_R(t)}{R} = \frac{-U_C(t)}{R}.$$

Wieder nimmt der Betrag der Stromstärke ab, da $U_C(t)$ und damit auch $U_R(t)$ betragsmäßig abnehmen. Damit nimmt auch $Q(t)$ immer langsamer ab und folglich auch $U_C(t) = \frac{Q(t)}{C}$.

Beim Aufladen eines Kondensators über einen Widerstand addieren sich die Spannungen $U_R(t)$ am Widerstand und $U_C(t)$ am Kondensator zur Spannung U_0 der Quelle:
$U_R(t) + U_C(t) = U_0$.
Beim Entladen unterscheiden sich die Spannungen nur durch das Vorzeichen:
$U_R(t) = -U_C(t)$.
Beim Aufladen und beim Entladen gelten:
$U_R(t) = R \cdot I(t)$,
$U_C(t) = \frac{Q(t)}{C}$.

1 In nebenstehender Schaltung wird zum Zeitpunkt t_1 der Schalter S geöffnet. Skizzieren Sie die Verläufe von $I(t)$, $U_R(t)$, $U_C(t)$ und $Q(t)$.

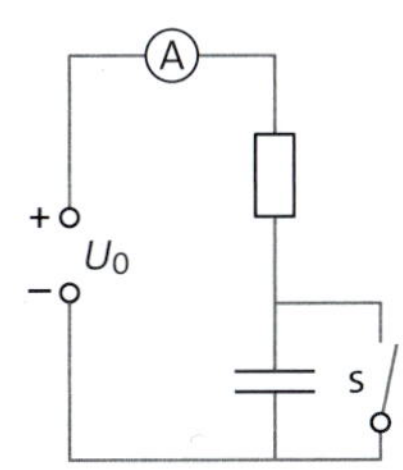

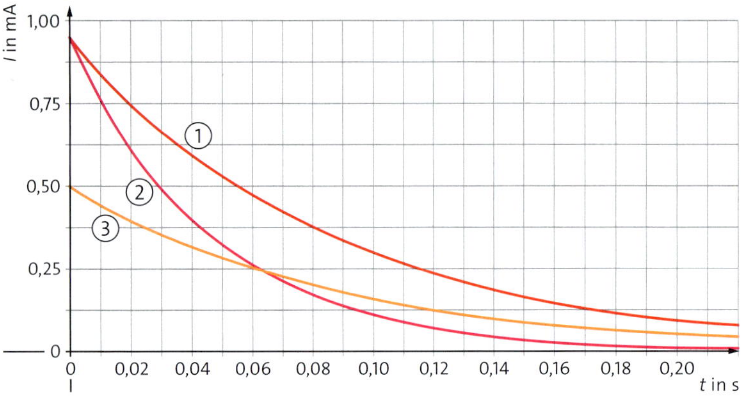

1 Stromstärke beim Aufladen eines Kondensators über einen Widerstand für unterschiedliche Kombinationen von Kapazität und Widerstand

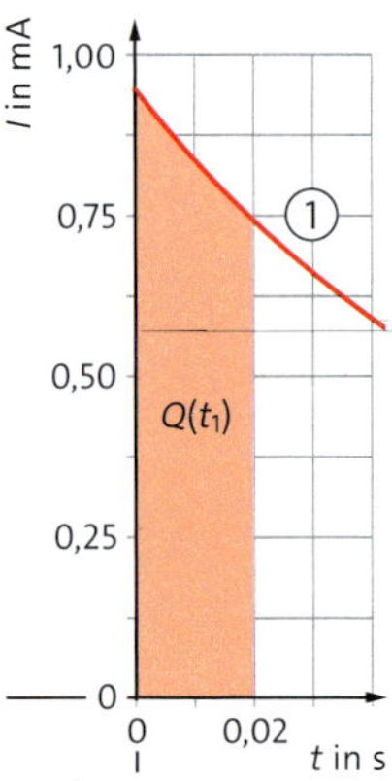

2 Näherungsweise Bestimmung der bis zum Zeitpunkt $t_1 = 0{,}02$ s auf den Kondensator geflossenen Ladung $Q(t_1)$

Auch beim $v(t)$-Diagramm erhält man die zurückgelegte Strecke als Fläche zwischen dem Graphen und der t-Achse.

Einfluss von Kapazität und Widerstand • Wir untersuchen die Auswirkungen der Kapazität C und des Widerstands R beim Aufladen eines Kondensators. ▸Abb. 1 zeigt die $I(t)$-Diagramme für drei Kombinationen von Widerstand und Kapazität (4 µF / 10 kΩ, 8 µF / 10 kΩ, 4 µF / 20 kΩ). Lassen sich die Diagramme (1), (2), (3) eindeutig den Kombinationen zuordnen?

Zu Beginn des Aufladevorgangs bei $t_0 = 0$ s beträgt die Spannung am Kondensator 0 V und die gesamte Spannung der Quelle liegt am Widerstand an. Also ist wegen

$$I(0\,\text{s}) = \frac{U_R(0\,\text{s})}{R} = \frac{U_0}{R}$$

der Anfangswert $I(0\,\text{s})$ umso kleiner, je größer der Widerstand ist. Somit gehört der 20-kΩ-Widerstand zum Diagramm (3).

Die Diagramme (1) und (2) beginnen beim selben Anfangswert. Allerdings nimmt die Stromstärke im Diagramm (2) sehr viel schneller ab als im Diagramm (1). Dies muss mit den unterschiedlichen Kapazitäten zusammenhängen. Bei der größeren Kapazität fließt insgesamt mehr Ladung auf den Kondensator. Wäre die Stromstärke konstant, dann könnte man die geflossene Ladung einfach als Produkt aus Stromstärke und Zeit berechnen. Das ist hier nicht der Fall. Jedoch erhält man die geflossene Ladung aus dem $I(t)$-Diagramm als Fläche zwischen dem Graphen und der t-Achse. Diese Fläche ist im Diagramm (1) größer als im Diagramm (2). Daher gehört das Diagramm (1) zum 8-µF-Kondensator.

Auswertung des *I*(*t*)-Diagramms • Die Werte der Kapazität und des Widerstands werden vom Hersteller üblicherweise mit einer Toleranz von 10 % angegeben. Wir prüfen die Herstellerangaben für das Diagramm (1) aus ▸Abb. 1.

Die Bestimmung des Widerstands erfolgt wie erklärt über den Anfangswert $I(0\,\text{s})$ der Stromstärke:

$$R = \frac{U_R(0\,\text{s})}{I(0\,\text{s})} = \frac{U_0}{I(0\,\text{s})} = \frac{10\,\text{V}}{0{,}95\,\text{mA}} = 10{,}5\,\text{k}\Omega\,.$$

Um die Kapazität zu bestimmen, benötigt man für einen Zeitpunkt $t_1 > 0$ s die bis dahin auf den Kondensator geflossene Ladung $Q(t_1)$ und die zu diesem Zeitpunkt am Kondensator anliegende Spannung $U_C(t_1)$. Zur Bestimmung von $Q(t_1)$ als Fläche im $I(t)$-Diagramm vernachlässigen wir die Krümmung zwischen $t_0 = 0$ s und $t_1 = 0{,}02$ s. Damit stellt die gesuchte Fläche ein Trapez dar (▸Abb. 2):

$$Q(0{,}02\,\text{s}) \approx \frac{1}{2} \cdot [I(0\,\text{s}) + I(0{,}02\,\text{s})] \cdot 0{,}02\,\text{s}$$
$$= \frac{1}{2} \cdot [0{,}95\,\text{mA} + 0{,}75\,\text{mA}] \cdot 0{,}02\,\text{s} = 17\,\mu\text{C}\,.$$

Die Spannung U_C am Kondensator berechnet sich aus der Differenz der Spannung U_0 der Quelle und der Spannung U_R am Widerstand:

$$U_C(0{,}02\,\text{s}) = U_0 - U_R(0{,}02\,\text{s}) = U_0 - R \cdot I(0{,}02\,\text{s})$$
$$= 10\,\text{V} - 10{,}5\,\text{k}\Omega \cdot 0{,}75\,\text{mA} = 2{,}1\,\text{V}\,.$$

Wir wissen nun, dass zum Zeitpunkt $t_1 = 0{,}02$ s die Ladung des Kondensators 17 µC und die Spannung 2,1 V betragen. Daraus folgt:

$$C = \frac{Q(0{,}02\,\text{s})}{U(0{,}02\,\text{s})} = \frac{17\,\mu\text{C}}{2{,}1\,\text{V}} = 8{,}1\,\mu\text{F}\,.$$

Damit stimmen die Werte für den Widerstand und die Kapazität mit den Herstellerangaben überein.

Aus dem $I(t)$-Diagramm beim Aufladen eines Kondensators erhält man die Kapazität aus der bis zum Zeitpunkt t_1 auf den Kondensator geflossenen Ladung $Q(t_1)$ und der Spannung $U_C(t_1)$ zum selben Zeitpunkt:

$$C = \frac{Q(t_1)}{U_C(t_1)},$$
$$Q(t_1) \approx \frac{1}{2} \cdot [I(t_0) + I(t_1)] \cdot t_1,$$
$$U_C(t_1) = U_0 - U_R(t_1)\,.$$

Exponentielle Abnahme • Wir analysieren das nun schon mehrfach betrachtete Diagramm ①. ▸Abb. 3 zeigt, dass die Stromstärke nach 60 ms nur noch die Hälfte des Anfangswerts beträgt. Nach weiteren 60 ms ist sie auf ein Viertel, dann auf ein Achtel des anfänglichen Werts gesunken. Die Spannung halbiert sich also alle 60 ms. Diese Zeit, in der sich die Spannung halbiert, nennt man die **Halbwertszeit** T_H. Je kleiner die Halbwertszeit ist, desto schneller nimmt die Stromstärke ab.

Aus der Mathematik kennen Sie ein solches Verhalten als exponentielle Abnahme. Es gibt verschiedene Varianten zur Beschreibung einer solchen exponentiellen Abnahme. Eine davon lautet

$I(t) = I_0 \cdot 2^{-\frac{t}{T_H}}$.

Dabei ist I_0 die maximale Stromstärke. Setzt man für t nacheinander 0 s, T_H, $2\,T_H$ ... ein, dann erhält man $I(0\,\text{s}) = I_0$, $I(T_H) = \frac{1}{2} I_0$, $I(2\,T_H) = \frac{1}{4} I_0$ usw. Daher kann mit diesem Ansatz die exponentielle Abnahme der Stromstärke beschrieben werden. Die $I(t)$-Diagramme aus ▸Abb. 1 legen nahe, dass die Halbwertszeit umso größer ist, je größer die Kapazität und je größer der Widerstand ist. Eine mathematische Betrachtung bestätigt dies und zeigt, dass $T_H \approx 0{,}693 \cdot R \cdot C$.

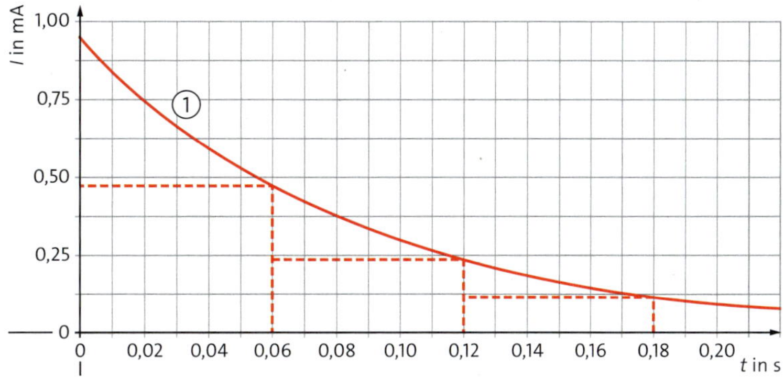

3 Exponentielle Abnahme der Stromstärke. Nach der Halbwertszeit T_H = 60 ms hat sich I jeweils halbiert.

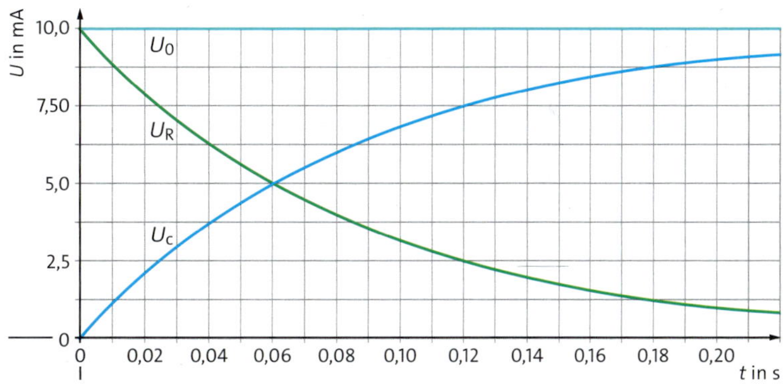

4 Exponentielle Annäherung der Kondensatorspannung U_C an die Spannung der Quelle U_0

... und exponentielle Annäherung • Wenn die Stromstärke exponentiell abnimmt, dann trifft dies auch für die Spannung U_R am Widerstand zu (▸Abb. 4). U_R ist aber gerade die Differenz der Spannung U_C am Kondensator zur Spannung U_0 der Quelle. Das bedeutet, dass sich U_C immer mehr an U_0 annähert. Bei einer solchen exponentiellen Annäherung erreicht die Kondensatorspannung U_C die Spannung U_0 der Quelle theoretisch nie. Folglich ist der Kondensator strenggenommen niemals vollständig geladen. Allerdings nimmt die Differenz $U_0 - U_C$ bei einer exponentiellen Annäherung sehr schnell ab. Nach der zehnfachen Halbwertszeit ist sie auf unter 1‰ der Quellenspannung U_0 gefallen. In der Praxis ist der Kondensator dann vollständig geladen.

Entladung • Auch die Kondensatorentladung lässt sich in ähnlicher Weise beschreiben. Hier nehmen Stromstärke, Spannung und Ladung des Kondensators exponentiell ab und die Halbwertszeit berechnet sich wieder nach $T_H \approx 0{,}693 \cdot R \cdot C$.

Die Auf- und Entladung eines Kondensators mit der Kapazität C über einen Widerstand R erfolgt in exponentieller Weise. Die zugehörige Halbwertszeit beträgt $T_H \approx 0{,}693 \cdot R \cdot C$.

1 Bestimmen Sie für das Diagramm ② der ▸Abb. 1 die Kapazität des Kondensators und vergleichen Sie das Ergebnis mit der Herstellerangabe.

2 Vergleichen Sie die Halbwertszeiten aller drei Diagramme der ▸Abb. 1. Erklären Sie.

Für Wachstums- und Abklingvorgänge in der Physik wählt man in der Regel als Basis die Eulersche Zahl e. Dann lautet die Gleichung für die exponentielle Abhnahme der Stromstärke:

$I(t) = I_0 \cdot e^{-\frac{t}{R \cdot C}}$

Exponentialfunktionen mit verschiedenen Basen lassen sich ineinander umrechnen. Daraus ergibt sich der Vorfaktor bei T_H:
$\ln 2 \approx 0{,}693$.

METHODE

Modellierung in kleinen Schritten

Problemstellung • Sie kennen die Formeln zum Kondensator im Stromkreis. Dennoch ist es nicht einfach, damit die Zeitabhängigkeit der Ladung bei der Kondensatoraufladung vorherzusagen. Warum ist das so kompliziert? Das liegt daran, dass sich die Größen bei der Kondensatoraufladung alle gegenseitig beeinflussen (▸Abb. 1): Aus der Ladung Q folgt die Spannung U_C am Kondensator, daraus folgt die Spannung U_R am Widerstand, daraus die Stromstärke I und diese wirkt auf die Ladung zurück. Das scheint wie bei einer Schlange zu sein, die sich selbst in den Schwanz beißt!

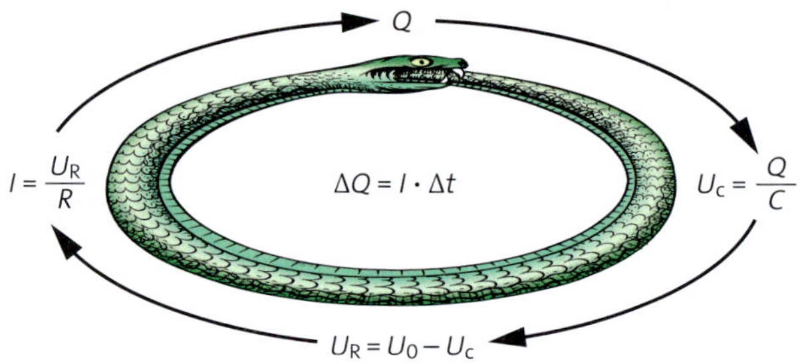

1 Abhängigkeiten der Größen bei der Kondensatoraufladung

Schrittweise Berechnung • Um die kreisförmige Abhängigkeit aufzubrechen, betrachten wir den Einfluss der Stromstärke auf die Ladung genauer. Wir beschreiben die Wirkung durch folgende Gleichung:

$\Delta Q = I \cdot \Delta t$.

Diese Gleichung ist zentral für die Modellierung in kleinen Schritten. Wir berechnen nicht die Kondensatorladung Q, sondern die Ladungszunahme ΔQ von einem Zeitpunkt zum nächsten. Die Zeitspanne Δt zwischen den Zeitpunkten soll so klein sein, dass sich die Stromstärke währenddessen näherungsweise nicht ändert. Um die Ladung zum neuen Zeitpunkt zu erhalten, addieren wir ΔQ zur Ladung des alten Zeitpunkts:

$Q_{n+1} = Q_n + \Delta Q$.

Mit der so erhaltenen neuen Ladung berechnen wir die neuen Werte von U_C, U_R und I. Da die einzelnen Rechenschritte sehr oft wiederholt werden müssen, eignet sich z.B. eine Tabellenkalkulation (▸Tabelle 2). Dabei dürfen wir nicht vergessen, auch die Zeitpunkte zu berechnen:

$t_{n+1} = t_n + \Delta t$.

t in ms	Q in mC	U_C in V	U_R in V	I in mA	ΔQ in mC
0	0	0	10	10	0,1
10	0,1	1	9	0,9	0,09
20	0,19	1,9	8,1	0,81	0,081
30	0,27	2,7	7,3	0,73	0,073
...	...	...	...	...	...

2 Ergebnisse der ersten drei Schritte ($C = 100\,\mu F$, $R = 1\,k\Omega$, $U_0 = 10\,V$)

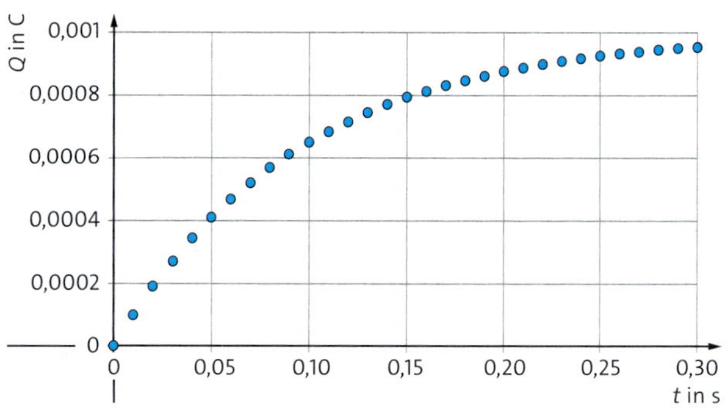

3 Durch schrittweise Berechnung erhaltenes $Q(t)$-Diagramm

Wahl der Zeitspanne • Die Zeitspanne sollte möglichst klein gewählt werden, kann aus praktischen Gründen aber auch nicht beliebig klein sein. Wie wählt man also die Zeitspanne? Mit Versuch und Irrtum! Wenn sich die Stromstärke von Schritt zu Schritt zu sehr ändert, dann war die Zeitspanne zu groß. Für einen Kondensator mit $C = 100\,\mu F$ und $R = 1\,k\Omega$ wählen wir $\Delta t = 10\,ms$. ▸Tabelle 2 zeigt, dass die Stromstärke von einem Zeitpunkt zum nächsten um etwa 10 % abnimmt. Die Voraussetzung einer konstanten Stromstärke ist zwar nur näherungsweise erfüllt, aber der sich daraus ergebende Fehler ist gering.

Bedeutung • Die auch als **Iteration** bezeichnete Methode der Modellierung in kleinen Schritten hat in der Praxis eine große Bedeutung. Viele Probleme aus Physik und Technik sind so komplex, dass sie nur durch die Methode der Iteration näherungsweise gelöst werden können.

1 Führen Sie die ▸Tabelle 2 bis zum Zeitpunkt 100 ms fort.

2 Erstellen Sie für die Kondensatorentladung eine Abbildung ähnlich wie ▸Abb. 1. Berechnen Sie die Kondensatorentladung für $C = 100\,\mu F$ und $R = 1\,k\Omega$ analog zur ▸Tabelle 2.

Versuch A • Erkundung von Kondensatoren im Wechselstromkreis

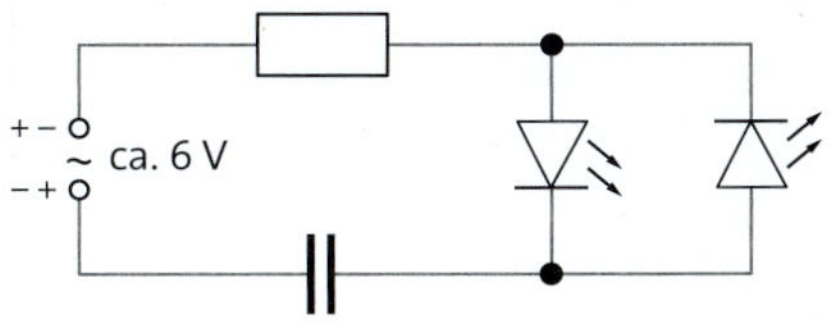

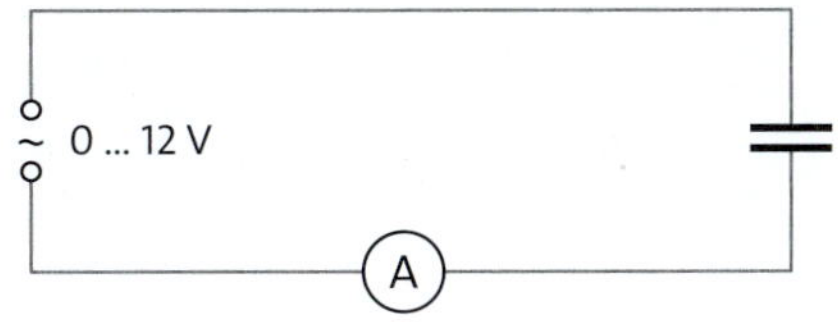

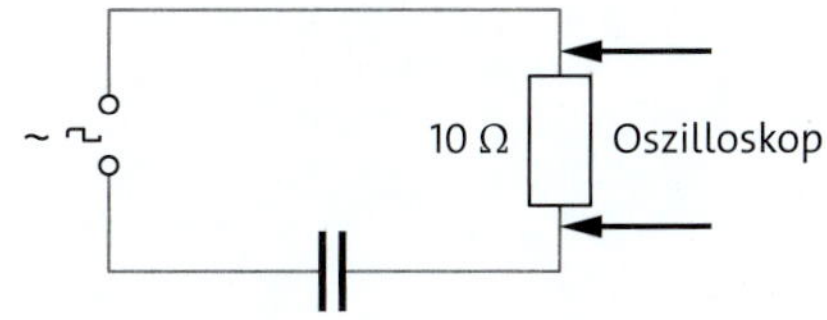

V1 Umschalten der Polung

Material:
Ungepolter 100-µF-Kondensator, zwei Leuchtdioden, Vorwiderstand ca. 100 Ω, Netzgerät mit Gleich- und Wechselspannung (ca. 6 V)

Arbeitsauftrag:
a) Bauen Sie die Schaltung auf und betreiben Sie sie mit Gleichstrom. Tauschen Sie die Polung durch Umstecken der Anschlusskabel am Netzgerät. Beschreiben Sie die Beobachtung. Erklären Sie.
b) Schließen Sie die Anschlusskabel an Wechselspannung an. Beschreiben und erklären Sie die Beobachtung.

V2 Wechselspannung

Material:
Ungepolte Kondensatoren (1 µF bis 1000 µF), Netzgerät mit regelbarer Wechselspannung, Amperemeter

Arbeitsauftrag:
a) Messen Sie die Stromstärke des Wechselstroms. Erkunden Sie die Abhängigkeit dieses „Umladestroms" von der Kapazität des Kondensators. Erklären Sie qualitativ.
b) Zeigen Sie, dass die Stromstärke proportional zur Spannung ist (bei festem C).
c) Zeigen Sie, dass die Stromstärke proportional zur Kapazität ist (bei festem U).

V3 Zeitliche Verläufe

Material:
Frequenzgenerator, Messwerterfassungssystem oder Oszilloskop, ungepolter Kondensator

Arbeitsauftrag:
a) Erkunden Sie den zeitlichen Verlauf der Stromstärke mit einem Messwerterfassungssystem oder mit dem Oszilloskop über den Spannungsabfall an einem 10-Ω-Messwiderstand.
b) Ändern Sie die „Form" des Spannungssignals. Skizzieren und beschreiben Sie jeweils den Stromstärkeverlauf. Untersuchen Sie auch die Frequenzabhängigkeit.

Material A • Zeitabhängigkeit der Stromstärke beim Aufladen eines Kondensators

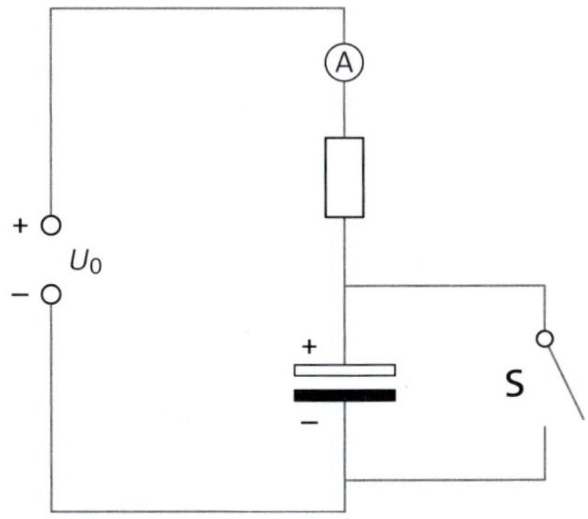

t in s	0	6,1	13	20,6
I in µA	100	90	80	70

29,2	40,1	53,4	70,2	93,5
60	50	40	30	20

In einem Praktikumsversuch überprüfen Jule und Paul die Nennwerte eines ELKOs (470 µF ± 20 %) und eines Widerstands (100 kΩ ± 10 %). Dazu messen sie die Stromstärke bei der Aufladung. Sie wählen die Spannung U_0 so, dass die Stromstärke bei geschlossenem Schalter 100 µA beträgt. Diese Spannung messen sie zu $U_0 = 11{,}0$ V. Zum Zeitpunkt $t_0 = 0$ s öffnen sie den Schalter S und messen die Zeitpunkte, zu denen die Stromstärke die Werte 90 µA, 80 µA, ... erreicht.

A1 a) Zeichnen Sie das $I(t)$-Diagramm.
b) Bestimmen Sie den Widerstand.
c) Berechnen Sie für jeden Zeitpunkt die Kondensatorspannung. Zeichnen Sie das $U_C(t)$-Diagramm.
d) Ermitteln Sie die Kapazität des Kondensators. Bestimmen Sie dazu zu einem geeigneten Zeitpunkt aus dem $I(t)$-Diagramm die Ladung des Kondensators.
e) Beurteilen Sie, ob die Messwerte für den Widerstand und die Kapazität im Rahmen der angegebenen Toleranzen liegen.

A2 a) Ermitteln Sie die Halbwertszeit der exponentiellen Abnahme der Stromstärke. Lesen Sie dazu aus dem Diagramm die Halbwertszeit mehrfach ab und bilden Sie den Mittelwert.
b) Bestimmen Sie die Kapazität aus der Halbwertszeit. Vergleichen Sie mit der Kapazitätsbestimmung aus A1.

1 Vor einem Gewitter ist das elektrische Feld besonders stark.

Dichte der Ladung und Feldstärke

Wussten Sie, dass die Erde elektrisch geladen ist und wir daher in einem elektrischen Feld leben? Dabei hängt die Stärke des elektrischen Felds vom Wetter ab. Vor einem Gewitter ist die Feldstärke besonders groß. Wie misst man das elektrische Feld der Erde und wie kann man aus der Feldstärke auf die Ladung der Erde schließen?

Prinzip der Feldstärkemessung • Vereinfacht kann man sich das Feld der Erde folgendermaßen vorstellen: Die Erdoberfläche bildet mit der obersten Schicht der Atmosphäre, der Ionosphäre, einen riesigen Kondensator. Dabei sind die Ionosphäre positiv und die Erdoberfläche negativ geladen. Die Feldlinien verlaufen bei schönem Wetter vertikal von oben nach unten.

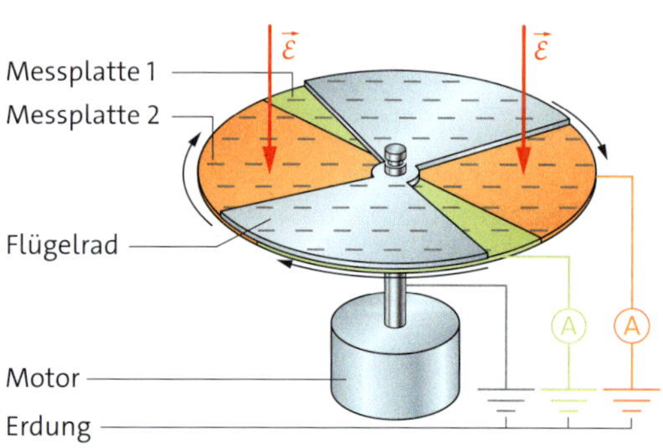

2 Prinzip eines Elektrometers: Die grüne Messplatte 1 wird aufgedeckt und lädt sich auf. Gleichzeitig wird die orange Messplatte 2 zugedeckt und entlädt sich.

Da das elektrische Feld der Erde ziemlich schwach ist, ist eine Messung über die Kraft auf einen geladenen Probekörper unmöglich. Das **Elektrofeldmeter** nutzt stattdessen die elektrische Influenz: Zwei Messplatten, die jeweils aus zwei gegenüberliegenden Kreissegmenten bestehen, sind leitend mit der Erde verbunden (▸Abb. 2). Über den Messplatten rotiert ein ebenfalls mit der Erde verbundenes Flügelrad. Das elektrische Feld erreicht nur die vom Flügelrad unbedeckten Bereiche der Messplatten. Diese Bereiche sind durch elektrische Influenz geladen. Wenn das Flügelrad eine Messplatte aufdeckt, dann fließt von der Erde Ladung zu dieser Messplatte. Wird eine Messplatte verdeckt, dann fließt die Ladung wieder zur Erde zurück. Durch das rotierende Flügelrad werden die Messplatten abwechselnd aufgeladen und entladen. Indem man die Umladeströme misst, kann man die Ladung der Messplatten bestimmen.

Flächenladungsdichte • Um aus der Ladung der Messplatte die Feldstärke bestimmen zu können, muss man wissen, wie die Ladung mit der Feldstärke zusammenhängt. Diesen Zusammenhang untersuchen wir im Feld eines Plattenkondensators. Dazu berühren wir mit einer kleinen Metallplatte mit der Fläche A die Innenseite der

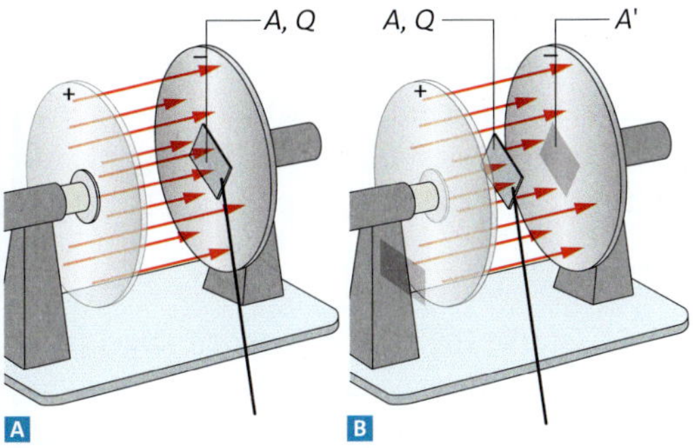

3 So wird die Ladung abgegriffen: **A** Messplatte vollflächig auflegen, **B** Messplatte parallel zur Kondensatorplatte halten und entfernen.

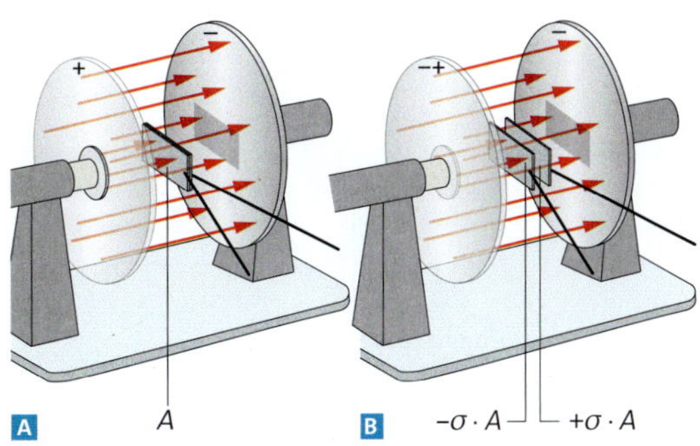

4 Flächenladungsdichte bei Influenz: **A** Ladungsverschiebung in den sich berührenden Messplatten, **B** geladene Platten mit feldfreiem Raum dazwischen

negativen Kondensatorplatte (▸Abb. 3 A). Aufgrund von Influenz fließt Ladung von der Kondensatorplatte auf die Messplatte. Die Feldlinien enden nun auf der geladenen Messplatte. Wir entfernen die Messplatte von der Kondensatorplatte wie in ▸Abb. 3 B gezeigt. Der Raum zwischen der Messplatte und der Kondensatorplatte ist feldfrei und die entsprechende Teilfläche A' der Kondensatorplatte ungeladen. Folglich ist die Ladung, die sich auf der Teilfläche A' der Kondensatorplatte befand, nun auf der Messplatte. Mit der Messplatte kann man also die Ladung abgreifen, die sich auf einer gleich großen Teilfläche befindet. Anschaulich ist klar, dass die abgegriffene Ladung von der Größe der Messplatte abhängt. Tatsächlich führt eine Halbierung der Fläche der Messplatte auch zu einer Halbierung der Ladung. Es ist daher sinnvoll, den Quotienten aus der Ladung Q und der Fläche A zu bilden, genannt **Flächenladungsdichte σ**:

$$\sigma = \frac{Q}{A}.$$

Feldgleichung • Wenn die Spannung am Kondensator größer ist, dann ist die Feldstärke $\mathcal{E} = \frac{U}{d}$ entsprechend größer. Wegen $Q = C \cdot U$ ist auch die Ladung der Kondensatorplatten größer und damit auch die Flächenladungsdichte. Da liegt die Vermutung nahe, dass Feldstärke und Flächenladungsdichte proportional zueinander sind. Man kann dies experimentell bestätigen und für das homogene Feld eines Plattenkondensators auch herleiten. Mit $U = \frac{Q}{C}$ und $C = \varepsilon_0 \cdot \frac{A}{d}$ folgt

$$\mathcal{E} = \frac{U}{d} = \frac{Q}{C \cdot d} = \frac{Q}{\varepsilon_0 \cdot A} = \frac{1}{\varepsilon_0} \cdot \sigma.$$

Man bezeichnet den Zusammenhang $\mathcal{E} = \frac{1}{\varepsilon_0} \cdot \sigma$ als **Feldgleichung** des elektrischen Felds. Mit dieser grundlegenden Gleichung kann man bei gegebener Flächenladungsdichte σ die Feldstärke $\mathcal{E}$ berechnen. Man kann aber auch umgekehrt die sich aufgrund von Influenz einstellende Flächenladungsdichte einer Leiteroberfläche bestimmen, die orthogonal zu den elektrischen Feldlinien in ein homogenes Feld eingebracht wird (▸Abb. 4 A und B).

Im homogenen Feld sind die elektrische Feldstärke $\mathcal{E}$ und die Flächenladungsdichte σ für alle ebenen Leiteroberflächen proportional zueinander.

$\sigma = \frac{Q}{A}$; Einheit $[\sigma] = \frac{\text{C}}{\text{m}^2}$,

$\mathcal{E} = \frac{1}{\varepsilon_0} \cdot \sigma$ (Feldgleichung).

Bei inhomogenen Feldern gilt für die Feldstärke direkt an der Leiteroberfläche ebenfalls
$\mathcal{E} = \frac{1}{\varepsilon_0} \cdot \sigma$,
wobei sowohl $\mathcal{E}$ als auch σ vom Ort auf der Leiteroberfläche abhängen.

1 Unter einer Wolke wird eine Feldstärke von $2{,}5\,\frac{\text{kV}}{\text{m}}$ gemessen. Die Größe der Wolkenunterseite beträgt etwa $4\,\text{km}^2$. Schätzen Sie die Ladung der Wolke ab.

2 Die Ladung auf den 8,0 cm langen und 4,0 cm breiten Plättchen in ▸Abb. 4 wird zu ±12 nC gemessen.

a) Berechnen Sie die Flächenladungsdichte.

b) Bestimmen Sie die elektrische Feldstärke im Kondensator.

c) Berechnen Sie zur Kontrolle die Feldstärke aus der Spannung (20 kV) und dem Plattenabstand (5,0 cm).

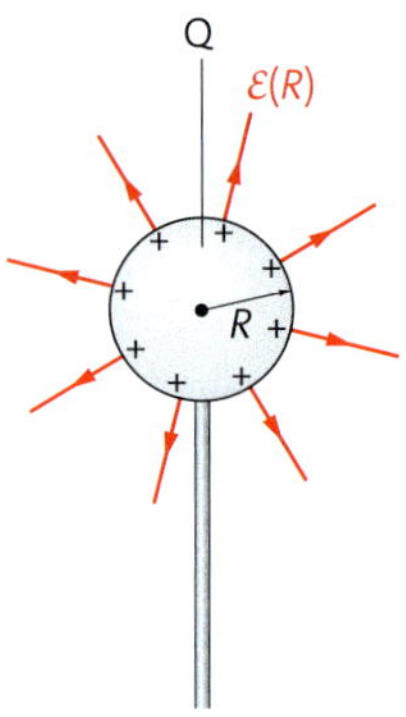

1 Geladene Kugel

Die Feldgleichung wurde für ebene Leiterflächen hergeleitet. Eine Kugeloberfläche kann näherungsweise als eben betrachtet werden, wenn man sich nicht zu weit von der Kugeloberfläche entfernt.

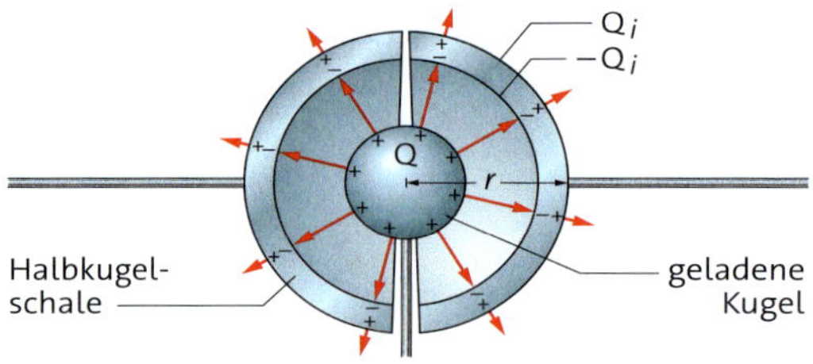

2 Elektrische Influenz im radialen Feld

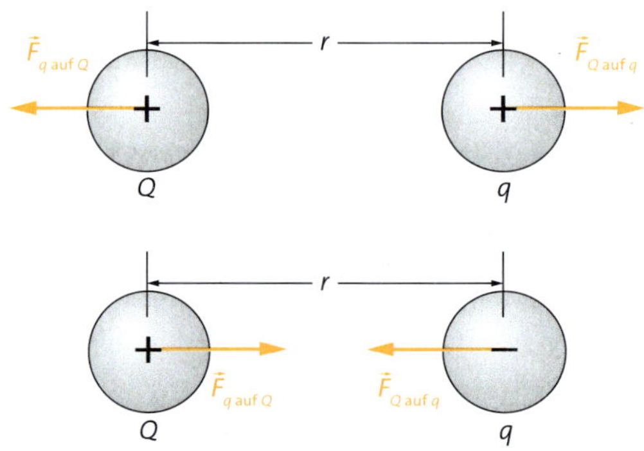

3 Kräfte zwischen geladenen Kugeln

Feld einer geladenen Kugel • Wir wenden die Feldgleichung auf die Oberfläche einer geladenen Kugel an (▸Abb. 1). Mit dem Radius R gilt für die Kugeloberfläche $A(R) = 4\pi R^2$. Wir setzen voraus, dass sich die Ladung Q der Kugel gleichmäßig auf der Kugeloberfläche verteilt. Dann folgt für die Flächenladungsdichte

$$\sigma(R) = \frac{Q}{4\pi R^2}.$$

Damit erhalten wir für die elektrische Feldstärke auf der Kugeloberfläche

$$\mathcal{E}(R) = \frac{1}{\varepsilon_0} \cdot \sigma = \frac{1}{4\pi\varepsilon_0} \cdot \frac{Q}{R^2}.$$

Wir umschließen die positiv geladene Kugel mit zwei metallischen Halbkugelschalen mit Radius r (▸Abb. 2). Die sich berührenden Halbkugelschalen bilden eine äußere Kugelschale mit demselben Mittelpunkt wie die innere Kugel.

Nach seinem Entdecker CHARLES A. DE COULOMB bezeichnet man die Gleichung für den Betrag der Kräfte zwischen zwei geladenen Kugeln als Coulomb-Gesetz.

Aufgrund von Influenz laden sich die Innenfläche der Kugelschale negativ und die Außenfläche positiv auf. Für den Betrag $|Q_\text{i}|$ der durch Influenz entstandenen Ladungen gilt die Feldgleichung:

$$|Q_\text{i}| = \sigma(r) \cdot A(r) = \varepsilon_0 \cdot \mathcal{E}(r) \cdot A(r).$$

Die Feldstärke $\mathcal{E}(r)$ nimmt mit zunehmendem Abstand r vom Kugelmittelpunkt ab, die Oberfläche der Kugelschale dagegen zu.

Es ist daher plausibel, dass der Betrag $|Q_\text{i}|$ der Influenzladungen unabhängig von r und gleich der Ladung Q der inneren Kugel ist. Eine Überprüfung im Experiment bestätigt diese Überlegung. Also folgt mit $|Q_\text{i}| = Q$ und $A(r) = 4\pi r^2$ für die Feldstärke:

$$\mathcal{E}(r) = \frac{1}{\varepsilon_0} \cdot \frac{|Q_\text{i}|}{A(r)} = \frac{1}{4\pi\varepsilon_0} \cdot \frac{Q}{r^2}.$$

Die Feldstärke $\mathcal{E}(r)$ einer geladenen Kugel hängt folglich nur von der Ladung Q und vom Abstand r zum Kugelmittelpunkt ab, nicht aber vom Radius R der Kugel.

Die elektrische Feldstärke einer punkt- oder kugelsymmetrischen Ladungsverteilung hängt nur von der Ladung Q und vom Abstand r zum Kugelmittelpunkt ab.
$$\mathcal{E}(r) = \frac{1}{4\pi\varepsilon_0} \cdot \frac{Q}{r^2}.$$

Coulomb-Gesetz • Wenn sich im Feld einer Kugel mit der Ladung Q eine zweite Kugel mit der Ladung q befindet, dann wird auf diese Kugel im Abstand r die Kraft

$$F = q \cdot \mathcal{E} = \frac{1}{4\pi\varepsilon_0} \cdot \frac{Q \cdot q}{r^2}$$

ausgeübt. Nach dem Wechselwirkungsgesetz wird dann auch auf die erste Kugel eine entgegengesetzt gerichtete Kraft mit demselben Betrag ausgeübt.

Die Kräfte sind bei gleichnamigen Ladungen abstoßend und bei ungleichnamigen Ladungen anziehend (▸Abb. 3).

Zwei Kugeln mit den Ladungen Q und q üben gleich große Kräfte aufeinander aus. Mit dem Abstand r der Kugelmittelpunkte gilt für den Betrag dieser Kräfte:
$$F = \frac{1}{4\pi\varepsilon_0} \cdot \frac{Q \cdot q}{r^2}.$$

1 Die Feldstärke des elektrischen Felds der Erde beträgt im Mittel etwa $130\,\frac{\text{V}}{\text{m}}$. Berechnen Sie die Ladung der Erdoberfläche ($r_\text{Erde} = 6\,370\,\text{km}$).

Material A • Elektrofeldmeter

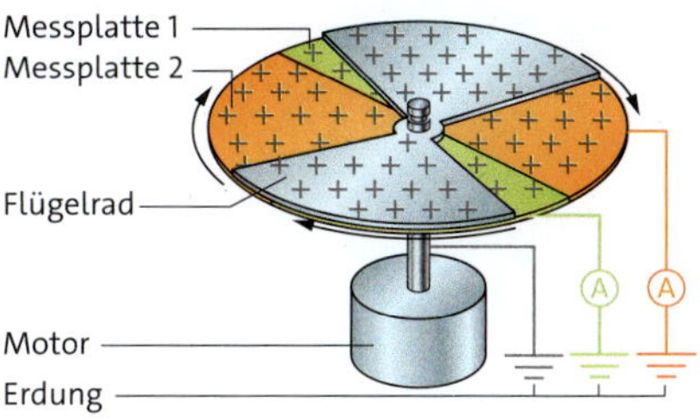

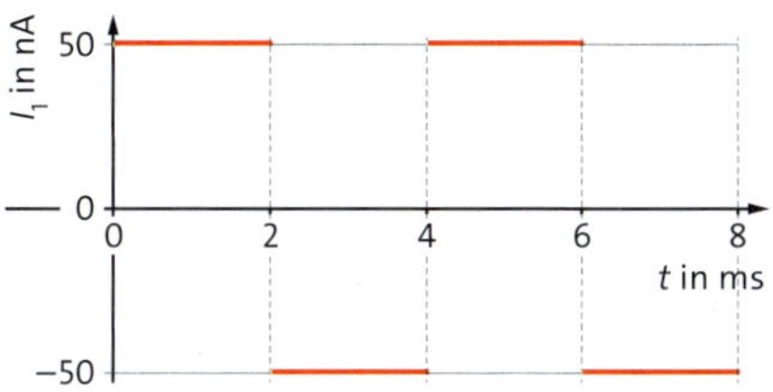

Über zwei Messplatten eines Elektrofeldmeters rotiert ein Flügelrad. Die Messplatten haben jeweils eine Fläche von $25\,\text{cm}^2$. Bei einer Messung unter einer Gewitterwolke erhält man für den zeitlichen Verlauf der Stromstärke auf die Messplatte 1 das nebenstehende Diagramm. Dabei bedeutet eine positive Stromstärke, dass die Platte sich positiv auflädt.

A1 **a)** Ermitteln Sie mithilfe des $I_1(t)$-Diagramms die Ladung der Messplatte 1, wenn diese vom Flügelrad ganz unbedeckt ist.
b) Bestimmen Sie Betrag und Richtung der elektrischen Feldstärke.
c) Übertragen Sie das $I_1(t)$-Diagramm und zeichnen Sie das zugehörige $Q_1(t)$-Diagramm darunter.
d) Beschreiben Sie, wie sich die Diagramme der Messplatte 2 von denen der Platte 1 unterscheiden.
e) Bestimmen Sie die Frequenz, mit der sich das Flügelrad dreht.

A2 Zeichnen Sie das $Q_1(t)$-Diagramm und das $I_1(t)$-Diagramm, wenn die Richtung der Feldstärke entgegengesetzt zu der in A1 ist.

Material B • Abschätzungen zu einer Gewitterwolke

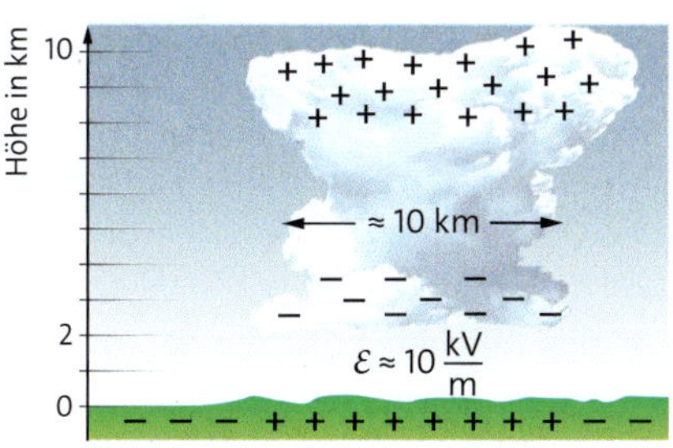

Die Abbildung zeigt in stark vereinfachter Weise die Ausdehnung und Ladungsverteilung einer Gewitterwolke.

B1 Skizzieren Sie den zeitlichen Verlauf der Feldstärke, wenn die Gewitterwolke über eine Station zur Feldstärkemessung zieht.

B2 Schätzen Sie aus den in der Abbildung angegebenen Daten die Spannung zwischen Boden und Wolke sowie die Ladung der Wolkenunterseite ab.

B3 Bestimmen Sie die im „Kondensator" aus Boden und Wolke gespeicherte Energie.

Material C • Geladene Kugeln

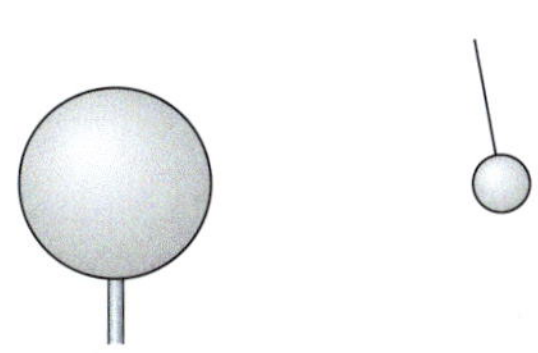

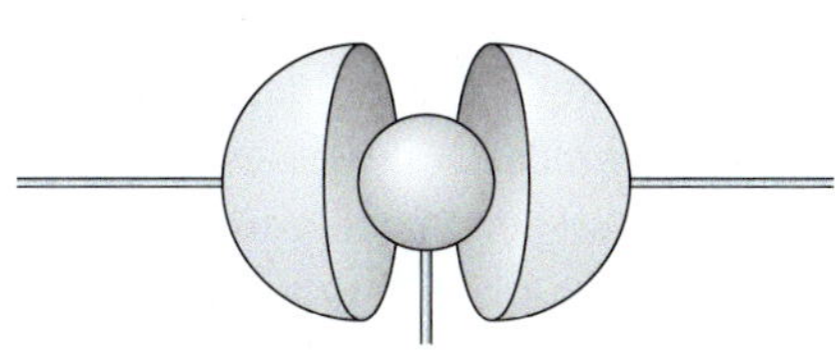

C1 Eine Metallkugel mit einem Radius von 5,0 cm ist mit +55 nC geladen.
a) Berechnen Sie die Flächenladungsdichte und die Feldstärke auf der Kugeloberfläche.
b) In 20,0 cm Abstand vom Kugelmittelpunkt befindet sich ein Probekörper mit +1,0 nC. Berechnen Sie die Kraft auf diesen Körper im Feld der Kugel.

C2 Um eine mit −80 nC geladene Kugel werden zwei neutrale metallische Halbkugeln mit doppeltem Radius gestülpt. Die sich berührenden Halbkugeln umschließen die innere Kugel, berühren sie aber nicht. Die Ladung auf der Außenfläche der beiden Halbkugeln wird gemessen. Man erhält etwa −80 nC. Anschließend werden die beiden Halbkugeln auseinandergezogen und es wird die Ladung der Halbkugeln zu jeweils etwa +40 nC gemessen.
a) Erklären Sie, wie es in den neutralen Halbkugeln zur Ladungstrennung kommt.
b) Erklären Sie die Messwerte. Gehen Sie dabei auf die Feldstärke und die Flächenladungsdichte ein.
c) Erklären Sie, wie sich das Überstülpen der Halbkugeln und das nachfolgende Entladen ihrer Außenflächen jeweils auf das elektrische Feld auswirkt. Erstellen Sie eine Skizze mit der Ladungsverteilung und den Feldlinien (i) vor und (ii) nach dem Entladen.

1 So einfach kann ein Elektromotor sein.

Stromführende Leiter im Magnetfeld

Dieser einfache Elektromotor besteht nur aus einer Batterie, einem Neodymmagneten und etwas Kupferdraht. Wenn der Draht richtig gebogen ist, dann dreht er sich schnell um die Batterie. Wie kommt es zu dieser Drehbewegung?

Ursachen der Drehbewegung • Der Kupferdraht dreht sich nur dann, wenn die Drahtenden den Magneten berühren und so den Stromkreis schließen. Ohne Stom gibt es also keine Drehung.

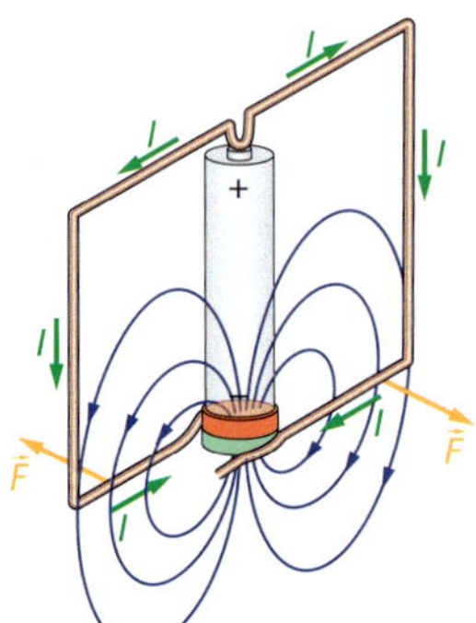

2 Strom (grün), Magnetfeldlinien (blau) und Kräfte (orange) beim einfachen Elektromotor

Wir ersetzen den Magneten durch einen runden Schraubenkopf aus Metall. Nun erwärmen sich der Draht und die Batterie. Also gibt es auch einen Strom, aber der Draht dreht sich nicht. Erst wenn wir den Neodymmagneten von oben an den Draht annähern, bewegt er sich wieder. Offensichtlich ist ein Magnetfeld notwendig, damit sich der Draht drehen kann.

Damit der Motor rund läuft, muss der Draht möglichst symmetrisch gebogen sein. Jede der beiden Schleifen aus Draht bildet dabei einen Stromkreis (▸Abb. 2): Vom Pluspol der Batterie fließt ein Strom sowohl durch die linke wie auch durch die rechte Drahtschleife und weiter über den Magneten zum Minuspol. Wir können die Drehbewegung erklären, wenn wir annehmen, dass auf die beiden Drahtschleifen Kräfte in entgegengesetzte Richtungen ausgeübt werden. Wir vermuten, dass die Kräfte in die jeweilige Bewegungsrichtung zeigen, also orthogonal zu den magnetischen Feldlinien stehen. Weiter vermuten wir, dass die Kräfte orthogonal zum Draht stehen.

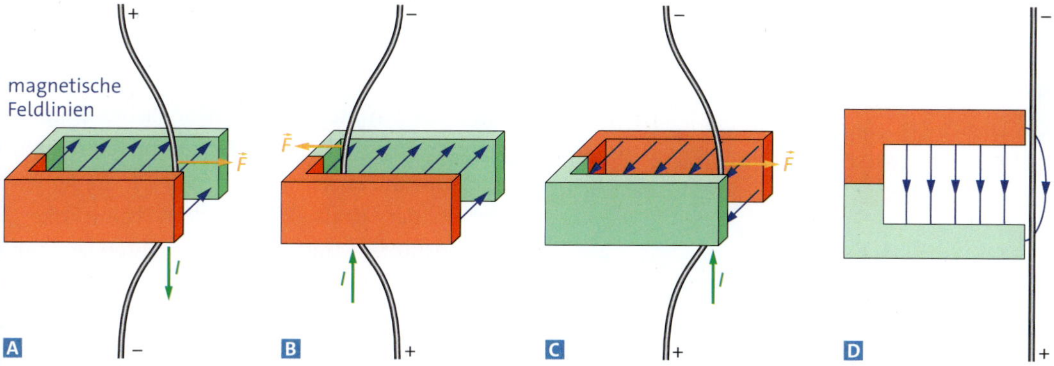

3 Stromführender Draht im Magnetfeld: **A, B, C** Die Kraftrichtung hängt von der Stromrichtung und der Magnetfeldrichtung ab. **D** Wenn Strom- und Magnetfeldrichtung parallel zueinander sind, dann wird keine Kraft ausgeübt.

Strom-, Magnetfeld- und Kraftrichtung • Von oben betrachtet, dreht sich der Draht in ▸Abb. 2 im Uhrzeigersinn. Wenn wir die Batterie umdrehen, dann beobachten wir, dass sich der Draht gegen den Uhrzeigersinn dreht. Wir folgern daraus, dass es einen Zusammenhang zwischen der Stromrichtung und der Richtung der Kraft auf die Drahtschleifen gibt. Drehen wir den Magneten um, dann dreht sich der Draht wieder im Uhrzeigersinn. Somit hängt die Kraftrichtung auch von der Richtung des Magnetfelds ab.

Diesen Zusammenhang untersuchen wir im Folgenden genauer. Ein langes Kabel wird so aufgehängt, dass es zwischen den Polen eines Hufeisenmagneten hängt. Wir schließen das Kabel an eine Gleichspannung an. Wir beobachten, dass das Kabel nach rechts ausgelenkt wird (▸Abb. 3 A). Wenn wir die Stromrichtung umpolen, dann bewegt sich das Kabel nach links (▸Abb. 3 B). Drehen wir den Hufeisenmagneten um 180°, dann bewegt sich das Kabel wieder nach rechts (▸Abb. 3 C). Wenn sich das Kabel parallel zu den Magnetfeldlinien befindet, dann wirkt keine Kraft auf das stromführende Kabel (▸Abb. 3 D).

Drei-Finger-Regel • Die Richtung der Kraft auf das Kabel hängt somit auch bei diesem Versuch von der Stromrichtung und von der Richtung der magnetischen Feldlinien ab. Man hat festgestellt, dass die Kraft auf einen stromführenden Leiter sowohl orthogonal zur Stromrichtung als auch orthogonal zur Richtung der magnetischen Feldlinien steht. Wenn, wie im Versuch nach ▸Abb. 3 A–C, Stromrichtung und Richtung der magnetischen Feldlinien orthogonal zueinander sind, dann erhält man die Kraftrichtung mithilfe der Drei-Finger-Regel der rechten Hand (▸Abb. 4).

Wenn Strom- und Feldlinienrichtung nicht parallel zueinander sind, dann wird auf einen stromführenden Leiter im Magnetfeld eine Kraft ausgeübt. Die Richtung dieser Kraft erhält man mit der Drei-Finger-Regel der rechten Hand: Daumen in Stromrichtung, Zeigefinger in Feldlinienrichtung, Mittelfinger in Kraftrichtung.

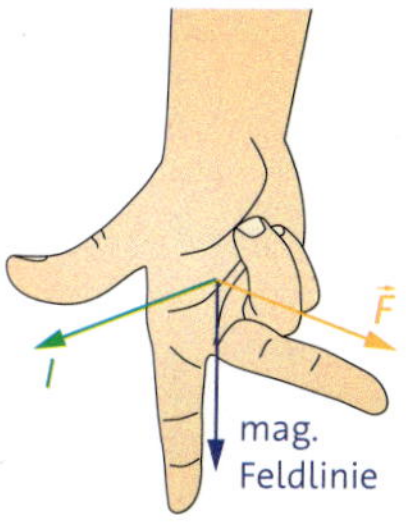

4 Drei-Finger-Regel der rechten Hand

Stromrichtung bezeichnet die Richtung der Bewegung positiver Ladungsträger. Soll der Daumen in die Bewegungsrichtung negativer Elektronen zeigen, benutzt man die linke Hand.

Damit können wir nun die Drehbewegung beim einfachen Elektromotor erklären. Wir betrachten dafür die unteren waagerechten Drahtabschnitte (▸Abb. 2). Dort treffen die Feldlinien des zylindrischen Neodymmagneten senkrecht von oben auf den Draht. Mit der Drei-Finger-Regel ermitteln wir, dass auf das rechte Drahtstück eine Kraft nach vorne und auf das linke Drahtstück eine Kraft nach hinten ausgeübt wird. Diese entgegengesetzt gerichteten Kräfte führen zur beobachteten Drehbewegung.

1 Prüfen Sie die Drei-Finger-Regel anhand von ▸Abb. 3 A bis 3 C.
2 Ermitteln Sie mithilfe der Drei-Finger-Regel die Richtungen der Kräfte auf die senkrechten und auf die oberen Drahtabschnitte des einfachen Elektromotos in ▸Abb. 2.
3 Stellen Sie Vermutungen auf, wovon der Betrag der Kraft auf den Draht in ▸Abb. 3 abhängt.

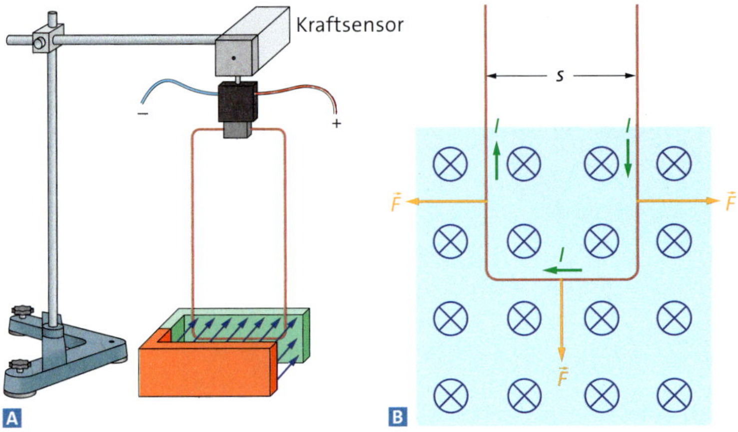

1 **A** Messung der Kraft auf einen stromführenden Leiter im Feld eines Hufeisenmagneten, **B** Schematische Darstellung der Kräfte auf den Leiter im Magnetfeld

A

Konstante Leiterlänge s = 0,080 m			
I in A	5,0	10,0	20,0
F in mN	12,5	25,1	49,8
$\frac{F}{I}$ in $\frac{\text{mN}}{\text{A}}$	2,50	2,51	2,49
$\frac{F}{I \cdot s}$ in $\frac{\text{mN}}{\text{A} \cdot \text{m}}$	31,3	31,4	31,1

B

Konstante Stromstärke I = 20,0 A			
s in m	0,020	0,040	0,080
F in mN	12,5	24,8	49,8
$\frac{F}{s}$ in $\frac{\text{mN}}{\text{A}}$	625	620	623
$\frac{F}{I \cdot s}$ in $\frac{\text{mN}}{\text{A} \cdot \text{m}}$	31,3	31,0	31,2

2 Kraft in Abhängigkeit von **A** der Stromstärke, **B** der Leiterlänge

Wovon hängt die Kraft auf den Draht ab? • Ersetzt man beim einfachen Elektromotor den Neodymmagneten durch einen schwächeren Magneten, dann dreht er sich langsamer. Die Kraft auf den Draht muss somit kleiner sein. Wir vermuten außerdem, dass die Kraft umso größer ist, je größer die Stromstärke im Draht ist. Auch die Drahtlänge könnte die Kraft beeinflussen.

Magnetfeldlinien, die in die Zeichenebene hineinzeigen, stellt man durch einen Kreis mit einem Kreuz dar. Zeigen die Feldlinien aus der Zeichenebene hinaus, stellt man sie durch einen Kreis mit einem Punkt dar.

Um die vermuteten Abhängigkeiten genauer zu untersuchen, messen wir die Kraft auf eine rechteckige Drahtschleife, deren unterer waagrechter Abschnitt sich im homogenen Feld eines Hufeisenmagneten befindet (▸Abb. 1 A). Wir wählen die Stromrichtung so, dass auf den unteren Drahtabschnitt eine Kraft nach unten ausgeübt wird (▸Abb. 1 B). Die Kräfte auf die senkrechten Drahtabschnitte wirken in entgegengesetzte Richtungen nach außen und tragen damit nicht zur Messung bei. Bei der Stromstärke $I = 0\,\text{A}$ stellen wir die Anzeige des Kraftsensors auf 0 N, sodass die Gewichtskraft keine Rolle spielt.

Wir verändern stets nur einen möglichen Einflussfaktor auf die Kraft und halten alle anderen Faktoren konstant. Zuerst untersuchen wir die Abhängigkeit der Kraft F von der Stromstärke I bei konstanter Länge s des waagrechten Drahtabschnitts. Die Messwerte zeigen, dass die Kraft F in guter Näherung proportional zur Stromstärke I ist (▸Tabelle 2 A). Dann untersuchen wir die Abhängigkeit der Kraft von der Länge s des waagrechten Drahtabschnitts bei konstanter Stromstärke (▸Tabelle 2 B). Auch hier stellen wir im Rahmen der Messgenauigkeit eine Proportionalität fest.

Wir haben für die Kraft nun zwei Proportionalitäten gefunden, $F \sim I$ und $F \sim s$. Dazu betrachten wir ein Zahlenbeispiel: Wenn die Stromstärke verdreifacht und gleichzeitig die Drahtlänge verdoppelt wird, dann folgt, dass sich die Kraft versechsfacht. Die Kraft ist also proportional zum Produkt aus Stromstärke I und Drahtlänge s, also $F \sim I \cdot s$.

Wenn $F \sim I \cdot s$ gilt, dann muss der Quotient $\frac{F}{I \cdot s}$ konstant sein. Wir überprüfen dies anhand der Messwerte (▸Tabelle 2 A, B). Tatsächlich ist der Quotient nahezu konstant. Als Mittelwert erhalten wir $31{,}2\,\frac{\text{mN}}{\text{A} \cdot \text{m}}$.

Wenn wir den Versuch für einen schwächeren Hufeisenmagneten wiederholen, dann erhalten wir wieder einen konstanten, aber kleineren Quotienten $\frac{F}{I \cdot s}$. Auch für andere Magnetfelder und stromführende Leiter orthogonal zu den Feldlinien hat man festgestellt, dass dieser Quotient konstant ist.

Die Stärke des Magnetfelds • Der Kraftbetrag ist kein gutes Maß für die Stärke des Magnetfelds, weil er von der Wahl der Stromstärke und der Drahtlänge abhängt. Der Quotient $\frac{F}{I \cdot s}$ dagegen ist unabhängig sowohl von der Stromstärke I als auch von der Länge s des waagrechten Drahtabschnitts. Es ist deshalb sinnvoll, die Stärke des Magnetfelds mit dem Quotienten $\frac{F}{I \cdot s}$ zu beschreiben. Er wird als **magnetische Flussdichte** $\mathcal{B}$ bezeichnet

Betrag und Richtung der Flussdichte • Die magnetische Flussdichte $\vec{\mathcal{B}}$ ordnet jedem Punkt des Magnetfelds einen Betrag und eine Richtung zu. Der Betrag $\mathcal{B}$ der magnetischen Flussdichte bestimmt den Betrag der Kraft auf einen stromführenden Leiter im entsprechenden Punkt des Magnetfelds. Die Richtung der magnetischen Flussdichte $\vec{\mathcal{B}}$ ist gleich der Feldlinienrichtung in diesem Punkt. Sie bestimmt mit der Drei-Finger-Regel der rechten Hand die Richtung der Kraft auf den stromführenden Leiter.

Die magnetische Flussdichte $\vec{\mathcal{B}}$ ist ein Vektor, der in jedem Punkt des Felds in die Feldlinienrichtung zeigt. Der Betrag $\mathcal{B}$ der magnetischen Flussdichte ist gleich dem Quotienten aus dem Betrag F der Kraft auf einen stromführenden Leiter, der orthogonal zu den magnetischen Feldlinien gerichtet ist, und dem Produkt aus der Stromstärke I und der Leiterlänge s:

$\mathcal{B} = \frac{F}{I \cdot s}$; Einheit: $[\mathcal{B}] = \frac{\mathrm{N}}{\mathrm{A \cdot m}} = \mathrm{T}$ (Tesla).

Kraft auf einen Leiter im Magnetfeld • Wenn ein gerader stromführender Leiter orthogonal zu den magnetischen Feldlinien orientiert ist, dann gilt für den Betrag der Kraft auf ihn:

$F = \mathcal{B} \cdot I \cdot s$.

Für einen Leiter parallel zu den Feldlinien, ist $F = 0\,\mathrm{N}$. Für alle anderen Winkel liegt die Kraft zwischen diesen beiden Extremwerten. Es gilt:

$F = \mathcal{B} \cdot I \cdot s \cdot \sin\alpha$.

Dabei ist α der Winkel zwischen dem geraden Leiter und den magnetischen Feldlinien (▸Abb. 3 C).

Kraftwirkung zwischen Drähten • Ein stromführender gerader Draht ist von einem Magnetfeld mit kreisförmigen geschlossenen Feldlinien umgeben. Er verursacht also selbst ein Magnetfeld. Dieses Magnetfeld sollte folglich auf einen benachbarten parallelen stromführenden Draht eine Kraft ausüben.

Wir prüfen die Vermutung und untersuchen die Kraftwirkung von zwei parallelen stromführenden Drähten mit entgegengesetzten Stromrichtungen aufeinander. Wir beobachten, dass sich die Drähte gegenseitig abstoßen (▸Abb. 4 A). Zur Erklärung betrachten wir die Kraft des vom linken Draht erzeugten Magnetfelds auf den rechten Draht. ▸Abb. 4 B zeigt, dass die magnetischen Feldlinien so auf den rechten Draht treffen, dass auf ihn nach der Drei-Finger-Regel der rechten Hand eine Kraft nach rechts ausgeübt wird. Das vom rechten Draht erzeugte Magnetfeld wiederum übt auf den linken Draht eine Kraft nach links aus (▸Abb. 4 C). Die beiden Drähte stoßen sich also gegenseitig ab.

1 Ein 10 cm langer Draht befindet sich in einem Magnetfeld der Flussdichte 56 mT orthogonal zu den Feldlinien. Die Stromstärke beträgt 8,0 A. Berechnen Sie die Kraft auf den Draht.

2 **a)** Zwei Drähte werden parallel zueinander aufgehängt. Die Ströme haben dieselbe Richtung und dieselbe Stromstärke von 1,0 A. Erläutern Sie die gegenseitige Kraftwirkung mithilfe einer Skizze und der Drei-Finger-Regel.
b) Nun ist die Stromstärke im linken Draht 2,0 A und im rechten Draht 0,5 A. Stellen Sie eine Vermutung auf, wie sich diese Änderung auf die Kräfte zwischen den Drähten auswirkt. Begründen Sie Ihre Vermutung.

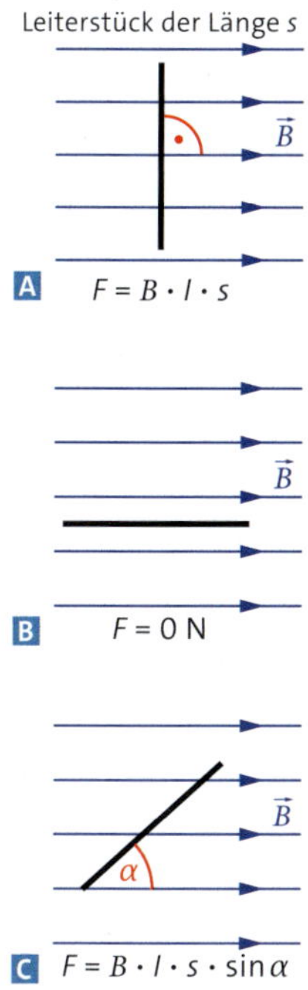

3 Kraft auf einen Leiter, der **A** orthogonal, **B** parallel, **C** mit einem Winkel α zur Flussdichte orientiert ist.

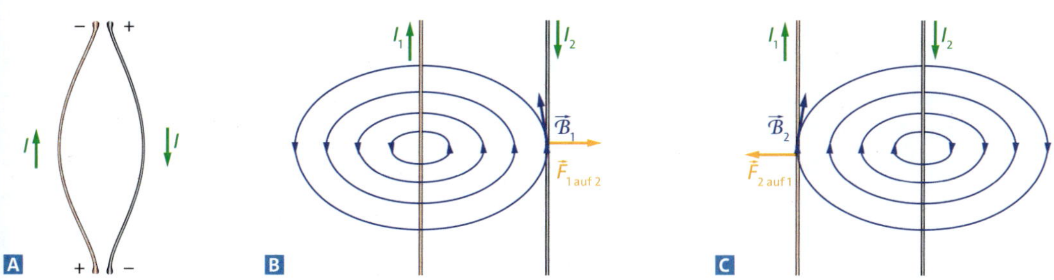

4 Kräfte zwischen zwei stromführenden Drähten mit entgegengesetzter Stromrichtung

BLICKPUNKT

Überlagerung von Magnetfeldern

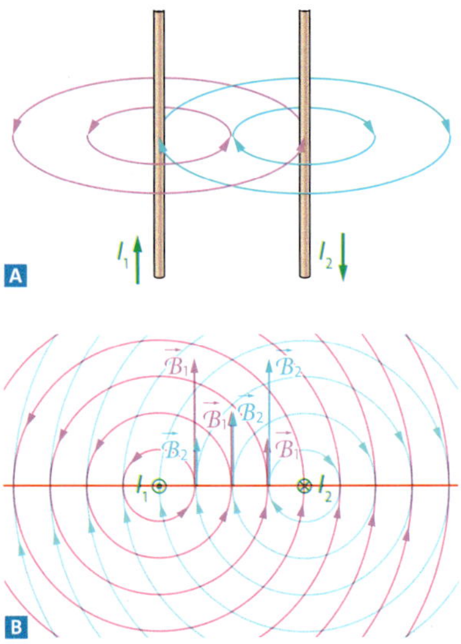

1 Magnetfeld zweier paralleler Drähte mit entgegengesetzten Stromrichtungen in **A** Seitenansicht und **B** Draufsicht

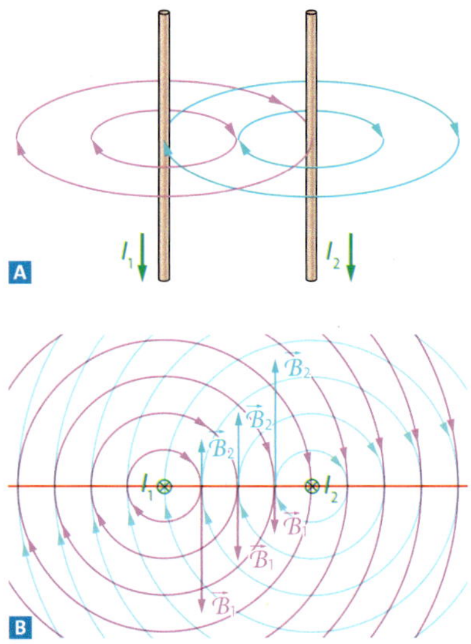

2 Magnetfeld zweier paralleler Drähte mit gleichen Stromrichtungen in **A** Seitenansicht und **B** Draufsicht

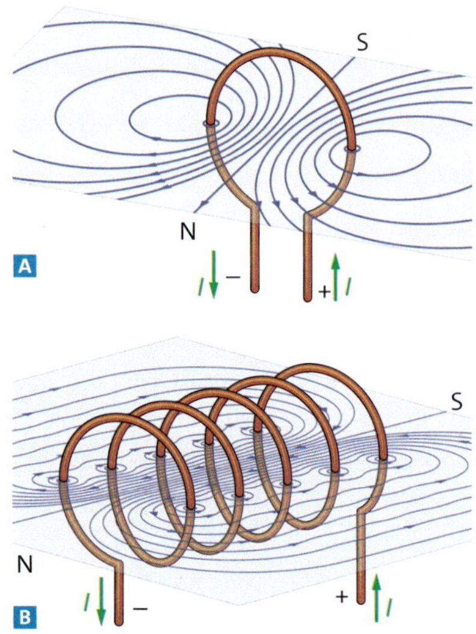

3 Magnetfeld **A** einer Drahtschleife und **B** einer Spule

Ein stromführender gerader Draht ist von einem magnetischen Feld mit kreisförmigen geschlossenen Feldlinien umgeben. Ein solches Feld wird als **Wirbelfeld** bezeichnet. Dabei nimmt die Flussdichte mit zunehmendem Abstand r vom Draht ab. Man hat festgestellt, dass $\mathcal{B} \sim \frac{1}{r}$ ist.

Die Magnetfelder von zwei stromführenden Drähten überlagern sich zu einem resultierenden Feld. Analog zur Überlagerung elektrischer Felder erhält man die resultierende Flussdichte $\vec{\mathcal{B}}_{res}$ durch Vektoraddition der Flussdichten $\vec{\mathcal{B}}_1$ und $\vec{\mathcal{B}}_2$ der einzelnen Drähte. Wir betrachten die Überlagerung der Felder von zwei parallelen Drähten mit entgegengesetzten Stromrichtungen (▸Abb. 1 A). In ▸Abb. 1 B treffen die Feldlinien orthogonal auf die rot eingezeichnete Gerade. Dadurch vereinfacht sich dort die vektorielle Addition.

Zwischen den beiden Drähten zeigen die Flussdichtevektoren $\vec{\mathcal{B}}_1$ und $\vec{\mathcal{B}}_2$ in die gleiche Richtung (▸Abb. 1 B). Die resultierende Flussdichte ist daher größer als die Flussdichte eines einzelnen Drahts. Links und rechts der beiden Drähte sind $\vec{\mathcal{B}}_1$ und $\vec{\mathcal{B}}_2$ entgegengesetzt gerichtet. Die resultierende Flussdichte ist dort kleiner als die Flussdichte eines einzelnen Drahts.

Bei parallelen Drähten mit gleicher Stromrichtung sind die Verhältnisse genau umgekehrt (▸Abb. 2 A). Zwischen den Drähten wird das Feld abgeschwächt (▸Abb. 2 B). Genau in der Mitte ist die resultierende Flussdichte null. Links und rechts der beiden Drähte sind $\vec{\mathcal{B}}_1$ und $\vec{\mathcal{B}}_2$ gleichgerichtet. Demnach ist die resultierende Flussdichte dort größer als die Flussdichte eines einzelnen Drahts.

Wird ein stromführender Draht zu einer Schleife gebogen, dann überlagern sich die magnetischen Felder, ähnlich wie bei entgegengesetzt gerichteten Strömen, sodass innerhalb der Schleife ein verstärktes resultierendes Feld entsteht (▸Abb. 3 A). Links und rechts von der Schleife ist es abgeschwächt.

Bei einer Spule liegen viele solcher Windungen nebeneinander. Die Felder aller Windungen überlagern sich. Es entsteht somit ein resultierendes Magnetfeld, wie es in ▸Abb. 3 B dargestellt ist.

1. Erklären Sie qualitativ den Unterschied der Flussdichte innerhalb und außerhalb der Spule in ▸Abb. 3 B.
2. Bei großen Strömen ziehen sich Spulen von selbst zusammen. Erklären Sie dies.

Material A • Kraft auf einen stromführenden Leiter

A1 In einem Kernspintomographen wird mit einer supraleitenden Spule ein starkes Magnetfeld erzeugt. Legt man ein Kabel vor die Kernspinröhre und schließt es mit der richtigen Polung an eine Batterie an, richtet es sich zu einem Kreis auf.

a) Nehmen Sie an, dass das Magnetfeld in die Röhre hineinzeigt. In welche Richtung muss der Strom fließen, damit das Kabel einen Kreis bildet? Erklären Sie mit der Drei-Finger-Regel.

b) Nun ändert man die Stromrichtung. Erklären Sie, was nun passiert.

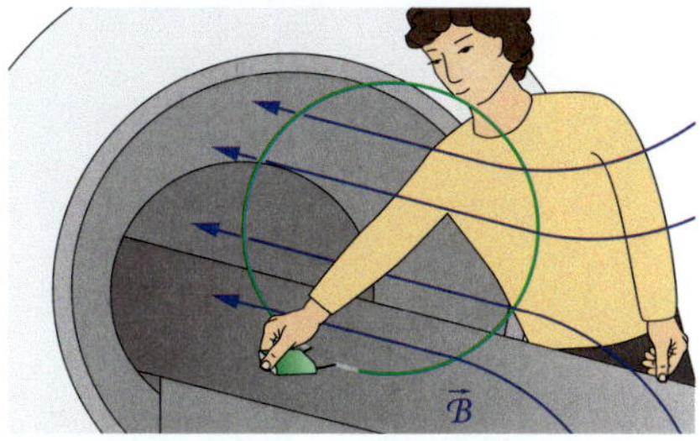

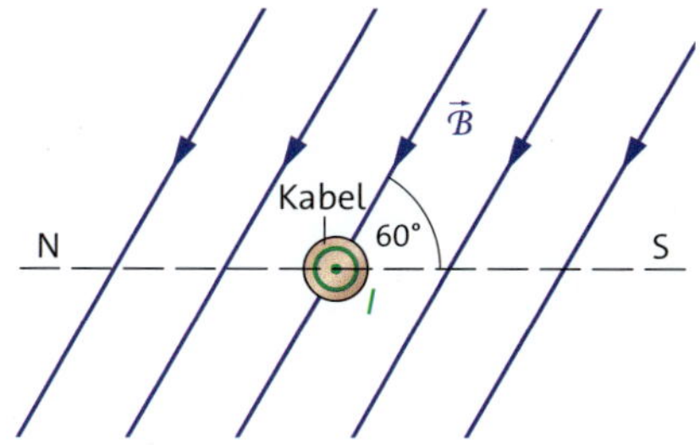

A2 Ein 2,0 Meter langes Kabel hängt in Ost-West-Richtung im Physiksaal. Es fließt ein Strom von 10 A durch das Kabel. Die Flussdichte des Erdmagnetfelds beträgt 48 µT. Die magnetischen Feldlinien treffen in einem Winkel von 60° gegenüber der Horizontalen orthogonal auf das Kabel.

a) Bestimmen Sie die Richtung der Kraft anhand einer Skizze.

b) Berechnen Sie den Betrag der Kraft auf das Kabel.

Material B • Bestimmung der Flussdichte

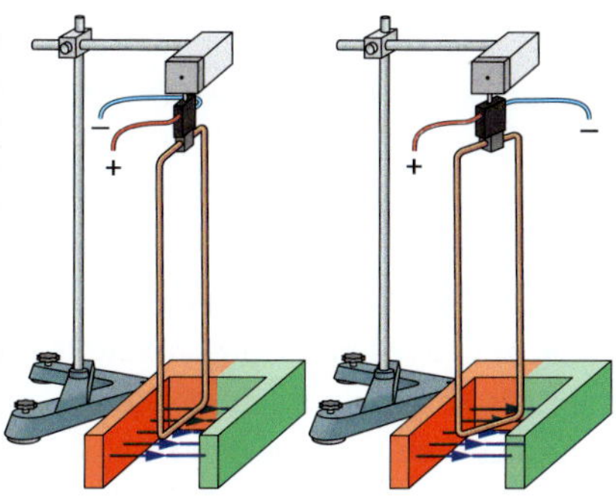

Die Kraft auf einen stromführenden Drahtrahmen wird im Feld eines Hufeisenmagneten gemessen. Das untere horizontale Drahtstück ist 4,0 cm lang. Der Kraftsensor wird so eingestellt, dass $F = 0\,\text{N}$ für $I = 0\,\text{A}$ ist.

$\alpha = 90°$					
I in A	1,0	1,9	2,8	3,6	4,5
F in mN	1,3	2,5	3,7	4,2	6,0

$I = 5{,}0\,\text{A}$					
α in °	0	20	40	60	80
F in mN	0	2,3	4,2	5,7	6,5

B1 Zuerst verläuft das untere Drahtstück orthogonal zu den Feldlinien ($\alpha = 90°$).

a) Bei einem der Messwerte der Tabelle kam es zu einem Messfehler. Entscheiden Sie begründet, um welchen Messwert es sich handelt.

b) Bestimmen Sie aus den restlichen Messwerten die magnetische Flussdichte möglichst genau.

c) Berechnen Sie die Kraft bei einer Stromstärke von 5,0 A.

B2 Der Drahtrahmen wird nun im Magnetfeld gedreht. Bei einer Stromstärke von 5,0 A misst man die Kraft in Abhängigkeit vom Winkel α zwischen der Stromrichtung im unteren horizontalen Drahtstück und der Feldlinienrichtung.

a) Zeichnen Sie das $F(\alpha)$-Diagramm für $0° \leq \alpha \leq 180°$. Erläutern Sie.

b) Stellen Sie eine Vermutung über die Abhängigkeit der Kraft vom Winkel α auf.

Material C • Flussdichte zwischen parallelen stromführenden Drähten

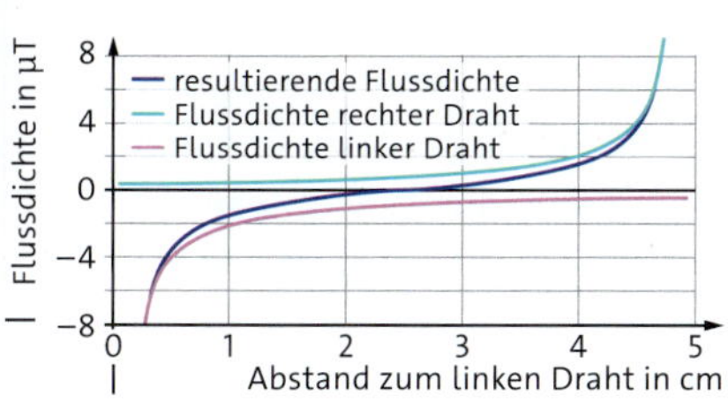

Das Diagramm zeigt für zwei parallele Drähte im Abstand von 5,0 cm bei gleicher Stromrichtung die berechneten Flussdichten entlang der orthogonalen Verbindungslinie zwischen den Drähten.

C1 Erklären Sie die Graphen hinsichtlich Betrag und Vorzeichen.

C2 Erstellen Sie ein entsprechendes Diagramm für zwei Drähte mit entgegengesetzten Stromrichtungen.

1 Im Inneren einer Kernfusionsanlage

Die Flussdichte einer Spule

Ein Plasma ist ein leitfähiges Gas aus Ionen (also Atomen, die ein oder mehrere Elektronen abgegeben haben) und Elektronen.

Die 2,5 Meter hohen Hauptfeldspulen umfassen das Innere der Kernfusionsanlage des Max-Planck-Instituts für Plasmaphysik. Sie sollen ein starkes Magnetfeld erzeugen, um zu verhindern, dass das viele Millionen Grad heiße Plasma die Wände berührt. Wie erreicht man eine so hohe Flussdichte?

Spulenparameter und Flussdichte • Die Hauptfeldspulen sind näherungsweise ringförmig (sogenannte Ringspulen). Da im Fusionsreaktor Flussdichten in der Größenordnung von mehreren Tesla notwendig sind, benötigt man für den Spulenstrom sehr große Stromstärken. Dies wiederum führt dazu, dass die Windungen der Spulen sehr große Kräfte aufeinander ausüben. Damit es dabei nicht zur Verformung der Spulen kommt, wurden die Spulenwindungen aus handbreiten Kupferschienen gebaut. Dadurch ist die Zahl der Windungen aber eher niedrig. Welchen Einfluss haben solche Spulenparameter wie Windungszahl, Geometrie und Stromstärke auf die Flussdichte in einer Spule?

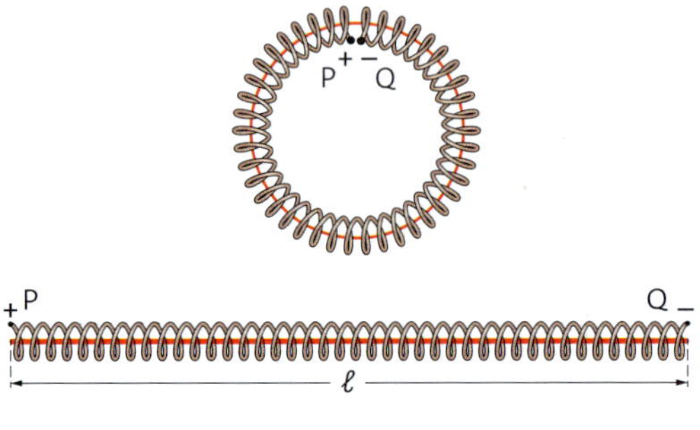

2 Von der Ringspule zur schlanken Spule

Schlanke Spule • Statt ringförmiger Spulen betrachten wir gerade Spulen. Den Übergang von der Ringspule zur geraden Spule kann man sich durch Aufbiegen vorstellen (▸Abb. 2). Wenn eine gerade Spule im Vergleich zu ihrer Dicke sehr lang ist, dann spricht man von einer schlanken Spule.

Eine gerade Spule, deren Länge ℓ deutlich größer als ihr Durchmesser d ist, bezeichnet man als schlanke Spule.

Vermutete Einflussgrößen • Da der Strom die Ursache für das Magnetfeld ist, vermuten wir, dass die Flussdichte umso größer ist, je größer die Stromstärke ist. Weil sich die Felder benachbarter Windungen überlagern, sollte die Flussdichte außerdem mit zunehmender Windungszahl n größer werden. Die Flussdichte könnte auch von der Länge ℓ und dem Durchmesser d der Spule abhängen. Den Einfluss von ℓ kann man mit einer Spule veränderlicher Länge untersuchen (▸Abb. 3).

Wenn man eine solche Spule auseinanderzieht, wird der Abstand der Windungen zueinander größer. Man könnte vermuten, dass die Flussdichte dadurch abnimmt.

Überprüfung der Vermutungen • Mit der Spule variabler Länge untersuchen wir die Abhängigkeit der Flussdichte $\mathcal{B}$ von der Stromstärke I und der Spulenlänge ℓ. Die Flussdichte in der Spule messen wir mit einem Magnetfeldsensor (▸Abb. 3). Wir variieren die Stromstärke bei fester Spulenlänge und Windungszahl. Dabei stellen wir fest, dass die Flussdichte proportional zur Stromstärke ist:

$\mathcal{B} \sim I.$

Bei einer konstanten Stromstärke von 2,0 A und einer Windungszahl von 30 verändern wir die Länge der Spule schrittweise. Wir stellen fest, dass die gemessene Flussdichte tatsächlich mit zunehmender Spulenlänge abnimmt (▸Tab. 4). Das Produkt $\mathcal{B} \cdot \ell$ ist konstant. Folglich ist die Flussdichte umgekehrt proportional zur Spulenlänge und es gilt:

$\mathcal{B} \sim \frac{1}{\ell}.$

Weitere Untersuchungen mit Spulen gleicher Länge und unterschiedlicher Windungszahl ergeben, dass die Flussdichte proportional zur Windungszahl ist:

$\mathcal{B} \sim n.$

Diese Ergebnisse gelten für alle schlanken Spulen. Man hat festgestellt, dass die Flussdichte unabhängig vom Durchmesser der Spule ist. Warum ist das so? Bei einem größeren Durchmesser ist der Abstand gegenüberliegender Abschnitte einer Spulenwindung größer. Das Feld sollte dadurch schwächer sein. Gleichzeitig ist aber die Gesamtlänge einer Windung, die zur Erzeugung des Magnetfelds beiträgt, größer, wodurch das Feld stärker sein sollte. Man kann zeigen, dass sich diese beiden Effekte gerade ausgleichen.

Die magnetische Feldkonstante μ_0 • Wir fassen die gefundenen Proportionalitäten zu einer zusammen und erhalten:

$\mathcal{B} \sim I \cdot \frac{n}{\ell}.$

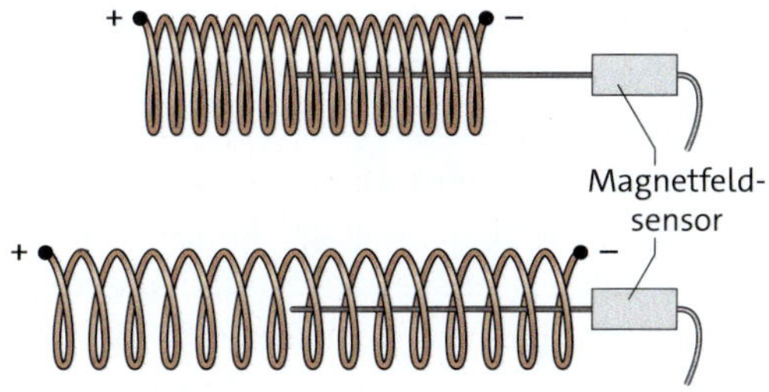

3 Spule variabler Länge. Der Abstand der Windungen nimmt mit der Länge zu.

Stromstärke I = 2,0 A, Windungszahl n = 30					
ℓ in m	0,20	0,25	0,30	0,35	0,40
$\mathcal{B}$ in mT	0,379	0,312	0,257	0,218	0,191
$\mathcal{B} \cdot \ell$ in mT · m	0,0758	0,0780	0,0771	0,0763	0,0764
$\frac{\mathcal{B} \cdot \ell}{I \cdot n}$ in $\frac{\mu T \cdot m}{A}$	1,26	1,30	1,29	1,27	1,27

4 Messwerte bei einer schlanken Spule

Die gesuchte Proportionalitätskonstante zwischen $\mathcal{B}$ und $I \cdot \frac{n}{\ell}$ ist gleich dem Quotienten der zueinander proportionalen Größen:

$\frac{\mathcal{B} \cdot \ell}{I \cdot n} = \text{konstant}.$

▸Tabelle 4 zeigt, dass dieser Quotient im Rahmen der Messgenauigkeit tatsächlich konstant ist. Als Mittelwert erhalten wir $1{,}28 \cdot 10^{-6} \frac{V \cdot s}{A \cdot m}$.

Wie beim elektrischen Feld ist die Proportionalitätskonstante eine universelle Naturkonstante, die sogenannte **magnetische Feldkonstante μ_0**. Also folgt für die Flussdichte einer schlanken Spule:

Im Inneren einer schlanken Spule ist das Magnetfeld homogen. Die Flussdichte $\mathcal{B}$ dieses Magnetfelds hängt von der Stromstärke I der Spule, ihrer Länge ℓ und ihrer Windungszahl n ab und beträgt

$\mathcal{B} = \mu_0 \cdot I \cdot \frac{n}{\ell}.$

Dabei ist die magnetische Feldkonstante $\mu_0 = 1{,}256 \cdot 10^{-6} \frac{V \cdot s}{A \cdot m}$.

1 Bei einer 40 cm langen schlanken Spule mit 100 Windungen beträgt die Stromstärke 5,0 A. Berechnen Sie die Flussdichte.

A

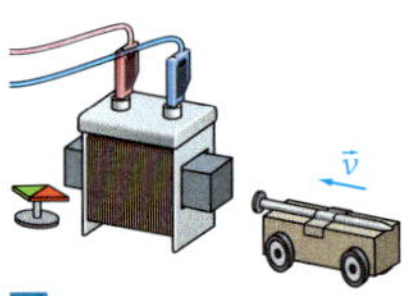

B

1 Magnetische Wirkung einer Spule
A ohne Eisenkern und
B mit Eisenkern

Material	μ_r
Graphit	0,99955
Luft	1,0000004
Aluminium	1,000002
Eisen	300 – 10 000
Mu-Metall (NiFe)	50 000 – 140 000

2 Permeabilitätszahl μ_r einiger Materialien

Hysterese: von griech. *hysteros*: später, hinterher

Materie im Magnetfeld einer Spule • Warum verwendet man für Elektromagnete Spulen mit einem Eisenkern? ▸Abb. 1 zeigt: Betreibt man eine Spule ohne Eisenkern mit Gleichstrom, weist die Magnetnadel ein Magnetfeld nach, aber der Wagen mit Eisennagel wird nicht angezogen. Erst bei der Spule mit Eisenkern setzt sich auch der Wagen mit dem Nagel in Bewegung. Der Eisenkern verstärkt offensichtlich das Magnetfeld der Spule.

Wir erklären das so: Der Eisenkern wird durch das Magnetfeld der Spule magnetisiert. Dabei richten sich im Eisenkern die Elementarmagnete parallel zum Magnetfeld der Spule aus. Deswegen hat der Eisenkern ein zusätzliches Magnetfeld mit der gleichen Richtung. Das führt zur Verstärkung des Felds innerhalb des Eisenkerns.

Die Flussdichte in einer Spule hängt also davon ab, ob sich in ihrem Inneren Eisen oder andere Materialien befinden. Wie stark ein Material die magnetische Flussdichte beeinflusst, gibt die **Permeabilitätszahl μ_r** an (▸Tabelle 2). Das wird auch bei der Berechnung der Flussdichte in der schlanken Spule berücksichtigt.

Die Flussdichte einer Spule hängt vom Füllmaterial ab. Mit der Permeabilitätszahl μ_r des Füllmaterials gilt für die Flussdichte einer gefüllten schlanken Spule:
$\mathcal{B} = \mu_0 \cdot \mu_r \cdot I \cdot \frac{n}{\ell}$.

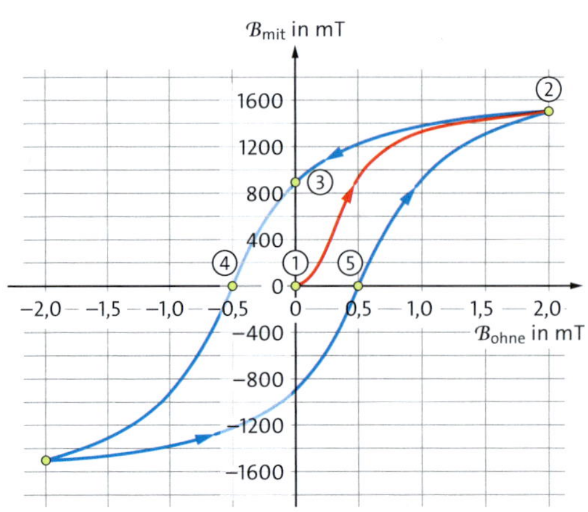

3 Hysteresekurve mit dem Füllmaterial Eisen

Nur ferromagnetische Materialien wie Eisen oder spezielle Legierungen verstärken die Flussdichte wesentlich. Bei den meisten Materialien beträgt die Permeabilitätszahl etwa 1. ▸Tabelle 2 zeigt für beides typische Beispiele.

Sättigung und Hysterese • Wir untersuchen in einem Experiment näher, wie die Elementarmagnete das Feld in einem Eisenkern beeinflussen: Dazu messen wir die Flussdichte $\mathcal{B}_{mit}$ mit Eisenkern in Abhängigkeit von der Flussdichte $\mathcal{B}_{ohne}$ ohne Eisenkern (▸Abb 3). $\mathcal{B}_{mit}$ bestimmen wir durch eine Hall-Sonde, die wir in eine kleine Lücke des Eisenkerns halten. $\mathcal{B}_{ohne}$ können wir so nicht direkt messen und berechnen sie daher mit $\mathcal{B}_{ohne} = \mu_0 \cdot \frac{n}{\ell} \cdot I$ aus der Spulenstromstärke I.

Wir beginnen mit einem zuvor nicht magnetisierten Eisenkern (①). Die rote Kurve zeigt, wie sich in diesem Fall die Flussdichte $\mathcal{B}_{mit}$ bei zunehmender Flussdichte $\mathcal{B}_{ohne}$ verhält: Zunächst steigt $\mathcal{B}_{mit}$ steil, aber dann immer flacher an. Ab $\mathcal{B}_{ohne} \approx 2\,\text{mT}$ steigt $\mathcal{B}_{mit}$ praktisch nicht mehr (②). Der steile Beginn zeigt, dass sich immer mehr Elementarmagnete parallel zum Spulenfeld ausrichten und es verstärken. Wenn alle Elementarmagnete ausgerichtet sind, dann findet keine weitere Verstärkung des Magnetfelds mehr statt. Man spricht von der **Sättigung.**

Fährt man $\mathcal{B}_{ohne}$ nun wieder zurück auf 0 T, dann geht die Flussdichte mit Eisenkern im Experiment nur auf 900 mT zurück (③). Dies liegt daran, dass der Eisenkern zuvor magnetisiert wurde und die Elementarmagnete ihre Ausrichtung zu einem großen Teil beibehalten. Erst ein entgegengesetzt gerichtetes Magnetfeld $\mathcal{B}_{ohne}$ von ca. −0,5 mT sorgt dafür, dass $\mathcal{B}_{mit}$ auf 0 T zurückgeht (④).

Die Flussdichte einer mit einem Eisenkern gefüllten Spule hängt also wesentlich von der Vorgeschichte des Eisenkerns ab. Diesen Effekt nennt man **Hysterese.** Ändert man $\mathcal{B}_{ohne}$ periodisch, dann ergibt sich eine geschlossene Hysteresekurve (blau in ▸Abb. 3).

1 Erklären Sie die unterschiedlichen Werte von $\mathcal{B}_{ohne}$ bei ①, ④ und ⑤ für $\mathcal{B}_{mit} = 0\,\text{T}$.

Material A • Eine Formel für die Flussdichte einer kurzen Spule

Leni findet in einem Buch für die Flussdichte im Mittelpunkt einer kurzen Spule folgende Gleichung:

$$\mathcal{B} = \mu_0 \cdot n \cdot I \cdot \frac{1}{\ell \cdot \sqrt{1 + 4 \cdot \left(\frac{r}{\ell}\right)^2}},$$

dabei ist ℓ die Spulenlänge und r der Radius der Spule.

Leni überprüft die Gleichung anhand einer Spule mit 300 Windungen, einer Länge von 5,0 cm und einem Radius von 2,0 cm. Dazu misst sie die Flussdichte im Mittelpunkt der Spule für verschiedene Stromstärken. Sie erhält die Werte der folgenden Tabelle.

I in A	0,20	0,40	0,80	1,00
$\mathcal{B}$ in mT	1,21	2,32	4,72	5,87

A1 **a)** Bestätigen Sie die Gültigkeit der Gleichung für die untersuchte Spule unter Verwendung aller Messwerte und anhand des Quotienten $\frac{\mathcal{B}}{I}$.

b) Paul hat die gleiche Spule vermessen und hat bei allen Stromstärken ein um 5 % schwächeres Magnetfeld gemessen. Erläutern Sie, welchen systematischen Fehler er bei der Messung gemacht haben könnte.

A2 **a)** Bestimmen Sie die Flussdichte für drei unterschiedlich lange Spulen (ℓ = 10,0 cm; 5,0 cm; 2,0 cm) bei ansonsten identischen Daten (n = 300, r = 2,0 cm, I = 1,0 A) mit der Gleichung für eine kurze Spule und mit der Gleichung für eine schlanke Spule.

b) Vergleichen Sie die Ergebnisse und beschreiben Sie, wie sich das Verhältnis von Radius zur Länge auf die Unterschiede bei den berechneten Flussdichten auswirkt.

c) Nehmen Sie Stellung, ob die Formel auch bei einer schlanken Spule gilt.

Material B • Helmholtz-Spulenpaare und Ringspule

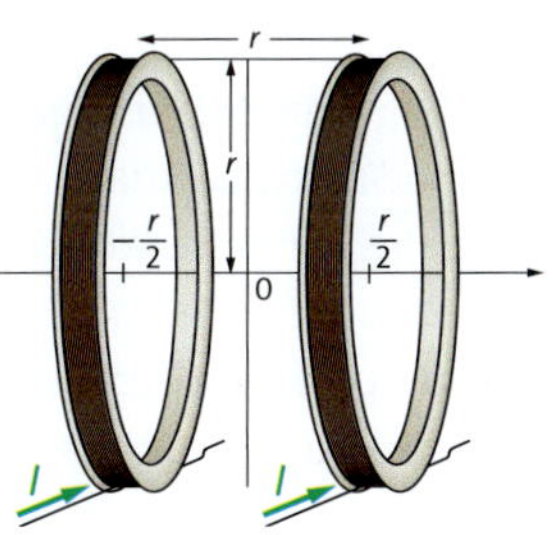

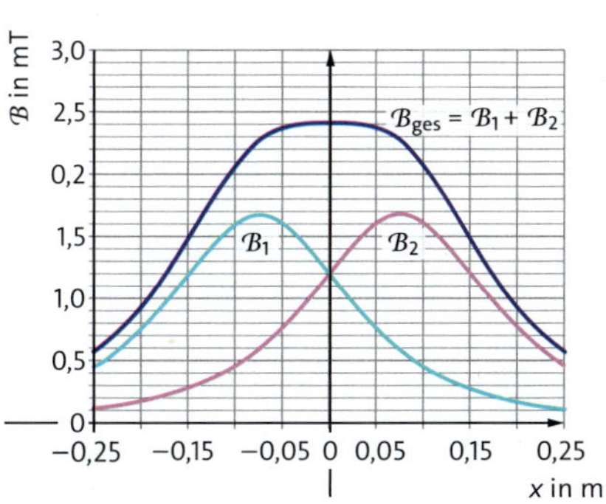

B1 Ein Helmholtz-Spulenpaar besteht aus zwei sehr kurzen Spulen mit Windungszahl n und Radius r, die sich im Abstand $d = r$ zueinander befinden. Die Spulen werden so angeschlossen, dass Stromrichtung und Stromstärke I gleich sind. Dann gilt für die Flussdichte $\mathcal{B}$ in der Mitte des Spulenpaars:

$$\mathcal{B} = \mu_0 \cdot n \cdot I \cdot \frac{8}{r \cdot \sqrt{125}}.$$

a) Beschreiben Sie, wie die Flussdichte von der Stromstärke, der Windungszahl und vom Radius abhängt.

b) Es soll ein Magnetfeld der Flussdichte 2,0 mT erzeugt werden. Die Spulen haben einen Radius von 15,0 cm und jeweils 200 Windungen. Berechnen Sie die Stromstärke.

B2 Das Diagramm zeigt die Flussdichten $\mathcal{B}_1$ und $\mathcal{B}_2$ der einzelnen Spulen in Abhängigkeit von der Position x entlang der Spulenachse.

a) Erklären Sie anhand des Diagramms, wie die resultierende Flussdichte $\mathcal{B}_{res}$ zustande kommt.

b) Geben Sie den Bereich entlang der x-Achse an, in dem das Feld näherungsweise homogen ist.

c) Skizzieren Sie den resultierenden Feldlinienverlauf in der x-y-Ebene.

B3 Die Stromrichtungen in den beiden Spulen sind nun entgegengesetzt.

a) Skizzieren Sie das $\mathcal{B}_{res}(x)$-Diagramm.

b) Skizzieren Sie den resultierenden Feldlinienverlauf in der x-y-Ebene.

B4 Durch eine Ringspule mit 450 Windungen und einem mittleren Radius von 12,0 cm fließt ein Strom von 2,0 A.

a) Erklären Sie, wie die Anschlüsse P und Q gepolt sein müssen, damit das Magnetfeld die skizzierte Richtung hat.

b) Berechnen Sie die mittlere Flussdichte. Begründen Sie Ihr Vorgehen.

c) Erklären Sie, warum das Feld im Innern der Spule nicht homogen ist.

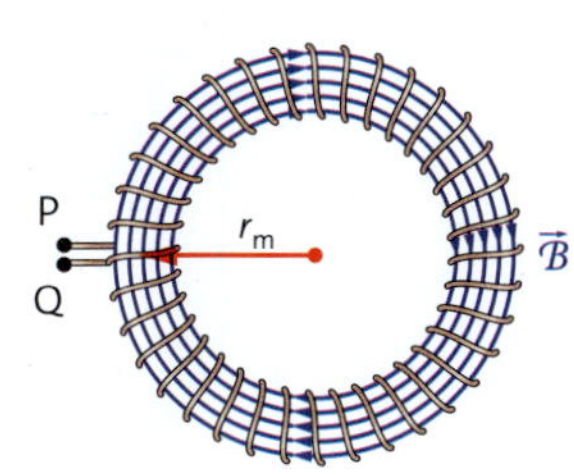

1 Polarlichter

Freie Ladungsträger im Magnetfeld

In Norwegen kann man in den Polarnächten ein besonderes Schauspiel beobachten. Farbige Lichtschleier bewegen sich am Himmel. Was bringt den Himmel zum Leuchten?

Die Kraft auf einen sich bewegenden Ladungsträger im Magnetfeld wird nach dem Physiker HENDRIK ANTOON LORENTZ (1853–1928) als Lorentz-Kraft bezeichnet.

Freie Ladungsträger von der Sonne • Durch Sonneneruptionen werden insbesondere Elektronen, Protonen und Heliumkerne mit großen Geschwindigkeiten ins Weltall hinausgeschleudert. Diese sogenannten freien Ladungsträger erreichen mit einigen 100 $\frac{\text{km}}{\text{s}}$ das Magnetfeld der Erde. In diesem werden sie abgelenkt, sodass sie in der Nähe der Pole in die Erdatmosphäre eintreten. Dort bringen sie Luftmoleküle zum Leuchten, was wir als Polarlichter wahrnehmen.

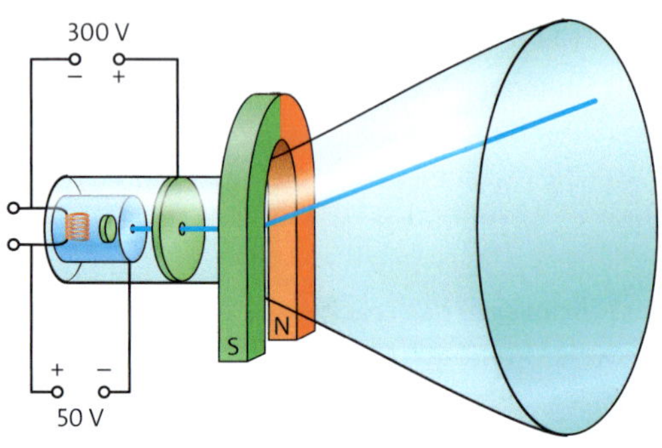

2 Ablenkung eines Elektronenstrahls im Magnetfeld

Welche Kraft wirkt auf die Ladungsträger? • Gibt es für Ladungsträger im Magnetfeld eine vergleichbare Kraft wie im elektrischen Feld? Diese Frage untersuchen wir mit einer Braunschen Röhre. Wir halten einen Hufeisenmagneten über den Hals der Röhre (▸ Abb. 2). Der Elektronenstrahl trifft dabei orthogonal auf die Magnetfeldlinien. Wir beobachten, dass der Strahl nach oben abgelenkt wird. Drehen wir den Magneten um 180°, sodass sich die Feldlinienrichtung umkehrt, dann wird der Strahl nach unten abgelenkt. Es wirkt offensichtlich eine Kraft auf die Elektronen. Diese Kraft wird als **Lorentz-Kraft** $\vec{F}_L$ bezeichnet.

Lorentz-Kraft nur bei Bewegung • Im elektrischen Feld wird auf ein Elektron eine Kraft ausgeübt, unabhängig davon, ob es in Ruhe ist oder ob es sich bewegt. Im Magnetfeld erfährt das Elektron nur dann eine Kraft, wenn es sich relativ zum Feld bewegt. Aus der Ablenkung im Magnetfeld schließen wir, dass die Lorentz-Kraft orthogonal zu den magnetischen Feldlinien wirkt.

Bahn der Elektronen im Magnetfeld • Im elektrischen Feld eines Ablenkkondensators durchlaufen die Elektronen eine parabelförmige Bahn. Welche Form hat die Bahn der Elektronen im Magnetfeld? Zur Klärung dieser Frage verwenden wir eine Elektronenstrahlröhre, die sich im homogenen Magnetfeld eines Helmholtz-Spulenpaars befindet (▸Abb. 3 A). Diese sogenannte **Fadenstrahlröhre** ist mit einem verdünnten Gas gefüllt. Die Elektronen können die Gasmoleküle durch Stöße zum Leuchten anregen. Das ist vergleichbar mit den Vorgängen in der Atmosphäre beim Polarlicht. Dadurch wird der Weg der Elektronen als Leuchtfaden sichtbar. Wir richten die Fadenstrahlröhre so aus, dass der Strahl orthogonal zu den Feldlinien in das Magnetfeld tritt. Wir beobachten einen ringförmigen Leuchtfaden. Die Bahn der Elektronen ist also kreisförmig.

Lorentz-Kraft und Kreisbewegung • Sie wissen, dass für eine Kreisbewegung eine zum Mittelpunkt gerichtete Zentripetalkraft notwendig ist. Als Zentripetalkraft kommt hier nur die Lorentz-Kraft in Frage. Folglich muss diese zu jedem Zeitpunkt orthogonal zur Geschwindigkeit stehen (▸Abb. 3 B). Dadurch werden die Elektronen auf eine Kreisbahn gezwungen. Es ändert sich nur die Richtung der Geschwindigkeit, ihr Betrag bleibt konstant. Die Lorentz-Kraft steht dabei immer orthogonal zur Bewegungsrichtung. Auch ihr Betrag bleibt konstant.

Drei-Finger-Regel • Die Richtung der Lorentz-Kraft erhält man, wie bei der Kraft auf einen stromführenden Leiter, aus der Drei-Finger-Regel. Da die Elektronen negativ geladen sind, verwendet man dabei die linke Hand (▸Abb. 4): Der Daumen zeigt in Richtung der Geschwindigkeit $\vec{v}$ der Elektronen, der Zeigefinger in Richtung der Flussdichte $\vec{\mathcal{B}}$ und der Mittelfinger gibt die Richtung der Lorentz-Kraft $\vec{F}_L$ an.

Die Lorentz-Kraft wird sowohl auf positive als auch auf negative Ladungsträger ausgeübt. Wie bei der elektrischen Kraft $\vec{F}_{el}$ hängt auch die Richtung der Lorentz-Kraft $\vec{F}_L$ vom Vorzeichen der Ladungsträger ab: Für negative Ladungsträger nimmt man die linke Hand, für positive die rechte Hand (▸Abb. 4 und 5).

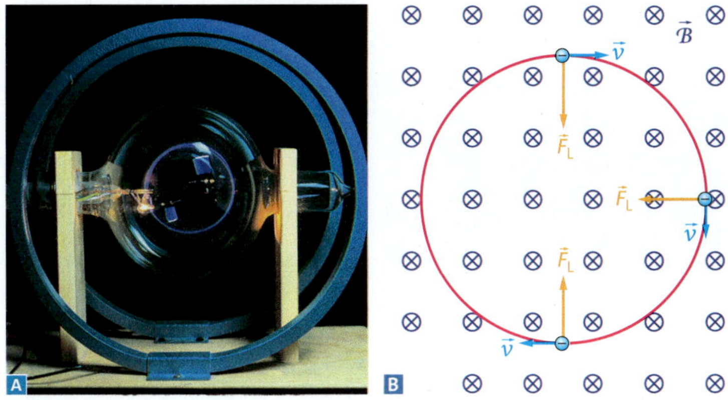

3 Fadenstrahlröhre im Magnetfeld: **A** Aufbau, **B** Elektronen auf einer Kreisbahn

Eine Formel für die Lorentz-Kraft • Wenn wir die magnetische Flussdichte vergrößern, dann verkleinert sich der Radius der Kreisbahn der Elektronen. Daraus können wir folgern, dass der Betrag F_L der Lorentz-Kraft von der Flussdichte $\mathcal{B}$ abhängt. Tatsächlich hängt F_L auch von der Geschwindigkeit v und der Ladung q des Ladungsträgers ab und es gilt: $F_L = q \cdot v \cdot \mathcal{B}$.

Bewegen sich Ladungsträger in einem Magnetfeld orthogonal zu den Feldlinien, dann wird auf sie eine Lorentz-Kraft $\vec{F}_L$ ausgeübt. Diese steht orthogonal zur Geschwindigkeit $\vec{v}$ und zur Flussdichte $\vec{\mathcal{B}}$.
Die Ladungsträger durchlaufen eine Kreisbahn, bei der die Lorentz-Kraft als Zentripetalkraft wirkt.
Für den Betrag F_L der Lorentz-Kraft auf Ladungsträger mit der Ladung q gilt:

$$F_L = q \cdot v \cdot \mathcal{B}.$$

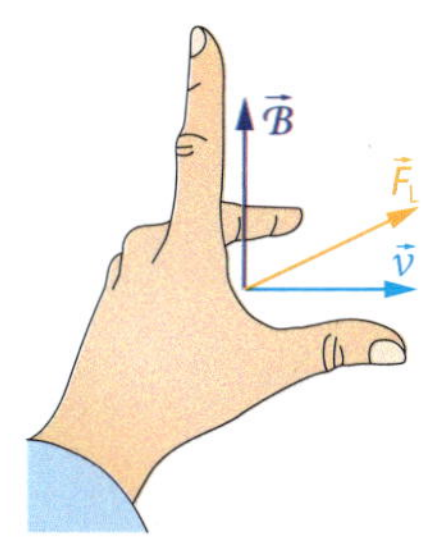

4 Drei-Finger-Regel der linken Hand für negative Ladungsträger

Auf einen stromführenden Leiter wird keine Kraft ausgeübt, wenn die Stromrichtung parallel zu den Magnetfeldlinien ist. Auch auf Ladungsträger wird keine Lorentz-Kraft ausgeübt, wenn sie sich parallel zu den Feldlinien bewegen.

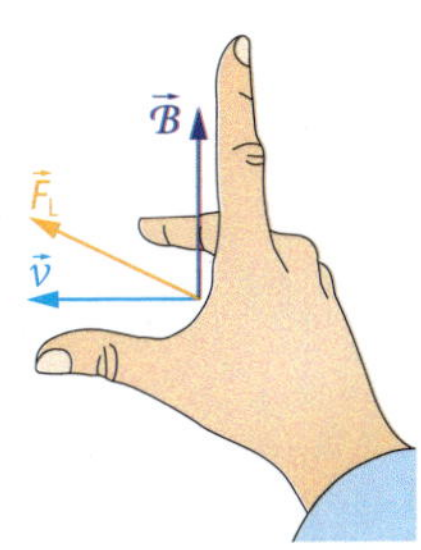

5 Drei-Finger-Regel der rechten Hand für positive Ladungsträger

1 Erklären Sie mit der Drei-Finger-Regel, wie man den Magneten in der Braunschen Röhre in ▸Abb. 2 halten muss, damit der Strahl nach unten, nach links bzw. nach rechts abgelenkt wird.

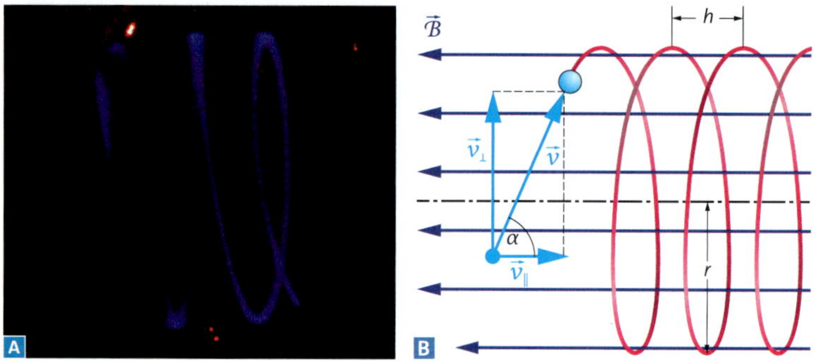

1 Schraubenbahn **A** im Experiment, **B** im ausgedehnten homogenen Feld

Immer wenn Ladungsträger sich nicht parallel zu den Feldlinien bewegen, wird eine Lorentz-Kraft auf sie ausgeübt.

Schraubenbahn • Dreht man das Fadenstrahlrohr so, dass die Elektronen nicht orthogonal in das Magnetfeld eintreten, sieht man eine Schraubenbahn (▸Abb. 1). Die Bewegung der Elektronen setzt sich dabei aus der Kreisbewegung aufgrund der Lorentz-Kraft und einer Bewegung parallel zu den Feldlinien zusammen. Da sich der Abstand zwischen den Windungen der Schraubenbahn nicht ändert, muss die Bewegung parallel zu den Feldlinien mit konstanter Geschwindigkeit erfolgen. Also beeinflusst die Lorentz-Kraft diese Bewegung nicht. Sie wirkt auch hier orthogonal zur senkrechten Komponente der Geschwindigkeit $\vec{v}_\perp$ und zur Flussdichte $\vec{\mathcal{B}}$.

Wird die Röhre so weit gedreht, dass der Elektronenstrahl parallel zu den Feldlinien in das Magnetfeld eintritt, sieht man einen geraden Leuchtfaden. Aus der Beobachtung bei der Schraubenbahn kann man schließen, dass die Elektronen auch hier nicht durch die Lorentz-Kraft beschleunigt werden.

Wir „wiegen" ein Elektron • Beim Fadenstrahlrohr ist die Lorentz-Kraft F_L die notwendige Zentripetalkraft F_Z und es gilt:

$$F_L = F_Z \implies e \cdot v \cdot \mathcal{B} = \frac{m_e \cdot v^2}{r}.$$

Diese Gleichung enthält die Elektronenmasse m_e. Kann man aus einer Messung des Radius der Kreisbahn die Elektronenmasse bestimmen? Mithilfe der als bekannt vorausgesetzten Beschleunigungsspannung U ersetzen wir dazu in der obigen Gleichung die Geschwindigkeit v der Elektronen durch

$$v = \sqrt{2 \cdot \frac{e}{m_e} \cdot U}.$$

Damit erhalten wir:

$$e \cdot \mathcal{B} \cdot \sqrt{2 \cdot \frac{e}{m_e} \cdot U} = \frac{m_e \cdot 2 \cdot \frac{e}{m_e} \cdot U}{r}.$$

Daraus folgt:

$$\sqrt{2 \cdot \frac{e}{m_e} \cdot U} = \frac{2 \cdot U}{r \cdot \mathcal{B}}.$$

Durch Quadrieren und Umformen erhält man:

$$\frac{e}{m_e} = \frac{2 \cdot U}{r^2 \cdot \mathcal{B}^2}.$$

Das auf der linken Seite der Gleichung stehende Verhältnis von Ladung zur Masse eines Elektrons heißt **spezifische Ladung** des Elektrons. Bei einer Flussdichte von $\mathcal{B} = 1{,}3\,\text{mT}$ und einer Beschleunigungsspannung von $U = 250\,\text{V}$ messen wir den Radius r zu 4,0 cm. Daraus ergibt sich:

$$\frac{e}{m_e} = \frac{2 \cdot 250\,\text{V}}{(0{,}04\,\text{m})^2 \cdot (1{,}3 \cdot 10^{-3}\,\text{T})^2} = 1{,}8 \cdot 10^{11}\,\frac{\text{C}}{\text{kg}}.$$

Genauere Messungen haben für die spezifische Ladung des Elektrons $1{,}76 \cdot 10^{11}\,\frac{\text{C}}{\text{kg}}$ ergeben. Mit der Elementarladung $e = 1{,}60 \cdot 10^{-19}\,\text{C}$ erhält man aus der spezifischen Ladung des Elektrons seine Masse m_e zu $9{,}11 \cdot 10^{-31}\,\text{kg}$.

Den Quotienten $\frac{e}{m_e}$ aus Elementarladung e und Elektronenmasse m_e bezeichnet man als spezifische Ladung eines Elektrons:

$$\frac{e}{m_e} = 1{,}76 \cdot 10^{11}\,\frac{\text{C}}{\text{kg}}.$$

1 In einer Braunschen Röhre durchlaufen die Elektronen eine Beschleunigungsspannung von 250 V. Über den Hals der Röhre wird ein Hufeisenmagnet gehalten. Das Magnetfeld des Hufeisenmagneten hat eine Flussdichte von 31 mT.

a) Bestimmen Sie die Geschwindigkeit, mit der die Elektronen die Anode verlassen.

b) Berechnen Sie die Lorentz-Kraft auf die Elektronen im Feld des Hufeisenmagneten.

c) Beschreiben Sie die Bahn der Elektronen durch das Magnetfeld und bis zum Schirm.

Erdmagnetfeld, Sonnenwind und Polarlichter

Rätselhafte Leuchterscheinungen • Um 1900 beobachtete der Norweger KRISTIAN BIRKELAND, dass während hoher Polarlichtaktivität eine drehbar aufgehängte Magnetnadel hin- und herschwingt. Er folgerte, dass es einen Zusammenhang zwischen diesen Störungen des Erdmagnetfelds und der Polarlichtaktivität geben muss. Weiterhin vermutete er, dass geladene Teilchen von der Sonne die Ursache der Leuchterscheinungen sind. Er stellte dieses kosmische Phänomen im Experiment nach, indem er in einer Kammer eine magnetisierte Kugel mit schnellen Elektronen bestrahlte. Er pumpte die Luft fast vollständig aus der Kammer und es entstanden ringförmige Leuchterscheinungen um die Pole der Kugel (▸Abb. 1). Offensichtlich wurden die Elektronen im Magnetfeld der Kugel so abgelenkt, dass sie sich auf einer Kreisbahn um die Pole bewegten und das verdünnte Gas zum Leuchten anregten.

Die Magnetosphäre der Erde • Durch Messungen mit Raumsonden weiß man heute, dass die Sonne ständig Elektronen, Protonen und Heliumkerne mit Geschwindigkeiten von $300-800\,\frac{\text{km}}{\text{s}}$ ins Weltall ausstößt. Diesen Teilchenstrom bezeichnet man als **Sonnenwind.** Der Sonnenwind wird schon in großer Entfernung von der Erde durch das Erdmagnetfeld abgelenkt. Den gesamten Raumbereich um die Erde, in dem geladene Teilchen vom Erdmagnetfeld beeinflusst werden, bezeichnet man als **Magnetosphäre.** Ihre äußere Grenze ist die Magnetopause. Ohne den Sonnenwind wäre das Erdmagnetfeld symmetrisch wie das Feld eines Stabmagneten. Aber durch die Wechselwirkungen zwischen Sonnenwind und Erdmagnetfeld entsteht die asymmetrische Form der Magnetosphäre. Auf der sonnenzugewandten Seite (Tagseite) reicht die Magnetosphäre bis zu einem Abstand von etwa zehn Erdradien, auf der abgewandten Seite (Nachtseite) bis in eine Entfernung von über hundert Erdradien.

Schutz vor dem Sonnenwind • Ohne Erdmagnetfeld wäre alles Leben auf der Erde den energiereichen Teilchen des Sonnenwinds schutzlos ausgesetzt. Die Magnetosphäre verhindert das, da die Teilchen durch die Lorentz-Kraft auf Spiralbahnen entlang der magnetischen Feldlinien um die Erde herumgelenkt werden. Auf diese Weise strömt der größte Teil der geladenen Teilchen an der Erde vorbei.

Das Polarlichtoval • Allerdings ist dieser Schutzschirm nicht vollständig. Es können immer wieder Elektronen und Protonen in die Magnetosphäre eintreten. Dies ist insbesondere am Ende des Schweifs möglich. Die Teilchen sammeln sich in der Plasmaschicht (▸Abb. 3). Von dort aus bewegen sie sich auf schraubenförmigen Bahnen um die Magnetfeldlinien auf die magnetischen Pole zu. Auch an den Stellen, an denen Feldlinien einerseits zur Tag- und andererseits zur Nachtseite „abbiegen", dringen Teilchen in die Magnetosphäre ein (▸Abb. 3). In der Nähe der Pole nimmt die Flussdichte zu, dadurch wird die Lorentz-Kraft größer und der Radius der Schraubenbahnen wird immer enger. Auch die Windungen liegen immer näher beieinander. Die geladenen Teilchen können dadurch sogar ihre Bewegungsrichtung wieder ändern. Mit dem Fadenstrahlrohr und einem Stabmagneten kann man die Bahn im inhomogenen Feld im Experiment veranschaulichen (▸Abb. 2).

Zwischen dem 60. und 75. Breitengrad befindet sich der Bereich, in dem die Teilchen auf die Atmosphäre treffen. In diesem „Polarlichtoval" treten Polarlichter am häufigsten auf. Die Teilchen geben durch Stöße Energie an Moleküle der Luft ab. Die Moleküle der Luft in etwa 100 km bis 500 km Höhe werden dadurch zum Leuchten angeregt.

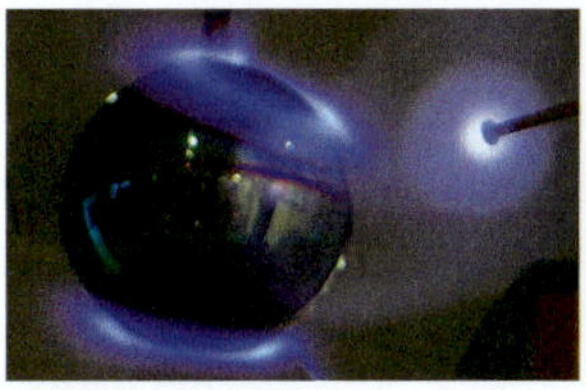

1 Polarlichter im Modellversuch

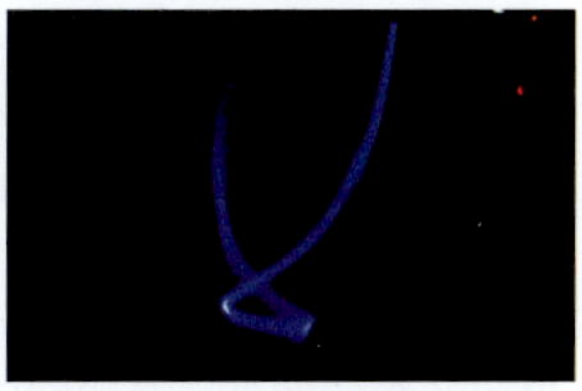

2 Bahn der Elektronen im inhomogenen Magnetfeld

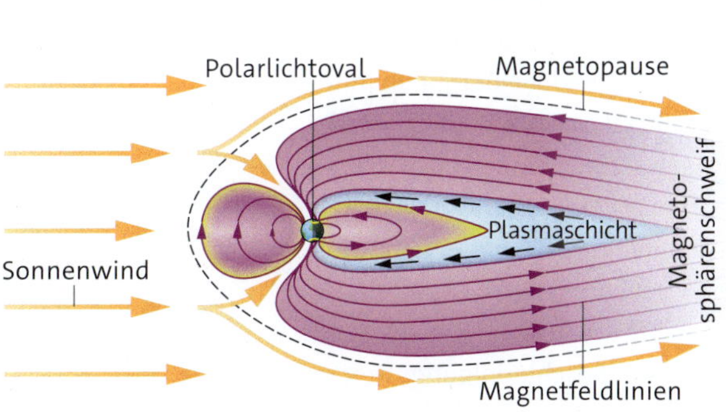

3 Magnetosphäre der Erde

Versuch A • Geladene Teilchen im B-Feld eingefangen

V1 Magnetische Flasche

Magnetische Flaschen werden zur Aufbewahrung geladener Teilchen verwendet. Ein natürliches Beispiel ist das Erdmagnetfeld: Die Teilchen des Sonnenwindes bewegen sich auf Schraubenlinien entlang der Magnetfeldlinien. Weil die Feldlinien an den Polen zusammenlaufen, wird das B-Feld stärker. Dadurch wächst die senkrechte Geschwindigkeitskomponente auf Kosten der parallelen. Diese kann null werden oder sogar das Vorzeichen wechseln. Solche Teilchen kehren an den Polregionen um und pendeln zwischen den Polregionen hin und her. Damit sind sie eingeschlossen.

Material:
Computer, Tabellenkalkulationsprogramm oder GTR

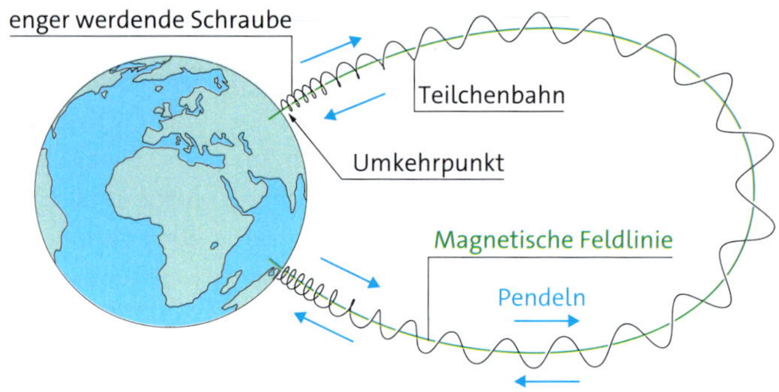

Arbeitsauftrag:

a) Diese Flasche kann z. B. Protonen des Sonnenwindes, die mit einer Geschwindigkeit von $v = 400\,\frac{\text{km}}{\text{s}}$ ins Erdmagnetfeld gelangen, auf eine Kreisbahn bringen. Ermitteln Sie den Bahnradius r für den Fall, dass das Proton bei äquatorialer Breite orthogonal auf ein Feld von $B(60\,000\,\text{km}) = 20\,\text{nT}$ trifft.

b) Das Feld nimmt zum Pol hin zu und variiert von 20 nT bis 62 µT. Stellen Sie den Bahnradius solcher Teilchen als Funktion von B im $r(B)$-Diagramm dar. Erklären Sie anhand des Diagramms die Variation der Bahnradien und insbesondere den Flaschenhals.

Material A • Ionenimplantation

A1 Computer, Solarzellen und viele Elektronikbauteile enthalten dotierte Halbleiter. Das Dotieren erfolgt oft durch Ionenimplantation.

a) Recherchieren Sie dazu und fassen Sie das Verfahren zusammen.

b) Eine Anlage zur Ionenimplantation zeigt die Abbildung. Erläutern Sie die Komponenten.

c) Im Vorbeschleuniger werden einfach geladene Bor-Ionen mit $U = 30\,\text{kV}$ beschleunigt. Ermitteln Sie die Geschwindigkeit.

d) Im Massenseparator werden diese Ionen um 90° mit einem Feld von $B = 0{,}5\,\text{T}$ umgelenkt. Ermitteln Sie den Kreisradius.

e) In der Beschleunigungsstrecke werden die Ionen auf eine Geschwindigkeit von $2000\,\frac{\text{km}}{\text{s}}$ gebracht. Ermitteln Sie die benötigte Spannung. Erläutern Sie, weshalb mehrere Beschleunigungsstrecken verwendet werden.

f) Bei der Ablenkungsstrecke soll ein Bor-Ion um einen Winkel von 5° umgelenkt werden. Entwerfen Sie einen passenden Kondensator mit einer geeigneten Länge L, Breite b und Spannung U_K.

g) Recherchieren Sie, wie klein bei einem Computerbauteil die p-n-Übergänge in Dioden oder Transistoren sein können und mit welcher Genauigkeit der Strahl abzulenken ist.

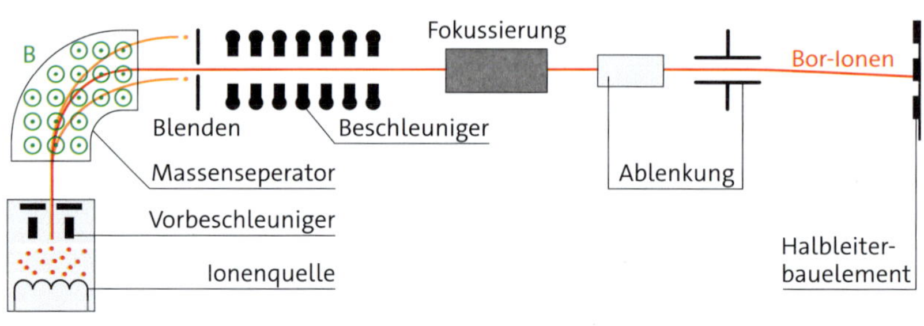

Material B • Ladungsträger in Feldern

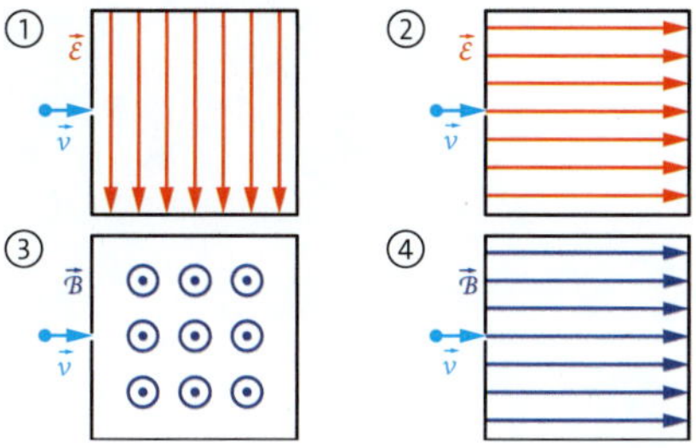

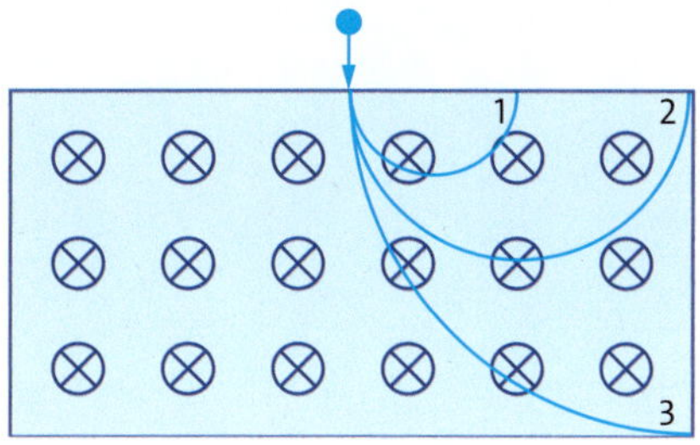

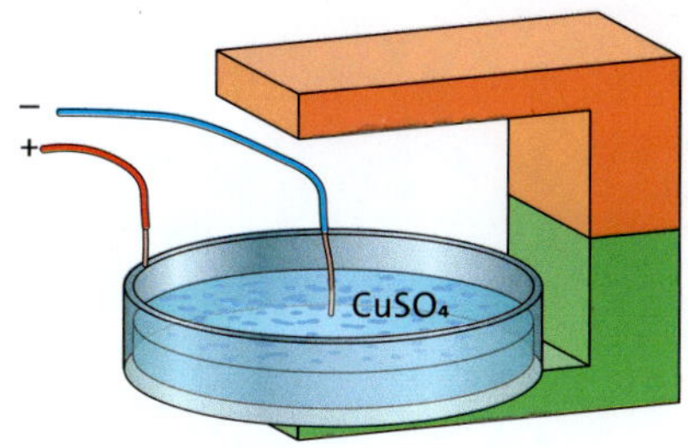

B1 Elektronen treten mit derselben Geschwindigkeit $\vec{v}$ in homogene elektrische bzw. magnetische Felder ein, die unterschiedlich orientiert sind.

a) Beschreiben und begründen Sie jeweils die Bahn und Geschwindigkeitsänderung der Elektronen in den Feldern ①, ②, ③ und ④.

b) Erklären Sie, ob und wie sich die kinetische Energie dabei ändert.

c) Statt Elektronen treten Positronen in die Felder ein. Positronen haben die gleiche Masse wie Elektronen, aber die entgegengesetzte Ladung. Beantworten Sie a) für die Positronen.

B2 Protonen ($m_p = 1\,u$), He^+-Ionen und He^{2+}-Ionen ($m_{He} = 4\,u$) treten mit $v = 1{,}0 \cdot 10^6\,\frac{m}{s}$ orthogonal zu den Feldlinien in ein homogenes Magnetfeld mit $\mathcal{B} = 0{,}2\,T$ ein und durchlaufen dabei Kreisbögen.

a) Bestimmen Sie die Beträge der Lorentz-Kräfte auf die Ladungsträger im Magnetfeld.

b) Ordnen Sie die drei Bahnen den Ladungsträgern zu. Begründen Sie.

c) Nun setzt man Ne^+- ($m_{Ne} = 20\,u$) und Ar^{2+}-Ionen ($m_{Ar} = 40\,u$) ein. Beschreiben und erklären Sie, wie sich die Bahnen dadurch ändern.

B3 Eine Schale mit einer Kupfersulfatlösung befindet sich teilweise im Feld eines Hufeisenmagneten. Der metallische Rand der Schale wird mit dem Pluspol und die Elektrode in der Mitte mit dem Minuspol eines Netzteils verbunden. Die Cu^{2+}- und SO_4^{2-}-Ionen der Kupfersulfatlösung tragen zum Strom durch die Flüssigkeit bei. Wenn man auf die Lösung kleine Papierschnipsel streut, dann erkennt man, dass die Flüssigkeit im Kreis strömt.

a) Erklären Sie die Beobachtung.

b) Geben Sie die Strömungsrichtung der Flüssigkeit an.

Material C • Experimente mit der Fadenstrahlröhre

Mit einer Fadenstrahlröhre mit Markierungen für den Radius r der Elektronenbahn kann man die spezifische Ladung $\frac{e}{m_e}$ des Elektrons bestimmen. Bei einer Beschleunigungsspannung U von 250 V wird die Stromstärke I im Helmholtz-Spulenpaar so eingestellt, dass der Elektronenstrahl genau auf eine der Markierungen 1, 2, 3 oder 4 trifft (Tabelle).

Markierung	1	2	3	4
r in m	2,0	3,0	4,0	5,0
I in A	4,05	2,63	1,95	1,59

C1 Leiten Sie aus einer Kräfte- und einer Energiebetrachtung eine Gleichung zur Bestimmung von $\frac{e}{m_e}$ her.

C2 Das Helmholtz-Spulenpaar hat einen Radius von $R = 0{,}20\,m$ und eine Windungszahl von $n = 154$. Es gilt:

$$\mathcal{B} = \mu_0 \cdot n \cdot I \cdot \frac{8}{R \cdot \sqrt{125}}.$$

Bestimmen Sie die spezifische Ladung möglichst genau aus allen Messwerten. Vergleichen Sie mit dem Literaturwert.

C3 Nun erhöht man die Flussdichte $\mathcal{B}$ schrittweise und stellt die Spannung U so ein, dass der Radius r konstant bleibt. Beurteilen Sie für jedes der Diagramme, ob es den Zusammenhang zwischen der Flussdichte $\mathcal{B}$ und der Spannung U zutreffend darstellt.

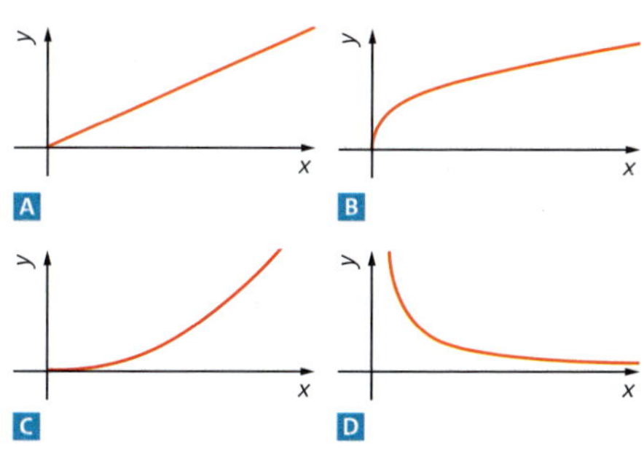

1 Ein Eisbohrkern als Informationsquelle zum Klimawandel

Ladungsträger in Feldern

Aus einem Eisbohrkern erhalten Forscher detaillierte Informationen über das Klima auf der Erde in der Vergangenheit. Zum Beispiel können sie Aussagen über die chemische Zusammensetzung der Atmosphäre und die Temperatur machen. Aber wie kommen sie zu diesen Informationen?

Isotopen-Analyse • Die jährlich hinzugekommenen Eisschichten der Gletscher in der Antarktis, die sich über Jahrtausende gebildet haben, sind auch im Bohrkern als dünne Schichten wie Jahresringe eines Baums erkennbar. Das gefrorene Wasser des Bohrkerns besteht aus verschiedenen Isotopen des Sauerstoffs und des Wasserstoffs. Die Isotope eines Elements unterscheiden sich nur durch die Anzahl der Neutronen und haben dadurch unterschiedliche Massen. Das Häufigkeitsverhältnis der Isotope ^{16}O und ^{18}O in Wasser ist temperaturabhängig. Deshalb kann man aus diesem Verhältnis auf die mittlere Jahrestemperatur zur Zeit der Entstehung der zu untersuchenden Eisschicht schließen.

Massenspektrometrie • Zur Untersuchung von Isotopenverhältnissen werden meistens sogenannte **Massenspektrometer** eingesetzt, deren prinzipiellen Aufbau wir hier betrachten: Das Eis wird zuerst in den gasförmigen Zustand gebracht und ionisiert. Die ionisierten Moleküle werden im elektrischen Feld beschleunigt und durchlaufen anschließend im einfachsten Fall ein Magnetfeld, in dem sie nach ihrer Masse „sortiert" werden.

Wir wissen, dass auf einen Ladungsträger der Ladung q und der Masse m, der sich orthogonal zu den Feldlinien eines homogenen Magnetfelds bewegt, eine Lorentz-Kraft ausgeübt wird. Dadurch bewegt sich der Ladungsträger auf einer Kreisbahn mit der Lorentz-Kraft F_L als notwendiger Zentripetalkraft F_Z. Aus diesem Ansatz leiten wir den Radius r der Bahn her:

$$F_L = F_Z \Rightarrow q \cdot v \cdot \mathcal{B} = \frac{m \cdot v^2}{r} \Rightarrow r = \frac{m \cdot v}{q \cdot \mathcal{B}}.$$

Die Gleichung zeigt, dass bei gleicher Geschwindigkeit ein Ladungsträger größerer Masse eine Bahn mit einem größeren Radius durchläuft. Dieser Effekt wird im Massenspektrometer zur Unterscheidung der Isotope ausgenutzt (▸Abb. 2).

Bei der Kreisbewegung von Ladungsträgern im Magnetfeld wird die erforderliche Zentripetalkraft durch die Lorentz-Kraft aufgebracht. Aus dem Ansatz $F_L = F_Z$ folgt für den Radius der Kreisbahn:

$$r = \frac{m \cdot v}{q \cdot \mathcal{B}}.$$

Wienscher Filter • Damit man so die Masse exakt bestimmen kann, müssen die ionisierten Moleküle alle mit gleicher Geschwindigkeit in das Magnetfeld gelangen. Das kann man durch einen Geschwindigkeitsfilter erreichen, auch Wienscher Filter genannt. Dies ist eine Anordnung, bei der homogene elektrische und magnetische Felder orthogonal aufeinanderstehen (▸Abb. 3).

Wenn dort ein positives Ion von links orthogonal zu den gekreuzten Feldern in den Filter gelangt, dann zeigen die elektrische Kraft $\vec{F}_{el}$ nach unten und die Lorentz-Kraft $\vec{F}_L$ nach oben. Da die Lorentz-Kraft von der Geschwindigkeit abhängt, die elektrische Kraft aber nicht, gelangen nur Ionen mit einer bestimmten Geschwindigkeit v_0 durch die Anordnung. Dabei hängt die Geschwindigkeit v_0 von der Wahl der elektrischen Feldstärke $\vec{\mathcal{E}}$ und der magnetischen Flussdichte $\vec{\mathcal{B}}$ ab. Damit ein Ladungsträger die Anordnung auf einer geradlinigen Bahn passiert, müssen elektrische Kraft und Lorentz-Kraft im Kräftegleichgewicht sein:

$F_{el} = F_L \Rightarrow q \cdot \mathcal{E} = q \cdot v_0 \cdot \mathcal{B} \Rightarrow v_0 = \frac{\mathcal{E}}{\mathcal{B}}$.

Ionen mit größerer oder kleinerer Geschwindigkeit werden nach oben beziehungsweise nach unten abgelenkt, sodass sie nicht durch die Öffnung am Ende des Filters gelangen (▸Abb. 2). Diese Überlegungen gelten allgemein für elektrische Ladungsträger:

Im Wienschen Filter stehen ein elektrisches Feld der Feldstärke $\vec{\mathcal{E}}$ und ein Magnetfeld der Flussdichte $\vec{\mathcal{B}}$ orthogonal aufeinander. Nur wenn die elektrische Kraft F_{el} und die Lorentz-Kraft F_L im Kräftegleichgewicht sind, können die Ladungsträger den Filter passieren. Für ihre Geschwindigkeit gilt:

$v_0 = \frac{\mathcal{E}}{\mathcal{B}}$.

Bestimmung der Masse • Nach dem Geschwindigkeitsfilter treten die Ionen orthogonal zu den Feldlinien in ein homogenes Magnetfeld ein (▸Abb. 2). Alle Ionen gleicher Masse werden nun auf eine Bahn mit gleichem Radius abgelenkt. Sie treffen auf dem Detektor an der gleichen Stelle auf. Ionisierte Moleküle größerer oder kleinerer Masse treffen an einer anderen Stelle auf. So kann die Häufigkeit einzelner Isotope in der Probe aus dem Eis ermittelt werden.

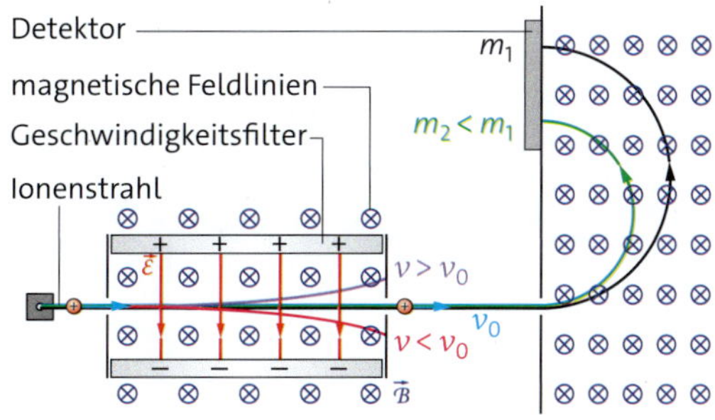

2 Schematischer Aufbau eines Massenspektrometers

Der Wiensche Filter ist nach seinem Erfinder WILHELM WIEN (1867–1928) benannt.

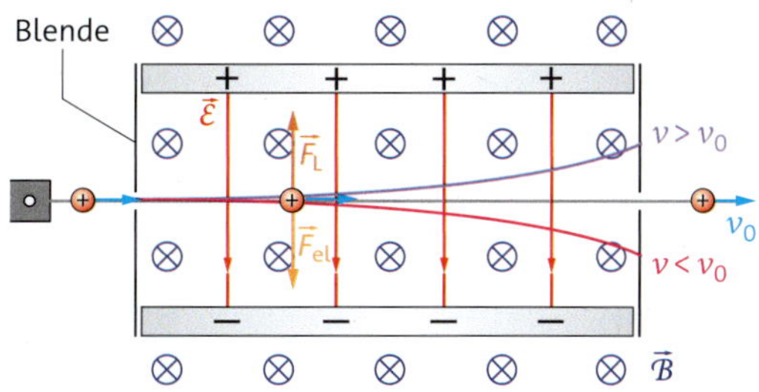

3 Wienscher Filter

1 Erklären Sie, warum es für die Massenbestimmung wichtig ist, dass die Ionen einen Filter durchlaufen, bevor sie in das Magnetfeld eintreten.

2 Erklären Sie mithilfe der resultierenden Kraft die Ablenkung der Ionen mit $v > v_0$ bzw. $v < v_0$ im Filter in ▸Abb. 2.

3 In einem Wienschen Filter beträgt die magnetische Flussdichte 125 mT und die elektrische Feldstärke $25 \frac{kV}{m}$. Berechnen Sie die Geschwindigkeit der Ionen, die den Filter passieren können.

4 In ▸Abb. 2 tritt ein einfach positiv geladenes Wassermolekül mit dem Isotop ^{16}O ($m_{ges} = 18\,u$) mit der Geschwindigkeit $1{,}2 \cdot 10^5 \frac{m}{s}$ in das Magnetfeld ein ($\mathcal{B} = 1{,}2\,T$).
a) Berechnen Sie, in welchem Abstand oberhalb der Eintrittsöffnung in das Magnetfeld der Detektor das Molekül registriert.
b) Bestimmen Sie den Abstand zum Auftreffort eines Wassermoleküls mit ^{18}O.

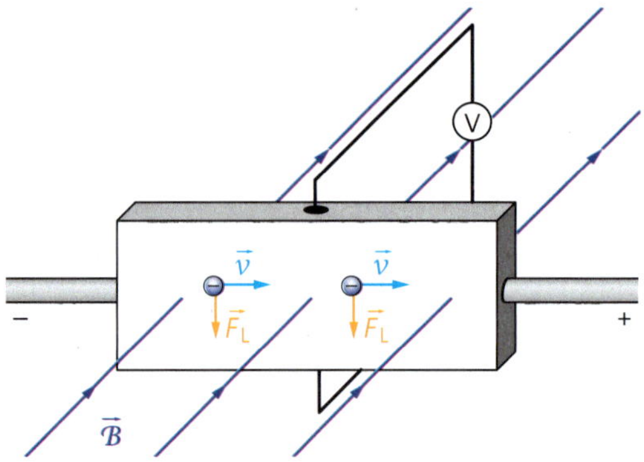

1 Lorentz-Kraft auf Elektronen in einem stromführenden Plättchen unmittelbar nach Einschalten des Stroms

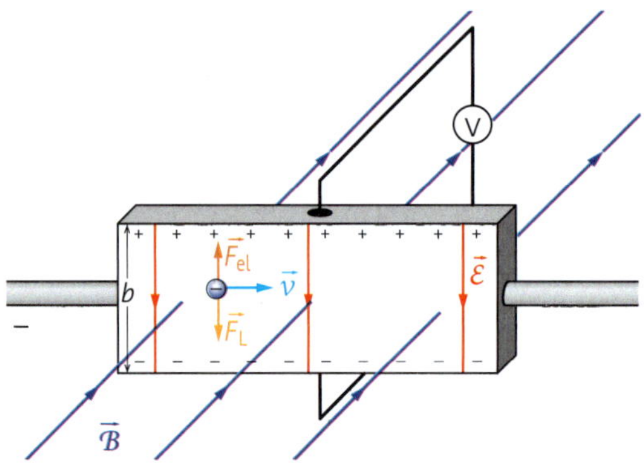

2 Im Plättchen stellt sich ein Kräftegleichgewicht zwischen Lorentz-Kraft und elektrischer Kraft ein.

Der Hall-Effekt • Wenn sich ein stromführendes Metallplättchen orthogonal zu den Feldlinien im Magnetfeld befindet, wirkt auf die sich bewegenden Elektronen die Lorentz-Kraft (▸Abb. 1). Müsste die Lorentz-Kraft dann nicht zu einer Ladungsverschiebung im Metallplättchen führen? Tatsächlich konnte EDWIN HALL 1879 als Erster an einer rechteckigen stromführenden Goldfolie zwischen der Ober- und Unterseite eine Spannung messen. Dieses Phänomen bezeichnet man deshalb als **Hall-Effekt.** Man nutzt ihn bei Magnetfeldsensoren, um die magnetische Flussdichte zu messen. Wir haben diese sogenannten **Hall-Sonden** schon mehrmals eingesetzt.

Hall-Spannung • Zur Erklärung betrachten wir ein rechteckiges, stromführendes Metallplättchen der Breite b, in dem sich Elektronen mit der Driftgeschwindigkeit $\vec{v}$ von links nach rechts bewegen (▸Abb. 2). Befindet sich dieses Plättchen in einem Magnetfeld, sodass die Stromrichtung orthogonal zu den Magnetfeldlinien ist, messen wir zwischen Ober- und Unterseite des Plättchens eine Spannung. Wie kommt es zu dieser Spannung?

Durch die Lorentz-Kraft werden die sich nach rechts bewegenden Elektronen nach unten abgelenkt. Daher wird das Plättchen unten negativ und oben aufgrund der dort fehlenden Elektronen positiv geladen. Zwischen Ober- und Unterseite baut sich hierdurch ein elektrisches Feld auf, das auf die Elektronen zusätzlich zur Lorentz-Kraft eine elektrische Kraft ausübt. Dabei ist die elektrische Kraft nach oben gerichtet. Es können deshalb nur so lange Elektronen nach unten abgelenkt werden, bis die elektrische Kraft F_{el} und die Lorentz-Kraft F_L im Kräftegleichgewicht sind. Dann gilt $F_{el} = F_L$ und somit ist $e \cdot \mathcal{E} = e \cdot v \cdot \mathcal{B}$.

Zwischen der Ober- und der Unterseite des Plättchens der Breite b stellt sich also eine konstante Feldstärke $\mathcal{E}$ ein. Damit verbunden ist die sogenannte **Hall-Spannung U_H**. Mit $\mathcal{E} = \frac{U_H}{b}$ folgt:

$$e \cdot \frac{U_H}{b} = e \cdot v \cdot \mathcal{B} \Rightarrow U_H = b \cdot v \cdot \mathcal{B}.$$

Die Hall-Spannung U_H ist also proportional zur magnetischen Flussdichte $\mathcal{B}$. Genau dies nutzt man bei Hall-Sonden aus.

Befindet sich ein stromführendes Metallplättchen der Breite b orthogonal zur Flussdichte $\vec{\mathcal{B}}$ in einem Magnetfeld, dann stellt sich zwischen Ober- und Unterseite des Plättchens die Hall-Spannung U_H ein. Es gilt:

$$U_H = b \cdot v \cdot \mathcal{B}.$$

Dabei ist v die Driftgeschwindigkeit der Elektronen im Metallplättchen.

Halbleiter statt Metall • In Metallen ist die Driftgeschwindigkeit sehr klein. Daher beträgt die Hall-Spannung selbst bei Stromstärken über 10 A nur einige Millivolt. In Halbleitern gibt es wesentlich weniger freie Ladungsträger als in Metallen. Bei gleichen Stromstärken ist deswegen die Driftgeschwindigkeit bei ihnen sehr viel größer. Da die Hall-Spannung proportional zur Driftgeschwindigkeit ist, verwendet man in Hall-Sonden Halbleiterplättchen. So erreicht man auch bei schwachen Magnetfeldern messbare Hall-Spannungen.

Teilchenbeschleuniger • Der einfachste Teilchenbeschleuniger ist die Braunsche Röhre. Die kinetische Energie, die man auf diese Weise erreicht, ist aber durch den Potenzialunterschied begrenzt. Um möglichst hohe kinetische Energien zu erreichen, werden beim Kreis- oder Ringbeschleuniger dieselben Beschleunigungsstrecken mehrmals durchlaufen. Dabei nutzt man Magnetfelder, um die Ladungsträger auf kreis- oder ringförmigen Bahnen zu halten. Die Erhöhung der kinetischen Energie erfolgt im Gegensatz zur Braunschen Röhre mit elektrischen Wechselfeldern. Dieses Prinzip wird insbesondere im **Zyklotron** und im **Synchrotron** eingesetzt.

Das Zyklotron • Ein Zyklotron besteht aus zwei hohlen, halbkreisförmigen Metallkammern, den Duanten (▸Abb. 3 A). An diese Kammern wird eine Wechselspannung angelegt. Im Spalt zwischen den Duanten befindet sich dadurch ein elektrisches Wechselfeld. Innerhalb der Duanten existiert wie bei einem Faradayschen Käfig kein elektrisches Feld. Die Duanten werden orthogonal von einem konstanten, homogenen Magnetfeld durchsetzt, das von Elektromagneten erzeugt wird (▸Abb. 3 B). In einem Zyklotron werden meistens Protonen oder leichte positive Ionen beschleunigt.

Bewegung der Ladungsträger • Die Protonenquelle gibt Protonen in den Spalt ab. Im elektrischen Feld werden sie zum gegenüberliegenden Duanten beschleunigt. Sobald sich die Protonen innerhalb eines Duanten befinden, wirkt auf sie nur noch die Lorentz-Kraft. Sie werden dadurch auf eine Halbkreisbahn abgelenkt, auf der sie sich bis zum Spalt bewegen. Die Spannung an den Duanten wird rechtzeitig umgepolt, sodass die Protonen beim erneuten Eintritt in das elektrische Feld in Bewegungsrichtung weiter beschleunigt werden. Im gegenüberliegenden Duanten werden die Protonen dann wieder durch das Magnetfeld auf einen Halbkreis mit einem größeren Radius abgelenkt. Auf diese Weise kreisen die Protonen auf immer größeren Halbkreisen und gelangen so immer weiter nach außen, bis sie durch eine Ablenkelektrode auf ein Ziel gelenkt werden. Mit dem Zyklotron kann eine kinetische Energie bis zu 500 MeV erreicht werden.

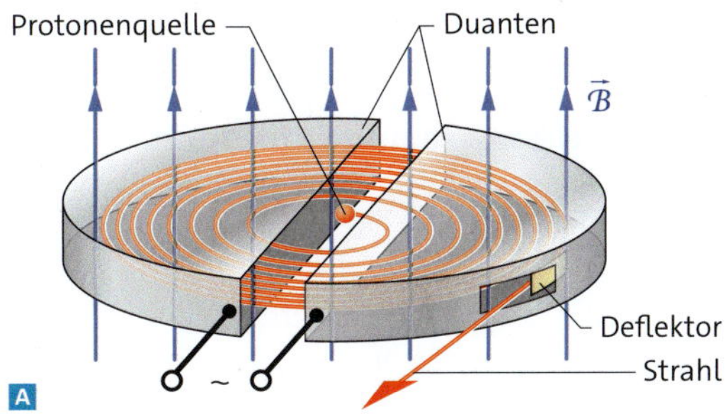

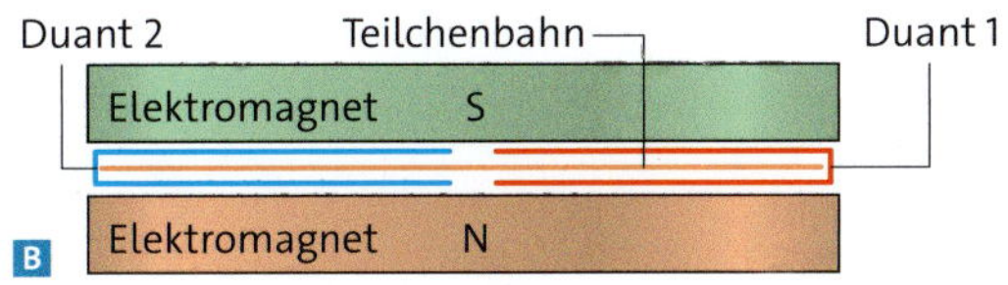

3 Zyklotron: **A** Duanten mit Teilchenbahn, **B** Elektromagnete erzeugen das Magnetfeld (Seitenansicht)

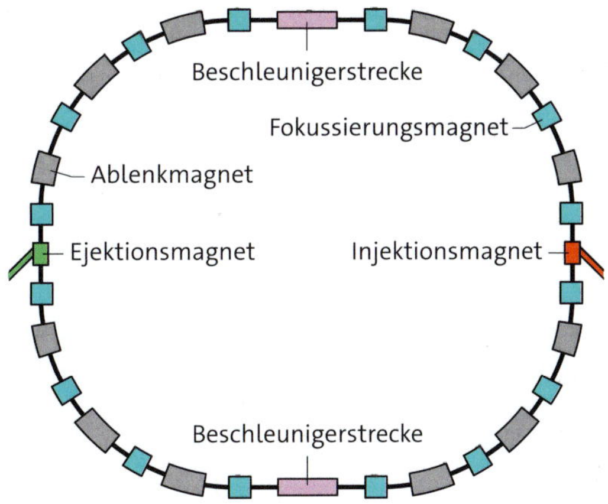

4 Prinzipieller Aufbau eines Synchrotrons

Das Synchrotron • Ein Synchrotron ist ein Ringbeschleuniger, bei dem die magnetische Flussdichte in mehreren Ablenkmagneten mit der zunehmenden Energie so angepasst („synchronisiert") wird, dass sich die Teilchen immer auf der gleichen ringförmigen Bahn bewegen (▸Abb. 4). Dadurch können sie die Beschleunigungsstrecken sehr häufig durchlaufen und erreichen so eine wesentlich höhere kinetische Energie als beim Zyklotron.

Die hochenergetischen Ladungsträger lässt man z. B. mit anderen geladenen Teilchen kollidieren, um mehr über deren innere Struktur zu erfahren. Man nutzt sie aber auch zur Krebsbehandlung.

1 Sowohl beim Wienschen Filter als auch beim Hall-Effekt gibt es orthogonal zueinanderstehende Felder. Vergleichen Sie die beiden Situationen.

BLICKPUNKT

Teilchenbeschleuniger in Medizin und Forschung

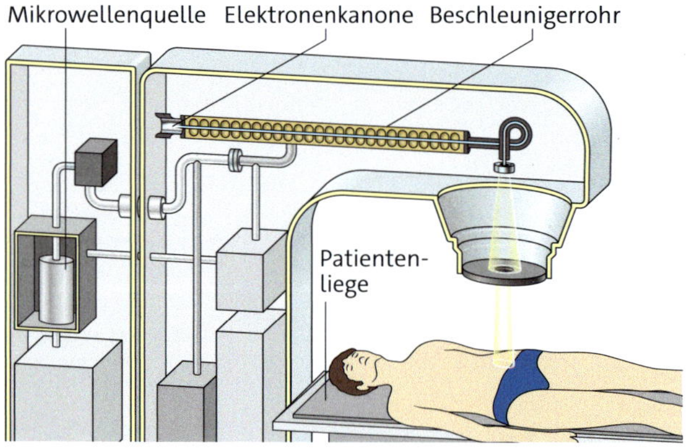

1 Linearbeschleuniger für Elektronen zur Strahlentherapie

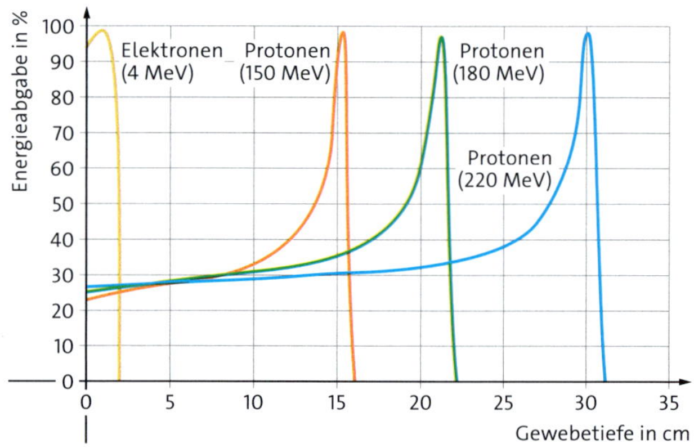

2 Energieabgabe und Eindringtiefe

Therapie mit Teilchenstrahlen • Heutzutage behandelt man Tumore häufig mit hochenergetischen Elektronen-, Protonen- und Ionenstrahlen. Die ionisierende Wirkung der Strahlen führt zur Schädigung der DNA der Tumorzellen, wodurch diese zerstört werden. Ziel ist es, dabei nur den Tumor selbst zu bestrahlen und das umgebende gesunde Gewebe zu schonen. Das erfordert eine genaue Steuerung und Dosierung der Teilchenstrahlen. Dies ist durch moderne Teilchenbeschleuniger möglich. Daher wird die Therapie mit Röntgenstrahlen mehr und mehr ersetzt, da es sich bei dieser nicht verhindern lässt, dass auch das umliegende Gewebe stark geschädigt wird.

Elektronentherapie • Je nach Art und Lage des Tumors muss die passende Strahlungsart ausgewählt werden. Elektronenstrahlen mit einer Energie von 4–25 MeV haben eine Eindringtiefe von nur wenigen Zentimetern und werden für oberflächennahe Tumore eingesetzt (▸Abb. 2, gelbe Kurve). Für Elektronen setzt man in der Medizin oft Linearbeschleuniger ein (▸Abb. 1). Dabei werden die Elektronen zunächst von einer Glühkathode freigesetzt, in der Elektronenkanone mit 5 kV vorbeschleunigt und im Beschleunigerrohr stufenweise bis auf maximal 25 MeV beschleunigt. Die Spannung zwischen den Beschleunigungsstrecken wird durch eine Mikrowellenquelle gesteuert, die eine Anpassung der Frequenz an die zunehmende Geschwindigkeit ermöglicht. Die Elektronen erreichen so nahezu Lichtgeschwindigkeit. Die Patienten können direkt mit den Elektronen bestrahlt werden. Dafür wird der Strahl mit starken Magnetfeldern zielgenau ausgerichtet.

Protonen- und Ionentherapie • Zur Bestrahlung tieferliegender Tumore setzt man Protonen und Ionen ein. Protonen erreichen dabei durch die Beschleunigung in einem Zyklotron teilweise eine kinetische Energie von mehreren 100 MeV. ▸Abb. 2 zeigt, in welcher Gewebetiefe Protonen dann ihre Energie abgeben. Je größer ihre kinetische Energie am Anfang ist, desto tiefer dringen die Protonen ein.

Dabei läuft die Energieabgabe an das Gewebe nicht gleichmäßig ab: Ein Proton mit 220 MeV gibt z. B. auf den ersten 25 cm im Gewebe wenig Energie ab, dafür aber umso mehr auf den letzten Millimetern der insgesamt von ihm zurückgelegten Strecke. In ▸Abb. 2 ist das am sogenannten **Bragg-Peak** zu erkennen. Dieser Verlauf ist folgendermaßen zu erklären: Anfangs ist das Proton so schnell, dass es kaum zu einer Wechselwirkung mit dem Gewebe kommt und es nur langsam abbremst. Erst wenn die Geschwindigkeit des Protons dann genügend klein ist, kommt es zu einer intensiven Wechselwirkung und Energieabgabe. Dabei wird das Proton vollständig abgebremst.

Inzwischen arbeitet man bei der Bestrahlung z. B. auch mit Kohlenstoff-Ionen. Um sie zu beschleunigen, reicht aufgrund der höheren Masse ein Zyklotron nicht mehr aus, sodass man hierfür ein Synchrotron benutzt. Die Strahlen können durch eine aufwendige Steuerung durch Magnetfelder so präzise ausgerichtet werden, dass eine Bestrahlung von Hirntumoren möglich ist. Ist es nicht faszinierend, dass ein Kohlenstoff-Ion durch das Gehirn fliegen kann, um dann präzise einen Tumor zu zerstören?

3 Lage des LHC bei Genf

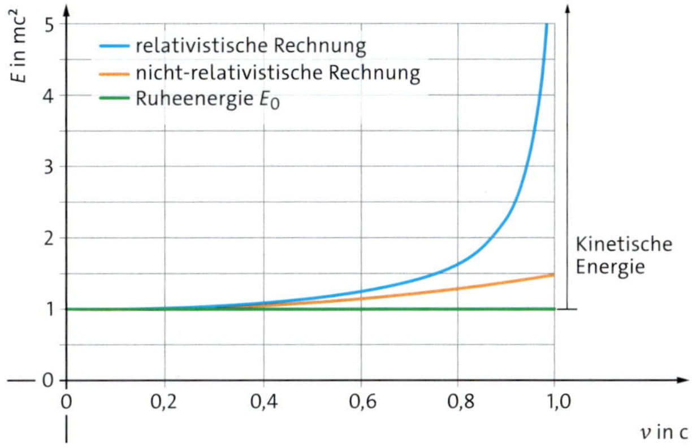

4 Energie und Geschwindigkeit

Der Large Hadron Collider • Am Forschungszentrum CERN nahe Genf kommen Menschen aus aller Welt zusammen, um den Aufbau der Materie und die Vorgänge bei der Entstehung des Universums zu erforschen. Dort befindet sich der größte und leistungsfähigste Teilchenbeschleuniger der Welt, der **Large Hadron Collider (LHC)**, mit einem Umfang von 27 km in einem Tunnel in 50–175 m Tiefe unter der Erde. Im LHC werden Protonen in etwa 20 Minuten von mehreren 100 MeV auf 6,5 TeV beschleunigt. Sie verbleiben dann über mehrere Stunden im LHC und absolvieren 11 245 Umläufe pro Sekunde.

Dabei laufen zwei Protonenstrahlen in entgegengesetzter Richtung durch Vakuumröhren. An vier Stellen kann man sie so ablenken, dass es zu Proton-Proton-Kollisionen bei insgesamt 13 TeV kommt. Da nach EINSTEINs berühmter Gleichung $E = m \cdot c^2$ Energie und Masse äquivalent sind, kann Masse in Energie umgewandelt werden und umgekehrt. Diese Umwandlung tritt bei jeder Proton-Proton-Kollision auf. Daher entstehen hierbei neue Elementarteilchen. Diese weist man mit riesigen Detektoren nach.

Viele Kollisionen • Für die Experimente werden pro Strahl 2 808 Pakete aus je 100 Milliarden Protonen in den LHC gebracht. Dadurch treffen etwa alle 25 ns zwei Protonenpakete aufeinander. Zwischen den insgesamt 200 Milliarden Protonen kommt es dabei nur zu 40 Kollisionen. Zusätzlich ist die Wahrscheinlichkeit, dass bestimmte Prozesse bei der Kollision ablaufen, sehr gering.

Das Higgs-Boson • Eine besondere Entdeckung war der Nachweis des **Higgs-Bosons,** der erst 2012 zum ersten Mal gelang. Dieses Higgs-Boson wird benötigt, um zu erklären, wie die Elementarteilchen zu ihrer Masse kommen. Der Nachweis des Higgs-Bosons war so schwierig, da bei einer Milliarde Kollisionen nur etwa fünf Higgs-Bosonen entstehen.

Schneller als Licht? • Wenn Sie den klassischen Zusammenhang $E_{kin} = \frac{1}{2} \cdot m \cdot v^2$ nutzen, um die Geschwindigkeit der Protonen bei 6,5 TeV zu berechnen, erhalten Sie einen Wert weit über der Lichtgeschwindigkeit. Nach der speziellen Relativitätstheorie kann dies nicht sein, wie wir zeigen wollen. Nach dieser hat ein Körper der Masse m und der Geschwindigkeit v die Gesamtenergie

$$E = \frac{1}{\sqrt{1 - \frac{v^2}{c^2}}} \cdot m \cdot c^2 = \gamma \cdot m \cdot c^2.$$

Mit der Ruheenergie $E_0 = m \cdot c^2$ folgt für die kinetische Energie: $E_{kin} = E - E_0 = (\gamma - 1) \cdot m \cdot c^2$.

Somit strebt die kinetische Energie für $v \to c$ gegen Unendlich (▸ Abb. 4), weshalb Teilchen nicht schneller als c werden können. Für $v < 0{,}1\,c$ stimmen relativistische und nicht relativistische Rechnung überein.

1 Berechnen Sie die Geschwindigkeit der Protonen mit einer kinetischen Energie von 6,5 TeV
a) mit dem klassischen Zusammenhang,
b) mit der Formel der Relativitätstheorie.
Vergleichen Sie jeweils mit der Lichtgeschwindigkeit.

Material A • Bahnen von Ladungsträgern im Magnetfeld

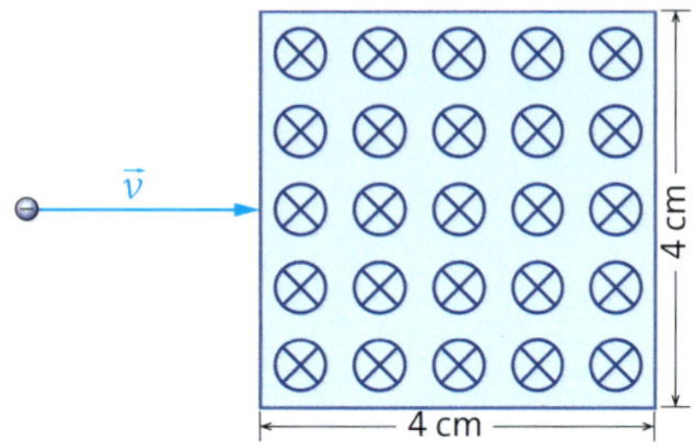

A1 Elektronen treten mit einer Geschwindigkeit von $1{,}0 \cdot 10^7 \frac{\text{m}}{\text{s}}$ orthogonal zu den Feldlinien in ein homogenes Magnetfeld der Flussdichte 0,95 mT ein. Das Feld ist auf einen 4,0 cm breiten Bereich begrenzt.

a) Berechnen Sie die Spannung, mit der die Elektronen beschleunigt wurden.

b) Erklären Sie, warum die Elektronen im Magnetfeld eine kreisbogenförmige Bahn durchlaufen.

c) Berechnen sie den Radius der kreisbogenförmigen Bahn.

d) Übernehmen Sie die Zeichnung und vervollständigen Sie die Bahn der Elektronen. Bestimmen Sie den Winkel zur Horizontalen, unter dem die Elektronen wieder aus dem Magnetfeld austreten. Erklären Sie, wie diese sich anschließend weiterbewegen.

A2 Protonen treten mit einheitlicher Geschwindigkeit orthogonal zu den Feldlinien in ein homogenes Magnetfeld der Flussdichte $\mathcal{B}$ ein.

a) Leiten Sie eine Gleichung für den Bahnradius her.

b) Erklären Sie anhand der Gleichung, von welchen Größen der Radius wie abhängt.

c) In das Magnetfeld treten nun Protonen, He^{+}-Ionen und He^{2+}-Ionen mit derselben Geschwindigkeit ein. Erklären Sie, wie sich die Bahnen unterscheiden.

Material B • Protonen im Geschwindigkeitsfilter

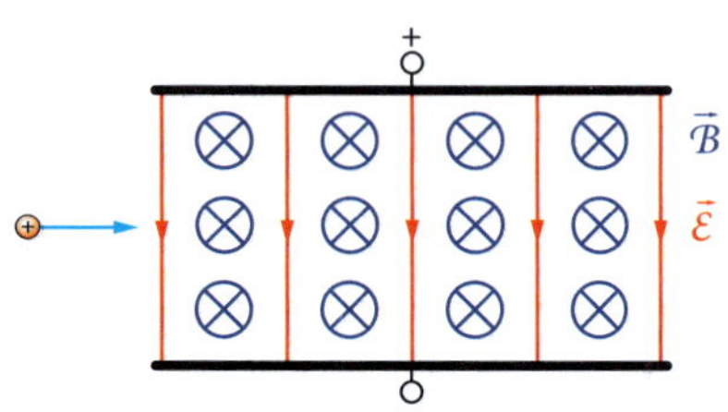

B1 Protonen unterschiedlicher Geschwindigkeiten treten in einen Wienschen Filter mit der Feldstärke $\vec{\mathcal{E}}$ und der Flussdichte $\vec{\mathcal{B}}$ ein.

a) Erklären Sie die Funktionsweise.

b) Leiten Sie eine Gleichung für die Geschwindigkeit der vom Filter durchgelassenen Protonen her.

B2 Am Wienschen Filter liegt eine Spannung von 750 V an. Die Platten haben einen Abstand von 2,0 cm. Es sollen nur Protonen mit einer Geschwindigkeit von $5{,}2 \cdot 10^4 \frac{\text{m}}{\text{s}}$ den Filter passieren. Berechnen Sie den notwendigen Betrag der Flussdichte $\mathcal{B}$.

B3 Felix, Marit, Deniz und Taira diskutieren, wie die Einstellungen an einem Wienschen Filter angepasst werden müssen, wenn Protonen mit der halben Geschwindigkeit den Filter passieren sollen.

Felix: „Man muss die Flussdichte und die Spannung halbieren."

Marit: „Man muss die Flussdichte verdoppeln."

Deniz: „Man muss die Spannung halbieren."

Taira: „Man kann auch den Plattenabstand verdoppeln."

a) Bewerten Sie die Aussagen.

b) Nennen Sie weitere Möglichkeiten.

Material C • Massenspektrometer nach ASTON

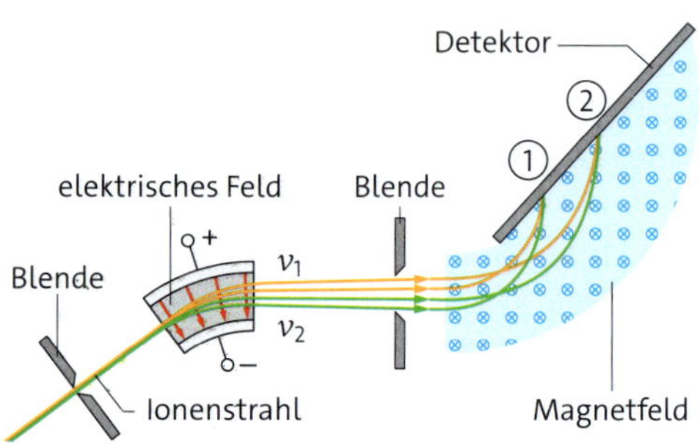

C1 Im Massenspektrometer nach ASTON kann man durch passende Wahl der elektrischen Feldstärke und der magnetischen Flussdichte erreichen, dass einfach positiv geladene Ionen gleicher Masse trotz unterschiedlicher Geschwindigkeit im selben Punkt auf den Detektor treffen.

a) Vergleichen Sie die Auswirkung unterschiedlicher Geschwindigkeiten und Massen der Ionen auf die Krümmung der Bahnen in den beiden Feldern.

b) Erläutern Sie, in welchem Punkt auf dem Detektor die Ionen mit der größeren Masse auftreffen.

Material D • Beschleunigung von Protonen im Zyklotron

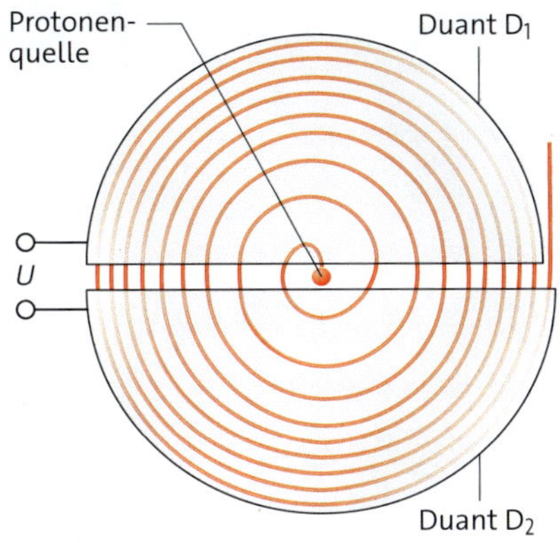

Bei einem Zyklotron liegt die Protonenquelle im Punkt P in der Mitte zwischen den Duanten D_1 und D_2 (Skizze nicht maßstabsgetreu). Zwischen den Duanten liegt eine die Polarität wechselnde Spannung U an. Die Flussdichte des Magnetfelds beträgt 0,51 T. Die Anfangsgeschwindigkeit der Protonen ist vernachlässigbar. Sie werden nach dem Austritt aus der Quelle zuerst zum oberen Duanten D_1 beschleunigt.

D1 Beschreiben Sie die Bewegung der Protonen in den elektrischen und magnetischen Feldern.

D2 **a)** Die Protonen treten mit der Geschwindigkeit $v_1 = 980\,\frac{\text{km}}{\text{s}}$ zum ersten Mal in den oberen Duanten D_1 ein. Berechnen Sie die Spannung, mit der die Protonen beschleunigt wurden.
b) Bestimmen Sie die Spannung U, die zwischen den Duanten anliegt.
c) Weisen Sie nach, dass der Radius der ersten halbkreisförmigen Bahn im Duanten D_1 2,0 cm beträgt.
d) Wenn die Protonen den Duanten D_1 verlassen, dann hat sich die Spannung zwischen den Duanten umgepolt, sodass die Protonen mit der Spannung U weiter beschleunigt werden. Berechnen Sie die Geschwindigkeit v_2, mit der die Protonen in den unteren Duanten D_2 eintreten.
e) Bestimmen sie den Radius r_2 der Bahn im Duanten D_2.

D3 **a)** Die Zeit, die die Protonen zum Durchqueren des Spalts zwischen den Duanten benötigen, ist vernachlässigbar. Zeigen Sie unter dieser Voraussetzung, dass für die Umlaufdauer T der Protonen im Zyklotron gilt:

$$T = \frac{2 \cdot \pi \cdot m_p}{e \cdot B}$$

b) Berechnen Sie die Umlaufdauer.

D4 Die letzte halbkreisförmige Bahn der Protonen vor dem Austritt aus dem Zyklotron hat einen Radius von 0,80 m.
a) Berechnen Sie die Geschwindigkeit der Protonen auf dieser Bahn.
b) Berechnen Sie die Energie, die die Protonen bis zum Austritt erreichen.
c) Bestimmen Sie die Anzahl der Umläufe der Protonen im Zyklotron.
d) Erklären Sie, wie sich die Bahn der Protonen ändert, wenn die Spannung zwischen den Duanten größer ist.
e) Die Austrittsenergie soll erhöht werden. Erläutern Sie, durch welche Änderungen dies erreicht wird.

Material E • Hall-Sonden

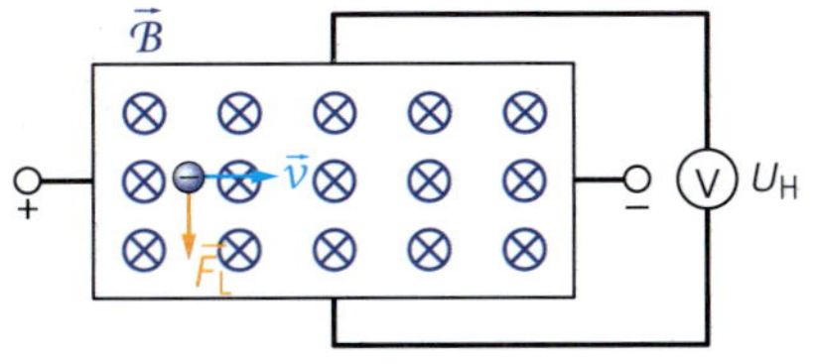

Material	R_H in $\frac{\text{m}^3}{\text{C}}$
Kupfer	$-5{,}3 \cdot 10^{-11}$
Silber	$-8{,}9 \cdot 10^{-11}$
Indiumantimonid	ca. $-2{,}4 \cdot 10^{-4}$
p-Germanium	ca. $5 \cdot 10^{-3}$

Für Hall-Sonden verwendet man meistens Halbleiter. Bei n-dotierten Halbleitern sind die beweglichen Ladungsträger negativ (Elektronen), bei p-dotierten Halbleitern positiv (Löcher).

E1 Zeigen Sie, dass die Polung der Hall-Spannung davon abhängt, ob die Ladungsträger Elektronen oder Löcher sind.

E2 Leiten Sie die Gleichung für die Hall-Spannung her.

E3 Experimentell stellt man fest, dass die Hall-Spannung vom Material abhängt und umgekehrt proportional zur Dicke d des Plättchens ist. Mit der Hall-Konstanten R_H gilt:

$$U_H = R_H \cdot \frac{I \cdot B}{d}.$$

a) Interpretieren Sie die Gleichung. Geben Sie an, unter welchen Voraussetzungen besonders hohe Hall-Spannungen gemessen werden können.
b) An einem 0,12 mm dicken und 2,5 mm breiten Plättchen wird in einem Magnetfeld der Flussdichte 48 µT bei einer Stromstärke von 2,0 A eine Hall-Spannung von 0,19 mV gemessen. Aus welchem Material besteht es? (Verwenden Sie die Tabelle.)

E3 In einem einfachen Modell ist die Stromstärke I proportional zur Ladungsträgerdichte n und zur Driftgeschwindigkeit v:
$I = e \cdot v \cdot b \cdot d \cdot n$.
a) Leiten Sie damit eine Gleichung für die Hall-Konstante R_H her.
b) Erklären Sie, wie man durch Messung der Hall-Konstanten die Ladungsträgerdichte in einem Material bestimmen kann.

1 Induktionsherd: Die Pfanne wird warm, die Herdplatte nicht.

Die elektromagnetische Induktion

Beim Induktionsherd wird der Pfannenboden heiß, aber die Herdplatte bleibt erst einmal kalt. Wie kann das durch Induktion gelingen? Und was geschieht eigentlich bei der elektromagnetischen Induktion?

Ein Modell-Induktionsherd • Beim Induktionsherd befindet sich unter der Herdplatte eine Spule, die mit einem Wechselstrom von über 20 kHz betrieben wird. Um die Funktion dieser Spule zu untersuchen, stellen wir den Induktionsherd in einem Versuch nach (▸Abb. 2): Wir schließen eine Spule an die Netzspannung (230 V) an. Der Wechselstrom von 50 Hz sorgt im geschlossenen Eisenkern für eine magnetische Flussdichte, die sich ständig ändert. In der kreisförmigen Rinne aus Aluminium befindet sich Wasser. Wenn wir den Strom in der Spule einschalten, fängt das Wasser nach kurzer Zeit an zu sieden. Dabei wird zuerst die Rinne heiß, diese erhitzt dann das Wasser.

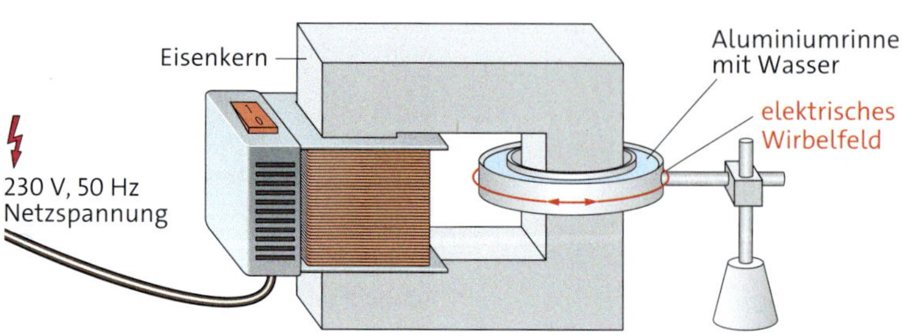

2 Modell eines Induktionsherds

Wirbelstrom und Wirbelfeld • Dass die Rinne heiß wird, kann man mit einem Strom in der Rinne selbst erklären. Dieser Strom ist kreisförmig – die Aluminiumrinne ist ein echter Strom-„Kreis"! Wie kommt es zu diesem sogenannten **Wirbelstrom**? Hierfür muss eine elektrische Kraft verantwortlich sein, die die elektrische Ladung im Aluminium antreibt. Da es vor dem Einschalten keinen Strom und damit keine bewegte Ladung gibt, ist das mit einer Lorentz-Kraft unmöglich.

Die Ursache dieser elektrischen Kraft ist ein elektrisches Feld, das kreisförmig um die magnetischen Feldlinien verläuft. Wie entsteht dieses **elektrische Wirbelfeld**? Zwar enthält die Aluminiumrinne bewegliche Ladungsträger, sie ist aber überall elektrisch neutral. Bei der Induktion entsteht das elektrische Feld völlig anders, als wir es bisher kennen: Es entsteht allein durch die Änderung der magnetischen Flussdichte!

Die Feldlinien dieses induzierten elektrischen Wirbelfelds haben weder Anfang noch Ende. Dass tatsächlich die Änderung der Flussdichte entscheidend ist, erkennt man daran, dass die Rinne kalt bleibt, wenn man den Versuch mit Gleichstrom wiederholt.

Ändert sich die magnetische Flussdichte, dann tritt dabei gleichzeitig ein elektrisches Wirbelfeld auf, dessen Feldlinien weder Anfang noch Ende haben. Das nennt man elektromagnetische Induktion.

Wir können nun erklären, wie der Induktionsherd funktioniert: Die Spule sorgt für eine sich ändernde Flussdichte, die durch das elektrische Wirbelfeld zu Wirbelströmen im Pfannenboden führt. Durch die Wärmewirkung des Stroms wird dieser erhitzt, aber nicht die Herdplatte.

Richtung der Feldlinien • Wovon hängt die Richtung der Feldlinien des elektrischen Wirbelfelds ab? Dazu führen wir einen weiteren Versuch durch (▸Abb. 3 A): Ein frei beweglicher Aluminiumring hängt über einem Eisenkern, der aus einer Spule ragt. Wenn wir den Spulenstrom einschalten, wird der Ring kurz abgestoßen. Schalten wir den Strom aus, dann wird er kurz angezogen.

Aus dem Abstoßen schließen wir auf die Richtung der elektrischen Feldlinien: Durch die Flussdichteänderung $\frac{\Delta\vec{B}}{\Delta t}$ im Eisenkern wird im Ring ein Wirbelstrom induziert (▸Abb. 3 B). An den Enden des Eisenkerns verlaufen die magnetischen Feldlinien außerhalb in einem weiten Bogen vom rechten zum linken Ende des Eisenkerns. In diesem äußeren Magnetfeld kommt es zu einer Kraft auf den stromführenden Ring (▸Abb. 3 C). Aus dem Experiment wissen wir, dass die Kraft nach rechts zeigen muss. Mit der Drei-Finger-Regel ergeben sich die Stromrichtung (grün in ▸Abb. 3B) und damit die Richtung der Feldlinien des elektrischen Wirbelfelds (rot in ▸Abb. 3B). Beim Ausschalten ist es entsprechend umgekehrt.

Linke-Hand-Regel • Beim Ein- und Ausschalten unterscheidet sich nicht nur die Richtung der

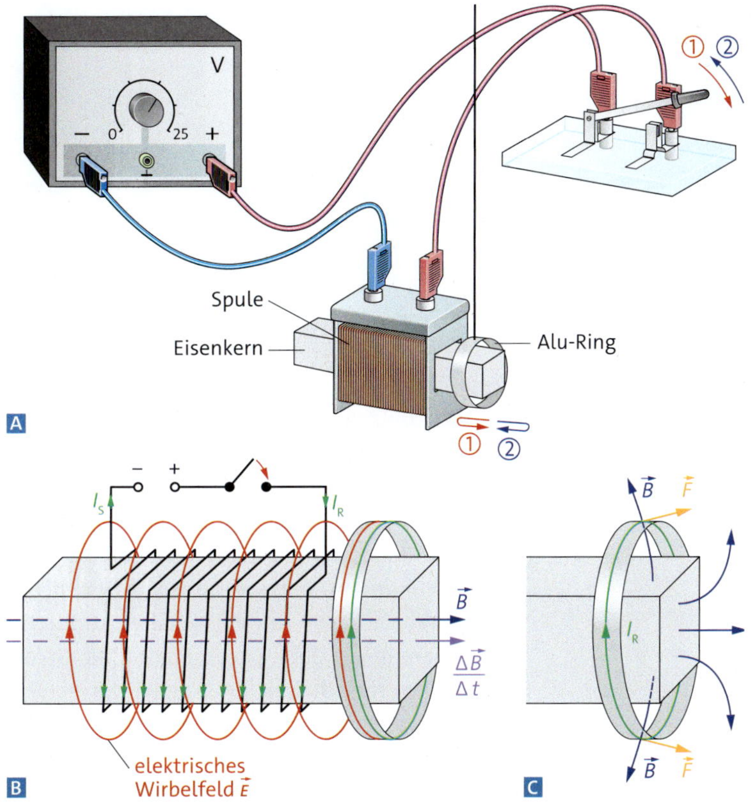

3 **A** Versuchsskizze ① beim Einschalten, ② beim Ausschalten, **B** und **C** Vorgänge beim Einschalten

Feldlinien des elektrischen Wirbelfelds, sondern auch die Richtung der Änderung der magnetischen Flussdichte. Beim Einschalten zeigt die Flussdichteänderung $\frac{\Delta\vec{B}}{\Delta t}$ nach rechts, beim Ausschalten nach links. Die Richtung der elektrischen Feldlinien des Wirbelfelds hängt von der Richtung von $\frac{\Delta\vec{B}}{\Delta t}$ ab. Dies kann man mit der **Linken-Hand-Regel** beschreiben (▸Abb. 4):

Wenn der Daumen der linken Hand in Richtung der Änderung $\frac{\Delta\vec{B}}{\Delta t}$ der magnetischen Flussdichte zeigt, geben die anderen Finger die Richtung der Feldlinien des induzierten elektrischen Wirbelfelds an.

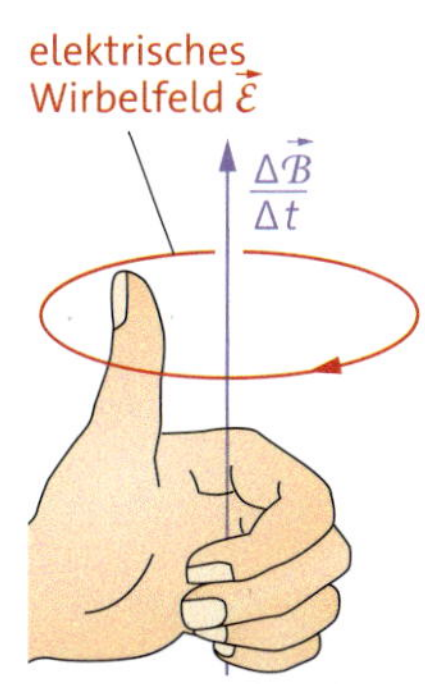

4 Linke-Hand-Regel

$\frac{\Delta\vec{B}}{\Delta t}$ stellen wir in Zeichnungen immer violett dar.

1 **a)** Wenn man den Ring in ▸Abb. 3 A an einer Stelle durchtrennt, reagiert er nicht mehr auf die Änderung der Flussdichte. Erklären Sie.
b) Erklären Sie die Funktion des Eisenkerns in ▸Abb. 2.

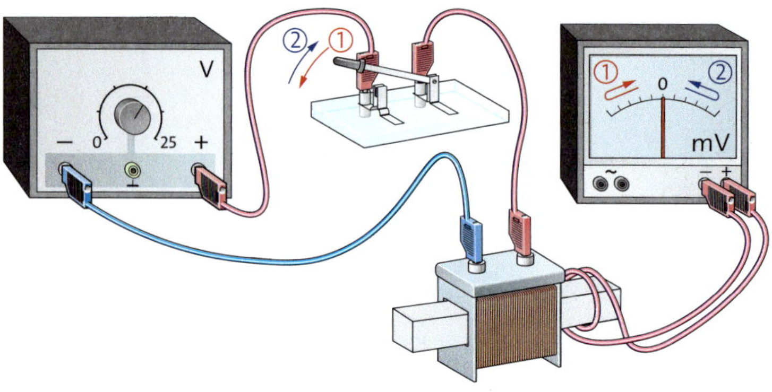

1 Induktionsspannung beim Ein- und Ausschalten

Induktionsspannung • So wie bei jedem anderen elektrischen Feld kann man auch beim induzierten elektrischen Wirbelfeld eine Spannung messen, die sogenannte **Induktionsspannung** (▸Abb. 1): Wenn wir ein Kabel um den Eisenkern legen und an ein Voltmeter anschließen, beobachten wir beim Ein- und Ausschalten kurzzeitig eine Spannung. Dabei ist die Polung der Spannung beim Ausschalten umgekehrt zur Polung beim Einschalten.

Wir hatten festgestellt, dass auch die Richtung der Feldlinien des elektrischen Wirbelfelds beim Ausschalten umgekehrt zum Einschalten ist. Tatsächlich hängen diese beiden Beobachtungen zusammen: Die beweglichen Ladungsträger im Kabel werden entsprechend der Richtung der Feldlinien verschoben. Dadurch stellt sich eine Polung zwischen den Kabelenden ein. Folglich kann man mit der Linken-Hand-Regel auch die Polung der Induktionsspannung vorhersagen. Welches Vorzeichen das Voltmeter tatsächlich anzeigt, hängt selbstverständlich auch davon ab, wie das Voltmeter angeschlossen ist.

Anders als eine Potenzialdifferenz • Dass die Induktionsspannung sich nicht als Potenzialdifferenz beschreiben lässt, erkennt man, wenn man im Aufbau von ▸Abb. 1 das Kabel mehrfach um den Eisenkern legt: Je mehr Kabelwindungen es dabei sind, desto größer ist auch die Induktionsspannung. Der Grund für die größere Spannung ist, dass bei jeder Windung das elektrische Wirbelfeld nochmals genutzt wird, sodass sich die Spannungen aufsummieren. Dabei ist die Richtung der Feldlinien entscheidend: Legt man nach einigen Windungen im Uhrzeigersinn das Kabel gegen den Uhrzeigersinn um den Eisenkern, dann nimmt die Spannung wieder ab.

Was wir hier gezeigt haben, gilt allgemein für beliebige Leiterschleifen, also Schleifen aus Kabeln oder Drähten, die von einem sich ändernden Magnetfeld durchsetzt werden:

Ändert sich die magnetische Flussdichte in einer Leiterschleife, dann wird durch das elektrische Wirbelfeld eine Spannung induziert. Je mehr Windungen die Schleife hat, desto größer ist die Spannung. Die Polung der Spannung kann man mit der Linken-Hand-Regel bestimmen.

Wenn wir die Spule in ▸Abb. 1 mit Wechselstrom betreiben, dann wird dauerhaft eine Wechselspannung induziert, die umso größer ist, je mehr Windungen die Kabelschleife hat. Das nutzt man z. B. beim **Transformator** aus.

Rückwirkung bei der Induktion • Bei den bisherigen Beispielen waren die Leiterschleife, in der eine Spannung induziert wurde, und die Spule, die das sich ändernde Magnetfeld erzeugte, voneinander getrennt. Wir betrachten nun ein Beispiel, bei dem eine Spule ein Magnetfeld erzeugt und es in ihr selbst zur Induktion kommt (▸Abb. 2 A): Die zunächst luftgefüllte Spule ist an ein Gleichstromnetzgerät angeschlossen. Wenn wir einen Eisenkern in das Spuleninnere schieben, nimmt die Stromstärke kurzzeitig ab. Beim Herausziehen des Kerns steigt sie kurzzeitig an.

Mit der Linken-Hand-Regel kann man diese Beobachtung erklären (▸Abb. 2 B): Der Strom erzeugt in der luftgefüllten Spule ein Magnetfeld, dessen Feldlinien nach rechts zeigen (Rechte-Hand-Regel). Beim Einschieben des Eisenkerns wird dieses Magnetfeld verstärkt. Also zeigt die Flussdichteänderung $\frac{\Delta\vec{B}}{\Delta t}$ wie die Flussdichte $\vec{B}$ nach rechts. Mit der Linken-Hand-Regel folgt, dass das elektrische Wirbelfeld entgegengesetzt zum ursprünglichen Spulenstrom ist. Dadurch nimmt die Stromstärke ab. Beim Herausziehen gibt es genau den umgekehrten Effekt.

Die Lenzsche Regel • Sowohl beim Einschieben als auch beim Herausziehen des Eisenkerns erfolgt die Stromstärkeänderung so, dass sie der Flussdichteänderung entgegenwirkt: Wenn man den Eisenkern einschiebt, wird das Magnetfeld verstärkt. Durch das dabei entstehende elektrische Wirbelfeld nimmt die Stromstärke ab, wodurch der Verstärkung des Magnetfelds entgegengewirkt wird. Beim Herausziehen ist es genau umgekehrt. Dieser Zusammenhang gilt allgemein und wird **Lenzsche Regel** genannt:

Wenn Induktionsphänomene auf die sie verursachende Magnetfeldänderung zurückwirken, dann geschieht dies so, dass sie dieser Magnetfeldänderung entgegenwirken.

Anders als die Linke-Hand-Regel beschreibt die Lenzsche Regel nicht, was genau mit dem magnetischen und dem elektrischen Feld geschieht, sondern nur, was sich aus deren Zusammenwirken ergibt. Sie erlaubt es dadurch oft, Argumentationen zu vereinfachen.

Energieerhaltung • Der Physiker EMIL LENZ formulierte die nach ihm benannte Regel 1833. Erst später verstand man, dass es sich dabei um einen Spezialfall des Prinzips der Energieerhaltung handelt. Das zeigt folgendes Beispiel: Was wäre geschehen, wenn die Stromstärke beim Einschieben des Eisenkerns nicht ab-, sondern zugenommen hätte (▸Abb. 2 A)? Durch die wachsende Stromstärke würde die Änderung der Flussdichte noch größer werden und daher die Stromstärke durch die Induktion noch weiter ansteigen. Letztendlich würde sie beliebig groß werden. Das widerspräche der Energieerhaltung.

Anwenden der Lenzschen Regel • Auch in Fällen, in denen es keine Rückwirkung gibt, kann man die Lenzsche Regel anwenden. Dafür überlegt man sich, welche Folgen die Induktion hätte, wenn es zur Rückwirkung käme. Wir erklären dies am Versuch aus ▸Abb. 1: Dazu entfernen wir in Gedanken das Voltmeter und verbinden die Kabelenden zu einer geschlossenen Leiterschleife.

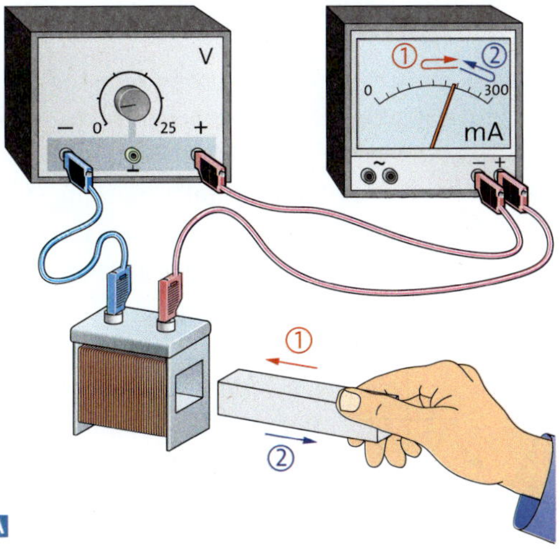

A

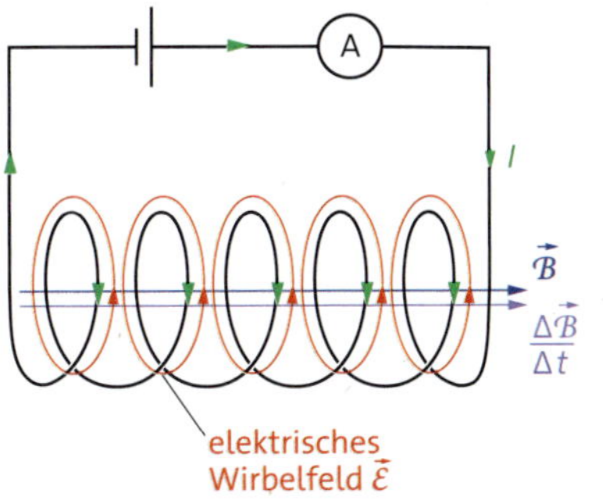

B

2 **A** Änderung der Stromstärke ① beim Einschieben und ② beim Herausziehen des Eisenkerns, **B** Erklärung der Vorgänge beim Einschieben

In der Kabelschleife gäbe es durch die Induktion kurzfristig einen Wirbelstrom, der selbst wieder ein Magnetfeld besäße. Aufgrund der Lenzschen Regel muss dieses Magnetfeld der verursachenden Magnetfeldänderung entgegenwirken. Die Stromrichtung wäre die gleiche wie die Feldlinienrichtung des elektrischen Wirbelfelds. Dadurch kann man die Polung der Spannung vorhersagen.

1 **a)** Erklären Sie die kurzzeitige Stromzunahme beim Herausziehen des Eisenkerns anhand einer Zeichnung wie in ▸Abb. 2 B.
b) Leon sagt: „Wenn die Stromrichtung in ▸Abb. 2 A umgekehrt wäre, dann müsste der Effekt auch umgekehrt sein und die Stromstärke zunehmen." Äußern Sie sich begründet.

2 Erklären Sie mit der Lenzschen Regel
a) den Versuch mit dem Alumuniumring,
b) die Stromzunahme beim Herausziehen des Eisenkerns in ▸Abb. 2 A.

Versuch A • Induktion durch Magnete

Durch Magnete kann man die Flussdichte in einer Spule ändern, sodass eine Spannung induziert wird. Das untersuchen Sie näher. **Vorsicht! Magnete sind zerbrechlich! Nicht fallen lassen oder anstoßen!**

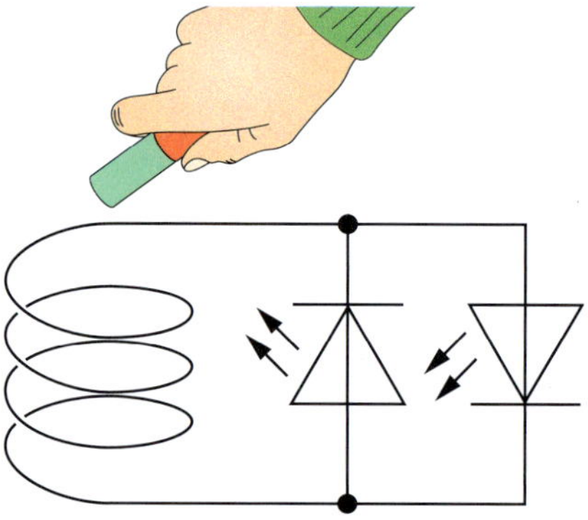

V1 Vorzeichen der Spannung

Material:
Stabmagnet, Spule (z. B. 10 000 Windungen), 2 LEDs (rot und grün), Kabel

Arbeitsauftrag:
a) Schließen Sie die LEDs antiparallel an die Spule an.
b) Finden Sie verschiedene Möglichkeiten, um die eine bzw. die andere LED zum Leuchten zu bringen. Dokumentieren Sie in einer Tabelle, wovon es abhängt, welche LED leuchtet.
c) Die Richtung der Flussdichteänderung $\frac{\Delta\vec{B}}{\Delta t}$ entscheidet darüber, welche LED leuchtet. Überprüfen Sie dies bei Ihren Ergebnissen in b). Geben Sie an, welche LED bei welcher Richtung von $\frac{\Delta\vec{B}}{\Delta t}$ leuchtet.
d) Erklären Sie mit der Linke-Hand-Regel den Zusammenhang zwischen der Richtung von $\frac{\Delta\vec{B}}{\Delta t}$ und dem Leuchten der LEDs. Achten Sie auf den Wicklungssinn der Spule. Erstellen Sie zwei Skizzen ähnlich wie beim Ringversuch.

V2 Einfluss der Windungszahl

Material:
Stabmagnet, drei bis auf die Windungszahl baugleiche Spulen (z. B. 250, 500, 1000 Windungen), Voltmeter mit Mittelstellung, Kabel

Arbeitsauftrag:
a) Untersuchen Sie bei der Spule mit der kleinsten Windungszahl, wovon der Betrag der Induktionsspannung abhängt. Notieren Sie Ihre Beobachtungen.
b) Theoretisch ist die Induktionsspannung proportional zur Windungszahl einer Spule. Weisen Sie dies nach. Finden Sie hierzu eine Möglichkeit, die Flussdichte reproduzierbar zu ändern. Dokumentieren Sie Ihr Vorgehen nachvollziehbar.

V3 Freier Fall?

Material:
Kupferrohr (ca. 1 m), verschiedene Magnete, Schaumstoff o. ä.

Arbeitsauftrag:
a) Halten Sie das Rohr senkrecht und legen Sie den Schaumstoff direkt darunter, sodass der Magnet weich landet. Lassen Sie einen der Magnete durch das Rohr fallen. Wiederholen Sie den Versuch mit den anderen Magneten. Notieren Sie Ihre Beobachtungen.
b) Untersuchen Sie, welche Größen die Bewegung des Magneten beeinflussen. Verwenden Sie z. B. ein anderes Rohr. Dokumentieren Sie Ihr Vorgehen.
c) Stellen Sie mit Ihren Beobachtungen eine Vermutung auf, wie die Bewegung des Magneten zustande kommt. Betrachten Sie dazu die Kräfte, die auf den Magneten ausgeübt werden.

Material A • Eisenkern ist nicht gleich Eisenkern

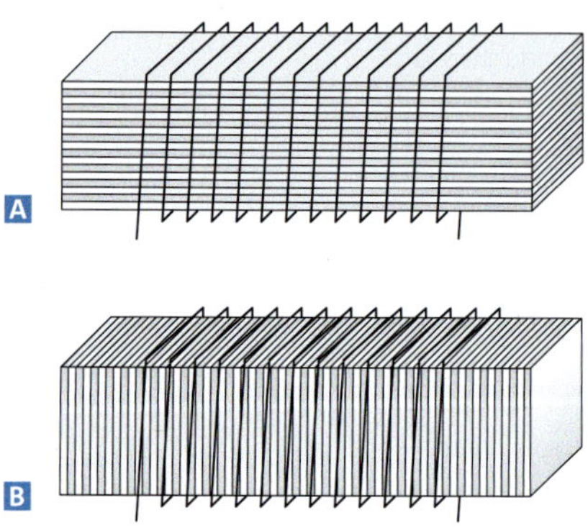

A1 a) In einem Versuch legt man einen massiven Eisenkern in eine Spule und betreibt diese mit Wechselstrom. Man stellt fest, dass sich dadurch der Eisenblock erwärmt. Erklären Sie diese Erwärmung.
b) Geblätterte Eisenkerne bestehen aus dünnen Eisenblechen, die durch isolierende Lackschichten voneinander getrennt sind. Verwendet man bei a) statt des massiven Eisenkerns einen geblätterten Eisenkern wie in Abbildung A, dann ist die Erwärmung viel kleiner. Ist der Eisenkern wie in B geblättert, erwärmt er sich genauso wie der massive Eisenkern. Erklären Sie.
c) Bei Transformatoren verwendet man ausschließlich geblätterte Eisenkerne wie in Abbildung A statt massiver Eisenkerne. Begründen Sie mit einer Energiebetrachtung.

Material B • Flussdichteänderung und elektrisches Wirbelfeld

B1 Übernehmen Sie die Zeichnungen. Bestimmen Sie jeweils das elektrische Wirbelfeld und zeichnen Sie es ein.

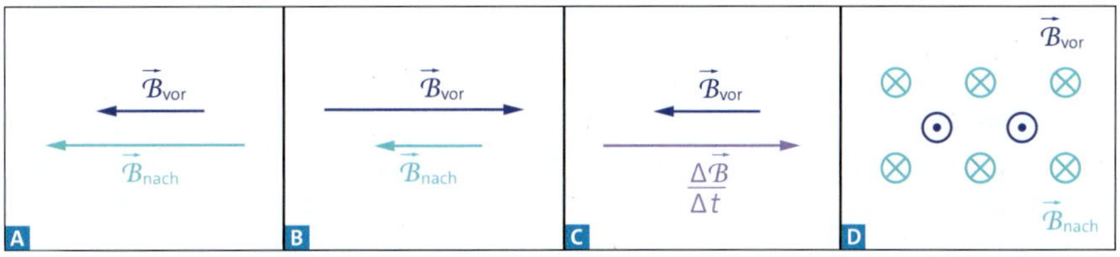

Material C • Ringversuch, Linke-Hand-Regel und Lenzsche Regel

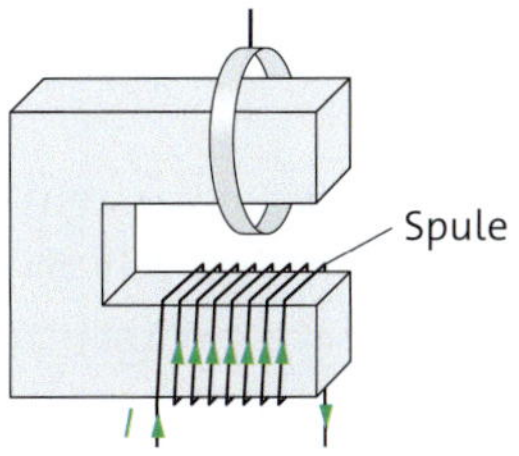

C1 Ein Aluminiumring hängt beweglich über einem U-förmigen Eisenkern. Beim Einschalten des Spulenstroms beobachtet man, dass sich der Ring kurz nach rechts bewegt. Beim Ausschalten bewegt er sich kurz nach links.

a) Erklären Sie, warum es beim Ein- und Ausschalten im Ring kurzzeitig zu einem Strom kommt.

b) Schaltet man den Spulenstrom ein, zeigt die magnetische Flussdichte $\vec{B}$ in der Spule nach links. Bestimmen Sie mit der Linke-Hand-Regel die Stromrichtung des Ringstroms beim Einschalten. Erstellen Sie hierzu eine Skizze des Eisenkerns mit $\vec{B}$, $\frac{\Delta\vec{B}}{\Delta t}$ sowie mit dem elektrischen Wirbelfeld. Erklären Sie die kurzzeitige Bewegung des Rings nach rechts.

c) Übertragen Sie die Überlegungen aus b) auf das Ausschalten des Spulenstroms. Fertigen Sie eine entsprechende Skizze an. Erklären Sie, warum der Ring nun kurzzeitig nach links bewegt wird.

d) An den beiden Enden des U-förmigen Eisenkerns setzt man einen geraden Kern auf, sodass der Eisenkern nun geschlossen ist. Beim Ein- und Ausschalten bewegt sich der Ring nun nicht mehr. Stellen Sie eine Vermutung auf, wie es hierzu kommt.

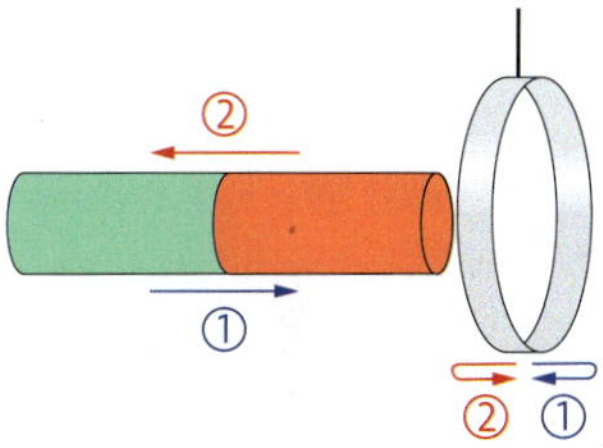

C2 Nähert man einem aufgehängten Aluminiumring den Nordpol eines Stabmagneten, wird der Ring kurzzeitig abgestoßen. Entfernt man den Magneten, zieht er den Ring kurzzeitig an.

a) Erklären Sie dies. Wenden Sie dabei die Linke-Hand-Regel an. Erstellen Sie aussagekräftige Skizzen.

b) Erklären Sie die Beobachtung mit der Lenzschen Regel.

c) Paul meint: „Wenn ich den Südpol verwende, wird der Ring erst angezogen und dann abgestoßen." Marie entgegnet: „Nein, das passiert nur, wenn du den Magneten von der anderen Seite annäherst." Äußern Sie sich begründet zu beiden Aussagen.

Material D • Der Induktionsherd

D1 Leon sagt: „Wenn man eine Drahtschleife mit einem Lämpchen um einen Topf auf dem Induktionsherd legt, dann ..." Vervollständigen Sie Leons Satz. Begründen Sie.

Vorsicht! Die Umsetzung von Leons Idee ist gefährlich!

D2 a) Viele Induktionsherde funktionieren nur mit Töpfen, deren Boden aus ferromagnetischem Material besteht. Prinzipiell könnte ein Induktionsherd auch mit Töpfen mit Kupferboden funktionieren. Erklären Sie dies.

b) Beim Versuch mit dem Wasser in der Aluminiumrinne spielte der Eisenkern eine wesentliche Rolle. Erläutern Sie die Analogie zum Boden aus ferromagnetischem Material beim Induktionsherd.

c) Beschreiben Sie, wie das sich ändernde Magnetfeld auf die Elementarmagnete wirkt.

d) Durch das ferromagnetische Material ist der Energieübertrag etwa ein Drittel größer als bei anderen Metallen. Erklären Sie. Verwenden Sie dabei Ihre Ergebnisse aus b) und c).

BLICKPUNKT

Bremsen, Schweben und Beschleunigen mit Wirbelströmen

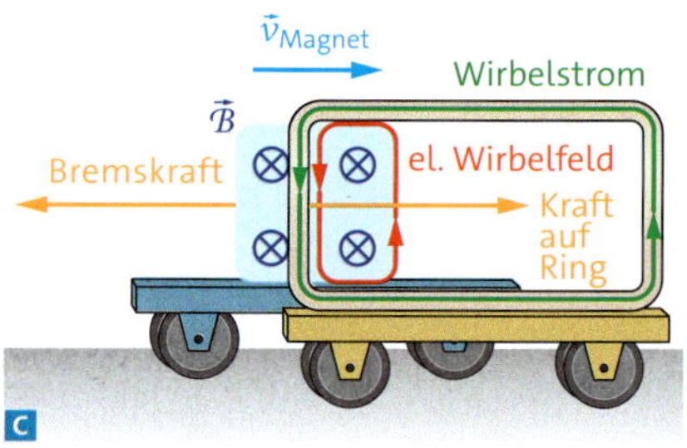

1 **A** Kupferplatten bremsen den Achterbahnwagen, **B** Permanentmagnete unter dem Wagen, **C** Experiment zur Wirbelstrombremse

Bremsen mit Wirbelströmen • Manche Achterbahnen erreichen Geschwindigkeiten von $100\frac{\text{km}}{\text{h}}$. Am Ende der Strecke werden sie mit Kupferplatten gebremst, die zwischen den Gleisen montiert sind (▸Abb. 1 A). Warum sieht man hier keine Bremsspuren?

Tatsächlich bremsen Wirbelströme die Achterbahn berührungslos: ▸Abb. 1 B zeigt Permanentmagnete, die auf der Unterseite des Achterbahnwagens montiert sind. Sie induzieren beim Vorbeifahren in den Metallplatten Wirbelströme. Wie es dadurch zum Abbremsen kommt, erklären wir anhand eines Experiments (▸Abb. 1 C):

Auf einem Experimentierwagen befindet sich ein starker Magnet, auf einem anderen ein Messingring als Modell für die Kupferplatte. Wir lassen den Magnet-Wagen dicht am stehenden Ring-Wagen vorbeifahren. Wir beobachten, dass der Magnet-Wagen leicht abgebremst wird, aber dafür den Ring-Wagen etwas mitzieht.

Wir erklären das so: Wenn der Magnet von links den Ring erreicht, dann ändert sich im Ring das Magnetfeld. Durch das dabei induzierte elektrische Wirbelfeld gibt es im Ring einen Wirbelstrom im Uhrzeigersinn (Linke-Hand-Regel). Der linke Rand des Rings befindet sich noch im Feld des Magneten und erfährt aufgrund der Drei-Finger-Regel eine Kraft nach rechts, sodass der Ring-Wagen beschleunigt wird. Wegen des Wechselwirkungsprinzips wird dabei gleichzeitig auf den Magnet-Wagen eine Kraft nach links ausgeübt, die ihn abbremst – so wie wir es beobachtet haben. Wenn der Magnet den Ring auf der rechten Seite wieder verlässt, dann wird der Ring-Wagen erneut beschleunigt und der Magnet-Wagen entsprechend abgebremst.

Bei der Achterbahn können in der gesamten Fläche der Metallbleche Wirbelströme entstehen, nicht nur in einem schmalen Ring. Daher bremst die echte Wirbelstrombremse wesentlich stärker.

Schweben mit Wirbelströmen • Der japanische SC-Maglev fährt bis zu $603\frac{\text{km}}{\text{h}}$ und ist damit der schnellste Zug der Welt (▸Abb. 2). Ab 2027 soll er die Städte Tokio und Nagoya verbinden. Sein Name enthält die englische Abkürzung für magnetisches Schweben: ***magnetic levitation***. Denn er fährt nicht auf Schienen, sondern schwebt durch induzierte Wirbelströme.

Der SC-Maglev nutzt dabei, wie in ▸Abb. 2 zu erkennen, das Zusammenspiel von Wirbelstrom und Kräften im Magnetfeld geschickt: Der Zug bewegt sich in einer trogförmigen Betonbahn. Er hat auf der Seite supraleitende Spulen (engl.: *superconducting coils*), die ein starkes Magnetfeld erzeugen. Sie können im Fahren einen Wirbelstrom in den 8-förmigen Spulen in der Bahnwand induzieren. In ▸Abb. 2 erkennt man die Spulenform an den Wandvertiefungen.

Wir erklären das Prinzip des Schwebens für die Situation, wenn eine Zug-Spule unterhalb der gewünschten Höhe eine Wand-Spule erreicht (▸Abb. 3). Mit den Hand- und Finger-Regeln können wir die einzelnen Schritte nachvollziehen: Die Magnetfeldänderung im unteren Teil ist größer als im oberen Teil, sodass in der Wand-Spule insgesamt ein Wirbelstrom in der eingezeichneten Richtung induziert wird. Die Zug-Spule bewegt sich durch das mit diesem Strom verbundene Magnetfeld und erfährt dabei in den waagrechten Leiterstücken eine Kraft nach oben. Die Schwebekraft ist so groß, dass sie den Zug anhebt.

2 Die Magnetschwebebahn Transrapid in Shanghai

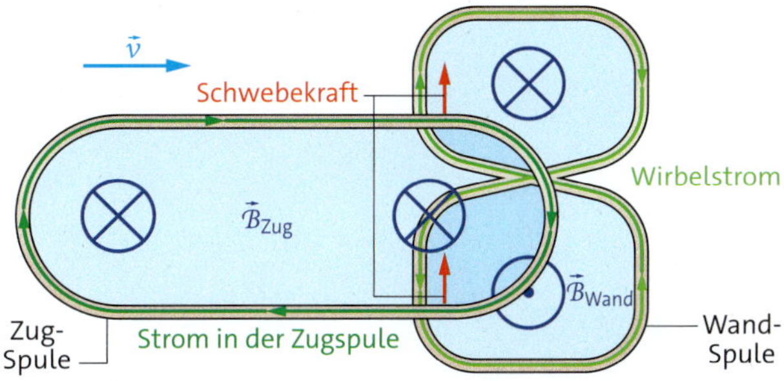

3 Zur Erklärung des Schwebens beim SC-Maglev

Linearer Induktionsmotor • Der Versuch in ▸Abb. 1C zeigt auch das Funktionsprinzip eines linearen Induktionsmotors: Der Ring-Wagen wird vom sich bewegenden Magnetfeld mitgezogen. Für den linearen Motor ersetzt man nun den Magnet-Wagen durch mehrere ortsfeste Spulen entlang des Fahrwegs und regelt den Strom in den Spulen zeitversetzt (▸Abb. 4). So entsteht ein wanderndes Magnetfeld, ohne dass sich außer dem Ring-Wagen etwas bewegt. Bei passender Stromfrequenz setzt sich der Wagen in Bewegung. Wenn der Fahrweg entsprechend ausgestattet ist, benötigt ein Fahrzeug selbst keinen aufwendigen Motor. Eine Kupfer- oder Aluminiumplatte genügt.

Magnetschwebebahnen werden magnetisch in der Schwebe gehalten, angetrieben und gebremst. Die Magnetschwebebahn SC-Maglev nutzt für den Antrieb ein wanderndes Magnetfeld, das von Spulen im Fahrweg erzeugt wird. Man nutzt deren Wechselwirkung mit den supraleitenden Zug-Spulen aus, sodass man nicht auf induzierte Wirbelströme angewiesen ist. Bei zukünftigen Projekten plant man, Züge in Vakuumröhren mit linearen Induktionsmotoren auf über $1000\,\frac{\text{km}}{\text{h}}$ zu beschleunigen und abzubremsen.

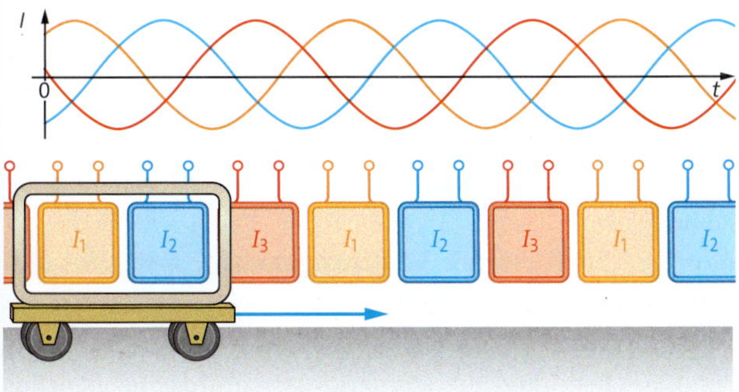

4 Prinzip des linearen Induktionsmotors

Induktionsmotoren • Normalerweise möchte man mit Motoren Drehbewegungen erzeugen. Wenn man drei Spulen wie in ▸Abb. 5A anordnet und wieder den Strom zeitversetzt regelt, dreht sich der Metallzylinder in der Mitte. Der Vorteil ist, dass dies berührungslos geschieht.

Das notwendige zeitlich versetzte Magnetfeld lässt sich einfacher durch Wirbelströme erzeugen (▸Abb. 5B): Zwei Spulen werden mit Wechselstrom betrieben. Vor der linken Spule befindet sich eine kurzgeschlossene Spule, in der ein Wirbelstrom induziert wird. Das gemeinsame Magnetfeld dieser beiden Spulen verläuft etwas zeitverzögert zum Magnetfeld der rechten Spule, ähnlich wie in ▸Abb. 4. Die Metalldose dreht sich!

1 Bei Wirbelstrombremsen verwendet man nie Eisenplatten. Erklären Sie dies.

2 Verlässt der Magnet in ▸Abb. 1C den Ring nach rechts, wird er auch mitgezogen. Erklären Sie.

3 Recherchieren Sie, wie ein sogenannter Spaltmotor funktioniert. Vergleichen Sie mit ▸Abb. 5B.

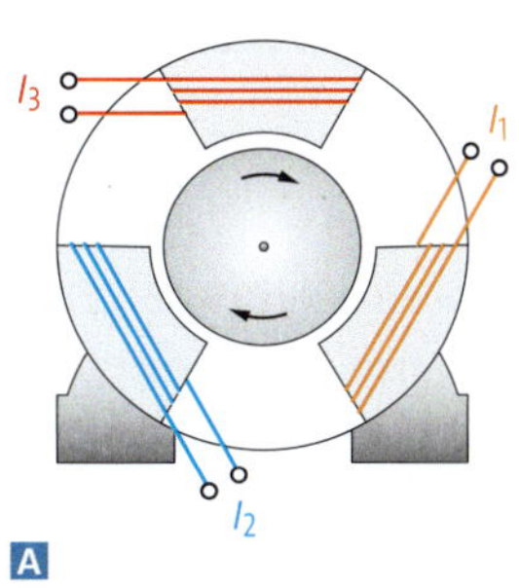

A

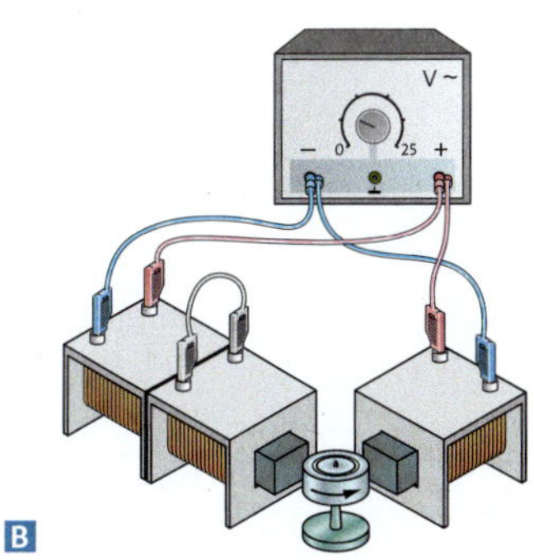

B

5 **A** Induktionsmotor für Drehbewegungen, **B** Prinzip des Spaltmotors

1 Kabellos laden – eine praktische Erfindung

Das Faradaysche Induktionsgesetz

Smartphones kann man durch Induktion kabellos laden. Die Ladestation erzeugt ein sich änderndes Magnetfeld. Wenn man das Smartphone exakt darüber positioniert, dann wird dort in einer Spule eine Spannung induziert. Wie erreicht man dabei den richtigen Spannungswert, sodass der Akku zwar geladen, aber nicht beschädigt wird?

Wovon hängt die Spannung ab? • Um die Frage zu beantworten, müssen wir den genauen Zusammenhang zwischen der Änderung der Flussdichte und der Induktionsspannung kennen. Wir vermuten, dass die Induktionsspannung umso größer ist, je schneller sich die Flussdichte ändert. Außerdem haben wir schon beobachtet, dass die Induktionsspannung umso größer ist, je größer die Windungszahl der Spule ist.

Wir untersuchen dies an einem Aufbau ähnlich dem beim kabellosen Laden (▸Abb. 2). Dazu schließen wir eine schlanke Spule an einen sogenannten Funktionsgenerator an. Mit diesem können wir die Stromstärke in der Spule zeitabhängig steuern. Mit der Stromstärke ändert sich die magnetische Flussdichte in der sogenannten **Feldspule,** die der Ladestation entspricht. In der Feldspule befindet sich parallel ausgerichtet eine **Induktionsspule.** Wie in der Smartphone-Spule kann dort eine Spannung induziert werden.

Feldspule oder felderzeugende Spule nennt man die Spule, die an eine Spannungsquelle angeschlossen ist und die das Magnetfeld erzeugt. In der Induktionsspule wird durch dieses eine Induktionsspannung induziert.

Änderung der Flussdichte • Flussdichte und Induktionsspannung nehmen wir mit einem Messwerterfassungssystem auf. Wir lassen die Flussdichte abwechselnd linear zunehmen und abnehmen (▸Abb. 3 A): Die gemessene Induktionsspannung bleibt dabei in jedem Abschnitt konstant (▸Abb. 3 B). Ihre Polung wechselt abhängig davon, ob die Flussdichte zu- oder abnimmt. Außerdem zeigt die Messung: Je schneller sich die Flussdichte ändert, desto größer ist der Betrag der Induktionsspannung. Eine genaue Auswertung zeigt, dass die Induktionsspannung U_{ind} proportional zur zeitlichen Änderungsrate $\frac{\Delta \mathcal{B}}{\Delta t}$ der Flussdichte ist. Wir können dies anhand der Steigung im $\mathcal{B}(t)$-Diagramm und der Werte im $U_{\text{ind}}(t)$-Diagramm nachprüfen.

Einfluss der Windungszahl • Wenn wir den Versuch mit Spulen wiederholen, die bis auf die Windungszahl n baugleich sind, dann stellen wir fest, dass die Induktionsspannung bei gleicher Flussdichteänderung proportional zu n ist. Soweit wurden unsere Vermutungen bestätigt.

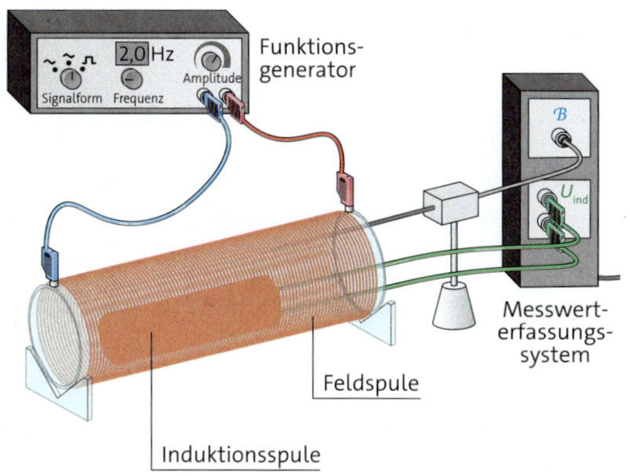

2 Zeitabhängige Messung von $\mathcal{B}$ und U_{ind}

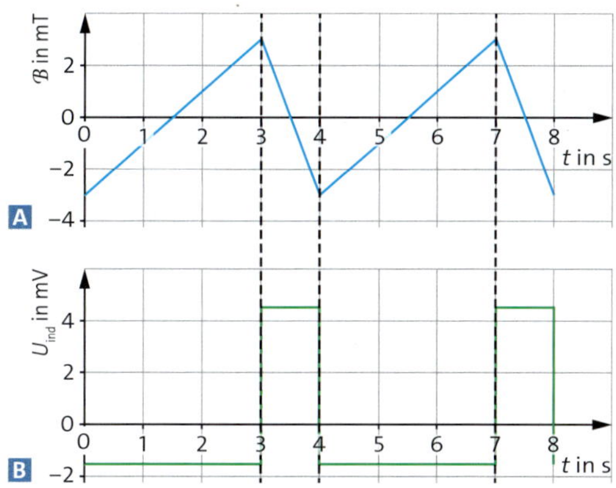

3 **A** $\mathcal{B}(t)$-Diagramm, **B** $U_{ind}(t)$-Diagramm

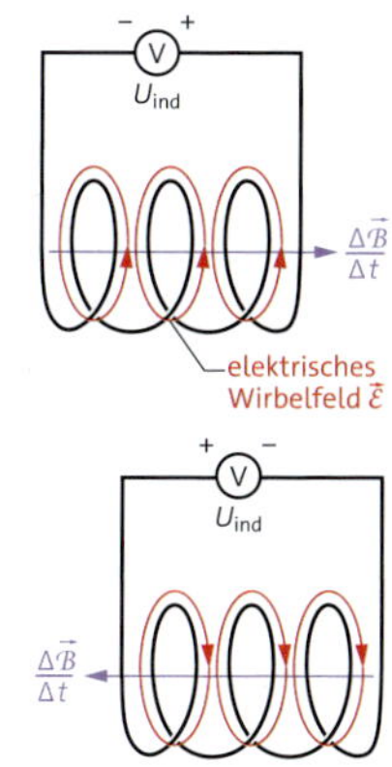

4 Die Polung von U_{ind} folgt aus der Linken-Hand-Regel.

Der magnetische Fluss • Beim kabellosen Laden gibt es noch einen weiteren Einflussfaktor für die Induktionsspannung: Die Spule im Smartphone muss von der Größe her zur Ladestation passen. Ist die Spule zu klein, dann erfasst sie nur einen Teil der Magnetfeldänderung und die Induktionsspannung ist kleiner. Das zeigt sich auch im Versuch nach ▸Abb. 2: Ersetzen wir die Induktionsspule durch eine andere mit größerer oder kleinerer Querschnittsfläche, dann zeigt sich, dass die Induktionsspannung auch proportional zu dieser Fläche ist. Man hat festgestellt, dass es bei der Induktion neben der Flussdichteänderung immer auch auf die Fläche A innerhalb der Spule oder Leiterschleife ankommt, die vom Magnetfeld durchsetzt wird (▸Abb. 5). Deswegen fasst man die Flussdichte und diese Fläche zum **magnetischen Fluss Φ** („Phi") zusammen:

Das Produkt aus der magnetischen Flussdichte $\mathcal{B}$ und der vom Magnetfeld durchsetzten Fläche A einer Leiterschleife, die sich orthogonal zu den magnetischen Feldlinien befindet, heißt magnetischer Fluss Φ.
$\Phi = A \cdot \mathcal{B}$; Einheit: $[\Phi] = \text{T} \cdot \text{m}^2$.

Das Induktionsgesetz • Mit dem magnetischen Fluss lassen sich die bisherigen Ergebnisse elegant formulieren: Die Induktionsspannung ist proportional zur Windungszahl n der Induktionsspule und zur zeitlichen Änderung $\frac{\Delta\Phi}{\Delta t}$ des magnetischen Flusses im Inneren der Spule.

Dieser Zusammenhang gilt sogar, wenn die Flussänderung nicht linear ist. Man ersetzt dazu $\frac{\Delta\Phi}{\Delta t}$ durch die zeitliche Ableitung des Flusses $\dot{\Phi}(t)$ („Phi Punkt"). Auf diese Weise erhält man das auf MICHAEL FARADAY zurückgehende und nach ihm benannte **Induktionsgesetz:**

Wenn sich der magnetische Fluss Φ in einer Spule oder Leiterschleife mit n Windungen ändert, dann wird in ihr eine Spannung U_{ind} induziert, für die gilt:
$U_{ind}(t) = -n \cdot \dot{\Phi}(t)$.

Nach dem Induktionsgesetz hängt das Vorzeichen von U_{ind} vom Vorzeichen von $\dot{\Phi}$ ab. Nimmt der Fluss z. B. ab statt zu, dann wechselt U_{ind} das Vorzeichen. Dies stimmt mit der Linke-Hand-Regel überein (▸Abb. 4). In vielen Fällen spielt es keine Rolle, ob U_{ind} von positiven zu negativen Werten wechselt oder umgekehrt. Wenn aber im Stromkreis schon eine Spannung vorhanden ist und zusätzlich eine Spannung induziert wird, dann ist die Polung von U_{ind} wichtig. In der Praxis bestimmt man das Vorzeichen von U_{ind} oft mit der Lenzschen Regel. Diese besagt, dass die Induktionsspannung so gepolt ist, dass sie – im Falle einer Rückkopplung – ihrer Ursache entgegenwirkt.

1 a) Zeigen Sie, dass U_{ind} in ▸Abb. 3 proportional zu $\frac{\Delta\mathcal{B}}{\Delta t}$ ist.
b) Die Induktionsspule hat eine Querschnittsfläche von $25\,\text{cm}^2$. Bestimmen Sie die Windungszahl der Spule.

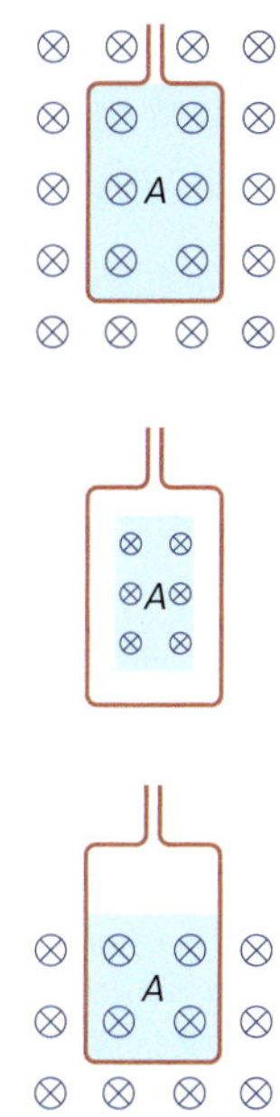

5 Für den magnetischen Fluss ist die vom Magnetfeld durchsetzte Fläche A relevant.

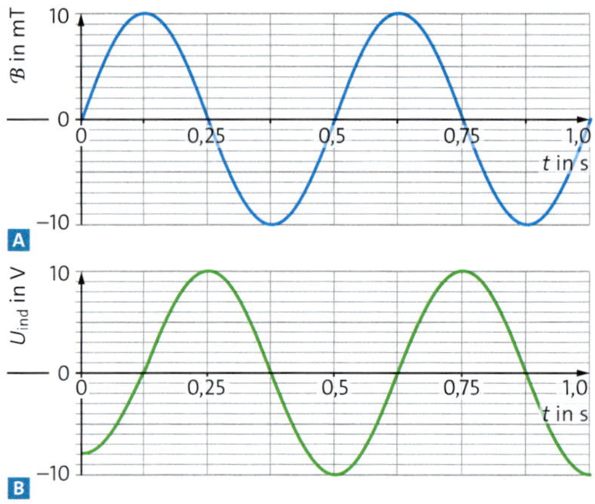

3 A $\mathcal{B}(t)$-Diagramm
B $U_{ind}(t)$-Diagramm

Sinusförmige Flussdichte • Bisher haben wir in der Modell-Ladestation die magnetische Flussdichte linear geändert. Wie sieht es aus, wenn wir die Feldspule mit sinusförmigem Wechselstrom betreiben? Wir leiten dafür eine Gleichung für die Induktionsspannung zunächst allgemein aus dem Induktionsgesetz her: Da sich die Flussdichte proportional zur Stromstärke in der Feldspule ändert, ist sie dann auch sinusförmig (▸Abb. 3 A). Es gilt:

Für Frequenz f und Periodendauer T gilt: $f = \frac{1}{T}$.

$$\mathcal{B}(t) = \mathcal{B}_{max} \cdot \sin(2\pi f \cdot t).$$

Dabei ist $\mathcal{B}_{max}$ die Amplitude und f die Frequenz der sich zeitlich ändernden Flussdichte.
Für die in der Induktionsspule induzierte Spannung ergibt sich aus dem Induktionsgesetz

$$U_{ind}(t) = -n \cdot \dot{\Phi}(t) = -n \cdot A \cdot \dot{\mathcal{B}}(t).$$

Da sich die Querschnittsfläche A nicht ändert, braucht man nur die zeitliche Ableitung der Flussdichte zu berücksichtigen.

Einsetzen und ableiten von $\mathcal{B}(t)$ ergibt:

$$U_{ind}(t) = -n \cdot A \cdot \mathcal{B}_{max} \cdot 2\pi f \cdot \cos(2\pi f \cdot t).$$

Für die Amplitude $U_{ind,\,max}$ der Spannung gilt also:

$$U_{ind,\,max} = n \cdot A \cdot \mathcal{B}_{max} \cdot 2\pi f.$$

Konkrete Werte • Aus ▸Abb. 3 A lesen wir ab $\mathcal{B}_{max} = 10\,\text{mT}$. Für die Frequenz f ergibt sich:

$$f = \frac{1}{T} = \frac{1}{0{,}5\,\text{s}} = 2{,}0\,\text{Hz}.$$

Für eine Induktionsspule mit einer Fläche von $25\,\text{cm}^2$ und 300 Windungen gilt dann:

$$\begin{aligned} U_{ind,\,max} &= n \cdot A \cdot \mathcal{B}_{max} \cdot 2\pi f \\ &= 300 \cdot 25 \cdot 10^{-4}\,\text{m}^2 \cdot 10^{-2}\,\text{T} \cdot 2\pi \cdot 2\,\text{Hz} \\ &= 30 \cdot \pi\,\text{mV} \approx 94\,\text{mV} \end{aligned}$$

und somit

$$\begin{aligned} U_{ind}(t) &= -U_{ind,\,max} \cdot \cos(2\pi f \cdot t) \\ &= -30 \cdot \pi\,\text{mV} \cdot \cos(4\pi \tfrac{1}{\text{s}} \cdot t). \end{aligned}$$

„Normaler“ Wechselstrom • Betreibt man die Feldspule mit einem sinusförmigen Wechselstrom, dann ist die induzierte Spannung zwar phasenverschoben, aber auch wieder sinusförmig. Das ist einer der Gründe, warum dies auch bei „normalem“ Wechselstrom der Fall ist: Transformatoren werden häufig genutzt, um an verschiedenen Stellen der Stromversorgung passende Spannungen zur Verfügung zu stellen. Dabei entspricht die Primärseite des Trafos der Feldspule und die Sekundärseite des Trafos der Induktionsspule. Nur mit einem sinusförmigen Signal ist es möglich, mehrere Transformatoren nacheinander zu benutzen, da sich die Signalform nicht ändert.

Wenn für die Flussdichte $\mathcal{B}(t)$ in einer Spule mit n Windungen und einer Querschnittsfläche A gilt:

$$\mathcal{B}(t) = \mathcal{B}_{max} \cdot \sin(2\pi f \cdot t),$$

dann wird eine Spannung induziert mit

$$U_{ind}(t) = -U_{ind,\,max} \cdot \cos(2\pi f \cdot t),$$

$$U_{ind,\,max} = n \cdot A \cdot \mathcal{B}_{max} \cdot 2\pi f.$$

1 In ▸Abb. 3 A wird die Frequenz, mit der sich die Flussdichte ändert, verdoppelt.
a) Bestimmen Sie $U_{ind}(t)$.
b) Zeichnen Sie das $U_{ind}(t)$-Diagramm.

2 Im verwendeten Aufbau gilt nun für die Flussdichte: $\mathcal{B}(t) = 20\,\text{mT} \cdot \cos(2\pi \frac{1}{\text{s}} \cdot t)$.
a) Zeichnen Sie das $\mathcal{B}(t)$-Diagramm für mindestens zwei Periodendauern.
b) Bestimmen Sie U_{ind} (0,4 s) durch grafisches Ableiten.
c) Bestimmen Sie $U_{ind}(t)$ und berechnen Sie damit $U_{ind}(0{,}4\,\text{s})$. Vergleichen Sie mit b).
d) Nun soll für die Induktionsspannung gelten: $U_{ind}(t) = 3\,\frac{\text{mV}}{\text{s}} \cdot t$. Bestimmen Sie ein passendes $\mathcal{B}(t)$.

Versuch A • Induktionsspannung mit einem Messwerterfassungssystem

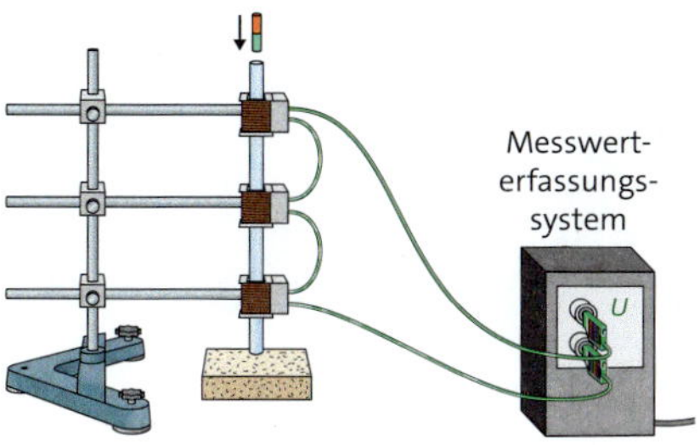

V1 Fall durch Spulen

Material:
Stabmagnet, drei baugleiche Spulen (z. B. 500 Windungen), Messwerterfassungssystem (U), Kabel, Stativmaterial, Schaumstoff o. ä, passender Plastikschlauch o. ä.
Vorsicht! Magnete sind zerbrechlich!

Arbeitsauftrag:
a) Schließen Sie die Spule an das Messwerterfassungssystem an. Bauen Sie den Versuch so auf, dass der Magnet durch die Spule fallen und weich landen kann.
b) Messen Sie während des Falls des Magneten durch die Spule die Induktionsspannung in Abhängigkeit von der Zeit.
c) Beschreiben Sie das bei Ihrer Messung entstandene $U_{ind}(t)$-Diagramm.
d) Die zweite Spannungsspitze hat ein anderes Vorzeichen als die erste. Erklären Sie, wie es dazu kommt.
e) Der Magnet soll nun entsprechend der Abbildung durch drei Spulen fallen. Skizzieren Sie das zu erwartende $U_{ind}(t)$-Diagramm. Begründen Sie Ihre Hypothese.
f) Überprüfen Sie Ihre Hypothese experimentell.
g) Vergleichen Sie das Signal der ersten Spule mit dem Signal der anderen Spulen. Erklären Sie mithilfe der Änderung des magnetischen Flusses.
h) Die Spannungsspitzen sollten jeweils auf einer Geraden liegen. Zeichnen Sie diese ein und bestimmen Sie den Schnittpunkt mit der t-Achse. Stellen Sie eine begründete Vermutung über die physikalische Bedeutung dieses Schnittpunkts auf.

Material A • Flussdichteänderung und Induktionsspannung im Diagramm

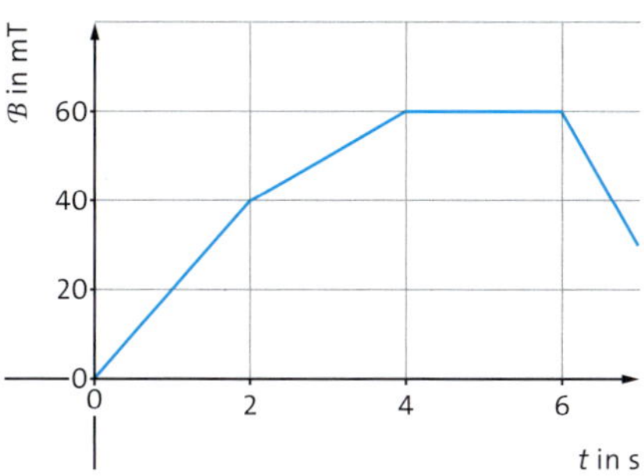

Eine Induktionsspule mit 500 Windungen und einer Querschnittsfläche von $40\,cm^2$ befindet sich in einem homogenen Magnetfeld, dessen Flussdichte sich entsprechend der Abbildung ändert.

A1 a) Erklären Sie, warum sich der Betrag und das Vorzeichen der Induktionsspannung ändern.
b) Bestimmen Sie die Flussdichteänderung für die einzelnen Abschnitte.
c) Zeichnen Sie das zugehörige $U_{ind}(t)$-Diagramm.

A2 Der maximale Betrag der Induktionsspannung soll verdreifacht werden.
a) Geben Sie mehrere Möglichkeiten an, wie das erreicht werden kann.
b) Erklären Sie Ihre Lösungen.

Material B • Ein Blick in das Innere eines Stabmagneten

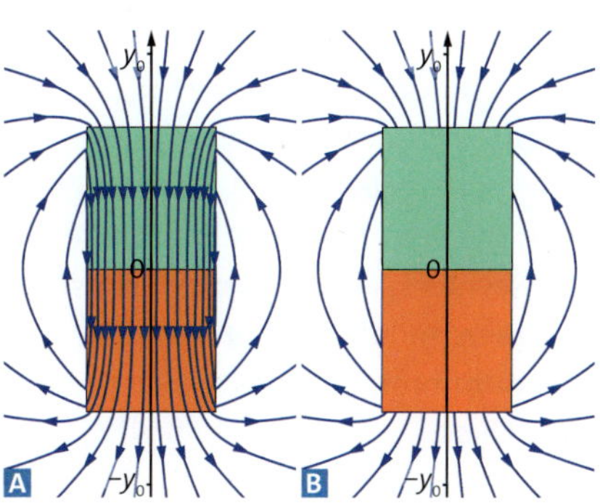

Oft werden die magnetischen Feldlinien wie in Abbildung A dargestellt. Woher weiß man, dass die Feldlinien im Inneren des Magneten weitergehen und nicht an der Oberfläche enden (Abbildung B)?

B1 Der Betrag der Flussdichte ändert sich entlang der y-Achse.
a) Skizzieren Sie für beide Abbildungen je ein $\mathcal{B}(y)$-Diagramm von $-y_0$ bis y_0.
b) Wenn der Magnet durch eine Spule fällt, wird durch die Flussdichteänderung eine Spannung induziert. Skizzieren Sie die aufgrund der $\mathcal{B}(y)$-Diagramme zu erwartenden $U_{ind}(t)$-Diagramm für beide Abbildungen.
c) Vergleichen Sie die $U_{ind}(t)$-Diagramme aus b) mit dem aus V1.
d) Entscheiden Sie zwischen Abbildung A und B. Begründen Sie.

1 MICHAEL FARADAYs Experiment zur Induktion durch Flächenänderung

Induktion durch Flächenänderung

1831 entdeckte MICHAEL FARADAY die elektromagnetische Induktion. Das Foto zeigt einen der von ihm verwendeten Aufbauten: Eine Spule mit Holzgriffen befindet sich zwischen den Polen eines Hufeisenmagnets. Wenn man sie nach oben zieht, kann man eine Spannung nachweisen.

FARADAYs Experiment • Das Experiment lässt sich leicht nachstellen (▸Abb. 2): Wenn wir eine rechteckige, flache Spule nach oben aus dem Magnetfeld des Hufeisenmagneten ziehen, messen wir während der Bewegung eine Spannung. Bewegen wir die Spule wieder in das Magnetfeld hinein, gibt es dabei wieder eine Spannung, die aber das entgegengesetzte Vorzeichen hat.

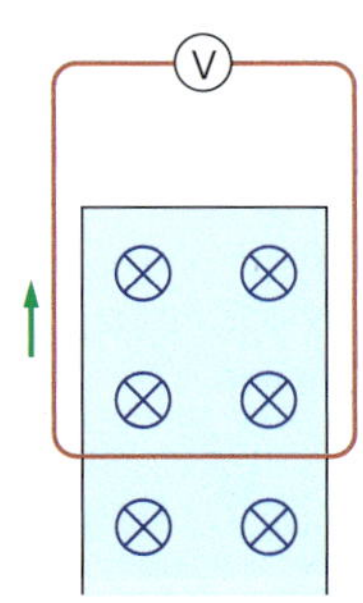

2 In der Spule wird eine Spannung induziert.

Mit dem Faradayschen Induktionsgesetz lässt sich das erklären: Während die Spule aus dem Magnetfeld herausbewegt wird, ändert sich der magnetische Fluss innerhalb der Spule, sodass eine Spannung induziert wird. Beim Hineinbewegen gibt es auch eine Flussänderung, die aber zu einer Induktionsspannung mit entgegengesetztem Vorzeichen führt. Dabei ist es nicht entscheidend, in welche Richtung die Spule aus dem bzw. in das Magnetfeld geführt wird, sondern nur, ob der magnetische Fluss ab- oder zunimmt.

Wie wirkt die Flächenänderung? • Anders als bisher kommt die Flussänderung hier aber nicht durch eine Änderung der magnetischen Flussdichte zustande, sondern dadurch, dass sich die Fläche ändert, die vom Magnetfeld durchsetzt wird. Wie hängt die Induktionsspannung von dieser Flächenänderung ab?

Das untersuchen wir genauer mit einem weiteren Experiment (▸Abb. 3 A–C): Eine 10 cm breite quadratische, flache Spule mit 2400 Windungen bewegt sich mit einer Geschwindigkeit von $2{,}0\,\frac{\text{cm}}{\text{s}}$ nach rechts in ein homogenes Magnetfeld, dessen Flussdichte von 10 mT senkrecht aus der Zeichenebene zeigt. Die Spannung wird dabei abhängig von der Zeit gemessen (▸Abb. 4).

Wie zu erwarten war, gibt es nur eine Induktionsspannung, wenn sich der magnetische Fluss in der Spule ändert, d. h., während sie in das Magnetfeld eintaucht. Die vom Magnetfeld durchsetzte Fläche ist ein Rechteck, dessen Breite d konstant bleibt, aber dessen andere Seite $s(t)$ mit der Zeit immer weiter zunimmt. Also ergibt sich für den magnetischen Fluss:

$$\Phi(t) = \mathcal{B} \cdot A(t) = \mathcal{B} \cdot d \cdot s(t).$$

Die zeitliche Ableitung von $s(t)$ entspricht gerade der Geschwindigkeit $v(t)$ der Spule, sodass wir die Induktionsspannung berechnen können:

$$U_{ind}(t) = -n \cdot \dot{\Phi}(t) = -n \cdot \mathcal{B} \cdot d \cdot \dot{s}(t)$$
$$= -n \cdot \mathcal{B} \cdot d \cdot v(t)$$
$$= -2\,400 \cdot 10\,\text{mT} \cdot 0{,}10\,\text{m} \cdot 0{,}020\,\frac{\text{m}}{\text{s}} = -48\,\text{mV}.$$

Die Induktionsspannung sollte also konstant bei −0,48 V bleiben. Das entspricht dem gemessenen Wert (▸Abb.4). Sobald sich die Spule ganz im Magnetfeld befindet, ändert sich die Seitenlänge $s(t)$ und damit der magnetische Fluss nicht mehr, sodass es keine Induktionsspannung mehr gibt.

Polung der Induktionsspannung • Wenn sich die magnetische Flussdichte in der Spule ändert, dann kann man die Polung der Induktionsspannung mit der Linke-Hand-Regel bestimmen. Wie geht das bei der Induktion durch Flächenänderung? Dazu erweitern wir die Linke-Hand-Regel mithilfe der Feldlinienvorstellung. Der Daumen zeigt dabei in die Richtung, in die sich die Anzahl der gezeichneten Feldlinien innerhalb der Spule ändert. In ▸Abb. 3 B nimmt die Anzahl beim Eintauchen ins Magnetfeld zu und der Daumen zeigt aus der Zeichenebene heraus. Die anderen Finger zeigen dann die Richtung an, in der es zu einer Ladungsverschiebung kommt, sodass man eine Spannung messen kann. In ▸Abb. 3 entsteht daher zwischen dem oberen und dem unteren Anschluss des Voltmeters eine negative Spannung.

Der magnetische Fluss fasst zusammen • Man kann also nicht nur durch eine Änderung der magnetischen Flussdichte eine Spannung induzieren, sondern auch durch Änderung der vom Magnetfeld durchsetzten Fläche. Hier zeigt sich der Vorteil der Formulierung des Induktionsgesetzes mit dem magnetischen Fluss: So werden beide Möglichkeiten zusammengefasst.

Wenn sich die magnetische Flussdichte oder die vom Magnetfeld durchsetzte Fläche in einer Leiterschleife ändern, ändert sich dadurch der magnetische Fluss, sodass eine Spannung induziert wird.

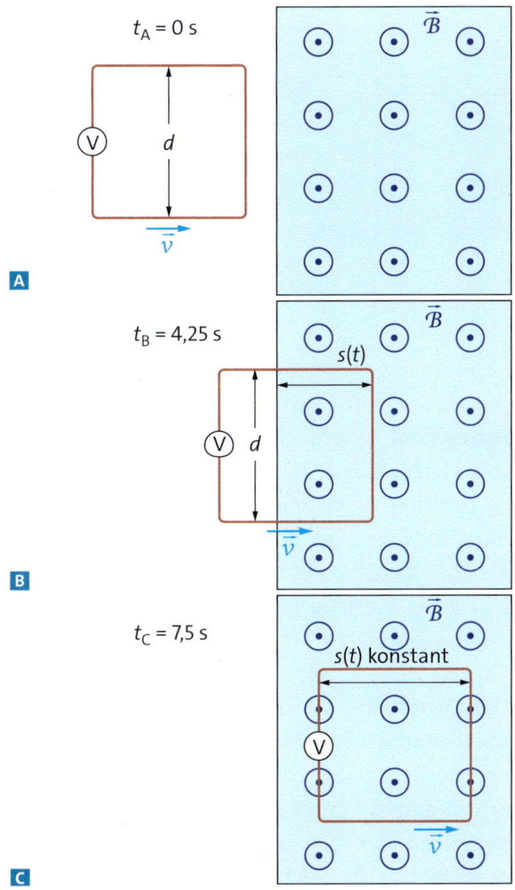

3 Die Spule bewegt sich ins Magnetfeld: **A** und **C**: Keine Induktionsspannung, **B** Induktionsspannung durch Flächenänderung

4 $U_{ind}(t)$-Diagramm für die Spule in ▸Abb. 3

1 Geben Sie an, ab welchem Zeitpunkt (i) die Spule in das Magnetfeld eintaucht und (ii) sie sich komplett im Magnetfeld befindet (▸Abb. 4). Begründen Sie Ihre Angaben.

2 Das Experiment in ▸Abb. 3 wird wie folgt abgeändert. Zeichnen Sie jeweils ein $U_{ind}(t)$-Diagramm. Erklären Sie Ihre Skizze.
a) Die Flussdichte von 15 mT weist senkrecht in die Zeichenebene hinein.
b) Die Spule wird mit $4{,}0\,\frac{\text{cm}}{\text{s}}$ aus dem Magnetfeld herausbewegt.

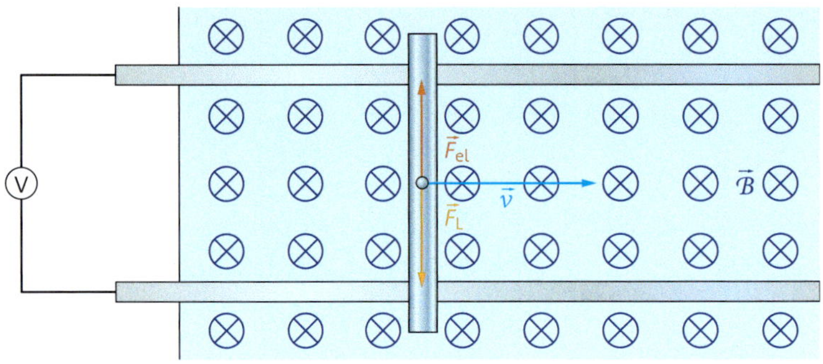

1 Lorentz-Kraft und elektrische Kraft im Kräftegleichgewicht

Induktion • Wenn sich die Flussdichte in einer Leiterschleife ändert, dann entsteht dabei ein elektrisches Wirbelfeld und es wird eine Spannung induziert. Bei der Flächenänderung bleibt die Flussdichte konstant, sodass es kein Wirbelfeld gibt. Wie kommt die Induktionsspannung dann zustande?

Dazu betrachten wir die Situation in ▸Abb. 1: Ein Metallstab wird mit konstanter Geschwindigkeit nach rechts bewegt. Über zwei Metallschienen ist er mit einem Voltmeter verbunden. Die Anordnung befindet sich in einem Magnetfeld, das senkrecht in die Zeichenebene hineinweist. Mit dem Stab werden auch die darin enthaltenen beweglichen Elektronen durch das Magnetfeld bewegt, sodass auf sie eine Lorentz-Kraft $F_L = e \cdot v \cdot \mathcal{B}$ nach unten wirkt. Es kommt also zu einer Ladungsverschiebung. Dadurch entsteht im Stab ein elektrisches Feld. Die damit verbundene elektrische Kraft $F_{el} = e \cdot \mathcal{E}$ auf die Elektronen ist der Lorentz-Kraft entgegengesetzt gerichtet. In kürzester Zeit stellt sich ein Kräftegleichgewicht ein, sodass keine weitere Ladungsverschiebung stattfindet.

Bewegt sich die Leiterschleife vollständig im Magnetfeld, bewirkt die Lorentz-Kraft im vorderen und hinteren Leiterstück dieselbe Ladungstrennung. Das entspricht der Situation zweier entgegengesetzter Spannungsquellen, die sich aufheben. Ein Strom kann nicht fließen.

Dadurch, dass Elektronen nach unten verschoben werden, entsteht zwischen dem oberen und dem unteren Anschluss des Voltmeters eine positive Spannung. Das lässt sich auch mit einer Messung nachweisen. Wendet man die Linke-Hand-Regel auf die Situation an, dann ergibt sich die gleiche Vorhersage.

Kräftegleichgewicht und Spannung • Aus dem Kräftegleichgewicht zwischen Lorentz-Kraft und elektrischer Kraft lässt sich auch der Betrag der dabei entstehenden Spannung berechnen:

$$F_{el} = F_L$$
$$e \cdot \mathcal{E} = e \cdot v \cdot \mathcal{B} \qquad |:e$$
$$\mathcal{E} = \mathcal{B} \cdot v.$$

Da das Magnetfeld überall homogen ist, gilt dies auch für das elektrische Feld im Stab (Länge d), d.h., es gilt $\mathcal{E} = \frac{U}{d}$ und somit:

$$\frac{U}{d} = \mathcal{B} \cdot v \qquad | \cdot d$$
$$U = \mathcal{B} \cdot v \cdot d.$$

Induktionsspannung und Felder • Mit dem Induktionsgesetz erhält man für den Betrag der Induktionsspannung das gleiche Ergebnis. Das zeigt, dass die beim Zusammenwirken von Lorentz-Kraft und elektrischer Kraft entstehende Spannung tatsächlich die Induktionsspannung ist. Daher können wir das Wirken von elektrischen und magnetischen Feldern beim Entstehen einer Induktionsspannung folgendermaßen zusammenfassen:

In einer Leiterschleife entsteht eine Induktionsspannung
- durch ein elektrisches Wirbelfeld, wenn sich die Flussdichte in der Schleife ändert,
- durch eine Lorentz-Kraft, wenn sich die vom Magnetfeld durchsetzte Fläche in der Schleife ändert.

Induktion bei einem Leiterstück • In ▸Abb. 1 haben wir gesehen, dass schon ein Leiterstück, das sich orthogonal zu den magnetischen Feldlinien bewegt, ausreicht, um eine Spannung zu induzieren. Eine Spule kann man sich aus entsprechend zusammengesetzten Leiterstücken vorstellen.

Wenn ein Leiter der Länge d mit der Geschwindigkeit v orthogonal zur Flussdichte $\vec{\mathcal{B}}$ durch ein Magnetfeld bewegt wird, dann wird dabei eine Spannung U_{ind} induziert mit dem Betrag
$U_{ind} = \mathcal{B} \cdot v \cdot d.$

Induktion und Energieversorgung • Wenn man ein elektrisches Gerät an eine Steckdose anschließt, dann bekommt es die Energie häufig von Generatoren in Windenergieanlagen oder in Kraftwerken. Dort wird durch die Bewegung von Leitern in Magnetfeldern eine Spannung induziert. Wie funktioniert dabei die Energieübertragung?

Technisch ist das meist relativ komplex, aber das Prinzip erklären wir an einem einfachen Modell (▸Abb. 2): Im Aufbau von ▸Abb. 1 ersetzen wir das Voltmeter durch eine Glühlampe und bewegen den Metallstab wieder nach rechts. Wenn er sich schnell genug bewegt, leuchtet die Lampe, d.h., auf sie wird Energie übertragen. (Mit diesem Aufbau wäre das in Wirklichkeit kaum möglich.)

Dadurch, dass der Stromkreis nun geschlossen ist, kommt es zu einem Strom durch den bewegten Metallstab. Auf den Stab als stromführenden Leiter wirkt deshalb die Kraft $F_I = \mathcal{B} \cdot I \cdot d$ entgegen der Bewegungsrichtung des Stabs. Damit sich der Stab mit konstanter Geschwindigkeit weiterbewegt, muss er daher mit der Kraft $\vec{F}_{Zug}$ nach rechts gezogen werden. Dabei hat $\vec{F}_{Zug}$ den gleichen Betrag wie $\vec{F}_I$. Für das Ziehen benötigt man offensichtlich Energie. Das ist genau die Energie, die dann durch die Induktion zur Lampe übertragen wird.

Elektrische und mechanische Leistung • Dass die Energie, die man mechanisch für das Ziehen des Stabs benötigt, die gleiche ist wie diejenige, die elektrisch auf die Lampe übertragen wird, kann man rechnerisch nachweisen. Dazu betrachten wir die elektrische und die mechanische Leistung bei diesem Modell-Generator:

Durch die Induktionsspannung $U_{ind} = \mathcal{B} \cdot v \cdot d$ gibt es in der Lampe einen Strom der Stromstärke I. Für die elektrische Leistung P_{el} gilt daher:

$$P_{el} = U_{ind} \cdot I = \mathcal{B} \cdot v \cdot d \cdot I.$$

Die mechanische Leistung P_{mech} beim Ziehen am Stab berechnet sich zu

$$P_{mech} = F_{Zug} \cdot v = \mathcal{B} \cdot I \cdot d \cdot v.$$

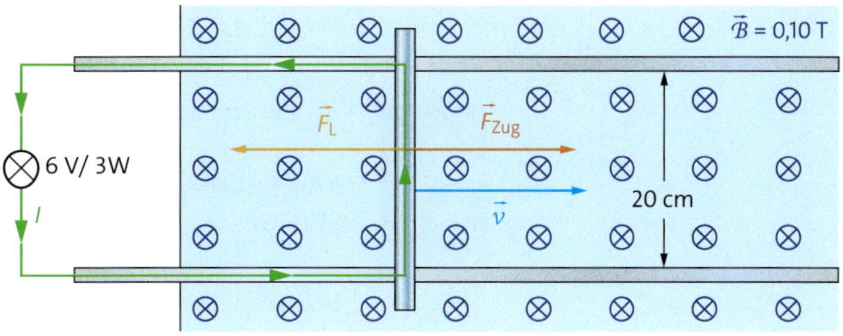

2 Ein Modell-Generator

Mechanische und elektrische Leistung sind also gleich groß, d.h., der Modell-Generator wirkt tatsächlich als Energiewandler, der die Energie mechanisch aufnimmt und elektrisch abgibt.

In der Praxis arbeitet man bei Generatoren mit Spulen mit vielen Windungen und aus naheliegenden Gründen nicht mit linearen Bewegungen, sondern mit Drehbewegungen. Die Energiebetrachtung gilt aber in gleicher Weise.

Durch Induktion wirkt ein Generator als Energiewandler, der mechanisch Energie aufnimmt und elektrisch abgibt.

Wenn man den Stab in ▸Abb. 2 nicht mehr zieht, wird er durch die Kraft F_I abgebremst. Das gleiche Prinzip nutzen Wirbelstrombremsen.

1 In Abb. 3 bewegt sich eine Rahmenspule in das Magnetfeld hinein.
a) Beim Eintauchen wird eine Spannung zwischen den Anschlüssen P und Q induziert. Befindet sich die Spule ganz im Magnetfeld, wird aber keine Spannung induziert. Erklären Sie dies mit einer Kräftebetrachtung.
b) Bestimmen Sie das Vorzeichen der Induktionsspannung (i) mit der Linke-Hand-Regel, (ii) mit der Kräftebetrachtung aus a).
c) Man verbindet P und Q leitend, sodass ein geschlossener Stromkreis entsteht. Erläutern Sie, wann man eine äußere Kraft braucht, um die Spulengeschwindigkeit konstant zu halten.

2 In ▸Abb. 2 soll die Lampe normal leuchten. Berechnen Sie die dafür nötige Geschwindigkeit und Kraft. Beurteilen Sie Ihr Ergebnis.

Elektrische Leistung:
$P_{el} = U \cdot I$

Mechanische Leistung:
$P_{mech} = F \cdot v$

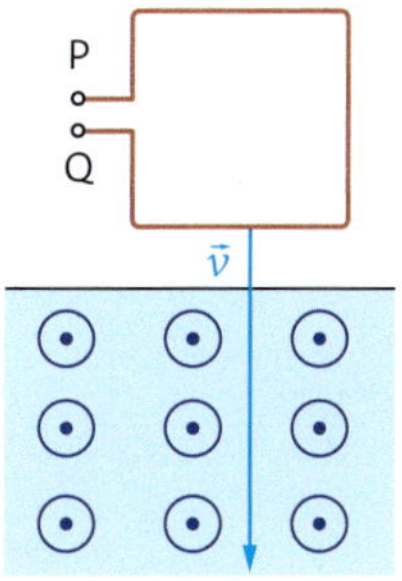

3 zu Aufgabe 1)

Versuch A • Induktion im Magnetfeld der Erde

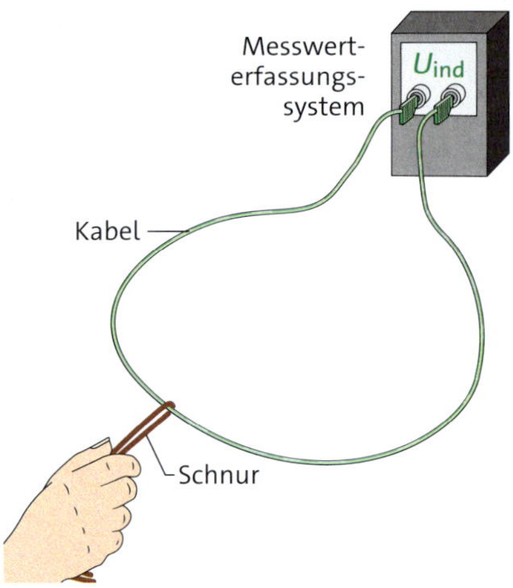

Sie nutzen die Induktion durch Flächenänderung, um das Erdmagnetfeld nachzuweisen und dessen Flussdichte zu bestimmen.

Material:
Langes Kabel (mind. 3 m), Messwerterfassungssystem (Voltmeter mit 1-mV-Bereich), Schnur, Maßband

V1 Zusammenziehen qualitativ

Arbeitsauftrag:

a) Legen Sie das Kabel auf dem Boden zu einem Kreis und schließen Sie die Kabelenden an das Voltmeter an. Ziehen Sie den Kabelkreis mit der Schnur möglichst rasch zusammen. Messen Sie dabei die Spannung. Achten Sie auf die Anschlüsse des Kabels!

b) Beschreiben Sie das gemessene $U_{ind}(t)$-Diagramm. Erklären Sie, wie bei dem Versuch eine Spannung induziert wird.

c) Schließen Sie aus der Polung der Spannung mit der Linke-Hand-Regel auf die Richtung der Flussdichte.

d) Skizzieren Sie ein $U_{ind}(t)$-Diagramm, wenn (i) das Zusammenziehen langsamer erfolgt, (ii) die anfängliche Fläche kleiner ist. Begründen Sie Ihre Hypothesen.

e) Überprüfen Sie Ihre Hypothesen experimentell. Ziehen Sie Schlüsse aus Ihrer Beobachtung.

V2 Zusammenziehen quantitativ

Arbeitsauftrag:

a) Legen Sie das Kabel auf dem Boden zu einem Rechteck o. ä., sodass Sie den Flächeninhalt A bestimmen können. Gehen Sie vor wie bei V1 a). Wiederholen Sie den Versuch mindestens dreimal.

b) Bestimmen Sie aus dem $U_{ind}(t)$-Diagramm die Zeitspanne Δt, in der eine Spannung induziert wurde und die mittlere Spannung $\bar{U}_{ind}$ hierbei.

c) Für die Vertikalkomponente des Erdmagnetfelds gilt: $\mathcal{B}_v = \frac{\bar{U}_{ind} \cdot \Delta t}{A}$. Berechnen Sie die Vertikalkomponente $\mathcal{B}_v$ aus Ihren Messwerten.

d) Informieren Sie sich über den Inklinationswinkel am Versuchsort. Berechnen Sie aus Ihren Messwerten die Flussdichte des Erdmagnetfelds. Recherchieren Sie den tatsächlichen Wert und vergleichen Sie beide.

e) Leiten Sie die in c) angegebene Formel aus dem Induktionsgesetz her.

Material A • Verschiedene Wege zu $U_{ind}(t)$-Diagrammen

Eine Leiterschleife wird mit konstanter Geschwindigkeit in Richtung ①, ② bzw. ③ gezogen. Die Spannung wird gemessen. Die Flussdichten der beiden Magnetfelder sind entgegengesetzt gerichtet, haben aber den gleichen Betrag.

A1 Drei der vier $U_{ind}(t)$-Diagramme A–D sind bei ①, ② und ③ entstanden.

a) Ordnen Sie jedem Weg ein passendes $U_{ind}(t)$-Diagramm zu. Begründen Sie Ihre Zuordnung.

b) Finden Sie für das bei a) nicht verwendete $U_{ind}(t)$-Diagramm einen passenden Weg für die Leiterschleife.

c) Erstellen Sie für die gleiche Anordnung selbst eine Aufgabe mit Lösung, bei der Sie (i) einen Weg oder (ii) ein $U_{ind}(t)$-Diagramm vorgeben.

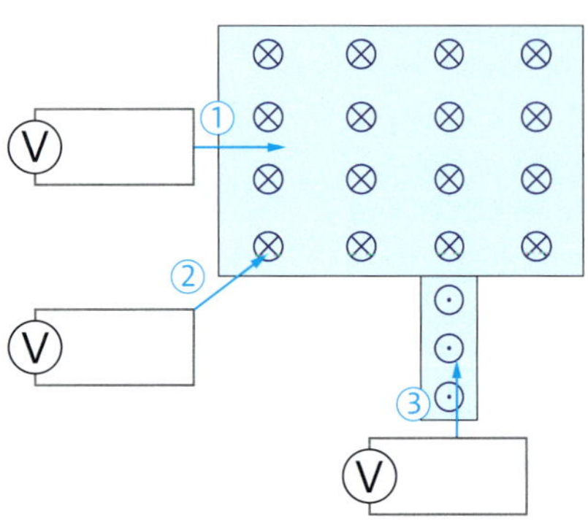

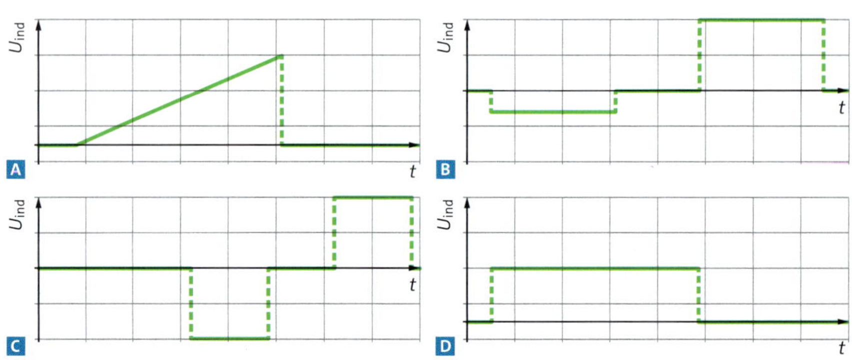

Material B • Induktionsspannung bei der Bewegung einer Spule

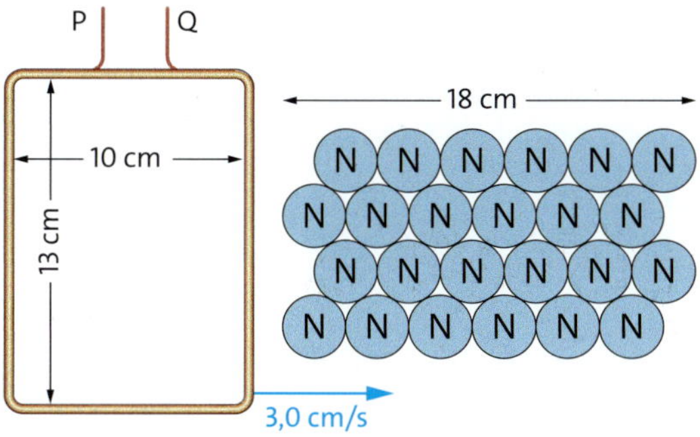

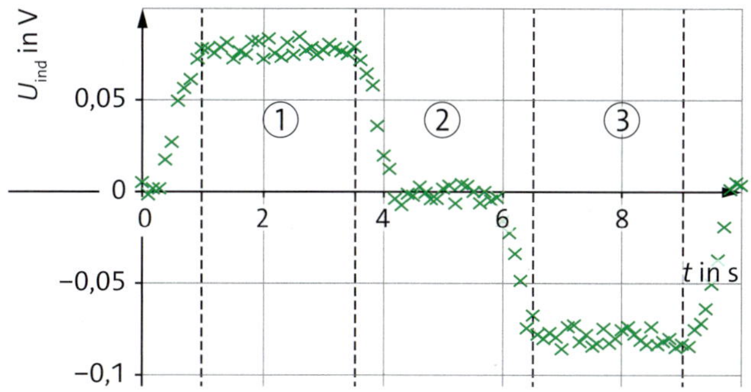

Eine rechteckige, flache Spule mit 2400 Windungen wird mit einer Geschwindigkeit von $3{,}0\,\frac{cm}{s}$ nach rechts über ein Feld von gleichstarken Magneten gezogen (▸Abb. links). Das $U_{ind}(t)$-Diagramm zeigt die dabei zwischen den Anschlüssen P und Q gemessene Spannung.

B1 **a)** Erklären Sie, warum die Spannung in den Abschnitten ① und ③ näherungsweise konstant ist.
b) Begründen Sie, warum der Spannungsbetrag in beiden Abschnitten gleich ist.
c) Überprüfen Sie die Polung der Spannung in den Abschnitten ① und ③ (i) mit der Linke-Hand-Regel, (ii) mit einer Kräftebetrachtung, (iii) mit der Lenzschen Regel.
d) Erklären Sie den Verlauf der Spannung im Abschnitt ②.

B2 **a)** Zeigen Sie, dass die mittlere magnetische Flussdichte über den Magneten 11 mT beträgt. Nutzen Sie hierfür das $U_{ind}(t)$-Diagramm. Dokumentieren Sie Ihr Vorgehen.
b) Zeichnen Sie das zur Messung passende $\Phi(t)$-Diagramm für die Spule.

B3 Folgende Veränderungen werden am Experiment vorgenommen. Erklären Sie jeweils, welchen Einfluss dies auf das zu erwartende $U_{ind}(t)$-Diagramm hat.
a) Die Spule wird mit gleicher Geschwindigkeit von rechts nach links über das Magnetfeld gezogen.
b) Die Spule hat nur 1600 Windungen.
c) Die Spule wird mit $2{,}0\,\frac{cm}{s}$ gezogen.
d) Die Spule wird gedreht, sodass die schmale Seite nach vorne zeigt.

Material C • Eine Spule auf einer schiefen Ebene

Eine Spule auf einem Fahrbahnwagen rollt eine schiefe Ebene hinab, sodass sie mit $1{,}0\,\frac{m}{s^2}$ beschleunigt wird. Zum Zeitpunkt $t = 0\,s$ beginnt sie, mit einer Geschwindigkeit von $2{,}0\,\frac{m}{s}$ in ein Magnetfeld einzutauchen.

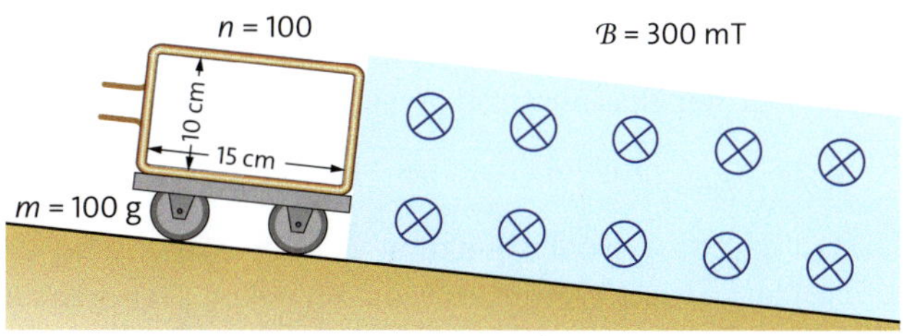

C1 Während des Eintauchens der Spule in das Magnetfeld wird eine Spannung induziert.
a) Erklären Sie dies (i) mit dem Induktionsgesetz, (ii) durch eine Kräftebetrachtung.
b) Die induzierte Spannung U_{ind} bleibt beim Eintauchen nicht konstant. Begründen Sie dies.

C2 **a)** Berechnen Sie U_{ind} zu Beginn des Eintauchens.
b) Zeichnen Sie ein $U_{ind}(t)$-Diagramm ab $t = 0\,s$. Dokumentieren Sie Ihr Vorgehen.

C3 Die Anschlüsse P und Q werden verbunden, sodass die Spule nun einen Widerstand von $1{,}0\,\Omega$ hat. Das Experiment wird unter sonst gleichen Bedingungen wiederholt.
a) Der Spulen-Wagen bewegt sich dadurch beim Eintauchen anders als zuvor. Erläutern Sie dies.
b) Der Wagen wird tatsächlich abgebremst. Berechnen Sie die hierfür verantwortliche resultierende Kraft für $t = 0\,s$.
c) Skizzieren Sie für den Wagen ein $v(t)$-Diagramm ab $t = 0\,s$. Erklären Sie dessen Verlauf.
d) Bestimmen Sie die Geschwindigkeit, bei der sich der Wagen beim Eintauchen in das Magnetfeld mit konstanter Geschwindigkeit weiterbewegt.

METHODE

Ableitungsregeln

Induktion durch Feldänderung • Beim Generator in ▸Abb. 1 rotiert der Magnet. Dadurch entsteht in jeder Spule eine zeitlich veränderliche Flussdichte:

$$\mathcal{B}(t) = \mathcal{B}_{max} \cdot \sin(\omega \cdot t). \quad (1)$$

Die Induktionsspannung ist proportional zur **Änderungsrate** der Flussdichte:

$$U_{ind} = -N \cdot A \cdot \frac{\Delta \mathcal{B}}{\Delta t}.$$

Momentane Änderungsrate • Diese Änderungsrate $\frac{\Delta \mathcal{B}}{\Delta t}$ ist nur ein Zeitmittelwert für das Intervall Δt. Genauer wäre die **momentane Änderungsrate,** also die Änderungsrate im Grenzfall „Zeitintervall gegen null". Dieser Grenzwert der Änderungsrate ist die **Ableitung:**

$$\mathcal{B}'(t) = \lim_{\Delta t \to 0} \frac{\Delta \mathcal{B}}{\Delta t} = \dot{\mathcal{B}}(t) = \frac{d\mathcal{B}}{dt}.$$

Hier haben wir mit $\dot{\mathcal{B}}(t)$ eine Ableitung bezüglich der Zeit mit einem Punkt abgekürzt, wie in der Physik üblich. Zudem haben wir mit $\frac{d\mathcal{B}}{dt}$ die **Leibniz-Schreibweise** verwendet: Diese Schreibweise stellt den Grenzwert des Bruches $\frac{\Delta \mathcal{B}}{\Delta t}$ als Bruch $\frac{d\mathcal{B}}{dt}$ dar, wobei der Limes nur analysiert wird, falls nötig – andernfalls werden einfach die Regeln der Bruchrechnung angewendet.
Wir können die induzierte Spannung genauer aus der momentanen Änderungsrate bestimmen:

$$U_{ind}(t) = -N \cdot A \cdot \dot{\mathcal{B}}(t).$$

Flussdichte in zwei Schritten • Wir erkennen, dass der Term in Gleichung (1) in zwei Schritten aus t ermittelt wird: Erst wird der **Phasenwinkel** $\varphi(t) = \omega \cdot t$ ermittelt, dann $\mathcal{B}(\varphi)$:

$$\mathcal{B}(\varphi) = \mathcal{B}_{max} \cdot \sin\varphi \quad \text{mit} \quad \varphi(t) = \omega \cdot t.$$

Man sagt, dass hier die Funktion $\mathcal{B}(t)$ eine **Verkettung** aus $\mathcal{B}(\varphi)$ und $\varphi(t)$ ist. Das notiert man mit einem **Kreissymbol:**

$$\mathcal{B}(t) = \mathcal{B}(\varphi) \circ \varphi(t)$$

Entsprechend ermitteln wir die Ableitung in zwei Schritten. Wir wenden die Leibniz-Schreibweise an:

$$\dot{\mathcal{B}}(t) = \frac{d\mathcal{B}}{dt}.$$

Hier erweitern wir mit $d\varphi$:

$$\dot{\mathcal{B}}(t) = \frac{d\mathcal{B}}{d\varphi} \cdot \frac{d\varphi}{dt}.$$

Wir erkennen, dass der Bruch $\frac{d\mathcal{B}}{d\varphi}$ die Ableitung von $\mathcal{B}(\varphi) = \mathcal{B}_{max} \cdot \sin\varphi$ darstellt. Entsprechend ist $\frac{d\varphi}{dt} = \dot{\varphi}(t)$:

$$\dot{\mathcal{B}}(t) = \mathcal{B}'(\varphi) \cdot \dot{\varphi}(t).$$

Unser Ergebnis nennt man **Kettenregel:**

Die Ableitung $[\mathcal{B}(\varphi) \circ \varphi(t)]'$ ist das Produkt der Ableitungen $\mathcal{B}'(\varphi) \cdot \dot{\varphi}(t)$.

Flussdichte des Generators • Wir entwickeln die Ableitung für das Feld $\mathcal{B}(t)$ des Generators in ▸Abb. 1. Die Ableitung des Phasenwinkels abhängig von der Zeit beträgt:

$$\dot{\varphi}(t) = \frac{d(\omega \cdot t)}{dt} = \omega. \quad (2)$$

Die Ableitung der Flussdichte abhängig vom Phasenwinkel $\mathcal{B}(\varphi)$ beträgt:

$$\mathcal{B}'(\varphi) = \frac{d(\mathcal{B}_{max} \cdot \sin\varphi)}{d\varphi} = \mathcal{B}_{max} \cdot \frac{d(\sin\varphi)}{d\varphi} = \mathcal{B}_{max} \cdot \cos\varphi. \quad (3)$$

Die Ableitung der Flussdichte abhängig von der Zeit ist das Produkt der Ableitungen in den Gleichungen (2) und (3):

$$\dot{\mathcal{B}}(t) = \mathcal{B}'(\varphi) \cdot \dot{\varphi}(t) = \mathcal{B}_{max} \cdot \cos\varphi \cdot \omega.$$

Wir setzen den Phasenwinkel abhängig von t ein:

$$\dot{\mathcal{B}}(t) = \mathcal{B}_{max} \cdot \cos(\omega \cdot t) \cdot \omega = \mathcal{B}_{max} \cdot \omega \cdot \cos(\omega \cdot t).$$

Die Kettenregel ist hier besonders einfach: Die zeitliche Ableitung $\dot{\mathcal{B}}(t)$ des Feldes ist gleich der Ableitung der Flussdichte abhängig vom Phasenwinkel $\mathcal{B}(\varphi)$ multipliziert mit der **Kreisfrequenz** ω.
Damit gilt für den Generator:

$$U_{ind}(t) = -N \cdot A \cdot \mathcal{B}_{max} \cdot \omega \cdot \cos(\omega \cdot t).$$

Beispielsweise ergibt sich die Induktionsspannung für den Generator in ▸Abb. 1 bei der Fläche $A = 0{,}01\,\text{m}^2$, der gesamten Windungszahl $N = 100$, dem maximalen Feld $\mathcal{B}_{max} = 0{,}2\,\text{T}$ und der Kreisfrequenz $\omega = 100\,\frac{1}{\text{s}}$ zu:

$$U_{ind}(t) = -N \cdot A \cdot \mathcal{B}_{max} \cdot \cos(\omega \cdot t) \cdot \omega = -20\,\text{V} \cdot \cos(\omega \cdot t).$$

Induktion durch Flächenänderung • Bei manchen Generatoren rotiert die Spule in einem Magnetfeld (▸Abb. 2). Dadurch beträgt der vom magnetischen Fluss orthogonal durchdrungene Anteil der Fläche, also die **wirksame Fläche:**

$$A(t) = A_{max} \cdot \sin(\omega \cdot t).$$

Die Induktionsspannung ist proportional zur Änderungsrate $\frac{\Delta A}{\Delta t}$ und allgemeiner zur Ableitung:

$U_{ind}(t) = -N \cdot \mathcal{B} \cdot \dot{A}(t) = -N \cdot \mathcal{B} \cdot A_{max} \cdot \omega \cdot \cos(\omega \cdot t)$.

Allgemeine Induktionsspannung • Bisher können wir nur eine spezielle Induktionsspannung ermitteln, die entweder durch Flächenänderung oder durch Feldänderung zustande kommt. Bei einem realistischen Generator ist das Feld inhomogen, sodass während eines Umlaufs Bereiche mit unterschiedlichen Flussdichten durch die ebenfalls veränderliche wirksame Fläche dringen. Daher fassen wir die beiden speziellen Induktionsspannungen zusammen:

$$U_{ind}(t) = -N \cdot \left(\mathcal{B} \cdot \dot{A}(t) + A \cdot \dot{\mathcal{B}}(t)\right). \qquad (4)$$

Um den Ausdruck in der Klammer zu vereinfachen, nutzen wir die Leibniz-Schreibweise:

$$\mathcal{B} \cdot \dot{A}(t) + A \cdot \dot{\mathcal{B}}(t) = \mathcal{B} \cdot \frac{dA}{dt} + A \cdot \frac{d\mathcal{B}}{dt} = \frac{[\mathcal{B} \cdot dA + A \cdot d\mathcal{B}]}{dt}. \qquad (5)$$

Im Zähler sind A und $\mathcal{B}$ Konstanten, $d\mathcal{B}$ und dA sehr kleine zeitliche Änderungen dieser Konstanten. ▸Abb. 3 veranschaulicht den Fall, dass A und $\mathcal{B}$ beide größer werden. Im Zeitintervall dt ändert sich $A \cdot \mathcal{B}$ insgesamt um:

$$d(A \cdot \mathcal{B}) = A \cdot d\mathcal{B} + dA \cdot d\mathcal{B} + \mathcal{B} \cdot dA.$$

Da dt sehr klein ist, sind dA sowie $d\mathcal{B}$ ebenfalls sehr klein. Das Produkt $dA \cdot d\mathcal{B}$ können wir daher im Grenzfall, dass dt gegen null geht, vernachlässigen und erhalten:

$$d(A \cdot \mathcal{B}) = A \cdot d\mathcal{B} + \mathcal{B} \cdot dA.$$

Aus Gleichung (5) wird damit:

$$\mathcal{B} \cdot \frac{dA}{dt} + A \cdot \frac{d\mathcal{B}}{dt} = \frac{d(A \cdot \mathcal{B})}{dt}$$

oder:

$$\mathcal{B} \cdot \dot{A}(t) + A \cdot \dot{\mathcal{B}}(t) = (A \dot{\cdot} \mathcal{B})(t).$$

Diese Gleichung stellt die sogenannte **Produktregel** dar: Die Ableitung eines Produktes zweier Funktionen ist gleich der Summe der beiden Produkte einer Funktion mit der Ableitung der jeweils anderen Funktion.

Aus Gleichung (4) wird:

$$U_{ind} = -N \cdot (A \dot{\cdot} \mathcal{B})(t).$$

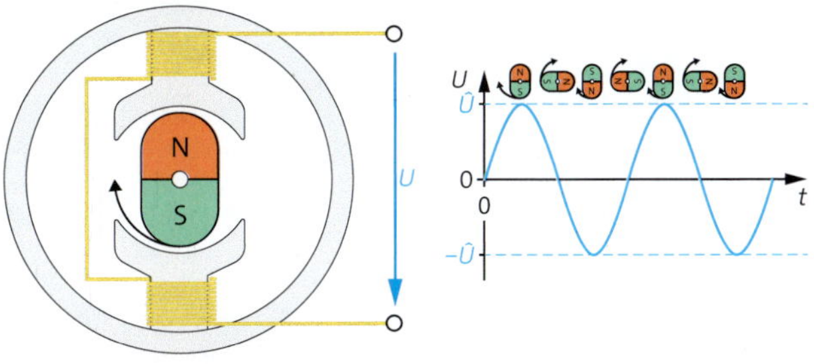

1 Generator mit Änderung der Flussdichte in den Spulen

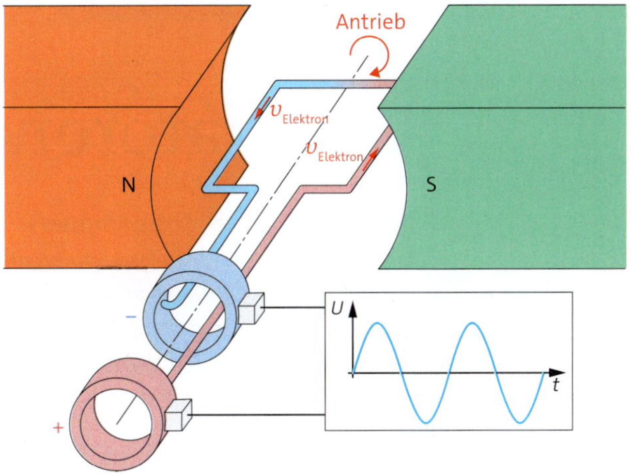

2 Generator mit Änderung der wirksamen Fläche

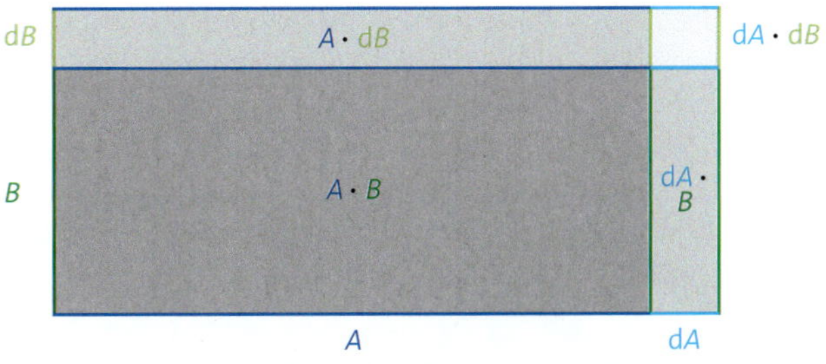

3 Produkt $A \cdot \mathcal{B}$ und Änderung des Produktes $(A + dA) \cdot (\mathcal{B} + d\mathcal{B})$

1 Eine Leiterschleife dreht sich mit ω_A in einem Magnetfeld, sodass die von $\mathcal{B}$ durchsetzte Fläche sich sinusförmig ändert: $A = A_{max} \cdot \sin(\omega_A \cdot t)$. Gleichzeitig ändert sich auch die Flussdichte sinusförmig mit ω_B: $\mathcal{B} = \mathcal{B}_{max} \cdot \sin(\omega_B \cdot t)$ Es gilt: $\omega_A = 2 \cdot \omega_B$. Geben Sie eine Formel für U_{ind} an.

1 Der Rotor eines Generators wird eingebaut.

Generatoren

Ein Generator eines Wasserkraftwerks wird montiert: Der riesige Rotor mit 48 Spulen dreht sich im Betrieb mit über 100 Umdrehungen pro Minute. Er liefert einen Beitrag dafür, dass wir an der Steckdose immer eine 230-V-Wechselspannung mit 50 Hz haben. Wie hängt diese Spannung von der Drehbewegung ab?

Ein Modell-Generator • Wir betrachten die Rotorbewegung vereinfacht in einem Experiment (▸Abb. 2 A): Die Rotorspulen mit ihrer komplexen Geometrie ersetzen wir durch eine flache, rechteckige Spule, die wir im homogenen Magnetfeld eines Helmholtz-Spulenpaars drehen. Wir messen die Spannung zwischen den Spulenanschlüssen mit einem Messwerterfassungssystem: Dreht man die Spule, dann entsteht eine periodische Wechselspannung (▸Abb. 2 B). Sie sieht sinusförmig aus. Ihre Amplitude nimmt mit der Drehfrequenz zu.

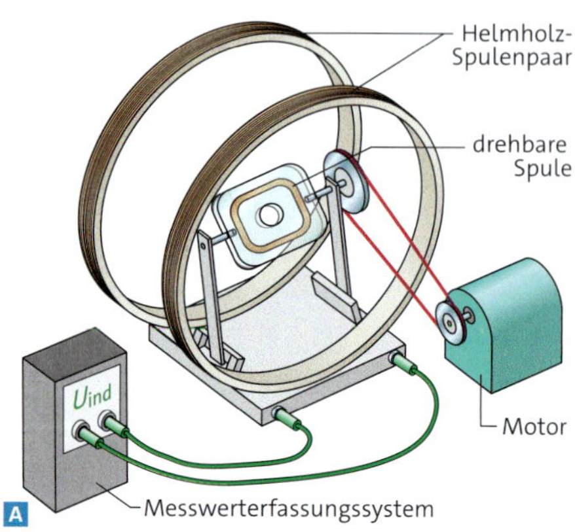

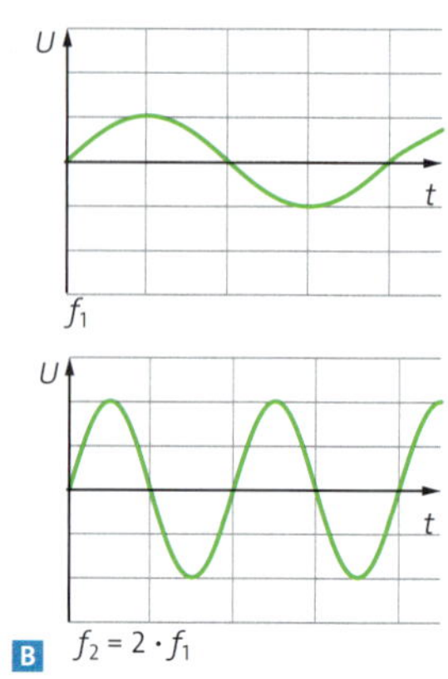

2 A Modell-Generator, B Wechselspannung

Magnetischer Fluss und Winkel • Tatsächlich handelt es sich hier um eine Induktionsspannung. Aber wie kann eine Spannung induziert werden, wenn sich weder die Flussdichte $\vec{B}$ noch die Fläche A der Spule ändern? Hier hilft die Feldlinienvorstellung weiter (▸Abb. 3 A): Anfangs durchsetzen viele der eingezeichneten Feldlinien die Spulenfläche. Wenn sich die Spule dreht, nimmt ihre Anzahl ab, bis die Spule waagrecht steht, in dieser Spulenstellung ist die von Feldlinien durchdrungene Fläche null. Anschließend nimmt sie wieder zu, trifft aber auf die Rückseite der Spule.

Es kommt also für den magnetischen Fluss auch auf die Stellung der Fläche bezüglich der magnetischen Feldlinien an. Man beschreibt diese Stellung mithilfe des Winkels α zwischen der magnetischen Flussdichte und der Flächennormalen (▸Abb. 4). Entsprechend wird die Definition des magnetischen Flusses erweitert:

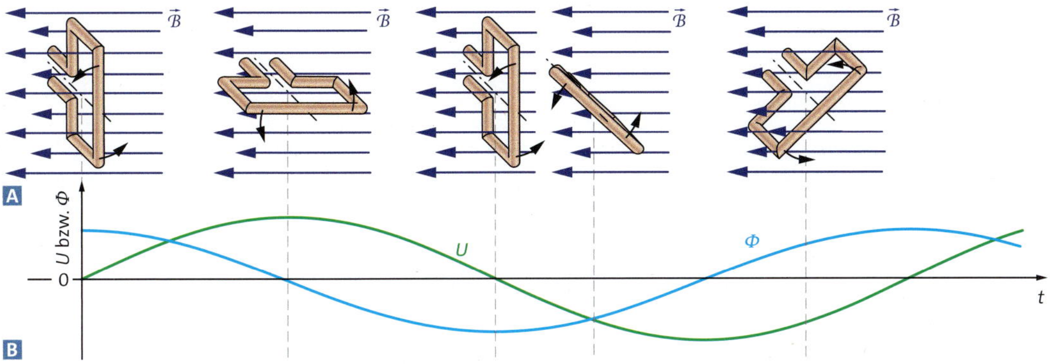

3 **A** Leiterschleife dreht sich im Magnetfeld, **B** $\Phi(t)$- und $U(t)$-Diagramm

Die Fläche der Spule, die senkrecht von Feldlinien durchdrungen wird, nennt man wirksame Fläche.

Wenn sich eine Leiterschleife mit der Fläche A in einem Magnetfeld mit der Flussdichte $\vec{\mathcal{B}}$ befindet, dann gilt für den magnetischen Fluss Φ durch die Schleife:

$\Phi = A \cdot \mathcal{B} \cdot \cos\alpha\,.$

Dabei ist α der Winkel zwischen $\vec{\mathcal{B}}$ und der Flächennormalen von A.

▸Abb. 3 B zeigt, dass der magnetische Fluss negativ sein kann. Das Vorzeichen zeigt an, von welcher Seite der Spule er sie durchsetzt.

Induktionsspannung • Anfangs ist im Experiment aus ▸Abb. 2 A der Winkel $\alpha = 0$. Er ändert sich mit der **Winkelgeschwindigkeit ω,** d.h. $\alpha = \omega \cdot t$, sodass für den Fluss durch die Spule gilt:

$$\Phi(t) = A \cdot \mathcal{B} \cdot \cos\alpha = A \cdot \mathcal{B} \cdot \cos(\omega \cdot t)\,.$$

Mit dem Induktionsgesetz berechnen wir die Induktionsspannung, die sich durch die Flussänderung ergibt:

$$\begin{aligned} U_{\text{ind}}(t) &= -n \cdot \dot{\Phi}(t) \\ &= -n \cdot A \cdot \mathcal{B} \cdot \omega \cdot (-\sin(\omega \cdot t)) \\ &= n \cdot A \cdot \mathcal{B} \cdot \omega \cdot \sin(\omega \cdot t)\,. \end{aligned}$$

Damit erklärt sich der Verlauf der $U(t)$-Diagramme in ▸Abb. 2 B: Es handelt sich tatsächlich um eine sinusförmige Wechselspannung. Für die Amplitude, die **Scheitelspannung $U_{\max}$,** gilt:

$$U_{\max} = n \cdot A \cdot \mathcal{B} \cdot \omega\,.$$

Das bedeutet, sie ist tatsächlich proportional zur Drehfrequenz $f = \frac{\omega}{2\pi}$. Die im Experiment gemessene Spannung wurde also durch die Drehbewegung induziert.

Bei Kraftwerksgeneratoren ist der Aufbau geometrisch zwar komplexer, aber auch hier beeinflusst die Winkelgeschwindigkeit sowohl die Frequenz als auch die Scheitelspannung.

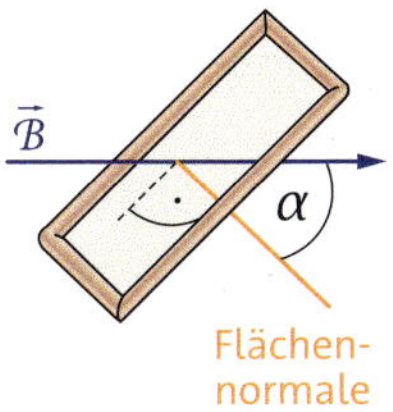

4 Winkel zwischen Flussdichte und Flächennormale

Dreht sich eine Spule in einem homogenen Magnetfeld um eine Achse, die senkrecht zu den Feldlinien steht, dann wird eine sinusförmige Wechselspannung $U(t)$ induziert. Die Scheitelspannung ist dabei

$U_{\max} = n \cdot A \cdot \mathcal{B} \cdot \omega\,.$

Falls die Spule anfangs senkrecht zu den Feldlinien steht, gilt:

$U(t) = U_{\max} \cdot \sin(\omega \cdot t)\,.$

Startet die Spule aus einer anderen Stellung, muss man hier noch den entsprechenden Winkel berücksichtigen.

1 Geben Sie mehrere Möglichkeiten an, wie man die Scheitelspannung in ▸Abb. 2 B verdreifachen kann. Begründen Sie jeweils.

2 Entscheiden Sie begründet: Wird eine Spannung induziert, wenn die Drehachse der Spule parallel zu den Feldlinien liegt?

3 Marc fragt: „Wie kann es sein, dass die Scheitelspannung genau dann am größten ist, wenn der Fluss null ist?“ Antworten Sie begründet.

4 Bei der Induktion durch eine sinusförmige Flussdichteänderung ergeben sich ähnliche Zusammenhänge wie hier. Vergleichen Sie.

BLICKPUNKT

Wechselstromkreis

Wechselstrom • Im Wechselstromkreis ändern sich Strom und Spannung periodisch, meist sinusförmig:

$I(t) = I_{max} \sin(\omega \cdot t), U(t) = U_{max} \sin(\omega \cdot t + \varphi)$.

Dabei sind $U(t)$ und $I(t)$ die Momentanwerte zu einem bestimmten Zeitpunkt t, U_{max} und I_{max} die Scheitelwerte oder Amplituden, ω die Kreisfrequenz und φ die Phasenverschiebung zwischen Strom und Spannung, denn die Sinusschwingung beider Größen muss nicht phasengleich sein.

Ohmscher Widerstand • Jeder Leiter hat einen Ohmschen Widerstand R mit der Einheit Ohm (Ω). Für Strom und Spannung gilt am Ohmschen Widerstand das Ohmsche Gesetz: $U = R \cdot I$, und zwar sowohl im Gleichstrom- wie auch im Wechselstromkreis.

Kondensator im Wechselstromkreis • Ist ein Kondensator im Gleichstromkreis aufgeladen, fließt kein weiterer Strom – der Kondensator besitzt im Gleichstromkreis einen unendlich hohen Widerstand. Legt man dagegen eine Wechselspannung an, wird er im ständigen Wechsel aufgeladen, entladen und mit entgegengesetzt gerichteter Spannung wieder aufgeladen. Da die Kapazität eines Kondensators begrenzt ist (er kann nicht beliebig viel Ladung aufnehmen), begrenzt er den Stromfluss. Ein Kondensator hat deshalb einen **kapazitiven Widerstand** X_C. Er ist umso größer, je kleiner die Frequenz des Wechselstroms und die Kapazität des Kondensators sind:

$X_C = \frac{1}{\omega \cdot C}$.

Anschaulich kann man die Frequenzabhängigkeit so verstehen: Bei ausreichend hohen Frequenzen fließen die Ladungen schon wieder ab, bevor der Kondensator vollständig geladen ist und die Kapazität wirkt nicht mehr im selben Maße als Widerstand.

Spule im Wechselstromkreis • Nach der Lenzschen Regel ist die in einer Spule selbst induzierte Spannung dem induzierenden Stromfluss entgegengesetzt. Damit begrenzt sie den Stromfluss. Eine Spule oder allgemeiner eine Induktivität hat deshalb einen Widerstand, den **induktiven Widerstand** $X_L = \omega \cdot L$.
Der induktive Widerstand ist also umso größer, je größer die Induktivität L der Spule und die Frequenz des Stroms sind. Hat eine Spule eine große Induktivität L, ist auch die in ihr induzierte Spannung groß. Da zudem die zeitliche Änderung des mit dem Strom einhergehenden Magnetfeldes entscheidend ist für die Induktion, wirkt sich eine häufige Änderung der Stromrichtung, also eine große Frequenz, ebenfalls als größerer Widerstand aus.

Phasenverschiebung • An einem Ohmschen Widerstand ist der zeitliche Verlauf von Strom und Spannung parallel. Bei einem kapazitiven Widerstand muss jedoch der Kondensator über den Stromfluss erst aufgeladen werden, bevor die Spannung ihren Maximalwert erreicht. Der Strom läuft der Spannung also voraus, bei einer idealen Kapazität um 90° oder $\frac{\pi}{2}$ (▸Abb. 1).
Bei einem induktiven Widerstand läuft der Strom dagegen der Spannung hinterher, weil die induzierte Gegenspannung den Strom behindert. Bei einer idealen Induktivität beträgt die Phasenverschiebung −90° oder $-\frac{\pi}{2}$ (▸Abb. 1).

Wirk- und Blindwiderstände • An einem Ohmschen Widerstand wird elektrische Energie in thermische Energie umgewandelt und als Wärme abgegeben. Man nennt ihn deshalb Wirkwiderstand.
Ein kapazitiver Widerstand speichert elektrische Energie, um diese beim Entladen wieder abzugeben. Analog speichert ein induktiver Widerstand magnetische Energie und gibt diese Energie ebenfalls immer wieder zurück. Beide wandeln keine Energie in Wärme um. Man bezeichnet sie deshalb als Blindwiderstand.

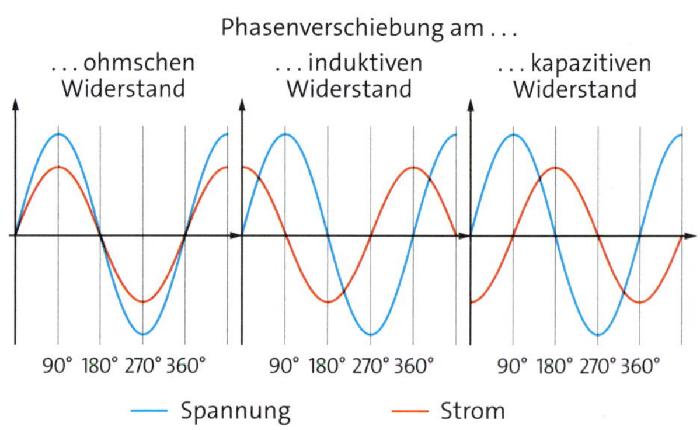

1 Phasenverschiebung

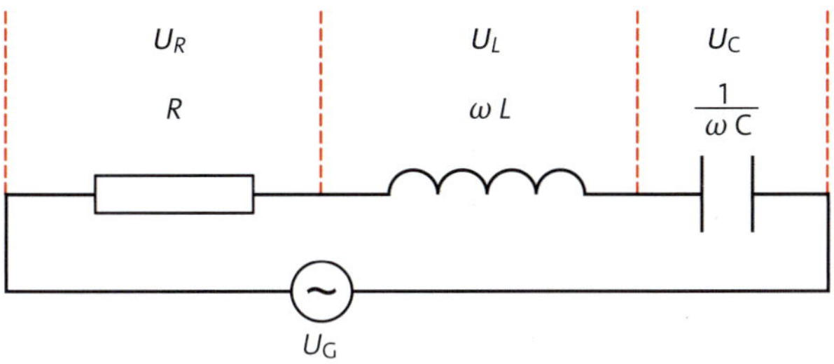

2 Schaltskizze einer RCL-Reihenschaltung

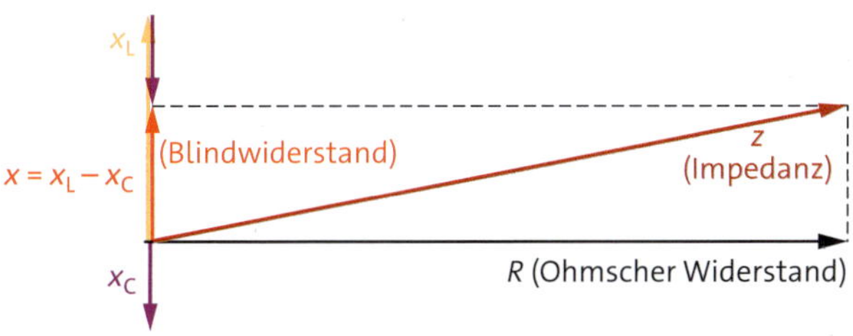

3 Impedanz im Zeigerdiagramm

Scheinwiderstand • In einer Reihenschaltung (▸Abb. 2) werden Ohmscher, kapazitiver und induktiver Widerstand zusammengefasst zum Scheinwiderstand Z, auch Impedanz. Mit dem Satz des Pythagoras (▸Abb. 3) erhält man:

$$Z = \sqrt{R^2 + (X_L - X_C)^2} = \sqrt{R^2 + \left(\omega L - \frac{1}{\omega C}\right)^2}.$$

Eigenfrequenz der Reihenschaltung • X_L ist proportional zu ω, X_C umgekehrt proportional. Für große ω wird also der Blindwiderstand der Spule groß, für kleine der des Kondensators. Minimal wird die Impedanz der Reihenschaltung aus Induktivität und Kapazität, wenn der Blindwiderstand null ist, also $\omega L - \frac{1}{\omega C} = 0$ und $Z = R$. Für die Frequenz ω_0, bei der das der Fall ist, ist die effektive Stromstärke maximal. ω_0 entspricht einer Eigenfrequenz der Reihenschaltung aus Spule und Kondensator: $\omega_0 = \frac{1}{\sqrt{L \cdot C}}$ (▸Abb. 4).

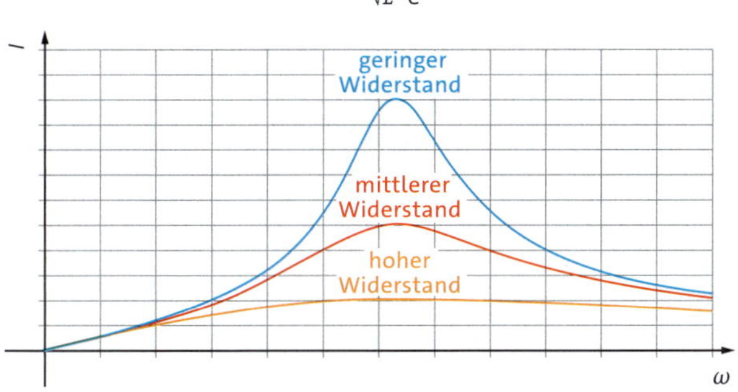

4 Resonanzkurven der Stromstärke in der RCL-Reihenschaltung

Leistung im Wechselstromkreis • Im Gleichstromkreis ergibt sich die Leistung als $P = U \cdot I$. Im Prinzip kann man auch für den Wechselstrom eine momentane Leistung $P(t) = U(t) \cdot I(t)$ berechnen, diese schwankt um einen Mittelwert. Um einen besseren Vergleich mit der Leistung von Gleichstrom zu haben, benutzt man **Effektivwerte**:

$$U_{eff} = \frac{U_{max}}{\sqrt{2}}, I_{eff} = \frac{I_{max}}{\sqrt{2}}$$

Unsere Wechselspannung wird mit 230 V angegeben, dem Effektivwert zum Maximalwert 325 V. Eine solche Wechselspannung erzeugt an einem Ohmschen Widerstand dieselbe Wärmeleistung wie eine Gleichspannung von 230 V. Man unterscheidet zwischen **Schein-, Wirk-** und **Blindleistung** P_S, P_W und P_B. Die Wirkleistung wird an Ohmschen Widerständen abgegeben, sie ist die Leistung, die tatsächlich der Spannungsquelle entnommen wird. Die Blindleistung dagegen wird wieder zurückgegeben. Die Scheinleistung ist das Produkt von I_{eff} und U_{eff}. Man erhält sie als geometrische Summe von Wirk- und Blindleistung (▸Abb. 5):

$$P_S = U_{eff} \cdot I_{eff}, P_W = U_{eff} \cdot I_{eff} \cdot \cos\varphi, P_B = U_{eff} \cdot I_{eff} \cdot \sin\varphi.$$

Das kann man wie folgt verstehen: An einem Ohmschen Widerstand ist die Phasenverschiebung zwischen Strom und Spannung $\varphi = 0$. Bei Blindwiderständen ist $\varphi = 90°$ bzw. $-90°$. Wählt man den Strom als Bezugsgröße mit $\varphi = 0°$, steht der Zeiger für P_B senkrecht auf dem für P_W. Die Scheinleistung ergibt sich durch vektorielle Addition von P_W und P_B. Für $\varphi = 0°$ wird $P_S = P_W$ und $P_B = 0$.
Beim Einschalten von z. B. Trafos oder Motoren kann der Einschaltstrom ein Vielfaches des Nennstroms betragen. Um Schäden zu vermeiden, begrenzt man daher den Einschaltstrom. Die Begrenzung durch Ohmsche Widerstände führt zu Verlusten, die durch Blindwiderstände erzeugt jedoch (fast) nur Blindleistung und geringe Verluste.

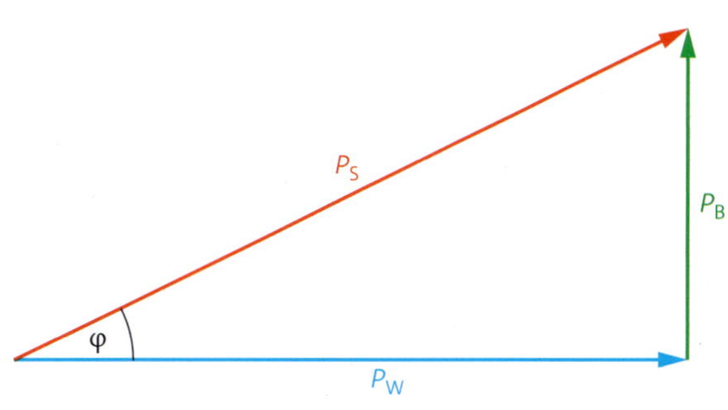

5 Scheinleistung als vektorielle Addition

BLICKPUNKT

Elektrische Energieversorgung mit Wechselstrom

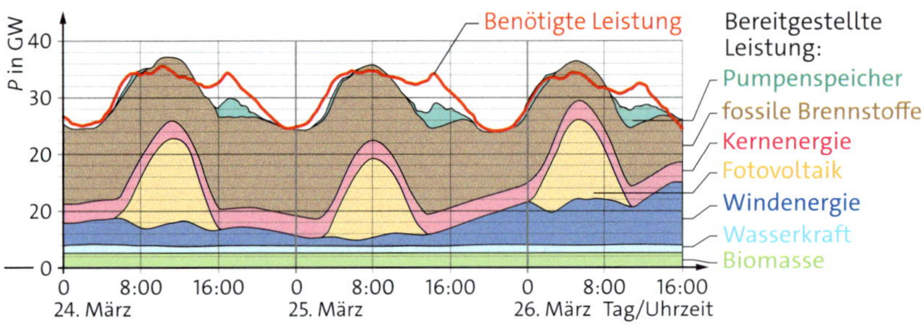

1 Benötigte und bereitgestellte Leistung in Deutschland

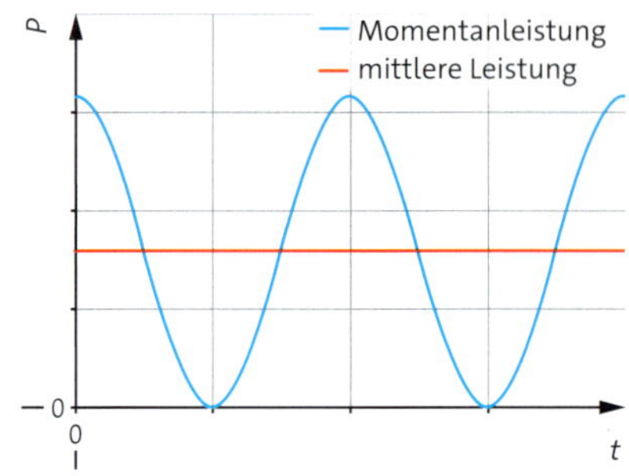

2 $P(t)$-Diagramm

Hinter der Steckdose • Wenn man zuhause den Staubsauger einschaltet, wird die Energie sofort mit der entsprechenden Leistung bei 230 V und 50 Hz aus der Steckdose geliefert. Auf der anderen Seite der Steckdose sorgt das europaweite Stromversorgungsnetz dafür, dass genau in diesem Augenblick ein Kraftwerk genau diese Leistung zusätzlich erbringt.

Und man ist mit dem Staubsauger nicht allein: Die gesamte Industrie, Verkehr und die Privathaushalte fordern eine ständig wechselnde Leistung. Die Kraftwerke müssen jederzeit genau mit dieser Leistung arbeiten, da man Energie elektrisch zwar sehr gut übertragen, aber nur sehr schlecht speichern kann. ▸Abb. 1 zeigt, wie sich die benötigte und die bereitgestellte Leistung in Deutschland während dreier Tage im März 2021 verhielten. Die Unterschiede wurden durch sogenannte Stromimporte bzw. Stromexporte in und aus anderen Ländern ständig ausgeglichen.

In ▸Abb. 1 sehen Sie auch eines der Probleme der erneuerbaren Energien: Da Sonneneinstrahlung und Wind nicht steuerbar sind, schwankt die Leistung von Windenergie- und Photovoltaikanlagen stark: Teilweise sind sie dazu in der Lage, fast die gesamte benötigte Leistung zu liefern, aber manchmal auch weniger als 20 %. Für eine zukünftige rein regenerative Versorgung ist neben den Stromimporten und -exporten auch eine verstärkte Nutzung von Energiespeichern erforderlich.

Immer 50 Hz • Damit sich die Leistungen der verschiedenen Kraftwerke überhaupt addieren können, müssen alle Generatoren synchron laufen, also immer exakt so schnell rotieren, dass eine Wechselspannung mit 50 Hz induziert wird. Wird von einem Staubsauger elektrische Leistung angefordert, steigt die Stromstärke in den Generatorspulen. Das führt bei der Bewegung im Magnetfeld zu einer abbremsenden Kraft, die von den Turbinen oder Windrädern, die die Generatoren antreiben, ausgeglichen werden muss. Dieser Ausgleich erfordert eine aufwendige Regelungstechnik.
Bei Photovoltaikanlagen muss die Gleichspannung der Solarzellen durch sogenannte Wechselrichter erst in Wechselspannung umgewandelt werden.

Effektivwerte • Wenn man die Scheitelspannung der 230-V-Netzspannung bestimmt, dann misst man 325 V. Das liegt daran, dass 230 V die sogenannte **Effektivspannung U_{eff}** ist. Warum ist es sinnvoll, diesen Wert statt U_{max} anzugeben? Der Grundgedanke ist, mit U_{eff} die Spannung anzugeben, die zur gleichen mittleren Leistung führt wie eine entsprechende Gleichspannung:

Auch bei Wechselspannung gilt der Zusammenhang $P(t) = U(t) \cdot I(t)$. Bei einem ohmschen Widerstand gilt $I(t) = \frac{U(t)}{R}$. Also ist die Leistung bei einer sinusförmigen Wechselspannung

$$P(t) = \frac{U^2(t)}{R} = \frac{U_{max}{}^2}{R} \cdot \sin^2(\omega \cdot t).$$

Die Leistung ändert sich also periodisch zwischen 0 W und der maximalen Leistung $P = \frac{U_{max}{}^2}{R}$ (▸Abb. 2). Wegen der Symmetrie des Graphen gilt für die mittlere Leistung P_{mittel} und die damit verknüpfte Effektivspannung U_{eff}:

$$P_{mittel} = \frac{U_{eff}{}^2}{R} = \frac{U_{max}{}^2}{2 \cdot R} = \frac{1}{2} P_{max}.$$

Löst man den mittleren Teil der Gleichungskette nach U_{eff} auf, dann ergibt sich

$$U_{max} = \sqrt{2} \cdot U_{eff}.$$

Versuch A • Energieübertragung durch Induktion bei einem Handgenerator

Sie überprüfen die Zusammenhänge zwischen Induktionsspannung, Stromstärke und mechanischer bzw. elektrischer Leistung, die Sie beim linearen Modell-Generator kennengelernt haben, bei einem Handgenerator.

Material:
Handgenerator (z. B. Dynamot), drei gleiche Glühlampen (z. B. 2,5 V / 1 A), Kabel, Volt- und Amperemeter

Arbeiten Sie zu zweit: Person 1 schätzt durch ihre Wahrnehmung die mechanische Leistung ab, Person 2 misst Stromstärke und Spannung, um die elektrische Leistung zu bestimmen.

V1 Reihenschaltung

Arbeitsauftrag:

a) Bauen Sie die Schaltung entsprechend der oberen Abbildung auf. Überbrücken Sie zunächst zwei der drei Lampen, sodass nur auf eine Lampe Energie übertragen wird.

b) Person 1 dreht gleichmäßig am Generator, sodass die Lampe leuchtet und die Stromstärke konstant bleibt. Person 2 misst Stromstärke und Spannung.

c) Während 1 weiterdreht, öffnet 2 erst eine, dann beide der Überbrückungen. 1 passt die Bewegung jeweils so an, dass die Stromstärke konstant bleibt. 2 misst dabei Stromstärke und Spannung. Person 1 hält die Änderung ihrer Bewegung fest.

d) Bei c) nehmen mechanische und elektrische Leistung zu. Erklären Sie dies bei Ihren Messwerten jeweils anhand einer Formel.

V2 Parallelschaltung

Arbeitsauftrag:

a) Bauen Sie die Schaltung entsprechend der unteren Abbildung auf, sodass die Parallelschaltung noch offen ist.

b) Person 1 dreht gleichmäßig am Generator, sodass die Lampe leuchtet und die Stromstärke konstant bleibt. Während 1 weiterdreht, schließt 2 erst eine zweite, dann eine dritte Lampe parallel an. 1 passt die Bewegung jeweils so an, dass die Spannung konstant bleibt. 2 misst dabei Stromstärke und Spannung. 1 hält die Änderung der Bewegung fest.

c) Gehen Sie für b) entsprechend V1 d) vor. Vergleichen Sie Ihre Ergebnisse auch mit denen aus V1 d).

d) Stellen Sie eine begründete Vermutung dazu an, was geschieht, wenn man die beiden Anschlüsse des Generators direkt verbindet und dann zu drehen beginnt.

e) Überprüfen Sie Ihre Hypothesen experimentell. Ziehen Sie Schlüsse aus Ihrer Beobachtung.

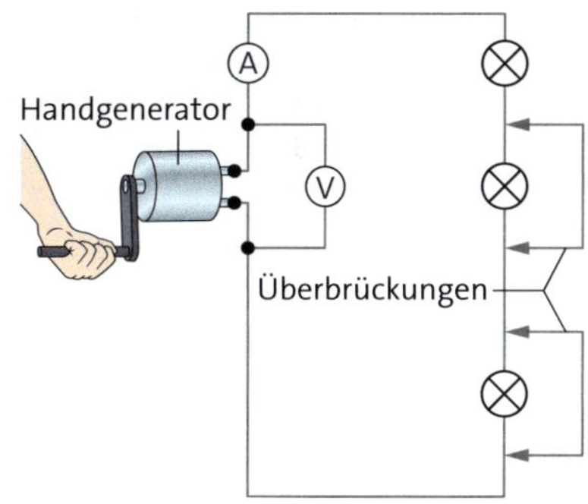

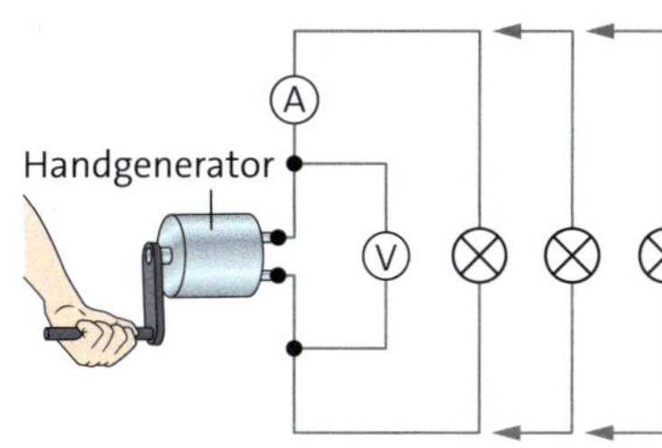

Material A • Magnetischer Fluss und Induktionsspannung bei Drehbewegungen

A1 Wenn Sie ein Blatt Papier drehen, erscheint es Ihnen je nach Drehwinkel weniger hoch als es tatsächlich ist.

a) Finden Sie eine Formel für die scheinbare Papierhöhe.

b) Vergleichen Sie mit der drehbaren Spule im Magnetfeld.

c) Beim magnetischen Fluss wird der Term $A \cdot \cos\alpha$ auch „wirksame Fläche" genannt. Erklären Sie dies anhand einer Skizze.

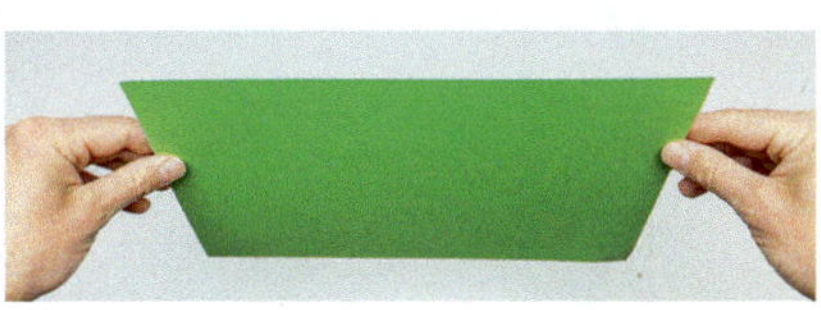

A2 Ein Drahtrahmen dreht sich in einem homogenen Magnetfeld.

a) Begründen Sie: In den Drahtstücken parallel zur Drehachse gibt es eine Lorentz-Kraft auf die Elektronen, die sich periodisch ändert.

b) Erklären Sie: Bei der Bahngeschwindigkeit v ist die Lorentz-Kraft auf ein Elektron in den Drahtstücken $F_L = e \cdot \mathcal{B} \cdot v \cdot \sin\alpha$.

c) Leiten Sie mit der Formel aus b) einen Zusammenhang für die Induktionsspannung her.

d) Vergleichen Sie diesen Zusammenhang mit der Formel, die sich aus dem Induktionsgesetz ergibt.

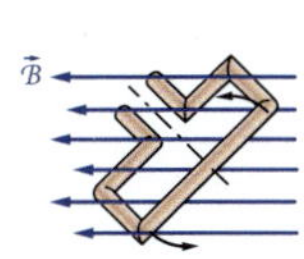

1 Spule auf einer Platine

Selbstinduktion

In einem Computernetzteil ist immer eine Spule eingebaut. Sie schützt die empfindliche Schaltung vor plötzlichen Änderungen der Stromstärke. – Wie funktioniert das?

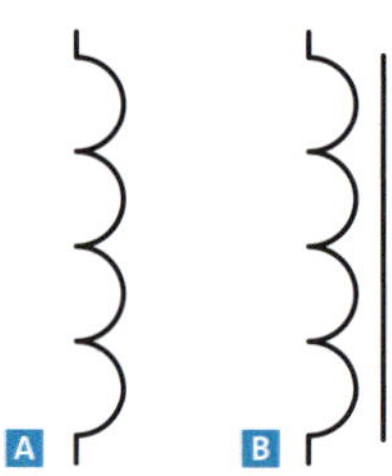

2 Schaltsymbol für eine Spule **A** ohne, **B** mit Eisenkern

Beim Einschalten • Plötzliche Änderungen der Stromstärke treten im Alltag häufig auf, z. B. beim Schließen eines Schalters. Wir untersuchen in einem Experiment, wie eine Spule diese Änderung beeinflusst (▸Abb. 3 A). Zum Vergleich schalten wir parallel zur Spule einen Widerstand. Beim Schließen des Schalters liegt an beiden Bauteilen 0,50 V an. Wir messen mit einem Messwerterfassungssystem die Stromstärke I_{Sp} in der Spule und die Stromstärke I_R im Widerstand. ▸Abb. 3 B zeigt: Beim Einschalten springt die Stromstärke I_R sofort auf einen konstanten Wert, während die Stromstärke I_{Sp} von 0 A aus langsam ansteigt. Eine Spule verlangsamt also die Stromstärkeänderung beim Einschalten. Wie kommt es dazu?

Selbstinduktion • Beim Einschalten ändert sich mit der Stromstärke die magnetische Flussdichte im Inneren der Spule. Deswegen kommt es zur Induktion. Das induzierte elektrische Wirbel-

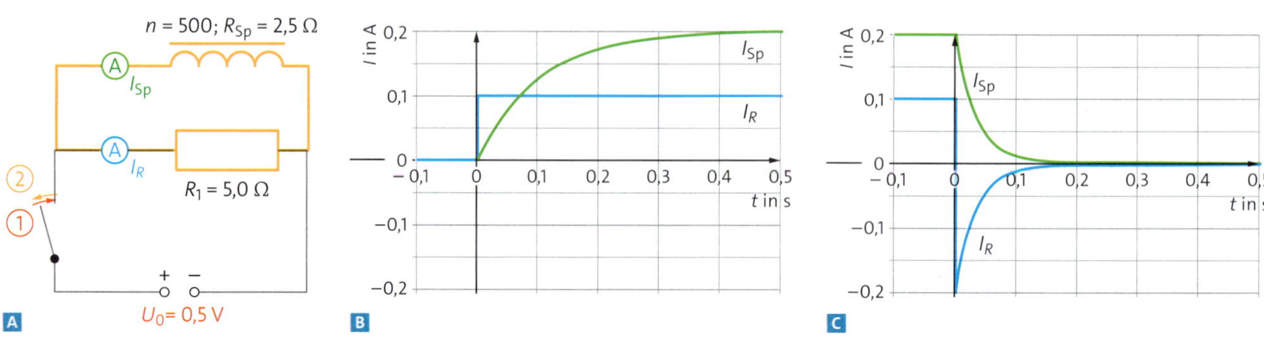

3 **A** Schaltskizze für das Ein- und Ausschalten, **B** $I_{Sp}(t)$- und $I_R(t)$-Diagramm beim Einschalten, **C** $I_{Sp}(t)$- und $I_R(t)$-Diagramm beim Ausschalten

feld ist aufgrund der Lenzschen Regel entgegengesetzt zur Stromrichtung. Durch das Wirbelfeld ändert sich die Stromstärke daher nicht sprunghaft, sondern kontinuierlich. Die Stromstärkeänderung wirkt durch die Induktion auf die Stromstärke in der Spule selbst zurück. Diese Rückwirkung nennt man **Selbstinduktion.**

Beim Ausschalten • ▸Abb. 3 C zeigt, dass die Stromstärke I_{Sp} in der Spule nach dem Öffnen des Schalters nur langsam zurückgeht. Auch das ist ein Effekt der Selbstinduktion: Durch die Flussdichteänderung wird wieder ein elektrisches Wirbelfeld induziert. Diesmal zeigt es in die gleiche Richtung wie die bisherige Stromrichtung. Es sorgt so dafür, dass sich die Stromstärke auch hier nicht sprunghaft ändert.

Auf den ersten Blick scheint es ein Widerspruch zu sein, dass bei geöffnetem Schalter noch ein Strom fließt. Aber es gibt einen geschlossenen Stromkreis aus Spule und Widerstand (gelb in ▸Abb. 3 A). Das wird im $I_R(t)$-Diagramm für den Widerstand deutlich: Die Richtungvon I_R hat sich umgekehrt und das $I_R(t)$-Diagramm verläuft (bis auf das Vorzeichen) exakt gleich wie das $I_{Sp}(t)$ -Diagramm. Der Gesamtwiderstand sorgt dafür, dass die Stromstärke langsam auf 0 A zurückgeht.

Stromstärkeänderung und Spannung • Wie hängen die Stromstärkeänderung und die Induktionsspannung bei der Selbstinduktion zusammen? Nach dem Induktionsgesetz ist bei konstanter vom Magnetfeld durchsetzter Fläche die induzierte Spannung proportional zur Flussdichteänderung. Es liegt nahe, dass Flussdichte und Stromstärke proportional zueinander sind und somit auch Induktionsspannung und Stromstärkeänderung, kurz:
$U_{ind}(t) \sim \dot{I}(t)$.

Experimentell weisen wir das für lineare Stromstärkeänderungen nach (▸Abb. 4 A). Diese erzeugen wir mit einem Funktionsgenerator. Ein Messwerterfassungssystem misst die induzierte Spannung U_{ind} an der Spule und die Spannung U_R an dem in Reihe geschalteten Widerstand (▸Abb. 4 B). Dabei ist die Stromstärke I proportional zur Spannung U_R.

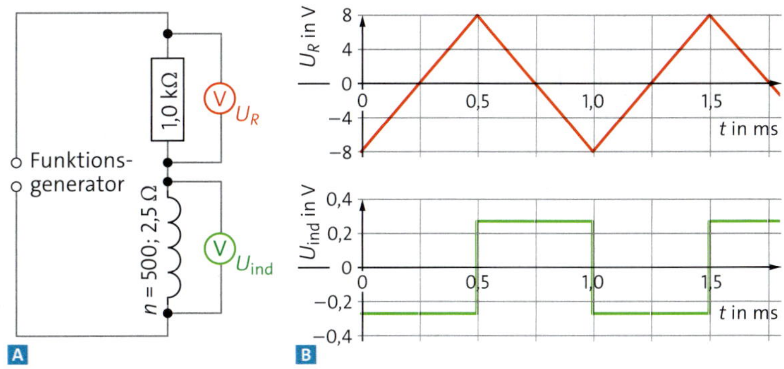

4 A Stromstärkeänderung und Induktionsspannung im Experiment, B $U_R(t)$- und $U_{ind}(t)$-Diagramm

Wir stellen fest, dass U_{ind} bei der linearen Stromstärkeänderung proportional zu $\dot{U}_R(t)$ und damit zu $\dot{I}(t)$ ist (▸Abb. 4 B). Die Vermutung hat sich hier bestätigt. Tatsächlich ist U_{ind} bei der Selbstinduktion immer proportional zur Stromstärkeänderung $\dot{I}(t)$, auch wenn sich die Stromstärke nicht linear ändert. Das ist anders als wir es bisher gewohnt sind: Der Betrag der Spannung wächst bei der Selbstinduktion nicht mit der Stromstärke, sondern mit der Stromstärkeänderung! In ▸Abb. 4 B erkennt man auch, dass Stromstärkeänderung und Induktionsspannung immer entgegengesetzte Vorzeichen haben.

Die Richtung des elektrischen Wirbelfelds kann man auch hier mit der Linke-Hand-Regel bestimmen.

Die Induktivität • Wenn man den Versuch mit einem Eisenkern in der Spule wiederholt, ist U_{ind} weiterhin proportional zu $\dot{I}(t)$, aber wesentlich größer. Der Aufbau der Spule entscheidet also, wie stark der Effekt der Selbstinduktion ist. Die Proportionalitätskonstante zwischen U_{ind} und $\dot{I}(t)$ ist entsprechend größer oder kleiner. Man nennt sie daher **Induktivität L** der Spule.

Ändert sich in einer Spule die Stromstärke $I(t)$, dann wird in ihr eine Spannung $U_{ind}(t)$ induziert. Dabei gilt:

$$U_{ind}(t) = -L \cdot \dot{I}(t).$$

L ist die Induktivität der Spule.
Einheit: 1 H (Henry).

1 Alwin fragt: „Und wenn sich die Stromstärke in der Spule doch sprunghaft ändert? Wie groß wäre dann die Induktionsspannung?" Äußern Sie sich begründet zu Alwins Fragen.

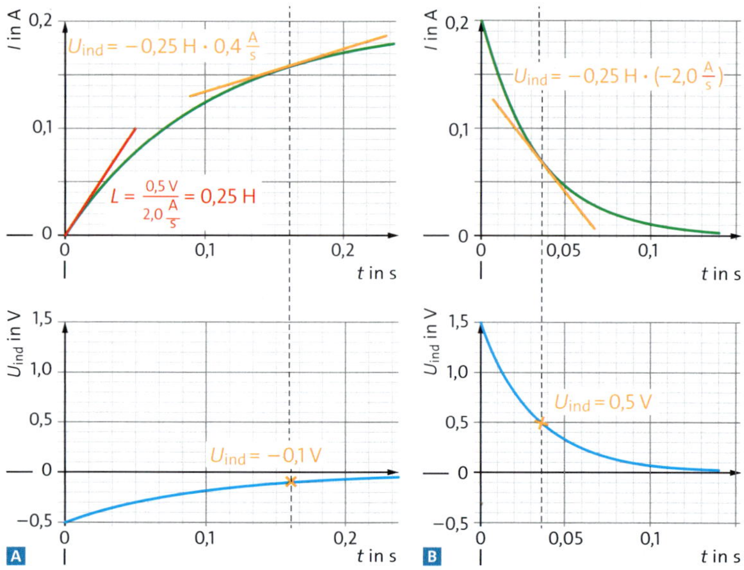

1 $I(t)$- und $U_{ind}(t)$-Diagramm **A** beim Einschalten, **B** beim Ausschalten

$\mathcal{B}(t) = \mu_0\,\mu_r \cdot \frac{n}{\ell} \cdot I(t)$

Schlanke Spule • Sie kennen den Zusammenhang zwischen Flussdichte und Stromstärke bei einer schlanken Spule. Da hier alle anderen Größen konstant sind, gilt dieser Zusammenhang auch für die zeitlichen Ableitungen der beiden Größen:

$$\dot{\mathcal{B}}(t) = \mu_0\,\mu_r \cdot \frac{n}{\ell} \cdot \dot{I}(t).$$

Eingesetzt in das Induktionsgesetz erhält man

$$U_{ind}(t) = -n \cdot \dot{\Phi}(t) = -n \cdot A \cdot \dot{\mathcal{B}}(t)$$
$$= -\mu_0\,\mu_r \cdot \frac{n^2 \cdot A}{\ell} \cdot \dot{I}(t).$$

Der Vergleich mit $U_{ind}(t) = -L \cdot \dot{I}(t)$ ergibt:

Die Induktivität einer schlanken Spule ist $L = \mu_0\,\mu_r \cdot \frac{n^2 \cdot A}{\ell}$.

2 Öffnungsfunken

U_{ind} und L beim Einschalten • Beim Einschalten steigt die Stromstärke $I(t)$ aufgrund der Induktionsspannung nicht sprunghaft, sondern stetig an (▸Abb. 1 A). Wegen $U_{ind}(t) = -L \cdot \dot{I}(t)$ ist die Induktionsspannung negativ im Vergleich zur von außen angelegten Spannung U_0. Zum Zeitpunkt des Einschaltens heben sich U_{ind} und U_0 gegenseitig auf, sodass $I(0\,\text{s}) = 0$ A ist. Also gilt:

$$U_0 + U_{ind}(0\,\text{s}) = U_0 - L \cdot \dot{I}(0\,\text{s}) = 0\,\text{V} \;\text{ bzw. }\; L = \frac{U_0}{\dot{I}(0\,\text{s})}.$$

Aus dem $I(t)$-Diagramm kann man daher mit der Tangentensteigung für $t = 0$ s die Induktivität berechnen. Kennt man umgekehrt die Induktivität, kann man wegen $U_{ind}(t) = -L \cdot \dot{I}(t)$ zu jedem Zeitpunkt aus der Tangentensteigung die Induktionsspannung berechnen. Je mehr Zeit vergeht, desto kleiner wird $U_{ind}(t)$. Die Stromstärke $I(t)$ nähert sich daher dem Wert $I_{max} = \frac{U_0}{R_{Sp}}$ an, den sie aufgrund des Widerstands R_{Sp} der Spule hat.

U_{ind} und R_{ges} beim Ausschalten • Beim Ausschalten sorgt die Induktionsspannung $U_{ind}(t)$ dafür, dass die Stromstärke $I(t)$ von I_{max} aus nur langsam zurückgeht. $U_{ind}(t)$ ist also wie U_0 positiv (▸Abb. 1 B). Im Stromkreis aus Spule und Widerstand R_1 ist aber der Gesamtwiderstand $R_{ges} = R_{Sp} + R_1$ (▸Abb. 3). Um anfangs die gleiche Stromstärke zu erreichen, muss die Induktionsspannung beim Ausschalten größer als die ursprünglich angelegte Spannung sein. Ist der zusätzliche Widerstand R_1 sehr groß, dann kann die Induktionsspannung beim Öffnen von Schaltern so groß werden, dass die Luft leitend wird und es einen Funkenüberschlag gibt (▸Abb. 2). Das Ausschalten ist hier gefährlicher als das Einschalten!

U_{ind} und I im Experiment • Der hier dargestellte Zusammenhang zwischen $I(t)$ und $U_{ind}(t)$ lässt sich experimentell bestätigen. Um $U_{ind}(t)$ zu messen, erweitern wir dafür den bisher verwendeten Aufbau (▸Abb. 3): Wenn wir die Spannung direkt an der Spule messen würden, müssten wir den Einfluss des Widerstands der Spule berücksichtigen. Wir messen daher die Spannung an einer zweiten, baugleichen Spule, die sich auf einem gemeinsamen geschlossenen Eisenkern befindet. Da sie vom gleichen Magnetfeld durchsetzt wird wie die Spule im Stromkreis, ist die dort gemessene Spannung genau so groß wie die Induktionsspannung.

Wegen $U_{ind}(t) = -L \cdot \dot{I}(t)$ kann man aus dem $I(t)$-Diagramm mit der Tangentensteigung die Induktionsspannung bestimmen. Beim Einschalten lässt sich die Induktivität mit $L = \frac{U_0}{\dot{I}(0\,\text{s})}$ berechnen.

Energie im Magnetfeld • Beim Einschalten wird nach dem Schließen des Schalters vom Netzgerät ständig Energie zur Spule übertragen. Ein Teil wird aufgrund des Widerstands zu thermischer Energie, ein Teil wird genutzt, um das Magnetfeld der Spule aufzubauen. Wie viel Energie ist anschließend im Magnetfeld gespeichert?

Um die Frage zu beantworten, betrachten wir eine Spule mit vernachlässigbarem Widerstand. Beim Einschalten steigt die Stromstärke in einer solchen Spule proportional zur Zeit an, da eine Verlangsamung des Anstiegs nur durch den Widerstand zustande kommen kann (▸Abb. 5 A). Wegen $P(t) = U_0 \cdot I(t)$ ist mit der Stromstärke auch die Leistung, mit der das Netzgerät die Energie überträgt, proportional zur Zeit (▸Abb. 5 B).

Wegen des vernachlässigbaren Widerstands gibt es nur die Netzgerät-Spannung U_0 und die Induktionsspannung U_{ind}. Beide heben sich daher nicht nur beim Einschalten, sondern ständig auf:

$U_0 + U_{ind}(t) = 0\,\text{V}$ bzw. $U_0 = L \cdot \dot{I}(t)$.

Da die Stromstärke proportional mit der Zeit wächst, vereinfacht sich die Stromstärkeänderung zu $\dot{I}(t) = \frac{I(t)}{t}$. Für die Leistung ergibt sich daher:

$$P(t) = U_0 \cdot I(t) = L \cdot \dot{I}(t) \cdot I(t) = \frac{L \cdot I^2(t)}{t}.$$

Die im Magnetfeld der Spule gespeicherte Energie E_{Spule} entspricht der Fläche unter dem Graphen im $P(t)$-Diagramm (▸Abb. 5). Daher gilt:

$$E_{Spule}(t) = \frac{1}{2} \cdot P(t) \cdot t = \frac{1}{2} L \cdot I^2(t).$$

Es zeigt sich, dass dieses Ergebnis auch gilt, wenn der Widerstand nicht vernachlässigbar ist.

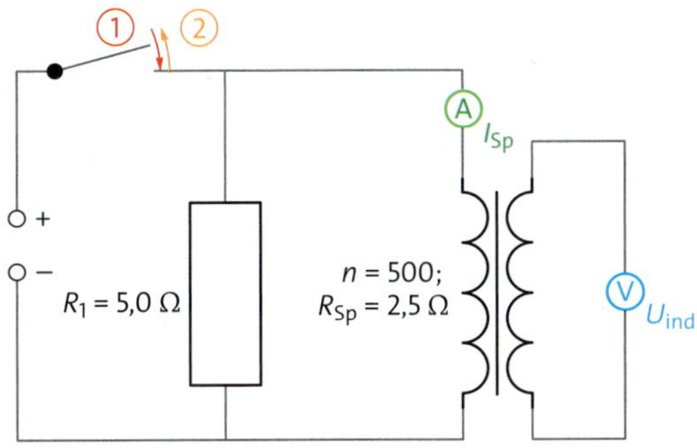

3 U_{ind} und I im Experiment

Energie beim Ausschalten • Beim Ausschalten wird die im Magnetfeld gespeicherte Energie abgegeben. Folgender Versuch macht dabei den Zusammenhang $E_{Spule} = \frac{1}{2} L \cdot I^2$ plausibel (▸Abb. 4): Ein leichtgängiger Motor wird an eine Spule angeschlossen. Mit ihm kann ein Massestück an einer Schnur hochgezogen werden. Die Diode verhindert, dass der Motor läuft, solange er noch in einem Stromkreis mit dem Netzgerät ist.

Öffnet man den Schalter, zieht der Motor das Massestück etwas nach oben. Die ursprünglich im Magnetfeld gespeicherte Energie hat für die Zunahme der Lageenergie beim Massestück gesorgt. Wenn man die Stromstärke verdoppelt, zieht der Motor das Massestück etwa viermal so hoch. Das liegt daran, dass die Energie E_{Spule} quadratisch von der Stromstärke abhängt.

Im Magnetfeld einer Spule mit der Induktivität L ist bei der Stromstärke I die Energie E_{Spule} gespeichert. Dabei gilt:

$$E_{Spule} = \frac{1}{2} L \cdot I^2.$$

1 Eine Spule wird an ein Netzgerät mit 1,5 V angeschlossen. Beim Einschalten misst man $\dot{I}(0\,\text{s}) = 12\,\frac{\text{A}}{\text{s}}$. Nach einiger Zeit misst man eine konstante Stromstärke von 240 mA.
a) Bestimmen Sie die Induktivität und den Widerstand der Spule.
b) Skizzieren Sie das $I(t)$-Diagramm.
c) In die Spule wird ein Eisenkern eingebracht. Erklären Sie, wie sich das $I(t)$-Diagramm dadurch ändert.

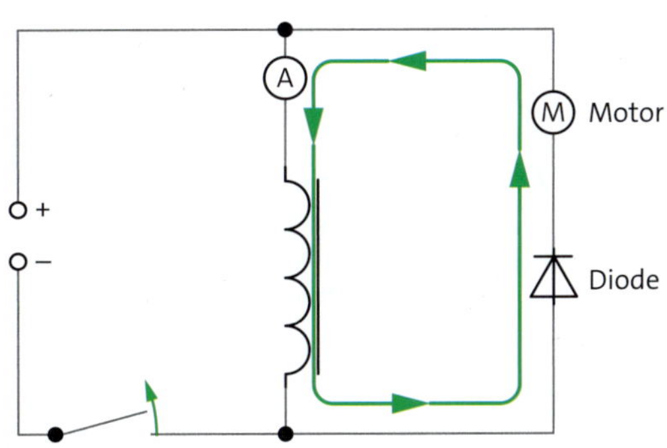

4 Erst beim Öffnen des Schalters läuft der Motor.

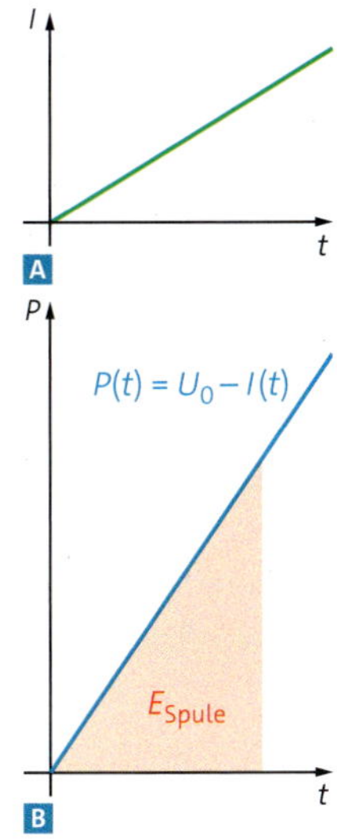

5 **A** $I(t)$-Diagramm, **B** $P(t)$-Diagramm

Versuch A • Selbstinduktion bei Wechselstrom

Material:
Gleichstromnetzgerät, Wechselstromnetzgerät, Spule mit offenem Eisenkern (z. B. $n = 1000$), Volt- und Amperemeter; für V3 zusätzlich: Funktionsgenerator

V1 Gleich- und Wechselstrom

Sie vergleichen den Einfluss von Gleich- und Wechselstrom bei einer Spule.

Arbeitsauftrag:

a) Die Spule kann mit oder ohne Eisenkern betrieben werden. Welchen Einfluss hat das bei unveränderter Spannung auf die Stromstärke? Stellen Sie eine begründete Vermutung (i) für Gleichstrom, (ii) für Wechselstrom auf.
b) Überprüfen Sie Ihre Vermutung experimentell.
c) In der Elektrotechnik werden Spulen häufig als sogenannte Drosseln eingesetzt. Erläutern Sie anhand der Ergebnisse aus b), wie eine Drossel funktioniert.

V2 Der Scheinwiderstand *Z*

Den Quotienten aus Spannung und Strom nennt man bei Wechselstrom Scheinwiderstand *Z*. Sie vergleichen ihn mit dem Widerstand *R* bei Gleichstrom.

Arbeitsauftrag:

a) Nehmen Sie mit dem Gleichstromnetzgerät eine $I(U)$-Kennlinie der Spule auf (mind. 5 Messwerte). Bestimmen Sie damit den Widerstand *R* der Spule.
b) Ersetzen Sie das Gleichstrom- durch das Wechselstromnetzgerät. Nehmen Sie damit eine $I(U)$-Kennlinie der Spule mit Eisenkern auf. Bestimmen Sie *Z* aus Ihren Messwerten.
c) Vergleichen Sie *R* und *Z*. Erklären Sie die unterschiedlichen Werte.
d) Für Scheinwiderstand und Induktivität der Spule gilt näherungsweise der Zusammenhang $Z = 2\pi f \cdot L$. Bestimmen Sie damit aus Ihren Messwerten die Induktivität der Spule.

V3 Scheinwiderstand, Frequenz und Induktivität

Sie untersuchen, wie der Scheinwiderstand von der Frequenz abhängt und bestimmen die Induktivität auf zwei Arten.

Arbeitsauftrag:

a) Bestimmen Sie bei der Spule ohne Eisenkern die Abhängigkeit des Scheinwiderstands *Z* von der Frequenz *f* im Bereich von ca. 50 Hz bis 2000 Hz.
b) Erstellen Sie ein $Z(f)$-Diagramm. Begründen Sie, weshalb der Scheinwiderstand mit der Frequenz zunimmt.
c) Nutzen Sie den Zusammenhang $Z = 2\pi f \cdot L$, um aus dem $Z(f)$-Diagramm die Induktivität der Spule zu bestimmen.
d) Berechnen Sie *L* mit der Formel für die Induktivität einer schlanken Spule. Bestimmen Sie die benötigten Größen direkt mit dem Lineal.
e) Vergleichen Sie die Ergebnisse aus c) und d). Erklären Sie die Abweichung.

Material A • Reden über einen Versuch mit Variationen

Wenn der Schalter in der Abbildung geschlossen wird, leuchtet die Lampe erst etwas verspätet auf. Mias, Antons, Toms und Lenas Aussagen dazu sind fehlerhaft.

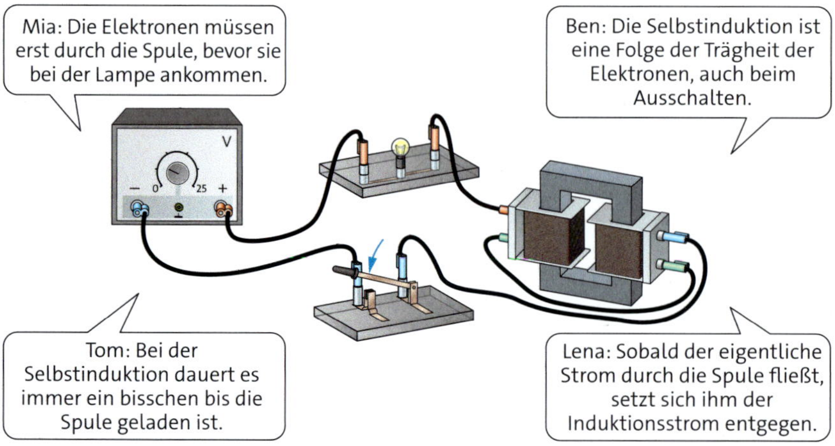

A1 **a)** Erklären Sie jeweils, worin der Fehler besteht.
b) Mias und Antons Aussagen lassen sich widerlegen, indem man den Aufbau abwandelt. Entwickeln Sie jeweils eine passende Abwandlung. Begründen Sie Ihre Lösung.
c) Man vertauscht nun bei einer der Spulen die Anschlüsse. Damit beobachtet man kein verzögertes Aufleuchten mehr. Erklären Sie dies.

A2 Wenn man den Schalter öffnet, beobachtet man am Schalter einen Funkenüberschlag.
a) Eine Physiklehrerin sagt: „Der Stromkreis ist kurz nach dem Öffnen des Schalters wegen des Netzgeräts noch geschlossen." Erläutern Sie.
b) Wandeln Sie den Aufbau so ab, dass der Funkenüberschlag schwächer wird. Begründen Sie.

Material B • Diagramme

Beim Einschaltvorgang einer luftgefüllten Spule wurde ein $I_{Sp}(t)$-Diagramm ohne Skalierung der Achsen aufgenommen ①.

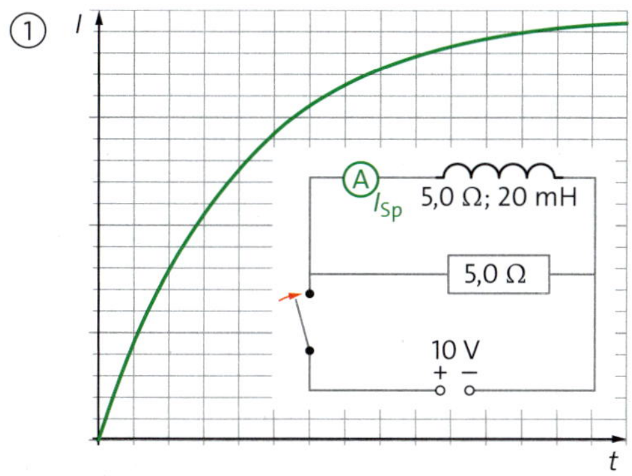

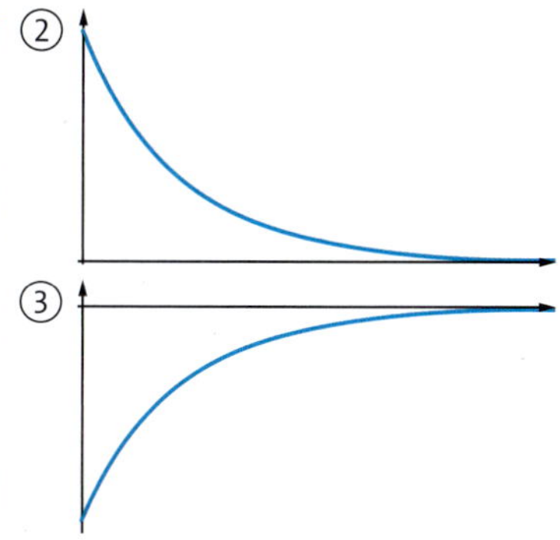

B1 a) Erläutern Sie, wie es zum verzögerten Anstieg kommt.
b) Erklären Sie anhand einer Skizze das Zusammenspiel der dabei beteiligten Felder.

B2 Beschreiben und erklären Sie, welchen Einfluss folgende Änderungen auf das $I(t)$-Diagramm haben.
a) Ein Eisenkern ist in der Spule.
b) Die Spannung am Netzgerät wird halbiert.
c) Es wird eine sonst baugleiche Spule mit dünnerem Draht verwendet.
d) Es wird eine sonst baugleiche Spule mit doppelter Windungszahl verwendet.

B3 a) Berechnen Sie aus den angegebenen Werten I_{max} und $\dot{I}(0\,s)$.
b) Bestimmen Sie damit Skalierung der I-Achse und der t-Achse in ①.

B4 Die Spule ist 25 cm lang und hat einen kreisförmigen Querschnitt mit einem Durchmesser von 7,0 cm. Berechnen Sie die Windungszahl.

B5 Beim Einschalten und beim Ausschalten wurde der zeitliche Verlauf der Spulenstromstärke I_{Sp} und der Induktionsspannung U_{ind} aufgenommen.
a) Untersuchen Sie, welches der Diagramme ② und ③ den jeweiligen Verlauf am besten darstellt.
b) Bestimmen Sie aus den angegebenen Werten jeweils die Skalierung der senkrechten Diagrammachse.
c) Untersuchen Sie, ob die Diagramme auch für die angelegte Spannung U_0 und die Stromstärke I_R im Widerstand geeignet sind.

Material C • Energie im Magnetfeld

Im Versuch zur Energie im Magnetfeld ersetzen wir den Motor durch einen Kondensator. Für die Spannung am Kondensator wird ein $U(t)$-Diagramm aufgenommen. Zum Zeitpunkt $t = 0\,s$ wird der Schalter geöffnet.

C1 a) Erklären Sie, warum dann eine negative Spannung am Kondensator gemessen wird.
b) Erläutern Sie, warum der Betrag der Spannung im weiteren Verlauf abnimmt.

C2 a) Beschreiben Sie den Vorgang mithilfe der Energie.
b) Leo sagt: „Wenn man die Induktivität der Spule verdoppelt, verdoppelt sich auch die Spannung am Kondensator. Verdoppelt man die Stromstärke, vervierfacht sie sich." Erklären Sie Leos Gedankengang. Begründen Sie, warum er nur teilweise recht hat.

C3 a) Bestimmen Sie die Energie im Kondensator unmittelbar nach dem Schließen des Schalters.
b) Die Spulenstromstärke vor dem Öffnen des Schalters war 0,40 A. Bestimmen Sie die Induktivität der Spule.
c) Der in b) berechnete Wert ist etwas zu klein. Begründen Sie dies.

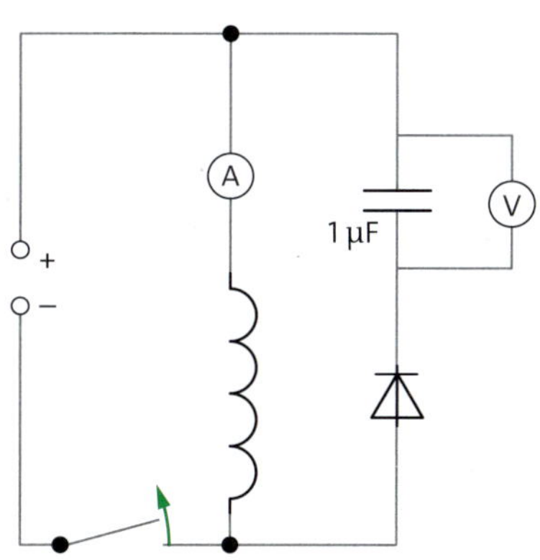

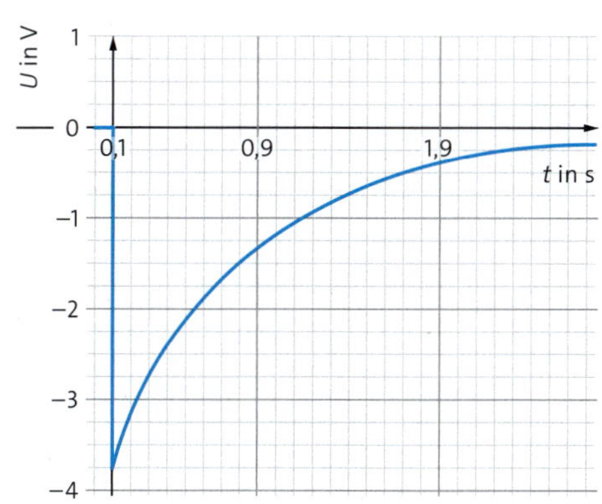

BLICKPUNKT

Transformatoren und Netzteile

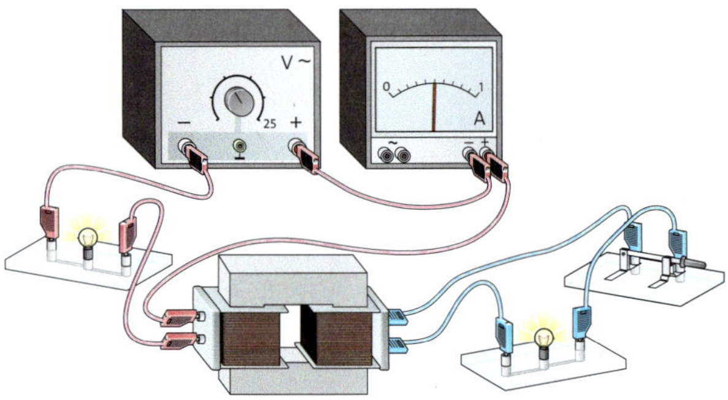

1 Belasteter Transformator

Wie wird transformiert? • Um Energie über weite Strecken zu übertragen, benötigt man mehr als 100 kV. An der Streckdose sind es 230 V und beim Laden eines Smartphones nur 5 V. Sie wissen, dass Transformatoren die Induktion nutzen, um die gewünschte Spannung und Stromstärke einzustellen. Aber wie genau geschieht dies?

Ein einfaches Experiment zeigt, dass es beim Transformator (kurz: Trafo) eine Wechselwirkung zwischen Primär- und Sekundärseite gibt: Der Trafo in ▸Abb. 1 hat zwei gleiche Spulen. Er wird mit sinusförmiger Wechselspannung (50 Hz) mit 12 V betrieben. Auf Primär- und Sekundärseite ist je eine Lampe angeschlossen, auf der Primärseite zudem ein Amperemeter. Wenn man nun den Schalter auf der Sekundärseite öffnet, erlischt nicht nur dort die Lampe 2, sondern auch die Lampe 1 auf der Primärseite, obwohl man an dieser gar nichts verändert hat – oder?

Die Primärseite ... • Um die Primärseite genauer zu untersuchen, lassen wir den Schalter geöffnet. Man spricht dann vom **unbelasteten Transformator:** Wenn wir Gleichstrom verwenden, leuchtet die Lampe schon bei einer Spannung von 8,0 V hell und wir messen eine Stromstärke von 0,50 A. Bei 12 V würde die Lampe zerstört werden. Wiederholen wir den Versuch mit Wechselstrom, sind es selbst bei 12 V nur 40 mA. Hier zeigt sich die Wirkung der Selbstinduktion: Die ständige Magnetfeldänderung in der Spule sorgt für eine Induktionsspannung:

$$U_1(t) = -n_1 \cdot \dot{\Phi}(t).$$

Sie wirkt der Spannung des Netzgeräts entgegen und führt so dazu, dass die Stromstärke wesentlich kleiner wird.

... wirkt auf die Sekundärseite ... • Aufgrund des Eisenkerns ist der magnetische Fluss in Primär- und Sekundärspule praktisch gleich. So wie die Flussänderung auf der Primärseite zur Selbstinduktion führt, erzeugt sie auf der Sekundärseite eine Induktionsspannung $U_2(t)$, für die nicht nur im Versuch, sondern allgemein gilt:

$$U_2(t) = -n_2 \cdot \dot{\Phi}(t) = -n_2 \cdot \left(-\frac{U_1(t)}{n_1}\right).$$

Durch Umformen sieht man, dass sich die Spannungen auf den beiden Seiten wie die Windungszahlen verhalten:

$$\frac{U_1(t)}{U_2(t)} = \frac{n_1}{n_2}.$$

Analog gilt dies auch für die Spannungsamplituden:

$$\frac{U_{1,\,max}}{U_{2,\,max}} = \frac{n_1}{n_2}$$

Technisch relevant ist aber nicht $U_1(t)$, sondern die Spannung $U_0(t)$, die an die Primärspule von außen, in unserem Versuch durch das Netzgerät, angelegt wird. Da die Stromstärke und der Spulenwiderstand in der Regel klein sind, ist der Unterschied zwischen den Spannungsamplituden $U_{0,\,max}$ und $U_{1,\,max}$ zu vernachlässigen und die Windungszahlen bestimmen daher auch das Verhältnis von äußerer Spannung und Sekundärspannung.

... und diese zurück auf die Primärseite • Wenn wir bei dem Versuch mit 12 V jetzt den Schalter auf der Sekundärseite schließen, steigt die Stromstärke auf der Primärseite von 40 mA auf 0,50 A. Der Trafo wird **belastet.** Die Wirkung der Selbstinduktion scheint wesentlich reduziert. Trotz der höheren Primärstromstärke ändert sich aber die Sekundärspannung durch das Schließen des Schalters nicht, d. h., auch die Flussänderung bleibt gleich. Ursache hierfür ist, dass es nun in der Sekundärspule einen Strom gibt. Die Überlagerung der Magnetfelder von Primär- und Sekundärspule sorgt dafür, dass die Flussänderung unabhängig vom Öffnen und Schließen des Schalters ist, obwohl die Primärstromstärke größer ist.

Sie sehen: Auch wenn es auf den ersten Blick nicht so scheint, verändert sich durch das Öffnen und Schließen des Schalters auf der Sekundärseite auch auf der Primärseite etwas Wesentliches. Bei jedem Stromkreis muss man berücksichtigen, wie sich der magnetische Fluss ändert.

Windungszahlen und Stromstärken • Ein Trafo nimmt auf der Primärseite Energie mit der Leistung $P_1(t)$ und der Stromstärke $I_1(t)$ auf und gibt auf der Sekundärseite Energie mit $P_2(t)$ und $I_2(t)$ ab. Für den Wirkungsgrad η gilt daher:

$$\eta = \frac{P_1(t)}{P_2(t)} = \frac{U_1(t) \cdot I_1(t)}{U_2(t) \cdot I_2(t)} = \frac{n_1 \cdot I_1(t)}{n_2 \cdot I_2(t)}.$$

Im Idealfall mit $\eta = 1$ ergibt sich daraus:

$$\frac{I_1(t)}{I_2(t)} = \frac{n_2}{n_1}.$$

Die Stromstärken verhalten sich dann also genau entgegengesetzt zu den Windungszahlen.

Netzteile • In Versuchen sieht man Trafos häufig mit großen, schweren Eisenkernen. In vielen Netzteilen werden diese auch weiterhin so verwendet. Wozu der Eisenkern dient, lässt sich mit dem Induktionsgesetz verstehen. Für die Sekundärspannung gilt:

$$U_2(t) = -n_2 \cdot \dot{\Phi}(t) = -n_2 \cdot A \cdot \dot{\mathcal{B}}(t).$$

Bei sinusförmiger Stromstärke auf der Primärseite ändert sich die Flussdichte auch sinusförmig und für die Amplitude der Sekundärspannung ergibt sich die **Transformatoren-Hauptgleichung:**

$$U_{2,\max} = 2\pi f \cdot n_2 \cdot A \cdot \mathcal{B}_{\max}.$$

Eisenkern als Lösung? • Für einen möglichst kompakten Aufbau mit kleiner Windungszahl n_2 und Querschnittsfläche A sollte die Amplitude $\mathcal{B}_{\max}$ der Flussdichte möglichst groß sein. Beim unbelasteten Trafo ist $\mathcal{B}_{\max}$ proportional zur Amplitude $I_{1,\max}$ der Primärstromstärke. Der Energieverlust durch den Spulenwiderstand wächst aber quadratisch mit der Stromstärke, sodass $I_{1,\max}$ und damit $\mathcal{B}_{\max}$ möglichst klein sein sollten. Diesen vermeidbaren Energieverlust gibt es auch beim belasteten Trafo.

Da $I_{1,\max}$ nicht gleichzeitig möglichst groß und klein sein kann, setzt man einen Eisenkern ein. Dadurch erhöht sich die Flussdichte bei gleicher Stromstärke um die Permeabilitätszahl μ_r. Aber diese Lösung hat Grenzen: Durch die Sättigung des Eisenkerns kann die Flussdichte nicht beliebig groß werden. Zudem sorgt die Hysterese für eine Verzerrung des Signals. Daher muss man Trafos dann doch größer und schwerer bauen.

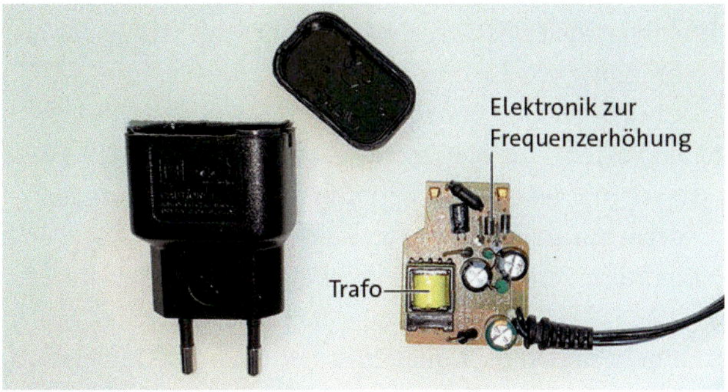

2 Schaltnetzteil

Schaltnetzteile • Bei sogenannten **Schaltnetzteilen,** wie man es z.B. beim Laden eines Smartphones verwendet, ist der Trafo kompakt und leicht (▸Abb. 2). Sie nutzen aus, dass $U_{2,\max}$ proportional zur Frequenz ist. Sie arbeiten üblicherweise bei 15–300 kHz, also einer etwa 1000-mal höheren Frequenz. Entsprechend benötigt der Trafo keinen Eisenkern und kann kompakter gebaut werden. Die notwendige zusätzliche Elektronik macht ein Schaltnetzteil dafür fehleranfälliger. Zudem kann der hochfrequente Wechselstrom störende elektromagnetische Wellen erzeugen, was man technisch aufwendig unterdrücken muss.

1 Der Ringversuch wird mit Wechselstrom durchgeführt (▸Abb. 3). Erläutern Sie jeweils den Gedankengang, der hinter jeder der drei Hypothesen steckt.

2 **a)** Zeigen Sie, dass die Transformatoren-Hauptgleichung entsprechend für $U_{1,\max}$ gilt.
b) In der Hauptgleichung scheint $U_{2,\max}$ unabhängig von n_1 zu sein. Stimmt das? Begründen Sie.

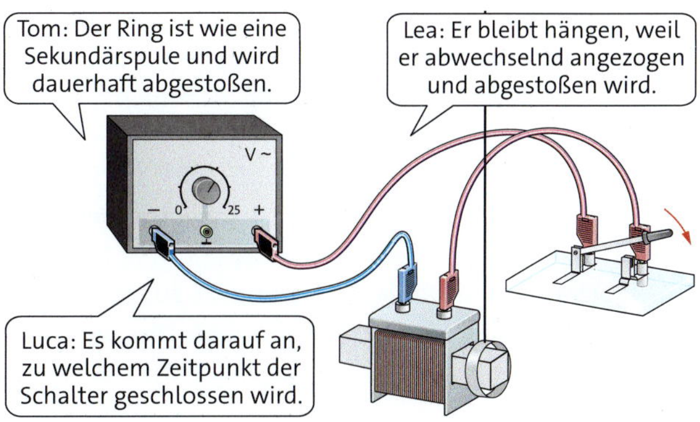

3 Ringversuch mit Wechselspannung

Musteraufgabe mit Lösung • Elektrische Felder

Aufgabe • Feldstärke und Kraft auf Probekörper

Die elektrische Feldstärke $\vec{\mathcal{E}}$ ist eine wichtige Größe zur Beschreibung von elektrischen Feldern. Sie hat eine Richtung und einen Betrag.

a) Erklären Sie, wie die Richtung und der Betrag der Feldstärke mit der elektrischen Kraft auf einen geladenen Körper zusammenhängen.

b) Erläutern Sie die Definition der elektrischen Feldstärke.

Mit einem Kraftsensor und einer kleinen Metallkugel wird die Feldstärke eines Plattenkondensators bestimmt (siehe Abbildung zu Aufgabe 1). Dazu wird die Kugel elektrisch geladen und die Kraft auf die Kugel gemessen. Ein positiver Wert der Kraft bedeutet, dass die Kraft nach rechts zeigt. Die Messung wird für unterschiedliche Kugelladungen durchgeführt. Es ergeben sich folgende Messwerte.

q in nC	9,1	4,8	17,1	−10,4	−8,0
F_{el} in mN	−2,2	−1,5	−4,5	2,7	2,0

c) Interpretieren Sie die Messwerte.

d) Ermitteln Sie Betrag und Richtung der elektrischen Feldstärke.

Lösung

a) Die Richtung von $\vec{\mathcal{E}}$ ist identisch mit der Feldlinienrichtung und bestimmt die Richtung der Kraft auf einen Probekörper. Die Kraft zeigt bei einem positiv geladenen Probekörper in Richtung von $\vec{\mathcal{E}}$, bei einem negativ geladenen Probekörper entgegengesetzt zur Richtung von $\vec{\mathcal{E}}$.
Der Betrag von $\vec{\mathcal{E}}$ bestimmt zusammen mit der Ladung des Probekörpers den Betrag der Kraft.

b) Die elektrische Feldstärke ist gleich dem Quotienten aus der Kraft auf einen Probekörper und der Ladung des Probekörpers, also

$$\vec{\mathcal{E}} = \frac{\vec{F}_{el}}{q}.$$

Die Definition ist sinnvoll, da der Betrag der Kraft F_{el} auf einen Probekörper proportional zum Betrag seiner Ladung q ist. Folglich ist der Quotient $\frac{F_{el}}{q}$ konstant. Die Kraft selbst wäre kein gutes Maß für die Stärke des elektrischen Felds, da sie von der Ladung des Probekörpers abhängt. Der Quotient $\frac{F_{el}}{q}$ ist dagegen von der willkürlichen Wahl der Probeladung q unabhängig. Für ein starkes Feld ist der Quotient $\frac{F_{el}}{q}$ groß, für ein schwaches Feld hingegen klein. Folglich stellt er eine sinnvolle Beschreibung der Stärke des elektrischen Felds dar.

c) Es fällt auf, dass die Probeladung und die zugehörige Kraft unterschiedliche Vorzeichen haben. Dies bedeutet: Für positive Probeladungen zeigt die Kraft nach links, für negative nach rechts. Folglich verlaufen die Feldlinien von der rechten zur linken Kondensatorplatte. Daher ist die rechte Platte positiv, die linke negativ geladen. Zur Prüfung, ob Kraft und Ladung proportional zueinander sind, berechnet man die Quotienten aus der Kraft und der zugehörigen Ladung.

q in nC	9,1	4,8	17,1	−10,4	−8,0
F_{el} in mN	−2,2	−1,5	−4,5	2,7	2,0
$\frac{F_{el}}{q}$ in $\frac{\text{mN}}{\text{nC}}$	−0,24	−0,25	−0,27	−0,24	−0,25

Man sieht, dass im Rahmen der Messgenauigkeit der Quotient $\frac{F_{el}}{q}$ konstant ist. Folglich ist $F_{el} \sim q$.

d) Unter Berücksichtigung aller Messwerte erhält man als Mittelwert für den Betrag der Feldstärke den Wert

$$\mathcal{E} = \frac{F_{el}}{q} = 0{,}25\,\frac{\text{mN}}{\text{nC}} = 0{,}25 \cdot \frac{10^{-3}\,\text{N}}{10^{-9}\,\text{C}} = 250\,\frac{\text{kN}}{\text{C}}.$$

Alternativ erhält man die Feldstärke aus der Steigung der Ausgleichsgeraden im $F_{el}(q)$-Diagramm oder durch lineare Regression.
Die Richtung der Feldstärke zeigt in Feldlinienrichtung, also horizontal nach links.

Übungsaufgaben mit Hinweisen • Elektrische Felder

Aufgabe 1 • Feldstärke und Spannung

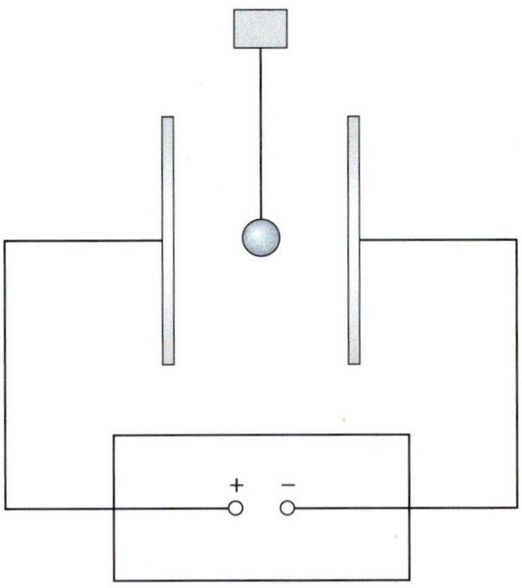

Ein Kondensator mit einem Plattenabstand von 16,0 cm ist an eine Quelle mit einer Spannung von 12,0 kV angeschlossen. In der Mitte des Kondensators hängt an einem Kraftsensor eine kleine geladene Metallkugel. Der Kraftsensor zeigt für die in horizontaler Richtung ausgeübte Kraft 1,5 mN an.

a) Berechnen Sie die elektrische Feldstärke zwischen den Platten.

b) Berechnen Sie die Ladung der Kugel.

Die Platten werden nun bei angeschlossener Quelle von beiden Seiten langsam aufeinander zugeschoben. Die Kugel bleibt dabei stets in der Mitte des Kondensators.

c) Erklären Sie, wie sich die auf die Kugel ausgeübte Kraft beim Zusammenschieben der Platten verändert.

d) Erstellen Sie ein Diagramm für die Kraft in Abhängigkeit vom Kehrwert des Plattenabstands d für $4\,\text{cm} \leq d \leq 16\,\text{cm}$. Erklären Sie das Diagramm.

Aufgabe 2 • Ladungsträger im Feld

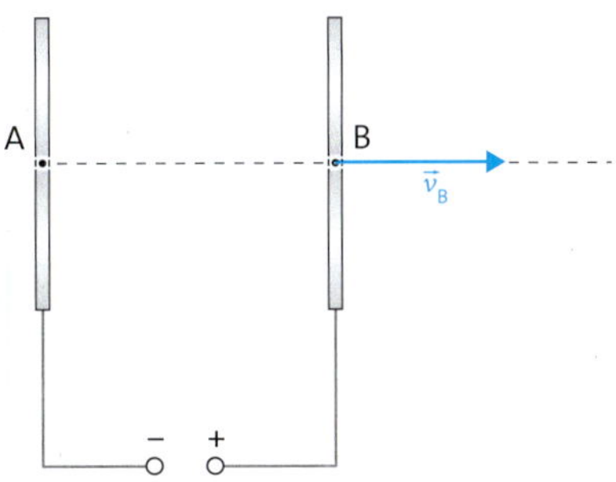

Durch eine kleine Öffnung A gelangen Elektronen mit vernachlässigbarer Anfangsgeschwindigkeit in einen Plattenkondensator. Im homogenen Feld werden die Elektronen zur gegenüberliegenden Öffnung B beschleunigt. Zwischen den Platten liegt eine Spannung von 5,0 kV, der Plattenabstand beträgt 10,0 cm.

a) Berechnen Sie die Geschwindigkeit v_B, mit der die Elektronen den Kondensator durch die Öffnung B verlassen.

b) Berechnen Sie die Zeit t_{AB}, die die Elektronen von A nach B benötigen.

c) Erklären Sie, wie sich Geschwindigkeit v_B und Flugzeit t_{AB} bei Vervierfachung der Spannung ändern.

Aufgabe 3 • Kapazität

Ein Kondensator aus zwei kreisförmigen Platten mit einem Radius von 12,0 cm und einem Plattenabstand von 5,0 mm wird an eine Spannung von 6,0 kV angeschlossen.

a) Berechnen Sie die Kapazität, die Ladung und die Feldstärke.

Der Kondensator wird nun von der Quelle getrennt. Anschließend wird zwischen die Kondensatorplatten eine Glasplatte mit $\varepsilon_r = 6$ eingeschoben, die den ganzen Raum zwischen den Platten ausfüllt.

b) Erklären Sie, wie sich die Kapazität, die Ladung, die Spannung und die Feldstärke dabei ändern.

c) Erläutern Sie die Änderung der Feldstärke zusätzlich, indem Sie auf die Vorgänge in der Glasplatte eingehen.

Hinweise

Aufgabe 1

a) Nutzen Sie den Zusammenhang zwischen Feldstärke und Spannung.

b) Wenden Sie die Definitionsgleichung der Feldstärke an.

c) Kombinieren Sie die Gleichungen aus a) und b).

d) Erstellen Sie eine Tabelle für die Kraft F_{el} in Abhängigkeit vom Plattenabstand d. Ergänzen Sie eine Zeile mit dem Kehrwert $\frac{1}{d}$ in $\frac{1}{\text{m}}$. Tragen Sie nach rechts $\frac{1}{d}$ in $\frac{1}{\text{m}}$ auf und nach oben F_{el} in N.

Aufgabe 2

a) Nutzen Sie die Energieerhaltung.

b) Zur Berechnung benötigen Sie die Beschleunigung der Elektronen sowie die Gesetze für die Bewegung mit konstanter Geschwindigkeit.

c) Argumentieren Sie mit den Formeln aus a) und b).

Aufgabe 3

a) Wandeln Sie die Angaben in SI-Einheiten um.

b) Argumentieren Sie möglichst mit einer Formel.

c) Verwenden Sie ein Modell zum atomaren Aufbau von Isolatoren.

Musteraufgabe mit Lösung • Magnetische Felder

Aufgabe • Die magnetische Flussdichte

Auf einen stromführenden Draht wirkt in einem Magnetfeld eine Kraft. Über diese Kraft wird die Flussdichte $\vec{B}$ bestimmt. Die Flussdichte ist ein Maß für die Stärke des Magnetfelds. Sie hat einen Betrag und eine Richtung.

a) Erläutern Sie an einem Beispiel, wie die Richtung der Kraft auf einen stromführenden Draht mit der Stromrichtung und der Richtung der Flussdichte zusammenhängt.

b) Erstellen Sie eine aussagekräftige Versuchsskizze für einen geeigneten Versuchsaufbau zur Bestimmung der Flussdichte.

In einem Experiment wurde die Kraft auf einen stromführenden Draht in einem homogenen Magnetfeld mit einem Kraftsensor gemessen. Dabei wurde einmal die Stromstärke variiert und einmal die Drahtlänge.

Variation der Stromstärke, s = 5,0 cm					
I in A	0,50	0,80	1,60	2,50	4,80
F in mN	0,7	1,1	2,3	3,5	6,7
Variation der Drahtlänge, I = 2,0 A					
s in cm	2,0	4,0	5,0	8,0	10,0
F in mN	1,1	2,3	2,8	4,5	5,6

c) Interpretieren Sie die Messwerte.

d) Bestimmen Sie anhand der Messwerte möglichst genau die Flussdichte des Magnetfelds.

Lösung

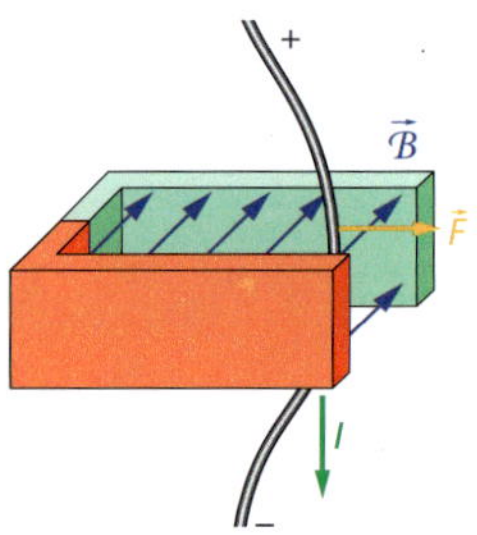

a) Als Beispiel ist ein stromführender Draht im homogenen Feld eines Hufeisenmagneten geeignet.
Man ordnet den Draht so an, dass er orthogonal zur Flussdichte steht (Skizze).
Mit der Drei-Finger-Regel der rechten Hand kann man dann die Richtung der Kraft angeben. Wenn der Strom von oben nach unten gerichtet ist, dann zeigt die Kraft nach rechts. Wird die Stromrichtung umgepolt, dann zeigt die Kraft nach links. Wenn man den Hufeisenmagnet um 180° dreht, dann wird der Leiter bei gleicher Stromrichtung wieder nach rechts abgelenkt.

b) Erstellen einer Versuchsskizze: Stellen Sie den Versuchsaufbau auf das Wesentliche reduziert übersichtlich dar.

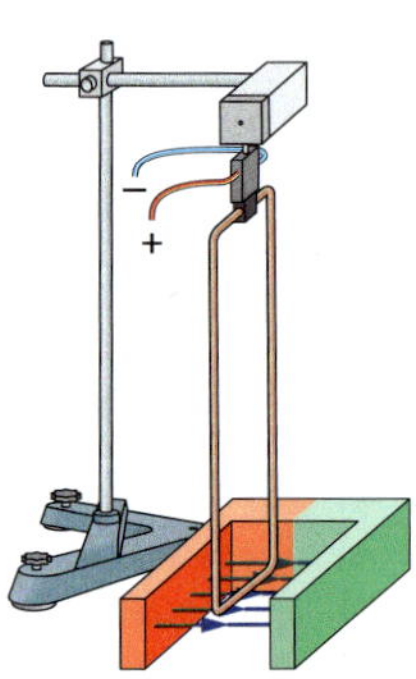

c) Mit zunehmender Stromstärke steigt auch die Kraft auf den Draht. An den Messwerten kann man erkennen, dass sich die Kraft bei doppelter (vierfacher, fünffacher) Stromstärke verdoppelt (vervierfacht, verfünffacht). Auch bei den Messwerten verschiedener Drahtlängen ist eine Proportionalität zu erkennen: Bei doppelter (vierfacher) Drahtlänge verdoppelt (vervierfacht) sich die Kraft. Damit muss die Kraft auch proportional zum Produkt $I \cdot s$ sein. Das überprüft man für alle Messdaten, indem man für jedes Wertepaar den Quotienten $\frac{F}{I \cdot s}$ berechnet: Man sieht, dass der Quotient im Rahmen der Messgenauigkeit konstant ist. Folglich ist $F \sim I \cdot s$.

Variation der Stromstärke, s = 5,0 cm					
I in A	0,50	0,80	1,60	2,50	4,80
F in mN	0,7	1,1	2,3	3,5	6,7
$\frac{F}{I \cdot s}$ in $\frac{\text{mN}}{\text{A} \cdot \text{m}}$	28,0	27,5	28,8	28,0	27,9
Variation der Drahtlänge, I = 2,0 A					
s in cm	2,0	4,0	5,0	8,0	10,0
F in mN	1,1	2,3	2,8	4,5	5,6
$\frac{F}{I \cdot s}$ in $\frac{\text{mN}}{\text{A} \cdot \text{m}}$	27,5	28,8	28,0	28,1	28,0

d) Unter Berücksichtigung aller Messwerte erhält man als Mittelwert für den Quotienten $\frac{F}{I \cdot s}$ = 28 mT. Dieser Quotient entspricht der magnetischen Flussdichte $\vec{B}$ des homogenen Felds.

Übungsaufgaben mit Hinweisen • Magnetische Felder

Aufgabe 1 • Flussdichte einer Spule

Eine 50,0 cm lange schlanke Spule mit 800 Windungen wird zur Erzeugung eines homogenen Magnetfelds eingesetzt, in dem die Kraft auf einen stromführenden Draht gemessen werden soll. In der Mitte der Spule ist ein Schlitz, in den der 4,0 cm lange waagerechte Abschnitt eines Drahtrahmens eingeführt werden kann. Durch die schlanke Spule fließt ein Strom von 2,0 A.

a) Erläutern Sie, wie die Flussdichte in der schlanken Spule von welchen Größen abhängt.

b) Berechnen Sie die Flussdichte.

c) Die Stromstärke im Drahtrahmen wird schrittweise von 0 bis 10 A erhöht und die Kraft auf den Draht wird gemessen. Stellen sie den Zusammenhang in einem $F(I)$-Diagramm grafisch dar.

d) Erklären Sie, wie sich dieser Zusammenhang verändert, wenn für die Messung eine schlanke Spule doppelter Länge bei gleicher Windungszahl und Stromstärke als felderzeugende Spule eingesetzt wird.

Aufgabe 2 • Flussdichte im Helmholtz-Spulenpaar

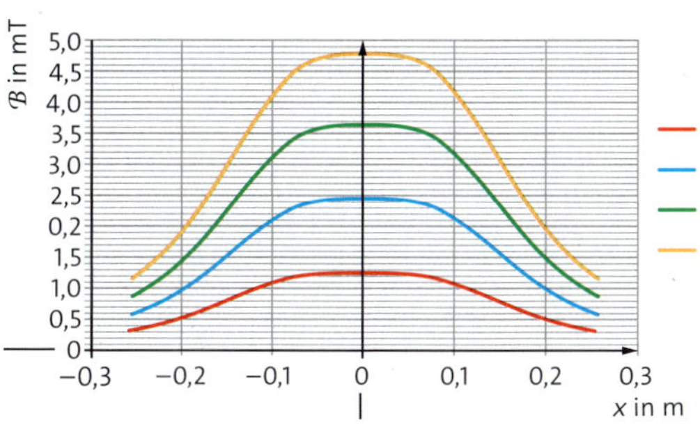

Beim Helmholtz-Spulenpaar mit dem Spulenradius r gelten für die Flussdichte folgende Zusammenhänge: $\mathcal{B} \sim n$, $\mathcal{B} \sim \frac{1}{r}$.

Die Flussdichte innerhalb eines Helmholtz-Spulenpaars mit einem Radius von 15,0 cm und einer Windungszahl von 200 wurde entlang der Mittelachse bei unterschiedlichen Stromstärken gemessen.

a) Entnehmen Sie dem Diagramm die relevanten Werte für die Flussdichte des näherungsweise homogenen Felds in der Mitte des Spulenpaars.

b) Zeigen Sie mit diesen Werten, dass die Flussdichte proportional zur Stromstärke ist.

c) Stellen Sie anhand der angegebenen und gefundenen Zusammenhänge eine Gleichung für die Flussdichte in der Mitte dieses Helmholtz-Spulenpaars auf.

Aufgabe 3 • Bewegte Ladungsträger im Magnetfeld

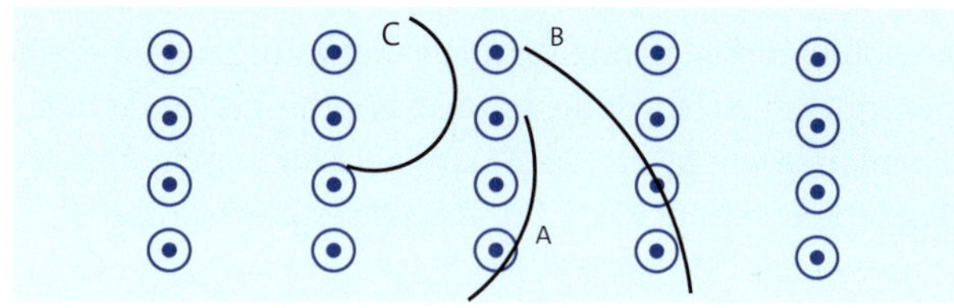

Vier unterschiedliche Ionen (Ne^+, Ne^{2+}, Ar^+, Ar^{2+}) treten mit $v = 6{,}88 \cdot 10^4\,\frac{\text{m}}{\text{s}}$ orthogonal zu den Feldlinien in ein Magnetfeld der Flussdichte 240 mT ein. Von der Bahn ist jeweils nur ein kurzer Abschnitt dargestellt.

a) Begründen Sie, warum sich die Ionen auf kreisförmigen Bahnen bewegen.

b) Begründen Sie, warum sich die Ionen im Uhrzeigersinn entlang der Bahnen A bis C bewegen.

c) Leiten Sie eine Gleichung für den Bahnradius her.

d) Berechnen Sie den Bahnradius für das Ne^+-Ion ($m_{\text{Ne}} = 20\,\text{u}$) und leiten Sie aus diesem Ergebnis die Bahnradien der anderen drei Ionen ab ($m_{\text{Ar}} = 40\,\text{u}$).

e) Ordnen Sie die Bahnabschnitte A bis C den Ionen zu. Begründen Sie ihre Zuordnung.

Hinweise

Aufgabe 1

a) Beziehen Sie sich auf die Formel für die Flussdichte einer schlanken Spule.

b) Setzen Sie die gegebenen Größen in die Formel ein.

c) Berechnen Sie die Kraft auf den Leiter für mindestens zwei Stromstärken. Zeichnen Sie eine Ursprungsgerade.

d) Beziehen Sie sich auf die Aufgabe a).

Aufgabe 2

a) Die relevanten Werte lesen Sie am Schnittpunkt mit der y-Achse ab.

b) Tragen Sie die Werte in ein $\mathcal{B}(I)$-Diagramm ein.

c) Gegeben ist $\mathcal{B} \sim n$, $\mathcal{B} \sim \frac{1}{r}$ und $\mathcal{B} \sim I$, damit ist $\mathcal{B} \sim \frac{n \cdot I}{r}$. Setzen Sie die bekannten Werte ein und bestimmen Sie die Proportionalitätskonstante.

Aufgabe 3

a) Bei der Begründung hilft die Lorentz-Kraft.

b) Setzen Sie die Rechte-Hand-Regel ein.

c) Die Lorentz-Kraft liefert die notwendige Zentripetalkraft.

d) Setzen Sie die Werte in die Formel für r ein.

e) Je kleiner der Radius ist, desto größer ist die Krümmung.

Musteraufgabe mit Lösung • Elektrodynamik

Aufgabe • Induktion durch Flächenänderung

Die Abbildung zeigt eine Versuchsanordnung mit einer flachen, quadratischen Spule mit 500 Windungen und einer Seitenlänge von 4,0 cm. Die Flussdichte im homogenen Magnetfeld beträgt 100 mT und zeigt senkrecht aus der Zeichenebene. Die Spule bewegt sich mit konstanter Geschwindigkeit in 10 s von der Startposition nach rechts bis zur Zielposition.

a) Erklären Sie, warum man einige Zeit nach dem Start zwischen den Anschlüssen A und B der Spule eine Spannung messen kann.

b) Bestimmen Sie den Betrag und die Polung der Spannung.

c) Zeichnen Sie ein $U(t)$-Diagramm für die Bewegung der Spule.

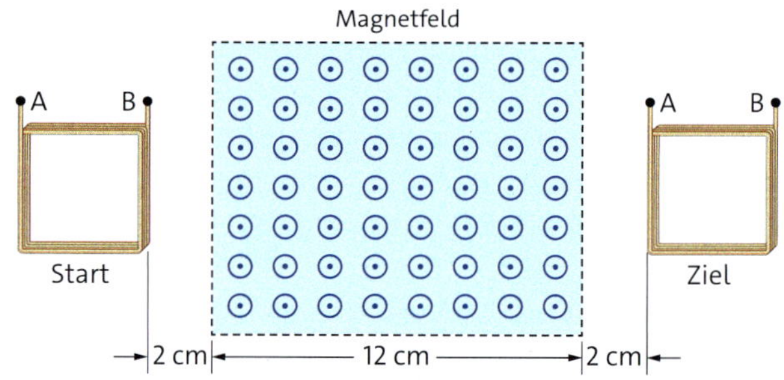

Von ihrer Zielposition bewegt sich die Spule mit der doppelten Geschwindigkeit zurück zu ihrer Startposition.

d) Vergleichen Sie das dabei entstehende $U(t)$-Diagramm mit dem aus c).

Lösung

a) Beim Eintreten in das Magnetfeld ändert sich der magnetische Fluss, der die Spule durchsetzt. Deswegen wird zwischen den Anschlüssen der Spule eine Spannung induziert.

b) In den 10 s legt die Spule insgesamt 20 cm zurück, d.h., ihre Geschwindigkeit ist $v = 2{,}0\,\frac{\text{cm}}{\text{s}}$. Damit ergibt sich für den Betrag der Induktionsspannung:

$$U_{\text{ind}} = n \cdot \mathcal{B} \cdot d \cdot v$$
$$= 500 \cdot 0{,}100\,\text{T} \cdot 0{,}040\,\text{m} \cdot 0{,}020\,\frac{\text{m}}{\text{s}} = 40\,\text{mV}.$$

Beim Eintreten in das Magnetfeld nimmt der magnetische Fluss aus der Zeichenebene hinaus zu. Mit der Linke-Hand-Regel ergibt sich daher, dass der Anschluss A positiv ist.

c) Nur während sich der magnetische Fluss sich ändert, wird eine Spannung induziert. Das ist beim Eintreten (1,0 s bis 3,0 s) und beim Verlassen (7,0 s bis 9,0 s) des Magnetfelds der Fall. Beim Verlassen ist der Betrag der Induktionsspannung auch 40 mV, nur mit entgegengesetztem Vorzeichen, da der Fluss abnimmt.

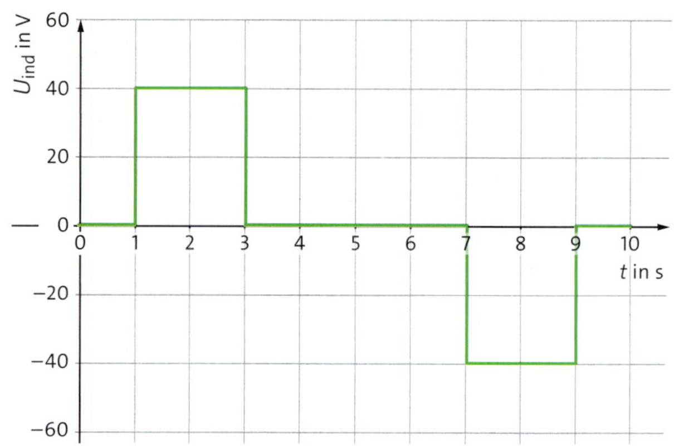

d) Beide Diagramme sind gleich aufgebaut: Nur beim Eintreten und Verlassen des Magnetfelds wird eine konstante Spannung induziert. Da auch beim Rückweg der magnetische Fluss beim Eintreten zunimmt, ist die Spannung dabei auch positiv bzw. entsprechend beim Verlassen negativ. Wegen der doppelten Geschwindigkeit ist der Betrag der Spannung doppelt so groß (80 mV) und die Zeitspannen für die einzelnen Abschnitte sind nur halb so groß.

Übungsaufgaben mit Hinweisen • Elektrodynamik

Aufgabe 1 • Induktion im Inneren einer langen Spule

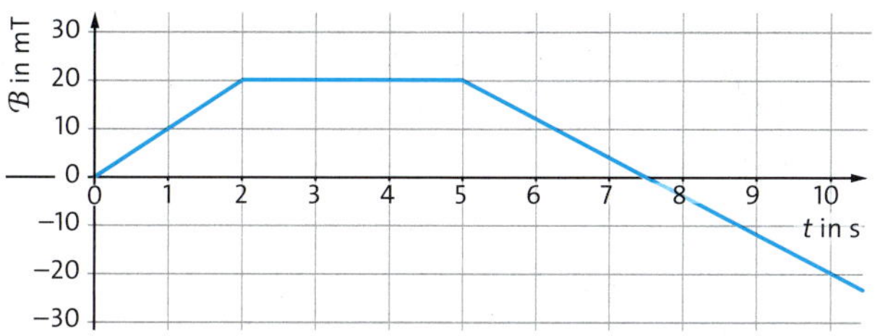

Das Diagramm zeigt den zeitlichen Verlauf der Flussdichte in der Feldspule.

a) Geben Sie an, wann in der Induktionsspule eine Spannung induziert wird. Begründen Sie Ihre Antwort.

b) Zeichnen Sie für den Verlauf der Induktionsspannung in der Zeitspanne von 0 s bis 8 s ein geeignetes Diagramm.

Im Inneren einer langen Feldspule befindet sich eine Induktionsspule mit 250 Windungen und einer Fläche von 20 cm². Die magnetischen Feldlinien verlaufen senkrecht zur Querschnittsfläche der Induktionsspule.

Die Feldspule hat 2 400 Windungen, ist 60 cm lang und hat eine Querschnittsfläche von 100 cm².

c) Bestimmen Sie die Stromstärke, die für die maximale Flussdichte in der Abbildung benötigt wird.

Aufgabe 2 • Rotierende Rahmenspule

Die Abbildung zeigt eine rechteckige Rahmenspule mit 300 Windungen in einem homogenen Magnetfeld mit einer Flussdichte von 4,0 mT. Sie rotiert 25 Mal in der Sekunde um die eingezeichnete Achse. Die Abbildung zeigt die Situation zum Zeitpunkt $t = 0$ s.

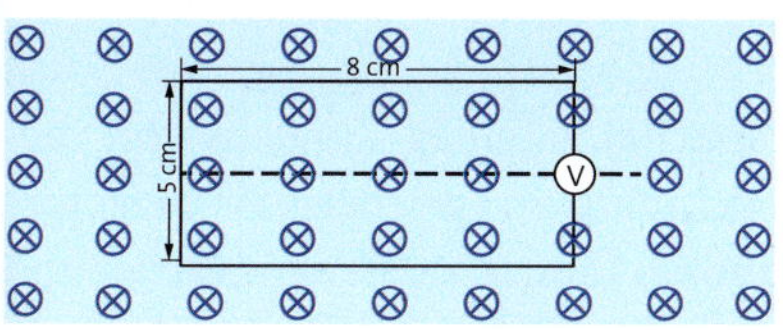

a) Erläutern Sie, weshalb bei der Rotation eine Wechselspannung induziert wird. Erklären Sie, in welchen Spulenpositionen der Spannungsbetrag maximal bzw. null wird.

b) Berechnen Sie die maximale Spannung.

c) Geben Sie eine Gleichung für die induzierte Spannung in Abhängigkeit von der Zeit an.

d) Erklären Sie anhand der Gleichung aus c), wie sich eine Verdopplung der Frequenz auf die Induktionsspannung auswirkt.

Aufgabe 3 • Einschaltvorgang

Mit einem Messwerterfassungssystem wird der Einschaltvorgang bei einer Spule aufgenommen. Als Quelle wird ein 12-V-Akku verwendet. Die Tabelle zeigt einige Messwerte.

t in ms	0	0,20	0,40	1,0	2,0	3,0	4,0
I in A	0	0,50	0,91	1,8	2,5	2,8	2,9

a) Stellen Sie die Messwerte in einem geeigneten Diagramm dar.

b) Bestimmen Sie den Widerstand und die Induktivität der Spule.

c) Ein Eisenkern wird in die Spule geschoben und die Messung wiederholt. Erklären Sie, welchen Einfluss dies auf die Messwerte hat.

Hinweise

Aufgabe 1

a) Achten Sie auf Flussänderungen.

b) Die Induktionsspannung kommt durch die Flussdichteänderung zustande. Wenden Sie das Induktionsgesetz entsprechend an.

c) Benutzen Sie die Formel für die Flussdichte bei einer langen Spule.

Aufgabe 2

a) Achten Sie auf die Lage der Spule relativ zu den Feldlinien.

b) Wenden Sie die Formel an.

c) Beachten Sie die Stellung der Spule zu Beginn.

d) Die Frequenz taucht an zwei Stellen in der Gleichung auf.

Aufgabe 3

a) Stellen Sie die Stromstärke in Abhängigkeit von der Zeit dar.

b) Für den Widerstand benötigen Sie den Grenzwert der Stromstärke, für die Induktivität die Tangentensteigung.

c) Durch den Eisenkern wird die Induktivität verändert.

Elektrische Felder

Ladung und Stromstärke: Körper können elektrisch geladen sein. Die Ladung Q (oder q) kann positiv oder negativ sein. Die Einheit der Ladung ist Coulomb (C). Wird in der Zeitspanne Δt die Ladung ΔQ übertragen, dann beträgt die mittlere Stromstärke

$I = \frac{\Delta Q}{\Delta t}$; mit der Einheit $[I] = \frac{\text{C}}{\text{s}} = \text{A}$ (Ampere).

Elektrisches Feld: Mit dem elektrischen Feld können Kräfte zwischen geladenen Körpern beschrieben werden. Die Struktur eines elektrischen Felds kann mit Feldlinien dargestellt werden (▸Abb. 1 A). Feldlinien sind gedachte Linien, die die Kraftrichtungen auf einen positiv geladenen Probekörper angeben. Die **elektrische Feldstärke** $\vec{\mathcal{E}}$ ist festgelegt als Quotient aus der Kraft $\vec{F}_{\text{el}}$ auf einen Probekörper und seiner Ladung q, also

$\vec{\mathcal{E}} = \frac{\vec{F}_{\text{el}}}{q}$; mit der Einheit $[\mathcal{E}] = \frac{\text{N}}{\text{C}}$.

Bei einem Plattenkondensator ist das Feld **homogen**. Die Feldlinien verlaufen parallel zueinander und die Feldstärke hat überall denselben Betrag (▸Abb. 1 B).

Spannung: Beim Plattenkondensator mit homogenem Feld gilt für den Zusammenhang zwischen Feldstärke $\mathcal{E}$, Spannung U und Plattenabstand d:

$\mathcal{E} = \frac{U}{d}$; mit der Einheit: $[\mathcal{E}] = \frac{\text{N}}{\text{C}} = \frac{\text{V}}{\text{m}}$.

Wird ein Körper mit der Ladung q von einem Leiter zu einem anderen Leiter beschleunigt, dann beträgt die vom elektrischen Feld auf den Körper übertragene Energie

$\Delta E = q \cdot U$.

Dabei ist U die Spannung zwischen den geladenen Leitern.

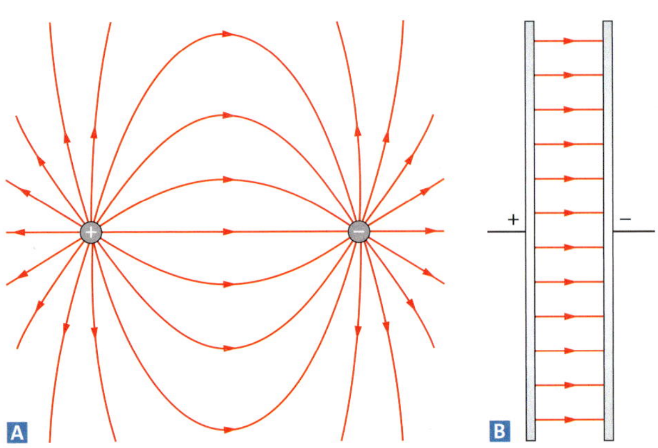

1 Feld **A** zweier Punktladungen und **B** eines Plattenkondensators

Ladungsträger im elektrischen Feld: Bei der Bewegung von Ladungsträgern parallel zu den elektrischen Feldlinien werden diese beschleunigt oder verzögert.

Nach Durchlaufen einer Spannung von 1 V ändert sich die kinetische Energie eines Elektrons oder Protons um ein Elektronvolt, 1 eV mit:

$1\,\text{eV} = 1{,}60 \cdot 10^{-19}\,\text{J}$.

Treten Elektronen orthogonal zu den Feldlinien in ein homogenes elektrisches Feld ein, führen sie eine Überlagerungsbewegung aus zwei Teilbewegungen durch: Eine Bewegung erfolgt mit konstanter Geschwindigkeit orthogonal zu den Feldlinien und eine mit konstanter Beschleunigung antiparallel zu den Feldlinien. Die Richtung orthogonal zu den Feldlinien sei die x-Richtung, diejenige parallel zu den Feldlinien die y-Richtung. Mit der Anodenspannung U_{A}, der Ablenkspannung U_{y} und dem Plattenabstand d des Ablenkkondensators folgt:

$v_{\text{x}}(t) = v_{\text{A}} = \text{konstant}$, $\quad x(t) = v_{\text{A}} \cdot t$,

$v_{\text{y}}(t) = a_{\text{y}} \cdot t$, $\quad y(t) = \frac{1}{2} \cdot a_{\text{y}} \cdot t^2$,

mit $v_{\text{A}} = \sqrt{2 \frac{\text{e}}{m_{\text{e}}} U_{\text{A}}}$ und $a_{\text{y}} = \frac{F_{\text{el}}}{m_{\text{e}}} = \frac{e \cdot \mathcal{E}_{\text{y}}}{m_{\text{e}}} = \frac{e \cdot U_{\text{y}}}{m_{\text{e}} \cdot d}$.

Kondensator: Die **Kapazität** C eines Kondensators beschreibt seine Fähigkeit, Ladung zu speichern. Sie ist festgelegt als der Quotient aus der Ladung Q auf den Platten und der Spannung U zwischen den Platten, also

$C = \frac{Q}{U}$; mit der Einheit $[C] = \frac{\text{C}}{\text{V}} = \text{F}$ (Farad).

Für den Plattenkondensator mit der Plattengröße A, dem Plattenabstand d und der Permittivitätszahl ε_{r} des Füllmaterials gilt mit der **elektrischen Feldkonstanten** ε_0:

$C = \varepsilon_0 \cdot \varepsilon_{\text{r}} \cdot \frac{A}{d}$, mit $\varepsilon_0 = 8{,}854 \cdot 10^{-12} \frac{\text{C}}{\text{V} \cdot \text{m}}$.

Die im Kondensator gespeicherte Energie beträgt

$E_{\text{Kond}} = \frac{1}{2} \cdot Q \cdot U = \frac{1}{2} \cdot C \cdot U^2 = \frac{1}{2} \cdot \frac{Q^2}{C}$.

Feldgleichung der Elektrostatik: Ein elektrisch geladener Körper erzeugt ein elektrisches Feld. Die Stärke des Felds hängt von der Ladung Q ab. An der Leiteroberfläche ist die Feldstärke proportional zur **Flächenladungsdichte** $\sigma = \frac{Q}{A}$. Im Vakuum gilt die **Feldgleichung:**

$\mathcal{E} = \frac{1}{\varepsilon_0} \cdot \sigma$.

Magnetische Felder

Drei-Finger-Regel der rechten Hand: Wenn Stromrichtung und die Richtung der magnetischen Feldlinien nicht parallel zueinander sind, dann wird auf einen stromführenden Leiter im Magnetfeld eine Kraft ausgeübt (▸Abb. 1).
Die Kraftrichtung erhält man, indem man den Daumen der rechten Hand in Stromrichtung und den Zeigefinger in Feldlinienrichtung hält. Der Mittelfinger gibt dann die Richtung der Kraft an.

Magnetische Flussdichte: Die magnetische Flussdichte $\vec{\mathcal{B}}$ ist ein Vektor, der in jedem Punkt des Felds in die Feldlinienrichtung zeigt. Der Betrag $\mathcal{B}$ der magnetischen Flussdichte ist gleich dem Quotienten aus der Kraft F auf einen stromführenden Leiter, der sich orthogonal zu den magnetischen Feldlinien befindet, und dem Produkt aus Stromstärke I und Leiterlänge s:

$$\mathcal{B} = \frac{F}{I \cdot s}\text{; Einheit: } [\mathcal{B}] = \frac{\text{N}}{\text{A} \cdot \text{m}} = \text{T (Tesla)}.$$

Flussdichte einer Spule: Eine gerade Spule, deren Länge ℓ deutlich größer als ihr Durchmesser d ist, bezeichnet man als schlanke Spule. Im Inneren einer solchen Spule ist das Magnetfeld homogen.
Die Flussdichte $\mathcal{B}$ des Magnetfelds hängt von der Stromstärke I der Spule, ihrer Länge ℓ und ihrer Windungszahl n ab. Die Proportionalitätskonstante ist die magnetische Feldkonstante μ_0 und es gilt:

$$\mathcal{B} = \mu_0 \cdot \frac{n}{\ell} \cdot I \text{ mit } \mu_0 = 1{,}256 \cdot 10^{-6} \frac{\text{V} \cdot \text{s}}{\text{A} \cdot \text{m}}.$$

Die Flussdichte einer Spule hängt zusätzlich vom Füllmaterial ab. Mit der Permeabilitätszahl μ_r des Füllmaterials gilt für die Flussdichte einer gefüllten schlanken Spule:

$$\mathcal{B} = \mu_0 \cdot \mu_r \cdot I \cdot \frac{n}{\ell}.$$

Lorentz-Kraft: Bewegen sich Ladungsträger in einem Magnetfeld orthogonal zu den Feldlinien, dann wird auf sie eine Lorentz-Kraft $\vec{F}_L$ ausgeübt. Diese steht orthogonal zur Geschwindigkeit $\vec{v}$ und zur Flussdichte $\vec{\mathcal{B}}$.
Für den Betrag F_L der Lorentz-Kraft auf Ladungsträger mit der Ladung q gilt:

$$F_L = q \cdot v \cdot \mathcal{B}.$$

Die Ladungsträger durchlaufen dabei eine Kreisbahn, bei der die erforderliche Zentripetalkraft F_Z durch die Lorentz-Kraft F_L aufgebracht wird. Für den Radius der Kreisbahn ergibt sich mit der Masse m der Ladungsträger:

$$r = \frac{m \cdot v}{q \cdot \mathcal{B}}.$$

Masse eines Elektrons: Aus dem Ansatz, dass in einem Fadenstrahlrohr die Lorentz-Kraft F_L die notwendige Zentripetalkraft F_Z ist, kann bei bekannter Beschleunigungsspannung U die spezifische Ladung $\frac{e}{m_e}$ eines Elektrons ermittelt werden:

$$\frac{e}{m_e} = 1{,}76 \cdot 10^{11} \frac{\text{C}}{\text{kg}}.$$

Mit der Elementarladung $e = 1{,}60 \cdot 10^{-19}$ C erhält man aus der spezifischen Ladung des Elektrons seine Masse zu:

$$m_e = 9{,}11 \cdot 10^{-31}\text{ kg}.$$

Wienscher Filter: Damit die Masse von Ladungsträgern exakt bestimmt werden kann, müssen diese mit gleicher Geschwindigkeit in das Magnetfeld eines Massenspektrometers gelangen. Das kann man durch einen Wienschen Filter erreichen.
Im Wienschen Filter stehen ein elektrisches Feld der Feldstärke $\vec{\mathcal{E}}$ und ein magnetisches Feld der Flussdichte $\vec{\mathcal{B}}$ orthogonal zueinander. Wenn die elektrische Kraft F_{el} und die Lorentz-Kraft F_L im Kräftegleichgewicht sind, können die Ladungsträger den Filter passieren. Für ihre Geschwindigkeit gilt:

$$v_0 = \frac{\mathcal{E}}{\mathcal{B}}.$$

Hall-Spannung: Befindet sich ein stromführendes Metallplättchen der Breite b orthogonal zur Flussdichte $\vec{\mathcal{B}}$ in einem Magnetfeld, dann wirkt auf die Ladungsträger die Lorentz-Kraft, was zu einer Ladungsverschiebung im Metallplättchen führt. Diesen Effekt nennt man Hall-Effekt. Dabei stellt sich zwischen Ober- und Unterseite des Plättchens die Hall-Spannung U_H ein:

$$U_H = b \cdot v \cdot \mathcal{B}.$$

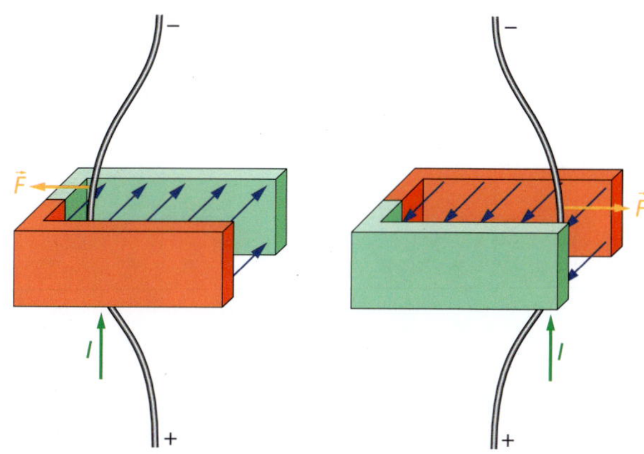

1 Stromführender Draht im Magnetfeld. Die Kraftrichtung hängt von der Stromrichtung und der Magnetfeldrichtung ab.

Elektrodynamik

Elektromagnetische Induktion: Ändert sich die magnetische Flussdichte, dann tritt dabei ein elektrisches Wirbelfeld auf, dessen Feldlinien weder Anfang noch Ende haben. Dies bezeichnet man als elektromagnetische Induktion.

Linke-Hand-Regel: Wenn der Daumen der linken Hand in Richtung der magnetischen Flussdichteänderung zeigt, dann geben die anderen Finger die Richtung der Feldlinien des induzierten elektrischen Wirbelfelds an.

Induktionsspannung: Ändert sich die magnetische Flussdichte in einer Leiterschleife, dann wird durch das elektrische Wirbelfeld eine Spannung induziert, die umso größer ist, je mehr Windungen die Leiterschleife hat. Die Polung der Spannung bestimmt man mit der Linke-Hand-Regel.

Lenzsche Regel: Wirken Induktionsphänomene auf die sie verursachende Magnetfeldänderung zurück, dann geschieht das so, dass sie dieser Magnetfeldänderung entgegenwirken.

Wirbelstrom: Wird eine Metallplatte in ein Magnetfeld hinein- oder aus dem Feld herausbewegt, dann werden in der Platte Wirbelströme induziert. Diese erzeugen ihrerseits ein Magnetfeld, das die Platte abbremst.

Magnetischer Fluss: Das Produkt aus der magnetischen Flussdichte $\mathcal{B}$ und der vom Magnetfeld durchsetzen Fläche A einer Leiterschleife, die sich orthogonal zu den magnetischen Feldlinien befindet, heißt magnetischer Fluss Φ:

$\Phi = A \cdot \mathcal{B}$; mit der Einheit $[\Phi] = \mathrm{T} \cdot \mathrm{m}^2$.

Induktionsgesetz: Wenn sich der magnetische Fluss Φ in einer Spule oder Leiterschleife mit n Windungen ändert, dann wird in ihr eine Spannung U_{ind} induziert, für die gilt:

$$U_{\text{ind}}(t) = -n \cdot \dot{\Phi}(t).$$

Induktion durch Flächenänderung: In einer Leiterschleife entsteht eine Induktionsspannung durch eine Lorentz-Kraft, wenn sich die vom Magnetfeld durchsetzte Fläche in der Schleife ändert (▸Abb. 1).
Bewegt sich ein Leiter der Länge d mit der Geschwindigkeit v senkrecht zur Flussdichte $\vec{\mathcal{B}}$ durch das Magnetfeld, gilt für den Betrag der Induktionsspannung:

$$U = \mathcal{B} \cdot v \cdot d.$$

Wechselspannung: Wenn sich eine Leiterschleife mit der Fläche A in einem Magnetfeld mit der Flussdichte $\vec{\mathcal{B}}$ befindet, dann gilt für den magnetischen Fluss Φ:

$$\Phi = A \cdot \mathcal{B} \cdot \cos\alpha.$$

Dreht sich eine Spule in einem homogenen Magnetfeld um eine Achse, die senkrecht zu den Feldlinien steht, dann wird eine sinusförmige Wechselspannung $U(t)$ induziert (▸Abb. 2). Aus dem Induktionsgesetz ergibt sich mit dem magnetischen Fluss Φ und der Winkelgeschwindigkeit ω für die Scheitelspannung:

$$U_{\max} = n \cdot A \cdot \mathcal{B} \cdot \omega.$$

Steht die Spule anfangs senkrecht zu den Feldlinien, gilt:

$$U(t) = U_{\max} \cdot \sin(\omega \cdot t).$$

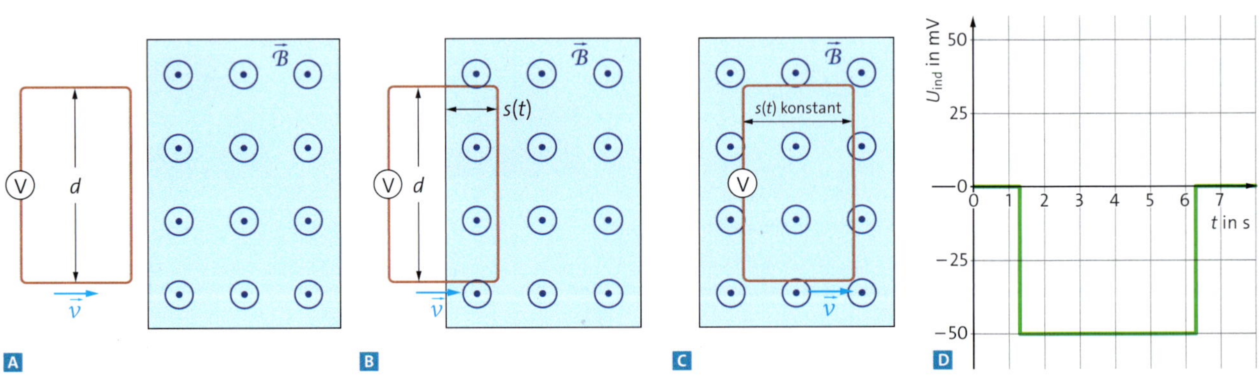

1 Die Spule bewegt sich ins Magnetfeld: **A, C** Keine Induktionsspannung, **B** Induktion durch Flächenänderung, **D** U_{ind}-t-Diagramm

Selbstinduktion: Ändert sich in einer Spule die Stromstärke $I(t)$, dann wird in ihr eine Spannung $U_{ind}(t)$ induziert, für die gilt:

$U_{ind}(t) = -L \cdot \dot{I}(t)$.

Dabei ist L die Induktivität der Spule mit der Einheit 1 H (Henry).

Bei einer schlanken Spule gilt für die Induktivität:

$L = \mu_0 \, \mu_r \cdot \frac{n^2 \cdot A}{\ell}$.

Energie im Magnetfeld: Im Magnetfeld einer Spule mit der Induktivität L ist bei der Stromstärke I die Energie E_{Spule} gespeichert. Für die Energie gilt:

$E_{Spule} = \frac{1}{2} L \cdot I^2$.

Transformator: An einem unbelasteten Transformator ist der Quotient der Spannungen an der Primär- und der Sekundärseite gleich dem entsprechenden Verhältnis der Windungszahlen:

$\frac{U_1(t)}{U_2(t)} = \frac{n_1}{n_2}$.

Wird der Transformator belastet, verhalten sich die Stromstärken auf der Primär- und der Sekundärseite genau entgegengesetzt zu den Windungszahlen:

$\frac{I_1(t)}{I_2(t)} = \frac{n_2}{n_1}$.

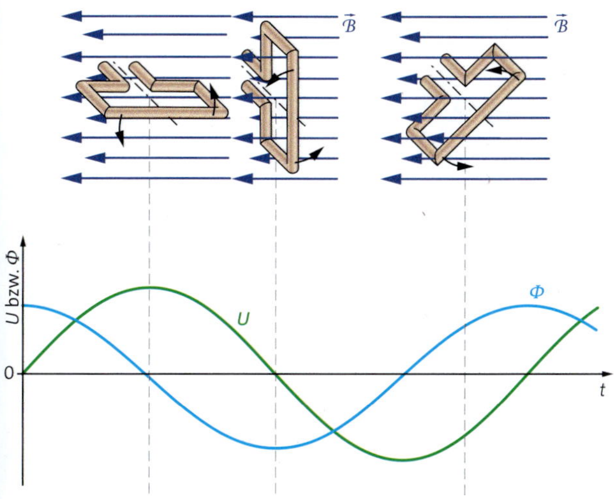

2 Eine Leiterschleife dreht sich im Magnetfeld.

Überprüfen Sie sich selbst:

Kann ich …

- den Zusammenhang zwischen Feldlinienrichtung und Richtung der Kraft auf einen positiv oder negativ geladenen Probekörper beschreiben?
- beim Plattenkondensator die elektrische Feldstärke aus der Spannung berechnen?
- mithilfe einer Energiebetrachtung die Änderung der Geschwindigkeit von Ladungsträgern bei der Bewegung parallel zu den elektrischen Feldlinien berechnen?
- die im Kondensator gespeicherte Energie berechnen?
- die Änderung von Kapazität, Spannung, Ladung, Energie z. B. beim Auseinanderziehen der Kondensatorplatten erklären?
- die Kraftwirkung auf einen stromdurchflossenen Leiter im Magnetfeld erläutern?
- die Bewegung freier Ladungsträger orthogonal zu einem homogenen Magnetfeld unter Anwendung von Kenntnissen aus der Mechanik beschreiben?
- ein Verfahren zur Messung der spezifischen Ladung eines Elektrons angeben?
- mithilfe des Hall-Effekts die Driftgeschwindigkeit von Elektronen berechnen und erläutern, wie ein Hall-Sensor funktioniert?
- Einsatzbereiche von Teilchenbeschleunigern beschreiben?
- das Entstehen einer Induktionsspannung durch Änderung der magnetischen Flussdichte in einer Leiterschleife erklären?
- das Faradaysche Induktionsgesetz mithilfe des magnetischen Flusses erläutern und anwenden?
- mithilfe der Lorentz-Kraft erklären, dass in einem Leiter, der senkrecht zu einem Magnetfeld bewegt wird, eine Spannung induziert wird?
- die Induktion einer sinusförmigen Wechselspannung durch die Drehbewegung einer Spule erklären (Generatoren)?
- die Induktivität und die Energie einer schlanken Spule beschreiben und berechnen?

Schwingungen und Wellen

In diesem Kapitel beschäftigen Sie sich mit:

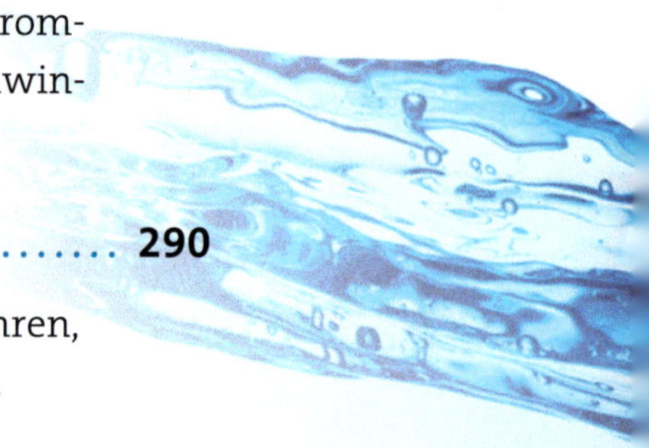

1 Hüpfende Tropfen

Phänomene der Schwingung

Die Tropfen hüpfen über der Membran eines Lautsprechers auf und ab – und zwar umso höher, je lauter die Töne sind, die der Lautsprecher abgibt. Auch die Tonhöhe ändert das Verhalten der Tropfen. Wie kommt das?

Schwingungen in Zeitlupe • Um genauer zu untersuchen, was an der Lautsprechermembran passiert, verbinden wir den Lautsprecher mit einem Frequenzgenerator und stellen diesen so ein, dass ein tiefer Brummton zu hören ist. Wenn man jetzt vorsichtig auf die Membran fasst, kann man fühlen, wie sie vibriert. Geben wir einige Reiskörner auf die Membran, so werden diese infolge der Schwingung ebenfalls in Bewegung versetzt und beginnen wie die Wassertropfen in ▸Abb. 1 zu hüpfen. Die schnelle Schwingung der Membran selbst wird sichtbar, wenn wir sie mit einem Smartphone filmen und den Film dann in Zeitlupe anschauen.
Auch bei anderen Körpern sind mechanische Schwingungen zu beobachten. Werden sie aus ihrer in Ruhe eingenommenen Lage ausgelenkt, führen sie zeitlich periodische Bewegungen aus, die immer wieder durch ihre anfängliche **Ruhelage** führen (▸Abb. 2).

Mechanische Schwingungen sind periodische Bewegungen eines Körpers um seine Ruhelage.

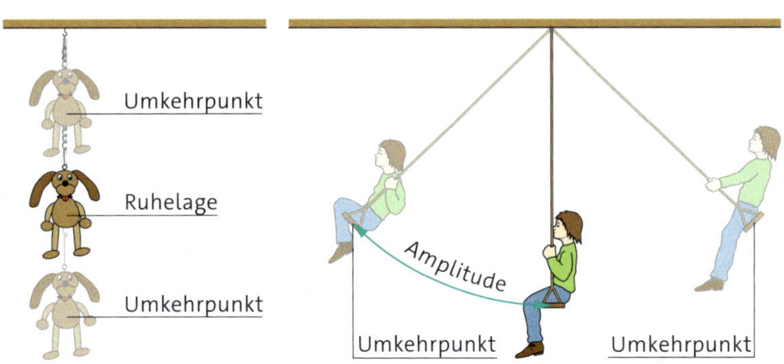

2 Verschiedene Schwingungen

Aufzeichnung von Schwingungen • Eine einfache Möglichkeit, Schwingungen aufzuzeichnen, bietet eine Schreibstimmgabel (▸Abb. 3). Um sie zum Klingen zu bringen, schlägt man gegen

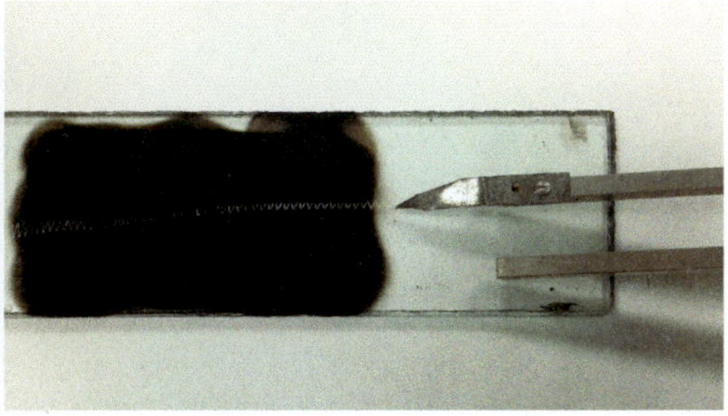

3 Schreibstimmgabel

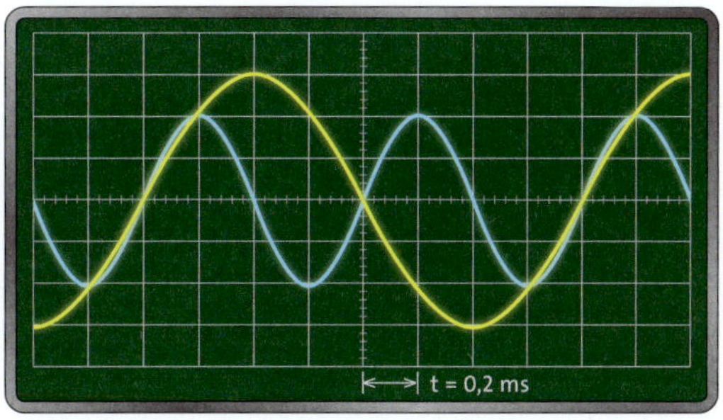

4 Aufgenommene Schwingungen am Oszilloskop

einen ihrer Schenkel. Der Verlauf der dadurch entstehenden Schwingung wird sichtbar, wenn man die Feder der Stimmgabel zügig und möglichst gleichmäßig über eine Glasplatte zieht, die zuvor über einer Kerzenflamme geschwärzt wurde. Möglicherweise erinnert Sie der Verlauf der aufgezeichneten Schwingung an die Sinusfunktion aus der Mathematik. Noch deutlicher wird dies, wenn wir die Töne mithilfe eines Oszilloskops aufzeichnen, das an ein Mikrofon angeschlossen ist (▸Abb. 4). Schwingungen mit einem sinusförmigen Verlauf bezeichnet man als **harmonische Schwingungen.**

Töne sind harmonische Schwingungen • Die meisten Schallquellen enthalten Bauteile, die hin- und herschwingen und die Luft so in Schwingungen versetzen. Durch Stöße zwischen den Luftmolekülen setzen sich die Schwingungen weiter fort und der Schall breitet sich aus. Handelt es sich dabei um harmonische Schwingungen im Hörbereich unserer Ohren, nehmen wir sie als Töne wahr. Weist das aufgezeichnete akustische Signal dagegen keinerlei Regelmäßigkeit auf, dann sprechen wir von einem Geräusch. Zusammenfassend wird der Begriff „Schall" genutzt.

Beschreibung von Schwingungen • Verfolgen wir einen einzelnen Punkt eines schwingenden Körpers im Laufe der Zeit, so bewegt sich dieser periodisch hin und her. Dabei ändert sich nur die Entfernung des Punktes von seiner Ruhelage. Auf dem Oszilloskop ist der entsprechende zeitliche Verlauf dargestellt (▸Abb. 4).
Den momentanen Abstand zur Ruhelage bezeichnen wir dabei als **Auslenkung** oder als **Elongation** s. Die maximale Auslenkung der Schwingung wird **Amplitude** s_{max} genannt (▸Abb. 5).

Für eine genauere Beschreibung ist die Zeit wichtig, die der Punkt für eine vollständige Schwingung benötigt, bis er also wieder am Ausgangspunkt seiner Bewegung ankommt und diese sich wiederholt. Dies ist die **Periodendauer** T. Sie hat die Einheit 1 s. Der bekanntere Begriff der **Frequenz** f mit der Einheit 1 Hertz gibt die zugehörige Anzahl der Schwingungen pro Sekunde an:

Häufig bezeichnet man die Periodendauer auch als **Schwingungsdauer**.

$$f = \frac{1}{T} \text{ mit } [T] = 1\,\text{s} \text{ und } [f] = 1\frac{1}{\text{s}} = 1\,\text{Hz}.$$

1 **a)** Skizzieren Sie das $s(t)$-Diagramm für einen beliebigen Ton.
b) Tragen Sie die Graphen zweier weiterer Töne ein. Dabei soll der eine im Vergleich zu a) die doppelte Amplitude besitzen und der andere die doppelte Frequenz.
c) Skizzieren Sie das $s(t)$-Diagramm für ein Geräusch.

2 Erläutern Sie, worin sich die Spuren zweier Schreibstimmgabeln unterscheiden, wenn sie unterschiedlich
a) stark angeschlagen werden,
b) schnell gezogen werden.

3 Ermitteln Sie die Frequenzen der in ▸Abb. 4 dargestellten Schwingungen. Ein Kästchen steht dabei für eine Zeitspanne von 0,2 ms.

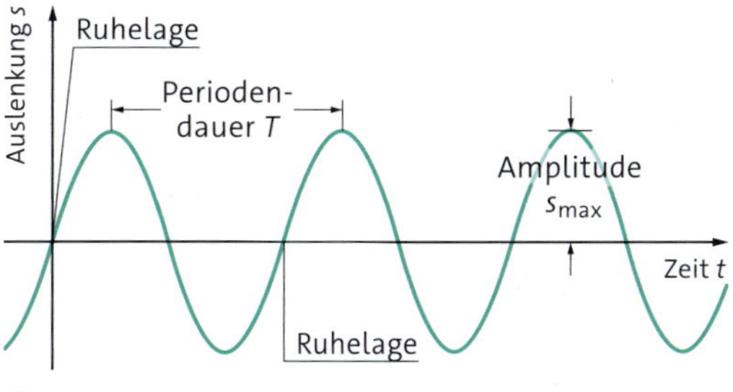

5 $s(t)$-Diagramm eines schwingenden Körpers

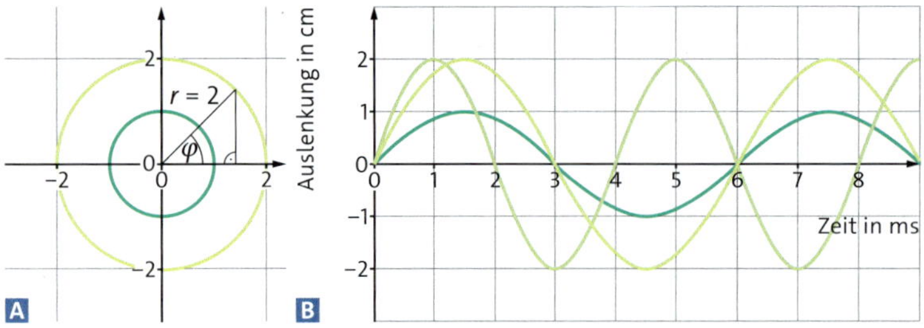

1 **A** Bogenmaß, **B** unterschiedliche Schwingungen

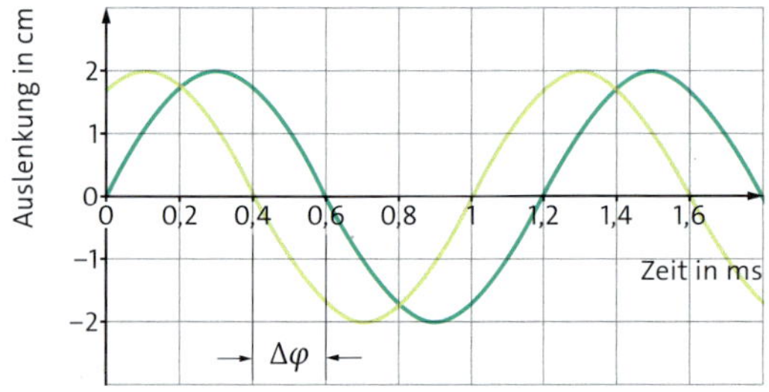

2 Schwingungen mit Phasenverschiebung

Tonhöhe und Lautstärke • Verändern wir die Lautstärke oder die Tonhöhe eines Tons, so können wir folgende Beobachtungen machen:

1. Je lauter der Ton ist, desto größer ist die Amplitude s_{max}.
2. Je höher der Ton ist, desto mehr Schwingungen gibt es pro Sekunde und desto höher ist also seine Frequenz f.

Dies erklärt sich, wenn wir uns noch einmal überlegen, was jeweils am Lautsprecher passiert. Seine Membran bewegt sich bei einem lauten Ton stärker als bei einem leisen. Damit werden die Moleküle der Luft in stärkere Schwingungen versetzt und verursachen so eine Schwingung mit größerer Amplitude an unseren Trommelfellen. Dies hören wir als lauteren Ton. Die Lautsprechermembran und auch unser Trommelfell bewegen sich bei einem höheren Ton schneller hin und her als bei einem tieferen. Wir nehmen dies als höheren Ton wahr.

Mathematische Beschreibung • Unsere Beobachtungen lassen sich nutzen, um die harmonische Schwingung mithilfe einer Sinusfunktion zu beschreiben:

$$s(t) = s_{max} \cdot \sin(2\pi f \cdot t) = s_{max} \cdot \sin\left(\frac{2\pi}{T} \cdot t\right).$$

Eine Vergrößerung der Amplitude s_{max} bewirkt eine Streckung des Graphen in Richtung der Auslenkung (▸Abb. 1 B). Eine Vergrößerung der Frequenz f bewirkt dagegen eine Stauchung des Graphen in Richtung der Zeitachse.
Der Winkel in der Sinusfunktion wird im Bogenmaß angegeben. Dies hat verschiedene Vorteile, u. a. entspricht ein Vollwinkel dann 2π und die Sinusfunktion hat für alle Vielfachen von 2π den gleichen Wert (▸Abb. 1). Durch den Faktor 2π wird somit eine korrekte Periodenlänge erreicht, denn es gilt $s(T) = s(0)$. Dabei ist der Faktor $\frac{2\pi}{T}$ gleich der aus der Kreisbewegung bekannten Kreisfrequenz ω.

Nicht immer beginnt die Beobachtung einer Schwingung mit der Auslenkung aus der Ruhelage. Dies führt aber nur zu einer Verschiebung der Schwingung entlang der Zeitachse. Man spricht von einer **Phasenverschiebung $\Delta\varphi$** gegenüber der ersten Schwingung (▸Abb. 2). Bezieht man dies ein, ergibt sich insgesamt für die Schwingung

$$s(t) = s_{max} \cdot \sin(\omega \cdot t + \Delta\varphi).$$

Harmonische Schwingungen sind sinusförmige, periodische Schwingungen.
Sie lassen sich durch
$s(t) = s_{max} \cdot \sin(\omega \cdot t + \Delta\varphi)$
beschreiben. Dabei ist s_{max} die Amplitude, ω die Kreisfrequenz mit $\omega = \frac{2\pi}{T} = 2\pi f$ und $\Delta\varphi$ die Phasenverschiebung.

Exemplarisch stellen wir die Funktionen für die beiden Schwingungen aus ▸Abb. 2 auf. Dazu ermitteln wir die Kenngrößen der Schwingungen:

$$s_{max} = 2\,\text{cm},\ T = 1{,}2\,\text{ms},\ \Delta\varphi = \frac{2\pi}{6} = \frac{\pi}{3}.$$

Gibt man die Zeit t in der Einheit ms an, so ergeben sich folgende Funktionsgleichungen:

$$s_1(t) = 2\,\text{cm} \cdot \sin\left(\frac{2\pi}{1{,}2\,\text{ms}} \cdot t\right) = 2\,\text{cm} \cdot \sin\left(\frac{5\pi}{3}\frac{1}{\text{ms}} \cdot t\right),$$

$$s_2(t) = 2\,\text{cm} \cdot \sin\left(\frac{5\pi}{3}\frac{1}{\text{ms}} \cdot t + \frac{\pi}{3}\right).$$

1 Ermitteln Sie die Schwingungsgleichungen für die Schwingungen aus ▸Abb. 1 B.

2 Zeichnen Sie das $s(t)$-Diagramm einer Schwingung mit $s_{max} = 3\,\text{cm}$, $f = 500\,\text{Hz}$, $\Delta\varphi = \frac{\pi}{4}$.

Versuch A • Untersuchen von Schwingungen

V1 Schwingendes Lineal

Material:
Langes, flexibles Lineal (30 cm)

Arbeitsauftrag:

a) Legen Sie das Lineal etwa zur Hälfte auf den Tisch und halten Sie es mit einer Hand gut fest. Lenken Sie das freie Ende des Lineals mit der anderen Hand aus seiner Ruhelage aus.

b) Beobachten und beschreiben Sie die entstehende Schwingung. Achten Sie dabei auf die korrekte Verwendung der Fachbegriffe.

c) Verändern Sie die Lautstärke und die Tonhöhe der Linealschwingung. Beschreiben Sie, wie Sie dies jeweils erreichen.

d) Begründen Sie, warum die besonders hohen Töne am Lineal nur relativ leise sein können.

Material A • Weckalarm

A1 Ein Uhrenhersteller möchte einen neuen Wecker auf den Markt bringen. Für das Wecksignal stehen vier Möglichkeiten zur Verfügung.

a) Erläutern Sie, wie sich die abgebildeten Signale anhören.

b) Zeichnen Sie eine Folge von Wecksignalen mit voller und halber Lautstärke.

c) Zeichnen Sie ein Wecksignal, das nicht in der Lautstärke, sondern in der Tonhöhe variiert.

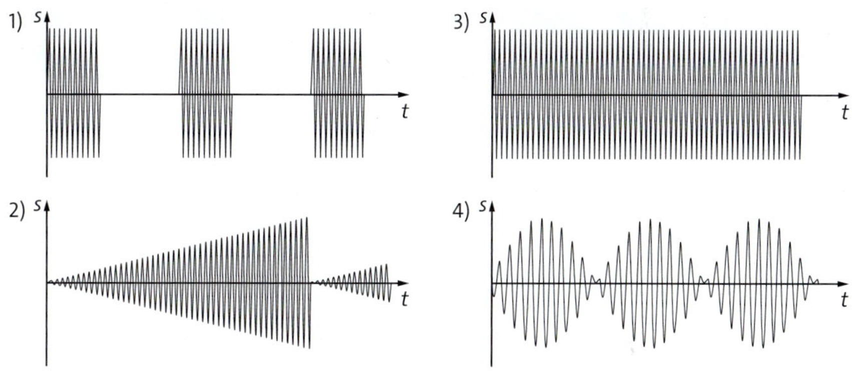

Material B • Den Schall wahrnehmen

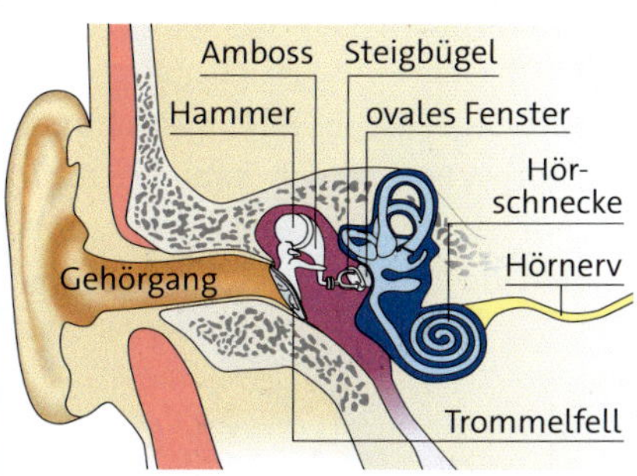

Der Schall bringt unser Trommelfell zum Schwingen. Je stärker es schwingt, desto lauter hören wir diesen Schall. Die Schwingungen werden vom Trommelfell über die Gehörknöchelchen im Mittelohr auf das Innenohr übertragen und dabei bis zu 20-fach verstärkt. In der flüssigkeitsgefüllten Schnecke befinden sich ca. 16 000 Sinneszellen. Während der Schall die gesamte Schnecke durchläuft, werden die feinen Härchen der Sinneszellen hin und her gebogen. Je nach Frequenz leiten nur die Sinneszellen in einem bestimmten Bereich der Schnecke die Informationen über den Hörnerv an das Gehirn weiter. So können die Tonhöhen analysiert werden. Im äußeren Bereich der Schnecke werden die hohen Töne mit einer Frequenz bis 20 kHz wahrgenommen, die Sinneszellen innen registrieren die tiefen Töne ab 16 Hz.

B1 Wenn Sie sich Ihre Nase zuhalten und Luft in die Nase hineindrücken, erhöht sich der Druck im Mittelohr. Geben Sie begründet an, wie sich Ihr Hören dadurch verändert.

B2 **a)** Informieren Sie sich über die Auswirkungen von Lärm und lauter Musik auf das Gehör.

b) Bei einer Schädigung des Gehörs durch Lärm verschlechtert sich die Wahrnehmung hoher Töne. Begründen Sie dies.

1 Schwingendes Lineal

Schwingungen untersuchen

Lenkt man ein schwingungsfähiges System wie z. B. ein aufgehängtes Lineal ein klein wenig aus seiner Ruhelage aus, so fängt es mit immer gleicher Periodendauer an zu schwingen. Wie lässt sich das erklären?

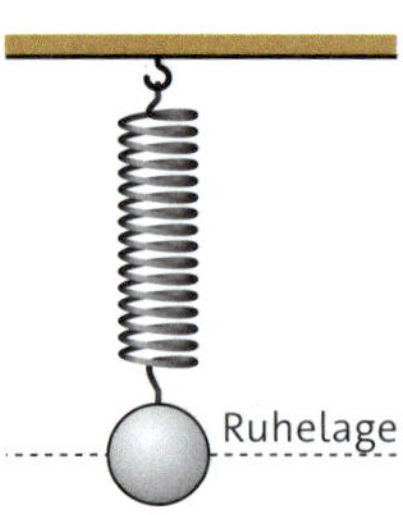

2 Federpendel

Analyse von Schwingungen • Um die aufgeworfene Frage zu klären, nutzen wir ein Federpendel (▸Abb. 2).
Zunächst einmal untersuchen wir, wie sich die Auslenkung des Pendelkörpers, seine Geschwindigkeit und die Beschleunigung während einer Schwingung ändern. Dazu zeichnen wir die Bewegung eines Pendels mithilfe eines Bewegungs- und eines Beschleunigungssensors auf (▸Abb. 3 A–C).
Vergleicht man die Diagramme in ▸Abb. 3 A und C, so zeigt sich, dass bei Erreichen der maximalen Auslenkung nach oben (schwarze Markierungen) auch die Beschleunigung maximal wird. Letztere wirkt aber entgegengesetzt nach unten. Die Bewegung wurde so weit abgebremst, dass die Geschwindigkeit in diesem Punkt gleich null ist. Entsprechend kehrt sich die Bewegungsrichtung um, der Pendelkörper bewegt sich daraufhin nach unten. Dagegen ist die Beschleunigung beim Durchgang durch die Ruhelage gleich null (graue

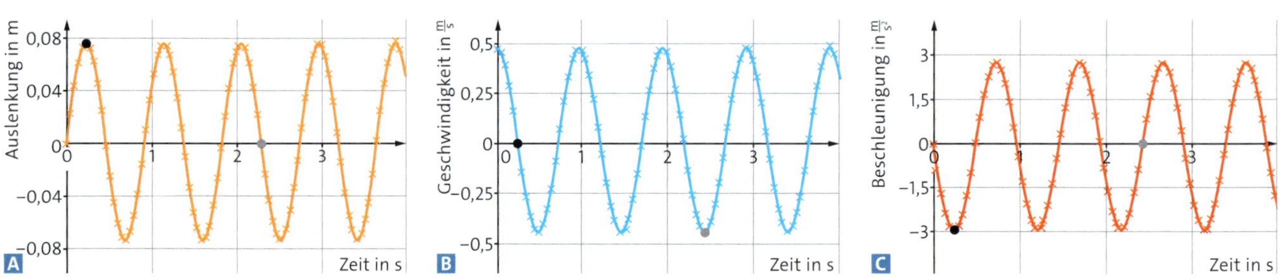

3 Zeitlicher Verlauf der Schwingung eines Federpendels ($D = 10{,}5\,\frac{N}{m}$, $m = 260\,g$): **A** Auslenkung, **B** Geschwindigkeit, **C** Beschleunigung

Markierungen) während die Geschwindigkeit maximal ist. Danach nimmt die Beschleunigung in entgegengesetzter Richtung wieder zu. Die Bewegung wird langsamer, bis der Körper im anderen Umkehrpunkt schließlich wieder die Richtung ändert und der gesamte Vorgang sich wiederholt.

Als nächstes untersuchen wir, von welchen Größen die Periodendauer abhängt. Die Vermutung liegt nahe, dass die Masse m des anhängenden Pendelkörpers und die anfängliche Auslenkung s_0 von Bedeutung sind. Es spielt aber auch eine Rolle, ob sich die Feder leicht oder nur schwer ausdehnen lässt. Die **Federkonstante D** kennzeichnet diese Eigenschaft und wird daher auch Federhärte genannt.

Um die Einflüsse von Masse, Auslenkung und Federkonstante auf die Periodendauer zu untersuchen, zeichnen wir die Bewegung von Pendeln mit unterschiedlichen Federn und unterschiedlichen Pendelkörpern auf. ▸Tabelle 4 zeigt beispielhaft die Periodendauern für drei Pendelmassen und drei Federkonstanten.

Es zeigt sich, dass die Periodendauer unabhängig von der anfänglichen Auslenkung ist. Dies erscheint plausibel, wenn wir uns den Zusammenhang am Beispiel eines Tons veranschaulichen. Ändert man die Lautstärke eines Tons, also die Amplitude der zugehörigen Schwingung, so ändert sich seine Tonhöhe – die Frequenz – dadurch nicht. Die entsprechende Periodendauer ist also unabhängig von der Amplitude.

In ▸Tabelle 4 sind die Periodendauern in Abhängigkeit von drei verschiedenen Massen der Pendelkörper für drei Federn mit unterschiedlichen Federkonstanten dargestellt. Zur Auswertung stellen wir die Daten grafisch dar und suchen nach Proportionalitäten. Diese finden wir mit

- $T \sim \sqrt{m}$ für verschiedene Federn (▸Abb. 5),
- $T \sim \sqrt{\frac{1}{D}}$ für verschiedene Massen (▸Abb. 6).

Zusammengefasst ergibt sich

$$T \sim \sqrt{\frac{m}{D}}.$$

Im Diagramm liegen alle Punkte zu den obigen Messwerten auf einer Geraden (▸Abb. 7) mit der Steigung 2π. Insgesamt gilt also:

$$T = 2\pi \cdot \sqrt{\frac{m}{D}}.$$

	$D_1 = 10{,}5\,\frac{\text{N}}{\text{m}}$	$D_2 = 25\,\frac{\text{N}}{\text{m}}$	$D_3 = 45\,\frac{\text{N}}{\text{m}}$
m in kg	**T_1 in s**	**T_2 in s**	**T_3 in s**
0,16	0,78	0,50	0,38
0,21	0,89	0,57	0,43
0,26	0,99	0,64	0,48

4 Einige Werte für Masse und Periodendauer am Federpendel

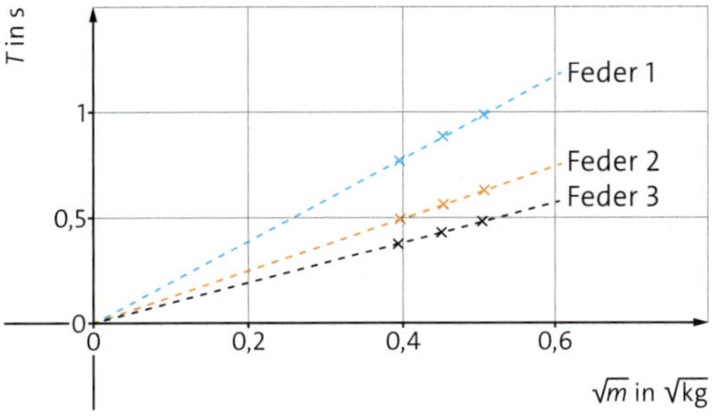

5 T ist proportional zu $\sqrt{m}$.

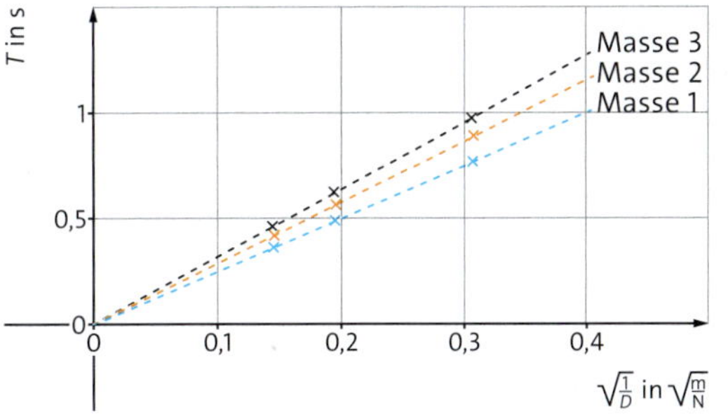

6 T ist proportional zu $\sqrt{\frac{1}{D}}$.

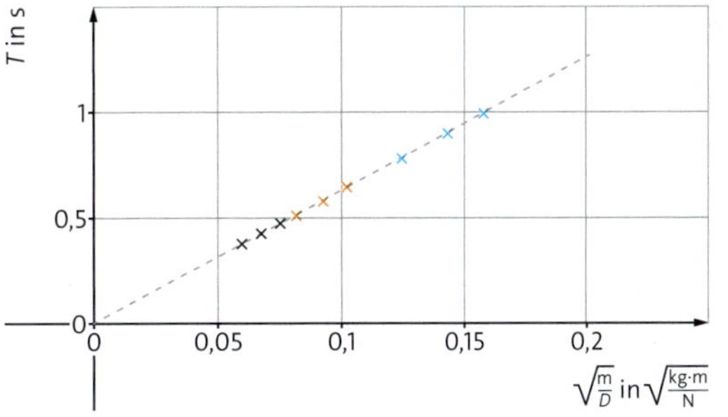

7 T ist proportional zu $\sqrt{\frac{m}{D}}$ mit der Proportionalitätskonstante 2π.

Dies ist plausibel, denn eine größere Pendelmasse m führt aufgrund der größeren Trägheit des Pendelkörpers zu einer kleineren Geschwindigkeit und damit zu einer größeren Periodendauer.

Eine härtere Feder lässt sich schwerer ausdehnen und hat eine kleinere Auslenkung zur Folge. Wieso dies aber zu einer kleineren Periodendauer führt und warum die Schwingung überhaupt so gleichmäßig ist, lässt sich erst klären, wenn wir uns nachfolgend mit der Entstehung der Schwingung beschäftigt haben.

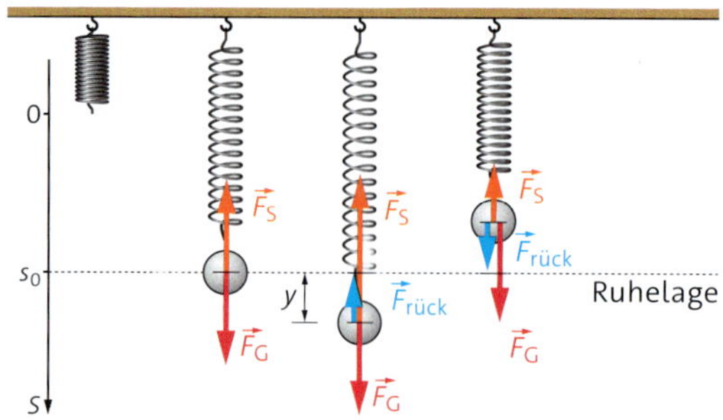

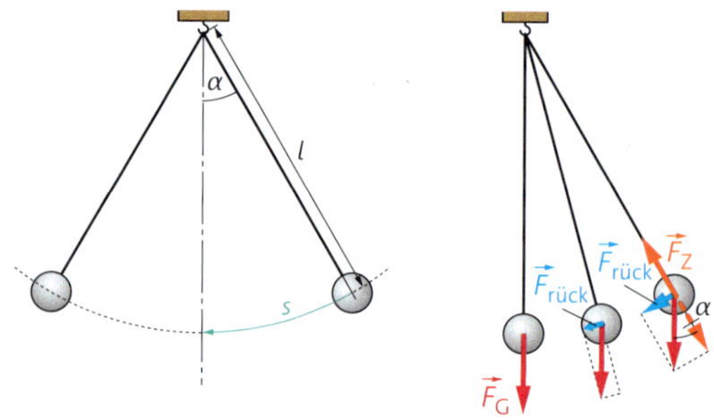

1 Kräfte auf den Pendelkörper eines Federpendels

2 Kräfte auf den Pendelkörper eines Fadenpendels

Ursachen von Schwingungen • In der Ruhelage einer Schwingung befinden sich alle auf den schwingenden Körper wirkenden Kräfte im Gleichgewicht. Wird er aus seiner Ruhelage ausgelenkt, dann wirkt immer eine Rückstellkraft $F_{rück}$, die zur Entstehung der Schwingung führt. Allgemein spricht man von einem **Oszillator,** wenn ein System eine Schwingung um eine Ruhelage ausführt.

Beim Federpendel ergibt sich die Rückstellkraft aus der Gewichtskraft auf den Pendelkörper und der von der Feder ausgeübten Kraft (▸Abb. 1). Die stets nach unten gerichtete Gewichtskraft $F_G = m \cdot g$ auf einen bestimmten Pendelkörper ist dabei konstant. Die nach oben gerichtete Kraft F_S der Feder folgt aus dem Hookeschen Gesetz. Sie wirkt ihrer Ausdehnung s entgegen und ist proportional zu ihr. Es gilt: $F_S = -D \cdot s$.

g ist der Ortsfaktor.

In der Ruhelage dehnt der Pendelkörper die Feder um die Länge s_0 aus. Die Gewichtskraft F_G und die Spannkraft F_S heben sich hier gerade gegenseitig auf. Für die Rückstellkraft gilt daher:

$$F_{rück} = F_G + F_S = m \cdot g - D \cdot s_0 = 0.$$

Ist die Auslenkung $y = s - s_0$ des Federpendels aus seiner Ruhelage mit $y < s_0$ hinreichend klein, so bleibt die Feder immer gespannt. Sie übt dann stets eine nach oben gerichtete Kraft auf den Pendelkörper aus (▸Abb. 1). Damit ergibt sich für die Rückstellkraft

$$F_{rück} = m \cdot g - D \cdot s = D \cdot s_0 - D \cdot s$$
$$= D \cdot (s_0 - s) = -D \cdot y.$$

Somit ist die Rückstellkraft stets der Auslenkung entgegengerichtet und hat eine Beschleunigung in Richtung der Ruhelage zur Folge. Aufgrund seiner Trägheit bewegt sich der schwingende Körper aber über die Ruhelage hinaus. Dadurch kommt es zu einer Auslenkung in die entgegengesetzte Richtung und damit wieder zu einer beschleunigenden Rückstellkraft. Insgesamt ergibt sich eine Schwingung. Eine härtere Feder führt dabei zu einer größeren Rückstellkraft und somit zu einer kleineren Periodendauer. Dies deckt sich mit unseren vorangegangenen Messungen.

Die Proportionalität von Auslenkung und Rückstellkraft nennt man **lineares Kraftgesetz.** Alle schwingungsfähigen Systeme, bei denen ein lineares Kraftgesetz vorliegt, führen harmonische Schwingungen aus.

Ein Oszillator führt eine harmonische Schwingung aus, wenn auf ihn eine Rückstellkraft wirkt, die dem linearen Kraftgesetz folgt: $F_{rück} = -D \cdot y$.

Betrachtung am Fadenpendel • Wenn jemand von einem Pendel spricht, dann haben wir eher ein Fadenpendel als ein Federpendel vor Augen. Jeder kennt solche Pendel, z. B. von der Schaukel oder auch von einer Pendeluhr. Wir untersuchen nun, ob auch bei einem Fadenpendel eine harmonische Schwingung vorliegt.

Betrachten wir ▸Abb. 2. Beim Fadenpendel wird ein Teil der Gewichtskraft F_G auf den Pendelkörper durch die Zugkraft F_Z des Fadens kompensiert. Die Komponente senkrecht dazu wirkt als Rückstellkraft $F_{rück}$. Sie ist nicht genau auf die Ruhelage gerichtet, sondern wirkt stets tangential und entgegengesetzt zur Auslenkung s. Es gilt:

$$F_{rück} = -m \cdot g \cdot \sin \alpha.$$

Sind die Auslenkungen hinreichend klein, gilt näherungsweise $\sin \alpha = \alpha$. Für Winkel im Bogenmaß, also $\alpha = \frac{s}{l}$ (▸Abb. 2), folgt:

$F_{\text{rück}} \approx -m \cdot g \cdot \frac{s}{l} = -\frac{m \cdot g}{l} \cdot s.$

Für kleine Auslenkungen gilt das lineare Kraftgesetz also auch für Fadenpendel. Dies führt zu einer harmonischen Schwingung.

Die Periodendauer erhalten wir, wenn wir analog zum linearen Kraftgesetz am Federpendel die Federkonstante in der Periodendauer durch $\frac{m \cdot g}{l}$ ersetzen. Damit ergibt sich:

$$T = 2\pi\sqrt{\frac{m}{D}} = 2\pi \cdot \sqrt{\frac{m}{\frac{m \cdot g}{l}}} = 2\pi \cdot \sqrt{\frac{l}{g}}$$

Der Einfluss der Fadenlänge auf die Periodendauer erscheint logisch: Ist der Faden länger, verlängert sich auch die Strecke, die der Pendelköper bei gleichem Auslenkungswinkel α zurücklegen muss (▸Abb. 2). Damit wird mehr Zeit für die Schwingung benötigt.
Auch die Auswirkung des Ortsfaktors g ist anschaulich klar: Je stärker die Gravitation wirkt, desto größer ist auch die Rückstellkraft und die Periodendauer wird kleiner. Tatsächlich lassen sich Pendel nutzen, um den Ortsfaktor an einer Stelle zu bestimmen.
Doch warum hängt die Periodendauer nicht von der Pendelmasse ab? Dies zeigt sich bei einer energetischen Betrachtung.

Energieumwandlungen • Die Auslenkung eines Pendels aus seiner Ruhelage erhöht dessen Lageenergie $E_{\text{Lage}} = m \cdot g \cdot h$. Sollte das Pendel reibungsfrei schwingen, dann gibt es keine Energie nach außen ab. Stattdessen wird Lageenergie ständig in kinetische Energie $\frac{1}{2}m \cdot v^2$ umgewandelt und umgekehrt (▸Abb. 3). Entsprechend ist die kinetische Energie beim Durchgang durch die Ruhelage maximal. Setzt man beide Energien gleich, $m \cdot g \cdot h = \frac{1}{2}m \cdot v^2$, zeigt sich, dass die Pendelmasse m beide Energieformen gleichermaßen beeinflusst. Die beim Durchgang durch die Ruhelage erreichte maximale Geschwindigkeit ist somit unabhängig von der Masse. Folglich hat die Masse auch keinen Einfluss auf die Periodendauer. Im Gegensatz dazu erhöht der Ortsfaktor g nur die Lageenergie und wirkt sich somit auf die Periodendauerdauer des Fadenpendels aus.

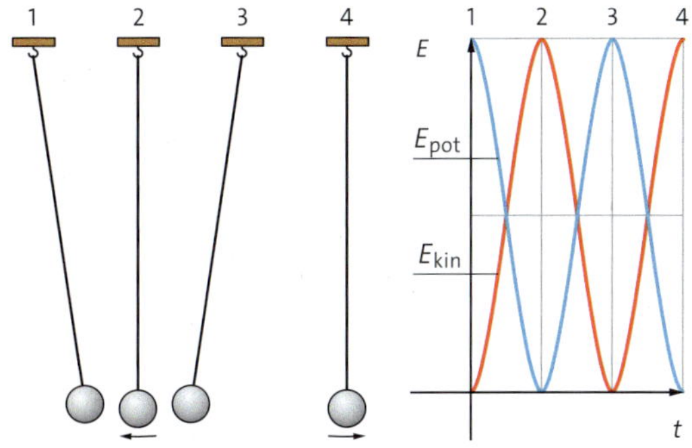

3 Energieumwandlungen beim Fadenpendel

Eigenfrequenzen • Ebenso wie die bisher betrachteten Pendel besitzt jeder harmonische Oszillator eine charakteristische Periodendauer, die durch seinen Aufbau bestimmt wird. Die entsprechende Frequenz $f = \frac{1}{T}$ wird daher als **Eigenfrequenz f_0** bezeichnet. Sie bildet sich immer dann aus, wenn der Oszillator nur einmal aus seiner Ruhelage ausgelenkt wird und dann ohne weitere Störung von außen schwingen kann.

Fadenpendel bei kleinen Auslenkungen und Federpendel führen in guter Näherung harmonische Schwingungen aus, die charakteristische Eigenfrequenzen f_0 zeigen.

Fadenpendel: $f_0 = \frac{1}{2\pi} \cdot \sqrt{\frac{g}{l}}$

Federpendel: $f_0 = \frac{1}{2\pi} \cdot \sqrt{\frac{D}{m}}$

1 Ein Federpendel besteht aus einer Feder mit der Federkonstanten $5\,\frac{\text{N}}{\text{cm}}$ und einem Körper der Masse 500 g.
a) Berechnen Sie die Periodendauer.
b) Begründen Sie mathematisch und physikalisch, ob sich die Periodendauer auf dem Mond ändern würde.

2 Die Periodendauer eines Fadenpendels der Länge $l = 1{,}1\,\text{m}$ beträgt $T = 2{,}1\,\text{s}$. Ermitteln Sie den zugehörigen Ortsfaktor g.

3 Jannis möchte ein Federpendel wie ein Fadenpendel schwingen lassen. Er probiert, bei welcher Pendelmasse die beiden Periodendauern gleich sind. Nehmen Sie Stellung.

4 Überprüfen Sie, in welchem Winkelmaß die Kleinwinkelnäherung gilt (Abweichung < 1 %).

Die Lageenergie wird auch als potenzielle Energie oder Höhenenergie bezeichnet.

Versuch A • Schwingungen im Experiment

V1 Schwingende Wassersäule

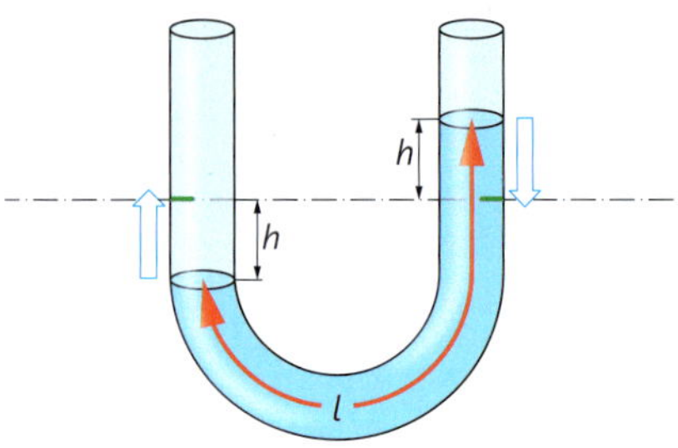

Material:
Durchsichtiger Schlauch (ca. 60 cm), Stativ-Material, Lineal, Stoppuhr, Wasser, Tinte, Folienstift, 10-ml-Spritze

Arbeitsauftrag:

a) Spannen Sie den Schlauch so ein, dass er wie ein U-Rohr gebogen ist und füllen Sie ihn zur Hälfte mit Wasser und Tinte.

b) Markieren Sie die Ruhelage auf beiden Armen des Schlauches.

c) Ermitteln Sie experimentell die Periodendauer für Ihre Wassersäule.

d) Ermitteln Sie die Abhängigkeit der Periodendauer von der Länge l der Wassersäule. Variieren Sie dazu l, erstellen Sie ein Diagramm, aus dem sich ein linearer Zusammenhang ableiten lässt. Bestimmen Sie die Steigung der Geraden als Proportionalitätskonstante. *Hinweis:* Tragen Sie T gegen $\sqrt{l}$ auf.

e) Weisen Sie nach, dass eine harmonische Schwingung vorliegt.

V2 Horizontales Federpendel

Material:
Zwei gleiche Metallfedern, Stativ-Material, leicht laufender Wagen, Messlatte, Stoppuhr, Folienstift, Massestücke, Waage

Arbeitsauftrag:

a) Bestimmen Sie experimentell die Federkonstante der beiden Federn.

b) Spannen Sie den Wagen mithilfe des Stativmaterials zwischen den Federn ein und markieren Sie die Ruhelage.

c) Ermitteln Sie experimentell die Periodendauer für Ihren Oszillator. Nutzen Sie dafür z. B. ein Smartphone, das Sie auf dem Wagen befestigen.

d) Ermitteln Sie die Masse des Oszillators und berechnen Sie die entsprechende Periodendauer des einfachen Federpendels. Vergleichen Sie mit c).

e) Weisen Sie nach, dass eine harmonische Schwingung vorliegt.

f) Nehmen Sie an, Ihr Versuchsaufbau würde auf der linken Seite an der Federaufhängung angehoben. Begründen Sie, wie sich die Position der Ruhelage und die Periodendauer ändern würden.

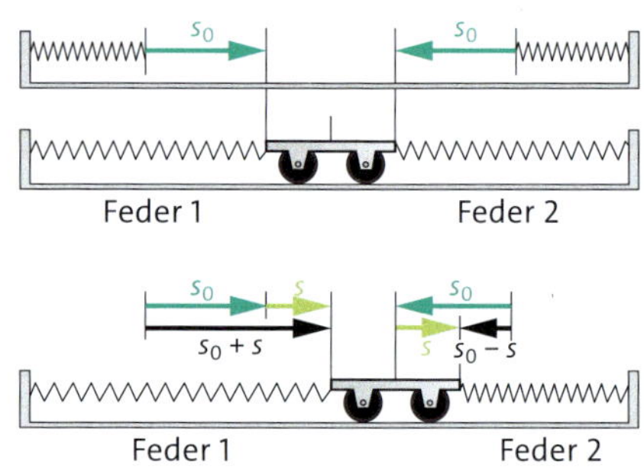

Material A • Das Foucaultsche Pendel

Allein durch Beobachtungen lässt sich nicht entscheiden, ob sich die Erde dreht – verschiedene Beobachterperspektiven liefern unterschiedliche Ergebnisse. LÉON FOUCAULT gelang es 1851 dennoch, die Erdrotation mit einem sehr langen Fadenpendel nachzuweisen. Dazu befestigte er eine Spitze am schweren Pendelkörper, die eine Spur in einem Sandbett hinterließ. Heute ist das Pendel im Pantheon in Paris aufgehängt.

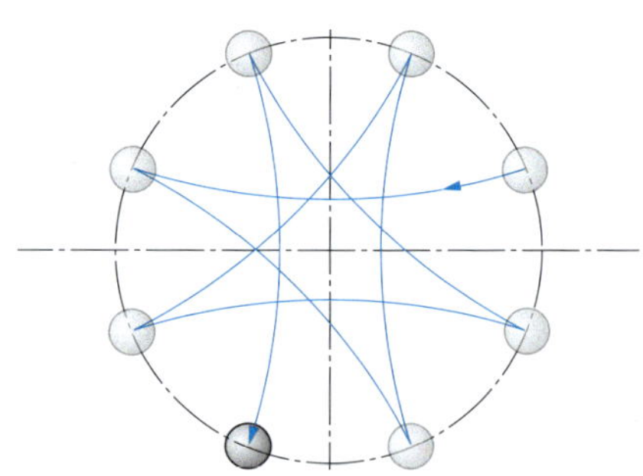

A1 Vergleichen Sie die Beobachtungen einer ruhenden Person auf der Erde mit der eines Astronauten. Begründen Sie damit den Eingangssatz.

A2 Das Pendel ist 67 m lang. Berechnen Sie seine Periodendauer.

A3 Erläutern Sie, wie die Figur in der rechten Abbildung infolge der Erdrotation entsteht.

A4 Die Bahn in der Abbildung wurde entweder nahe des Äquators oder nahe des Nordpols aufgenommen. Begründen Sie, welcher Fall vorliegt, und zeichnen Sie die Spur für den anderen Fall.

Material B • Pendeluhren mit Tücken

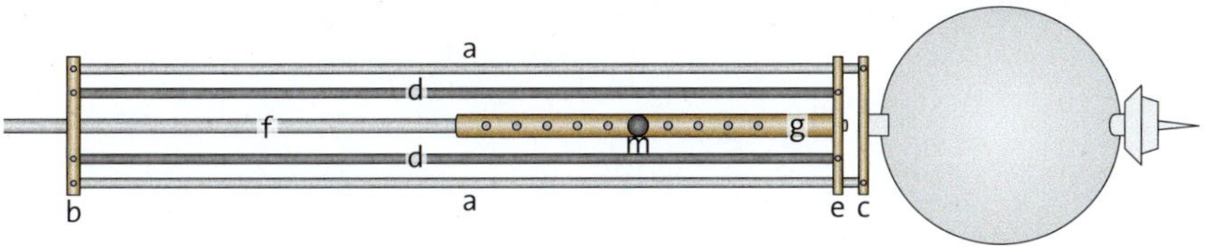

B1 Eine Pendeluhr läuft im Winter etwas schneller als im Sommer. Erläutern Sie dies mathematisch und physikalisch.

B2 Eine Pendeluhr zeigt auf Meeresniveau die korrekte Zeit an, aber auf einem Berg von 3600 m Höhe nicht.
a) Geben Sie begründet an, ob die Uhr auf dem Berg vor- oder nachgeht.
b) Ermitteln Sie die tägliche Abweichung in Sekunden.
Hinweis: Berechnen Sie die Größe des Ortsfaktors auf dem Berg.
c) Geben Sie begründet an, wie die Pendeluhr geändert werden könnte, um auch in der Höhe die richtige Zeitangabe zu erhalten.

B3 In einem Handbuch zur Uhrmacherkunst aus der Mitte des 19. Jh wird ein sogenanntes Rost-Pendel beschrieben (siehe Abbildung) – es hat seinen Namen von seiner an Roste oder Gitter erinnernden Bauweise. Zwei Eisenstangen (a) sind an ihren Enden an zwei Messingstücken (b und c) durch Stifte befestigt, die durch die Stangen gehen. Zwei Zinkstangen (d) sind ebenfalls am Messingstück b und zusätzlich am Messingstück e befestigt. Das Messingstück e hat Löcher, durch die die Eisenstangen a laufen. Sie können sich darin frei bewegen.
Die Mittelstange f besteht ebenfalls aus Eisen. An ihrem oberen Ende ist der Haken zum Aufhängen des Pendels befestigt. Die Mittelstange f geht frei, jedoch ohne zu wackeln, durch ein Loch im Messingstück b. Das untere Ende der Mittelstange f steckt in einem Messingrohr (g), welches seinerseits am unteren Ende mit einer Schraube am Messingstück e befestigt ist.
Die Mittelstange f reicht im Messingrohr g fast bis an das Messingstück e heran, bis auf etwa einen halben Zoll Abstand. Befestigt ist sie mit einem Stift (m) mit einem platten Kopf, der durch das Rohr und die Eisenstange geht. Zu diesem Zweck sind Löcher durch Rohr und Stange gebohrt.
a) Erklären Sie die Wirkung der Einrichtung.
b) Begründen Sie, wie das Pendel im Hochsommer oder bei Umzug auf einen Berg verstellt werden muss.

Material C • Schwingung in der Halfpipe

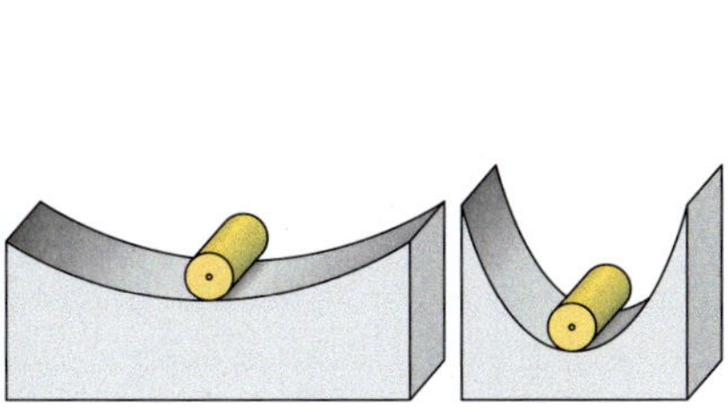

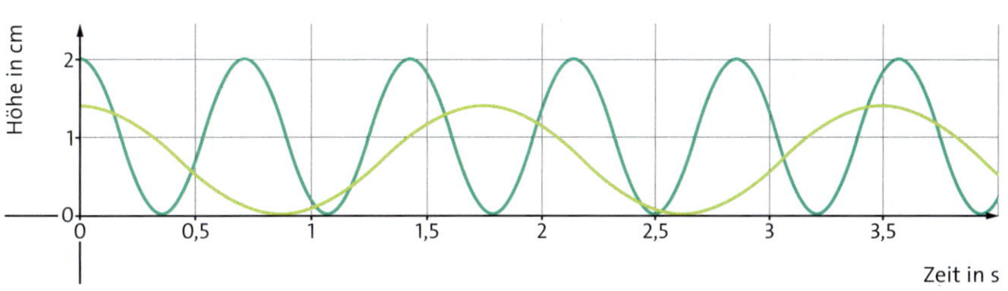

Ein Rollkörper wird in zwei verschieden gekrümmten Bahnen in Schwingungen versetzt (Abbildung links). Als Kennzeichen der Schwingung zeigt die rechte Abbildung jeweils das $h(t)$-Diagramm, wobei h die Höhe über dem tiefsten Punkt der Bahn ist.

C1 a) Ermitteln Sie anhand der rechten Abbildung die beiden Schwingungsgleichungen.
b) Ordnen Sie die Graphen den Bahnen begründet zu.
c) Erläutern Sie, wie sich die Rückstellkraft auf die Periodendauer auswirkt.
d) Bislang ist die Reibung zwischen den Rollkörpern und den Bahnen vernachlässigt worden. Geben Sie eine begründete Vermutung an, wie sich das Diagramm unter Berücksichtigung von Reibung ändern würde.

C2 a) Übertragen Sie das $h(t)$-Diagramm in Ihre Unterlagen und ergänzen Sie einen dritten Graphen für die flache Bahn und einen schwereren Rollkörper.
b) Begründen Sie Ihr Ergebnis.

1 Stoßdämpfer

Schwingungen im Alltag

Der TÜV verweigert die Prüfplakette für Autos mit defekten Stoßdämpfern. Schwingungen eines Autos, die durch das Fahren über Unebenheiten entstehen, würden dann zu langsam beendet. Doch warum ist das ein Problem – das Auto schwingt doch nur, oder?

Gedämpfte Schwingungen • Die Radaufhängung besteht aus zwei Komponenten: große Schraubenfedern und Stoßdämpfer (▸Abb. 1). Dadurch werden Fahrbahnstöße abgefedert und die entstehenden Federschwingungen möglichst schnell beendet. Dies untersuchen wir genauer.
Metallfedern schwingen nicht reibungsfrei. Ihre Amplitude nimmt mit der Zeit ab. Dies ist deutlich zu erkennen, wenn wir ein schwingendes Federpendel über einige Minuten beobachten. Man sagt, die Schwingungen sind gedämpft. Die bisher betrachteten ungedämpften Schwingungen – mit zeitlich konstanter Amplitude – sind also Idealisierungen. Die Ursache der Dämpfung liegt darin, dass der für die Schwingung zur Verfügung stehende Energiebetrag infolge der Reibung immer kleiner wird.

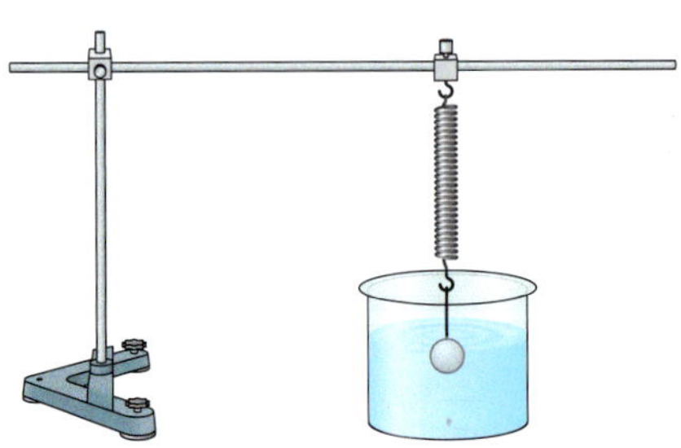

2 Federpendel mit Dämpfung in Wasser

Die Dämpfung, die auch in Stoßdämpfern vorkommt, lässt sich mit einem Federpendel untersuchen, dessen Masse in Wasser schwingt (▸Abb. 2). Während die Periodendauer sich von der des ungedämpften Federschwingers kaum unterscheidet, wird die Amplitude schnell kleiner. Dabei zeigt die Einhüllende der Maxima keinen linearen Verlauf (▸Abb. 3). Auch einen quadratischen Verlauf können wir ausschließen, weil die Maxima nicht wieder größer werden. Eine Regression bestätigt, dass die Einhüllende durch eine Exponentialfunktion beschrieben wird:

$$\hat{s}(t) = s_{max} \cdot e^{-\delta \cdot t}.$$

Um zu verdeutlichen, dass es um die exponentielle Abnahme der Amplituden geht, schreiben wir $\hat{s}$. Die **Dämpfungskonstante δ** gibt Auskunft über die Stärke der Dämpfung. Sie hat die Einheit $\frac{1}{s}$, sodass das Argument der Exponential-

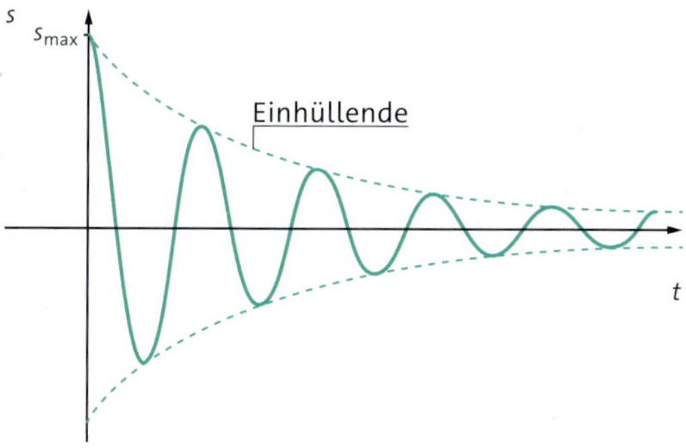

funktion dimensionslos ist. Je größer δ ist, desto schneller nimmt die Amplitude ab. Für konkrete Messwerte ergibt sich der Verlauf der Einhüllenden durch Regression. Die Einhüllende lässt sich als zeitabhängige Amplitude deuten. Beginnt die Schwingung im Maximum, so ergibt sich für den Schwingungsverlauf:

$$s(t) = s_{max} \cdot e^{-\delta \cdot t} \cdot \sin(\omega^* \cdot t + \tfrac{\pi}{2})$$
$$= s_{max} \cdot e^{-\delta \cdot t} \cdot \cos(\omega^* \cdot t).$$

Bei allen Schwingungen kommt es infolge von Reibung zu Dämpfung. Diese kann zu einer exponentiellen Abnahme der Amplitude führen mit $\hat{s}(t) = s_{max} \cdot e^{-\delta \cdot t}$.

Für eine komfortable und sichere Fahrt im Auto reicht diese Dämpfung nicht aus. In der Zeitspanne bis zum vollständigen Abklingen der Schwingung hätte das Auto weitere Unebenheiten überfahren. Damit würden sich die Schwingungen des Autos immer weiter aufschaukeln.
Eine viel stärkere Dämpfung, die die Schwingungen schnell beendet, können wir im Experiment erreichen, indem wir den Pendelkörper in Öl anstelle des Wassers eintauchen lassen. In einem Stoßdämpfer befindet sich ebenfalls Öl. Hier ist die Dämpfung sogar so stark, dass die Amplitude innerhalb einer Periodendauer auf wenige Prozent zurückgeht (▸Abb. 4). Ein Stoß durch eine Bodenwelle wird so sehr schnell abgefangen.

Überlagerung harmonischer Schwingungen • Folgen mehrere Unebenheiten kurz aufeinander, so führt jede für sich zu einer Auslenkung aus der Ruhelage. Entsprechend addieren sich die Amplituden der einzelnen Schwingungen (▸Abb. 5). Meistens ergibt diese Überlagerung keine harmonische Schwingung. In ▸Abb. 6 ist gut zu erkennen, dass auch die Überlagerung von zwei ungedämpften Schwingungen mit unterschiedlicher Frequenz nicht sinusförmig ist.

1 Mit defekten Stoßdämpfern gehen verschiedene Gefahren einher. Recherchieren Sie weitere Aspekte und fassen Sie diese zusammen.

2 Eine Schwingung mit der Amplitude $s_{max} = 8\,\text{cm}$ und $T = 0{,}5\,\text{s}$ wird mit $\delta = 0{,}1\,\frac{1}{\text{s}}$ gedämpft. Ermitteln Sie die Amplitude für $t = 5\,T$.

3 Untersuchen Sie verschiedene Fälle, die bei der Addition von zwei ungedämpften Schwingungen gleicher Frequenz auftreten können (Phasenverschiebung 0, π oder beliebig).
a) Skizzieren Sie die Schwingungen für drei Periodendauern und addieren Sie grafisch.
b) Vergleichen Sie die Periodendauern und Amplituden der Resultierenden.

3 Abnahme der Amplitude bei Dämpfung in Wasser

Die mit der Dämpfung verbundene Energieabgabe führt dazu, dass $\omega^* < \omega$ gilt.

Eine dimensionslose Größe besitzt keine Einheit. Richtiger ausgedrückt, hat sie die Dimension 1.

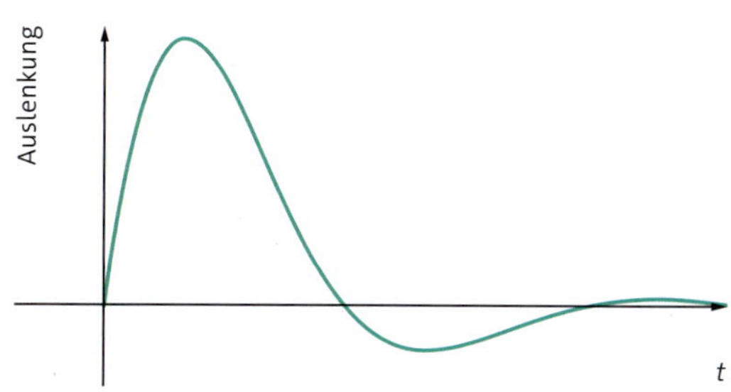

4 Stark gedämpfte Schwingung

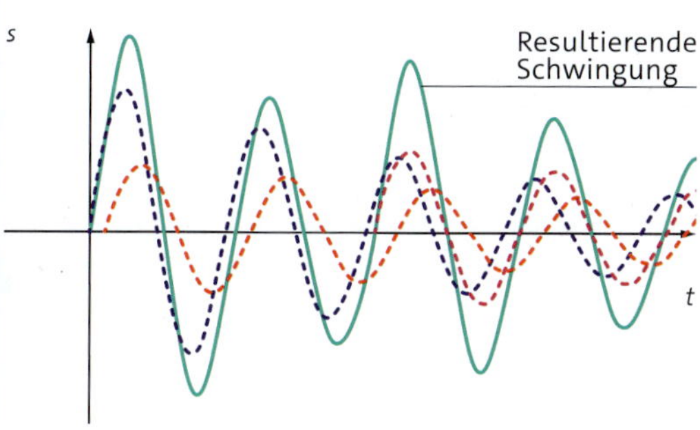

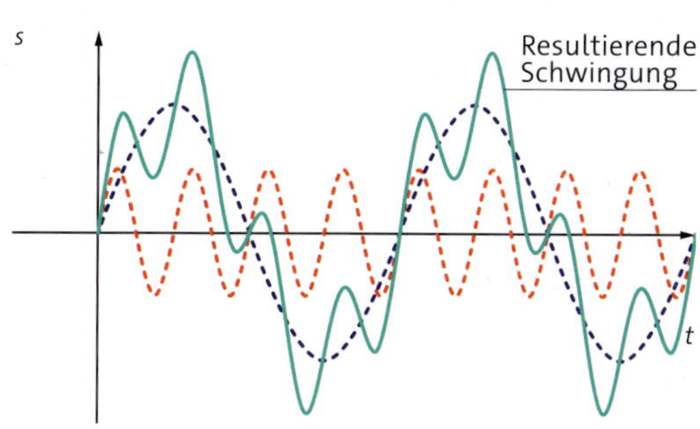

5 Überlagerung mehrerer Schwingungen

6 Überlagerung ungedämpfter Schwingungen

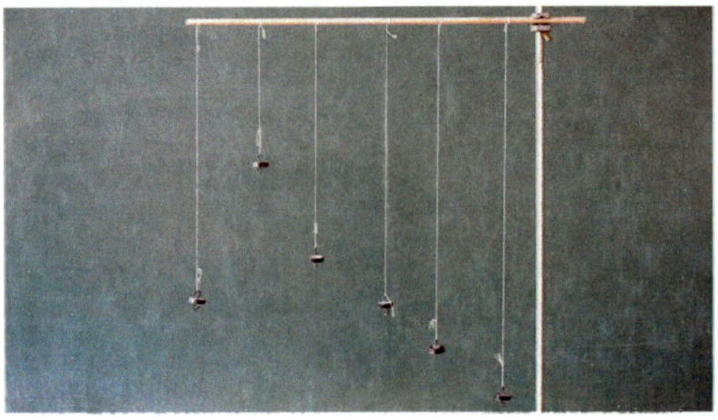

1 Nur ein Pendel schwingt mit.

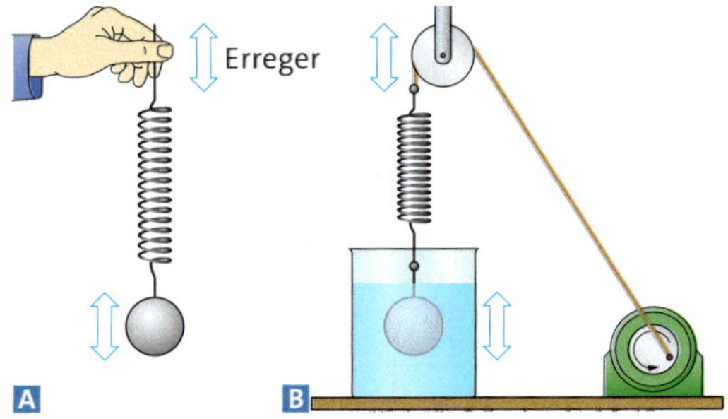

4 Anregung einer Federschwingung mit **A** Hand, **B** Motor

Erzwungene Schwingungen • Befestigt man mehrere Pendel unterschiedlicher Länge wie in ▸Abb. 1 an einer waagerechten Stange, so kann man diese durch Drehen der Stange mit einer **Erregerfrequenz f_E** in Schwingung versetzen. Wird einem Pendel durch die Anregung mehr Energie zugeführt als durch Reibung entzogen, schwingt es zunehmend höher – ebenfalls mit der Erregerfrequenz. Dabei schwingt immer dasjenige Pendel besonders stark, dessen Eigenfrequenz der Erregerfrequenz f_E am nächsten liegt.

Um die Bedeutung der Eigenfrequenz bei der Anregung von Schwingungen genauer zu untersuchen, variieren wir die Erregerfrequenzen bei einem bestimmten Pendel. Dies gelingt in Ansätzen bereits, wenn wir durch Bewegungen der Hand versuchen, ein Federpendel zu möglichst starken Schwingungen anzuregen (▸Abb. 4 A). Erreichen wir dabei in etwa die Eigenfrequenz, dann wird die Amplitude besonders groß, meist springt sogar das Massestück von der Feder.

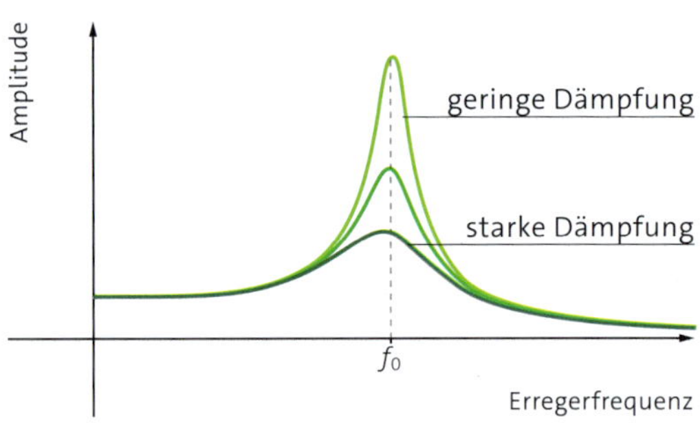

2 Amplitude in Abhängigkeit von der Erregerfrequenz f_E

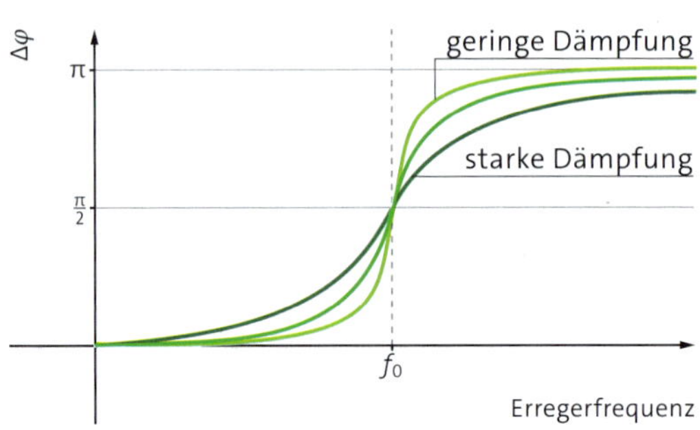

3 Phasenverschiebung in Abhängigkeit von f_E

Um die Abhängigkeit von der Erregerfrequenz genauer zu untersuchen, regen wir das Pendel über einen Motor mit variabler Drehzahl an. Wir verwenden nacheinander Wasser, Traubensaft und Olivenöl zur Dämpfung. Die Ergebnisse finden sich in ▸Abb. 2 wieder: Besonders große Amplituden entstehen immer dann, wenn die Erregerfrequenz gleich der Eigenfrequenz ist, also $f_E = f_0$ gilt. Dann liegt **Resonanz** vor. Dabei ist der Effekt umso größer, je schwächer die Dämpfung ist.

Ist die Erregerfrequenz dagegen deutlich kleiner als die Eigenfrequenz, so bewegt sich das Massestück nur mit der Erregung mit. Bei sehr großen Erregerfrequenzen wird die Feder im Wechsel gedehnt und gestaucht. In beiden Fällen findet aber keine dauerhafte Energieübertragung auf die Feder statt.

Im Resonanzfall tritt die Besonderheit auf, dass das Massestück sich gerade um $\frac{T}{4}$ hinter der erregenden Schwingung her bewegt. Dies entspricht einer Phasenverschiebung von $\frac{\pi}{2}$ (▸Abb. 3).

Wird ein schwingungsfähiges System von außen mit seiner Eigenfrequenz angeregt, so ergeben sich besonders große Amplituden. Es liegt Resonanz vor.

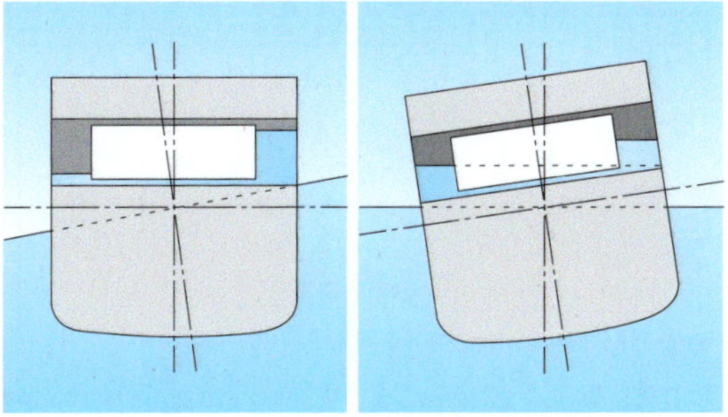

5 Wasser schwingt im Schlingertank.

7 Resonanzkörper sorgen für schöne Klänge.

Nutzung von Resonanzen • Die gute Energieübertragung im Resonanzfall wird beim Schlingertank eines Passagierschiffes genutzt. Der Tank liegt im Rumpf und besteht aus seitlichen Kammern, die über Rohre U-förmig verbunden sind (▸Abb. 5). Beginnt das Schiff bei starkem Wind und Seegang um seine Längsachse zu rollen, so strömt Wasser im Tank hin und her. Die erforderliche Energie wird der Schiffsbewegung entzogen. Das Schiff liegt deutlich ruhiger im Wasser.

Bei einem Klangfrosch entsteht der Ton, indem man mit dem Stab über den Rückenkamm des Frosches fährt (▸Abb. 7). Erreicht man dabei die richtige Geschwindigkeit und damit die passende Erregerfrequenz, gibt der Frosch ein lautes Quaken von sich. Auch bei Musikinstrumenten oder Kirchenglocken ist Resonanz erwünscht. Man baut den Klangkörper so, dass schöne, aber auch laute Töne entstehen.

Unerwünschte Resonanzen • In anderen Fällen sollten Resonanzschwingungen unbedingt vermieden werden, da es sonst zu einer Resonanzkatastrophe kommen kann. Besonders gefährdet sind hier Hängebrücken, die durch Marschieren im Gleichschritt oder durch ungünstig stehende Winde in starke Schwingungen versetzt werden können. So geschah es im November 1940 im amerikanischen Bundesstaat Washington. Die besonders schlank gebaute Tacoma Narrows Bridge war nur gut vier Monate in Betrieb und wurde wegen ihrer im Wind entstehenden Schwingungen bereits als „Galloping Gertie" bezeichnet. Quer zur Brücke stehende Winde sorgten bei Windstärke 8 dafür, dass sich die Schwingungen innerhalb einer Dreiviertelstunde so weit hochschaukelten, dass die Brücke einstürzte (▸Abb. 6). Dank rechtzeitiger Sperrung kamen dabei keine Menschen zu Schaden.

Windstärke 8 entspricht Windgeschwindigkeiten von 17,5 bis 21 $\frac{m}{s}$ bzw. 63 bis 76 $\frac{km}{h}$ und wird als stürmischer Wind bezeichnet.

Moderne Brücken sind infolge solcher Erfahrungen massiver gebaut. Sie besitzen zudem Dämpfer, die Schwingungen aufgrund von Winden usw. abfangen (▸Abb. 8).

1 Beschreiben Sie möglichst genau die Energieumwandlungen, die beim Schaukeln mit und ohne Schwungholen auftreten.
2 Erläutern Sie, welche Möglichkeiten es gibt, die Amplitude einer erzwungenen Schwingung gering zu halten.
3 Erläutern Sie, warum bei der Konstruktion einer neuen Motorhaube auf die Vermeidung von Resonanzen geachtet wird und wie sie sich beheben lassen könnten.

6 Die Tacoma Narrows Bridge schaukelt sich auf und stürzt ein.

8 Brücke mit Dämpfern in der Aufhängung

METHODE

Zeigerformalismus

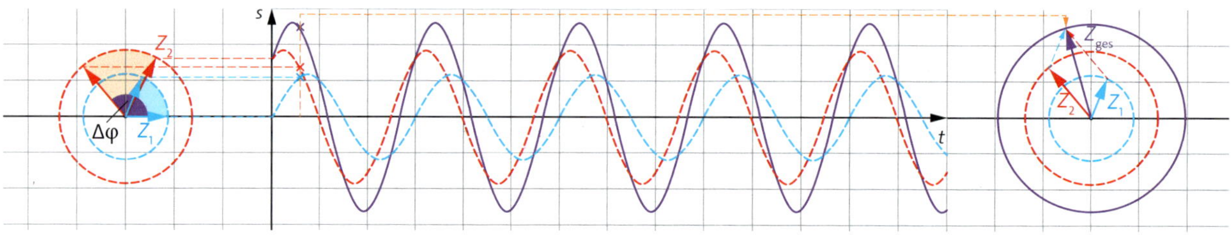

1 **A** Darstellung von Schwingungen mit Zeigern, **B** Überlagerung von Schwingungen in der Zeigerdarstellung

Bei einem Synthesizer werden Klänge durch die Überlagerung mehrerer Schwingungen erzeugt. Addieren wir diese Schwingungen grafisch in einem $s(t)$-Diagramm, indem wir jeweils die Auslenkungen zu einem bestimmten Zeitpunkt addieren, wird dies schnell sehr mühselig. Einfacher ist es, die Darstellung der Sinus-Schwingungen am Kreis zu nutzen. Diese haben wir bereits verwendet, als wir die Schwingungsgleichung aufgestellt haben.

Betrachten wir dazu ▸Abb. 1 A: Ein Zeiger, dessen Länge dem Kreisradius und damit der Schwingungsamplitude entspricht, rotiert gegen den Uhrzeigersinn mit der Winkelgeschwindigkeit $\omega = \frac{2\pi}{T}$. Die Auslenkung zu einem bestimmten Zeitpunkt wird dabei durch den Abstand der Zeigerspitze von der Zeit-Achse angezeigt. Zeiger Z_1 steht für eine Schwingung mit $s(0) = 0$ und zeigt anfangs nach rechts. Nach Ablauf der Zeit t_1 hat er den Winkel $\varphi_1 = \omega \cdot t_1$ überstrichen. Zeiger Z_2 beginnt seine Rotation dagegen mit $\Delta\varphi \neq 0$. Entsprechend gilt $\varphi_2 = \omega \cdot t_1 + \Delta\varphi$. Dabei ist $\Delta\varphi$ die Phasenverschiebung zwischen den beiden Schwingungen. Eine Vektoraddition der beiden Zeiger führt zum Zeiger der resultierenden Schwingung (▸Abb. 1 B). Auch bei der Addition von mehreren Schwingungen ist dies ein schnell durchführbares Verfahren.

Zwei Fälle lassen sich hier gut unterscheiden: Haben die Schwingungen so wie in ▸Abb. 1 die **gleiche Frequenz,** so ist $\Delta\varphi$ konstant und der resultierende Zeiger ist immer gleich lang. Es ergibt sich eine harmonische Schwingung. Liegen dagegen **unterschiedliche Frequenzen** vor, ändert sich $\Delta\varphi$ ständig. Die Länge des resultierenden Zeigers ist dann nicht konstant und es entsteht keine harmonische Schwingung. Ein besonderes Phänomen zeigt sich in ▸Abb. 2 bei nur leicht unterschiedlichen Frequenzen und gleichen Amplituden. Die Überlagerung besitzt eine Amplitude, die sich periodisch ändert! Es kommt zu einem wabernden Höreindruck, der als **Schwebung** bezeichnet wird. Viele Streicher nutzen den Effekt, um ihre Instrumente zu stimmen. Dazu spielen sie den gleichen Ton auf zwei benachbarten Saiten. Ist keine Schwebung zu hören, sind die Saiten sauber aufeinander abgestimmt.

1 Zwei Schwingungen (T gleich, $\Delta\varphi = 20°$) mit den Amplituden 3 cm und 5 cm werden überlagert.
a) Bestimmen Sie die Auslenkung der Resultierenden im Zeigerdiagramm (Zeitpunkte 0, $\frac{T}{4}$ und $\frac{T}{2}$).
b) Geben Sie die Amplitude der resultierenden Schwingung an und wann diese jeweils erreicht wird.

2 **a)** Bestimmen Sie die Schwebungsfrequenz in ▸Abb. 2.
b) Zeigen Sie anhand der Daten, dass für die Schwebungsfrequenz der Zusammenhang $f_s = |f_1 - f_2|$ gilt.

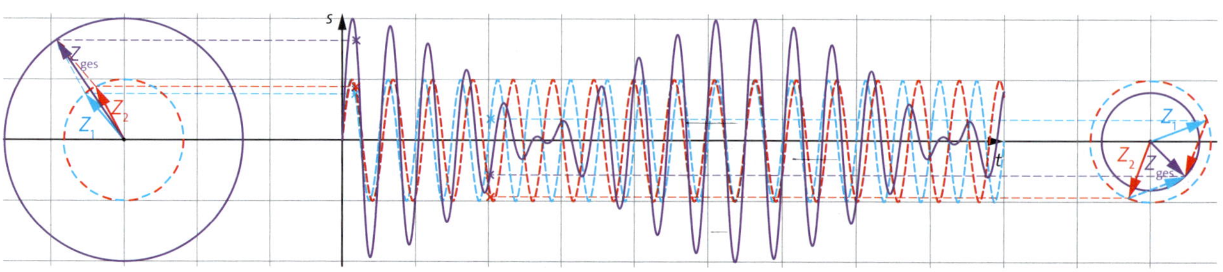

2 Durch Überlagerung von Schwingungen mit leicht unterschiedlicher Frequenz kommt es zur Schwebung.

METHODE

Differenzialgleichungen bei Schwingungen

Die momentane Geschwindigkeit, mit der sich ein Oszillator bewegt, ergibt sich wie üblich aus der Steigung der Tangente, die den $s(t)$-Graphen zu dem Zeitpunkt berührt. Aus der Mathematik wissen wir, dass die Geschwindigkeit somit gleich der Ableitung des Ortes nach der Zeit ist. (Ableitungen nach der Zeit werden in der Physik häufig mit einem Punkt gekennzeichnet.) Damit folgt aus der Funktion für die Auslenkung bzw. den Ort:

$$s(t) = s_{max} \cdot \sin(\omega \cdot t)$$

und für die Geschwindigkeit:

$$v(t) = \dot{s}(t) = s_{max} \cdot \omega \cdot \cos(\omega \cdot t).$$

Entsprechend ergibt sich für die Beschleunigung:

$$a(t) = \dot{v}(t) = \ddot{s}(t) = -s_{max} \cdot \omega^2 \cdot \sin(\omega \cdot t).$$

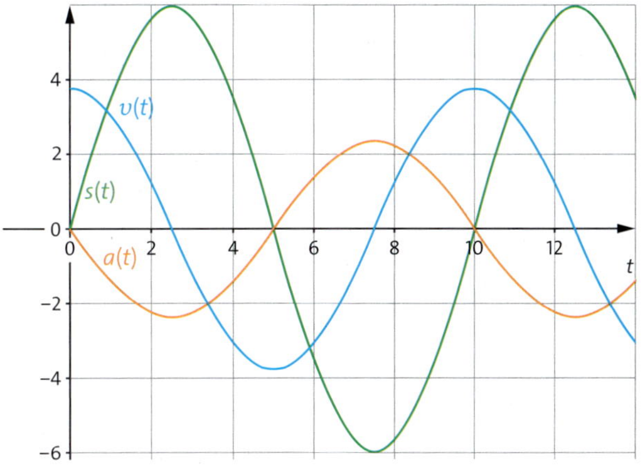

3 Auslenkung, Geschwindigkeit und Beschleunigung

In ▸Abb. 3 ist die Phasenverschiebung zwischen den einzelnen Größen deutlich zu erkennen. Die Auslenkung $s(t)$ ist stets um π gegen die Beschleunigung $a(t)$ verschoben und daher gegenläufig zur wirkenden Rückstellkraft. Somit gilt $F_{rück}(t) \sim a(t) \sim -s(t)$. Dies entspricht den Erwartungen, da bei einer harmonischen Schwingung eine lineare Rückstellkraft vorliegt.

Ein Vergleich von Auslenkung und Beschleunigung zeigt folgenden Zusammenhang:

$$\ddot{s}(t) = -\omega^2 \cdot s(t).$$

Hier steht also die die zweite Ableitung in Zusammenhang mit der Funktion selbst. Die Lösung wird gefunden, indem man eine begründete Vermutung aufstellt. Dabei haben die unterschiedlichen Differenzialgleichungen bestimmte Lösungstypen. So lassen sich Differenzialgleichungen der Form $g'(t) = k \cdot g(t)$ mithilfe einer e-Funktion lösen. Liegt dagegen die Form $g''(t) = -k \cdot g(t)$ vor, ist die Lösung eine sin- oder cos-Funktion.

So ermöglicht es z.B. die Differenzialgleichung der Schwingung eines Federpendels, dessen Periodendauer T zu berechnen. Dabei nutzen wir, dass die lineare Rückstellkraft eines Federpendels durch seine Federkonstante D bestimmt wird. Nach dem Hookeschen Gesetz gilt:

$$F_{rück}(t) = -D \cdot s(t).$$

Nach der Grundgleichung der Mechanik gilt zudem

$$F_{rück}(t) = m \cdot a(t) = m \cdot \ddot{s}(t).$$

Gleichsetzen führt zu folgender Differenzialgleichung:

$$m \cdot \ddot{s}(t) = -D \cdot s(t) \text{ oder}$$

$$\ddot{s}(t) = -\frac{D}{m} \cdot s(t).$$

Diese Gleichung wird erfüllt durch die Funktion

$$s(t) = s_{max} \cdot \cos(\omega \cdot t).$$

Ihre zweite Ableitung ist wie gewünscht bis auf einen negativen Faktor gleich der ursprünglichen Funktion.

$$\ddot{s}(t) = -s_{max} \cdot \omega^2 \cdot \cos(\omega \cdot t) = -\omega^2 \cdot s(t).$$

Außerdem ist die maximale Auslenkung der Schwingung zu Beginn gegeben, da $s(0) = s_{max}$ gilt. Aus dem Vergleich mit der obigen Differenzialgleichung folgt

$$-\frac{D}{m} = -\omega^2, \text{ also } \omega = \sqrt{\frac{D}{m}}.$$

Da zugleich $\omega = \frac{2\pi}{T}$ gilt, lässt sich jetzt die Periodendauer T ermitteln und wir erhalten den Zusammenhang, den wir zuvor aus Messwerten hergeleitet hatten:

$$T = 2\pi\sqrt{\frac{m}{D}}.$$

1 Beim Fadenpendel gilt für kleine Auslenkungen das lineare Kraftgesetz $F(t) = -\frac{m \cdot g}{l} \cdot s(t)$. Leiten Sie die entsprechende Formel für die Schwingungsdauer her.

Versuch A • Gedämpfte Schwingungen und Resonanz

V1 Gedämpftes Federpendel

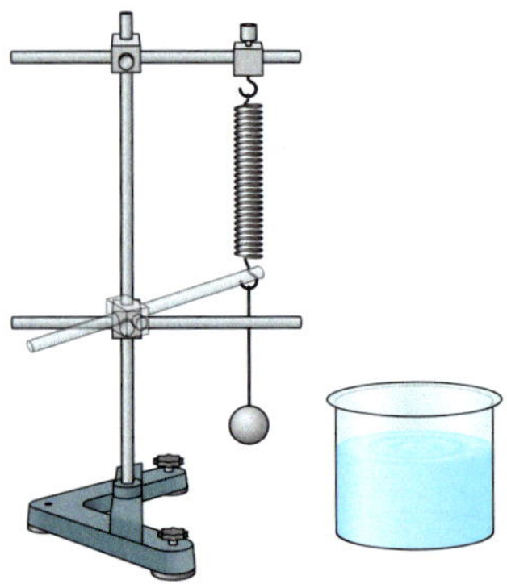

Material:
Metallfeder, Bindfaden, Massestücke, Stativmaterial, Standzylinder mit Wasser, digitale Messwerterfassung (z. B. Ultraschall- oder Kraftsensor)

Arbeitsauftrag:
a) Bauen Sie das Federpendel auf wie in der Abbildung. Bestimmen Sie für eine feste Anfangsauslenkung die Periodendauer und messen Sie die Amplituden für die nächsten 40 Schwingungen.
b) Untersuchen Sie, wie sich Periodendauer und Amplitude ändern, wenn Sie den Bindfaden an der Querstange entlangstreichen lassen (siehe Abbildung). Stellen Sie dazu die Einhüllende der Schwingung grafisch dar.
c) Führen Sie die Untersuchungen noch einmal durch. Lassen Sie diesmal das Massestück in Wasser schwingen. Achten Sie darauf, dass die Feder nicht eintaucht.
d) Vergleichen Sie die Ergebnisse aus b) und c).

V2 Schwebungen

Material:
Zwei gleiche Stimmgabeln auf Resonanzköpern, zugehörige Schraube, Anschlaghammer, alternativ Geige oder anderes Saiteninstrument, Smartphone

Arbeitsauftrag:
a) Bringen Sie die Schraube am Ende eines Schenkels einer Stimmgabel an. Schlagen Sie beide Stimmgabeln an. Spielen Sie alternativ zwei fast identische Töne auf dem Instrument. Zeichnen Sie die entstehende Schwingung mithilfe einer App auf.
b) Beschreiben Sie den Höreindruck und den aufgezeichneten Schwingungsverlauf. Er wird als Schwebung bezeichnet.
c) Bestimmen Sie die Frequenz der Einhüllenden der Schwebung sowie die Frequenzen der beiden einzelnen Töne.
d) Erklären Sie, wie die Frequenz der verstimmten Stimmgabel aus der der anderen Stimmgabel und der Schwebungsfrequenz ermittelt werden kann.

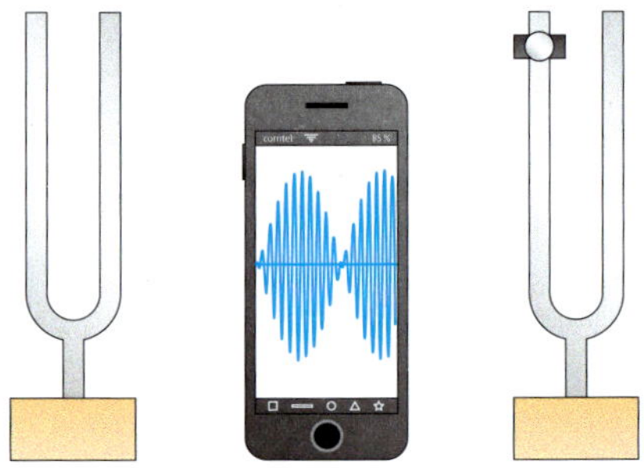

V3 Singendes Glas

Material:
Verschiedene Weingläser, Wasser

Arbeitsauftrag:
a) Füllen Sie ein Weinglas mit Wasser und streichen Sie dann mit einem nassen Finger über den Glasrand, um es zum Singen zu bringen.
b) Untersuchen Sie, wie Sie die Tonhöhe beeinflussen können und erklären Sie Ihre Beobachtung.
c) Möglicherweise gelingt es Ihnen, so starke Schwingungen zu erzeugen, dass das Wasser spritzt. Erklären Sie, wie es dazu kommen kann.

Material A • Gefedertes Fahrrad

Jan ist mit seinem gefederten Mountainbike unzufrieden. Ausgerechnet bei der Geschwindigkeit, mit der er am häufigsten fährt, schwingt das Fahrrad heftig auf und ab.
Jans Mitschüler geben ihm unterschiedliche Ratschläge: Er soll ...

1. ... eine kräftigere Feder einbauen,
2. ... den Stoßdämpfer wechseln oder
3. ... eine andere Übersetzung der Gangschaltung wählen.

Jan kann zwar die ersten beiden Vorschläge nachvollziehen, den dritten aber nicht.

A1 Erklären Sie, wie es zur Schwingung des Fahrrads kommt.

A2 Beschreiben Sie jeweils, welche Auswirkungen die drei vorgeschlagenen Maßnahmen haben würden.

A3 Begründen Sie, ob Jan recht damit hat, dass die ersten beiden Vorschläge ihm helfen, der dritte aber nicht.

A4 Entscheiden Sie sich begründet für einen der drei Vorschläge.

Material B • Viskose Reibung in Wasser

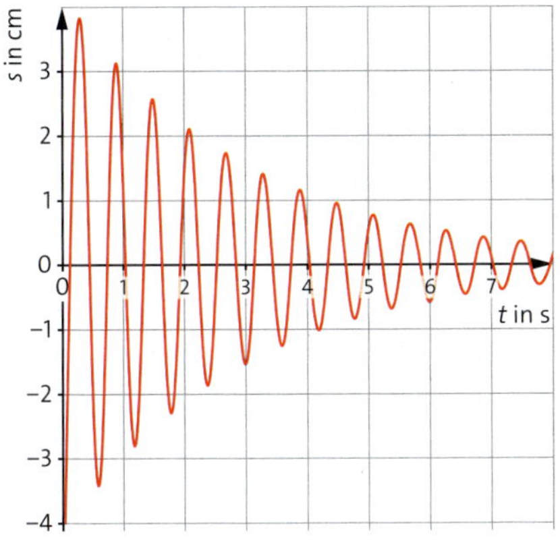

Das kugelförmige Massestück mit Radius r eines Federpendels schwingt im Wasser (siehe Abbildung V1). Die viskose Reibung ist nach dem Gesetz von Stokes proportional zu v: $F_R(t) = b \cdot v = b \cdot \dot{s}(t)$.
Daher muss die bereits bekannte Differenzialgleichung für die Schwingung des Federpendels um einen Dämpfungsterm erweitert werden:
$m \cdot \ddot{s}(t) = -b \cdot \dot{s}(t) - D \cdot s(t)$.

B1 **a)** Zeigen Sie, dass die Funktion $s(t) = -s_{max} \cdot e^{-\delta t} \cdot \cos(\omega t)$ diese Differenzialgleichung erfüllt.
b) Erläutern Sie die Bedeutung der Faktoren anhand der Abbildung.

B2 Die Amplitude $\hat{s}(t) = s_{max} \cdot e^{-\delta t}$ verläuft exponentiell. Zeigen Sie:
a) Der Quotient von $\hat{s}_1(t_1) = s_{max} \cdot e^{-\delta t_1}$ und $\hat{s}_2(t_1 + T)$ ist konstant.
b) Es gilt: $\ln(\hat{s}) = \ln(s_{max}) - \delta \cdot t$.
c) Tragen Sie $\ln(\hat{s})$ gegen die Zeit auf und lesen Sie daraus δ ab.

B3 Bestimmen Sie anhand des $s(t)$-Diagramms die Parameter ω und s_{max}.

Material C • Sturm- und erdbebensichere Bauwerke

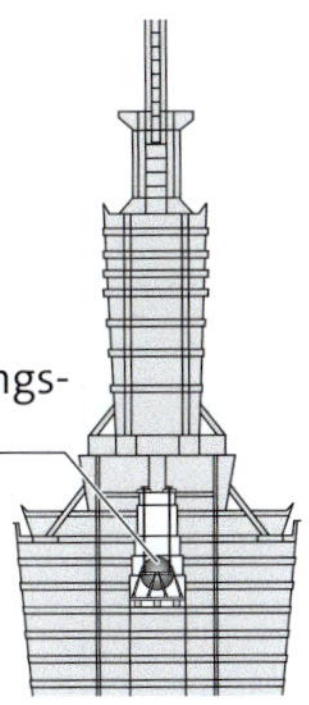

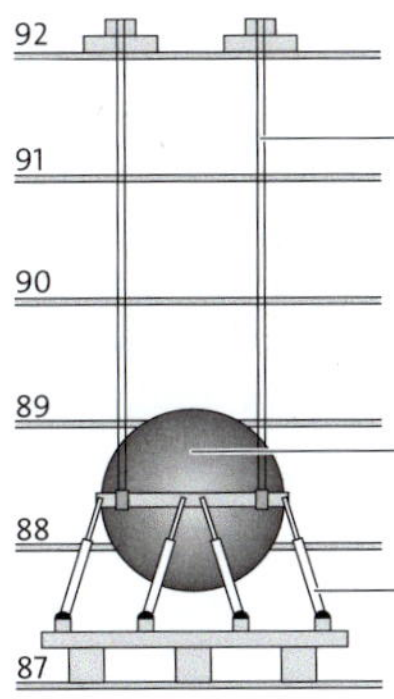

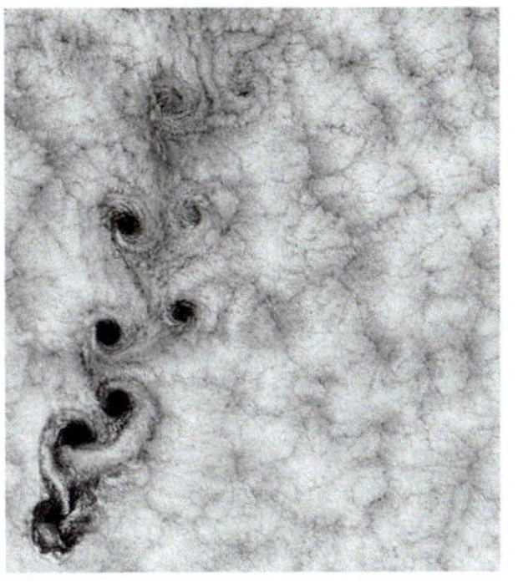

Schwingungstilgung: Hochhäuser gibt es auch in Gebieten mit häufigen Erdbeben und Stürmen, wie Taipeh. Dort steht der 508 m hohe Taipei 101, von 2004 bis 2007 das höchste Haus der Welt. Um das Gebäude vor gefährlichen Eigenschwingungen zu schützen, ist zwischen dem 87. und dem 92. Stock ein Schwingungstilger eingebaut (siehe Abbildung links). Dieses Pendel ist an 16 Stahlseilen aufgehängt. Die Kugel besteht aus 41 Scheiben, hat einen Durchmesser von 5,5 m und eine Masse von 660 t. Dank dieses Pendels schert die Gebäudespitze auch in einem kräftigen Taifun „nur noch" um 1,30 m aus der Ruhelage aus.

Ursache der Schwingung: Strömt Luft oder Wasser schnell um einen zylindrischen Körper, so bilden sich hinter diesem Wirbel mit abwechselnder Strömungsrichtung, die sich periodisch ablösen und eine Kármánsche Wirbelstraße bilden. Auch Winde über einer Insel können diesen Effekt haben (siehe Abbildung Mitte). Hohe Gebäude oder Fabrikschlote versetzt die periodische Ablösung der Wirbel in Schwingungen. Geschieht dies mit der Eigenfrequenz der Gebäude oder Schlote, können sie einstürzen. Bei einem Fabrikschlot lässt sich die Ausbildung der Resonanz durch spiralig umlaufende Wirbelbrecher verhindern (siehe Abbildung rechts). Durch diese lösen sich die Wirbel an verschiedenen Stellen des Schlots ab.

C1 Erklären Sie, warum das Gebäude Taipei 101 in einem Taifun zu Schwingungen angeregt wird.

C2 **a)** Der Schwingungstilger muss phasenverschoben zum Gebäude schwingen. Begründen Sie.
b) Erklären Sie die Funktionsweise des Schwingungstilgers. Gehen Sie dabei auch auf die Bedeutung der Hydraulik-Stoßdämpfer ein.

C3 Auch bei manchen Erdbeben schützt das Pendel das Gebäude. Begründen Sie.

BLICKPUNKT

Deterministisches Chaos

Unberechenbare Schwingungen • Die Bewegung eines Fadenpendels verläuft vorhersehbar, die senkrechte Projektion nach unten ist eine gerade Strecke. Hängen wir ein Fadenpendel aus Eisen aber über drei Magnete in den Ecken eines gleichseitigen Dreiecks, kann deren Bewegung unvorhersehbar werden. Lassen wir das Pendel direkt über einem der Magneten los, kommt es bald über diesem zum Stillstand. Bewegen wir es jedoch an eine andere Stelle, kann es über den drei Magneten „herumirren", bevor es über einem zum Stehen kommt. Erstellt man eine Karte der Punkte, an denen das Pendel losgelassen werden kann, und färbt diese Punkte in jeweils der Farbe des Magneten, über dem es zum Stillstand kommt, erhält man in der Nähe der Magneten große Bereiche in deren Farbe, denn in der Nähe eines Magneten losgelassen wandert das Pendel zu diesem. Dazwischen und weiter außen jedoch gibt es Bereiche, von denen aus das Pendel nicht beim nächstgelegenen Magneten landet, sondern einem anderen (▸Abb. 1).

Kein Zufall • Bereits winzige Abweichungen im Anfangsort führen zu einer vollkommen anderen Bahn und lassen das Pendel über einem anderen Magneten zum Halt kommen. Theoretisch wäre die Bewegung des Pendels nicht unberechenbar, man könnte sie anhand der Bewegungsgleichungen wenigstens numerisch berechnen. Das Problem ist, dass das Pendel im Feld dreier Magneten nicht mehr mit der linearen Gleichung für das gewöhnliche Pendel beschrieben werden kann und dass kein eindimensionaler Fall mehr vorliegt. Solche nichtlinearen Systeme hängen höchst empfindlich von den Anfangsbedingungen ab. Würde es uns gelingen, das Pendel zweimal an exakt demselben Anfangspunkt loszulassen, käme es auch am selben Magneten zum Halt. Praktisch ist dies jedoch unmöglich. Auch in Berechnungen lässt sich ein Anfangspunkt nicht beliebig genau angeben – man muss an irgendeiner Nachkommastelle abbrechen und damit ist die Anfangsposition nicht mehr exakt bestimmt.
Da die Bewegung theoretisch determiniert ist, praktisch aber unvorhersehbar, spricht man vom deterministischen Chaos. Im Gegensatz zur Quantenphysik wirkt beim deterministischen Chaos nicht der Zufall. Allerdings verbietet auch hier die Heisenbergsche Unbestimmtheitsrelation eine gleichzeitige exakte Bestimmung aller Größen.

Schmetterlingseffekt • Kleine Änderungen im Anfangszustand bewirken große Änderungen im Endzustand – bekannt ist die Metapher des Schmetterlingseffekts von dem Meteorologen EDWARD LORENZ, dass nämlich der Flügelschlag eines Schmetterlings in Brasilien einen Tornado in Texas auslösen könne. Beim Wetter kommt noch ein weiterer Aspekt dazu: Hier folgen z. B. die Luftmoleküle nicht nur nicht linearen Gleichungen, es sind auch noch unglaublich viele miteinander wechselwirkende Teilchen.

Attraktoren bringen Ordnung ins Chaos • Um die Entwicklung von Systemen zu beschreiben, kann man Phasenraumdiagramme nutzen. Der Phasenraum wird von den möglichen Orts- und Geschwindigkeitskoordinaten gebildet. Bewegt sich ein Teilchen (ohne Eigenrotation) durch den dreidimensionalen Raum, beschreiben drei Orts- und drei Impulskoordinaten seine Bewegung: Der Phasenraum des Teilchens hat sechs Achsen. Ein einfaches Fadenpendel lässt sich durch die Größen Auslenkungswinkel und Geschwindigkeit beschreiben. Man braucht nur einen zweidimensionalen Phasenraum, in dem die Trajektorie genannte Bahn eine Ellipse (ungedämpftes Pendel) bzw. elliptische Spirale (gedämpftes Pendel) bildet. Die Bewegung des gedämpften Pendels kommt irgendwann zum Stillstand, die Spirale endet im Punkt, in dem Auslenkung und Geschwindigkeit null sind.
Man nennt solche Grenzwerte, auf die ein System zuläuft, Attraktoren. Ist der Attraktor ein Punkt, wie beim gedämpften Pendel, spricht man von Fixpunkt. Die Ellipse, die das ungedämpfte Pendel immer wieder durchläuft, ist ein Beispiel für einen Grenzzyklus.

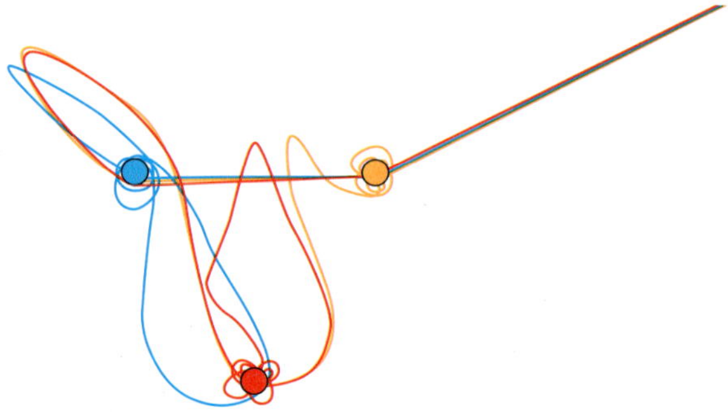

1 Ähnliche Anfangszustände führen zu unterschiedlichen Bahnen

2 A Lorenz-Attraktor, B Sierpinski-Dreieck

Gebrochene Dimensionen • Für kompliziertere Systeme werden die Phasenräume höherdimensional und im Falle chaotischer Systeme sogar gebrochen dimensional. Attraktoren mit nicht-ganzzahliger Dimension nennt man seltsame Attraktoren. Ein bekanntes Beispiel ist der Lorenz-Attraktor, den EDWARD LORENZ bei der Modellierung von Luftströmungen entdeckte. Für bestimmte Parameterwerte zeigen sie deterministisch chaotisches Verhalten, die ihre Entwicklung beschreibenden Trajektorien folgten einem seltsamen Attraktor. Ein Beispiel für eine nicht-ganzzahlige Dimension ist das Sierpinski-Dreieck. Man schneidet aus den Dreiecken jeweils ein Dreieck aus und entfernt so immer mehr von der Dreieckfläche (▸Abb. 2B). Damit geht der Flächeninhalt gegen null, der Umfang dagegen nimmt zu. Das Sierpinski-Dreieck ist keine „echte" Fläche mehr, aber auch keine Linie. Seine Dimension liegt bei ca. 1,585.
Das Sierpinski-Dreieck sieht immer gleich aus, wenn man „hineinzoomt". Diese Eigenschaft nennt man **Selbstähnlichkeit**. Natürliche Strukturen, die bis zu einem gewissen Grad selbstähnlich sind, sind z. B. Farnblätter.

Chaos in Tierpopulationen • Auch die Entwicklung einer Tierpopulation kann chaotisch werden. Bei einer jährlichen Wachstumsrate r und einem Anfangsbestand von x_n Individuen gibt es im Folgejahr $x_{n+1} = r \cdot x_n$ Individuen. Damit würde die Population allerdings unbeschränkt wachsen. Zählt die Population in einem Jahr viele Tiere, dezimieren diese das Nahrungsangebot über Gebühr und im Folgejahr nimmt die Population wieder ab. Das berücksichtigt man durch einen Faktor $(1 - x_n)$. Dies führt auf die logistische Gleichung: $x_{n+1} = r \cdot x_n\,(1 - x_n)$.

Diese nichtlineare Gleichung beschreibt ein System, das sehr empfindlich auf geänderte Anfangsbedingungen reagiert. Dies bildet der Wachstumsparameter r ab, in den die Umweltbedingungen eingehen. Für kleine Werte von r stellt sich ein Gleichgewicht ein und das System strebt auf einen Fixpunkt zu. Für größere r springt die Individuenzahl ständig zwischen zwei Werten hin und her, das System hat zwei Fixpunkte. Hat r noch größere Werte, verdoppeln sich die beiden Fixpunkte auf vier, auf acht usw., bis das System schließlich zwischen unendlich vielen Werten hin- und herspringt und chaotisches Verhalten zeigt.
Man spricht hier von Periodenverdopplung oder Bifurkation (▸Abb. 3).

Turbulenz • Turbulente Strömungen hängen ebenfalls empfindlich von den Anfangsbedingungen ab. Ein Flugzeug fliegt, weil die Luft an der Oberseite der Tragflächen schneller entlangfließt als an der Unterseite. Der Druck ist dann oberhalb niedriger und ein Auftrieb entsteht. Bei zu hohem Anstellwinkel bilden sich jedoch an der Hinterkante der Tragflächen Wirbel. Diese Turbulenzen breiten sich nach vorn aus, die Strömung liegt nicht mehr am Flügel an, die Strömung reißt ab, was zum Absturz führen kann. Numerische Strömungssimulationen kommen hierbei an ihre Grenzen und können Untersuchungen in Windkanälen kaum ersetzen.

1 Untersuchen Sie mit einer Tabellenkalkulation die logistische Gleichung für $2{,}7 < r < 4$. Bestimmen Sie die Werte für r, bei denen die erste Bifurkation auftritt und der Übergang ins Chaos erfolgt. Wählen Sie $0 < x_0 < 1$.

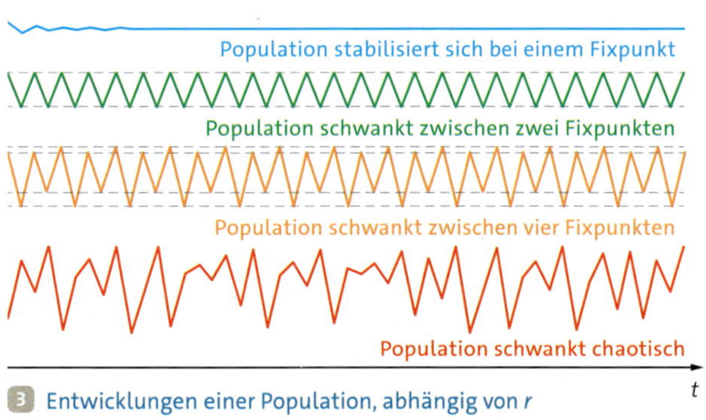

3 Entwicklungen einer Population, abhängig von r

1 Schreiben mit einem Tabletstift

Der Schwingkreis

Mit einem geeigneten Stift können Sie auf einem Tablet schreiben und gleichzeitig die Hand auflegen, ohne dass es zu unbeabsichtigten Eingaben kommt. Druckempfindlichkeit erzeugt zudem ein natürliches Schreibgefühl. Wie wird das erreicht?

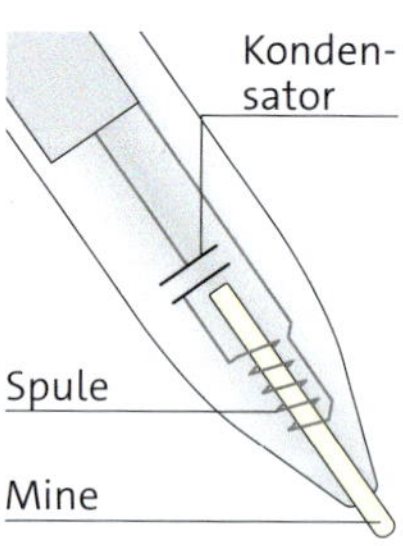

2 Spitze des Tabletstifts

Schwingkreis im Tabletstift • Der Tabletstift arbeitet mithilfe von elektromagnetischen Schwingungen. Dafür enthält er einen kleinen Stromkreis, der als **Schwingkreis** bezeichnet wird und der vor allem aus einem Kondensator und einer Spule besteht (▸Abb. 2). Um die Eigenschaften eines solchen Schwingkreises zu untersuchen, nutzen wir die Schaltung in ▸Abb. 3. Der Kondensator ist hier durch den Umschalter entweder mit der Spannungsquelle oder mit der Spule verbunden. Über einer zweiten Spule, die mithilfe eines Eisenkerns induktiv an die erste gekoppelt ist, messen wir die Spannung, ohne den Schwingkreis wesentlich zu beeinflussen.
Wir laden den Kondensator, während der Umschalter in Position 1 steht, legen den Schalter dann um und erfassen den zeitlichen Verlauf der Spannung an der gekoppelten Spule (▸Abb. 4). Es ergibt sich eine gedämpfte Schwingung.

Bevor wir diese genauer betrachten, klären wir zunächst für den ungedämpften Fall, was genau hier schwingt.

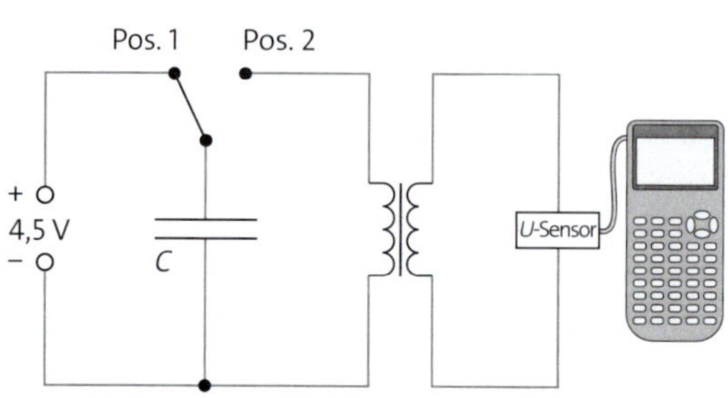

3 Schwingkreis im Experiment ($C = 47\,\mu F$, $n = 400$)

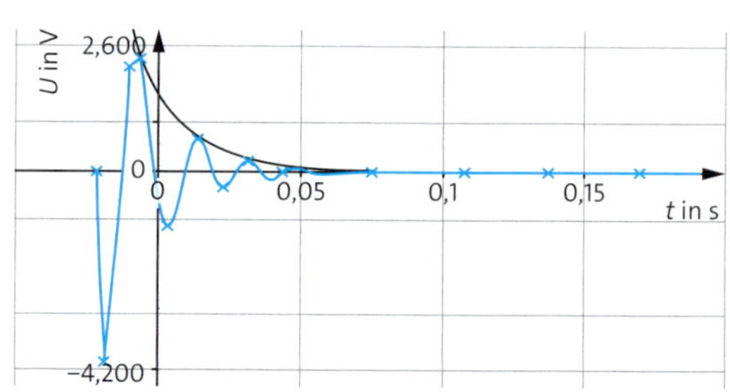

4 Messung am Schwingkreis

Ungedämpfter Schwingkreis • Durch das Laden des Kondensators bauen sich ein elektrisches Feld und die Spannung $U_C = U_0$ auf (▸Abb. 5 A), es fließt kein Strom. Liegt keine äußere Spannung mehr an, entlädt sich der Kondensator wieder und es kommt zu einem Stromfluss durch die Spule. Dieser nimmt wegen der Selbstinduktion aber nur langsam zu.
Ebenso wie das Magnetfeld der Spule erreicht die Stromstärke ihr Maximum, wenn der Kondensator vollständig entladen ist (▸Abb. 5 B, $t = \frac{1}{4}T$). Anschließend nehmen Stromstärke und Magnetfeld wieder ab. Die daraus folgende Induktionsspannung treibt die Elektronen weiter an und es kommt zum erneuten Laden des Kondensators – allerdings mit entgegengesetzter Polung. Die Vorgänge wiederholen sich mit umgekehrten Vorzeichen.

Infolge der Elektronenbewegung entstehen sinusförmige Schwingungen von Spannung und Stromstärke (▸Abb. 5 B). Das System aus Spule und Kondensator stellt einen harmonischer Oszillator dar.

Mathematische Beschreibung • Die Beträge der Spannungen am Kondensator und an der Spule sind stets gleich. Aus der Lenzschen Regel folgt dann

$-L \cdot \dot{I}(t) = \frac{1}{C} \cdot Q(t)$.

Mit $I(t) = \dot{Q}(t)$ ergibt sich daraus

$-L \cdot \ddot{Q}(t) = \frac{1}{C} \cdot Q(t)$,

also $\ddot{Q}(t) = -\frac{1}{L \cdot C} \cdot Q(t)$.

Wir wissen bereits, dass diese Differenzialgleichung eines harmonischen Oszillators durch eine Kosinusfunktion gelöst wird. Mit der Bedingung, dass der Kondensator zum Zeitpunkt $t = 0$ maximal geladen ist, ergibt sich die Lösung

$Q(t) = Q_0 \cdot \cos(\omega_0 \cdot t)$

mit der Eigenfrequenz $\omega_0 = \sqrt{\frac{1}{L \cdot C}}$ bzw.

$f_0 = \frac{\omega_0}{2\pi} = \frac{1}{2\pi\sqrt{L \cdot C}}$.

Die Eigenfrequenz f_0 eines Schwingkreises ist also nur durch die Kapazität C und die Induktivität L bestimmt. Diese Beziehung ist die **Thomsonsche Schwingungsgleichung.**

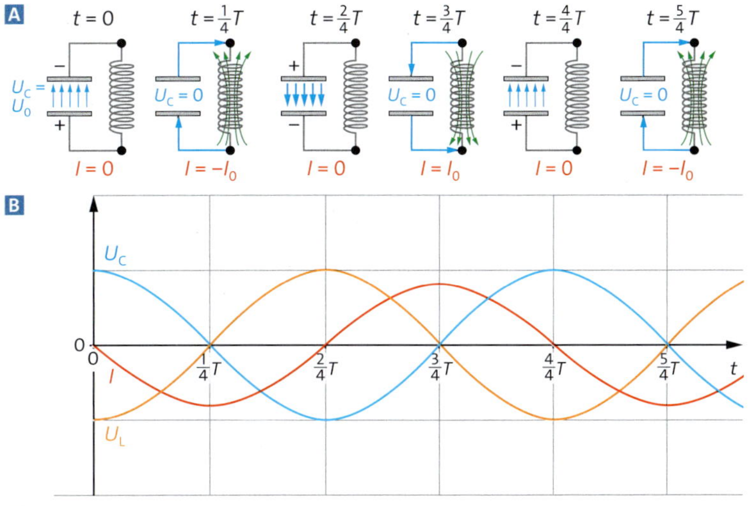

5 Abläufe im Schwingkreis

Ein Schwingkreis aus Kondensator und Spule ist ein harmonischer Oszillator mit folgender Eigenfrequenz:
$f_0 = \frac{\omega_0}{2\pi} = \frac{1}{2\pi\sqrt{L \cdot C}}$

Aus $Q(t)$ lassen sich auch die Funktionen der anderen Schwingungen ableiten:

$I(t) = \dot{Q}(t) = -Q_0\,\omega_0 \sin(\omega_0 t) = -I_0 \sin(\omega_0 t)$

$U_C(t) = U_0 \cos(\omega_0 t)$

$U_L(t) = -U_0 \cos(\omega_0 t)$

Funktion des Tabletstiftes • Der Stift empfängt vom Tablet ein elektromagnetisches Signal, welches seinen Schwingkreis zu Schwingungen anregt. Diese Schwingung erzeugt ihrerseits ein Signal, das im Tablet von einem Gitter von Spulen empfangen wird (▸Abb. 6). Damit wird die Position des Stiftes bestimmt.
Die Resonanzfrequenz des Schwingkreises hängt vom Druck ab, mit dem die Mine auf dem Tablet geführt wird. Je nach Technik erhöht sich mit dem Druck entweder die Kapazität des Kondensators (▸Abb. 2) oder die Induktivitat der Spule. Daraus folgt eine reduzierte Resonanzfrequenz. Das Tablet empfängt ein entsprechend verändertes Signal und erhöht die Strichstärke.

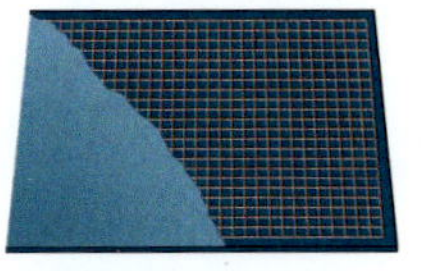

6 Spulen in der Tabletoberfläche

1 Leiten Sie $U_C(t)$ und $U_L(t)$ aus $Q(t)$ ab.

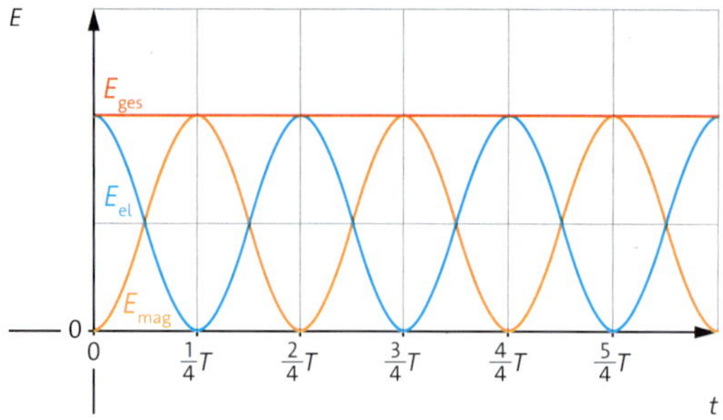

1 Zeitlicher Verlauf der Energien

Energetische Betrachtung • Die im Schwingkreis gespeicherte Energie wechselt beständig zwischen der Energie im elektrischen Feld des Kondensators und der Energie im Magnetfeld der Spule (▸Abb. 1). So ist im elektrischen Feld des maximal geladenen Kondensators die Energie $E_{el} = \frac{1}{2}CU_0^2$ gespeichert. Bis der Kondensator komplett entladen und die Stromstärke maximal ist, wird dieser Energiebetrag vollständig in die Energie des Magnetfeldes der Spule $E_{mag} = \frac{1}{2}LI_0^2$ umgewandelt.

Aus der Formel für die Eigenfrequenz $\omega_0 = \sqrt{\frac{1}{L \cdot C}}$ folgt $L \cdot \omega_0^2 = \frac{1}{C}$.

Diese Energieumwandlungen erfolgen in jeder Periodendauer zweimal, daher ist die Frequenz hier doppelt so hoch wie bei Ladung, Stromstärke und Spannung. Die Gesamtenergie als Summe aus der elektrischen und der magnetischen Energie bleibt während der Energieumwandlungen konstant (▸Abb. 1). Betrachtet man diese Summe rechnerisch, so gilt mit $U_0 = \frac{Q_0}{C}$ und $I(t) = \dot{Q}(t)$:

Trigonometrischer Pythagoras: $\sin^2\alpha + \cos^2\alpha = 1$

$$E_{el}(t) + E_{mag}(t) = \frac{1}{2}CU_C^2(t) + \frac{1}{2}LI^2(t)$$
$$= \frac{1}{2C}(Q_0 \cos(\omega_0 t))^2 + \frac{1}{2}L(Q_0 \omega_0 \sin(\omega_0 t))^2$$
$$= \frac{1}{2C}Q_0^2\,[(\cos(\omega_0 t))^2 + (\sin(\omega_0 t))^2]$$
$$= \frac{1}{2C}Q_0^2.$$

Realer Schwingkreis • Wenn wir allerdings unsere Messergebnisse betrachten, dann liegt eine gedämpfte Schwingung vor, denn die Amplituden besitzen eine exponentiell abfallende Einhüllende. Dies ist vor allem im Ohmschen Widerstand der realen Spule begründet, durch den ein Teil der elektrischen Energie in Wärme umgewandelt, also entwertet wird.

Um die Dämpfung zu berücksichtigen, erweitern wir den zuvor betrachteten Schwingkreis um einen Widerstand (▸Abb. 2). Damit muss der Spannungsabfall am Widerstand $U_R(t) = R \cdot I(t)$ in der Differenzialgleichung des Schwingkreises ergänzt werden:

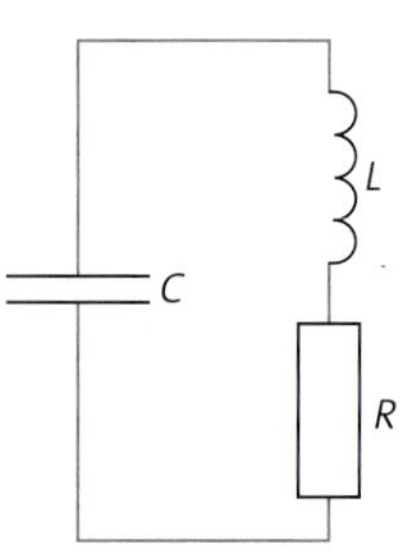

2 RCL-Schwingkreis als Ersatzschaltbild

$$-L \cdot \dot{I}(t) = R \cdot I(t) + \frac{1}{C} \cdot Q(t).$$

Daraus ergibt sich mit $I(t) = \dot{Q}(t)$ wiederum:

$$L \cdot \ddot{Q}(t) + R \cdot \dot{Q}(t) + \frac{1}{C} \cdot Q(t) = 0.$$

Analog zur gedämpften Schwingung des Federpendels folgt daraus für die Ladung am Kondensator:

$$Q(t) = Q_0 \cdot \cos(\omega \cdot t) \cdot e^{-\delta \cdot t}.$$

Die Dämpfungskonstante wird dabei allein durch die Spule und ihren Widerstand bestimmt:

$$\delta = \frac{R}{2L}.$$

Soll der Energieverlust des Schwingkreises ausgeglichen werden, so ist eine periodische Energiezufuhr nötig. Dies gelingt relativ einfach, indem man den Schwingkreis induktiv mit einem Frequenzgenerator koppelt (▸Abb. 3). Ist die anregende Frequenz $U_{err}(t) = U_0 \cdot \cos(\omega_{err} \cdot t)$ auf die Eigenfrequenz des Schwingkreises abgestimmt, tritt Resonanz auf. So lassen sich sogar Spannungsamplituden größer als U_0 erreichen und am Oszilloskop nachweisen.

In einem Schwingkreis finden periodische Energieumwandlungen zwischen elektrischer und magnetischer Energie statt.
Im idealen Fall ist die Gesamtenergie stets konstant mit
$E_{ges} = \frac{1}{2C}Q_0^2$

1 Erstellen Sie einen tabellarischen Vergleich der Schwingungen von Schwingkreis und Federpendel.

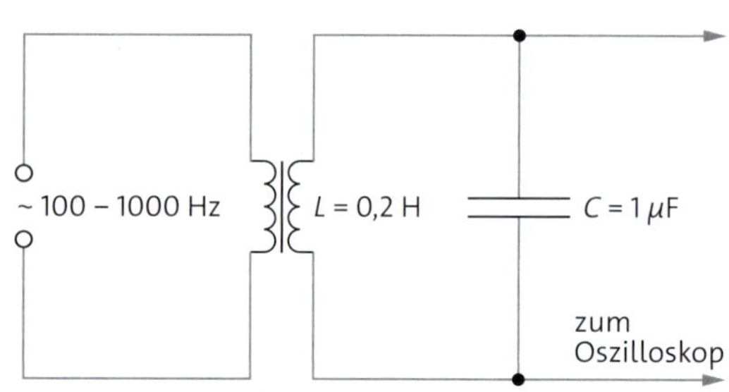

3 Angeregter Schwingkreis

Versuch A • Elektrischer Schwingkreis in Resonanz

V1 Gedämpfte Schwingung

Material:
Gleichspannungsquelle, Kondensatoren (470 µF, 47 µF), 2 Spulen mit Eisenkern (400 Windungen), Umschalter, Kabel, Messwerterfassungssystem mit Spannungssensor (z. B. GTR mit Sensor)

Arbeitsauftrag:
a) Bauen Sie den Versuch wie in der Abbildung auf und nehmen Sie den Spannungsverlauf während des Entladevorgangs auf.
b) Ermitteln Sie Periodendauer und Eigenfrequenz aus Ihrem Diagramm.
c) Schätzen Sie die Induktivität der Spule mit Eisenkern ab und vergleichen Sie sie mit den Herstellerangaben der Spule.
d) Wiederholen Sie die vorangegangenen Aufgaben mit dem anderen Kondensator.
e) Weisen Sie anhand Ihrer Messdaten nach, dass die Einhüllenden der Amplituden Exponentialfunktionen sind.

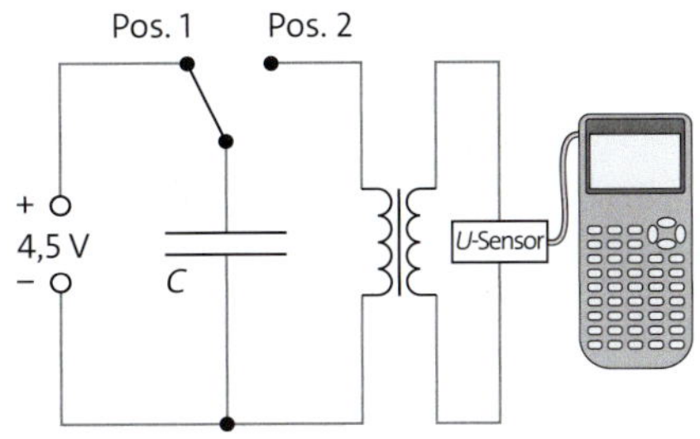

V2 Resonanzkurve

Material:
Frequenzgenerator (U_{max} = 3 V), Kondensatoren (1 µF, 2,3 µF, 3,2 µF und 4,4 µF), Spule (1000 Windungen, 35 mH), Glühlampe (4 V, 40 mA), Kabel, Multimeter

Arbeitsauftrag:
a) Schalten Sie Spule, Lampe und Kondensator (2,2 µF) in Reihe und schließen Sie den Frequenzgenerator an. Messen Sie die Spannung über der Glühlampe.
b) Berechnen Sie den Wert der Eigenfrequenz des ungedämpften Schwingkreises (C = 2,2 µF). Stellen Sie den Frequenzgenerator auf einen Wert deutlich unterhalb dieser Eigenfrequenz ein und erstellen Sie ein $U(f)$-Diagramm, während Sie die Frequenz allmählich bis über den berechneten Wert erhöhen.
c) Beschreiben und begründen Sie den Verlauf des aufgenommenen $U(f)$-Diagramms.
d) Wechseln Sie den Kondensator und wiederholen Sie das Vorgehen aus den Teilaufgaben b) und c)
e) Ermitteln Sie die Eigenfrequenzen aus den Resonanzkurven und vergleichen Sie diese mit den berechneten Werten.

Material A • Ampelsteuerung per Induktionsschleife

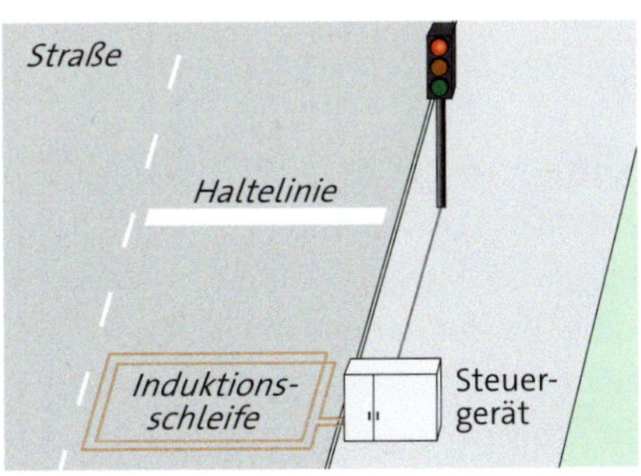

Induktionsschleifen sind Spulen aus Kupferdraht mit wenigen Windungen, die einige Zentimeter tief in die Straßendecke eingelassen sind. Sie werden u. a. zur Steuerung von Ampeln genutzt. Überquert ein Fahrzeug die Induktionsschleife, entstehen Wirbelströme in seinen metallischen Bauteilen. Die damit einhergehenden Magnetfelder wirken der Induktivität entgegen und verringern sie so, während ferromagnetische Blechteile sie erhöhen. Der Quotient aus der Änderung der Induktivität ΔL und ihrem ursprünglichen Wert L wird als Verstimmung der Induktionsschleife bezeichnet. Meist ist die Induktionsschleife Teil eines elektrischen Schwingkreises. Der zugehörige Kondensator ist in einem Steuergerät, das die vom Fahrzeug verursachte Induktivitätsänderung registriert und die Ampel schaltet.

Fahrzeugtyp	Verstimmung
Pkw	−6,0 %
Lkw	−1,7 %
Motorrad	−0,1 %
Fahrrad	−0,02 %

A1 Eigenfrequenz des Steuerkreises
a) Erläutern Sie die Bedeutung der Eigenfrequenz des Steuerkreises für die Ampelsteuerung.
b) Berechnen Sie die Eigenfrequenz f_0 des Steuerkreises, wenn die ursprüngliche Induktivität der Schleife 300 µH beträgt und der Kondensator eine Kapazität von 55 nF hat.
c) Berechnen Sie die veränderte Eigenfrequenz f_1 für den Fall, dass ein Pkw die Schleife überquert.

A2 Erklären Sie die unterschiedliche Verstimmung einer Induktionsschleife durch die verschiedenen Fahrzeugtypen.

A3 Beurteilen Sie, ob diese Technik für die Schaltung von Ampeln durch Fahrräder geeignet ist.

BLICKPUNKT

RFID-Chips als technische Anwendung von Schwingkreisen

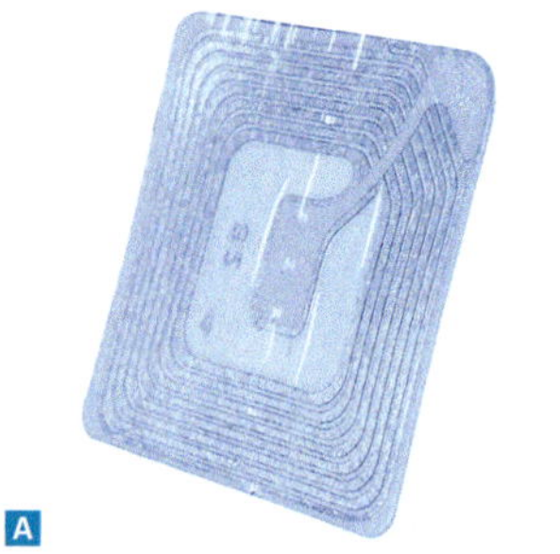

1 RFID zur Warensicherung **A** am Etikett **B** am Ausgang

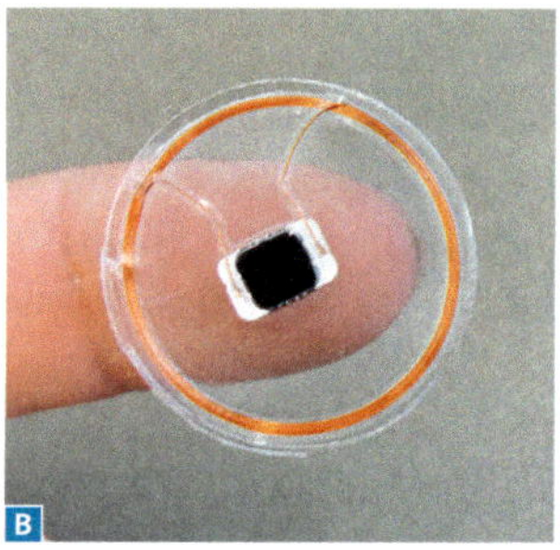

2 RFID-Chip als Schlüssel **A** am Schließfach, **B** Hauptbestandteil

RFID-Chips sind allgegenwärtig • Im Alltag sind wir vielfach von ihnen umgeben: RFID-Chips, auch Transponder genannt, finden sich in Etiketten von Kaufhäusern oder Bibliotheken, im Monatsticket, im Personalausweis oder auch in der Kreditkarte; sie kontrollieren den Zutritt zu Wohnungen und zum Festivalgelände, speichern Zugangsdaten für die Mensa oder auch die Liste der konsumierten Getränke in einer Disko. Manch einer hat den Chip bereits seinem Haustier implantieren lassen – oder auch sich selbst. Doch wie funktionieren sie eigentlich?

Funktionsprinzip • RFID steht für **R**adio-**F**requency **Id**entification. Die Transponder bestehen meist aus einem programmierbaren Mikrochip und einem Schwingkreis, dessen Spule einen kontaktlosen Datenaustausch ermöglicht (▸Abb. 2). Häufig werden passive Systeme verwendet, die keine eigene Stromversorgung besitzen, sondern stets von außen angesprochen werden. Dies erfolgt per Funksignal über Entfernungen von einigen Metern.
Das Lesegerät (▸Abb. 3) erzeugt ein elektromagnetisches Feld, dessen Frequenz auf die Eigenfrequenz des Schwingkreises im Transponder abgestimmt ist. Dieses Feld wird über eine RFID-Antenne abgestrahlt. Befindet sich der Transponder in der Nähe der Antenne, dann wird eine Spannung in der Spule des Transponders erzeugt und dem Schwingkreis somit Energie zugeführt.
An Geschäftsausgängen wird diese Energie genutzt, um im Warensicherungsetikett eine resonante Schwingung anzuregen (▸Abb. 1). Die damit verbundene Energieabnahme wird detektiert und löst einen Alarm aus. An der Kasse wird das Etikett über einen starken Magneten gezogen, was den Schwingkreis zerstört und die Warensicherung aufhebt.
Mithilfe des hochfrequenten Signals können aber auch Daten und Befehle übertragen werden, um einen Mikrochip zu betreiben. Bleibt der Transponder hinreichend lange im Feld des Lesegeräts, dann wird genug Energie übertragen, um die Sendeelektronik des Mikrochips zu aktivieren, die dann die geforderten Daten an das Lesegerät sendet.

Frequenzabstimmung • Ist die Resonanzfrequenz des Transponders auf das Feld des Lesegeräts abgestimmt, kann ein Maximum an Energie übertragen werden. Auch bei relativ großem Abstand ist so ein Datenaustausch zwischen beiden möglich. Weicht die Resonanzfrequenz des Transponders dagegen deutlich von der Frequenz des Lesegeräts ab, ist kein Datenaustausch möglich.

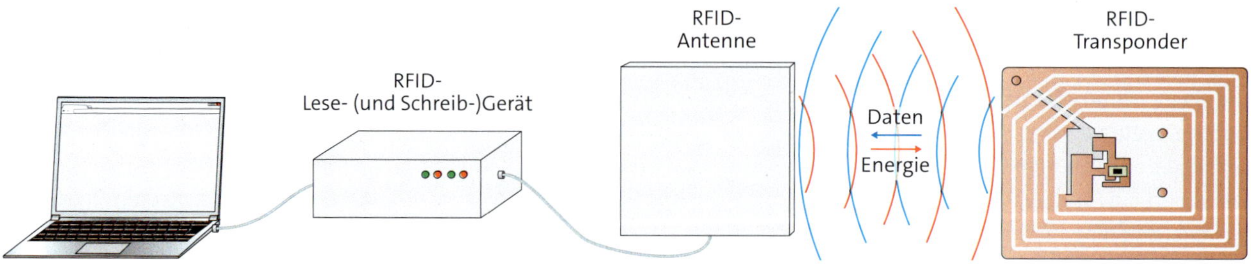

3 Prinzipieller Aufbau eines RFID-Systems

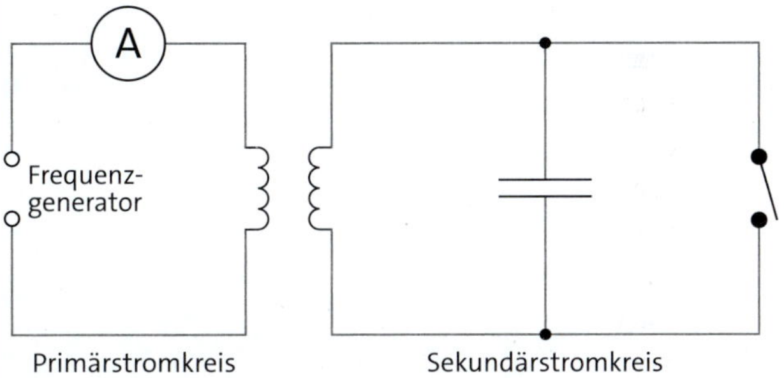

4 Schaltskizze des Modellexperiments zum Datentransport

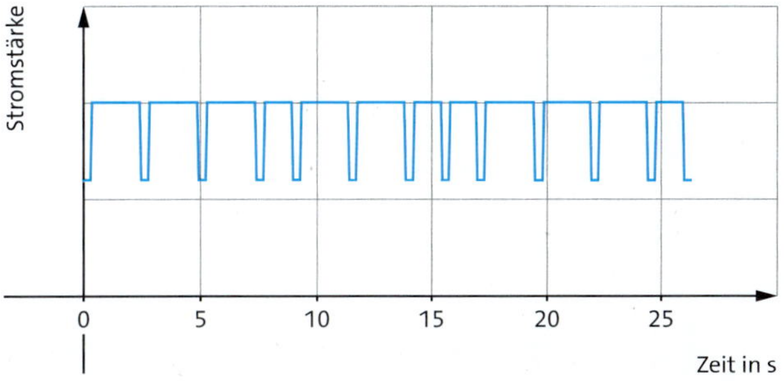

5 Möglicher Verlauf der Stromstärke bei Übertragung der ID 305

Auslesen des Transponders • Der Transponder selbst enthält meist keine Daten, die auf seinen Besitzer bezogen sind. Auf seinem Chip ist häufig nur eine Identifikationsnummer (ID) gespeichert. Die erforderlichen personenbezogenen Daten sind dann unter dieser ID in einer Datenbank hinterlegt, mit der das Lesegerät verbunden ist.

Die individuelle ID wird in binärer Form auf das Lesegerät übertragen, also als eine Folge von Nullen und Einsen. Im einfachsten Fall entsprechen diese zwei unterschiedlich großen Stromstärken. Um die reduzierte Stromstärke zu erreichen, wird durch die Sendeelektronik des RFID-Chips ein zusätzlicher Widerstand in den Schwingkreis des Transponders geschaltet.

Damit erhöht sich die Dämpfung im Schwingkreis, die Stromstärke im RFID-Transponder sinkt und er nimmt weniger Energie auf. Entsprechend sinkt auch die Stromstärke im Lesegerät. Dieses Verfahren wird als Lastmodulation bezeichnet.

Allerdings sind die so erhaltenen relativen Änderungen der Stromstärken sehr klein. Die Datenübertragung ist somit sehr störanfällig. Diese Störanfälligkeit lässt sich verringern, indem die gesamte Stromstärke reduziert wird. Damit ergeben sich bei gleichen Änderungen der Ströme in der Lastmodulation größere relative Änderungen.

Dabei wird die Reduktion der Gesamtstromstärke mithilfe eines zusätzlichen Widerstands erreicht, der mit einer sehr hohen Taktfrequenz ein- und ausgeschaltet wird. Der Widerstand unterdrückt das Sendesignal, sobald er eingeschaltet ist. In dieser als Hilfsträger bezeichneten Schaltfrequenz kann die Stromstärke im Takt der Daten verändert und zuverlässig übertragen werden.

Datenübertragung • Das Prinzip der Datenübertragung verdeutlichen wir uns in einem Modellexperiment (▸Abb. 4), in dem der Primärstromkreis dem Lesegerät und der Sekundärstromkreis dem Transponder entspricht. Der Einfachheit halber übertragen wir unsere Daten hier induktiv, tatsächlich geschieht dies aber über Funk. Um die induktive Übertragung zu erreichen, stehen die Spulen mit wenigen Zentimetern Abstand parallel zueinander (▸Abb. 4). Statt einen zusätzlichen Widerstand zu verwenden, schließen wir den Kondensator des Sekundärkreises kurz. Dadurch sinkt der Widerstand des Sekundärkreises, mehr Energie kann übertragen werden und die Stromstärke im Primärstromkreis steigt.

Damit wir die Datenübertragung verfolgen können, nutzen wir einen ganz langsam übertragenen Code: Ein Kurzschluss über eine Dauer von 1 s entspricht einer 1, eine Dauer von 2 s entspricht einer 0. Dabei wird jede Zahl durch eine zwölfstellige Binärzahl dargestellt.

Übertragen wir so beispielsweise die ID 305, dann könnte sich der in ▸Abb. 5 gezeigte Verlauf der Stromstärke im Primärstromkreis ergeben.

1 **a)** Übersetzen Sie die ID 3471 in Binärcode.
b) Stellen Sie den entsprechenden zeitlichen Verlauf der Stromstärke am Lesegerät in einem Diagramm dar.

2 **a)** Begründen Sie, dass sich ein schlechter Empfang simulieren lässt, indem Sie die Frequenz des Primärstromkreises leicht verstellen.
b) Vergleichen Sie die Übertragung bei gutem und schlechtem Empfang.
c) Beurteilen Sie, inwiefern ein leicht fehlerhaft produzierter Kondensator im Transponder die Datenübertragung stören kann.

1 Ein Regentropfen fällt in einen See.

Von der Schwingung zur Welle

Wellen können ganz harmlos sein, z. B. kleine Wellen auf einem See oder Schallwellen in der Luft. Doch sie können auch gefährlich und zerstörerisch sein, wie bei einem Tsunami oder einem Erdbeben. Doch wie entstehen Wellen eigentlich?

Entstehung von Wellen • Fällt ein Regentropfen ins Wasser, trifft er auf Wassermoleküle. Diese weichen nach unten aus und schwingen dann eine Zeit lang auf und ab. Doch warum breitet sich diese Schwingung kreisförmig aus? Das Wasser besteht aus vielen Molekülen, zwischen denen Kräfte wirken. Eine Wirkung dieser Kräfte lässt sich in ▸Abb. 2 erkennen: Der Wasserläufer wird durch die Oberflächenspannung getragen.

Zwei gekoppelte Pendel • Die Bedeutung der Kräfte für die Entstehung der Wellen untersuchen wir in einem Modellversuch. Dazu nutzen wir zwei Pendel statt der Wassermoleküle. Eine kleine Feder erzeugt die Kopplungskräfte zwischen diesen (▸Abb. 3). Wir lenken zunächst nur ein Pendel aus. Während es schaukelt, fängt auch das andere Pendel langsam an zu schwingen. Seine Amplitude wird dabei immer größer, die des ersten Pendels geht allmählich zurück, bis es kurz stehen bleibt. Danach wiederholt sich alles in umgekehrter Richtung, bis die Schwingungen aufgrund der unvermeidlichen Dämpfung zum Erliegen kommen (▸Abb. 4). Also wird durch die Kopplung periodisch Energie von einem Pendel auf das andere übertragen.

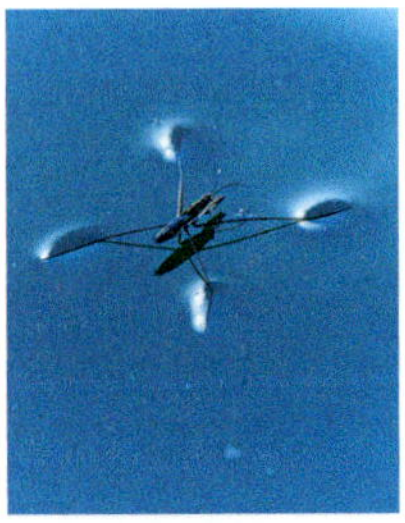

2 Wasserläufer

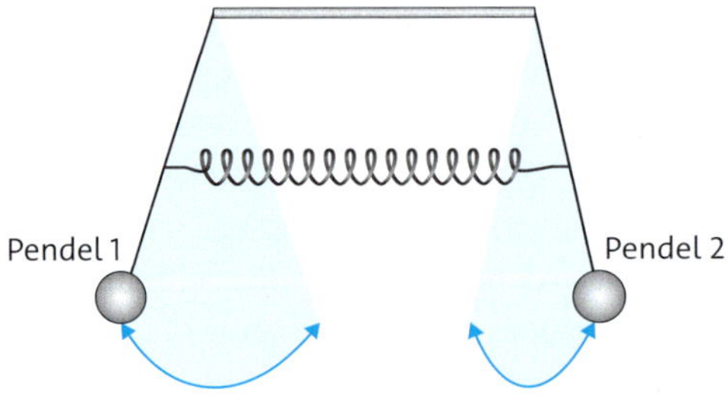

3 Gekoppelte Pendel im Experiment

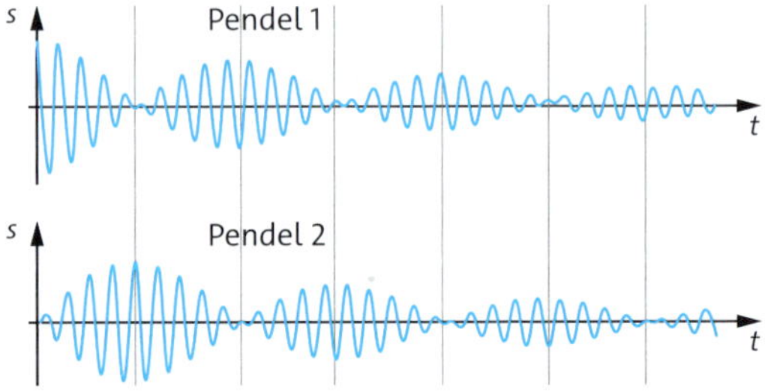

4 Schwingungen der gekoppelten Pendel

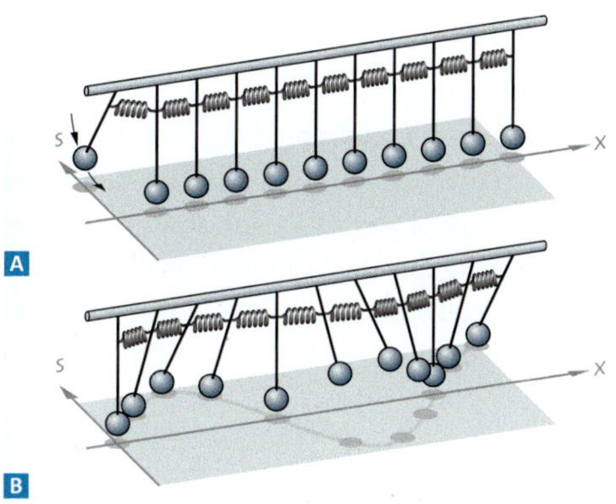

5 Entstehung von Transversalwellen

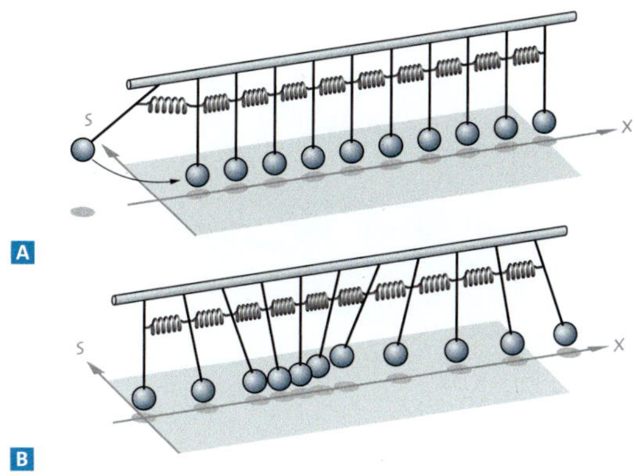

6 Entstehung von Longitudinalwellen

Zur genaueren Untersuchung führen wir verschiedene Variationen des Versuchs durch. Wir nutzen

- Schwingungen parallel und senkrecht zur Kopplungsrichtung,
- gleich und unterschiedlich lange Pendel,
- unterschiedliche Federn zur Kopplung.

Es zeigt sich, dass beide gekoppelten Pendel stets mit gleicher Frequenz schwingen. Bei gleicher Pendellänge besteht Resonanz mit der maximalen Energieübertragung. Die Stärke der Kopplung zwischen den Pendeln bestimmt dabei die Periodendauer, mit der die Energie zwischen den Pendeln hin- und herwandert.
Wie in allen Fällen von Resonanz besteht auch hier eine Phasenverschiebung von $\frac{\pi}{2}$ zwischen der erregenden und der angeregten Schwingung – unabhängig davon, ob parallel oder senkrecht zur Kopplungsrichtung angeregt wird.

Viele Oszillatoren • Lenken wir das erste Pendel einer Kette aus vielen gekoppelten Pendel aus, wird die Energie bis zum Ende der Kette nur in eine Richtung auf das jeweils nächste Pendel übertragen. Nach und nach geraten alle Pendel in Bewegung und es entsteht eine Welle.

Eine Welle entsteht durch die Schwingung gekoppelter gleichartiger Oszillatoren.

Zwei Arten von Wellen • Schwingen die Oszillatoren senkrecht zur Ausbreitungsrichtung der Welle wie in ▸Abb. 5, wird diese als **Transversalwelle** bezeichnet. Lenken wir dagegen wie in ▸Abb. 6 A das erste Pendel nicht nach hinten, sondern seitwärts aus, bildet sich eine Welle, bei der die Oszillatoren nicht senkrecht zur Ausbreitungsrichtung, sondern parallel zu dieser schwingen. Es entsteht eine **Longitudinalwelle.**

Die Bezeichnungen hinten und seitwärts beziehen sich auf die Papierebene in (▸Abb. 6).

Ein Beispiel für Longitudinalwellen sind Schallwellen. Hier werden Luftmoleküle z. B. durch einen Schlag auf eine Trommel zum Schwingen angeregt (▸Abb. 7). Da die Moleküle vor allem über Stöße wechselwirken, kommt es nur zu Schwingungen entlang der Ausbreitungsrichtung. Es entstehen Bereiche mit höherer Teilchendichte (höherem Druck) und mit geringerer Teilchendichte (geringerem Druck).

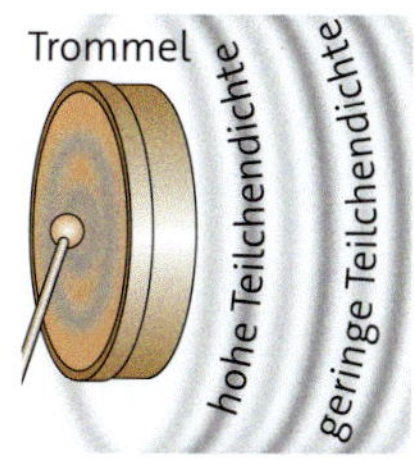

7 Bildung einer Schallwelle

Schwingen die Oszillatoren senkrecht zur Ausbreitungsrichtung der Welle, spricht man von einer Transversalwelle.
Schwingen die Oszillatoren parallel zur Ausbreitungsrichtung, spricht man von einer Longitudinalwelle.

1 Zwei Pendel sind durch eine Feder gekoppelt. Erklären Sie, wie sich die Periodendauer der Energieübertragung verändert, wenn man die Kopplung verstärkt.
2 Demonstrieren Sie die wesentlichen Eigenschaften von Transversal- und Longitudinalwellen mithilfe eines Treppenläufers (▸Abb. 8).
3 Recherchieren Sie die Entstehung von Wasserwellen. Erklären Sie diese besondere Form der Wellenausbreitung anhand einer Skizze.

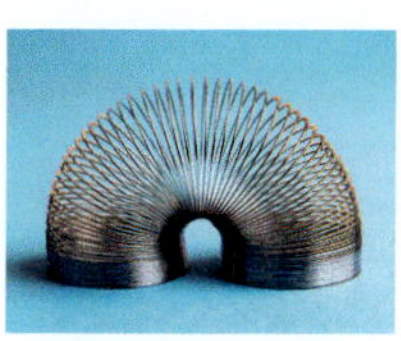

8 Treppenläufer

WELLEN

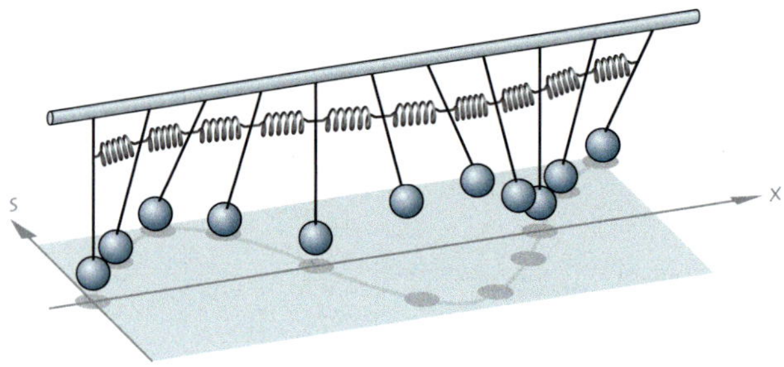

1 Eine Welle breitet sich aus.

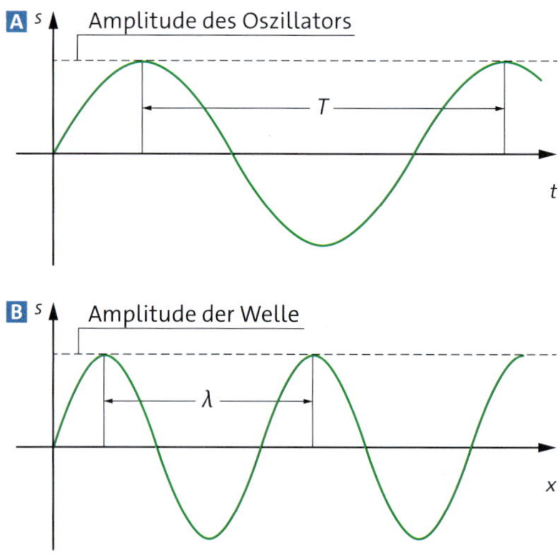

2 Schwingungen der gekoppelten Pendel

Beschreibung von Wellen • Wellen werden durch Oszillatoren gebildet, die zeitversetzt die gleichen Schwingungen ausführen. Ihre Schwingung lässt sich wie gewohnt mit der Periodendauer T beschreiben. Somit gilt für die Schwingung eines bestimmten Oszillators

$$s(t) = s_{max} \cdot \sin\left(\frac{2\pi}{T} \cdot t\right).$$

In ▸Abb. 1 ist eine Momentaufnahme einer Welle zu sehen. Hier sind viele kleine Pendel (Oszillatoren) durch Federn miteinander gekoppelt. Wir erkennen Wellenberge und Wellentäler, die immer gleiche Abstände haben. Die Welle ist also nicht nur zeitlich, sondern auch räumlich periodisch.

Der räumliche Abstand zweier benachbarter Wellenberge bzw. -täler zu einem bestimmten Zeitpunkt wird als **Wellenlänge** λ ($[\lambda] = 1\,\text{m}$) bezeichnet (▸Abb. 2 B). Analog zur obigen Darstellung gilt für die räumliche Periodizität:

$$s(x) = s_{max} \cdot \sin\left(\frac{2\pi}{\lambda} \cdot x\right).$$

Während der vollständigen Schwingung eines Oszillators (Periodendauer T) läuft die Welle um eine Wellenlänge λ weiter. Dabei ist die gleichförmige Bewegung der Wellenberge deutlich zu erkennen. Die Welle breitet sich also mit der **Ausbreitungsgeschwindigkeit**

$$c = \frac{\lambda}{T} = \lambda \cdot f$$

aus, während die Oszillatoren an ihren Plätzen bleiben. Die Welle transportiert somit Energie, aber keine Materie.

Um sowohl den zeitlichen als auch den räumlichen Aspekt zu erfassen, betrachten wir einen Oszillator in der Entfernung x vom Beobachtungsstartpunkt. Er wird nach der Zeitspanne t_x von der Welle erfasst. Für seine Auslenkung gilt

$$s(t) = s_{max} \cdot \sin\left(\frac{2\pi}{T} \cdot (t - t_x)\right).$$

Dabei lässt sich t_x unter Berücksichtigung der Ausbreitungsgeschwindigkeit ersetzen durch

$$t_x = \frac{x}{c} = \frac{x \cdot T}{\lambda}.$$

Dies führt zur **Wellenfunktion,** die von den zwei Größen Ort und Zeit abhängt:

$$s(t,x) = s_{max} \cdot \sin\left(\frac{2\pi}{T} \cdot \left(t - \frac{x \cdot T}{\lambda}\right)\right)$$
$$= s_{max} \cdot \sin\left(2\pi \cdot \left(\frac{t}{T} - \frac{x}{\lambda}\right)\right)$$

Wellen sind zeitlich und räumlich periodische Bewegungen, die sich mit $c = \lambda \cdot f$ ausbreiten und für deren Auslenkung gilt

$$s(t,x) = s_{max} \cdot \sin\left(2\pi \cdot \left(\frac{t}{T} - \frac{x}{\lambda}\right)\right).$$

Dabei gibt die Wellenlänge λ den Abstand zweier benachbarter Wellenberge bzw. -täler an ($[\lambda] = 1\,\text{m}$).

Ausbreitung von Wellen • Der Zusammenhang zwischen Wellenlänge und Ausbreitungsgeschwindigkeit lässt sich mithilfe einer Wellenwanne genauer untersuchen (▸Abb. 3). Hier taucht ein kleiner Tupfer mit einer Frequenz von 50 Hz in eine ca. 0,7 cm tiefe Wasserschicht ein.

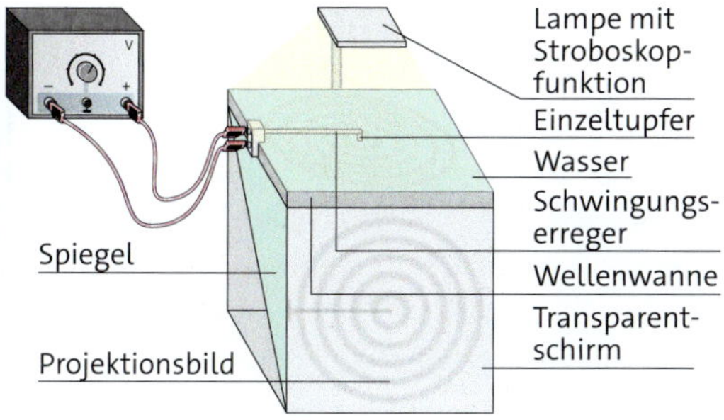

3 Aufbau einer Wellenwanne

Es entstehen Wellenberge und -täler, die als helle und dunkle Ringe auf dem Schirm zu sehen sind. Da unsere Augen die schnellen Veränderungen der voranschreitenden Welle nicht wahrnehmen können, nutzen wir eine Hochfrequenzkamera mit einer Bildrate von 300 Bildern in der Sekunde. In ▸Abb. 4 sind sieben aufeinanderfolgende Fotos zu sehen. So lässt sich die Ausbreitung der Welle innerhalb einer Periodendauer gut beobachten.

Der zeitliche Abstand von Bild zu Bild beträgt $\frac{1}{300}$ s. Bei der eingestellten Frequenz von 50 Hz entspricht dieser Wert genau $\frac{1}{6}$ der Zeit, die für das Absenken und Anheben des Erregers benötigt wird. Markieren wir in ▸Abb. 4 einen beliebigen Schwingungszustand, hier der blaue Punkt, und beobachten, wie sich dieser von Bild zu Bild fortbewegt, erkennen wir tatsächlich die gleichförmige Bewegung. Der markierte Wellenberg hat sich vom ersten zum letzten Bild, in der Zeit T, um die Strecke λ weiterbewegt.

Dabei wird die Ausbreitungsgeschwindigkeit c durch die Kopplungskräfte zwischen den Oszillatoren bestimmt und ist daher stoff- und temperaturabhängig. Je größer die Kopplungskräfte sind, desto größer ist die Ausbreitungsgeschwindigkeit. Diese Abhängigkeit können wir nachweisen, wenn wir im Experiment mit den gekoppelten Pendeln Federn mit einer größeren Federkonstante verwenden. Bei gleichen Auslenkungen zieht jedes Pendel seinen Nachbarn mit größerer Kraft nach, sodass sich die Welle schneller ausbreitet.

Wellen breiten sich gleichförmig aus. Ihre Ausbreitungsgeschwindigkeit ist umso größer, je stärker die Kopplungskräfte sind. Sie ist daher material- und temperaturabhängig.

1 Eine Welle mit $s_{max} = 4\,\text{cm}$ breitet sich mit 3 Schwingungen in 1 s über 24 cm aus.
a) Berechnen Sie die Ausbreitungsgeschwindigkeit. Stellen Sie die Wellenfunktion auf.
b) Stellen Sie die Situation grafisch dar. Die Oszillatoren haben einen Abstand von 1 cm.

2 Zeigen Sie anhand der Wellenfunktion:
a) $s(t + T, x) = s(t, x)$
b) Es besteht auch eine räumliche Periodizität.

BEISPIEL

Für eine Welle gilt folgende Wellenfunktion:

$$s(t, x) = 0{,}32\,\text{m} \cdot \sin\left(\pi \cdot \left(\frac{t}{2\,\text{s}} + 2{,}5\,\frac{1}{\text{m}} \cdot x\right)\right)$$

a) Erläutern Sie, in welche Richtung sich die Welle ausbreitet.
b) Ermitteln Sie T und λ.
c) Berechnen Sie die Auslenkung des Oszillators an der Stelle 1,5 m zum Zeitpunkt 8,0 s.

Mögliche Lösung:

a) Die Welle breitet sich entgegen der x-Richtung aus, da in der Sinusfunktion ein „+“ vor der Variablen x steht.

b) Umformung der Wellenfunktion führt zu

$$s(t, x) = 0{,}32\,\text{m} \cdot \sin\left(2\pi \cdot \left(\frac{t}{4\,\text{s}} + \frac{x}{0{,}8\,\text{m}}\right)\right).$$

Damit ergibt sich $T = 4\,\text{s}$ und $\lambda = 0{,}8\,\text{m}$.

c) Hier ist zu beachten, dass mit dem Winkel im Bogenmaß gerechnet werden muss (rad). Einsetzen der Werte ergibt

$$s = 0{,}32\,\text{m} \cdot \sin\left(\pi \cdot \left(\frac{8\,\text{s}}{2\,\text{s}} + 2{,}5\,\frac{1}{\text{m}} \cdot 1{,}5\,\text{m}\right)\right)$$

$$= 0{,}32\,\text{m} \cdot \sin\,(\pi \cdot (4 + 3{,}75)) \approx -0{,}23\,\text{m}.$$

Der Oszillator ist um knapp 0,23 m nach unten ausgelenkt.

4 Zeitrafferbild einer Wasserwelle

BLICKPUNKT

Erdbebenwellen

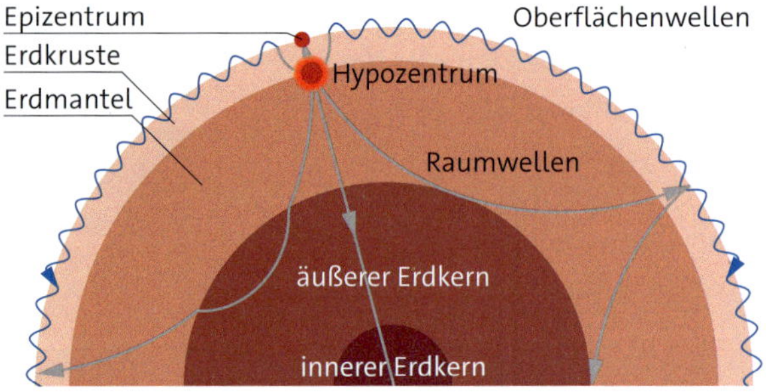

1 Erdbebenwellen im Inneren und an der Oberfläche

3 Straßenschäden durch Erdbeben

Zu einem Erdbeben kommt es, wenn Kontinentalplatten sich gegeneinander bewegen. Sie verkanten sich und lösen sich plötzlich wieder. Als Folge entstehen Transversal- und Longitudinalwellen, die sich in allen Richtungen durch die Erde ausbreiten (▸Abb.1) und schwere Schäden verursachen können (▸Abb.3).

Erdbebenwellen breiten sich mit unterschiedlichen Geschwindigkeiten aus. Dies wird nicht nur durch die verschiedenen Gesteinsarten verursacht, die sie durchlaufen. Generell breiten sich Longitudinalwellen im Erdinneren schneller aus als Transversalwellen. Sie erreichen die Erdoberfläche früher und werden daher als Primär- oder **P-Wellen** bezeichnet, im Gegensatz zu den Sekundär- oder **S-Wellen** genannten Transversalwellen (▸Abb.2).

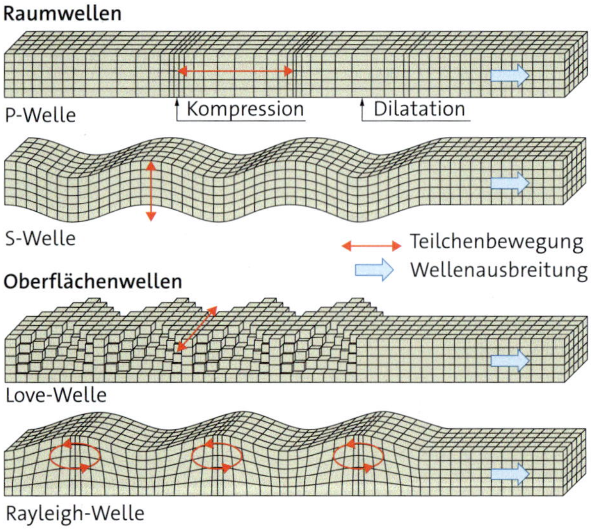

2 Verschiedene Erdbebenwellen

Nach den S- und P-Wellen treten **Oberflächenwellen** auf. Da sie die größten Amplituden erreichen, verursachen sie den Großteil der Erschütterungen bei einem Erdbeben und somit auch die größten Schäden an Gebäuden.
Das zeitlich versetzte Eintreffen der Wellen ermöglicht es, auf Stärke und das **Hypozentrum** (der Ursprungsort) des Erdbebens zu schließen. Genau über dem Hypozentrum liegt an der Erdoberfläche das **Epizentrum** (▸Abb.1).
Zur Angabe der Stärke eines Erdbebens führte CHARLES FRANCIS RICHTER 1935 eine logarithmische Skala ein, die die Amplituden der verschiedenen Wellenarten berücksichtigt. Allerdings ist auch die Aussagekraft der Richter-Skala begrenzt. Ob zwei Beben gleicher Stärke ähnliche Schäden verursachen, hängt v.a. von der lokalen Bauweise und dem Anteil der Oberflächenwellen ab.
Erdbeben im Meeresgrund können sehr gefährlich werden. Tritt eine plötzliche Absenkung oder Anhebung des Ozeanbodens auf, bewegt sich die gesamte Wassersäule darüber mit und gerät in Schwingungen. Die Welle, die so entsteht, transportiert viel Energie und breitet sich auf dem offenen Meer schnell aus. Wird das Meer an der Küste flacher, sinkt die Ausbreitungsgeschwindigkeit der Welle rasch ab. Das Wasser kann sich dadurch zu einem zerstörerischen **Tsunami** auftürmen (▸Abb.4).

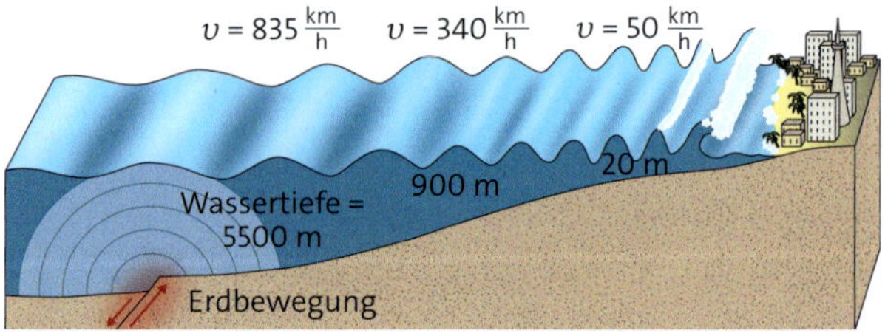

4 Entstehung eines Tsunamis

Versuch A • Ausbreitung von Wellen

V1 λ und c von Schallwellen

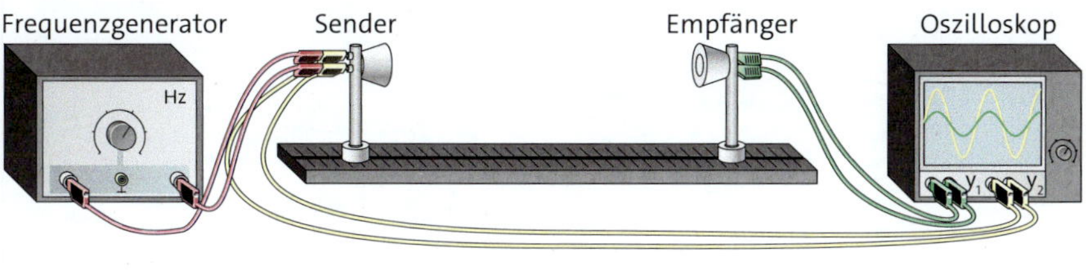

Material:
Frequenzgenerator, Zweikanaloszilloskop, Ultraschall-Sender und -Empfänger, Kabel, Stativmaterial, Gleitschiene mit Maßeinteilung

Arbeitsauftrag:

a) Bauen Sie den Versuch nach der Abbildung auf. Bei den Einstellungen am Oszilloskop hilft Ihr Lehrer oder Ihre Lehrerin. Triggern Sie das Oszilloskop auf den Eingang y_2.

b) Verschieben Sie den Empfänger in Richtung Sender und beschreiben Sie Ihre Beobachtungen. Erklären Sie die Veränderung der Oszilloskopbilder während der Bewegung.

c) Suchen Sie mithilfe des Empfängers einen Ort in der unmittelbaren Umgebung des Senders, an dem die Luft phasengleich mit dem Sender schwingt. Markieren Sie diesen Ort auf der Gleitschiene.

d) Durch langsames Verschieben des Empfängers weg vom Sender lassen sich weitere Orte mit gleichen Schwingungszuständen finden. Ermitteln Sie damit die Wellenlänge λ möglichst genau. Nehmen Sie dazu mehrere Messungen auf.

e) Berechnen Sie den Mittelwert der Wellenlängen und ermitteln Sie daraus die Schallgeschwindigkeit.

f) Vergleichen Sie Ihren Wert mit dem des Tafelwerks und geben Sie Ursachen für Abweichungen an.

V2 Materietransport in Wellen?

Material:
Rechteckiges Gefäß, bspw. Spülbecken oder eine große Auflaufform, Lineal (30 cm), Alufolie

Arbeitsauftrag:

a) Füllen Sie Wasser in ihr Gefäß und legen Sie ein kleines Stück Alufolie auf die Wasseroberfläche. Warten Sie, bis es zur Ruhe gekommen ist.

b) Erzeugen Sie mithilfe des Lineals Wellen auf der Wasseroberfläche. Beschreiben und deuten Sie die Bewegung, die das Stück Alufolie vollführt.

c) Geben Sie begründet an, wie sich die Bewegung der Alufolie ändern würde, wenn Sie die Energiezufuhr erhöhen. Überprüfen Sie Ihre Aussage experimentell.

Material A • Ausbreitung von Wellen

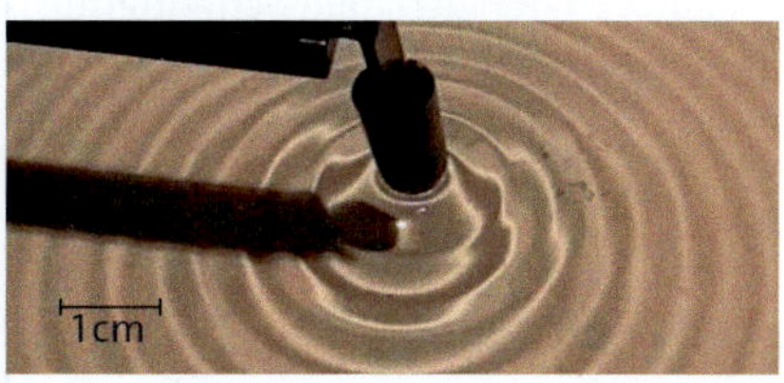

A1 Der Tupfer einer Wellenwanne taucht mit einer Frequenz von 50 Hz in das Wasser ein. Ermitteln Sie mithilfe der Abbildung oben die Ausbreitungsgeschwindigkeit der Welle. Vergleichen Sie untereinander Ihre Ergebnisse.

A2 Rechts ist die Ausbreitung einer Transversalwelle dargestellt.
a) Erklären Sie die Abbildung.
b) Erläutern Sie, wie sich die Abbildung ändert, wenn der Oszillator bei $x = 0$ zu Beginn nach unten schwingt.
c) Zeichnen Sie für diesen Fall die Welle für $t = 0$, $t = \frac{T}{4}$ und $t = \frac{T}{2}$.

A3 Verdeutlichen Sie am Beispiel den Unterschied zwischen der Ausbreitungsgeschwindigkeit der Welle und der Geschwindigkeit der Oszillatoren.

A4 Zeichnen Sie eine analoge Abbildung, in der die Ausbreitung einer Longitudinalwelle dargestellt ist.

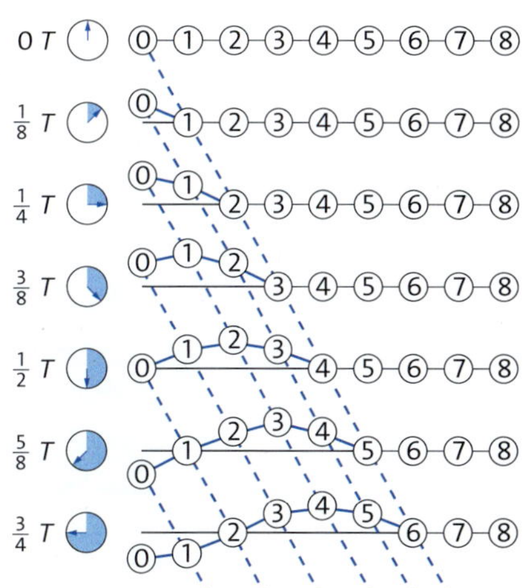

1 Wellen vieler Regentropfen überlagern sich.

Überlagerung von Wellen

Fallen viele Regentropfen auf eine Wasseroberfläche, so überlagern sich die entstehenden Kreiswellen. Dennoch sind die einzelnen Kreise weiterhin gut zu erkennen. Wie ist das möglich?

Überlagerung von Wellen • Allem Anschein nach überlagern sich die Wellen in ▸Abb. 1 ungehindert, denn die unterschiedlichen Kreise sind weiterhin gut zu erkennen. Sie laufen ungestört übereinander hinweg. Messungen zeigen, dass sich die verschiedenen Auslenkungen an einem Ort einfach addieren. Dieses Verhalten wird als **Superpositionsprinzip** bezeichnet.

Zeichnerische Darstellung von Wellen • Um die Überlagerung von Wellen genauer betrachten zu können, ist eine vereinfachte Darstellung zweckmäßig. Dazu verbinden wir in einer Zeichnung benachbarte Orte miteinander, an denen die Oszillatoren den gleichen Schwingungszustand haben, z. B. alle Wellenberge oder alle

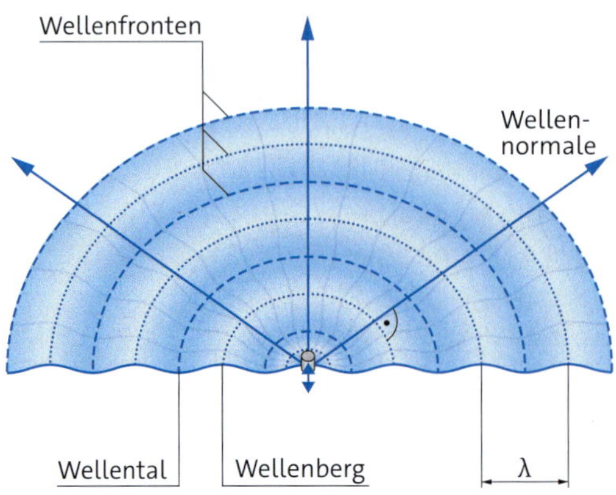

2 Ausbreitung einer kreisförmigen Welle

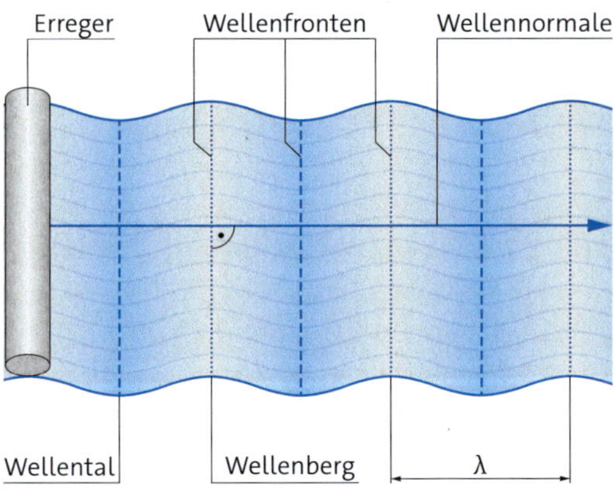

3 Ausbreitung einer geradlinigen Welle

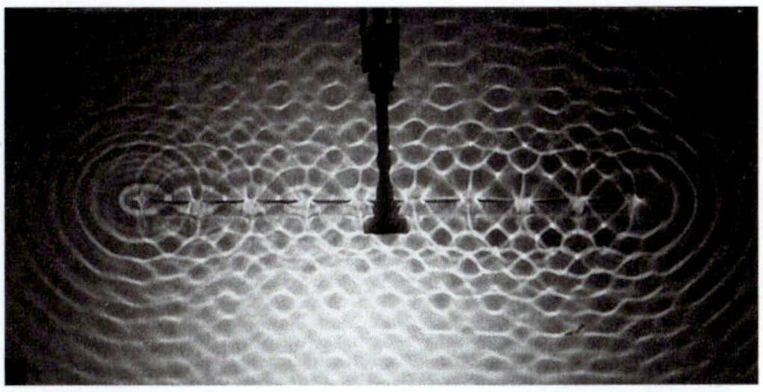

4 Viele benachbarte Tupfer erzeugen eine Wellenfront.

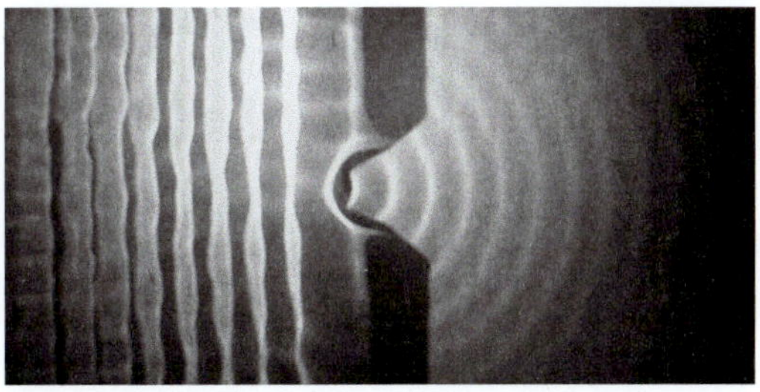

5 Eine Wellenfront trifft auf einen schmalen Spalt.

Wellentäler. Die so erhaltene **Wellenfront** verläuft stets senkrecht zur Ausbreitungsrichtung der Welle. Entsprechend geben die **Wellennormalen** die Ausbreitungsrichtung der Welle an.

Für eine kreisförmige Welle lassen sich die Wellenfronten durch konzentrische Kreise darstellen (▸Abb. 2). Breitet sich die Welle in allen drei Dimensionen aus, wie es zum Beispiel bei Schallwellen der Fall ist, dann sind die Wellenfronten Kugelschalen. Bei einer ebenen Welle ergeben sich parallele Ebenen bzw. im zweidimensionalen Fall Geraden (▸Abb. 3).

Darstellung von HUYGENS • Eine Welle breitet sich aus, weil benachbarte Oszillatoren in der Umgebung eines Erregers nach und nach zum Schwingen angeregt werden. Wie wir in ▸Abb. 4 erkennen können, entstehen Wellenfronten auch dann, wenn viele nebeneinander liegende Oszillatoren gleichzeitig durch verschiedene Erreger in Schwingung versetzt werden und so viele benachbarte Kreiswellen erzeugen.

Der Physiker und Mathematiker CHRISTIAAN HUYGENS beobachtete außerdem, dass kreisförmige Wellen entstehen, wenn eine Wellenfront auf einen schmalen Spalt trifft (▸Abb. 5). Er entwickelte daraus ein anschauliches Modell, das nach ihm als **Huygenssches Prinzip** bezeichnet wird: Er betrachtete alle Punkte einer Wellenfront als Ausgangspunkte für neue Kreiswellen, die **Elementarwellen** (▸Abb. 6 und 7). Mehrere Elementarwellen überlagern sich dann zu einer neuen Wellenfront. Die Elementarwellen breiten sich dabei mit der gleichen Geschwindigkeit und Wellenlänge wie die ursprüngliche Welle aus, solange sich das Medium nicht verändert.

Eine Normale ist ein Vektor, der senkrecht auf einer Geraden oder einer Ebene steht. Statt von Wellennormalen spricht man auch von Wellenstrahlen, da ihre Pfeilspitze die Ausbreitungsrichtung der Welle angibt.

Jeder Punkt einer Wellenfront wird als Ausgangspunkt einer Elementarwelle gesehen.
Durch die Superposition (Überlagerung) der Elementarwellen entsteht eine neue Wellenfront. Sie ist die Einhüllende aller Elementarwellen, die sich bis dahin ausgebreitet haben.

1 Stellen Sie die Ausbreitung einer geradlinigen Welle ($\lambda = 2\,\text{cm}$ und $f = 10\,\text{Hz}$) innerhalb von 0,3 s zeichnerisch nach HUYGENS dar. Nutzen Sie für die Konstruktion mindestens fünf selbstgewählte Punkte im Abstand von 1 cm als Zentren der Elementarwellen.

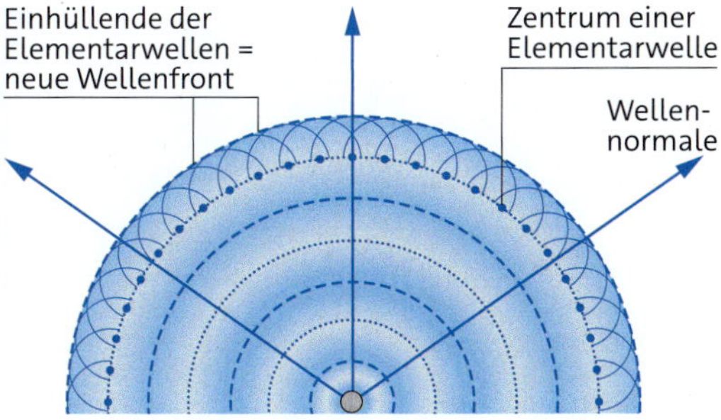

6 Konstruktion einer kreisförmigen Welle nach HUYGENS

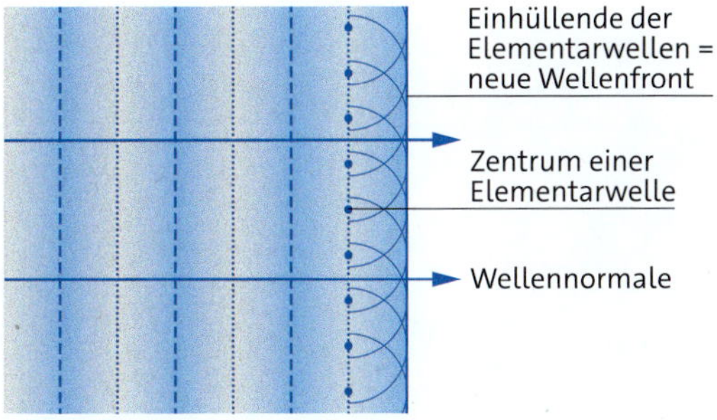

7 Konstruktion einer geradlinigen Welle nach HUYGENS

1 Mit abnehmender Wassertiefe ändern die Wellen ihre Richtung.

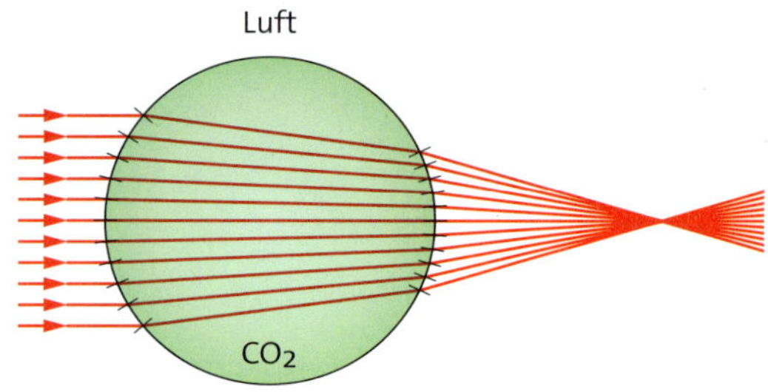

2 Brechung von Schallwellen an einem Luftballon

Brechung mechanischer Wellen • In Luftaufnahmen von Küsten lässt sich gelegentlich das Phänomen der **Brechung** beobachten: Die Wellen laufen in den flacheren Bereichen in eine andere Richtung als in den tieferen (▸Abb. 1).

In einem Modellexperiment mit einer Wellenwanne erhalten wir den flachen Bereich mithilfe einer dünnen Glasplatte, die im Wasser liegt. Dann lassen wir ebene Wellen schräg auf diese Glasplatte auflaufen. In ▸Abb. 3 ist zu sehen, dass sich die Ausbreitungsrichtung der Welle an der Kante ändert – die Welle wird gebrochen.

Eine genaue Beobachtung zeigt, dass die Welle im flachen Wasser eine kleinere Wellenlänge besitzt, was wir am geringeren Streifenabstand erkennen können. Die Anzahl der durchlaufenden Wellenberge pro Zeit hingegen ist an jeder Stelle gleich. Also ändert sich die Frequenz der Welle nicht. Da aber $c = \lambda \cdot f$ gilt, muss die Ausbreitungsgeschwindigkeit der Welle im flachen Wasser kleiner geworden sein. Die neue Ausbreitungsrichtung der gebrochenen Welle lässt sich mithilfe des Huygensschen Prinzips ermitteln. Wir gehen wie in ▸Abb. 3 davon aus, dass die Wellenfronten schräg auf die Grenzfläche zwischen den beiden Medien auflaufen.

Die Stellen, an denen die Wellenfronten auf die Grenzfläche auftreffen, betrachten wir als Ausgangspunkte neuer Elementarwellen. Diese breiten sich mit derselben, verringerten Geschwindigkeit aus. Da sie aber zeitlich versetzt entstehen, breiten sich die Elementarwellen anschließend in einer bestimmten Zeitspanne unterschiedlich weit aus (▸Abb. 4). Als Folge drehen sich die Wellenfront und auch die Wellennormale gegenüber den ursprünglichen Richtungen.

Akustische Linse • Brechung lässt sich auch bei anderen Wellenarten (z. B. Schallwellen) beobachten. Voraussetzung ist nur, dass sich beim Übergang der Welle von einem Medium in ein anderes die Ausbreitungsgeschwindigkeit ändert. Betrachten wir dazu folgendes Experiment: Während ein Mitschüler durch einen mit Kohlenstoffdioxid gefüllten Luftballon spricht, stellen Sie sich zuerst direkt hinter den Ballon und gehen dann langsam zurück. Achten Sie dabei darauf, wie deutlich Sie ihn hören. Hinter dem Ballon können Sie dann einen kleinen Bereich finden, in dem sich die Schallwellen bündeln, sodass die gesprochenen Worte besonders gut zu hören sind (▸Abb. 2).

1 Erläutern Sie ▸Abb. 2 und geben Sie an, ob sich die Schallwellen in Luft oder in Kohlendioxid schneller ausbreiten.

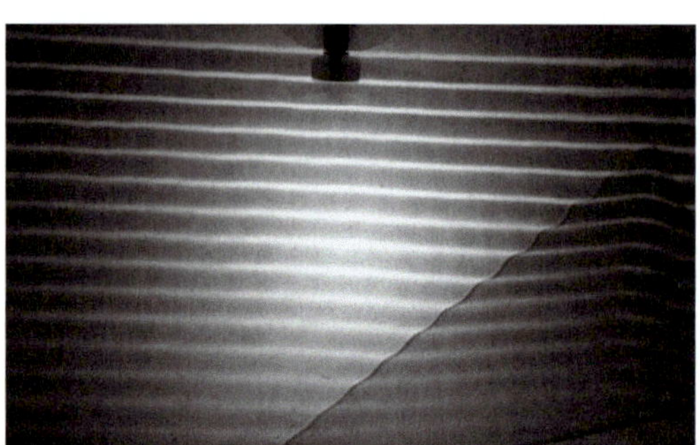

3 Brechung einer Wasserwelle

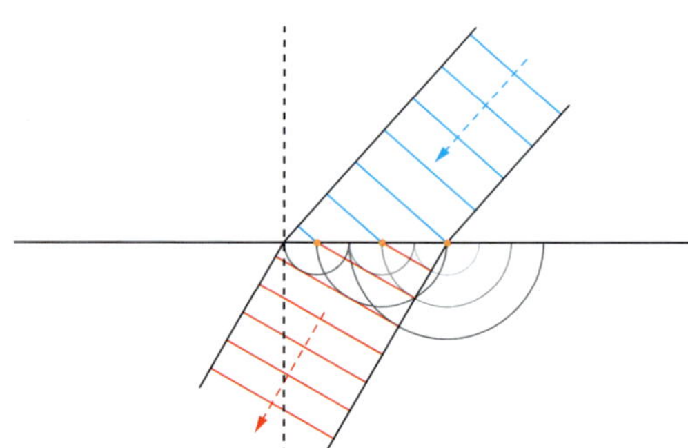

4 Brechung nach dem HUYGENSschen Prinzip

Versuch A • Ausbreitung von Wellen

V1 Heliumgefüllter Luftballon

Material:
Luftballon mit Heliumfüllung, Maßband

Arbeitsauftrag:
a) Untersuchen Sie, was geschieht, wenn man durch einen mit Helium gefüllten Luftballon hindurch spricht.
b) Fertigen Sie eine Skizze an, aus der hervorgeht, wie sich die Ausbreitung des Schalls am Ballon verändert.

V2 Überlagerung sichtbar machen

Material:
Lange Feder, Smartphone

Arbeitsauftrag:
a) Legen sie die Feder lang auf einen Tisch und lenken Sie sie zu zweit an beiden Enden gleichzeitig so aus, dass sich Transversalwellen bilden. Filmen Sie die entstehende Bewegung in der Mitte der Feder mit dem Smartphone.
b) Betrachten Sie den Film mit einem Wiedergabeprogramm in Einzelbildern. Weisen Sie mithilfe der Bilder die Addition der Auslenkungen in der Mitte der Feder nach.
c) Lenken Sie die beiden Enden der Feder einmal in die gleiche Richtung aus und einmal gegenläufig. Untersuchen Sie die Unterschiede und Gemeinsamkeiten.

Material A • Brechung von Wellen nach HUYGENS

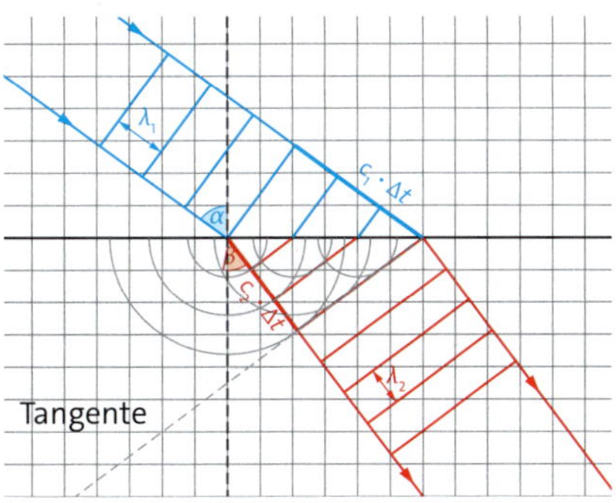

A1 **a)** Erklären Sie die Abbildung möglichst genau.
b) Gehen Sie von $c_1 = 30\,\frac{\text{cm}}{\text{s}}$ aus und ermitteln Sie die Ausbreitungsgeschwindigkeit c_2 nach der Brechung.

A2 Eine Welle läuft unter einem Winkel von 65° auf eine Kante zu und wird dort gebrochen. Ermitteln Sie zeichnerisch den Brechungswinkel, wenn die Geschwindigkeiten $c_1 = 35\,\frac{\text{cm}}{\text{s}}$ und $c_2 = 25\,\frac{\text{cm}}{\text{s}}$ betragen.

A3 Setzen wir die Ausbreitungsgeschwindigkeiten zueinander ins Verhältnis, so ergibt sich das Brechungsgesetz von SNELLIUS:
$\frac{c_1}{c_2} = \frac{\sin\alpha}{\sin\beta}$.
a) Beweisen Sie das Gesetz.
b) Berechnen Sie die in A1 b) und A2 gesuchten Werte mithilfe des Brechungsgesetzes und vergleichen Sie.

Material B • Brechung von Wasserwellen

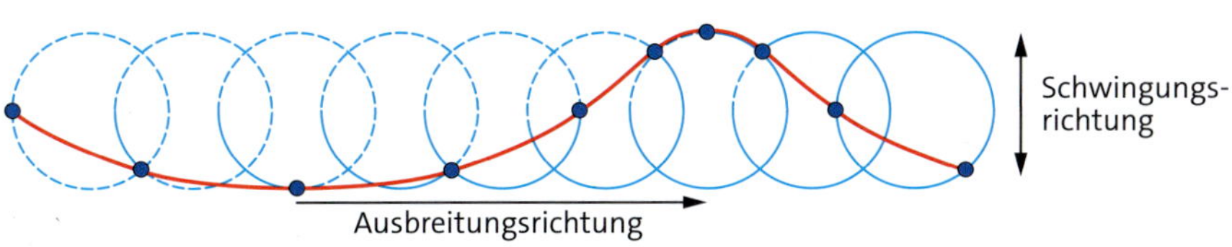

Wasserwellen sind Oberflächenwellen. Die Kräfte zwischen den einzelnen Molekülen führen dazu, dass diese sich an der Oberfläche auf kreisförmigen Bahnen bewegen (siehe Abbildung). Für die Ausbreitungsgeschwindigkeit von Wasserwellen gilt neben der Bedingung $c = \lambda \cdot f$ eine komplexe Dispersionsrelation, in die Wellenlänge, Ortsfaktor g und Wassertiefe h eingehen. Ist das Wasser tiefer als $\frac{\lambda}{2}$, bilden sich Tiefwasserwellen, die den Boden nicht erreichen. Dann gilt $c \approx \sqrt{\frac{g}{2\pi} \cdot \lambda}$. Flachwasserwellen bei einer Wassertiefe h kleiner als $\frac{\lambda}{20}$ reichen bis zum Grund. Ihre Geschwindigkeit hängt nur von h ab. Es gilt $c \approx \sqrt{gh}$.

B1 Beschreiben Sie die Entstehung der Wellenbewegung mit der Abbildung.

B2 Eine Tiefwasserwelle mit $f = 0{,}4\,\text{Hz}$ und $c_1 = 14\,\frac{\text{km}}{\text{h}}$ trifft unter 5° auf eine Stufe im Untergrund und hat dann die Geschwindigkeit $c_2 = 0{,}45\,\frac{\text{m}}{\text{s}}$.
a) Berechnen Sie die Wellenlängen in beiden Fällen sowie die Tiefe des Flachwassers.
b) Ermitteln Sie den Brechungswinkel.
c) Erklären Sie, warum die Wellen bei jeder Windrichtung auf den Strand zulaufen.

1 Fledermäuse jagen mittels Ultraschall.

Reflexion von Wellen

Fledermäuse senden Ultraschallwellen aus. Aus der Zeit, die verstreicht, bis die Schallwellen wieder zu ihnen zurückkommen, können sie Entfernungen abschätzen. Wie kommt es zur Richtungsänderung der Schallwellen?

Reflexion von Schall • Mit einem Experiment können Sie untersuchen, wie sich eine Schallwelle verhält, wenn sie auf eine glatte Oberfläche (z.B. eine Kunststoff- oder Metallplatte) trifft. Legen Sie dazu eine tickende Uhr auf einen kleinen Schwamm in einen hohen Glaszylinder. Die Uhr darf die Glaswand dabei wie in ▸Abb. 2 nicht berühren. Direkt über dem Glas können Sie das leise Ticken der Uhr gut hören, aber nicht, wenn Sie neben dem Glas stehen. Hält ein Mitschüler jedoch eine glatte Platte über das Glas und neigt sie langsam, dann hören Sie das Ticken bei einer bestimmten Neigung und Position der Platte wieder deutlich. Die Schallwelle wird an der Platte reflektiert, sodass der Schall direkt Ihr Ohr erreicht. Genauere Untersuchungen zeigen, dass sich die Ausbreitungsrichtung der Schallwellen an der Platte genauso ändert wie die eines Lichtstrahls, der reflektiert wird. Einfalls- und Reflexionswinkel sind gleich groß und liegen zusammen mit dem Lot in einer Ebene senkrecht zur Platte. Auch wenn sich Schallwellen als Kugelwellen im Raum ausbreiten, so erfolgt die **Reflexion** doch geradlinig – wie beim Licht auch.

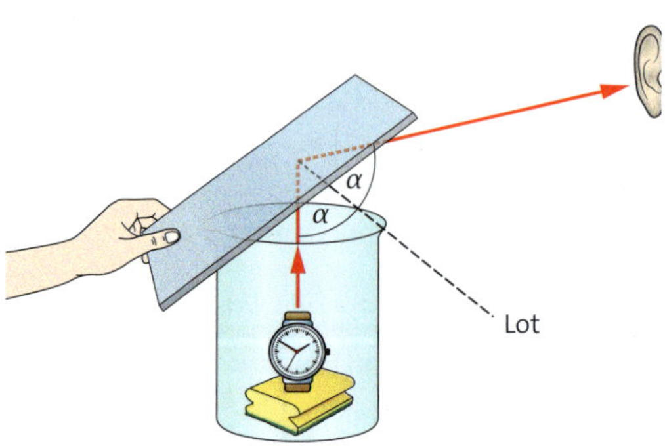

2 Schall wird reflektiert.

Reflexion nach HUYGENS • Wie es zur Reflexion kommt, untersuchen wir in einem Modellexperiment. Dazu lassen wir ebene Wellen in einer Wellenwanne schräg auf ein Hindernis treffen. Die Beobachtungen deuten wir wie bei der Brechung mithilfe des Huygensschen Prinzips (▸Abb. 3): Wenn die Wellenfront auf das Hindernis trifft, entstehen neue Elementarwellen, die sich mit derselben Geschwindigkeit ausbreiten wie die einlaufende Welle. Die zeitliche Verzögerung, mit der die Elementarwellen entstehen, führt zur Drehung der Wellenfront. Da die Ausbreitungsgeschwindigkeiten der einlaufenden und der reflektierten Wellen aber gleich sind, sind Einfalls- und Reflexionswinkel gleich groß.

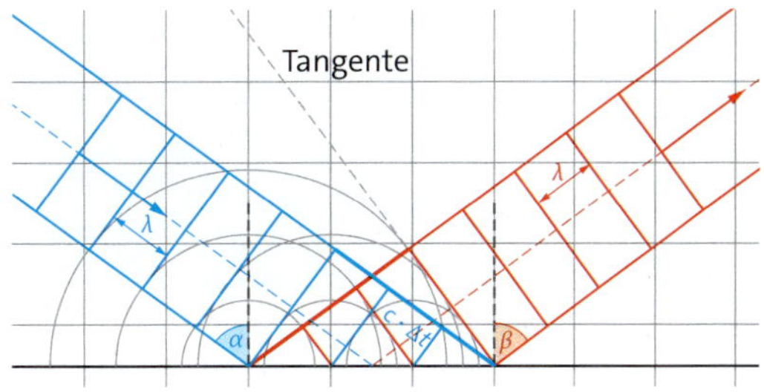

3 Erklärung der Reflexion nach HUYGENS

Trifft eine Welle auf eine Grenzfläche, dann ist der Reflexionswinkel β genauso groß wie der Einfallswinkel α.

Betrachtung der Oszillatoren • Treffen Wellen auf ein Hindernis, dann kann der letzte Oszillator die Energie nicht in Ausbreitungsrichtung weitergeben. Es gibt ja keinen weiteren Oszillator mehr. Stattdessen gibt er die Energie erneut an seinen Vorgänger ab und die Welle läuft wieder zurück. Dabei sind zwei Fälle zu unterscheiden: Kann sich der letzte Oszillator frei bewegen (loses Ende) wie z. B. im Wasser, dann erfolgt die Auslenkung der Oszillatoren in der gleichen Richtung wie zuvor, die reflektierte Welle ist wie ein Spiegelbild der einlaufenden Welle (▸Abb. 4 A). – Ist der letzte Oszillator dagegen fixiert (▸Abb. 4 B), dann werden die Oszillatoren entgegengesetzt zur ihrer letzten Schwingung ausgelenkt und aus dem ursprünglichen Maximum wird ein Minimum. Die reflektierte Welle ist dann um die halbe Wellenlänge gegenüber der einlaufenden Welle verschoben. Ein solcher **Phasensprung** entspricht einer Phasenverschiebung von $\Delta\varphi = \frac{\lambda}{2} = \pi$.

Stehende Wellen • Liegt nicht nur eine singuläre Störung vor wie in ▸Abb. 4, dann überlagern sich einlaufende und reflektierte Welle. In ▸Abb. 5 ist dies für aufeinanderfolgende Zeitpunkte t_1 bis t_6 bei einer Reflexion am losen Ende dargestellt. Um den Verlauf der reflektierten Welle im betrachteten Zeitraum leichter erkennen zu können, wurde die einlaufende Welle entsprechend verlängert (gepunktete Linie). An der Summe beider Graphen (blaue Linie) ist zu sehen, dass sich die beiden Wellen je nach Zeitpunkt verstärken oder auslöschen.

Dabei sind die Oszillatoren an bestimmten Positionen immer in Ruhe. Zwischen diesen unbewegten Oszillatoren, den Knoten, schwingen die als Bäuche bezeichneten Bereiche auf und ab. Sowohl die Knoten als auch die Bäuche sind dabei ortsfest und haben jeweils einen Abstand von $\frac{\lambda}{2}$ zueinander. Somit ist keine fortschreitende Bewegung der Welle zu erkennen, weshalb sie als stehende Welle bezeichnet wird.

Eine stehende Welle hat ortsfeste Schwingungsknoten und -bäuche. Der Abstand zweier Schwingungsknoten bzw. -bäuche beträgt $\frac{\lambda}{2}$.

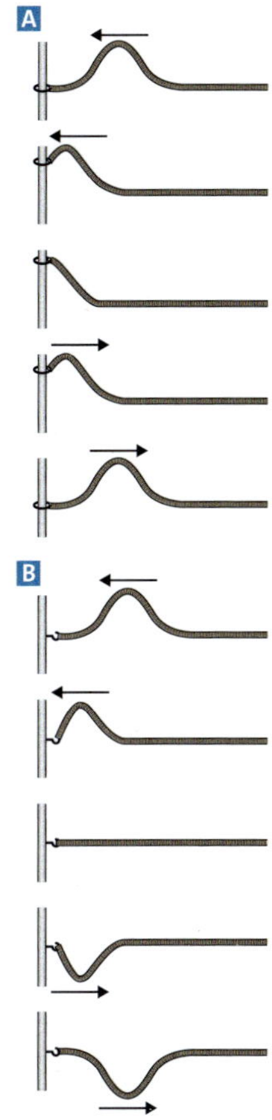

4 Reflexion einer Welle **A** am losen, **B** am festen Ende

1 Untersuchen Sie anhand von ▸Abb. 5, welche Folge die Reflexion am festen Ende hat. Erstellen Sie dazu eine eigene Abbildung.

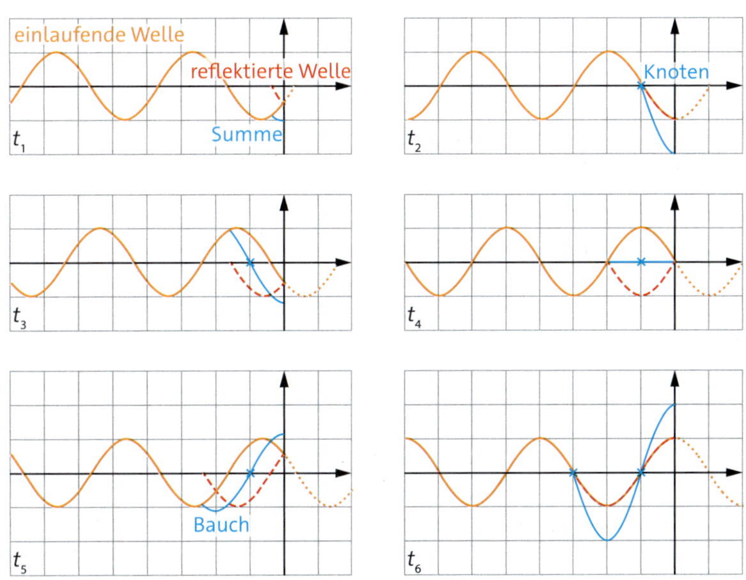

5 Zeitliche Entwicklung der Reflexion einer Welle am losen Ende

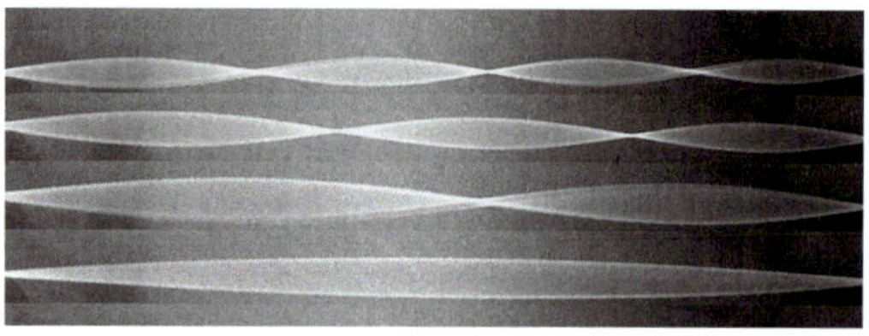

1 Stehende Wellen auf einer Saite

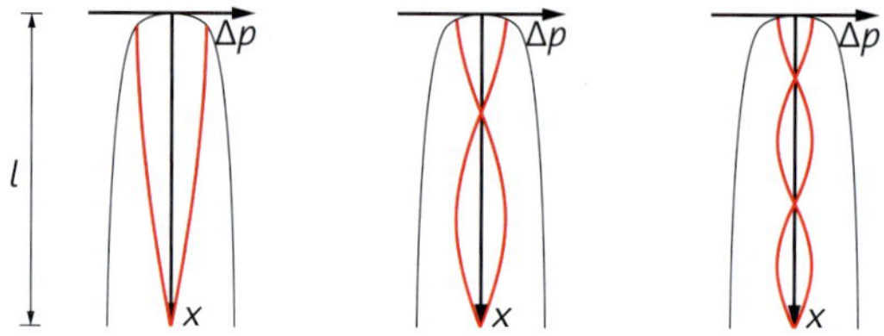

3 Stehende Wellen in einer Klarinette

Stehende Wellen auf Saiten • Musikinstrumente nutzen stehende Wellen zur Erzeugung der Klänge. Beispielsweise sind die Saiten eines Klaviers oder einer Geige an beiden Enden eingespannt, besitzen also zwei feste Enden. Um diese Situation genauer zu untersuchen, wird eine Saite mit einem Motor zum Schwingen gebracht (▸Abb. 1). Bei bestimmten Anregungsfrequenzen bilden sich auch hier stehende Wellen aus, die jeweils einen Knoten an den Enden der Saite besitzen. Doch warum ist das so?

Wie wir bereits wissen, kommt es bei einer Reflexion am festen Ende zu einem Phasensprung von $\frac{\lambda}{2}$. Außerdem beträgt der Abstand benachbarter Knoten einer stehenden Welle ebenfalls $\frac{\lambda}{2}$. Auf der Saite können sich somit nur dann stehende Wellen bilden, wenn sich die Knoten gleichmäßig und im Abstand von $\frac{\lambda}{2}$ auf ihr verteilen lassen, wenn ihre Länge also ein Vielfaches der halben Wellenlänge beträgt (▸Abb. 1 und 2 A).
Hätte die Saite eine andere Länge, so würde sich die zweimal reflektierte Welle nicht mit der ursprünglichen decken, da die Phasenverschiebung zwischen ihnen ungleich $\frac{\lambda}{2}$ wäre (▸Abb. 2 B). Es könnte sich keine stehende Welle ausbilden.

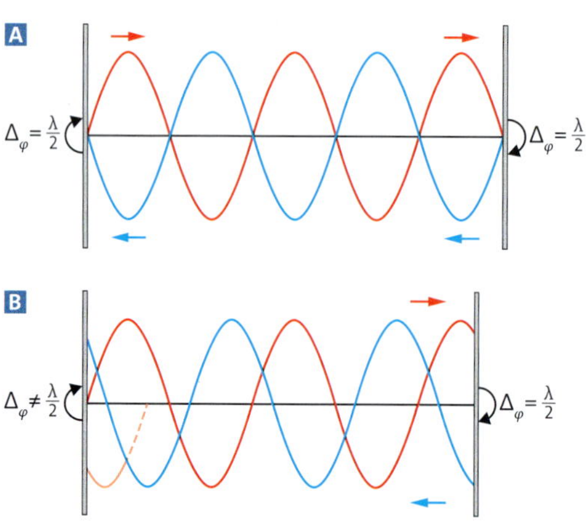

2 Schall wird reflektiert.

Dies gilt natürlich nicht nur für Saiten, sondern für alle Träger, auf denen sich Wellen ausbreiten. Alle möglichen Eigenschwingungen auf einem Wellenträger mit festen Enden und Länge l lassen sich somit durch folgende Beziehung beschreiben:

$$l = n \cdot \frac{\lambda_n}{2}, n = 1, 2, 3 \ldots$$

Die stehende Welle mit größtmöglicher Wellenlänge ($n = 1$) nennt man Grundschwingung. Die dann folgenden werden als erste ($n = 2$), zweite ($n = 3$) Oberschwingung usw. bezeichnet. Die Grundschwingung mit der Wellenlänge $\lambda_1 = 2l$ bestimmt dabei die Frequenz des erzeugten Klangs.

Stehende Wellen in Luftsäulen • In manchen Instrumenten gibt es eine Reflexion an einem offenen Ende. Das ist z. B. bei einer Klarinette der Fall, die nur am Mundstück ein festes Ende hat. Am offenen Ende können sich die Luftmoleküle frei bewegen.

Im Gegensatz zur Saitenschwingung werden die Schallwellen durch Longitudinalwellen übertragen, denn die Luftmoleküle schwingen in der Luftsäule vor und zurück. Aber auch hier gibt es Orte, an denen die Teilchen nicht ausgelenkt werden (Schwingungsknoten). Die Teilchenbewegung verursachen Druckschwankungen Δp gegenüber dem normalen Luftdruck. Dabei erfahren Teilchen an Schwingungsknoten die größte Druckschwankung. Andererseits ist an Schwingungsbäuchen die Abweichung vom mittleren Druck am geringsten – da die Teilchen der Wellenbewegung hier leicht folgen können.
Die Elongation hat also einen Bauch, wenn die Druckschwankung einen Knoten hat, und umgekehrt. Trägt man die Druckschwankungen gegen die Ausbreitungsrichtung auf, erhält man den sinusförmigen Verlauf (▸Abb. 3).

Bilden sich in einer Klarinette also stehende Wellen aus, so besitzen die Druckschwankungen am geschlossenen Ende des Mundstücks einen Bauch, am offenen Ende einen Knoten; bei der Auslenkung ist es umgekehrt. (▸Abb. 3). Bezogen auf allgemeine Wellenträger der Länge l ergeben sich somit Eigenschwingungen, wenn folgende Bedingung erfüllt ist:

$l = (2n - 1) \cdot \frac{\lambda_n}{4}, n = 1, 2, 3 \dots$

Stehende Wellen können sich nur dann auf einem Wellenträger der Länge l ausbilden, wenn für ihre Wellenlängen λ_n (n = 1, 2, 3 ...) folgende Bedingung erfüllt ist:

- bei gleichen Enden $\lambda_n = \frac{2l}{n}$
- bei verschiedenen Enden $\lambda_n = \frac{4l}{2n-1}$

Energetische Betrachtung • Innerhalb einer fortschreitenden Welle wird die Energie in Ausbreitungsrichtung von einem Oszillator zum nächsten weitergegeben. Überlagen sich mehrere Wellen zu einer stehenden Welle, so ist diese Weitergabe wegen der an den Schwingungsknoten ruhenden Oszillatoren nicht möglich. Stattdessen bleibt die Energie in den Schwingungsbäuchen gespeichert und wechselt zwischen Spannenergie und kinetischer Energie hin und her. Beim Nulldurchgang der Oszillatoren ist ihre Spannenergie gleich null und ihre Geschwindigkeit maximal, also auch ihre kinetische Energie. Bei maximaler Auslenkung der Oszillatoren ist die Spannenergie maximal.

Stehende Wellen transportieren keine Energie, sondern speichern sie in den Bäuchen.

1 Bei einer Querflöte sind beide Enden der Luftsäule offen. Konstruieren Sie die stehenden Wellen für $n \leq 3$ und geben Sie eine Formel für den Zusammenhang zwischen l und λ_n an.

2 Stehende Wellen in der Luftsäule eines Kundtschen Rohres werden mit Korkmehl sichtbar gemacht. Erläutern Sie das entstehende Staubbild möglichst genau (▸Abb. 4).

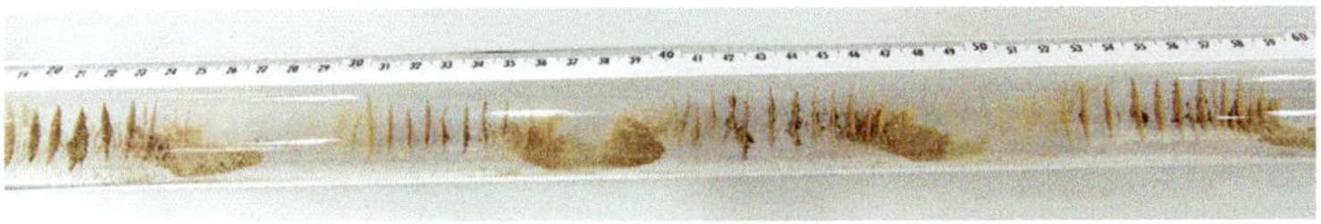

4 Staubfiguren in einem Kundtschen Rohr

METHODE

Stehende Wellen mit Zeigern darstellen

Die Entstehung von stehenden Wellen lässt sich gut mithilfe von Zeigern untersuchen. Dazu betrachten wir zwei Wellen gleicher Frequenz, die aufeinander zu laufen (▸Abb. 5).

Die Zeiger geben jeweils die Schwingungsphasen einzelner Oszillatoren einer Welle wieder. Die blau dargestellten Zeiger gehören zu der nach rechts laufenden Welle, die schwarzen zur gegenläufigen Welle und die roten zu ihrer Überlagerung.

Überlagern sich die Wellen mit gleicher Phase (▸Abb. 5 A), so ergibt die Addition der Zeiger jeweils die maximale Auslenkung der Oszillatoren. Knoten und Bäuche der stehenden Welle sind direkt zu erkennen.

Da beide Wellen weiter fortlaufen, überlagern sie sich kurze Zeit später mit unterschiedlichen Phasen an den gleichen Oszillatoren (▸Abb. 5 B). Aus der Addition der Zeiger ist die stehende Welle weiterhin zu erkennen: Die resultierenden Zeiger weisen alle in die gleiche Richtung. Ihre Ausrichtung zeigt dabei, dass die Auslenkungen der einzelnen Oszillatoren nicht maximal sind.

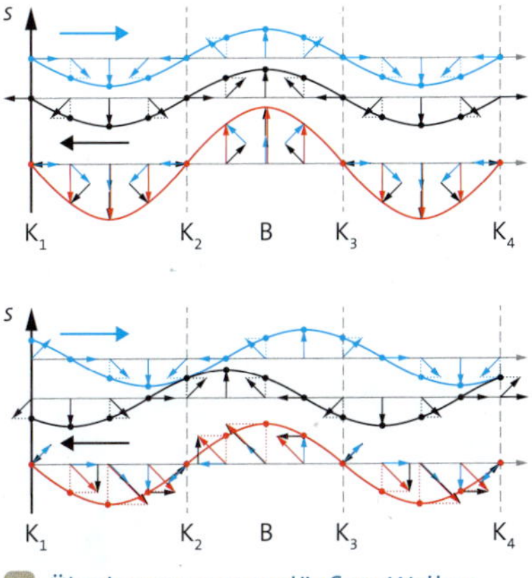

5 Überlagerung gegenläufiger Wellen: **A** phasengleich, **B** mit unterschiedlichen Phasen

Versuch A • Wellenlänge von Schallwellen

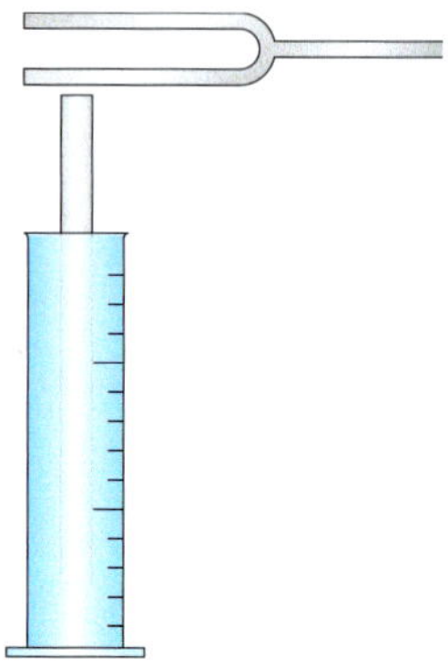

Material:
Hoher Standzylinder, PVC-Rohr, Messlatte, Stimmgabel mit bekannter Frequenz

Arbeitsauftrag:
a) Füllen Sie den Standzylinder bis kurz unter den Rand mit Wasser und tauchen Sie das Rohr möglichst weit ein. Schlagen Sie die Stimmgabel an (ggf. häufiger) und halten Sie diese dicht über das Rohr. Ziehen Sie beide langsam nach oben, sodass die Luftsäule im Rohr länger wird. Markieren Sie auf dem Rohr die Positionen, bei denen der Ton besonders laut zu hören ist.
b) Aus dem Abstand Ihrer Markierungen lässt sich die Wellenlänge der Schallwellen bestimmen. Erläutern Sie anhand einer Skizze, warum dies so ist.
c) Bestimmen Sie die Wellenlänge der Schallwellen anhand Ihrer Messwerte und vergleichen Sie diese mit dem berechneten Wert, der aus der Frequenz der Stimmgabel folgt. Gehen Sie dabei von einer Schallgeschwindigkeit von $340\,\frac{m}{s}$ aus.

Versuch B • Stehende Wellen beim Gummiband

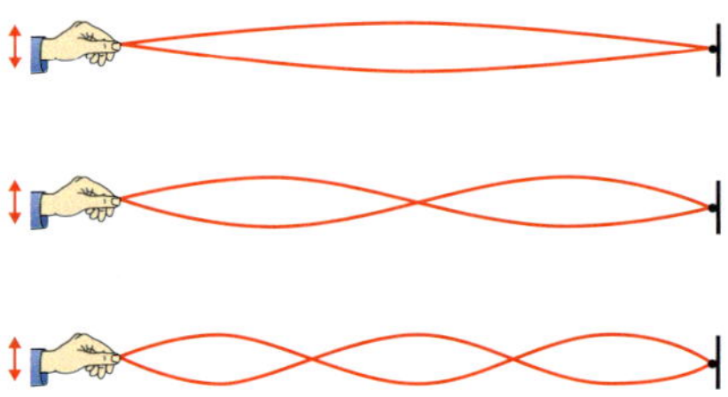

Material:
2 m Gummilitze, Tisch, Tischklemmen oder anderes Befestigungsmaterial

Arbeitsauftrag:
a) Befestigen Sie ein Ende der Gummilitze an einem schmalen Ende des Tisches und legen Sie die Gummilitze über den Tisch. Halten Sie die Litze leicht gespannt und bewegen Sie das freie Ende gleichmäßig hin und her. Bei bestimmten Frequenzen bilden sich stehende Wellen aus. Charakterisieren Sie diese genauer.
b) Je nachdem, wie Sie die Litze festhalten, entstehen bei unterschiedlichen Frequenzen stehende Wellen. Untersuchen Sie, welche Größen dabei einen Einfluss haben und wie diese sich auf die erforderlichen Frequenzen auswirken.
c) Begründen Sie die von Ihnen festgestellten Abhängigkeiten.

Versuch C • Reflexion von Ultraschallwellen

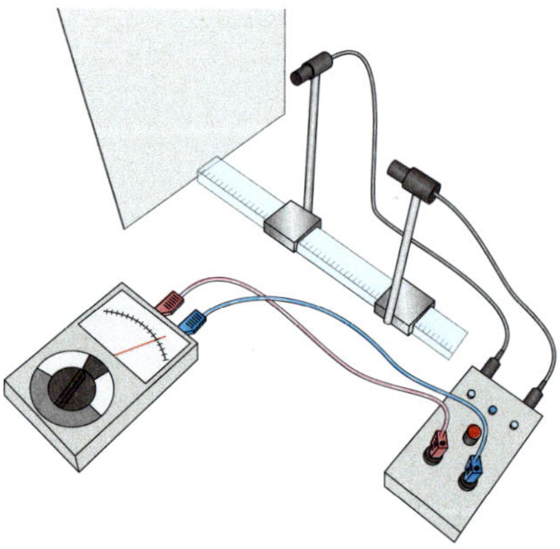

Material:
Ultraschall-Sender und -Empfänger, Stativmaterial, Gleitschiene mit Maßeinteilung, Schirm, geeignetes Multimeter

Arbeitsauftrag:
a) Befestigen Sie den Sender an der Gleitschiene und stellen Sie den Schirm senkrecht zur Schiene auf (▸Abb. 3). Schließen Sie den Empfänger an das Multimeter an. Stellen Sie ihn so auf, dass Sie die Amplituden der Wellen zwischen Sender und Schirm messen können.
b) Bestätigen Sie, dass sich in diesem Versuch immer stehende Wellen ausbilden – unabhängig vom Abstand zwischen Sender und Schirm.
c) Bestimmen Sie den Abstand mehrerer Knoten und ermitteln Sie daraus Wellenlänge und Frequenz der Ultraschallwellen. Vergleichen Sie mit dem am Sender eingestellten Wert λ.
d) Weisen Sie das Reflexionsgesetz für die Ultraschallwellen nach. Hierbei zeigt sich ein Unterschied zur Reflexion von Licht. Beschreiben Sie diesen.

Material A • Untersuchung mit Schallwellen

Zur Materialprüfung wird häufig Ultraschall genutzt. Die Ultraschallwellen durchdringen viele Stoffe gut, während sie an Grenzflächen zur Luft fast vollständig reflektiert werden. Ein Schallkopf sendet hierbei Schallwellen aus und detektiert die Echos.
Treffen die Schallwellen im Werkstück auf Lufteinschlüsse wie Risse oder fehlerhafte Schweißnähte, werden sie daran reflektiert. Ein Vergleich der verschiedenen Laufzeiten liefert die Lage der Fehlstellen.

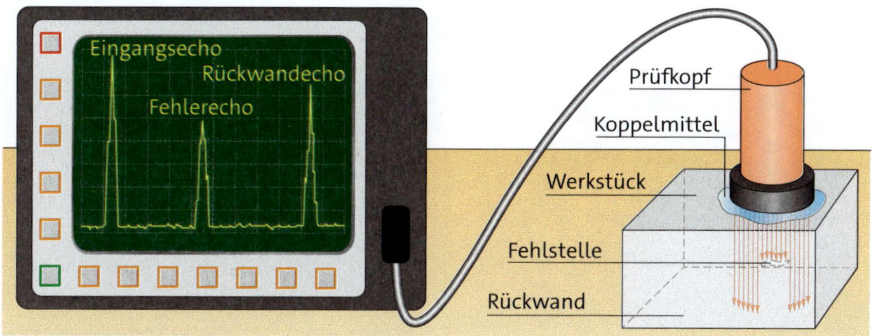

A1 In einem Werkstück aus Edelstahl beträgt die Schallgeschwindigkeit $5{,}66 \cdot 10^3\,\frac{\text{m}}{\text{s}}$.

a) Das Oszilloskop in der Abbildung ist so eingestellt, dass die Breite eines Kästchens für 0,1 µs steht. Ermitteln Sie die Dicke des Blechs und die Entfernung des Risses vom Schallkopf.

b) Wird eine andere zeitliche Auflösung gewählt, erhält man ein weiteres Echo mit einer Laufzeit von 1,8 µs. Erklären Sie dies.

Material B • Stehende Wellen

B1 Der Gehörgang des menschlichen Ohres ist ca. 35 mm lang. Vereinfacht kann er als einseitig offenes Rohr betrachtet werden, an dessen Ende sich das Trommelfell befindet.

a) Berechnen Sie die Frequenzen der Grundschwingung und der ersten Oberschwingung stehender Wellen im Gehörgang.

b) Vergleichen Sie die Ergebnisse aus Aufgabe a) mit dem Frequenzbereich, in dem vorwiegend Sprache und Musik anzutreffen sind. Ziehen Sie Schlussfolgerungen bezüglich der Wahrnehmung von Schall.

B2 Ändert man die Spannung einer Saite, dann ändert sich auch die Frequenz ihrer Grundschwingung.

a) Begründen Sie qualitativ, warum der durch Anzupfen erzeugte Ton einer Saite höher wird, wenn man sie stärker spannt. Gehen Sie dabei auch auf die Ausbreitungsgeschwindigkeit c der Wellen ein.

b) In einem Experiment wird der Zusammenhang zwischen der Kraft F, mit der eine Stahlsaite gespannt wird, und der Ausbreitungsgeschwindigkeit c_{Saite} untersucht. Da c_{Saite} sich nicht direkt messen lässt, spannt man die Saite und korrigiert ihre Länge jeweils durch Verschieben eines Stegs, bis die Frequenz ihrer Grundschwingung 440 Hz beträgt (siehe Abbildung). Die Tabelle zeigt die gemessenen Werte. Berechnen Sie die Ausbreitungsgeschwindigkeiten c_{Saite} aus den Saitenlängen L. Erstellen Sie das $c(F)$-Diagramm. Interpretieren Sie.

c) Zeigen Sie, dass $F \sim L^2$ gilt. Ermitteln Sie mithilfe des Proportionalitätsfaktors eine Funktion $c_{\text{Saite}}(F)$.

d) Genauere Untersuchungen führen zu folgendem Zusammenhang:

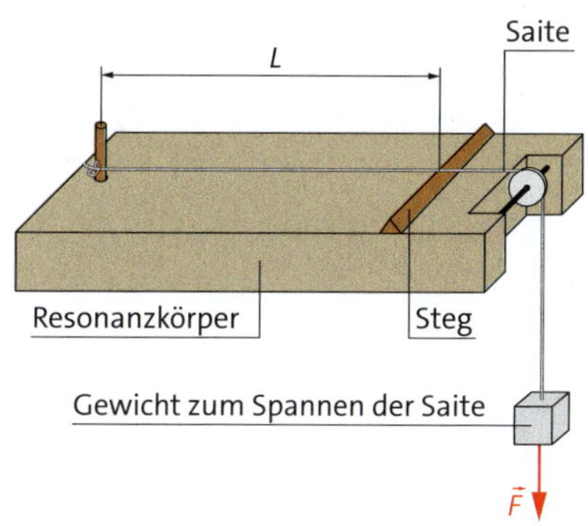

$$c_{\text{Saite}} = \frac{2}{d}\sqrt{\frac{F}{\pi\rho}},$$

wobei d der Durchmesser der Saite und ρ die Dichte des Saitenmaterials ist. Begründen Sie anhand der Formel verschiedene Möglichkeiten, bei einem Saiteninstrument einen höheren Ton zu erzielen.

Spannkraft F in N	5,0	10,0	20,0	30,0	40,0	50,0
Saitenlänge L in m	0,130	0,184	0,260	0,318	0,370	0,411

1 Biene auf dem Wasser

Interferenz und Beugung

Eine Biene schlägt auf einer Wasseroberfläche mit ihren Flügeln. Dadurch breiten sich seitlich von ihr Kreiswellen aus. Vor und hinter der Biene entsteht durch Überlagerung der Wellen ein streifenförmiges Muster. Aber warum verteilt es sich nicht gleichmäßig um die Biene?

Überlagerung von Wellen • Das Phänomen aus ▸Abb. 1 lässt sich auch beobachten, wenn wir die Überlagerung von zwei Schallwellen betrachten, die mit gleicher Frequenz und Intensität aufeinander treffen. Dazu befestigen wir zwei Lautsprecher auf einer Stativstange im Abstand von 50 cm und schließen sie parallel an einen Frequenzgenerator an (▸Abb. 3). Der Ton (ca. 3 kHz) soll im ganzen Raum gut hörbar sein. Halten Sie sich nun ein Ohr zu und drehen Sie sich mit dem offenen Ohr in Richtung der Lautsprecher. Wenn Sie so an den Schallquellen vorbeilaufen (parallel zu deren Verbindungslinie), dann werden Sie bemerken, dass sich ein festes Muster aus abwechselnd lautem und leisem Ton ergibt. Das Muster hängt dabei von Ihrem Abstand zum Lautsprecher ab. Wie kommt das?

Die Lautsprecher werden durch dieselbe Schwingung angeregt. Daher sind die von ihnen ausgesandten Schallwellen phasengleich. Die Sinuskurven in ▸Abb. 2 beschreiben modellhaft die sich ausbreitenden Druckschwankungen zu einer bestimmten Zeit und Richtung. Treffen gleichgerichtete Veränderungen des Luftdrucks aufeinander, so verstärken sie sich gegenseitig und der Ton wird lauter. Entgegengesetzt gerichtete Veränderungen schwächen sich ab, es ergibt sich ein leiserer Ton. Die ungestörte Überlagerung von Wellen nennt man **Interferenz.** Kommt es zu Verstärkung, spricht man von konstruktiver, bei Abschwächung von destruktiver Interferenz.

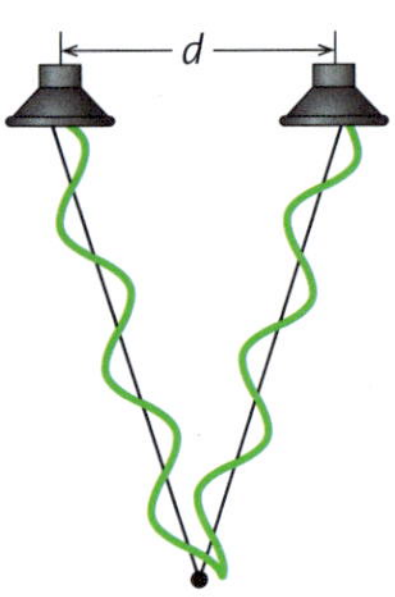

A

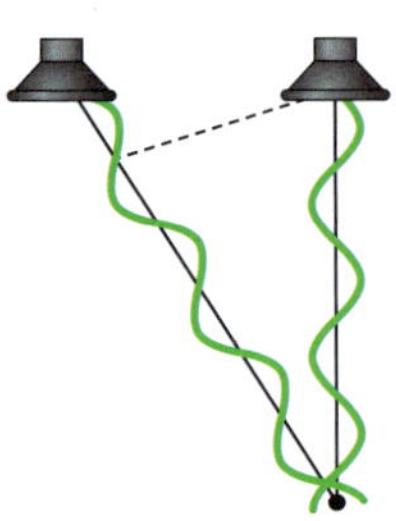

B

2 Interferenz von Schallwellen

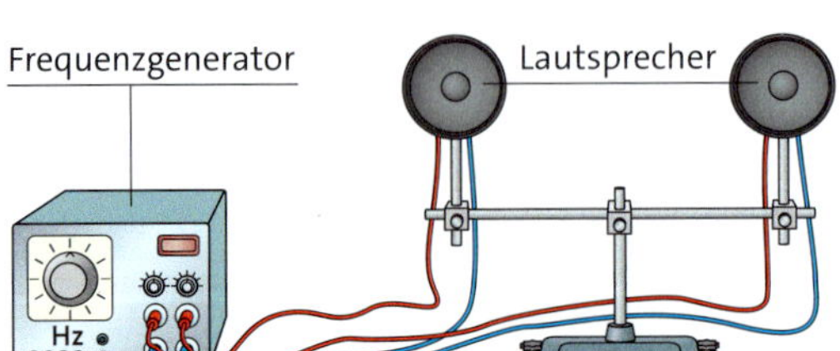

3 Überlagerung von Schallwellen im Experiment

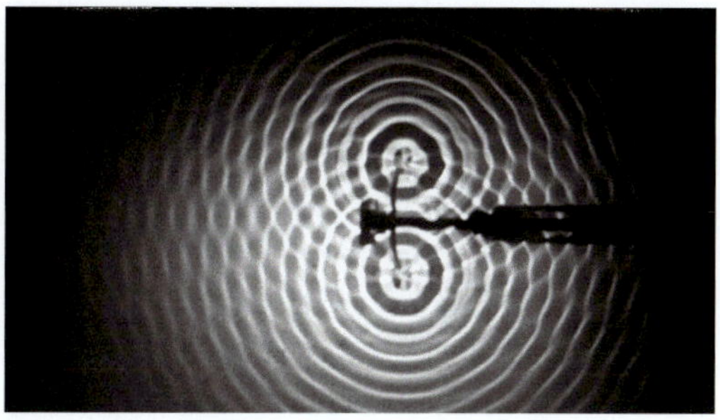

4 Interferenzbild von zwei Kreiswellen

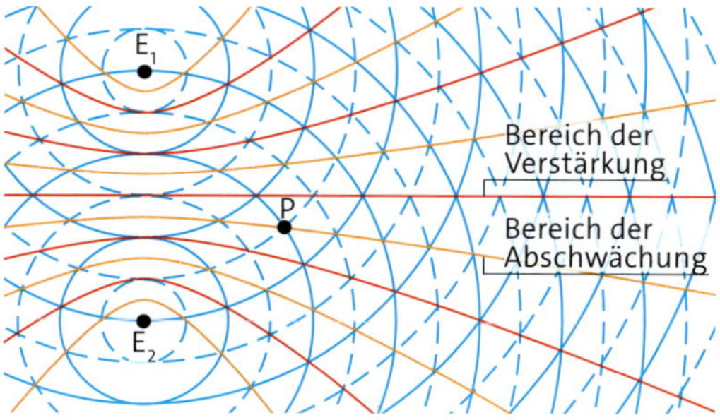

5 Grafische Deutung des Interferenzbildes

Interferenz im Detail • Erzeugen wir in einer Wellenwanne zwei Kreiswellen gleicher Frequenz, lässt sich das Interferenzmuster genauer beobachten (▸Abb. 4). Auf der Wasseroberfläche zeigen sich helle hyperbelförmige Streifen. Hier ist das Wasser in Ruhe, denn Wellenberge treffen auf Wellentäler – die Wellen sind an dieser Stelle gegenphasig und es kommt zur Auslöschung der Auslenkungen. Dies bezeichnet man als **destruktive Interferenz.** In der Zeigerdarstellung wird besonders deutlich, dass dies unabhängig vom betrachteten Zeitpunkt gilt, da die Zeiger Z_1 und Z_2 immer gegengleich sind (▸Abb. 6).
Zwischen den Streifen gibt es Stellen, an denen sich das Wasser besonders stark bewegt, weil die Wellen hier stets gleichphasig sind. Dies bezeichnet man als **konstruktive Interferenz.**
Die sich abwechselnden Bereiche von konstruktiver und destruktiver Interferenz bilden ein Interferenzmuster, ähnlich dem bei der Biene.

Konstruktion des Interferenzbildes • Anhand einer Zeichnung zweier Kreiswellen um die Erregerzentren E_1 und E_2 (▸Abb. 5) untersuchen wir das Interferenzmuster genauer. Verbinden wir benachbarte Punkte mit konstruktiver Interferenz, ergeben sich die roten Hyperbeln. Entsprechend gehen wir mit den Punkten mit destruktiver Interferenz vor und erhalten die orangefarbenen Hyperbeln. Ob an einem bestimmten Punkt Verstärkung oder Abschwächung vorliegt, hängt dabei von den Abständen von den Erregerzentren ab.

Mathematische Beschreibung • Es ist relativ aufwendig, die Situation in einem bestimmten Punkt P mithilfe eines Interferenzbildes zu analysieren. Schneller geht es, wenn wir die Strecken $s_1 = \overline{E_1P}$ und $s_2 = \overline{E_2P}$ der beiden Kreiswellen von ihren Erregerzentren bis zum Punkt P vergleichen. An ihrem **Gangunterschied,** also der Differenz $\Delta s = s_2 - s_1$, lässt sich ablesen, ob in P konstruktive oder destruktive Interferenz vorliegt.
Konstruktive Interferenz liegt vor, wenn die Wellen in P gleichphasig schwingen, der Gangunterschied also ein Vielfaches von λ beträgt:

$$\Delta s = n \cdot \lambda \text{ mit } n \in \mathbb{Z}.$$

Dagegen kommt es zu destruktiver Interferenz, wenn die Wellen in P gegenphasig schwingen. Der Gangunterschied ist dann ein ungeradzahliges Vielfaches von $\frac{\lambda}{2}$:

$$\Delta s = (2n + 1) \cdot \frac{\lambda}{2} \text{ mit } n \in \mathbb{Z}.$$

Treffen Wellen mit gleicher Frequenz aufeinander, kommt es zur Interferenz. Die einzelnen Auslenkungen addieren sich. Schwingen die Wellen am Ort der Beobachtung gleichphasig, ist also der Gangunterschied $\Delta s = n \cdot \lambda, n \in \mathbb{Z}$, ergibt sich konstruktive Interferenz. Destruktive Interferenz folgt für gegenphasige Wellen mit $\Delta s = (2n + 1) \cdot \frac{\lambda}{2}$.

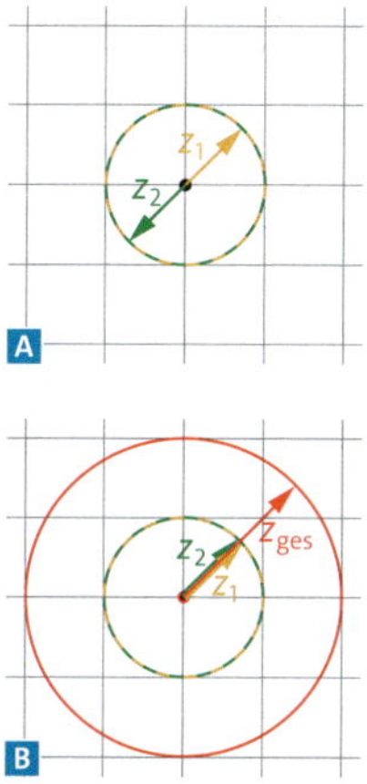

6 Interferenz im Zeigermodell
A destruktiv,
B konstruktiv

1 Weisen Sie rechnerisch nach, dass in Punkt P in ▸Abb. 5 destruktive Interferenz vorliegt.

2 Untersuchen Sie, wie sich das Interferenzmuster aus ▸Abb. 5 verändert, wenn
- beide Erreger weiter auseinanderrücken,
- beide Erreger schneller schwingen,
- beide Erreger gegenphasig schwingen.

Zeichnen Sie dazu die Kreiswellen um die Erregerzentren auf getrennte Folien.

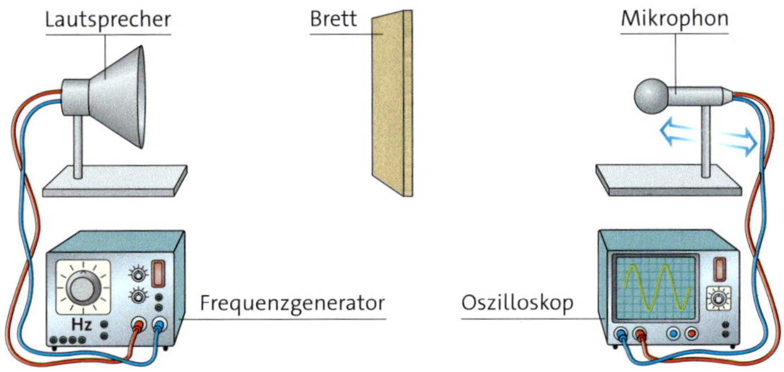

1 Beugung von Schallwellen am Hindernis

Beugung am Hindernis • Interferenzen führen auch zu Erscheinungen, die Sie aus Ihrem Alltag kennen. Mit ihnen lässt sich erklären, warum Sie Geräusche auch um eine Hausecke herum hören können. Auch Wasserwellen breiten sich um Hindernisse herum aus (▸Abb. 2). Dies untersuchen wir in Modellexperimenten.

Dazu schließen wir einen Lautsprecher an einen Frequenzgenerator an und stellen ein Brett mittig zwischen den Lautsprecher und ein Mikrofon (▸Abb. 1). Die Schallintensität hinter dem Brett stellen wir auf einem Oszilloskop dar. Verschieben wir jetzt das Mikrofon seitlich, so zeigt sich, dass die Schallwelle auch in den Schattenraum hinter dem Brett eingedrungen ist. Dieser Effekt wird als **Beugung** bezeichnet.

Variieren wir die Frequenz zwischen 1 kHz und 10 kHz, dann dringt der Schall bei niedrigeren Frequenzen weiter in den Schattenraum ein als bei höheren Frequenzen. Je größer also die Wellenlänge ist, desto stärker werden Wellen gebeugt.

Weniger alltäglich, aber einfacher zu verstehen, ist die Beugung von Wellen an einem Spalt. Diese lässt sich gut an der Wellenwanne beobachten.

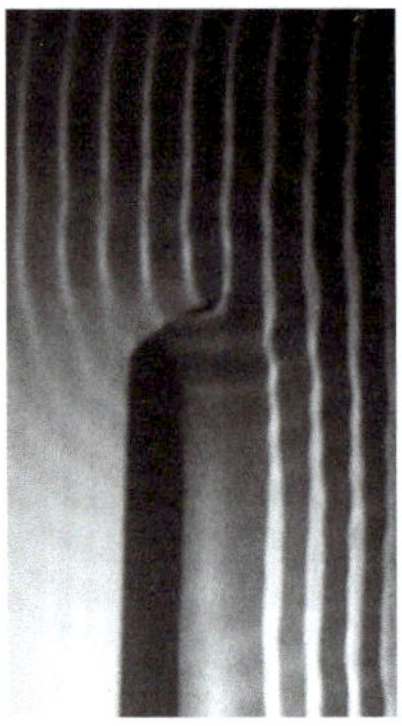

2 Wasserwellen am Hindernis

Beugung am Spalt • Auch hinter einem Spalt sind in der Wellenwanne Wellenfronten erkennbar (▸Abb. 3), die zur Ausbreitung der Welle in den Schattenraum führen. Unter Berücksichtigung des Huygenschen Prinzips wird deutlich, wieso es zur Beugung kommt (▸Abb. 4): Die Elementarwellen, die vom Spalt ausgehen, überlagern sich zu einer gemeinsamen Wellenfront parallel zum Spalt. Dagegen nimmt die Anzahl der sich überlagernden Wellen seitlich vom Spalt rasch ab. Die parallel zum Spalt gelegene Wellenfront geht an dessen Rändern daher in die der äußeren Elementarwellen über. Im Randbereich breitet sich die Welle kreisförmig aus.

Die Frequenzabhängigkeit der Beugung ergibt sich aus der Interferenz der Elementarwellen.

Treffen Wellen auf ein Hindernis oder einen Spalt, so werden sie gebeugt und dringen in den Schattenraum dahinter ein. Je größer die Wellenlänge ist, desto stärker ist die Beugung.

1 Begründen Sie, warum Sie einen Subwoofer getrost hinter eine Kommode stellen können, die Hochtoner der Musikanlage jedoch nicht hinter Möbeln platziert werden sollten.

2 **a)** Erläutern Sie anhand einer Zeichnung, wie eine Welle hinter einem Hindernis in den Schattenraum gebeugt wird.
b) Begründen Sie die Frequenzabhängigkeit der Beugung. Wandeln Sie dazu ▸Abb. 4 ab, indem Sie Wellentäler und -berge einzeichnen. Betrachten Sie zwei Fälle mit deutlich unterschiedlichen Wellenlängen.

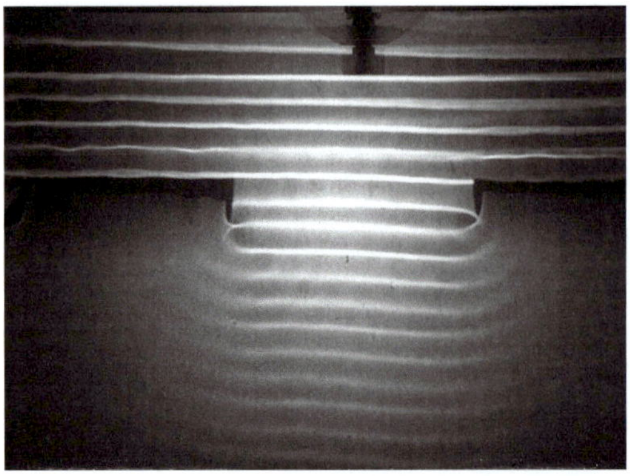

3 Beugung von Wasserwellen am Spalt

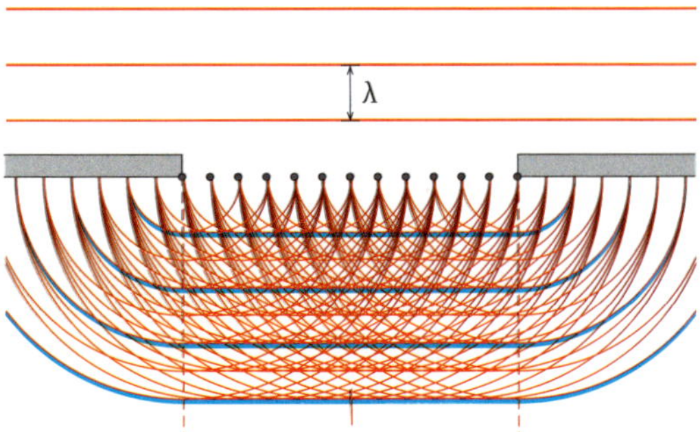

4 Beugung am Spalt nach HUYGENS

Doppler-Effekt

5 Kielwasser zweier Enten

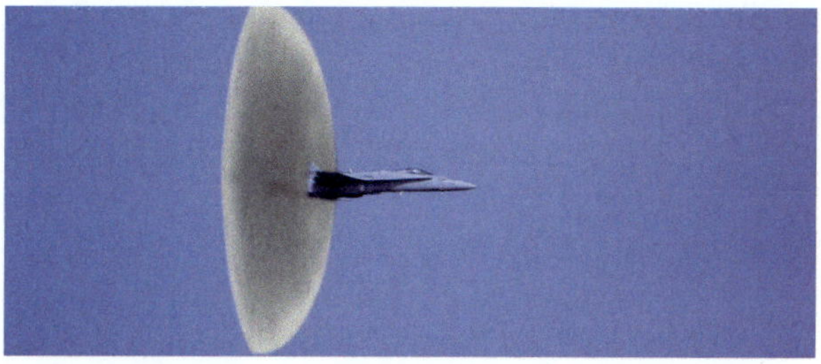

7 Ein Flugzeug durchbricht die Schallmauer.

Nicht immer ruhen der Sender der Wellen und ihr Beobachter bzw. Empfänger. Bewegen sie sich relativ zueinander, dann müssen auch ihre Geschwindigkeiten berücksichtigt werden. Dadurch verändern sich die wahrgenommenen Frequenzen. Das bekannteste Beispiel hierfür ist die Änderung der Tonhöhe während des Vorbeifahrens eines Krankenwagens mit Martinshorn.

Solange der Krankenwagen steht, breiten sich die Schallwellen des Martinshorns in alle Richtungen gleich schnell aus. Rund herum ist der gleiche Ton zu hören. Wenn der Krankenwagen aber fährt, dann bewegt sich die Schallquelle und der Abstand zwischen zwei Wellenfronten verkürzt sich in Fahrtrichtung, während er sich entgegen der Fahrtrichtung entsprechend verlängert (▸Abb. 6).

Um die vom Beobachter wahrgenommene Frequenz f_B zu bestimmen, betrachten wir den Fall, dass sich der Krankenwagen auf den Beobachter zubewegt. Die wahrgenommene Wellenlänge λ_B verkürzt sich um die Strecke

$$\Delta x = v \cdot T_0 = \frac{v}{f_0},$$

die die Quelle in der Periodendauer T_0 zurücklegt. Es gilt

$$\lambda_B = \lambda_0 - \Delta x = \frac{c}{f_0} - \frac{v}{f_0} = \frac{c-v}{f_0}.$$

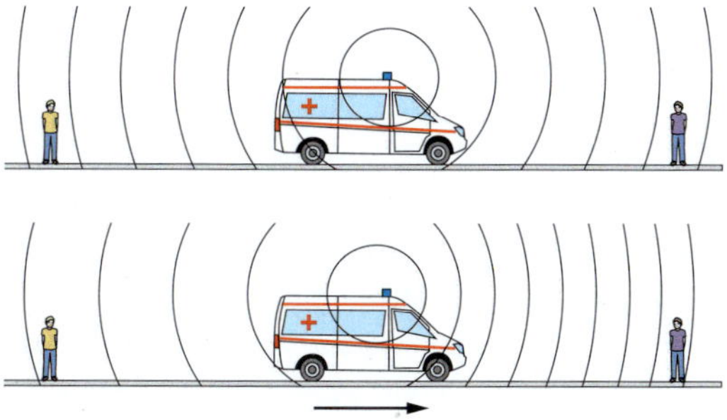

6 Änderung der Tonhöhe beim fahrenden Krankenwagen.

Daraus ergibt sich für die wahrgenommene Frequenz

$$f_B = \frac{c}{\lambda_B} = \frac{f_0 \cdot c}{c-v} = \frac{f_0}{1-\frac{v}{c}}, \text{ also } f_B > f_0.$$

Entgegen der Bewegungsrichtung der Quelle folgt analog

$$f_B = \frac{f_0}{1+\frac{v}{c}}, \text{ also } f_B < f_0.$$

Damit hört jemand, auf den ein Krankenwagen zufährt, einen Ton mit erhöhter Frequenz, während der Ton im Bereich hinter dem Fahrzeug tiefer erscheint.

Liegt die Geschwindigkeit der Quelle oberhalb der Ausbreitungsgeschwindigkeit der Wellen ($v > c$), dann „überholt" die Quelle sogar ihre eigenen Wellen. Hinter ihr bildet sich ein Machscher Kegel (▸Abb. 8 A), so ähnlich wie hinter den Enten im Teich (▸Abb. 5). Sind beide Geschwindigkeiten gleich, laufen die Wellen vor der Quelle zu einer Stoßfront zusammen (▸Abb. 8 B). Am Flugzeug ist diese Stoßfront bei günstigen Wetterbedingungen durch Wolkenbildung an der Schallmauer zu erkennen (▸Abb. 7).

1 Eine Pfeife ($f_0 = 2000\,\text{Hz}$) wird an einem 1 m langen Seil viermal pro Sekunde im Kreis geschleudert. Berechnen Sie die Werte, zwischen denen die wahrgenommene Frequenz schwankt.

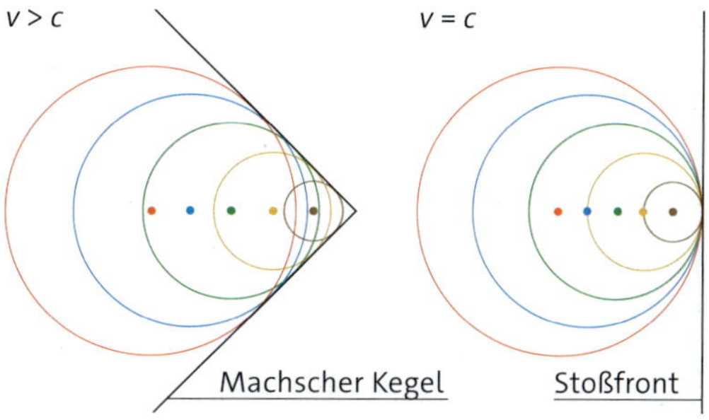

8 Sich ausbildende Wellenfronten **A** $v > c$, **B** $v = c$

BLICKPUNKT

Lärm und seine Auswirkungen

Schall, den Sie als unangenehm empfinden oder der zu gesundheitlichen Schäden führen kann, wird als Lärm bezeichnet. Das Lärmempfinden ist subjektiv. Ab einer bestimmten Lautstärke kann Schall gefährlich werden.

Schalldruckpegel • Um die Auswirkungen von Schall auf das Gehör zu untersuchen, wird häufig die Messgröße Schalldruck Δp genutzt. Dieser macht eine Aussage über die Druckschwankungen in der Luft, die mit der Schallausbreitung einhergehen. Trägt man diese Druckschwankungen an einem bestimmten Ort gegen die Zeit auf, erhält man eine Sinusschwingung:

$$\Delta p(t) = \Delta p_{\max} \cdot \sin(2\pi f \cdot t).$$

Gemittelt über die Zeit ergibt sich am betrachteten Ort der effektive Schalldruck Δp_{eff}. Da der Mittelwert einer Sinusfunktion null ist, bildet man hierfür den quadratischen Mittelwert und nutzt die Additionstheoreme:

$$\overline{\Delta p^2(t)} = \Delta p^2_{\max} \cdot \overline{\sin^2(2\pi f \cdot t)}$$

$$= \Delta p^2_{\max} \cdot \overline{\tfrac{1}{2}\left(1 - \cos(2(2\pi f \cdot t))\right)}$$

$$= \Delta p^2_{\max} \cdot \tfrac{1}{2}.$$

Der Term in der Klammer besteht nach dem Ausmultiplizieren aus dem unveränderlichen Anteil $\frac{1}{2}$ und einer Cosinusfunktion mit dem Mittelwert null.
Der effektive Schalldruck ergibt sich durch Wurzelziehen:

$$\Delta p_{\text{eff}} = \frac{\Delta p_{\max}}{\sqrt{2}}.$$

Unser Ohr kann Schwankungen des Schalldrucks in einer Größenordnung von 13 Zehnerpotenzen wahrnehmen. Diese erstrecken sich von der Hörschwelle bis zur Schmerzgrenze. Die Hörschwelle liegt bei etwa 20 µPa und bezieht sich auf einen Messton von 1 kHz. Sie wird als Referenzwert Δp_0 verwendet. Die Schmerzgrenze liegt bei ca. 100 Pa. Durch so großen Schalldruck sind dauerhafte Schäden des Innenohres zu erwarten.
Zum Vergleich von Schallintensitäten wie in ▸Tabelle 2 nutzt man wegen der großen Spannweite der gemessenen Schalldruck-Werte eine logarithmische Darstellung, bei der man den **Schalldruckpegel** L_p in Dezibel (dB) angibt:

$$L_p = 20 \cdot \lg\left(\frac{\Delta p_{\text{eff}}}{\Delta p_0}\right) \text{ dB}.$$

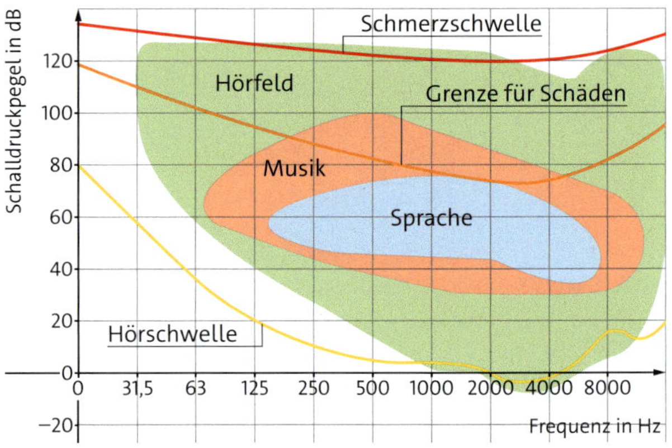

1 Hörfeld eines normal hörenden Menschen

Wahrgenommene Lautstärke • Nicht alle Frequenzen regen das Trommelfell gleich gut zum Schwingen an, weshalb wir Töne mit gleicher Amplitude je nach Frequenz als unterschiedlich laut empfinden. In dem Frequenzbereich von Sprache und Musik ist unser Gehör am empfindlichsten (▸Abb. 1). Schallpegelmessgeräte filtern die Schallsignale so, dass die Eigenschaften des menschlichen Gehörs nachgeahmt werden. Man spricht dann von einer „A-Bewertung“, deren Angabe in dB(A) erfolgt. Eine zweite gleichartige Schallquelle lässt den Schallpegel nur um 3 dB(A) ansteigen. Eine Verdopplung der Lautstärke nehmen wir aber erst bei einer Zunahme um 10 dB(A) wahr.

Wirkungen von Lärm • Ob Lärm gesundheitliche Schäden verursacht, hängt vom Schalldruckpegel und der Einwirkdauer ab. Bei einem Knall mit einem Schalldruckpegel oberhalb der Schmerzgrenze kommt es zur Verletzung von Trommelfell oder Gehörknöchelchen. Gehörschäden treten auch auf, wenn wir über einen größeren Zeitraum Schalldruckpegeln ab 85 dB(A) ausgesetzt sind. Die Härchen der Sinneszellen in der Hörschnecke verkleben oder brechen. Bei leichten Schäden können sie sich in mehrstündigen Pausen mit Schalldruckpegeln unter 70 dB(A) regenerieren. Fehlen diese Pausen oder ist die Lärmbelastung zu hoch, entstehen irreparable Schäden (▸Tabelle 3). Lärm wirkt sich nicht nur auf das Gehör, sondern auch auf den Gesamtorganismus aus. Ständiger Lärm geringerer Lautstärke kann zu Konzentrationsstörungen, Stress und einer beschleunigten Alterung des Herz-Kreislauf-Systems führen.

Schallquelle	Δp_{eff} in Pa	L_p in dB
Hörschwelle	$2 \cdot 10^{-5}$	0
Ruhiges Schlafzimmer	$6 \cdot 10^{-4}$	30
Normales Gespräch (1 m)	$6 \cdot 10^{-3}$	50
stark befahrene Straße	0,2	80
lautes Konzert, Disco	2	100
Martinshorn (10 m)	6	110
Schmerzschwelle	100	134
Düsenflugzeug (30 m)	200	140

2 Beispiele für Schallereignisse

Lärmschutzmaßnahmen • Gesundheitsschädlicher Lärm sollte so wenig wie möglich auftreten. Dabei haben Sie drei Möglichkeiten, sich vor Lärm zu schützen:
- Verringerung des Lärms am Ort der Entstehung, indem Sie z. B. die Musik leiser stellen,
- Verhinderung der Schallausbreitung durch Schallschutzdämmung und -dämpfung,
- Verringerung der Auswirkungen des Lärms, indem Sie z. B. den Abstand zur Lärmquelle vergrößern oder Ohrstöpsel verwenden.

Passiver Schallschutz • Die beste Lärmschutzmaßnahme ist, den Lärm direkt an der Schallquelle zu verringern, z. B. durch Verwendung von Flüsterasphalt. Doch häufig ist dies nicht ausreichend möglich. Um die Ausbreitung des Schalls zu behindern, gibt es grundsätzlich zwei verschiedene Ansätze, die häufig auch kombiniert werden: Bei der Schalldämmung wird die Schallausbreitung in ihrer ursprünglichen Richtung z. B. durch Reflexion verringert. Schallschutzwände an Autobahnen dämmen auf diese Weise den Schall. Von Schalldämpfung ist die Rede, wenn die durch den Schall transportierte Energie von porösen bzw. weichen Stoffen zum Teil absorbiert wird. Dies nutzt man z. B. in Tonstudios.

Aktiver Schallschutz • Eine effektive Schalldämpfung ist nur bei Frequenzen über 200 Hz möglich, denn dann passt die Länge der Schallwellen zur Größe der Lufteinschlüsse im schalldämpfenden Material. Diese sind für die Dämpfung verantwortlich. Der Lärm einer Rüttelplatte, mit Frequenzen unterhalb von 100 Hz, kann so z. B. nicht gedämpft werden. Daher nutzt man in Industrie und Handwerk Kapselgehörschützer, in denen passive Dämpfung und aktiver Schallschutz kombiniert werden. Sie beschäftigen sich näher mit aktivem Schallschutz in Material B.

Beim aktiven Schallschutz wird Energie aufgewendet, um Schall mit Gegenschall zu kompensieren. Eingebaute Mikrofone registrieren Umgebungsgeräusche und leiten sie an die Kopfhörerelektronik weiter. Diese gibt die Signale mit umgekehrtem Vorzeichen wieder aus, sodass sich die akustisch eindringenden und die elektrisch hinzugefügten Schallanteile am Ohr weitestgehend auslöschen. Musik und Sprache, die v. a. im Frequenzbereich oberhalb von 150 Hz liegen, werden dabei qualitativ kaum beeinflusst. Auf diese Weise ist es möglich, mit dem Umfeld zu kommunizieren und Warnsignale zu hören, ohne den Gehörschutz absetzen zu müssen.

1 Installieren Sie auf Ihrem Smartphone eine App zur Messung von Schallpegeln sowie eine Tongenerator-App. Arbeiten Sie in Zweier-Teams.
a) Schließen Sie Ihren In-Ear-Kopfhörer an ein Smartphone an. Spielen Sie Ihren Lieblingstitel in Ihrer gewohnten Lautstärke ab. Messen Sie mit einem zweiten Smartphone den Schalldruckpegel.
b) Spielen Sie den gleichen Titel über eine Bluetooth-Lautsprecherbox ab. Wählen Sie Entfernung und Lautstärke so, dass Sie den gleichen Schalldruckpegel erreichen wie in a). Beschreiben Sie Ihre Beobachtung.
c) Erzeugen Sie einen Ton von 1 kHz. Messen Sie den Schalldruckpegel in verschiedenen Abständen zwischen 2 cm und 20 cm. Fertigen Sie ein entsprechendes Diagramm an und werten Sie es aus.
d) Stellen Sie die Gefährdung durch die Verwendung von In-Ear-Kopfhörern dar. Geben Sie Tipps für gehörfreundliches Musikhören.

dB(A)	90 (Lkw)	100 (Disko)	110 (Kettensäge)	140 (Flugzeugstart)
sich. Hördauer	2 h	15 min	2 min	0,1 s

3 Innerhalb der sicheren Hördauer ist eine Erkrankung des Gehörs wenig wahrscheinlich.

Versuch A • Schallschutz

V1 Untersuchung im Verkehr

Material:
Smartphone mit App zur Messung von Schallpegeln und Frequenzen

Arbeitsauftrag:
a) Ermitteln Sie an einer Hauptverkehrsstraße oder an einer Autobahn das Spektrum an Frequenzen, die den Hauptteil des Verkehrslärms ausmachen. Achten Sie dabei auf unterschiedliche Fahrzeugtypen und Geschwindigkeiten.
b) Untersuchen Sie das Ausmaß der Beugung in der Umgebung der Straße in Abhängigkeit von diesen Frequenzen. Achten Sie darauf, welche Fahrzeuge Sie an einer bestimmten Stelle hören können und messen Sie dort die entsprechenden Schallpegel.

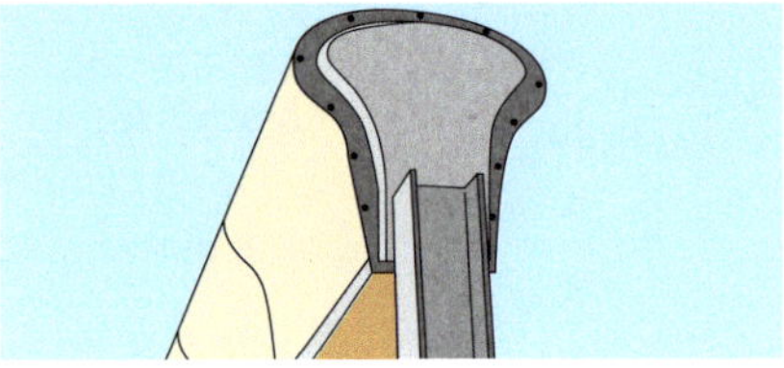

c) Begründen Sie anhand Ihrer Messergebnisse die verschiedenen Varianten von Tempolimits in der Nähe von Ortschaften.
d) Leiten Sie aus Ihren Messergebnissen Empfehlungen für die Aufstellung von Lärmschutzwänden ab.
e) Erläutern Sie die Wirkung der in der Abbildung dargestellten Abschirmeinrichtung, die auf eine Schallschutzwand aufgesetzt wird.

V2 Beugung frequenzabhängig

Material:
Smartphone, Frequenzgenerator (oder zweites Smartphone mit entsprechender App), Lautsprecher

Arbeitsauftrag:
a) Installieren Sie eine App zur Messung von Schallpegeln und Frequenzen. Stellen Sie den Lautsprecher in einigen Metern Entfernung von einer Mauer bzw. Hausecke auf. Achten Sie auf eine verträgliche Lautstärke.
b) Untersuchen Sie die Abhängigkeit des Schallpegels an verschiedenen Stellen hinter der Mauer bzw. Hausecke in Abhängigkeit von der Frequenz.
c) Erstellen Sie eine Skizze, in der Sie Ihre Messungen darstellen. Erläutern Sie Ihr Ergebnis.

Material A • Interferenz von Schallwellen

A1 Zwei Lautsprecher sind 1,0 m voneinander entfernt und geben gleichphasig Schallwellen der Frequenz 686 Hz ab. Sie selbst befinden sich 3,0 m von Lautsprecher 1 entfernt nahe einem Ort konstruktiver Interferenz (Abbildung oben).
a) Ermitteln Sie zeichnerisch alle Orte längs der gestrichelten Linie in der Abbildung, die diese Bedingungen erfüllen.
b) Beschreiben Sie, was zu hören ist, wenn der zweite Lautsprecher langsam vom ersten Lautsprecher entfernt wird.
c) Sie stehen senkrecht vor Lautsprecher 1. Berechnen Sie den Abstand, um den Lautsprecher 2 zu verschieben ist, damit Sie erst ein Minimum und dann ein Maximum wahrnehmen.

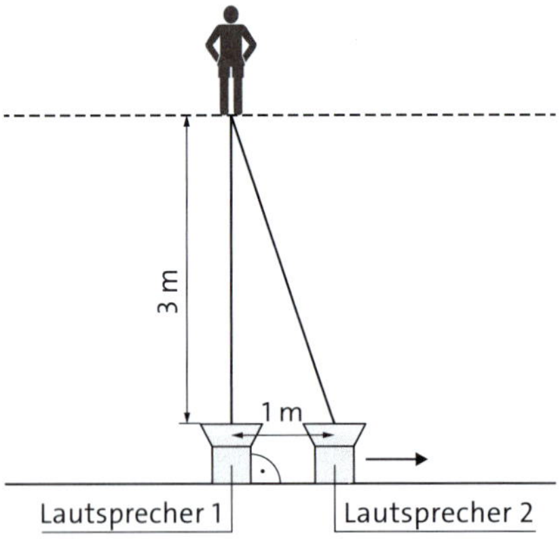

A2 Der Sender in der unteren Abbildung sendet Ultraschallwellen mit einer Frequenz von 60 kHz aus. Das mit einem Oszilloskop verbundene Mikrofon steht anfangs an einem Ort mit destruktiver Interferenz.
a) Bewegt man das Mikrofon zwischen Sender und Brett, so zeigt sich ein Interferenzmuster. Begründen Sie dies anhand einer Skizze.
b) Das Brett soll so weit auf das Mikrofon zu bewegt werden, bis es sich zum zehnten Mal in einem Punkt maximaler Lautstärke befindet. Ermitteln Sie die dafür erforderliche Verschiebung.
c) Berechnen Sie die Geschwindigkeit, mit der das Mikrofon bewegt wurde, wenn die Lautstärke in Versuch a) mit einer Frequenz von 80 Hz schwankte.

Material B • Schallschutz-Kopfhörer

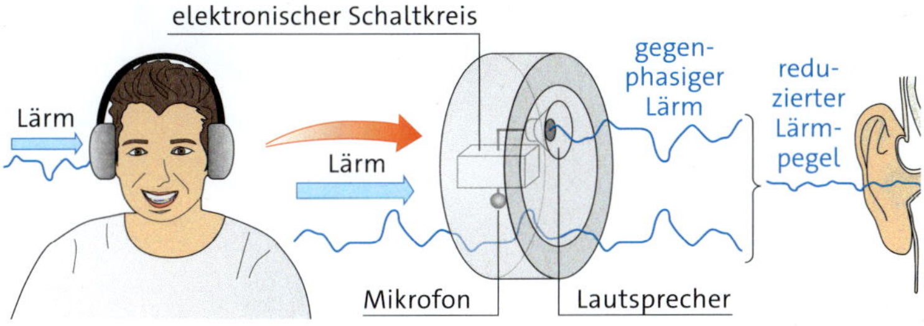

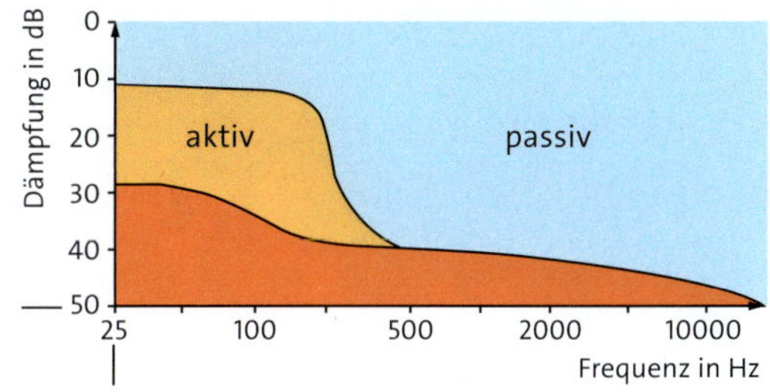

Eine dauerhafte Überlastung des Gehörs durch zu hohe Schallintensitäten ist nicht nur störend, sondern macht auch krank. Insbesondere Menschen, die beruflich viel Lärm ausgesetzt sind, sollten daher Schallschutz-Kopfhörer tragen. Diese dämpfen den Schall mithilfe von Schaumstoffen, die den einfallenden Schall streuen und zum Teil absorbieren. Dies gelingt aber nur, wenn die Größenverhältnisse der Wellenlängen und der im Schaumstoff eingeschlossenen Luftbläschen zueinander passen. Bei Frequenzen unter 200 Hz setzt man deshalb einen aktiven Schallschutz ein (Abbildung links), der Interferenzen zur Reduktion von störenden Geräuschen nutzt. Man spricht dabei von Antischall. Dieses Prinzip kommt auch bei Autoschalldämpfern zum Einsatz.

B1 Erläutern Sie die Funktionsweise eines Kopfhörers mit aktivem Schallschutz anhand der Abbildung.

B2 **a)** Trotz des Gehörschutzes muss Kommunikation möglich sein. Begründen Sie, dass dies bei geeigneter Kombination von passiver Dämpfung und aktivem Schallschutz möglich ist. Berücksichtigen Sie, dass eine Reduktion des Schallpegels um 10 dB eine Halbierung der Lautstärke bedeutet.

b) Kopfhörer mit aktivem Schallschutz werden auch genutzt, um Musik zu hören. Begründen Sie.

Material C • Doppler-Sonografie

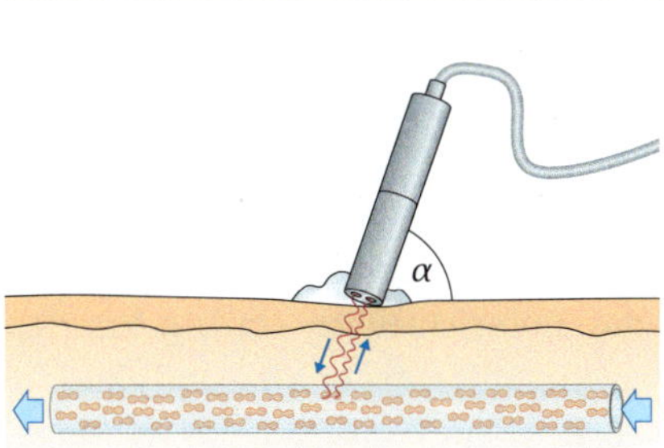

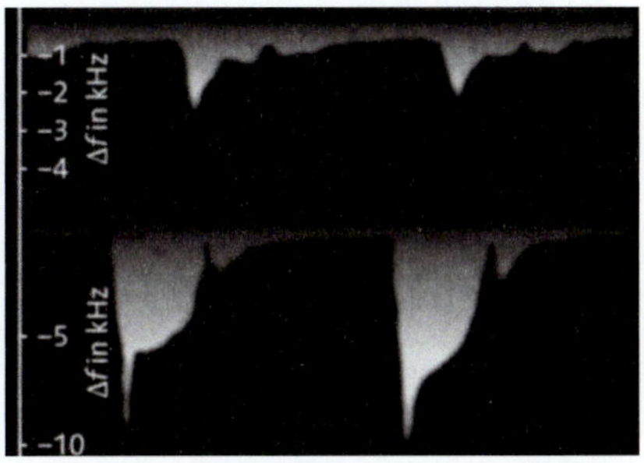

Mit einer Doppler-Sonographie lassen sich Kalkablagerungen in Blutgefäßen auffinden. Diese führen im verengten Gefäß zu einer erhöhten Fließgeschwindigkeit des Bluts während des Herzschlags. Außerdem bilden sich an den Kanten der Ablagerungen Wirbel, wodurch hier viele unterschiedliche Fließgeschwindigkeiten gleichzeitig gemessen werden.

Bei der Untersuchung sendet ein Schallkopf Ultraschallwellen der Frequenz f_0 aus, die von den fließenden roten Blutkörperchen reflektiert werden. Infolge des Doppler-Effekts kommt es zu einer Frequenzverschiebung Δf, die proportional zur Fließgeschwindigkeit v des Bluts ist:

$$\Delta f \approx 2 f_0 \cdot \frac{v}{c} \cdot \cos \alpha.$$

Dabei ist c die Schallgeschwindigkeit im Blut (ca. $1500 \frac{\mathrm{m}}{\mathrm{s}}$) und α der Messwinkel.

C1 Die Frequenz der ausgesandten Schallwelle beträgt 5 MHz. Unter einem Winkel von 45° wird $\Delta f = 900$ Hz gemessen.

a) Berechnen Sie die mittlere Fließgeschwindigkeit im Blutgefäß.

b) Normalerweise beträgt die Fließgeschwindigkeit etwa $0{,}1 \frac{\mathrm{m}}{\mathrm{s}}$. Deuten Sie das Ergebnis aus a).

C2 Die untere Abbildung zeigt Doppler-Sonogramme der Halsschlagader einer gesunden Person und der verengten Halsschlagader einer anderen Person. Der zeitliche Verlauf der Frequenzverschiebungen ist in kHz dargestellt.

a) Beschreiben Sie Gemeinsamkeiten und Unterschiede der Sonogramme.

b) Begründen Sie die Unterschiede.

1 Regenbogen in Fontänen

Licht als Welle

Regenbogen sind immer wieder schön anzusehen und faszinierend, auch wenn jeder sie schon mehrfach gesehen hat. Doch wie entstehen die farbigen Streifen eigentlich?

Licht wird gebrochen • Damit wir einen Regenbogen sehen können, muss die Sonne in unserem Rücken stehen und ihr Licht auf Wassertropfen vor uns fallen. Also sind die Farben des Regenbogens bereits im Sonnenlicht enthalten. Dies lässt sich auch erkennen, wenn Sonnenlicht auf ein wassergefülltes Glasgefäß fällt (▸Abb. 2). Bevor wir aber genauer untersuchen können, warum die Spektralfarben an den Wassertropfen sichtbar werden, müssen wir erst einmal klären, worin sich das Licht der verschiedenen Farben unterscheidet und was mit dem Licht an einer Grenzfläche geschieht.
Lassen wir das Licht eines grünen Lasers schräg auf ein Prisma fallen, dann wird es sowohl beim Eintritt als auch beim Austritt abgelenkt (▸Abb. 3). Ähnliche Beobachtungen haben wir bereits bei mechanischen Wellen gemacht, z. B. bei Wasserwellen an einem Übergang von tieferem zu flacherem Wasser. Hier ging die Änderung der Ausbreitungsrichtung mit einer veränderten Ausbreitungsgeschwindigkeit der Wellen einher.

2 Brechung von Licht in Wasser

3 Brechung am Prisma

Beschreibung von Licht als Welle • Wenn wir davon ausgehen, dass sich verwandte Phänomene auch in gleicher Weise erklären lassen, dann muss die Ausbreitungsgeschwindigkeit des Lichts in Glas oder Wasser anders sein als in der Luft. Daher kommt es an den Grenzflächen zur Brechung, also dort, wo sich die Ausbreitungsgeschwindigkeit ändert – so, wie wir es beobachtet haben. Mit dieser Erklärung unterstellen wir dem Licht allerdings Welleneigenschaften.
Im Gegensatz zur Situation in der Wellenwanne haben wir jedoch Licht unterschiedlicher Farben (▸Abb. 2), das unterschiedlich stark gebrochen wird. Lassen wir Licht eines grünen und eines roten Lasers in gleichem Winkel auf das wassergefüllte Glasgefäß fallen (▸Abb. 4), wird das grüne stärker gebrochen. Auch blaues Licht wird stärker gebrochen als rotes Licht.

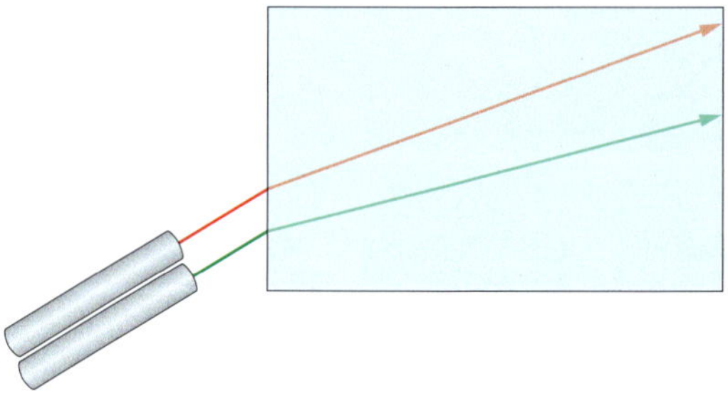

4 Brechung von rotem und grünem Licht

Blaues Licht wird stärker gebrochen als rotes Licht.

Bleiben wir dabei, das Licht als Welle zu betrachten, dann kann sich Licht unterschiedlicher Farben nur durch seine Wellenlängen unterscheiden. Aus unseren Beobachtungen folgt dann, dass die Ausbreitungsgeschwindigkeit von Licht in einem Medium von seiner Wellenlänge abhängen muss. Diese Abhängigkeit der Ausbreitungsgeschwindigkeit des Lichts von seiner Farbe bzw. Wellenlänge wird als **Dispersion** bezeichnet und gilt für alle Medien, in denen sich Licht ausbreitet. Nur im Vakuum breitet sich Licht aller Farben genau gleich schnell aus.

Insgesamt ergibt sich, dass sich die im weißen Licht enthaltenen Farben durch Brechung wie beobachtet zu einem farbigen Spektrum auffächern (▸Abb. 2). Die Beschreibung des Lichts als eine Welle erscheint also sinnvoll.

Licht lässt sich als Welle beschreiben, wobei die unterschiedlichen Farben unterschiedlichen Wellenlängen entsprechen.

Lichtgeschwindigkeit • Wenn Licht eine Welle ist, muss sich auch seine Ausbreitungsgeschwindigkeit messen lassen. Eine moderne Methode beruht auf den Laufzeitunterschieden des Lichts in dem Versuch, der in ▸Abb. 6 dargestellt ist.

Das von der Leuchtdiode abgegebene Licht trifft auf den Strahlteiler T und wird dort entweder nach oben reflektiert oder direkt hindurchgelassen. Aufgrund der unterschiedlich langen Wege vom Strahlteiler zu den Spiegeln S_1 bzw. S_2 benötigt das Licht auf diesen beiden Wegen unterschiedlich lange, bis es die Empfangsdiode D erreicht. Somit zeigt das angeschlossene Oszilloskop zwei Signale mit einer Phasenverschiebung. Zusammen mit dem bekannten Wegunterschied lässt sich daraus die Lichtgeschwindigkeit ermitteln. Sie beträgt in Luft etwa $2{,}997 \cdot 10^8 \frac{\text{m}}{\text{s}}$ und im Vakuum ca. $2{,}998 \cdot 10^8 \frac{\text{m}}{\text{s}}$.

Die Ausbreitungsgeschwindigkeit des Lichts hängt von seiner Wellenlänge und vom Medium ab. Im Vakuum beträgt sie etwa $2{,}998 \cdot 10^8 \frac{\text{m}}{\text{s}}$.

Wie bei allen Wellen gilt für die Ausbreitungsgeschwindigkeit $c = \lambda \cdot f$.

Auch die angenommene Abhängigkeit der Lichtgeschwindigkeit vom durchleuchteten Medium lässt sich mit diesem Versuch nachweisen, wenn man z.B. ein langes Wasserbecken in den Strahlengang zwischen Linse und Reflektor stellt.

Brechung beim Regenbogen • Wie im Prisma oder im Wassergefäß kommt es auch an Wassertropfen zur Lichtbrechung, verbunden mit der beschriebenen Aufspaltung in Farben. Beim Übergang ins optisch dichtere Medium, also von Luft ins Wasser, wird das Licht zunächst gebrochen (▸Abb. 5, Punkt A), dann auf der anderen Seite des Tropfens reflektiert (Punkt B) und beim Austritt in Punkt C erneut gebrochen.

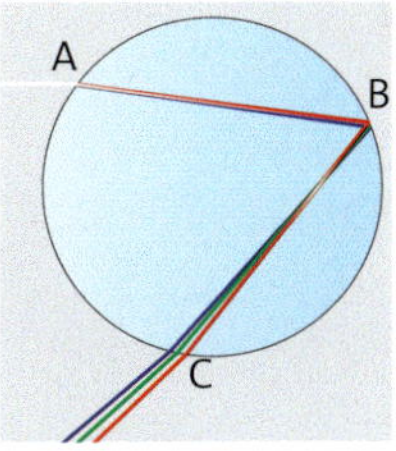

5 Brechung am Wassertropfen

Infolge der zweimaligen Brechung werden die im Sonnenlicht enthaltenen Farben als Regenbogen sichtbar – solange das Licht auch in unsere Augen trifft. Diese letzte Bedingung führt schließlich zur Form des Regenbogens.

1 Untersuchen Sie die Lichtbrechung am Prisma genauer. Nutzen Sie dazu ▸Abb. 3.
a) Entscheiden Sie begründet, ob die Ausbreitungsgeschwindigkeit des Lichts im Glas größer oder geringer ist als die in Luft.
b) Erklären Sie die Brechung am Prisma mit einer Skizze nach dem Huygensschen Prinzip.

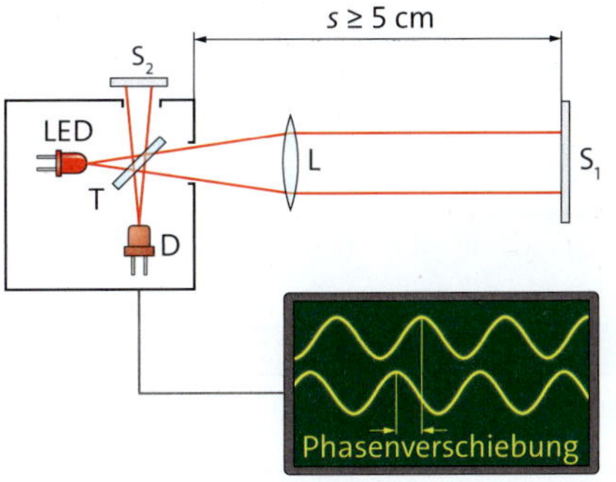

6 Messung der Lichtgeschwindigkeit

Welle im Detail • Inzwischen wissen wir zwar, dass Licht als eine Welle beschrieben werden kann, aber die Natur dieser Welle ist noch zu klären. Im Gegensatz zu mechanischen Wellen braucht Licht keinen Träger, denn es durchdringt auch ein Vakuum. Trotzdem kann Licht Energie transportieren. Beispielsweise gelangt Strahlung der Sonne durch das Vakuum des Weltalls zu uns und wir spüren ihre Energie auf der Haut. Damit dieser Energietransport möglich ist, müssen Felder an der Übertragung der Wellen beteiligt sein.

Um mehr über die Felder zu erfahren, versuchen wir, diese mit dünnen Schichten aus unterschiedlichen Materialien abzuschirmen. Dabei zeigt sich, dass Licht die meisten Materialien durchscheint, wenn sie dünn genug sind, so z.B. Glas, Papier oder Kunststoff. Metall dagegen schirmt Licht effizient ab.
Diese Beobachtungen decken sich mit denen zur Abschirmung von elektrischen Feldern: Während selbst eine dickere Schicht eines Dielektrikums kaum zur Abschirmung führt, wird diese durch einen Faradayschen Käfig erreicht. Daher liegt es nahe, eine Beteiligung elektrischer Felder an den Lichtwellen zu vermuten.

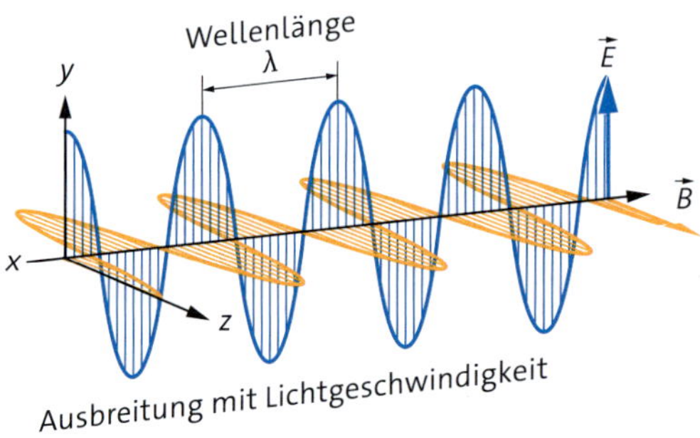

1 E- und B-Feld schwingen orthogonal zur Ausbreitungsrichtung

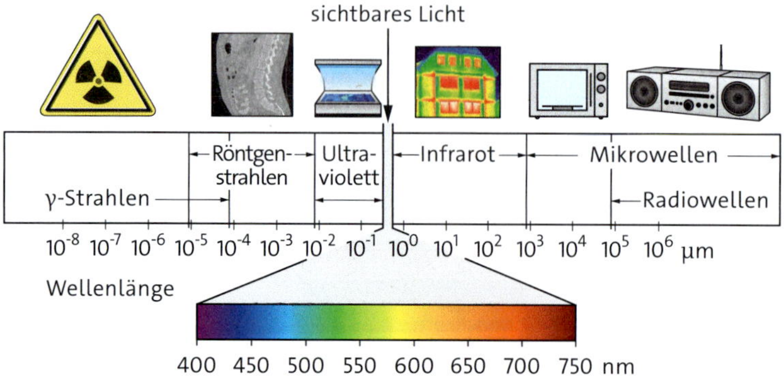

2 Elektromagnetisches Spektrum

Elektromagnetische Welle • Auch andere Wellen breiten sich unter Beteiligung elektrischer Felder aus, z.B. zur Funkübertragung. Die entsprechenden Antennen enthalten häufig Spulen, die ein Magnetfeld erzeugen. Damit enthält das von der Antenne abgestrahlte Feld eine elektrische und eine magnetische Komponente, die nicht unabhängig sind, sondern eine Einheit bilden.
Auch Lichtwellen sind elektromagnetische Wellen. Sie enthalten wie alle elektromagnetischen Wellen eine elektrische und eine magnetische Komponente, deren Amplituden und Phasen von Natur aus eine Einheit bilden. Beide Schwingungen sind orthogonal zueinander und bilden eine Transversalwelle (▸Abb. 1).
Die Wellenlängen des sichtbaren Bereichs elektromagnetischer Wellen liegen etwa zwischen 400 nm (blau) und 800 nm (rot). Damit macht das sichtbare Licht nur einen relativ kleinen Teil des elektromagnetischen Spektrums aus. Im Bereich der deutlich kleineren Wellenlängen finden sich z.B. γ- oder Röntgenstrahlung, im Bereich der deutlich größeren Wellenlängen liegen Mikro- und Radiowellen (▸Abb. 2).

Elektromagnetische Wellen entstehen durch zueinander orthogonale Schwingungen des elektrischen und des magnetischen Feldes. Sie breiten sich als Transversalwellen aus und benötigen keinen Träger. Der sichtbare Bereich mit Wellenlängen zwischen ca. 400 nm und 800 nm wird als Licht bezeichnet.

1 Zu elektromagnetischen Spektren werden vielfach keine Wellenlängen sondern Frequenzen angegeben. Dabei gilt $c = \lambda \cdot f$.
a) Berechnen Sie die Frequenzen an den Rändern des sichtbaren Bereichs.
b) Recherchieren Sie Vorteile der Angabe von Frequenzen.

Daten senden und empfangen

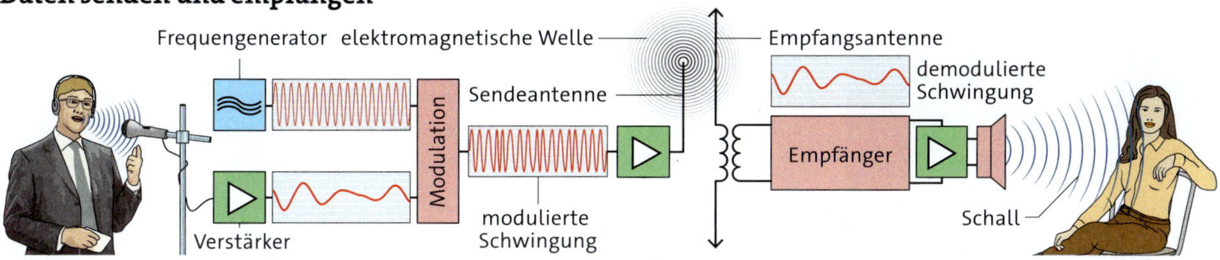

3 Schematische Darstellung der Abläufe bei der Datenübertragung per Frequenzmodulation

Eine besondere Bedeutung haben elektromagnetische Wellen für unseren Austausch von Informationen per Funk. Dabei unterscheiden sich die Techniken zur Übertragung von Radio-, Fernseh- und Handyfunk zwar im Detail, das Grundprinzip bleibt aber gleich.

Generell werden Datensignale mit hochfrequenten Trägersignalen gekoppelt und dann über eine Sendeantenne ausgestrahlt. Die hochfrequenten elektromagnetischen Wellen bewegen sich auch über große Strecken relativ störungsarm. Mit einer Empfangsantenne können sie dann aufgefangen werden. Der Empfänger entkoppelt die Signale wieder und strahlt die Daten aus (▸Abb. 3).

Unter einer Sendefrequenz versteht man dabei ein schmales Frequenzintervall um die z. B. am Radio eingestellte Frequenz, das vom Empfänger ausgewertet wird.

Zur Kopplung der Daten mit dem Trägersignal werden grundsätzlich zwei verschiedene Techniken genutzt:

- Bei der Amplitudenmodulation werden die Amplituden des Trägersignals so geändert, dass seine Einhüllenden dem Datensignal entsprechen (▸Abb. 4 A). Diese Technik wurde von den mittlerweile abgeschalteten Mittelwellensendern (MW) genutzt.
- Bei der Frequenzmodulation wird dagegen die Frequenz des Trägersignals in Abhängigkeit von der Amplitude und der Frequenz des Datensignals erhöht bzw. erniedrigt (▸Abb. 4 B). Dieses Verfahren wird für die Ultrakurzwellensender (UKW) genutzt.

Beide Techniken haben den Nachteil, dass unterschiedliche Informationen im selben Raum nur auf unterschiedlichen Sendefrequenzen übertragen werden können. Außerdem besteht die Gefahr von Interferenzen durch überlappende Sendegebiete mit sehr ähnlichen Frequenzen. Damit ist die Zahl der Sender stark begrenzt. Außerdem ist der mobile UKW-Empfang relativ störanfällig. Diese Probleme sollen durch die digitale Funktechnik DAB+ (Digital Audio Broadcasting +) behoben werden, die seit den 1980er Jahren in Europa entwickelt wird.

Hierzu werden die zu übertragenden Daten erst auf mehrere hundert Teildatenströme aufgeteilt und dann einzeln per Amplitudenmodulation an hochfrequente Trägersignale unterschiedlicher Frequenzen gekoppelt. Diese modulierten Schwingungen werden anschließend aufaddiert. Die einzelnen Trägerfrequenzen sind dabei so gewählt, dass die mit der Addition verbundenen Datenverluste möglichst gering sind. Auf diese Weise können Interferenzen immer nur einzelne Träger stören, das Gesamtsignal aber nur geringfügig beeinflussen. Dies ermöglicht eine Datenübertragung mit gleichbleibend hoher Audioqualität.

Durch eine zusätzliche Kanalkodierung ist der Betrieb einer deutlich erhöhten Anzahl räumlich benachbarter Sender mit der gleichen Sendefrequenz möglich. Außerdem lassen sich Zusatzinformationen integrieren, wie z. B. Programmübersichten oder farbige Albumcover.

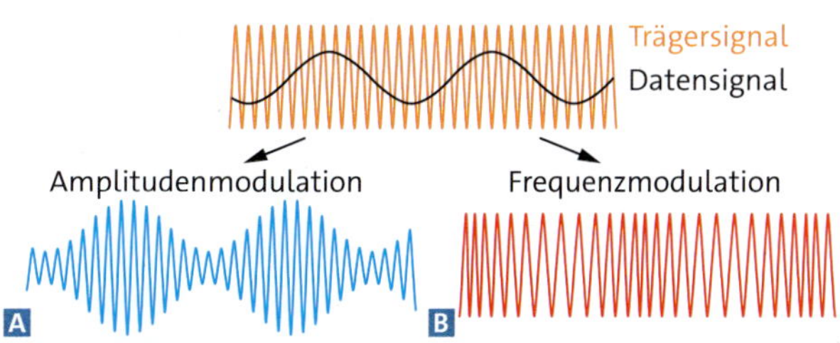

4 Trägersignale: **A** Amplitudenmodulation, **B** Frequenzmodulation

	Frequenzbereich	Reichweite etwa
MW	526,5–1606,5 kHz	100–300 km
UKW	87,5–108 MHz	10–80 km
DAB+	174–230 MHz	0–50 km

5 Frequenzen und Reichweiten der betrachteten Sendebereiche

Versuch A • Elektromagnetische Wellen in Medien

V1 Himmelsblau und Abendrot

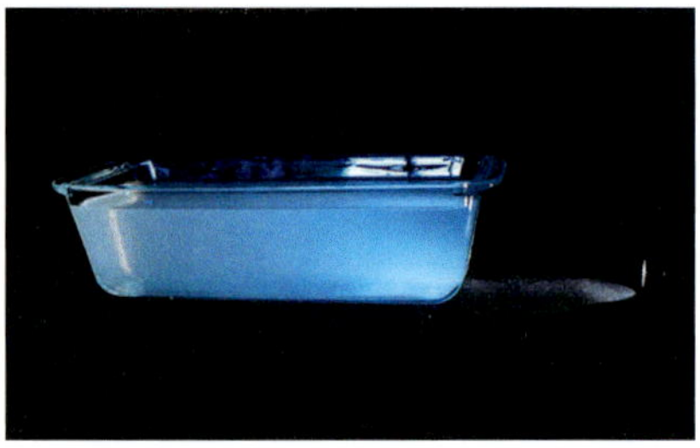

Material:
Durchsichtiges Wasserbecken, etwas Milch, Taschenlampe

Arbeitsauftrag:
a) Recherchieren Sie die Auswirkung der Dispersion auf die Streuung von Licht und stellen Sie diese dar.
b) Füllen Sie das Becken mit Wasser und geben Sie etwa 1 Teelöffel Milch hinzu, so dass sich das Wasser gerade eintrübt. Legen Sie die Taschenlampe so an das Becken, dass ihr Licht auf einer möglichst langen Strecke durch das getrübte Wasser fällt.
c) Blicken sie einmal seitlich auf den durch das getrübte Wasser laufenden Lichtstrahl und einmal dem Licht entgegen. Beschreiben und erklären Sie Ihre Beobachtungen. Gehen Sie dabei auch auf die Rolle der Milch ein.
d) Stellen Sie einen Bezug zu den Beobachtungen der Himmelsfarben her und gehen Sie dabei auch auf die Tageszeiten ein, zu denen diese zu beobachten sind.
e) Auf dem Mond erscheint der Himmel schwarz. Begründen Sie dies.

V2 Verstimmter Empfänger

Material:
Dezimeterwellen-Generator, Wasserbecken, zwei Empfangsdipole (6 cm und 31,5 cm), destilliertes Wasser, Holzklötze

Arbeitsauftrag:
a) Befestigen Sie beide Empfangsdipole waagerecht und übereinander im Wassertank. Stellen Sie den Sendedipol parallel dazu und in gut 20 cm Entfernung auf. Gleichen Sie den Höhenunterschied zwischen Sende- und Empfangsantennen mithilfe der Holzklötze aus.
b) Schalten Sie den Sender ein und beschreiben Sie Ihre Beobachtungen.
c) Füllen Sie das Wasserbecken, bis beide Antennen bedeckt sind. Beschreiben und erklären Sie die Veränderung.

Material A • Mikrowellen

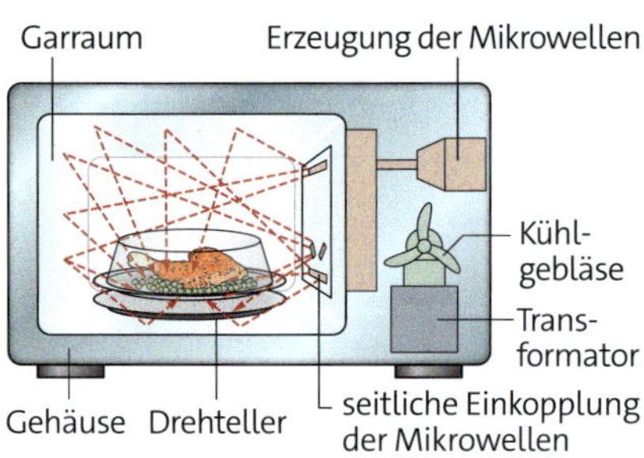

Erhitzt man eine Speise in einem Mikrowellenherd, so wirken die elektromagnetischen Wellen zunächst auf die in den Speisen enthaltenen Wassermoleküle. Diese werden aufgrund ihres Dipolcharakters durch das schwingende elektrische Feld in Rotationen versetzt. Benachbarte Moleküle geraten dann ebenfalls in Bewegung, sodass sich die kinetische Energie der Moleküle insgesamt deutlich erhöht – die Temperatur steigt.

Beim Auftauen von Gefriergut in der Mikrowelle besteht die Gefahr, dass bereits angetaute Bereiche sehr viel schneller heiß werden und damit länger garen als anfangs noch gefrorene Bereiche. Zum Auftauen von Gefriergut in der Mikrowelle gibt es daher zwei Tipps:
- Gefriergut vorher kurz abspülen,
- langsam mit geringer Leistung auftauen.

A1 In Europa werden Mikrowellenherde meist mit einer Frequenz von 2,455 GHz betrieben. Berechnen Sie die zugehörige Wellenlänge und ordnen Sie diese ins elektromagnetische Spektrum ein.

A2 **a)** Im Garraum der Mikrowelle könnten sich stehende Wellen ausbilden. Berechnen Sie den entsprechenden Abstand benachbarter Knoten.
b) Erläutern Sie, weshalb die Ausbildung stehender Wellen ungünstig wäre. Begründen Sie, bei welchen Speisen dies problematisch wäre.
c) Begründen Sie anhand der Abbildung, warum die Ausbildung gut ausgeprägter stehender Wellen unwahrscheinlich ist.

A3 Erklären Sie, warum sich die eingangs dargestellten Probleme beim Auftauen ergeben. Begründen Sie die Tipps zum Auftauen.

A4 Aus einer alten Mikrowelle wird der Drehteller entfernt, durch eine Tafel Schokolade ersetzt (diese darf sich nicht drehen) und diese kurz erhitzt. An Stellen im Abstand von ca. 6 cm schmilzt die Schokolade.
a) Erklären Sie die Beobachtung.
b) Bestimmen Sie anhand der Daten einen Näherungswert für die Lichtgeschwindigkeit.

Material B • Regenbogen

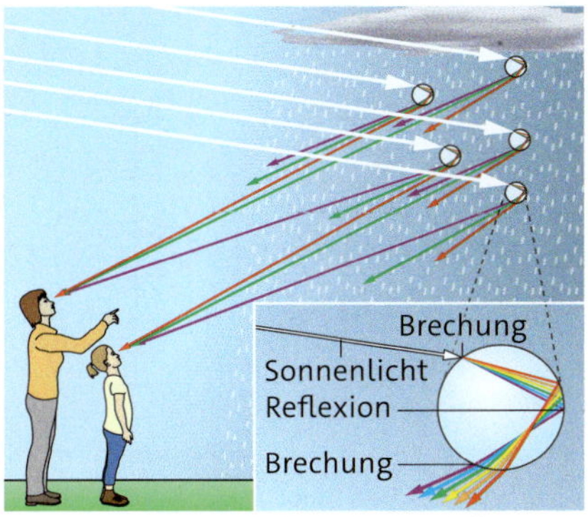

B1 Erklären Sie anhand der Abbildung links und eigenen Skizzen ausführlich, wie Regenbogen entstehen. Recherchieren Sie nach Bedarf und gehen Sie auf folgende Punkte ein:
- Bedingungen für die Beobachtung eines Regenbogens,
- Dispersion,
- Entstehung von Haupt- und Nebenregenbogen inklusive der Winkel, unter denen die Beobachtung möglich ist,
- Helligkeitsunterschiede (Aufhellung innerhalb des Hauptregenbogens, dunklerer Bereich zwischen den Regenbogen, genannt „Alexanders dunkles Band").

Material C • Lichtbrechung in der Atmosphäre

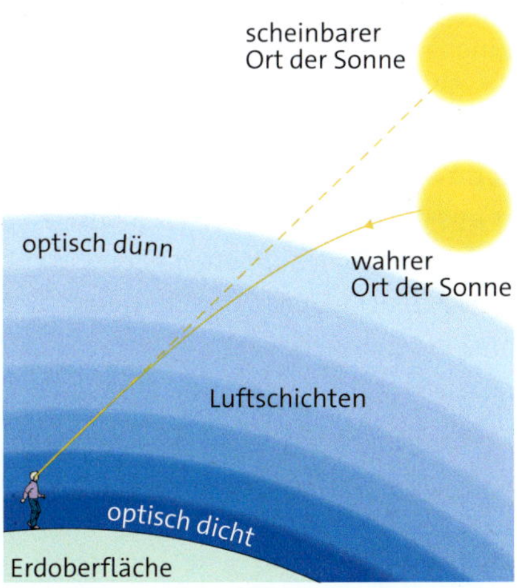

Steht die Sonne kurz über dem Horizont, erscheint sie häufig in Längsrichtung gestaucht. Auch ihre wahrgenommene Position ist eine Täuschung (siehe Abbildung links). Die Atmosphäre ist vereinfacht durch viele Schichten konstanter Dichte dargestellt.

C1 **a)** Erklären Sie anhand der Abbildung links die Hebung der Sonne.
b) Erklären Sie, wie sich die Hebung auf die Tagesdauer auswirkt.

C2 In der Abbildung rechts wird stark vereinfachend nur noch eine einzelne Grenzschicht in der Atmosphäre betrachtet. Nutzen Sie in einer eigenen Skizze die angedeuteten Strahlen, um den Weg des Lichts zum Menschen zu bestimmen. Ermitteln Sie dann das gesehene Bild der Sonne.

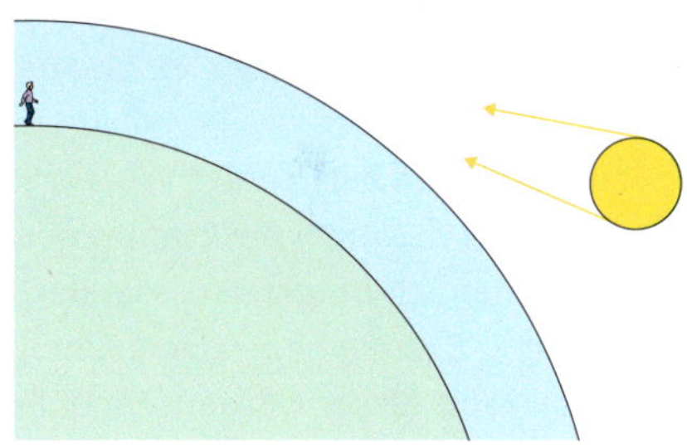

Material D • Licht an dünnen Schichten

Weißes Licht lässt Seifenblasen farbig schimmern. Dabei wird das Licht an den Grenzflächen zwischen Seife und Luft zum Teil gebrochen und zum Teil reflektiert. Dies führt zu Interferenzen zwischen den an Vorder- und Rückseite der Seifenschicht reflektierten Strahlen.

D1 Ermitteln Sie den Gangunterschied zwischen den Strahlen in der Abbildung rechts.

D2 Erläutern Sie, warum die Seifenhaut farbig erscheint.

D3 Begründen Sie, warum in der Abbildung links auch Mischfarben zu sehen sind.

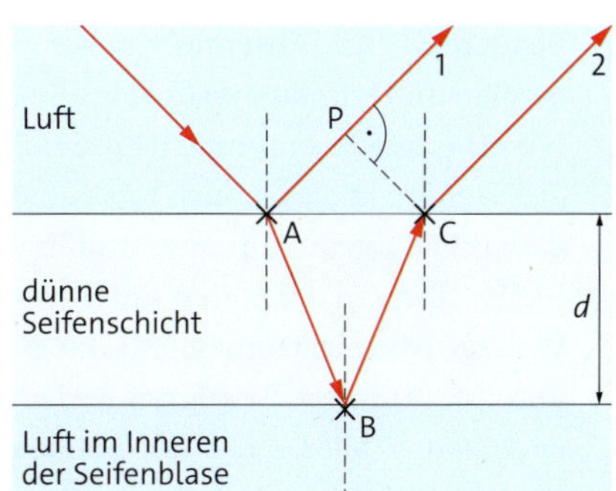

BLICKPUNKT

Elektromagnetische Wellen erzeugen und empfangen

Vom Schwingkreis zum Hertzschen Dipol • Ein Schwingkreis enthält einen Kondensator und eine Spule in Reihe geschaltet (den ebenfalls vorhandenen Ohmschen Widerstand vernachlässigen wir hier). Die Energie wechselt zwischen elektrischer und magnetischer Energie hin und her und verlässt den Schwingkreis nicht (im betrachteten ungedämpften Fall).

Wir klappen den Schwingkreis gedanklich auf, sodass sich die Kondensatorplatten an den Enden befinden (▸Abb. 1). Aufgrund des großen Plattenabstandes hat der Kondensator nun eine geringe Kapazität. Die Spule ziehen wir zu einem Draht auseinander, womit auch die Induktivität klein wird. Ein solcher offener Schwingkreis heißt Hertzscher Dipol und stellt eine Antenne dar.

Legen wir nun kurzzeitig eine elektrische Spannung an die Enden des Dipols, treibt diese einen elektrischen Strom entlang des Dipols an. Nach Abschalten der Spannung wird über Selbstinduktion ein Strom in die entgegengesetzte Richtung erzeugt. Eine dauerhafte Schwingung erhält man, indem man den Dipol induktiv an einen Erregerschwingkreis koppelt. Dabei sind elektrisches und Magnetfeld um 90° gegeneinander phasenverschoben.

Nahfeld und Fernfeld • Wie der Schwingkreis hat auch der Hertzsche Dipol die Eigenfrequenz $f_0 = \frac{1}{2\pi} \cdot \frac{1}{\sqrt{L \cdot C}}$. Hält man einen Schwingkreis passender Eigenfrequenz (wie in einem RFID-Chip ohne eigene Energieversorgung) in die Nähe, kann dieser z.B. dem Dipol Energie entziehen, um Daten zu übertragen. Diese Energieverluste beeinflussen Strom und Spannung im Dipol, was von außen ausgeglichen werden muss. In größerer Entfernung empfängt ein RFID-Chip kein Signal mehr – was in den bekannten Einsatzbereichen wie Warensicherung auch sinnvoll ist.

Bei dem Begriff „Antenne" denken wir aber sofort an das Senden und Empfangen über große Entfernungen. Stellen wir eine zweite Antenne in großer Entfernung zur ersten auf, werden in dieser auch tatsächlich Schwingungen angeregt. Die zweite Antenne empfängt elektromagnetische Wellen, die von der ersten Antenne ausgesendet werden. Weil nun die elektromagnetische Welle in der Empfangsantenne Ströme in Bewegung setzt, wird der Welle Energie entzogen – aber nicht der Sendeantenne. Diese spürt nichts von dem, was bei der Empfangsantenne geschieht, sondern sendet unverändert weiter.

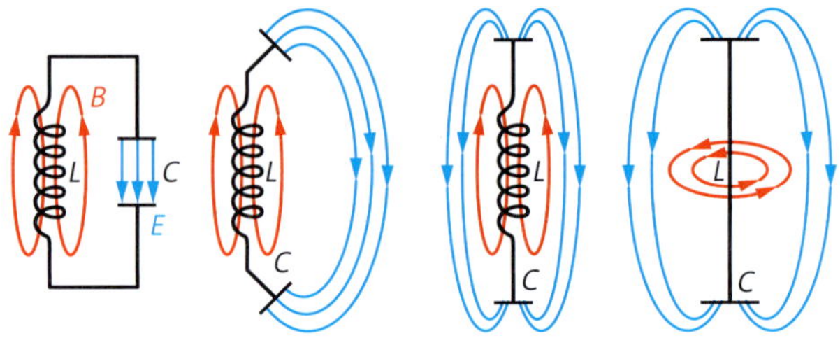

1 Ein Schwingkreis wird zum Hertzschen Dipol aufgebogen

Ein weiterer Unterschied zum Nahfeld ist, dass elektrisches und Magnetfeld im Fernfeld nicht mehr phasenverschoben sind, sondern in Phase schwingen. Wo der Übergang zwischen Nahfeld- und Fernfeld-Verhalten stattfindet, ist abhängig von der Frequenz und beträgt wenige Wellenlängen. Diese Trennung ist eine Idealisierung, es sind immer Nahfeld- und Fernfeldeffekte vorhanden.

Maxwellsche Gleichungen • Um die Unterschiede zu verstehen, sehen wir uns die Maxwellschen Gleichungen an. Dies ist ein System aus vier Gleichungen, auf denen der gesamte Elektromagnetismus beruht. Die Mathematik der Gleichungen geht über Schulwissen hinaus, wir wollen aber versuchen, ihre Aussagen qualitativ zu verstehen. Beginnen wir mit den ersten beiden:

$\oint E \, dA = \frac{1}{\varepsilon_0} \cdot Q$ und $\oint B \, dA = 0$.

Darin ist Q die elektrische Ladung und ε_0 die Dielektrizitätskonstante. Das Symbol $\oint$ bedeutet eine besondere Form des Integrals, nämlich das Integrieren über eine geschlossene Kurve l oder – wie in diesem Fall – über eine geschlossene Oberfläche A eines Volumens. Betrachten wir z.B. eine Kugel mit dem Radius r um eine Punktladung. Integrieren wir das elektrische Feld über die Kugeloberfläche, erhalten wir die Größe der in der Kugel befindlichen Ladung. Die Oberfläche einer Kugel mit dem Radius r ist:

$\oint dA = 4\pi \cdot r^2$.

Für das elektrische Feld der Punktladung erhalten wir:

$\oint E \, dA = E \cdot 4\pi \cdot r^2 = \frac{1}{\varepsilon_0} \cdot Q \Rightarrow E = \frac{1}{4\pi\varepsilon_0} \cdot \frac{Q}{r^2}$,

also das bekannte Coulombsche Gesetz.

Die elektrische Ladung ist die Quelle des elektrischen Feldes (▸Abb. 2A). Nach der 2. Maxwellschen Gleichung haben Magnetfelder keine Quellen, Süd- und Nordpol treten immer gemeinsam auf, Monopole gibt es nicht. Befindet sich innerhalb einer geschlossenen Oberfläche ein magnetischer Dipol, treten genauso viele Feldlinien in die Oberfläche hinein, wie herauskommen. Der magnetische Fluss durch die Oberfläche ist in der Summe null.

Das zweite Paar von Gleichungen lautet:

$\oint E\,\mathrm{d}l = -\frac{\mathrm{d}}{\mathrm{d}t}\iint B\,\mathrm{d}A$ und

$\oint B\,\mathrm{d}l = \mu_0 \cdot I + \mu_0\varepsilon_0 \cdot \frac{\mathrm{d}}{\mathrm{d}t}\iint E\,\mathrm{d}A.$

Das Symbol $\oint$ bedeutet hier die Integration entlang einer geschlossenen Kurve, also entlang des Randes oder Umfangs l der Fläche A. $\iint \mathrm{d}A$ bedeutet die Integration über die von der Kurve eingeschlossene Fläche.

In der 3. Maxwellschen Gleichung erkennen wir das Faradaysche Induktionsgesetz: Die zeitliche Ableitung des magnetischen Flusses durch die Fläche A induziert eine Spannung $\oint E\,\mathrm{d}l$ entlang deren Rand, ein elektrisches Wirbelfeld.

Die 4. Gleichung beschreibt auf der linken Seite ein magnetisches Wirbelfeld. Dieses kann zwei Ursachen haben, denn die rechte Seite besteht aus zwei Summanden. Betrachten wir den ersten, $\mu_0 \cdot I$, und integrieren das durch den Strom I hervorgerufene Magnetfeld entlang eines Kreisumfangs mit Radius r, erhalten wir:

$\oint B\,\mathrm{d}l = B \cdot 2\pi \cdot r = \mu_0 \cdot I \Rightarrow B = \frac{\mu_0 \cdot I}{2\pi \cdot r},$

das Biot-Savartsche Gesetz für die Magnetfeldstärke im Abstand r von einem stromdurchflossenen Leiter (▸Abb. 2B).

Elektromagnetische Welle • Interessant ist der zweite Summand. Offenbar erzeugen auch zeitliche Änderungen des elektrischen Feldes magnetische Wirbelfelder.

Im Nahfeld eines Hertzschen Dipols spielen die elektrischen Ladungen und Ströme eine große Rolle. Ihr Beitrag klingt jedoch rasch ab, sodass sich die Maxwellschen Gleichungen in größerem Abstand vereinfachen zu:

$\oint E\,\mathrm{d}A = 0$ und $\oint B\,\mathrm{d}A = 0,$

$\oint E\,\mathrm{d}l = -\frac{\mathrm{d}}{\mathrm{d}t}\iint B\,\mathrm{d}A$ und $\oint B\,\mathrm{d}l = \mu_0\varepsilon_0 \cdot \frac{\mathrm{d}}{\mathrm{d}t}\iint E\,\mathrm{d}A.$

Ladungen und Ströme kommen nicht mehr vor. Elektrische und magnetische Wirbelfelder erzeugen sich wechselseitig durch zeitliche Änderungen des jeweils anderen. Die Felder können sich vom Dipol lösen und ohne Ladungen und Ströme weiterexistieren und sich im Raum ausbreiten (▸Abb. 3).

Eine elektromagnetische Welle ist entstanden.

1 Erläutern Sie, warum eine Dipolantenne nicht in Richtung der Dipolachse sendet.

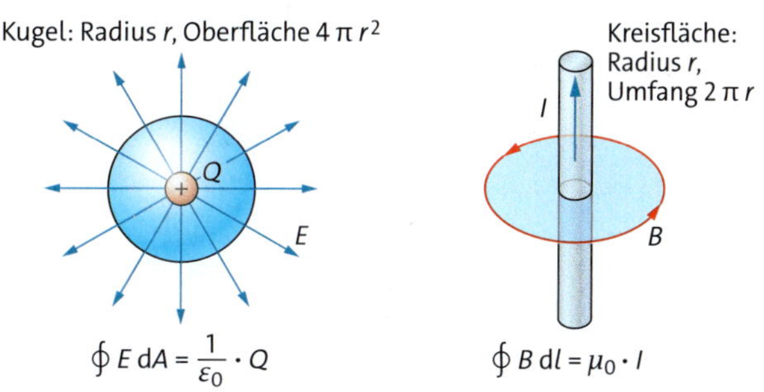

2 A Feldlinien einer elektrischen Ladung durch eine geschlossene Oberfläche, B Magnetfeld um einen elektrischen Strom

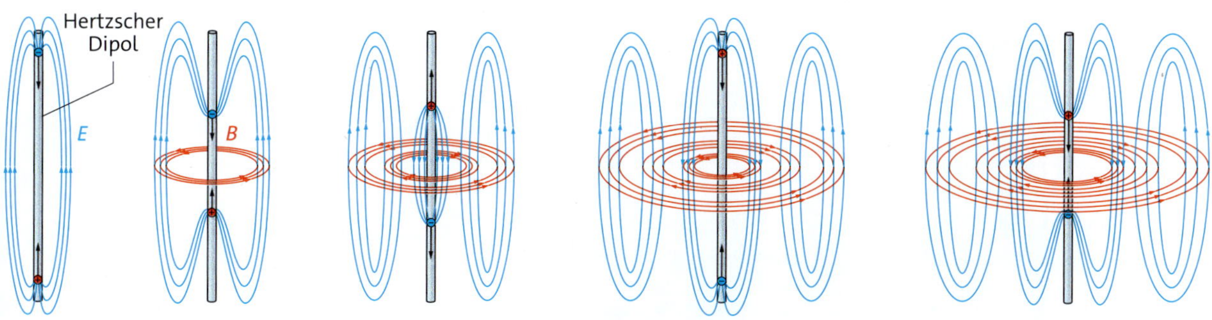

3 Entstehung und Ausbreitung einer elektromagnetischen Welle, idealisierte Darstellung.

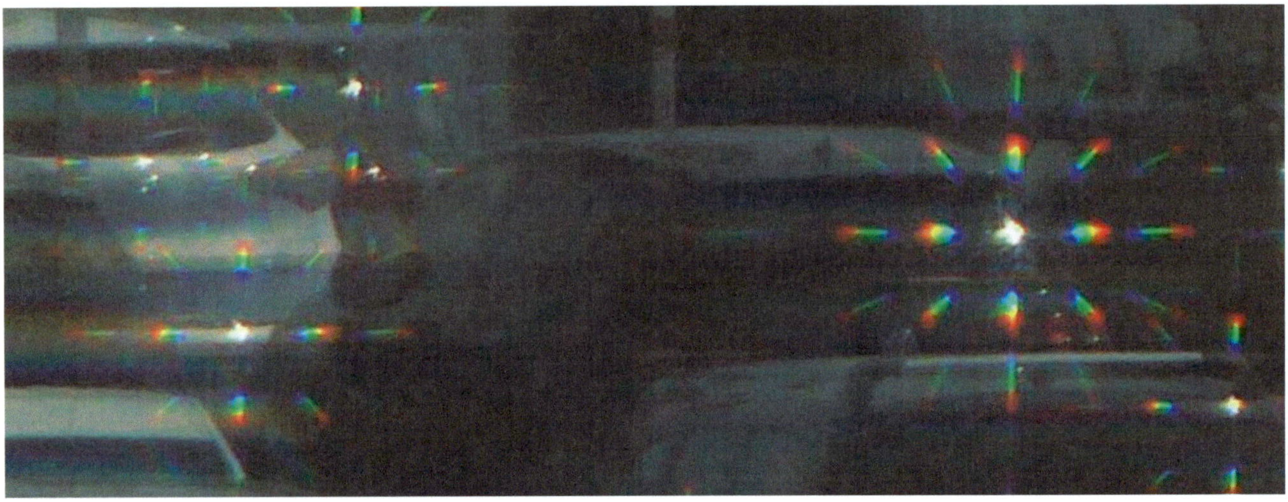

1 Lichtreflexe betrachtet durch eine Gardine

Beugung von Licht

Das kreuzförmige Muster aus regelmäßig angeordneten Lichtreflexen ist beim Blick durch eine sehr dünne Gardine entstanden. Je weiter außen die Lichtreflexe liegen, umso deutlicher fächern sie zudem zu Farbspektren auf. Doch wie kommt das?

A

B

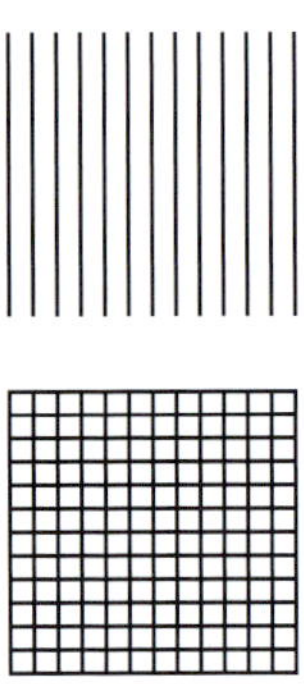

2 **A** Strichgitter, **B** Kreuzgitter

Licht wird gebeugt • In ▸Abb. 1 ist ein Interferenzmuster zu sehen. Es entsteht, da weißes Licht durch das Kreuzgitter des gewebten Gardinenstoffs fällt. Um dies besser nachvollziehen zu können, vereinfachen wir die Situation zunächst einmal. Zum einen nutzen wir im Modellexperiment einfarbiges Licht, zum anderen verwenden wir ein Strichgitter statt eines Kreuzgitters (▸Abb. 2).

Beugung am Strichgitter • Fällt Licht eines Lasers auf ein Strichgitter, dann ist auf einem Schirm hinter dem Gitter eine symmetrische Reihe von Punkten zu sehen, deren Abstand nach außen hin immer größer wird (▸Abb. 3). Der Punkt P_0 in der Mitte liegt an der gleichen Stelle auf dem Schirm, an der der Laserstrahl auch ohne das Gitter auftreffen würde – er liegt auf der optischen Achse. Die übrigen Punkte sind offensichtlich Orte konstruktiver Interferenz.

Um dies zu verstehen, betrachten wir das Licht, das auf das Gitter fällt. Wie wir inzwischen wissen, hat es Wellencharakter. Entsprechend können wir nach dem Huygensschen Prinzip jede Gitteröffnung als Ausgangspunkt neuer Elementarwellen betrachten, die sich hinter dem Gitter ausbreiten und dort interferieren (▸Abb. 4).

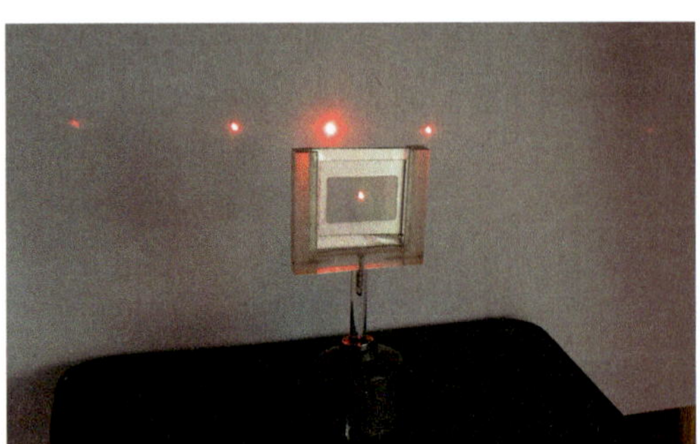

3 Beugung von einfarbigem Licht am Gitter

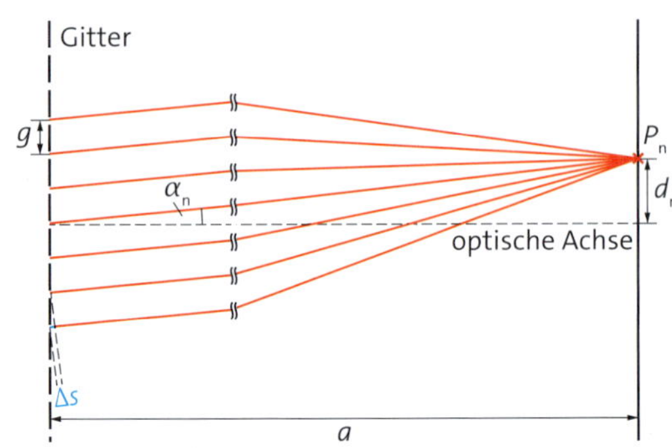

4 Entstehung der Beugung im Detail

Dabei interessiert uns insbesondere die konstruktive Interferenz in den hellen Punkten. Wir bezeichnen die Punkte vom mittleren Punkt P_0 aus nach außen hin als P_1, P_2, P_3 ... und zusammenfassend als P_n. Die Schlängellinie in ▸Abb. 4 deutet an, dass die Lichtstrahlen deutlich verkürzt gezeichnet wurden. Dies ist nötig, um zwei wesentliche Aspekte ihres Verlaufs darstellen zu können: Zum einen ist der Abstand a zwischen Gitter und Schirm viel größer als der Abstand d_n zwischen den hellen Punkten und der optischen Achse. Somit ist der Winkel α_n zwischen dem mittleren Strahl und der optischen Achse sehr klein. Wir können daher näherungsweise annehmen, dass benachbarte Strahlen parallel zueinander verlaufen (▸Abb. 4, links der Schlängellinie).
Zum anderen treffen sich die betrachteten Strahlen im Punkt P_n, verlaufen also nicht wirklich parallel (▸Abb. 4, rechts der Schlängellinie).

Interferenzbedingung • Wir erhalten im Punkt P_n konstruktive Interferenz, wenn der Gangunterschied Δs zwischen den verschiedenen Strahlen, die in P_n auftreffen, ein Vielfaches der Wellenlänge beträgt. Dies trifft zu, wenn für den Gangunterschied zwischen direkt benachbarten Gitteröffnungen gilt:

$$\Delta s = n \cdot \lambda, \text{ mit } n = 1, 2, 3 \ldots$$

Der tatsächliche Gangunterschied ist abhängig vom Aufbau. Neben dem bereits betrachteten Abstand a und dem Winkel α_n ist dabei der Abstand g zwischen den Gitteröffnungen wesentlich. Dieser wird auch als **Gitterkonstante** bezeichnet.
Der Winkel α_n findet sich in dem Dreieck zwischen Gitter und Schirm, das durch die optische Achse gebildet wird (▸Abb. 4). Hier gilt:

$$\tan \alpha_n = \frac{d_n}{a} \text{ oder } \alpha_n = \arctan\left(\frac{d_n}{a}\right).$$

Mit Blick auf den Gangunterschied findet sich α_n auch in dem in ▸Abb. 6 hervorgehobenen Dreieck zwischen benachbarten Strahlen und es gilt:

$$\sin \alpha_n = \frac{\Delta s}{g} = \frac{n \cdot \lambda}{g}.$$

Für jedes Vielfache der Wellenlänge ergibt sich also ein eigenes Interferenzmaximum mit:

$$n \cdot \lambda = g \cdot \sin\left(\arctan\left(\frac{d_n}{a}\right)\right) \text{ und}$$

$$d_n = a \cdot \tan\left(\arcsin\left(\frac{n \cdot \lambda}{g}\right)\right).$$

Vielfach ist der Winkel α_n sehr klein. Dann lässt sich noch eine weitere Näherung verwenden, die Kleinwinkelnäherung:

$$\sin \alpha_n \approx \tan \alpha_n$$

Damit ergibt sich dann aus den beiden vorangegangenen Formeln

$$\frac{n \cdot \lambda}{g} \approx \frac{d_n}{a}$$

und schließlich

$$d_n \approx \frac{n \cdot \lambda \cdot a}{g} \text{ mit } n = 1, 2, 3 \ldots$$

An einem Gitter mit der Gitterkonstanten g treten Interferenzmaxima im Abstand d_n von der optischen Achse auf. Dabei gilt

$$d_n = a \cdot \tan\left(\arcsin\left(\frac{n \cdot \lambda}{g}\right)\right)$$

mit dem Abstand a zwischen Gitter und Schirm.

Farben am Gitter • Der Beugungswinkel hängt von der Wellenlänge ab. Daher nimmt der Abstand der Maxima zur optischen Achse mit der Wellenlänge zu. Lassen wir jetzt weißes Licht auf ein Gitter fallen, dann entstehen im gebeugten Licht folglich keine weißen Interferenzmaxima, sondern kontinuierliche Spektren, die nach außen hin immer breiter werden (▸Abb. 5).

1 Erstellen Sie eine Skizze des Interferenzbildes bis $n = 3$ für $g = 10\,\mu m$, $a = 2\,m$ und $\lambda = 550\,nm$. Berechnen Sie den Abstand d_3.

2 Ermitteln Sie, wann der Fehler durch die Kleinwinkelnäherung unter 1 % liegt.

3 Erklären Sie die Entstehung des Interferenzmusters in ▸Abb. 1.

5 Fotografie einer Kerze durch ein Strichgitter

Man bezeichnet n auch als Ordnung. Je größer n ist, desto weiter wird das Licht in den Schattenraum hinein gebeugt.

Die Ausbreitungsrichtung der Wellen wird durch Strahlen dargestellt, um die geometrischen Verhältnisse übersichtlich darstellen zu können.

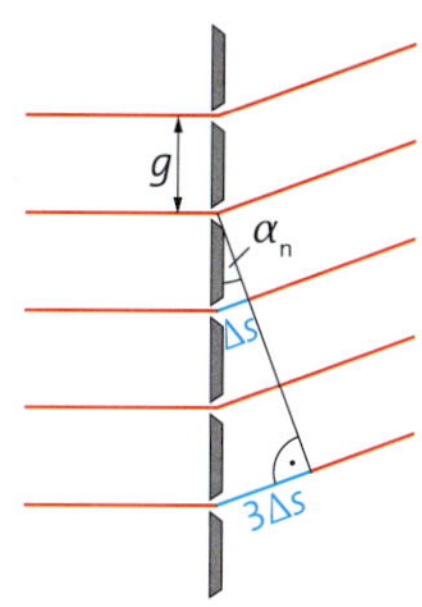

6 Winkelabhängigkeit des Gangunterschieds

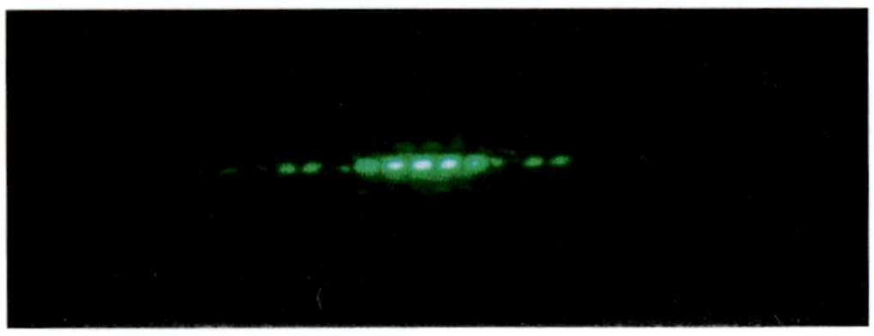

1 Beugung am Doppelspalt

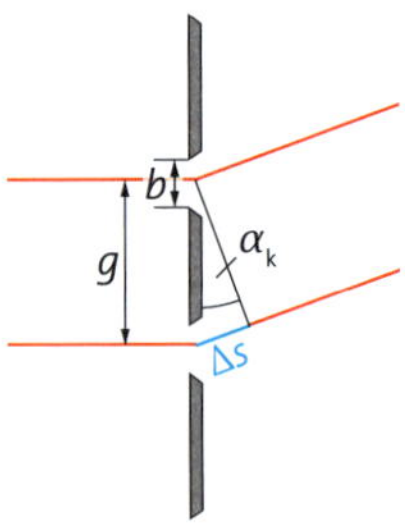

2 Längen am Doppelspalt

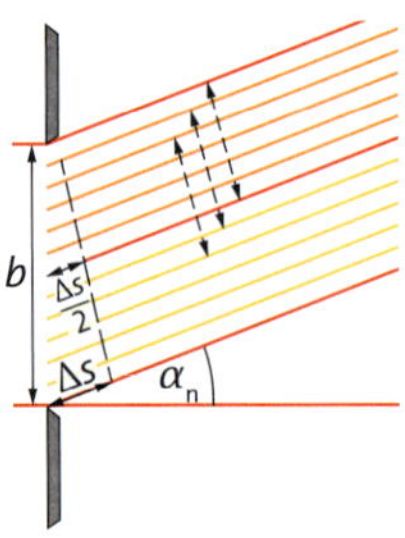

3 Destruktive Interferenz an einem Spalt

Maxima beim Doppelspalt • An einem Doppelspalt entsteht ein Interferenzbild, das dem am Gitter ähnelt (▸Abb. 1). Der gleichmäßige Abstand der meisten Maxima lässt sich wie beim Gitter durch den Abstand zwischen benachbarten Spalten erklären. Auch beim Doppelspalt gilt

$$d_n \approx \frac{n \cdot \lambda \cdot a}{g}$$

als Bedingung für das Auftreten der Maxima.
Allerdings fehlen beim Doppelspalt einige Maxima bzw. es existieren zusätzliche Minima (▸Abb. 1). Dies wird verständlich, wenn wir auch die Spaltbreite b berücksichtigen. Über diese Breite entstehen nach HUYGENS mehrere Elementarwellen. Ergibt sich zwischen den äußeren Wellenzügen des Spaltes gerade der Gangunterschied

$$\Delta s = k \cdot \lambda,$$

dann löschen sich diejenigen Wellenzüge gegenseitig aus, die eine halbe Spaltbreite voneinander entfernt sind (▸Abb. 3). Ihr Gangunterschied beträgt $\frac{\Delta s}{2}$. Folglich ergeben sich die zusätzlichen Minima (▸Abb. 4 A) unter der Bedingung:

$$\sin \alpha_k = \frac{\Delta s}{b} = \frac{k \cdot \lambda}{b}.$$

Unter Einbeziehung der Kleinwinkelnäherung ergibt sich daraus:

$$d_k \approx \frac{k \cdot \lambda \cdot a}{b}.$$

Am Doppelspalt mit dem Spaltabstand g führt Interferenz zu Maxima im Abstand

$$d_n \approx \frac{n \cdot \lambda \cdot a}{g} \text{ und } n = 1, 2, 3 \ldots$$

von der optischen Achse. a ist der Abstand zwischen Gitter und Schirm.
Die Beugung an den einzelnen Spalten der Spaltbreite b führt zu Minima mit

$$d_k \approx \frac{k \cdot \lambda \cdot a}{b} \text{ und } k = 1, 2, 3 \ldots .$$

Vom Doppelspalt zum Gitter • An ▸Abb. 1 fällt auf, dass die Maxima hinter dem Doppelspalt deutlich breiter sind als beim Gitter. Da für die Minima am Gitter die Bedingung der destruktiven Interferenz $\Delta s = (2n+1) \cdot \frac{\lambda}{2}$ erfüllt sein muss, ergibt sich ihre Position beim Doppelspalt aus

$$d_n \approx (2n+1) \cdot \frac{\lambda \cdot a}{2g}.$$

Mit wachsender Anzahl der Gitterspalte ergeben sich mehr Kombinationsmöglichkeiten, z. B. kommt es auch dann zur destruktiven Interferenz, wenn der Gangunterschied zum übernächsten oder einem noch weiter entfernten Wellenzug $\frac{\lambda}{2}$ beträgt. Folglich nimmt die Anzahl der Minima zu. Sie rücken näher an die Maxima heran und lassen diese schärfer erscheinen (▸Abb. 5). Außerdem sind die Spalte eines Gitters in der Regel sehr schmal, so dass im Beobachtungsbereich meist keine Maxima entfallen (▸Abb. 4 B).

Je nach dem Verhältnis zwischen Gitterkonstante g und Spaltbreite b kann der Einfluss von b beim realen Doppelspalt zum Verschwinden einiger der Maxima führen, die bei einem idealen Doppelspalt zu sehen wären (▸Abb. 4).

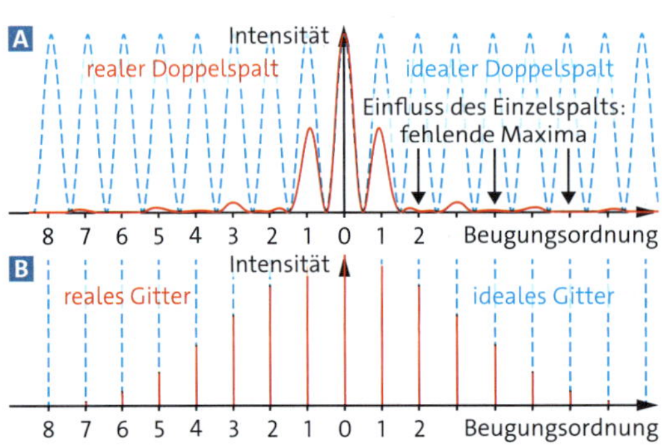

4 Intensitätsverteilung **A** am Doppelspalt, **B** am Gitter

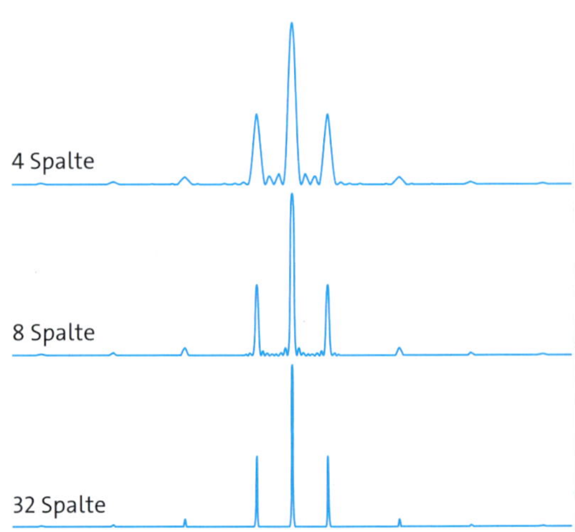

5 Ausschärfung der Maxima mit zunehmender Spaltzahl

Strukturfarben

6 Blauer Morphofalter

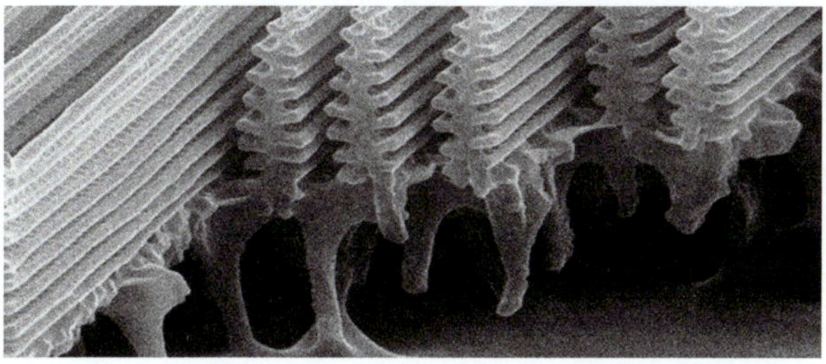

7 Schuppen des Morphofalters im Elektronenmikroskop

Farbenpracht • Schmetterlinge, Vögel und auch Fische warten mit vielen Farben auf, die sie nicht nur in den Augen ihrer Artgenossen attraktiv machen. Dabei werden nur Farben wie Gelb, Orange, Rot, Braun und Schwarz direkt durch absorbierende Pigmente verursacht. Blau, Grün und Violett sind dagegen fast ausschließlich Strukturfarben. Diese entstehen letztlich durch Interferenzen an besonderen Strukturen in Schuppen oder Federn.

Nicht-schillernde Strukturfarben • Diese Farben werden vielfach durch die Streuung von Licht an kleinen Körnchen aus dem braunen Pigment Melanin verursacht. Wie bei der Streuung des Sonnenlichts an Molekülen in der Atmosphäre wird kurzwelliges Licht stärker gestreut als langwelligeres Licht. Dadurch erscheinen die Schuppen oder Federn im gestreuten Licht blau, während das transmittierte Licht ein durchscheinendes Rot ergibt. Viele weitere Farben entstehen durch die Kombination von Pigment- und Strukturfarben, wobei der Farbeindruck stets von der Blickrichtung des Beobachters abhängt.
Anders ist dies beim Blauen Morphofalter (▸Abb. 6). Seine Flügel sind mit Schuppen bedeckt, deren Längsrippen aus baumartigen Strukturen von Chitinlamellen bestehen, die nur etwa 1,8 µm voneinander entfernt sind (▸Abb. 7). An der verschachtelten Rippenstruktur wird das Licht wie an einem Gitter gebeugt. Zusammen mit der Reflexion zwischen benachbarten Strukturen kommt es nur für Licht aus einem sehr schmalen Wellenlängenbereich zu konstruktiver Interferenz. Das entstehende Blau ist aus jedem Blickwinkel gleich intensiv zu sehen.

Schillernde Strukturfarben • Auch Reflexionen an der Ober- und Unterseite sehr dünner Schichten lassen Interferenzfarben entstehen, wie bei einer Seifenhaut. Dabei führt die Dispersion dazu, dass es für manche Wellenlängen zu konstruktiver Interferenz kommt, während andere durch destruktive Interferenzen ausgeblendet werden. Welche Wellenlängen genau gelöscht werden, hängt sowohl von der Schichtdicke als auch vom Blickwinkel des Beobachters ab.
Im Gefieder des Pfaus (▸Abb. 8) wirken verschiedene Effekte. Das Licht wird an Vorder- und Rückseite von Stäbchen aus Melanin reflektiert. Diese sind durch Keratin zu einem Reflexionsgitter verbunden und befinden sich in den Federstrahlen, den von den Federästen abgehenden Härchen (▸Abb. 9). Anzahl und Abstand der Melaninstäbchen sowie unterschiedliche Blickrichtungen führen zu Interferenzfarben von Blau über Grün bis Gelb.

8 Schillernde Farben zweier Pfauenfedern

9 Federstrahlen unter dem Mikroskop: **A** Auflicht, **B** Durchlicht

Versuch A • Wellenlängenbestimmung an Gitter und Doppelspalt

Achtung: Blicken Sie nicht in den Laserstrahl oder das Licht der LED, auch nicht in reflektiertes Licht. Richten Sie den Strahl nicht auf andere Personen!

V1 Objektive Methode

Material:
Laser mit grünem und rotem Licht (λ bekannt), Strichgitter, Schirm, Stativmaterial

Arbeitsauftrag:
a) Befestigen Sie den Laser so vor dem Gitter, dass dieses gut ausgeleuchtet wird und stellen Sie den Schirm so dahinter auf, dass Sie das Interferenzbild gut vermessen können (mindestens bis P_3).
b) Messen Sie den Abstand zwischen Schirm und Gitter sowie die Abstände d_n für die Interferenzbilder des roten und des grünen Lasers. Ermitteln Sie die Gitterkonstante.
c) Beschreiben Sie Gemeinsamkeiten und Unterschiede der Interferenzbilder.
d) Berechnen Sie die beiden Wellenlängen, schätzen Sie die Fehler ab. Vergleichen Sie mit den Herstellerangaben.

V2 Subjektive Methode

Material:
Leuchtdioden mit unterschiedlichen Farben und passende Stromversorgung, Millimeterpapier, Nadel, Gitter mit etwa 100 Spalten pro mm, Stativmaterial

Arbeitsauftrag:
a) Stechen Sie mit der Nadel ein Loch in das Millimeterpapier und lassen Sie das Licht einer LED von hinten durch das Loch fallen. Betrachten Sie das Licht der LED von vorne durch das Gitter.
b) Begründen Sie, dass die zuvor hergeleiteten Formeln auch hier gelten.
c) Überprüfen Sie, ob Sie die Kleinwinkelnäherung hier nutzen können. Berücksichtigen Sie Ihr Ergebnis bei der Auswertung.
d) Messen Sie die Abstände zwischen den Maxima gleicher Ordnung. Wiederholen Sie dies mit den anderen LEDs.
e) Bestimmen Sie aus Ihren Messwerten die Wellenlängen für die verschiedenen LEDs und vergleichen Sie Ihre Ergebnisse mit den Herstellerangaben.

V3 Gitter und Doppelspalt im Vergleich

Material:
Laser mit rotem und grünem Licht, Doppelspalt und verschiedene Gitter (möglichst gleiche Spaltbreiten), Schirm, Stativmaterial

Arbeitsauftrag:
a) Erzeugen Sie unterschiedliche Interferenzbilder, indem Sie bei ansonsten gleichem Aufbau die verschiedenen Gitter bzw. den Doppelspalt sowie die unterschiedlichen Lichtfarben nutzen. Erstellen Sie jeweils ein Foto Ihrer Interferenzbilder.
b) Erstellen Sie eine Bildfolge vom Doppelspalt zum Gitter mit der höchsten Strichzahl. Beschreiben Sie die ersichtlichen Veränderungen.
c) Begründen Sie, warum die Wellenlänge des Lasers mit einem Gitter genauer als mit einem Doppelspalt bestimmt werden kann.

Material A • Interferenzbild einer Quecksilber-Dampflampe

Verwenden wir statt des weißen Lichts einer Lampe das Licht einer Gasentladungsröhre, so sehen wir ein Spektrum, das nur aus einzelnen Linien besteht. In der Abbildung ist das Gitterspektrum einer Quecksilber-Dampflampe dargestellt. Das Gitter besitzt 100 Spalte pro Millimeter und hat eine Entfernung von 1,80 m zum Schirm.

A1 Erläutern Sie das Zustandekommen des dargestellten Spektrums.

A2 Die beiden dargestellten Maxima der grünen Hg-Linie haben auf dem Schirm einen Abstand von 19,7 cm. Berechnen Sie die Wellenlänge.

A3 Auf dem Schirm treten Spektrallinien 2. Ordnung mit den Wellenlängen $\lambda = 578\,\text{nm}$ (gelb) und $\lambda = 436\,\text{nm}$ (blau) auf. Berechnen Sie den Abstand zwischen diesen beiden Linien (auf der gleichen Seite des zentralen Maximums).

A4 Ermitteln Sie, welche Ordnung des Interferenzmusters höchstens sichtbar sein kann.

A5 Je höher die Beugungsordnung ist, desto breiter werden die einzelnen Linienspektren.
a) Zeigen Sie, dass sich benachbarte Spektren ab einer bestimmten Ordnung überlagern und geben Sie diese an.
b) Erläutern Sie, was passiert, wenn sich die kontinuierlichen Spektren des weißen Lichts bei höheren Ordnungen überlagern.

Material B • Spurabstände bei einer CD-ROM und einer Blu-Ray-Disc

Auf CD-ROM und Blu-Ray-Disc werden Daten mithilfe von Vertiefungen (Pits) gespeichert. Diese werden dann mit einem Laser ausgelesen. Zur Bestimmung des Spurabstands (entspricht der Gitterkonstante) einer CD-ROM wird diese mit einem Laser (λ = 532 nm) beleuchtet, dessen Licht senkrecht auftrifft, und das Interferenzbild wird vermessen. Der Abstand zwischen CD-ROM und Schirm beträgt 42 cm.

B1 Berechnen Sie anhand des Interferenzbildes in der Abbildung unten die Gitterkonstante der CD-ROM. Orte der Maxima:
0. Ordnung 22,4 cm;
1. Ordnung 37,3 cm.

B2 Der Laser in einem Blu-Ray-Laufwerk hat eine Wellenlänge von 405 nm. Begründen Sie, wie sich das Interferenzbild für diesen Laser ändert

B3 Bei Abspielgeräten sollten die Beugungseffekte möglichst gering sein. Bewerten Sie die Eignung der beiden Laser für das Abspielen von CD-ROM und Blu-Ray-Disc.

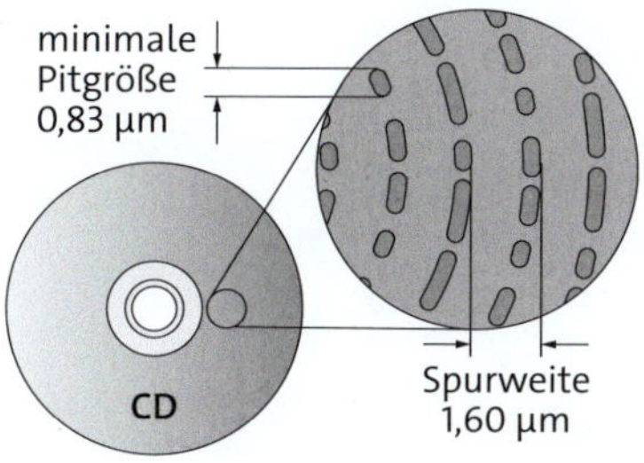

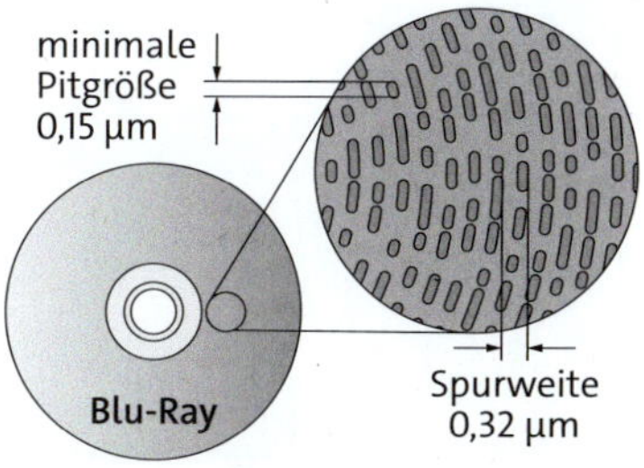

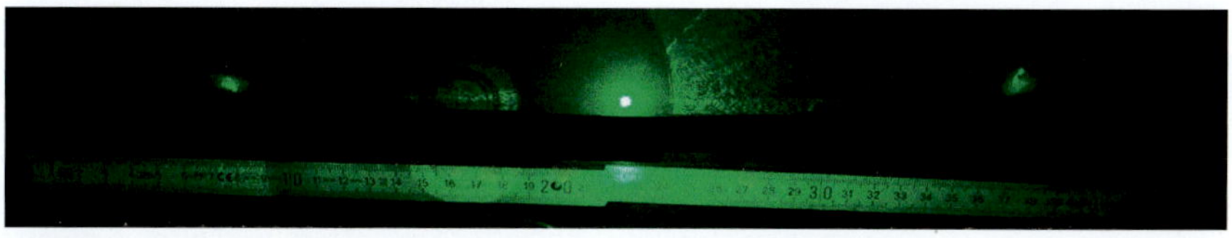

Material C • Von Aureole und Korona

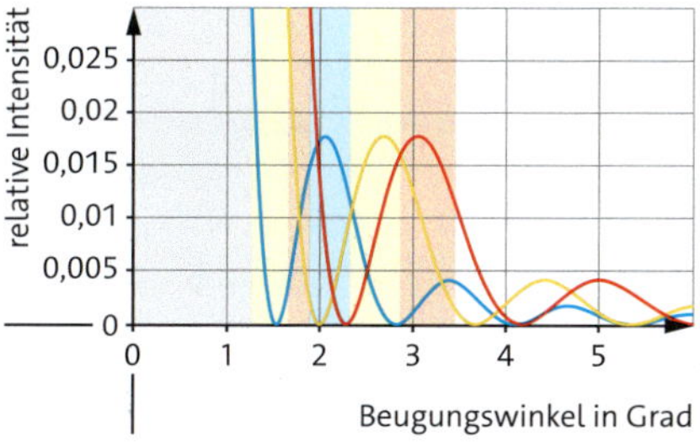

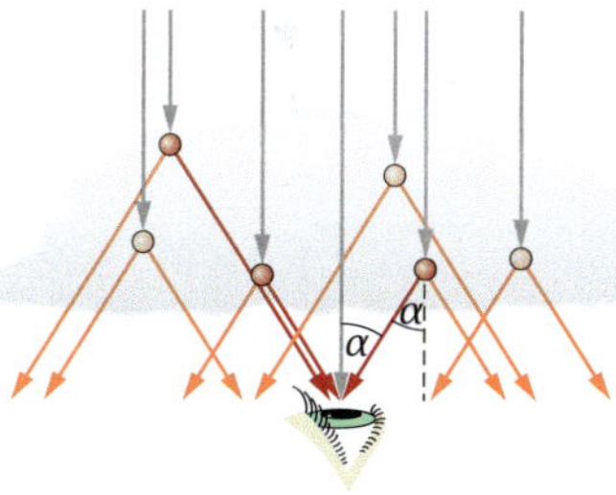

Wenn sich der Mond hinter einer dünnen Wolkenschicht befindet, durch die sein Licht nicht vollständig absorbiert wird, lässt sich häufig ein heller Hof beobachten, die Aureole. Diese ist größer als der Mond und meist so hell, dass der Mond selbst nicht zu erkennen ist. Manchmal kann man auch eine Korona aus farbigen Ringen beobachten, die sich an die Aureole anschließt. Aureole und Korona entstehen durch Beugung des Mondlichts an den Wassertropfen der Wolken.

C1 **a)** Recherchieren Sie zum Prinzip von Babinet und stellen Sie es kurz dar.
b) Erklären Sie mithilfe dieses Prinzips die grundsätzliche Entstehung der Aureole und der Ringe der Korona.
c) Begründen Sie mit dem Prinzip von Babinet, wie sich die Größen von Aureole und Korona ändern, wenn sich die Größe der Tröpfchen verkleinert.

C2 Erklären Sie die Reihenfolge der Farben von Aureole und Korona anhand der mittleren Abbildung. Geben Sie dabei auch an, mit welcher Farbe die Korona beginnt.

C3 Aureole und Korona entstehen durch die Beugung des Mondlichts an sehr vielen Wassertropfen. Erklären Sie anhand der Abbildung rechts, warum das Licht, das in der Korona zu sehen ist, aus einem kreisförmigen Gebiet um den Mond kommt – so als würde es am Mond selbst gebeugt. Gehen Sie von gleich großen Wassertropfen aus.

1 Wirkung eines Polarisationsfilters

Polarisation

In der Fotografie werden Polarisationsfilter genutzt, um störende Lichtreflexe zu entfernen. Dann wird beispielweise eine stark spiegelnde Wasseroberfläche wieder als solche erkennbar. Dabei bestehen die Filter nur aus einer unscheinbaren Folie. Wie bewirken sie diese Effekte?

Licht am Polarisationsfilter • Wenn wir durch eine einzelne Polarisationsfolie oder z.B. durch eine Sonnenbrille mit Polarisationsfilter auf einen hellen Gegenstand schauen, erscheint dieser je nach Filter nur ein wenig dunkler, unabhängig von der genauen Orientierung des Filters. Legen wir aber zwei Filter übereinander, so ist die Wirkung je nach Winkel zwischen beiden Filtern sehr unterschiedlich. Bei gleicher Ausrichtung nimmt die Lichtintensität nur leicht ab, steht der zweite Filter aber orthogonal zum ersten, lässt er gar kein Licht mehr hindurch (▸Abb. 2). Dazwischen gibt es einen fließenden Übergang.

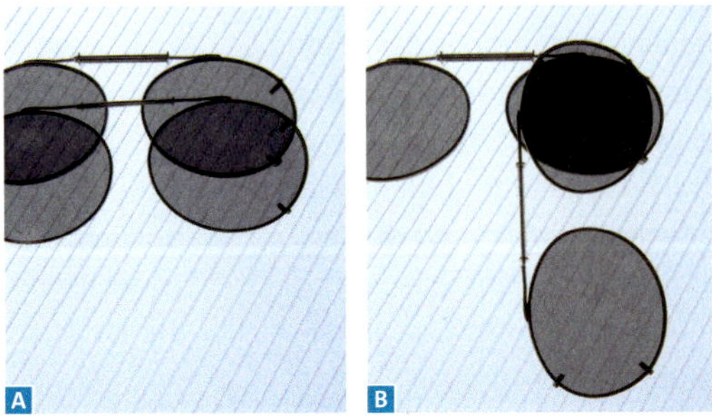

2 Sonnenbrillen mit Polarisationsfilter übereinander:
A parallel,
B orthogonal

Betrachtung im Detail • Die Beobachtungen lassen sich erklären, wenn wir Licht als elektromagnetische Welle betrachten. Diese breitet sich als Transversalwelle aus, wobei die elektrischen und magnetischen Felder senkrecht zur Ausbreitungsrichtung schwingen. Dabei wurde die Schwingungsrichtung des elektrischen Feldes als Polarisationsrichtung festgelegt.
Licht einer Glühlampe oder der Sonne ist zunächst einmal unpolarisiert: Es besitzt Anteile mit allen möglichen Polarisationsrichtungen. Jeder Wellenzug für sich genommen ist polarisiert, aber die Überlagerung aller Wellenzüge hat keine ausgezeichnete Ausrichtung.

Linear polarisierende Filter sorgen dafür, dass transmittiertes Licht nur noch eine bestimmte Polarisationsrichtung besitzt. Unter dem Namen Polaroid bereits um 1935 entwickelte Filter werden aus Folien hergestellt, die in einer Richtung stark gedehnt werden. Dadurch richten sich die enthaltenen Molekülketten parallel zueinander aus. Eine anschließende Dotierung mit Jod stellt Elektronen zur Verfügung, die sich entlang dieser Ketten relativ frei bewegen können. Licht, dessen Polarisationsrichtung entlang der Molekülketten verläuft, regt eine Schwingung der freien Elektronen an und wird dabei absorbiert. Licht, das senkrecht zu den Ketten polarisiert ist, kann keine Schwingung anregen und passiert den Filter ungehindert. Die Polarisationsrichtung des Lichts entspricht danach der Transmissionsrichtung des Filters. In allen anderen Fällen wird ein Teil des Lichts entsprechend einer vektoriellen Zerlegung des elektrischen Feldes absorbiert.

Filter kombinieren • Licht, das durch einen Polarisationsfilter gelangt ist, ist stets polarisiert, weshalb man den Filter auch Polarisator nennt. Stellt man nun einen zweiten Polarisator hinter dem ersten auf und dreht ihn langsam einmal um seine Achse (▸Abb. 3), so wirkt er als Analysator. Steht dieser senkrecht zum Polarisator, gelangt kein Licht durch die Filterkombination. Stehen beide Polarisatoren parallel, gelangt am meisten Licht hindurch. Bei Licht unbekannter Polarisationsrichtung lässt sich diese so bestimmen.

Gesetz von Malus • Die durch Polarisation verursachte Abschwächung der Lichtintensität fällt uns häufig nicht auf, da unsere Augen Intensitätsunterschiede bei hellem Licht nur schlecht wahrnehmen können. Zur genaueren Untersuchung nutzen wir einen Versuchsaufbau wie in ▸Abb. 3. Dabei messen wir die Lichtintensität I_A hinter dem Analysator abhängig vom Winkel α zwischen den Transmissionsrichtungen der beiden Polarisatoren. ▸Abb. 5 zeigt die entsprechenden Messwerte. Ihr Verlauf erinnert an eine Kosinusfunktion. Die Vektorzerlegung in ▸Abb. 3 zeigt, dass die Amplitude des elektrischen Feldes beim Durchtritt durch den Analysator um den Faktor $\cos\alpha$ sinkt. Da die Intensität einer Welle proportional zum Quadrat der Amplitude ist, sinkt diese somit um den Faktor $\cos^2\alpha$. Mit der Intensität I_P des einfallenden, bereits polarisierten Lichts ergibt sich:

$$I_A(\alpha) = I_P \cdot \cos^2\alpha.$$

Dieses nach ÉTIENNE LOUIS MALUS benannte Gesetz gilt so nur für ideale lineare Polarisatoren,

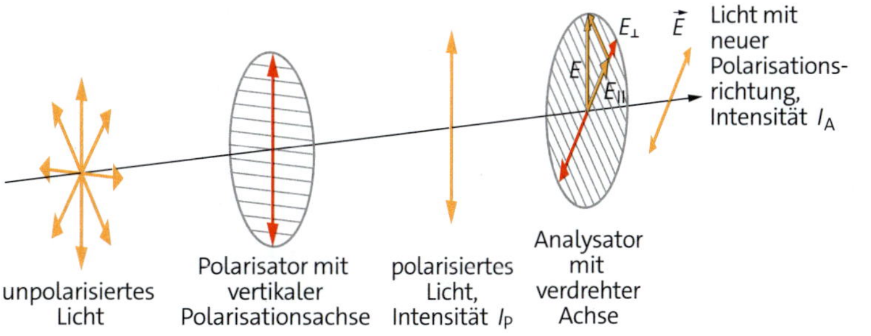

3 Licht durchquert Polarisator und Analysator

passt aber zu den Messwerten (▸Abb. 5). Mit dem Gesetz lieferte MALUS 1809 ein wichtiges Argument für die Beschreibung von Licht als Welle.

> Tritt polarisiertes Licht durch einen Polarisator, dessen Transmissionsrichtung um den Winkel α gegenüber der Polarisationsrichtung verdreht ist, dann sinkt seine Intensität von I_P auf $I_A(\alpha) = I_P \cdot \cos^2\alpha$.

1 Elektromagnetische Wellen lassen sich mit dem Modell in ▸Abb. 4 veranschaulichen.
a) Erläutern Sie damit die Wirkung von Polarisator und Analysator. Zeigen Sie auch Grenzen des Modells auf.
b) Begründen Sie, warum der Begriff Polarisator besser geeignet ist als die Begriffe Polarisationsfilter oder auch nur Filter.

2 Hinter einem Polarisator werden zwei weitere Polarisatoren aufgestellt, die jeweils um den Winkel α_1 bzw. α_2 gegenüber dem vorherigen verdreht sind.
a) Ermitteln Sie die prozentuale Abnahme der Lichtintensität für $\alpha_1 = \alpha_2 = 30°$.
b) Geben Sie an, wie die Filter positioniert werden können, damit kein Licht durchtritt.

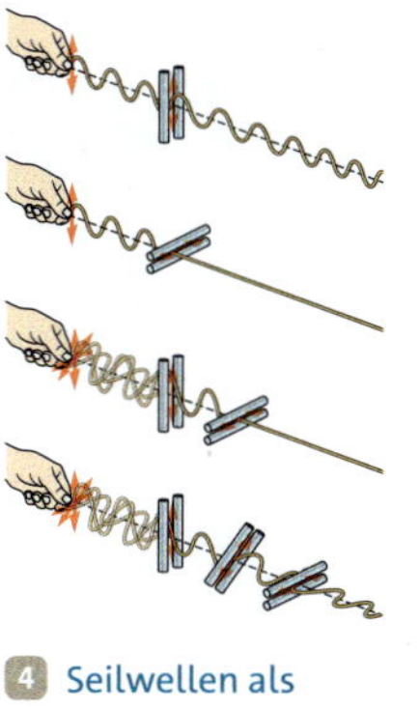

4 Seilwellen als Modell

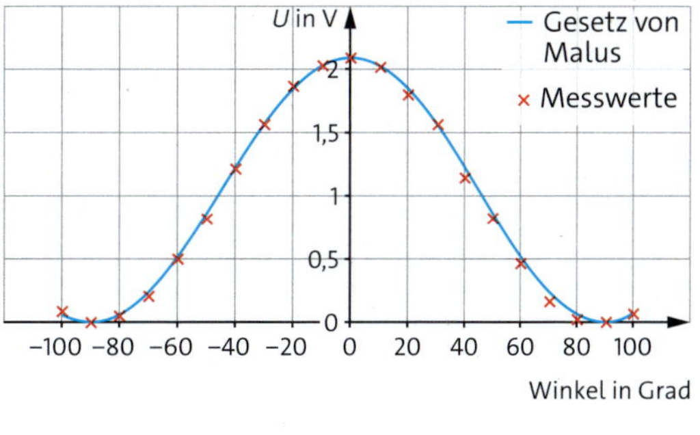

5 Messwerte und Gesetz von Malus im Vergleich

Polarisatoren für Fotoapparate werden auch als Polfilter bezeichnet.

Polarisatoren beim Fotografieren • Wir haben bereits festgestellt, dass Polarisatoren in der Fotografie genutzt werden, um störende Lichtreflexe zu absorbieren. Diese entstehen, wenn Licht am Boden, an Wasseroberflächen, Blättern etc. reflektiert wird, bevor es auf die Kamera trifft. Da der unpolarisierte Hintergrund nicht mehr vom polarisierten Licht überstrahlt wird, verbessern sich durch die Verwendung eines Polarisators auch die Farbintensität und die Kontraste.
Bei Digitalkameras kann linear polarisiertes Licht allerdings zu Fehlfunktionen von Belichtungsmesser und Autofokus führen. Hier werden wie im 3D-Kino zirkulare Polarisatoren genutzt.

Natürliche Ursachen von Polarisation • Wenn störende Lichtreflexe durch einen Polarisator entfernt werden können, dann muss ihr Licht linear polarisiert sein. Dies können wir auch beobachten, wenn wir einen Polarisator vor einer spiegelnden Fläche drehen. Unter bestimmten Winkeln sind die Spiegelungen nicht zu sehen – dann steht die Transmissionsrichtung des Polarisators senkrecht zur Polarisationsrichtung des gespiegelten Lichts.
Um dies genauer zu verstehen, müssen wir uns zunächst erinnern, dass sowohl Reflexion als auch Brechung auftreten, wenn Licht auf die Grenzfläche zweier Nichtleiter trifft. Dabei liegen einfallender, reflektierter und gebrochener Strahl in der Einfallsebene.
Es kommt zur Polarisation, weil sich Licht als Transversalwelle ausbreitet. Dabei lassen sich alle möglichen Polarisationsrichtungen des einfallenden Lichts in zwei Komponenten zerlegen, die parallel (orange in ▸Abb. 2) bzw. senkrecht (rote Punkte) zur Einfallsebene stehen. Diese Schwingungsrichtungen können im gebrochenen Strahl auch immer auftreten.

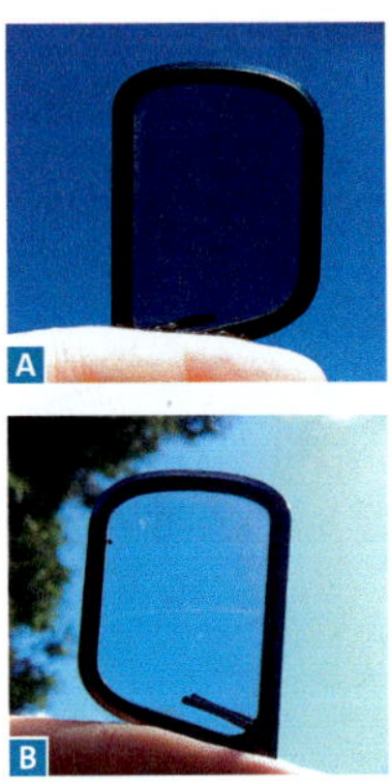

1 Blick durch den Polarisator
Blickrichtung:
A orthogonal zu Sonnenstrahlen,
B unter kleinerem Winkel

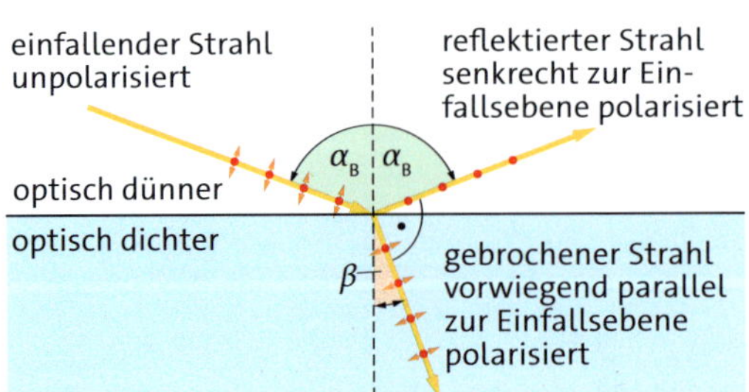

2 Reflexion und Brechung von Licht an Grenzflächen

Steht der reflektierte Strahl aber senkrecht zum gebrochenen Strahl, dann liegt die Komponente parallel zur Einfallsebene gerade in der Ausbreitungsrichtung des reflektierten Lichts (▸Abb. 2). Da dies bei einer Transversalwelle nicht möglich ist, ist das reflektierte Licht vollständig linear polarisiert, senkrecht zur Einfallsebene.
Der zugehörige Einfallswinkel hängt von den Materialien der Grenzfläche ab und wird nach seinem Entdecker DAVID BREWSTER (1781–1868) als Brewster-Winkel α_B bezeichnet.

Trifft Licht unter dem materialabhängigen Brewster-Winkel auf eine Grenzfläche, dann ist das reflektierte Licht senkrecht zur Einfallsebene polarisiert.

Polarisation von Sonnenlicht • Generell ist Sonnenlicht erst einmal unpolarisiert. Beim Durchtritt durch die Atmosphäre wird das Licht aber an kleinen Molekülen gestreut und dabei ebenfalls polarisiert. Dieses Licht trifft dann aus einer anderen Richtung in unser Auge als die näherungsweise parallel verlaufenden Sonnenstrahlen.
Die Polarisation des gestreuten Lichts können wir feststellen, wenn wir durch einen Polarisator so in den blauen Himmel schauen, dass die Blickrichtung im rechten Winkel zu den einfallenden Sonnenstrahlen verläuft (▸Abb. 3) – dann trifft nur Streulicht in die Augen. Da blaues Licht stärker gestreut wird als rotes Licht, besitzt dieser Himmelsbereich einen relativ dunklen Blauton. Der Polarisator zeigt, dass das von dort kommende Licht weitgehend polarisiert ist (▸Abb. 1, 3). Infolge von Mehrfachstreuungen wird allerdings keine vollständige lineare Polarisation erreicht.

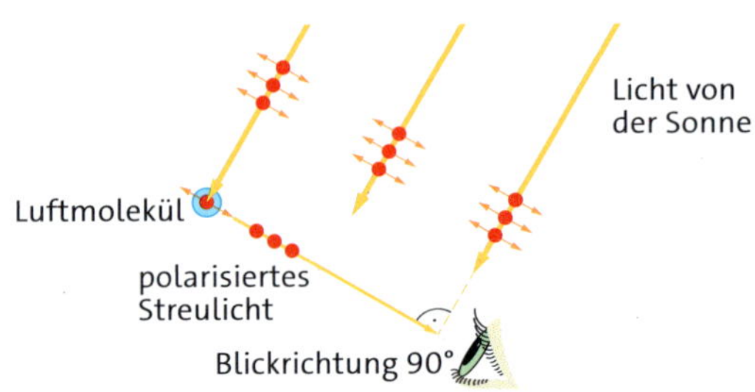

3 Fast vollständig polarisiertes Sonnenlicht im Blick

3D-Kino mit Polarisationsbrillen

4 Brillen ermöglichen die plastischen Eindrücke im 3D-Kino

Die Augen sehen Unterschiedliches • Im 3D-Kino wird dafür gesorgt, dass die Augen gleichzeitig zwei leicht unterschiedliche Bilder sehen – so wie das normalerweise aufgrund der leicht unterschiedlichen Blickwinkel beider Augen der Fall ist. Unser Gehirn verrechnet die Informationen der Bilder zu einer dreidimensionalen Ansicht. Diese unterschiedlichen Bilder werden im 3D-Kino zeitgleich ausgestrahlt. Um sie auf die Augen aufzuteilen, werden meist Filter für polarisiertes Licht verwendet, was eine realistische Farbgestaltung ermöglicht. Da die Haltung des Kopfes keine Auswirkungen haben soll, reicht eine lineare Polarisation nicht aus.

Zirkular polarisiertes Licht • Bei dieser Form der Polarisation schwingt nicht die Stärke des elektrischen Feldes, sondern seine Richtung rotiert um die Ausbreitungsrichtung herum (▸Abb. 6 A). Dies lässt sich erreichen, indem man zwei senkrecht zueinander stehende und um $\frac{\lambda}{4}$ phasenverschobene Wellen addiert. Je nachdem, welche der beiden linearen Wellen vorweg läuft, ergibt sich eine im oder gegen den Uhrzeigersinn zirkular polarisierte Welle. Die Kinobilder werden in beiden Varianten ausgestrahlt. Die 3D-Brille filtert das Licht für das jeweilige Auge heraus. Dabei enthalten die Einsätze der Brillen zirkulare Polarisatoren, welche aus zwei Komponenten bestehen: Vor dem linearen Polarisator sitzt noch ein sogenanntes $\frac{\lambda}{4}$-Plättchen (▸Abb. 5). Dieses verlangsamt eine der beiden Teilwellen des zirkular polarisierten Lichts stärker als die andere und führt je nach Drehsinn des Lichts über die Dicke der Schicht zu einem Gangunterschied von $\pm\frac{\lambda}{4}$. Hinter diesem Plättchen besitzen die Teilwellen dann eine Phasenverschiebung von 0 bzw. $\frac{\lambda}{2}$. In beiden Fällen addieren sich die Teilwellen nun zu einer linear polarisierten Welle (▸Abb. 6 B), allerdings mit zueinander orthogonalen Polarisationsrichtungen. Somit wird das Licht eines Drehsinns vom folgenden linearen Polarisator absorbiert und das Licht des anderen Drehsinns hindurchgelassen.

Während die linearen Polarisatoren vor beiden Augen gleich ausgerichtet sind, sind die $\frac{\lambda}{4}$-Plättchen um 90° verdreht, was den Effekt umkehrt. Somit gelangt nur entweder das linkszirkuläre Licht oder nur das rechtszirkuläre Licht bis ins Auge. Tritt Licht in entgegengesetzter Richtung durch die 3D-Brille, so wird es zirkular polarisiert.

Reflexion von zirkular polarisiertem Licht • Wenn Sie sich mit 3D-Brille vor einen Spiegel stellen und dabei ein Auge zukneifen, sehen Sie ihr geschlossenes Auge durch ein transparentes Brillenglas, während das andere Brillenglas undurchsichtig erscheint.

Dies passiert, weil das vom Auge ausgehende Licht beim Durchgang durch die Brille zirkular polarisiert wird, je nach Brillenseite mit anderem Drehsinn. Durch die Reflexion an der Spiegeloberfläche wird die Richtung des Lichtstrahls geändert und somit auch sein Drehsinn. Daher kann dieses Licht nur noch den Polarisator auf der anderen Brillenseite passieren. Sie sehen gerade jenes Licht, das den Polarisator am geschlossenen Auge passiert hat.

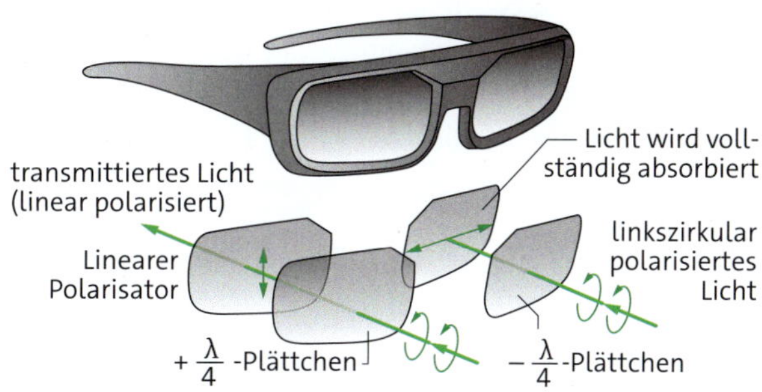

5 Funktionsprinzip der 3D-Brille

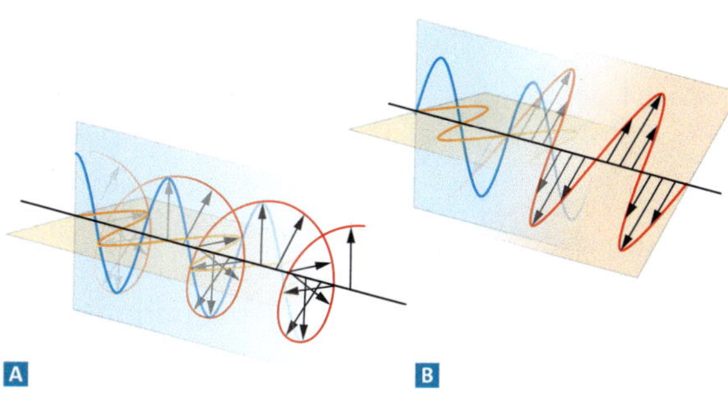

6 **A** Zirkular oder **B** linear polarisiert, je nach Phasenverschiebung

Versuch A • Polarisiertes Licht im Experiment

V1 Gesetz von Malus

Material:
LEDs mit Spannungsversorgung (weiß, grün, UV, IR), zwei Polarisatoren, Lichtsensor, Stativmaterial

Arbeitsauftrag:
a) Bauen Sie mit der weißen LED einen Versuch auf zur Messung der Lichtintensität in Abhängigkeit vom Winkel zwischen den beiden Polarisatoren. Führen Sie die Messung durch.
b) Bereinigen Sie die Messwerte um die Werte der Umgebungsstrahlung und erstellen Sie damit ein $I(\alpha)$-Diagramm.
c) Vergleichen Sie Ihre Messergebnisse mit dem Funktionsgraphen nach dem Gesetz von Malus.
d) Drehen Sie den ersten Polarisator um 90°. Geben Sie begründet an, wie sich die Ergebnisse bei einer erneuten Messung ändern würden. Überprüfen Sie Ihre Vorhersage experimentell.
e) Nehmen Sie mit den weiteren LEDs auch jeweils ein $I(\alpha)$-Diagramm auf. Vergleichen Sie die Diagramme und deuten Sie die Unterschiede.

V2 Polarisator am LC-Display

Material:
zwei Polarisatoren oder Sonnenbrillen mit Polfilter, OHP-Folie, durchsichtiger Deckel einer CD-Hülle, LC-Display (am besten Computer-Monitor)

Arbeitsauftrag:
a) Schalten Sie das Display ein und lassen Sie eine helle Fläche anzeigen. Drehen Sie einen Polarisator vor dem Display. Beschreiben und deuten Sie Ihre Beobachtungen.
b) Halten Sie den Polarisator so vor das Display, dass kein Licht hindurchdringt. Geben Sie begründet an, was zu beobachten ist, wenn Sie den zweiten Polarisator vor bzw. hinter dem ersten drehen. Überprüfen Sie Ihre Hypothese im Experiment.
c) Halten Sie die OHP-Folie vor das Display und betrachten Sie sie dabei durch einen Polarisator. Drehen Sie einmal den Polarisator und einmal die Folie. Beschreiben Sie Ihre Beobachtungen.
d) Die OHP-Folie wirkt doppelbrechend: Licht verschiedener Polarisationsrichtungen breitet sich in ihr unterschiedlich schnell aus und wird damit unterschiedlich stark gebrochen. Es entstehen zwei Strahlen, der ordentliche und der außerordentliche. Auch bei dieser besonderen Form der Brechung tritt Dispersion auf. Erklären Sie Ihre Beobachtung vor diesem Hintergrund. Unterscheiden Sie dabei zwei Fälle:

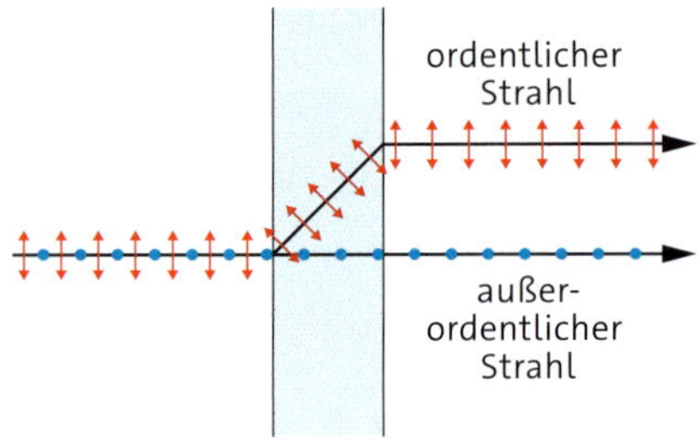

- Das Licht hat nach der Doppelbrechung eine Polarisationsrichtung wie vor dem Eintritt.
- Dies ist nicht der Fall.

e) Halten Sie den Deckel der CD-Hülle vor das hell leuchtende Display und betrachten Sie den Deckel durch einen Polarisator. Beschreiben Sie ihre Beobachtungen und stellen Sie eine Vermutung zur Deutung auf.

Material A • Polarisation durch Streuung

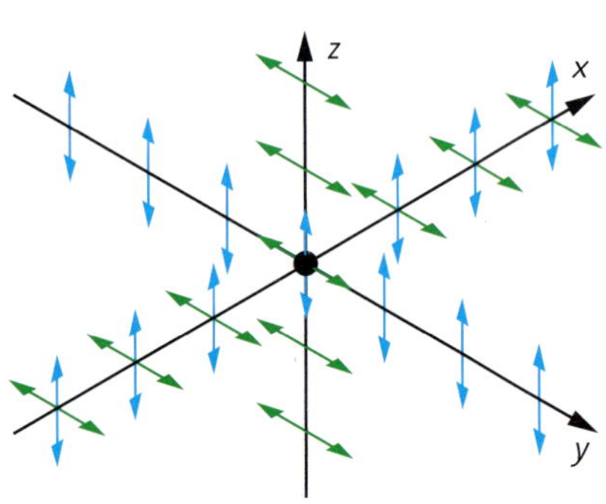

Sonnenlicht wird in der Atmosphäre durch Streuung teilweise polarisiert.

Trifft das Licht auf ein Luftmolekül, regt es dessen Elektronen zum Schwingen an. Das Molekül sendet daraufhin in der Ebene senkrecht zur Schwingungsrichtung Licht aus, dessen elektrisches Feld weiter in der ursprünglichen Richtung schwingt. Parallel zur Schwingungsrichtung sendet das Molekül kein Licht aus. Es ergibt sich linear polarisiertes Licht senkrecht zur ursprünglichen Ausbreitungsrichtung.

A1 Übertragen Sie die Abbildung in Ihr Heft, beschriften Sie diese. Erklären Sie die Entstehung von polarisiertem Licht durch Streuung.

A2 Beschreiben Sie ein Modellexperiment zum Nachweis der Polarisation durch Streuung, mithilfe von Wasserbecken, etwas Milch, Taschenlampe und Polarisator.

A3 Mehrfachstreuungen führen zu einer Reduktion der Polarisation.
a) Begründen Sie dies.
b) Erklären Sie, welchen Effekt es hat, wenn ein Fotograf einen blauen Himmel mit einzelnen Wolken durch einen Polfilter fotografiert.

Material B • LC-Display

Die Bildfläche eines LC-Displays besteht aus vielen kleinen Bildpunkten, auch Pixel genannt. Jedes Pixel setzt sich dabei aus drei benachbarten Subpixeln der Farben Rot, Grün und Blau zusammen (Abbildung links). Die Steuerung dieser Subpixel erfolgt in der Scheibe des LC-Displays. Sie enthält zwei orthogonal ausgerichtete Polarisatoren, zwischen denen sich der namensgebende Flüssigkristall (**l**iquid **c**rystal **d**isplay) befindet. Dieser kann für jedes Subpixel separat die Polarisationsrichtung der Hintergrundbeleuchtung drehen, so dass es trotz der Ausrichtung der beiden Polarisatoren durch die Scheibe hindurchtreten kann (Twisted Nematics, Abbildung Mitte). Durch Anlegen einer Spannung lässt sich variieren, wie weit die Polarisationsrichtung des Lichts gedreht wird. Eine Weiterentwicklung der Verwendung der Flüssigkristalle ist in der Abbildung rechts dargestellt (In-Plane Switching).

B1 Erklären Sie, wie die unterschiedlichen Farbeindrücke am Display erreicht werden.

B2 Meist ist ein großer Betrachtungswinkel gewünscht. Die Blickrichtung soll sich möglichst wenig auf das gesehene Bild auswirken. Vergleichen Sie die Bauformen Twisted Nematics und In-Plane Switching hinsichtlich ihrer Wirkung auf den Betrachtungswinkel.

B3 Manche Smartphones nutzen organische LEDs (OLEDs). Recherchieren Sie Vor- und Nachteile.

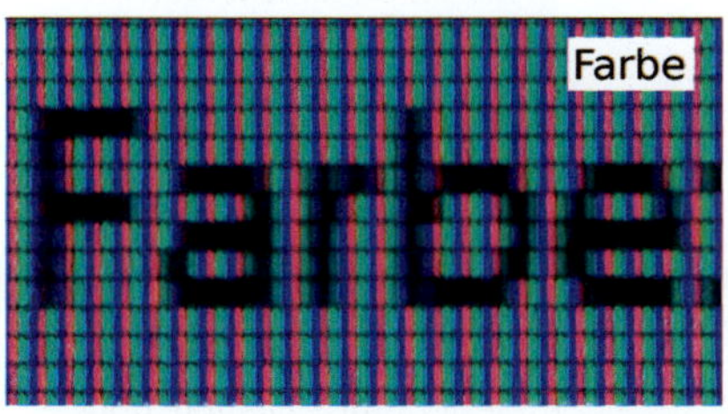

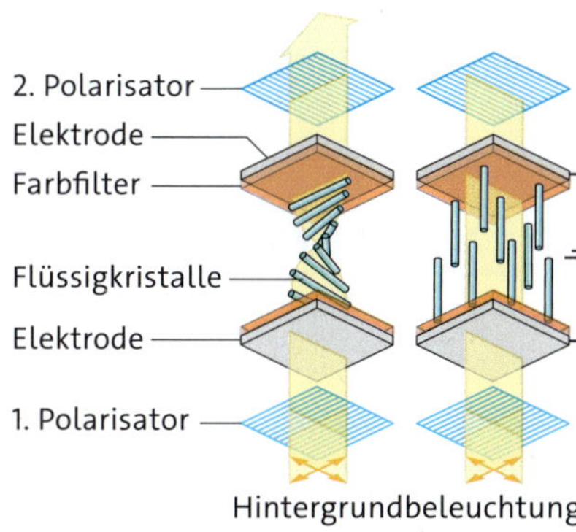

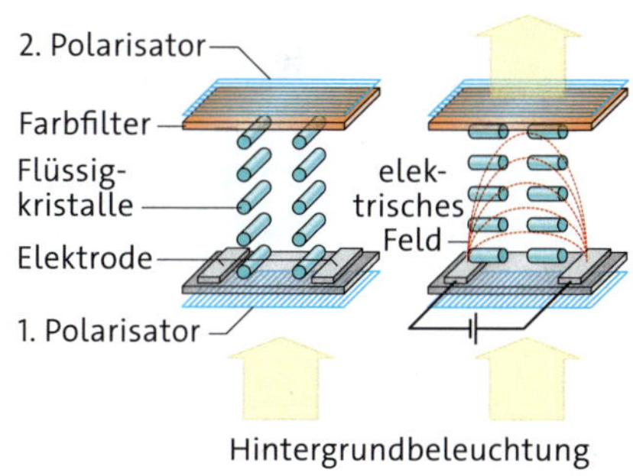

Material C • Analyse von Materialspannungen mit polarisiertem Licht

BREWSTER stellte 1816 fest, dass auch durchsichtige Materialien, die normalerweise nicht doppelbrechend wirken, diese Eigenschaft aufweisen, wenn sie mechanisch belastet werden. Er nannte dies Photoelastizität, während man heute meist von Spannungsdoppelbrechung spricht.

Die mechanischen Belastungen können bewusst hervorgerufen werden, sie können aber auch unbeabsichtigt im Herstellungsverfahren eines Werkstücks entstehen.

Licht, das in Richtung von Zugspannungen polarisiert ist, breitet sich dabei schneller aus als Licht in Richtung von Druckspannungen. Für unbelastete Bereiche ergibt sich eine mittlere Ausbreitungsgeschwindigkeit.

In der Abbildung ist eine Aufnahme eines Werkstücks aus Plexiglas zu sehen. Sie wurde mit einer Dunkelfeldanordnung im weißen Licht erstellt, d. h., man legt das Werkstück zwischen zwei orthogonal ausgerichtete Polarisatoren.

C1 Begründen Sie, warum bei der Untersuchung von Materialproben folgende Vorgaben zu beachten sind:
- Verwendung von Platten konstanter Dicke,
- Lichteinfall im rechten Winkel,
- Nutzung von polarisiertem Licht.

C2 **a)** Begründen Sie die Entstehung der farbigen Muster in der Abbildung. Nutzen Sie dazu auch die Informationen aus Versuch V2d).
b) Geben Sie eine begründete Vermutung an, an welchen Stellen des Werkstücks die mechanische Belastung besonders hoch ist.

C3 Die optische Spannungsanalyse hat eine wichtige Bedeutung in der Material- und Werkstoffprüfung. Geben Sie Schlussfolgerungen an, die sich aus entsprechenden Aufnahmen ziehen lassen.

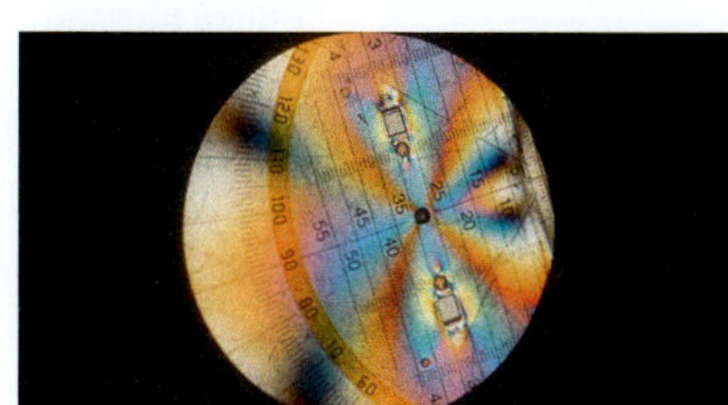

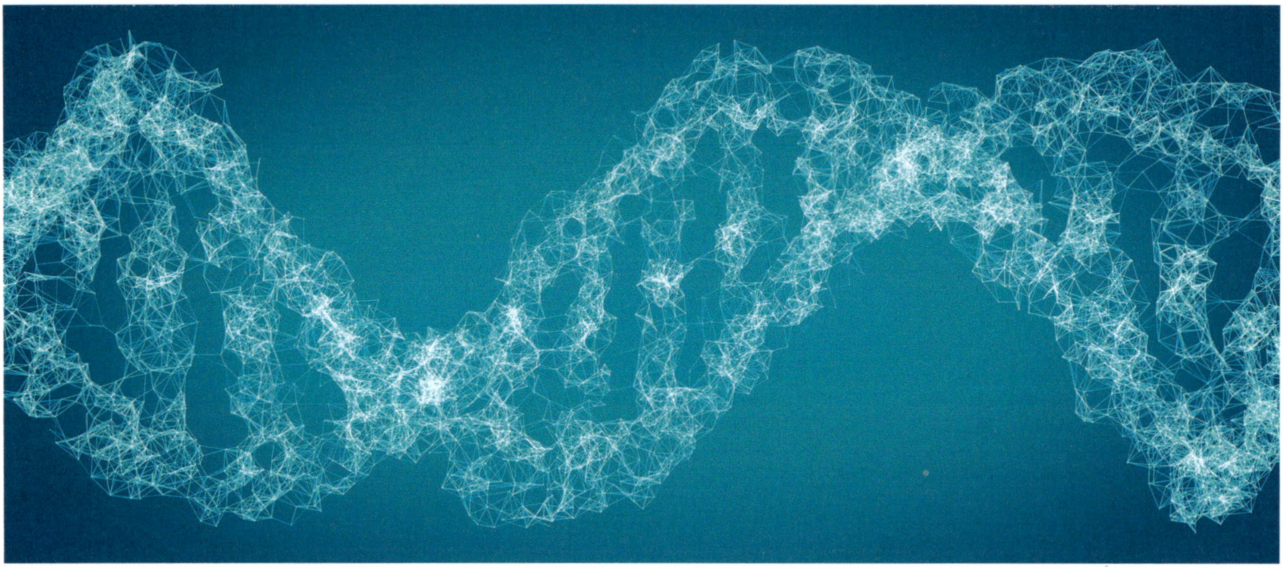

1 Struktur der DNA

Röntgenbeugung

Der Aufbau hochkomplexer Moleküle wie der DNA oder des Chitins lässt sich nicht mit einfachen Mitteln wie Mikroskopen untersuchen. Wie lässt er sich dennoch ermitteln?

2 Röntgenbeugung an kristallinem Chitin

Röntgenstrukturanalyse • Die räumliche Struktur von Molekülen können wir nicht mit sichtbarem Licht untersuchen, weil dessen Wellenlänge im Verhältnis deutlich zu groß ist. Die Untersuchung gelingt aber vielfach, wenn man Röntgenstrahlung verwendet. So auch bei der DNA, deren Struktur JAMES WATSON und FRANCIS CRICK 1953 aufgrund einer Aufnahme ähnlich der in ▸Abb. 2 bestimmen konnten.

Im Gegensatz zu sichtbarem Licht durchdringt Röntgenstrahlung viele Körper nahezu ungehindert. Unter bestimmten Winkeln lassen sich aber Reflexe messen, ähnlich der Spiegelung von Licht an Oberflächen. Im Gegensatz zu reflektiertem Licht treten die Röntgenreflexe aber nur bei ganz bestimmten Wellenlängen auf. Die entsprechenden Einfallswinkel, auch Glanzwinkel genannt, hängen nicht von der Oberfläche, sondern von der räumlichen Struktur des Körpers ab. Aus der Anordnung der Reflexe lassen sich dann Rückschlüsse auf die Struktur ziehen.

Treffen Röntgenstrahlen auf einen Röntgenfilm, so schwärzen sie ihn (▸Abb. 2).

Kristallstruktur • Um verstehen zu können, wie es zu den Röntgenreflexen kommt, betrachten wir die Situation am einfachen Kristall von Kochsalz (NaCl, ▸Abb. 3). Dieser besitzt eine periodische Struktur, die durch die Anordnung der enthaltenen Atome und ihrer Bindungen entsteht. Dabei sieht man innerhalb des Kristalls unterschiedliche Netzebenen. Benachbarte Netzebenen besitzen einen festen Abstand zueinander, der mit der Gitterkonstanten *d* bezeichnet wird.

Röntgenbeugung • Zur Untersuchung lässt man Röntgenstrahlung unter einem Winkel ϑ auf den NaCl-Kristall fallen und misst dann die Intensität der reflektierten Strahlung in Abhängigkeit von ϑ (▸Abb. 4). Dabei werden der Kristall

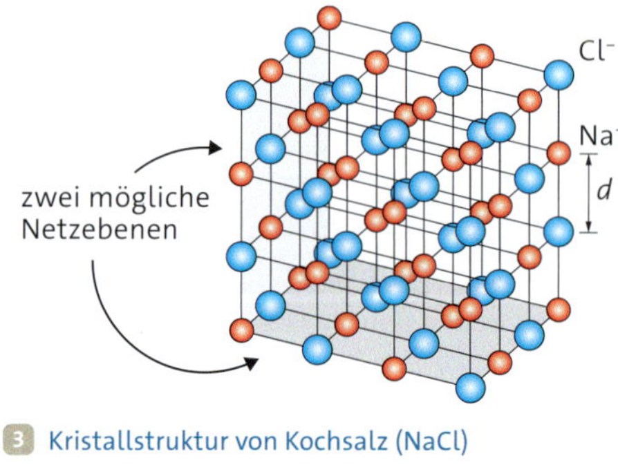

3 Kristallstruktur von Kochsalz (NaCl)

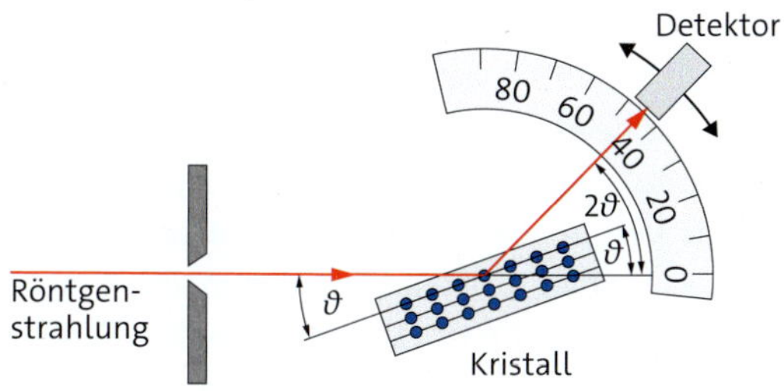

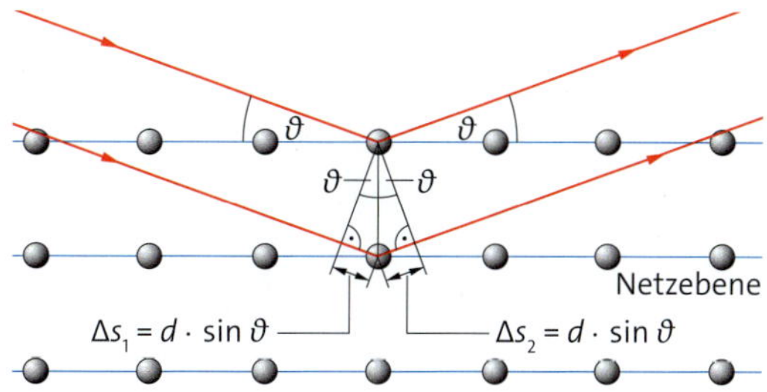

4 Röntgenbeugung an einem Kristall

5 Reflexion an den Netzebenen eines Kristalls

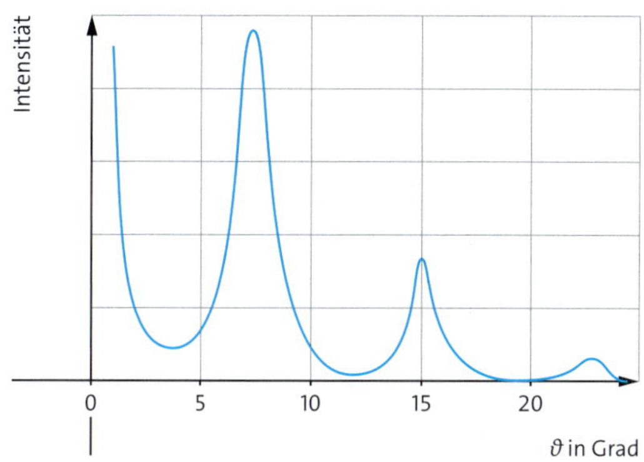

6 Winkelabhängigkeit der Reflexion am NaCl-Kristall

und der Detektor so geführt, wie es dem Reflexionsgesetz entspricht. Dies besagt, dass der Reflexionswinkel stets gleich dem Einfallswinkel ist. Damit beträgt der Winkel zwischen den Ausbreitungsrichtungen von einfallendem und reflektiertem Strahl 2ϑ.

Für die Messung in ▸Abb. 6 wurde monochromatische Röntgenstrahlung mit $\lambda = 70\,\text{pm}$ genutzt. Dabei werden nur unter bestimmten Winkeln hohe Intensitäten der reflektierten Strahlung erreicht, nämlich bei 7,4°, 15,0° und 22,9°. Außerdem werden die Intensitäten mit zunehmendem Winkel insgesamt kleiner. Der Verlauf der Messkurve erinnert ein wenig an den Intensitätsverlauf hinter einem Doppelspalt. Tatsächlich kommt es am Kristallgitter zur Beugung der Röntgenstrahlung, die nur dann auftritt, wenn die Wellenlänge der verwendeten Strahlung in der Größenordnung der Gitterkonstanten liegt.

Bragg-Reflexion • Die Ursachen der Röntgenbeugung haben WILLIAM LAWRENCE BRAGG und sein Vater WILLIAM HENRY BRAGG 1912 genauer untersucht und in der regelmäßigen Struktur der Kristalle gefunden. Dafür erhielten sie 1915 den Nobelpreis.

Trifft die elektromagnetische Welle der Röntgenstrahlung auf ein Atom, so regt sie die Elektronen zur Aussendung von Strahlung gleicher Frequenz an. Von dem Atom gehen entsprechend dem Huygensschen Prinzip neue Elementarwellen aus. Wie beim Auftreffen einer Wasserwelle auf eine Grenzfläche kommt es in derjenigen Richtung zu konstruktiver Interferenz, für die der Reflexionswinkel gleich dem Einfallswinkel ist.

Im Kristall kommt es außerdem zur Reflexion an mehreren Gitterebenen, was zu weiteren Interferenzen führt. Wellen, die an benachbarten Netzebenen reflektiert werden (▸Abb. 5), haben dabei einen Gangunterschied von

$$\Delta s = \Delta s_1 + \Delta s_2 = 2d \cdot \sin\vartheta.$$

Konstruktive Interferenz ergibt sich also für

$$n \cdot \lambda = 2d \cdot \sin\vartheta \text{ mit } n = 1,2,3 \ldots$$

Diese Interferenzbedingung wird als Bragg-Bedingung bezeichnet. Die Glanzwinkel ϑ, unter denen die Maxima n-ter Ordnung gemessen werden, ergeben sich aus

$$\sin\vartheta = n \cdot \frac{\lambda}{2d}.$$

Trifft Röntgenstrahlung einer Wellenlänge λ unter einem Winkel ϑ auf parallele Netzebenen im Abstand d, dann kommt es zu konstruktiver Interferenz, wenn die Bragg-Bedingung
$n \cdot \lambda = 2d \cdot \sin\vartheta$ mit $n = 1,2,3 \ldots$
erfüllt ist.

1 Bragg-Reflexion ($\lambda = 70\,\text{pm}$) an einem LiF-Kristall liefert den Glanzwinkel 10°.
a) Berechnen Sie den Netzebenenabstand d.
b) Berechnen Sie die Winkel zweiter und dritter Ordnung.

Monochromatische Strahlung umfasst nur eine Wellenlänge.

Die Möglichkeit zur Beugung von Röntgenstrahlung an Kristallen wurde 1912 durch MAX VON LAUE postuliert, da er von einer Wellennatur der Strahlung ausging. Nach dem gelungenen Nachweis durch zwei seiner Assistenten erhielt VON LAUE 1914 den Nobelpreis für Physik.

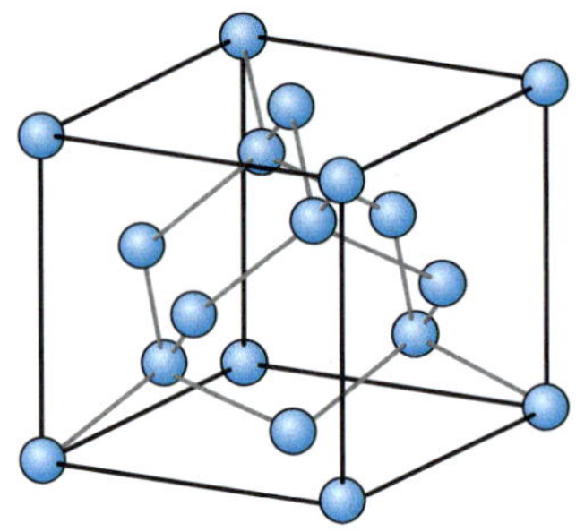

1 Kristallstruktur von Silicium

Komplexere Strukturen • Die zuvor beschriebene Methode eignet sich gut, um mit einem bekannten Kristall die Glanzwinkel aufzufinden und so z.B. die Wellenlänge der genutzten Röntgenstrahlung zu bestimmen. Zur Strukturuntersuchung komplexerer Kristalle wie in ▸Abb.1 ist sie aber ungeeignet.

Laue-Verfahren • Bei diesem 1912 von WALTER FRIEDRICH und PAUL KNIPPING durchgeführten Verfahren wird Röntgenstrahlung mit einem breiten Spektrum an einem drehbar gelagerten Einkristall der zu untersuchenden Probe gebeugt. Hierbei gibt es zu jeder möglichen Netzebene Strahlung mit passender Wellenlänge, die die Bragg-Bedingung erfüllt. Somit erzeugt jede Ebene des Kristalls einen punktförmigen Reflex im Beugungsbild (▸Abb.3 A).
Aus der Winkelverteilung der Reflexe kann mithilfe mathematischer Verfahren auf die Kristallstruktur geschlossen werden. Da man nicht weiß, welcher Reflex zu welcher Wellenlänge gehört, ist dies allerdings sehr aufwändig.

Ein Einkristall besteht aus einem durchgehenden, gleichmäßigen Kristallgitter. Dagegen besteht ein Polykristall aus vielen Einzelkristallen, in denen die Kristallgitter unterschiedlich ausgerichtet sind.

Debye-Scherrer-Verfahren • Einfacher ist das von PETER DEBYE und PAUL SCHERRER 1917 entwickelte Verfahren, bei dem monochromatische Röntgenstrahlung eine polykristalline Probe durchstrahlt. Die darin enthaltenen kleinen Kristalle liegen in allen möglichen Richtungen vor, sodass der einfallende Röntgenstrahl unter vielen verschiedenen Winkeln auftrifft. Daher gibt es immer Kristalle, an denen die Bragg-Bedingung erfüllt ist. Da außerdem zu jedem Glanzwinkel Kristalle in allen Raumrichtungen vorliegen, entsteht senkrecht zum einfallenden Röntgenstrahl ein Beugungsbild aus konzentrischen Ringen (▸Abb.2 und 3 B).
Aus den Radien der Debye-Scherrer-Ringe lassen sich die zugehörigen Glanzwinkel berechnen. Außerdem liefern die relativen Intensitäten Auskunft darüber, zu welcher Beugungsordnung ein Ring gehört. Damit können auch die Abstände der Netzebenen im Kristall bestimmt werden.

Insgesamt lassen sich Daten von polykristallinen Proben leichter interpretieren als Daten von Einkristallen. Allerdings kommt es beim Debye-Scherrer-Verfahren durch die Überlagerung von Beugungsmaxima zu Informationsverlusten, so dass die Ergebnisse letztlich weniger genau sind als beim Laue-Verfahren.

Analyse komplexer Moleküle • Zur Analyse komplexer biologischer Makromoleküle wie der eingangs genannten DNA sind die betrachteten Verfahren beide nicht geeignet. Stattdessen kombiniert man ihre Eigenschaften. Meist wird ein Einkristall mit monochromatischer Röntgenstrahlung bestrahlt. Um die Bragg-Bedingung trotzdem für alle Netzebenen erfüllen zu können, wird dieser Einkristall dann schrittweise gedreht und eine Vielzahl von Aufnahmen erstellt.

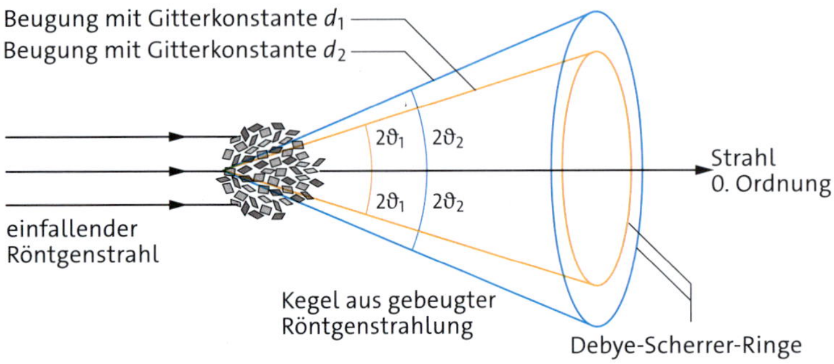

2 Entstehung der Beugungsringe

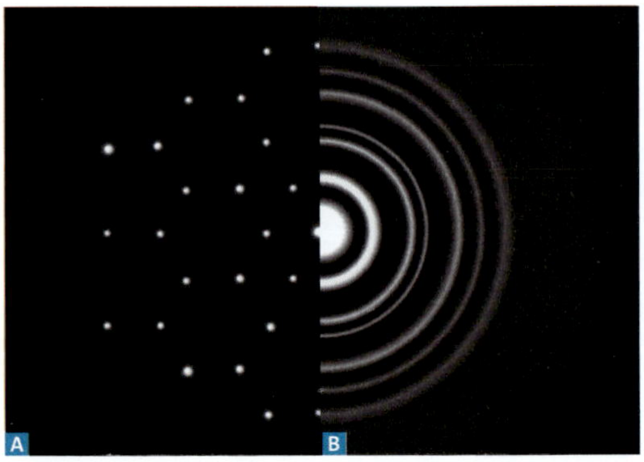

3 Beugungsbild: Einkristall und Polykristall, schematisch

Versuch A • Beugung von Ultraschall

V1 Bragg-Reflexion mit Ultraschall

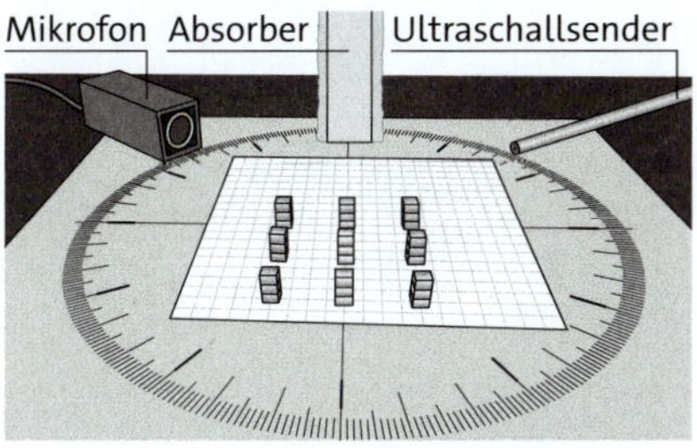

Material:
Ultraschallsender mit Netzgerät (40 kHz), Mikrofon mit Messgerät, Absorber aus Kunstpelz, neun Streuzentren (z. B. Magnete mit Metallplatte), optische Scheibe, kariertes Papier

Arbeitsauftrag:

a) Bauen Sie den Versuch wie in der Abbildung mit einem Abstand von 2 cm zwischen den Magneten auf der Metallplatte auf. Nutzen Sie den Hochpassfilter am Ultraschallsender.

b) Geben Sie an, worauf Sie bei der Positionierung von Sender, Empfänger und Absorber achten müssen.

c) Berechnen Sie die nach der Bragg-Bedingung zu erwartenden Winkel für die Maxima erster bis vierter Ordnung. Stellen Sie den Absorber auf und positionieren Sie Sender und Mikrofon jeweils entsprechend des Maximums vierter Ordnung. Überprüfen Sie, ob Sie ein Maximum detektieren und optimieren Sie bei Bedarf die Position des Absorbers.

d) Messen Sie die Intensität der reflektierten Ultraschallwelle in Abhängigkeit vom Winkel. Dabei sind Winkel kleiner 30° leider nicht realisierbar, da Sie die direkte Beschallung des Mikrofons dann nicht vermeiden können.

e) Stellen Sie Ihre Messungen in einem $I(\vartheta)$-Diagramm dar. Vergleichen Sie die Positionen der Maxima mit Ihren Berechnungen.

f) Nutzen Sie statt der drei Reihen mit Magneten auch zwei bzw. eine. Stellen Sie ihre Ergebnisse wieder grafisch dar und vergleichen Sie. Versuchen Sie, die Unterschiede zu erklären.

Material A • Untersuchung der Zusammensetzung von Muschelschalen

Muschelschalen bestehen aus Kalk, also aus Calciumcarbonat ($CaCO_3$). Es liegt dort in zwei Varianten mit unterschiedlicher Kristallstruktur vor: Aragonit ist der Hauptbestandteil von Perlmutt, während Calcit in der äußeren Muschelschicht überwiegt. Zwischen beiden Bereichen liegt eine organische Trennschicht. Die genaue Struktur und Zusammensetzung der Schale ist ebenso abhängig von der Muschelart wie von ihren Lebensbedingungen. Daher können sich die Anteile von Aragonit und Calcit auch im Laufe des Lebens einer Muschel ändern. Aus den Schalen einer langlebigen Muschel kann man so Informationen über die Entwicklung klimatischer Verhältnisse erhalten. Dies ist besonders bei fossilen Schalen interessant.

A1 In der Abbildung oben ist die Kristallstruktur von Calcit dargestellt, in der Abbildung A dreidimensional, in der Abbildung B von vorn betrachtet. Die Netzebenen, an denen die Bragg-Reflexion erfolgte, sind eingezeichnet.

a) Berechnen Sie die Gitterkonstante d_1. Für die andere Konstante gilt $d_2 = 0{,}324\,\text{nm}$.

b) Die beiden Gitterkonstanten führen zu Röntgenreflexen, die sehr dicht beieinander liegen. Berechnen Sie daher eine mittlere Gitterkonstante d.

c) Ermitteln Sie anhand der Abbildung unten die Wellenlänge der verwendeten Röntgenstrahlung.

A2 Schlagen Sie ein Vorgehen vor, wie aus einer solchen Messung die Anteile von Aragonit und Calcit bestimmt werden können.

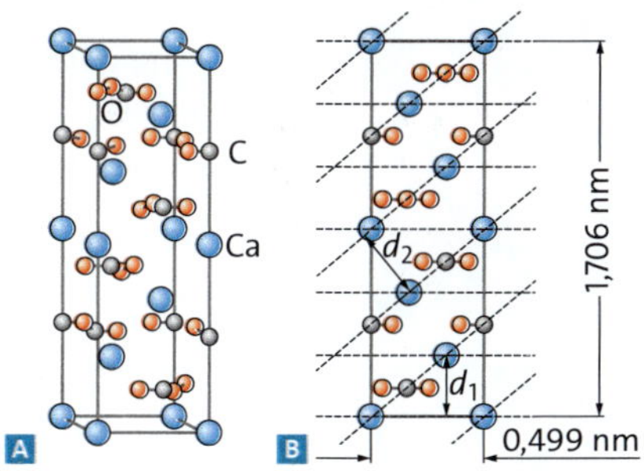

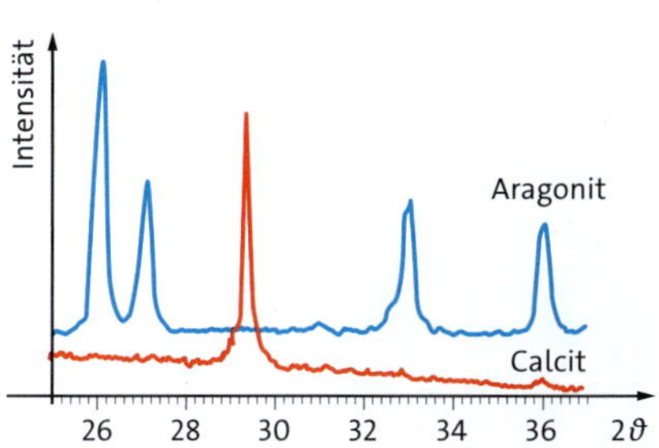

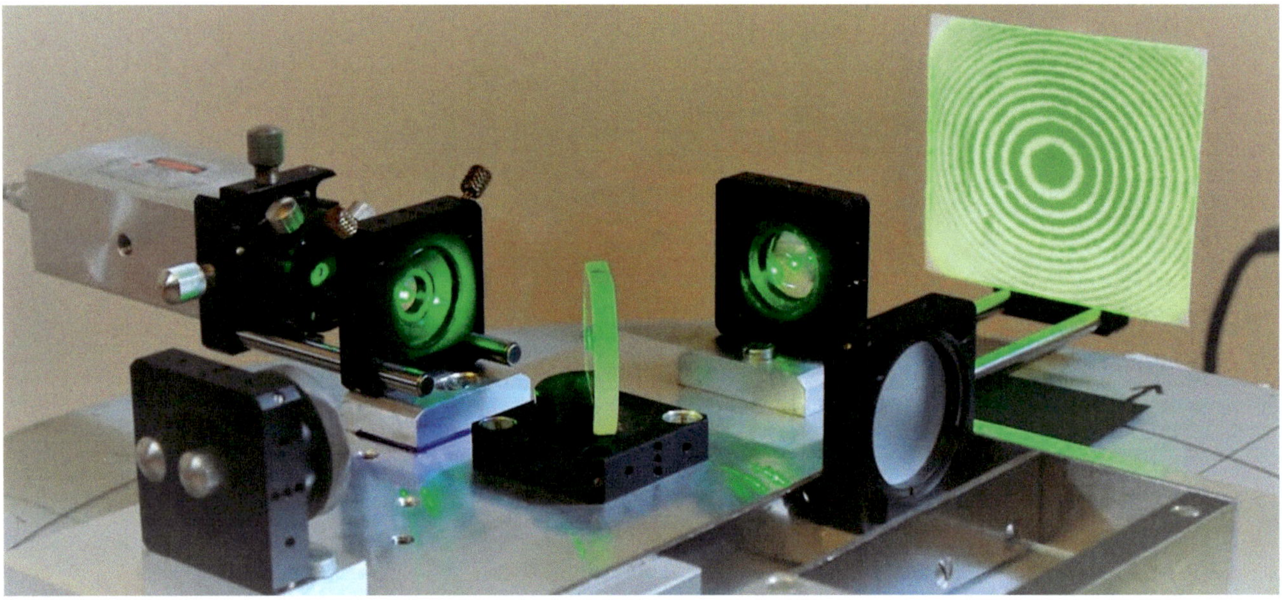

1 Michelson-Interferometer

Interferenzen nutzen

2 Wechsel des Interferenzmusters durch Längenänderung

Interferenzen können sehr vielfältig genutzt werden, um z. B. Längenänderungen, Materialdicken oder Wellenlängen zu messen. Dabei ermöglicht das Michelson-Interferometer besonders genaue Messungen. Wie wird dies erreicht?

Michelson-Interferometer • In dem von ALBERT MICHELSON (1852–1931) entwickelten Aufbau (▸Abb. 3) wird ein Lichtbündel an einem halbdurchlässigen Spiegel aufgeteilt und anschließend wieder zusammengeführt, sodass die Teilbündel interferieren. Sind die Weglängen l_1 und l_2 der beiden Arme des Interferometers gleich lang, ergibt sich im Zentrum des kreisförmigen Interferenzmusters ein Maximum (▸Abb. 1).

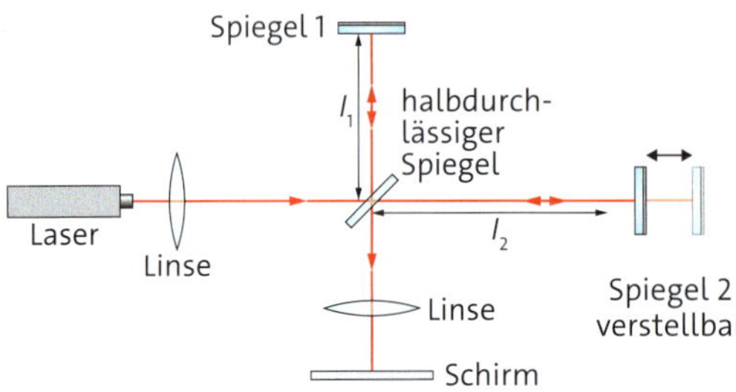

3 Prinzipieller Aufbau des Michelson-Interferometers

Ändert man die Weglänge eines Arms durch Verstellen des äußeren Spiegels um Δl, dann ergibt sich ein Gangunterschied d zwischen beiden Strahlen, der zur Änderung des Interferenzmusters führt. Dabei gilt

$$d = 2 \cdot \Delta l.$$

Wird die Position des Spiegels langsam verändert, dann scheinen die Interferenzringe langsam nach außen zu wandern (▸Abb. 2). Aus der Anzahl k der durchlaufenden Maxima lässt sich bei bekannter Wellenlänge des Lasers die Änderung der Armlänge berechnen:

$$d = 2\,\Delta l = k \cdot \lambda, \text{ also } \Delta l = k \cdot \frac{\lambda}{2} \text{ mit } k = 1, 2, 3 \ldots$$

Verändert man die Weglänge eines Arms des Michelson-Interferometers um die Länge Δl, dann bewegen sich k Interferenzringe nach außen und es gilt $\Delta l = k \cdot \frac{\lambda}{2}$.

Dieser Zusammenhang wird u.a. zur Messung kleiner Längen genutzt, wenn die wie beim Echolot genutzte Laufzeitmethode zu ungenau wird. Dies gilt z. B. für die sehr genaue Ausrichtung von

Körpern im Windkanal oder auch zur Vermessung der thermischen Ausdehnung von Metallen.
Bei reflektierenden Oberflächen und der Verwendung von weißem Licht ist sogar die Vermessung von Oberflächenstrukturen im Bereich von Nanometern möglich. Hier führen die wechselnden Gangunterschiede zu farbigen Mustern (▸Abb. 6).

Wellenlänge von Mikrowellen • Anders als bisher betrachtet kann auch die Wellenlänge der genutzten Strahlung aus einer bekannten Längenänderung gefolgert werden. Dies lässt sich z.B. zur Vermessung von Mikrowellen nutzen. Sender und Detektor müssen dabei entsprechend ausgetauscht werden, außerdem werden der halbdurchlässige Spiegel durch eine Glasscheibe oder Hartfaserplatte und die äußeren Spiegel durch Metallplatten ersetzt.
Das Verschieben einer Metallplatte führt dann zu wechselnden Minima und Maxima im Mikrowellendetektor. Die Wellenlänge der Strahlung lässt sich anhand der bereits hergeleiteten Beziehung zur Verschiebungsstrecke ermitteln. Aus den in ▸Tabelle 4 angeführten Messdaten aufeinanderfolgender Maxima und Minima ergibt sich eine Wellenlänge von etwa 3,2 cm.

Die Suche nach einem Lichtäther • Das Michelson-Interferometer hat aber auch einen wichtigen Beitrag bei der Erforschung der Natur des Lichts geleistet. Als sich die Erkenntnisse über die Wellennatur des Lichts durchsetzten, vermutete man einen Träger dieser Wellen, ähnlich wie bei Schallwellen. Dieser wurde als Äther bezeichnet und in ihm sollte sich das Licht mit *c* bewegen. Da sich die Erde gemäß dieser Theorie relativ zum Äther bewegt, ergeben sich je nach Blickrichtung unterschiedliche Relativgeschwindigkeiten zwischen Erde und Licht.
Dies soll eine Analogie verdeutlichen (▸Abb. 5): Zwei gleich starke Schwimmer starten ein Wettschwimmen von Punkt A auf einer Insel. Sie schwimmen dabei die gleiche Strecke bis zu ihrem Endpunkt B und wieder zurück. Dabei schwimmt einer parallel zur recht schwachen Strömung *v* des Flusses, der andere senkrecht dazu. Doch trotz gleicher Weglänge $2\overline{AB}$ und gleicher Schwimmgeschwindigkeit *c* werden die beiden nicht gleichzeitig ankommen.

Δl in cm	0	0,8	1,6	2,4	3,2	3,9
U in mV	210	25	210	30	215	32

4 Messwerte zur Intensität der Mikrowellenstrahlung

Während hier das Wasser das Medium ist, in dem sich der Schwimmer bewegt, ist der Äther das hypothetische Medium, in dem sich das Licht bewegt. Der Beobachter befindet sich auf der Insel bzw. auf der Erde.
MICHELSON wollte den Äther mithilfe seines Interferometers nachweisen und führte zusammen mit EDWARD MORLEY 1887 das Michelson-Morley-Experiment durch. Dazu bauten sie ein Interferometer, das erschütterungsfrei gedreht werden konnte und durch mehrfache Spiegelungen eine Armlänge von 11 m erreichte. Sie richteten es so aus, dass der eine Arm parallel zur Erdbewegung verlief und der andere senkrecht dazu. Dann drehten sie die Anordnung um 90° und erwarteten aufgrund der in ▸Abb. 5 dargestellten Unterschiede in den Relativgeschwindigkeiten eine Änderung des Gangunterschieds und damit auch des Interferenzmusters. – Zu ihrer großen Enttäuschung war dies aber nicht der Fall. Sie konnten keine Bewegung der Erde relativ zum Äther nachweisen.

Licht und andere elektromagnetische Wellen besitzen keinen Träger wie Schallwellen.

1 Erklären Sie, warum das Interferenzmuster in ▸Abb. 7 aus konzentrischen Kreisen besteht und nicht nur aus einem zentralen Lichtfleck.

2 Bestätigen Sie anhand von ▸Tabelle 4 die im Text angegebene Wellenlänge der Mikrowellenstrahlung.

6 Wasserläufer im Weißlichtinterferometer

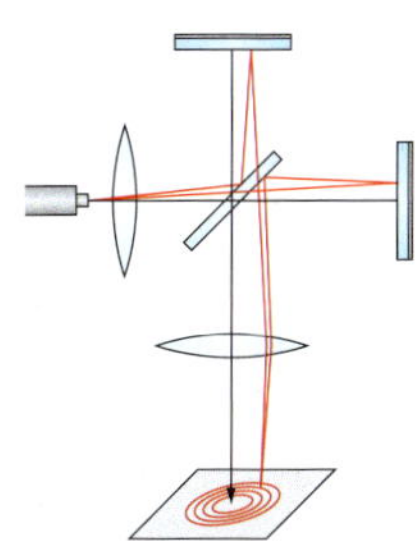
7 Strahlenverlauf im Interferometer

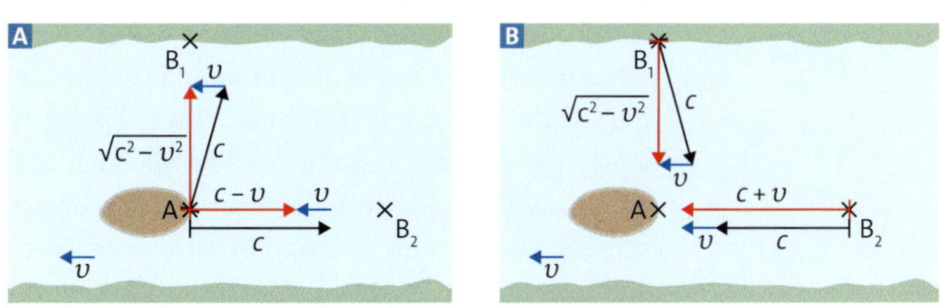

5 Geschwindigkeiten in der Analogie: **A** Hinweg, **B** Rückweg

1 Luftaufnahme des LIGO-Interferometer in Livingston

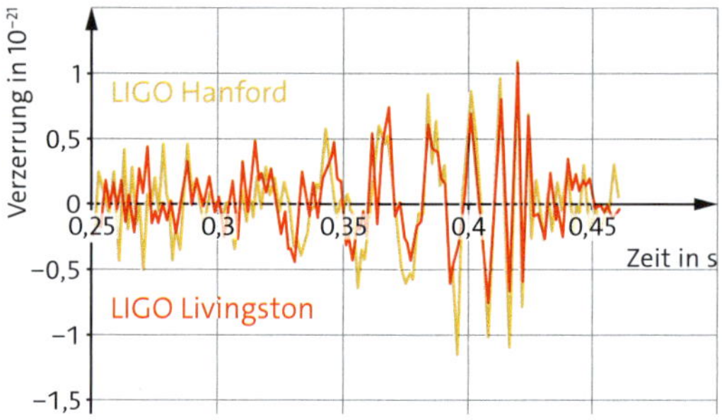

2 LIGOs Messdaten der Gravitationswelle von 2015

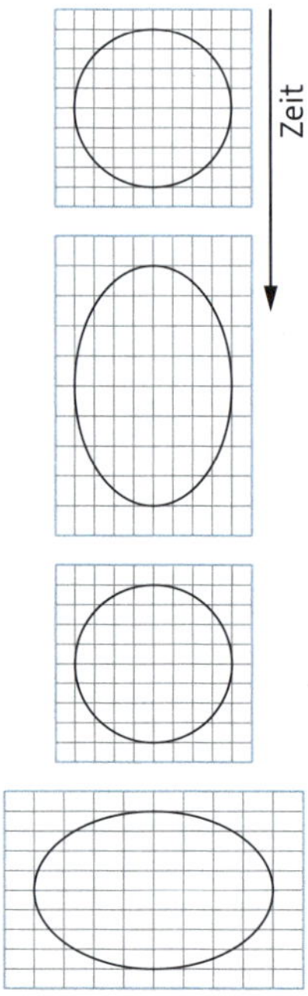

3 Wirkung einer Gravitationswelle auf einen Kreis

Der Durchmesser eines Protons beträgt $1{,}7 \cdot 10^{-15}$ m.

Gravitationswellen • Das größte Interferometer der Welt (▸Abb. 1) steht in Livingston, USA, und gehört zum LIGO-Observatorium. Es besitzt eine Armlänge von 4 km. Vielfache Spiegelungen des Laserlichts sorgen sogar für eine effektive Armlänge von über 1100 km.

Am LIGO konnten 2015 erstmals die bereits hundert Jahre zuvor von Einstein postulierten Gravitationswellen experimentell erfasst werden, wofür 2017 der Nobelpreis vergeben wurde.

Gravitationswellen werden von kompakten, unsymmetrischen, stark beschleunigten Körpern abgestrahlt. Dies ist z. B. der Fall, wenn sich zwei schwarze Löcher umkreisen, bevor sie verschmelzen. Die Gravitationswellen bewirken Verzerrungen des Raumes (▸Abb. 3) und breiten sich mit Lichtgeschwindigkeit aus. Ihre Amplituden sind extrem klein und somit sehr schwer zu messen.

Im Falle der Messung von 2015 geht man davon aus, dass die Gravitationswelle durch die Fusion zweier schwarzer Löcher in einer Entfernung von 1,3 Mrd. Lichtjahren zur Erde verursacht wurde. Mit einer Wellenlänge von etwa 1000 km verursachte die Gravitationswelle in Livingston eine Änderung der Armlänge von nur ca. 10^{-19} m. Dies reichte aber aus, um die sonst am Detektor auftretende destruktive Interferenz aufzuheben.

Die Messung wurde vom zweiten Interferometer des LIGO bestätigt, das 3000 km nordwestlich in Hanford (USA) liegt. An den Daten in ▸Abb. 2 lässt sich ablesen, wie die Periodendauer der Rotation der beiden schwarzen Löcher sinkt. Dadurch steigt die Beschleunigung und damit auch die Amplitude der Gravitationswelle. Sobald die Verschmelzung zu einem symmetrischen schwarzen Loch erfolgt ist, wird keine Gravitationswelle mehr ausgesandt.

Gase im Interferometer • Ein Michelson-Interferometer ermöglicht auch die Untersuchung der Brechungseigenschaften von Gasen. Dazu stellt man zwei gleichartige geschlossene und durchsichtige Gefäße, Küvetten genannt, in die Strahlengänge der beiden Arme. Die eine Küvette ist evakuiert, während die andere langsam mit dem zu untersuchenden Gas gefüllt wird. Da die Ausbreitungsgeschwindigkeit des Lichts im Gas kleiner ist als im Vakuum, verlängert sich die Laufzeit in diesem Arm. Folglich nimmt der Gangunterschied der Strahlen am Detektor zu und das Interferenzmuster verschiebt sich.

Zur Auswertung der Laufzeitunterschiede nutzt man die Brechzahl n_1 der Probe. Diese gibt an, wie stark die Ausbreitungsgeschwindigkeit von Licht in diesem Medium von der Geschwindigkeit c_0 im Vakuum abweicht:

$$n_1 = \frac{c_0}{c_1} = \frac{\lambda_0}{\lambda_1}.$$

Wird eine Küvette der Länge s mit Gas gefüllt, dann verschiebt sich das Interferenzmuster während des Einfüllens der Probe um k Maxima. Somit ergibt sich aus der optischen Verlängerung des Weges durch das Gas der Gangunterschied

$$d = \left(2 \cdot s \cdot \frac{c_0}{c_1} - s\right) = 2s \cdot (n_1 - 1) = k \cdot \lambda.$$

Daraus folgt dann für die Brechzahl des Gases

$$n_1 = \frac{k \cdot \lambda}{2 \cdot s} + 1.$$

und damit dann die Lichtgeschwindigkeit im Gas. Wird beispielsweise eine 1,20 cm lange Küvette bis zum Normaldruck mit CO_2 gefüllt, dann laufen etwa 14 Maxima über das Interferenzmuster eines roten Lasers der Wellenlänge 633 nm. Daraus ergibt sich für CO_2 bei dieser Wellenlänge eine Brechzahl von 1,00037, was in etwa dem Literaturwert von 1,00041 entspricht.

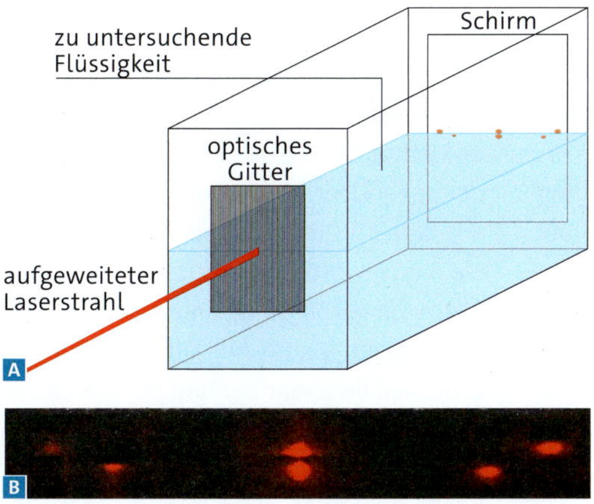

4 Versuch zur Bestimmung der Lichtgeschwindigkeit in Flüssigkeiten: **A** Aufbau, **B** Interferenzbild

Das Interferometer ermöglicht die Detektion von sehr kleinen Änderungen der Brechzahlen, die z.B. Auskünfte über die Änderungen von Druck und Temperatur in Gasen geben können.

Lichtgeschwindigkeit in Flüssigkeiten • Eine einfache Methode zur Bestimmung der Lichtgeschwindigkeit ist in ▸Abb. 4 A dargestellt. Das Lichtbündel verläuft hinter dem Gitter teilweise durch die zu untersuchende Flüssigkeit und teilweise durch Luft. Aus dem Vergleich der Beugungsmuster lässt sich dann die Lichtgeschwindigkeit in der Flüssigkeit ermitteln.
Hierzu vergleichen wir zunächst einmal die Abstände der Maxima gleicher Ordnung (▸Abb. 4 B) miteinander. In ▸Abb. 4 gilt

$$d_{\text{Luft}} = \frac{4}{3} \cdot d_{\text{Flüssigkeit}}.$$

Da hier die Kleinwinkelnäherung genutzt werden kann, folgt daraus

$$\frac{n \cdot \lambda_{\text{Luft}} \cdot a}{g} = \frac{4}{3} \cdot \frac{n \cdot \lambda_{\text{Flüssigkeit}} \cdot a}{g}.$$

und mit $c = \lambda \cdot f$ und f = konstant ergibt sich

$$c_{\text{Flüssigkeit}} = \frac{\lambda_{\text{Flüssigkeit}}}{\lambda_{\text{Luft}}} \cdot c_{\text{Luft}} = \frac{3}{4} \cdot c_{\text{Luft}}.$$

Da schließlich $c_{\text{Luft}} \approx 2{,}997 \cdot 10^8 \, \frac{\text{m}}{\text{s}}$ gilt, folgt somit in der Flüssigkeit eine Lichtgeschwindigkeit von $2{,}248 \cdot 10^8 \, \frac{\text{m}}{\text{s}}$.

Debye-Sears-Effekt • Auch Schallgeschwindigkeiten in Flüssigkeiten lassen sich mithilfe von Interferenzen recht einfach bestimmen. 1932 zeigten PETER DEBYE und FRANCIS SEARS, dass sich die periodischen Dichteänderungen, die Ultraschallwellen in einer Flüssigkeit verursachen, als Beugungsgitter nutzen lassen. Dabei sinkt bzw. steigt die Brechzahl der Flüssigkeit mit dem Druck. Der Abstand zwischen benachbarten Bereichen gleichen Drucks kann als Gitterkonstante aufgefasst werden. Diese entspricht also der Wellenlänge der Ultraschallwellen. Fällt Licht auf dieses Gitter, lassen sich aus dem Interferenzbild die Wellenlänge der Schallwellen und die Schallgeschwindigkeit in der Flüssigkeit ermitteln.

In dem in ▸Abb. 5 dargestellten Aufbau ist x_n der Abstand zwischen den beiden Maxima n-ter Ordnung. Damit gilt für den Beugungswinkel α_n wie bei der Beugung an einem Strichgitter

$$\sin \alpha_n = \frac{n \cdot \lambda_{\text{L}}}{g} = \frac{n \cdot \lambda_{\text{L}}}{\lambda_{\text{US}}} \quad \text{und} \quad \tan \alpha_n = \frac{x_n}{2a}$$

mit der Wellenlänge des Lasers λ_{L} und der Wellenlänge des Ultraschalls λ_{US}. Da α_n sehr klein ist, gilt die Kleinwinkelnäherung und damit

$$\frac{n \cdot \lambda_{\text{L}}}{\lambda_{\text{US}}} = \frac{x_n}{2a}.$$

Damit folgt für die Wellenlänge des Ultraschalls

$$\lambda_{\text{US}} = \frac{2n \cdot a}{x_n} \cdot \lambda_{\text{L}}$$

und für die gesuchte Schallgeschwindigkeit

$$c = \lambda_{\text{US}} \cdot f_{\text{US}} = \frac{2n \cdot a}{x_n} \cdot \lambda_{\text{L}} \cdot f_{\text{US}}.$$

1 Bestimmen Sie anhand der Rechnung zu ▸Abb. 4 die Brechzahl der Flüssigkeit und leiten Sie daraus ab, um welche Flüssigkeit es sich handelt. Nutzen Sie $n_{\text{Luft}} \approx 1{,}0003$.

2 In Wasser steigt die Schallgeschwindigkeit mit zunehmender Temperatur. Erläutern Sie, wie sich das Interferenzbild dadurch ändert.

Durchquert Licht ein Medium, bleibt die Frequenz unverändert, Wellenlänge und Geschwindigkeit ändern sich jedoch. Auch der Farbeindruck ändert sich nicht, sodass bspw. rotes Licht mit einer bestimmten Wellenlänge in Luft in einem anderen Medium eine andere Wellenlänge hat.

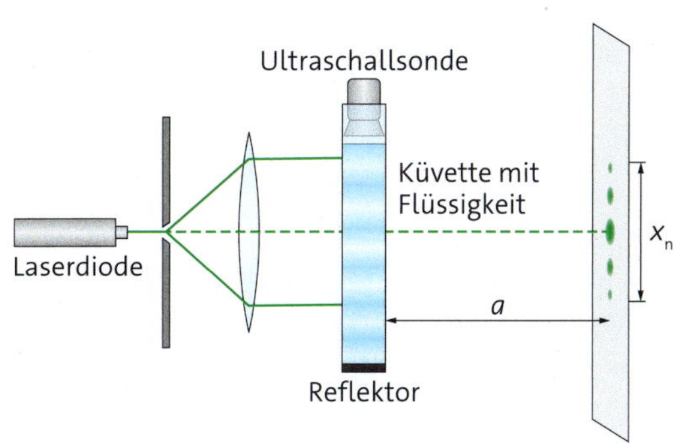

5 Aufbau zum Debye-Sears-Effekt

Versuch A • Wellenlängen experimentell ermitteln

V1 Ultraschall-Interferometer

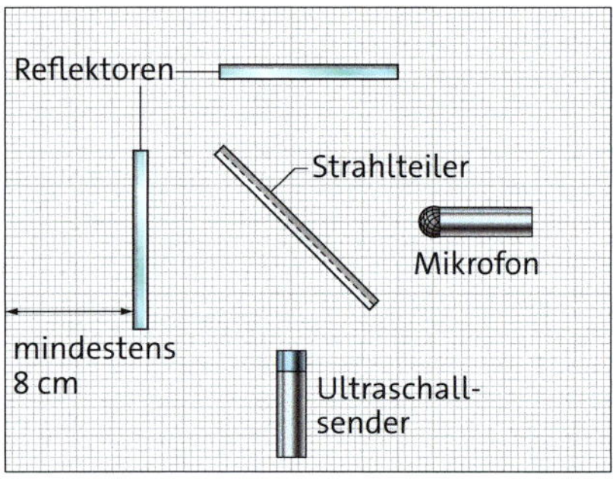

Material:
Ultraschallsender (40 kHz) mit Netzgerät, Mikrofon mit Messgerät (z. B. Multimeter), Strahlteiler, zwei Reflektoren, Millimeterpapier

Arbeitsauftrag:
a) Bauen Sie den Versuch wie in der Abbildung auf. Achten Sie dabei auf die Positionierung der Komponenten. Insbesondere die Reflektoren und der Strahlteiler müssen sehr sorgfältig am Millimeterpapier ausgerichtet werden. Begründen Sie dies.
b) Verschieben Sie einen Reflektor langsam parallel, bis Sie mit dem Mikrofon ein Maximum detektieren. Markieren Sie diese Position des Reflektors und notieren Sie die gemessene Spannung.
c) Verschieben Sie den Reflektor weiter und markieren Sie die Positionen möglichst vieler Maxima.
d) Ermitteln Sie aus Ihren Daten möglichst genau die Wellenlänge des Ultraschalls. Vergleichen Sie mit dem Wert gemäß den Herstellerangaben. Beachten Sie dabei die Raumtemperatur.
e) Schätzen Sie die Ungenauigkeit ihrer Messung ab.

V2 Schall von zwei Sendern

Material:
Zwei Ultraschallsender mit gemeinsamem Betriebsgerät (40 kHz), Mikrofon mit Messgerät (z. B. Multimeter), Millimeterpapier

Arbeitsauftrag:
a) Richten Sie die beiden Sender einander gegenüber im Abstand von ca. 18 cm auf dem Millimeterpapier aus. Schieben Sie das Mikrofon senkrecht dazu an die Mitte der Verbindungslinie heran.
b) Bewegen Sie das Mikrofon seitlich zwischen den Sendern und markieren Sie die Positionen der Maxima.
c) Begründen Sie die Entstehung des beobachteten Musters.
d) Ermitteln Sie aus Ihren Daten möglichst genau die Wellenlänge des Ultraschalls. Vergleichen Sie mit dem Wert gemäß den Herstellerangaben. Beachten Sie dabei die Raumtemperatur.
e) Schätzen Sie die Ungenauigkeit ihrer Messung ab.
f) Erklären Sie, was sich ändern wird, wenn Sie den Abstand der Sender leicht ändern. Überprüfen Sie dies.
g) Erklären Sie, was sich ändern wird, wenn Sie eine niedrigere Frequenz nutzen (z. B. 25 kHz).

Material A • Schallgeschwindigkeit in Wasser

Misst man die Schallgeschwindigkeit in Wasser mithilfe des Debye-Sears-Effekts, lassen sich auch Parameter wie Wassertemperatur oder Salzgehalt ändern. Für die Messungen wird Licht der Wellenlänge 546 nm genutzt. Der Abstand zum Schirm beträgt 50,0 cm. Der Abstand zwischen Maxima gleicher Ordnung wird mithilfe einer Lupe an einer sehr genauen Skala abgelesen.

Temperatur in °C	20	20	20	20	10
Salzgehalt in $\frac{g}{L}$	0	0	40	100	0
f_{US} in MHz	6,6	6,1	6,1	6,1	6,1
x_1 in mm	2,45	2,25	2,20	2,09	2,30
x_2 in mm	4,83	4,49	4,42	4,16	4,58
x_3 in mm	7,30	6,77	6,62	6,28	6,91
x_4 in mm	9,79	8,96	8,81	8,40	9,21

A1 Werten Sie die Daten aus der Tabelle aus. Gehen Sie folgendermaßen vor:
a) Vergewissern Sie sich, dass die Kleinwinkelnäherung hier angewendet werden darf, damit Sie die hergeleitete Formel nutzen können.
b) Ermitteln Sie die Schallgeschwindigkeiten für die verschiedenen Versuchsbedingungen. Erläutern Sie Ihr Vorgehen.
c) Vergleichen Sie die erhaltenen Schallgeschwindigkeiten und deuten Sie die Auswirkungen der Faktoren Ultraschallfrequenz f_{US}, Salzgehalt und Temperatur physikalisch. Betrachten Sie dazu u. a. die Kopplungskräfte zwischen den Molekülen.

Material B • Thermische Ausdehnung von Metallstäben

Die thermische Ausdehnung von Metallen ist über einen weiten Temperaturbereich proportional zur Temperaturänderung ΔT. Für die Längenänderung eines Stabes der anfänglichen Länge l_0 gilt

$$\Delta l = \alpha \cdot l_0 \cdot \Delta T,$$

wobei α der thermische Ausdehnungskoeffizient des untersuchten Stoffs ist. Die Tabelle zeigt die Ausdehnungskoeffizienten für einige Stoffe.
Die Längenänderung kann mit einem Michelson-Interferometer besonders genau gemessen werden. Dazu wird der verstellbare Spiegel durch einen Spiegel ersetzt, der an der Spitze des zu untersuchenden Metallstabs befestigt ist. Dieser wird mit einem aufgewickelten Heizdraht allmählich erwärmt. Die Temperatur des Stabes wird über einen Fühler gemessen, der am anderen Ende des Stabs eingesteckt wird.

Das Interferenzmuster wird während der Temperaturerhöhung beobachtet und die Temperatur jeweils nach Erscheinen von 30 neuen Maxima gemessen , die Tabelle zeigt die Temperaturen nach Erscheinen von *k* Maxima.

B1 In der oberen Tabelle sind die Messwerte für zwei unterschiedliche Metallstäbe angegeben, für $l_0 = 10{,}0$ cm und $\lambda = 589$ nm.
a) Ermitteln Sie die thermischen Ausdehnungskoeffizienten für beide Metallstäbe rechnerisch sowie aus einem $\vartheta(k)$-Diagramm.
b) Entscheiden Sie anhand der Werte in der unteren Tabelle, woraus die Metallstäbe bestehen.
c) Berechnen Sie jeweils die Längenänderung der beiden Metallstäbe.

B2 Ein Zinnstab mit $l_0 = 16{,}0$ cm wird um 25 K erwärmt. Berechnen Sie die Länge des erhitzten Stabes sowie die Anzahl der neu erscheinenden Maxima.

k	ϑ_1 in °C	ϑ_2 in °C
0	21,7	22,1
30	26,7	25,9
60	32,1	29,5
90	37,4	33,2
120	42,7	36,8
150	47,7	40,7

Stoff	Ag	Al	Cu	Sn
α in $10^{-6}\,\frac{1}{\text{K}}$	18,9	23,1	16,5	22,0

Material C • Schwebung im Michelson-Interferometer

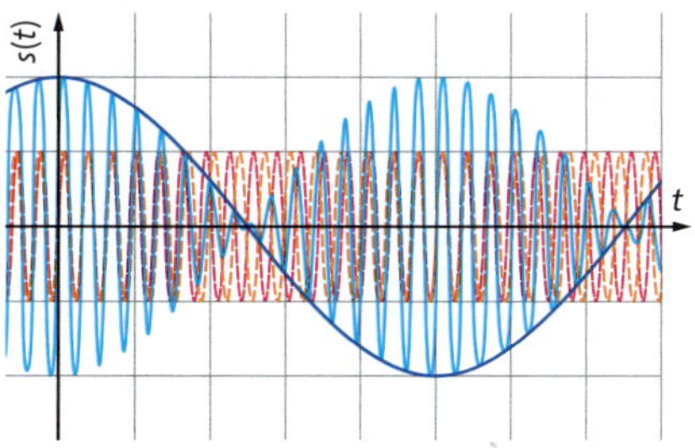

Interferieren Wellen gleicher Amplitude, aber leicht unterschiedlicher Frequenzen, dann kommt es zur Schwebung. Die Überlagerung besitzt eine Amplitude, die sich periodisch ändert (Abbildung links). Die Schwingung eines einzelnen Oszillators kann mit der unten angegebenen Formel beschrieben werden. Natriumdampflampen senden interferenzfähiges, gelbes Licht mit zwei dicht beieinander liegenden Wellenlängen aus. Es gilt $\lambda_1 = 589{,}6$ nm mit $\lambda_1 > \lambda_2$. Mit einer solchen Lampe wird ein Michelson-Interferometer aufgebaut. Dabei überlagern sich die Interferenzmuster der beiden Wellenlängen und es kommt zur Schwebung des Interferenzkontrastes. Bei konstruktiver Überlagerung verstärkt sich der Kontrast zwischen den Streifen des Interferenzbildes, während der Kontrast bei destruktiver Interferenz abnimmt (Abbildung rechts). Für den Wechsel von einem Kontrastminimum zum nächsten muss der Spiegel des Interferometers um 291 µm verschoben werden.

$$s(t) = 2s_{max} \cdot \cos\left(2\pi \cdot \frac{|f_1 - f_2|}{2} \cdot t\right) \cdot \sin\left(2\pi \cdot \frac{f_1 + f_2}{2} \cdot t\right)$$

C1 Die Schwingungsgleichung enthält die Frequenz der resultierenden Schwingung und die Frequenz der Schwebung, also der Einhüllenden in der Abbildung links. Geben Sie beide begründet an.

C2 Im Interferometer kommt es durch die beiden dicht benachbarten Wellenlängen zur Schwebung.
a) Berechnen Sie die Wellenlänge der zweiten Spektrallinie mit $\lambda_2 < \lambda_1$.
b) Vergleichen Sie mit dem Literaturwert.

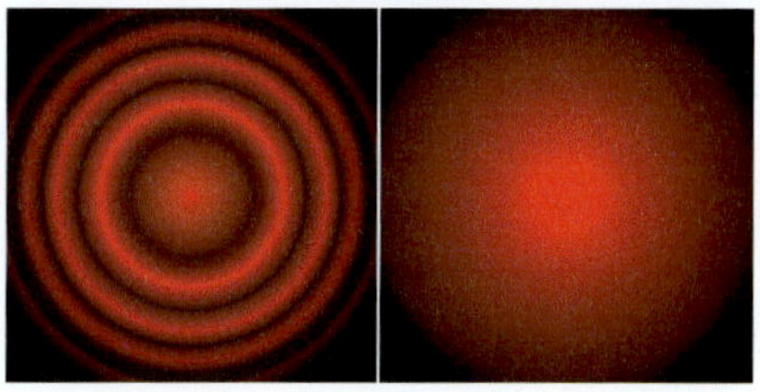

Musteraufgabe mit Lösung • Schwingungen

Aufgabe • Gedämpftes Federpendel

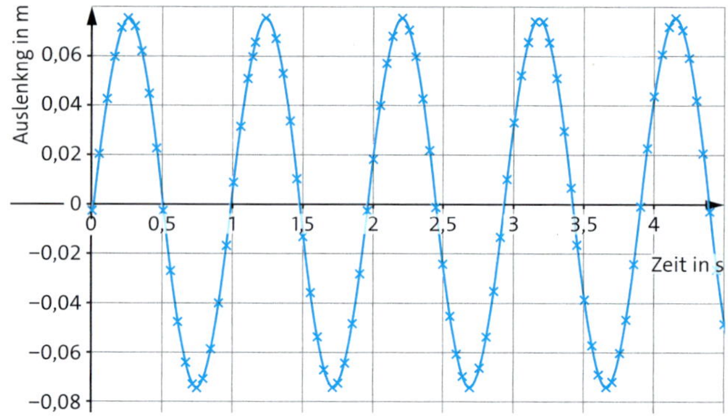

Ein Massestück (m = 260 g) hängt über einen Faden an einer Metallfeder. Dieses Federpendel wird in Schwingung versetzt und schwingt zunächst ungehindert. Dabei wird die Schwingung mit einem Bewegungssensor aufgezeichnet (Abbildung oben).

a) Bestimmen Sie die Schwingungsdauer und die Frequenz der ungedämpften Schwingung möglichst genau anhand der Messdaten in der oberen Abbildung.

b) Berechnen Sie die Federkonstante der Feder.

c) Stellen Sie die Schwingungsgleichung für das ungedämpfte Federpendel auf.

d) Berechnen Sie mit Ihrer Schwingungsgleichung die Auslenkung nach 3,0 s und vergleichen Sie mit der Abbildung.

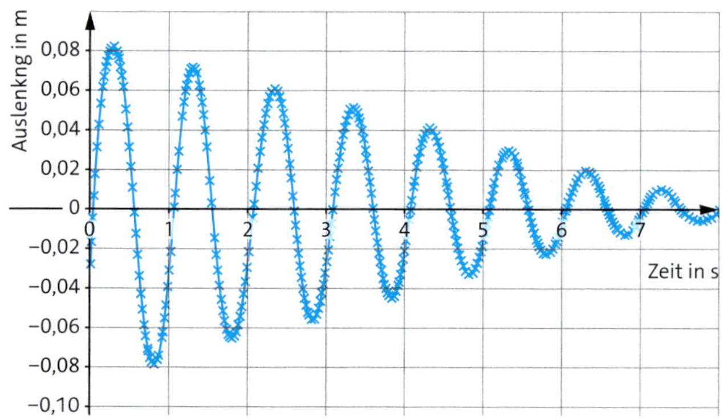

Eine Stativstange wird so am Aufbau befestigt, dass der Faden mit dem Massestück an ihr entlang schleift. Die so verursachte Gleitreibung führt zu einer gedämpften Schwingung (mittlere Abbildung).

e) Weisen Sie nach, dass die Amplitude hier durch Gleitreibung linear abnimmt. Legen Sie durchsichtige Folie über die Abbildung, übernehmen Sie die Koordinatenachsen und zeichnen Sie die Einhüllenden ein.

f) Bestimmen Sie die Gleichung der oberen Einhüllenden.

Lösung

a) Aus der oberen Abbildung lässt sich ablesen, dass für 4,5 vollständige Schwingungen eine Zeit von 4,4 s benötigt wird. Für die Schwingungsdauer ergibt sich daher:
$T = \frac{4.4\,\text{s}}{4{,}5} \approx 0{,}98\,\text{s}$.
Damit ergibt sich die Frequenz zu $f = T^{-1} \approx 1{,}02\,\text{Hz}$.

b) Für die Schwingungsdauer des Federpendels gilt:
$T = 2\pi\sqrt{\frac{\text{m}}{\text{D}}}$,
also folgt für die Federkonstante:
$$D = \frac{4\pi^2 \text{m}}{T^2} \approx \frac{4\pi^2 \cdot 0{,}260\,\text{kg}}{(0{,}98\,\text{s})^2} \approx 10{,}7\,\frac{\text{N}}{\text{m}}.$$

c) Für die Schwingung des ungedämpften Federpendels lässt sich über folgende Funktion die Auslenkung beschreiben:
$s(t) = s_{\text{max}} \cdot \sin\left(\frac{2\pi}{T \cdot t}\right) = 7{,}6\,\text{cm} \cdot \sin\left(\frac{2\pi}{0{,}98\,\text{s}} \cdot t\right)$.

d) Nach 3,0 s ergibt sich die Auslenkung $s(3{,}0\,\text{s}) \approx 2{,}9\,\text{cm}$. Dies passt zu den Werten in der oberen Abbildung.

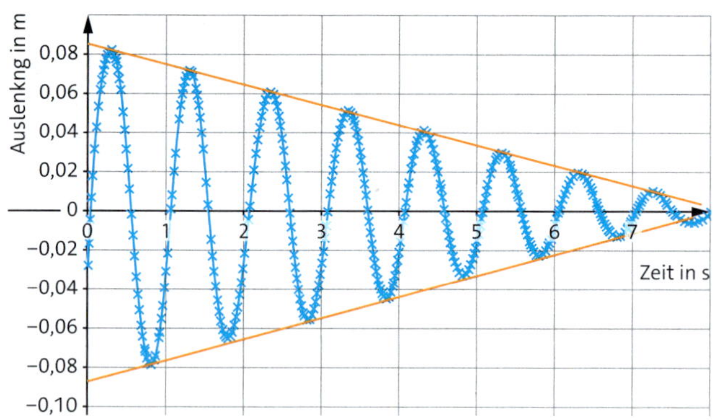

e) Es ergeben sich die Einhüllenden in der unteren Abbildung.

f) Für die Steigung m der oberen Einhüllenden gilt:
$$m = \frac{s(4{,}2\,\text{s}) - s(0\,\text{s})}{4{,}2\,\text{s}} = \frac{4{,}0\,\text{cm} - 8{,}5\,\text{cm}}{4{,}2\,\text{s}} \approx -1{,}07\,\frac{\text{cm}}{\text{s}}.$$
Für die obere Einhüllende folgt daraus:
$\hat{s}(t) = -1{,}07\,\frac{\text{cm}}{\text{s}} \cdot t + 8{,}5\,\text{cm}$.

Übungsaufgaben mit Hinweisen • Schwingungen

Aufgabe 1 • Pendeluhr mal anders

Wird eine mechanische Armbanduhr an einem Faden passender Länge aufgehängt, so entsteht ein von innen angeregtes Fadenpendel, das wahrnehmbar zu schwingen beginnt.

a) Geben Sie begründet an, mit welcher Frequenz die Schwingung im Uhrwerk der Armbanduhr erfolgt.

b) Erläutern Sie, warum das Pendel schwingt und welche Bedeutung die Fadenlänge dabei hat.

c) Betrachten Sie zunächst den Fall ohne Reibung und berechnen Sie die erforderliche Fadenlänge l.

d) Tatsächlich tritt Reibung auf, weshalb die Fadenlänge leicht angepasst werden muss. Geben Sie begründet an, ob der Faden verkürzt oder verlängert werden muss.

Aufgabe 2 • Schwungtrapez

Ein 1,80 m großer Zirkusartist probt für seinen nächsten Auftritt. Er schaukelt in einem Schwungtrapez, dessen Halteseile 3,8 m lang sind, bis er eine Höhe von 80 cm erreicht hat. Anschließend schaukelt er weiter, ohne Schwung zu holen. Vernachlässigen Sie zunächst die Reibung.

a) Erklären Sie möglichst genau, wie der Artist das Trapez in Schwingung versetzt.

b) Wir gehen nachfolgend von einer harmonischen Schwingung aus. Zeigen Sie, dass dies bei der erreichten Schaukelhöhe nur eine grobe Näherung ist.

c) Berechnen Sie die Schwingungsdauer, die maximale seitliche Auslenkung x und die Amplitude des Trapezes.

d) Berechnen Sie die maximale Geschwindigkeit der Trapezstange aus der Amplitude sowie auch über die Energieerhaltung.

e) Vergleichen Sie die beiden Ergebnisse aus d) und begründen Sie Ihre Beobachtung.

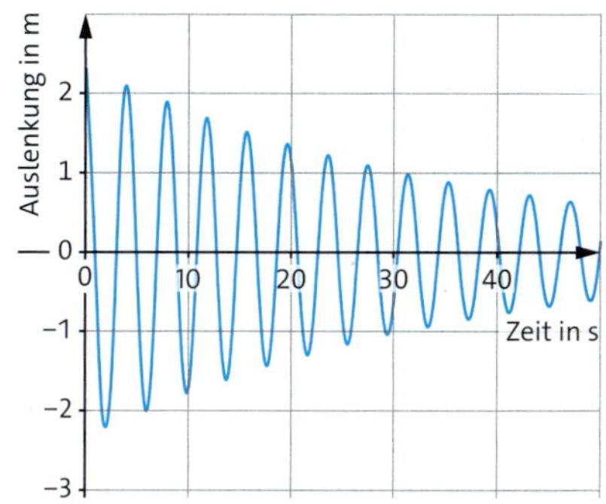

Tatsächlich ist die Schwingung des Trapezes gedämpft. Sie soll den in der Abbildung dargestellten Verlauf haben.

f) Weisen Sie nach, dass die Schwingung des Trapezes exponentiell gedämpft wird.

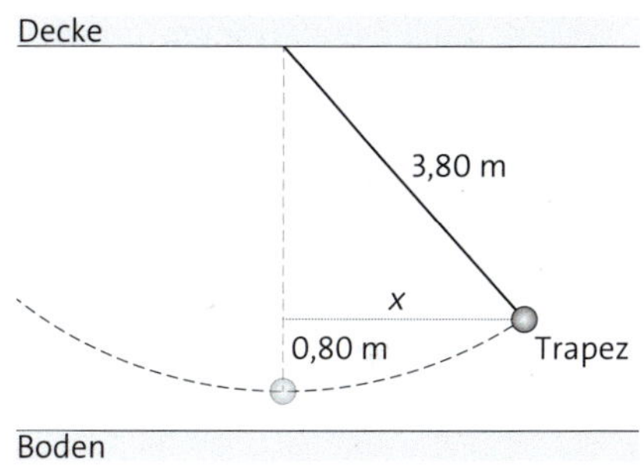

Hinweise

Aufgabe 1

a) Anregung durch die Bewegung im Uhrwerk, $f = 1\,\text{Hz}$.

b) Anregung mit der Eigenfrequenz des Fadenpendels (diese ist abhängig von der Fadenlänge) führt zur Resonanz und damit zu maximaler Energieübertragung vom Uhrwerk auf das Pendel, dieses beginnt zu schwingen.

c) $T = 2\pi \cdot \sqrt{\frac{l}{g}} \leftrightarrow l = \frac{T^2}{4\pi^2} \cdot g$.

d) Schwingung wird langsamer: Pendel muss verlängert werden

Aufgabe 2

a) Energiezufuhr durch aktive Verlagerung des Schwerpunktes nach außen bewirkt erhöhte Beschleunigung am hinteren Umkehrpunkt (in Resonanzfrequenz)

b) Kleinwinkelnäherung $\sin\alpha \approx \alpha$ gilt hier sicher nicht, da: $\cos\alpha = \frac{3{,}00\,\text{m}}{3{,}80\,\text{m}} \Rightarrow \alpha \approx 38°$.

c) Schwingungsdauer:

$$T = 2\pi \cdot \sqrt{\frac{l}{g}} = 2\pi \cdot \sqrt{\frac{3{,}80\,\text{m}}{9{,}81\,\frac{\text{m}}{\text{s}^2}}} \approx 3{,}91\,\text{s},$$

seitliche Auslenkung:
$x = \sqrt{(3{,}80\,\text{m})^2 - (3{,}00\,\text{m})^2} \approx 2{,}33\,\text{m}$,
Amplitude:
$\alpha = \frac{s_{max}}{l} \Rightarrow s_{max} = l \cdot \alpha \approx 2{,}51\,\text{m}$.

d) Amplitude: $s(t) = s_{max} \cdot \sin(\omega t)$
$\Rightarrow v(t) = s_{max} \cdot \omega \cdot \cos(\omega t)$
$\Rightarrow v_{max} = s_{max} \cdot \omega = s_{max} \cdot \frac{2\pi}{T}$
Energieerhaltung:
$mgh_{max} = \frac{1}{2} m (v_{max})^2$

e) Wert über Amplitude zu groß; Ursache: Annahme der harmonischen Schwingung und Gültigkeit der Kleinwinkelnäherung.

f) Ablesen der Hochpunkte: Quotienten aufeinander folgender Amplituden:

$$\frac{\hat{s}(t)}{\hat{s}(t+T)} = \frac{s_{max} \cdot e^{-\delta t}}{s_{max} \cdot e^{-\delta(t+T)}} = e^{\delta T}$$

$\approx$ konstant.

Musteraufgabe mit Lösung • Wellen

Aufgabe • Reflexion elektromagnetischer Wellen

Im LTE-Handynetz in Deutschland werden elektromagnetische Wellen mit einer Frequenz von 1800 MHz zur Übermittlung von Daten genutzt. Die Welle eines weit entfernten Senders trifft auf die ebene Fläche der metallenen Wand einer Fabrikhalle und wird dort reflektiert. Dabei kommt es zum Phasensprung. Wir gehen zunächst vereinfachend davon aus, dass die Welle im rechten Winkel auf die Metallfläche trifft.

a) Ermitteln Sie, in welchen Abständen von der Wand mit gutem bzw. gar keinem Empfang zu rechnen ist. Erklären Sie ihr Vorgehen.

b) Geben Sie an, wie gut der Empfang 0,5 m vor der Wand ist.

Tatsächlich trifft die Welle unter einem Winkel von 40° auf die Wand. Dies ist in der Abbildung mit einigen Wellenstrahlen und -fronten angedeutet. In Position P wird zur Koordination verschiedener Abläufe vor der Fabrikhalle dringend guter Empfang benötigt.

c) Weisen Sie die Gültigkeit des Reflexionsgesetzes nach. *Tipp:* Nutzen Sie ein Foto von der Abbildung, falls Sie eine Konstruktion gemäß dem Huygensschen Prinzip erstellen.

d) Ermitteln Sie mithilfe Ihrer Skizze und gemäß den Angaben in der Abbildung den Gangunterschied von einfallender und reflektierter Welle in Punkt P. Beurteilen Sie, wie gut der Empfang in Punkt P ist.

e) Geben Sie Vorschläge zur Verbesserung des Empfangs an.

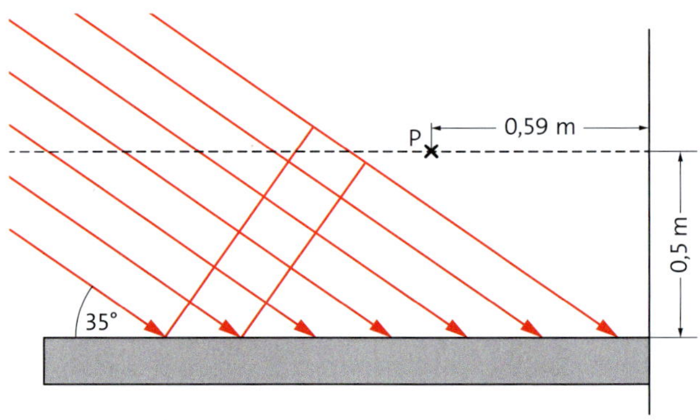

Lösung

a) Wenn die Wellen senkrecht auf die Wand treffen, bildet sich durch die Überlagerung von einfallender und reflektierter Welle eine stehende Welle aus. Aufgrund des Phasensprungs besitzt diese an der Wand einen Knoten. Die Knoten, also die Punkte ohne Empfang, befinden sich im Abstand einer halben Wellenlänge voneinander, also im Abstand von

$$n \cdot \frac{\lambda}{2} = n \cdot \frac{c}{2f} = n \cdot \frac{3 \cdot 10^8 \,\frac{\text{m}}{\text{s}}}{2 \cdot 1{,}8 \cdot 10^9\,\text{Hz}} \approx n \cdot 0{,}083\,\text{m}$$

von der Wand ($n = 0, 1, 2, \ldots$). Der Empfang ist in der Mitte der Bäuche am besten, also jeweils um $\frac{\lambda}{4}$ dazu versetzt. Somit beträgt der Abstand von der Wand

$$n \cdot \frac{\lambda}{2} + \frac{\lambda}{4} = \left(n + \frac{1}{2}\right) \cdot \frac{c}{2f} \approx n \cdot 0{,}083\,\text{m} + 0{,}042\,\text{m}.$$

b) Es gilt $0{,}5\,\text{m} = 6 \cdot 0{,}083\,\text{m} = 6 \cdot \frac{\lambda}{2}$.
In diesem Abstand hat man demnach keinen Empfang.

c) Lösung anhand des Huygensschen Prinzips: Betrachtet man die Punkte, in denen Strahlen auf die Wand treffen, als Ausgangspunkte von Elementarwellen, lässt sich die reflektierte Welle wie in der Abbildung rechts konstruieren. Einfalls- und Reflexionswinkel sind gleich groß.

d) Die einfallende Welle legt von der ersten eingezeichneten Wellenfront zu Punkt P eine Strecke von $1{,}8\,\lambda$ zurück, die reflektierte Welle jedoch $5{,}2\,\lambda$: $d = 5{,}2\,\lambda - 1{,}8\,\lambda = 3{,}4\,\lambda$. Die Bedingung für destruktive Interferenz ist fast erfüllt, der Empfang in Punkt P ist sehr schlecht.

e) Zur Verbesserung des Empfangs sollte in Punkt P ein Interferenzmaximum vorliegen. Dazu könnte man Punkt P etwas höher setzen oder eine Metallplatte schräg vor die Wand stellen, um den Reflexionswinkel zu verbessern.

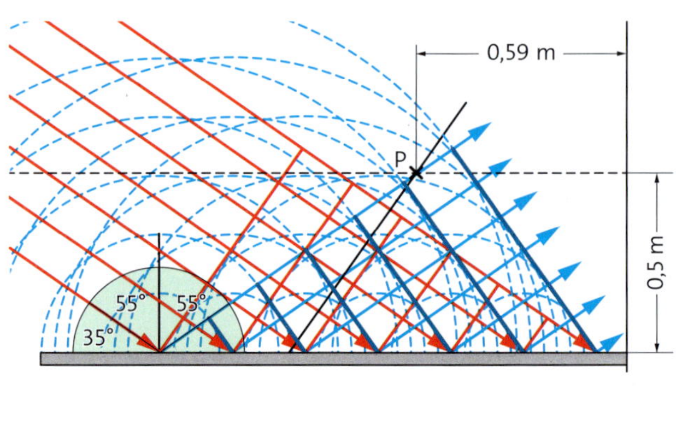

Aufgabe 1 • Polarimeter

Verschiedene Arten von Zucker gehören zu den optisch aktiven Substanzen. Diese drehen die Schwingungsebene von polarisiertem Licht. Verursacht die Substanz eine Drehung der Polarisationsrichtung im Uhrzeigersinn, bezeichnet man sie als rechtsdrehend und gibt den Drehwinkel als positiven Wert an. Entsprechend gibt man die Drehwinkel bei linksdrehenden Substanzen mit negativen Werten an (siehe obere Tabelle für einige typische Zucker bei λ = 589 nm und *T* = 20 °C). Dabei ist der Drehwinkel *α* sowohl proportional zur Länge *l* des Lichtwegs im Medium als auch zur Konzentration *k* der gelösten optisch aktiven Substanz. Es gilt $\alpha = \alpha_{spez} \cdot k \cdot l$. α_{spez} ist die spezifische Drehung, eine Kenngröße der Substanz, die u.a. von der Temperatur der Probe und der Wellenlänge des Lichts abhängt. Näherungsweise gilt der in der unten stehenden Gleichung dargestellte Zusammenhang für *l* = 20,0 cm und λ = 589 nm.

Für verschiedene Zuckerlösungen der Konzentration *k* wird für *l* = 20,0 cm und λ = 589 nm der Drehwinkel bestimmt (siehe Tabelle unten)

a) Beschreiben Sie die Messung des Drehwinkels einer Probe im Polarimeter anhand der Abbildung.

b) Bestimmen Sie anhand der Daten in den Tabellen den Wert der spezifischen Drehung α_{spez} und damit die verwendete Zuckerart.

c) Für eine weitere Lösung ergibt die Messung $\alpha = -22{,}5°$. Ermitteln Sie die Zuckerkonzentration.

Je kurzwelliger Licht ist, umso mehr Licht wird reflektiert, je langwelliger es ist, umso mehr wird transmittiert.

d) Erklären Sie mithilfe des Diagramms der Transmissionen in Abhängigkeit von der Wellenlänge, warum ein Polarimeter nicht mit Licht beliebiger Wellenlänge genutzt werden kann.

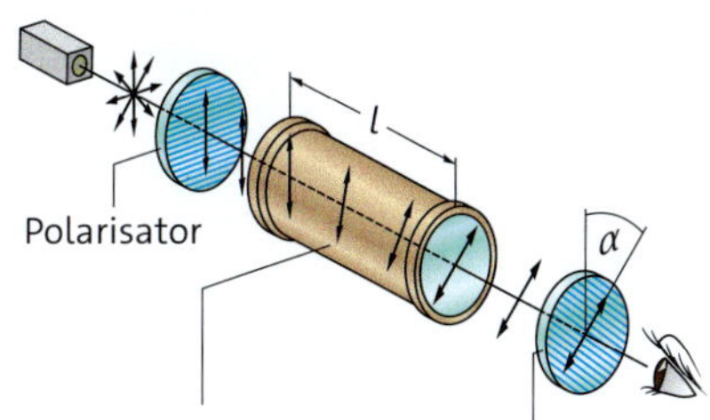

Zucker	α_{spez} in $\frac{°}{m} \cdot \frac{100\,ml}{g}$
Fruchtzucker	−9,24
Rohrzucker	6,65
Traubenzucker	5,27

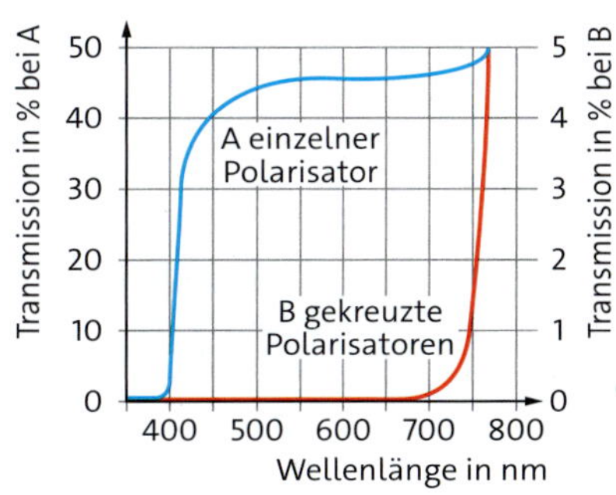

$$\alpha_{spez}(\lambda, T) = \alpha_{spez}(589\,\text{nm}, 20°\text{C}) \cdot \left(\frac{589\,\text{nm}}{\lambda}\right)^2 \cdot [1 - 0{,}00037 \cdot (T - 20°\text{C})]$$

k in $\frac{g}{100\,ml}$	3,67	5,52	8,14	13,7	16,6
α	−6,8°	−10,2°	−15,0°	−25,3°	−30,8°

Hinweise

Aufgabe 1

a) Polarisator und Analysator sind zunächst so ausgerichtet, dass kein Licht hindurchtritt (orthogonal). Die optisch aktive Substanz in der Probenlösung dreht die Polarisationsrichtung, in der Folge tritt Licht durch den Analysator.
Der Analysator wird gedreht, bis kein Licht mehr hindurchtritt, und der Drehwinkel *α* wird abgelesen

b) $\alpha = \alpha_{spez} \cdot k \cdot l \Rightarrow \alpha_{spez} = \frac{\alpha}{k \cdot l}$
Mittelwertbildung für die fünf berechneten Werte ergibt
$\alpha_{spez} \approx -9{,}246\,\frac{°}{m} \cdot \frac{100\,ml}{g}$
⇒Fruchtzucker.

c) Rechnung mit dem theoretischen Wert für α_{spez}:
$k = \frac{\alpha}{\alpha_{spez} \cdot l} \approx \frac{12{,}18\,g}{100\,ml}$

d) Licht mit sehr kleiner Wellenlänge (UV-Licht) wird am Filter reflektiert, d.h., es geht so gut wie kein Licht durch das Polarimeter. Von Licht mit sehr großer Wellenlänge (Tiefrot, IR) gelangt immer etwas auch durch die gekreuzten Filter, d.h., ein genaues Einstellen des Analysators ist schwierig bis nicht möglich. α_{spez} ist abhängig von der Wellenlänge des Lichts .

Schwingungen

Schwingungen sind periodische Bewegungen eines Körpers um seine Ruhelage.

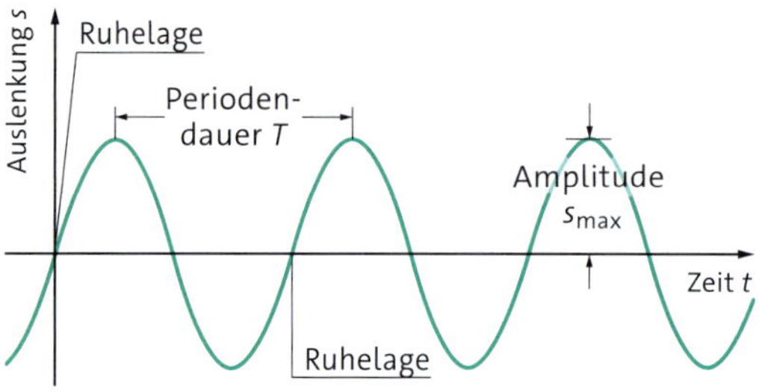

Harmonische Schwingungen sind sinusförmige, periodische Schwingungen. Sie lassen sich durch die Gleichung
$s(t) = s_{max} \cdot \sin(\omega t + \Delta\varphi)$
beschreiben. Dabei ist:
ω: Kreisfrequenz mit $\omega = \frac{2\pi}{T} = 2\pi f$ in $\frac{1}{s}$
$\Delta\varphi$: Phasenverschiebung im Bogenmaß

Frequenz: Die Anzahl Schwingungen pro Sekunde nennt man Frequenz. Sie hat die Einheit: $\frac{1}{s} = 1\,\text{Hertz} = 1\,\text{Hz}$.

Periodendauer: Die Periodendauer T ist die Zeitspanne, in der ein Pendel eine ganze Schwingung ausführt.

Federkonstante: Die Federkonstante D beschreibt, ob sich eine Metallfeder leicht oder schwer auslenken lässt.

Lineares Kraftgesetz: Ein Oszillator führt eine harmonische Schwingung aus, wenn auf ihn eine Rückstellkraft wirkt, die dem linearen Kraftgesetz folgt: $F_{rück} = -D \cdot s$.
Dabei ist s die Auslenkung.

Energieumwandlungen: Bei der Schwingung eines Pendels wird permanent Lageenergie in kinetische Energie umgewandelt und wieder zurück. Am Umkehrpunkt ist die Lageenergie maximal und die kinetische Energie null, beim Durchgang durch die Ruhelage ist es umgekehrt. Die Summe aus beiden Energien ist – bei Vernachlässigung von Reibungsverlusten – konstant.

Gedämpfte Schwingungen: Bei allen Schwingungen kommt es infolge von Reibung zu Dämpfung. Diese kann zu einer exponentiellen Abnahme der Amplitude führen mit

$\hat{s}(t) = s_{max} \cdot e^{-\delta \cdot t}$.

δ: Dämpfungskonstante in $\frac{1}{s}$.

Resonanz: Wird ein schwingungsfähiges System von außen mit seiner Eigenfrequenz angeregt, so ergeben sich besonders große Amplituden. Es liegt Resonanz vor.

Schwingkreis: Ein Schwingkreis aus Kondensator und Spule ist ein harmonischer Oszillator mit folgender Eigenfrequenz:

$f_0 = \frac{\omega_0}{2\pi} = \frac{1}{2\pi\sqrt{L \cdot C}}$.

In einem Schwingkreis finden periodische Energieumwandlungen zwischen elektrischer Energie $E_{el} = \frac{1}{2} \cdot C \cdot U_C^2$ und magnetischer Energie $E_{mag} = \frac{1}{2} \cdot L \cdot I^2$ statt. Im idealen Fall ist die Gesamtenergie konstant mit

$E_{ges} = \frac{1}{2} C \cdot Q_0^2$.

Wellen

Welle: Eine Welle entsteht durch die Schwingung gekoppelter gleichartiger Oszillatoren.
Die meist mit λ bezeichnete Wellenlänge gibt den Abstand zweier benachbarter Wellenberge bzw. -täler an. Ihre Einheit ist 1 m.
Für die Ausbreitungsgeschwindigkeit der Welle gilt $c = \lambda \cdot f$.

Wellenfunktion: Wellen sind zeitlich und räumlich periodische Bewegungen. Für ihre Ausbreitung gilt

$s(x, t) = s_{max} \cdot \sin\left(2\pi \cdot \left(\frac{t}{T} - \frac{x}{\lambda}\right)\right)$.

Huygenssches Prinzip: Jeder Punkt einer Wellenfront kann als Ausgangspunkt einer Elementarwelle betrachtet werden.
Durch die Überlagerung der Elementarwellen entsteht eine neue Wellenfront.

Reflexionsgesetz: Trifft eine Welle auf eine Grenzfläche, dann ist der Reflexionswinkel β genauso groß wie der Einfallswinkel α.

Interferenz: Treffen Wellen mit gleicher Frequenz aufeinander, kommt es zur Interferenz. Die einzelnen Auslenkungen addieren sich.
Schwingen die Wellen am Ort der Beobachtung gleichphasig, ist also der Gangunterschied $\Delta s = n \cdot \lambda$, $n \in \mathbb{N}$, ergibt sich konstruktive Interferenz. Destruktive Interferenz folgt für gegenphasige Wellen, also für $\Delta s = (2n + 1) \cdot \frac{\lambda}{2}$.

Beugung: Treffen Wellen auf ein Hindernis oder einen Spalt, so werden sie gebeugt und dringen in den Schattenraum dahinter ein. Je größer die Wellenlänge ist, desto stärker ist die Beugung.

Elektromagnetische Wellen entstehen durch zueinander orthogonale Schwingungen des elektrischen und des magnetischen Feldes. Sie breiten sich als Transversalwellen aus und benötigen keinen Träger.

Lichtgeschwindigkeit: Die Ausbreitungsgeschwindigkeit des Lichts hängt von seiner Wellenlänge und vom Medium ab. Im Vakuum beträgt sie etwa $2{,}998 \cdot 10^8 \frac{\mathrm{m}}{\mathrm{s}}$.

Brechung: Ändert sich an Grenzflächen zwischen zwei Medien die Ausbreitungsgeschwindigkeit des Lichts, kommt es zur Brechung.
Blaues Licht wird stärker gebrochen als rotes.

Beugung am Gitter: An einem Gitter mit der Gitterkonstanten g treten Interferenzmaxima im Abstand d_n von der optischen Achse auf:

$$d_\mathrm{n} = a \cdot \tan\left(\arcsin\left(\frac{n \cdot \lambda}{g}\right)\right)$$

mit dem Abstand a zwischen Gitter und Schirm. Gilt die Kleinwinkelnäherung $\sin\alpha \approx \tan\alpha$, vereinfacht sich dies zu $d_\mathrm{n} \approx \frac{n \cdot \lambda \cdot a}{g}$.

Polarisation: Polarisiertes Licht hat nur eine Polarisationsrichtung, d.h., die elektrische Feldstärke schwingt nur in diese Richtung.

Überprüfen Sie sich selbst:

Kann ich ...

- Schwingungen mit ihren wichtigsten Kenngrößen beschreiben?
- die Schwingungsgleichung angeben und aus gegebenen $s(t)$-Diagrammen die zugehörigen Schwingungsgleichungen ermitteln?
- den Zusammenhang zwischen harmonischer Schwingung und Rückstellkraft bei Feder- und Fadenpendel erläutern?
- die Energieumwandlung zwischen Lageenergie und kinetischer Energie bei der Schwingung eines Fadenpendels erläutern?
- beschreiben, welche resultierenden Schwingungen sich bei der Überlagerung zweier ungedämpfter Schwingungen ergeben können?
- erläutern, wie sich die Amplitude bei einer Schwebung verhält?
- die Abläufe in einem Schwingkreis beschreiben und begründen?
- erklären, wie sich die Periodendauer einer Welle verändert, wenn man die Kopplung zwischen den Oszillatoren verstärkt?
- eine Wellenfunktion aufstellen?
- die Reflexion von Wellen nach dem Huygensschen Prinzip beschreiben?
- eine stehende Welle mit Zeigern darstellen?
- anhand des Gangunterschiedes zwischen zwei Wellen ermitteln, ob an einem Punkt konstruktive oder destruktive Interferenz vorliegt?
- die Entstehung farbiger Spektren an einem Gitter erklären?
- erläutern, wie Polarisatoren beim Fotografieren Reflexionen unterdrücken?
- aus dem Glanzwinkel den Netzebenenabstand eines Kristalls berechnen?
- das Michelson-Interferometer und mögliche Anwendungen beschreiben?

Struktur der Materie

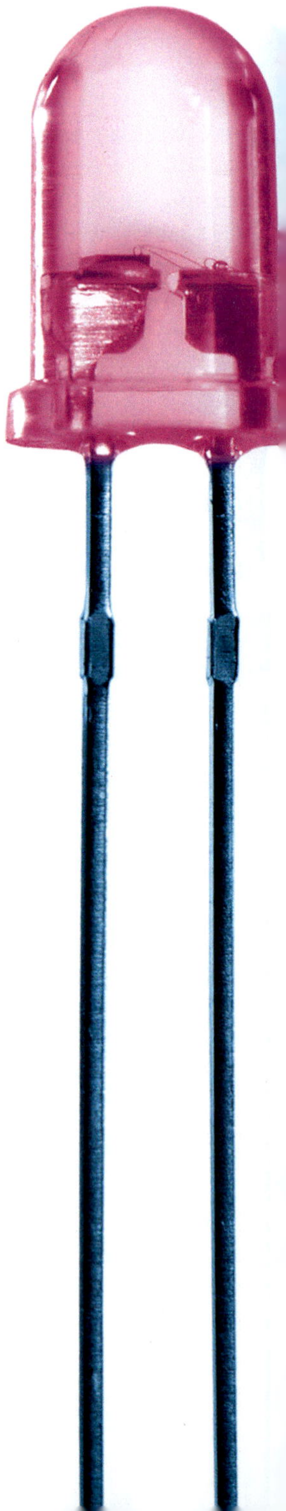

In diesem Kapitel beschäftigen Sie sich mit:

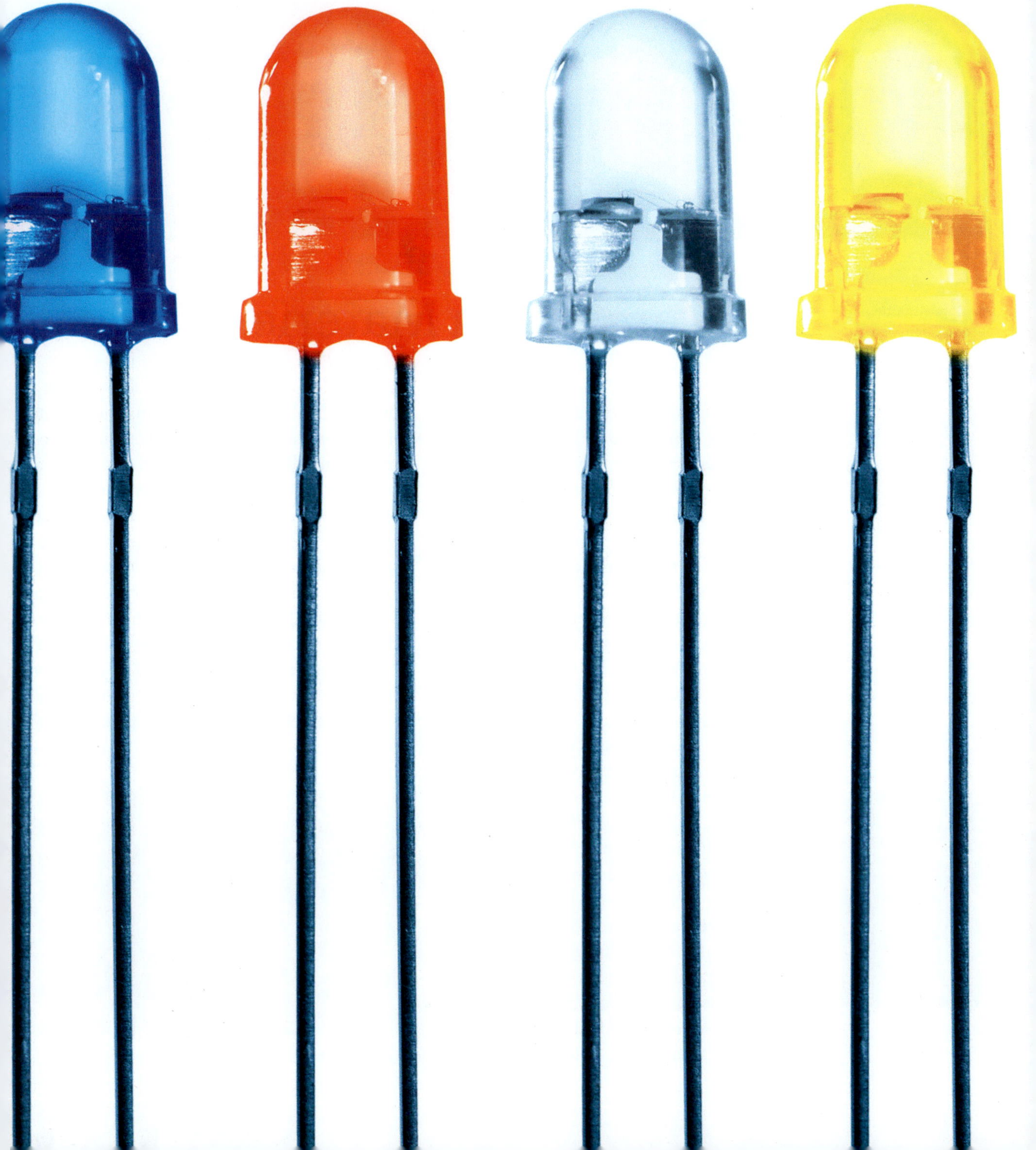

1 Doppelspaltmuster von Elektronen

Interferenz von Materie

Die im Bild sichtbaren Streifen entstanden in einem Doppelspaltexperiment, aber nicht etwa mit Licht, sondern mit einem Elektronenstrahl. Können sich Elektronen auslöschen und verstärken wie Licht? Gilt das auch für einzelne Elektronen?

Materie in Interferenzexperimenten • 1959 konnte CLAUS JÖNSSON in Tübingen erstmals die Interferenz von Elektronen am Doppelspalt nachweisen. Er richtete einen Elektronenstrahl auf einen Doppelspalt mit einem Spaltabstand von 2 µm. Bei starker Vergrößerung zeigte sich ein Muster aus hellen und dunklen Streifen (▸Abb. 1), wie wir es vom Doppelspaltexperiment mit Licht kennen. Während wir uns Elektronen bisher wie kleine Teilchen vorgestellt haben, zeigen sie hier Welleneigenschaften. Gibt es weitere Experimente mit Materie, bei denen Interferenz beobachtet werden kann?

2 Stehende Wasserwelle

Tatsächlich können auch Atome interferieren. ▸Abb. 3 zeigt die Überlagerung von zwei Wolken aus Natrium-Atomen, die bei einer Temperatur nahe des absoluten Nullpunkts aufeinander zulaufen. Die Wolke wird mit Licht bestrahlt und wirft ein Schattenbild. Je dichter die Wolke an einer Stelle ist, umso dunkler ist der Schatten an der betreffenden Stelle der Aufnahme. An den Stellen, wo sich die zwei Wolken überlagern, erkennt man dunkle und helle Streifen, in denen die Atomwolke dichter und weniger dicht ist. Dieses Phänomen erinnert an stehende Wasserwellen, bei denen es abwechselnd Streifen großer und kleiner Amplitude gibt (▸Abb. 2).
Allerdings gibt es weder beim Doppelspaltexperiment mit Elektronen noch beim Experiment mit den Natrium-Atomen eine beobachtbare Größe, die sich periodisch mit der Zeit ändert, wie die Auslenkung bei einer Wasserwelle oder die elektrische Feldstärke bei elektromagnetischen Wellen.

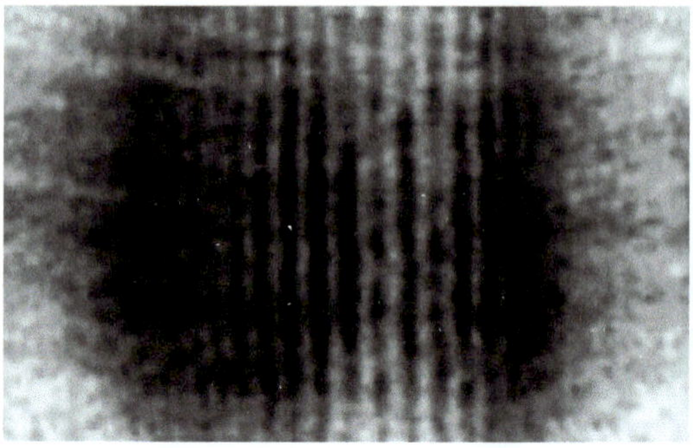

3 Überlagerung von zwei Natriumwolken

Die De-Broglie-Wellenlänge • Obwohl bei der Doppelspalt-Interferenz von Elektronen nichts schwingt, kann man aus dem Abstand der Maxima Δd, dem Spaltabstand g und dem Schirmabstand a rechnerisch eine „Wellenlänge" bestimmen. Für kleine Winkel ergibt sie sich wie beim optischen Doppelspalt aus der Formel

$$\lambda = g \cdot \frac{\Delta d}{a}.$$

Nicht nur bei Elektronen, sondern auch bei Protonen, Neutronen, Atomen und sogar Molekülen kann man ein Interferenzmuster beobachten. Dabei müssen die Impulse der jeweiligen Objekte gleich sein. Tatsächlich ist der Impuls – neben den geometrischen Abmessungen des Experiments – die bestimmende Größe für die Abstände zwischen den Maxima des Interferenzmusters. Demzufolge gibt es einen Zusammenhang zwischen der sogenannten **De-Broglie-Wellenlänge λ** und dem Impuls p der Teilchen: Der Franzose LOUIS DE BROGLIE hatte 1924 die Idee zur Einführung dieser Größe.

Die De-Broglie-Wellenlänge λ von Elektronen, Atomen und Molekülen mit Impuls p beträgt

$$\lambda = \frac{h}{p}.$$

Dabei ist h das Plancksche Wirkungsquantum oder kurz die Planck-Konstante. Sie hat den Wert $h = 6{,}63 \cdot 10^{-34}\,\text{Js}$

Die **Planck-Konstante h** ist eine universelle Naturkonstante, die in zahlreichen Beziehungen der Quantenphysik auftaucht.

Ringförmiges Interferenzmuster • Wir untersuchen die Interferenz von Elektronen mit der Elektronenbeugungsröhre (▸Abb. 4 A). Wie bei einer Braunschen Röhre treten Elektronen aus der Glühkathode aus und werden durch eine Beschleunigungsspannung zur Lochanode hin beschleunigt. Dort durchdringen die Elektronen eine dünne Schicht mit Graphitkristallen und treffen dann auf einen fluoreszierenden Leuchtschirm. Auf diesem erkennt man eine ringförmige Struktur (▸Abb. 4 B).

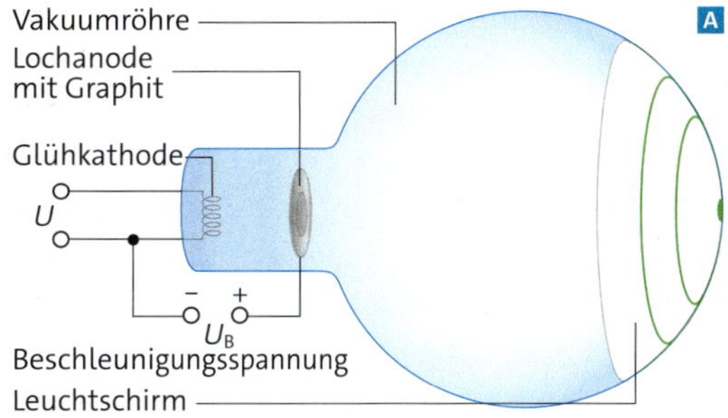

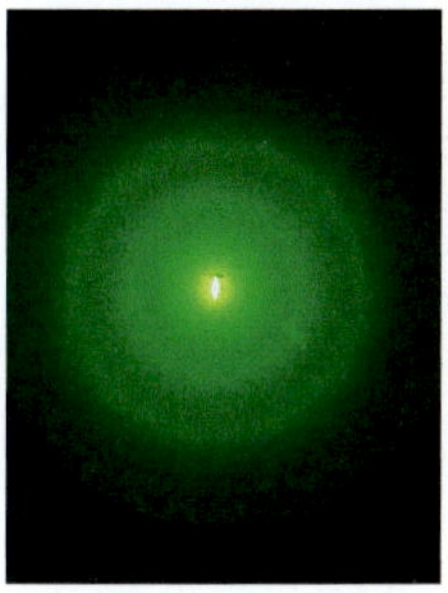

4 **A** Ein Experiment zur Beugung von Elektronen
B Interferenzringe bei der Beugung von Elektronen

Ein ringförmiges Interferenzmuster erhält man bei der Beugung von Licht an einer Lochblende. Wenn auch das Muster der ▸Abb. 4 B durch Interferenz zustande kommt, dann sollte es von der De-Broglie-Wellenlänge der Elektronen abhängen. Tatsächlich beobachten wir eine Verkleinerung der Ringradien, wenn wir die Beschleunigungsspannung vergrößern. Wir können dies mithilfe der De-Broglie-Beziehung gut verstehen: Eine Vergrößerung der Beschleunigungsspannung führt dazu, dass die Elektronen einen größeren Impuls haben. Die De-Broglie-Wellenlänge nimmt dadurch ab. Die kleinere Wellenlänge führt wie bei der Beugung und der Interferenz von Licht zu kleineren Abständen der Maxima, also zu kleineren Ringradien.

Das ringförmige Interferenzmuster kommt übrigens dadurch zustande, dass die Graphitkristalle aufgrund ihrer regelmäßigen Kristallstruktur wie eine Art optisches Gitter wirken. Da die Kristalle in die verschiedensten Raumrichtungen orientiert sind, besteht das Interferenzmuster aus konzentrischen Ringen.

Da die „Gitterkonstante" der Graphitkristalle sehr, sehr klein ist, kann man das ringförmige Interferenzmuster im Gegensatz zum Doppelspaltversuch von JÖNSSON ohne Vergrößerung beobachten.

1 Die Elektronen eines Elektronenstrahls werden mit einer Spannung von 2,0 kV beschleunigt und dann an einem Doppelspalt mit einem Spaltabstand von $d = 2{,}0\,\mu\text{m}$ gebeugt.
a) Berechnen Sie mithilfe des Energieerhaltungssatzes den Impuls der Elektronen.
b) Berechnen Sie die zugehörige De-Broglie-Wellenlänge.
c) Das Interferenzmuster wird auf einem Schirm im Abstand von 0,25 m beobachtet. Berechnen Sie die Positionen der ersten zwei Maxima auf dem Schirm.

Nachweisorte nennt man auch Antrefforte.

Nachweiswahrscheinlichkeiten werden auch Antreffwahrscheinlichkeiten oder Aufenthaltswahrscheinlichkeiten genannt.

Interferenzexperimente mit einzelnen Elektronen • Entstehen die Interferenzmuster, weil sich die Elektronen gegenseitig beeinflussen? Zur Klärung dieser Frage betrachten wir ein Doppelspaltexperiment mit einzelnen Elektronen. Ein derartiges Experiment wurde 1989 durchgeführt. Dabei wurde der Schirm durch eine Art Fotochip ersetzt, mit dem einzelne Elektronen pixelweise nachgewiesen werden konnten. Die Orte, an denen Elektronen nachgewiesen wurden, wurden über unterschiedlich lange Zeiträume gesammelt.
Das Ergebnis ist in ▸Abb. 1 zu sehen:
1) Jedes Elektron wird jeweils nur an genau einem Ort nachgewiesen.
2) Die Nachweisorte sind zufällig verteilt, d.h., bei jeder Wiederholung des Experiments erhält man mit großer Wahrscheinlichkeit eine andere Verteilung der Nachweisorte.
3) Wenn man eine große Anzahl von Nachweisorten sammelt, erkennt man, dass diese nicht gleichmäßig verteilt sind. Es gibt Bereiche mit größerer und Bereiche mit kleinerer Nachweiswahrscheinlichkeit. Nach und nach bildet sich ein Interferenzmuster aus, obwohl immer nur ein Elektron in der Anordnung ist.

Der letzte Punkt bedeutet, dass jedes einzelne Elektron zu einem Interferenzmuster beiträgt. Das Muster entsteht also nicht durch die gegenseitige Beeinflussung der Elektronen.

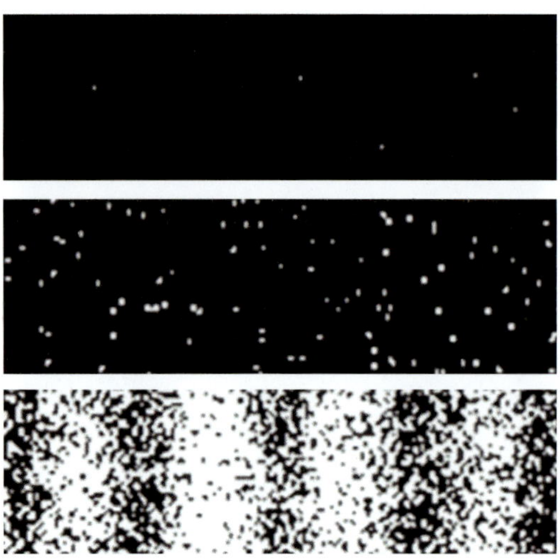

1 Die Nachweisorte werden gesammelt, das Interferenzmuster baut sich auf dem Schirm auf.

Es ist sogar noch erstaunlicher: Wenn man identische Interferenzexperimente mit jeweils nur einem Elektron an unterschiedlichen Plätzen durchführt und die Bilder für die erhaltenen Ortsmessungen übereinander legt, erhält man ein Interferenzmuster wie in ▸Abb. 1.

Interferenz von Quantenobjekten • Auch Protonen, Neutronen, Atome und Moleküle sind interferenzfähig. Sie werden unter dem Begriff **Quantenobjekte** zusammengefasst.

Je größer die Masse eines Quantenobjekts ist, desto kleiner ist seine Wellenlänge bei der gleichen Geschwindigkeit und desto schwieriger sind die zugehörigen Interferenzmuster zu beobachten. Für Viren oder Staubteilchen ist dies noch nicht gelungen. Die größten Quantenobjekte, für die man bisher Interferenz nachgewiesen hat, sind Eiweißmoleküle, die aus mehreren Tausend Atomen bestehen.

In zahlreichen Experimenten hat man folgende Gemeinsamkeiten festgestellt:

Elektronen, Protonen, Neutronen, Atome und Moleküle sind Quantenobjekte.
1) Quantenobjekte werden bei einer Ortsmessung stets als Ganzes an einem Ort nachgewiesen.
2) Die Ergebnisse von Experimenten mit Quantenobjekten sind in der Regel zufällig.
3) Quantenobjekte können zu einem Interferenzmuster beitragen.

Klassische Modelle • Wir versuchen, die Quantenobjekte im Doppelspaltexperiment mit unseren bisherigen Modellen zu beschreiben. Man nennt diese Modelle klassische Modelle. Die Erkenntnisse der Quantenphysik werden in diesen Modellen nicht berücksichtigt:

Das Verhalten von kleinen Kügelchen beschreiben wir mit dem klassischen **Teilchenmodell**, Wellen beschreiben wir hingegen mit dem klassischen **Wellenmodell**.

Keine Wellen • Versuchen wir zunächst, Quantenobjekte mit dem klassischen Wellenmodell zu beschreiben. Dieses Modell ist sicher günstig, um die Interferenz zu beschreiben. Immerhin ordnet man den Quantenobjekten auch eine Wellenlänge zu, obwohl wir bei Quantenobjekten keine sich periodisch mit der Zeit ändernde Größe beobachten können.
Allerdings werden Quantenobjekte bei einer Ortsmessung immer als Ganzes an einem bestimmten Ort nachgewiesen. Gemäß dem Wellenmodell müsste ein Quantenobjekt bei einer Ortsmessung auf dem Schirm verteilt nachgewiesen werden. Damit ist das klassische Wellenmodell zur Beschreibung der Quantenobjekte nicht geeignet.

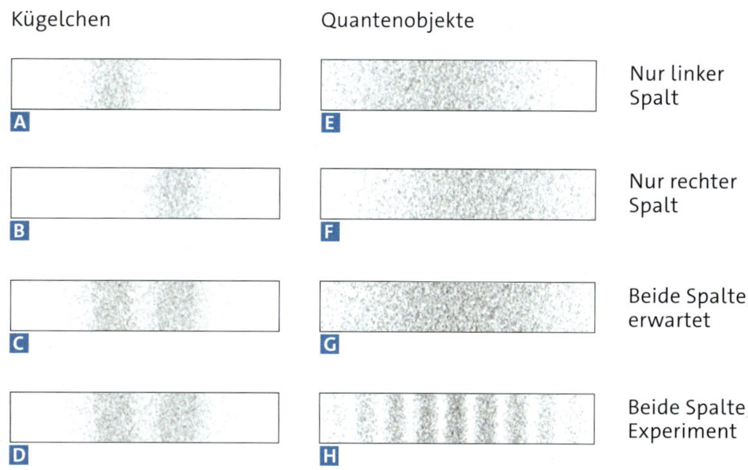

2 Verteilungen bei klassischen Teilchen (A, B, C und D) und bei Quantenobjekten (E, F, G und H)

Keine Teilchen • Wir versuchen nun eine Beschreibung des Doppelspaltexperiments, indem wir uns die Quantenobjekte als Teilchen, z.B. als kleine Kügelchen, vorstellen. Mit diesem klassischen Teilchenmodell kann zumindest die Beobachtung gut erklärt werden, dass jedes Quantenobjekt nur an einem bestimmten Ort nachgewiesen wird.

Betrachten wir nun jedoch die Verteilung der Nachweisorte: Für klassische Teilchen im Doppelspaltexperiment erhält man Verteilungen wie in der linken Spalte von ▸Abb. 2: Die Einzelspaltverteilungen sind relativ schmal (▸Abb. 2 A und 2 B), die Verteilung bei zwei geöffneten Spalten ist, wie erwartet, die Summe der beiden Einzelspaltverteilungen (▸Abb. 2 C und 2 D).

Die Verteilungen für Quantenobjekte unterscheiden sich davon erheblich. Zunächst fällt auf, dass die Einzelspaltverteilungen wesentlich breiter sind, als man dies bei klassischen Teilchen erwarten würde (▸Abb. 2 E und 2 F).
Das stärkste Argument gegen das Teilchenmodell ist jedoch folgendes: Wäre ein Quantenobjekt wie ein klassisches Teilchen unteilbar, dann würde es stets durch genau einen der beiden Spalte gehen, auch wenn beide Spalte geöffnet sind. Wenn es durch den linken Spalt geht, würde es zur Verteilung ▸Abb. 2 E beitragen. Wenn es durch den rechten Spalt geht, würde es hingegen zur Verteilung ▸Abb. 2 F beitragen.

Folglich müsste sich bei zwei offenen Spalten die Summe (▸Abb. 2 G) aus den zwei Einzelspaltverteilungen ergeben. Tatsächlich erhält man für Quantenobjekte jedoch die Verteilung ▸Abb. 2 H.

Die Vorstellung, dass Quantenobjekte klassische Teilchen sind, ist also mit dem Ergebnis des Doppelspaltexperiments nicht vereinbar. Damit ist auch das klassische Teilchenmodell nicht geeignet, das Interferenzmuster zu beschreiben.

Unbestimmtheit • Da man nicht sagen kann, dass das Quantenobjekt durch den linken oder durch den rechten Spalt geht, sagt man: Es ist unbestimmt, durch welchen Spalt das Quantenobjekt geht.
Das ist nicht gleichbedeutend mit der Aussage „Wir wissen nicht, durch welchen Spalt das Quantenobjekt geht.“, denn wenn das Quantenobjekt stets durch einen der Spalte gehen würde – auch wenn wir nicht wüssten, welcher Spalt das jeweils ist –, dann müsste man die Summenverteilung aus ▸Abb. 2 G erhalten. Hier versagt unsere anschauliche Vorstellung.

1 **a)** Erläutern Sie, warum man das obere Bild in ▸Abb. 1 nicht mit dem klassischen Wellenmodell beschreiben kann.
b) Erläutern Sie, warum man das untere Bild in ▸Abb. 1 nicht mit dem klassischen Teilchenmodell beschreiben kann.

Material A • Ein Doppelspaltexperiment mit Helium-Atomen

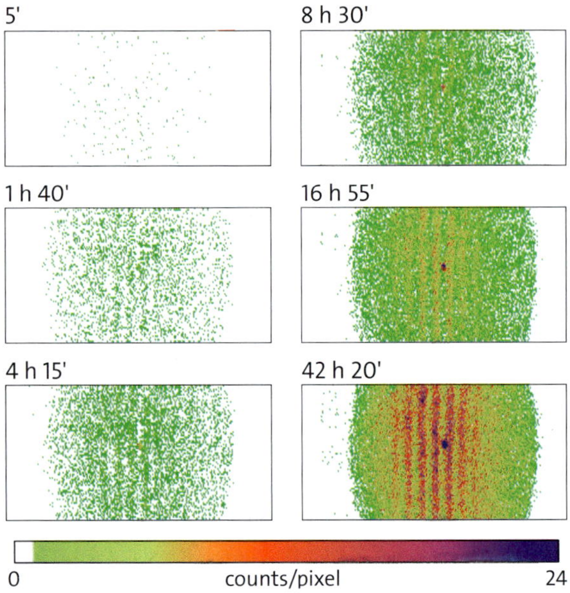

A1 Die Abbildung zeigt Aufnahmen aus einem Doppelspaltexperiment mit Helium-Atomen. Dabei wurden die Nachweisorte nach und nach gesammelt. Das erste Bild zeigt die gesammelten Orte nach 5 min (5').

a) Geben Sie an, ab welchem Bild es Pixel gibt, an denen schon mehr als zehn Helium-Atome angekommen sind. Für wie lange sind bis zu diesem Bild schon Nachweisorte gesammelt worden?

b) Auch Helium-Atome sind Quantenobjekte. Ein Teil der Eigenschaften von Quantenobjekten wird schon im ersten Bild deutlich, der andere Teil später. Erläutern Sie.

c) Ein einzelnes Helium-Atom hat in dem Experiment eine Geschwindigkeit von etwa $1\frac{\text{km}}{\text{s}}$. Die Apparatur ist kleiner als 1 m. Argumentieren Sie, warum sich im Mittel nicht mehr als ein Helium-Atom in der Apparatur befindet. Erläutern Sie, inwiefern dies wichtig ist für die Aussage: „Die Helium-Atome beeinflussen sich nicht gegenseitig. So kann das Interferenzmuster also nicht erklärt werden."

Material B • Interferenz von Fulleren-Molekülen an einem Gitter

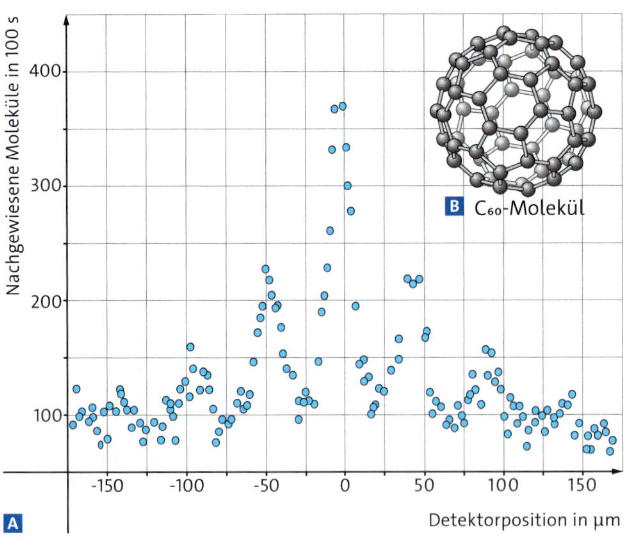

B1 Fulleren-Moleküle sind Moleküle, die aus 60 Kohlenstoff-Atomen bestehen und die Struktur eines Fußballs haben. In der Abbildung ist das Strukturmodell gezeigt. Mit diesen Molekülen ist 1999 nach Durchgang durch ein optisches Gitter ein Interferenzmuster beobachtet worden. Das Diagramm zeigt die Zahl der Detektionen in Abhängigkeit von der Detektorposition.

a) Lesen Sie im Diagramm ab, wie viele Fulleren-Moleküle bei einer Detektorposition von 50 µm nachgewiesen wurden.

b) Erläutern Sie, inwiefern man an dem Häufigkeitsdiagramm die drei charakteristischen Eigenschaften von Quantenobjekten erkennen kann (Nachweis als Ganzes, zufällige Ergebnisse bei Experimenten, Interferenz).

c) Skizzieren Sie das Häufigkeitsdiagramm, das man erhalten würde, wenn man ein Doppelspaltexperiment in großen Dimensionen mit Fußbällen durchführen würde. Begründen Sie.

d) Gegeben sind folgende Daten des Experiments:
$g = 1{,}0 \cdot 10^{-7}$ m ist die Gitterkonstante,
$a = 1{,}25$ m der Abstand des Schirms vom Gitter und
$m = 1{,}2 \cdot 10^{-24}$ kg die Masse des Moleküls.
Leiten Sie eine Gleichung zur Bestimmung der De-Broglie-Wellenlänge aus dem Diagramm her. Verwenden Sie dazu die Kleinwinkel-Näherung. Begründen Sie die Anwendung der Näherung.

e) Berechnen Sie mithilfe der Daten aus Aufgabe d) und mithilfe des Diagramms die De-Broglie-Wellenlänge und die Geschwindigkeit der Moleküle.

Material C • Warum interferieren Fußbälle nicht?

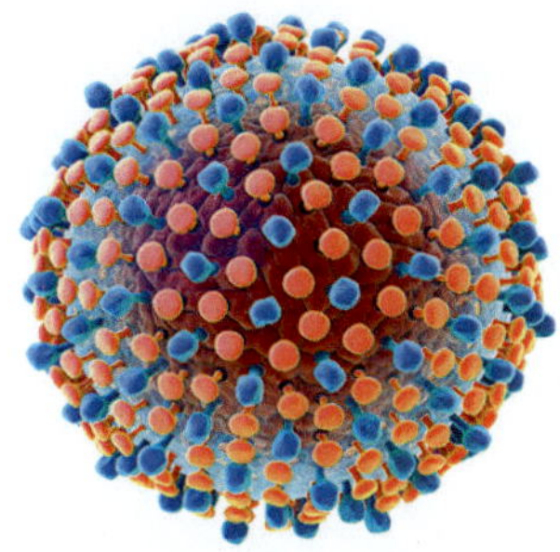

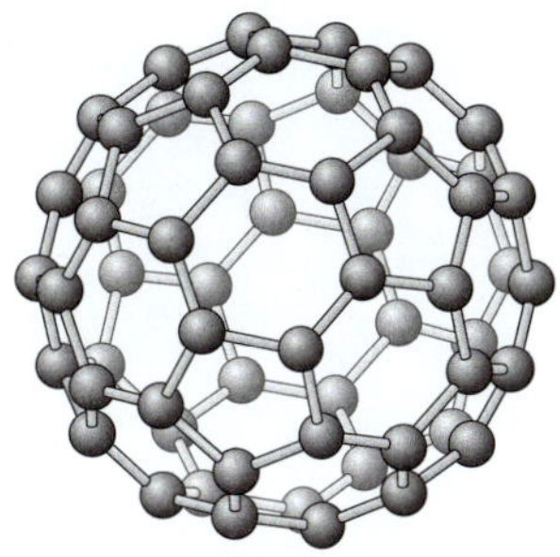

Wenn man einen Fußball durch Lücken in einem Gartenzaun schießt, bekommt man auch nach mehrmaliger Wiederholung des Experiments kein Interferenzmuster. „Klassische" Objekte, z. B. Fußbälle, zeigen keine Welleneigenschaften. Atome und Moleküle interferieren hingegen. Da der Fußball aus Atomen und Molekülen aufgebaut ist, gibt es für das Verschwinden der Interferenz keinen prinzipiellen Grund. Entscheidend ist die De-Broglie-Wellenlänge. Das untersuchen Sie an folgenden Objekten:

Objekt 1: Ein Fußball mit der Masse 430 g und einer Geschwindigkeit von $10\,\frac{m}{s}$.
Objekt 2: Ein Virus mit einem Durchmesser von 50 nm, der Masse $1 \cdot 10^{-20}$ kg und der Geschwindigkeit $10\,\frac{m}{s}$.
Objekt 3: Ein Fulleren-Molekül, bestehend aus 60 Kohlenstoff-Atomen, ebenfalls mit einer Geschwindigkeit von $10\,\frac{m}{s}$.

C1 Berechnen Sie jeweils die De-Broglie-Wellenlänge für die drei Objekte.

C2 Das Virus und das Fulleren-Molekül treffen auf ein Gitter mit $g = 150$ nm. Die Nachweisapparatur befindet sich 1,00 m hinter dem Gitter.
a) Berechnen Sie die zu erwartenden Abstände der Interferenzmaxima.
b) Wiederholen Sie die Rechnung für den Fußball mit der angegebenen Geschwindigkeit bei einem Gitter mit Spaltabstand 0,5 m.
c) Beantworten Sie nun begründet die eingangs gestellte Frage.

Material D • Die Elektronenbeugungsröhre

Die rechte Abbildung zeigt einen Ausschnitt der Graphitkristallstruktur in einer Elektronenbeugungsröhre. Dort kommt es zur Interferenz ähnlich wie bei einem Gitter. Man nennt dies Bragg-Reflexion. Die Interferenz an der Kristallstruktur kann man mit zwei Gitterkonstanten g_1 und g_2 beschreiben. Die beiden Ringe auf dem Schirm in der mittleren Abbildung entsprechen den zugehörigen Maxima erster Ordnung. Aus den Radien der Ringe kann man mit der Formel $\frac{\lambda}{g} = \frac{r}{a}$ in guter Näherung die De-Broglie-Wellenlänge der Elektronen bestimmen.

D1 Ordnen Sie zu, welche Gitterkonstante zum äußeren Ring gehört. Begründen Sie.

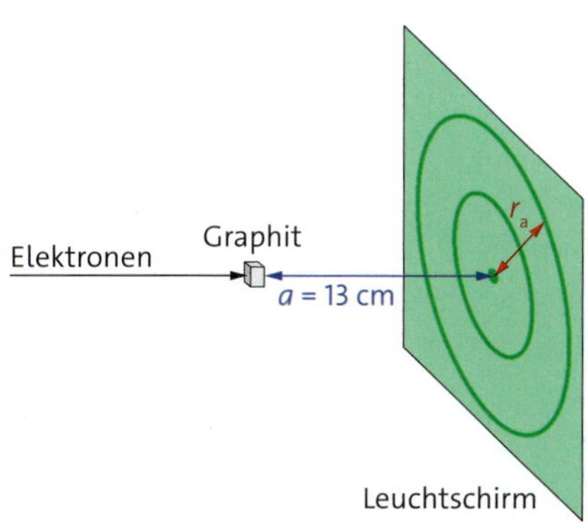

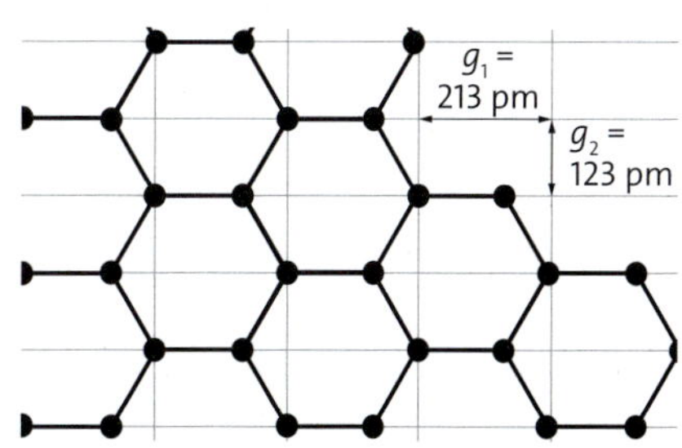

U_B in kV	2,5	3,0	4,0	5,0
r_a in cm	2,9	2,5	2,2	1,9

D2 Für verschiedene Beschleunigungsspannungen U_B wird der Radius r_a des äußeren Rings gemessen (Tabelle).
a) Beschreiben Sie, wie sich der Radius in Abhängigkeit von der Beschleunigungsspannung ändert.
b) Berechnen Sie aus den Messwerten jeweils den Impuls und die De-Broglie-Wellenlänge der Elektronen. Bestimmen Sie damit einen Wert für die Plancksche Konstante h. Vergleichen Sie mit dem Tabellenwert.

1 Die „Eltern“ der Quantenphysik 1927 bei der 5. Solvay-Konferenz in Brüssel

Quantenobjekte beschreiben

Quantenobjekte verhalten sich nicht wie Wellen und nicht wie Teilchen. Jede klassische Vorstellung führt zu Widersprüchen mit den experimentellen Ergebnissen.
Trotzdem ist es den Physikerinnen und Physikern in den ersten Jahrzehnten des 20. Jahrhunderts gelungen, präzise Wahrscheinlichkeitsvorhersagen für Quantenexperimente zu machen. Wie ist das möglich?

Mathematische Modelle • Das Lichtstrahlenmodell ist ein anschauliches Modell. Wir haben damit Größen wie Einfalls- und Ausfallswinkel definiert und das Reflexions- und das Brechungsgesetz formuliert. Damit gelang es uns, Vorhersagen zu machen, die wir im Experiment überprüfen konnten.

Schon nicht mehr so anschaulich ist das Wellenmodell, mit dem wir Interferenzphänomene von Licht erklärt haben. Die periodischen Änderungen der elektrischen und magnetischen Felder sind schwieriger zu verstehen.

Dennoch konnten wir mit dem Wellenmodell die Lage der Interferenzmaxima und -minima vorhersagen.

In der Quantenphysik versagt die Anschauung. Die meisten Physikerinnen und Physiker machen sich keine Vorstellung, wie sich z. B. ein Elektron am Doppelspalt verhält. Sie reden nur über Messergebnisse und haben Rechenwerkzeuge, mit denen sie die Wahrscheinlichkeiten für diese Messergebnisse vorhersagen können.

Man nennt dieses Vorgehen „Kopenhagener Interpretation“, in der Wissenschaft auch bekannt unter dem Slogan „Shut up and calculate“.

Auch in anderen Gebieten der Physik, z. B. in der Relativitätstheorie oder in der Festkörperphysik, sind anschauliche Vorstellungen oft nur eingeschränkt möglich. Dennoch kann man mittels mathematischer Berechnungen experimentelle Ergebnisse oder astronomische Beobachtungen erstaunlich gut beschreiben. Man nennt die zugehörigen Modelle oft Theorien.

Ein Ziel der Physik ist es, Gesetzmäßigkeiten mathematisch zu beschreiben. Die verwendeten Modelle sind oft unanschaulich. Dennoch erlauben sie häufig präzise Vorhersagen für experimentelle Ergebnisse.

Wahrscheinlichkeitsvorhersagen • Im Doppelspaltexperiment hängt der Nachweisort eines Quantenobjekts vom Zufall ab. Allerdings kann man für jeden Schirmort x eine Wahrscheinlichkeit für den Nachweis in einem Ortsintervall Δx berechnen. Bei der Interferenz von Licht kann man eine Intensitätsfunktion $S(x)$ berechnen. Für ein Quantenobjekt mit einer bestimmten De-Broglie-Wellenlänge erhält man eine entsprechende Funktion $P(x)$. Diese Funktion muss man nun als **Wahrscheinlichkeitsdichtefunktion** deuten, kurz ***P*-Funktion** (▸Abb. 2 A). Die Wahrscheinlichkeit, ein Quantenobjekt im Ortsbereich $[x; x + \Delta x]$ nachzuweisen, beträgt $P(x) \cdot \Delta x$.

Im Experiment misst man mit einem oder mehreren Detektoren, die eine bestimmte Ortsauflösung Δx haben. So bekommt man Häufigkeiten $H(x)$ für verschiedenen Ortsbereiche $[x; x + \Delta x]$, die man in einem Säulendiagramm darstellen kann (Abb. 2 B). Die Breite Δx der Säulen ist in der Abbildung so klein, dass man die Stufung kaum erkennen kann. Die Höhe der Säulen unterliegt den üblichen statistischen Schwankungen. Dabei gilt das stochastische Gesetz der großen Zahlen: Je größer die Zahl N der Wiederholungen des Experiments, desto mehr nähert sich das Diagramm für die relativen Häufigkeiten $\frac{H(x)}{N}$ dem Graphen der P-Funktion an.

Dies ist bei einem Zufallsexperiment mit Würfeln nicht anders: Für einen Würfelwurf mit zwei Würfeln kann man die Wahrscheinlichkeiten $P(A)$ für die Augensummen A berechnen (▸Abb. 2 C). So hat z. B. die Wahrscheinlichkeit $P(2)$ für die Augensumme „2" den Wert $\frac{1}{36}$. Wenn man das Zufallsexperiment durchführt, erhält man statistische Streuungen für die Häufigkeiten $H(A)$ (▸Abb. 2 D). Für große Zahlen N an Wiederholungen nähert sich die relative Häufigkeit $\frac{H(A)}{N}$ an $P(A)$ an.

Anders als beim Würfeln addieren sich in der Quantenphysik die Wahrscheinlichkeiten in der Regel nicht so einfach. So ist z. B. die Wahrscheinlichkeit, ein Quantenobjekt beim Doppelspalt an einer Minimumstelle nachzuweisen, nicht gleich der Summe der Wahrscheinlichkeiten für die zugehörigen Einzelspaltexperimente.

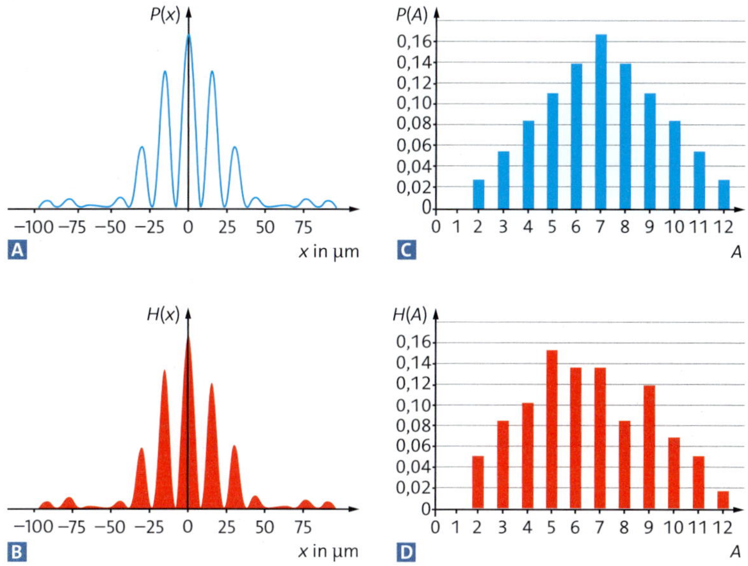

2 **A** Nachweiswahrscheinlichkeiten beim Doppelspalt abhängig vom Ort x, **B** Relative Häufigkeit der gemessenen Ereignisse in vielen nebeneinander liegenden Ortsbereichen entlang der x-Achse, **C** Wahrscheinlichkeiten für die Augenzahl A beim Wurf mit zwei Würfeln, **D** Relative Häufigkeiten bei 60-maligem Würfeln mit zwei Würfeln

Kausalität und Zufall • In der klassischen Physik gilt das Kausalitätsprinzip: Bestimmte Ursachen haben bestimmte Wirkungen. In der Quantenphysik können dagegen gleiche Anfangsbedingungen zu völlig unterschiedlichen Ergebnissen führen.

In der Quantenphysik kann dieselbe Messung an identisch präparierten Systemen zu stark voneinander abweichenden Ergebnissen führen.
Für eine Einzelmessung kann man das Ergebnis in der Regel nicht vorhersagen.
Man kann aber Wahrscheinlichkeiten für das Auftreten der verschiedenen Messergebnisse angeben, wenn man die Messung an identisch präparierten Systemen sehr oft wiederholt.

Quantenobjekte mit gleichen Anfangsbedingungen nennt man identisch präpariert.

1 In der Mechanik und in der Elektrizitätslehre haben wir mit Modellen gearbeitet.
Nennen Sie für beide Gebiete die zentralen Vorstellungen, die zentralen Größen und die zentralen Gesetzmäßigkeiten.

$\psi(x, y, z, t)$ nennt man auch **Wellenfunktion**. Man kann sie mit Zeigern beschreiben.

Die Schrödinger-Gleichung • Die nach ERWIN SCHRÖDINGER benannte berühmte Gleichung ist eine Differenzialgleichung in den drei Raumrichtungen x, y, z und der Zeit t (▸Abb. 1). Aus ihren Lösungen $\psi(x, y, z, t)$ erhält man die Wahrscheinlichkeitsdichtefunktionen $P(x, y, z, t)$. Dies bedeutet: Die Wahrscheinlichkeit, ein Quantenobjekt an einem Ort (x, y, z) zur Zeit t in einem Detektor des Volumens ΔV zu messen, beträgt $P(x, y, z, t) \cdot \Delta V$.

$$\left[-\frac{h^2}{8\pi^2 m}\left(\frac{\partial^2}{\partial x^2}+\frac{\partial^2}{\partial y^2}+\frac{\partial^2}{\partial z^2}\right)+\varphi(x,y,z,t)\right]\psi(x,y,z,t)=\frac{ih}{2\pi}\frac{\partial}{\partial t}\psi(x,y,z,t)$$

1 Die Schrödinger-Gleichung

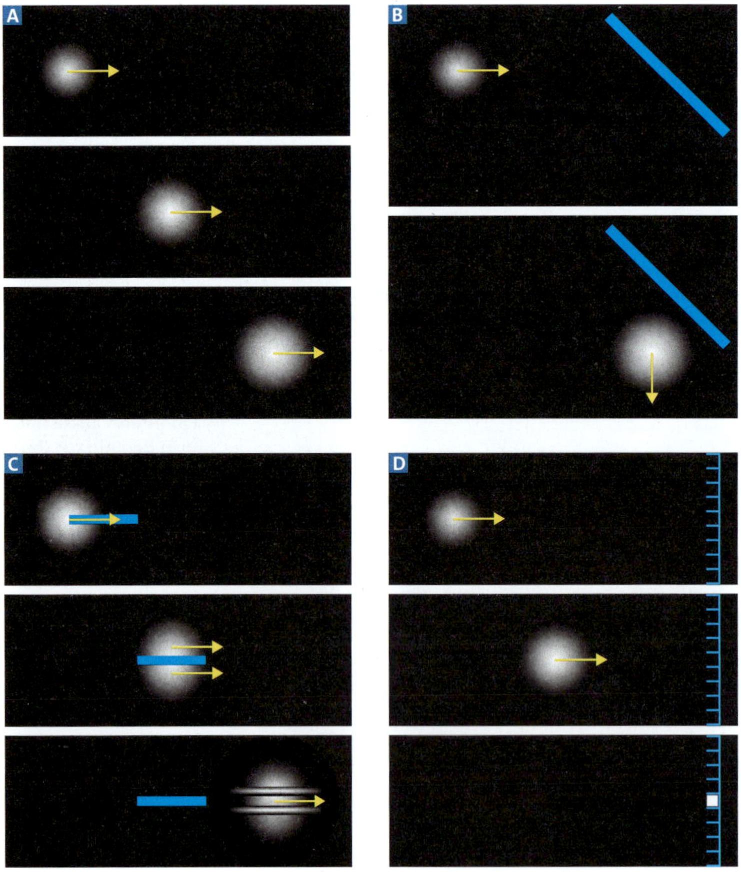

2 **A** Momentaufnahmen der P-Wolke eines Quantenobjekts, das sich nach rechts bewegt.
B Zwei Momentaufnahmen der P-Wolke eines Quantenobjekts, das reflektiert wird.
C Wenn Wolkenteile überlappen, ergeben sich Verdichtungen und Verdünnungen.
D Die Wolke kollabiert bei einer Detektion auf Detektorgröße.

Grafische Darstellung der *P*-Funktionen • Wir können die Schrödinger-Gleichung nicht mit Schulmathematik lösen. Stattdessen stellen wir die zeitliche Entwicklung der P-Funktion grafisch dar. Dabei müssen einige Eigenschaften beachtet werden.

▸Abb. 2 A zeigt, wie sich die P-Funktion für ein Quantenobjekt, das sich von links nach rechts bewegt, im Lauf der Zeit entwickelt. Dabei ist die P-Funktion als Wolke dargestellt. Je dichter diese P-Wolke ist, umso größer ist die Nachweiswahrscheinlichkeit an der betreffenden Stelle. Wir zeichnen die P-Wolke als zweidimensionales Schnittbild. In der Mitte der Wolke ist die Nachweiswahrscheinlichkeit größer als am Rand. Man erkennt, dass ein sich bewegendes Quantenobjekt keinen bestimmten Ort hat. Man sagt: Es ist delokalisiert und die Unbestimmtheit bezüglich des Orts vergrößert sich sogar im Lauf der Zeit. Dies erkennt man an der Zunahme der Wolkengröße.
Auf diese Weise können wir auch die Reflexion eines Quantenobjekts veranschaulichen. ▸Abb. 2 B zeigt die berechnete P-Wolke vor und nach der Reflexion. Die Wolke wird ähnlich reflektiert wie eine Welle.
Zur Beschreibung von Interferenzexperimenten ist folgende Eigenschaft zentral (▸Abb. 2 C): Wenn sich eine Wolke in zwei Teilwolken aufteilt und diese sich anschließend überlappen, bilden sich Verdichtungen und Verdünnungen.

Zuletzt ist noch wichtig: Bei einer Ortsmessung wird die Unbestimmtheit bezüglich des Orts extrem verkleinert, nämlich auf die Ortsauflösung des Detektors (▸Abb. 2 D). Man sagt, dass die P-Funktion und damit auch die Wolke bei der Messung kollabiert.

Die räumliche Ausbreitung von Quantenobjekten kann mathematisch durch P-Funktionen beschrieben werden. $P(x, y, z, t) \cdot \Delta V$ gibt an, mit welcher Wahrscheinlichkeit das Quantenobjekt in einem Detektor mit dem Volumen ΔV nachgewiesen wird.

Anwendung auf den Doppelspalt • Wir wenden die Eigenschaften der *P*-Wolke auf das Doppelspalt-Experiment an (▸Abb. 3):
Die Wolke (▸Abb. 3 A) muss so groß sein, dass sie beide Spalte erreichen kann (▸Abb. 3 B). Dann wird sie geteilt. Ein Teil geht durch den oberen Spalt, ein Teil durch den unteren, ein weiterer Teil wird reflektiert (▸Abb. 3 C). Wenn sich Teile der Wolke hinter dem Doppelspalt überlappen, gibt es Verdichtungen und Verdünnungen. Dies geschieht übrigens auch bei der Reflexion: Vor dem Doppelspalt ergeben sich Streifen von Verdichtungen und Verdünnungen.

Die Verdichtungen und Verdünnungen hinter dem Doppelspalt führen dazu, dass es eng benachbarte Bereiche gibt, in denen das Quantenobjekt wahrscheinlicher und weniger wahrscheinlich nachgewiesen wird (▸Abb. 3 D bis F). Dies bedeutet, dass Maxima und Minima der Nachweiswahrscheinlichkeit auftreten. Beim Nachweis mit einem Detektor kollabiert die Wolke und das Quantenobjekt wird an einem bestimmten Ort nachgewiesen (▸Abb. 3 G). Die Wahrscheinlichkeit dafür ist durch die Dichte der Wolke an dieser Stelle bestimmt.

Die zeitliche Entwicklung der *P*-Funktion macht anschaulich deutlich: Der Ort eines Quantenobjekts ist beim Durchgang durch den Doppelspalt unbestimmt, erst durch die Ortsmessung wird der Zustand des Quantenobjekts so verändert, dass es einen bestimmten Ort hat.

Es funktioniert! • Wenn man die mittels Schrödinger-Gleichung erhaltenen *P*-Funktionen in der Schirmebene auswertet, erhält man die theoretische Wahrscheinlichkeitsverteilung von ▸Abb. 2 A auf der vorherigen Doppelseite. Sie beschreibt die experimentellen Ergebnisse sehr gut. Die Schrödinger-Gleichung liefert für eine große Anzahl der verschiedensten Quantenexperimente sehr präzise Wahrscheinlichkeitsvorhersagen.

Man könnte sich fragen, wieso Quantenobjekte gerade von der Schrödinger-Gleichung so gut beschrieben werden. Wir wissen das nicht. Im Grunde ist es ein glücklicher Umstand, dass es so gut funktioniert.

A
Die *P*-Wolke bewegt sich auf den Doppelspalt zu.

B
Ein Teil der *P*-Wolke wird am Doppelspalt reflektiert und bildet stehende Wellen.

C
Teile der *P*-Wolke durchdringen den Doppelspalt.

D
Die *P*-Wolke beginnt hinter dem Doppelspalt zu überlappen.

E
Verdichtungen und Verdünnungen bilden sich aus.

F
Diese breiten sich weiter aus.

G
Bei einer Messung kollabiert die Wolke auf Detektorgröße (rechter Bildrand).

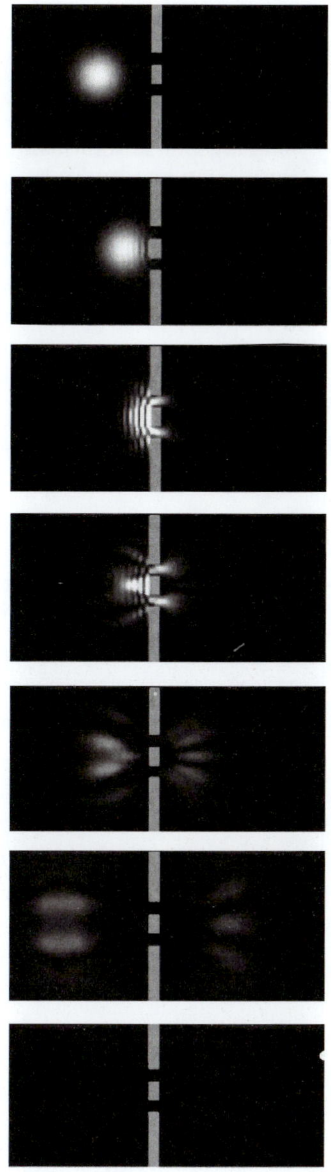

3 Grafische Darstellung der zeitlichen Entwicklung der *P*-Funktion beim Doppelspaltexperiment

Wenn die Vorhersagen der Schrödinger-Gleichung stark von den experimentellen Ergebnissen abweichen würden, würde man eine andere Gleichung zur Beschreibung suchen. Wenn die Abweichungen nur gering wären, würde man vielleicht versuchen, die Gleichung an die experimentellen Ergebnisse anzupassen.

1 „Die Ergebnisse von Experimenten mit Quantenobjekten sind zufällig, aber nicht beliebig." Erläutern Sie diese Aussage.

BLICKPUNKT

Vorherbestimmt oder zufällig?

Sind Ergebnisse von Quantenexperimenten wirklich zufällig? Und gibt es nicht auch in der klassischen Physik zufällige Ergebnisse?

Schüsse durch den Doppelspalt • Stellen Sie sich Folgendes vor: Man schießt mit einem Schussapparat immer wieder durch einen Doppelspalt. Das Ergebnis ist klar: Es entstehen zwei Streifen von vielen Auftreffpunkten mit einer gewissen zufälligen Streuung (▸Abb.1A). Diese rührt daher, dass die Anfangsbedingungen der Kugeln beim Abschuss nicht genau bekannt sind. Im Prinzip könnte man den Auftreffort der Kugeln vorhersagen, wenn Anfangsort, Anfangsimpuls und Spaltanordnung exakt bekannt wären. Der Auftreffort der Kugeln hängt also gar nicht vom Zufall ab, sondern ist durch die Anfangsbedingungen vorherbestimmt. Man sagt, das Verhalten ist **determiniert.** Ebenso ist das Ergebnis eines Münz- oder Würfelwurfs im Prinzip determiniert, wenn man nur alle Umstände genau genug kennt.

Determiniertheit in der klassischen Physik • Mit den Gesetzen der **klassischen Physik,** wie wir sie kennen, kann man bei bekannten Anfangsbedingungen berechnen, wie sich ein System entwickelt. Manchmal sind so weitreichende Vorhersagen möglich: Beispielsweise wird die Erde die Sonne noch viele Millionen Jahre umkreisen. Die Entwicklung komplexer Systeme, z.B. des Wetters, ist schwieriger zu prognostizieren. Mit bekannten Anfangsbedingungen könnte man mit der entsprechenden Rechnerleistung die Entwicklung der ganzen Welt hinreichend genau vorhersagen. Dem sind Grenzen gesetzt, weil man zum einen die Anfangsbedingungen in komplexen Systemen in der Regel nicht beliebig genau kennt. Und weil es zum anderen die Quantenphysik gibt.

Wirklicher Zufall • Wiederholt man die Schüsse durch den Doppelspalt mit Quantenobjekten, dann ergibt sich ein anderes Bild (▸Abb.1B): Die Wahrscheinlichkeit, mit der man ein Quantenobjekt an einer bestimmten Stelle nachweist, kann man mit der Schrödingergleichung berechnen. Die Entwicklung der *P*-Wolken zwischen zwei Messungen ist determiniert. Aber wo ein Quantenobjekt nachgewiesen wird, ist reiner Zufall. Auch bei gleichen Anfangsbedingungen ergeben sich meist unterschiedliche Nachweisorte. Im Vergleich zum Determinismus der klassischen Physik ist das schwer zu akzeptieren. Auch ALBERT EINSTEIN glaubte nicht, dass die Quantenphysik „der wahre Jakob" ist. Wie viele andere vermutete er, dass es weitere, noch unbekannte Anfangsbedingungen gibt, sogenannte **lokale verborgene Variablen,** die den Nachweisort der Quantenobjekte vorherbestimmen.
Erstaunlicherweise führt allein die Annahme von lokalen verborgenen Variablen zu Vorhersagen, die deutlich von denen der Quantenphysik abweichen. 1964 leitete JOHN BELL die **Bellsche Ungleichung** her. Sie gibt an, in welchem Bereich die experimentellen Ergebnisse liegen müssten, wenn man lokale verborgene Variablen annimmt. 1982 gelang es ALAIN ASPECT, entsprechende Experimente durchzuführen. Sie bestätigten klar die Quantenphysik. Also müssen wir mit dem Zufall leben!

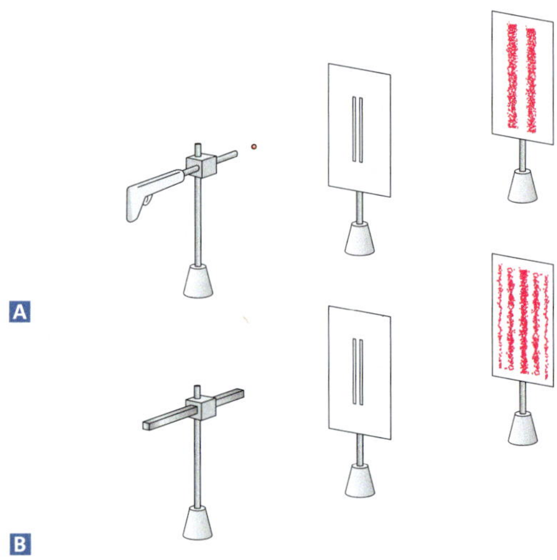

1 Doppelspaltexperiment **A** mit Kugel, **B** mit Quantenobjekten

Freier Wille? • Wenn die Welt wie ein Uhrwerk abläuft, hat man keinen freien Willen, jede Handlung ist vorherbestimmt. Im menschlichen Gehirn laufen chemische Reaktionen zwischen Molekülen ab und diese sind Quantenobjekte. Heißt das, dass das menschliche Verhalten zwar nicht determiniert, dafür aber das Resultat von Zufallsergebnissen von Quantenobjekten ist? Ist der freie Wille eine Illusion? Philosophen haben sich schon oft den Kopf darüber zerbrochen, sind aber noch zu keinem klaren Ergebnis gekommen.

Material A • Strukturuntersuchung mit Neutronen

Um die Struktur einer Metalllegierung zu untersuchen, beschießt man sie mit Neutronen mit einer De-Broglie-Wellenlänge von 0,13 nm. Die Kristallstruktur der Legierung wirkt auf die Neutronen ähnlich wie ein optisches Gitter. Das Diagramm zeigt die Nachweishäufigkeit der Neutronen in Abhängigkeit vom Winkel α: Die Messwerte sind schwarz dargestellt, die rote Kurve zeigt Werte, die man mithilfe der Quantenphysik berechnet hat.

A1 a) Berechnen Sie den Impuls und die Geschwindigkeit der Neutronen.
b) Bestimmen Sie die kinetische Energie eines der Neutronen.

A2 a) Erklären Sie, warum man auch ohne Messfehler nicht erwarten kann, dass alle Messpunkte auf der theoretischen Kurve liegen.
b) Ein Neutron wird auf den Kristall geschossen. Schätzen Sie die Wahrscheinlichkeiten dafür ab, dass das Neutron zum ersten, zum zweiten bzw. zum dritten Maximum beiträgt, für den Fall, dass nur diese drei Maxima vorhanden sind.

A3 Bei einem optischen Gitter lässt sich die Gitterkonstante aus der Lage der Maxima bestimmen.
a) Leiten Sie eine Formel her, mit der man aus den Winkeln für die Maxima die Gitterkonstante bestimmen kann.
b) Das erste Maximum bei der Neutronenhäufigkeit lässt sich mit der Formel für das Maximum 2. Ordnung bei einem Gitter berechnen. Bestimmen Sie damit die Gitterkonstante.
c) Eines der beiden anderen Maxima lässt sich durch die gleiche Gitterkonstante erklären, das andere nicht. Überprüfen Sie diese Aussage.

A4 Die Interferenzerscheinung bei den Neutronen an der Kristallstruktur nennt man Bragg-Reflexion. Bei ihr gilt der Zusammenhang $\sin\left(\frac{\alpha}{2}\right) = \frac{k \cdot \lambda}{2 \cdot g}$. g ist dabei der Netzebenenabstand.
a) Zeigen Sie: Die ersten beiden abgebildeten Häufigkeitsmaxima lassen sich durch eine Bragg-Reflexion mit einem Netzebenenabstand von 0,43 nm erklären.
b) Bestimmen Sie die weiteren erwarteten Winkel für die Maxima.

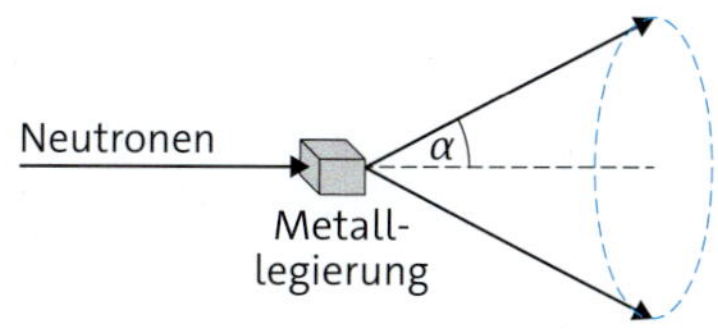

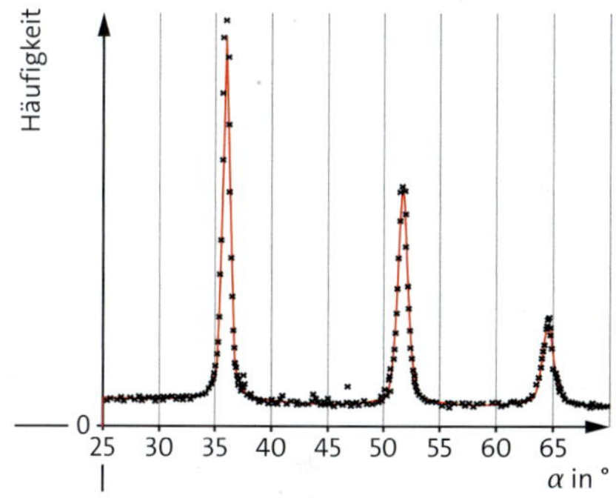

c) Interpretieren Sie die Messwerte vor diesem Hintergrund.
d) Vergleichen Sie den Zusammenhang für die Bragg-Reflexion mit der Formel aus A3 a). Erklären Sie dabei, warum die Formeln für kleine Winkel ähnliche Ergebnisse liefern.
e) Recherchieren Sie, wie es bei der Bragg-Reflexion zu einem Gangunterschied kommt. Stellen Sie eine Herleitung für den angegebenen Zusammenhang dar.

Material B • Das Elektron im Wasserstoff-Atom

B1 Ein Wasserstoff-Atom besteht aus einem Proton als Atomkern und einem Elektron. Die *P*-Wolke des Elektrons ist in der Abbildung für zwei verschiedene Zustände dargestellt. Beurteilen Sie folgende Aussagen:
a) Das Elektron in einem Wasserstoff-Atom hat zu keiner Zeit einen bestimmten Ort.
b) Je weiter außen bei einem Elektron im Wasserstoff-Atom eine Ortsmessung durchgeführt wird, umso kleiner ist die Nachweiswahrscheinlichkeit pro Volumeneinheit.
c) Eine Ortsmessung verändert den Zustand des Elektrons nicht.
d) Die Wahrscheinlichkeit, das Elektron irgendwo nachzuweisen, ist immer gleich groß, unabhängig davon, in welchem Zustand sich das Elektron befindet.

B2 Die Struktur der Materie beschreibt man mit verschiedenen Modellen, z. B. kann man Atome und Moleküle mit dem Teilchenmodell beschreiben. Man verwendet beim Atombau auch das Kern-Hülle-Modell.
a) Beschreiben Sie die Unterschiede zwischen den genannten Modellen.
b) Stellen Sie an zwei Beispielen dar, welche Phänomene man nur mit dem Kern-Hülle-Modell, nicht aber mit dem Teilchenmodell erklären kann.
c) Erklären Sie, warum man das Teilchenmodell trotzdem verwendet.

1 Aufnahme bei Nacht und Vergrößerung des Nachthimmels

Photonen

Eine Aufnahme des Nachthimmels im Schwarzwald: Wenn man in das gelb markierte Quadrat des linken Fotos hineinzoomt, erhält man den rechts dargestellten Ausschnitt. Warum sind benachbarte Bildpixel so unterschiedlich in der Intensität, obwohl der Nachthimmel an der Stelle nahezu einheitlich gefärbt war?

Lichtportionen • Der Bildsensor der Kamera besteht aus einer Fläche kleiner Lichtdetektoren. Je nachdem wie viel Licht auf einen Detektor fällt, wird das entsprechende Bildpixel heller oder dunkler dargestellt. Die Pixelhelligkeit ist ein Maß für die dort angekommene Energie. Die Detektoren des Bildsensors reagieren nicht nur auf die vom Licht übertragene Energie, sondern auch auf thermische Energie. Bei der Vergrößerung in ▸Abb. 1 entstehen die Unterschiede zwischen den Pixeln aufgrund der normalen Umgebungstemperatur. Um diesen Effekt zu unterdrücken, kühlt man z. B. bei astronomischen Aufnahmen die Bildsensoren.

Eine genau bestimmte Portion nannte man früher Quant. Daher kommt der Name Quantenphysik.

Bei −100 °C und sehr schwacher Lichtintensität beobachtet man Helligkeitsunterschiede der Pixel, die nicht thermischen Ursprungs sind. Wenn man bei einigen benachbarten Detektoren für monochromatisches Licht die angekommene Energie als Säulendiagramm darstellt, erhält man ein Diagramm wie in ▸Abb. 2: Die Säulenhöhe ist stets ein ganzzahliges Vielfaches einer Energieportion E_{ph}. Offensichtlich wird Licht einer Wellenlänge nur in bestimmten Portionen absorbiert, die man **Photonen** nennt. Dies gilt nicht nur für sichtbares Licht, sondern für das gesamte elektromagnetische Spektrum.

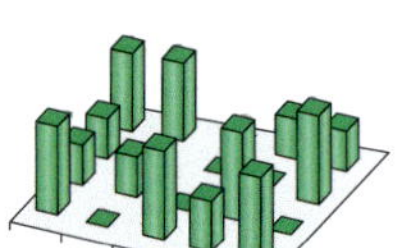

2 Säulendiagramm für stark abgeschwächtes Licht

Ultraviolett schädigt die Haut • Je kleiner die Wellenlänge der elektromagnetischen Strahlung ist, desto größer ist die entsprechende Energieportion. Das erklärt, wieso man von Ultraviolettstrahlung einen Sonnenbrand bekommt, während eine Bestrahlung der Haut mit sichtbarem Licht harmlos ist: Die Ultraviolettstrahlung hat eine kleinere Wellenlänge als sichtbares Licht. Ein Photon der Ultraviolettstrahlung hat genügend Energie, um Hautzellen zu schädigen, ein Photon des sichtbaren Lichts dagegen nicht. Deshalb sollte man die Haut gegen Sonnenlicht abschirmen. Noch gefährlicher sind Röntgen- und Gammastrahlung, hier beträgt die Photonenenergie ein Vielfaches von der des sichtbaren Lichts.

Für rotes Licht der Wellenlänge 800 nm beträgt die Energie E_{ph} eines Photons 1,55 eV. Für violettes Licht (λ = 400 nm) ist die Energie E_{ph} = 3,1 eV, also doppelt so groß. Messungen für verschiedene Wellenlängen zeigen: $E_{ph} \sim \frac{1}{\lambda}$. Röntgen-Photonen haben Energien im keV-Bereich, Gamma-Photonen sind noch energiereicher. Ein Photon der Wärmestrahlung ist langwellig und transportiert weniger Energie.

Auch die Emission von elektromagnetischen Wellen geschieht portionsweise, die Quanten sind – wieder abhängig von der Wellenlänge – ebenso groß wie bei der Absorption.

Elektromagnetische Wellen werden in Quanten absorbiert und emittiert. Diese Quanten heißen Photonen. Die Energie eines Photons ist abhängig von der Wellenlänge λ bzw. der Frequenz f:

$$E_{ph} = \frac{h \cdot c}{\lambda} = h \cdot f.$$

Dabei ist c die Lichtgeschwindigkeit und h die Planck-Konstante.

Photonen als Quantenobjekte • Elektronen und Atome können interferieren, obwohl sie stets als Ganzes nachgewiesen werden. Von elektromagnetischen Wellen wie Licht wissen wir schon, dass sie interferieren können. Nun zeigt sich, dass sie auch in Quanten nachgewiesen werden. Auch bei Photonen hängen die Ergebnisse von Ortsmessungen vom Zufall ab: Wenn man die Aufnahme des Nachthimmels in ▸Abb. 1 wiederholt, dann erhält man mit großer Wahrscheinlichkeit eine andere Verteilung der Photonen auf die einzelnen Pixel.

Kann man sich z. B. Licht als gleichmäßigen Photonenregen vorstellen? So einfach ist es nicht: Photonen haben die Tendenz, in Gruppen emittiert und absorbiert zu werden. Man kann also Einzelphotonen nicht einfach dadurch erzeugen, dass man Laserlicht durch Filter abschwächt. Um zuverlässig einzelne Photonen „herzustellen“, benötigt man spezielle Apparaturen, die es erst seit etwa 2000 zu kaufen gibt.

3 Ein Kometenschweif wird vom Sonnenlicht weggedrückt.

Photonen haben Impuls • In der Nähe der Sonne lösen sich ständig Staubteilchen von der Oberfläche eines Kometen (▸Abb. 3). Der Staub bleibt aber nicht einfach hinter dem Kometen zurück: Es bildet sich ein Schweif, der stets von der Sonne weg zeigt. Wir erklären das so: Die Photonen von der Sonne treffen auf die Staubteilchen und drücken diese auf die von der Sonne abgewandte Seite des Kometen. Da sich der Impuls der Staubteilchen dabei ändert, müssen zuvor die Photonen diesen Impuls gehabt haben, denn der Gesamtimpuls ändert sich nicht. Photonen haben also auch einen Impuls.
Wenn Einzelphotonen mit anderen Quantenobjekten zusammenstoßen, kann man ihren Impuls messen. Es zeigt sich: Wie die Energie ist auch der Impuls umgekehrt proportional zur Wellenlänge. Es gilt der gleiche Zusammenhang wie bei der De-Broglie-Beziehung für die anderen Quantenobjekte.

Der Impuls eines Photons mit der Wellenlänge λ bzw. der Frequenz f beträgt:

$$p_{ph} = \frac{h}{\lambda} = \frac{h \cdot f}{c}$$

1 **a)** Berechnen Sie die Wellenlänge und den Impuls eines Gamma-Photons mit der Energie 200 keV.
b) Vergleichen Sie mit der Wellenlänge und dem Impuls eines Photons bei rotem Licht mit der Energie 1,55 eV.

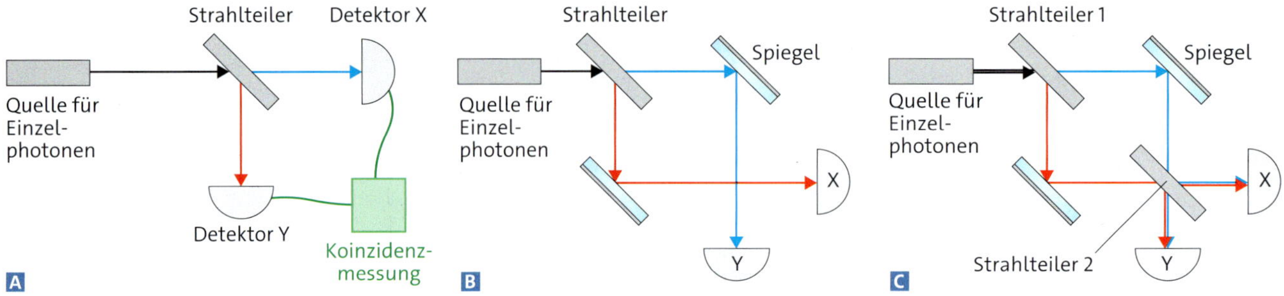

1 Einzelphotonenexperiment **A** mit einem Strahlteiler, **B** mit einem Strahlteiler mit Spiegeln, **C** mit dem Mach-Zehnder-Interferometer

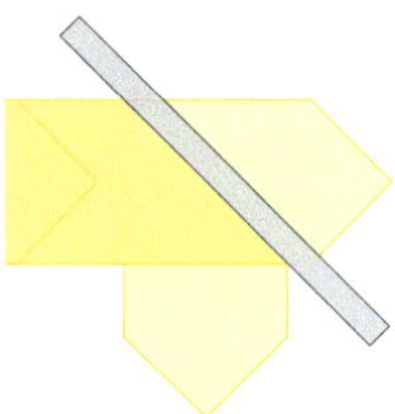

2 Ein 50-%-Strahlteiler

Experimente mit Einzelphotonen • Da man Quellen für Einzelphotonen bisher nur in der Forschung einsetzt, kann man damit in der Regel im Unterricht keine Experimente durchführen. Wir schildern daher im Folgenden Experimente, die man seit etwa 1980 so oder so ähnlich durchgeführt hat. Die entsprechenden Aufbauten mit vielen Photonen sind Ihnen vielleicht bekannt.

Einzelphotonen am Strahlteiler • Wir beginnen mit einer einfachen Beobachtung: Trifft Licht auf eine Glasscheibe, wird ein Teil reflektiert und der Rest durchgelassen (▸Abb.2). So eine Glasscheibe nennt man auch **Strahlteiler.** Durch eine spezielle Beschichtung kann man einen 50-%-Strahlteiler herstellen, d.h., 50 % des Lichts werden reflektiert und der Rest durchgelassen.
Was geschieht, wenn ein einzelnes Photon auf einen 50-%-Strahlteiler trifft? Da man es dort nicht direkt beobachten kann, positioniert man zwei Detektoren X und Y wie in ▸Abb.1A. Mit einer **Koinzidenzmessung** stellt man fest, dass stets entweder Detektor X oder Detektor Y das ganze Photon nachweist, nie beide. Die Ergebnisse „X" bzw. „Y" treten dabei zufällig mit jeweils einer Wahrscheinlichkeit von 50 % auf. Die Beobachtung legt nahe, dass das Photon wie ein Teilchen mit jeweils 50 % Wahrscheinlichkeit entweder reflektiert oder durchgelassen wird. Wir werden sehen, dass diese Vorstellung nicht weit trägt.

Bei einer Koinzidenzmessung verwendet man eine Schaltung, die nur dann ein Ausgangssignal liefert, wenn an beiden Eingängen gleichzeitig ein Signal ankommt.

Interferenz mit Einzelphotonen • Wir erweitern nun den Strahlteiler schrittweise zu einem **Mach-Zehnder-Interferometer,** um damit die Interferenz bei Einzelphotonen zu untersuchen. Wir ergänzen zunächst zwei Spiegel (▸Abb.1B). Am Ergebnis ändert sich dadurch nichts, d.h. $P(\mathrm{X}) = P(\mathrm{Y}) = 50\,\%$.

Zu einem Mach-Zehner-Interferometer wird der Aufbau dadurch, dass wir nun rechts unten einen zweiten Strahlteiler einbringen (▸Abb.1C). Ein Photon hat jetzt zwei denkbare Wege (blau und rot), um zum Detektor X zu kommen. Wenn es an jedem Strahlteiler entweder reflektiert oder durchgelassen würde, wäre die Wahrscheinlichkeit für den blauen Weg $0{,}5 \cdot 0{,}5 = 0{,}25$, ebenso für den roten Weg. Gleiches würde für Detektor Y gelten. Daraus ergibt sich wieder die Voraussage $P(\mathrm{X}) = P(\mathrm{Y}) = 50\,\%$.

Im Experiment beobachtet man etwas vollkommen anderes: Das Photon wird immer von Detektor X nachgewiesen, nie von Detektor Y, d.h. $P(\mathrm{X}) = 100\,\%$; $P(\mathrm{Y}) = 0\,\%$. Die Vorstellung „entweder reflektiert oder durchgelassen" ist hier falsch! Genauso wie beim Doppelspaltexperiment mit Elektronen ist der Weg, den das Photon hier nimmt, unbestimmt.

Wir betrachten bei der Phasendifferenz nur das Gesamtergebnis der Reflexionen.

Hier zeigt sich die Wellennatur des Photons, denn die Beobachtung lässt sich als Interferenzerscheinung erklären: Wenn der Gangunterschied zwischen dem blauen und roten Weg null ist, kommt es nur aufgrund der Reflexionen zu einer Phasendifferenz: Bei Detektor X sind es auf beiden Wegen zwei Reflexionen, sodass es hier aufgrund der Symmetrie zur konstruktiven Interferenz kommt. Bei Detektor Y gibt es entsprechend eine destruktive Interferenz. Durch Verschieben der Spiegel kann man den Gangunterschied δ beliebig einstellen, z.B. so, dass das Photon immer von Detektor Y nachgewiesen wird. ▸Abb.3 A zeigt die Messwerte eines der ersten Einzelphotonen-Mach-Zehnder-Interferometer bei sehr vielen Wiederholungen: Auch Einzelphotonen interferieren!

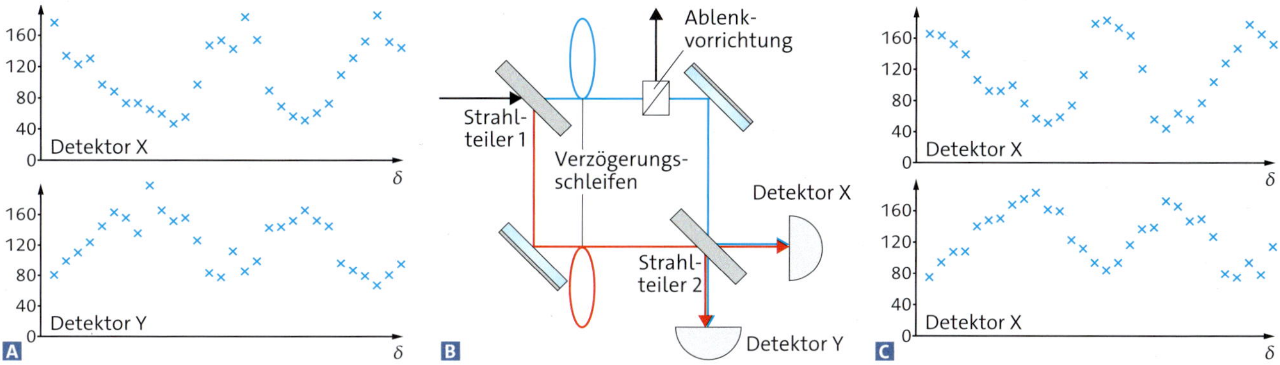

3 Einzelphotonen im Mach-Zehnder-Interferometer: **A** Ergebnis, **B** schematischer Aufbau, **C** Ergebnis mit delayed choice

Delayed Choice • Wie ist es bei Experimenten, bei denen es nicht mehrere Wege zum gleichen Detektor gibt? Kann man z.B. beim einfachen Strahlteilerexperiment (▸Abb. 1 A) sagen, dass das Photon entweder reflektiert oder durchgelassen wird? Man kann diese Frage mit einem sogenannten **Delayed-Choice-Experiment** (engl.: verzögerte Entscheidung) beantworten.

Der Grundgedanke ist folgender: Man schickt ein Photon auf einen Strahlteiler mit Spiegeln wie in ▸Abb. 1 B. Erst wenn das Photon den Strahlteiler passiert hat, ergänzt man das Experiment schnell mit einem zweiten Strahlteiler zum Interferometer (▸Abb. 1 C). Wenn das Photon bei Strahlteiler 1 entweder durchgelassen oder reflektiert würde, sollte es nicht mehr interferieren. Es müsste dann mit je 50 % Wahrscheinlichkeit bei Detektor X oder Y landen.

Ein reales Experiment • Das Photon bewegt sich mit Lichtgeschwindigkeit, sodass man den Strahlteiler 2 sehr schnell einfügen müsste. Bei einem entsprechenden Experiment mit dem erwähnten Interferometer 1986 in München fand man hierfür folgende technische Lösung (▸Abb. 3 B): Auf dem blauen Weg konnte man das Photon durch eine spezielle Vorrichtung aus der Anordnung ablenken. Da das Photon den Strahlteiler 2 dann nur auf dem roten Weg erreichen konnte, entsprach dies ▸Abb. 1 A. Schaltete man die Vorrichtung aus, dann stand wie in ▸Abb. 1 C wieder das ganze Interferometer zur Verfügung. Das An- und Ausschalten war innerhalb weniger Nanosekunden möglich. Dennoch benötigte man noch Verzögerungsschleifen aus je einem fünf Meter langen Glasfaserkabel, um hierfür genügend Zeit zu haben.

Zu Beginn des Experiments war die Ablenkvorrichtung eingeschaltet. Erst nachdem das Photon Strahlteiler 1 passierte, schaltete man sie aus, sodass beide Wege zum Strahlteiler frei waren. Kam es trotz dieser verzögerten Entscheidung zur Interferenz? Ja! Die Werte in ▸Abb. 3 C sind bei der Delayed-Choice-Variante des Experiments entstanden. Sie stimmen mit den Ergebnissen des Experiments ohne Abschaltvorrichtung (▸Abb. 3 A) sehr gut überein.

Das zeigt deutlich: Das Photon muss auch beim einfachen Strahlteiler in einem Überlagerungszustand aus „reflektiert" und „durchgelassen" sein. Erst durch die Messung durch einen der beiden Detektoren wird aus diesem Zustand plötzlich ein eindeutiger Zustand. Das wurde in sämtlichen Varianten solcher Delayed-Choice-Experimente immer wieder nachgewiesen.

Photonen sind Quantenobjekte:
- Sie werden als Ganzes detektiert.
- Der Ort der Detektion ist in der Regel vom Zufall abhängig.
- Sie zeigen Interferenz.

1 **a)** Erklären Sie den gegenläufigen Verlauf der beiden Diagramme in ▸Abb. 3 A.
b) Erklären Sie, wie ▸Abb. 3 C aussähe, wenn das Photon beim Strahlteiler entweder durchgelassen oder reflektiert worden wäre.

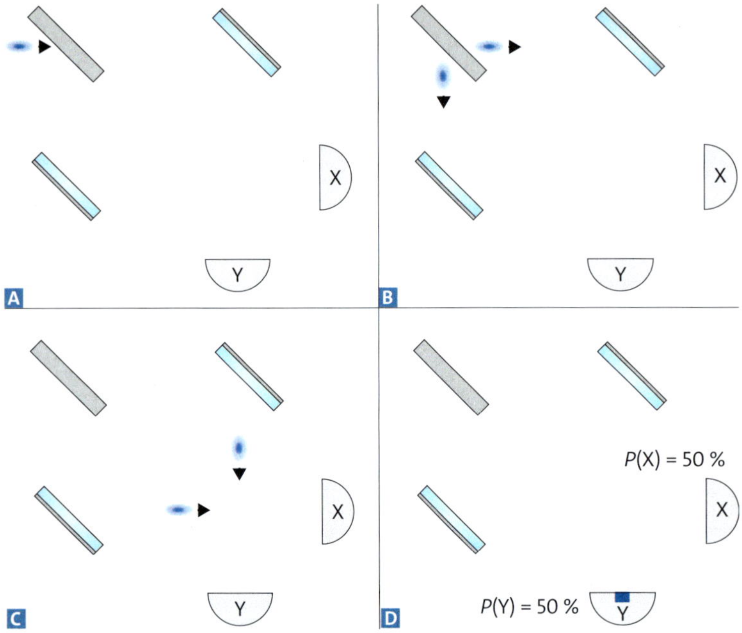

1 Beschreibung des Aufbaus mit nur einem Strahlteiler mit *P*-Wolken

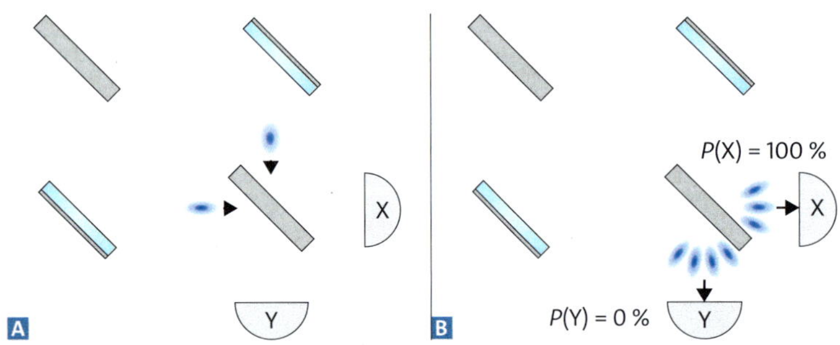

2 Beschreibung des Verhaltens des Photons am zweiten Strahlteiler mit *P*-Wolken

Beschreibung mit *P*-Wolken • Anders als die anderen Quantenobjekte hat ein Photon keine Masse. Deswegen gilt die Schrödinger-Gleichung für sie nicht. Trotzdem können wir sie in ähnlicher Weise mit den *P*-Wolken beschreiben. Wir zeigen dies am Beispiel des Mach-Zehnder-Interferometers:

Die *P*-Wolke läuft auf den ersten Strahlteiler zu (▸Abb.1A) und teilt sich dort (▸Abb.1B). Beide Teilwolken werden reflektiert (▸Abb.1C), anschließend kollabiert die Wolke bei der Messung (▸Abb.1D). Das ist die mathematische Beschreibung. Was können wir über das Photon selbst sagen? Aus dem Delayed-Choice-Experiment wissen wir, dass das Photon beim ersten Strahlteiler nicht entweder durchgelassen oder reflektiert wurde. Es befindet sich in einem Überlagerungszustand aus „durchgelassen" und „reflektiert" (▸Abb.1 B und C). Wenn nun z.B. Detektor Y das Photon nachweist (▸Abb.1D), wird daraus ein Zustand mit einem eindeutig bestimmten Ort.
Mit dem zweiten Strahlteiler (▸Abb.2 A) teilen sich die beiden *P*-Teilwolken nochmals und überlagern sich dabei. Es kommt zur Interferenz (▸Abb, 2B): Auf Detektor X läuft eine Verdichtung der Wolke zu, auf Detektor Y eine Verdünnung. Daher werden von Y nie Photonen nachgewiesen, sondern immer nur von X. Idealisiert gilt: $P(X) = 100\,\%$ und $P(Y) = 0\,\%$.

Eigenschaften von Quantenobjekten • Am Mach-Zender-Interferometer wird ein weiteres Mal ein grundlegender Unterschied zwischen Quantenobjekten und Alltagsobjekten deutlich: Alltagsobjekte haben immer einen bestimmten Ort. Das Photon aber hat nach dem ersten Strahlteiler keinen eindeutig bestimmten Ort. Anders ist sein Verhalten nach dem zweiten Strahlteiler nicht erklärbar. Trotzdem weist ein Detektor ein Photon immer an einem bestimmten Ort nach.

Aus dem eindeutigen Messergebnis darf man aber nicht schließen, dass das Photon diese Eigenschaft zuvor schon hatte. Die Eigenschaft „Ort" hat ein Quantenobjekt nur, wenn eine Ortsmessung mit Sicherheit zu einem bestimmten Ergebnis führt. Das ist z.B. beim idealisierten Interferometer so: Hier weiß man sicher, dass sich das Photon hinter dem zweiten Strahlteiler zum Detektor X bewegt.

Eigenschaften von Quantenobjekten können unbestimmt sein. Die Quantenobjekte befinden sich dann bezüglich der zugehörigen Messung in einem Überlagerungszustand.
Durch die Messung wird die Eigenschaft des Quantenobjekts bestimmt. Sein Zustand ändert sich dadurch abrupt.

1 Skizzieren Sie mehrere Momentaufnahmen der *P*-Wolke für ein Photon in einem Doppelspaltexperiment.

Versuch A • Bestimmung von *h* mit LEDs

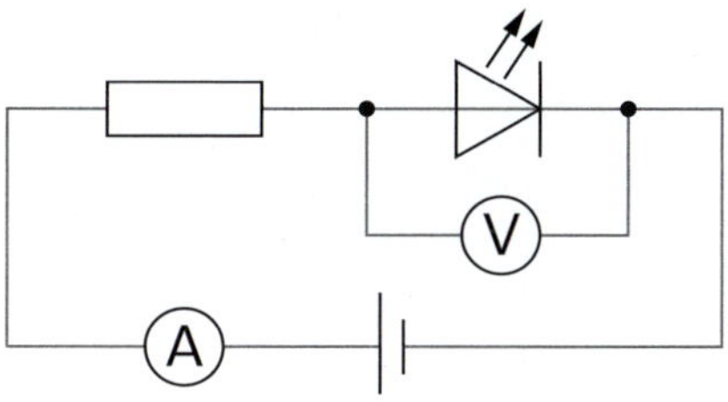

Wenn eine LED leuchtet, emittiert sie Photonen. Die Energie $E_{ph} = h \cdot f$ eines Photons stammt jeweils von einem Elektron, das dabei die Energie ΔE auf das Photon überträgt. Das Elektron hat diese Energie elektrisch aufgenommen, d.h., $\Delta E = e \cdot U$. Wie groß die Spannung U ist, hängt vom Material der LED ab.

Material:
mindestens vier einfarbige LEDs, Gleichspannungsnetzgerät, Schutzwiderstand 330 Ω, Voltmeter, Amperemeter, Kabel, optisches Gitter, Maßstab mit Zeiger

V1 Elektronen

Arbeitsauftrag:
a) Bauen Sie die Schaltung mit einer LED auf. Achten Sie darauf, dass die Stromstärke im Folgenden 20 mA nicht überschreitet!
b) Erhöhen Sie die Spannung vorsichtig, bis die LED zu leuchten beginnt. Notieren Sie die notwendige Spannung. Gehen Sie entsprechend bei den anderen LEDs vor.
c) Formulieren Sie einen Zusammenhang zwischen der Wellenlänge des emittierten Lichts und der von Ihnen gemessenen Spannung.
d) Um ΔE möglichst exakt zu bestimmen, messen Sie bei jeder LED die Spannung, die für die gleiche Stromstärke von 10 mA notwendig ist. Berechnen Sie jeweils ΔE.
e) Berechnen Sie, wie viele Elektronen sich bei 10 mA in einer Sekunde durch die LED bewegen.

V2 Photonen

Arbeitsauftrag:
a) Bestimmen Sie mit dem optischen Gitter die Wellenlängen der LEDs.
b) Es gilt $E_{ph} = \Delta E$. Erklären Sie damit, wie man durch das Messen der Spannung an der LED und der Wellenlänge des emittierten Lichts die Planck-Konstante bestimmen kann.
c) Bestimmen Sie die Planck-Konstante aus Ihren Messwerten möglichst genau. Vergleichen Sie mit dem Literaturwert.
d) Geben Sie begründet an, wie viele Photonen bei 10 mA in einer Sekunde von einer LED emittiert werden.
e) Berechnen Sie die Leistung einer der LEDs aus den von Ihnen bestimmten Eigenschaften (i) der emittierten Photonen, (ii) der Elektronen.

Material A • Wechselwirkungsfreie Messung: Der Knallertest

Kann man feststellen, ob ein Objekt da ist, ohne dass man direkt hinschaut, hinfasst oder eine Messung an der Stelle durchführt? Die Quantenphysik erlaubt das! Das zeigt folgendes Gedankenexperiment: Ein spezieller Knaller hat einen hochsensiblen Zünder. Wenn auch nur ein Photon auf den Zünder trifft, explodiert er. Man ist unsicher, ob der Knaller den Zünder überhaupt enthält oder ob die Stelle des Zünders leer ist. Um nachzuschauen, müsste man die Stelle beleuchten und dann ginge der Knaller hoch. Wie findet man heraus, ob der Knaller einen Zünder hat, ohne dass er explodiert?

A1 Man baut den Knaller in ein idealisiertes Mach-Zehnder-Interferometer für Einzelphotonen ein. Der Zünder (sofern er da ist) blockiert dabei einen der beiden Wege.
a) Betrachten Sie den Fall, dass der Zünder nicht vorhanden ist. Übernehmen Sie die Abbildung ins Heft. Zeichnen Sie die möglichen Wege eines Photons zu den Detektoren ein.
b) Begründen Sie, warum in diesem Fall von Detektor Y keine Photonen nachgewiesen werden.

A2 Betrachten Sie nun den Fall, dass der Zünder da ist.

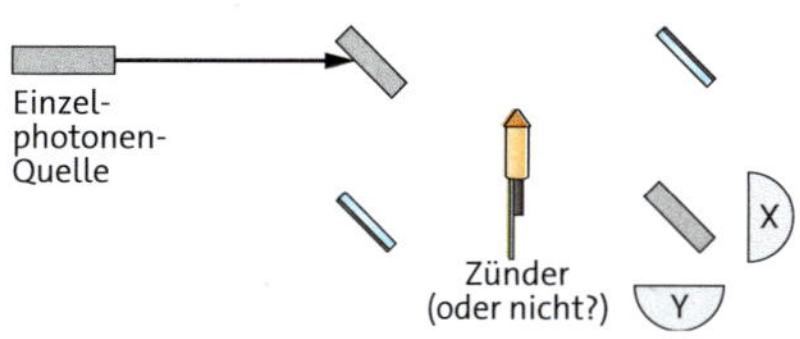

a) Geben Sie begründet die drei Möglichkeiten des Versuchsausgangs mit den zugehörigen Wahrscheinlichkeiten an.
b) Bei einem der drei Versuchsausgänge weiß man sicher, dass der Zünder vorhanden ist, ohne dass der Knaller explodiert. Erläutern Sie, wie das möglich ist.

1 Geheime Botschaft über 192 km

Verschränkte Quantenobjekte

Eine Forschungsgruppe der Universität Wien übertrug 2020 mit verschränkten Photonen Informationen von Malta nach Sizilien und zurück. Durch die Verschränkung der Photonen war diese Botschaft absolut abhörsicher verschlüsselt. Was bedeutet Verschränkung und wie funktioniert diese Verschlüsselung?

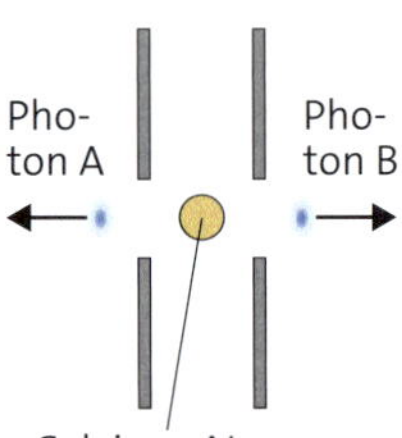

2 Erzeugung verschränkter Photonen

Paare von verschränkten Photonen • Bei solchen Experimenten beleuchtet man z.B. ein Calcium-Atom mit Ultraviolettstrahlung. Unter bestimmten Voraussetzungen emittiert das Atom dann gleichzeitig zwei Photonen A und B in entgegengesetzte Richtung (▸Abb. 2). Dieses Photonenpaar ist **verschränkt.** Was das bedeutet, zeigt sich, wenn man Polarisationsmessungen an den beiden Photonen durchführt.

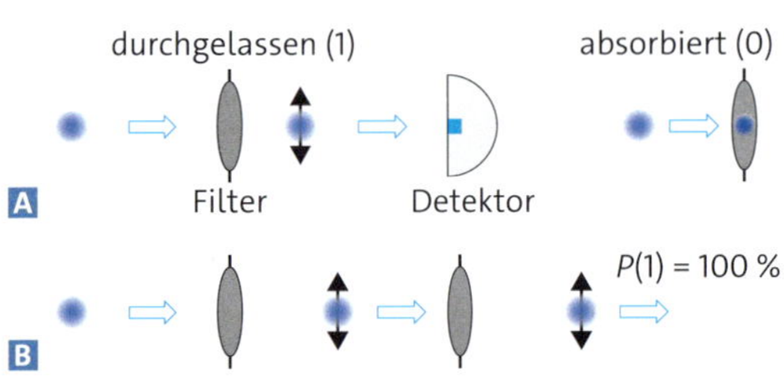

3 **A** Mögliche Messergebnisse beim Polarisationsfilter, **B** Präparation des Photons durch den ersten Filter

Polarisationsmessung • Wenn ein Photon auf einen Polarisationsfilter trifft, der auf 0° eingestellt ist, gibt es zwei Möglichkeiten: Entweder es kann von einem Detektor dahinter nachgewiesen werden oder es wird vom Filter absorbiert (▸Abb. 3 A). Dieser Vorgang ist eine quantenphysikalische Messung mit zwei möglichen Versuchsergebnissen: „durchgelassen" und „absorbiert". Wenn ein bei 0° durchgelassenes Photon auf einen weiteren 0°-Filter trifft, wird es wieder durchgelassen (▸Abb. 3 B). Man sagt: „Das Photon ist in 0°-Richtung polarisiert." oder: „Das Photon wurde auf 0°-Polarisation präpariert." Entsprechendes gilt natürlich für jede andere Polarisationsrichtung.

Je nach seinem Zustand vor dem Polarisationsfilter wird ein Photon mit einer gewissen Wahrscheinlichkeit durchgelassen oder absorbiert. Wir werden diese beiden Möglichkeiten im Folgenden häufiger mit einer 1 (durchgelassen) und einer 0 (absorbiert) bezeichnen.

Die vom Calcium-Atom emittierten Photonen sind unbestimmt in der Polarisation. Wenn z.B. das Photon A auf einen 0°-Polarisationsfilter trifft, ist $P(0) = P(1) = 50\,\%$. Führt man die Messung bei mehreren so erzeugten Photonenpaaren durch, dann erhält man als Ergebnis für das Photon A eine zufällige Folge von Nullen und Einsen. Das gleiche gilt für Photon B (▸Tabelle 4).

Quantenkorrelation • Wenn man die Messergebnisse von Photon A und Photon B vergleicht, dann stellt man fest: Jedes Mal, wenn Photon A von „seinem" Filter durchgelassen wird, wird auch B durchgelassen. Jedes Mal, wenn Photon A vom Filter absorbiert wird, wird auch B absorbiert. Man sagt: Die Ergebnisse sind **korreliert.** Diese Korrelation tritt auch auf, wenn die zwei Photonen so weit voneinander entfernt sind, dass eine Übermittlung des Messergebnisses von Photon A zu Photon B mit Überlichtgeschwindigkeit erfolgen müsste oder die Messung bei Photon B wesentlich später stattfindet.
Eine solche Korrelation ist bei zwei Zufallsexperimenten überraschend: Stellen Sie sich vor, dass Sie immer wieder zwei Münzen werfen und bei jedem Wurf zeigen entweder beide „Kopf" oder beide „Zahl"! Im Alltag gibt es auch wenig überraschende Korrelationen: Angenommen, Sie haben im Winter einen Handschuh zuhause vergessen und finden unterwegs nur den linken Handschuh in Ihrer Jackentasche. Dann wissen Sie sofort, dass ihr zuhause gebliebener Handschuh ein rechter Handschuh ist (▸Abb.54). Über diese **klassische Korrelation** werden sie sich nicht wundern, hier lagen die Messergebnisse „rechter Handschuh" „linker Handschuh" schon beim Loslaufen von zuhause fest. Könnte es bei den verschränkten Photonen nicht auch so sein?

Die **quantenphysikalische Korrelation** ist nicht vom Typ „Handschuh", sondern vom Typ „Münzwurf". Beim Photon kann man den Winkel für die Polarisationsmessung sogar auswählen, wenn das Photonenpaar schon unterwegs ist: Die Korrelation bleibt dennoch bestehen! Man könnte also vermuten, dass die Photonen bereits bei der Emission für jede denkbare Richtung eine Polarisationseigenschaft gehabt haben. Diese verlockende Hypothese hat man in den 1980er Jahren durch zahlreiche Messungen eindeutig widerlegt. Die Photonen befinden sich vor einer Messung bezüglich jeder Polarisationsrichtung in einem Überlagerungszustand von „durchgelassen" und „absorbiert".

Verschränkung • Das lässt nur einen Schluss zu: Die Messung der Polarisation an Photon A macht aus dem Überlagerungszustand einen definierten Polarisationszustand, und zwar nicht nur bei Photon A, sondern instantan auch für Photon B. Die Photonen hängen direkt zusammen und dürfen nicht einzeln gedacht werden. Genau diese Verbindung nennt man Verschränkung. Die Polarisationsmessung hebt die **Verschränkung** dann wieder auf. Wenn die beiden Photonen im Anschluss z.B. auf einen 45°-Filter treffen, dann sind die Ergebnisse nicht mehr korreliert.

Gäbe es „Quantenhandschuhe", würde Folgendes passieren: Erst durch Ihr Nachschauen in der Jackentasche wird bei Ihrem Quantenhandschuh zufällig festgelegt, ob es ein rechter bzw. linker Handschuh ist. Vorher ist der Handschuh in einem Überlagerungszustand. Der Handschuh zuhause wird im gleichen Augenblick auch zu einem linken bzw. rechten Handschuh.

Verschränkte Quantenobjekte • Verschränkungen gibt es nicht nur bei Photonenpaaren und nicht nur bei der Polarisation: Durch jede Wechselwirkung zwischen zwei Quantenobjekten werden diese miteinander verschränkt. Da es in der Natur praktisch ständig zu Wechselwirkungen kommt, bleibt eine Verschränkung selten lange bestehen. Es ist eine der größten Herausforderungen der Quantenforschung, die Quantenobjekte so isoliert zu halten, dass die Verschränkung nicht unbeabsichtigt zerstört wird.

Durch eine Wechselwirkung miteinander entsteht eine Verschränkung zwischen Quantenobjekten. Zwischen ihnen besteht dann eine quantenphysikalische Korrelation: Eine Messung an einem Partner beeinflusst direkt und sofort auch den Zustand des anderen Partners.

1 Stellen Sie sich vor, Ihre Mutter findet den zuhause liegen gebliebenen „Quantenhandschuh", bevor Sie nachgeschaut haben. Beschreiben Sie, welche Folgen das hat.

Photon	
A	B
1	1
0	0
0	0
0	0
1	1
0	0
1	1
1	1

4 Polarisationsmessungen an verschränkten Photonen

5 Klassische und quantenphysikalische Korrelation

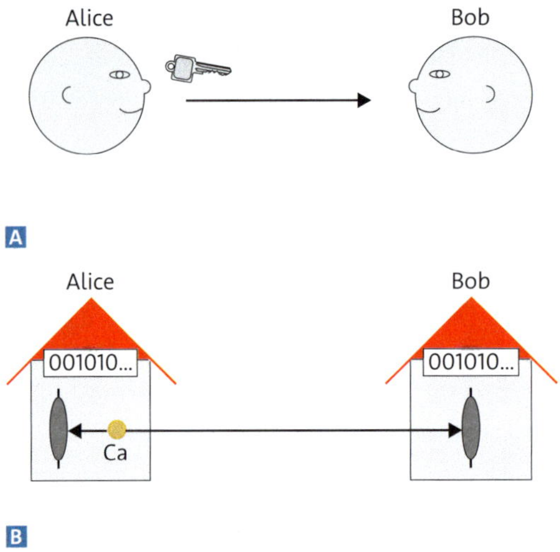

1 Bit-Übertragung mit verschränkten Photonen:
A Alice schickt Bob den Schlüssel.
B Beide erhalten die gleiche Zahlenfolge.

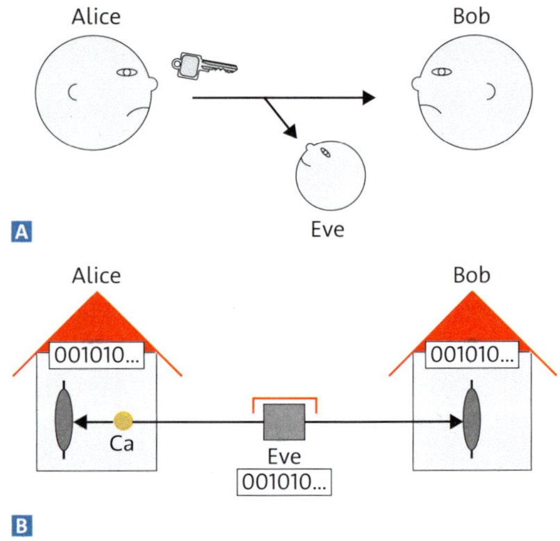

2 Eve hört ab und wird nicht bemerkt:
A Alice schickt Bob den Schlüssel.
B Auch Eve erhält die Zahlenfolge.

Wir gehen hier vereinfacht von einer symmetrischen Verschlüsselung aus. Bei dieser verwendet man zum Verschlüsseln und Entschlüsseln den gleichen Schlüssel.

Quantenkryptographie • Kryptographie ist die Wissenschaft von der Verschlüsselung von Botschaften. Die Quantenkryptographie ermöglicht das abhörsichere Übertragen von Botschaften. Dabei schildert man die Situation oft als Gedankenexperiment mit mehreren Personen: Alice möchte eine geheime Botschaft, z.B. ein Passwort, an Bob schicken (▸Abb. 1 A). Dazu verschlüsselt sie die Botschaft. Wenn Bob den Schlüssel von Alice kennt, kann er die Nachricht lesen. Alice muss ihm daher den Schlüssel vorher abhörsicher zukommen lassen.
Dieser Schlüssel besteht in der Regel aus einer Folge von Nullen und Einsen. Die Idee der Quantenkryptographie ist es, den Schlüssel mit verschränkten Quantenobjekten zu übertragen (▸Abb. 1 B):

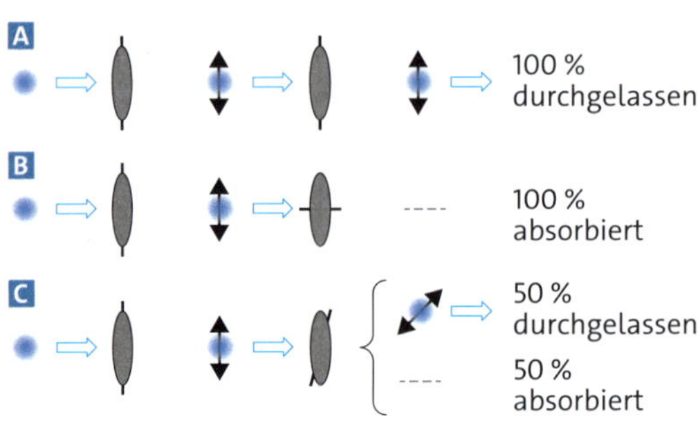

3 Ein Einzelphoton wird auf Polarisation 0° präpariert und trifft anschließen **A** auf einen 0°-Filter, **B** auf einen 90°-Filter, **C** auf einen 45°-Filter.

Alice erzeugt verschränkte Photonenpaare und lässt ihre Photonen A auf einen 0°-Polarisationsfilter fallen. Wenn Bob das gleiche mit seinen Photonen B macht, erhalten beide dieselbe Folge von Nullen und Einsen. Der Schlüssel wurde erfolgreich übertragen.

Eve liest mit • Warum verwendet man hier verschränkte Photonen, obwohl deren Herstellung und Übertragung sehr aufwendig ist? Der Grund ist, dass man damit einem Abhörversuch auf die Spur kommen kann. Die abhörende Person wird Eve genannt (von englisch *eavesdropper*) (▸Abb. 2 A). Eve möchte den Schlüssel auch erhalten, um anschließend die geheime Botschaft mitzulesen, sie möchte dabei aber nicht bemerkt werden. Bei dem bisherigen Vorgehen gelingt ihr das tatsächlich noch (▸Abb. 2 B): Sie lässt das für Bob bestimmte Photon B auch auf einen 0°-Polarisationsfilter treffen. Wenn es durchgeht (1), schickt sie ein auf 0° polarisiertes Photon zu Bob. Wenn es absorbiert wird (0), sendet sie ein auf 90° polarisiertes Photon weiter. Das wird bei Bobs 0°-Filter mit Sicherheit absorbiert, weil die beiden Polarisationsrichtungen orthogonal zueinander sind (wie in ▸Abb. 3 B). Auf diese Weise erhalten Alice, Bob und Eve den gleichen Schlüssel. Eve zerstört durch ihre Messung zwar die Verschränkung zwischen Photon A und B, aber Alice und Bob fällt dies nicht auf.

Verschiedene Polarisationsrichtungen • Offensichtlich müssen sich Alice und Bob etwas einfallen lassen. Abhörsicher wird die Übertragung, wenn man auch andere Polarisationsrichtungen verwendet. Dabei nutzt man aus, dass die Wahrscheinlichkeiten für „durchgelassen“ und „absorbiert“ nicht mehr nur 0 % oder 100 % sind (▸Abb. 3): Wenn z.B. ein 0°-polarisiertes Photon auf einen 45°-Filter trifft, wird es mit der gleichen Wahrscheinlichkeit durchgelassen oder absorbiert, d.h. $P(0) = P(1) = 50\,\%$. Das gilt natürlich auch, wenn ein auf 45° polarisiertes Photon auf einen 0°-Filter trifft.

Alice und Bob stellen nun ihre Polarisationsfilter zufällig auf 0° oder 45°, ohne voneinander zu wissen. Wenn die beiden messen, erhalten sie nur dann sicher übereinstimmende Messwerte, wenn sie die gleiche Polarisationsrichtung verwendet haben. ▸Tabelle 4 zeigt als Beispiel hierfür die Messwerte bei acht Photonenpaaren. Alice und Bob tauschen sich dann ohne Geheimhaltung darüber aus, bei welchen Photonenpaaren sie in der gleichen Richtung gemessen haben, nicht aber über ihre Messwerte. In ▸Tabelle 4 sind diese Messungen grün markiert. Nur diese Messwerte behalten sie und erhalten so zwei identische Schlüssel.

Eve fällt auf • Was geschieht, wenn Eve mithört? Sie muss nun für jedes Photon eine Richtung für die Polarisationsmessung wählen. Wenn sie wie beim Photonenpaar 1 in ▸Tabelle 5 die gleiche Richtung wie Alice und Bob erwischt, bleibt alles unauffällig. Beim Photonenpaar 2 hat sie eine andere Richtung gewählt. Eve sendet ein auf 45° polarisiertes Photon zu Bob, aber durch Zufall bekommt dieser das gleiche Ergebnis wie Alice. Bei den Photonenpaaren 4 und 7 ist das nicht der Fall. Alice und Bobs Schlüssel sind dann also nicht mehr identisch! Versucht Bob mit diesem falschen Schlüssel, die Botschaft zu entschlüsseln, gelingt ihm dies nicht. Daran merkt er, dass bei der Übertragung etwas passiert ist. Eve ist entdeckt!

Technische Realisierung • Bei der Realisierung des Schlüsselaustauschs mit Quantenkryptographie finden die Polarisationsmessungen automatisiert statt. Bei dem Experiment zwischen Sizilien und Malta konnte so pro Sekunde eine Folge von vier Nullen bzw. Einsen übertragen werden. Der verwendete Lichtleiter war 192 km lang.

Photonenpaar	1	2	3	4	5	6	7	8
A misst bei	45°	0°	0°	45°	45°	45°	0°	0°
A erhält	1	0	1	1	1	1	1	0
B misst bei	45°	0°	45°	45°	0°	45°	0°	45°
B erhält	1	0	0	1	1	1	1	1

4 Alice und Bob messen mit zufälligen Vorzugsrichtungen.

Photonenpaar	1	2	3	4	5	6	7	8
A misst	45°	0°	0°	45°	45°	45°	0°	0°
A erhält	1	0	1	1	1	1	1	0
E misst	45°	45°	0°	0°	45°	45°	45°	0°
E erhält	*1*	*1*	*0*	*1*	1	*1*	*0*	*0*
E sendet	45°	45°	90°	0°	45°	45°	−45°	90°
B misst	45°	0°	45°	45°	0°	45°	0°	45°
B erhält	1	0	0	0	1	1	0	1

5 Eve hört in der Leitung zu Bob mit.

Durch Quantenkryptografie können Informationen abhörsicher übertragen werden. Dabei nutzt man die Verschränkung von Quantenobjekten und die Zustandsänderung bei Messungen aus.

1 Untersuchen Sie in ▸Tabelle 5, bei welchen Photonen Ergebnisse nach der Messung von Alice noch vom Zufall abhängen, und notieren Sie, wie die entsprechenden Messungen auch hätten ausgehen können.

2 Erzeugen Sie mit einer Münze vier Zufallscodes Z_i zu je 5 Bits. Ermitteln Sie aus den sich ergebenden Binärzahlen die zugehörigen Dezimalzahlen. Verschieben Sie im Wort ANNA jeweils den i-ten Buchstaben um Z_i Positionen im Alphabet. Notieren Sie den so entstehenden verschlüsselten Namen. Geben Sie ihn zusammen mit dem Schlüssel Z_i an die neben Ihnen sitzende Person, damit sie die Botschaft entschlüsseln kann.

BLICKPUNKT

Schrödingers Katze

1 Das Gedankenexperiment mit Schrödingers Katze

Ein Gedankenexperiment • Überlagerungszustände sind typisch für die Quantenwelt. Aber warum beobachten wir solche Zustände im „normalen" Leben nicht? Schließlich bestehen wir doch selbst auch aus Quantenobjekten. Der Physiker ERWIN SCHRÖDINGER verdeutlichte dieses Problem durch das berühmte Gedankenexperiment, das bekannt ist unter dem Namen „Schrödingers Katze". ▸Abb. 1 illustriert das Experiment:

In einem Kasten befinden sich eine Katze, eine Phiole mit Giftgas, ein Geiger-Müller-Zählrohr und ein radioaktives Präparat. Sobald das Zählrohr einen Zerfall in dem Präparat registriert, wird ein Hammer ausgelöst, der die Phiole zerschlägt. Das austretende Giftgas tötet die Katze.
Da es sich nur um ein fiktives Experiment handelt, wiederholen wir die Überlegungen, auch wenn es die Katze das Leben kostet – oder auch nicht.

Gleichzeitig tot und lebendig? • In diesem Gedankenexperiment ist das Atom über den Hammer und das Giftkölbchen mit der Katze verschränkt. Da das Atom im Überlagerungszustand „zerfallen und nicht zerfallen" ist, befindet sich das Zählrohr im Zustand „1 und 0", der Hammer im Zustand „unten und oben", das Kölbchen im Zustand „zerbrochen und ganz" usw. Das Öffnen der Kiste stellt eine Messung dar und bedeutet damit das Ende des Überlagerungszustands: Die Katze ist dann entweder tot oder lebendig. Aber vor dem Öffnen der Kiste müsste sich gemäß der Quantenphysik die Katze im Überlagerungszustand „tot und lebendig" befinden. Das kann man sich aber bei einem lebendigen Wesen beim besten Willen nicht vorstellen, selbst wenn die Kiste geschlossen ist.

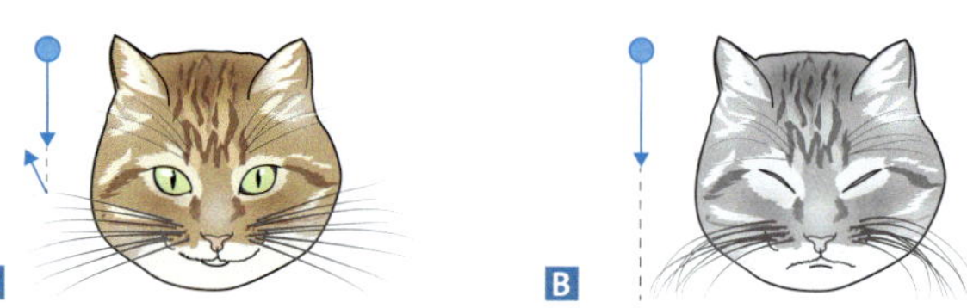

2 **A** Das Luftteilchen trifft auf das Barthaar **B** oder nicht.

Kohärenz • Wie löst die Quantenphysik dieses Paradoxon? Wir haben die perfekte Verschränkung bei Photonenpaaren kennengelernt. Solche Zustände nennt man kohärent. Schon dort besteht die größte Schwierigkeit darin, dass es nicht unbeabsichtigt zu einer Wechselwirkung kommt, die den kohärenten Zustand zerstört. Zählrohr, Hammer, Giftfläschchen und Katze sind makroskopische Objekte, die mit sehr vielen Objekten wechselwirken. Dazu zählen z. B. die etwa 10^{23} Luftteilchen in der Kiste. ▸Abb. 2 zeigt, dass es schon bei einem einzigen Luftteilchen einen Unterschied macht, ob die Katze tot oder lebendig ist.

Dekohärenz • Jede dieser kleinen Wechselwirkungen zerstört die Verschränkung ein wenig. In der Summe addieren sich auch winzige Abweichungen stark, sodass die Überlagerung in kürzester Zeit verschwindet. Die Zeit dafür beträgt bei der Katze nicht einmal 10^{-30} s. Diese unvermeidliche Wechselwirkung mit der Umgebung nennt man **Dekohärenz.** Sie sorgt dafür, dass die Katze schon vor dem Öffnen der Kiste tot oder lebendig ist. Aber welchen der beiden Zustände man dann sieht, entscheidet sie nicht. Wie diese Entscheidung fällt, ist ein Geheimnis, das die Quantenphysiker und -phyikerinnen noch nicht gelöst haben.

1 Stellen Sie sich vor, jede Wechselwirkung mit der Umgebung sei bei der Katze und den anderen Objekten in der Kiste unterbunden. Nun öffnen Sie die Kiste und finden eine tote Katze vor. Haben Sie die Katze umgebracht? Äußern Sie sich begründet zu der Frage.

Material A • Polarisationseigenschaften bei Einzelphotonen

Wenn ein Photon, das auf 0°-Polarisation präpariert ist, auf einen Polarisationsfilter mit Vorzugsrichtung φ trifft, beträgt die Wahrscheinlichkeit für „durchgelassen": $P(\varphi) = (\cos\varphi)^2$.

A1 **a)** Überprüfen Sie, dass $P(\varphi)$ die richtigen Werte für $\varphi = 0°$, $\varphi = 45°$ und $\varphi = 90°$ liefert.
b) Man lässt nacheinander 200 einzelne 0°-Photonen auf einen Polarisationsfilter mit $\varphi = 60°$ fallen. Beschreiben Sie, welche Versuchsergebnisse möglich und welche wahrscheinlich sind.

A2 Die zwei Photonen eines Paars sind bezüglich ihrer Polarisation so miteinander verschränkt, dass man an ihnen die gleiche Polarisation misst. Photon A trifft nun zuerst auf einen 45°-Filter, dann Photon B.
a) Geben Sie begründet an, welche Messergebnisse für die beiden Photonen möglich sind.
b) Nun wird zusätzlich jeweils noch ein 0°-Filter in den weiteren Weg der Photonen gestellt (Abb. A). Beschreiben Sie, welche Messergebnisse möglich sind. Erklären Sie, ob es Korrelationen gibt oder nicht.

A
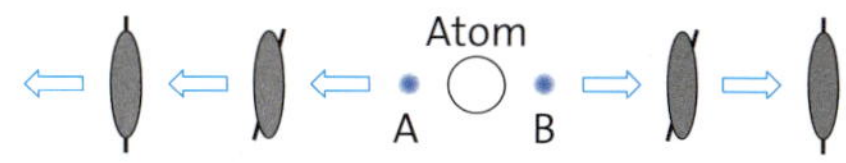

B
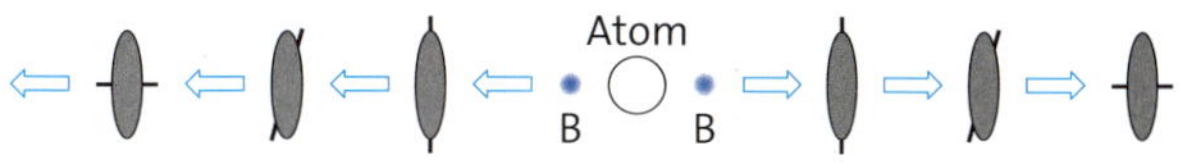

A3 Einzelne Photonen mit 0°-Polarisation treffen zuerst auf einen Polarisationsfilter mit Vorzugsrichtung 45° und anschließend auf einen mit 90°.
a) Bestimmen Sie die Wahrscheinlichkeit dafür, dass ein Photon durch den zweiten Filter „durchgelassen" wird.
b) Wenn ein 0°-Photon direkt auf einen 90°-Filter trifft, wird es mit Sicherheit absorbiert. Erklären Sie, wieso der 45°-Filter die Wahrscheinlichkeit für „durchgelassen" erhöht.

A4 Zwei Photonen eines Paars sind bezüglich ihrer Polarisation so miteinander verschränkt, dass man an ihnen die gleiche Polarisation misst. Photon A trifft zunächst auf einen 0°-Filter, dann auf einen 45°-Filter und schließlich auf einen 90°-Filter, ebenso Photon B (Abb. B). Analysieren Sie die Situation. Gehen Sie auf mögliche Korrelationen ein.

Material B • Der Zerfall eines Higgs-Teilchens

Das Higgs-Teilchen wurde erstmals 2012 nachgewiesen. Es zerfällt mit einer Halbwertszeit von 10^{-22} s in mehrere Elementarteilchen. Die Abbildung zeigt, wie ein solcher Zerfall von den Detektorapparaturen aufgezeichnet würde. Aus den Eigenschaften der entstehenden Elementarteilchen kann man auf die Eigenschaften des Higgs-Teilchens schließen. Eine Möglichkeit ist der Zerfall in ein Elektron und sein Antiteilchen, das Positron. Ein Positron hat die gleichen Eigenschaften wie ein Elektron, ist aber positiv geladen. Aus der Theorie ergibt sich, dass das Higgs-Teilchen elektrisch neutral ist und einen sogenannten Spin von 0 hat. Elektronen und Positronen können entweder den Spin $+\frac{1}{2}$ oder $-\frac{1}{2}$ haben. Beim Zerfall des Higgs-Teilchens haben die Spins von Elektron und Positron immer entgegengesetzte Werte. Solange man den Spin aber nicht misst, ist er unbestimmt.

B1 **a)** Begründen Sie: Wenn ein Zerfallspartner negativ geladen ist, muss der andere positiv geladen sein.
b) Elektron und Positron sind beim Zerfall eines Higgs-Teilchens verschränkt. Erläutern Sie, aus welchen Beobachtungen man dies schließen kann.

B2 Beim Zerfall eines ruhenden Higgs-Teilchens beobachtet man, dass sich Elektron und Positron mit gleicher Geschwindigkeit in entgegengesetzte Richtungen fortbewegen.
a) Begründen Sie dies mit dem Impuls.
b) Das Higgs-Teilchen hat in der Regel beim Zerfall schon eine Bewegungsrichtung. Erklären Sie, welchen Einfluss das auf die Bewegung des Elektron-Positron-Paars hat.

B3 Elektrisch geladene Elementarteilchen sind in Detektoren leichter nachzuweisen als elektrisch neutrale wie das Higgs-Teilchen. Stellen Sie eine Hypothese auf, wie es dazu kommt.

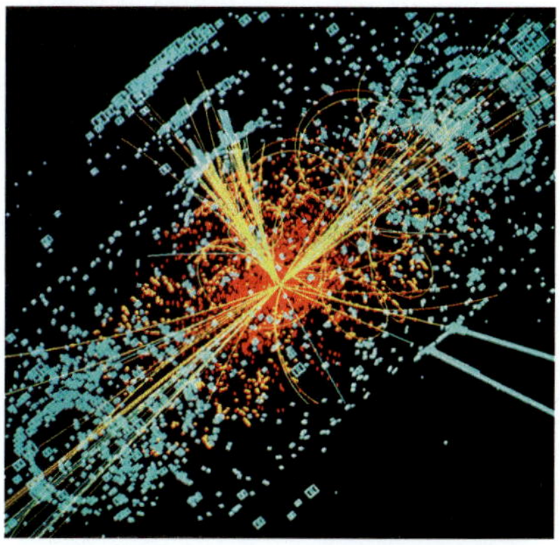

B4 Wenden Sie Ihre Ergebnisse aus B2 und B3 an, um die teilweise Symmetrie, aber auch die Asymmetrie der Nachweisspuren in der Abbildung zu erklären.

1 Atom-Interferometer der Universität Toulouse

Das Prinzip der Komplementarität

Seit den 1990er Jahren gibt es Atom-Interferometer. Hierfür kühlt man zuvor die Atome auf eine Temperatur nahe dem absoluten Nullpunkt und bringt sie anschließend in das Interferometer. Kann man bei Atomen feststellen, welchen Weg sie im Interferometer gegangen sind?

Atom-Interferometer • Durch die Kühlung stellt man sicher, dass alle Atome die gleiche De-Broglie-Wellenlänge haben. Nur so kann es überhaupt zur Interferenz kommen. Wir beschreiben im Folgenden ein Atom-Interferometer, an dem eine Forschungsgruppe 1998 an der Universität Konstanz Experimente mit Rubidium-Atomen durchgeführt hat. Der Aufbau hat Ähnlichkeit mit einem Mach-Zehnder-Interferometer. Solche und ähnliche Experimente wurden seitdem häufig wiederholt und bestätigten die hier dargestellten Ergebnisse.

Für ein Interferometer benötigt man Strahlteiler. Diese Aufgabe übernimmt bei Atomen eine stehende elektromagnetische Welle (▸Abb. 2): Sie wirkt auf die Atome wie ein Gitter, das ein Spektrum mit nur zwei ausgeprägten Maxima erzeugt. Mit zwei entsprechenden Detektoren kann man die Atome nachweisen. Bis zum Nachweis ist jedes Atom in einem Überlagerungszustand – genauso wie ein Einzelphoton am Strahlteiler. Mit einer zweiten stehenden elektromagnetischen Welle kann man den Atom-Strahlteiler zu einem Interferometer ergänzen (▸Abb. 3 A).

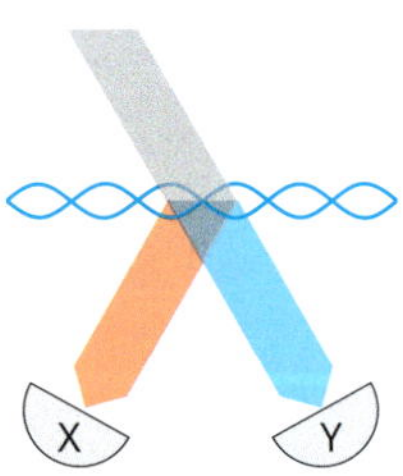

2 Ein Strahlteiler für Atome

Wie beim Mach-Zehnder-Interferometer gibt es wieder zwei Wege, rot und blau, wie ein Atom zum Detektor X oder zum Detektor Y gelangen kann.

Interferenz bei jedem Atom • Im Konstanzer Experiment ließ man die Rubidium-Atome einfach in einem 0,45 mm breiten Strahl mit $2 \frac{m}{s}$ durch das Interferometer schweben. Dabei überlagerten sich die beiden Wege nicht nur in jeweils einem Punkt, sondern in einem Bereich für jeden der beiden Detektoren. Die Bereiche hierfür lagen direkt nebeneinander. Man hat deswegen den Ort eines Atoms mit einer einzigen Apparatur für beide Bereiche gemessen (▸Abb. 3 B). Die gestrichelte Linie gibt an, in welchen Bereichen man überhaupt Atome erwarten kann. Die Bereiche liegen zwar direkt nebeneinander, sind aber eindeutig getrennt. Innerhalb der Bereiche erkennt man ein Interferenzmuster.

Die Interferenz ist nur dadurch erklärbar, dass es unbestimmt ist, welchen Weg ein Atom zum Detektor nimmt: A-B-D oder A-C-E zum Detektor X bzw. A-B-F oder A-C-G zum Detektor Y. Daher überlagern sich die *P*-Teilwolken hinter dem zweiten Strahlteiler. Gibt es tatsächlich keine Möglichkeit herauszufinden, welchen Weg ein Atom genommen hat?

Wegmarkierung • Dies hat man in Konstanz untersucht. Vereinfacht dargestellt (▸Abb. 4 A), ändert man den Aufbau so ab, dass das Rubidium-Atom direkt nach dem ersten Strahlteiler durch einen Mikrowellen-Puls etwas Energie aufnimmt und sich dadurch in einem angeregten Zustand befindet: in einem Zustand *r* auf dem roten Weg B und in einem Zustand *b* mit anderer Energie auf dem blauen Weg C. So hat man das Atom bezüglich der Wege markiert.

Welcher-Weg-Information und Interferenz • Wenn man direkt hinter dem ersten Strahlteiler misst, ob sich ein Atom im Zustand *r* oder im Zustand *b* befindet, bekommt man ein eindeutiges Ergebnis – *r* oder *b*. Die beiden Wege B und C sind dadurch nun unterscheidbar. Man bezeichnet eine solche Markierung als **Welcher-Weg-Information.**

Damit lässt sich feststellen, welchen Weg ein Atom genommen hat: Zum Beispiel kann ein Atom im Zustand *r* nur über den Weg A-B-D zum Detektor X gelangt sein. Sind nun aber die Wege unterscheidbar, kommt es nicht mehr zur Interferenz, das Interferenzmuster verschwindet. Man bezeichnet dieses Sich-Ausschließen von Welcher-Weg-Information und Interferenz als **Komplementaritätsprinzip.**

Solange man diese Messung jedoch nicht durchführt und damit die Welcher-Weg-Information nicht ausliest, kommen weiterhin Atome sowohl im Zustand *r* als auch *b* bei beiden Detektoren an. Trotz der Markierung sagt die Messung am Detektor daher nichts darüber aus, welchen Weg ein Atom genommen hat – ob die Atome z. B. an Detektor X über den Weg A-B-D oder den Weg A-C-E gekommen sind.

Das Überraschende ist, dass nun trotzdem das Interferenzmuster verschwindet (▸Abb. 4B)! Die bloße Tatsache, dass die Welcher-Weg-Information ausgelesen werden könnte, genügt, um das Interferenzmuster zu zerstören.

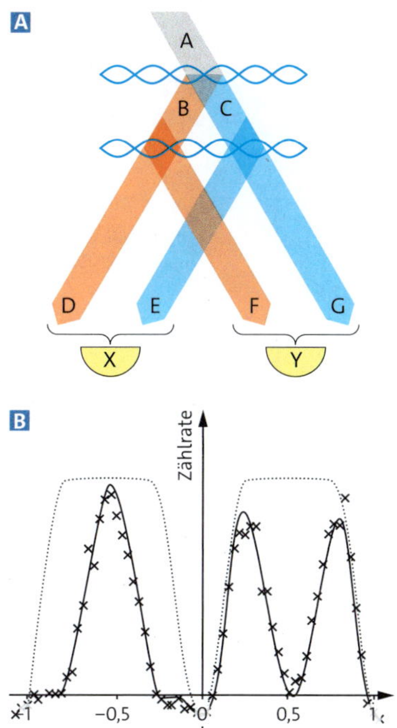

3 **A** Atome im Interferometer, **B** Versuchsergebnis

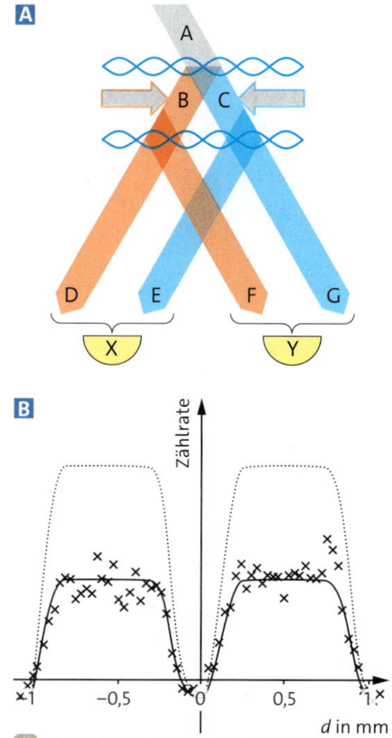

4 **A** Markierte Wege durch Mikrowellen-Puls, **B** Versuchsergebnis

Häufig findet man als Erklärung, dass die Welcher-Weg-Information die Ortsunschärfe verringert, weshalb die Impulsunschärfe nach der Heisenbergschen Unschärferelation zunimmt und dass dadurch das Interferenzmuster verschwindet. Im Atom-Interferometer sind aber die Auswirkungen der Markierung auf die Unschärfe zu gering, als dass die Ursache in der Heisenbergschen Unschärferelation liegen könnte.

Wenn man bei einem Interferenzexperiment Quantenobjekte bezüglich der verschiedenen Wege unterscheidbar markiert, beobachtet man keine Interferenz mehr.

1 **a)** Vergleichen Sie die beiden Bereiche des Interferenzmusters in ▸Abb. 3 B.
b) Finden Sie Unterschiede und Gemeinsamkeiten zu den Messwerten der Detektoren bei einem Mach-Zehnder-Interferometer.

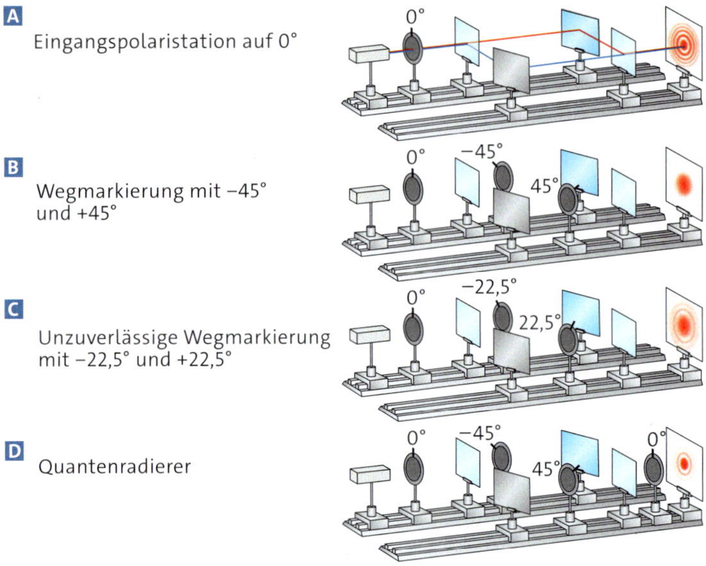

1 Mach-Zehnder-Interferometer mit Polarisationsfiltern: **A** Nur Eingangspolarisation auf 0°, **B** Wegmarkierung mit −45° im linken und +45° im rechten Weg, **C** unzuverlässige Wegmarkierung mit −22,5° im linken und +22,5° im rechten Weg, **D** Quantenradierer

Wegmarkierung mit Polarisation • Photonen verhalten sich im Mach-Zehnder-Interferometer ähnlich wie die Rubidium-Atome im Atom-Interferometer. Da man im Unterricht Einzelphotonen in der Regel nicht zur Verfügung hat, arbeiten wir stattdessen mit Laserlicht. Als Wegmarkierung nutzen wir die Polarisation. Es geht uns nur um die Sichtbarkeit der Interferenz, deshalb beobachten wir nur einen der Ausgänge des Interferometers mit einem Schirm. Da die beobachteten Intensitäten den Nachweiswahrscheinlichkeiten für Einzelphotonen entsprechen, können wir auch über diese Aussagen machen.

Im realen Aufbau sind Gangunterschiede fast unvermeidlich. Sie führen zu einem ring- oder streifenförmigen Interferenzmuster.

▸Abb. 1 A zeigt den Aufbau, bei dem das Licht vor dem Interferometer auf 0° polarisiert wird. Wir beobachten ein Interferenzmuster. Die Einzelphotonen zeigen hier die für Quantenobjekte typische **Interferenzfähigkeit.** Nun markieren wir die beiden Wege durch Polarisationsfilter, die wir auf +45° bzw. −45° einstellen (▸Abb. 1 B). Tatsächlich verschwindet dann wie beim Atom-Interferometer das Interferenzmuster. Auch hier bleibt jedes Einzelphoton in einem Überlagerungszustand, bis man es am Schirm nachweist. Auch hier haben wir also eine **Welcher-Weg-Information.**

Komplementarität • Markieren wir die Wege mit Polarisationsfiltern auf +22,5° bzw. −22,5°, sind die Wege nicht zuverlässig unterscheidbar. Wir erhalten ein verwaschenes Interferenzmuster. Je mehr Welcher-Weg-Information es gibt, desto mehr verliert ein Photon seine Interferenzfähigkeit (▸Abb. 1 C): Man sagt: Welcher-Weg-Information und Interferenzfähigkeit sind zwei **komplementäre Eigenschaften.** Quantenobjekte haben noch mehr solcher komplementären Eigenschaften. Dahinter steckt das **Komplementaritätsprinzip,** das wir für das hier betrachtete Beispiel formulieren:

Je zuverlässiger die Welcher-Weg-Information ist, die ein Interferenzexperiment enthält, desto weniger ausgeprägt ist das beobachtbare Interferenzmuster und umgekehrt.

Markieren durch Verschränkung • Warum verschwindet das Interferenzmuster, sobald wir die Wege für die Quantenobjekte unterscheidbar machen? Eine anschauliche Erklärung gibt es hierfür nicht, aber die Lösung der Schrödinger-Gleichung in diesem Fall zeigt: Der Weg muss mit einer weiteren Größe verschränkt sein, an der eine unterscheidende Messung möglich ist. Beim Atom-Interferometer ist der Weg mit der Energie, beim Photon ist er mit der Polarisation verschränkt. Eine Messung der Energie des Atoms bzw. der Polarisation des Photons beendet den Überlagerungszustand, sie ist auch eine Ortsmessung.
Wenn man hinter den zweiten Strahlteiler einen 0°-Polarisationsfilter stellt (▸Abb. 1 D), dann wird die Verschränkung aufgehoben, ohne die Überlagerung zu beenden. Eine unterscheidende Messung kann nicht mehr durchgeführt werden. Das Interferenzmuster taucht wieder auf. Man spricht hier von einem **Quantenradierer.**

Man kann die Wegmarkierung auch in einem zweiten Quantenobjekt unterbringen, das mit dem ersten Quantenobjekt verschränkt ist. Wir betrachten als Beispiel verschränkte Photonen in einem idealisierten Interferometer-Experiment.

Idler- und Signalphoton • Bei der parametrischen Fluoreszenz entsteht in speziellen Kristallen beim Einstrahlen eines Photons ein Paar von verschränkten Photonen. Das eine davon nennt man Signalphoton, das andere Idlerphoton. Das Signalphoton wird für das eigentliche Interferenzexperiment verwendet. Das Idlerphoton dient zur Weg-Markierung. Dass die Photonen miteinander verschränkt sind, kann man in der Strahlteiler-Anordnung von ▸Abb. 2 A durch eine Koinzidenzmessung nachweisen. Immer wenn das Idlerphoton in I_1 nachgewiesen wird, wird das Signalphoton in S_1 nachgewiesen; wird das Idlerphoton in I_2 nachgewiesen, dann wird das Signalphoton in S_2 nachgewiesen.

Welcher-Weg-Information • Wir erweitern den Strahlteiler wieder zu einem Interferometer mit Einzelphotonen. Zusätzlich befinden sich in beiden Armen spezielle Kristalle zur Erzeugung eines verschränken Paars aus Signal- und Idlerphoton (▸Abb. 2 B). Das Signalphoton wird in beiden Armen weiter auf den zweiten Strahlteiler gelenkt, am Idlerphoton kann eine unterscheidende Ortsmessung gemacht werden: Wenn Detektor I_1 ein Signal gibt, kann dies formal dem blauen Weg zugeordnet werden, ein Signal von Detektor I_2 dem roten Weg. Tatsächlich verschwindet auf diese Weise das Interferenzmuster.

Nun zeigt sich wie beim Atom-Interferometer: Die Detektoren I_1 und I_2 sind gar nicht nötig, damit das Interferenzmuster verschwindet (▸Abb. 2 C). Das sich weiter ausbreitende Idlerphoton ist zwar in einem Überlagerungszustand, doch könnte man durch eine Ortsmessung an ihm ein eindeutiges Ergebnis bekommen, das man formal jeweils dem blauen oder dem roten Weg zuordnen kann. Das genügt, um das Interferenzmuster zum Verschwinden zu bringen.

Auch in diesem Experiment kann man die Verschränkung aufheben, ohne den Überlagerungszustand zu beenden. Das gelingt mit einem dritten Strahlteiler (▸Abb. 2 D). Würde man in diesem neuen Aufbau mit den Detektoren I_1 und I_2 Messungen durchführen, dann könnte man z. B. ein Signal von I_1 formal weder dem blauen noch dem roten Weg zuordnen. Das Interferenzmuster kann man wieder beobachten. Dazu darf man aber nur diejenigen Signalphotonen berücksichtigen, deren Idlerphotonen beim entsprechenden Detektor angekommen sind. Dies macht man mit einer Koinzidenzmessung. Würde man hingegen alle Signalphotonen nehmen, dann würden sich die Interferenzmuster aufheben.

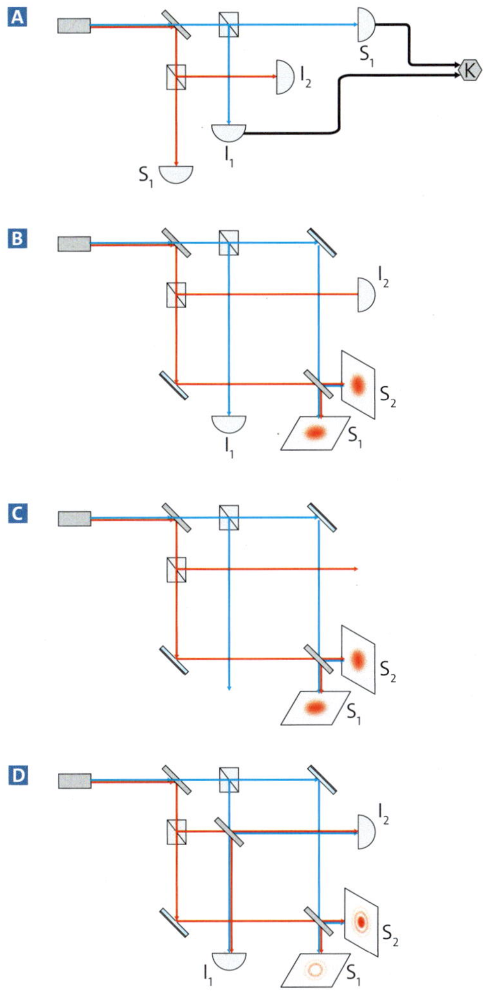

2 **A** Koinzidenzmessung hinter dem Strahlteiler, **B** Interferometer mit Welcher-Weg-Messung, **C** Interferometer mit Welcher-Weg-Information, **D** Ausradieren der Welcher-Weg-Information

1 Machen Sie Aussagen über die Zuverlässigkeit der Welcher-Weg-Information und die Sichtbarkeit des Interferenzmusters, wenn die Polarisationsfilter in ▸Abb. 2 C zueinander in einem Winkel von 10° bzw. in einem Winkel von 80° stehen.

METHODE

Zeiger in der Quantenphysik

Die Zeigermethode ist eine anschauliche, handliche Methode, um relative Intensitäten in Interferenzexperimenten mit Licht zu berechnen. Man bestimmt für jeden möglichen Weg des Lichts zu einem Punkt X den zugehörigen Zeiger und addiert alle Zeiger (▸Abb. 1 A). Das Quadrat des resultierenden Zeigers ist ein Maß für die Intensität. So erhält man die Intensität $S(x)$ in Abhängigkeit vom Ort x.

Uminterpretation • In der Quantenphysik steht man vor der Aufgabe, Wahrscheinlichkeitsverteilungen $P(x)$ für Interferenzanordnungen zu bestimmen. Die Funktion $P(x)$ hat den gleichen Verlauf wie $S(x)$, also muss man die Resultierende der Zeigersumme als relative Wahrscheinlichkeit umdeuten (▸Abb. 1 B).

Unterscheidbarkeit • Wenn man für die Quantenobjekte eine Welcher-Weg-Information hat, kann man kein Interferenzmuster beobachten. Um dies zu beschreiben, muss man folgende Regel einführen: Zeiger dürfen nur vektoriell addiert werden, wenn sie zu nicht unterscheidbaren Möglichkeiten gehören. Wenn beim Doppelspaltversuch die Wege unterscheidbar sind, erhält man kein Interferenzmuster, weil beide Zeiger getrennt quadriert werden (▸Abb. 1 C).

Ein Grundprinzip der Quantentheorie • Nicht nur bei Interferenzexperimenten werden in der Quantenphysik Zeiger verwendet. Man nennt sie allerdings normalerweise nicht Zeiger, sondern komplexe Zahlen. Immer wenn eine Wahrscheinlichkeit für ein Ereignis berechnet werden soll, bestimmt man für alle Möglichkeiten, die zu diesem Ereignis führen können, je einen Zeiger. Dann werden Teilmengen von nicht unterscheidbaren Möglichkeiten gebildet, die zugehörigen Zeiger vektoriell addiert und dann quadriert. Die Summe aller so entstehenden Zeigerquadrate ist die gesuchte Wahrscheinlichkeit.

Eine Anwendung sind z. B. Streuexperimente. ▸Abb. 2 zeigt eine Anordnung, bei der Kohlenstoff-Kerne auf ein Target aus Kohlenstoff-Kernen geschossen werden. Mit einem Detektor können ankommende Kohlenstoff-Kerne nachgewiesen werden. Das kann ein Kern aus der Quelle links oder ein Kern des Targets sein.

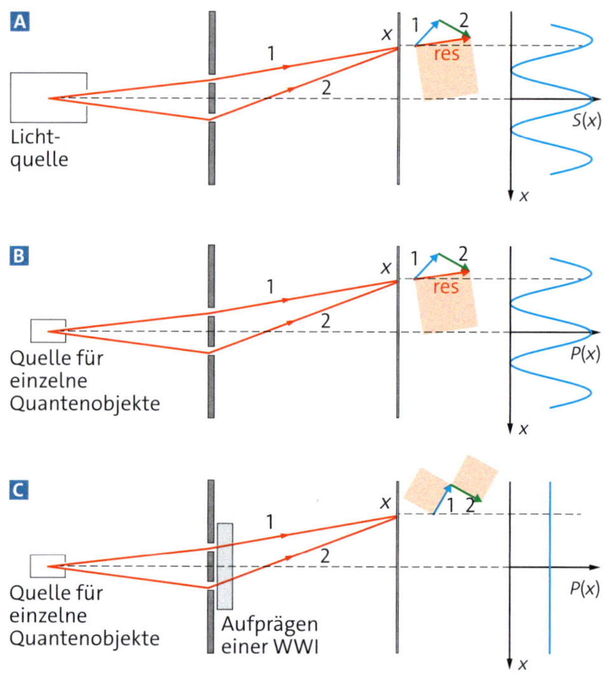

1 Zeigermodell beim Doppelspaltversuch **A** mit Licht und **B** mit Einzelphotonen bei nicht unterscheidbaren und **C** bei unterscheidbaren Wegen

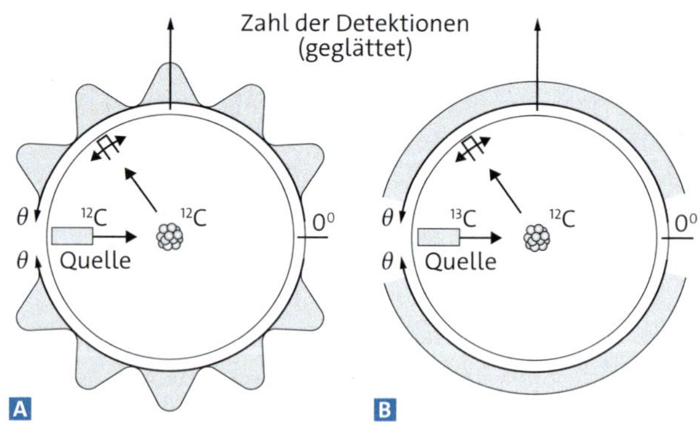

2 **A** Streuung von ^{12}C- an ^{12}C-Kernen und **B** Streuung von ^{13}C- an ^{12}C-Kernen (schematisch)

Wenn die Kohlenstoff-Kerne unterscheidbare Isotope sind, gibt es keine Interferenz (▸Abb. 2 B). Sind sie aber ununterscheidbar (▸Abb. 2 A), dann kann man nicht sagen, ob ein nachgewiesener Kern aus der Quelle oder aus dem Target in der Mitte kam: Man beobachtet ein Interferenzmuster, das hier schematisch dargestellt ist.

Versuch A • Welcher-Weg-Information am Doppelspalt

Achtung! Gefahr durch Laserstrahlung! Eine Unterweisung durch die Lehrkraft ist zwingend erforderlich.

Material:
Laser Klasse 1, Doppelspalt mit drehbaren Polarisationsfiltern an den Spalten, 2 Polarisationsfilter, Schirm, Stativmaterial

A
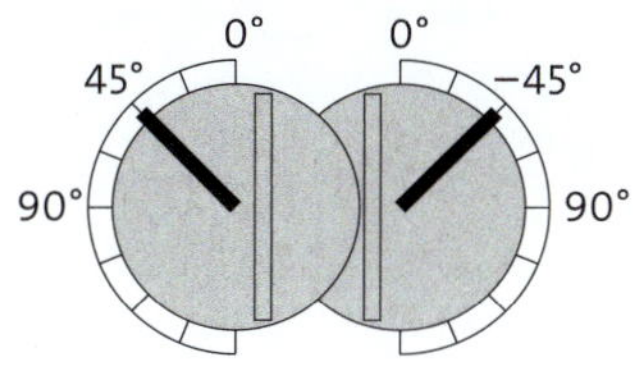

B
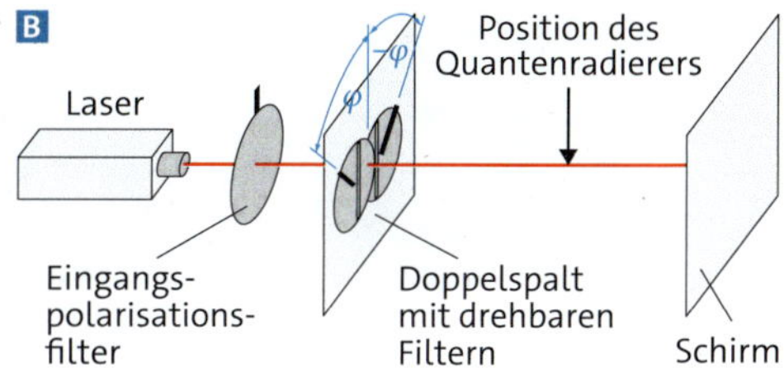

V1 Wegmarkierung

Arbeitsauftrag:

a) Bauen Sie den Versuch entsprechend der Abbildung B auf. Achten Sie darauf, dass beide Spalte gleichermaßen ausgeleuchtet sind.

b) Stellen Sie die Polarisationsrichtung beim Eingangspolarisationsfilter und bei den drehbaren Filtern auf 0°. Beschreiben Sie das entstehende Interferenzbild. Gehen Sie dabei auf den Einfluss von Einzel- und Doppelspalt ein.

c) Verändern Sie die Polarisationsrichtung der drehbaren Filter wie in Abbildung A achsensymmetrisch (i) auf ±45°, (ii) auf ±30°. Vergleichen Sie jeweils den Einzel- und Doppelspalteinfluss auf das Interferenzmuster mit der Beobachtung aus b).

d) Erläutern Sie, was man beobachten würde, wenn man das Experiment mit einzelnen Photonen und geeigneten Detektoren durchführen würde.

e) Erklären Sie die erwarteten Beobachtungen mit dem Komplementaritätsprinzip.

f) Es gibt weitere Stellungen φ der drehbaren Filter, bei denen man ähnliche Muster wie in c) beobachten kann. Stellen Sie entsprechende Hypothesen auf.

g) Überprüfen Sie Ihre Hypothese experimentell.

V2 Quantenradierer

Arbeitsauftrag:

a) Stellen Sie die drehbaren Filter auf ±45° ein. Platzieren Sie einen weiteren Polarisationsfilter mit Richtung 0° zwischen Doppelspalt und Schirm.

b) Vergleichen Sie Ihre Beobachtungen mit V1 c).

c) Erläutern Sie, was man bei einem entsprechenden Einzelphotonenexperiment beobachten würde. Gehen Sie dabei auf die Unterscheidbarkeit der Wege zum Zeitpunkt des Photonennachweises ein.

d) Drehen Sie den zusätzlichen Filter nun auf 90°. Vergleichen Sie das Schirmbild mit dem bei 0°.

Material A • Komplementarität bei Helium-Atomen am optischen Gitter

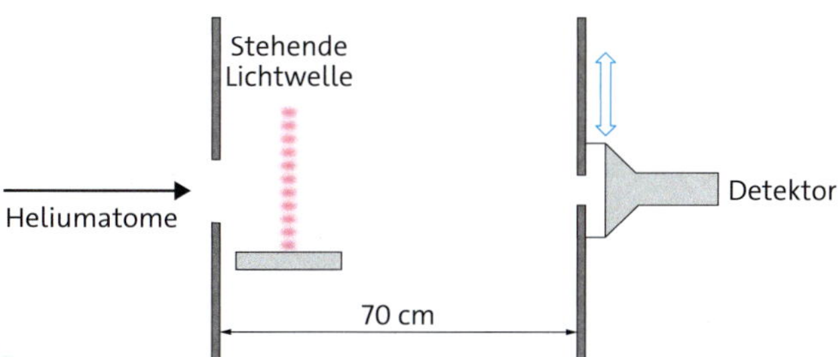

A

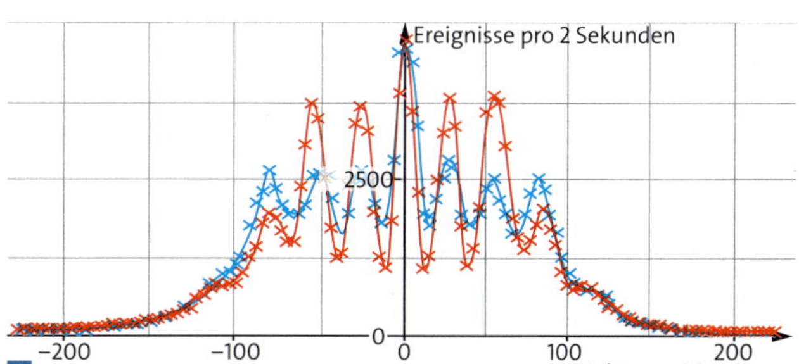

B

Im Jahr 1994 schickte eine Arbeitsgruppe an der Universität Konstanz Helium-Atome auf eine stehende Lichtwelle (Abbildung A). Die Auftrefforte von vielen Helium-Atomen bilden ein Interferenzmuster (rote Messpunkte in Abbildung B). Wenn man nun die Frequenz des Lasers passend abstimmt, wird etwa die Hälfte der Helium-Atome angeregt, die andere Hälfte nicht. Man erhält dann die blauen Messpunkte.

A1 **a)** Erläutern Sie, inwiefern die Helium-Atome in diesem Experiment folgende Eigenschaften von Quantenobjekten zeigen: Quantenhafter Nachweis, stochastisches Verhalten, Interferenzfähigkeit.

b) Wenn ein Atom angeregt wird, werden die zugehörigen Wege unterscheidbar. Erklären Sie das experimentelle Ergebnis mit dem Komplementaritätsprinzip.

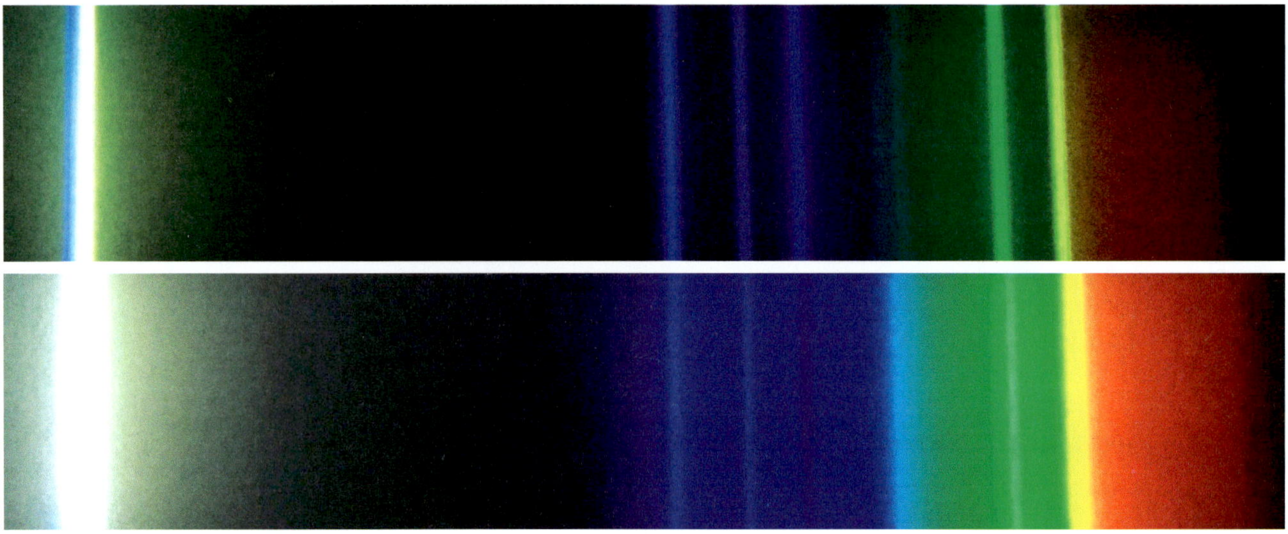

1 Gitterspektren einer Quecksilberhöchstdrucklampe

Die Unbestimmtheitsrelation

Eine Quecksilberhöchstdrucklampe enthält Quecksilbergas unter einem Druck, der dem 10-Fachen des Luftdrucks entspricht. Oben sieht man das Spektrum der Lampe kurz nach dem Einschalten. Darunter sieht man das Spektrum, wie es nach einigen Minuten aussieht. Warum wird das Spektrum unschärfer?

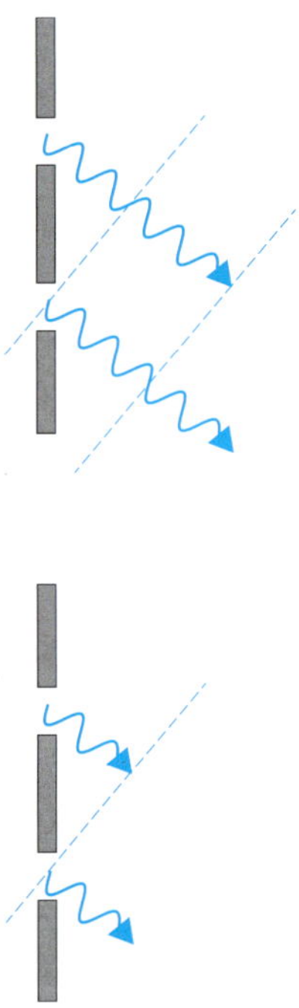

2 Langer und kurzer Wellenzug, schematisch

Modell „Wellenzug“ • Bei einem scharfen Linienspektrum liegt die Wellenlänge des Lichts für jede Linie mit großer Genauigkeit fest. Sind die Linien unscharf, dann ist die Wellenlänge nicht so genau bestimmt. Wie kann man das verstehen? Hat nicht jedes Photon eine bestimmte Wellenlänge?

In der Lampe werden Quecksilber-Atome durch Stöße angeregt. Die dadurch zugeführte Energie geben sie wieder ab, indem sie Photonen emittieren. Im Modell stellen wir uns ein emittiertes Photon vereinfacht als Wellenzug vor, der innerhalb einer bestimmten Zeitdauer emittiert wird und damit auch eine bestimmte Länge hat. Je höher die Temperatur des Quecksilbergases ist, umso mehr Stöße gibt es zwischen den Atomen. Die Stöße stören die Emission, die Wellenzüge werden kürzer. Kurze Wellenzüge können sich auf dem Weg zum Schirm nicht mehr so gut überlagern (▸Abb. 2).

Unbestimmtheit bezüglich der Wellenlänge • Wellenzüge einer bestimmten Länge erhält man mathematisch als Überlagerung von sinusförmigen Wellen unterschiedlicher Wellenlängen. Ein Wellenzug hat also keine eindeutige Wellenlänge. Man sagt, die Wellenlänge ist **unbestimmt.** Dabei stellt man fest: Je kürzer ein Wellenzug ist, umso größer ist der zugehörige Wellenlängenbereich.

Es gilt also folgender Zusammenhang: Je kürzer der Wellenzug ist, desto unbestimmter ist er in der Wellenlänge; je länger er ist, desto bestimmter ist er in der Wellenlänge. Wegen $p = \frac{h}{\lambda}$ bedeutet Unbestimmtheit der Wellenlänge gleichzeitig auch Unbestimmtheit des Impulses der Photonen.

Genaue Präparation unmöglich • Wenn man Photonen mit möglichst bestimmtem Impuls präpariert, dann sind die Wellenzüge lang und damit sind die Orte unbestimmt. Offensichtlich kann man ein Photon nicht beliebig genau auf einen bestimmten Ort und einen bestimmten Impuls präparieren.

Unbestimmtheit für Objekte mit Masse • Gilt ein solcher Zusammenhang auch für Quantenobjekte mit Masse? Immerhin haben Quantenobjekte ja eine De-Broglie-Wellenlänge. Sowohl in der Theorie als auch im Experiment zeigt sich: Gleichgültig, wie man es anstellt, man kann auch bei Elektronen, Atomen und anderen Quantenobjekten nicht gleichzeitig Ort und Impuls genau präparieren. Die Unbestimmtheiten in den Größen Ort und Impuls zeigen sich bei Messungen:

Unbestimmtheit bezüglich des Orts ... • So kann man beispielsweise ein Elektron mithilfe von Feldern gewissermaßen in einen Kasten sperren. Man kann nun viele Wiederholungen einer Ortsmessung an dem jeweils identisch präparierten Elektron durchführen. Dabei stellt man fest: Die Messergebnisse für den Ort x sind statistisch verteilt. Die Streuung Δx ist etwa so groß wie der Kasten. Je größer die Ausdehnung des Kastens ist, umso größer ist auch Δx (▸Abb. 3 A und B, jeweils der linke Graph).

... und des Impulses • Doch auch wenn man immer wieder den Impuls p an identisch präparierten Elektronen misst, stellt man fest, dass die Messwerte eine Streuung Δp haben. Analog zum Wellenzug stellt man fest: Je kleiner der Kasten, also die Ortsunbestimmtheit Δx ist, desto größer ist die Unbestimmtheit Δp im Impuls (▸Abb. 3 A und B, jeweils der rechte Graph). Wenn man umgekehrt eine kleine Unbestimmtheit im Impuls haben möchte, dann muss man das Elektron in einen breiten Kasten sperren.

Heisenbergs Unbestimmtheitsrelation • Wir fassen zusammen: Wenn die Ortsunbestimmtheit Δx eines Elektrons klein ist, dann ist seine Impulsunbestimmtheit Δp groß und umgekehrt. Diese Gesetzmäßigkeit gilt für alle Quantenobjekte. Man kann ein Objekt nicht gleichzeitig beliebig genau auf Ort und Impuls präparieren. Je genauer man die eine Größe präpariert, umso größer wird die Unbestimmtheit in der anderen Größe. Für das Produkt der Unbestimmtheiten von Ort und Impuls gibt es eine Untergrenze. Sie lässt sich theoretisch herleiten und in Experimenten bestätigen und hat die Größenordnung der Planck-Konstante h.

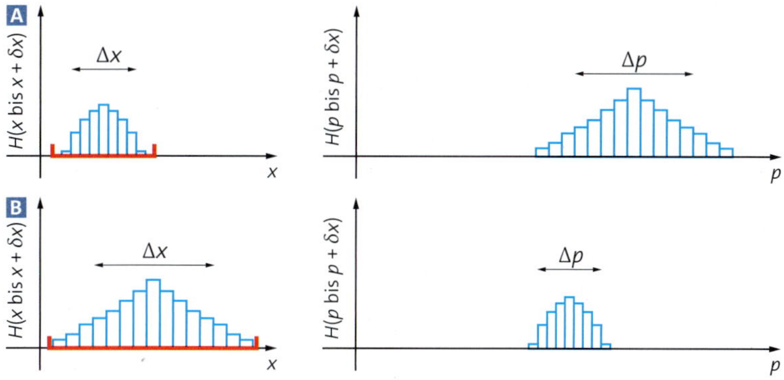

3 Typische Häufigkeitsverteilung der Messwerte von Impuls und Ort bei einem Elektron **A** im schmalen Kasten und **B** im breiten Kasten

Die zugehörige Ungleichung wird nach dem Physiker WERNER HEISENBERG **Heisenbergsche Unbestimmtheitsrelation** genannt. In ihrer schärfsten Formulierung lautet sie:

Objekte können nicht gleichzeitig beliebig genau auf einen Ort x und einen Impuls p präpariert werden. Für die Unbestimmtheit der Größen bei identisch präparierten Objekten gilt:

$$\Delta x \cdot \Delta p \geq \frac{h}{4\pi}.$$

Wir betrachten als Beispiel das Elektron in einem Wasserstoff-Atom. Man erwartet, dass die Unbestimmtheit im Ort etwa so groß ist wie der Atomdurchmesser, also ungefähr 10^{-10} m. Messungen bestätigen dies. Auch den Impuls des Elektrons im Atom kann man in Stoßversuchen immer wieder messen. Man erhält einen mittleren Impuls von etwa $3 \cdot 10^{-24} \frac{\text{kg} \cdot \text{m}}{\text{s}}$ und eine mittlere Geschwindigkeit von etwa $3 \cdot 10^{6} \frac{\text{m}}{\text{s}}$. Die Unbestimmtheit des Elektronenimpulses beträgt etwa 20 % des mittleren Impulses, genauso groß ist die relative Streuung bei der Geschwindigkeit.

1 Zeigen Sie durch eine Rechnung, dass ein Elektron mit den im vorigen Absatz angegebenen Werten die Unbestimmtheitsrelation erfüllt.

2 Berechnen Sie die Unbestimmtheit der Geschwindigkeit für einen Teddybär mit einer Masse von 200 g und einer Ortsunbestimmtheit von 1 µm.

Keine Bahn • Es kann also keine Rede davon sein, dass ein Elektron im Atom einen bestimmten Ort und einen bestimmten Impuls hätte. Das hat eine ganz entscheidende Konsequenz: Ein Elektron hat keine Bahn! Insbesondere bewegt sich ein Elektron in einem Atom nicht auf einer Kreisbahn. Es gibt zwar Modelle, in denen Bahnen für Elektronen gezeichnet werden, in diesen Modellen werden aber die Erkenntnisse der Quantenphysik nicht berücksichtigt. Denn damit ein Teilchen auf einer definierten Bahn unterwegs ist, muss es zu jeder Zeit einen bestimmten Ort und eine bestimmte Geschwindigkeit haben.

Auch andere Quantenobjekte, z. B. Protonen, Atome, Moleküle etc. haben keine definierte Bahn.

Unbestimmtheit im Alltag? • Warum bewegen sich dann Objekte des Alltags auf einer Bahn? Der Grund dafür ist, dass Alltagsobjekte im Vergleich zu Elektronen eine viel größere Masse haben. Wir betrachten ein Staubkorn der Masse 10^{-10} kg. Wir nehmen an, dass die Ortsunbestimmtheit einen Atomdurchmesser beträgt. Daraus folgt eine sehr kleine Unbestimmtheit der Geschwindigkeit von etwa $2 \cdot 10^{-4} \frac{\text{m}}{\text{s}}$. Dies ist geringer als die Messunsicherheit. Beim Staubkorn können wir also von einer Bahn sprechen.

Auch bei den Elektronen in einer Fadenstrahlröhre beobachtet man eine Art von Bahn. Hier ist die Ortsunbestimmtheit vergleichsweise groß und damit ist die Impulsunbestimmtheit klein. Die Elektronen bewegen sich auch hier nicht auf einer exakten Bahn. Mit dem Auge betrachtet erscheint es aber als Bahn. Man spricht von einer makroskopischen Bahn.

Ionen im Massenspektrometer haben ebenfalls eine makroskopische Bahn.

Zusammenhang mit dem Komplementaritätsprinzip • „Je mehr Welcher-Weg-Information, umso weniger ausgeprägt das Interferenzmuster." Diese Gesetzmäßigkeit haben wir als Komplementaritätsprinzip kennengelernt. Heisenbergs Unbestimmtheitsrelation klingt ganz ähnlich: „Je genauer der Impuls bestimmt ist, umso unbestimmter ist der Ort und umgekehrt." Man sagt, dass Ort und Impuls zueinander komplementäre Größen sind.

Gibt es noch andere Größen, die zueinander komplementär sind und für die es ebenfalls eine Unbestimmtheitsrelation gibt?

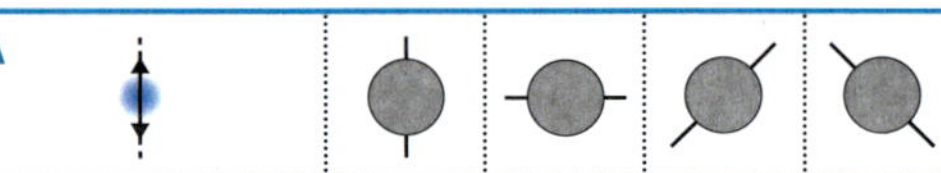

A				
Durchlass	100 %	0 %	50 %	50 %
Absorption	0 %	100 %	50 %	50 %
Unbestimmtheit	keine	keine	groß	groß

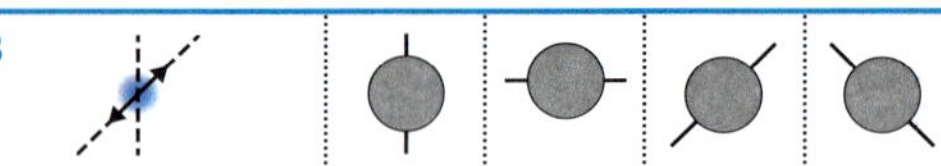

B				
Durchlass	50 %	50 %	100 %	0 %
Absorption	50 %	50 %	0 %	100 %
Unbestimmtheit	groß	groß	keine	keine

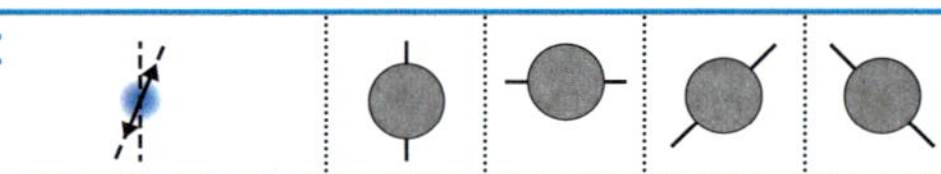

C				
Durchlass	85 %	15 %	85 %	15 %
Absorption	15 %	85 %	15 %	85 %
Unbestimmtheit	mittel	mittel	mittel	mittel

1 Unbestimmtheit bezüglich verschiedener Polarisationsmessungen **A** für ein 0°-Photon, **B** für ein 45°-Photon und **C** für ein 22,5°-Photon

Unbestimmtheitsrelation für die Polarisation • Wenn ein Photon z. B. die Polarisation 0° hat, dann hat es bezüglich 0° die Polarisationseigenschaft „durchgelassen" und bezüglich 90° die Eigenschaft „absorbiert". Seine Polarisation ist also bezüglich der 0°/90°-Richtungen bestimmt (▸Abb. 1 A). Bezüglich der +45°/–45°-Richtungen hingegen ist die Polarisationseigenschaft unbestimmt: Bei Messung mit einem 45°-Filter ist das Ergebnis zu 50 % „durchgelassen" und zu 50 % „absorbiert". Betrachtet man ein Photon, das die Polarisation 45° hat, dann erhält man das umgekehrte Ergebnis (▸Abb. 1 B). Ein Photon mit Polarisation 22,5° hat zwar weniger Unbestimmtheit bezüglich der 0°/90°-Polarisationen als ein 45°-Photon, aber dafür mehr Unbestimmtheit bezüglich der +45°/–45°-Richtungen (▸Abb. 1 C).

Auch für Polarisationseigenschaften gilt also ein Komplementaritätsprinzip: Je kleiner die Unbestimmtheit bezüglich der 0°/90°-Richtungen ist, umso größer ist die Unbestimmtheit bezüglich der +45°/–45°-Richtungen und umgekehrt.

Material A • Unbestimmtheit bei der Interferenz am Glimmerblatt

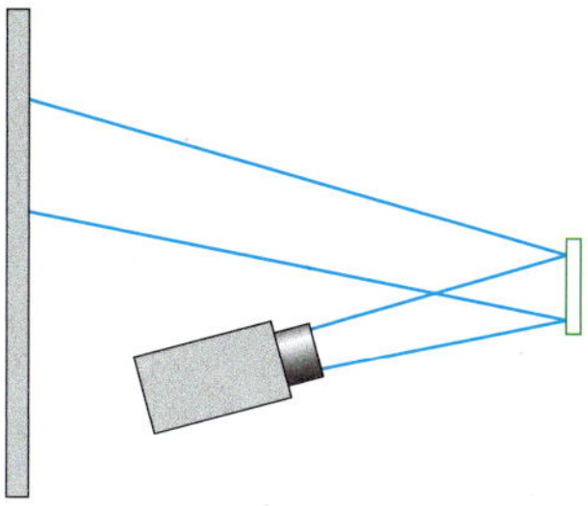

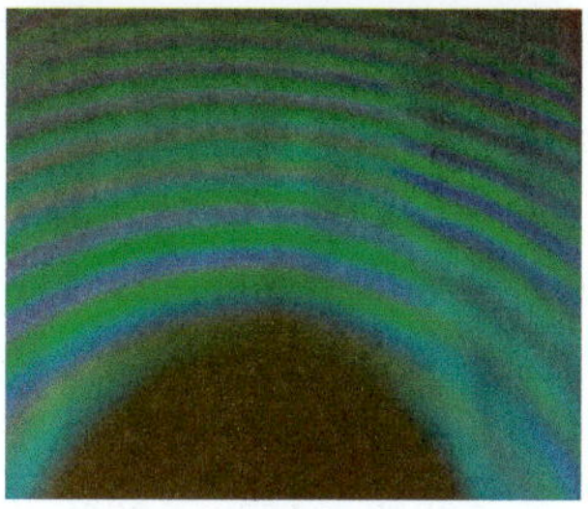

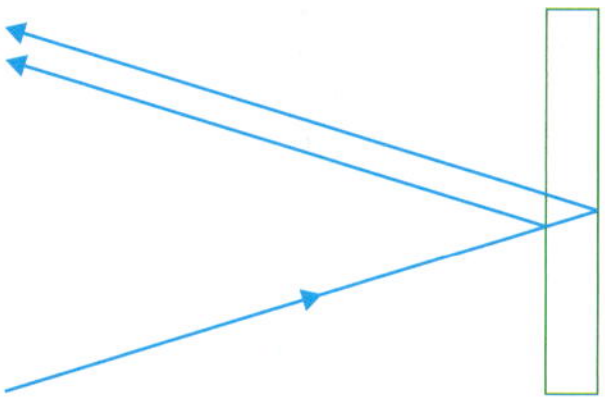

Ein dünnes transparentes Glimmerblatt wird mit Licht einer Quecksilberhöchstdrucklampe beleuchtet. Auf der gegenüberliegenden Wand kann man ein Interferenzmuster beobachten.

A1 **a)** Erklären Sie die Entstehung der Interferenzstreifen.
b) Schätzen Sie die Mindestlänge der Wellenzüge ab, damit Interferenz beobachtet werden kann. Begründen Sie Ihr Vorgehen.
c) Erläutern Sie, warum das Interferenzmuster kurz nach dem Einschalten der Lampe immer mehr verschwindet.

A2 Etwa gleichzeitig zum Verschwinden des Interferenzmusters fließen die beiden Spektrallinien mit $\lambda = 577\,\text{nm}$ und $\lambda = 579\,\text{nm}$ ineinander, sodass sie nicht mehr getrennt sind.
a) Zeigen Sie, dass die relative Unbestimmtheit der Wellenlänge dann etwa 0,3 % beträgt. Schätzen Sie damit die Unbestimmtheit des Impulses der Photonen ab.
b) Bestätigen Sie die Unbestimmtheitsrelation.

Material B • Elektronen in der Fadenstrahlröhre

In der Fadenstrahlröhre beobachtet man eine leuchtende Spur der Elektronen. Diese Spur kommt dadurch zustande, dass Elektronen auf Gasmoleküle stoßen und diese zum Leuchten bringen. Jeder Zusammenstoß mit einem Molekül stellt eine Ortsmessung für die Elektronen dar. Wie ist es möglich, dass sich die Elektronen trotz der Unbestimmtheitsrelation alle etwa auf demselben Kreis bewegen?

B1 Die Elektronen in der Röhre werden mit 250 V beschleunigt. Berechnen Sie den Impuls der Elektronen.

B2 **a)** Damit die Elektronen etwa auf demselben Kreis laufen, müssen Sie ähnliche Impulse haben. Begründen Sie.
b) Aus der Dicke der leuchtenden Spur kann man die Ortsunbestimmtheit der Elektronen in radialer Richtung zu etwa 2 mm abschätzen. Gehen Sie davon aus, dass die Ortsunbestimmtheit in tangentialer Richtung von derselben Größenordnung ist. Berechnen Sie die zugehörige minimale Impulsunbestimmtheit.
c) Zeigen Sie, dass die Unbestimmtheit der Elektronen mit der beobachteten, etwas unscharfen Spur im Fadenstrahlrohr vereinbar ist.

Material C • Unbestimmtheit eines eingeschlossenen Elektrons

Elektronen einer Kupferoberfläche sind in einem Ring aus Eisen-Atomen eingeschlossen. Mit einem Rastertunnelmikroskop erhält man Aufnahmen wie diese.

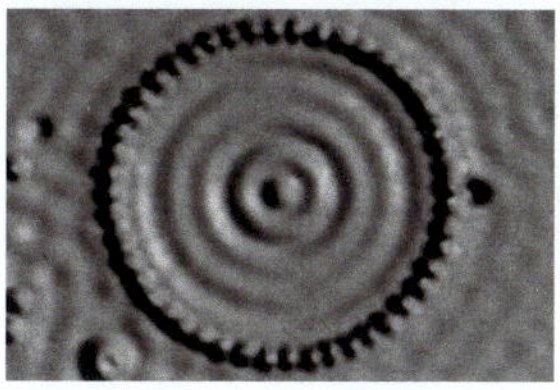

Sie zeigt die *P*-Funktion der Elektronen. Anders als eine stehende Wasserwelle ändert sich diese *P*-Funktion nicht im Lauf der Zeit. Der Durchmesser eines Eisen-Atoms beträgt etwa $10^{-10}\,\text{m}$.

C1 Schätzen Sie die Ortsunbestimmtheit Δx der Elektronen im Ring ab.

C2 Der Abstand benachbarter Maxima der *P*-Funktion ist gleich der halben De-Broglie-Wellenlänge der Elektronen. Bestimmen Sie damit den Impuls p der Elektronen.

C3 Aus der Schärfe der Struktur der *P*-Funktion kann man schließen, dass die Unbestimmtheit $\Delta\lambda$ der De-Broglie-Wellenlänge etwa ein Zehntel der Wellenlänge selbst ist.
a) Ermitteln Sie damit die Unbestimmtheit Δp des Impulses.
b) Bestätigen Sie hiermit die Unbestimmtheitsrelation.

BLICKPUNKT

Universelle Datenübertragung und Unbestimmtheit

Datenrate • Viele moderne Kommunikationsgeräte nutzen Funksignale. Die Frequenzen für Funksignale sind aber begrenzt und werden von Telekommunikationsanbietern den Kunden bereitgestellt. Wie viele Daten können eigentlich per Funk übertragen werden?

Die grundlegende Erfindung machte JOSEPH BARKER STEARNS, als er um 1870 erfolgreich zwei Zeichen gegenläufig über nur ein Kabel übertrug. THOMAS ALVA EDISON erkannte das Prinzip der ungestörten Superposition, übermittelte noch mehr Zeichen gleichzeitig und trennte diese wieder durch Frequenzfilter. Seitdem ist eine wichtige Frage der Telekommunikation: Wie viele Zeichen kann ein System pro Zeitintervall Δt übertragen (▸Abb. 1)? Geht das auch in simultanen Botschaften?

Besonders einfach sind **binäre Zeichen,** welche nur einen von zwei möglichen Werten annehmen können: Null oder Eins. Einem binären Zeichen ordnet man eine **Datenmenge** D von 1 Bit (Binary Digit) zu. Allgemein gibt die Datenmenge einer Botschaft die Anzahl N an binären Zeichen an, mit der man die Botschaft darstellen kann. Entsprechend gibt die **Datenrate** C einer übertragenen Botschaft an, welche Datenmenge D pro Zeitintervall Δt übertragen wird:

$$C = \frac{D}{\Delta t}.$$

Die zentrale Frage der Telekommunikation ist somit: Welche Datenrate kann ein System erzielen? Die Antwort finden wir in der Quantenphysik.

Unbestimmtheitsrelation • Welche Zeit Δt ist nötig, um 1 Bit einer Botschaft mit der Datenrate $C = \frac{D}{\Delta t}$ zu übertragen? Dazu setzen wir die Datenmenge $D = 1$ Bit in obige Gleichung ein und lösen nach Δt auf:

$$\Delta t = \frac{1\,\text{Bit}}{C}.$$

Um eine Datenrate C zu erzielen, muss also ein physikalisches Objekt mit einer zeitlichen Genauigkeit von $\Delta t = \frac{1\,\text{Bit}}{C}$ bestimmt werden. Überall in Natur und Technik kann ein Objekt nur dann mit einer zeitlichen Genauigkeit Δt bestimmt werden, wenn es eine Unbestimmtheit der Energie ΔE aufweist, die der Heisenbergschen Unbestimmtheitsrelation für Zeit und Energie entspricht:

$$\Delta E \cdot \Delta t \geq \frac{h}{4\pi}.$$

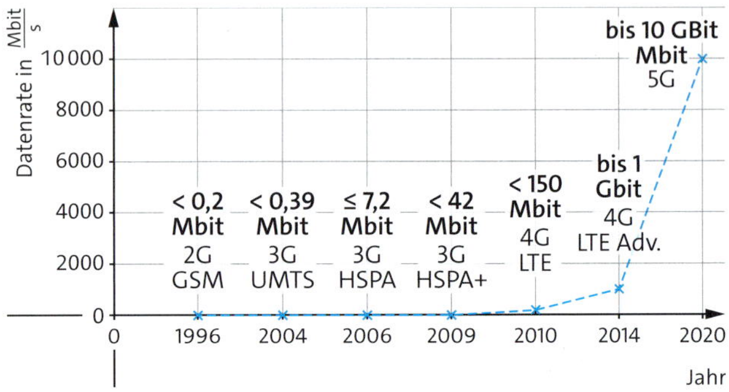

1 Datenraten

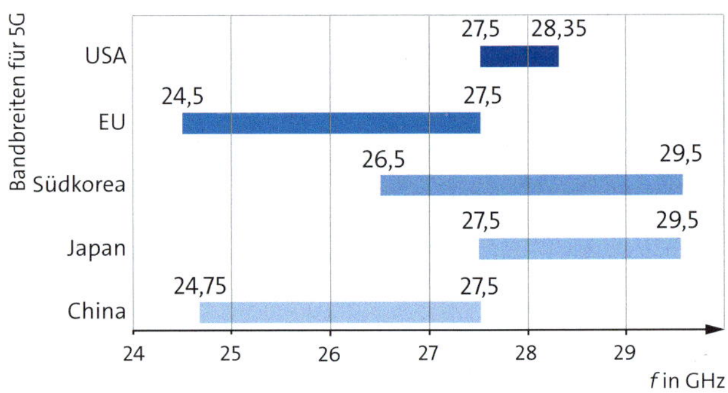

2 Frequenzintervalle

Diese Unbestimmtheitsrelation ist analog zu der für Ort und Impuls und gilt ebenso universell:

$$\Delta p_x \cdot \Delta x \geq \frac{h}{4\pi}.$$

In der Funktechnik wird üblicherweise das für die Datenübertragung genutzte Frequenzintervall Δf als **Bandbreite** bezeichnet und diese dann analysiert (▸Abb. 2). Wie können wir die für eine Datenrate C benötigte Bandbreite Δf aus der Unbestimmtheit der Energie ΔE ermitteln?

Minimale Bandbreite • Wir ermitteln die minimale Bandbreite Δf_{min}, die zur Übertragung einer Botschaft mit einer Datenrate C nötig ist: Ein Funksignal besteht aus Photonen. Für diese gilt die obige Unbestimmtheitsrelation für Zeit und Energie. Diese lösen wir nach ΔE auf:

$$\Delta E \geq \frac{h}{4\pi} \cdot \frac{1}{\Delta t}.$$

Hier setzen wir die Gleichung $\Delta t = \frac{1\,\text{Bit}}{C}$ ein:

$$\Delta E \geq \frac{h}{4\pi \cdot 1\,\text{Bit}} \cdot C.$$

Wir nutzen die Beziehung $\Delta E = h \cdot \Delta f$ und erhalten eine Gleichung für Δf, indem wir durch h teilen:

$$\Delta f \geq \frac{C}{4\pi \cdot 1\,\text{Bit}} \quad \text{oder:} \quad \Delta f_{\min} = \frac{C}{4\pi \cdot 1\,\text{Bit}}.$$

Für alle Übertragungen mit Lichtgeschwindigkeit gilt somit: Um eine Botschaft mit einer Datenrate C zu übertragen, ist eine Bandbreite von mindestens $\Delta f_{\min} = \frac{C}{4\pi \cdot \text{Bit}}$ nötig. Bei der 5G-Technik werden Datenraten von $10\,\frac{\text{GBit}}{\text{s}}$ oder $10^{10}\,\frac{\text{Bit}}{\text{s}}$ erzielt. Dazu ist folgende Bandbreite nötig:

$$\Delta f_{\min} = \frac{C}{4\pi \cdot \text{Bit}} = 0{,}796\,\text{GHz}.$$

Wie erhält man so hohe Bandbreiten für viele Nutzer?

Realisierbare Bandbreiten • In Europa stehen für die 5G-Technik die Frequenzen zwischen 24,5 GHz und 27,5 GHz zur Verfügung. Die verfügbare Bandbreite beträgt also nur 3 GHz (▸Abb. 2). Die Zahl der Kunden, die gleichzeitig die 5G-Technik voll nutzen könnten, wäre demnach:

$$N = \frac{\Delta f}{\Delta f_{\min}} = 3{,}7.$$

Also könnten nicht einmal vier Kunden gleichzeitig die volle Datenübertragungsrate der 5G-Technik nutzen. Wie wird dieser Engpass behoben?

Optische Datenübertragung • Beim sichtbaren Licht liegen die Wellenlängen im Intervall $400\,\text{nm} \leq \lambda \leq 800\,\text{nm}$, womit die Frequenzen im Intervall $375\,000\,\text{GHz} \leq f \leq 750\,000\,\text{GHz}$ liegen. In jeder Glasfaserleitung beträgt die Bandbreite also $\Delta f = 375\,000\,\text{GHz}$. Daher beträgt bei einer Glasfaserleitung die Zahl der Kunden, denen gleichzeitig die 5G-Technik angeboten werden kann:

$$N = \frac{\Delta f}{\Delta f_{\min}} = 471\,328.$$

Die Datenübertragung in Glasfasern bietet also physikalisch eine großzügige Bandbreite. Aber die Zeichen müssen durch elektronische Bauteile in die Glasfaser übertragen werden. Solche Bauteile erreichen aktuell jedoch nur Frequenzen bis ungefähr 500 GHz. Wie kann die volle Bandbreite einer Glasfaser trotzdem genutzt werden?

Farbmultiplexing • Man kann mit Spektralfarben mehrere binäre Zeichen gleichzeitig in die gleiche Glasfaser senden. In der Faser mischen sich die Farben und am Ende kann die Mischfarbe wieder in die Spektralfarben zerlegt werden.

Diese Art der Datenübertragung probieren wir im Modellversuch in ▸Abb. 3 aus: Zwei Paare von Lernenden übertragen gleichzeitig binäre Zeichen über Licht in den Farben Rot und Blau. Die Glasfaser wird durch einen Plexiglasquader nachgebildet, als Sender werden eine rote und eine blaue LED verwendet. Aus den Spektralfarben Rot und Blau entsteht die Mischfarbe Magenta, die von den Empfängern durch zwei Farbfilter wieder in Rot und Blau zerlegt wird. Die Lernenden übertragen so simultan zwei Bilder, wobei sie jedes Pixel als 0 oder 1 darstellen.

In der Realität können so Zeichen durch Licht in 160 Farben gleichzeitig in eine Glasfaser gestrahlt, als Mischfarbe übertragen und später durch Beugungsgitter wieder getrennt werden. Jede Spektralfarbe nutzt dabei eine Bandbreite von 500 GHz, sodass in einer Glasfaser insgesamt eine Bandbreite von $160 \cdot 500\,\text{GHz} = 80\,000\,\text{GHz}$ übertragen wird. Das kommt der physikalisch verfügbaren Bandbreite schon recht nahe und so können 10^5 Nutzer zugleich mit 5G-Technik versorgt werden. Auch mobile Endgeräte nutzen die optische Übertragung: Sie können ihre Daten über die kurze Entfernung bis zum nächsten Funkmast per Funk übertragen, während diese Daten von dort via Glasfaser weitergeleitet werden.

1 Erklären Sie, wie aus dem magentafarbenen Licht im Plexiglasblock (▸Abb. 3) blaues und rotes Licht wird. Erläutern Sie, wie dies zur Übertragung genutzt wird.

2 Das menschliche Ohr kann Schall mit Frequenzen bis 20 kHz hören. Ermitteln Sie die maximal mögliche Datenübertragungsrate von gesprochenem Text.

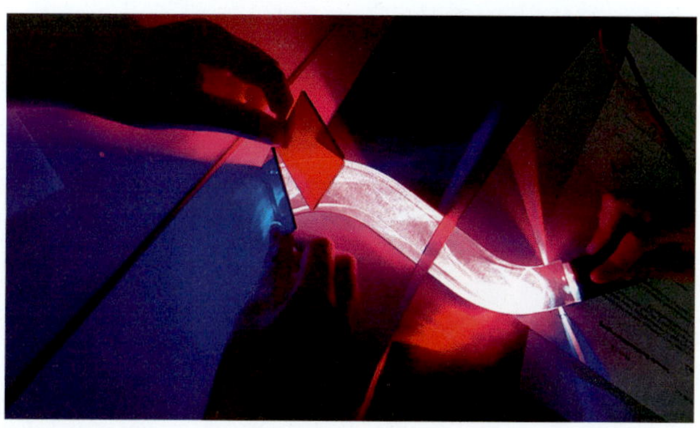

3 Modellversuch zum Farbmultiplexing

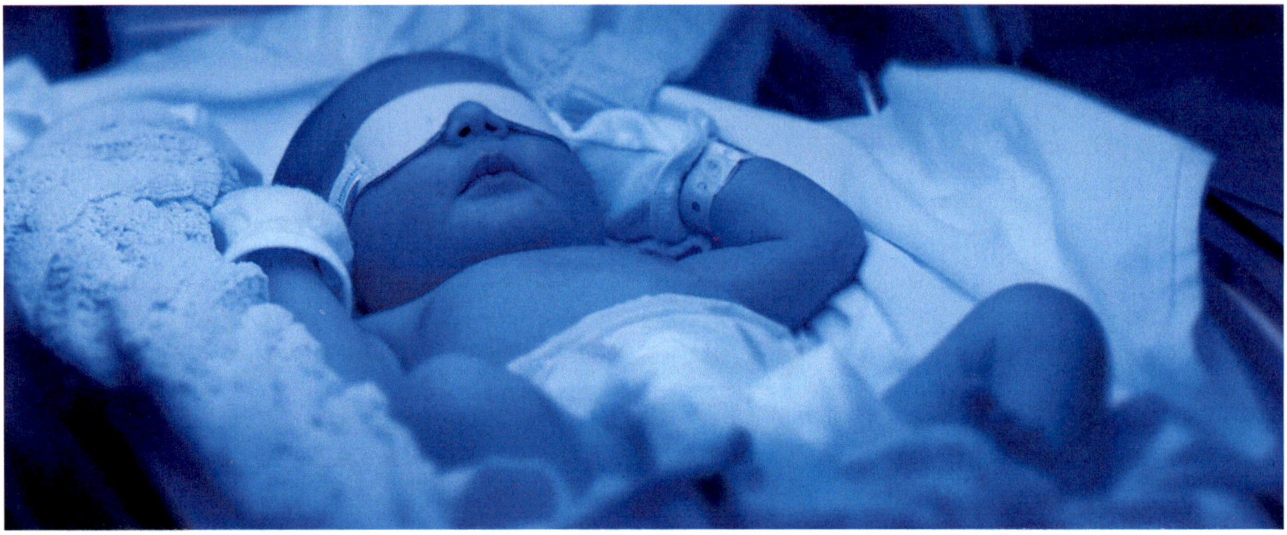

1 Baby unter blauem Licht

Der lichtelektrische Effekt

In den ersten Lebenstagen bauen Neugeborene überschüssige rote Blutkörperchen ab. Dabei entsteht Bilirubin, ein Stoff, den die Leber anfangs nicht so gut abbauen kann. Im Tageslicht oder unter blauem Licht wird Bilirubin in Lumirubin umgewandelt und kann ausgeschieden werden. Warum nimmt man blaues Licht? Funktioniert grünes oder rotes Licht nicht genauso?

Der lichtelektrische Effekt wird auch Fotoeffekt genannt.

Das richtige Quantum Energie • Blaues Licht ist kurzwelliger als grünes oder rotes Licht. Je kurzwelliger das Licht ist, umso energiereicher sind die zugehörigen Photonen. Offenbar reicht bei der Absorption von grünem Licht die Photonenenergie nicht aus, um das Bilirubin zu spalten. Erst bei blauem Licht ist die Wellenlänge so klein, dass die Energie der Photonen groß genug dafür ist. Bei Ultraviolettstrahlung wiederum ist die Photonenenergie zu groß und die Strahlung würde dem Baby schaden. Woher weiß man, welche Wellenlänge hier passt?

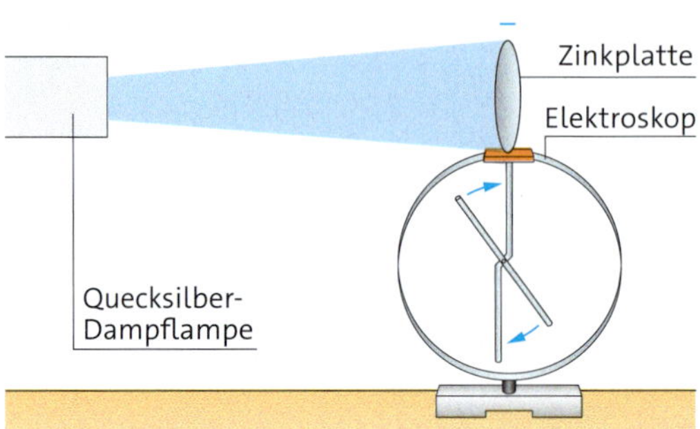

2 Lichtelektrischer Effekt

Ob die Energie eines Photons ausreicht, um eine Reaktion auszulösen, untersuchen wir nun an einem Phänomen, das man **lichtelektrischen Effekt** oder Fotoeffekt nennt: Wenn man eine negativ geladene Zinkplatte mit Ultraviolettstrahlung beleuchtet, dann entlädt sie sich (▸Abb. 2). Verwendet man normales Licht, dann bleibt die Platte geladen. Wir erklären dies so: Bei der Absorption von Licht durch das Metall wird die Energie der Photonen meist auf die Elektronen übertragen. Nur bei UV-Strahlung ist die pro Photon übertragene Energie groß genug, damit ein Elektron die Zinkplatte verlassen kann.

Energiebilanz • Wir stellen hierfür eine Energiebilanz auf: Das Elektron nimmt bei der Absorption des Photons die Energie $E_{ph} = h \cdot f$ auf. Einen Teil dieser Energie benötigt das Elektron, um das Metall zu verlassen. Diese Energie ist die materialabhängige Ablöseenergie E_{ab}. Es bewegt sich anschließend mit der kinetischen Energie E_{kin} von der Platte weg. Wenn das Elektron nicht noch auf andere Weise Energie abgibt, ist seine kinetische Energie maximal und es gilt:

$E_{\text{vorher}} = E_{\text{nachher}}$, also: $E_{\text{ph}} = E_{\text{ab}} + E_{\text{kin,max}}$.

Die maximale kinetische Energie des Elektrons hängt also von der Frequenz des Photons ab:

$E_{\text{kin,max}} = E_{\text{ph}} - E_{\text{ab}} = h \cdot f - E_{\text{ab}}$.

Diese Energiebilanz wurde von ALBERT EINSTEIN 1905 zum ersten Mal vorgeschlagen.

Überprüfung der Energiebilanz • Wir überprüfen die Energiebilanz mit einer **Fotozelle.** Eine Fotozelle besteht aus einem evakuierten Glaskolben (▸Abb. 3 A). Die Rückseite des Glaskolbens ist von innen mit einer Metallschicht bedampft (▸Abb. 3). Die Metallschicht dient als **Kathode.** Die Kathode kann durch einen Drahtring hindurch, die **Anode,** beleuchtet werden.

Wir verwenden eine Fotozelle mit einer Cäsiumkathode. Zwischen die Anschlüsse von Kathode und Anode schließen wir einen Messverstärker zur Spannungsmessung an. Wir bestrahlen die Kathode nacheinander mit sichtbarem Licht unterschiedlicher Wellenlängen. Die dadurch abgelösten Elektronen laden die Anode auf. Zwischen Anode und Kathode können wir eine Spannung messen (▸Abb. 3 B). Diese sogenannte **Fotospannung *U*** wird durch ankommende Elektronen so groß, bis auch die Elektronen mit $E_{\text{kin,max}}$ den Ring gerade nicht mehr erreichen können. Dann gilt:

$E_{\text{kin,max}} = e \cdot U$.

Wir messen die Fotospannung für vier verschiedene Wellenlängen λ und berechnen für jede Frequenz $f = \frac{c}{\lambda}$ die Energie $E_{\text{kin,max}} = e \cdot U$. Tragen wir $E_{\text{kin,max}}$ über der Frequenz f auf, dann erhalten wir eine Gerade, wie man es nach obiger Gleichung erwartet (▸Abb. 4).

Aus der Steigung dieser Geraden können wir das Plancksche Wirkungsquantum h bestimmen:

$$h = \frac{\Delta E_{\text{kin,max}}}{\Delta f} = \frac{2{,}0 \cdot 10^{-19}\,\text{J}}{3{,}0 \cdot 10^{14}\,\text{Hz}} = 6{,}7 \cdot 10^{-34}\,\text{Js}.$$

Dies stimmt sehr gut mit dem Literaturwert von $6{,}63 \cdot 10^{-34}$ Js überein.

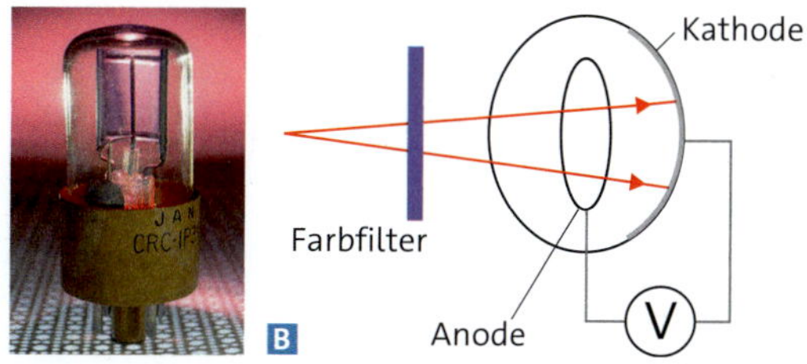

3 **A** Fotozelle, **B** schematischer Aufbau einer Fotozelle mit Schaltung zur Messung der Fotospannung.

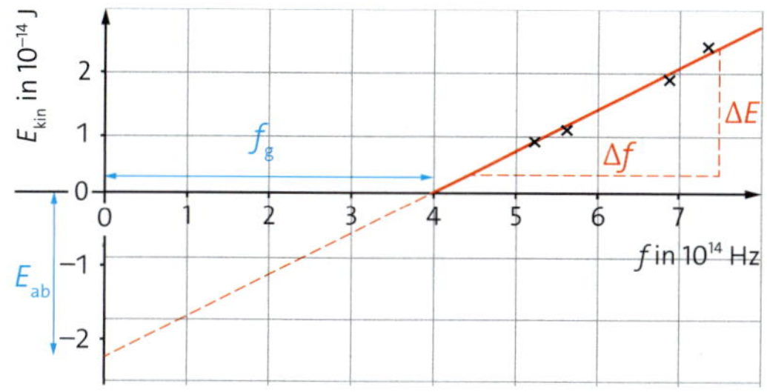

4 Maximale kinetische Energie der Elektronen in Abhängigkeit von der Wellenlänge des eingestrahlten Lichts

▸Abb. 4 zeigt auch, dass nur Licht mit einer Frequenz größer als eine bestimmte **Grenzfrequenz f_g** überhaupt Elektronen herauslösen kann. Dies liegt daran, dass ein Elektron die Ablöseenergie E_{ab} benötigt, um das Kathodenmaterial zu verlassen. Die Ablöseenergie kann man als Hochachsenabschnitt der Ausgleichsgeraden aus dem Diagramm ablesen. Wir erhalten für Cäsium ca. $2{,}4 \cdot 10^{-14}\,\text{J} = 1{,}5\,\text{eV}$. Insgesamt bestätigt das Experiment die Energiebilanz für die beim Fotoeffekt herausgelösten Elektronen.

Beim Fotoeffekt werden Elektronen mit Licht der Frequenz f aus einer Metallschicht gelöst. Mit der Ablöseenergie E_{ab} gilt für die maximale kinetische Energie der herausgelösten Elektronen:

$$E_{\text{kin,max}} = E_{\text{ph}} - E_{\text{ab}} = h \cdot f - E_{\text{ab}}.$$

Die Formel $E_{\text{kin,max}} = e \cdot U$ gilt nur, wenn Anode und Kathode aus dem gleichen Material bestehen. Da jedoch die Anode meist hinreichend stark mit Cäsium von der Kathode verunreinigt ist, kann man die Formel für unsere Zwecke verwenden.

1 Begründen Sie, dass die Ablöseenergie von Zink größer als die von Cäsium ist.

2 Die Wellenlänge, die für die Bilirubintherapie bei Säuglingen empfohlen wird, beträgt 459 nm. Schätzen Sie ab, welche Energie nötig ist, um ein Bilirubin-Molekül in ein Lumirubin-Molekül zu überführen.

3 Begründen Sie, dass sich das Diagramm in ▸Abb. 4 nicht ändert, wenn man Licht größerer Intensität verwendet.

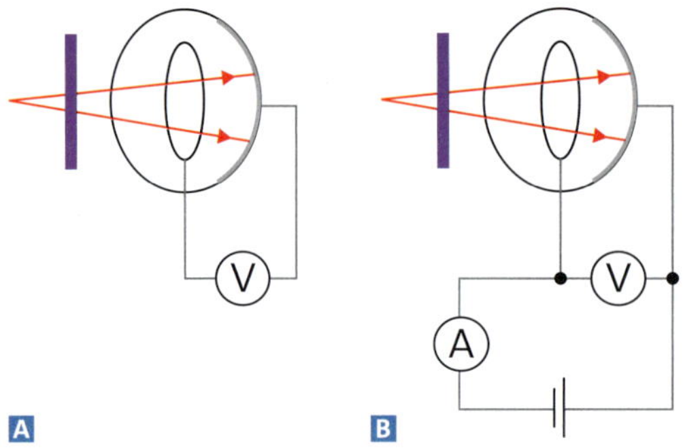

1 Prinzipieller Aufbau **A** bei der Auflademethode und **B** bei der Gegenfeldmethode

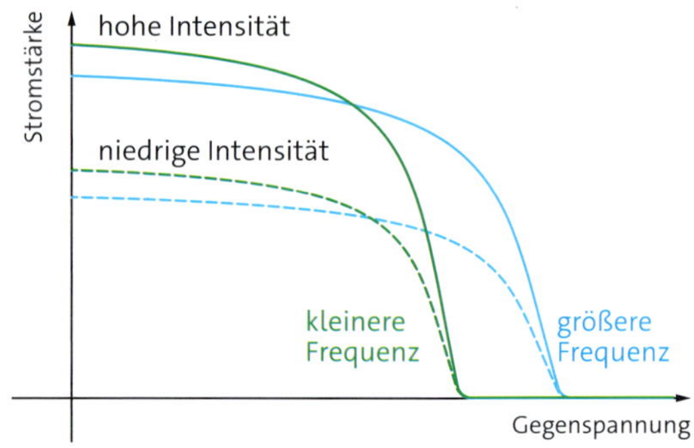

2 Kennlinie einer Fotozelle bei unterschiedlichen Intensitäten und Frequenzen

Die Auflademethode • Wir haben untersucht, welche Spannung sich in einer Fotozelle einstellt, wenn die Cäsiumschicht mit Licht verschiedener Wellenlängen bestrahlt wird. Da sich der Ring dabei auflädt, nennt man diese Methode Auflademethode (▸Abb. 1 A).

Dabei haben wir beobachtet, dass die Frequenz des verwendeten Lichts die Fotospannung bestimmt. Spielt die Intensität des Lichts gar keine Rolle für den lichtelektrischen Effekt? Wir vermuten, dass mehr Lichtintensität dazu führt, dass mehr Elektronen von der Metallschicht abgelöst werden. Mit der Auflademethode können wir diese Vermutung nicht überprüfen, da die Elektronen nicht abfließen können. Wir verfeinern deshalb unsere Messmethode und benutzen die Gegenfeldmethode.

Die Gegenfeldmethode • Wir lassen die Elektronen, die auf dem Ring ankommen, über ein Amperemeter abfließen (▸Abb. 1 B). Die gemessene Stromstärke ist ein Maß dafür, wie viele Elektronen pro Sekunde den Ring erreichen, der Strom wird Fotostrom genannt. Außerdem legen wir eine regelbare Gegenspannung an, welche die Elektronen auf ihrem Weg zum Ring abbremst. Wenn wir die Gegenspannung erhöhen, dann nimmt die Fotostromstärke ab (▸Abb. 2). Immer mehr Elektronen haben nicht mehr genügend kinetische Energie, um das Gegenfeld zu überwinden. Wenn die Stromstärke gerade 0 A erreicht hat, notieren wir die Gegenspannung. Dieser Wert ist identisch mit der Fotospannung, die man bei der Auflademethode misst, gleiche Frequenz des Lichts vorausgesetzt.

Wenn wir die Messung für Licht derselben Frequenz, aber größerer Intensität wiederholen, dann erhalten wir größere Fotostromstärken (durchgezogene, statt gestrichelte Kurven in ▸Abb. 2), wie wir es erwartet haben. Die Gegenspannung, bei der die Stromstärke 0 A erreicht, ist hingegen von der Intensität unabhängig. Sie ändert sich nur, wenn wir Licht unterschiedlicher Frequenzen verwenden (blaue und grüne Kurven in ▸Abb. 2)

Klassische Modelle • All diese Befunde sind weder im Wellen- noch im Teilchenmodell erklärbar. Im Wellenmodell würde man erwarten, dass mit größerer Intensität mehr Energie auf die Elektronen übertragen wird und daher die Fotospannung größer wäre. Aber auch das Teilchenmodell beschreibt den lichtelektrischen Effekt nur unzureichend. Denn man beobachtet, dass sich die herausgelösten Elektronen vorwiegend orthogonal zum eintreffenden Licht von der Metallschicht wegbewegen. Dies würde man eher bei der Vorstellung von Licht als Welle erwarten, bei der die Elektronen in Richtung des elektrischen Felds beschleunigt werden. Wieder sehen wir, dass wir Quantenphänomene nicht mit klassischen Modellen erklären können. Weder ist Licht eine gleichmäßig ankommende Welle, noch ist es ein „Regen" von Photonen.

1 Skizzieren Sie, welchen Verlauf der Kurven in ▸Abb. 2 Sie erwarten, wenn man den Fotoeffekt im Wellenmodell erklären würde.

2 Zeigen Sie, dass bei gleicher Intensität die Anzahl der absorbierten Photonen proportional zur Wellenlänge des Lichts ist.

Material A • Fotozelle in unterschiedlichen Schaltungen

A1 Die Kaliumkathode ($E_A = 2{,}25\,\text{eV}$) einer Fotozelle wird mit blauem Licht ($\lambda = 460\,\text{nm}$) beleuchtet. Erklären Sie qualitativ die Anzeige der Messgeräte in den drei Schaltungen. Gehen Sie dabei auch auf die Polungen der Spannungen und auf die Stromrichtungen ein.

A2 Erklären Sie, wie sich die Werte ändern, wenn
a) bei gleicher Wellenlänge die Lichtintensität erhöht wird.
b) bei gleicher Intensität violettes Licht verwendet wird.
c) bei gleicher Intensität gelbes Licht verwendet wird.

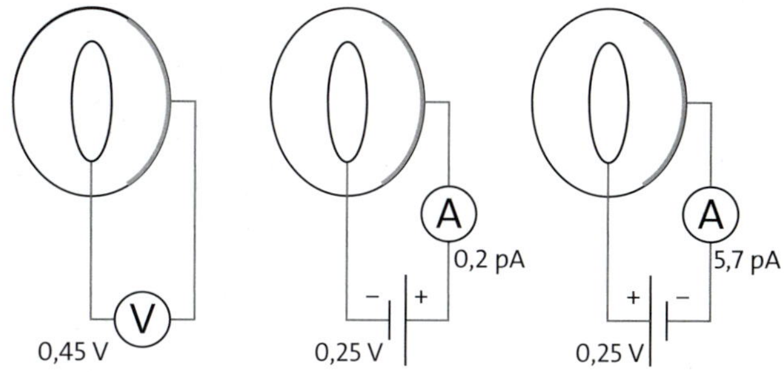

Material B • Bestimmung der Planck-Konstanten mit der Gegenspannungsmethode

Eine Fotozelle wird nacheinander mit Licht aus unterschiedlich farbigen Leuchtdioden beleuchtet. Dabei misst man die Gegenspannung U, bei der der Fotostrom auf 0 A abfällt.

	Rot	Gelb	Grün	Blaugrün	Blau
λ in nm	611	588	525	505	472
U in V	0,072	0,195	0,454	0,526	0,697

B1 Zeichnen Sie eine Schaltskizze für diesen Versuch.

B2 **a)** Begründen Sie, dass für eine Spannung von $U = 0\,\text{V}$ ein Fotostrom gemessen wird.
b) Erklären Sie, warum mit zunehmender Gegenspannung die Stromstärke bis auf null abnimmt.

B3 **a)** Beschreiben Sie, wie für $U = 0\,\text{V}$ die Fotostromstärke von der Lichtintensität abhängt. Begründen Sie Ihre Antwort.
b) Erklären Sie, warum die in der Tabelle angegebenen Werte der Gegenspannung von der Lichtintensität unabhängig sind.

B4 **a)** Tragen Sie die Gegenspannung über der Frequenz auf.
b) Bestimmen Sie mithilfe des Diagramms die Planck-Konstante sowie die Ablöseenergie für diese Fotozelle.
c) Bestimmen Sie die Grenzwellenlänge des Kathodenmaterials.

B5 **a)** Zeichnen Sie in das Diagramm aus B4 den Graphen für eine Ablöseenergie von 1,0 eV ein.
b) Bestimmen Sie die Grenzwellenlänge.

Material C • Innerer Fotoeffekt bei der Solarzelle

Solarzellen beruhen auf dem inneren Fotoeffekt. Dabei gibt ein Photon seine Energie an ein gebundenes Elektron ab. Das Elektron wird aber nicht aus dem Material herausgelöst, sondern nur energetisch angehoben. Es befindet sich dann im sogenannten Leitungsband. Zur energetischen Anhebung ist die materialabhängige Bandlückenenergie $E_{\text{Lücke}}$ nötig. Die Differenz von Photonen- und Bandlückenenergie liegt als kinetische Energie des Elektrons vor. Diese wird durch Stöße der Elektronen mit den Atomen sofort wieder abgegeben und führt zu einer nicht nutzbaren Erwärmung. Pro angehobenem Elektron kann also nur die Bandlückenenergie $E_{\text{Lücke}}$ genutzt werden.

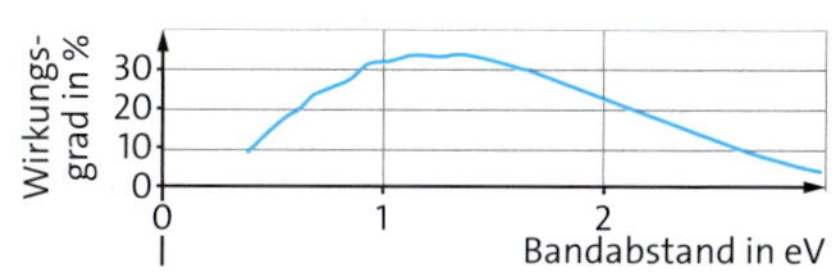

C1 Bei Silicium beträgt $E_{\text{Lücke}} = 1{,}12\,\text{eV}$. Berechnen Sie die Grenzwellenlänge, ab der Licht Elektronen in das Leitungsband anheben kann.

C2 Das von der Sonne auf die Solarzelle treffende Licht hat seine maximale Intensität bei ca. 550 nm. Bestimmen Sie den theoretisch nutzbaren Anteil an der zugehörigen Photonenenergie.

C3 Der über das gesamte Spektrum betrachtete theoretische maximale Wirkungsgrad einer Solarzelle hängt von der Bandlückenenergie des verwendeten Materials ab. Erklären Sie, warum der zugehörige Graph ein Maximum hat. Hinweis: Überlegen Sie, warum sehr große und sehr kleine Bandlückenenergien schlecht für den Wirkungsgrad sind.

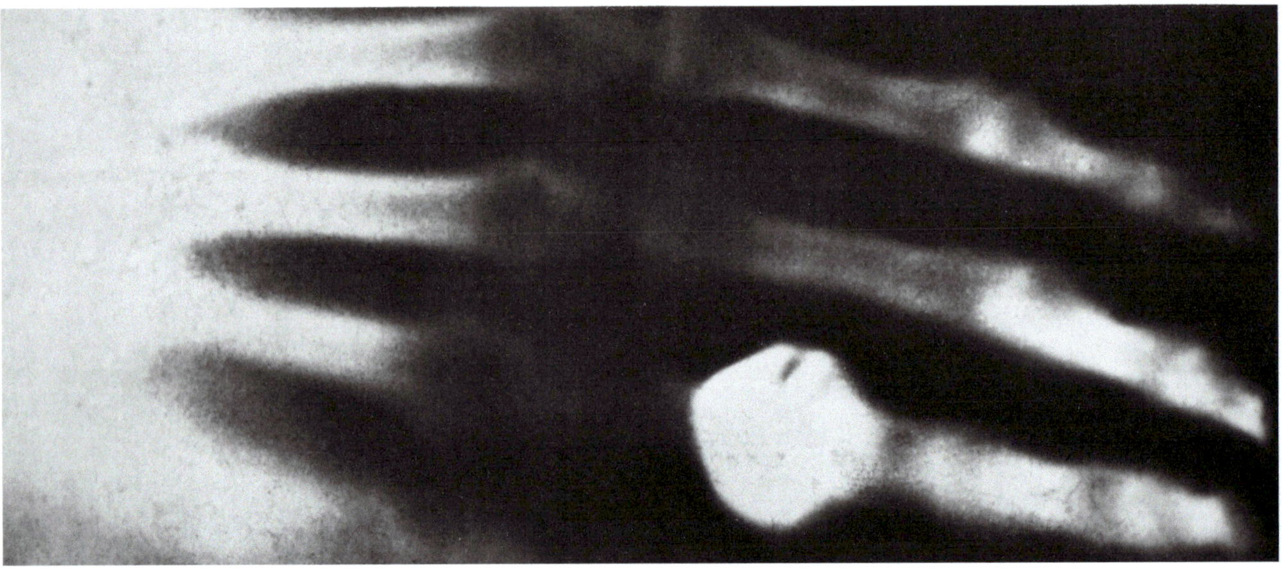

1 Von RÖNTGEN gefertigte Originalaufnahme (1895)

Das Röntgenbremsspektrum

1895 ließ WILHELM CONRAD RÖNTGEN im Dunkeln seine Frau ihre Hand auf gegen Licht geschütztes Fotopapier legen und bestrahlte diese mit den von ihm gerade entdeckten X-Strahlen. Solche Röntgenaufnahmen, wie sie heute heißen, hat jeder vielleicht schon einmal gesehen. Wie entstehen diese X-Strahlen?

Unsichtbare Strahlen • WILHELM CONRAD RÖNTGEN experimentierte wie viele Physiker Ende des 19. Jh. mit gasgefüllten oder auch luftleeren Glasröhren, in die zwei Elektroden eingeschmolzen waren (▸Abb. 2). Diese wurden an eine Hochspannungsquelle angeschlossen, um die Leuchterscheinungen bei der so genannten Gasentladung zu beobachten bzw. zu untersuchen. Die Leuchterscheinungen in der Röhre sind nur im abgedunkelten Raum gut zu erkennen. Dabei beobachtete RÖNTGEN auch, dass das zum Experimentieren bereitgehaltene Barium-Platin-Cyanid grünlich aufleuchtete, sobald er die Hochspannung einschaltete. Dieses Aufleuchten kannte man von UV-Licht. Da sich RÖNTGEN sicher war, dass das verwendete Glas der Röhren keine UV-Strahlung durchließ, deckte er die Gasentladungsröhre mit einem schwarzen, lichtundurchlässigen Tuch ab. Das Aufleuchten blieb. Zusätzlich bemerkte er später, dass in der Tischschublade aufbewahrtes Fotopapier durch die unbekannte Strahlung unbrauchbar geworden war. Es musste also eine andere unbekannte Strahlung in der Röhre entstehen. Diese neuen unbekannten X-Strahlen, wie er sie nannte, konnten also lichtundurchlässige Materie durchdringen. Wie kann man diese Strahlen erzeugen?

Die X-Strahlen haben ihren Namen von der mathematischen Bezeichnung für eine unbekannte Variable. In der englischen Literatur werden sie auch heute noch als „x-rays" bezeichnet

Erzeugung der X-Strahlung • Bei der Gasentladung entstehen Elektronen-Ionen-Paare. Die Elektronen werden im elektrischen Feld der Hochspannung zwischen den Elektroden stark beschleunigt und prallen mit großer Geschwindigkeit auf das Anodenmaterial.

2 RÖNTGENs Versuchsaufbau

Genauere Untersuchungen ergaben, dass nur an der Anode die X-Strahlen oder Röntgenstrahlen entstehen. Besteht die Anode aus Kupfer, Molybdän oder Wolfram, also einem Metall mit hoher Anzahl positiver Ladungen im Kern, so sorgt dies dafür, dass die auftreffenden Elektronen stark abgebremst oder umgelenkt werden (▸Abb. 3). Dabei entsteht Röntgenstrahlung. Man spricht hier auch von **Bremsstrahlung.**
Röntgenröhren enthalten heutzutage ein Vakuum und verwenden eine Heizkathode, um die freien Elektronen zu erzeugen.

Spektrum der Bremsstrahlung • Handelt es sich bei der Röntgenstrahlung um Photonen, denen man eine Wellenlänge bzw. Frequenz zuordnen kann? Um das zu untersuchen, benutzen wir die Drehkristallmethode (▸Abb. 4): Die aus der Röntgenröhre austretende Röntgenstrahlung tritt durch eine Blende und trifft auf einen schräg gestellten Lithiumfluorid-Kristall mit dem Netzebenenabstand d. Dort tritt Bragg-Reflexion auf. Das heißt, zu jeder Wellenlänge λ, die möglicherweise in der Strahlung enthalten ist, gehört ein Winkel ϑ, der Glanzwinkel. Dabei gilt:

$$2 \cdot d \cdot \sin\vartheta = n \cdot \lambda.$$

Im Versuch wird der Winkel ϑ von 0° aus vergrößert, indem der Kristall gedreht wird, und für den doppelten Winkel die Intensität der Strahlung durch die Zählrate ermittelt. Dadurch erhält man ein $I(\vartheta)$-Diagramm bzw. ein $I(\lambda)$-Diagramm, also ein Spektrum. Es ist zu beobachten, dass die Intensität ab einer bestimmten Wellenlänge zunächst zunimmt, um dann allmählich wieder abzunehmen. Die Röntgenstrahlung enthält also viele Wellenlängen, sie ist nicht monochromatisch. Die Form des Spektrums hängt von der verwendeten Beschleunigungsspannung U_B ab (▸Abb. 5).
Ist das Anodenmaterial dick genug, so ist die Wahrscheinlichkeit hoch, dass das Elektron auf seinem Weg einmal oder mehrere Male mit irgendeinem Atomkern wechselwirkt. Bei dieser Wechselwirkung verliert das Elektron seine kinetische Energie teilweise oder auch ganz und es entstehen ein Röntgenphoton und ein Elektron geringerer kinetischer Energie.

Treffen Elektronen mit hoher Geschwindigkeit auf eine Metallanode, so entsteht beim Abbremsen Röntgenstrahlung. Ihr Spektrum hängt von der Beschleunigungsspannung ab.

So entsteht Röntgenstrahlung unterschiedlicher Wellenlänge. Dabei gibt die Intensitätsverteilung (▸Abb. 5) die Wahrscheinlichkeit für diesen quantenmechanischen Wechselwirkungsprozess wieder. Das Maximum der Kurve, der so genannte Bremsberg, gibt dabei an, bei welcher Wellenlänge die meisten Röntgenphotonen entstehen.

Je größer die Spannung U_B ist, desto mehr rückt das Maximum nach links. Das heißt, je größer die Spannung wird, desto kürzer wird die Wellenlänge der Röntgenphotonen.

Da man sehr schnell die medizinische Tragweite dieser Entdeckung begriff, erhielt im Jahre 1901 RÖNTGEN als erster den gerade neu geschaffenen Nobelpreis für Physik.

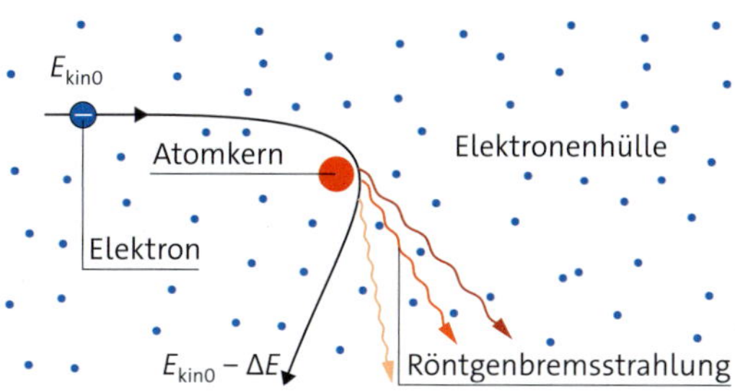

3 Entstehung der Röntgenstrahlung

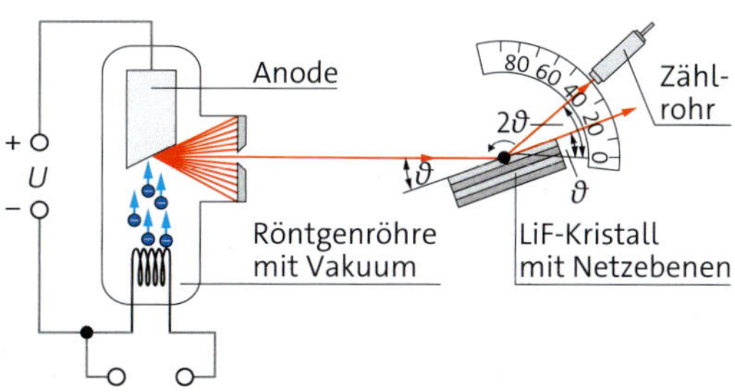

4 Röntgenröhre mit Drehkristall und Zählrohr

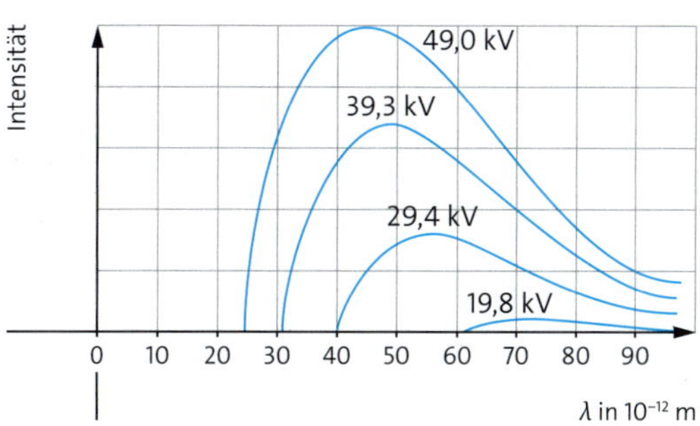

5 Bremsstrahlung im Röntgenspektrum

Wir kennen den Zusammenhang zwischen Intensitäten in Beugungsbildern und Antreffwahrscheinlichkeiten von Quantenobjekten. Welche Wellenlängen die abgegebenen Röntgenphotonen haben, unterliegt ebenfalls einer Wahrscheinlichkeitsverteilung – da diese bei der Wechselwirkung zwischen Quantenobjekten entstehen. Diese Wahrscheinlichkeitsverteilung spiegelt sich in der Intenitätsverteilung (dem Spektrum) der Bremsstrahlung) wider.

Die Grenzwellenlänge • Im Röntgenspektrum der Bremsstrahlung fällt auf, dass die Kurven für die einzelnen Spannungswerte genau bei einer deutlich erkennbaren kleinsten Wellenlänge beginnen. Diese nennt man Grenzwellenlänge λ_{Gr}. Die Wellenlänge der Bremsstrahlung kann also nur größer oder gleich dieser Grenzwellenlänge sein. Um zu verstehen, welches physikalische Prinzip dahintersteckt, soll ein Beispiel betrachtet werden: Bei einer Spannung von $U_b = 49\,kV$ misst man die kurzwelligste Strahlung bei einem Winkel von $\vartheta = 3{,}6°$. Bei einem Netzebenenabstand des verwendeten LiF-Kristalls von $d = 201\,pm$ ergibt sich mit der Bragg-Gleichung eine kürzeste Wellenlänge von $\lambda = 25\,pm$, wie man im Röntgenspektrum (▸Abb. 5 vorherige Doppelseite) gut erkennen kann.

Energie der Röntgenphotonen • Die Art ihrer Entstehung als elektromagnetische Strahlung sowie ihre Ähnlichkeit mit dem Licht (Schwärzung von Fotopapier) legen nahe, dass Röntgenstrahlung aus Photonen besteht, also aus Quantenobjekten. Benutzt man als Detektor ein Geiger-Müller-Zählrohr, so kann man bei Verwendung des Lautsprechers die Quantelung der eintreffenden Röntgenphotonen gut hören. Wie wir vom Fotoeffekt wissen, können Quantenobjekte untereinander Energie austauschen. Photonen des Lichts können in einer Solarzelle Energie auf Elektronen übertragen. Ebenso können Elektronen in einer LED bei Anlegen einer Spannung Photonen erzeugen. Bei der Entstehung der Röntgenphotonen ist es nicht anders: Nehmen wir an, ein Elektron in einer Röntgenröhre gibt seine kinetische Energie vollständig ab. Dann entstehen Photonen mit der maximalen Energie, die der kleinstmöglichen Wellenlänge λ_{Gr} entspricht.

Berechnen wir die Energie der Elektronen mit $e \cdot U_b$ und die der Photonen mit $E = h \cdot f$ und ersetzen f durch $f_{Gr} = \frac{c}{\lambda_{Gr}}$, so ergibt sich mit den Werten aus dem obigen Beispiel:

$$E_{Photon} = \frac{h \cdot c}{\lambda_{Gr}} = \frac{6{,}626 \cdot 10^{-34}\,Js \cdot 3 \cdot 10^{8}\,\frac{m}{s}}{25 \cdot 10^{-12}\,m}$$
$$= 7{,}95 \cdot 10^{-15}\,J.$$

$$E_{kin} = e \cdot U_b = 1{,}602 \cdot 10^{-19}\,C \cdot 49\,kV$$
$$= 7{,}85 \cdot 10^{-15}\,J.$$

Wir sehen, die Werte stimmen gut überein. Durch Gleichsetzen der Energien E_{Photon} und E_{kin} lässt sich ferner recht genau das Plancksche Wirkungsquantum ermitteln: Für verschiedene Beschleunigungsspannungen U_b wird im Versuch die Grenzwellenlänge λ_{Gr} ermittelt und anschließend der Quotient aus E_{kin} und f_{Gr} gebildet.

1 Erklären Sie das Zustandekommen der „Bremsberge".

2 Berechnen Sie die Winkel für die anderen drei Spannungen in ▸Abb. 5 auf der vorherigen Seite, bei denen erstmalig Röntgenstrahlung auftritt.

3 Ermitteln Sie für alle angegebenen Spannungen in ▸Abb. 1 A die Grenzwellenlängen und berechnen Sie daraus f_{Gr}. Tragen Sie in einem passenden Diagramm die Elektronenenergie E_{kin} gegen die Grenzfrequenz auf und zeichnen Sie eine Ausgleichsgerade. Ermitteln Sie die Steigung der Geraden. Erläutern Sie die Bedeutung der Steigung.

4 Wiederholen Sie die Berechnungen für Kupfer als Anodenmaterial (▸Abb. 1 B).

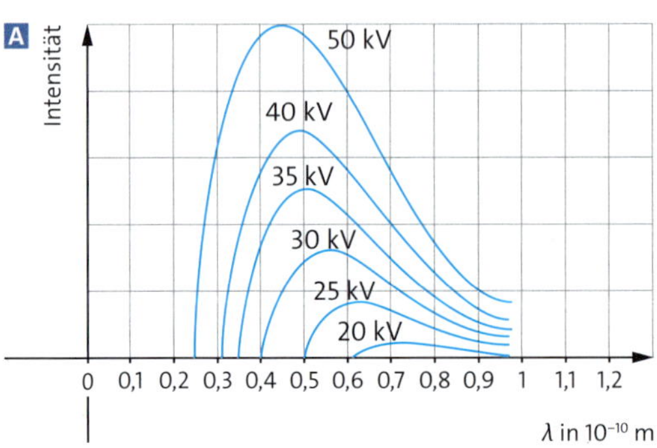

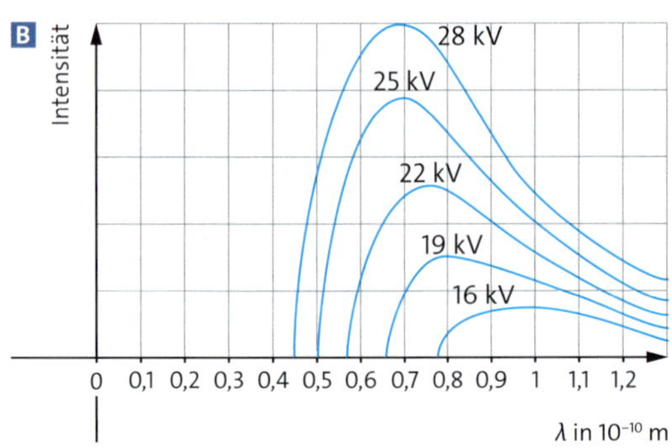

1 Bremsspektren: **A** Wolfram, **B** Kupfer

Material A • Messungen mit Röntgenstrahlen

A1 Die in der Tabelle angegebenen Messwerte wurden bei der Bragg-Reflexion von Röntgenstrahlung an einem Kristall mit Netzebenenabstand $d = 201\,\text{pm}$ gewonnen. Dabei sind U_B die Spannung der Röntgenröhre und ϑ der Glanzwinkel.

a) Skizzieren Sie den Versuchsaufbau und beschreiben Sie den Messvorgang.

b) Stellen Sie die Messergebnisse grafisch dar (U_B auf der Rechtsachse).

c) Bestimmen Sie durch Verlängern der Graphen deren Schnittpunkte mit der Rechtsachse und tabellieren Sie die Ergebnisse.

d) Begründen Sie die Aussage, nach der aus diesen Schnittpunkten die Grenzwellenlängen der jeweiligen Beschleunigungsspannungen zu erhalten sind.

e) Erstellen Sie ein $U(f)$-Diagramm mit den Tabellenwerten aus c). Begründen Sie den Verlauf des Graphen. Bestimmen Sie h.

$\vartheta = 15°$ U_B in kV	Intensität in Skalenteilen
23	5,8
22	5,3
20	4,6
18	3,9
16	2,6
14	1,5

$\vartheta = 14°$ U_B in kV	Intensität in Skalenteilen
23	6,6
22	6,2
20	5,0
18	3,9
16	2,8
14	1,2

$\vartheta = 13°$ U_B in kV	Intensität in Skalenteilen
23	7,9
22	6,8
20	5,8
18	4,5
16	2,6

$\vartheta = 12°$ U_B in kV	Intensität in Skalenteilen
23	7,8
22	7,1
20	5,5
18	3,7
16	1,4

$\vartheta = 10°$ U_B in kV	Intensität in Skalenteilen
23	6,8
22	6,0
20	3,8
18	1,0

$\vartheta = 8°$ U_B in kV	Intensität in Skalenteilen
23	3,2
22	2,7
20	0,5

Material B • Moderne Röntgendiagnostik

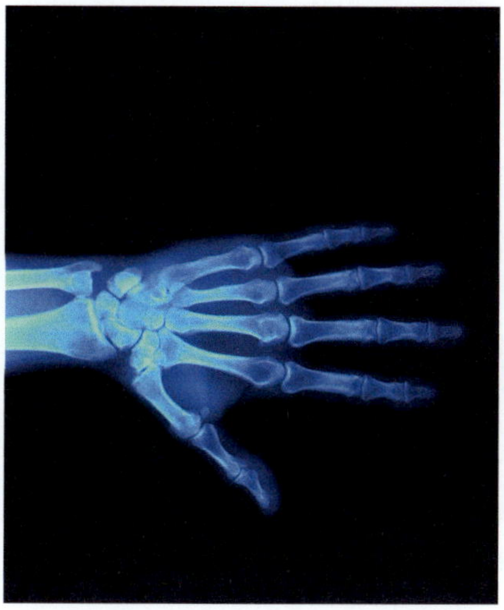

In der Röntgendiagnostik kann man mit modernen Flachbilddetektoren auch mit geringeren Strahlungsdosen Aufnahmen erhalten, die vergleichbar mit konventionell erstellten sind.

B1 Recherchieren Sie die Funktionsweise moderner Flachbilddetektoren in der digitalen Radiografie.

B2 **a)** Recherchieren Sie den Begriff Röhrenstrom-Zeit-Produkt.

b) Das gleiche Handgelenk wurde auf vier verschiedene Weisen geröntgt: konventionell und mit Flachbilddetektoren. Alle Aufnahmen wurden mit der gleichen Beschleunigungsspannung von 45 kV aufgenommen, aber jede mit einem anderen „mAs"-Wert: konventionell mit 5 mAs sowie mit Flachbilddetektor mit 5 mAs, 2,5 mAs und 1,25 mAs.
Erklären Sie, weshalb dies einer unterschiedlichen Strahlenbelastung entspricht.

BLICKPUNKT

Röntgenstrahlen in der medizinischen Diagnostik

Schon kurz nach der Entdeckung bekam WILHELM CONRAD RÖNTGEN im Jahr 1901 den ersten jemals vergebenen Nobelpreis, weil man schnell den unschätzbaren Wert der Röntgenstrahlung in der medizinischen Diagnostik erkannt hatte. Seit RÖNTGEN selbst die historische Aufnahme der Hand seiner Frau anfertigte, hat sich das grundlegende Verfahren bis in die 1990er Jahre kaum geändert: Der zu untersuchende Körperteil wird von einer Röntgenquelle durchstrahlt und auf einem dahinterliegenden Film oder Fluoreszenzschirm abgebildet. ▸Abb. 1 zeigt eine historische Röntgenuntersuchung.

Klassische Verfahren • Den Fluoreszenzschirm benutzt man nur, um dynamische Vorgänge zu beobachten, etwa die Wanderung eines mit Kontrastmittel angereicherten Breis durch die Speiseröhre. Dazu muss der Patient die ganze Zeit durchstrahlt werden, was die Strahlenbelastung erhöht.

Bei statischen Aufnahmen hängt die Belichtungszeit von dem zu untersuchenden Körperteil und von der Energie der Röntgenstrahlung ab. Grundlage der Bildgebung ist die Tatsache, dass die Röntgenstrahlung beim Durchgang durch den Körper geschwächt wird und zwar umso mehr, je dichter das Gewebe ist. Knochen haben gegenüber anderem Gewebe eine sehr hohe Dichte, weshalb man sie gut abbilden kann. Andererseits hängt die Schwächung auch von der durchstrahlten Schichtdicke ab, sodass man auf dem Röntgenbild nicht immer unterscheiden kann, ob die Schwächung durch eine größere Dichte oder durch eine größere Schichtdicke hervorgerufen wurde.

Auch spielt die Energie der Röntgenstrahlung eine Rolle bei der Durchdringung. Harte Röntgenstrahlung entsteht bei einer Beschleunigungsspannung der Elektronen von $U_B = 40$ bis 120 kV und durchdringt das Gewebe viel leichter. Dabei werden Kontrastunterschiede stark abgemindert. Sie wird z. B. bei Lungenaufnahmen benutzt (▸Abb. 2), bei denen ansonsten im Bereich der Rippen keine Beurteilung der Gewebestruktur möglich wäre, oder immer dann, wenn andere nicht-invasive Verfahren ausgeschlossen sind.

Dagegen benutzt man weiche Röntgenstrahlung ($U_B = 25$ bis 35 kV), um auch feinste Gewebeunterschiede auf dem Röntgenfilm sichtbar zu machen, z. B. bei der Mammografie. Denn je energieärmer die Röntgenstrahlung ist, desto mehr ist die Absorption von der Ordnungszahl des durchstrahlten Gewebes abhängig (und nicht von der Dichte). Dadurch ist jedoch auch die Strahlenbelastung größer, weil länger belichtet und der Körper daher durch mehr Quanten getroffen wird. Durch die Absorption wird Energie ins Gewebe freigesetzt, die zu Sauerstoffradikalen führt. Dies ist der Grund für die Gesundheitsschädlichkeit von Röntgenstrahlen.
Je höher die Ordnungszahl ist, desto stärker ist die Absorption.

Generell ist bei der Auswertung zu beachten, dass das dreidimensionale Gewebe nur zweidimensional auf einem Film abgebildet wird. So kann man Veränderungen, die hinter einem stark absorbierenden Gewebe liegen, nicht erkennen. Man fertigt daher oft zwei Aufnahmen aus zwei unterschiedlichen Richtungen an, was jedoch die Strahlenbelastung verdoppelt.

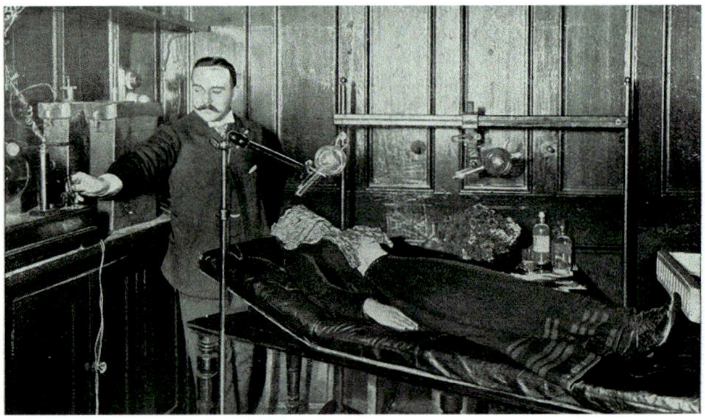

1 Historisches Röntgengerät

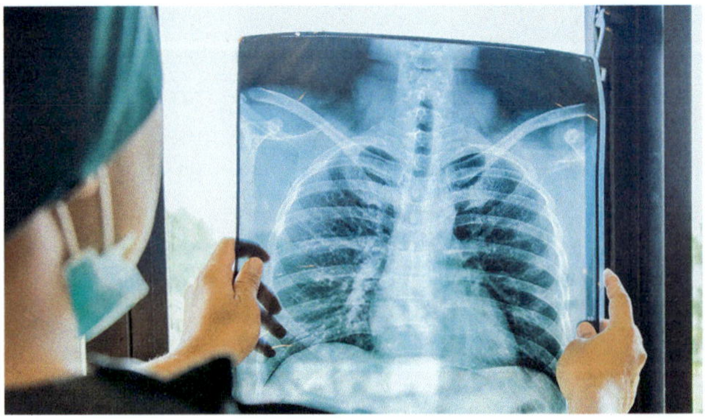

2 Klassische Röntgenaufnahme der Lunge

Moderne Verfahren • Bis zur Jahrtausendwende war das herkömmliche fotografische Verfahren in der Medizin Standard: Belichtung eines Films in einer lichtdichten Kassette, chemische Entwicklung in einer Dunkelkammer und Trocknung. Dieses Verfahren hatte einige gravierende Nachteile: Falsch belichtete Aufnahmen mussten wiederholt werden und die Aufnahmen standen oft erst nach einigen Stunden zur Verfügung.
Das Aufkommen der digitalen Fotografie hatte auch Auswirkungen auf die Aufnahme der Röntgenbilder. Statt des Films wird eine Spezialfolie belichtet, die das Röntgenbild speichert. Dabei werden durch die auftreffenden Photonen die Strukturen in der Folie verändert. Die Unterschiede werden mit einem Laserstrahl abgetastet und digital gespeichert. Bei Verwendung hochempfindlicher Folien kann die Strahlenbelastung entscheidend gesenkt werden. Außerdem steht das Bild sofort zur Verfügung und lässt sich digital nachbearbeiten.
Dreidimensionale Bilder lassen sich damit jedoch auch nicht anfertigen. Diese erzeugt man mithilfe eines Computers bei der so genannten CT (Computer-Tomografie). Die Strahlenbelastung ist aber wegen der Bestrahlungsdauer deutlich höher als bei einer normalen Röntgenaufnahme: 5,8–8 mSv bei einem Thorax-CT gegenüber 0,02–0,1 mSv. Die natürliche jährliche Strahlenbelastung liegt bei 2,1 mSv. In einem CT-Gerät (▸Abb. 3) werden viele Einzelaufnahmen aus verschiedenen Blickwinkeln und in verschiedenen Schichten gemacht, die dann der Computer zu einem einzigen Bild zusammensetzt (▸Abb. 4). Dazu rotieren Röntgenröhre und moderne sehr empfindliche Halbleiterdetektoren um die zu untersuchende Körperregion senkrecht zur Längsachse des Patienten. Dabei entsteht ein zweidimensionales Schnittbild (▸Abb. 5). Um dreidimensionale Bilder zu erhalten, muss der Körper des Patienten längs seiner Körperachse „in die Röhre" geschoben werden. Moderne CT-Geräte können sogar dreidimensionale Bilder des schlagenden Herzens anfertigen. Dabei werden die Röntgenaufnahmen mit der Herzfrequenz synchronisiert und die Aufnahmen immer zum selben Zeitpunkt der Herzperiode ausgelöst. Durch diesen Effekt scheint das Herz bei der Aufnahme still zu stehen. Mithilfe von KI (künstliche Intelligenz) ist es heute auch möglich, die Aufnahmen mit unregelmäßigen Herzschlägen zu synchronisieren oder zeitlich zu versetzen, um einen Film anzufertigen.

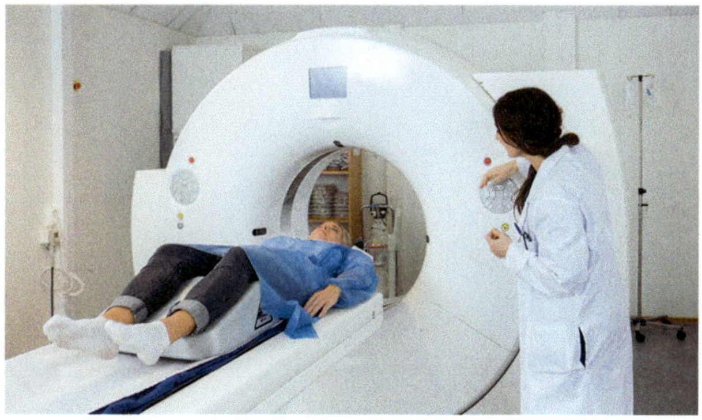

3 Modernes CT-Gerät

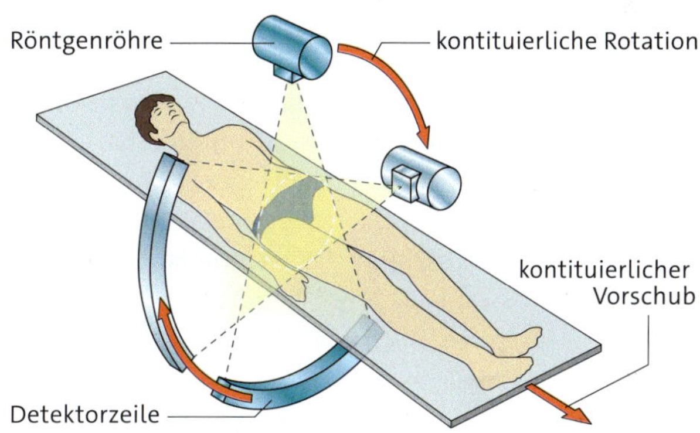

4 Prinzip der Computertomografie

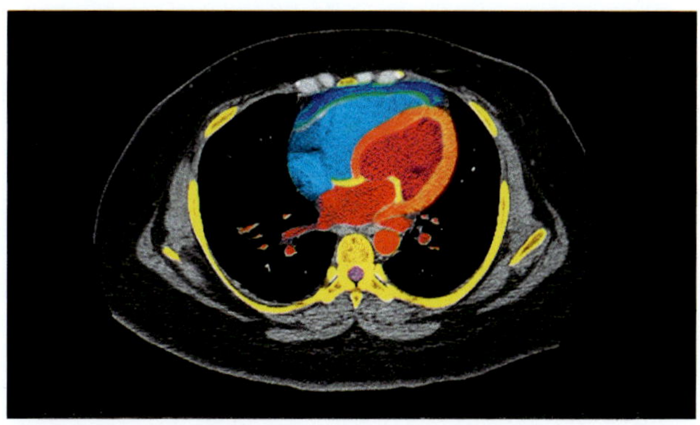

5 CT-Aufnahme von Lunge und Herz (Querschnitt)

1 Fassen Sie zusammen, wodurch bei einer Röntgenaufnahme die Kontraste entstehen.

2 Geben Sie einen Grund dafür an, warum bei einer klassischen Röntgenaufnahme Knochen und Organe stets vergrößert abgebildet werden.

BLICKPUNKT

Quanten beim Urknall

1 Auch mit kleinen Teleskopen erkennt man den Lichthorizont.

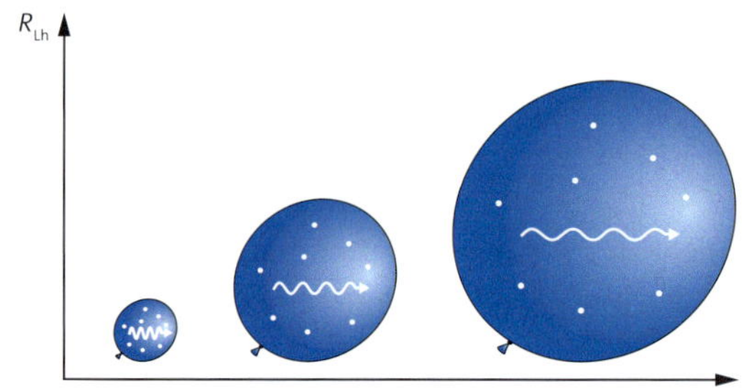

2 Zeitentwicklung des Streckfaktors im Luftballonmodell

Wie weit können wir sehen? • Bereits kleine Teleskope (▸Abb. 1) können Fotos von Galaxien in 12 Mrd. Lichtjahren **Laufzeitentfernung** (LL) aufnehmen. Diese Entfernungseinheit beinhaltet sowohl eine zeitliche als auch eine räumliche Distanz sowie ein Datum. Deshalb ist sie auch in einem veränderlichen Universum sinnvoll anwendbar. Ein großes Teleskop sollte Fotos von Objekten in einer Entfernung von einem Vielfachen von 12 Mrd. LL liefern. Das ist aber nicht so! Alle beobachtbaren Objekte liegen innerhalb einer Entfernung von 13,8 Mrd. LL. Diese Entfernung nennt man **Lichthorizont** R_{Lh}. Vermutlich ist etwas hinter dem Lichthorizont, aber wir können es grundsätzlich nicht sehen. Licht, das wir sehen, ist also höchstens 13,8 Mrd. Jahre alt. Daraus schließen wir, dass es erst seitdem Lichtquellen gibt. Damals begann die Entwicklung des Universums. Dieser Beginn heißt **Urknall**. Wie entwickelte sich R_{Lh} seitdem?

Rotverschiebung • In vielen Galaxien gibt es spezifisch leuchtende Regionen. Dort wird Licht mit $\lambda = 656$ nm ausgesendet. 1915 beobachtete VESTO SLIPHER, dass diese Wellenlänge bei weit entfernten Galaxien um einen **Streckfaktor** $k > 1$ gestreckt ist: $\lambda' = k \cdot \lambda$. Die Differenz $k - 1 = z = \frac{(\lambda' - \lambda)}{\lambda}$ heißt **Rotverschiebung**.
Man kann mit einem Teleskop wie in ▸Abb. 1 z. B. Galaxien in 12 Mrd. LL fotografieren. Dem entspricht eine Rotverschiebung von $z = 4$, das beobachtete Licht wurde also als UV emittiert. Demnach beträgt der Streckfaktor $k = z + 1 = 5$, wie in ▸Abb. 2. Ein anderes Beispiel ist das Nachleuchten des Urknalls. Es kann heute als Mikrowellenhintergrundstrahlung bei der Rotverschiebung $z = 1090$ gemessen werden.
Man deutet den Faktor k als Streckung des Raums. Das modelliert ein Luftballon (▸Abb. 2): Dessen Haut stellt den Raum dar.

Durch Aufpusten des Ballons modellieren wir die Zeitentwicklung: Einer Dehnung der Haut um den Faktor k entspricht eine Streckung des Raums um denselben Faktor k. Dabei vergrößert sich auch die Wellenlänge um k und die Rotverschiebung beträgt $z = k - 1$.

Zeitentwicklung des Raums • Wir modellieren diese Entwicklung mithilfe einer Probemasse m bei $R_{Lh}(t)$ (▸Abb. 3). Die Kugel mit dem Radius $R_{Lh}(t)$ hat eine Masse M, die die Probemasse m gravitativ anzieht. Dabei nimmt die Gravitationskraft proportional zu $\frac{1}{R_{Lh}^2}$ ab. Entsprechend ist die potenzielle Energie der Gravitation:

$$E_{pot,Gravitation}(t) = -G \cdot \frac{M \cdot m}{R_{Lh}(t)}.$$

Zusammen mit der Bewegungsenergie ist die Energie E der Probemasse:

$$E(t) = \frac{1}{2} \cdot m \cdot \dot{R}_{Lh}^2(t) - G \cdot \frac{M \cdot m}{R_{Lh}(t)}.$$

Man weiß aus Beobachtungen entfernter Galaxien, dass E im Rahmen der Messgenauigkeit gleich null ist. Es gilt:

$$\dot{R}_{Lh}(t) = (2 \cdot G \cdot M)^{\frac{1}{2}} \cdot (R_{Lh}(t))^{-\frac{1}{2}}.$$

Dies ist eine Differentialgleichung (DGL), die die Zeitentwicklung beschreibt. Eine Lösung liefert der Ansatz:

$$R_{Lh}(t) = \left(\frac{9 \cdot G \cdot M}{2}\right)^{\frac{1}{3}} \cdot t^{\frac{2}{3}}.$$

Auffällig ist, dass $R_{Lh}(t)$ früher sehr klein war. Daraus schließen wir, dass der Urknall nur quantentheoretisch sinnvoll beschreibbar ist. Aus den kleinen Abständen folgern wir auch, dass die Gravitationsfeldstärke G^* früher sehr groß war und daher das Konzept schwarzer Löcher beim Urknall wesentlich ist.

Schwarzes Loch • Wenn eine Probemasse m von einer Masse M aus senkrecht nach oben fliegt, dann fällt sie gerade eben nicht mehr zurück, wenn die kinetische Energie gleich dem Betrag der potenziellen Energie ist:

$$\frac{1}{2} \cdot m \cdot v^2 = G \cdot \frac{M \cdot m}{R}.$$

Ist v bekannt, ist der Radius $R = 2 \cdot G \cdot \frac{M}{v^2}$. 1784 analysierte JOHN MICHELL R für die Lichtgeschwindigkeit, $v = c$. Er erkannte, dass bei einem Radius R_S selbst Licht nicht mehr die Masse M verlassen kann. Sie erscheint von außen schwarz, man spricht vom **schwarzen Loch** und nennt R_S den **Schwarzschild-Radius:**

$$R_S = 2 \cdot G \cdot \frac{M}{c^2}.$$

Kein Licht und kein Objekt verlässt den Bereich innerhalb von R_S. Ereignisse bei $r \leq R_S$ sind somit nicht beobachtbar und damit unbestimmt. Daher nennt man R_S **Ereignishorizont** und wir erkennen eine gravitative Unbestimmtheitsrelation (GUBR): Der Radius Δr dieser Unbestimmtheit ist R_S. Gemäß der Heisenbergschen Unbestimmtheitsrelation (HUBR) gibt es auch beim Quantenobjekt ein unbestimmtes Inneres. Wir kombinieren diese beiden UBRs in zwei Schritten: Dazu stellen wir zunächst die HUBR abhängig von der Länge x und der Energie E dar, dann beide UBRs im E(x)-Diagramm.

Planck-Skala • Wegen der sehr hohen Dichte im frühen Universum konnten sich keine massiven Elementarteilchen bilden. Die Energie im Raum lag in Form von Photonen oder kleinen schwarzen Löchern vor. Entsprechend analysieren wir ein Photon mit Impuls in eine Richtung, z. B. in x-Richtung. Dabei ist $p \geq \Delta p_x$, es gilt die HUBR: $\Delta x \cdot \Delta p_x \geq \frac{h}{4\pi}$. Wir setzen $p \geq \Delta p_x$ ein, dividieren durch p und nutzen $\lambda = \frac{h}{p}$: $\Delta x \geq \frac{\lambda}{4\pi}$. Wir wenden $\lambda = \frac{h \cdot c}{E}$ an:

$$\Delta x \geq \frac{h \cdot c}{4\pi \cdot E}$$

Wir legen den Nullpunkt $x = 0$ in das Objekt und tragen die bestimmbaren Längen $x \geq \Delta x$ abhängig von der Energie E im $E(x)$-Diagramm in ▸Abb. 4 auf. Die gemäß der HUBR bestimmbaren Paare $(x|E)$ liegen rechts der Hyperbel (mittelblau). Entsprechend liegen die gemäß der GUBR bestimmbaren Paare $(x|E)$ rechts der Ursprungsgeraden mit $x = R_S$ (hellblau). Die in der Natur überhaupt bestimmbaren Paare $(x|E)$ liegen in der Schnittmenge (dunkelblau).

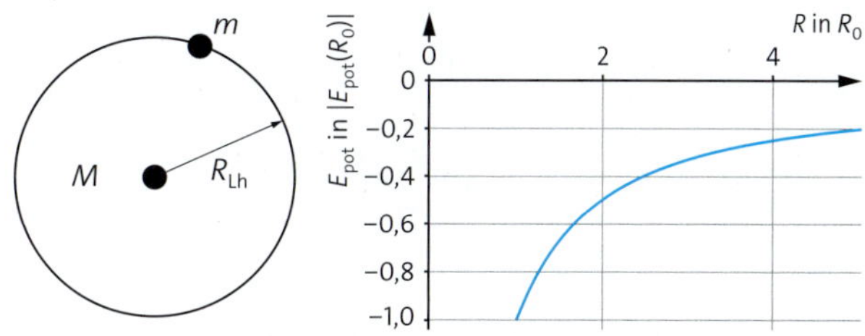

3 Modell (links) mit potenzieller Energie (rechts).

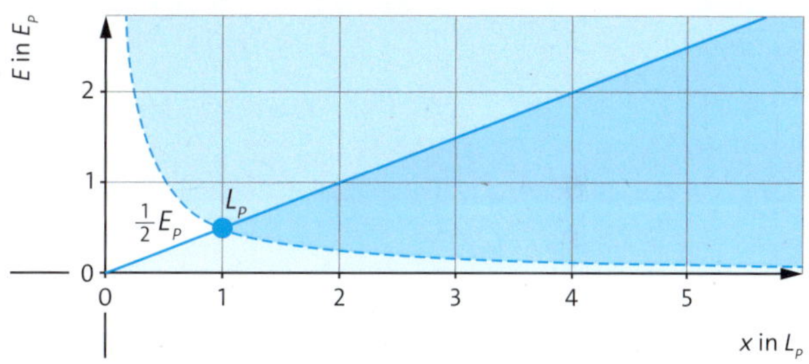

4 $E(x)$-Diagramm, blauer Punkt: kleinste Länge L_P.

Diese Schnittmenge weist eine kleinste Länge L_P auf, die **Planck-Länge**. Wir bestimmen den Schnittpunkt zu:

$$(x\,|\,E) = \left(\sqrt{\frac{h \cdot G}{2\pi \cdot c^3}}\,\middle|\,\frac{1}{2} \cdot \sqrt{\frac{h \cdot c^5}{2\pi \cdot G}}\right) = \left(L_P\,\middle|\,\frac{1}{2}E_P\right).$$

Dabei betragen $L_P = 1{,}616 \cdot 10^{-35}$ m und die **Planck-Energie** $E_P = 1{,}956$ GJ. Bei L_P tritt die größte physikalisch mögliche Dichte, die **Planck-Dichte**, auf:

$$\rho_{max} = \frac{1}{2}\rho_P \text{ mit } \rho_P = \frac{2\pi \cdot c^5}{h \cdot G^2} = 5{,}155 \cdot 10^{96}\,\frac{\text{kg}}{\text{m}^3}.$$

Quantengravitation • Bei der Zeitentwicklung des Lichthorizonts ginge R_{Lh} für $t \to 0$ auch gegen null und die Dichte daher gegen unendlich. Das ist unmöglich und somit ist eine quantenphysikalische Analyse des Urknalls essenziell. Am Beispiel der Planck-Skala haben wir Gravitation und Quantenphysik kombiniert und damit wesentliche Ergebnisse wie die kleinste beobachtbare und somit physikalisch definierte Länge L_P und die größte physikalisch mögliche Dichte $\rho_{max} = \frac{1}{2} \cdot \rho_P$ entdeckt. Wir können sogar ermitteln, dass schon bei $R_{Lh} \approx 0{,}008$ mm die Dichte ihr Maximum ρ_{max} erreicht. Von 0,008 mm aus kann die physikalisch definierte Planck-Länge L_P also nicht mehr durch einen Streckfaktor erreicht werden. Der verbleibende Faktor $Z \approx 5 \cdot 10^{29}$ muss durch einen völlig anderen physikalischen Prozess realisiert sein. Dieser wird aktuell erforscht.

1 Aufnahme des Orionnebels

Spektrallinien

Das wunderschöne Bild vom Orionnebel wird von tausenden von Sonnen verursacht. Aber wie entstehen die beeindruckenden Farben? Woher stammt eigentlich unser Wissen über Sterne und deren Zusammensetzung?

Sterne senden farbiges Licht aus • Etwa um 1814 entdeckte der deutsche Optiker JOSEPH FRAUNHOFER, dass sich im Spektrum des Sonnenlichtes schwarze Linien befinden (▸Abb. 2). Er vermaß diese Linien sorgfältig und konnte so ihre Wellenlängen bestimmen.

Man erkennt deutlich die Natrium-Doppellinie (D) sowie die Linien des Wasserstoffspektrums (C, F, G, h).

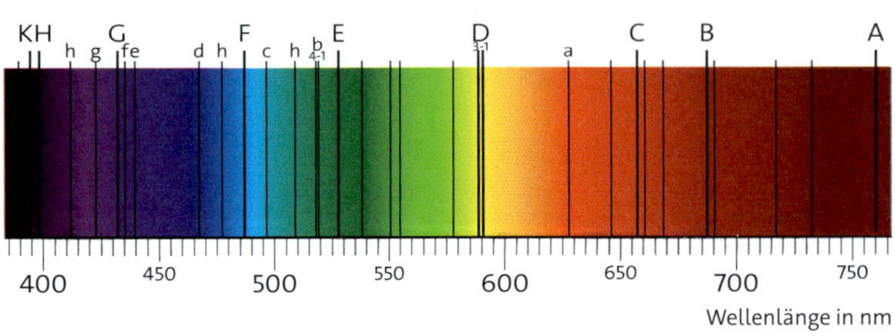

2 Fraunhofersche Linien des Sonnenlichtes

Wenig später fanden GUSTAV ROBERT KIRCHHOFF und ROBERT WILHELM BUNSEN ähnliche Linien, als sie Elemente zum Leuchten brachten und deren Licht spektral zerlegten. Ihnen fiel auf, dass jedes chemische Element mit einer spezifischen Anzahl und Anordnung von Spektrallinien assoziiert war. Daraus schlossen sie, dass auch die Fraunhoferschen Linien bestimmten Elementen der Atmosphäre der Sonne bzw. Elementen der Erdatmosphäre zuzuordnen waren. Daher lassen sich Linienspektren nutzen, um Elemente eines unbekannten Materials oder einer unbekannten Verbindung zu identifizieren. Das Verfahren wird **Spektralanalyse** genannt.

Jedem chemischen Element lässt sich ein spezifischer Satz von Spektrallinien zuordnen, an dem man wie bei einem Fingerabdruck das Element erkennen kann.

Die Spektralanalyse ist bis heute die wichtigste Möglichkeit, die Zusammensetzung ferner Himmelsobjekte zu bestimmen, sowie eine wichtige Methode, Informationen über deren Alter zu bekommen.

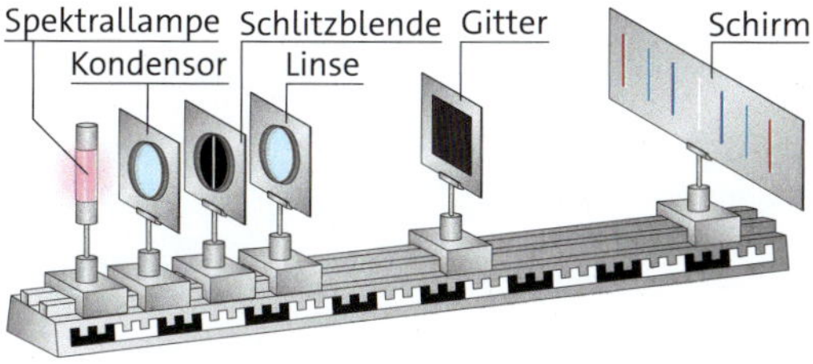

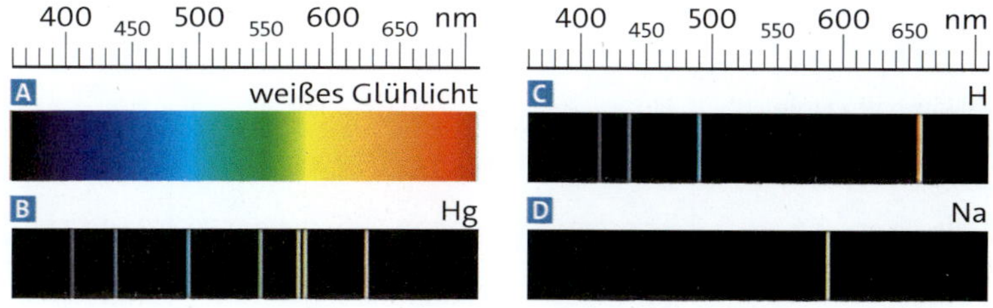

Emissions- und Absorptionsspektren • Schon früh im 19. Jh. wussten die Chemiker das Prinzip der Flammenfärbung zu nutzen. Dabei bringt man ein unbekanntes Salz in die nicht leuchtende Brennerflamme. Die im Salz enthaltenen chemischen Elemente färben die Flamme auf charakteristische Weise: Natrium färbt sie z. B. gelb, Bor kräftig grün und Calcium ziegelrot. Erhitzt man also ein Element, gibt es Licht in einer für es typischen Farbe ab. Energiezufuhr bringt folglich die Atome der chemischen Elemente dazu, Licht einer bestimmten Wellenlänge abzugeben.

Zur Aufnahme eines Spektrums zerlegt man das Licht eines zu untersuchenden leuchtenden Körpers oder Gases mithilfe eines Prismas oder eines Strichgitters in seine Spektralfarben (▸Abb. 3). Das Licht z. B. einer Gasentladungslampe wird zunächst durch eine Schlitzblende geleitet und mittels einer Linse als scharfe Linie auf einen Schirm projiziert. Dann bringt man zwischen Abbildungslinse und Schirm das optische Strichgitter und erhält auf diese Weise das Spektrum des Gases. Dabei zeigt sich, dass glühende Körper, z. B. der glühende Draht einer Glühlampe, meist ein kontinuierliches Spektrum aussenden, während leuchtende Gase überwiegend Linienspektren erzeugen (▸Abb. 4). Diese Spektren werden als **Emissionsspektren** bezeichnet.

Beleuchtet man eine durch Natriumsalz gefärbte Brennerflamme mit dem einfarbigen Licht einer Na-Dampflampe, erkennt man auf einer weißen Wand den Schatten der Flamme (▸Abb. 5). Beleuchtet man sie dagegen mit einer Hg-Dampflampe, sieht man keinen Schatten. Offenbar vermag der heiße Na-Dampf der Flamme genau das Licht mit der Wellenlänge der Na-Dampflampe zu absorbieren, das Licht der Hg-Dampflampe jedoch nicht. Dies nennt man **Resonanzabsorption.**
Diese Beobachtung gilt für alle Elemente.

Jedes Element kann Licht mit genau derselben Wellenlänge absorbieren, mit der es Licht emittieren kann.

Die schwarzen Absorptionslinien eines Stoffes im kontinuierlichen Spektrum des weißen Lichtes werden **Absorptionsspektrum** genannt (▸Abb. 6). Auch die dunklen Linien, die FRAUNHOFER im Sonnenspektrum fand, bilden ein solches Absorptionsspektrum.

1 Erklären Sie die unterschiedlichen Farben im Bild des Orionnebels.

2 Ordnen Sie die rote Linie in Abb. 7 dem Spektrum eines Elementes zu.

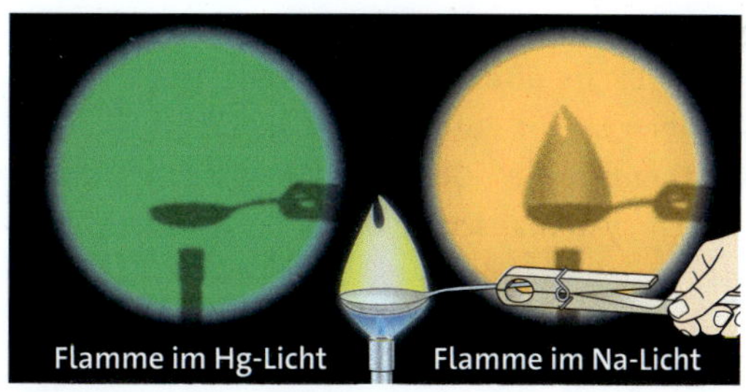

5 Schatten der Natrium-Flamme

6 **A** Emissions- und **B** Absorptionsspektrum von Hg

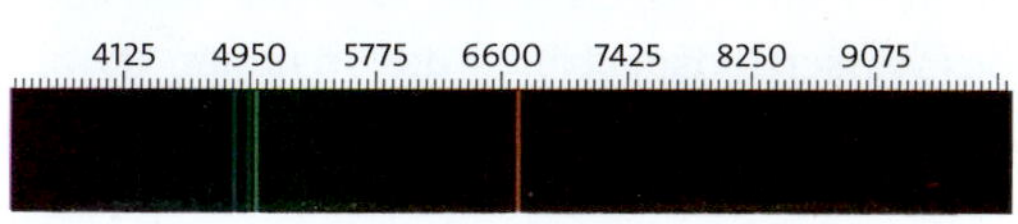

7 Spektrallinien aus dem Orionnebel (in 10^{-1} nm)

3 Projektion von Linienspektren

4 **A** Kontinuierliches Spektrum; Linienspektrum von **B** Quecksilber, **C** Wasserstoff, **D** Natriumdampf

Übergang $n_2 \rightarrow n_1$	$3 \rightarrow 2$	$4 \rightarrow 2$	$5 \rightarrow 2$	$6 \rightarrow 2$	$7 \rightarrow 2$	$8 \rightarrow 2$	$9 \rightarrow 2$	$\infty \rightarrow 2$
Name der Linie	Hα	Hβ	Hγ	Hδ	Hε	Hζ	Hη	
λ gemessen in nm	656,279	486,132	434,047	410,174	397,008	388,805	383,539	
λ berechnet in nm	656,278	486,132	434,045	410,174	397,007	388,806	383,540	(364,56)
Farbe	rot	blau-grün	violett	violett	violett	violett	UV	UV
Sichtbarkeit	sichtbar						nicht sichtbar	

1 Mit bloßem Auge sichtbare und teilweise sichtbare Linien des Wasserstoffs der Balmer-Serie

Wellenlängen von Spektrallinien • Geht man von der Vermutung aus, dass die Spektrallinien für jedes Element charakteristisch sind, müssen sie mit dem Bau der Atome zusammenhängen. Bis Ende des 19. Jh. hatte man mithilfe der Spektralanalyse etliche neue Elemente entdeckt und begann nun, nach Erklärungen zu suchen.

Balmer-Formel • Für das Emissionsspektrum des einfachsten chemischen Elementes, des Wasserstoffs, sah der Schweizer JOHANN JAKOB BALMER im direkt sichtbaren Bereich zunächst nur vier Linien. Für diese versuchte er 1885, eine mathematische Gesetzmäßigkeit zu finden. Durch systematisches Probieren gelangte er zu der nach ihm benannten empirischen Formel:

$$\lambda = G \cdot \frac{n^2}{n^2 - 2^2}.$$

$G = 3{,}6456 \cdot 10^{-7}\,\text{m} = 364{,}57\,\text{nm}$ ist eine empirische Konstante in der Größenordnung einer Wellenlänge im UV-Bereich (unter 400 nm). Für n sind die natürlichen Zahlen ab 3 einzusetzen. Für die Werte 3, 4, 5 und 6 erhält man eine recht gute Übereinstimmung zwischen berechneten Wellenlängen und den im Experiment beobachteten Spektrallinien des Wasserstoffs (▸Abb. 1).

Für $n = 7$ und 8 ergeben sich zwei Wellenlängen des Wasserstoffspektrums, die im nahen UV-Bereich liegen, also nicht für jedermann sichtbar sind. Diese wurden von BALMER zunächst nicht beschrieben, wenig später entdeckte man sie aber, indem man einen fluoreszierenden Schirm als Projektionsfläche benutzte. Die Spektrallinien, die zu $n > 2$ gehören, fasst man zur Balmer-Serie zusammen (▸Tabelle 1).

BOHR konnte im Rahmen seines Atommodells die Rydberg-Konstante theoretisch ableiten:
$$R_\infty = \frac{m_e \cdot e^4}{8 \cdot \varepsilon_0^2 \cdot h^3 \cdot c} = 1{,}096778 \cdot 10^7\,\text{m}^{-1}$$
Der theoretisch hergeleitete Wert R_∞ stimmt also recht gut mit dem empirisch bestimmten R überein.

RYDBERGs Erweiterung • Durch bessere Beobachtungsmethoden fand man im IR- sowie im UV-Bereich des Spektrums zahlreiche Linien, die sich mit der Balmer-Formel nicht berechnen ließen. Der Schwede JOHANNES RYDBERG verallgemeinerte die Formel, indem er für den festen Zahlenwert 2 die Variable n_1 setzte und für $\frac{4}{G} = R$ schrieb. Damit ließen sich sämtliche Wellenlängen des Wasserstoffspektrums berechnen:

$$\frac{1}{\lambda} = R \cdot \frac{1}{n_1^2} - \frac{1}{n_2^2}.$$

Dabei sind n_1 und n_2 natürliche Zahlen größer null mit $n_2 > n_1$ und $R = 1{,}096778 \cdot 10^7\,\text{m}^{-1}$ die so genannte Rydberg-Konstante. Die Formel schließt für $n_1 = 2$ die Balmer-Formel mit ein.
Mit der Beziehung $\frac{c}{\lambda} = f$ ergibt sich zudem eine Gleichung für die zugehörigen Lichtfrequenzen:

$$f = R \cdot c \cdot \left(\frac{1}{n_1^2} - \frac{1}{n_2^2}\right) = R_H \cdot \left(\frac{1}{n_1^2} - \frac{1}{n_2^2}\right),$$

wobei $R_H = R \cdot c = 3{,}28984 \cdot 10^{15}\,\text{Hz}$ als **Rydberg-Frequenz** bezeichnet wird.

Damit hatte man eine Möglichkeit, alle erdenklichen Linien des Wasserstoffspektrums zu errechnen, kannte jedoch das physikalische Prinzip ihrer Entstehung nicht.

Mit der Rydberg-Formel:

$$f = R_H \cdot \left(\frac{1}{n_1^2} - \frac{1}{n_2^2}\right)$$

lassen sich die Frequenzen und Wellenlängen der grundlegenden Emissionslinien des Wasserstoff-Atoms berechnen.

Nachfolgend entdeckten die Physiker THEODORE LYMAN, FRIEDRICH PASCHEN, FREDERICK SUMNER BRACKETT und AUGUST HERMAN PFUND viele bis dahin unentdeckte Linien durch Variation des Versuchs für unterschiedliche n_1 (▸Abb. 3).

Energieniveaus • Wegen des Zusammenhangs $\Delta E = h \cdot f$ lässt sich die zu einer Spektrallinie gehörende Energie berechnen. Bei der Aussendung von Photonen gibt ein Atom also Energie in ganz bestimmten Beträgen ab, die sich aus den Spektrallinien berechnen lassen. Diese sind von Element zu Element unterschiedlich, bei den Atomen eines Elements aber immer gleich. In den Atomen muss es daher einen für jedes Atom spezifischen Mechanismus geben, der die Energieabgabe und -aufnahme in ganz diskreten Beträgen ermöglicht. Auf Grundlage der Energieerhaltung gibt es im Atom offenbar ganz bestimmte Energiestufen, die AAGE NIELS BOHR 1913 als Erster formulierte und die man **Energieniveaus** nennt (▸Abb. 4). Wenn z. B. durch die rote Linie im Wasserstoffspektrum ein Energiebetrag ΔE abgegeben wird, wechselt das Atom von einem Energieniveau E_3 zu einem niedrigeren Energieniveau E_2. Nach dem Energieerhaltungssatz entspricht die abgegebene Energie der Energiedifferenz zwischen diesen beiden Niveaus:

$$\Delta E = E_3 - E_2 = h \cdot f = 3{,}0289 \cdot 10^{-19}\,\text{J} = 1{,}890\,\text{eV}.$$

Gegen Ende des 19. Jh. wusste man über den Aufbau von Atomen wenig. Aber inzwischen war auch die Elektrizität zum Forschungsgegenstand geworden. Daher vermutete man, dass es im Innern der Atome positive und negative elektrische Ladungen geben musste. Diese mussten auch für die physikalischen und chemischen Eigenschaften der Elemente verantwortlich sein, also auch für die Energieaufnahme bzw. -abgabe.

Serie	n_1	n_2	Formel: $f =$	Spektralbereich/Farbe
Lyman	1	2, 3, 4 ...	$R_H\left(1 - \frac{1}{n_2^2}\right)$	Vakuum-UV 121 nm – 91 nm
Balmer	2	3, 4, 5 ...	$R_H\left(\frac{1}{2^2} - \frac{1}{n_2^2}\right)$	rot, blaugrün, violett, UV 365 nm – 656 nm
Paschen	3	4, 5, 6 ...	$R_H\left(\frac{1}{3^2} - \frac{1}{n_2^2}\right)$	IR-A 1875 nm – 820 nm
Brackett	4	5, 6, 7 ...	$R_H\left(\frac{1}{4^2} - \frac{1}{n_2^2}\right)$	IR-B 4050 nm – 1460 nm

3 Spektralserien des Wasserstoffs

Es lag daher nahe, darin auch die Ursache für die unterschiedlichen Spektren und Energieniveaus zu suchen. Man entdeckte im Folgenden, dass UV-Licht Atome nicht nur zum Leuchten bringen, sondern sie auch ionisieren kann. Licht kann also auch Elektronen aus dem Atom entfernen. Vermutlich sind die Elektronen daher auch für die Absorption sowie für die Emission von Licht durch Atome verantwortlich.

Dank ERNEST RUTHERFORDs Streuexperiment wusste man Anfang des 20. Jh., dass die Elektronen im Atom elektrisch an den positiven Kern gebunden sind. BOHR gelang es als Erstem, anhand elektrischer und mechanischer Größen die Energieniveaus für Wasserstoff exakt zu berechnen. Der Vorgang der Energieumwandlung bei der Aussendung von Licht bzw. bei dessen Absorption blieb bis zur Einführung der Quantenmechanik jedoch ungeklärt.

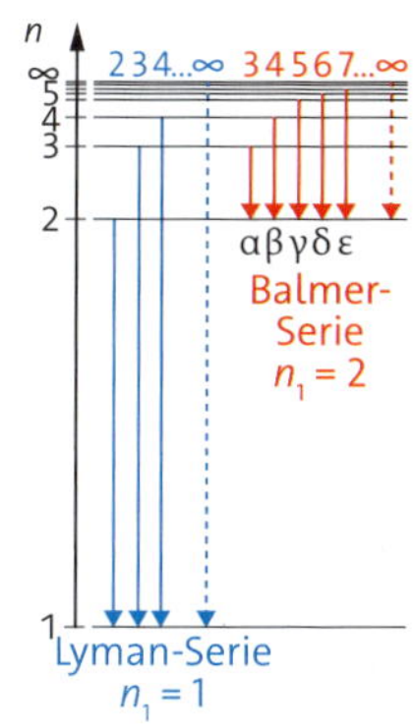

4 Energieniveaus des Wasserstoffs

1 Betrachten Sie mit einem Taschenspektroskop die Spektren von Sonnenlicht sowie einer Hg-, einer Wasserstoff- und einer Na-Lampe. Notieren Sie die Unterschiede.

2 Berechnen Sie die Wellenlängen der ersten vier Balmer-Linien im UV-Bereich.

3 Für $n_2 \rightarrow \infty$ werden die Frequenzabstände der Linien im Spektrum immer kleiner. Bezogen auf ein festes n_1 streben die Frequenzen der zugehörigen Spektrallinien daher gegen einen Grenzwert. Berechnen Sie diese Grenzfrequenz und die Grenzwellenlänge.

4 Erläutern Sie die Schritte zur Erweiterung der Balmer-Formel zur Rydberg-Formel.

Achtung: Richten Sie das Spektroskop nicht direkt auf die Sonne – Gefahr von Augenschäden! Richten Sie das Spektroskop auf Wolken oder andere von der Sonne beschienene Flächen. Blicken Sie nicht direkt in die Lichtquelle der Hg-Lampe!

BLICKPUNKT

Geschichte der Atommodelle

Vor 2400 Jahren entwickelte der Philosoph DEMOKRIT die Vorstellung, die Welt sei aus kleinen Teilchen aufgebaut. Er ging davon aus, dass diese Teilchen unteilbar sind und nannte sie Atome, von *atomos* (griech.): unteilbar. Im antiken Atommodell sind diese Atome durch Haken verbunden und je nach den Eigenschaften des jeweiligen Stoffes geformt. Atome harter, rauer Materialien sollten nach der damaligen Vorstellung z. B. hart und kantig sein. Diese Vorstellung galt bis in die Neuzeit nach 1500, unterstützt nicht zuletzt durch die Kirche, die Forschung am Aufbau der Natur als Zweifel an der Schöpfung verstand. Nach der Reformation wurde man in Teilen Europas aufgeschlossener.

Aufgrund der Fortschritte in der Chemie entwickelte JOHN DALTON im Jahr 1803 ein Modell von unteilbaren Teilchen, die je nach Zugehörigkeit zu einem chemischen Element eine bestimmte Masse tragen. Die Erkenntnis, dass in elektrisch neutraler Materie negativ geladene Elektronen vorhanden sind, führte 1903 JOSEPH JOHN THOMSON zu der Annahme, dass die Atome gleichmäßig positiv geladen sind und sich die Elektronen darin verteilen wie Rosinen in einem Kuchen.

Nachdem 1896 von ANTOINE HENRI BECQUEREL die Radioaktivität entdeckt worden war, standen ERNEST RUTHERFORD hochenergetische positive Teilchen zur Verfügung, die er zum Experimentieren nutzte. Durch den berühmten, nach ihm benannten Versuch wollte er das Rosinenkuchenmodell überprüfen. Er entdeckte jedoch eine ganz andere Verteilung der Ladungen im Atom und entwickelte daraus 1911 das Kern-Hülle-Modell, nachdem er festgestellt hatte, dass Atomkerne des Heliums (α-Teilchen) durch eine Goldfolie hindurch fliegen können. Zwei Jahre später entwickelte NIELS BOHR diese Vorstellung weiter: In seinem Modell kreisen die Elektronen auf Bahnen um den Atomkern. Diese Vorstellung führte aber zu Widersprüchen zu der als bewiesen geltenden klassischen Physik.

ERWIN SCHRÖDINGER lieferte 1928 den mathematisch-physikalischen Ansatz, aus dem sich die Quantenmechanik ergab. Demnach kreisen Elektronen nicht auf eindeutigen Bahnen. Stattdessen haben sie nur Antreffwahrscheinlichkeiten in bestimmten Bereichen um den Atomkern. Mit der Quantenmechanik lassen sich alle Atomhüllen sowie ihre Verbindungen untereinander grundlegend berechnen (Orbitalmodell).

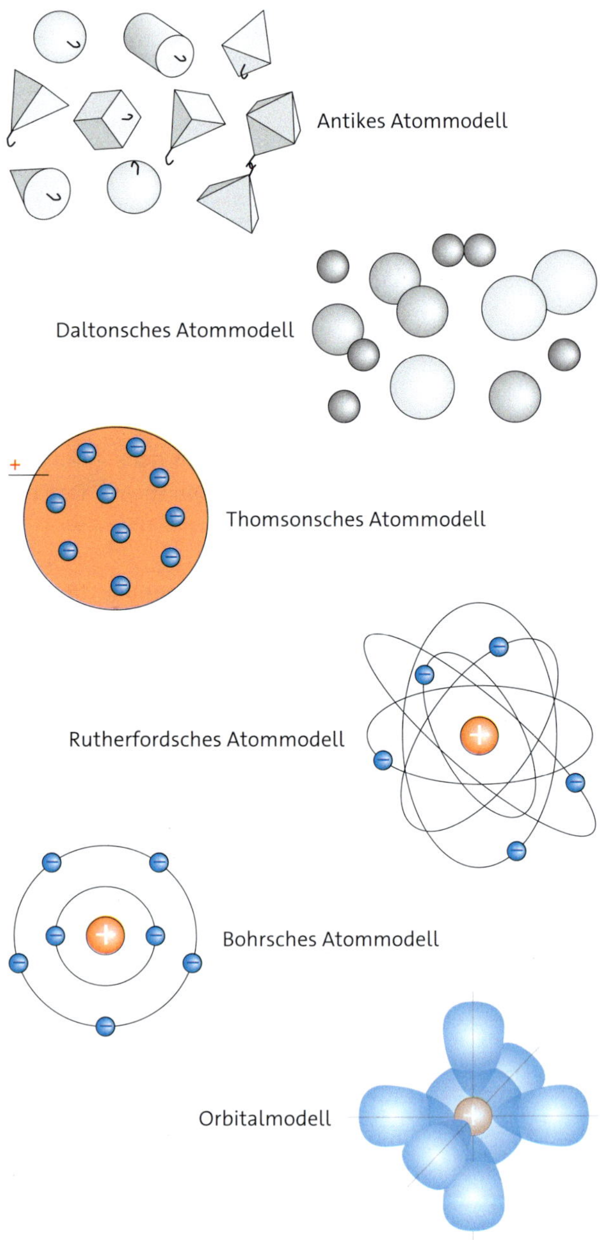

1 Atommodelle

Versuch A • Spektraluntersuchungen

V1 Emissionsspektren

Material:
Verschiedene anorganische Salze wie NaCl, KCl, $CuSO_4$, Brenner, je ein Magnesia-Stäbchen

Arbeitsauftrag:
a) Halten Sie auf je einem Magnesia-Stäbchen die verschiedenen Salze nacheinander in die nicht leuchtende Brennerflamme und beobachten Sie die Flammenfärbung.
b) Notieren Sie für jedes Salz die Farbe des abgegebenen Lichtes und beurteilen Sie die Objektivität dieser Methode.
c) Arbeiten Sie zu zweit. Betrachten Sie die gefärbten Flammen auch mit einem Taschenspektroskop und kommentieren Sie die Beobachtung.

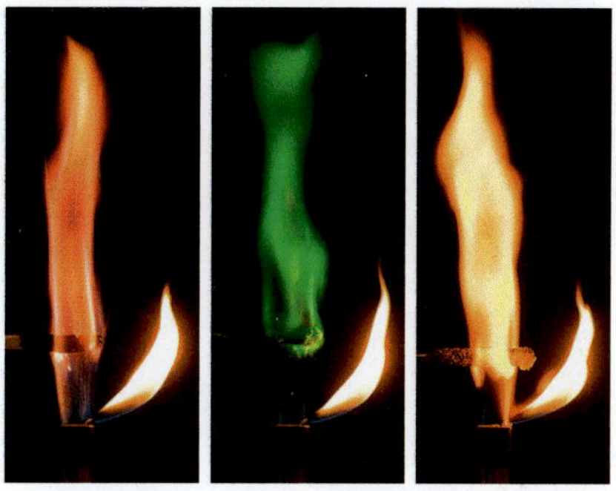

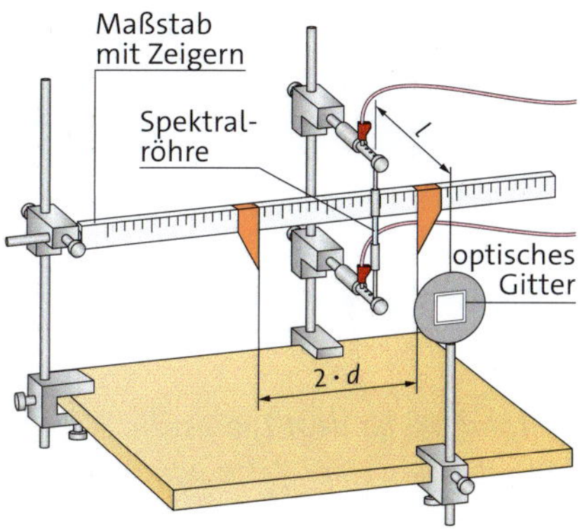

V2 Emissionsspektren quantitativ

Material:
Lineal, verschiedene Spektralröhren (Geißlersche Röhren), Stativmaterial, optisches Strichgitter mit 570 Strichen/mm
Achtung: Verwenden Sie zum Betrieb der Geißlerschen Röhren ein Gleichspannungsgerät mit höchtens 5 kV. Achten Sie auf einen berührungssicheren Aufbau mit geeigneten Anschlusskabeln.

Arbeitsauftrag:
a) Informieren Sie sich über die subjektive Methode zur Bestimmung der Wellenlänge von Spektrallinien.
b) Bauen Sie die Versuchsanordnung auf, wie in der Abbildung gezeigt, und blicken Sie durch das Gitter. Schieben Sie die Markierungen links und rechts der Mitte auf die jeweils gleichfarbige Emissionslinie und notieren Sie deren Abstand.
c) Bestimmen Sie die Wellenlängen einiger der sichtbaren Linien der verschiedenen Spektrallampen.

Material A • Spektrallinien

A1 Die Spektralanalyse liefert Informationen zu den Eigenschaften von Sternen.
a) Begründen Sie, dass die durch einen Pfeil gekennzeichnete Stelle des Spektrums in der linken Abbildung durch einen Vorgang in Wasserstoff-Atomen entstehen kann.
b) Erklären Sie, welchen Vorteil die Benutzung des Hubble-Teleskops gegenüber Teleskopen auf der Erde hat, auch wenn diese viel größer sind.

A2 Die rechte Abbildung zeigt ein stark vereinfachtes Energieniveauschema für Natrium. Bestimmen Sie, welche Wellenlänge aus dem Licht des sichtbaren Spektrums in der Lage ist, Natrium-Atome anzuregen.

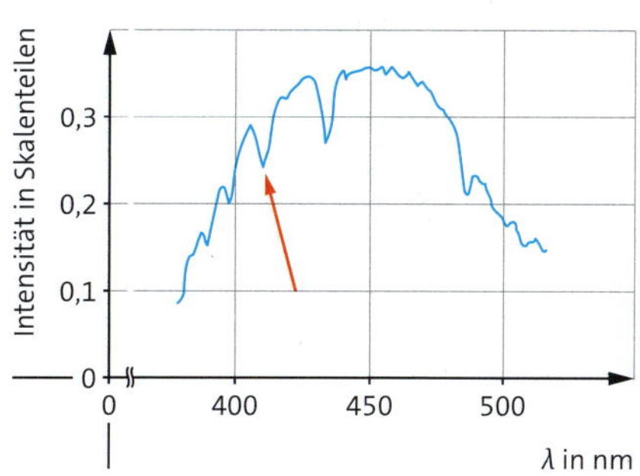

A3 Stellen Sie einen Zusammenhang her zwischen dem Spektrum in der linken Abbildung und dem Ergebnis zu Aufgabe A2.

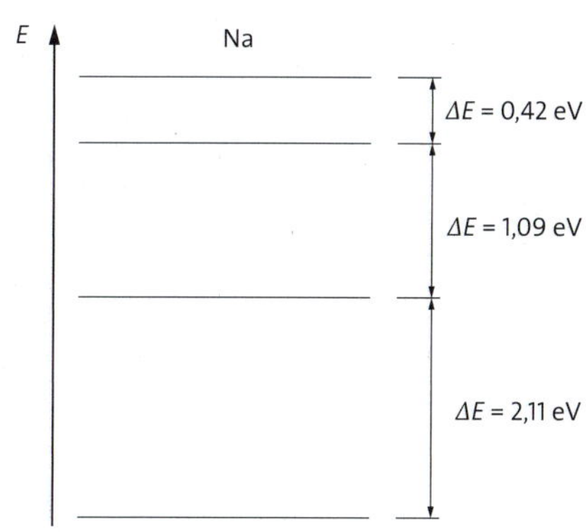

1 Roter Farbstoff in Tomaten

Elektronen im Potenzialtopf

Die Tomaten verdanken ihre Farbe dem Lycopen, einem linearen Molekül, das aus einer Kette von Kohlenstoff-Atomen mit alternierenden Doppelbindungen besteht. Wie ist es diesen Elektronen möglich, ganz bestimmte Wellenlängen des Lichtes zu absorbieren?

Wellenfunktion von Elektronen im Atom • Wir erinnern uns, dass Elektronen Quantenobjekte sind und sie daher den Gesetzen der Quantenphysik unterliegen. So können wir den Elektronen Welleneigenschaften zuordnen und sie mit einer **Wellenfunktion** Ψ beschreiben.

Wie müssen wir uns nun das Verhalten von Elektronen im Atom vorstellen? Wegen der anziehenden elektrischen Wechselwirkung zwischen ihnen und dem positiven Atomkern sind die Elektronen keine freien Objekte. Vielmehr ist der Bereich, in dem sie sich aufhalten können, auf das Atom bzw. das Molekül beschränkt, sie sind also „eingesperrt“. In dieser Situation verhalten sie sich wegen ihrer Welleneigenschaften wie die Saiten von Musikinstrumenten, die an zwei Seiten links und rechts festgeklemmt sind. Sie bilden stehende Wellen aus (▸Abb. 4 A).

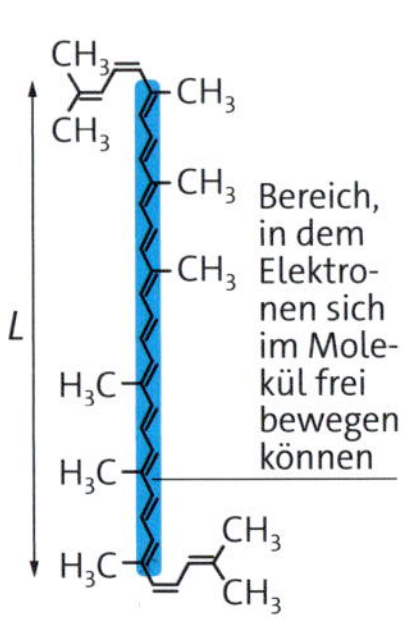

2 Lycopen-Molekül

Das Quadrat des Betrages der Wellenfunktion $|\Psi|^2$ (▸Abb. 4 B) beschreibt die **Antreffwahrscheinlichkeit** der Elektronen im Bereich des Atoms bzw. Moleküls.

Der Atomkern mit seiner positiven Ladung verursacht ein **Coulomb-Potenzial.** Wir können den Verlauf dieses Coulomb-Potenzials idealisieren, indem wir annehmen, dass die Elektronen sich zunächst gar nicht außerhalb des Atoms aufhalten können. Dann sind die Ränder des Atoms unüberwindbar, d.h., die potenzielle Energie wird unendlich groß. Wir können den Potenzialverlauf als kastenförmig annehmen (▸Abb. 3), wobei der Kasten unendlich hohe Wände hat.

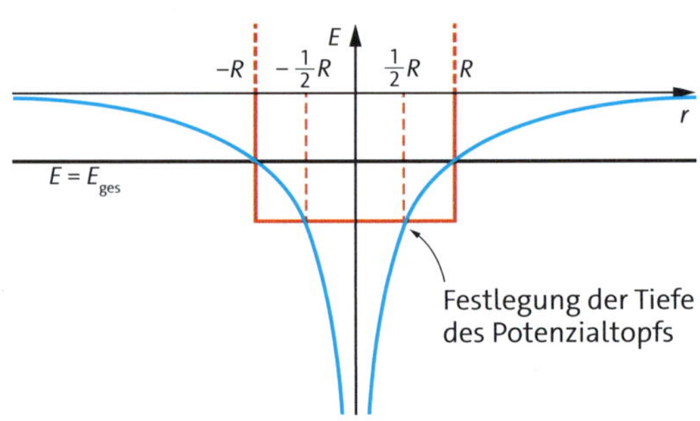

3 Coulomb-Potenzial und Kastenpotenzial

Wellenfunktion im Potenzialtopf • Ein einfaches Modell für solche Quantenobjekte ist daher der **eindimensionale lineare Potenzialtopf** (LPT). Darin können sich die Quantenobjekte nur entlang einer Richtung x im Bereich $0 < x < L$ aufhalten, wobei L die Breite des Potenzialtopfes ist (▸Abb. 4). Alle anderen Richtungen sind nicht möglich. Die Vereinfachung zu einem Kastenpotenzial (rot in ▸Abb. 3) führt zu übersichtlichen Rechnungen, da sich das Elektron ja innerhalb des Atoms, also im Bereich $-R < x < R$, aufhalten soll, wobei $2R = L$ ist.
Die orts- und zeitabhängige Wellenfunktion oder Zustandsfunktion $\Psi(x, t)$ des Elektrons im Atom hat nach LOUIS DE BROGLIE die Wellenlänge:

$$\lambda = \frac{h}{p}.$$

Wie bei der Klaviersaite sind stehende Wellen nur möglich, wenn die Breite des Potenzialtopfes ein ganzzahliges Vielfaches der halben Wellenlänge beträgt. Es gilt:

$$L = n \cdot \frac{\lambda_n}{2} \Rightarrow \lambda_n = \frac{2 \cdot L}{n}, \text{ mit } n = 1, 2, 3 \ldots$$

Innerhalb des Potenzialtopfs sind die Wellenfunktionen Ψ sinusförmig (▸Abb. 4 A). Die Wahrscheinlichkeitsdichten $|\Psi|^2$ ergeben sich daraus durch Bilden des Betrages und Quadrieren (▸Abb. 4 B).

Energiewerte im LPT • Um nun zu erklären, wie das Atom bzw. seine Hülle ganz bestimmte Energiebeträge aufnehmen und wieder abgeben kann, müssen wir die Energiezustände des Elektrons in der Hülle berechnen. Wir tun dies für das Modell des linearen Potenzialtopfes.
Wegen der unendlich hohen Wände ist E_{pot} außerhalb des Topfes unendlich. Wir nehmen an, dass die potenzielle Energie des Elektrons entlang der Strecke L gleich null ist. Das Elektron hat also nur **kinetische Energie:**

$$E = E_{kin} = \frac{1}{2} m \cdot v^2.$$

Mit dem Impuls $p = m \cdot v$ bzw. $p^2 = m^2 \cdot v^2$ ergibt sich für die Energie der folgende Ausdruck:

$$E = \frac{p^2}{2m}.$$

Setzt man $\lambda_n = \frac{2L}{n}$ gleich der De-Broglie-Wellenlänge $\lambda = \frac{h}{p}$ bzw. $\lambda_n = \frac{h}{p_n}$, so erhält man:

$$2\frac{L}{n} = \frac{h}{p_n} \Rightarrow p_n = \frac{n \cdot h}{2L}.$$

Eingesetzt in die Gleichung für die Energie liefert dies einen Ausdruck für die gesuchte Energie im Potenzialtopf:

$$E_n = \frac{h^2}{8 \cdot m \cdot L^2} \cdot n^2, \text{ mit } n = 1, 2, 3 \ldots$$

m entspricht hier der Elektronenmasse m_e.

> Für ein Elektron im Potenzialtopf mit unendlich hohen Wänden sind also nur bestimmte Energiewerte möglich – die Energie ist **quantisiert.**

Dieser Ausdruck zeigt ferner, dass die Energie des Elektrons auch im einfachsten Fall für $n = 1$ nicht null sein kann. Diese sogenannte **Lokalisationsenergie** ist eine Folge des Einsperrens der Elektronen in den Potenzialtopf. Daraus ergibt sich, dass Elektronen im Atom nie ruhen.

1 Berechnen Sie die Lokalisationsenergie E_n für ein Elektron im Grundzustand in einem Potenzialtopf der Länge $L = 1{,}0 \cdot 10^{-10}$ m.

2 Überprüfen Sie durch Nachrechnen, ob ein Energieübergang von $\Delta E = E_{14} - E_{12}$ im oben genannten Beispiel des Farbstoffmoleküls sichtbares Licht absorbieren kann.

Das Plancksche Wirkungsquantum h hat den Wert: $h \approx 6{,}626 \cdot 10^{-34}$ Js

Die Antreffwahrscheinlichkeit oder Nachweiswahrscheinlichkeit ist das Integral der Wahrscheinlichkeitsdichte, also die Fläche unter der Funktion $|\Psi|^2$: Man nennt die Antreffwahrscheinlichkeit auch Aufenthaltswahrscheinlichkeit.

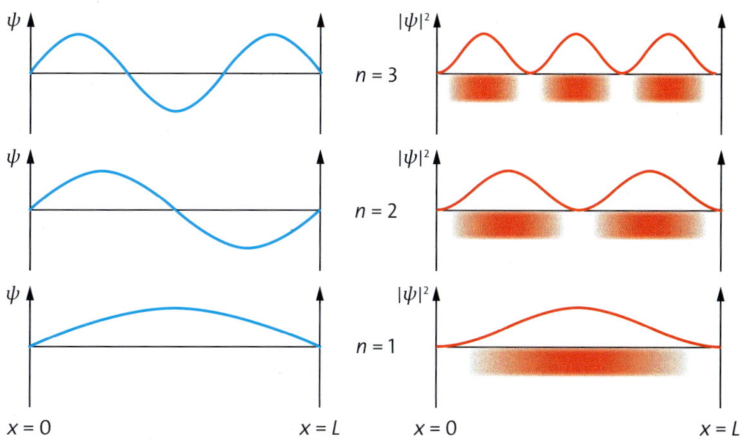

4 **A** Wellenfunktionen, **B** Wahrscheinlichkeitsdichten

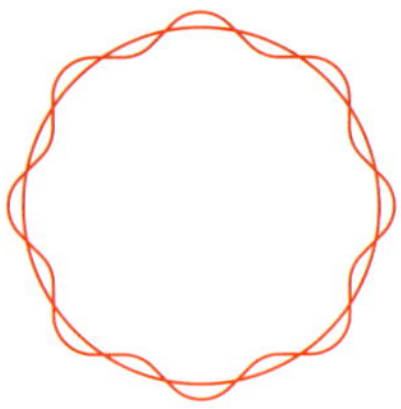

1 Stehende Welle auf einem Umfang

Jedes Atom bzw. Molekül stellt für die darin enthaltenen Elektronen einen Potenzialtopf dar, in dem diese nur ganz diskrete, für das jeweilige Atom charakteristische Energiewerte annehmen können.

Lyocopen im Potenzialtopfmodell • Bereits mit diesem einfachen Modell lassen sich Eigenschaften bestimmter linearer Moleküle quantitativ beschreiben. Die Wellenfunktionen der Elektronen gehören für verschiedene n zu verschiedenen Energiestufen, die die Elektronen im Atom bzw. Molekül annehmen können. Wie führt dies dazu, dass Lyocopen ein roter Farbstoff ist?

Moleküle von Farbstoffen enthalten häufig Ketten von Kohlenstoff-Atomen mit einem delokalisierten Elektronensystem – beim Lycopen ist dies zwischen dem 5. und 27. C-Atom eine Kette aus 22 C-Atomen. In solchen Molekülen überlagern sich die Potenziale der einzelnen C-Atome zu einem einzigen breiten Potenzialtopf, der beim Lyocopen die Länge $L = 3{,}4\,\text{nm}$ hat (▸Abb. 2).
Darin ist von jedem C-Atom jeweils ein Elektron delokalisiert, d.h. keinem festen Bindungspartner zugeordnet, und es kann sich nahezu frei bewegen. Diese 22 so genannten Valenzelektronen besetzen gemäß dem Pauli-Prinzip im Grundzustand die ersten 11 Energiestufen. Führt man Energie zu, z.B. durch Lichteinwirkung, kann ein Elektron seinen Energiezustand ändern. Dabei kann es aber nur die höheren – bislang unbesetzten – Energiezustände, die zu $n = 12, 13, 14$ ... gehören, annehmen.
Absorbiert ein Elektron des oben genannten Farbstoffmoleküls z.B. Lichtenergie, die den Übergang von $n = 11$ zu $n = 14$ ermöglicht, absorbiert es die Energie $\Delta E = E_{14} - E_{11}$.

WOLFGANG PAULI formulierte 1925 ein Grundprinzip der Quantenmechanik, das z.B. beim Aufbau von Atomhüllen in Erscheinung tritt. Danach können höchstens zwei Elektronen dieselbe Energiestufe besetzen, müssen sich aber in einer Eigenschaft, dem Spin, unterscheiden.

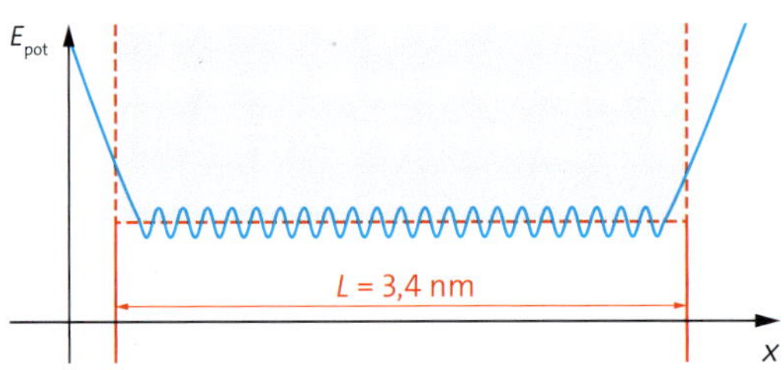

2 Potenzialtopf einer Molekülkette aus 22 C-Atomen

Verwendet man die oben hergeleitete Formel für E_n, ergibt dies einen Energiebetrag von $\Delta E = 3{,}9122 \cdot 10^{-19}\,\text{J}$.
Mit der Frequenzbedingung $\Delta E = h \cdot f$ ergibt sich eine Lichtwellenlänge von $\lambda = 508\,\text{nm}$, was blaugrünem Licht entspricht. Das Farbstoffmolekül absorbiert also blaugrünes Licht und erscheint damit in der Komplementärfarbe Rot.

Das Wasserstoff-Atom • Berechnen wir mit diesem einfachen Modell des Potenzialtopfes die Emissions- und Absorptionslinien des Wasserstoff-Atoms, so führt das zu anderen Ergebnissen als die Berechnung mit der Balmer-Formel. Dies liegt an der starken Vereinfachung des Potenzialtopf-Modells:
Beispielsweise müssten Wahrscheinlichkeitsdichtefunktionen verwendet werden, die sich auf drei Dimensionen beziehen ($\Psi_n(x, y, z)$). Außerdem weiß man aus Experimenten zu den Gasgesetzen, dass das Wasserstoff-Atom und seine Elektronenhülle nicht quaderförmig, sondern kugelförmig sind (▸Abb. 1).

Um nun zu den richtigen Ergebnissen zu kommen, müssen wir das Modell erweitern: Der lineare Potenzialtopf wird durch das Coulomb-Potenzial ersetzt, da im Atom die potenzielle Energie natürlich nicht null sein kann.
Die potenzielle Energie erhalten wir durch Gleichsetzen der Coulomb-Kraft F_C zwischen Atomkern und Elektron und der Zentripetalkraft F_Z des Elektrons (dabei nehmen wir für das Elektron eine Kreisbahn an):

$$F_C = \frac{e^2}{4\pi\varepsilon_0 \cdot r^2} = \frac{m_e v^2}{r} = F_Z.$$

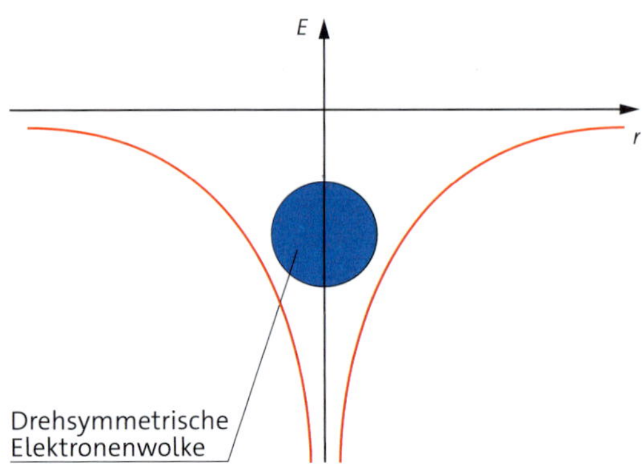

3 Potenzielle Energie im Feld des Atomkerns

Multiplizieren wir die Coulomb-Kraft mit r, erhalten wir die potenzielle Energie des Elektrons im elektrischen Feld des Atomkerns (▸Abb. 3):

$$E_{pot} = \frac{e^2}{4\pi\varepsilon_0 \cdot r} = m_e v^2.$$

Auf der rechten Seite der Gleichung steht nun ein Ausdruck, der dem Doppelten der kinetischen Energie $E_{kin} = \frac{1}{2} m v^2$ entspricht.
Es gilt daher: $E_{pot} = -2 \cdot E_{kin}$.
Die Gesamtenergie $E = E_{pot} + E_{kin}$ wird damit zu:

$$E = -2 \cdot E_{kin} + E_{kin} = -E_{kin}.$$

Für eine Kreisbahn des Elektrons wird aus der Länge L ein Kreisumfang, auf dem ein ganzzahliges Vielfaches der Wellenlänge Platz finden muss, damit eine stehende Welle entsteht (▸Abb. 1):

$$2\pi \cdot r = n \cdot \lambda = n \cdot \frac{h}{p} = n \cdot \frac{h}{m \cdot v}$$

$$\Rightarrow r = \frac{n \cdot h}{2\pi \cdot m \cdot v}.$$

Anderenfalls würden sich die Wellenfunktionen an den „Begegnungsstellen" auslöschen.

Wir setzen den Ausdruck für r in die Gleichung für E_{pot} ein und lösen nach der Geschwindigkeit auf:

$$\frac{e^2}{2\varepsilon_0} \cdot \frac{m_e \cdot v_n}{n \cdot h} = m_e \cdot v^2$$

$$\Rightarrow v = \frac{e^2}{2\varepsilon_0 n h}.$$

Damit ergibt sich für die Gesamtenergie im Wasserstoff-Atom:

$$E_n = -\frac{1}{2} m \cdot v_n^2 = -\frac{e^4 \cdot m_e}{8\varepsilon_0^2 \cdot h^2} \cdot \frac{1}{n^2}$$

$$= -2{,}18 \cdot 10^{-18}\,\text{J} \cdot \frac{1}{n^2}.$$

Bis auf n, welches die möglichen Energiestufen in der Elektronenhülle angibt, besteht der Ausdruck nur aus Konstanten. Ziehen wir nun die Frequenzbedingung $E = h \cdot f = h \cdot \frac{c}{\lambda}$ hinzu und setzen dies für E_n ein, erhalten wir die **Rydberg-Konstante R_∞**.

Zudem ergibt sich für $n = 1$ die niedrigste Energiestufe im Wasserstoff-Atom, die sogenannte Grundzustandsenergie.
Sie entspricht genau der **Ionisierungsenergie,** jener Energie also, die nötig ist, um das Elektron aus der Elektronenhülle des Wasserstoff-Atoms zu entfernen. Dieser Wert wurde für Wasserstoff in guter Übereinstimmung auch gemessen. Umgekehrt ist es außerdem diejenige Energie, die frei wird, wenn ein Elektron sich von außen kommend in das Coulomb-Feld eines Wasserstoff-Kerns begibt und sofort bis in den Grundzustand „fällt". Dazu passt auch das negative Vorzeichen der Energie.

Energieniveauschema von Wasserstoff • Die beobachteten Phänomene der Aufnahme und Abgabe von Energie durch die Atomhülle lassen sich am besten mit Hilfe von Energieniveaus beschreiben, die eine vereinfachte, aber oft maßstabsgerechte Darstellung der Energiestufen im Atom erlauben (▸Abb. 4). Die Energiestufen E_1, E_2, E_3 usw. werden durch die natürlichen Zahlen $n = 1$, $n = 2$, $n = 3$ usw. charakterisiert. Die Energiewerte in ▸Abb. 4 ergeben sich aus der oben hergeleiteten Formel durch Einsetzen der natürlichen Zahlen für n und Umrechnung in eV, wobei gilt:

$$1\,\text{eV} = 1{,}602 \cdot 10^{-19}\,\text{J}.$$

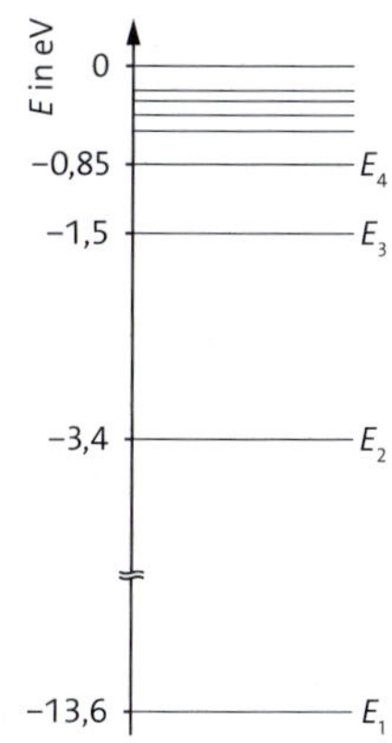

4 Energieniveauschema des Wasserstoff-Atoms

Mit dieser einfachen Darstellung können wir die Wellenlängen von Spektrallinien berechnen. Springt ein Elektron bspw. von E_4 zurück auf E_2 (▸Abb. 4), wird ein Energiebetrag von $\Delta E = 2{,}55\,\text{eV}$ frei. Mit der Frequenzbedingung $E = h \cdot f$ und $f = \frac{c}{\lambda}$ ergibt sich eine Wellenlänge von $\lambda = 486{,}13\,\text{nm}$. Dies entspricht der sichtbaren blaugrünen Linie der Balmer-Serie.

1 Vollziehen Sie den letzten Schritt der Umformung zu E_n nach und überprüfen Sie durch Nachrechnen den Wert für die Energie im Grundzustand des Wasserstoff-Atoms. Vergleichen Sie mit dem Wert der empirischen Rydberg-Konstanten R.

2 Überprüfen Sie durch Nachrechnen, welche Elektronenübergänge in dem in ▸Abb. 4 angegeben Energiebereich Wellenlängen im ultravioletten Spektrum ergeben.

BLICKPUNKT

Der Franck-Hertz-Versuch

Aufgrund der guten Erfolge in der energetischen Berechnung des Wasserstoff-Atoms und der Erklärung der Linienspektren postulierte der Däne NIELS BOHR 1913, dass Atome grundsätzlich so aufgebaut seien, dass die Elektronen in ihrer Hülle nur ganz bestimmte Energiebeträge aufnehmen und abgeben können. Zur gleichen Zeit untersuchten die Physiker JAMES FRANCK und GUSTAV HERTZ die Zusammenhänge zwischen der Energie, die zur Ionisation eines Atoms notwendig ist, und dem Radius des Atoms. Für den Versuch, der erstmals die Existenz diskreter Energieniveaus im Atom nachwies, erhielten sie 1925 den Nobelpreis für Physik.

Das Experiment • FRANCK und HERTZ verwendeten einen Strahl beschleunigter Elektronen, um die Energie zu messen, die benötigt wird, um Elektronen vom Grundzustand eines Gasatoms bis auf den ersten Anregungszustand zu heben. Sie benutzten dazu eine Elektronenröhre mit einer gitterförmigen Zwischenelektrode zwischen der Kathode und der Anode (▸Abb. 1).
Die Röhre ist mit dem zu untersuchenden Gas gefüllt (hier Quecksilber, die Gasförmigkeit ist angedeutet durch den Punkt neben dem Hg). Elektronen, die von einer Glühkathode abgegeben werden, werden zwischen Kathode und Gitter durch das dazwischen herrschende elektrische Feld beschleunigt. Die Beschleunigungsspannung U_B liegt zwischen 0 und 60 V. Zwischen dem Gitter und der Anode lässt sich durch Anlegen einer weiteren Spannung U_G ein zweites elektrisches Feld aufbauen. Dieses zweite Feld wird so gepolt, dass die Elektronen, die durch das Gitter treten, in ihm abgebremst werden, es also als Gegenfeld wirkt. (Da es mit Gitter, Kathode und Anode drei Elektroden gibt, spricht man von einer Triode.)

Elektronen, die trotz der Gegenspannung die Anode erreichen, haben daher mindestens die Energie: $E = e \cdot U_G$. Für $U_B > U_G$ sollten in einer Vakuumtriode alle Elektronen zur Anode gelangen und einen Strom I_A zwischen Gitter und Anode erzeugen. Für gasgefüllte Trioden ist dies jedoch nicht der Fall, wie wir im Folgenden für eine Füllung mit Quecksilbergas zeigen.

Die Beobachtung • Zunächst steigt wie erwartet die Stromstärke I_A mit wachsender Spannung U_B kontinuierlich an, um dann bei einer bestimmten Spannung plötzlich abzufallen. Erhöht man die Spannung weiter, treten weitere Minima auf, und zwar immer im Abstand von jeweils 4,9 V (▸Abb. 2). Die Elektronen verlieren also plötzlich eine Energie von $E = 4{,}9\,\text{eV} = 7{,}85 \cdot 10^{-19}\,\text{J}$.

Die Deutung • Diese Beobachtung ist nur erklärlich, wenn man annimmt, dass die Elektronen beim Zusammenstoß mit den Quecksilber-Atomen einen genau definierten Energiebetrag von 4,9 eV abgeben. Die Elektronenhülle von Quecksilber besteht aus 80 – ebenfalls negativ geladenen – Elektronen. Daher muss es beim Zusammentreffen mit der Elektronenhülle zu einem inelastischen Stoß gekommen sein, bei dem das Elektron diesen Energiebetrag an die Elektronenhülle des Hg-Atoms abgegeben hat.
Wenn die stoßenden Elektronen Energie abgeben, verringert sich ihre kinetische Energie, sodass sie durch das Gegenfeld hinter dem Gitter derart abgebremst werden, dass sie die Anode nicht mehr erreichen. Folglich nimmt die Stromstärke I_A plötzlich ab. Erhöht man die Beschleunigungsspannung U_B weiter, so erhalten die Stoßelektronen wieder mehr kinetische Energie und können das Gegenfeld erneut überwinden.

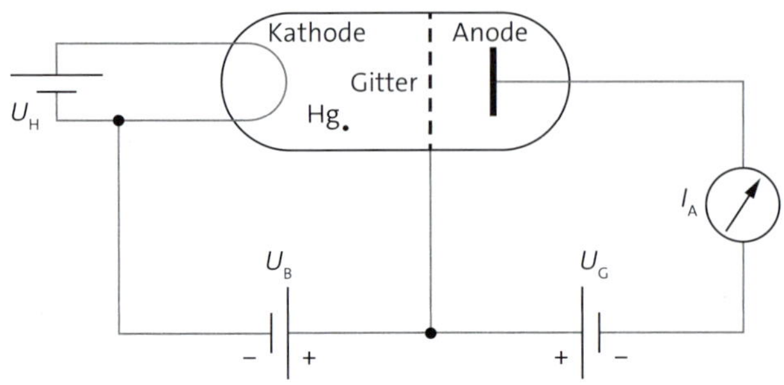

1 Schematischer Aufbau einer Franck-Hertz-Röhre

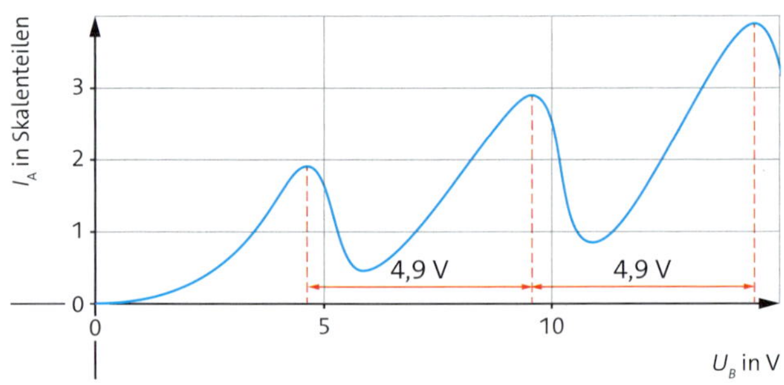

2 $I_A(U_B)$-Diagramm

Dabei können sie natürlich auch mit den Hg-Atomen zusammenstoßen. Solange $E < 4{,}9\,\text{eV}$ ist, sind die Stöße mit der Elektronenhülle der Quecksilber-Atome aber elastisch: Die Elektronen prallen ab, werden evtl. reflektiert oder abgelenkt (▸Abb. 3). Sie behalten jedoch ihre Energie, da diese nur vom zurückgelegten Weg im Beschleunigungsfeld zwischen Kathode und Anode abhängt. (Denn die Energie ist das Skalarprodukt von Kraft mal Wegstrecke.) Erst wenn die Energie wieder auf 4,9 eV angewachsen ist, können die Elektronen erneut mit den Hüllenelektronen des Quecksilbers wechselwirken und einen entsprechenden Energiebetrag abgeben. Die Stromstärke I_A sinkt erneut.

Energieabgabe • Wo aber bleibt nun der von den Hüllenelektronen aufgenommene Energiebetrag? Nach den Vorstellungen der Quantenmechanik ist dieser angeregte Zustand nicht stabil, sondern das Atom gibt die aufgenommene Energie in Form eines Photons wieder ab (▸Abb. 4). In der Annahme, dass die Anregungsenergie vollständig wieder abgegeben wird, entspricht der Energiebetrag einem Photon mit der Wellenlänge:

$$\lambda = \frac{h \cdot c}{E} = \frac{h \cdot c}{7{,}85 \cdot 10^{-19}\,\text{J}} = 253\,\text{nm}.$$

Die Wellenlänge liegt also im UV-Bereich, was experimentell auch nachgewiesen wurde.

Das Versuchsergebnis bestätigte also BOHRs Annahme, dass die Elektronen in der Atomhülle nur ganz bestimmte diskrete Energiebeträge aufnehmen können und dann „angeregt" sind.

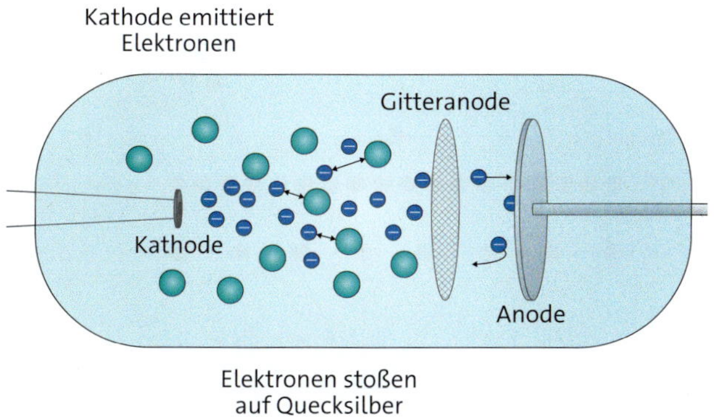

3 Elektronenstöße mit Hg-Atomen

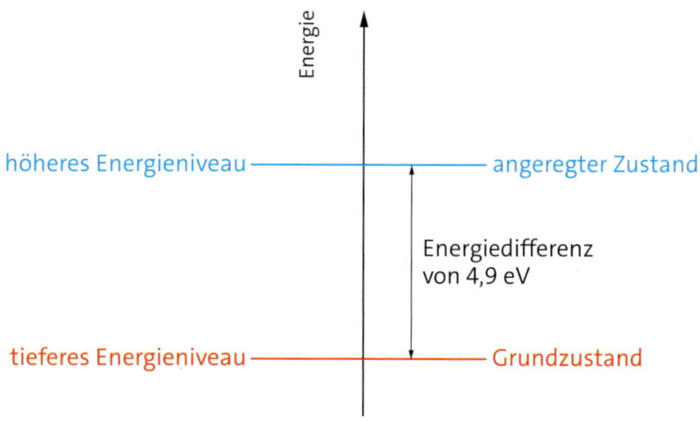

4 Aufnahme und Abgabe von Energie

1 Informieren Sie sich über den Aufbau einer Diode sowie einer Triode und deren Kennlinien. Recherchieren Sie dabei den glühelektrischen Effekt.

2 Eine Variante des Franck-Hertz-Versuchs wurde mit einer mit Neon gefüllten Röhre durchgeführt. Dabei erhielt man das folgende $I_A(U_B)$-Diagramm (▸Abb. 5).
a) Bestimmen Sie aus dem Diagramm die Anregungsenergie für die Neon-Atome.
b) Berechnen Sie daraus die Wellenlänge der ausgesendeten Photonen.
c) In der mit Neon gefüllten Röhre sieht man ein rötliches Leuchten. Klären Sie den damit verbundenen Widerspruch zur berechneten Wellenlänge durch eine Internetrecherche auf.

3 Informieren Sie sich darüber, weshalb die mit Hg gefüllte Röhre zum Betrieb auf ca. 175 °C geheizt werden muss, während man die mit Ne gefüllte Röhre bei Raumtemperatur betreiben kann!

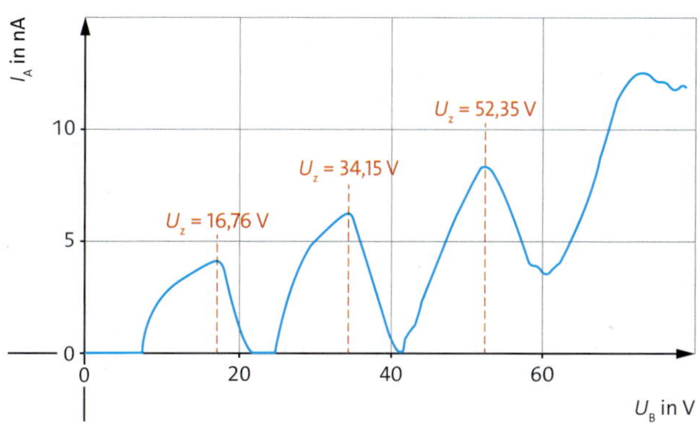

5 $U_B(I_A)$-Diagramm

METHODE

Charakteristische Röntgenstrahlung

Um einzigartige Kulturgüter wie die 3600 Jahre alte Himmelsscheibe von Nebra zu untersuchen, dürfen die Stücke nicht beschädigt werden. Ein Materialabtrag zur chemischen Untersuchung der Metalle kommt also nicht in Frage. Wie kann man trotzdem Informationen über die Zusammensetzung erhalten?

„Linienspektren" bei Röntgenstrahlung • Wir kennen schon den Effekt, dass Metalle Röntgenphotonen aussenden, wenn man sie mit schnellen, d.h. energiereichen, Elektronen beschießt. Diese Photonen haben zunächst eine kontinuierliche Energieverteilung (Bremsspektrum). Bei genügend hoher Elektronenenergie und entsprechendem Material der Anode bemerkt man jedoch bei höheren Glanzwinkeln charakteristische Intensitätsausschläge bei ansonsten abnehmender Bremsstrahlung. Diese Ausschläge erinnern an die Spektrallinien beim Licht, sind sie doch typisch für das Anodenmaterial. ▸Abb. 2 zeigt das Röntgenspektrum einer Kupferanode aufgenommen nach der Drehkristallmethode bei verschiedenen Beschleunigungsspannungen.

Sind die eintreffenden Elektronen energiereich genug, so können sie die Atome des Anodenmaterials ionisieren. Auch können so Elektronen des untersten Energieniveaus (Zustand $n = 1$) entfernt werden. Dabei muss auf das gestoßene Elektron mindestens so viel Energie übertragen werden, wie zum Übergang auf einen höheren, noch unbesetzten Zustand nötig ist. Oft wird das Elektron jedoch ganz entfernt. Aus dem Niveau $n = 2$ oder einem noch höheren Niveau kann nun ein Elektron auf den frei gewordenen Platz im Zustand $n = 1$ „fallen". Die Energiedifferenz zwischen beiden Niveaus wird als Röntgenphoton abgegeben (▸Abb. 3).

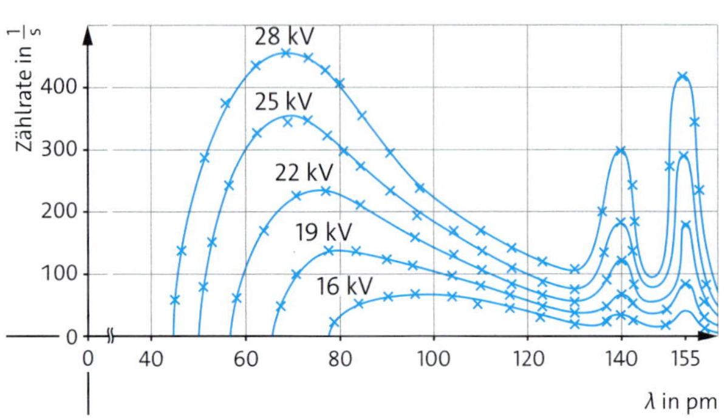

2 Spektrum der Röntgenstrahlung einer Cu-Anode

Die Photonenenergie liegt typischerweise in der Größenordnung 1–100 keV, entsprechend der Energiedifferenz der beiden Zustände in der Elektronenhülle. Im elektromagnetischen Spektrum entspricht dies der Röntgenstrahlung. Da die Energiedifferenzen elementspezifisch sind, spricht man von **charakteristischer Röntgenstrahlung.**

Die Bezeichnung der Röntgenlinien richtet sich nach dem untersten Niveau, in das das Elektron bei der Emission übergegangen ist, gefolgt von einem Index, der angibt, von wo es kam:

Geht das Elektron, wie in Abb. 3 gezeigt, auf das unterste Niveau $n = 1$ über, so heißt die Linie **K**-Linie (nach der chemischen Bezeichnung für diesen Zustand: K-Schale). Der Index wird mit den kleinen Buchstaben des griechischen Alphabets gebildet, wobei α für den Sprung von $\Delta n = 1$, β für $\Delta n = 2$ usw. gewählt wird.

Die Linie, die zu dem in ▸Abb. 3 dargestellten abgestrahlten Röntgenphoton gehört, wäre demnach die $\mathbf{K}_\alpha$-Linie des Kupfers.

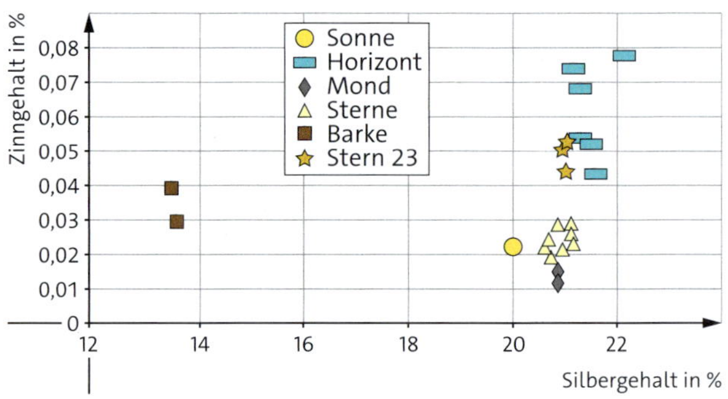

1 Sn- und Ag-Anteile im Gold der Himmelsscheibe

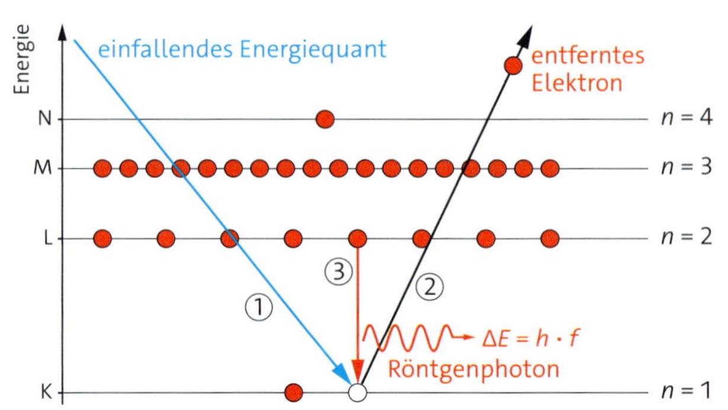

3 Entstehung der charakteristischen Röntgenstrahlung

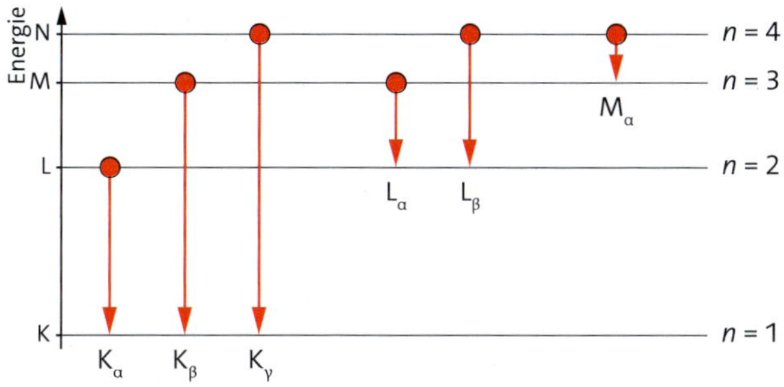

4 Die untersten K-, L- und M-Linien

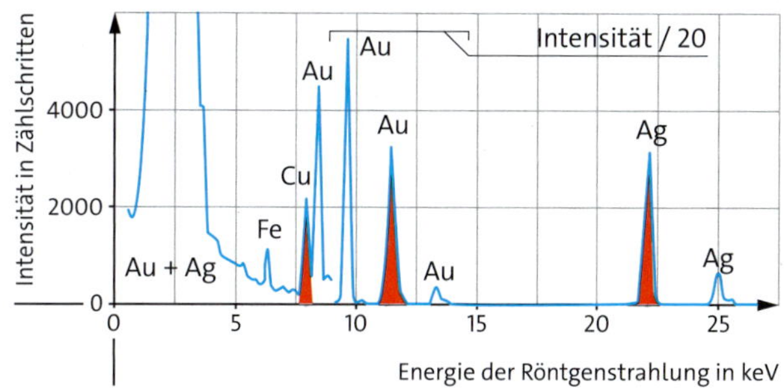

5 Charakteristische Röntgenstrahlung der Himmelsscheibe

Die ▸Abb. 4 zeigt die ersten K-, L- und M-Linien im Energieniveauschema. In größeren Atomen sind entsprechend ihrer Ordnungszahl mehrere höhere Energieniveaus mit Elektronen besetzt. Diese können die Lücke im unteren Energieniveau auffüllen. Deshalb können derartige Atome auch Röntgenstrahlen unterschiedlicher Energie aussenden und liefern ein komplexeres Spektrum. ▸Abb. 5 zeigt ein solches Spektrum der Himmelsscheibe von Nebra.

Moseleysches Gesetz • HENRY MOSELEY fand 1913 bei der Untersuchung der $\mathbf{K}_\alpha$-Linien verschiedener Elemente die folgende Gesetzmäßigkeit:

$$E_{\text{Photon}} = E_{n_2} - E_{n_1} = Z_{\text{eff}}^2 \cdot 13{,}6\,\text{eV} \cdot \left(\frac{1}{n_1^2} - \frac{1}{n_2^2}\right).$$

Die Formel erinnert an die Rydberg-Formel und wird oft auch als Erweiterung von dieser angesehen. Die effektive Kernladung Z_{eff} muss hierbei angewendet werden, da die positive Ladung des Kerns durch das verbliebene Hüllenelektron auf dem untersten Niveau abgeschirmt wird. Z_{eff} steigt mit der Ordnungszahl des Elements und mit ihr die Photonenenergie der charakteristischen Strahlung. Mithilfe dieses Zusammenhangs zwischen den Röntgenspektren und der Ordnungszahl des Elements im Periodensystem sagte MOSELEY das bis dahin noch unbekannte Element Hafnium vorher.

Für die **K**-Übergänge lässt sich Z_{eff} daher durch die Näherung $Z_{\text{eff}} = Z - 1$ ersetzen. Für andere Übergänge gelten andere Näherungen. Somit ergibt sich für die Wellenlänge der $\mathbf{K}_\alpha$-Linie von Kupfer der folgende Wert:

$$\Delta E = h \cdot f = (29 - 1)^2 \cdot 13{,}6\,\text{eV} \cdot \left(\frac{1}{1^2} - \frac{1}{2^2}\right) = 7996{,}8\,\text{eV},$$

also: $\lambda = \frac{c}{f} = h \cdot \frac{c}{\Delta E} = 1{,}544 \cdot 10^{-10}\,\text{m} = 154{,}4\,\text{pm}$.

Der Wert stimmt mit der Messung (▸Abb. 2) gut überein.

Röntgenfluoreszenzanalyse • MOSELEY fand ebenfalls heraus, dass sich das Verfahren auch umkehren lässt: Bestrahlt man eine Materialprobe mit Röntgenstrahlen verschiedener Wellenlängen, so können die Röntgenphotonen bei ausreichender Energie Elektronen im bestrahlten Atom anregen oder ionisieren. Dabei wird die notwendige Energie vom Atom absorbiert. Gleichzeitig strahlt die Materialprobe Röntgenphotonen in der für das Atom charakteristischen Wellenlänge als Fluoreszenzstrahlung wieder ab. Das Spektrum dieser Sekundärstrahlung wird mit einem Detektor vermessen. Da dieses Spektrum von der Ordnungszahl des untersuchten Elements abhängt, kann man die Elemente der Probe eindeutig zuordnen. Die Intensität der Sekundärstrahlung ist ein Maß für die in der Probe vorhandene Menge des Elements.

Für die Untersuchung der Himmelsscheibe von Nebra war die Fragestellung von Bedeutung, welche Zusammensetzung die einzelnen Goldapplikationen haben. Sollten diese alle die gleiche Zusammensetzung haben, würde das auf eine zeitgleiche Fertigung schließen lassen. Das Ergebnis der Untersuchungen (▸Abb. 1) zeigt eine signifikante Variation der Zusammensetzung des Goldes, die eine Unterteilung in drei Gruppen erlaubt:

Der untere Randbogen, der i. Allg. als Sonnenbarke bezeichnet wird, weist mit Abstand den geringsten Silbergehalt auf. Die übrigen Goldobjekte bilden bei gleichem Silberanteil zwei Gruppen, die sich im Zinnanteil unterscheiden: Der als Horizontbogen bezeichnete rechte Randbogen und der Stern 23 bilden eine Gruppe, während Sonne, Mond und die übrigen Sterne die zweite Gruppe bilden. Man geht deshalb zurzeit von drei Entstehungsphasen aus.

Die Himmelscheibe diente vermutlich als Werkzeug, um den Aussaatzeitpunkt für den Ackerbau zu bestimmen.

Versuch A • Farbstoffmoleküle als Anwendung des Potenzialtopfmodells

V1 Spektralanalyse eines Farbstoffes

Cyanin-Farbstoffe werden u. a. zum Anfärben von Zellproben verwendet.
Achtung: Einige Cyanin-Farbstoffe sind giftig!
Als Ersatz sollte sich auch β-Carotin-Lösung eignen.

Material:
Cyanin-Farbstoff (ersatzweise β-Carotin-Lösung), optische Bank sowie 2 Blendenhalter, Schlitzblende, optisches Strichgitter (400 Striche/mm), Linsen auf einem Reiter (+50 mm, +100 mm), Fassung mit Skala auf einem Reiter, Küvettenhalter, 2 kleine Küvetten (4 ml), Schirm (50 mm × 150 mm), Netzgerät, Halogenlampe auf Trägerplatine

Arbeitsauftrag:
Das durch einen Spalt fallende weiße Licht einer Halogenlampe wird durch eine verdünnte Lösung eines Cyanin-Farbstoffes gesandt und anschließend durch ein Strichgitter spektral zerlegt.

a) Bauen Sie nach der linken Abbildung die optische Bank zusammen. Positionieren Sie die Halogenlampe mit dem Aufsetzhalter am linken Ende der optischen Bank und den Schirm am rechten. Setzen Sie die Linse mit *f* = +100 mm vor die Lampe auf die optische Bank, schließen Sie die Lampe an das Netzgerät an und schalten Sie sie ein. Verschieben Sie die Linse so weit, bis der kreisrunde Lichtfleck auf dem Schirm so groß wie die Linse ist. Anschließend wird die Schlitzblende in den Blendenhalter geschoben und dieser auf die Umrandung der Linse gesteckt.
Stellen Sie die Linse mit *f* = +50 mm zwischen Spalt und Schirm und verschieben Sie sie, bis auf dem Schirm ein scharfes Bild des Spaltes entsteht. Setzen Sie die Fassung mit Skala rechts neben die Linse (*f* = +50 mm), schieben Sie das Strichgitter in den zweiten Blendenhalter und stecken Sie diesen auf die Fassung. Auf dem Schirm erscheint nun das farbige Spektrum der Lampe. Sie sehen das Spektrum deutlicher, wenn Sie den Raum abdunkeln.
Verschieben Sie das Gitter in Richtung des Schirms und zurück und beobachten Sie die dabei auftretenden Veränderungen auf dem Schirm. Notieren Sie Ihre Beobachtungen in einem Protokoll.

b) Setzen Sie den Küvettenhalter in den Strahlengang vor das Strichgitter, füllen Sie eine Küvette mit Wasser und stellen Sie sie in den Küvettenhalter, wie in der rechten Abbildung gezeigt. Notieren Sie wieder die Beobachtungen.

c) Tauschen Sie die mit Wasser gefüllte Küvette durch eine mit der Cyanin-Farbstofflösung gefüllte aus. Beobachten Sie dabei die Veränderungen im Spektrum und notieren Sie sie wieder.

d) Vermessen Sie mit der Ihnen aus der Wellenlehre bekannten Methode den Beginn und das Ende des Absorptionsbereiches (dunkler Bereich im kontinuierlichen Spektrum).

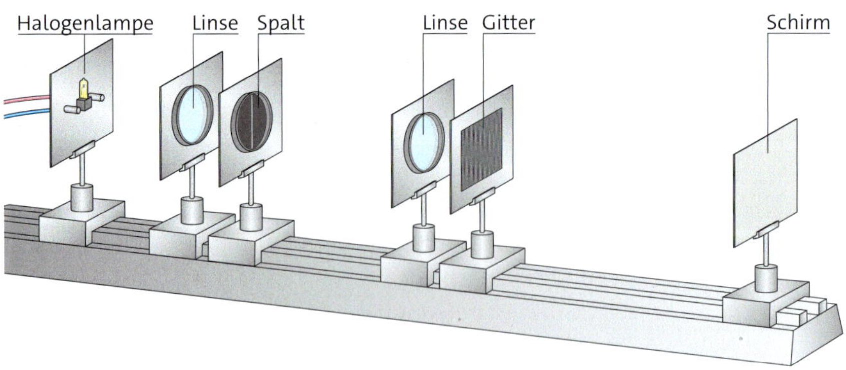

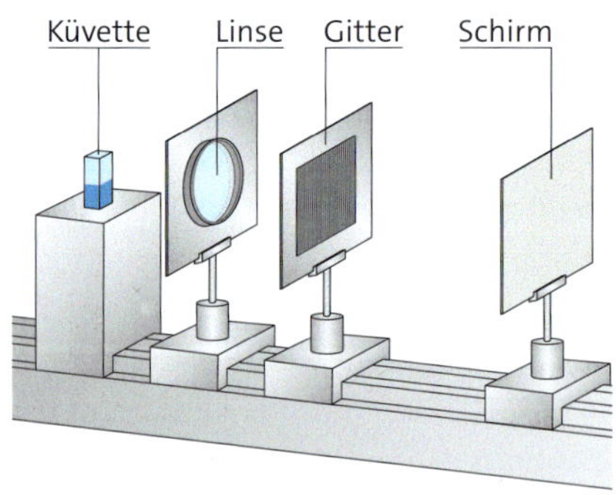

Material A • Berechnung von Wellenlängen

Auch mit dem vereinfachten Modell des Potenzialtopfes lassen sich Eigenschaften bestimmter Moleküle quantitativ ermitteln.

A1 Ein Cyanin-Farbstoffmolekül stellt den frei beweglichen Elektronen den Antreffbereich von $L = 1{,}23\,\text{nm}$ bereit. Es besitzt ein Elektron im Zustand $n = 5$. Bestimmen Sie die Energie zur Anregung in den Zustand $n = 6$. Berechnen Sie die Wellenlänge der nötigen Strahlung.

A2 Eine Kohlenstoffkette in einem Farbstoffmolekül hat eine typische Länge von $L = 1{,}0\,\text{nm}$.

a) Berechnen Sie die Energie E_1 und geben Sie die physikalische Bedeutung von E_1 an.

b) Berechnen Sie die Energiedifferenzen, die zu einer Absorption im sichtbaren Bereich des Spektrums führen.

Material B • Franck-Hertz-Versuch

B1 Das Diagramm zeigt die Stromstärke I_A in Abhängigkeit von der Beschleunigungsspannung U_B eines Franck-Hertz-Versuchs. Diese wurde bei verschiedenen Temperaturen des Quecksilberdampfes aufgenommen. Beschreiben Sie den Verlauf der Graphen und äußern Sie eine Vermutung über die auftretenden Unterschiede bei den verschiedenen Temperaturen.

B2 Angeregte Quecksilber-Atome senden UV-Strahlung mit der Wellenlänge $\lambda = 253{,}6\,\text{nm}$ aus. Entnehmen Sie die Anregungsenergie aus dem Diagramm und vergleichen Sie mit der Photonenenergie, die sich aus $\lambda = 253{,}6\,\text{nm}$ ergibt.

B3 Bestimmen Sie zwei mögliche Geschwindigkeiten eines Elektrons in einer mit Quecksilber gefüllten Franck-Hertz-Röhre nach einer Beschleunigung mit $U_B = 11\,\text{V}$.

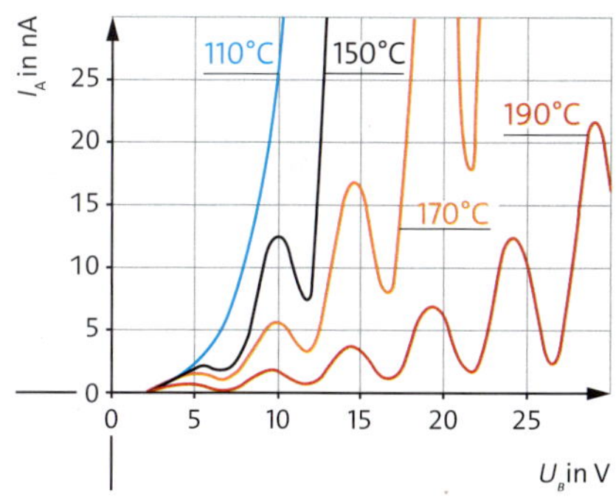

Material C • Das Moseleysche Gesetz

C1 Überprüfen Sie, ob der gemessene Glanzwinkel für die K_α-Linie von Kupfer in der linken Abbildung die gleiche Wellenlänge liefert wie die Berechnung nach dem Moseleyschen Gesetz. Begründen Sie etwaige Abweichungen.

C2 Durch Einbringen eines Filters in den Strahlengang erhält man bei Verwendung einer Molybdän-Anode nahezu monochromatische Röntgenstrahlung. Mittels der Drehkristallmethode wird das Spektrum aufgenommen (rechte Abbildung). Der Netzebenenabstand des verwendeten Kristalls ist $d = 282\,\text{pm}$. Berechnen Sie jeweils die Wellenlänge zu den charakteristischen Glanzwinkeln und erklären Sie den experimentell erhaltenen Kurvenverlauf.

C3 Verwendet man bei entsprechendem Versuchsaufbau eine Cu-Anode, so sind die erhaltenen Wellenlängen etwa doppelt so groß. Versuchen Sie, eine Erklärung anhand des Atombaus der beiden Metalle zu finden.

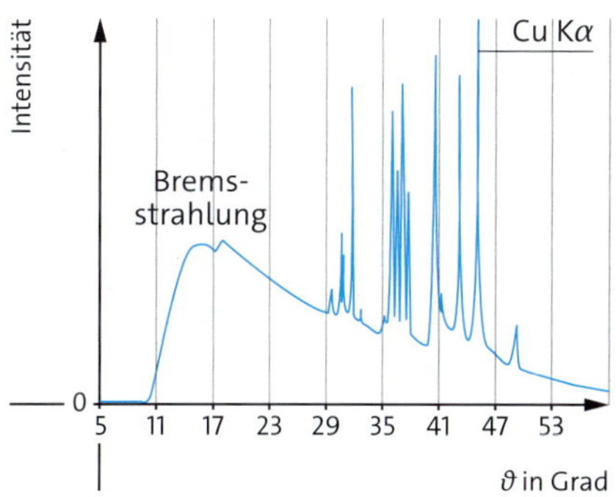

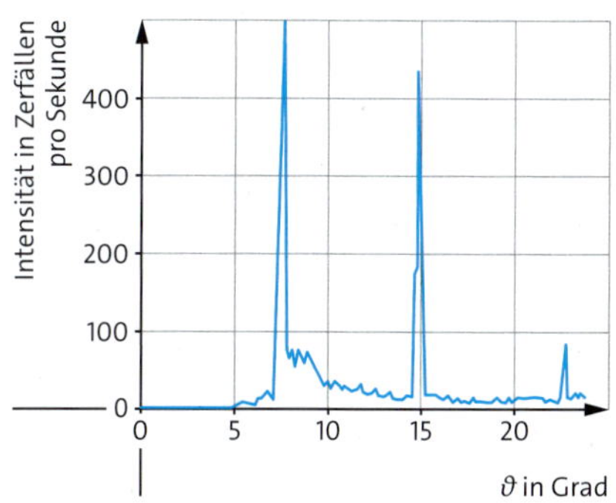

1 Fluoreszierende Mineralien im Licht einer UV-Lampe

Fluoreszenz

Die Aufnahme zeigt eine Mineraliensammlung. Auf Knopfdruck kann man die Beleuchtung ausschalten und gegen eine UV-Beleuchtung ersetzen. Die meist eintönigen und grauen Mineralien erscheinen plötzlich bunt. Woher stammen nun diese „versteckten“ Farben, die bei Tageslicht nicht zu sehen sind?

Resonanzabsorption • Wir kennen schon das Phänomen, dass Atome Energie absorbieren können, wenn die Energie genau der Differenz zweier Energieniveaus entspricht. Diese Energie kann von Photonen mit der passenden Frequenz $E = h \cdot f$ stammen, die dann absorbiert werden.
Die Energie bzw. das Photon wird vollständig aufgenommen und danach sofort wieder als Photon abgegeben (spontane Emission).

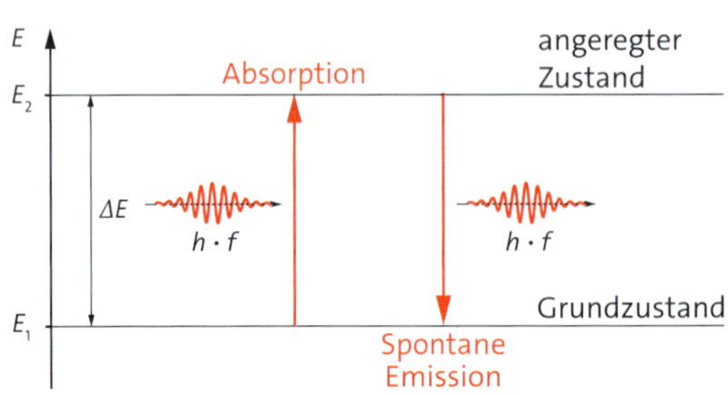

2 Resonanzabsorption

Wenn aufgenommenes und abgegebenes Photon gleiche Frequenz und Wellenlänge haben, spricht man von **Resonanzabsorption** (▸Abb. 2). Absorptionslinien und Emissionslinien liegen an der gleichen Stelle im Spektrum. Dies ist z. B. bei der leuchtenden Natriumflamme der Fall.

Gasentladung • Die Anregung der Elektronen kann aber auch thermisch oder elektrisch wie bei der **Gasentladung** erfolgen: Aus der Kathode einer Gasentladungsröhre werden Elektronen freigesetzt und in einem starken elektrischen Feld beschleunigt. Sie treffen dabei auf Gasatome und können diese durch Stoß anregen und auf ein höheres Energieniveau heben (▸Abb. 2) oder bei genügend starkem Feld auch ionisieren (Stoßionisation, ▸Abb. 3).

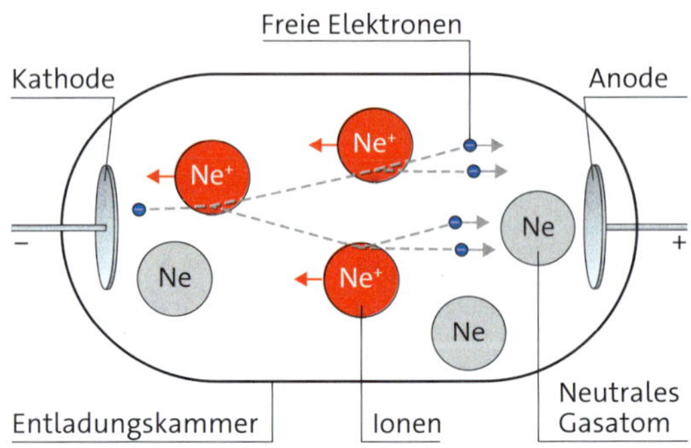

3 Stoßionisation in einer Neonröhre

Es bilden sich weitere Elektronen-Ionen-Paare, die ebenfalls beschleunigt werden. So entsteht eine Lawine geladener Teilchen, die das Gas anregt, zum Leuchten bringt und in der Röhre einen elektrischen Stromfluss hervorruft. Nach diesem Prinzip funktionieren z.B. Spektralröhren, Neonröhren oder auch Blitze.

Fluoreszenz • In ▸Abb.1 sind alle für das Auge sichtbaren Farben zu sehen, was auf eine Beleuchtung mit weißem Licht deuten würde. Dann wäre aber auch der Hintergrund hell und nicht schwarz. Wie können jedoch Photonen aus dem UV-Bereich bunte Farben hervorrufen, die im sichtbaren Bereich liegen?
Es gibt Materialien, die nicht die gleiche Wellenlänge wieder aussenden. Bei ihnen ist die abgestrahlte Wellenlänge größer als die des eingestrahlten Photons. Damit ist die abgestrahlte Energie kleiner als die absorbierte. Das lässt sich damit erklären, dass nach der Absorption vom dann erreichten Zustand E_2 ein Übergang in einen Zwischenzustand E_1 erfolgt (▸Abb.4). Bei der Rückkehr in das Ausgangsniveau E_0 wird dann ein Fluoreszenzphoton mit geringerer Energie abgegeben. Die Energiedifferenz $E_2 - E_1$ verbleibt im Material oder wird als Photon abgegeben. Die Abgabe des Fluoreszenzphotons erfolgt dabei sehr schnell, mit nicht wahrnehmbarer Zeitverzögerung nach der Absorption. In diesen Fällen spricht man allgemein von **Fluoreszenz.** Schaltet man die anregende Lichtquelle ab, so kann das menschliche Auge kein Nachleuchten feststellen.

Als Fluoreszenz wird allgemein die schnelle Abgabe von Photonen aus einem Zwischenzustand bezeichnet. Dabei erfolgt die Energieabgabe in einer größeren Wellenlänge als der des anregenden Photons.

Die Farben der Mineralien in ▸Abb.1 entstehen also durch Fluoreszenz. Das eingestrahlte UV-Licht regt die Elektronen in den Verbindungen, aus denen die Mineralien bestehen, an. Das sichtbare Licht ist für diese Anregung nicht energiereich genug. Je nach Material haben die Fluoreszenzphotonen unterschiedliche Frequenzen und erzeugen so unterschiedliche Farbeindrücke.
Auch das Aufleuchten der weißen Hemden und Blusen im „Schwarzlicht" einer Diskothek ist auf die Fluoreszenz eines Leuchtstoffes auf den Fasern der Textilien zurückzuführen.
Dieser gelangt durch moderne Waschmittel dorthin. Die „Weißmacher" haben den Zweck, den im Tageslicht vorhandenen geringen UV-Licht-Anteil durch Fluoreszenz in sichtbares Licht umzuwandeln. Die Fasern geben dann diese Strahlung zusätzlich zum reflektierten Tageslicht ab und erscheinen dadurch heller und weißer.
Auch neuere Schreib- oder Druckerpapiersorten enthalten solche optischen Aufheller.

Als Schwarzlicht bezeichnet man umgangssprachlich das Licht einer Leuchtstofflampe, die nur UV-Strahlung aussendet

Phosphoreszenz • Es gibt auch Stoffe, bei denen sich die angeregten Atome für längere Zeit in einem Zwischenzustand halten können. Solche langlebigeren Zustände nennt man metastabil. Das Nachleuchten beim Abbau dieses Zustands kann bis zu mehrere Stunden anhalten. Dies bezeichnet man als Phosphoreszenz. Der Name geht auf die Entdeckung des weißen Phosphors im Jahre 1669 zurück, der von sich aus leuchtet. Typische Phosphoreszenz im physikalischen Sinn zeigen z.B. Markierungen von Notausgängen (▸Abb.5) oder die beliebten Leuchtsterne in Kinderzimmern.

5 Nachtleuchtende Kennzeichnung eines Fluchtweges

Als Phosphoreszenz bezeichnet man die Abgabe von Photonen aus einem metastabilen Zwischenzustand, die über eine längere Zeit andauert.

Das Leuchten des Phosphors ist auf eine Reaktion mit Luftsauerstoff zurückzuführen, ist also eigentlich eine Chemolumineszenz. Als Chemolumineszenz wird die Freisetzung von Licht als Folge einer chemischen Reaktion bezeichnet.

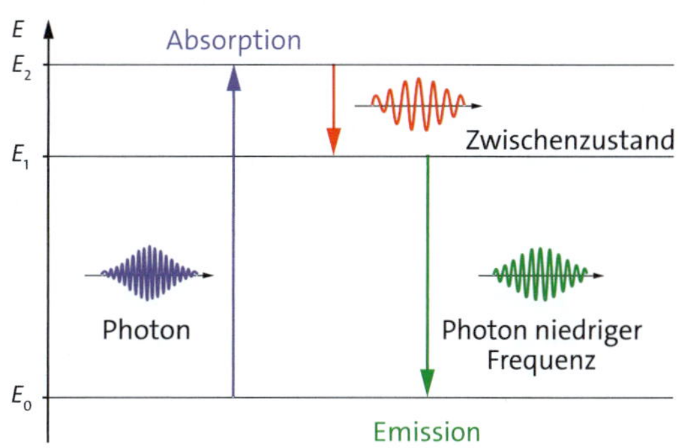

4 Fluoreszenz mit Photonen größerer Wellenlänge

Leuchtstoffröhren • Die moderne Beleuchtungstechnik ist ohne die Fluoreszenz nicht vorstellbar: Ein Beispiel ist die seit über 100 Jahren bekannte und millionenfach genutzte Leuchtstoffröhre.

Die Leuchtstoffröhre wird oft fälschlicherweise Neonröhre genannt, ist aber eigentlich eine Quecksilberdampf-Gasentladungsröhre. In ihr wird bei vermindertem Druck eine Gasentladung gezündet, wobei der Gasentladungsstrom durch eine Drossel begrenzt wird.

Daher arbeitet die Lampe sehr sparsam. Sie hat bei einem Lichtstrom von 400 lm nur eine elektrische Leistung von 7 W gegenüber einer Glühlampe mit 40 W. Da das leuchtende Quecksilbergas aber geringe Spektralanteile im sichtbaren Licht enthält, dafür höhere UV-Anteile, wäre das abgegebene Licht für Beleuchtungszwecke nicht geeignet und für das menschliche Auge sogar schädlich. Die oben erwähnten Schwarzlichtlampen sind solche Röhren und dürfen daher nur kurz betrieben werden.

Die Leuchtstofflampe ist jedoch innen mit einem Leuchtstoff beschichtet, der durch Fluoreszenz den UV-Anteil in sichtbares Licht umwandelt. Alle Wellenlängen zusammen ergeben dann nahezu weißes Licht (▸Abb. 1, 3 C). Auch die sogenannten Kompakt-Leuchtstofflampen oder Energiesparlampen funktionieren so.

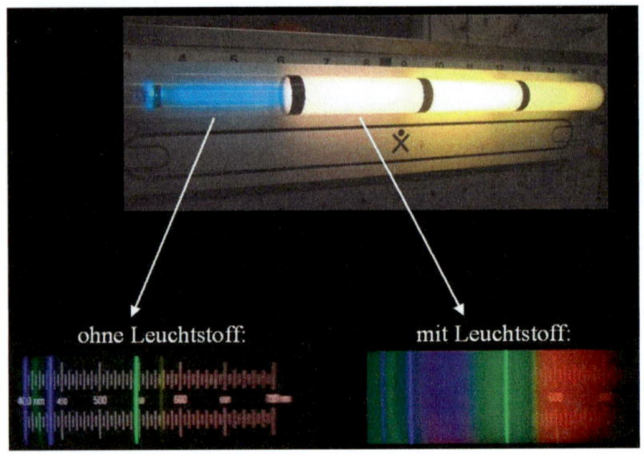

1 Aufbau einer Leuchtstofflampe

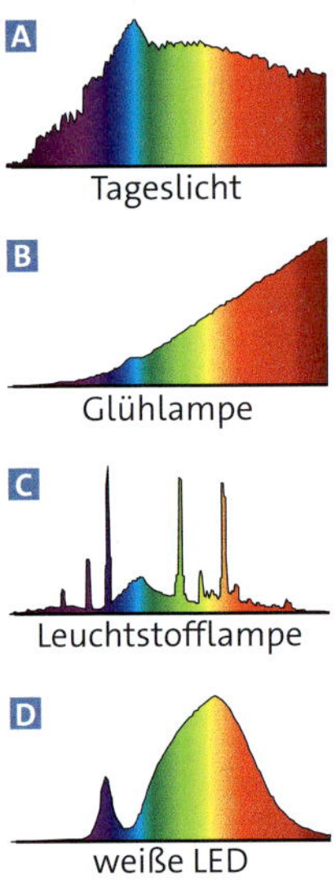

3 Spektren im Vergleich: **A** Tageslicht, **B** Glühlampe, **C** Leuchtstoffröhre, **D** weiße LED

Weiße LED zur Beleuchtung • Prinzipiell ähnlich funktionieren die modernen LED-Lampen mit sichtbarem Leuchtfaden (▸Abb. 2). Die Leuchtfäden bestehen aus einem schmalen Glasstreifen auf dem typischerweise 28 blaue und teils auch rote LEDs aufgebracht sind.

Diese sind in Reihe geschaltet, sodass sie mit 60 bis 80 Volt betrieben werden können, je nach Typ und Farbe der verwendeten LEDs. Schaltet man 3 oder 4 dieser Leuchtfäden ebenfalls in Reihe, so lassen sie sich an 230 V betreiben, ohne dass ein Netztransformator eingesetzt werden muss.

Um ein breites Lichtspektrum (▸Abb. 3 D) für Beleuchtungszwecke zu erhalten, sind die Streifen zusätzlich beidseitig mit einer Fluoreszenzschicht überzogen.

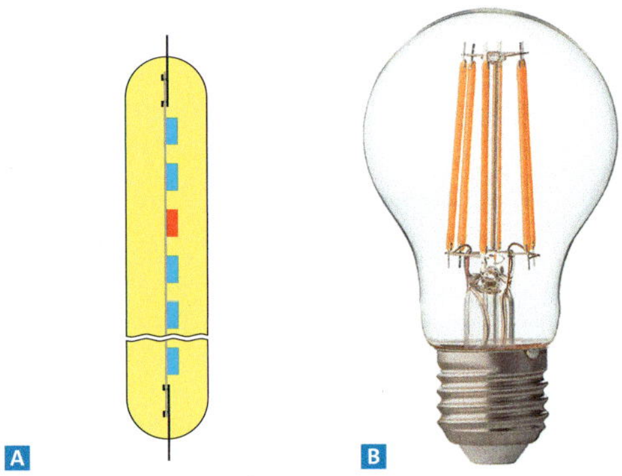

2 **A** Aufbau der Leuchtfäden, **B** LED-Fadenlampe

Die Farbtemperatur der Leuchtfäden gibt an, ob die Lampe warmweiß oder kaltweiß leuchtet. Sie wird über das Verhältnis der blauen und roten LEDs, die im Leuchtfaden verbaut sind, sowie über die Zusammensetzung und Dichte der Fluoreszenzschicht bestimmt.

Diese so genannten LED-Fadenlampen haben seit 2015 die alten Energiesparlampen fast vollständig verdrängt: Bei einem vergleichbaren Lichtstrom von 400 lm haben sie nur eine elektrische Leistung von 5 W.

1 **a)** Die Echtheit von Geldscheinen wird oft mit einer Schwarzlichtlampe geprüft. Beschreiben Sie das Funktionsprinzip.
b) Auch in der Kriminaltechnik wird die Lampe eingesetzt. Recherchieren Sie die Vorgehensweise.

Versuch A • Wirkungen von UV-Strahlung sichtbar machen

V1 Erzeugung des Hg-Spektrums

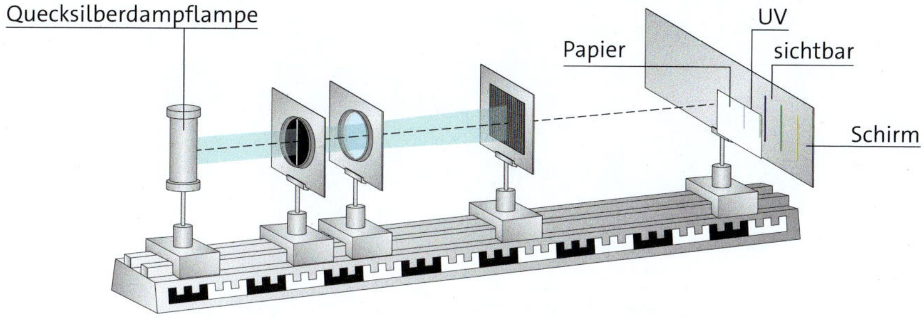

Material:
Optische Bank, Maßstab oder Lineal, Stativreiter, Linse (50 mm), Schlitzblende, optisches Gitter (570 $\frac{\text{Striche}}{\text{mm}}$), Schirm, Hg-Hochdrucklampe mit Betriebsgerät, weißes Druckerpapier, Sicherheitstafel zum Umgang mit der UV-Licht-Lampe
Achtung: Die UV-Lampe kann sehr heiß werden. Nicht in das UV-Licht blicken.

Arbeitsauftrag:
a) Bauen Sie das Experiment gemäß der oberen Abbildung auf. Erzeugen Sie zunächst ein scharfes Bild des sichtbaren Hg-Spektrums. Bringen Sie dann ein entsprechend großes Stück Druckerpapier links neben der violetten Linie des Spektrums an. Notieren Sie Ihre Beobachtung.
b) Messen Sie mit einem Lineal den Abstand des optischen Gitters von dem Schirm und bestimmen Sie durch Ausmessen der Spektrallinien auf die Ihnen bekannte Weise die Wellenlängen der Spektrallinien. Vergleichen Sie mit den Literaturwerten.

V2 Versuche mit Fluorescein

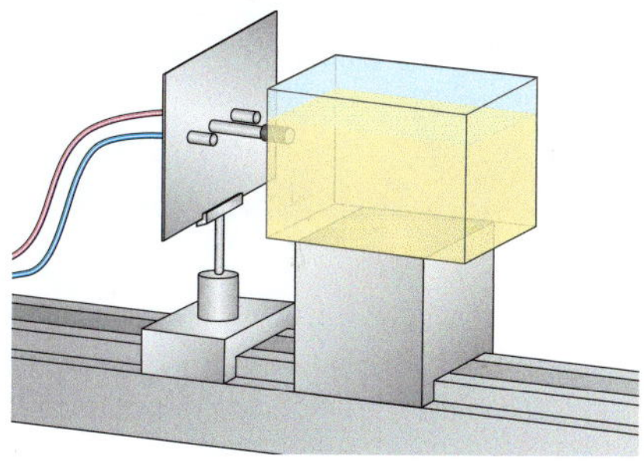

Material:
Optische Bank, Netzgerät, rote LED, UV-LED, Störlichttubus, Küvette, Fluorescein-Lösung oder Uranin-Lösung, Taschenspektroskop
Achtung: Nicht direkt in die UV-LED blicken. Störlichttubus auf die LED stecken.

Arbeitsauftrag:
a) Bauen Sie den Versuch so auf, dass Sie im abgedunkelten Raum das Licht der roten LED durch die Küvette mit der Fluorescein-Lösung scheinen lassen. Betrachten Sie die Küvette zunächst von der Seite im 90°-Winkel zum Lichtweg und anschließend von gegenüber der Lichtquelle. Notieren Sie die Beobachtungen und erklären Sie.
b) Wiederholen Sie die die Beobachtungen mit einem Taschenspektroskop.
c) Führen Sie die gleichen Untersuchungen mit der UV-LED durch.

Material A • Fluoreszenz

Das Molekül des hier verwendeten organischen Cyanin-Farbstoffs enthält eine Kette aus linear angeordneten C-Atomen. Sechs Elektronen können sich entlang der Kette annähernd frei bewegen. Ein solches Molekül kann vereinfacht mit dem Modell eines linearen Potenzialtopfes beschrieben werden. Da jedes Energieniveau nur von maximal zwei Elektronen besetzt werden kann, sind im Grundzustand die ersten drei Energieniveaus voll besetzt. Diese Situation zeigt die Abbildung in Form eines Energieniveauschemas.

A1 **a)** Zeigen Sie, dass eine Lösung dieses Farbstoffes Photonen mit der Wellenlänge $\lambda = 198{,}2\,\text{nm}$ absorbieren kann.
b) Zeigen Sie, dass das Auftreten von sichtbarer Fluoreszenz grundsätzlich möglich ist. (Hinweis: Der sichtbare Wellenlängenbereich umfasst 400 nm – 750 nm.)

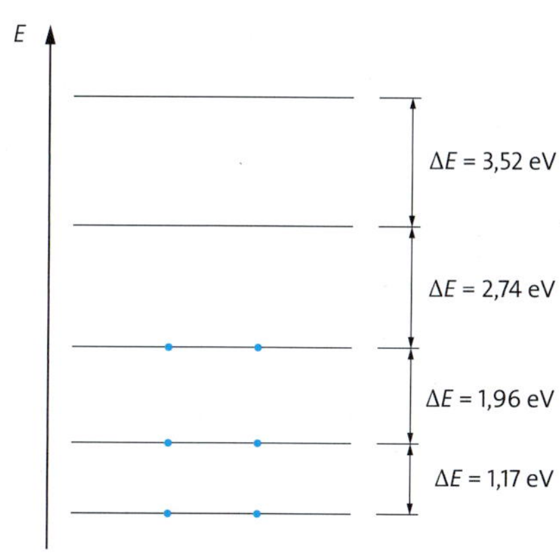

1 Laserstrahl aus einer Sternwarte

Der Laser

Mit Laserstrahlen, die in Richtung Mond abgesetzt werden, kann man die Entfernung zur Erde auf wenige Zentimeter genau messen. Möglich macht dies ein 1969 von den Astronauten NEIL ARMSTRONG und EDWIN ALDRIN auf dem Mond aufgestellter Reflexionsspiegel.
Wie aber erzeugt man nun Licht in einer Stärke und Konzentration, dass auf dem Mond nur ein Leuchtfleck von wenigen Metern Größe entsteht und der reflektierte Lichtstrahl von der Erde aus bequem beobachtet werden kann?

Laser steht für Lichtverstärkung • Der Begriff L-A-S-E-R steht für *light amplification by stimulatet emission of radiation*. Nachdem die Photonentheorie durch PLANCK und EINSTEIN formuliert worden war, hatte man eine Erklärung für die Entstehung des Lichts: Elektronen im Atom wechseln nach Anregung in ein höheres Energieniveau und von dort mehr oder weniger zufällig wieder zurück. Dabei geben sie Photonen entsprechender Energie ab **(spontane Emission).** Die Photonen werden in beliebiger Richtung zufällig abgestrahlt, sind also normalerweise völlig ungeordnet. Um besonders intensives Licht zu erhalten, muss man jedoch erreichen, dass die Photonen alle gleichzeitig und in dieselbe Richtung abgestrahlt werden. Nach EINSTEIN sollte die so genannte **stimulierte Emission** von Photonen als eine Umkehrung der Absorption theoretisch möglich sein. Dabei stimuliert ein eintreffendes Photon passender Wellenlänge das sich noch im angeregten Zustand befindende Elektron, sodass es zur Emission kommt. Das stimulierende Photon wird dabei nicht vom Atom absorbiert, sondern bleibt zusätzlich zum neu abgestrahlten Photon erhalten. Es verlassen also zwei genau gleiche Photonen das Atom. Sie sind phasengleich und haben dieselbe Wellenlänge. Für eine Lichtverstärkung muss es gelingen, diesen Prozess für sehr viele Elektronen gleichzeitig auszuführen (▸Abb. 3).

Besetzungsumkehr • Damit möglichst viele Elektronen lawinenartig ihre Anregungsenergie zur gleichen Zeit abgeben, muss es gelingen, viele Elektronen gleichzeitig auf ein höheres Niveau E_2 zu bringen und dort anzusammeln, also die so genannte Besetzungsumkehr oder Besetzungsinversion zu erreichen (▸Abb. 2). Anschließend werden sie durch ein Photon gleicher Wellenlänge zur gleichzeitigen Abgabe ihrer Anregungsenergie stimuliert.

Normalerweise sind in Atomen höhere Energiezustände kaum besetzt (▸Abb. 2 A). Die Besetzung höherer Niveaus ist im Grundzustand der Atome also weniger wahrscheinlich. Nehmen wir an, E_3 sei ein höheres Niveau, zu dem die Elektronen nach Anregung wechseln. Es gibt Materialien, die neben dem Energieniveau E_3 noch freie Plätze auf einem Zwischenniveau E_2 aufweisen. Man findet solche Verhältnisse, bei denen drei Energieniveaus an der Lichtentstehung beteiligt sind, z. B. bei der Fluoreszenz. Besetzungsumkehr kann dann erfolgen durch spontanen Übergang der Elektronen von E_3 auf das Zwischenniveau E_2. Ist die Verweildauer der Elektronen in E_2 länger als die Zeitdauer bis zur spontanen Emission, nennt man den Energiezustand metastabil. Während E_3 sich also relativ schnell leert, sammeln die Elektronen sich im metastabilen Zustand E_2 und die gewünschte Besetzungsumkehr ist erreicht (▸Abb. 2 B). Man wählt also geeignete Materialen mit passenden metastabilen Niveaus.

Anregung der Elektronen • Die Anregung der Elektronen nach E_3 erfolgt entweder mit Licht durch **optisches Pumpen,** z. B. mit einer Blitzröhre wie beim Rubinlaser (▸Abb. 4), oder über Stöße wie beim He-Ne-Laser.

Stimulierte Emission durch ein passendes Photon, dessen Energie genau der Differenz zwischen den Niveaus E_2 und E_1 entspricht, führt schließlich dazu, dass alle Elektronen gleichzeitig vom Zustand E_2 nach E_1 wechseln und Photonen aussenden (▸Abb. 3).

Diese passenden Photonen erhält man, indem man die entstandenen Laserphotonen zunächst durch geeignete Spiegel hin und her spiegelt. Man hält sie dadurch lange genug im Lasermedium, dass sie weitere Emissionen stimulieren können. Gleichzeitig erreicht man eine Vervielfachung der Photonenzahl. Alle Photonen dieser Photonenlawine haben dann gleiche Wellenlänge, gleiche Phase und gleiche Schwingungsebene (sind polarisiert) wie das erste Photon. Dadurch, dass alle Photonen beim Wechsel der Elektronen vom Niveau E_2 zu E_1 gleichzeitig abgestrahlt werden, entsteht eine einziger langer Wellenzug gleicher Wellenlänge und Polarisationsrichtung (▸Abb. 3).

Durch die Anordnung der Spiegel im Abstand eines Vielfachen von $\frac{\lambda}{2}$ zwingt man die Photonen zur Ausbildung einer stehenden Welle. Sie haben dann alle die gleiche Richtung, denn alle anderen Richtungen gehen für die Resonanz verloren. Mithilfe eines Fensters in einem der Spiegel, das zu etwa 1 % lichtdurchlässig ist, koppelt man einen Teil dieser Laserphotonen aus und erhält so einen polarisierten Lichtstrahl, der zudem wegen der großen Kohärenzlänge seiner Photonen in hohem Maße monochromatisch ist.

Die Entwicklung des Lasers • An der technischen Ausführung wurde über 40 Jahre geforscht, bis 1960 der Durchbruch gelang. Dass es solange gedauert hat, bis der erste Laser funktionierte, lag auch an fehlenden Medien und Techniken. Der erste funktionierende Laser war ein Rubinlaser (▸Abb. 4). Als Lasermedium diente ein Rubinstab. Er wurde durch Licht einer ringförmig angeordneten Blitzlichtröhre stimuliert und konnte nur Laserimpulse von wenigen Millisekunden Dauer erzeugen. Ebenfalls 1960 wurde der Helium-Neon-Laser realisiert. Er kann einen kontinuierlichen Laserstrahl erzeugen.

Als kohärent bezeichnet man Wellen, die eine konstante Phasenbeziehung haben. Polarisiert sind sie, wenn ihre Schwingungsvektoren in der gleichen Ebene schwingen. Interferieren können kohärente Wellen nur, wenn ihre Kohärenzlänge größer als ihr Gangunterschied ist.

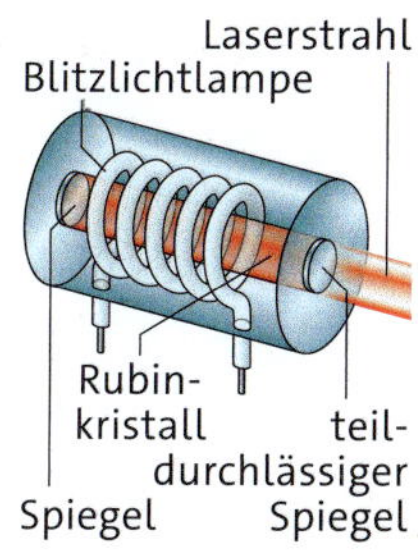

4 Rubinlaser

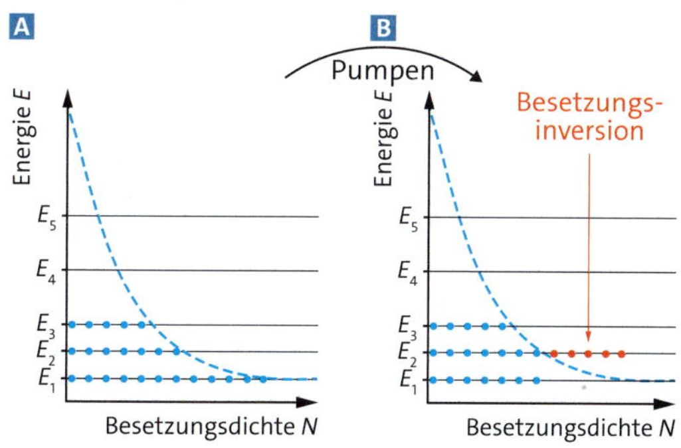

2 **A** Grundzustand, **B** Besetzungsinversion

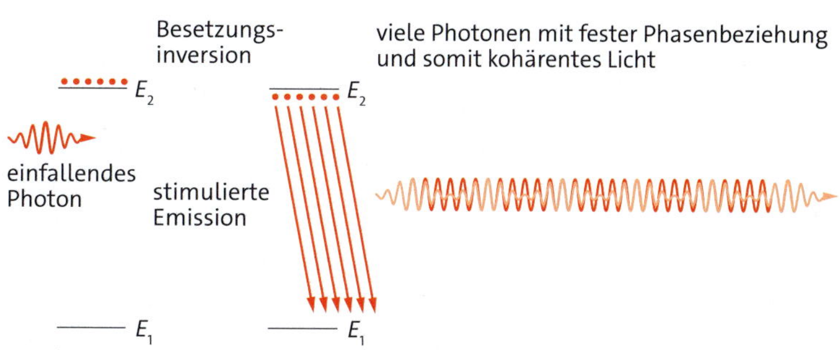

3 Lichtverstärkung durch stimulierte Emission

Die beiden Spiegel (▸Abb. 1) im Abstand eines Vielfachen von $\frac{\lambda}{2}$ bilden den optischen Resonator. Der rechte Spiegel enthält ein teildurchlässiges Fenster mit geeignetem Filter, wodurch das monochromatische und polarisierte Laserlicht austreten kann. Blickt man seitlich auf die He-Ne-Röhre, sieht man nur das schwache Leuchten der Gasentladung mit Wellenlängen, die zu Helium und Neon passen.

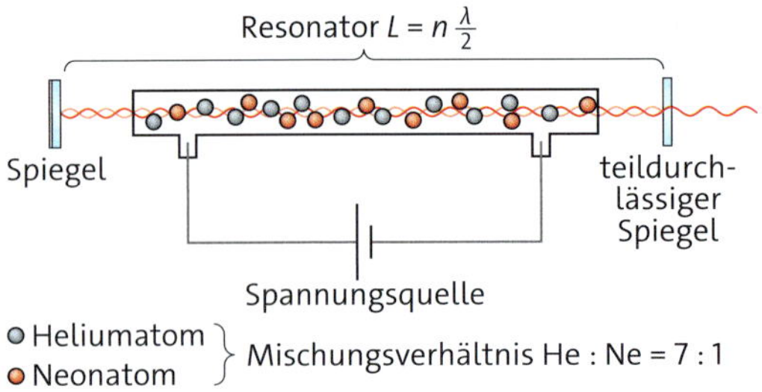

2 Schematischer Aufbau eines He-Ne-Lasers

Aufbau und Funktion des He-Ne-Lasers • Eine typische Laser-Konstruktion ist der He-Ne-Laser. Er erzeugt einen intensiv roten Lichtstrahl. Das Laser-Medium besteht aus einem Gemisch aus Helium- und Neongas in einer Gasentladungsröhre (▸Abb. 1).

Wie in ▸Abb. 2 zu sehen, wird in der He-Ne-Gasmischung durch eine Hochspannung eine Gasentladung gezündet. Durch die Elektronenstöße während einer Gasentladung werden die Helium-Atome in angeregte Zustände versetzt. Einer dieser Zustände, E_{He2} = 20,61 eV, ist zwar metastabil, jedoch würden eintreffende Photonen entsprechender Wellenlänge nach EINSTEINs Theorie zur Absorption und Emission von Licht in gleichem Maße vom Helium-Atom auch absorbiert werden. Es entstünde ein dynamisches Gleichgewicht und die Photonen gingen daher dem Prozess der Vervielfachung verloren.

Der Trick besteht nun in der Beimischung des Neongases, das angeregte Zustände ähnlicher Energie besitzt, z. B. E_{Ne5} = 20,66 eV. Da die Verweildauer der Elektronen im angeregten He-Zustand hinreichend lang ist, kann während dieser Zeit durch zahlreiche Stöße ihre Anregungsenergie auf die Neon-Atome übertragen werden, sodass diese auf bspw. E_{Ne5} angeregt werden. Der Unterschied von 0,05 eV zum Energieniveau E_{Ne5} des Neons (▸Abb. 3) wird durch zusätzliche Bewegungsenergie der Gasatome während der Gasentladung ausgeglichen.

Ist die Stoßrate hoch genug, erreicht man bei den Neon-Atomen eine Besetzungsumkehr, allerdings ist hier nicht das Zwischenniveau metastabil, sondern die oberen Laserniveaus des Neons sind relativ langlebig, die Übergänge erfolgen langsam. Das untere E_{Ne2}-Niveau des Neons ist dagegen sehr kurzlebig, sodass das Elektron in den Grundzustand fällt und das Ne-Atom erneut angeregt werden kann. Dadurch wird die Besetzungsumkehr aufrechterhalten und es kommt auch nicht dazu, dass Elektronen des E_{Ne2}-Niveaus Laserlicht absorbieren und dieses schwächen.

Die Besetzungsinversion bleibt bestehen, solange die Gasentladung anhält. So kann ein kontinuierlicher Laserbetrieb erfolgen.

1 He-Ne Laser mit dem Leuchten der Gasentladung

Die Laserdiode • Zu den heute am weitesten verbreiteten Lasern gehört die Laserdiode. Sie kommt in Laserpointern, Beamern, DVDs- und Blu-Ray-Playern sowie in zahlreichen Messgeräten vor. Der Laserprozess ist der gleiche, findet hier aber direkt im Halbleiter statt. Die Emission von Licht entsteht durch Rekombination von Elektronen und Löchern am Übergang zwischen p- und n-dotiertem Kristall. Die Endflächen des Bauelements sind verspiegelt und bilden den optischen Resonator.

Die Besetzungsinversion lässt sich besonders einfach erreichen, da in einer stromführenden Diode die Niveaus des n-dotierten Halbleitermaterials bei ausreichender Spannung energetisch höher liegen als die des p-dotierten. Durch elektrisches Pumpen mittels eines Gleichstroms in Durchlassrichtung sorgt man für stetigen Nachschub von Elektronen und Löchern, um die Besetzungsinversion aufrechtzuerhalten. Der Pumpstrom, bei dem der Laserbetrieb einsetzt, wird auch als Schwellenstrom bezeichnet. Bei geringerem Strom arbeitet die Diode nur als LED.

1 In der Abb. 3 sind drei mögliche Laser-Übergänge rot eingezeichnet. Begründen Sie durch geeignete Berechnungen, weshalb in der Praxis nur die Wellenlänge 632,8 nm von Bedeutung ist.

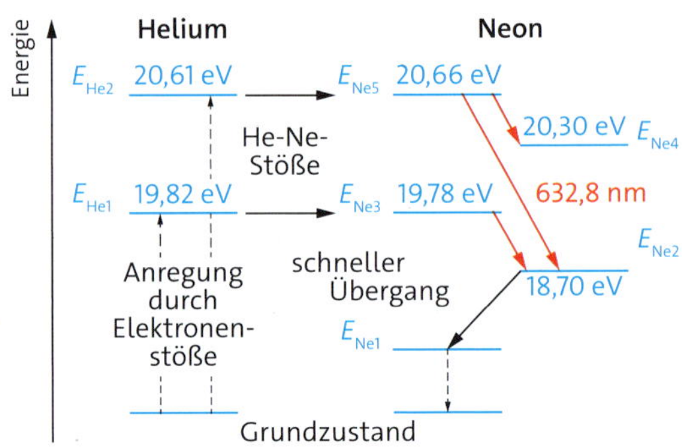

3 Energieniveaus im He und Ne

Versuch A • Laserlicht

V1 Polarisation

Material:
He-Ne-Laser, roter Laserpointer, rote LED, optisches Strichgitter mit $500 \frac{1}{\text{mm}}$, Polarisationsfilter, Blendenhalter für Gitter und Polarisationsfilter, Halterungen für Laser und LED, Schirm, Lineal
Achtung: Blicken Sie nicht in den Laserstrahl, auch nicht in reflektiertes Laserlicht. Richten Sie den Laserstrahl nicht auf andere Personen!

Arbeitsauftrag:
a) Bauen Sie den Laser, das Strichgitter und den Schirm horizontal so auf, dass der Laserstrahl durch das Gitter fällt und auf dem Schirm ein Interferenzbild in einer Größe erzeugt, in der es sich bequem mit dem Lineal vermessen lässt. Ermitteln Sie die Wellenlänge des Laserlichtes.
b) Wiederholen Sie den Versuch mit der roten Leuchtdiode und mit dem roten Laserpointer und deuten Sie die unterschiedlichen Interferenzbilder.
c) Bringen Sie zwischen Laser, Laserpointer bzw. LED und Gitter einen Polarisationsfilter. Beschreiben und deuten Sie die beobachteten Unterschiede. Drehen Sie den Filter.
d) Wiederholen Sie die Versuche aus c) ohne das optische Gitter.
e) Beurteilen Sie die Güte der beiden Laserstrahlen gegenüber der roten LED anhand der gemachten Beobachtungen und recherchieren Sie den Zusammenhang zwischen Kohärenzlänge und Interferenzfähigkeit.

V2 Wellenlängen von Laserpointern

Material:
Verschiedene Laserpointer (möglichst unterschiedlicher Farbe), optisches Strichgitter wie in V1, Schirm, Lineal, Halterungen für die Laserpointer
Achtung: Blicken Sie nicht in den Laserstrahl, auch nicht in reflektiertes Laserlicht. Richten Sie den Laserstrahl nicht auf andere Personen!

Arbeitsauftrag:
a) Bauen Sie den Versuch wie in V1 a) auf. Beurteilen Sie die Güte des jeweiligen Laserstrahls anhand der Breite der Maxima erster Ordnung.
b) Berechnen Sie die jeweiligen Wellenlängen durch Vermessen der Maxima erster Ordnung.

Material A • CO_2-Laser

Ein CO_2-Laser funktioniert praktisch wie ein He-Ne-Laser, nur dass hier CO_2-Gas mit N_2-Gas gemischt ist. Das Stickstoffgas übernimmt die Rolle des He-Gases und Übergänge im CO_2-Molekül erzeugen das Laserlicht. Ein entsprechendes Energieniveauschema ist in der Abbildung dargestellt.

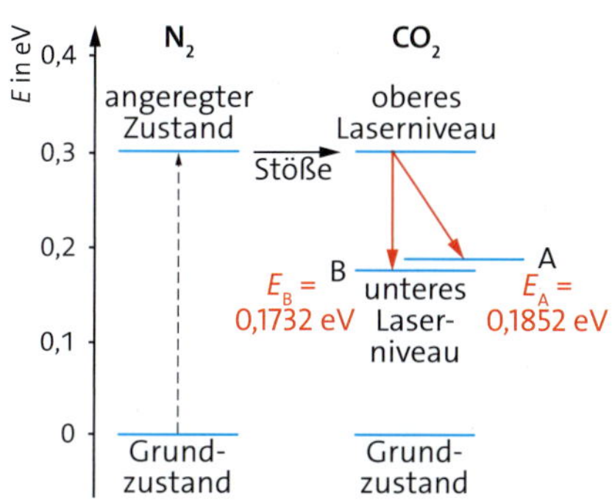

Für die Emission von Laserlicht sind die Übergänge vom oberen zu den beiden unteren Laserniveaus A bzw. B im CO_2-Molekül verantwortlich.

A1 Berechnen Sie, welche Mindestgeschwindigkeit ein stoßendes Elektron haben muss, um beim Stickstoff-Molekül im Grundzustand den Anregungsprozess auszulösen.

A2 Der angeregte Zustand von N_2 liegt $2{,}2 \cdot 10^{-3}$ eV unter dem oberen Laserniveau von CO_2.
a) Erläutern Sie, unter welchen Umständen die Anregung der CO_2-Moleküle durch N_2-Moleküle dennoch energetisch möglich ist.
b) Berechnen Sie die thermische Energie der Gasmoleküle bei Raumtemperatur (20° C bzw. 293 K) mit der Formel $E_{\text{therm}} = \frac{3}{2} kT$ und beurteilen Sie, ob eine Anregung bei Zimmertemperatur möglich ist. (Hinweis: k ist die Boltzmann-Konstante.)

A3 Entscheiden Sie rechnerisch, ob der Laser sichtbares Licht aussenden kann.

A4 Zur Erzeugung eines Laserpulses muss sich eine genügend hohe Anzahl CO_2-Moleküle im oberen Laserniveau befinden. Anschließend fällt innerhalb von $\Delta t = 2{,}2$ ns ein Anteil von 86 % der angeregten Moleküle auf das Laserniveau A zurück, der Rest auf das Laserniveau B. Berechnen Sie, wie viele CO_2-Moleküle angeregt werden müssen, wenn der Laserpuls eine mittlere Leistung von $P = 5{,}0$ kW haben soll.

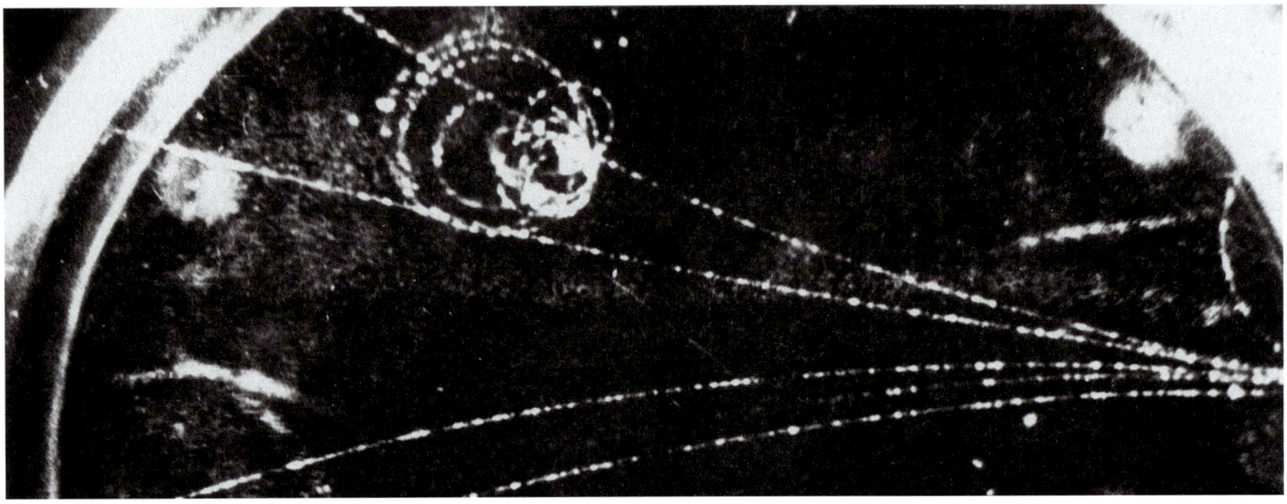

1 Spuren ionisierender Strahlung in einer Nebelkammer

Ionisierende Strahlung

Die Nebelspuren machen den Weg der Strahlung in der Nebelkammer sichtbar und es ist auch zu erkennen, dass es Unterschiede gibt. Doch wie entstehen diese Spuren eigentlich und welche Arten von Strahlung erkennen wir?

Beim übersättigten Dampf sind die thermodynamischen Bedingungen für die Kondensation erreicht. Ohne Kondensationskeime findet aber keine Kondensation statt.

Eine unsichtbare Strahlung • Wahrnehmen können wir die Strahlung nicht, obwohl sie uns ständig umgibt. Es gibt unterschiedliche technische Geräte, die solche Strahlung nachweisen können. Eines ist die Nebelkammer (▸Abb. 1 und 2). Die Nebelkammer enthält ein Gemisch aus Luft und Alkoholdampf oder Wasserdampf. Wenn der Druck vermindert wird, kühlt die Luft ab und es entsteht übersättigter Dampf. Durch die eintreffende Strahlung werden die nötigen Kondensationskeime in Form von Ionen erzeugt, an denen der Dampf kondensieren kann. Es bilden sich feine Tröpfchen, die dann als Nebelspuren sichtbar sind. Man erkennt unterschiedlich lange und auch unterschiedlich dicke Nebelspuren. Diese Nebelspuren weisen ionisierende Strahlung in der Nebelkammer nach.
Die Strahlung kommt teilweise aus radioaktiven Stoffen, diese nennen wir Kernstrahlung oder radioaktive Strahlung. Ionisierende Strahlung aus anderen Quellen, z. B. UV- oder Röntgenstrahlung, ist auch möglich.

Strahlung radioaktiver Stoffe kann Atome und Moleküle ionisieren.

Ionisierende Strahlung im Magnetfeld • Wenn die Nebelkammer vertikal von einem Magnetfeld durchsetzt wird, sind die Nebelspuren unterschiedlich stark und in verschiedene Richtungen gekrümmt (▸Abb. 1). Dieses lässt auf unterschiedliche Strahlungsarten schließen. In einem weiteren Experiment werden wir deshalb anhand des Präparates Radium-226 untersuchen, welche Strahlung sich in einem Magnetfeld ablenken lässt. Aus den Positionen von Zählrohr und Präparat im Magnetfeld können wir die Bahn der Strahlung im Prinzip rekonstruieren (▸Abb. 3).

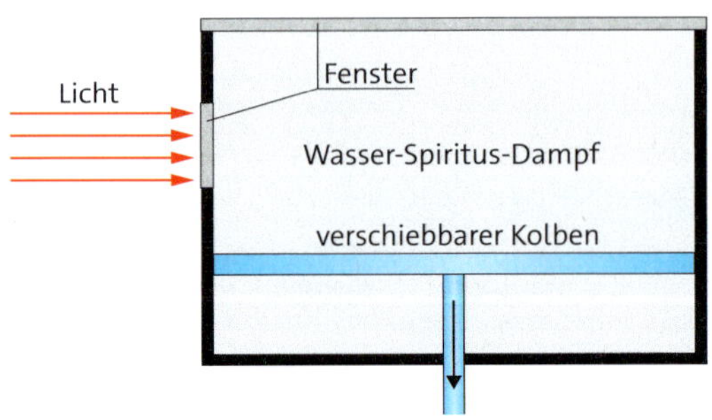

2 Aufbau einer Nebelkammer

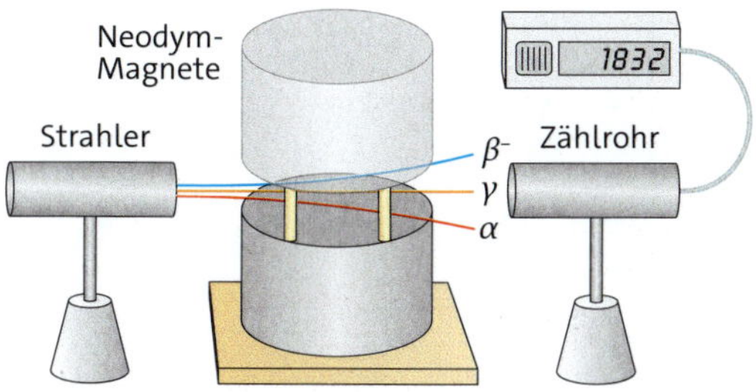

3 Ablenkung von ionisierender Strahlung im Magnetfeld

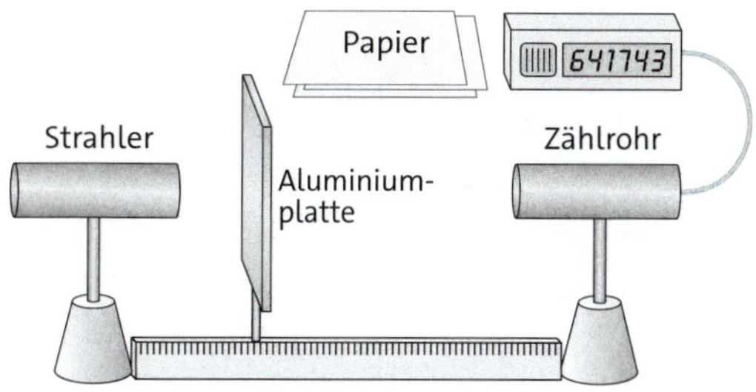

4 Reichweite der ionisierenden Strahlung

Bewegte elektrisch geladene Teilchen werden im Magnetfeld abgelenkt. Es gibt aber auch Kernstrahlung, die sich ebenso wie Röntgenstrahlung durch Magnetfelder nicht beeinflussen lässt. Daraus schließen wir, dass die nicht abgelenkte ionisierende Strahlung keine elektrische Ladung trägt. Diese Strahlung heißt γ-Strahlung.
Zur Identifizierung der Ladungsart der abgelenkten Strahlung nutzen wir die Drei-Finger-Regel der linken Hand. Bei einer weiteren Strahlungsart deutet die Richtung der Ablenkung auf eine positive elektrische Ladung hin, diese heißt α-Strahlung. Die dritte muss aufgrund der Richtung ihrer Ablenkung eine negative Ladung tragen. Dies ist die β^--Strahlung (▸Abb. 3).

Abschirmung von Strahlung • In einer Versuchsreihe mit Radium-226 untersuchen wir die abschirmende Wirkung verschiedener Materialien auf ionisierende Strahlung. Dafür stellen wir Platten aus verschiedenen Metallen, Kunststoffen oder auch Papier vor den Detektor (▸Abb. 4). Wir erkennen, dass die Strahlungsarten durch verschiedene Materialien abgeschirmt werden (▸Abb. 5): α-Strahlung lässt sich schon durch Papier abschirmen und β-Strahlung durch Aluminium. γ-Strahlung wird erst durch dicke Bleiplatten absorbiert und lässt sich auch noch nach mehreren Metern in Luft nachweisen.

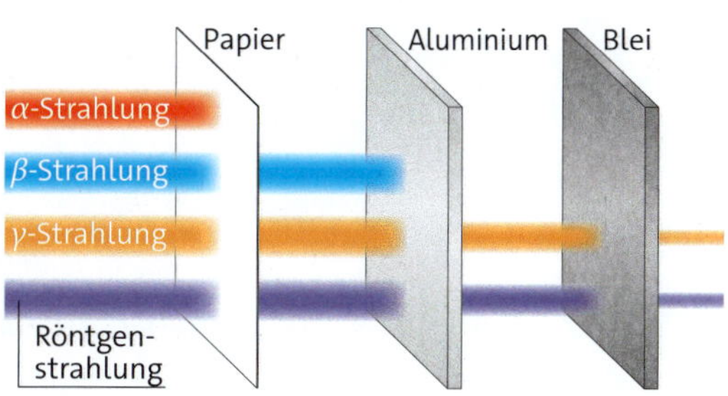

5 Durchdringungsvermögen der Strahlung von Ra-226

Elektrisch geladene Teilchen werden aufgrund der Lorentz-Kraft im Magnetfeld abgelenkt. Diese Gesetzmäßigkeit kann zur Analyse radioaktiver Strahlung genutzt werden.

Reichweite • Die Reichweite radioaktiver Strahlung im Vakuum ist unendlich. Dies gilt für alle drei Strahlungsarten. In einer weiteren Versuchsreihe bestimmen wir die Reichweiten ionisierender Strahlung in Luft. Die Reichweite von α-Strahlung in Luft ist kleiner als 10 cm (▸Abb. 6).
Statt mit der Nebelkammer können wir die Reichweite auch mit dem Geiger-Müller-Zählrohr bestimmen. Dazu ermitteln wir die Zählrate Z für verschiedene Abstände. Die Zählrate gibt an, wie viele Teilchen pro Zeit registriert werden.
Bei einem Experiment mit Strontium-90, einem β^--Strahler, stellen wir fest, dass wir nach 8 bis 10 m Entfernung keine signifikanten Messwerte mehr aufnehmen können. β^--Strahlung kann also bis zu 10 m in Luft zurücklegen.

γ-Strahlung wird in Luft fast gar nicht absorbiert, deshalb gibt es bei γ -Strahlung keine Reichweite, wie bei α-Strahlung und β^--Strahlung, sondern nur eine Verteilung im Raum.

Für die Strahlungsarten gibt es sowohl die Schreibweisen α-Strahlung, β-Strahlung, γ-Strahlung wie auch Alphastrahlung, Betastrahlung, Gammastrahlung.

6 α-Strahlung in der Nebelkammer

r in cm	5	7,5	10	12,5	15	17,5	20	22,5	25	27,5	30
Impulse pro min	352	167	107	63	47	44	40	39	35	30	28
Zählrate pro min	332	147	87	43	27	24	20	19	15	10	8

1 Messreihe zum Abstandsgesetz (Zählrate mit Berücksichtigung der Nullrate)

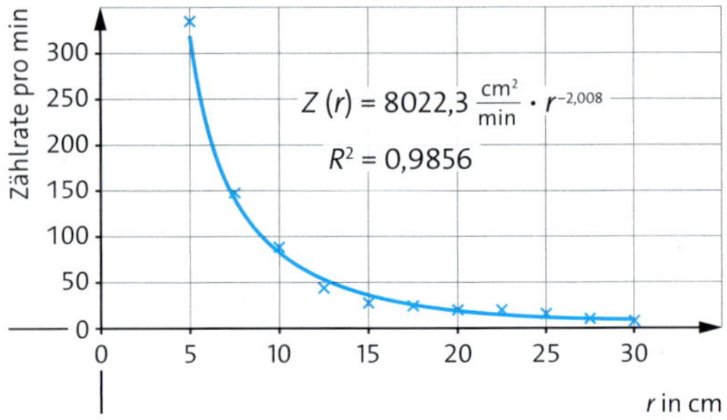

2 Diagramm zur Reichweite in Luft und Regression

d in mm	0	2	4	6	8	10	12	14	16	18	20
Zählrate pro min	1832	1138	840	718	564	420	408	352	276	212	164

3 Messreihe zur Bestimmung der Halbwertsdicke (ohne Berücksichtigung Nullrate)

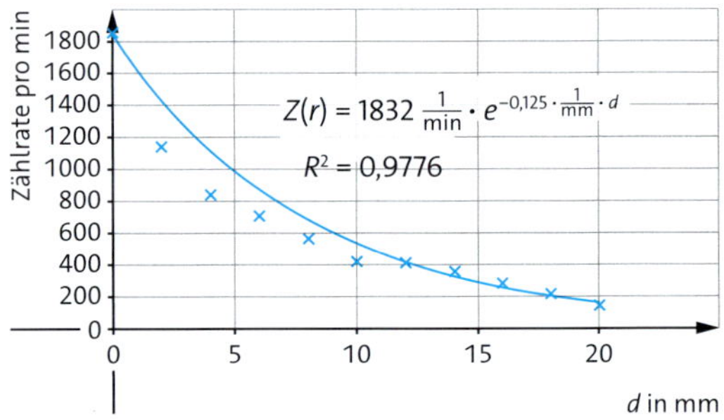

4 Diagramm zur Bestimmung der Halbwertsdicke

Bei der Messreihe zur Reichweite müssen die Nullrate und die Totzeit des Zählrohrs berücksichtigt werden.

Ungestörte Ausbreitung im Raum • Da γ-Strahlung keine Reichweite wie α-Strahlung aufweist, können wir bei ihr sinnvoll eine Abstandsabhängigkeit untersuchen. Wir führen dazu eine Messreihe mit einem γ-Strahler durch (▸Tabelle 1) und stellen die Zählrate in Abhängigkeit vom Abstand *r* in einem Diagramm dar (▸Abb. 2).
Den funktionalen Zusammenhang ermitteln wir durch die Auswertung der Daten in ▸Tabelle 1. Wir erkennen, dass die Zählrate proportional zu $\frac{1}{r^2}$ ist und können dies auch durch eine Regression (▸Abb. 2) zeigen.

Die Zählrate von γ-Strahlung nimmt mit dem Quadrat des Abstandes in Luft ab. Dieses Abstandsgesetz gilt sogar im Vakuum. Es gilt: $Z(r) \sim \frac{1}{r^2}$. Hierbei ist $Z(r)$ die Zählrate in Abhängigkeit vom Abstand.

Halbwertsdicke • Wegen der unendlichen Reichweite von γ-Strahlung schirmt man diese häufig ab. Wenn wir bei gleichbleibendem Abstand zwischen Quelle und Zählrohr sukzessive Platten aus Blei gleicher Dicke im Strahlengang positionieren, erkennen wir eine Abnahme der Zählrate (▸Tabelle 3). Jede Schicht gleicher Dicke nimmt den gleichen Prozentsatz heraus. Dies lässt auf einen exponentiellen Zusammenhang schließen.

Daher wird häufig die Halbwertsdicke d_H bestimmt. Dies ist die Dicke eines Materials, bei der die gemessene Strahlung die Hälfte des ursprünglichen Werts erreicht.
Cäsium-137 ist ein β^--Strahler, dessen Folgeprodukt Ba-137 sich durch γ-Strahlung in das stabile Barium-137 umwandelt. Wir bestimmen zunächst die Zählrate bei Cäsium-137 ohne Aluminiumplatte. Dies ist der Anfangswert Z_0. Dann erhöhen wir die Anzahl der Platten und damit die Dicke schrittweise. Mittels Regression (▸Abb. 4) finden wir die zugehörige Funktion für unser Beispiel:

$$Z(d) = 1832\,\frac{1}{\text{min}} \cdot e^{-0{,}125 \cdot \frac{1}{\text{mm}} \cdot d} = 1832\,\frac{1}{\text{min}} \cdot 2^{-\frac{d}{5{,}55\,\text{mm}}}$$
$$= 1832\,\frac{1}{\text{min}} \cdot e^{-\frac{\ln 2}{5{,}55} \cdot d \cdot \frac{1}{\text{mm}}}$$

Allgemein gilt:

$$Z(d) = Z_0 \cdot 2^{-\frac{d}{d_H}} = Z_0 \cdot e^{-\frac{\ln 2}{d_H} \cdot d}.$$

Die Halbwertsdicke für unseren Strahler ist also 5,5 mm.

α-Strahlung • Wir wissen, dass α-Strahlung elektrisch positiv geladen ist und durch Papier abgeschirmt wird. Durch Untersuchung mit dem Massenspektrometer kann man zeigen, dass α-Teilchen dieselbe Masse haben wie Helium-Kerne. Daher wissen wir, dass **α-Strahlung** aus Helium-Kernen besteht (▸Abb. 5). Das Symbol für Helium-Kerne $^{4}_{2}\mathrm{He}$ kennen wir. Wenn wir den α-Strahler Radium-226 untersuchen, stellen wir bei der Kernumwandlung fest, dass ein neues chemisches Element entsteht, und zwar Radon. Damit lässt sich die Reaktionsgleichung aufstellen:

$$^{226}_{88}\mathrm{Ra} \rightarrow {}^{222}_{86}\mathrm{Rn} + {}^{4}_{2}\mathrm{He}.$$

α-Strahlung besteht aus Helium-Kernen. Sie wird im elektrischen und im magnetischen Feld abgelenkt.

β-Strahlung • Wir wissen, dass β⁻-Strahlung elektrisch negativ geladen ist und durch Aluminiumfolie abgeschirmt werden kann. Es liegt nahe, dass sie aus Elektronen besteht. In der Nebelkammer gibt es Spuren, die genauso aussehen wie die der Elektronen, aber andersherum gekrümmt sind, also auf positive Ladung hindeuten. Dies sind Spuren von Positronen. Positronen sind die Antiteilchen der Elektronen.

Impuls- und Energieerhaltung erfordern beim β-Zerfall weitere Teilchen. Dies sind Neutrino (ν) und Antineutrino ($\overline{\nu}$), die ebenfalls ein Paar aus Teilchen und Antiteilchen bilden.

β⁻-Zerfall ist das Aussenden eines Elektrons und eines Antineutrinos aus einem Atomkern (▸Abb. 5). Wie kann aber ein positiv geladener Kern Elektronen und Antineutrinos aussenden? Im Atomkern eines β⁻-Strahlers wird ein Neutron in ein Proton, ein Elektron und ein Antineutrino umgewandelt. Auch beim β⁻-Zerfall bleibt die Ladungsmenge insgesamt erhalten. Das Elektron wird abgestrahlt, das Proton bleibt im Kern:

$$^{1}_{0}\mathrm{n} \rightarrow {}^{1}_{1}\mathrm{p} + {}^{0}_{-1}\mathrm{e} + \overline{\nu}.$$

Ein Beispiel ist das Cäsiumnuklid Cs-137:

$$^{137}_{55}\mathrm{Cs} \rightarrow {}^{137}_{56}\mathrm{Ba} + {}^{0}_{-1}\mathrm{e} + \overline{\nu}.$$

Die Reaktionsgleichung zeigt, dass sich auch β⁻-Strahler in neue Elemente umwandeln. In dem Beispiel entstehen aus Cäsium das Element Barium sowie β⁻-Strahlung.

β⁻-Strahlung besteht aus Elektronen. Sie wird im elektrischen und magnetischen Feld abgelenkt.

Als β⁺-Zerfall wird das Aussenden eines Positrons und eines Neutrinos aus einem Atomkern bezeichnet (▸Abb. 5). Im Atomkern eines β⁺-Strahlers wird ein Proton in ein Neutron, ein Positron und ein Neutrino umgewandelt. Das Positron wird abgestrahlt, das Neutron bleibt im Kern:

$$^{1}_{1}\mathrm{p} \rightarrow {}^{1}_{0}\mathrm{n} + {}^{0}_{+1}\mathrm{e} + \nu.$$

Auch wenn sich beim β-Zerfall Protonenzahl und Neutronenzahl ändern, bleibt die Nukleonenzahl als Ganzes wie bei jeder Kernreaktion erhalten.

γ-Strahlung • Sowohl bei α- als auch bei β-Strahlung werden bei der Umwandlung von Atomkernen Teilchen abgestrahlt. Im Unterschied dazu besteht die γ-Strahlung aus Photonen (▸Abb. 5). Deshalb ändert sich auch weder die Protonen- noch die Nukleonenzahl, wie das folgende Beispiel zeigt:

$$^{222}_{88}\mathrm{Ra} \rightarrow {}^{222}_{88}\mathrm{Ra} + \gamma.$$

Diese Strahlung entsteht im Gegensatz zu Licht häufig im Atomkern. Durch sie kommt der Kern wieder in einen energetisch günstigeren Zustand. γ-Strahlung tritt meist im Nachgang zu α- oder β-Strahlung auf.

γ-Strahlung hat ein wesentlich höheres Durchdringungsvermögen als α- oder β-Strahlung. Sie durchdringt sogar Blei oder meterdicke Wände aus Beton. Alle beschriebenen Zerfälle sind natürliche Kernreaktionen.

γ-Strahlung besteht aus Photonen. Sie wird weder in elektrischen noch in magnetischen Feldern abgelenkt.

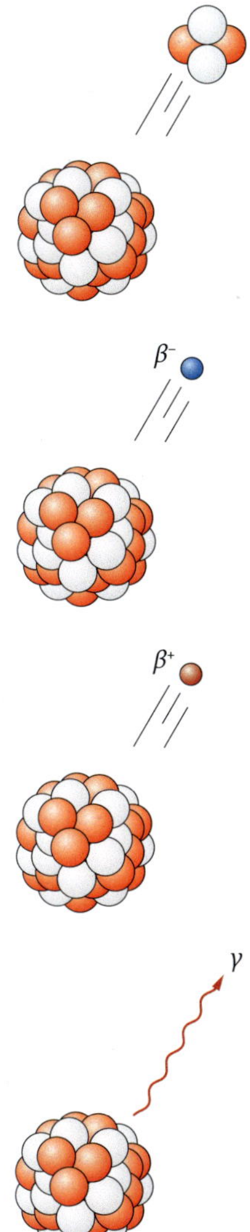

5 Von oben nach unten: α-Strahler, β⁻-Strahler, β⁺-Strahler, γ-Strahler

Es gibt Paare von Teilchen und Antiteilchen. Diese haben gleiche Masse. Wenn sie Ladung aufweisen, ist diese entgegengesetzt.

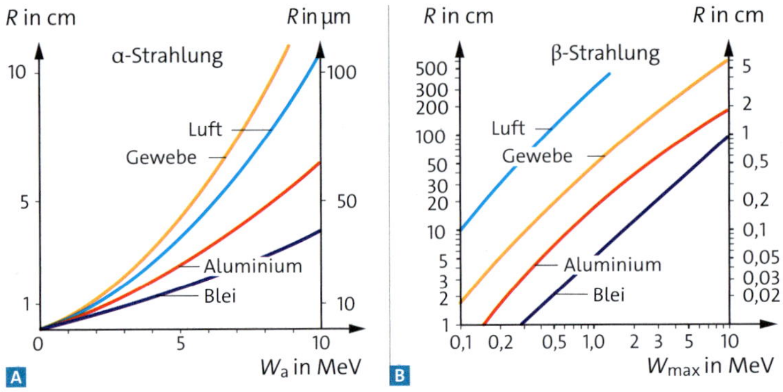

1 Reichweiten von Strahlung in verschiedenen Stoffen
A α-Strahlung,
B β-Strahlung;
linke Hochachse: Luft;
rechte Hochachse: übrige Materialien

Röntgenstrahlung • Röntgenstrahlung ist wie γ-Strahlung elektromagnetische Strahlung. Sie besitzt aber weniger Energie und entsteht in Atomen vor allem in der Atomhülle.

Strahlung mit unterschiedlicher Energie • Vergleicht man die Spuren in der Nebelkammer direkt, fällt auf: Die Spuren haben unterschiedliche Dicke, Länge und Krümmung. Die unterschiedlich langen Nebelspuren lassen auf unterschiedliche Reichweiten und Energien der Strahlung schließen. ▸Abb. 1 zeigt die Reichweiten von α- und β-Strahlung in verschiedenen Materialien abhängig von der Energie der Strahlung. Offenbar hat β-Strahlung eine deutlich größere Reichweite als α-Strahlung.

β^--Strahlung und β^+-Strahlung werden zusammengefasst als β-Strahlung bezeichnet.

Kürzere, dickere Nebelspuren sind demnach die der α-Strahlung, β-Strahlung verursacht dünnere, längere Spuren. Dies deutet auf eine hohe Ionisationsfähigkeit der α-Strahlung hin. γ-Strahlung in einer Nebelkammer nachzuweisen gelingt in der Regel nicht, da kaum Wechselwirkung mit den Atomen in der Nebelkammer stattfindet.
Die Nebelkammer liefert nur qualitative, aber keine quantitativen Ergebnisse, deshalb ist eine Energiemessung nicht möglich. Dafür eignet sich z. B. der Halbleiterdetektor. Mit einem passend dimensionierten Halbleiterdetektor kann jede Art von Strahlung nachgewiesen und die Energie bestimmt werden.

Halbleiterdetektor • Der Halbleiterdetektor (▸Abb. 2) ist ein Strahlungsnachweisgerät für geladene Teilchen und ionisierende Strahlung. Er ist wie eine Halbleiterdiode aufgebaut. Diese ist in Sperrrichtung gepolt. Dadurch befindet sich in der Mitte die Sperrschicht, eine Schicht ohne freie Ladungsträger. Wenn ionisierende Strahlung in diese Schicht eintritt, werden durch Ionisation paarweise Elektronen und Löcher in der Sperrschicht der Halbleiterdiode erzeugt.
Da beide Seiten der Sperrschicht ungleich geladen sind, streben die entstandenen freien Ladungsträger in unterschiedliche Richtungen. Das bewirkt einen Stromstoß, der am Widerstand einen Spannungsimpuls hervorruft. Die Anzahl der paarweise erzeugten Elektronen und Löcher ist proportional zur Energie der absorbierten Teilchen. Mit Halbleiterdetektoren kann nicht nur die Energie der Strahlung gemessen werden. Da die Detektoren sehr klein sind, kann die Strahlung auch genauer geortet werden. Mehrere Detektoren ermöglichen es, die Verbreitung der Strahlung im Raum zu messen. Die geringe Größe hat zudem den Vorteil, dass nur ein sehr geringer Anteil der kosmischen Strahlung aus der Umgebung registriert wird.

α-Teilchen im Halbleiterdetektor • Wenn ein α-Teilchen in die Grenzschicht eintritt, erzeugt es Ladungsträger durch Ionisation. Dabei wird die vollständige Energie des α-Teilchens genutzt. Die α-Teilchen werden vollständig absorbiert. Der Halbleiterdetektor hat ein hohes Zeitauflösungsvermögen und ein gutes Signal-Rausch-Verhältnis. Dies ist eine Besonderheit bei α-Strahlung, da eine hohe Wechselwirkung auftritt. Halbleiterdetektoren haben dadurch für α-Strahlung eine Nachweiseffektivität von nahezu 1.

1 Vergleichen Sie die drei Strahlungsarten. Nutzen Sie dazu eine Tabelle.

2 Vergleichen Sie die Nebelkammer, das Geiger-Müller-Zählrohr und den Halbleiterdetektor. Beschreiben Sie die Vorteile der Geräte.

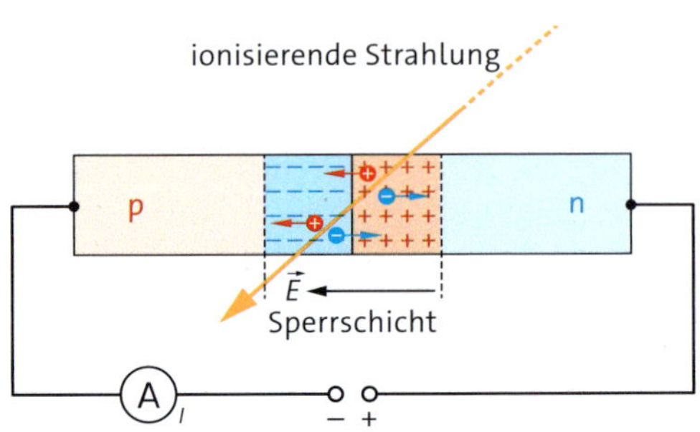

2 Halbleiterdetektor

Das Geiger-Müller-Zählrohr

Aufbau des Geiger-Müller-Zählrohres • Das Zählrohr ist ein Metallrohr, in dessen Mitte sich ein Draht befindet (▸Abb. 2). Dieser Draht ist vom Rohr elektrisch isoliert. Zwischen Metallrohr und Draht ist eine Spannung von 200 V bis 600 V angelegt, sodass der Draht positiv und das Metallrohr negativ geladen ist. Damit wirkt der Draht als Anode und das Rohr als Kathode.

Das Geiger-Müller-Zählrohr ist mit Edelgas gefüllt. Ein dünnes Fenster vorne am Rohr lässt die verschiedenen Strahlungsarten durch und hält das Gas im Zählrohr.

Funktionsweise • Die Strahlung gelangt durch das Fenster in das Zählrohr und ionisiert das Gas. Dabei entstehen Elektron-Ion-Paare. Die frei gewordenen Elektronen werden von der Anode angezogen und die positiven Ionen von der Kathode, sodass diese zum Metallrohr gelangen. Die Elektronen werden auf dem Weg zur Anode beschleunigt, wobei sie mit anderen Gasatomen zusammenstoßen. Bei den Stößen geben sie einen Teil ihrer Bewegungsenergie an die Atome ab. Dabei entstehen neue Elektron-Ion-Paare und es entwickelt sich eine Elektronenlawine, die sich zur Anode bewegt.
Durch das Zählrohr und den in Reihe geschalteten Widerstand fließt also kurzzeitig ein Strom. Dieser Strom verursacht einen kurzzeitigen Spannungsabfall, der verstärkt und anschließend vom Zähler registriert wird. Zusätzlich zum Zähler kann man einen Lautsprecher anschließen, der die Spannungsimpulse hörbar macht (▸Abb. 2).

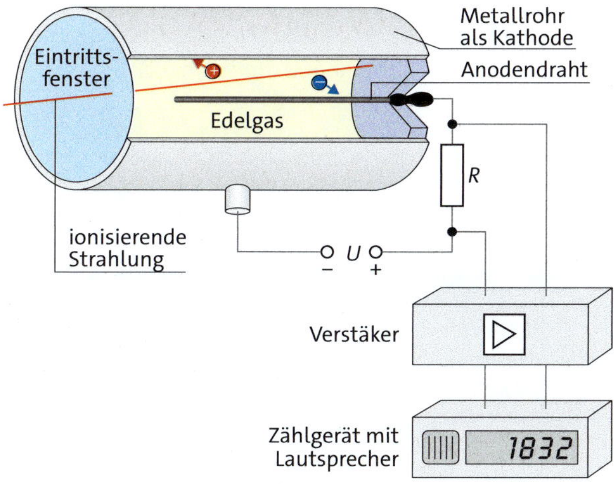

2 Aufbau des Geiger-Müller-Zählrohrs

Mit dem Zählrohr sind alle drei Strahlungsarten nachweisbar, jedoch mit unterschiedlicher Wahrscheinlichkeit: Für α- und β-Strahlung ist eine hohe Ansprechwahrscheinlichkeit vorhanden, γ-Strahlung ist nur zu 1 % nachweisbar.

Totzeit • Während die Elektronen zum Metalldraht gelangen, bewegen sich die positiven Ionen zum Metallrohr. Da die Elektronen aber viel leichter und kleiner sind als die Ionen, gelangen sie schneller zum Draht als die Ionen zum Metallrohr. Die entstandenen Ionen bleiben daher länger in der Nähe ihres Entstehungsortes.
Da die Elektronenlawinen überwiegend in der Nähe des Drahtes entstehen, bilden die Ionen deshalb eine Wolke um den Draht, während die beweglicheren Elektronen den Draht rasch erreichen und seine Ladung neutralisieren. Damit wirkt nicht mehr der Draht als positiver Pol auf die Elektronen, sondern die Ionenwolke. Somit können sich in Drahtnähe keine Elektronenlawinen mehr bilden. Deshalb können den Draht keine Elektronen mehr erreichen und es werden keine Spannungsimpulse mehr ausgelöst.

Erst wenn alle positiven Ionen das Rohr erreicht haben und der Weg zum Draht frei ist, können die Elektronen wieder zum Metalldraht gelangen. Den Zeitraum, in dem keine weiteren ionisierten Atome registriert werden können, nennt man Totzeit. Ein typischer Wert für die Totzeit ist 100 µs.
Entsprechend ist die angezeigte Zählrate ein qualitativer Nachweis von Strahlung. Um quantitative Messungen möglich zu machen, müsste man die Totzeit und die Nullrate berücksichtigen.

Nullrate • In unserer Umwelt ist ständig ionisierende Strahlung vorhanden, die natürlich auch vom Zählrohr registriert wird. Dieses immer vorhandene Strahlungsniveau wird als Nullrate bezeichnet.

1 Begründen Sie geometrisch die Aussage:
Bei zweifacher Entfernung beträgt die Zählrate $\frac{1}{4}$ ihres ursprünglichen Werts.

Versuch A • Natürliche Radioaktivität in Gebäuden

V1 Messung der Radioaktivität

Material:
Luftballon, Bindfaden, Wolltuch oder Folie für Tageslichtprojektor, Zählrohr, Stoppuhr.

Arbeitsauftrag:
a) Bestimmen Sie zu Beginn mit dem Zählrohr die Nullrate (30 s).
b) Reiben Sie den aufgeblasenen Luftballon mit dem Wolltuch oder der Folie. Er ist jetzt elektrisch geladen. Hängen Sie den Ballon an der Raumdecke auf. Achten Sie darauf, dass der Ballon sich nicht entladen kann, und lassen Sie ihn für ca. 30 min dort hängen.
c) Nehmen Sie den Ballon ab, lassen Sie die Luft heraus und bringen Sie die leere Ballonhülle sofort direkt vor das Eintrittsfenster des Zählrohrs. Bestimmen Sie die Zählrate (30 s).

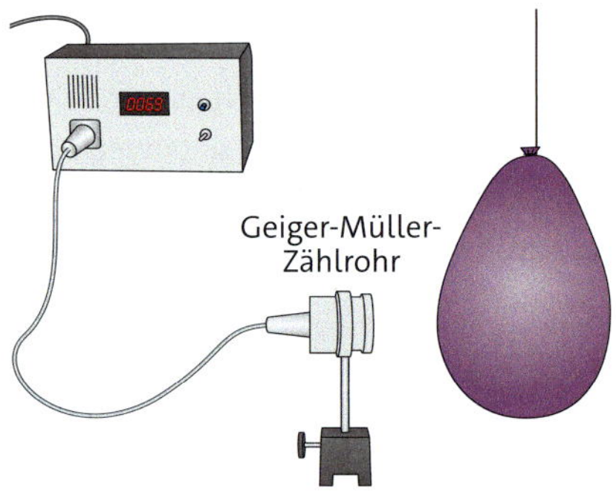

d) Wiederholen Sie die Messung der Zählrate unmittelbar danach. Halten Sie jetzt aber ein Blatt Papier zwischen Zählrohr und Ballonhaut.
e) Wiederholen Sie die Messungen aus den Aufgabenteilen c) und d) nach 10 min.
f) Ziehen Sie von allen Messwerten jeweils die Nullrate ab und stellen Sie die Ergebnisse in einer Tabelle dar.
g) Interpretieren Sie Ihre Ergebnisse. Stellen Sie eine Vermutung über die Strahlenart auf. Erklären Sie, warum es wichtig ist, zur Messung die Luft aus dem Ballon herauszulassen.

Material A • Diagnose mithilfe von Röntgenstrahlung

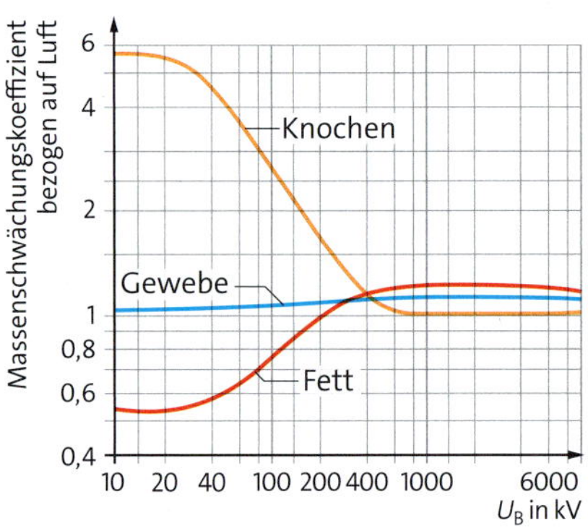

Mit Röntgenstrahlung lassen sich Bilder vom Körperinneren aufnehmen, weil Knochen und Gewebe Röntgenstrahlung unterschiedlich gut hindurchlassen. Wie stark Fett, Knochen und Muskeln Röntgenstrahlung absorbieren, hängt von der Strahlungsenergie ab.

A1 a) „Harte" (energiereiche) Röntgenstrahlung ermöglicht kurze Belichtungszeiten. Betrachten Sie die Abbildung und begründen Sie, wie hart die Strahlung gewählt werden sollte, wenn Knochen bzw. Organe untersucht werden sollen.
b) Der Darm lässt sich von dem Gewebe, das ihn umgibt, kaum unterscheiden. Deshalb spritzt man dem Patienten ein Kontrastmittel. Welche Eigenschaften muss das Kontrastmittel haben?

Material B • Strahlung im elektrischen Feld

B1 Mischstrahler senden gleichzeitig α-, β- und γ-Strahlung aus. Die Abbildung zeigt die Wege der Strahlung eines Mischstrahlers im elektrischen Feld.
Ordnen Sie den Strahlungsarten den zugehörigen Weg zu. Begründen Sie Ihre Entscheidung.

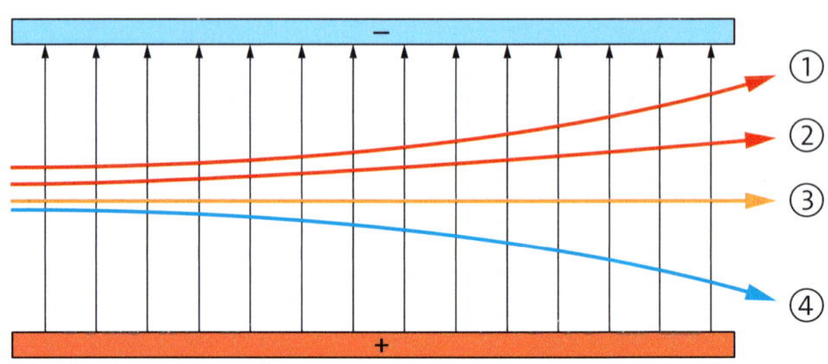

BLICKPUNKT

Biologische Strahlenwirkung und Strahlenschutz

Zelluläre Strahlenwirkung • Strahlung erzeugt biologische Schäden durch Ionisation und damit Veränderungen von Molekülen in Zellen. Alle biologischen Molekülklassen sind betroffen: z. B. die Erbsubstanz DNA, Proteine als Strukturelemente und vor allem als zelluläre Maschinerie (Enzyme) sowie das Zellwasser. Letzteres ist in großer Menge in Zellen vorhanden und wird daher am häufigsten ionisiert. Die entstehenden Radikalmoleküle schädigen dann wiederum die anderen zellulären Molekülarten. Schäden an Enzymen und vor allem der Erbsubstanz sind besonders gefährlich, da diese alle Zellabläufe steuern. In eigenen Körperzellen nennt man dies somatische Schäden, in Zellen ungeborener Kinder teratogene Schäden. Mutationen an der DNA von Keimzellen können vererbt werden (genetische Schäden). Ist eine Zelle sehr schwer geschädigt, kann der genetisch programmierte Zelltod ausgelöst werden, damit die Zelle z. B. nicht zur Krebszelle wird.

Einfluss von Strahlungsarten und Gewebetypen • Die Strahlungsarten unterscheiden sich in ihrem Schadenspotenzial: α-Strahlung hat keine große Reichweite aufgrund der starken Wechselwirkung mit Luft oder anderer Materie. Aus demselben Grund ist ihre Schadenswirkung sehr groß. Auf dem Weg durch das Gewebe kann ein α-Teilchen viele tausend Ionisationen hervorrufen: Ihre große Masse und die doppelte elektrische Ladung sorgen für ihre Ionisationsfähigkeit. β-Strahlung hat eine größere Reichweite, was aber auch bedeutet, dass die Teilchen seltener mit Materie wechselwirken. Vor allem sind die β-Elektronen im Vergleich sehr leicht und nur einfach elektrisch geladen, daher haben sie ein geringeres Ionisations- und damit Schadenspotenzial. Aber auch β-Teilchen erzeugen viele Ionisationen auf ihrem Weg. Dagegen kann γ-Strahlung als elektromagnetisches Wellenpaket meist nur einmal mit Materie wechselwirken, weil sie dabei absorbiert wird. Ihre Durchdringungsfähigkeit ist hoch, ihr Schadenspotenzial ähnlich dem von β-Strahlung, da bei der einmaligen Wechselwirkung ebenfalls schädliche Sekundärelektronen erzeugt werden können.

Deterministische und stochastische Schäden • Die akut auftretenden Symptome von Verstrahlungen wie Verbrennungen oder Strahlenkrankheit (Übelkeit, Fieber, Kopfschmerzen etc.) nennt man deterministische Schäden, da sie jeweils bei einer bestimmten Strahlungsmenge recht gut vorhersagbar, also determiniert auftreten. Sie basieren hauptsächlich auf absterbenden Zellen aufgrund massiver Zerstörungen an Erbsubstanz oder Zellmaschinerie.
Krebs ist hauptsächlich eine Folge von vielen Einzelschäden an der Erbsubstanz (Mutationen). Die meisten solcher Schäden haben keine physiologische Konsequenz und sehr selten löst eine einzelne Mutation Krebs aus. Häufen sich Mutationen in einer Zelle – auch über längere Zeit – können sie zu Krebs führen, wenn verschiedene für die Zellteilung oder Reparaturen zuständige Mechanismen betroffen sind. Da Einzelmutationen bei jeder Strahlendosis (und auch aus anderen Gründen) auftreten können, sind Schäden aufgrund von Mutationshäufungen nicht genau vorhersagbar, es sind stochastische Schäden.

Dosimetrie • Es existiert ein abgestuftes System von Messgrößen, um das Schadenspotenzial von Strahlung zu quantifizieren (Dosimetrie). Die eigentlich für die Schäden verantwortliche Größe, die Zahl der Ionisationen, wird zwar z. B. mittels Zählrohren gemessen, aber nicht in der Dosimetrie verwendet. Stattdessen wird die in die Gewebemasse eingetragene Energie betrachtet, die proportional zur Ionisationszahl ist.
Die Energiedosis $D = \frac{E}{m}$ wird in der Einheit $[D] = 1\,\frac{\text{J}}{\text{kg}} = 1\,\text{Gy}$ (Gray) gemessen. Multipliziert man die Energiedosis mit einem einheitenlosen Strahlungswichtungsfaktor w_R (α-Strahlung: $w_R = 20$, β- und γ-Strahlung: $w_R = 1$), erhält man die Äquivalentdosis $H = w_R \cdot D$, Einheit $[H] = 1\,\frac{\text{J}}{\text{kg}} = 1\,\text{Sv}$ (Sievert). Diese kann auch für ein bestimmtes Organ mit der Masse m_T als Teilkörperdosis $H_T = w_R \cdot \frac{E_T}{m_T} = w_R \cdot D_T$ berechnet werden. Um die unterschiedliche Empfindlichkeit der Organe zu berücksichtigen, wird bei der Effektivdosis E noch ein Gewebewichtungsfaktor w_T berücksichtigt. Die Summe dieser Faktoren für alle Gewebe ergibt 1. So kann für den Ganzkörper die Effektivdosis als Summe der gewichteten Teilkörperdosen angegeben werden: $E = \sum w_T \cdot H_T$. Für die Einheiten gilt ebenfalls $[H_T] = [E] = 1\,\text{Sv}$.

Strahlenschutz • Um sich vor Strahlung zu schützen, können bereits einfache Regeln helfen (6-A-Regeln): Abstandsgebot, Abschirmgebot, Arbeitszeitminimierung, Aktivitätsminimierung, Aufnahmeverbot für Nahrung und Getränke, Ausbildung für alle Beteiligten.

1 Ein Potenzialtopfmodell

Nukleonen im Potenzialtopf

Das Konzept des Potenzialtopfs hat uns schon in der Atomhülle weitergeholfen. Wir können es auch auf den Atomkern übertragen. Wie hilft uns das Modell des Potenzialtopfs weiter?

Kernkraft • Das Modell des Potenzialtopfs haben wir schon für Elektronen nutzen können. Wenn im Kern jedoch ebenfalls nur die elektrische Kraft vorläge, wäre der Kern nicht stabil, weil die Protonen sich abstoßen. Es muss also noch eine weitere Kraft wirken, die Kernkraft.

Der einfachste Potenzialtopf • Die grundlegenden Annahmen, die für den Potenzialtopf gebraucht werden, sind die Tiefe des Potenzialtopfes und die Breite. Als einfachster Fall kann ein Rechteck als Potenzial (▸Abb. 2) gewählt werden. Diese Form ist durch Streuversuche bestätigt. Bei den Streuversuchen wurde darauf geachtet, dass die Teilchen nicht nur außen am Kern vorbei oder durch die Atomhülle, sondern auch durch den Kern geschossen wurden. Wenn die halbe Breite des Potenzialtopfes kleiner als der Kernradius ist, ist das Potenzial E_0 und sonst 0 (▸Abb. 2). Das Nukleon kann also nicht über den Kernradius hinausgelangen, da es im Kern gebunden ist. Innerhalb ihres Potenzialtopfes können sich die Nukleonen jedoch unabhängig voneinander frei bewegen, wobei sie keine Energie verlieren dürfen, auch nicht durch Stöße.

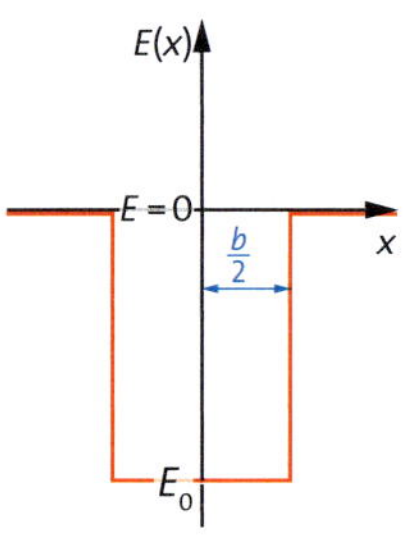

2 Einfacher Potenzialtopf

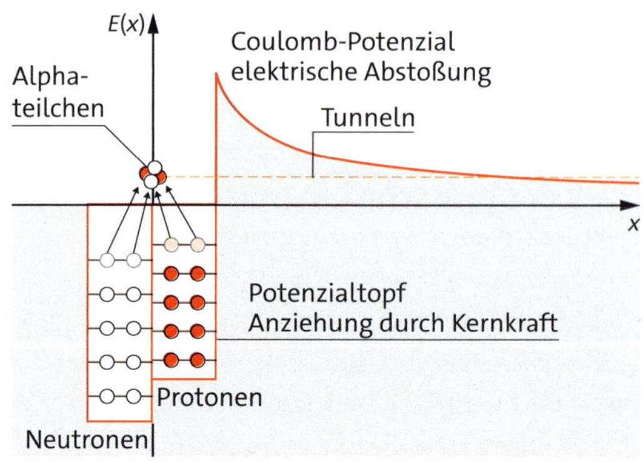

3 α-Zerfall im Modell des Potenzialtopfs

Potenzialtopf für Neutronen und Protonen • Auch Nukleonen nehmen nur ganz bestimmte Energiezustände ein. Wir modellieren den Atomkern mit zwei separaten Potenzialtöpfen für Protonen und Neutronen (▸Abb. 1). Diese können aufgrund des Pauli-Prinzips höchstens zwei Protonen bzw. Neutronen auf je einem Energieniveau enthalten. Diese Nukleonen sind in ▸Abb. 1 nebeneinander dargestellt. Wir übertragen unser Wissen von den Energieniveaus in der Atomhülle auf den Atomkern.

Man kann den Atomkern mit zwei getrennten Potenzialtöpfen für Protonen und Neutronen modellieren. Diese können nur ganz diskrete, für das Atom charakteristische Energiewerte annehmen.

Wie wir wissen, beschreibt das Quadrat der Wellenfunktion ψ^2 die Antreffwahrscheinlichkeit. Mit dem Modell der stehenden Wellen können wir für die Energieniveaus analog zu denen im Potenzialtopf der Atomhülle eine Formel ableiten. Die Energieniveaus lassen sich dann über $E = \frac{p^2}{2m}$ und $\lambda = \frac{h}{p}$ sowie $\lambda_n = \frac{2L}{n}$ mit $E_n = \frac{h^2}{8mL^2} \cdot n^2$ und $n = 1, 2, 3$ ... berechnen.

Für m ist hier jedoch die Protonenmasse m_p oder die Neutronenmasse m_n einzusetzen.
Dies zeigt dann auch, dass die Abstände der Energieniveaus nicht alle gleich groß sein können und nicht so aussehen würden wie in ▸Abb. 1 und 3.

Hierbei ist zu beachten, dass der Potenzialtopf unterhalb der Rechtsachse liegt und die Energien ein negatives Vorzeichen haben, da die Nukleonen den Kern nicht ohne eine Energiezufuhr verlassen können. Protonen, die von außen kommen, geraten erst in den Bereich der elektrischen Abstoßung, d.h., sie brauchen eine immer höhere Energie, um dem Kern näherkommen zu können. Erst wenn sie in den Bereich der Anziehung durch die Kernkraft kommen, „fallen" sie in die Zustände niedriger Energie im Potenzialtopf. Insgesamt ergibt sich so der Coulomb-Wall (▸Abb. 3).

α-Strahlung • Mit dem Potenzialtopfmodell können wir sogar die Energie der α-Strahlung verstehen. Das α-Teilchen, das als α-Strahlung den Kern verlässt, wird von zwei Protonen und zwei Neutronen aus den höchsten Energieniveaus gebildet. Es durchquert den Coulomb-Wall und tritt aus dem Kern aus (▸Abb. 3). Aufgrund der Abstoßung durch den positiv geladenen Kern kann seine kinetische Energie typischerweise 2 bis 10 MeV betragen. Dabei ist die Energie von der Art des Nuklids abhängig. Die Reaktionsgleichung sieht für ein Nuklid X mit der Massenzahl A und der Kernladungszahl Z folgendermaßen aus:
$^{A}_{Z}X \rightarrow {}^{A-4}_{Z-2}X' + {}^{4}_{2}He$.

Massendefekt • Die Masse vieler Kerne ist kleiner als die Summe der Massen ihrer Bestandteile. Dazu sehen wir uns als Beispiel die Reaktionsgleichung der Umwandlung von U-233 genauer an:
$^{233}_{92}U \rightarrow {}^{229}_{90}Th + {}^{4}_{2}He$.

Zwischen den Protonen wirkt die elektrostatische Abstoßung und verringert die Anziehung durch die Kernkraft. Deshalb ist der Potenzialtopf für Protonen weniger tief als der für Neutronen.

Den **Massendefekt** berechnen wir, indem wir die tatsächlichen Massen von Th-229 und He-4 von der Masse von U-233 abziehen:

$$\Delta m = m_{U\text{-}233} - m_{Th\text{-}229} - m_{He\text{-}4}$$
$$= (233{,}039635 - 229{,}031762 - 4{,}002603)\text{u}$$
$$= 0{,}005260\,\text{u}$$

Durch EINSTEINs Formel $E = m \cdot c^2$ kann zu jeder Masse die Energie berechnet werden. Damit entspricht der berechnete Massendefekt einer Energie von 4,9 MeV, die durch das α-Teilchen frei werden kann. Der Messwert für die kinetische Energie der α-Teilchen, die von U-233 ausgesendet werden, ist 4,824 MeV. Diese Energie kann aus dem Massendefekt zustande kommen.

Energie der α-Teilchen • Die Energie der α-Teilchen ist auch ein Resultat aus der Coulomb-Abstoßung zwischen α-Teilchen und Kern. Bis zur Aussendung des α-Teilchen verminderte die Coulomb-Kraft die Bindungsenergie im Kern. Wenn wir die Coulomb-Energie bei U-233 berechnen, sollten wir eine Energie erhalten, die der Bewegungsenergie der α-Teilchen entspricht. Dazu benötigen wir den Kernradius. Eine Formel zur Berechnung des Kernradius ist $R = 1{,}2 \cdot A^{\frac{1}{3}}\,\text{fm}$. Mit der Massenzahl $A = 233$ beträgt der Kernradius also ca. 7,4 fm.

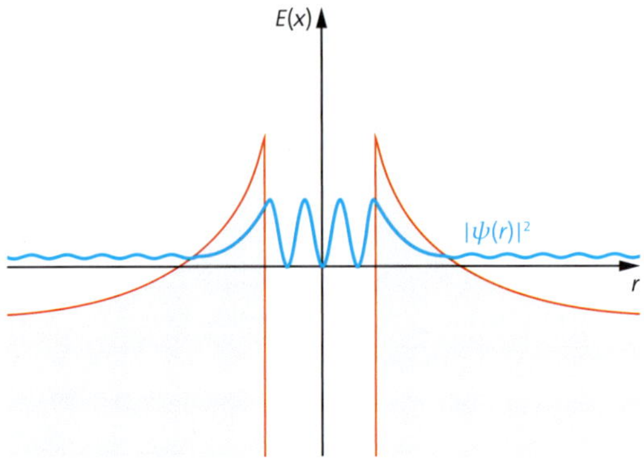

4 Tunneleffekt beim α-Teilchen

Coulomb-Wall • Wenn ein α-Teilchen den Kern verlässt, benötigt es genau so viel Energie, wie es zum Hineinkommen benötigt, denn es muss wieder den Coulomb-Wall überwinden. Die Coulomb-Energie berechnen wir mit der uns bekannten Formel:

$$E_{\text{Coul}} = \frac{q_1 q_2}{4\pi\varepsilon_0 r}.$$

Die beiden Ladungen q_1 und q_2 sind bei U-233 dann $90e$ und $2e$, da den Kern mit der Kernladungszahl $Z = 92$ zwei Protonen in dem α-Teilchen verlassen. Es ist also $E_{\text{Coul}} = 35\,\text{MeV}$.
Diese Energie wäre aber um ein Vielfaches größer als die gemessene Energie der α-Teilchen und als die Energie, die wir mit dem Massendefekt berechnet haben. Diese hohe Energie wäre klassisch nötig. In der Quantenphysik verhält sich dies aber anders.

Tunneleffekt • Auch dem α-Teilchen wird im Potenzialtopf eine Antreffwahrscheinlichkeit zugeordnet.

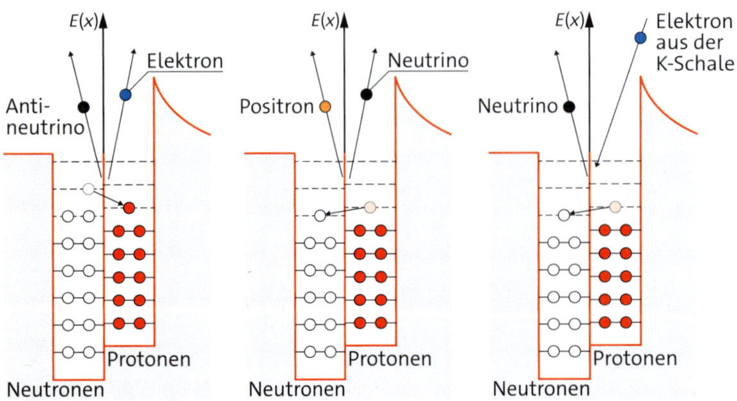

1 Modell des Potenzialtopfs : β^--Zerfall, β^+-Zerfall, K-Einfang

Doch hier ist die Besonderheit, dass es auch außerhalb des Potenzialtopfs erlaubte Bereiche gibt (▸Abb. 4) und das α-Teilchen so die Möglichkeit hat, durch das hohe Potenzial hindurchzutreten. Dies heißt Tunneleffekt.

Potenzialtopf bei β-Strahlung • Wir nutzen das Potenzialtopfmodell auch zur Erklärung der β-Strahlung (▸Abb. 1). Wenn das niedrigste unbesetzte Niveau der Protonen unterhalb des höchsten besetzten der Neutronen liegt, ist dies energetisch nicht optimal. Der Kern neigt dazu, einen möglichst niedrigen Energiezustand anzunehmen, deshalb wandelt sich ein Neutron aus dem höchsten Niveau (▸Abb. 1) in ein Proton, ein Antineutrino und ein Elektron um. Das Antineutrino und das Elektron verlassen den Kern, wobei das Elektron das β^--Teilchen ist. Das entstandene Proton nimmt den freien Platz im oberen Energieniveau ein. Als Reaktionsgleichung ergibt sich:

$${}^{A}_{Z}X \rightarrow {}^{A}_{Z+1}X' + {}^{0}_{-1}e + \bar{\nu}.$$

Ähnlich verhält es sich bei der β^+-Strahlung: Hier liegt das niedrigste unbesetzte Niveau der Neutronen unterhalb des höchsten besetzten der Protonen. Ein Proton aus dem höchsten Niveau (▸Abb. 1) wandelt sich in ein Neutron, ein Neutrino und ein Positron um. Das Neutrino und das Positron verlassen den Kern und das Positron ist das β^+-Teilchen. Das Neutron nimmt den freien Platz im oberen Energieniveau ein. Die Reaktionsgleichung sieht dann folgendermaßen aus:

$${}^{A}_{Z}X \rightarrow {}^{A}_{Z-1}X' + {}^{0}_{1}e + \nu.$$

Einfangen eines Elektrons • Mithilfe des Potenzialtopfmodells kann auch der K-Einfang beschrieben werden. Hierbei wird ein Elektron aus der Atomhülle, und zwar der K-Schale, im Kern eingefangen (▸Abb. 1). Zusammen mit einem Proton auf einem höheren Energieniveau wird es zu einem Neutron. Dabei verlässt ein Neutrino den Kern und Röntgenstrahlung entsteht:

$${}^{A}_{Z}X + {}^{0}_{-1}e \rightarrow {}^{A}_{Z-1}X' + \gamma + \nu.$$

γ-Strahlung • γ-Strahlung entsteht wiederum, weil der Kern in einen günstigeren energetischen Zustand möchte. In diesem Fall finden die Übergänge von Nukleonen in Energieniveaus innerhalb des jeweiligen zugehörigen Potenzialtopfes unter Aussenden von Photonen statt.

Versuch A • Potenzialtöpfe

V1 Potenzialtopf und Messwerte

Material:
Tabellenkalkulationsprogramm, Computer

Arbeitsauftrag:
Wir modellieren die 68 niedrigsten Zustände des Atomkerns von Bor mit der Massenzahl $A = 11$, ^{11}B, im dreidimensionalen Potenzialtopfmodell.

a) Für den Radius R eines Kerns gilt die Faustformel $R = 1{,}3\,\text{fm} \cdot A^{\frac{1}{3}}$. Berechnen Sie den Radius R. Ermitteln Sie die Kantenlänge L eines Würfels, der das gleiche Volumen $V = \frac{4\pi}{3} \cdot R^3$ hat wie der Kern mit diesem Radius R.

b) Begründen Sie: Der k-te Energiezustand in x-Richtung hat die Wellenlänge $\lambda = 2 \cdot \frac{L}{k}$, den Impuls $p = \frac{h}{\lambda}$ und die Energie $\frac{p^2}{2m} = E_x = \frac{h^2}{8m \cdot L^2}$.

c) Im dreidimensionalen Potenzialtopf gibt es für jede Richtung einen k-ten Zustand, also k_x, k_y und k_z. Somit ist $E = \frac{h^2}{8m \cdot L^2} \cdot \left(k_x^2 + k_y^2 + k_z^2\right)$.
Begründen Sie: Zwei Neutronen sind im niedrigsten Zustand mit $E = \frac{h^2}{8m \cdot L^2} \cdot (1^2 + 1^2 + 1^2)$.
Die sechs nächsten Neutronenzustände haben die Energie $E = \frac{h^2}{8m \cdot L^2} \cdot (1^2 + 1^2 + 2^2)$ und die Protonenzustände liegen jeweils 1,7 MeV höher.

d) Die obere Abbildung zeigt modellierte (blau) und gemessene Anregungszustände (rot) von ^{11}B. Erklären Sie, warum die Messwerte beim zwölften Zustand beginnen.

V2 Potenzialtopf und Fermi-Energie

Material:
Tabellenkalkulationsprogramm, Computer

Arbeitsauftrag:
Wir modellieren die $N = 68$ niedrigsten Zustände des Atomkerns von Bor mit der Massenzahl $A = 11$, ^{11}B, mit der Fermi-Energie.

a) Zwei Neutronen sind im niedrigsten Zustand mit $E = \frac{h^2}{8m \cdot L^2} \cdot (1^2 + 1^2 + 1^2)$, sechs Neutronen sind im zweitniedrigsten Zustand mit $E = \frac{h^2}{8m \cdot L^2} \cdot (1^2 + 1^2 + 2^2)$. Ermitteln Sie die 68 niedrigsten Energiezustände $E(j)$ abhängig von der Nummer j der Zustände.

b) Für große N entsprechen diese Energien der Fermi-Energie
$$E_F(j) = \frac{h^2}{8\pi^2 \cdot m} \cdot \left(\frac{3\pi^2 \cdot j}{V}\right)^{\frac{2}{3}}.$$
Tragen Sie die Energien des Potenzialtopfs und die Fermi-Energien gemeinsam im $E(j)$-Diagramm auf (untere Abbildung). Vergleichen Sie mit den Ergebnissen aus V1 (obere Abbildung).

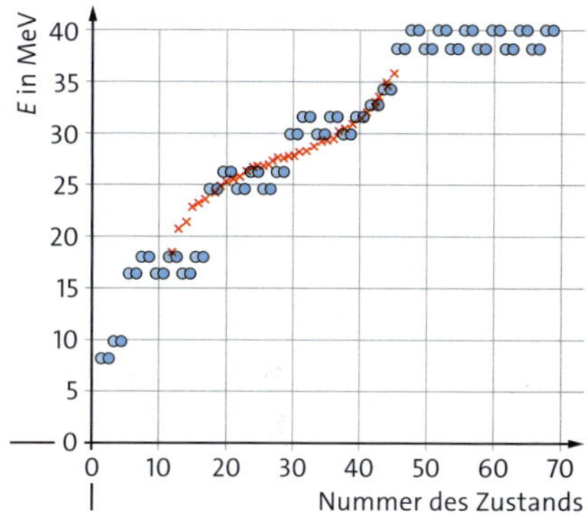

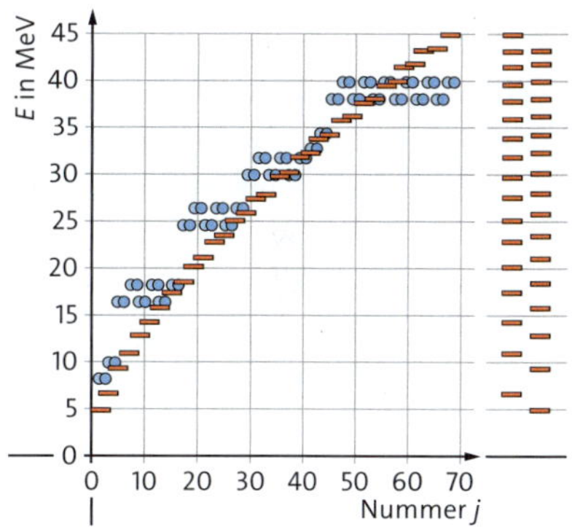

Material A • Bor-Nuklide

A1 a) Bor-Atome sind mit den Massenzahlen 6 bis 21 bekannt. Ermitteln Sie die Massendefekte für die Massenzahlen 6 bis 12 anhand der Werte in der Tabelle und erläutern Sie damit die Stabilität der Isotope ^{10}B und ^{11}B.

b) Zeichnen Sie das Energieniveauschema der Fermi-Energien aus der unteren Abbildung ins Heft, tragen Sie die Nukleonen von ^{12}B ein und erklären Sie damit die natürlich ablaufende Kernreaktion (entsprechend der Nuklidkarte im Anhang).

c) Tragen Sie in Ihr Schema aus b) die Nukleonen von ^{8}B mit einer neuen Farbe ein und erklären Sie damit die natürlich ablaufende Zerfallskette. Einen Ausschnitt der Nuklidkarte finden Sie im Anhang.

Nuklid	Z	N	Kernmasse in u
^{6}B	5	1	6,0480571
^{7}B	5	2	7,0269691
^{8}B	5	3	8,0218644
^{9}B	5	4	9,0105867
^{10}B	5	5	10,0101941
^{11}B	5	6	11,0065621
^{12}B	5	7	12,0116097

BLICKPUNKT

Kernfusion

Sonnenenergie • Wir wandeln Strahlungsenergie, Windenergie oder die in fossilen Brennstoffen enthaltene chemische Energie in elektrische Energie um, mithilfe von Solarmodulen bzw. Generatoren. Nicht nur die direkte Strahlungsenergie, sondern auch die Energie der Windströmungen und die chemische Energie der Steinkohle kommen bzw. kamen von der Sonne. Aber wie erzeugt die Sonne die Energie?

Kontraktion einer Gaswolke • Die Sonne ist ein riesiger Gasball, der zu über 90 % aus Wasserstoff besteht. Sie entstand aus einer Gaswolke, die sich unter ihrer eigenen Gravitation zusammenzuziehen und zu verdichten begann. Dabei stieg die Temperatur immer weiter an, bis in ihrem Zentrum Temperaturen von einigen Millionen Kelvin herrschten. Warum hörte die Kontraktion dann aber auf?

Fusion trotz Coulomb-Wall • Eine hohe Temperatur bedeutet hohe Teilchengeschwindigkeiten der Wasserstoff-Ionen – denn die Wasserstoff-Moleküle sind bei diesen Temperaturen längst zu einzelnen Protonen und Elektronen zerfallen. Die Wasserstoff-Kerne bzw. die Protonen sind schnell genug, dass sie die elektrische Abstoßung, d.h. den Coulomb-Wall, zwischen sich überwinden oder durchtunneln können.
Sind sie sich bis auf etwa 10^{-15} m nah gekommen, wirkt die anziehende Kernkraft zwischen ihnen und die beiden Kerne verschmelzen zu einem neuen Kern, nämlich dem Helium-Kern.

Proton-Proton-Reaktion • Ein Helium-Kern enthält vier Nukleonen – die Fusion von zwei Wasserstoff-Protonen reicht also noch nicht aus. Tatsächlich entsteht Helium in der Sonne im Wesentlichen in drei Schritten, die man als Proton-Proton-Reaktion bezeichnet (▸Abb.1): Im ersten Schritt fusionieren zwei Wasserstoff-Kerne zu einem Deuterium-Kern, dem Wasserstoff-Isotop mit einem Neutron. Dabei wird eins der beiden fusionierenden Protonen zu einem Neutron und ein Positron sowie ein Neutrino werden frei.
Dieser Prozess hat nur eine geringe Wahrscheinlichkeit – es dauert im Mittel mehr als 10^{10} Jahre, bis ein bestimmtes Proton mit einem anderen fusioniert. Diese geringe Reaktionsrate ist der Grund dafür, dass die Sonne eine recht hohe Lebensdauer hat. Weil die Sonne größenordnungsmäßig 10^{53} Wasserstoff-Teilchen hat, finden dennoch genügend Fusionsprozesse statt.
Das entstandene Positron stößt früher oder später auf ein Elektron und in einer Materie-Antimaterie-Reaktion vernichten sie sich beide gegenseitig, wobei γ-Strahlung frei wird. Der Deuterium-Kern kann nun im zweiten Schritt mit einem weiteren Proton fusionieren und es entsteht mit ^{3}He ein Helium-Isotop aus zwei Protonen und einem Neutron. Dies geschieht schon um einiges schneller – im Mittel nach nur 1,4 s.
Für den dritten Schritt gibt es drei Möglichkeiten. Bei der mit 80 % am häufigsten auftretenden verschmelzen zwei ^{3}He-Kerne zu einem ^{4}He-Kern und zwei Wasserstoff-Kernen. Da hier zwei ^{3}He-Kerne fusionieren, muss die Anfangsreaktion zweimal stattgefunden haben.

Massendefekt • Aber woher kommt die gewaltige Energie, die die Sonne abgibt? Die Ursache ist der Massendefekt. Der ^{4}He-Kern hat eine um 0,7 % geringere Masse als die vier Protonen, aus denen er sich bildete. Die Differenz wird als Strahlungsenergie frei, netto etwa 26 MeV. Die Strahlungsenergie geht mit einem Strahlungsdruck einher, der die weitere Kontraktion der Sonne verhindert. Erst wenn der Wasserstoff im Zentrum vollständig zu Helium fusioniert ist, sinkt der Strahlungsdruck und die Sonne kontrahiert weiter, bis Dichte und Temperatur so weit angestiegen sind, dass nun Helium-Kerne miteinander verschmelzen können.

Technische Energiequelle • Es liegt auf der Hand, dass die Proton-Proton-Reaktion für die technische Energieumwandlung nicht geeignet ist. In Fusionsreaktoren soll daher in Zukunft die Fusion von Deuterium und Tritium zu Helium zum Einsatz kommen.

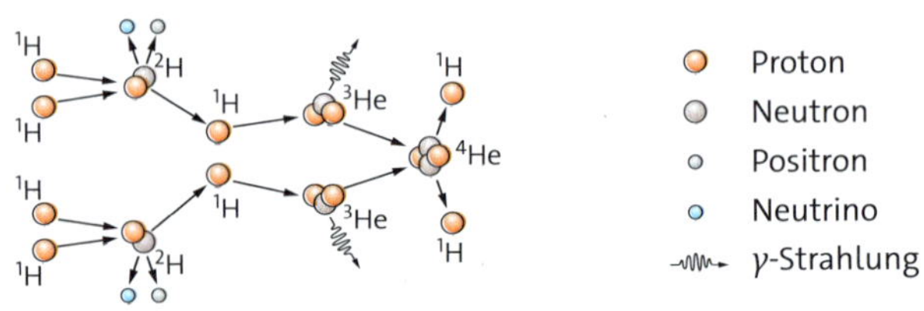

1 Proton-Proton-Reaktion

Fusionsreaktoren

Energiequelle der Zukunft • Fossile Brennstoffe sind begrenzt und haben ökologische Nachteile. Kernspaltungskraftwerke sind vergleichsweise unsicher und produzieren langlebigen radioaktiven Abfall. Kernfusionsreaktoren dagegen versprechen eine unerschöpfliche Energiequelle ohne direkte oder indirekte Umweltprobleme durch Unfälle oder langlebigen radioaktiven Müll. Seit Jahrzehnten wird daher an verschiedenen Konzepten solcher Reaktoren geforscht.

Tokamak • Dieser Reaktortyp basiert auf einem sowjetischen Konzept von OLEG ALEXANDROWITSCH LAWRENTJEW, ANDREI SACHAROW und IGOR TAMM, welches 1962 in Moskau realisiert wurde. Ein Wasserstoffisotopenplasma wird durch ein Torus-förmiges Magnetfeld komprimiert, so dass Fusionsreaktionen stattfinden können. Die möglichst supraleitenden Magnetspulen sind dabei alle ringförmig und erzeugen ein symmetrisches Feld. Durch das Plasma wird ein elektrischer Strom geschickt, der ein weiteres Magnetfeld erzeugt, das zusammen mit dem äußeren für den Einschluss des Plasmas sorgt: Die Feldlinien verdrillen, so dass die Schraubenbahnen der Plasma-Ionen sich nicht aufweiten können.
Die thermische Energie aus der Fusion wird dann zur Erzeugung von Wasserdampf für den Antrieb von Turbinen verwendet. Bricht das Magnetfeld z. B. durch einen Unfall zusammen, kommt die Fusion zum Erliegen. Im Betrieb entsteht nur schwach radioaktiver Abfall durch Aktivierung des Hüllenmaterials aufgrund entweichender Neutronen, da diese kaum vom Magnetfeld beeinflusst werden. Der internationale Versuchsreaktor ITER, der seit 2013 in Cadarache (Frankreich) gebaut wird, ist ein Tokamak.

Stellarator • Auch der Stellarator – von LYMAN SPITZER 1951 entwickelt und u. a. 1958 in Garching bei München gebaut – verwendet ein Plasma in einem Magnetfeld. Hier sind die Spulen allerdings nicht ringförmig, sondern haben eine komplexe 3D-Struktur (▸Abb. 2). Das asymmetrische Feld ermöglicht prinzipiell einen Einschluss des Plasmas ohne weiteres Strommagnetfeld, aber die Spulen sind schwer zu konstruieren und zu steuern. Der deutsche Versuchsreaktor Wendelstein 7-X in Greifswald ist ein Stellarator. Neueste Reaktorkonzepte versuchen, die Prinzipien von Tokamak und Stellarator zu kombinieren.

Trägheitsfusion • Bei der Trägheitsfusion wird ein Brennstoffkügelchen (gefüllt z. B. mit Wasserstoff oder Bor) von mehreren Seiten mit Lasern oder Ionenstrahlen beschossen und dadurch komprimiert, was bei ausreichender Strahlenergie zur Fusion führt. Ein solcher Reaktor wird gepulst betrieben, da immer neue Kügelchen zugeführt und beschossen werden müssen. Das Prinzip entspricht Explosionen von miniaturisierten Wasserstoffbomben. An Trägheitsfusion wird u. a. am Lawrence Livermore National Laboratory (USA) geforscht.

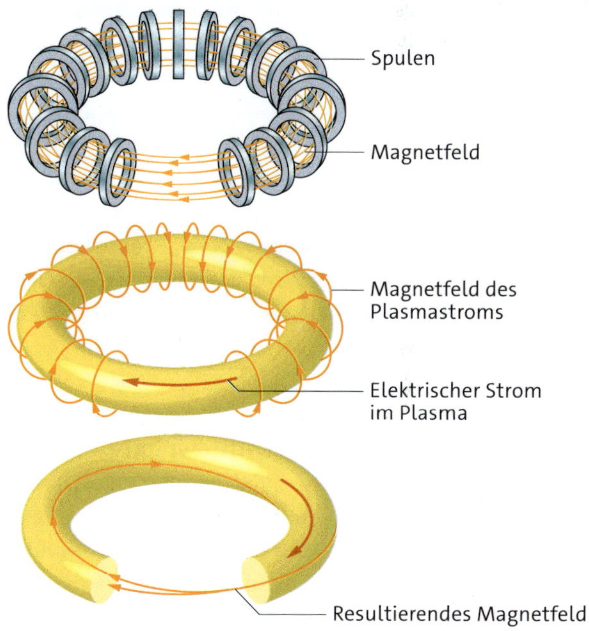

1 Die ringförmigen Spulen und Magnetfelder eines Tokamak.

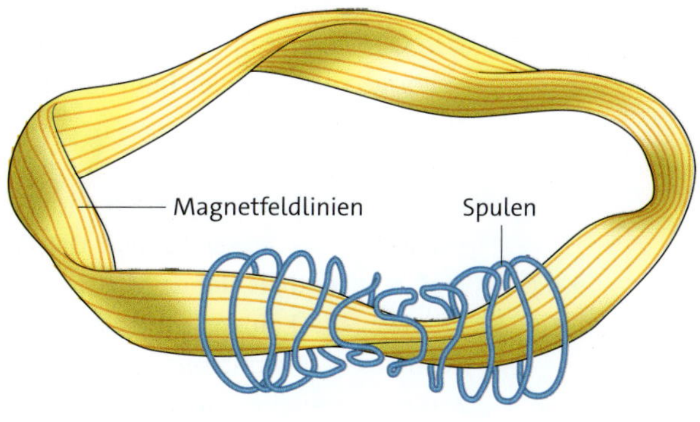

2 Die asymmetrischen Spulen des Stellarators Wendelstein 7-X.

1 Die Stoßzähne von Elefanten liefern das Elfenbein

Halbwertszeit

Jährlich werden Schätzungen zufolge 30 000 Elefanten wegen ihres Elfenbeins illegal getötet. Elfenbeinhändler behaupten, ihr Elfenbein sei älter und falle nicht unter das Handelsverbot. Wie überprüft man diese Behauptung?

Zerfall bedeutet, dass sich das ursprüngliche Material umgewandelt hat.

C-14 in der Atmosphäre • Durch die Höhenstrahlung wird in den oberen Atmosphärenschichten Stickstoff (N-14) in das radioaktive Kohlenstoff-Isotop C-14 umgewandelt. Die zugehörige Reaktionsgleichung lautet:

$$^{14}_{7}\mathrm{N} + {}^{1}_{0}\mathrm{n} \rightarrow {}^{14}_{6}\mathrm{C} + {}^{1}_{1}\mathrm{p}.$$

Unter Aussendung von β^--Strahlung wandelt sich C-14 wieder in Stickstoff (N-14) um. Die zugehörige Reaktionsgleichung lautet:

$$^{14}_{6}\mathrm{C} \rightarrow {}^{14}_{7}\mathrm{N} + {}^{0}_{-1}\mathrm{e} + \overline{\nu}.$$

C-14 wird von den Lebewesen wie das gewöhnliche Isotop C-12 aufgenommen. Das Elfenbein der Elefanten enthält daher, wie Tierknochen und Pflanzen, die Kohlenstoff-Isotope C-12 und C-14. Solange ein Organismus lebt, nimmt er mit der Nahrung ständig neue C-14-Atome zu sich. Daher bleibt das Verhältnis von C-12 und C-14 im Organismus stabil. Wenn der Organismus stirbt, nimmt er keinen Kohlenstoff mehr auf und die Menge an C-14-Atomen nimmt wegen des radioaktiven Zerfalls ab. Dadurch ändert sich das Verhältnis von C-12 zu C-14. Man kann dieses Verhältnis bestimmen und daraus Rückschlüsse auf das Alter einer organischen Substanz ziehen. ▸Abb. 2 zeigt, wie der Anteil noch nicht zerfallener C-14-Atome im Laufe der Zeit abnimmt.

Die Halbwertszeit • Nach 5730 Jahren ist die Anzahl von C-14-Atomen auf die Hälfte der Ausgangsmenge zurückgegangen. Nach 11 460 Jahren, also der doppelten Zeitspanne, ist nur noch ein Viertel vorhanden. Die Anzahl der C-14-Atome hat sich also erneut halbiert. Dies setzt sich immer weiter fort (▸Abb. 2). Entsprechend hat die Menge von N-14 zugenommen. Der Stickstoff ist allerdings gasförmig und entweicht weitgehend aus der Probe.

Die in ▸Abb. 2 dargestellte Gesetzmäßigkeit, dass sich nämlich immer innerhalb einer bestimmten Zeitspanne die Menge halbiert, gilt auch für alle anderen radioaktiven Nuklide. Nur misst man bei der Untersuchung anderer radioaktiver Stoffe andere Zeitspannen für eine Halbierung und erhält andere Zerfallsprodukte.

Die Zeitspanne, in der die Hälfte der Menge eines radioaktiven Nuklids zerfällt, heißt **Halbwertszeit** T_H. Sie ist so charakteristisch wie ein Fingerabdruck: Jedes radioaktive Nuklid hat eine spezifische Halbwertszeit. Halbwertszeiten können von Sekundenbruchteilen bis zu vielen Milliarden Jahren reichen (▸Tabelle 3).

Die Halbwertszeit T_H ist die Zeitspanne, in der sich die Hälfte der Menge eines radioaktiven Nuklids umwandelt.
T_H ist eine charakteristische Größe für radioaktive Atomkerne.

Der Zerfall ist ein stochastischer Prozess: Die Halbwertszeit beschreibt die erwartete Zeitspanne, in der die Hälfte der zu Beginn vorhandenen Nuklide umgewandelt wird. Niemand kann dagegen voraussagen, wann ein bestimmter Kern zerfällt. Aussagen auf der Grundlage der Halbwertszeit sind somit erst dann zuverlässig, wenn eine große Anzahl von Kernen betrachtet wird.

Die Anzahl N der Kerne, die noch nicht zerfallen sind, nimmt exponentiell ab (▸Abb. 2). Es gilt:

$$N(t) = N_0 \cdot 2^{-\frac{t}{T_H}}$$

oder

$$N(t) = N_0 \cdot e^{-\lambda \cdot t}$$

mit $\lambda = \frac{\ln 2}{T_H}$.

Dabei ist $N(t)$ die Anzahl der Kerne zum Zeitpunkt t und N_0 die Ausgangszahl zum Zeitpunkt $t = 0$. λ ist die sogenannte Zerfallskonstante. Sie hat die Einheit $\frac{1}{s}$.
Die Anzahl N der Kerne in einer Probe ist einer Messung nicht zugänglich. Deshalb verwendet man die Zählrate Z. Sie ist proportional zu N. Für sie gelten die gleichen exponentiellen Gesetze.

Altersbestimmung • Auch Lebewesen enthalten neben dem C-12- das radioaktive C-14-Isotop. Wenn man nun bei der Analyse einer organischen Probe mit tierischen oder pflanzlichen Anteilen eine verringerte Zählrate und damit eine verringerte Aktivität gegenüber einer frischen Probe feststellt, dann lässt sich daraus das Alter der Probe ermitteln. Denn unter der Annahme, dass das Mengenverhältnis von C-12 zu C-14 sich in der Atmosphäre über die Jahre nicht ändert, kann über die verringerte Aktivität auf die Menge des radioaktiven C-14 geschlossen werden, die sich seit dem Tod des Organismus umgewandelt hat. Bei bekannter Halbwertszeit kann dann die Zeit seit dem Tod ermittelt werden.

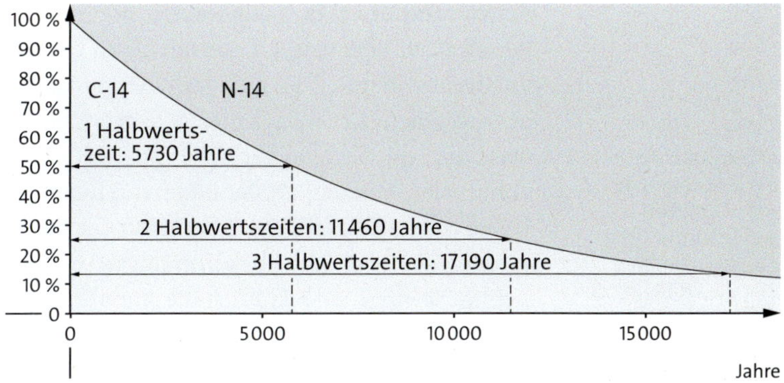

2 Anteil nicht umgewandelter C-14-Kerne in einer Probe (idealisiert).

Nuklid	Halbwertszeit
B-12	20 ms
Rn-220	55,6 s
C-14	5730 a
Pu-239	24110 a
K-40	$1{,}277 \cdot 10^9$ a

3 Halbwertszeiten einiger radioaktiver Stoffe

Die Altersbestimmung auf Grundlage der Halbwertszeit ist bei sehr kleinen Proben allerdings unsicher, weil die Zählrate zu klein wird und somit zu starken statistischen Schwankungen unterliegt. Als Faustregel kann man sich merken, dass man auf die Weise höchstens ein Alter, das ca. 10 Halbwertszeiten entspricht, bestimmen kann. Für Altersbestimmungen bis zu 60 000 Jahren ist daher das C-14-Isotop gut geeignet.

Alter einer Elfenbeinprobe • In einer Ladung beschlagnahmter Stoßzähne sollen sich z. B. noch 99,9 % der ursprünglichen C-14-Kerne nachweisen lassen. Das Alter des Elfenbeins ermitteln wir über folgenden Ansatz:

$$\frac{N(t)}{N_0} = e^{-\lambda \cdot t} \quad \text{mit} \quad \frac{N(t)}{N_0} = 0{,}999$$

$$\Rightarrow 0{,}999 = e^{-\frac{\ln 2}{5730\,a} \cdot t}.$$

Lösen der Gleichung ergibt $t \approx 8{,}27$ a.

Das Elfenbein ist also noch keine 9 Jahre alt und wurde zu Recht beschlagnahmt, da in der EU mit Elfenbein aus der Zeit seit 1990 ausnahmslos nicht gehandelt werden darf.

Im Allgemeinen ist die C-14-Methode nur für Proben anwendbar, die älter als 300 Jahre sind. Erst die Erhöhung des C-14-Wertes durch die Atombombentests macht eine Altersbestimmung bei jungen Proben möglich.

Atombombentests • Lebewesen, die in den Jahren nach 1950 starben, weisen einen charakteristisch höheren C-14-Wert auf. Dies ist in den oberirdischen Atomwaffentests begründet, da diese die C-14-Werte in der Atmosphäre stark erhöht haben. Von den 1960er Jahren an fielen die Werte wieder. Der erhöhte C-14-Gehalt der Atmosphäre muss bei Altersbestimmungen berücksichtigt werden, weil dadurch die Annahme unveränderter Isotopenverhältnisse in der Atmosphäre nicht mehr gerechtfertigt ist. Wenn man dies berücksichtigt, kann man das Alter solch junger Elfenbeinproben mit der C-14-Methode ermitteln.

Zerfallsreihen • Viele radioaktive Nuklide kommen in der Natur vor – sie umgeben uns ständig. Sie wandeln sich um, indem sie α-Strahlung oder β-Strahlung aussenden, wobei oft auch noch γ-Strahlung entsteht. Das im Gas Radon enthaltene Nuklid Rn-220 wandelt sich z. B. um, indem es α-Teilchen aussendet:

$$^{220}_{86}\text{Rn} \rightarrow {}^{216}_{84}\text{Po} + {}^{4}_{2}\text{He}.$$

Das entstehende Polonium-Nuklid Po-216 ist selbst radioaktiv und wandelt sich ebenfalls um und so weiter. Auf diese Weise sind natürliche radioaktive Nuklide in Zerfallsreihen eingebunden. An deren Ende steht jeweils ein stabiles Blei-Nuklid, das sich nicht mehr weiter umwandelt.

In der Natur kommen heute noch drei solcher Zerfallsreihen vor. Als Beispiel ist die Thorium-Reihe in ▸Abb. 1 dargestellt. Sie beginnt beim Nuklid Th-232 und endet beim stabilen Blei-Nuklid Pb-208. Die beiden weiteren natürlichen Zerfallsreihen beginnen beim Uran-Nuklid U-238 (Uran-Radium-Reihe) und beim Uran-Nuklid U-235 (Uran-Actinium-Reihe).

Eine Zerfallsreihe ist eine Folge von Umwandlungen radioaktiver Kerne und endet bei einem stabilen Nuklid. In der Natur kommen drei Zerfallsreihen vor.

1 $^{238}_{92}$U ist ein α-Strahler. Welches Nuklid folgt damit in der Uran-Actinium-Reihe? Geben Sie die Umwandlungsgleichung an.

2 Die Uran-Radium-Reihe endet bei dem stabilen Nuklid $^{206}_{82}$Pb, das gleich zwei Vorgängernuklide hat: einen α-Strahler und einen β-Strahler. Geben Sie die beiden Vorgängernuklide in der Zerfallsreihe an.

a) Geben Sie eine Vermutung über die Halbwertszeiten der Ausgangsnuklide der Zerfallsreihen an. Begründen Sie Ihre Vermutung.

b) Es gab eine vierte natürliche Zerfallsreihe, die inzwischen „ausgestorben" ist. Erläutern Sie.

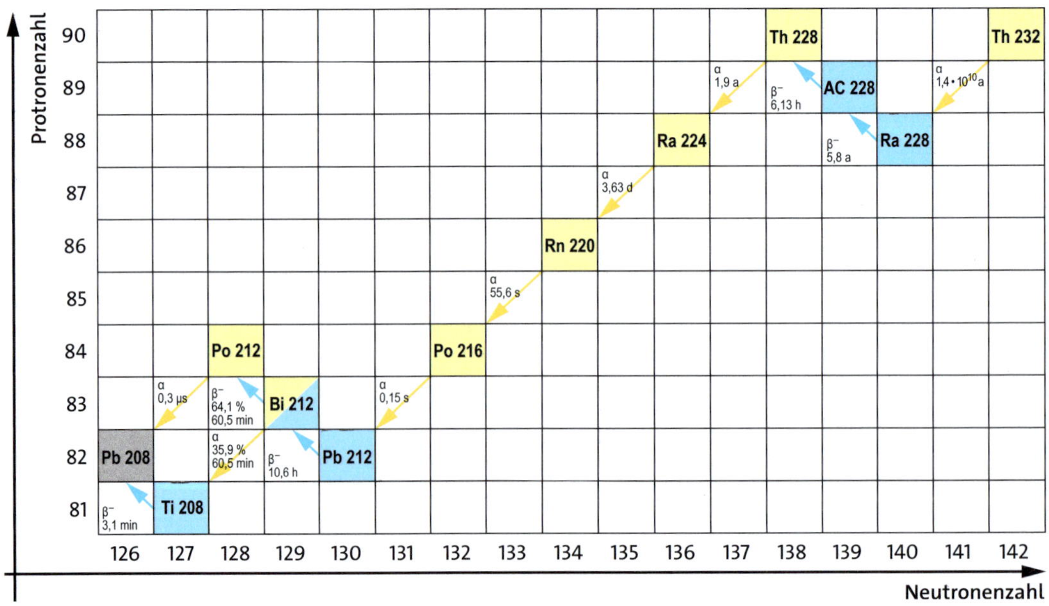

1 Thorium-Zerfallsreihe

Versuch A • Untersuchung radioaktiver Strahlung

Achtung: Beachten Sie die aktuellen Strahlenschutzbestimmungen.

V1 Abstandsgesetz

Material:
Stoppuhr, Geiger-Müller-Zählrohr mit Zähler, γ-Strahler, Stativmaterial, Maßstab

Arbeitsauftrag:
Wir bestimmen die Zählrate pro Minute bei verschiedenen Abständen zwischen Präparat und Zählrohr.

a) Skizzieren Sie den Versuch und beschreiben Sie die Durchführung. Begründen Sie anschaulich, dass die Zählrate proportional zu $\frac{1}{r^2}$ ist.
b) Nehmen Sie geeignete Messwerte auf und protokollieren Sie diese in einer Tabelle.
c) Stellen Sie die Messwerte in einem geeigneten Diagramm dar. Beschreiben Sie das Versuchsergebnis.
d) Bestätigen Sie anhand der Messwerte, dass die Zählrate proportional zu $\frac{1}{r^2}$ ist.

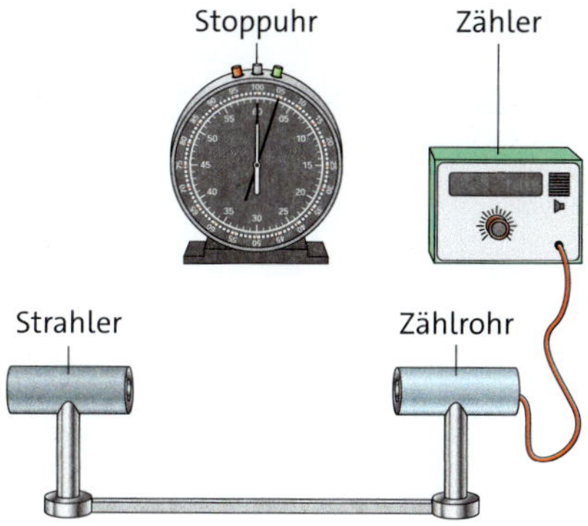

Material A • Halbwertszeit

A1 Die Zählraten eines α-Strahlers wurden gemessen. Die Nullrate von 6 Impulsen pro 10 Sekunden wurde nicht berücksichtigt.
a) Skizzieren Sie den Versuch und beschreiben Sie die Durchführung.
b) Übertragen Sie die Tabelle ins Heft. Ergänzen Sie die fehlenden Werte.
c) Stellen Sie die Werte in einem geeigneten Diagramm dar und bestimmen Sie grafisch die Halbwertszeit.
d) Ermitteln Sie den funktionalen Zusammenhang für $N(t)$ entweder grafisch oder mit einer Regression.
e) Ermitteln Sie mithilfe der Halbwertszeit, um welchen α-Strahler es sich handeln könnte.

Zeitraum in s	0–10	10–20	20–30	30–40	40–50	50–60	60–70	70–80	80–90	90–100	100–110	110–120	120–130	130–140
Impulse insgesamt	89	184	305	460	602	722	816	905	979	1048	1107	1162	1210	1254
Zeit t in s	5	15	25											
Impulse $N(t)$	83	89												

Material B • Durchdringungsvermögen

B1 Das Durchdringungsvermögen der Strahlung eines Knopfstrahlers wird untersucht. Die Nullrate beträgt 50 Impulse pro Minute. Für den ersten Tabellenwert (d = 0 mm) und die weiteren Werte wird die Zählrate $Z(t)$ mit einem Blatt Papier direkt vor dem Zählrohr ermittelt. Dann werden fortlaufend Aluminiumplatten (Dicke 0,5 mm) eingesetzt und jeweils die Zählrate bestimmt.
a) Stellen Sie die Werte der Tabelle grafisch dar. Entscheiden Sie begründet, ob die Nullrate berücksichtigt werden muss. Erläutern Sie, warum ein Blatt Papier vor dem Zählrohr positioniert wird.
b) Ermitteln Sie aus dem Diagramm und auch mit dem Regressionsmodul des Taschenrechners die Halbwertsdicke.
c) Erläutern Sie anhand der Nuklidkarte, warum der Knopfstrahler, der U-238 enthält, als β-Strahler angesehen werden kann.
d) Inwiefern ist es für die Auswertung wichtig, dass man ausschließen kann, dass der Knopfstrahler γ-Strahlung emittiert?

d in mm	0	0,5	1	1,5	2
Z in $\frac{1}{\text{min}}$	949	515	255	160	110

METHODE

Modellieren eines Zerfalls mittels Differenzenverfahren

Anzahl der Kerne • Die Anzahl N der Kerne, die noch nicht umgewandelt sind, kann mit folgender Gleichung beschrieben werden:

$N(t) = N_0 \cdot e^{-\lambda \cdot t}$ mit $\lambda = \frac{\ln 2}{T_H}$.

Statt diese Gleichung direkt zu nutzen, können wir den radioaktiven Zerfall auch mithilfe des Differenzenverfahrens modellieren. Dazu nutzen wir eine Tabellenkalkulation.

Differenzengleichung • Die Berechnung erfolgt in drei Schritten:
Im ersten Schritt überlegen wir uns eine Gleichung für die zeitliche Entwicklung. Mit dieser Gleichung kommen wir immer einen Zeitschritt Δt weiter: $t_{neu} = t + \Delta t$.
Die Anzahl der zerfallenen Kerne berechnen wir im zweiten Schritt, indem wir $\dot{N}(t)$ bilden und ausnutzen, dass $\dot{N}(t) \approx \frac{\Delta N}{\Delta t}$ gilt.

$\dot{N}(t) = -\lambda \cdot N(t)$, mit $\lambda = \frac{\ln 2}{T_H}$.

Also ist: $\Delta N \approx -\lambda \cdot N(t) \cdot \Delta t$

Für den dritten Schritt benötigen wir eine Gleichung, mit der wir die aktuelle Anzahl der noch nicht umgewandelten Kerne berechnen können:

$N(t_{neu}) = N(t) + \Delta N = N(t) - \lambda \cdot N(t) \cdot \Delta t$.

Anschließend führen wir die drei Schritte für die nächsten Zeitintervalle durch.
Die noch nicht umgewandelten Kerne sind die Mutterkerne und die, die umgewandelt wurden, die Tochterkerne.
Die Tabellenkalkulation liefert uns ein Ergebnis z. B. wie in ▸Tabelle 1.
Das Differenzenverfahren ist ein typisches numerisches Verfahren, welches für Abnahme- oder Wachstumsprozesse verschiedener Komplexität tragfähig ist. Beispiele sind die Entladung eines Kondensators, der Einschaltvorgang einer Spule oder Bewegung von Ionen in der Ionenfalle. Ein Vorteil bei der Verwendung einer Tabellenkalkulation liegt darin, dass die Modellierung auch für kompliziertere Prozesse möglich ist, ohne die eigentliche Gesetzmäßigkeit kennen zu müssen. Ein weiterer Vorteil ist, dass man direkt ein Diagramm (▸Abb. 2) erstellen kann. Die Regression liefert den passenden Funktionsterm.

Ergebnis • Auf unser Beispiel bezogen (▸Tabelle 1) erhalten wir für die Entwicklung der Mutterkerne (▸Abb. 2):
$N_M(t) = 1000 \cdot e^{-0{,}01 t \cdot \frac{1}{s}}$
und für die Tochterkerne:
$N_T(t) = 1000 + N(t) = 1000 - 1000 \cdot e^{-0{,}01 t \cdot \frac{1}{s}}$.
Genauere Werte bekommen wir, wenn wir ein kleineres Δt wählen.
In dem dargestellten Fall sind die Tochterkerne stabil. Wenn diese nicht stabil sind, können wir den Mutter-Tochter-Zerfall mithilfe der Tabellenkalkulation um weitere Generationen ergänzen.

1 In ▸Tabelle 1 fehlen Zwischenwerte. Berechnen Sie die fehlenden Werte für 30 s.

2 Modellieren Sie den Zerfall von Radon-220 durch ein Differenzenverfahren mithilfe einer Tabellenkalkulation.

Modellierung eines Zerfalls			
Anfangsbedingungen			
$N(0)$	T_H in s	λ in $\frac{1}{s}$	Δt in s
1000	73,000	0,00949	10
t in s	$N(t)$	$\lambda \cdot N(t) \cdot \Delta t$	$N(t) - \lambda \cdot N(t) \cdot \Delta t$
0	1000,000	94,952	905,048
10	905,048	85,936	819,112
20	819,112	77,776	741,336
...	...	...	...
100	368,738	35,012	333,726

1 Tabelle in der Tabellenkalkulation

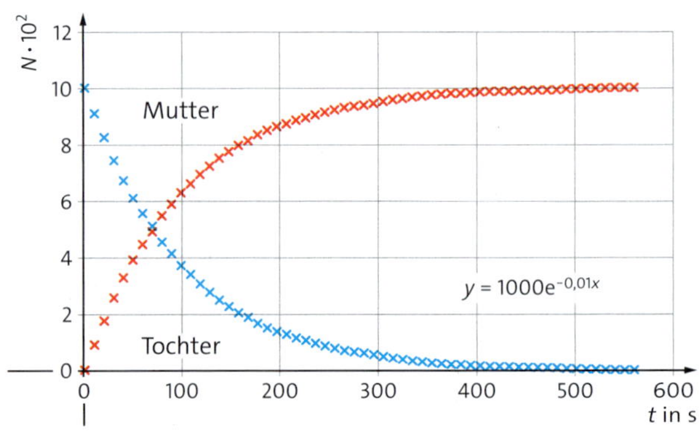

2 Modellierung des Mutter-Tochter-Zerfalls

BLICKPUNKT

Kernspaltung

Bei der Kernspaltung wird ein Kern großer Masse in zwei Kerne zerlegt, indem man ihn mit Neutronen beschießt. Die beiden entstandenen Kerne haben zusammen weniger Masse als der Ausgangskern, es entsteht also ein Massendefekt. Das bedeutet, dass Energie frei wird, die technisch genutzt werden kann.
Die Spaltung von Uran-235-Kernen wird in vielen Ländern zur Energiegewinnung in Kernkraftwerken eingesetzt, wobei in Deutschland bis zum 31. 12. 2022 alle noch bestehenden Kernkraftwerke abgeschaltet sein sollen. Stattdessen sollen erneuerbare Energiequellen zum Einsatz kommen.

Kettenreaktion • Beschießt man U-235 mit Neutronen, entsteht zunächst U-236. Dies zerfällt spontan in zwei Kerne mit Massenzahlen von ca. 140 und ca. 90, z. B.:

$$^{235}_{92}U + ^{1}_{0}n \rightarrow ^{139}_{56}Ba + ^{94}_{36}Kr + 3 \cdot ^{1}_{0}n.$$

Pro Urankern wird eine Energie von ca. 200 MeV frei. Bei einer chemischen Reaktion wie einer Verbrennung sind dies nur einige Elektronenvolt pro Molekül. Während ein Neutron die Reaktion auslöst, sind nach der Reaktion drei Neutronen vorhanden. Jedes dieser drei Neutronen kann wiederum eine Spaltung auslösen, wobei neun Neutronen entstehen. So kommt es zu einer Kettenreaktion (▶Abb. 1).

Bedingungen für die Kettenreaktion • Um Kernspaltungen auszulösen, dürfen die Neutronen nicht zu schnell sein, damit sie vom Urankern eingefangen werden können. Deshalb sorgt man dafür, dass sie durch Stöße Energie verlieren. Die stoßenden Kerne müssen leichte Atome sein, wie Wasser oder Deuterium. Ein Material, das Neutronen abbremst, heißt **Moderator**.
Damit eine Kettenreaktion in Gang gesetzt werden kann, muss genügend Uran-235 vorhanden sein. In natürlichem Uran sind nur 0,7 % des spaltfähigen Uran-235 vorhanden. Damit ist die Konzentration zu gering, ein entstandenes Neutron hätte eine zu geringe Wahrscheinlichkeit, auf einen Uran-235-Kern zu treffen, bevor es anderweitig absorbiert wird. Deshalb reichert man das Uran-235 auf einige Prozent an.
Würde bei jedem Spaltvorgang die Anzahl der Neutronen und somit auch die der folgenden Spaltungen verdreifacht, geriete die Reaktion rasch außer Kontrolle. Dies kann man durch Regelstäbe aus Bor oder Cadmium verhindern. Diese können in den Kernreaktor eingefahren werden und fangen Neutronen ein. So kann die Kettenreaktion gesteuert oder auch gestoppt werden.

GAU und Super-GAU • Als GAU (Größter Anzunehmender Unfall) bezeichnet man Auslegungsstörfälle, also Störfälle, bei denen die Sicherheitseinrichtungen verhindern können, dass große Mengen Radioaktivität in die Umgebung gelangen. Ein Störfall, der nicht mehr beherrschbar ist, ist ein auslegungsüberschreitender Störfall oder Super-GAU. Bei einer Kernschmelze überhitzen die Brennstäbe und schmelzen. Bei der Kernschmelze 1979 in Three Miles Island in den USA konnte verhindert werden, dass das Reaktorgefäß zerstört wurde, weshalb es sich um einen GAU handelte. Bei dem Unfall 1986 in Tschernobyl in der damaligen Sowjetunion jedoch explodierte der Reaktor und radioaktives Material gelangte in die Umwelt. Deshalb spricht man hier von einem Super-GAU. Ebenso beim Reaktorunfall in Fukushima 2011, bei dem auch große Mengen Radioaktivität in die Umwelt gelangten.
Derzeit wird an Reaktoren mit negativem Temperaturkoeffizienten geforscht. Das bedeutet, dass eine Temperatursteigerung die Kettenreaktion verlangsamt. Dies soll verhindern, dass eine Kettenreaktion außer Kontrolle gerät.

1 In verbrauchten Brennstäben ist noch viel radioaktives Material vorhanden, auch aus den Spaltprodukten. Recherchieren Sie zu den Problemen der Lagerung und des Abklingens atomaren Abfalls.

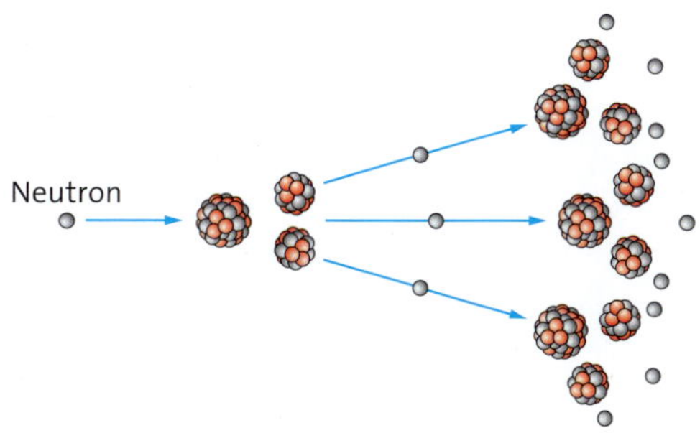

1 Kernspaltung mit Kettenreaktion

1 Trinkwasser aus dem Wasserhahn

Kernspektren

Wenn wir Wasser aus dem Wasserhahn trinken, sind wir sicher, dass es keinerlei schädliche Rückstände enthält. Trinkwasser wird regelmäßig auf ionisierende Strahlung untersucht. Wie kann man einzelne radioaktive Elemente nachweisen?

Energie von α-Teilchen • Wir können ionisierende Strahlung mit verschiedenen Mitteln nachweisen. In der Nebelkammer haben wir Spuren der α-Teilchen gesehen, die Unterschiede in Länge und Dicke aufweisen. Diese deuten auf unterschiedliche Energien hin. Dadurch wissen wir aber noch nicht, wie hoch die Energien sind und mit welchen radioaktiven Materialien wir es zu tun haben. Durch die Aufnahme von Energiespektren kann die Strahlung auf das aussendende Element zurückgeführt werden, denn das Energiespektrum ist eindeutig einem Element zuzuordnen. Die Untersuchung von α-Strahlung ist hierbei wichtig, da diese Strahlung beim Verschlucken besonders gefährlich ist. Sie sollte also kaum im Trinkwasser vorkommen.

Die Energieabgabe der α-Teilchen untersuchen wir zunächst am radioaktiven Präparat Americium-241. Mit einem Halbleiterdetektor kann das Energiespektrum aufgenommen werden. Die Impulse, die am Detektor gemessen werden, sortiert man in einem Häufigkeitsdiagramm und erhält so das α-Spektrum. Dabei ist der Spannungsimpuls proportional zur Energie der Strahlung.

Es ist auffällig, dass bei ca. 5,48 MeV ein Peak mit 85 % Häufigkeit und ein weiterer bei 5,44 MeV mit 13 % Häufigkeit liegt (▸Abb. 2). Diese Energiewerte weisen α-Teilchen bei der Umwandlung von Am-241 am häufigsten auf. Zudem sind sie spezifisch für dieses Nuklid. Für andere Nuklide sind andere Peaks im α-Spektrum typisch. Das α-Spektrum kann für jede Art von α-Strahlung aufgenommen werden und über die spezifischen Peaks der bestimmten Energien somit eindeutig einem Nuklid zugeordnet werden.

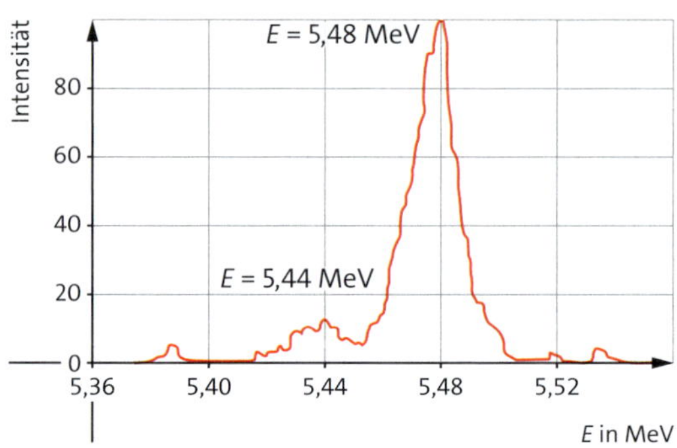

2 Energiespektrum für Am-241

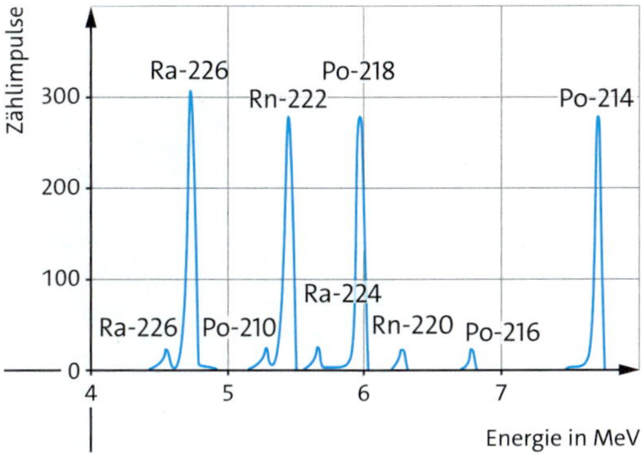

3 Energiespektrum eines Mineralwassers

Über derartige Energiespektren (▸Abb. 2 und 3) kann man z. B. die in einer Wasserprobe enthaltenen radioaktiven Nuklide bestimmen. Viele Spektren sind dazu nötig, denn je mehr Indizien man zur Verfügung hat, desto genauer und zuverlässiger kann man die vorhandenen Nuklide bestimmen.

Bei den Messungen zur Radioaktivität in Trinkwasser wird zusätzlich auch die γ-Spektroskopie genutzt, um weitere radioaktive Elemente zu detektieren. Mithilfe der α-Spektroskopie werden Po-210, U-234 und U-238 nachgewiesen und mit der γ-Spektroskopie Rn-222 und Ra-228.

α-Spektrum im Detail • Wir untersuchen exemplarisch das α-Spektrum von Americium-241.

In ▸Abb. 2 fällt auf, dass sich neben den hohen Peaks für 5,44 bzw. 5,48 MeV noch weitere Peaks befinden. Dies ist darauf zurückzuführen, dass die α-Teilchen unterschiedliche kinetische Energien aufweisen können. Die Energie, die am häufigsten vorkommt, ist in dem Energiespektrum grundsätzlich beim höchsten Peak zu finden, da das Energiespektrum ein Energie-Häufigkeits-Diagramm ist.

Durch die Aussendung des α-Teilchens ist das Zerfallsprodukt Neptunium-237 entstanden. Dieses wird auch als Tochterkern bezeichnet und der Ausgangskern als Mutterkern. Am-241 wandelt sich also in Np-237 und Helium-Kerne um. Die zugehörige Reaktionsgleichung kann mithilfe der Nuklidkarte aufgestellt werden und lautet:
$^{241}_{95}\mathrm{Am} \rightarrow {}^{237}_{93}\mathrm{Np} + {}^{4}_{2}\mathrm{He}$.

Energetischer Zustand des Tochterkerns • Der Tochterkern Np-237 kann in verschiedenen angeregten Zuständen vorliegen. Je geringer die Energie des ausgesandten α-Teilchens ist, desto höher ist der Np-237-Kern angeregt. ▸Abb. 4 zeigt die häufigsten Energieniveaus. Man kann die Häufigkeiten ablesen und auf mögliche Energien der γ-Strahlung von Np-237 schließen. Zum Beispiel kann Neptunium direkt im Grundzustand vorliegen. Dann hat das emittierte α-Teilchen die größtmögliche Energie, in diesem Fall 5,45 MeV.

In Nuklidkarten ist für die Nuklide oft die Energie, die am häufigsten vorkommt, bei der betreffenden Strahlungsart aufgeführt.

Durch Aussenden von γ-Strahlung kann der angeregte Np-237-Kern anschließend in einen niedrigeren Energiezustand oder auch in den Grundzustand übergehen. Insgesamt wird bei der Umwandlung des Mutterkerns immer dieselbe Energie abgegeben, als Summe aus der Energie der γ-Strahlung und der der α-Teilchen.

Umgekehrt kann durch das α-Spektrum des Am-241 auch auf die Anregungszustände des Neptuniums geschlossen werden.

1 Bestätigen Sie anhand des Energiespektrums von Am-241 (▸Abb. 2), dass die emittierten α-Teilchen am häufigsten eine Energie von 5,48 MeV aufweisen.
Schätzen Sie die dritthäufigste Energie ab.

2 Berechnen Sie unter Verwendung des Energieniveauschemas (▸Abb. 4) die möglichen Energien der von Np-237 emittierten γ-Strahlung sowie die zugehörigen Wellenlängen.

Aus den diskreten Anregungszuständen des Tochternuklids ergeben sich getrennte Peaks für die Energie der α-Teilchen, die spezifisch für das Mutternuklid sind.

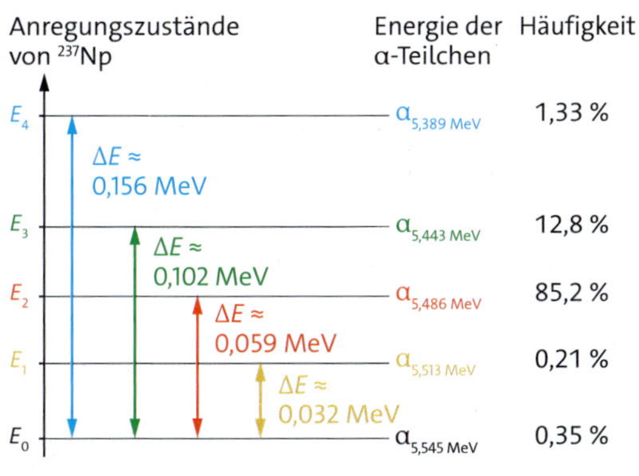

4 Energieniveauschema zu Np-237

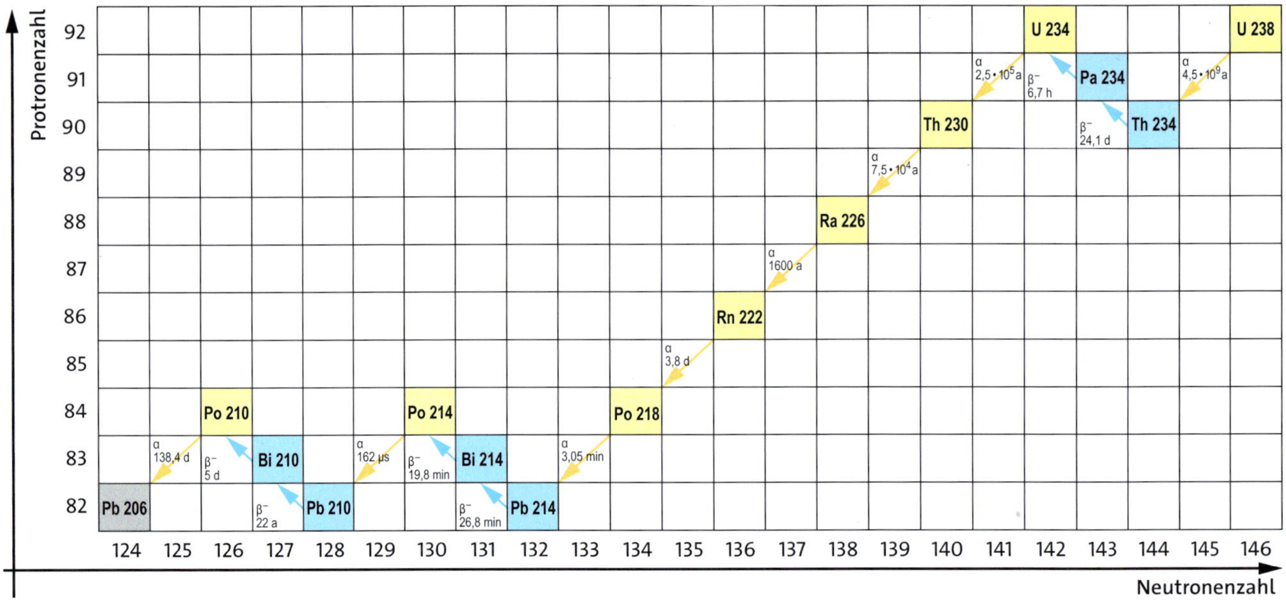

1 Uran-Zerfallsreihe

Die Energiedosis gibt allgemein an, wieviel Energie ein Kilogramm eines Stoffes durch Strahlung aufnimmt. Die Einheit ist $1\frac{J}{kg}$. Handelt es sich um lebende Zellen, ist die biologische Strahlenwirkung von Bedeutung. Die Äquivalentdosis ist eine gewichtete Energiedosis, die diese Wirkung berücksichtigt. Die Einheit ist ein Sievert (1 Sv).

Trinkwasseruntersuchung • Wenn im Trinkwasser U-238 mithilfe der α-Spektroskopie nachgewiesen wird, geht die Gefahr nicht nur vom Uran aus, sondern auch von den Folgenukliden. U-238 ist der Mutterkern, Th-234 der Tochterkern und es folgen Enkel und weitere Generationen. Um die Zerfallsreihe von U-238 aufzustellen (▸Abb. 1), nutzt man die Nuklidkarte. In dieser sind auch die Halbwertszeiten verzeichnet. Bei kleineren Halbwertszeiten ist es wahrscheinlicher, dass eine Kernumwandlung stattfindet, während das Wasser noch im Körper ist. Um die Gefahr, die von den radioaktiven Stoffen ausgeht, zu beurteilen, muss man nicht nur die Energie der Strahlung kennen, sondern auch wissen, wie der Körper die Nuklide einlagert oder ausscheidet.

Die Aktivität • Zur weiteren Beurteilung müssen auch die Stoffmenge und ihre Aktivität berücksichtigt werden. Die Aktivität $A(t)$ gibt an, wie viele Kerne N in der Probe pro Zeiteinheit zerfallen. Somit gilt:

$$A(t) = \dot{N}(t) = \frac{dN(t)}{dt} = N_0 \cdot (-\lambda) \cdot e^{-\lambda \cdot t} = -\lambda \cdot N(t).$$

Das Becquerel ist eine SI-Einheit und trägt diesen Namen zu Ehren von ANTOINE HENRI BECQUEREL, einem der Entdecker der Radioaktivität.

Also nimmt auch die Aktivität exponentiell ab und man kann schreiben:

$$A(t) = A_0 \cdot e^{-\lambda \cdot t}.$$

A_0 bezeichnet die Aktivität zum Zeitpunkt $t = 0$. Die Einheit ist das Becquerel: $1\,Bq = \frac{1}{s}$. Früher war die Einheit Curie (Ci) gebräuchlich ($1\,Ci = 3{,}7 \cdot 10^{10}\,Bq$).

Die Aktivität ist eine Größe, die sich z.B. auf Basis der Masse einer Probe berechnen lässt. Sie ist nicht direkt messbar, denn die Probe selbst schirmt bereits Strahlung ab. In der Praxis verwendet man deshalb die Zählrate Z. Aus der Zählrate kann auf die Aktivität geschlossen werden.

Die Aktivität A gibt die Anzahl der radioaktiven Umwandlungen einer Stoffmenge pro Zeiteinheit an. Die Einheit ist $1\,Bq = \frac{1}{s}$.

Die Trinkwasserverordnung sieht vor, dass ein als Richtdosis bezeichneter Wert von $0{,}1\frac{mSv}{a}$ nicht überschritten werden darf. Dabei wird angenommen, dass 730 L Trinkwasser pro Jahr aufgenommen werden. Die Richtdosis ist ein Maß für die Strahlenbelastung, der ein menschlicher Organismus während eines Jahres durch Radionuklide im Trinkwasser ausgesetzt ist. Hierbei werden Tritium und Radon-222 sowie Kalium-40 und die kurzlebigen Radon-Zerfallsprodukte nicht berücksichtigt. Bei der Untersuchung werden die Aktivitäten der α-Strahler U-238, U-234, Ra-226 und Po-210 summiert. Wenn die Summe unter $0{,}05\frac{Bq}{l}$ liegt, kann von einer Unterschreitung der Richtdosis ausgegangen werden.

Szintillationszähler • Zur Messung der γ-Strahlung und damit zur γ-Spektroskopie eignet sich ein Szintillationszähler. Szintillationen heißen die Lichtblitze, die Kristalle wie z. B. Zinksulfid beim Eintreffen von ionisierender Strahlung aussenden. Diese Lichtblitze entstehen durch Fluoreszenz. Sie lösen im Szintillationszähler aus einer Fotokathode (▸Abb. 2) Elektronen aus. Diese Elektronen werden beschleunigt und treffen auf weitere Elektroden, wo sie jedes Mal zusätzliche Elektronen auslösen und so den Elektronenstrom vervielfachen. Dieser Elektronenstrom wird gemessen und ist proportional zur Anzahl der ursprünglich ausgelösten Fotoelektronen und dadurch auch proportional zur Energie der ionisierenden Strahlung.

β-Spektrometer • Um die Energie der β-Teilchen zu bestimmen, werden β-Spektrometer genutzt. Ein Beispiel zeigt ▸Abb. 3. Durch ein homogenes Magnetfeld bewegen sich die β-Teilchen auf einer Kreisbahn. Es werden nun nur die Teilchen detektiert, die eine bestimmte Kreisbahn passiert haben. Je größer die kinetische Energie der β-Teilchen ist, desto größer muss deshalb die magnetische Flussdichte eingestellt sein, um die Teilchen auf diese Kreisbahn zu bringen, denn der Radius der Kreisbahn ist von der magnetischen Flussdichte und der Teilchengeschwindigkeit abhängig. Die Anzahl der β-Teilchen, die innerhalb einer bestimmten Zeitspanne für jedes eingestellte B-Feld (und damit für die diesem B-Feld entsprechende Teilchenenergie) registriert werden, ergibt das Spektrum. Im Gegensatz zu α- und γ-Spektren sind β-Spektren (▸Abb. 4) aus Kernzerfällen kontinuierlich. Denn die beim β-Zerfall auftretende Energie teilt sich beliebig zwischen β-Teilchen und Neutrino auf.

Energieabgabe der α-Strahlung • Ein Energiespektrum von α-Teilchen wird fast immer in einem Vakuum gemessen. Die α-Teilchen verlieren dann auf ihrem Weg zum Detektor keine Energie. Welchen Einfluss hat Luft auf das Energiespektrum? Wir untersuchen dies, indem wir Americium in einer bestimmten Entfernung von einem Halbleiterdetektor positionieren, der die ausgesendete α-Strahlung misst. Anschließend verschieben wir das Präparat sukzessive und ermitteln die Energie der α-Teilchen jedes Mal erneut. Aus diesen Werten bestimmen wir die Abnahme der Energie ΔE auf der Strecke Δx. Das Energiespektrum ordnet so den jeweiligen Entfernungen die Energiewerte der α-Teilchen zu. Die Ergebnisse zeigt beispielhaft ▸Abb. 5. Ein solches Diagramm wird als **Bragg-Kurve** bezeichnet. Auch hier ist deutlich zu sehen, dass die α-Teilchen des Americiums in Luft eine geringe Reichweite von unter 3 cm haben.

Eine Elektronenröhre, in der die Elektronen, die ursprünglich von Photonen freigesetzt wurden, ihrerseits weitere Elektronen aus Elektroden auslösen, nennt man Photomultiplier. Er ermöglicht es, auch schwache Lichtsignale zu detektieren.

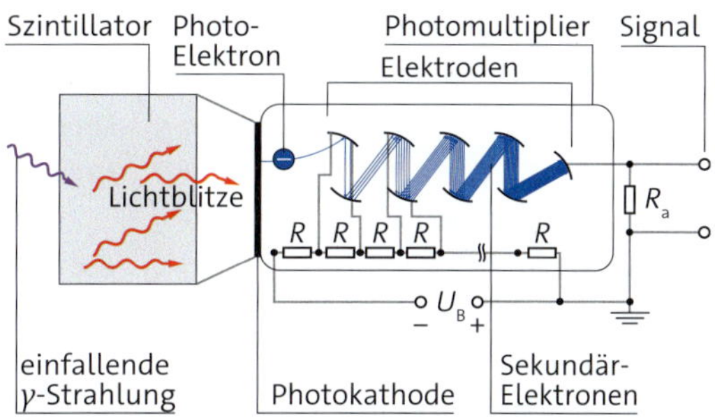

2 Szintillationszähler

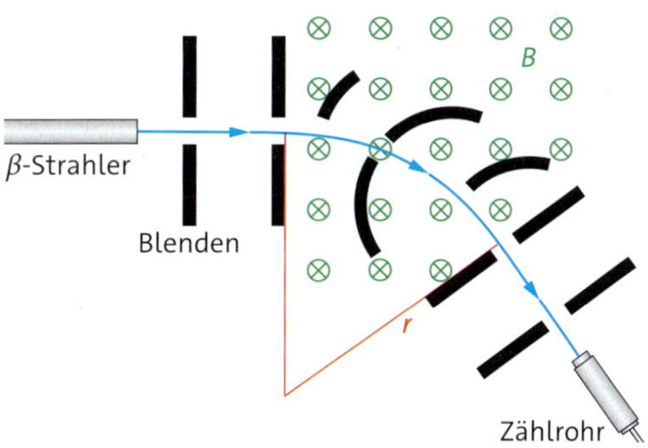

3 β-Spektrometer

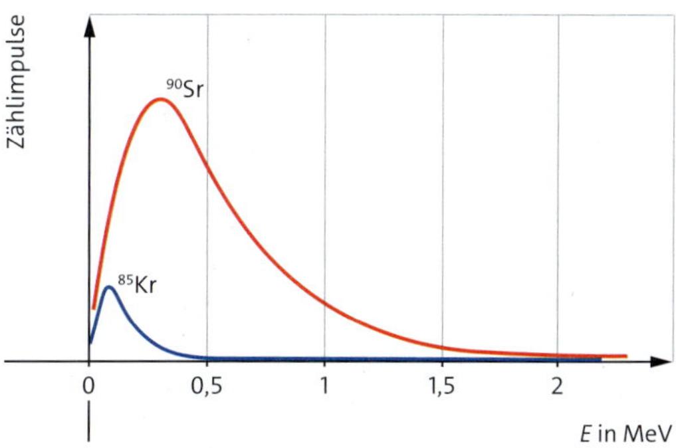

4 Energiespektrum eines β-Strahlers

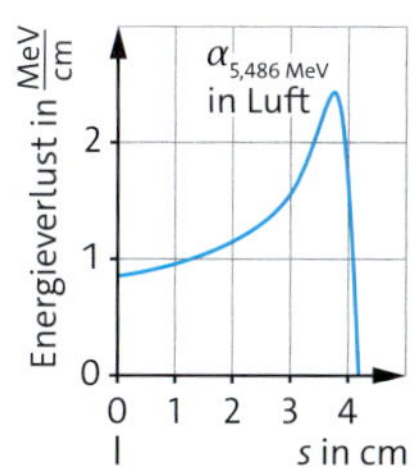

5 Bragg-Kurve zu α-Teilchen aus Am-241 in Luft

Der Bragg-Kurve kommt in der Medizin eine besondere Bedeutung zu, die im Blickpunkt näher betrachtet wird.

BLICKPUNKT

Bindungsenergie der Nukleonen

Kernkraft • Der Atomkern besteht aus Nukleonen: elektrisch neutralen Neutronen und positiv geladenen Protonen. Gleichnamige Ladungen stoßen sich ab, dennoch sind (nicht radioaktive) Atomkerne stabil. Es muss also eine Kraft wirken, die die Nukleonen zusammenhält. Die Gravitation ist dafür zu schwach. 1930 schlug GEORGE GAMOW als Lösung des Problems eine starke Kraft mit kurzer Reichweite vor. Sie wirkt nur zwischen unmittelbar benachbarten Protonen und Neutronen, kann aber den Kern gegen die elektrische Abstoßung zusammenhalten. Später erkannte man, dass die Kernkraft nur eine nach außen dringende „Restkraft" der starken oder auch Farbkraft zwischen den Quarks innerhalb der Nukleonen ist.

Ähnlich wie die van-der-Waals-Kraft, welche durch zufällige Schwankungen in der Ladungsverteilung in der Atomhülle entsteht, die dann wiederum die Nachbaratome polarisieren, ist diese „Restkraft" keine Grundkraft, sondern entsteht durch den Austausch von Mesonen – Teilchen aus zwei Quarks – zwischen benachbarten Protonen und Neutronen.

Nukleonenzahl • Das Verhältnis von Protonen zu Neutronen als gegenseitige Wechselwirkungspartner bestimmt also die Stabilität von Atomkernen. Nuklide kleiner Massezahlen sind instabiler als solche mittlerer Massezahlen ($A \approx 56\,\mathrm{u}$), weil ihr Verhältnis von Oberfläche zu Volumen groß ist und den Nukleonen an der Kernoberfläche weniger Wechselwirkungspartner zur Verfügung stehen. Schwere Kerne werden wieder instabiler, da die weitreichende elektrostatische Abstoßung der zunehmenden Protonenzahl eine immer größere Rolle gegenüber der Kernkraft mit ihrer sehr kurzen Reichweite spielt (▸Abb. 1). Bei der Spaltung (Fission) schwerer Kerne wird daher Energie frei, während leichte Kerne sich für die Energiegewinnung durch Fusion eignen.

„Magische" Atomkerne • Haben Protonen- oder Neutronenzahlen bestimmte Werte, und zwar von magischen Zahlen wie 2, 8, 20, 28, 50, 82 usw., sind die Nuklide besonders stabil (▶Abb. 2). Nochmal ausgeprägter ist die Stabilität bei doppelt magischen Kernen, wenn also beide Nukleonenzahlen magisch sind, wie in ${}^{4}_{2}\mathrm{He}$, ${}^{16}_{8}\mathrm{O}$, ${}^{40}_{20}\mathrm{Ca}$ oder ${}^{208}_{92}\mathrm{Pb}$. Diese Kerne sind besonders kugelsymmetrisch, so dass die Protonenladungen möglichst weit voneinander entfernt positioniert sind.

Schalenmodell • Man kann diese Stabilität auch mit einem Schalenmodell des Kerns erklären, nach dem dieser – wie die Atomhülle – eine schalenartige Struktur aufweist, in der die Nukleonen bestimmte Energieniveaus besetzen. Bei magischen Nukleonenzahlen sind solche Niveaus voll besetzt – wie bei den Elektronenhüllen von wenig reaktiven, also stabilen Edelgasatomen.
Wie bei den Elektronen der Hülle müssen auch die Nukleonen bestimmte diskrete Energiedifferenzen aufnehmen oder abgeben, wenn sich der Zustand des Kerns ändert. Diese diskreten Energien findet man z. B. bei der Kernspektroskopie in der Energie der α-Teilchen und γ-Quanten.

Die nächste Stufe der Kernmodelle stellt das Potenzialtopfmodell dar, das an anderer Stelle behandelt wird.

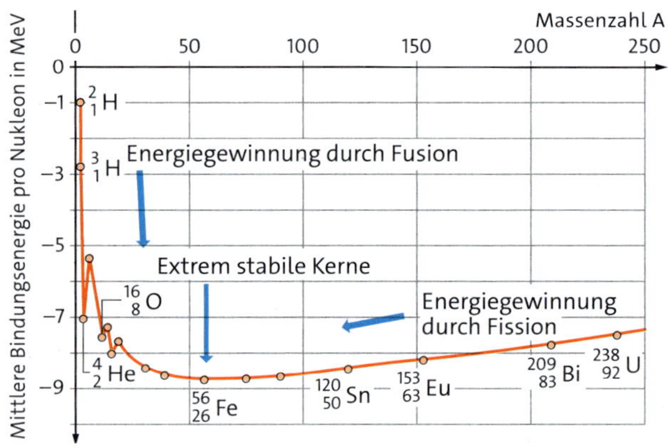

1 Mittlere Bindungsenergie pro gebundenem Nukleon.

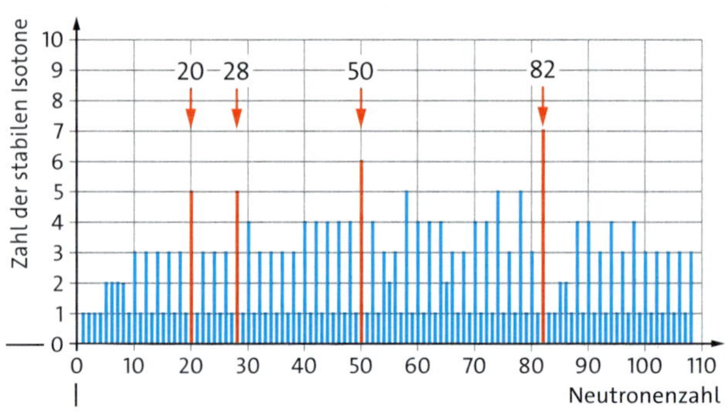

2 Kerne mit magischen Nukleonenzahlen sind besonders stabil.

Bedeutung der Bragg-Kurve in der Strahlentherapie

Tumorbehandlung • Wenn ein Tumor entdeckt wird, gibt es verschiedene Optionen der Behandlung, wie z.B. eine Operation, Chemotherapie oder Strahlentherapie. Die Strahlentherapie kommt in ungefähr der Hälfte der Fälle zum Einsatz.
Bisher werden für die Therapie überwiegend Röntgenstrahlen oder γ-Strahlung verwendet. Auch mit Elektronen werden Bestrahlungen durchgeführt. Diese nutzt man meistens für oberflächliche Bestrahlungen, da Elektronen dort die größte Dosis abgeben. Inzwischen werden auch Protonen und Ionen genutzt, da sie einen großen Vorteil bei der Behandlung bieten, der im Folgenden erläutert werden soll.

Strahlentherapie • Ziel der Strahlentherapie ist es, das Tumorgewebe zu zerstören. Dringt Strahlung in den Körper ein, gibt sie Energie an das Gewebe ab, das dadurch zerstört werden kann. In der Therapie setzt man dies gezielt gegen z.B. Tumore ein. In ▸Abb.1 ist deutlich zu sehen, dass bei der Bestrahlung mit Photonen die Energieabgabe an das Gewebe zu Beginn des Eindringens hohe Werte aufweist und dann geringer wird. Dabei ist die Abnahme exponentiell. Bei tieferliegenden Tumoren ist dies nicht von Vorteil, da auf dem Weg zum Tumor das umliegende gesunde Gewebe durch die Strahlung geschädigt wird. Um die Schädigung des gesunden Gewebes gering zu halten, wird die Bestrahlung aus verschiedenen Positionen ausgeführt. So kommt die gewünschte Dosis zum Tumor und das umliegende Gewebe wird nicht zerstört.

Bedeutung der Bragg-Kurve • Die Bragg-Kurve von α-Teilchen kennen wir schon. In ▸Abb.1 sind die Bragg-Kurven von Protonen und C-12-Ionen zu sehen. Die Bragg-Kurven von Protonen und Ionen haben einen ähnlichen Verlauf.

Die ins Gewebe eindringenden Teilchen geben ihre Energie durch Ionisation ab. Zu Beginn des Eindringens geschieht dies gleichmäßig, kurz vor dem Ende der Reichweite steigt die Energieabgabe steil an. Dies zeigt der Verlauf der Bragg-Kurve deutlich an den hohen schmalen Peaks (▸Abb.2).

Die Teilchen geben den größten Teil ihrer Energie also auf einem räumlich sehr eng begrenzten Gebiet ab. Dieses Gebiet der Energieabgabe liegt umso tiefer im Gewebe, je höher die Energie der Teilchen ist (▸Abb.2), die diese im Teilchenbeschleuniger erhalten.

Auf die Weise kann die maximale Energieabgabe sehr genau auf den Bereich des Tumors eingestellt werden. Dies ist für die Strahlentherapie ideal, da auf diese Weise Tumorgewebe gezielt zerstört werden kann und das gesunde Gewebe sehr wenig Energie aufnimmt.

In der Strahlentherapie wird bisher erst in wenigen Fällen mit Protonen und C-12-Ionen gearbeitet. Diese Methode wird aber weiter in klinischen Studien erforscht.

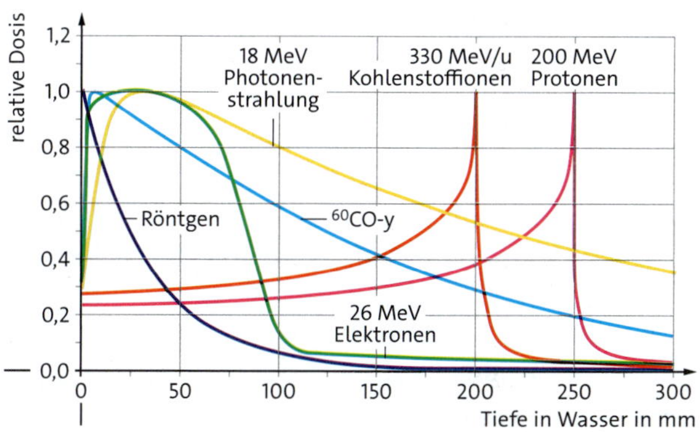

1 Absorption von Strahlungsarten im Vergleich

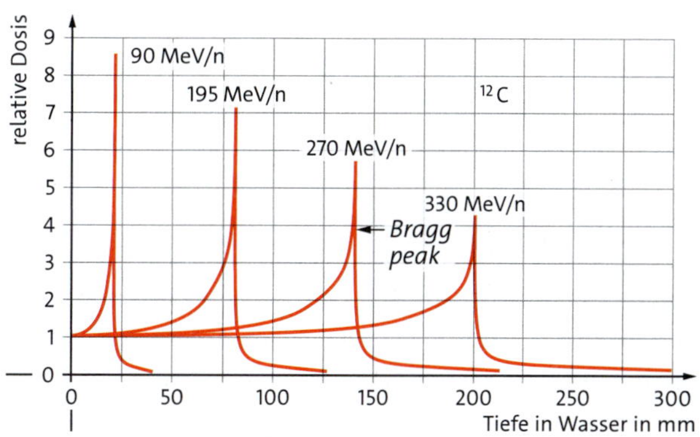

2 Verschiedene Bereiche der Energieabgabe

BLICKPUNKT

Neutrino

Neutrinos retten die Energiebilanz • Ungeklärte Fragen zur Energiebilanz beim β^--Zerfall führten dazu, dass WOLFGANG PAULI 1930 das Neutrino postulierte. Das Problem war damals, dass die β^--Teilchen ein kontinuierliches Energiespektrum aufweisen. Das konnte jedoch nicht sein, denn wenn der Energieerhaltungssatz erfüllt sein sollte, musste beim β^--Zerfall immer dieselbe Energie frei werden und nicht mal mehr, mal weniger. Ein zweites Teilchen, welches jeweils die fehlende Energie mit sich trägt, konnte eine Lösung sein. Und tatsächlich fand man dieses postulierte Neutrino (bzw. das Antineutrino) 1956, elektrisch neutrale Teilchen mit sehr kleiner Masse.

Wenig Wechselwirkung • Dass die Entdeckung so lange auf sich warten ließ, lag auch daran, dass Neutrinos nur sehr wenig mit Materie wechselwirken, denn es finden nur Prozesse der schwachen Wechselwirkung statt. Selbst der Erdkörper schirmt sie nur schwach ab. Um überhaupt Reaktionen mit Neutrinos aufzeichnen zu können, baut man Neutrinodetektoren deshalb dahin, wo sie durch viel Materie von anderen Signalen abgeschirmt werden, also unterirdisch, z. B. in Minen oder ins Eis der Antarktis.

Neutrinomasse • Zwar haben die Neutrinos das Rätsel der Energiebilanz beim β^--Zerfall gelöst, doch sorgen sie selbst durchaus für neue Fragen – z. B. die nach ihrer Masse. Dem Standardmodell der Teilchenphysik zufolge sollten sie keine Masse haben.

Man versucht nun auf verschiedenen Wegen, dem Rätsel auf die Spur zu kommen, z. B. indem man die Masse einzugrenzen versucht über die Energiebilanz beim β-Zerfall. Bisher ermittelte Obergrenzen für die Neutrinomasse schließen aber nicht aus, dass Neutrinos nicht auch masselos sein könnten. Ein Indiz auf eine Masse liefern die Sonne und das Rätsel der Sonnenneutrinos.

Rätsel der Sonnenneutrinos • Die Energie, die die Sonne abstrahlt, stammt aus Fusionsprozessen, bei denen auch Neutrinos ausgesendet werden. Man hat in den 1960er Jahren im sogenannten Homestake-Experiment begonnen, diese Sonnenneutrinos zu untersuchen.

Der Neutrinodetektor des Homestake-Experiments befand sich in einer Goldmine in fast 1500 m Tiefe und war in den Jahren 1970 bis 1994 in Betrieb. Er enthielt über 600 t Tetrachlorethylen. Das in diesem enthaltene Chlor reagiert mit einfallenden Neutrinos, wobei ein radioaktives Argonisotop und ein Elektron entstehen. Zwar kann man diese Reaktion nicht direkt nachweisen, aber man hat das Argon gesammelt und dann beobachtet, wie dieses wieder zu Chlor zerfällt. Auf die Weise konnte man etwa jeden zweiten Tag ein Neutrino nachweisen. Das entspricht nur ungefähr einem Drittel des Neutrinostroms, den man bei einem Stern von der Leuchtkraft der Sonne erwarten würde. Wo waren die fehlenden Neutrinos geblieben? Änderungen im Sonnenmodell erwiesen sich als nicht ausreichend, um das Problem zu lösen.

Drei Neutrinos • Um diese Frage zu beantworten, muss man wissen, dass es nicht nur eine Art Neutrinos gibt, sondern drei. Die Art, die wir bisher kennengelernt haben, ist das Elektron-Neutrino. Daneben gibt es noch das Myon- und das Tau-Neutrino.

Zudem sind Neutrinos Quantenobjekte und können mit Wellenfunktionen und Wahrscheinlichkeiten beschrieben werden. Das führt dazu, dass sogenannte Neutrinooszillationen auftreten können – periodische Umwandlungen von einer Neutrinoart in eine andere. Dann hat z. B. ein Elektron-Neutrino auch eine gewisse Wahrscheinlichkeit dafür, ein Myon- oder ein Tau-Neutrino zu sein.

Macht sich nun ein Elektron-Neutrino auf den Weg von der Sonne zur Erde, variiert die Wahrscheinlichkeit dafür, an einem bestimmten Ort auf diesem Weg eine bestimmte der drei Neutrinoarten anzutreffen. Bei der Erde kann es gerade ein Tau-Neutrino sein. Da der Detektor vom Homestake-Experiment aber nur auf Elektron-Neutrinos ansprach, wurde nur ein Teil der Sonnenneutrinos erfasst.

Nun können sich nach derzeitigem Kenntnisstand Neutrinos aber nur ineinander umwandeln, wenn sie unterschiedliche Massen haben. Damit müssen aber mindestens zwei der Neutrinoarten eine Masse haben.

Versuch A • Modellversuche zum Zerfall

V1 Modellierung

Material:
Verschiedene Würfel (oder andere Gegenstände, die sich zur Simulation eignen, oder Zufallszahlen), Tabellenkalkulationsprogramm

Arbeitsauftrag:
Wir wollen die Anzahl $N(t)$ der Kerne, die noch nicht umgewandelt sind, geeignet modellieren.

a) Planen Sie einen solchen Versuch und beschreiben Sie die Durchführung.
b) Welchen mathematischen Zusammenhang vermuten Sie für die Anzahl $N(t)$?
c) Nehmen Sie geeignete Werte auf und protokollieren Sie diese in einer Tabelle. Stellen Sie die Messwerte in einem geeigneten Diagramm dar.
Beschreiben Sie das Versuchsergebnis.
d) Ermitteln Sie den funktionalen Zusammenhang für $N(t)$ und berechnen Sie die Halbwertszeit.
e) Planen Sie ein entsprechendes Experiment, um den Mutter-Tochter-Zerfall zu modellieren und bearbeiten Sie dazu die Aufgabenteile a) bis e).

Material A • Energiespektrum von Am-241

A1 Zur Aufnahme des Spektrums von Am-241 wird die abgebildete Anordnung benutzt. Bei konstantem Radius r wird die Zählrate Z in Abhängigkeit vom B-Feld gemessen.
a) Erläutern Sie, warum das Vakuum und möglichst dünne Fenster beim Strahler und beim Eintritt in die Vakuumkammer wesentlich sind.
b) Für das Spektrum wurde aus den Messdaten die kinetische Energie der α-Teilchen berechnet. Dazu wurde u.a. die Beziehung $v = \frac{q}{m_a} \cdot B \cdot r$ verwendet. Dabei ist $m_\alpha = 6{,}64 \cdot 10^{-27}$ kg die Masse der α-Teilchen. Leiten Sie diese Beziehung begründet her.
c) Zum Peak mit der häufigsten kinetischen Energie gehören die Werte $r = 1{,}00$ m; $B = 295$ mT. Berechnen Sie die kinetische Energie. Begründen Sie, dass die Experimentatoren einen Korrekturfaktor für Energieverluste am Fenster des Strahlers und beim Eintritt in die Vakuumkammer verwendet haben müssen.

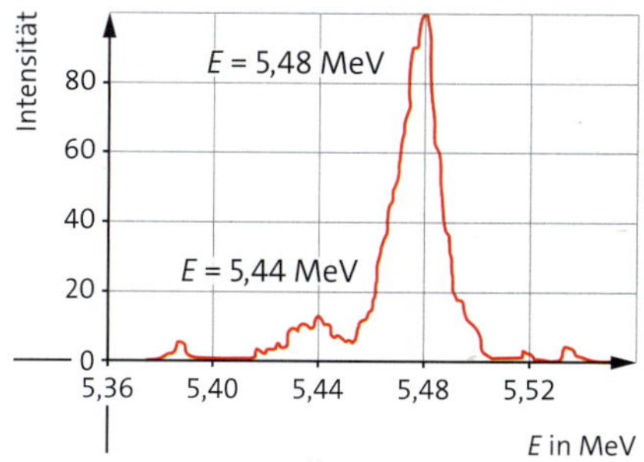

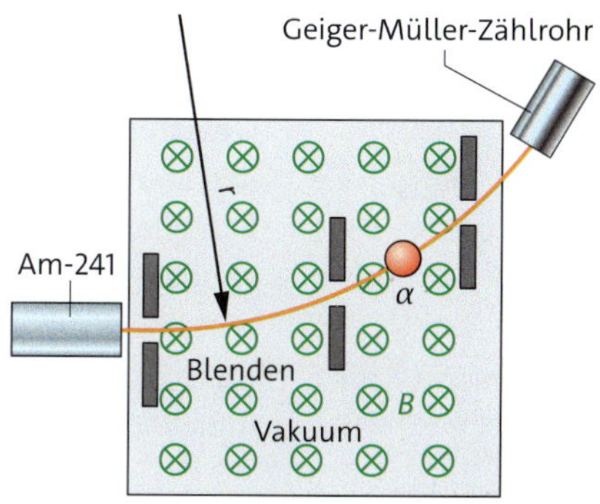

A2 Die Energiespektren von Am-241 wurden in Abhängigkeit vom Abstand des Präparats zum Halbleiterdetektor aufgenommen.
a) Der Detektor wurde mithilfe zweier Referenzsignale kalibriert. Dafür wurden Po-218 und Ra-210 verwendet, so dass die Skalenteile (Skt) eindeutig Energien in MeV zugeordnet werden können. Notieren Sie die Peaks in einer Tabelle in Skt und MeV.
b) Beschreiben Sie die Abbildung und begründen Sie die Veränderungen, die sich aus der Vergrößerung des Abstands ergeben.
c) Begründen Sie anhand der Abbildung, dass das Experiment nicht im Vakuum durchgeführt worden sein kann.
d) Stellen Sie die Zerfallsreihe von Americium-241 mithilfe der Nuklidkarte dar.

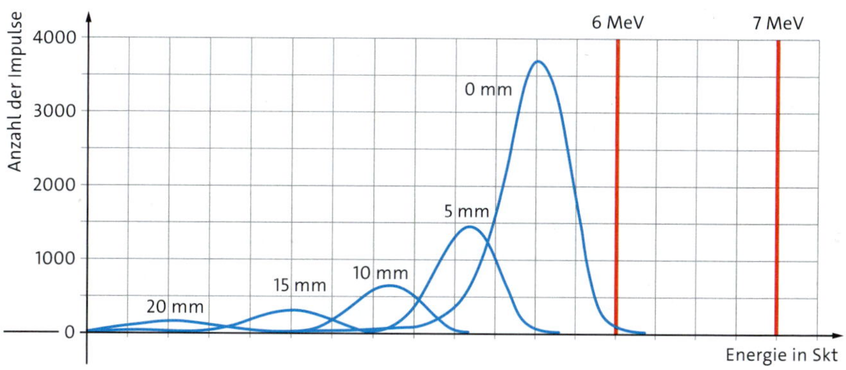

1 Smartphone

Halbleiter

Smartphones enthalten leistungsfähige Computer, die künstlich intelligent reagieren können. Wie funktioniert das physikalisch?

Geleitete Elektronen • Im Smartphone werden Signale durch Elektronen dargestellt, die in Bauteilen steuerbar geleitet oder nicht geleitet werden. Diese Steuerbarkeit wird durch Halbleiter ermöglicht. Beispielsweise verringert sich der elektrische Widerstand des Halbleiters Cadmiumsulfid bei Beleuchtung (▸Abb. 2).

2 LDR oder Fotowiderstand

Ein Cadmiumsulfid-Widerstand beträgt 30 kΩ bei der Beleuchtungsstärke 1 lux und 400 Ω bei 100 lux. Man nennt einen lichtabhängigen Widerstand Light Dependent Resistor, LDR, oder Fotowiderstand.

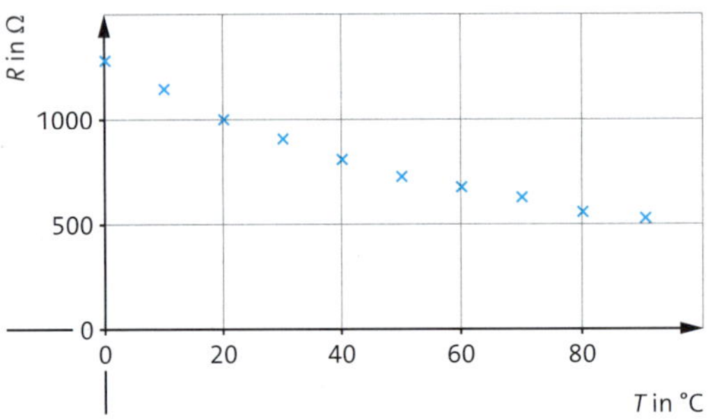

3 *R*(*T*)-Diagramm eines Kohleschicht-Halbleiters

Anscheinend erhält ein Elektron im Halbleiter also von einem Photon eine Energie ΔE und wird dadurch im Halbleiter beweglich.

Könnte auch thermische Energie den Widerstand eines Halbleiters senken? Eine Überprüfung mit einem Kohleschicht-Halbleiter bestätigt unsere Vermutung (▸Abb. 3): Offenbar kann ein Elektron in einem Halbleiter auch eine thermische Energie ΔE aufnehmen und dabei beweglich werden.

Allgemein können in einem Halbleiter unbewegliche Elektronen durch Aufnahme eines Energiebetrags ΔE beweglich werden. Den Mechanismus untersuchen wir mit einem Modell.

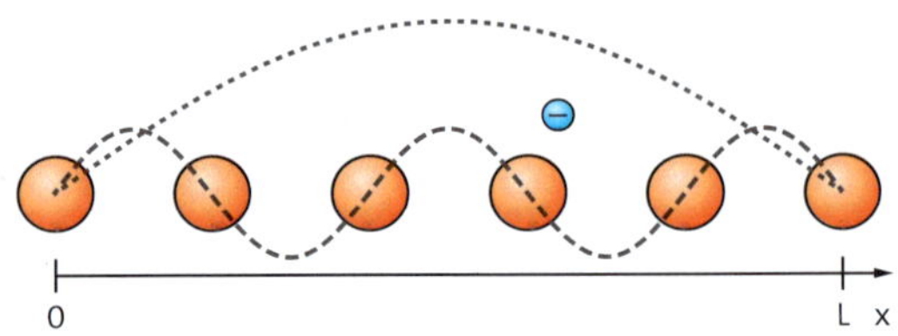

4 Ein Elektron in einer Kette aus sechs Atomrümpfen

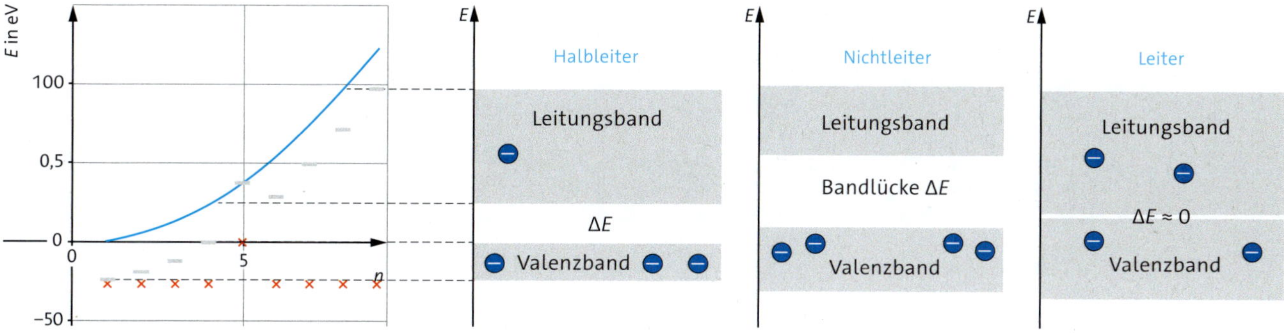

5 Energie des Elektrons im A Quantenmodell und B Bändermodell

Quantenmodell zur Leitfähigkeit • Konkret modellieren wir eine Kette mit einer Länge L = 0,5 nm, bestehend aus sechs Atomrümpfen (▸ Abb. 4). Exemplarisch modellieren wir eins der sechs Elektronen. Wie in der Atomphysik verwenden wir den linearen Potentialtopf. Um auch die Leitereigenschaften nachzubilden, ergänzen wir die elektrische Wechselwirkung zwischen dem Elektron und den sechs Atomrümpfen mithilfe von E_{pot}. Das Elektron hat eine Wellenlänge $\lambda = \frac{h}{p}$. Die Wellenfunktion des Elektrons bildet eine stehende Welle mit der Wellenlänge $\lambda_n = 2\frac{L}{n}$. Somit ist die kinetische Energie

$$E_{kin} = \frac{p^2}{2m} = \frac{n^2 \cdot h^2}{8L^2 \cdot m}.$$

Sie ist in ▸ Abb. 5A als blaue Parabel dargestellt. Bei jedem Atom an einer Stelle x in ▸ Abb. 4 ist die potenzielle Energie proportional zur Antreffwahrscheinlichkeit $\sin\left(\frac{2\pi x}{\lambda_n}\right)^2$, mit einem Proportionalitätsfaktor $E_1 = -10$ eV:

$$E_{pot,Atom} = E_1 \cdot \sin\left(\frac{2\pi x}{\lambda_n}\right)^2.$$

Die potenzielle Energie E_{pot} (▸ Abb. 5A, rote Punkte) ist die Summe der sechs potenziellen Energien $E_{pot,Atom}$. Auffällig ist, dass E_{pot} bei n = 5 null ist. Denn für n = 5 hat die Wellenfunktion bei den Atomrümpfen Nulldurchgänge, das zeigt die gestrichelte Linie in ▸ Abb. 4.
Die Energie E des Elektrons ist die Summe aus der kinetischen und der potenziellen Energie (graue Energieniveaus in ▸ Abb. 5A). Diese Energieniveaus des Elektrons zeigen eine Energielücke ΔE bei n = 5 (▸ Abb. 5A), denn hier ist E_{pot} = 0.

In den Intervallen darunter und darüber liegen die Energieniveaus dicht, diese Intervalle heißen **Energiebänder**, die Energielücken **Bandlücken**.

Das Spektrum von Elektronen im Kristall zeigt Energiebänder, zwischen denen Bandlücken auftreten.

Bändermodell • Das Energiespektrum des modellierten Elektrons ist typisch für alle Festkörper. Es treten Energiebänder auf, zwischen denen Bandlücken liegen. Das höchste am Temperaturnullpunkt besetzte Band heißt **Valenzband** (▸ Abb. 5B). Elektronen in diesem Band sind an möglichen chemischen Bindungen beteiligt, sind daher an ihren Atomrumpf gebunden und tragen kaum zur Leitfähigkeit bei. Elektronen befinden sich meist in den niedrigsten unbesetzten Energiezuständen, diese liegen bei **Nichtleitern** im Valenzband. Befinden sich einige wenige Elektronen im Leitungsband, dann liegt ein **Halbleiter** vor (▸ Abb. 5B). Bei **Leitern** befinden sich dagegen viele Elektronen im Leitungsband und die Bandlücken sind sehr klein oder sogar null.

Das höchste am Temperaturnullpunkt voll besetzte Energieband heißt Valenzband. Es ist vom darüberliegenden Leitungsband durch eine Bandlücke getrennt. Elektronen können durch Energieaufnahme vom Valenz- ins Leitungsband wechseln.

In ▸ Abb. 5 liegen in einem Energieband 4 bis 5 Energieniveaus, denn wir modellieren nur sechs Atome. In einem typischen Halbleiter befinden sich 10^9 bis 10^{23} Atome. Daher liegen die Energieniveaus eines Energiebandes sehr dicht in einem Energieintervall, dem Energieband.

Für jedes Atom kann man die Wechselwirkungsenergie als Coulomb-Potenzial beschreiben. Vereinfacht kann man sie als Produkt eines Energiebetrags E_1 und der Antreffwahrscheinlichkeit nachbilden. Wir wählen exemplarisch $E_1 = -10$ eV.

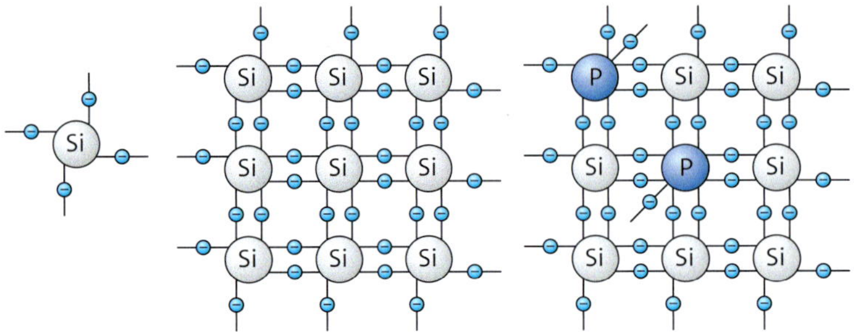

1 Silicium: A Atom, B Kristall, C dotiert mit Phosphor

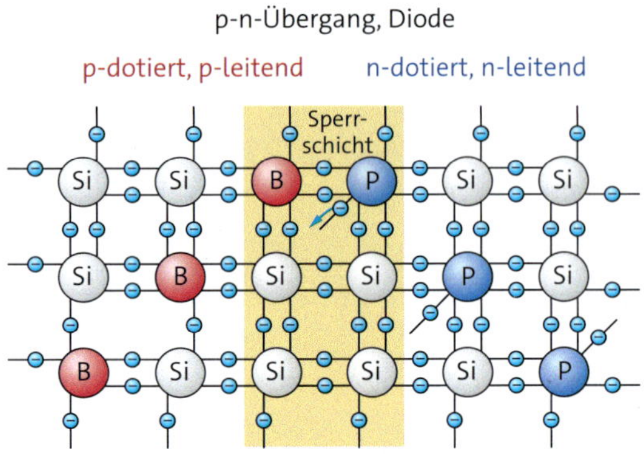

3 p-n-Übergang

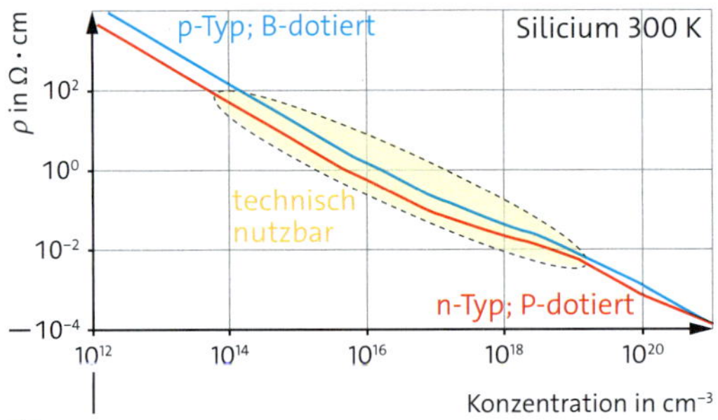

2 Geringer Widerstand durch Dotierung

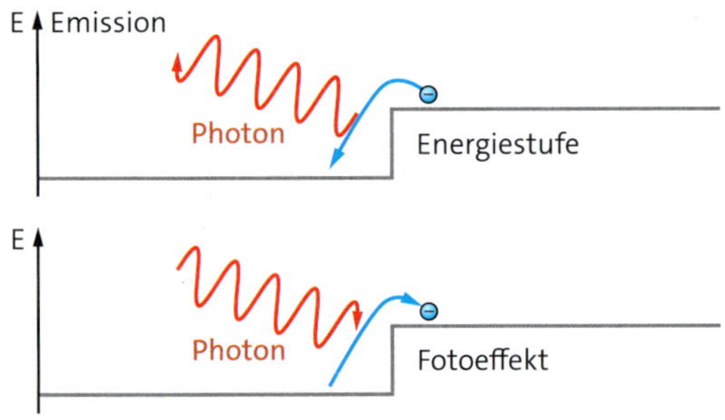

4 A Energiestufe am p-n-Übergang, B Fotoeffekt

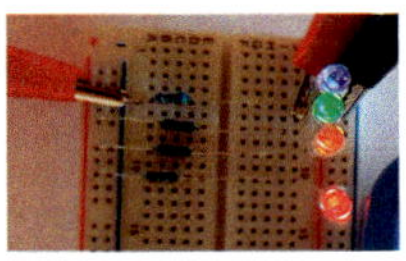

5 Mehrere LEDs leuchten in einer Parallelschaltung, geschützt durch Widerstände.

6 Innerer Fotoeffekt

Die beleuchtete obere LED in ▸ Abb. 6 erzeugt eine Spannung und bringt die rote LED zum Leuchten. Dabei steigen in der oberen LED Elektronen ins Leitungsband. Dieser Prozess heißt innerer Fotoeffekt.

Leitfähigkeit durch Dotierung • Wie bringt man Elektronen auch ohne Energiezufuhr ins Leitungsband? Der Halbleiter Silicium hat vier Elektronen in der äußeren Schale (▸ Abb. 1A). Im Kristall hat jedes Atom vier Nachbaratome, sodass die vier Außenelektronen mit je einem Nachbaratom stabile Doppelbindungen bilden und sich im Valenzband befinden (▸ Abb. 1B). Daher ist die Leitfähigkeit gering. Bringt man in diesen Kristall einige Phosophor-Atome mit ihren fünf Außenelektronen ein (▸ Abb. 1C), so passt das jeweils fünfte Elektron nicht ins Valenzband und kann daher auch ohne Energiezufuhr ins Leitungsband gelangen. Der Kristall wird leitfähig (▸ Abb. 2).
Bringt man Bor mit seinen drei Außenelektronen in den Siliciumkristall ein, so entsteht ein Loch in der elektronischen Gitterstruktur und somit im Valenzband. Dieses Loch kann wandern, sodass der Kristall wiederum leitfähig wird (▸ Abb. 2).
Eine solche zweckmäßige Beimengung von Atomen nennt man Dotierung. Im Fall der Dotierung mit Bor leiten die Löcher als positive Ladungsträger, man spricht daher von p-Dotierung. Hingegen leiten bei Dotierung mit Phosphor die negativen Elektronen, sodass eine n-Dotierung vorliegt.

Optoelektronik • Bringt man einen p-dotierten und einen n-dotierten Bereich zusammen (▸ Abb. 3), so wandern einige überschüssige Elektronen von Phosphor-Atomen zu Löchern bei Bor-Atomen und vereinigen sich mit diesen (Rekombination), sodass dort weder Elektronen noch Löcher leiten: So entsteht eine Sperrschicht (▸ Abb. 3).
Wenn nun an der n-Seite ein Minus- und an der p-Seite ein Pluspol angeschlossen sind, wandern Elektronen vom Minuspol her zu Phosphor-Atomen der Sperrschicht und lösen so die Sperrschicht hier auf. Ebenso wandern Löcher vom Pluspol her zu Bor-Atomen der Sperrschicht und lösen diese auch hier auf. Somit wird das System leitend. Bei umgekehrter Polung wird die Sperrschicht vergrößert, kein Strom fließt. Ein solches System heißt **Diode** (▸ Abb. 3) mit dem Schaltzeichen in ▸ Abb. 10. Wenn ein Elektron ein unbesetztes Loch einnimmt, dann wird der Energiebetrag ΔE der Bandlücke freigesetzt, sodass am p-n-Übergang eine Energiestufe vorliegt (▸ Abb. 4). Wenn das Elektron diese Energie in Form eines Photons nach außen abgibt, dann heißt das System **Licht emittierende Diode, LED** (▸ Abb. 4A, 5). Der Vorgang ist umkehrbar (▸ Abb. 4B, 6).

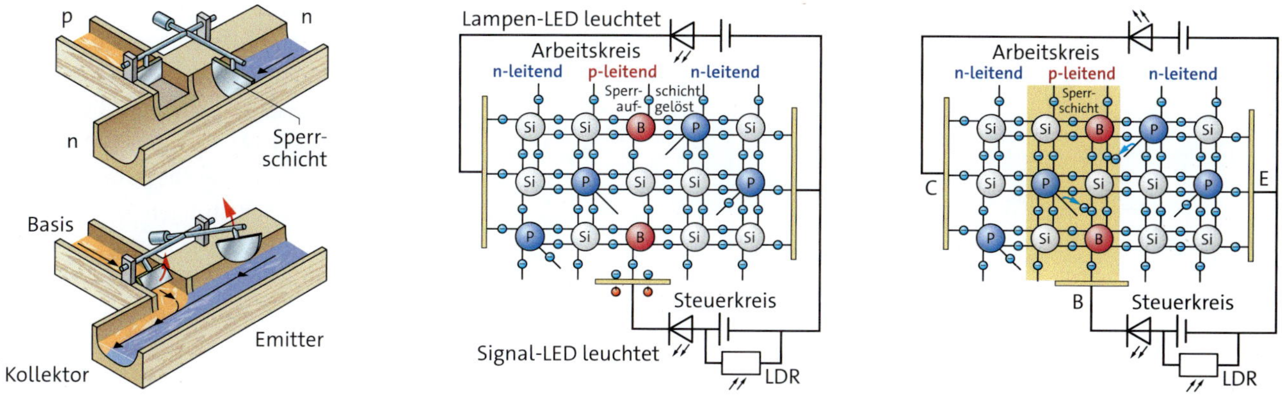

7 Sperrschicht als Schalter: A Wassermodell, B Sperrschicht leitend, C Sperrschicht sperrend

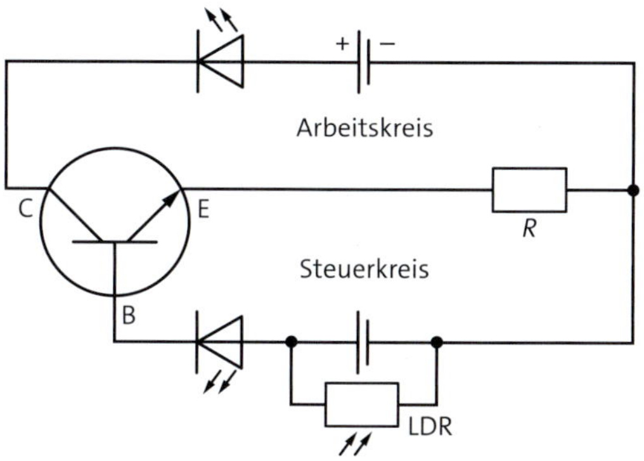

8 Transistor als Dämmerungsschalter, Schaltskizze

Sperrschicht als Schalter • Die Sperrschicht am p-n-Übergang ist nicht unbedingt leitend. Wie kann diese durch Ladungen leitend gemacht werden? Dazu wird ein weiterer n-leitender Bereich ergänzt, an alle drei Bereiche, n, p, n, wird je ein Metallkontakt angebracht (E, B, C in ▸ Abb. 7) und diese in zwei Stromkreisen verbunden, Steuerkreis und Arbeitskreis. Liegt im Arbeitskreis an E ein Minuspol und an C ein Pluspol, ist in ▸ Abb. 7 der n-p-Übergang gesperrt, der p-n-Übergang leitend, das System insgesamt also gesperrt.

Als Anwendungsbeispiel betrachten wir einen Dämmerungsschalter (▸ Abb. 8). Trifft nachts kein Licht auf den Cadmiumsulfid-Widerstand (LDR), ist dessen Widerstand hoch und der Kontakt B im Steuerkreis positiv geladen. Daher fließen die Elektronen aus der p-Schicht ab, welche die Plätze an den Boratomen blockierten (▸ Abb. 7C). Somit löst sich die Sperrschicht auf und der elektronische Schalter ist offen. Im Arbeitskreis fließt Strom, die obere LED in ▸ Abb. 7B leuchtet und man hat im Dunkeln Licht.

Bei Tag dagegen trifft Licht auf den LDR, die Ladungen fließen durch den LDR und der Kontakt B bleibt ungeladen. Daher bleibt die Sperrschicht erhalten, der Schalter geschlossen und die LED leuchtet nicht (▸ Abb. 7C).

Die Spannung im Steuerkreis beeinflusst also, ob im Arbeitskreis ein Strom fließt oder nicht, sie steuert den Arbeitskreis.

Transistor • Ein Bauteil mit einem n-p-n-Übergang wie in ▸ Abb. 7 und 8 heißt Transistor, die drei Anschlüsse (▸ Abb. 9): heißen Basis B, Kollektor C und Emitter E.

Wie oben erläutert, kann ein Transistor als elektronischer Schalter fungieren. Dabei ist es sinnvoll, einen Widerstand zu ergänzen, der beide Stromkreise vor zu großer Stromstärke schützt (▸ Abb. 8). Transistoren wurden 1947 erfunden und sind die zentrale Grundlage heutiger Computer und Elektronikgeräte.

1 Mit einer Diode kann man Wechselstrom in Gleichstrom umwandeln.
a) Entwerfen Sie eine Schaltskizze.
b) Erklären Sie die Funktionsweise.
c) Recherchieren Sie, was eine Brückengleichrichterschaltung ist, und erläutern Sie diese.

2 **a)** Fotovoltaikmodule haben typischerweise einen Wirkungsgrad von 20 %. Erklären Sie die Funktionsweise anhand von ▸ Abb. 4.
b) In Deutschland gibt es im Jahr 1000 Sonnenstunden mit einer Leistungsdichte von $S = 1\,\frac{\text{kW}}{\text{m}^2}$. Ermitteln Sie die elektrische Energie, welche Fotovoltaikmodule mit der Fläche $A = 20\ \text{m}^2$ im Jahr gewinnen.

9 Ein Transistor mit seinen drei Anschlüssen

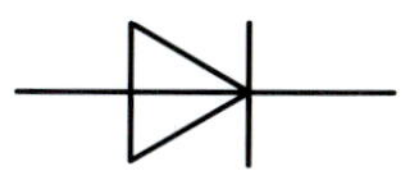

10 Schaltsymbol Diode

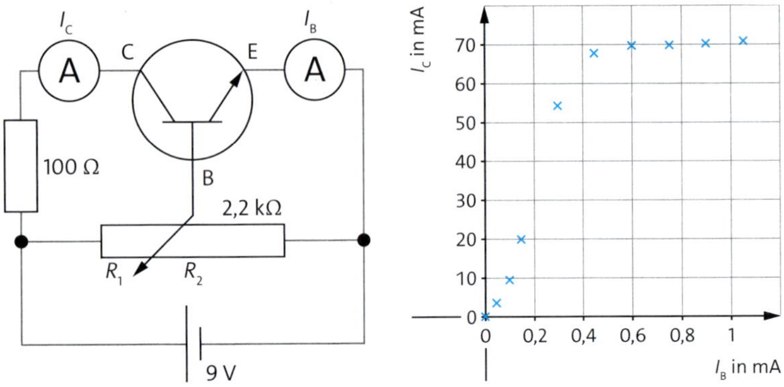

1 Transistor als Stromverstärker

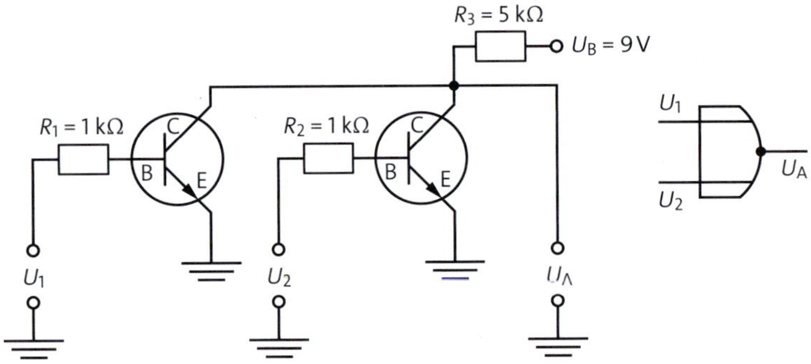

2 NOR-Schaltung mit Transistoren und Ersatzbild

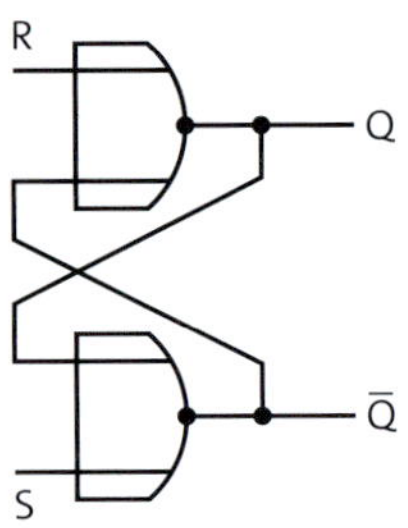

4 Speicher aus zwei NOR-Schaltungen

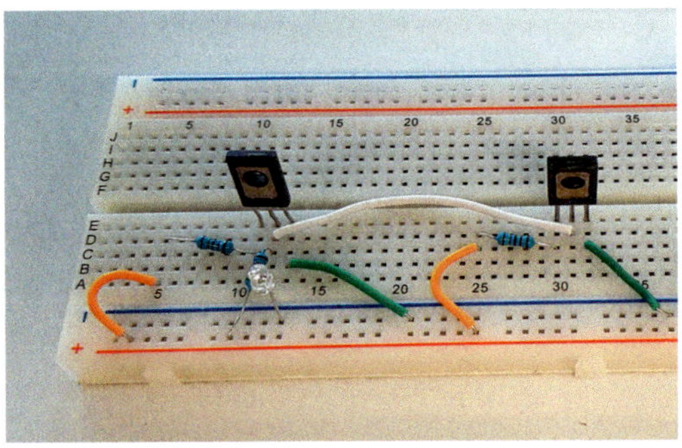

3 Versuch zur logischen NOR-Schaltung

Bei I_C = 70 mA tritt eine Sättigung ein, da wir den Schutzwiderstand 100 Ω eingebaut haben.

Transistor als Verstärker • Mit einem Transistor kann man eine kleine Stromstärke I_B, die beispielsweise durch ein empfindliches Mikrofon fließt, in eine große Stromstärke I_C umwandeln, die z.B. durch einen Lautsprecher fließt. Dazu leitet man I_B in die Basis, wie im Steuerstromkreis des Dämmerungsschalters, und nutzt I_C am Kollektor. Mit der **Verstärkerschaltung** in ▸ Abb. 1 messen wir den **Verstärkungsfaktor**, indem wir I_C abhängig von I_B auftragen. Wir erkennen einen linearen Bereich mit der Steigung $m = \frac{70\text{ mA}}{0{,}35\text{ mA}} = 200$.

Logische Schaltungen • Während der **Verstärker** in ▸ Abb. 1 kontinuierlich oder **analog** funktioniert, arbeiten Computer **digital**: Eine Spannung U unter ca. $\frac{1}{3}$ der Batteriespannung U_B bedeutet 0 oder FALSE, wogegen $U > \frac{2U_B}{3}$ eine 1 oder TRUE darstellt. Die Verarbeitung solcher **Binärzeichen** erfolgt mit logischen Schaltungen. Die grundlegende NOT TRUE oder **NOR-Schaltung** in ▸ Abb. 2 und 3 gibt z.B. eine 0 aus, wenn U_1 oder U_2 binär 1 ist. Dazu steuert U_1 den oberen Transistor auf leitend, wodurch der Spannungsteiler aus R_1 und R_3 den Ausgang auf U_A = 1,5 V setzt, also binär auf 0. Ist $U_2 > \frac{2U_B}{3}$, so wird ebenso U_A auf 1,5 V gesetzt. Sind U_1 und $U_2 < \frac{U_B}{3}$, sperren beide Transistoren, sodass deren Widerstand weit über R_3 liegt und somit U_A = 9 V.
Mit genügend NOR-Schaltungen kann man alle **logischen Funktionen** und somit beliebige Operationen aus Nullen und Einsen realisieren.

Speicher aus NOR-Schaltungen • Neben den logischen Verarbeitungen benötigen Computer **RAM-Speicher** (Random Access Memory). Das kann die Kombination zweier NOR-Schaltungen in ▸ Abb. 4 erzielen. Wird S (Set) auf binär 1 gesetzt, so wird $\overline{Q}$ = 0 und somit Q = 1. Das setzt $\overline{Q}$ erneut auf null, sodass Q = 1 dauerhaft gespeichert wird. Wird nun R (Reset) auf binär 1 gesetzt, so wird Q = 0 gespeichert, ebenso wie zuvor Q = 1 gespeichert wurde.

Computer • Ein Computer arbeitet nach dem **EVA-Prinzip**: Eingabe – Verarbeitung – Ausgabe. Eingaben erfolgen über Tastaturen, Mikrofone, Kameras, Antennen, Sensoren etc. Die Verarbeitung erledigen Speicher und logische Schaltungen, gesteuert von gespeicherten Programmen, während Ausgaben über Displays, Lautsprecher, Antennen, Motoren, Lichtleiter usw. erfolgen. So agieren Computer auch **autonom**, z.B. als Spieler oder in autonomen Fahrzeugen.

Künstliche Intelligenz ist eine partielle Nachahmung **natürlicher Intelligenz** mittels Computern. Moderne Computer nutzen neben klassischen Programmen auch **neuronale Netze**, das sind lernende Programme, die die Signalverarbeitung von Nervenzellen des Gehirns nachbilden.

Versuch A • Diode und Transistor

V1 Gleichrichter

Material:
Quelle für Wechselspannung, vier Dioden, Oszilloskop, Kabel

Arbeitsauftrag:
a) Bauen Sie den Versuch entsprechend der Schaltskizze auf. Schalten Sie die Spannungsquelle $U_E(t)$ ein und beobachten Sie die Zeitverläufe der Spannungen $U_E(t)$ und $U_A(t)$ simultan am Oszilloskop.
b) Skizzieren Sie diese Zeitverläufe von $U_E(t)$ und $U_A(t)$.
c) Erklären Sie die Funktionsweise des Gleichrichters und den Zeitverlauf $U_A(t)$.

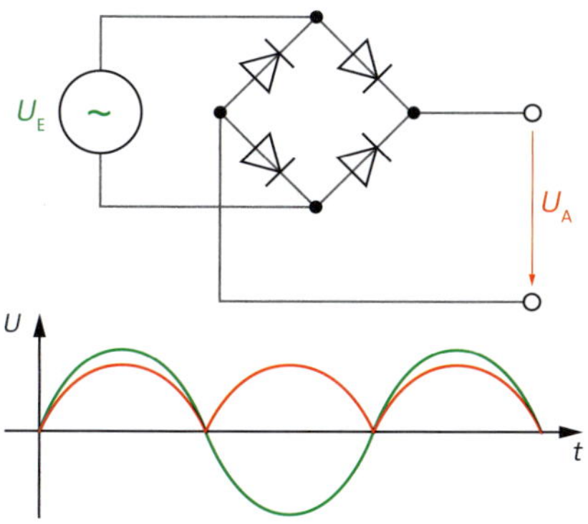

V2 Schwellspannung

Material:
Netzgerät, farbige Leuchtdioden, Voltmeter, Amperemeter, Schutzwiderstand, Kabel

Arbeitsauftrag:
a) Bauen Sie den Versuch wie abgebildet auf. Ermitteln Sie für jede Leuchtdiode in je einer Versuchsreihe die $I(U)$-Kennlinie und tragen Sie diese im $I(U)$-Diagramm auf.
b) Bestätigen Sie, dass jede LED bei der Spannung zu leuchten beginnt, bei der die Kennlinie beginnt, steil anzusteigen. Ermitteln Sie für jede LED diese Schwellenspannung U_S.
c) Recherchieren Sie für jede LED die Frequenz f, erstellen Sie ein $f(U_S)$-Diagramm und deuten Sie dieses.

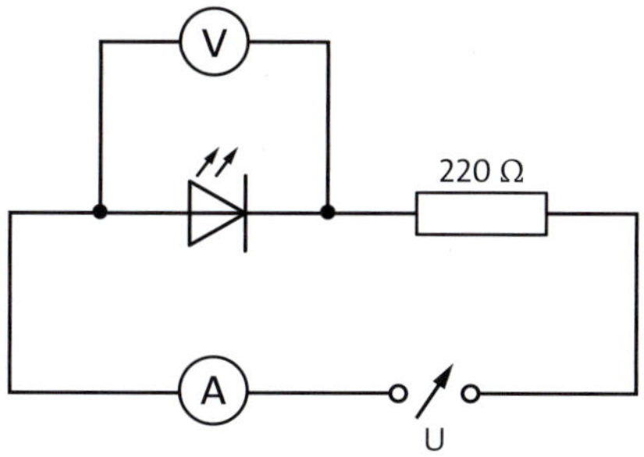

V3 NOT-Schalter

Material:
9V-Batterie, Transistor BD 139, Widerstände, Voltmeter, Kabel

Arbeitsauftrag:
a) Bauen Sie den Versuch wie abgebildet auf. Überprüfen Sie, dass bei jedem Masseanschluss die Spannung $U = 0$ V anliegt.
b) Legen Sie bei U_1 die Spannung 9 V an. Erstellen Sie eine Schaltskizze, die alle Kabel enthält. Messen Sie die Spannung U_A am Ausgang und bestätigen Sie, dass U_A einer binären Null entspricht.
c) Legen Sie bei U_1 die Spannung 0 V an. Erstellen Sie dazu eine Schaltskizze, in der alle Kabel eingezeichnet sind. Messen Sie dabei die Spannung U_A und bestätigen Sie, dass U_A eine binäre Eins ist.

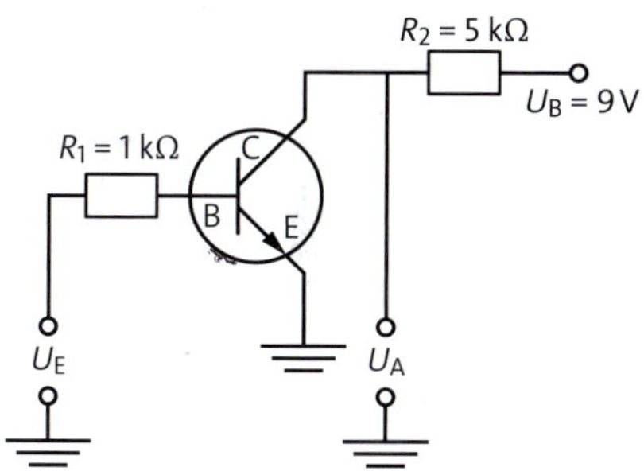

Material A • Bänder

Die Abbildung zeigt Bänder, wie sie für Germanium gemessen wurden.

A1 Geben Sie die Bandlücke als Energieintervall an. Vergleichen Sie die Bänder mit dem Quantenmodell.

A2 **a)** Germaniumdioden können mit ihrer Bandlücke von 0,67 eV Infrarotstrahlung nachweisen. Ermitteln Sie die entsprechende Wellenlänge.
b) In Triple-Junction-Solarzellen werden drei Halbleiter verwendet, um verschiedene Wellenlängenbereiche zu nutzen. Die Strahlung durchläuft nacheinander Fotodioden mit Bandlücken von 1,86 eV, 1,4 eV sowie eine Germanium-Fotodiode. Ermitteln Sie, welche Wellenlängen von welcher Fotodiode genutzt werden. Erläutern Sie, warum solche Solarzellen Wirkungsgrade bis 50 % erreichen.
c) Skizzieren Sie einen sinnvollen Aufbau einer Triple-Junction-Solarzelle und erklären Sie die Funktionsweise.

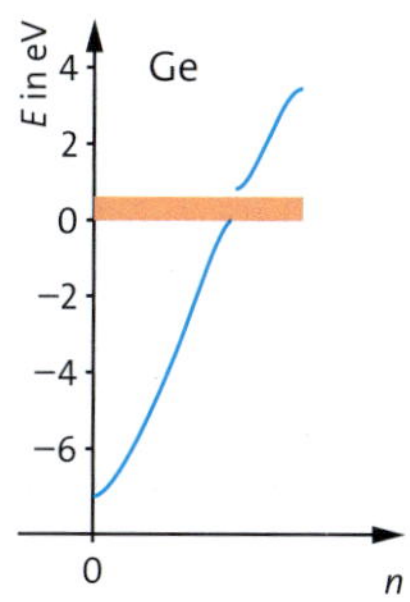

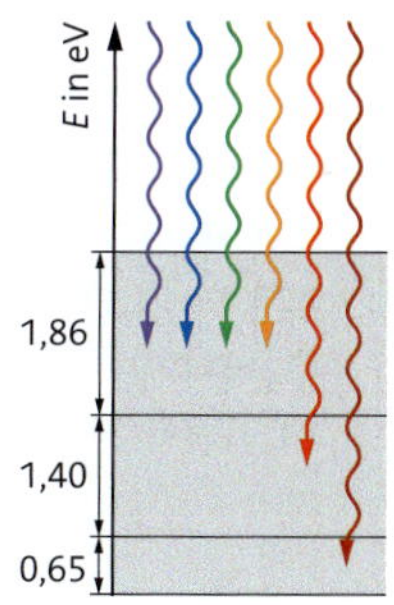

BLICKPUNKT

Supraleitung

Elektrischer Widerstand und Temperatur • Über einen großen Temperaturbereich nimmt der elektrische Widerstand proportional mit der Temperatur zu. Als der Niederländer HEIKE KAMERLINGH ONNES 1911 die Leitfähigkeit von Quecksilber bei Temperaturen nahe des absoluten Nullpunkts untersuchte, stellte er fest, dass unterhalb von 4 K der elektrische Widerstand des Quecksilbers vollständig verschwand. Dabei sank der Widerstand nicht allmählich auf null, sondern sprunghaft (▸Abb. 1).
Inzwischen wurde dieses Verhalten für viele Festkörper festgestellt, die Sprungtemperatur T_C, bei der der Widerstand verschwindet, liegt bei Elementen wie Quecksilber oder Blei unterhalb von 10 K.
Hochtemperatursupraleiter mit Sprungtemperaturen von mehr als 100 K sind Verbindungen, wie z. B. Yttrium-Barium-Kupferoxid (YBaCuO) mit einer Sprungtemperatur von 92 K. Die bisher höchste Sprungtemperatur von fast 288 K oder 14,6 °C erreicht man mit einer Mischung aus dem Schwefelhydrid SH_3 und Methan, allerdings nur unter einem Druck von etwa 270 GPa.
Zur Anwendung kommen bisher nur Supraleiter unter Normaldruck, wie die Magnetspulen für Ringbeschleuniger. Diese werden mit Helium auf ca. 2 K abgekühlt. Ermöglichen Hochtemperatursupraleiter eine Kühlung mit Stickstoff auf nur 77 K, wird dies kostengünstiger. Im Mittelspannungsnetz der Stadt Essen ist seit einigen Jahren ein solches Stromkabel in einem Pilotprojekt in Betrieb.

Cooper-Paare • Festkörper haben einen elektrischen Widerstand, weil die Strom tragenden Elektronen wechselwirken mit den Atomen des Festkörpers. Die Atome sitzen nicht starr auf ihrem Platz im Kristallgitter, sondern schwingen um ihre Ruhelage. Die Bewegung wird mit zunehmender Temperatur stärker. Stärkere Bewegung führt zu einem größeren Widerstand. Atome haben im Festkörper immer mindestens eine quantenphysikalische Nullpunktsenergie. Warum verschwindet der elektrische Widerstand dennoch und auch noch sprunghaft bei einer kritischen Temperatur?
In einem leitfähigen Material sitzen viele der äußersten Elektronen der Atome im Leitungsband. Dort liegen die Energieniveaus so dicht, dass sie als kontinuierlich angesehen werden können. Zudem ist das Band im Grundzustand nur bis zu einer bestimmten Energie voll besetzt (der Fermi-Energie), darüber sind die Energiezustände unbesetzt. Die Elektronen im Leitungsband können sich also bereits mit sehr wenig zusätzlicher Energie (z. B. durch eine angelegte Spannung) in Bewegung setzen.

Jedem Elektron im Leitungsband entspricht ein positiv geladener Atomrumpf. Ein durch das Gitter wanderndes Elektron übt eine elektrische Anziehung auf diese aus und verzerrt das Gitter leicht. Hinter ihm sind die Atomrümpfe näher beieinander und die positive Ladungsdichte ist somit größer (▸Abb. 2). Das führt zu einer Anziehung auf das nächste Elektron. Bei höheren Temperaturen stört die Wärmebewegung der Atome diesen Effekt. Bei tiefen Temperaturen werden so die beiden Elektronen zu einem Elektronenpaar gekoppelt, dem Cooper-Paar. Ein Cooper-Paar erstreckt sich über mehrere hundert Atomabstände.

Bosonen und Fermionen • Nach dem Pauli-Prinzip dürfen zwei Teilchen nicht in jeder Eigenschaft übereinstimmen. Insbesondere dürfen in jedem Energieniveau nur zwei Elektronen sitzen, die sich jedoch in einer Eigenschaft, dem Spin, unterscheiden müssen. Das Pauli-Prinzip gilt aber nur für Fermionen, nicht für Bosonen.

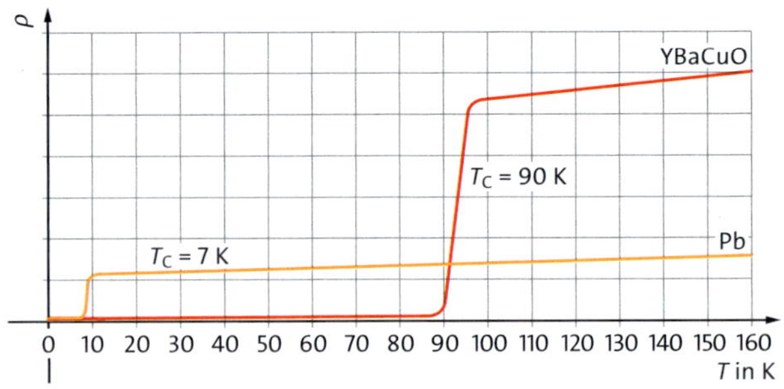

1 Abhängigkeit des Widerstands von der Temperatur

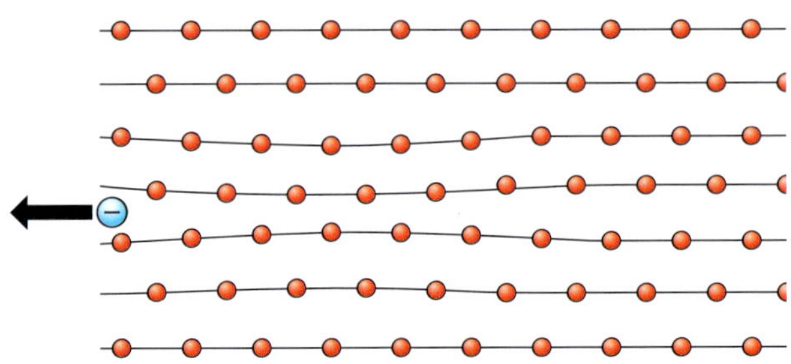

2 Verzerrung des Atomgitters

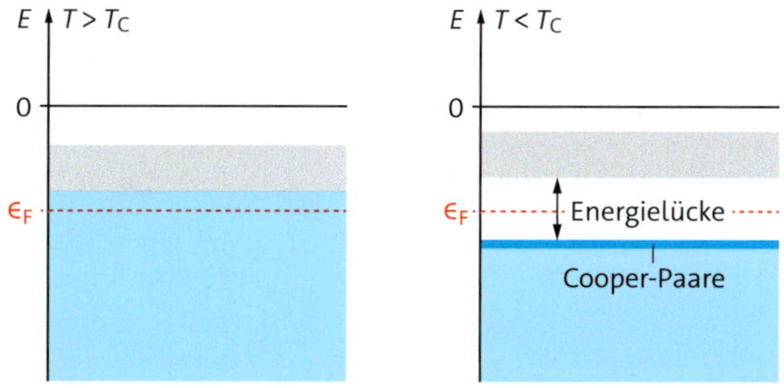

3 Fermi-Energie und Energielücke im Supraleiter

4 Magnet schwebt über einem Supraleiter

Fermionen und Bosonen unterscheiden sich durch den Spin, den man sich anschaulich als Drehung des Teilchens um sich selbst vorstellen kann. Für Fermionen hat der Spin halbzahlige Werte, für Bosonen ganzzahlige. Elektronen sind Fermionen mit dem Spin $\frac{1}{2}$ oder $\frac{1}{2}$. Jedes Elektron besetzt daher sein eigenes Energieniveau im Leitungsband.
Bilden zwei Elektronen ein Cooper-Paar, hat dieses bei antiparalleler Ausrichtung der Spins den Gesamtspin 0, bei paralleler Ausrichtung den Gesamtspin 1. Der Spin des Cooper-Paares ist damit ganzzahlig und dieses ein Boson.

Nur eine Wellenfunktion • Da das Pauli-Prinzip für das Cooper-Paar deshalb nicht gilt, können sich alle Cooper-Paare in einem einzigen Niveau des Leitungsbandes befinden. Weil jedes System bestrebt ist, seine Energie zu minimieren, nehmen die Cooper-Paare das niedrigste Niveau im Leitungsband ein. Man kann die Gesamtheit aller Cooper-Paare im Festkörper mit einer einzigen Wellenfunktion beschreiben. Deshalb wechselwirken die Cooper-Paare nun nicht mehr als einzelne Teilchen mit den Atomrümpfen, sodass sie sich bei Anlegen einer elektrischen Spannung widerstandsfrei durch den Festkörper bewegen. Man nennt diese Theorie nach ihren Erfindern BARDEEN, COOPER und SCHRIEFFER BCS-Theorie.

Cooper-Paare bilden und aufbrechen • Wenn die Elektronen Cooper-Paare bilden und in das niedrigste Energieniveau fallen, wird diese Energie schlagartig frei. Das erklärt das sprunghafte Verschwinden des elektrischen Widerstands. Man kann diese frei werdende Energie als Bindungsenergie des Cooper-Paares auffassen. Die Energieniveaus, in denen sich die Elektronen vorher befanden, sind nun leer. Sie bilden eine Energielücke (▸Abb. 3). Um ein Cooper-Paar aufzubrechen und das Material normalleitend zu machen, muss mindestens die Energie zugeführt werden, um die Energielücke zu überwinden – die Bindungsenergie. Dies kann z. B. durch große Stromdichte oder hohe Temperatur geschehen.

Supraleiter im Magnetfeld • Bringt man ein supraleitendes Material in ein Magnetfeld, werden an der Oberfläche reibungsfreie Wirbelströme induziert. Diese erzeugen ihrerseits ein entgegengesetztes Magnetfeld. Das äußere Magnetfeld wird so am Eindringen in den Supraleiter gehindert und dieser wirkt wie ein idealer Diamagnet. Man spricht vom Meißner-Ochsenfeld-Effekt. Ein Magnet schwebt deshalb über einem Supraleiter (▸Abb. 4), weil er von dessen induziertem Magnetfeld abgestoßen wird.

Josephson-Effekt • Der Tunneleffekt ermöglicht Teilchen, eine Energiebarriere zu durchtunneln, statt sie überwinden zu müssen. Auch Cooper-Paare können einen Potenzialwall durchtunneln, wenn zwei supraleitende Bereiche durch eine dünne normalleitende Schicht getrennt sind. Da in beiden supraleitenden Teilen die Cooper-Paare durch je eine Wellenfunktion beschrieben werden, gibt es zwischen beiden eine Phasendifferenz. Diese bewirkt einen schwachen Stromfluss durch den normalleitenden Bereich hindurch, auch wenn keine elektrische Spannung anliegt. Dies nennt man den Josephson-Effekt.
Verbindet man zwei halbe supraleitenden Ringe über zwei dünne normalleitende Bereiche und bringt man einen solchen Ring in ein Magnetfeld, erhält man ein SQUID genanntes sehr empfindliches Messinstrument für Änderungen des magnetischen Flusses. Mit diesem lässt sich die magnetische Aktivität des Gehirns messen (ca. 10^{-15} T).

Musteraufgabe mit Lösung • Quantenobjekte

Aufgabe • Wesenszüge der Quantenphysik

Wenn man durch eine Linse aufgeweitetes Laserlicht durch ein Interferometer mit unterschiedlichen Weglängen schickt (Abbildung A), bekommt man auf dem Schirm ein ringförmiges Interferenzmuster (Abbildung B).

a) Zeichnen Sie jeweils ein typisches Schirmbild für folgende drei Situationen:
I Ein Einzelphoton wird nachgewiesen.
II 20 Photonen werden auf dem Schirm registriert.
III 20 PhysikerInnen schicken an 20 verschiedenen Orten jeweils ein Photon durch die Anordnung und legen anschließend ihre Ergebnisse übereinander.

b) Erläutern Sie, welche Grundzüge der Quantenphysik in den Schirmbildern sichtbar werden.

In die beiden Wege des Interferometers bringt man je einen Kristall, bei dem durch parametrische Fluoreszenz beim ankommenden Photon zwei miteinander verschränkte Photonen erzeugt werden.

c) Erklären Sie, wie man durch Ortsmessungen nach den Kristallen zeigen kann, dass die Photonen miteinander verschränkt sind.

Die Anordnung wird zuerst so aufgebaut, dass beide Photonen die Möglichkeit zur Interferenz haben (Abbildung C), dann wird der mittlere Strahlteiler entfernt.

d) Erklären Sie mit dem Komplementaritätsprinzip, in welchem Fall man prinzipiell ein Interferenzmuster beobachten kann und in welchem nicht.

A

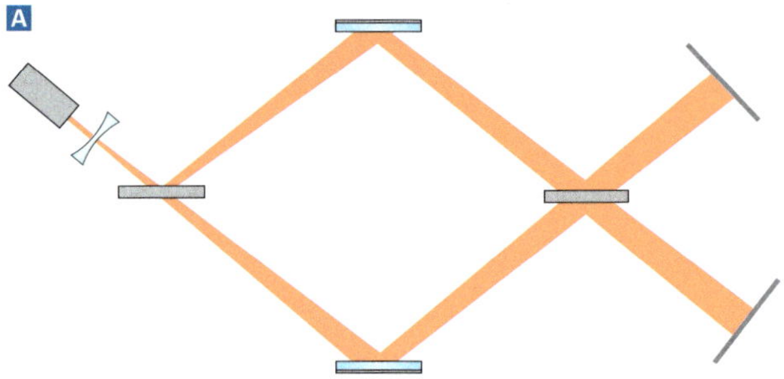

B

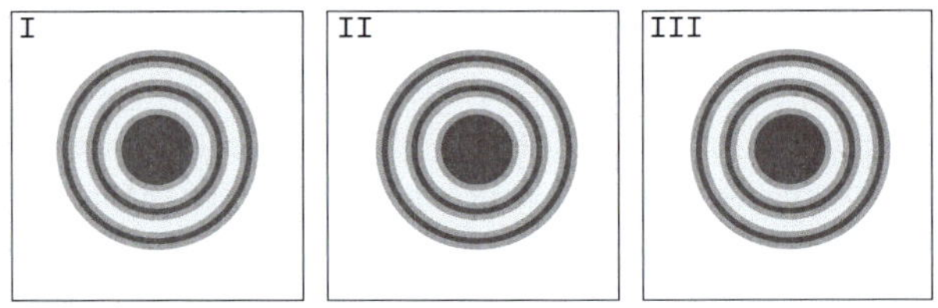

C

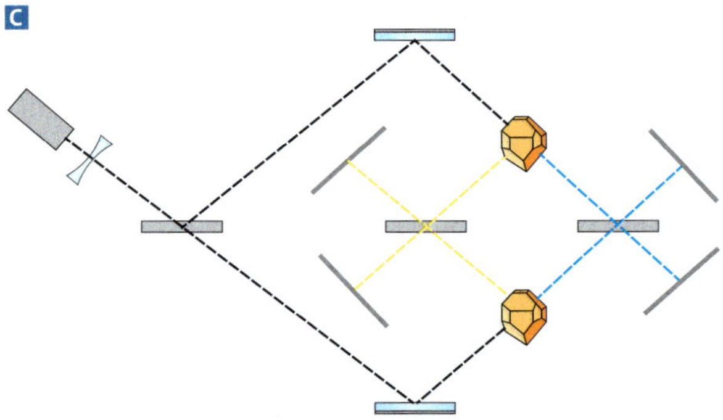

Lösung

a)

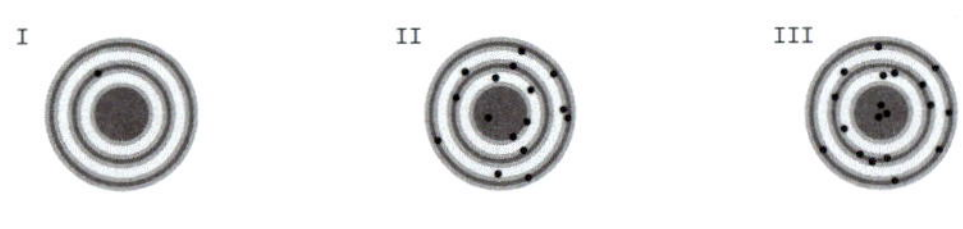

b) Bild I zeigt die quantenhafte Detektion. Es wird immer ein ganzes Photon nachgewiesen.
Bild II und III sind austauschbar. Es spielt keine Rolle, an welchem Ort die jeweilige Messung gemacht wird. Bild II und III zeigen, dass der Antreffort vom Zufall abhängt. Allerdings gibt es Orte mit höherer und Orte mit niedrigerer Antreffwahrscheinlichkeit, was nach vielen weiteren Messungen zu einem Interferenzmuster führt.

c) Wenn man unmittelbar nach dem Kristall Ortsmessungen an den Photonen durchführt, erhält man Korrelationen: Immer, wenn das „blaue" Photon an D_1 nachgewiesen wird, dann das „gelbe" an D_3. wird das „blaue" an D_2 nachgewiesen, dann das „gelbe" an D_4.

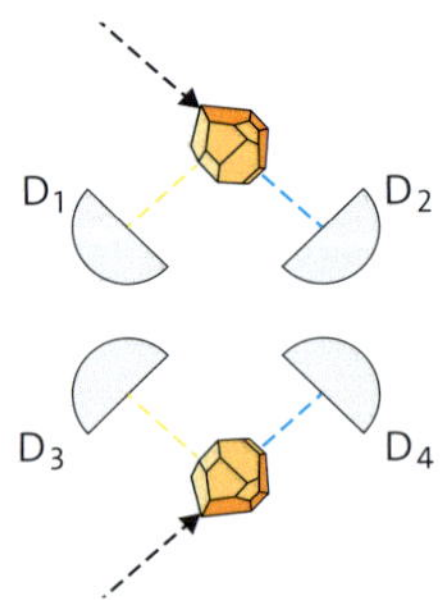

d) Mit Strahlteiler: Das „gelbe" Photon kann interferieren, man hat keine Welcher-Weg-Information, also ist Interferenz möglich. Ohne mittleren Strahlteiler: Das „gelbe" Photon macht die Wege unterscheidbar, man beobachtet keine Interferenz.

Übungsaufgaben mit Hinweisen • Quantenobjekte

Aufgabe 1 • Beugung von Elektronen

In einer Vakuumröhre werden Elektronen an einem Glühdraht freigesetzt, beschleunigt und an einem Doppelspalt mit Spaltmittenabstand 2 µm gebeugt. Dann werden sie durch einen Kamerasensor mit Pixeln an Koordinatenintervallen $[d - \delta, d + \delta]$ gesammelt. Der Kamerasensor gibt ständig Zwischenergebnisse aus.

a) Skizzieren Sie den Versuch.

b) Beschreiben Sie, wie das Muster $h(d)$ der Häufigkeiten h an Intervallmitten d mit der Zeit t entsteht, Abbildung oben.

c) Die Elektronen werden mit $U = 50\,\text{kV}$ beschleunigt.
Ermitteln Sie Geschwindigkeit v und Impuls p.

d) Der Spaltmittenabstand beträgt $g = 2\,\mu\text{m}$. Der Schirm ist vom Doppelspalt $a = 100\,\text{mm}$ entfernt, benachbarte Maxima sind $d = 0{,}275\,\mu\text{m}$ entfernt.
Ermitteln Sie λ.

e) Bestätigen Sie den Term $p = \frac{h}{\lambda}$ für die de-Broglie-Wellenlänge.

f) Berechnen Sie das zur Antreffwahrscheinlichkeit proportionale Zeigerquadrat $|Z|^2(d)$.
Vergleichen Sie mit der Abbildung.

g) Deuten Sie den Versuch mit den Begriffen Teilchen, Welle, Quantenobjekt, stochastische Deutung.

h) In einem weiteren Versuch werden solche Elektronen an einem Kristallgitter mit dem Abstand 123 pm benachbarter Gitterebenen gebeugt.
Ermitteln Sie den Glanzwinkel für die erste Beugungsordnung.

Aufgabe 2 • Beugung filigraner Moleküle

Moleküle des Farbstoffs Phtalocyanin werden an der Quelle thermisch auf Geschwindigkeiten von $150\,\frac{\text{m}}{\text{s}}$ bis $350\,\frac{\text{m}}{\text{s}}$ gebracht.

a) Am Detektor sind die Moleküle aufgrund der Schwerkraft nach Geschwindigkeit geordnet.
Erklären Sie.

b) Die Moleküle passieren ein Gitter ($g = 100\,\text{nm}$) und treffen 59 cm dahinter auf den Detektor.
Beschreiben Sie das Beugungsmuster in der unteren Abbildung.

c) Ermitteln Sie für $v = 200\,\frac{\text{m}}{\text{s}}$ den beobachteten Abstand Δd benachbarter Maxima, den entsprechenden Beugungswinkel und die resultierende Wellenlänge.

d) Ermitteln Sie die Masse m des abgebildeten Moleküls, sowie den somit bei $v = 200\,\frac{\text{m}}{\text{s}}$ auftretenden Impuls.
Ermitteln Sie daraus die de-Broglie-Wellenlänge.
Vergleichen Sie mit der beobachteten Wellenlänge aus b).

e) Moleküle bestehen aus mehreren Atomen. Begründen Sie, dass die Atome nicht einzeln, sondern Moleküle als Einheit gebeugt werden.

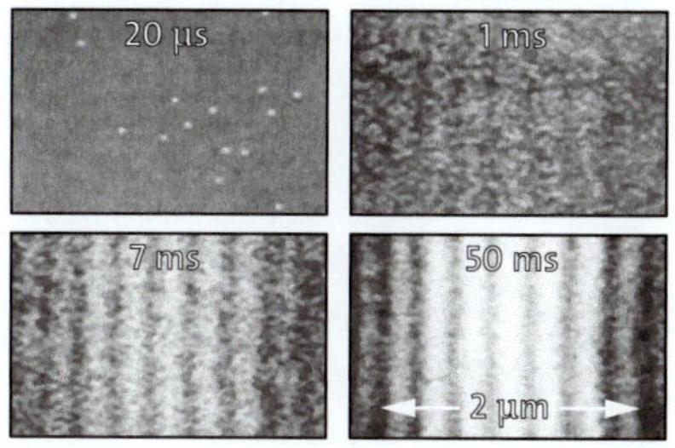

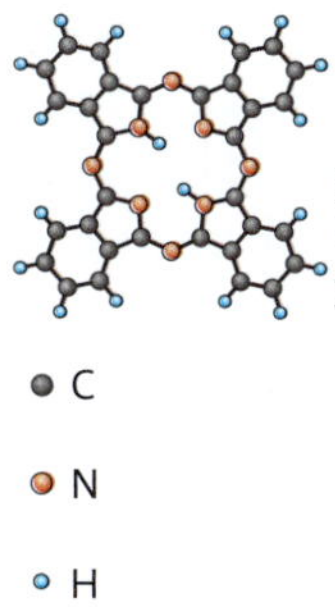

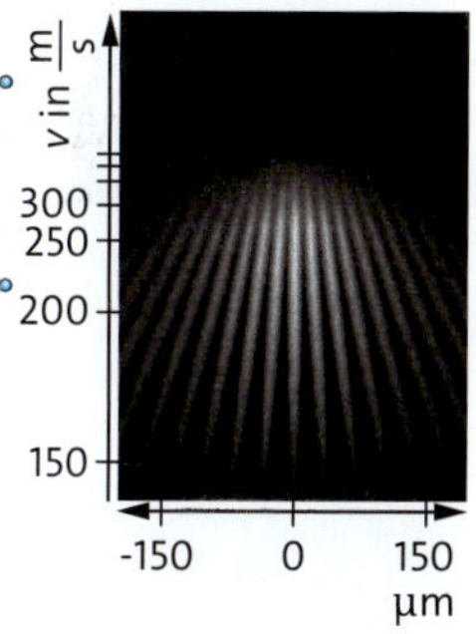

Hinweise

Aufgabe 1

c) $v = 132\,600\,\frac{\text{km}}{\text{s}}$, $p = 1{,}208 \cdot 10^{-22}\,\text{kg} \cdot \frac{\text{m}}{\text{s}}$.

d) mit Kleinwinkelnäherung: $\lambda = 5{,}5\,\text{pm}$.

e) $\lambda = \frac{h}{p} = 5{,}485\,\text{pm}$.

g) Der Glanzwinkel beträgt $\vartheta = 1{,}281°$.

Aufgabe 2

c) Es wird der Abstand benachbarter Maxima $\Delta d = 21{,}9\,\mu\text{m}$ gemessen.
Beugungswinkel:
$\alpha = \arctan\left(\frac{\Delta d}{0{,}59\,\text{m}}\right) = 0{,}00213°$. Die Wellenlänge ergibt sich zu:
$\lambda = g \cdot \sin\alpha = 3{,}71\,\text{pm}$.

d) Zählen Sie die Wasserstoff-Atome, Kohlenstoff-Atome und Stickstoff-Atome und verwenden Sie die Massenzahlen 1, 12 und 14:
$m = 514\,\text{u} = 8{,}53 \cdot 10^{-25}\,\text{kg}$;
$p = m \cdot v = 1{,}706 \cdot 10^{-22}\,\text{kg} \cdot \frac{\text{m}}{\text{s}}$ und
$\lambda = 3{,}88\,\text{pm}$.

Musteraufgabe mit Lösung • Atomhülle

Aufgabe • Wasserstoffspektrum

In einer Spektralröhre wird Wasserstoff zum Leuchten gebracht.

a) Erläutern Sie die Entstehung der Spektrallinien mithilfe der Abbildung.

b) Berechnen Sie die größte Wellenlänge der Balmer- und die kleinste Wellenlänge der Paschen-Serie.

c) Gegeben ist die folgende Formel:

$$E_{m \to n} = \frac{h \cdot f_R}{e} \cdot \left(\frac{1}{n_1^2} - \frac{1}{n_2^2}\right).$$

Erklären Sie ausführlich, was man mit dieser Formel berechnen kann.

d) Bestätigen Sie mithilfe dieser Formel, dass die Ionisationsenergie für Wasserstoff 13,6 eV beträgt.

e) Einer Linie der Paschen-Serie lässt sich die Energie $\Delta E = 1{,}299$ eV zuordnen. Bestimmen Sie die zugehörigen Werte für n_1 und n_2.

f) Der Wellenlängenbereich 400 nm bis 800 nm wird als sichtbarer Bereich des elektromagnetischen Spektrums bezeichnet. Für Spektrallinien, die von Helium-Ionen erzeugt werden, gilt:

$$f = 4 \cdot f_R \cdot \left(\frac{1}{n_1^2} - \frac{1}{n_2^2}\right).$$

Bestätigen Sie durch Nachrechnen, dass für $n = 6$ keine Linien im sichtbaren Bereich liegen.

g) Das He^+-Ion emittiert nach Anregung Photonen folgender Energien: 0,6 eV, 2,5 eV und 10,2 eV.

Zeichnen Sie einen Ausschnitt des Energieniveauschemas von He^+, welches diese beobachteten Energien erklärt.

Hinweis: f_R wird auch mit R_H bezeichnet.

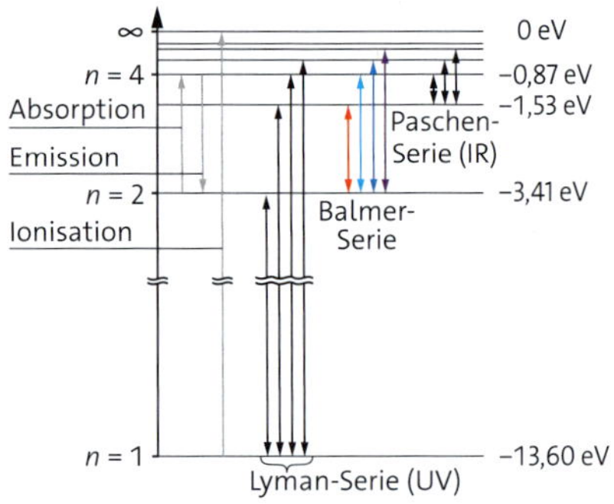

Lösung

a) Die waagerechten Linien mit den Bezeichnungen $n = 1$, $n = 2$ usw. stellen die möglichen Energiestufen im Wasserstoff-Atom dar. Rechts stehen die Energien. Wird ein Atom durch Zuführen von Energie angeregt, so kann es diese Energie nur in bestimmten Beträgen, in „Quanten", aufnehmen (Absorption) oder abgeben (Emission). Die senkrechten Pfeile stellen die möglichen Energieübergänge dar. Sie sind in Gruppen, den Spektralserien, zusammengefasst, je nachdem bei welchem unteren Energieniveau sie beginnen. Wird eine Energie größer als 13,6 eV zugeführt, so verlässt das Elektron die Atomhülle (Ionisation).

b) Die größte Wellenlänge ist die mit der kleinsten Energiedifferenz, die kleinste Wellenlänge die mit der größten. Grundlage für die Berechnung ist die Formel $\lambda = \frac{h \cdot c}{\Delta E}$.

Die kleinste Energiedifferenz bei der Balmer-Serie ist der Übergang von $n = 3$ nach $n = 2$, entsprechend $\Delta E = -1{,}53\,\text{eV} - (-3{,}41\,\text{eV}) = 1{,}88\,\text{eV}$. Umgerechnet in Joule erhält man $3{,}01 \cdot 10^{-19}$ J. Eingesetzt in die Formel ergibt dies $\lambda = 659$ nm.

Die größtmögliche Energiedifferenz der Paschen-Serie ist der Übergang von ∞ auf $n = 3$. Die Differenz von 1,53 eV ergibt $\lambda = 810$ nm.

c) Mit der gegebenen Formel lässt sich die Energiedifferenz zwischen zwei Energieniveaus im Wasserstoff-Atom berechnen. Dabei sind n_1 und n_2 ganze Zahlen mit $n_1, n_2 > 0$ und $n_1 > n_2$. e, h sind Naturkonstanten, f_R die Rydberg-Frequenz.

d) Bei der Ionisation wird das Elektron im Wasserstoff vom Grundzustand $n = 1$ (ein Elektron in der Hülle) über den Zustand ∞ gehoben. Einsetzen in die Formel ergibt 13,6 eV.

e) Für die Paschen-Serie ist $n_1 = 3$. Einsetzen in die Formel aus c) ergibt

$$\Delta E = 1{,}299\,\text{eV} = = \frac{h \cdot f_R}{e} \cdot \left(\frac{1}{n_1^2} - \frac{1}{n_2^2}\right).$$

Auflösen nach n_2 ergibt gerundet $n_2 = 8$.

f) Der Übergang mit der geringsten energetischen Differenz ist der von $n = 7$ auf $n = 6$. Die zugehörige Frequenz ist $f = 9{,}6 \cdot 10^{13}$ Hz, mit $\lambda = \frac{c}{f}$ ergibt sich $\lambda = 3090$ nm. Der größtmögliche Übergang ist der aus dem Unendlichen auf $n = 6$. Für $n_1 \to \infty$ liefert die Formel $E = 13{,}6$ eV. Es ergibt sich $\lambda = 819$ nm, beide im Infrarotbereich.

g) Siehe Abbildung:

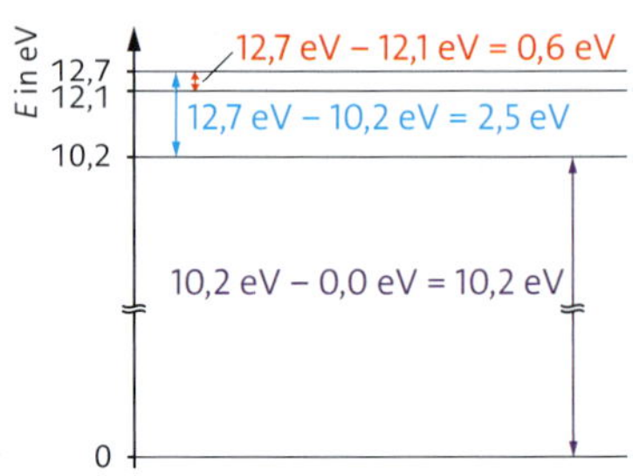

Übungsaufgabe mit Hinweisen • Atomhülle

Aufgabe 1 • Cyanin als Farbstoffmolekül

Cyanine sind eine Gruppe von Farbstoffen, deren Verhalten sich mithilfe des Modells eines linearen Potenzialtopfs beschreiben lässt. Dabei unterscheiden sich die unterschiedlichen Cyanin-Moleküle u.a. in der Länge der Moleküle und damit in der Länge des Potenzialtopfs. Im grau markierten Bereich des exemplarisch dargestellten Cyanin-Moleküls (Länge $L = 1{,}21\,\text{nm}$) können sich 8 Elektronen innerhalb der Molekülkette frei bewegen. Zur Vereinfachung bleibt ihre gegenseitige Wechselwirkung unberücksichtigt.

Wird weißes Licht durch eine verdünnte Lösung dieses Cyanins gesandt und anschließend spektral zerlegt, ergibt sich das dargestellte Spektrum, mit dem Absorptionsmaximum bei $\lambda = 536\,\text{nm}$.

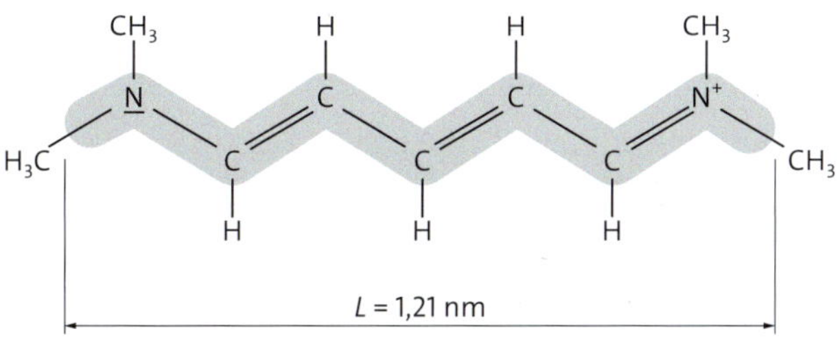

a) Begründen Sie, dass man die Energieniveaus eines dieser frei beweglichen Elektronen vereinfacht mithilfe des Modells des eindimensionalen Potenzialtopfs mit unendlich hohen Wänden beschreiben kann.

b) Leiten Sie her, dass im Potenzialtopfmodell für die Energie eines Elektrons mit Masse m im n-ten Quantenzustand gilt: $E_n = \frac{h^2}{8m \cdot L^2} \cdot n^2$.
Nutzen Sie dazu den bekannten Zusammenhang zwischen der Länge des Potenzialtopfs und der Wellenlänge der Wellenfunktion ψ_n.

Die acht frei beweglichen Elektronen besetzen beim nicht angeregten Molekül unter Berücksichtigung des Pauli-Prinzips die untersten vier Energieniveaus.

c) Skizzieren Sie die Wellenfunktion und die Aufenthaltswahrscheinlichkeitsdichte für ein Elektron im höchsten besetzten Niveau des Grundzustands.

d) Berechnen Sie die zum Absorptionsspektrum aus ▸Abb. 4 passende Photonenenergie sowie die Energie eines Elektrons im höchsten besetzten Niveau des Grundzustands. Erläutern Sie anhand einer Skizze, welcher Zusammenhang zwischen diesen Energien besteht. Bestimmen Sie anschließend rechnerisch das Energieniveau, welches das Elektron direkt nach der Absorption einnimmt.

Hinweise

Aufgabe 1

a) Denken Sie an die Voraussetzungen, die zur Anwendung des vereinfachten Atommodells des linearen Potenzialtopfes gegeben sein müssen, und überprüfen Sie, ob diese hier gegeben sind.

b) Gleichsetzen der Bedingungen zur stehenden Welle $L = n \cdot \frac{\lambda}{2}$ mit der De-Broglie-Wellenlänge $\lambda = \frac{h}{p}$ und Einsetzen in den Ausdruck für die Energie der Quantenobjekte $E = E_{kin} + E_{pot}$, mit $E_{pot} = 0$ führt zum gewünschten Ergebnis.

c) Das oberste besetzte Energieniveau im Grundzustand ist dasjenige zu $n = 4$. Die Aufenthaltswahrscheinlichkeitsdichte ist das Quadrat der Wellenfunktion.

d) Berechnung der Photonenenergie beim Absorptionsmaximum $\lambda = 536\,\text{nm}$ mit der Einsteinschen Gleichung $E = h \cdot f$.
Berechnung der Energie eines Elektrons für $n = 4$ mit der Formel aus b) und der angegebenen Länge des Potenzialtopfes.
Energieniveauschema mit den berechneten Werten zeichnen und erläutern. Berechnen der nächst höheren Energieniveaus und vergleichen mit E_{Ph}.
$E_{Ph} = 3{,}7 \cdot 10^{-19}\,\text{J} = 2{,}32\,\text{eV}$
Energieniveaus bei $E_7 = 12{,}58\,\text{eV}$,
$E_6 = 9{,}25\,\text{eV}$, $E_5 = 6{,}42\,\text{eV}$, $E_3 = 2{,}31\,\text{eV}$, $E_2 = 1{,}02\,\text{eV}$,
$E_1 = 0{,}26\,\text{eV}$, $E_4 = 6{,}5 \cdot 10^{-19}\,\text{J} = 4{,}10\,\text{eV}$
$\Delta E = E_5 - E_4 = 2{,}31\,\text{eV}$

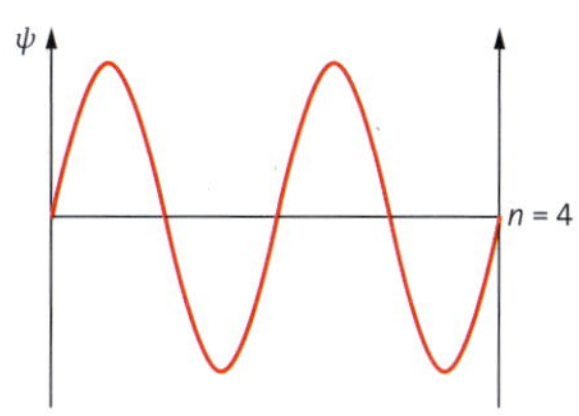

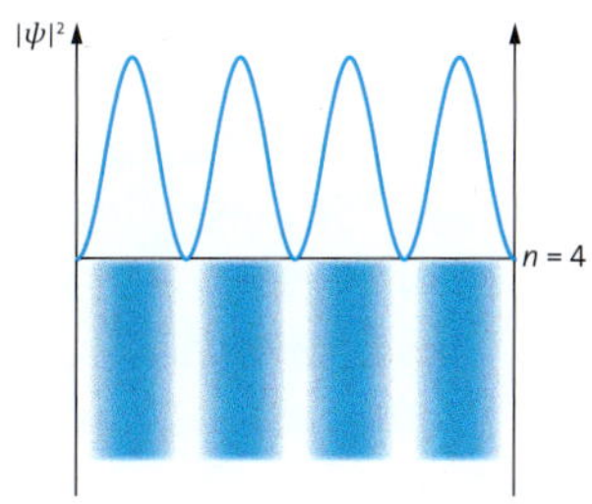

Musteraufgabe mit Lösung • Atomkerne

Aufgabe • Untersuchung radioaktiver Strahlung

Wenn man eine Silberfolie mit langsamen Neutronen bestrahlt, entstehen die Nuklide $^{108}_{47}\text{Ag}$ und $^{110}_{47}\text{Ag}$ in der Silberfolie. Die daraufhin von den radioaktiven Isotopen ausgesandte Strahlung wird mithilfe eines Geiger-Müller-Zählrohrs gemessen. Die Zählrate $Z(t)$, bei der die Nullrate schon berücksichtigt ist und die direkt nach Beendigung der Bestrahlung aufgenommen wurde, ist in den Tabellen zu finden, einmal die durchschnittliche Zählrate in den ersten 30 s der Messreihe und einmal die Daten für die Zeitspanne von 300 s bis 480 s.

a) Erläutern Sie mithilfe des Ausschnitts aus der Nuklidkarte die Entstehung der beiden Isotope.

b) Begründen Sie, dass in in den ersten 30 Sekunden größtenteils die Strahlung, die vom Silber-Isotop $^{110}_{47}\text{Ag}$ ausgeht, eine Rolle spielt und im Zeitraum zwischen 300 und 480 Sekunden die Strahlung, die von $^{108}_{47}\text{Ag}$ ausgeht.

c) Ermitteln Sie für die Daten in den Tabellen jeweils den funktionalen Zusammenhang $Z(t)$ sowie die Halbwertszeiten der beiden Isotope.

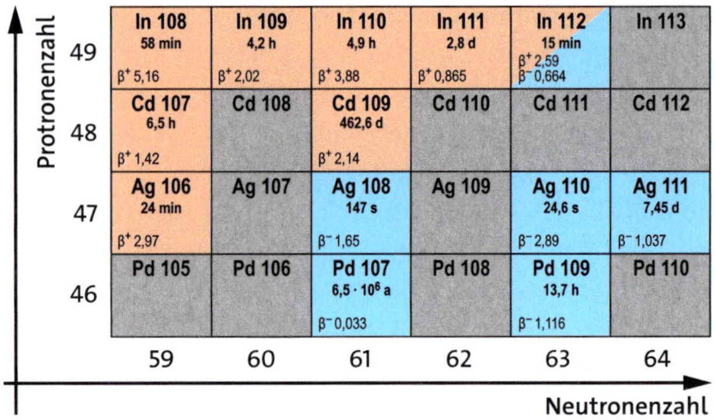

t in s	0	5	10	15	20	25	30
$Z(t)$ in $\frac{1}{s}$	104	92	81	71	62	56	49

t in s	300	330	360	390	420	450	480
$Z(t)$ in $\frac{1}{s}$	2,07	1,8	1,54	1,35	1,16	1,00	0,85

Lösung

a) Der Nuklidkarte ist zu entnehmen, dass die Silber-Isotope $^{107}_{47}\text{Ag}$ und $^{109}_{47}\text{Ag}$ stabil sind. Wir können davon ausgehen, dass die beiden stabilen Silber-Isotope in der Folie vorhanden sind. Bei der Bestrahlung mit langsamen Neutronen fangen die Silber-Atome die Neutronen ein. Dadurch erhöht sich ihre Massenzahl um 1. Es entstehen also $^{108}_{47}\text{Ag}$ und $^{110}_{47}\text{Ag}$.

b) Die beiden Tabellen zeigen die Zählraten zu unterschiedlichen Zeitpunkten. Für die Begründung nutzen wir die Halbwertszeiten von $^{108}_{47}\text{Ag}$ und $^{110}_{47}\text{Ag}$, welche auch im Ausschnitt der Nuklidkarte zu finden sind. Für $^{110}_{47}\text{Ag}$ beträgt die Halbwertszeit 24,6 s und für $^{108}_{47}\text{Ag}$ 147 s.

In den ersten 30 s nach der Bestrahlung mit langsamen Neutronen wird also überwiegend die ausgesandte β-Strahlung von $^{110}_{47}\text{Ag}$ gemessen. Nach 300 s sind für $^{110}_{47}\text{Ag}$ aber schon mehr als 12 Halbwertszeiten vergangen. Es ist also von $^{110}_{47}\text{Ag}$ weniger als $\left(\frac{1}{2}\right)^{12} \approx 0{,}025\,\%$ vorhanden, so dass jetzt fast nur die ausgesandte β-Strahlung von $^{108}_{47}\text{Ag}$ gemessen wird.

c) Diagramme und exponentielle Regression ergeben die funktionalen Zusammenhänge:

$Z(t) = 103{,}93\,\frac{1}{s} \cdot e^{-0{,}025 \cdot t \frac{1}{s}}$ für $t = 0\text{–}30$ s, also $^{110}_{47}\text{Ag}$, und

$Z(t) = 9{,}093\,\frac{1}{s} \cdot e^{-0{,}005 \cdot t \frac{1}{s}}$ für $t = 300\text{–}480$ s, also $^{108}_{47}\text{Ag}$.

Die Halbwertszeiten für $^{108}_{47}\text{Ag}$ und $^{110}_{47}\text{Ag}$ werden über $\lambda = \frac{\ln 2}{T_H}$ berechnet.

Die durch die Messwerte ermittelten Halbwertszeiten betragen für $^{108}_{47}\text{Ag}$ ca. 28 s und für $^{110}_{47}\text{Ag}$ ca. 139 s. Abbildung A zeigt $Z(t)$ für die ersten 30 Sekunden, Abbildung B für den Zeitraum 300 bis 480 Sekunden.

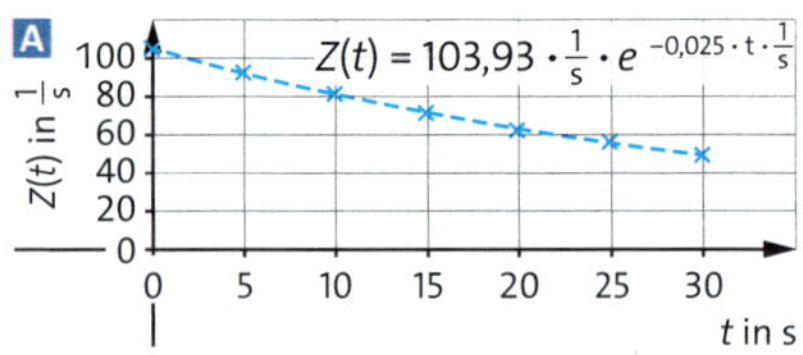

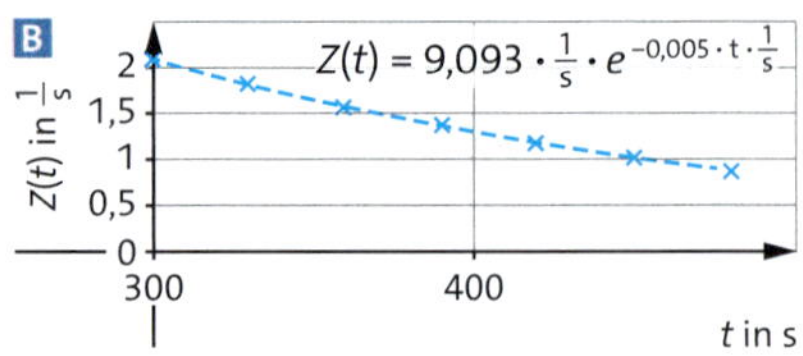

Übungsaufgabe mit Hinweisen • Atomkerne

Aufgabe 1 • Absorption von Strahlung

In einigen Gegenden sind Pilze und Wildfleisch als Folge der Reaktorkatastrophe von Tschernobyl im April 1986 mit Cäsium-137 belastet. Die von Cs-137 ausgehende Strahlung soll genauer untersucht werden.
In einem Vorversuch wird die Nullrate zu $0{,}38\,\frac{1}{s}$ ermittelt. Dann wird ein Geiger-Müller-Zählrohr im Abstand von 8,0 cm zum Präparat aufgestellt und eine Zählrate von $1052\,\frac{1}{s}$ gemessen. Eine 0,50 mm dicke Bleiplatte wird direkt vor das Zählrohr gestellt. Dadurch sinkt die Zählrate von $1052\,\frac{1}{s}$ auf $125\,\frac{1}{s}$. Diese Platte bleibt auch bei den weiteren Messungen direkt vor dem Zählrohr. Bei diesen werden zusätzlich Eisenplatten unterschiedlicher Dicke *d* zwischen Präparat und Zählrohr eingebaut. Die Zählrate abhängig von *d* wird gemessen (Tabelle).

a) Entscheiden Sie begründet, welche Arten von Strahlung die Probe aussenden muss.
b) Beschreiben Sie den prinzipiellen Aufbau und die Durchführung eines derartigen Experimentes.
c) Entscheiden Sie begründet, ob die Nullrate bei der Auswertung berücksichtigt werden muss.
d) Erläutern Sie, aus welchen Gründen die Bleiplatte vor dem Zählrohr platziert wird.
e) Erstellen Sie aus den Messwerten ein Diagramm. Ermitteln Sie die Halbwertsdicke und den funktionalen Zusammenhang $Z(d)$.
f) Berechnen Sie die Halbwertsdicke.
g) Berechnen Sie die Dicke, die die Eisenplatte haben muss, damit die Strahlung auf $\frac{1}{10\,000}$ des ursprünglichen Wertes reduziert wird.
h) Begründen Sie, warum Cs-137 in Blei und nicht in Eisen gelagert wird.

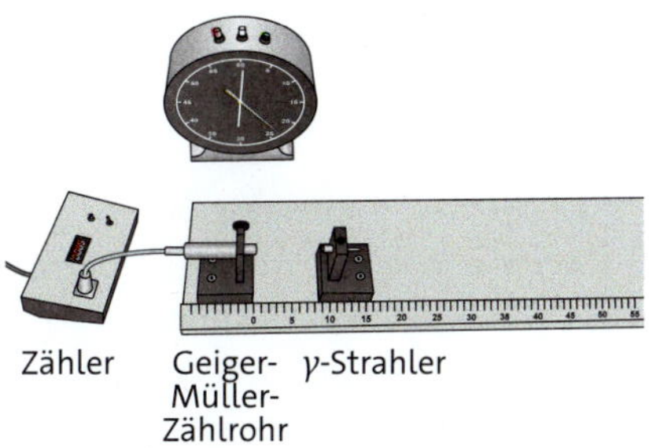

d in mm	0,0	10,0	20,0	30,0	40,0	50,0	60,0
$Z(d)$ in $\frac{1}{s}$	125	90	63	44	30	21,3	14,2

Hinweise

Aufgabe 1

a) γ-Strahlung ist hier wesentlich. Diese hat eine größere Reichweite und ein größeres Durchdringungsvermögen. Deshalb ist es so gefährlich, Waldpilze mit hohem Cs-137 Gehalt zu essen. Cs-137 ist ein β-Strahler, dessen Folgeprodukt Ba-137 sich durch γ-Strahlung in das stabile Ba-137 umwandelt.
b) Informationen aus der Aufgabenstellung nutzen: Sukzessive Platten von 10 mm Dicke hinzufügen.
c) Nullrate wird nicht berücksichtigt. Die Bleiplatte direkt vor dem Zählrohr schirmt schon Strahlung ab und dadurch auch die die Nullrate verursachende Strahlung.
d) Bleiplatte vor dem Zählrohr, um jegliche Umgebungsstrahlung abzuschirmen.
e) Das Diagramm zeigt eine Exponentialfunktion. Regression liefert: $y = 128{,}3 \cdot e^{-0{,}036 \cdot x}$, also folgenden Zusammenhang:
$Z(d) = 128{,}3\,\frac{1}{s} \cdot e^{-0{,}036 \cdot d\,\frac{1}{mm}}$
f) Halbwertsdicke beträgt ca. 19,25 mm.
(Nutzung des Diagramms oder der Gleichung aus d))
g) Mehr als das Zehnfache der Halbwertsdicke, da $2^{10} = 1024$.
Genaue Bestimmung über
$0{,}1283 = 128{,}3 \cdot e^{-0{,}036 \cdot d\,\frac{1}{mm}}$
oder $\frac{1}{1000} = \cdot\, e^{-0{,}036 \cdot d\,\frac{1}{mm}}$
liefert $d_{\frac{1}{2}} \approx 191{,}88$ mm
h) Blei hat bessere Absorptionseigenschaften, eine Eisenhülle müsste viel dicker sein; siehe g).

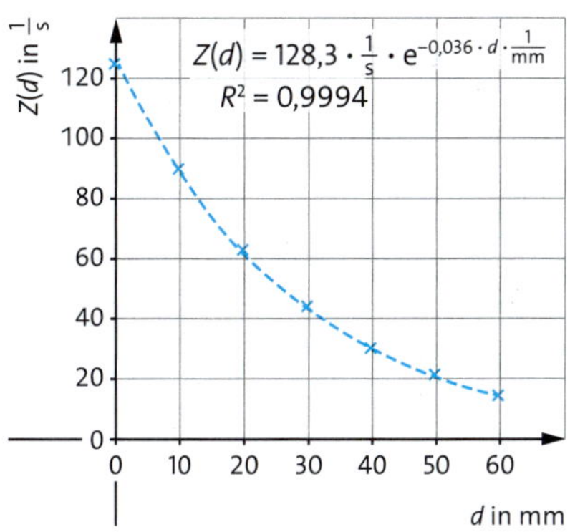

Quantenobjekte

Quantenobjekte: Photonen, Elektronen, Protonen, Neutronen, Atomkerne, Atome, Moleküle sind Quantenobjekte. Bei Experimenten mit ihnen erhält man Ergebnisse, die man nicht mit den uns bisher bekannten Naturgesetzen beschreiben kann. Insbesondere können sie nicht mit dem Wellenmodell und nicht mit dem Teilchenmodell beschrieben werden.

Photonen: Licht wird in Quanten absorbiert und emittiert. Diese Quanten heißen Photonen. Energie und Impuls eines Photons hängen von der Wellenlänge des Lichts ab:

$$E_{ph} = \frac{h \cdot c}{\lambda} = h \cdot f; \; p_{ph} = \frac{h}{\lambda} = \frac{h \cdot f}{c}.$$

Interferenz von Quantenobjekten: Wenn es mehrere nicht unterscheidbare Möglichkeiten für das Eintreten eines Versuchsergebnisses gibt, dann kann man Interferenz beobachten. Solche Möglichkeiten können verschiedene Wege in einem Interferenzexperiment sein. Je nach Gangunterschied ist die Nachweiswahrscheinlichkeit in Interferenzexperimenten erhöht oder erniedrigt. So tragen einzelne Quantenobjekte zu Interferenzmustern bei. Abhängig von ihrem Impuls ordnet man Quantenobjekten mit Masse eine Wellenlänge zu, die De-Broglie-Wellenlänge:

$$\lambda = \frac{h}{p}.$$

Der Zufall in der Quantenphysik: Die Ergebnisse von Experimenten mit Quantenobjekten hängen in der Regel vom Zufall ab. Der einzelne Versuchsausgang ist nicht determiniert. Die Wahrscheinlichkeiten für die einzelnen Versuchsausgänge können für jeden Zeitpunkt berechnet werden. Die zeitliche Entwicklung der Wahrscheinlichkeiten ist determiniert.

Beschreibung von Quantenobjekten: Quantenobjekte können durch Wahrscheinlichkeitsfunktionen (P-Funktionen) beschrieben werden. Deren zeitliche Entwicklung wird durch die Schrödinger-Gleichung bestimmt.

Verschränkte Quantenobjekte: Verschränkte Quantenobjekte bilden eine Einheit. Eine Messung an einem Partner beeinflusst direkt und sofort auch den Zustand des anderen Partners. Die Verschränkung wird dadurch aufgehoben.

Welcher-Weg-Information: Wenn ein Quantenobjekt oder ein damit verschränktes Quantenobjekt eine Information trägt, welche die Wege unterscheidbar macht, kann man keine Interferenz beobachten (▸Abb. 1). Die Information, die die Wege unterscheidbar macht, heißt Welcher-Weg-Information.

Komplementaritätsprinzip: Je mehr Welcher-Weg-Information ein Experiment enthält, umso weniger kontrastreich ist das beobachtbare Interferenzmuster und umgekehrt.

Unbestimmtheit: Viele Eigenschaften von Quantenobjekten sind unbestimmt. Die Unbestimmtheit in einer Eigenschaft y zeigt sich darin, dass die Messergebnisse bei wiederholten Messungen von y an identisch präparierten Quantenobjekten statistisch streuen. Die statistische Streuung Δy wird auch Unbestimmtheit von y genannt.

Heisenbergs Unbestimmtheitsrelation: Objekte können nicht gleichzeitig beliebig genau auf einen Ort x und einen Impuls p präpariert werden. Quantenobjekte bewegen sich deshalb nicht auf einer Bahn. Für die Unbestimmtheit der Größen bei identisch präparierten Objekten gilt:

$$\Delta x \cdot \Delta p \geq \frac{h}{4\pi}.$$

Der Fotoeffekt: Licht kann Elektronen aus einer Metallplatte herauslösen. Dies ist der Fotoeffekt. Dazu muss die Photonenenergie des Lichts größer als die Ablöseenergie des Metalls sein.
Damit der Fotoeffekt eintritt, ist nicht die Amplitude des Lichts entscheidend, sondern die Wellenlänge: Erst ab einer bestimmten Grenzfrequenz werden Elektronen abgelöst. Dies kann man nicht mit dem Wellenmodell, aber sehr gut mit dem Photonenmodell erklären. Es gilt Energieerhaltung:

$$E_{kin,max} = h \cdot f - E_{ab}.$$

Bestimmung der Planckschen Konstante: Wenn man beim Fotoeffekt die maximale kinetische Energie der Elektronen über der Lichtfrequenz (▸Abb. 2) aufträgt,
- ist die Steigung stets die Planck-Konstante h,
- ist der Hochachsenabschnitt gleich der negativen Ablöseenergie des verwendeten Metalls.

Plancksches Wirkungsquantum: Das Plancksche Wirkungsquantum h ist eine grundlegende und definitionsgemäß exakte Naturkonstante mit dem Wert:

$h = 6{,}626\,070\,15 \cdot 10^{-34}$ Js.

Röntgenbremsstrahlung: Treffen Elektronen mit hoher Geschwindigkeit auf eine Metallanode, so entsteht beim Abbremsen Röntgenstrahlung.

Grenzwellenlänge: Spektren der Bremsstrahlung beginnen bei einer kleinsten Wellenlänge. Diese nennt man Grenzwellenlänge λ_{Gr}. Die Wellenlänge der Bremsstrahlung kann also nur größer oder gleich dieser Grenzwellenlänge sein.

Schwarzes Loch: Ein schwarzes Loch der Masse m ist durch den Schwarzschild-Radius

$R_S = 2 \cdot G \cdot \frac{m}{c^2}$.

begrenzt. Kein Licht verlässt die Innenstruktur innerhalb von R_S. Andere Objekte im Bereich $r \leq R_S$ sind nicht schneller als Licht und bleiben daher auch in diesem Bereich.

Planck-Skala: Bei einem Objekt gibt es eine kleinste bestimmbare Länge $L_P = 1{,}616 \cdot 10^{-35}$ m, eine kleinste bestimmbare Laufzeit $t_P = 5{,}391 \cdot 10^{-44}$ s und eine größte Dichte $\rho_P = 5{,}155 \cdot 10^{96} \frac{\text{kg}}{\text{m}^3}$. Diese Größen gehören zur Planck-Skala, bei der Quanten und Gravitation zusammenwirken.

Atomhülle

Spektrallinien: Atome **emittieren** Licht in ganz bestimmten Frequenzen. Jedem chemischen Element lässt sich ein spezifischer Satz von Spektrallinien zuordnen, an dem man wie bei einem Fingerabdruck das Element erkennen kann. Jedes Element kann Licht mit genau derselben Wellenlänge **absorbieren,** mit der es Licht emittieren kann.

Emissionsspektren: Glühende Körper, z.B. der glühende Draht einer Glühlampe, senden meist ein **kontinuierliches** Spektrum aus, während leuchtende Gase überwiegend **Linienspektren** erzeugen.

Absorptionsspektrum: Die schwarzen Absorptionslinien eines Stoffes im kontinuierlichen Spektrum des weißen Lichtes werden Absorptionsspektrum genannt.

Rydberg-Formel: Mit der Rydberg-Formel:

$f = R_H \cdot \left(\frac{1}{n_1^2} - \frac{1}{n_2^2}\right)$

lassen sich die Frequenzen und Wellenlängen der grundlegenden Emissionslinien des Wasserstoff-Atoms berechnen.

Energieniveaus: Sendet ein Atom Photonen aus, gibt es Energie in ganz bestimmten Beträgen ab, die sich aus den Spektrallinien berechnen lassen. Diese sind von Element zu Element unterschiedlich, bei den Atomen eines Elements aber immer gleich. Es gibt im Atom daher ganz bestimmte Energiestufen, die man Energieniveaus nennt.

Eindimensionaler linearer Potenzialtopf: Der eindimensionale LPT ist ein Rechteck- oder Kastenpotenzial in nur einer Dimension. Elektronen können sich nicht außerhalb des Atoms aufhalten, damit sind die Ränder des Atoms unüberwindbar, d.h., die potenzielle Energie wird unendlich groß und der Kasten hat unendlich hohe Wände.

Quantisierung: Für ein Elektron im Potenzialtopf mit unendlich hohen Wänden sind nur bestimmte Energiewerte möglich – die Energie ist quantisiert.

Wasserstoff-Atom: Um die Energieniveaus für ein Wasserstoff-Atom richtig zu berechnen, muss der lineare Potenzialtopf durch das Coulomb-Potenzial ersetzt werden. Damit ergibt sich für die Gesamtenergie im Wasserstoff-Atom:

$E_n = -\frac{1}{2} m \cdot v_n^2 = -\frac{e^4 \cdot m_e}{8 \varepsilon_0^2 \cdot h^2} \cdot \frac{1}{n^2}$.

Grundzustandsenergie: Für $n = 1$ ergibt sich aus der Formel für die Energieniveaus im Wasserstoff-Atom die niedrigste Energiestufe, die sogenannte Grundzustandsenergie. Sie entspricht genau der Ionisierungsenergie, jener Energie also, die nötig ist, um das Elektron aus der Elektronenhülle des Wasserstoff-Atoms zu entfernen.

Resonanzabsorption: Wenn aufgenommenes und abgegebenes Photon gleiche Frequenz und Wellenlänge haben, spricht man von Resonanzabsorption.

Fluoreszenz: Als Fluoreszenz wird allgemein die schnelle Abgabe von Photonen aus einem Zwischenzustand bezeichnet. Dabei erfolgt die Energieabgabe in einer größeren Wellenlänge als die des anregenden Photons.

Besetzungsumkehr: Normalerweise ist in Atomen im Grundzustand die Besetzung der höheren Energieniveaus weniger wahrscheinlich. Besetzungsumkehr bedeutet, dass sich mehr Teilchen in einem höheren Energieniveau befinden als im niedrigeren.

Spontane Emission: Elektronen im Atom wechseln nach Anregung in ein höheres Energieniveau und von dort mehr oder weniger zufällig wieder zurück. Die dabei erfolgende Abgabe von Photonen nennt man spontane Emission.

Stimulierte Emission: Befindet sich ein Atom im angeregten Zustand, kann ein eintreffendes Photon passender Wellenlänge das noch im angeregten Zustand befindliche Elektron zum Übergang in ein niedrigeres Energieniveau stimulieren, sodass es zur Emission eines Photons kommt. Das stimulierende Photon wird dabei nicht vom Atom absorbiert, sondern bleibt zusätzlich zum neu abgestrahlten Photon erhalten. Es verlassen also zwei genau gleiche Photonen das Atom. Sie sind phasengleich und haben dieselbe Wellenlänge. Somit wird das einfallende Licht verstärkt.

Atomkern

Abstandsgesetz: Die Zählrate von γ-Strahlung nimmt mit dem Quadrat des Abstandes in Luft ab. Dieses Abstandsgesetz gilt sogar im Vakuum. Es gilt: $Z(r) \sim \frac{1}{r^2}$. Hierbei ist $Z(r)$ die Zählrate in Abhängigkeit vom Abstand.

Halbwertsdicke: Die Halbwertsdicke d_H eines abschirmenden Materials ist die Dicke, bei der die gemessene Strahlung nur noch die Hälfte des ursprünglichen Werts erreicht.

Radioaktive Strahlung: α-Strahlung besteht aus Helium-Kernen. Sie wird im elektrischen und im magnetischen Feld abgelenkt.
β^--Strahlung besteht aus Elektronen. Sie wird im elektrischen und magnetischen Feld abgelenkt.
β^+-Strahlung besteht aus Positronen. Sie wird im elektrischen und magnetischen Feld abgelenkt.
γ-Strahlung besteht aus Photonen. Sie wird weder in elektrischen noch in magnetischen Feldern abgelenkt.
Röntgenstrahlung ist wie γ-Strahlung elektromagnetische Strahlung. Sie besitzt aber weniger Energie und entsteht in Atomen vor allem in der Atomhülle.

Geiger-Müller-Zählrohr: In das Zählrohr eindringende Strahlung ionisiert das dort befindliche Gas. Die frei gewordenen Elektronen werden von der Anode angezogen und dabei beschleunigt. Über Stöße ionisieren sie weitere Gasatome und es entwickelt sich eine Elektronenlawine. Durch das Zählrohr fließt also kurzzeitig ein Strom, der einen kurzzeitigen Spannungsabfall bewirkt. Dieser wird vom Zähler registriert.

Potenzialtopfmodell: Der Atomkern kann mit zwei getrennten Potenzialtöpfen für die beiden Nukleonenarten beschrieben werden. In diesen können die Neutronen und Protonen nur ganz diskrete, für das Atom charakteristische Energiewerte annehmen.

Coulomb-Wall: Den Potenzialtopf begrenzt der Coulomb-Wall, eine Energiebarriere, die sich aus dem Zusammenspiel von anziehender Kernkraft und abstoßender Coulomb-Kraft ergibt.

Massendefekt: Die Masse vieler Kerne ist kleiner als die Summe ihrer Bestandteile. Der Differenz, dem Massendefekt, kann durch EINSTEINS Formel $E = mc^2$ eine Energie zugeordnet werden.

Tunneleffekt: Ein α-Teilchen im Potenzialtopf hat eine Antreffwahrscheinlichkeit auch außerhalb des Potenzialtopfes und somit die Möglichkeit, durch den Coulomb-Wall hindurchzutreten. Deshalb misst man bei α-Teilchen eine geringere Geschwindigkeit als zur Überwindung des Coulomb-Walls eigentlich nötig wäre.

γ-Strahlung: γ-Strahlung entsteht, wenn die Übergänge von Nukleonen in Energieniveaus innerhalb des zugehörigen Potenzialtopfes unter Aussenden von Photonen stattfinden.

Halbwertszeit: Die Halbwertszeit T_H ist die Zeitspanne, in der sich die Hälfte der Menge eines radioaktiven Nuklids umwandelt. T_H ist eine charakteristische Größe für radioaktive Atomkerne.
Die Halbwertszeit beschreibt die erwartete Zeitspanne, in der die Hälfte der zu Beginn vorhandenen Nuklide umgewandelt wird. Niemand kann dagegen voraussagen, wann ein bestimmter Kern zerfällt.

Zerfallsreihe: Eine Zerfallsreihe ist eine Folge von Umwandlungen radioaktiver Kerne und endet bei einem stabilen Nuklid. In der Natur kommen drei Zerfallsreihen vor.

Altersbestimmung: C-14 kann zur Altersbestimmung bei bspw. archäologischen Funden genutzt werden. Man vergleicht das Verhältnis zwischen C-12 und C-14 in den organischen Überresten mit dem in der Atmosphäre und kann über die verringerte Aktivität auf die seit dem Tod des Organismus umgewandelte Menge des radioaktiven C-14 schließen. Bei bekannter Halbwertszeit kann dann die Zeit seit dem Tod ermittelt werden.

α-Spektrum: Anhand eines Energiespektrums kann die Strahlung auf das aussendende Element zurückgeführt werden, denn das Energiespektrum ist eindeutig einem Element zuzuordnen.

Bragg-Kurve: Dringen Teilchen in ein Material ein, verlieren sie Energie. Trägt man den Energieverlust ΔE über der Strecke Δx auf, erhält man die Bragg-Kurve.

Energiebänder: Das Spektrum von Elektronen im Kristall zeigt Energiebänder, zwischen denen Bandlücken auftreten. Das höchste am Temperaturnullpunkt voll besetzte Energieband heißt **Valenzband**. Es ist vom darüber liegenden **Leitungsband** durch eine Bandlücke getrennt. Elektronen können durch Energieaufnahme vom Valenz- ins Leitungsband wechseln.

Dotierung: Der Halbleiter Silicium hat vier Elektronen in der äußeren Schale. Im Fall der Dotierung mit Bor (mit drei äußeren Elektronen) leiten Löcher als positive Ladungsträger, man spricht von **p-Dotierung**. Bei Dotierung mit Phosphor (mit fünf äußeren Elektronen) leiten die negativen Elektronen, sodass eine n-Dotierung vorliegt.

Diode: Bringt man einen p-dotierten und einen n-dotierten Bereich zusammen, so wandern einige Elektronen der n-dotierten Seite zu Löchern der p-dotierten Seite und rekombinieren mit diesen, sodass dort weder Elektronen noch Löcher leiten: So entsteht eine **Sperrschicht**.
Schließt man an der n-Seite einen Minus- und an der p-Seite einen Pluspol an, wandern Elektronen zur n-dotierten Seite der Sperrschicht und Löcher vom Pluspol zur p-dotierten Seite. Die Sperrschicht wird so aufgelöst und das System leitend. Bei umgekehrter Polung wird die Sperrschicht vergrößert, kein Strom fließt.

Überprüfen Sie sich selbst:

Kann ich …

- Gemeinsamkeiten und Unterschiede von klassischen Wellen, Quantenobjekten und klassischen Teilchen am Doppelspalt beschreiben?
- beschreiben, inwiefern Welcher-Weg-Information und Interferenzmuster komplementär zueinander sind?
- den Fotoeffekt beschreiben und mit dem Photonenmodell erklären?
- erläutern, wie Energie und Impuls der Photonen von der Wellenlange des Lichts abhängen?
- Unbestimmtheit erklären?
- aus der Energie der Röntgenphotonen der Bremsstrahlung das Plancksche Wirkungsquantum berechnen?
- das Emissionsspektrum eines Gases von dem eines Festkörpers unterscheiden?
- die Quantisierung der Energiezustände im Potenzialtopf über stehende Wellen der Elektronenwellenfunktion beschreiben?
- die Wellenlängen berechnen, die zu Übergängen eines Energieniveauschemas gehören?
- die Funktion des Zwischenzustandes bei der Fluoreszenz erläutern?
- begründen, dass stimulierte Emission zu einer Lichtverstärkung führt?
- angeben, welche Information die Krümmungsrichtung einer Spur in der Nebelkammer liefert?
- die zu einem Massendefekt gehörende Energie berechnen?
- die allgemeine Reaktionsgleichung für den β+-Zerfall angeben?
- aus dem Gehalt an nicht zerfallenen Nukliden in einer Probe deren Alter berechnen?
- aus der Zerfallsart ermitteln, welches Element innerhalb einer Zerfallsreihe auf ein gegebenes folgt?

Relativität und Astrophysik

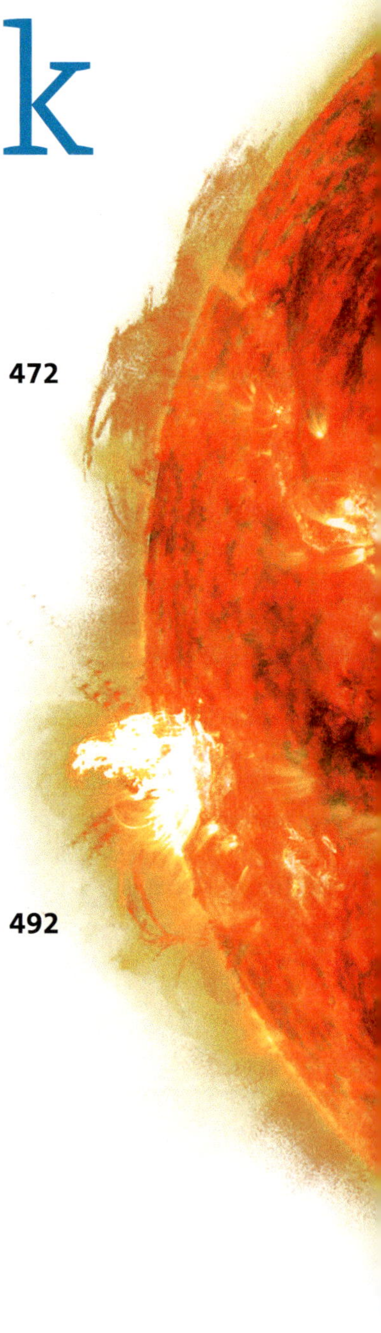

In diesem Kapitel beschäftigen Sie sich mit:

- den Postulaten der Relativitätstheorie. Sie erfahren, dass die Lichtgeschwindigkeit in allen Inertialsystemen denselben Wert hat und was dies für die Gleichzeitigkeit von Ereignissen bedeutet.
- den Phänomenen der Relativitätstheorie. Sie lernen, dass die Zeit nicht in allen Inertialsystemen gleich verläuft.
- relativistischen Objekten. Sie lernen die berühmte Formel zur Äquivalenz von Masse und Energie kennen.
- der allgemeinen Relativitätstheorie. Sie erfahren, was es mit der Raumkrümmung auf sich hat, und entdecken die Äquivalenz von träger und schwerer Masse.

- der Expansion des Universums und insbesondere mit ihren Auswirkungen, z. B. der Rotverschiebung. Außerdem lernen Sie das Hubble-Gesetz und das kosmologische Prinzip kennen.
- dem frühen Universum. Sie lernen den Ursprung der kosmischen Hintergrundstrahlung kennen und werfen einen Blick auf das kosmologische Standardmodell.
- der Entstehung von Galaxien und Sternen. Sie lernen, unter welchen Bedingungen Sterne aus Gaswolken entstehen und woher die Sterne ihre Energie bekommen.
- dem „Leben" und dem „Tod" von Sternen. Sie erfahren, wie stark sich Sterne bezüglich Leuchtkraft, Temperatur und Lebensdauer unterscheiden und wie ihre Endstadien aussehen.

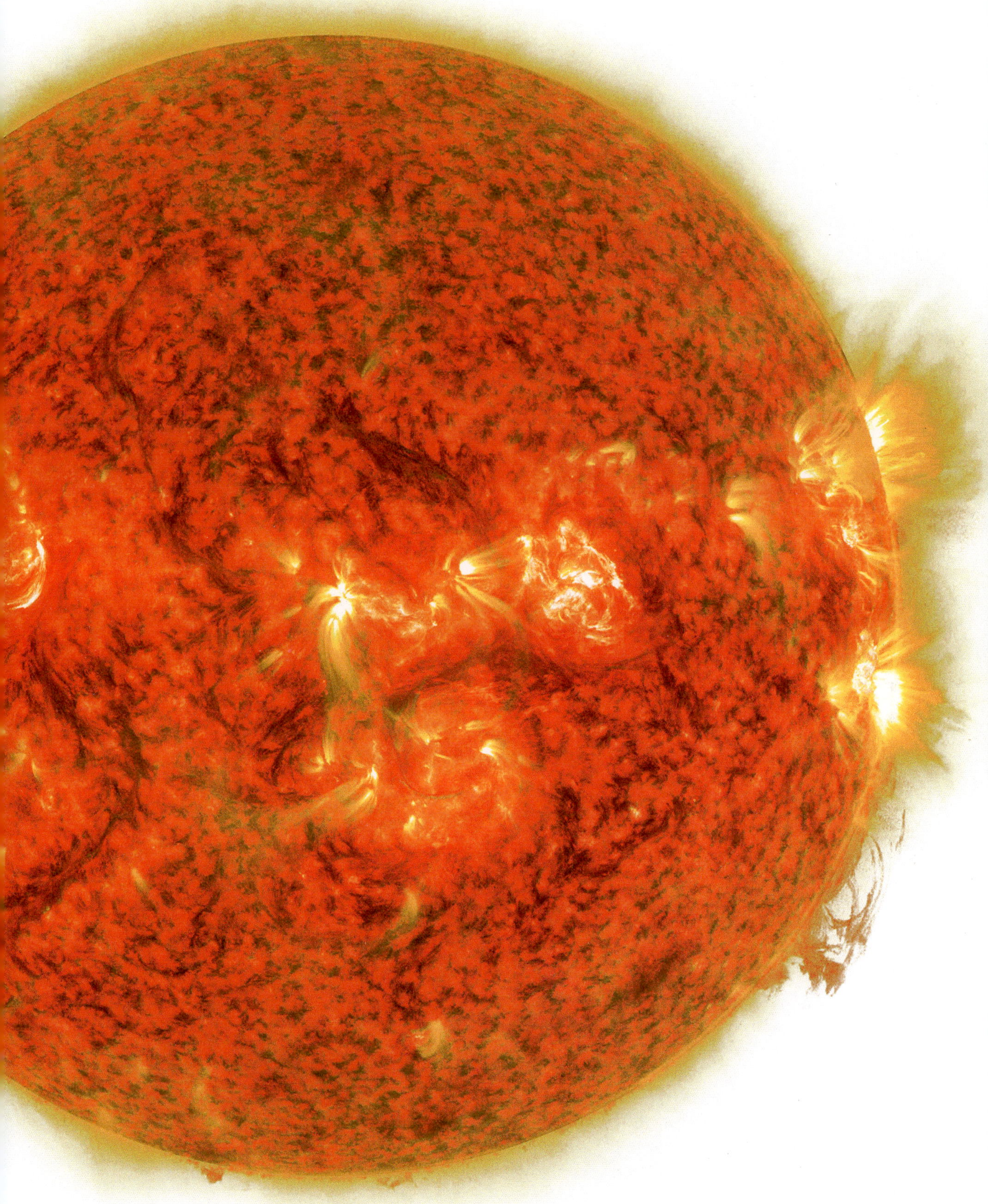

1 Supernova 1987A

Postulate der Relativität

Die Fotomitte zeigt den Lichtblitz einer Sternexplosion, die Neutrinos mit der Energie E_{kin} = 2 pJ freisetzte. Mit der beim Betazerfall gemessenen Neutrinomasse von $m = 2 \cdot 10^{-38}$ kg und mit Newtons Mechanik wäre die Geschwindigkeit $v = 1{,}4 \cdot 10^{13}\,\frac{m}{s}$ und damit das $5 \cdot 10^4$-Fache der Lichtgeschwindigkeit. Das ist aber unmöglich!

Eine Obergrenze • Der Neutrinoblitz und der Lichtblitz in ▸Abb.1 benötigten im Rahmen der Messgenauigkeit die gleiche Zeit von $168 \cdot 10^3$ Jahren für die Strecke zur Erde. Da beim Startzeitpunkt der beiden Blitze eine Messunsicherheit von $\Delta t = 2$ h möglich ist, beträgt die relative Messungenauigkeit:

$$\frac{\Delta t}{t} = \frac{2\,\text{h}}{168 \cdot 10^3\,\text{a}} = 1{,}4 \cdot 10^{-7}\,\%.$$

Die Geschwindigkeit v der Neutrinos weicht also maximal um $1{,}4 \cdot 10^{-7}$ % von der Lichtgeschwindigkeit $c = 299\,792\,458\,\frac{m}{s}$ ab. Dahinter steckt offenbar eine Regel. Daher vermuten wir, dass c eine Obergrenze für Geschwindigkeiten ist.

Eine absolute Obergrenze? • Üblicherweise kann man einer Geschwindigkeit eine weitere Geschwindigkeit hinzufügen. Das macht z. B. der Speerwerfer in ▸Abb. 2: Er wirft den Speer mit einer Geschwindigkeit v_1 relativ zum Körper. Dabei läuft er mit einer Geschwindigkeit v_2. Somit hat der Speer die Geschwindigkeit $v = v_1 + v_2$. Würde das auch bei Licht funktionieren, so gäbe es keine Obergrenze für die Geschwindigkeit des Lichts. Ob diese Geschwindigkeitsaddition bei Licht überhaupt funktioniert, das untersuchten MICHELSON und MORLEY 1887.

2 Speerwurf

Versuch von Michelson und Morley • 1887 untersuchten ALBERT MICHELSON und EDWARD MORLEY mit einem **Michelson-Interferometer** für verschiedene Ausbreitungsrichtungen die jeweilige Lichtgeschwindigkeit. Besonders interessant erschien ihnen die Richtung der Bahngeschwindigkeit der Erde im Sonnensystem von immerhin 30 $\frac{km}{s}$. Denn sie gingen von der üblichen Addition von Geschwindigkeiten aus und erwarteten daher unterschiedliche Lichtgeschwindigkeiten parallel und senkrecht zu dieser Bahngeschwindigkeit. Aber sie stellten mit einer Genauigkeit von 8 $\frac{km}{s}$ fest, dass die Lichtgeschwindigkeit unabhängig von der Bewegung der Lichtquelle und damit eine **Invariante** ist. Die Bedeutung dieses Messergebnisses wurde erst 1905 bei der Entwicklung der **speziellen Relativitätstheorie** (kurz: SRT) von ALBERT EINSTEIN erkannt: Er postulierte die Lichtgeschwindigkeit als **Invariante** und leitete daraus grundlegende Konsequenzen her. Diese wurden durch viele Beobachtungen und Messungen sehr genau überprüft und bestätigt.

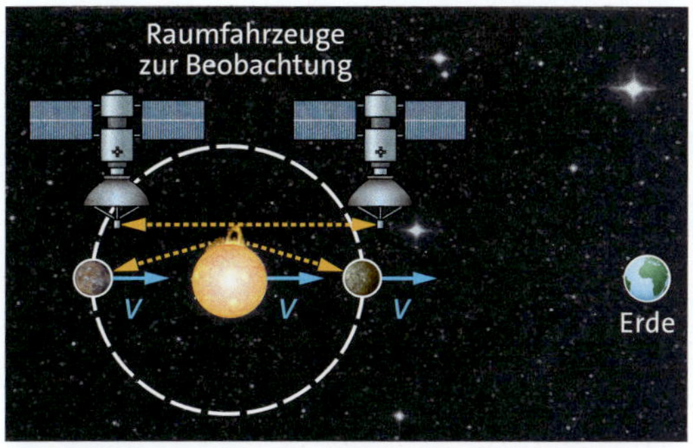

3 Stern mit zwei Planeten

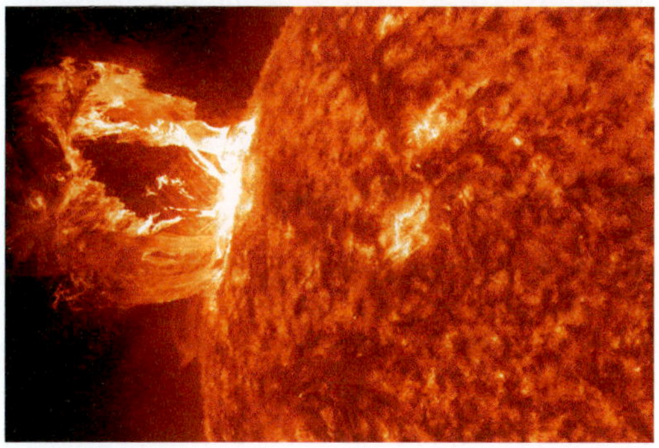

4 Sonneneruption

Ein Beispiel für eine Invariante ist die Energie beim Looping $E = m \cdot g \cdot h - \frac{1}{2} m \cdot v^2$. Damit können wir zu jeder Höhe h die Geschwindigkeit v ermitteln und prüfen, ob v groß genug ist.

Gleichzeitigkeit • Bis dahin wurde die Gleichmäßigkeit der Zeitentwicklung als Invariante ungeprüft angenommen. Aber diese Gleichmäßigkeit des Zeitablaufs und die Lichtgeschwindigkeit können nicht beide invariant sein.

Dazu analysieren wir einen Stern mit Planetensystem, der sich mit $v = 1{,}5 \cdot 10^8 \frac{m}{s}$ in Richtung Erde bewegt. Auch betrachten wir zwei Planeten des Systems mit dem Bahnradius $r = 3 \cdot 10^8$ km, die wie in ▸Abb. 3 angeordnet sind. Die Bewohner der beiden Planeten **synchronisieren** ihre Stoppuhren wie folgt: Immer, wenn auf dem Stern der Lichtblitz einer Sonneneruption gesichtet wird (▸Abb. 4), stellen sie ihre Stoppuhren auf null. Da die Lichtgeschwindigkeit konstant ist und weil die Bahnradien gleich sind, trifft der Lichtblitz **gleichzeitig** auf den Planeten ein und die Stoppuhren sind perfekt synchronisiert.

Ein Beobachter auf der Erde will das Verfahren überprüfen. Er bemerkt, dass der erdferne Planet in ▸Abb. 3 dem jeweiligen Ort des Lichtblitzes mit $v = 1{,}5 \cdot 10^8 \frac{m}{s}$ entgegeneilt, wogegen der erdnahe Planet sich mit v vom jeweiligen Ort des Lichtblitzes entfernt. Damit folgert er, dass die Lichtblitze nicht gleichzeitig bei den Planeten ankommen. Zur Überprüfung platziert er an den Stellen, an denen die Lichtblitze bei den Planeten ankommen, zwei Raumstationen, die einen festen Abstand zur Erde haben. Die Messungen bestätigen seine Folgerung (▸Abb. 3).

Bezugssystem • Ein alltägliches Bezugssystem kennen wir vom Radfahren. Ein Radfahrer hat im Bezugssystem seines Fahrrads die Geschwindigkeit null. Wenn er aber einen Zweig streift, dann wird ihm bewusst, dass er relativ zum Bezugssystem des Zweiges eine hohe Geschwindigkeit hat. Man bezeichnet allgemein ein Koordinatensystem, das ein Beobachter mitführt, als Bezugssystem.

Ein besonders interessantes Beispiel für ein Bezugssystem ist ein Karussell: Ein Beobachter im Karussell ist beschleunigt und kann die nach außen gerichtete Zentrifugalkraft messen und ihre Auswirkungen spüren. Dagegen stellt ein ruhender Beobachter fest, dass der Mitfahrer im Karussell durch die nach innen gerichtete Zentripetalkraft auf eine kreisförmige Bahn gebracht wird.

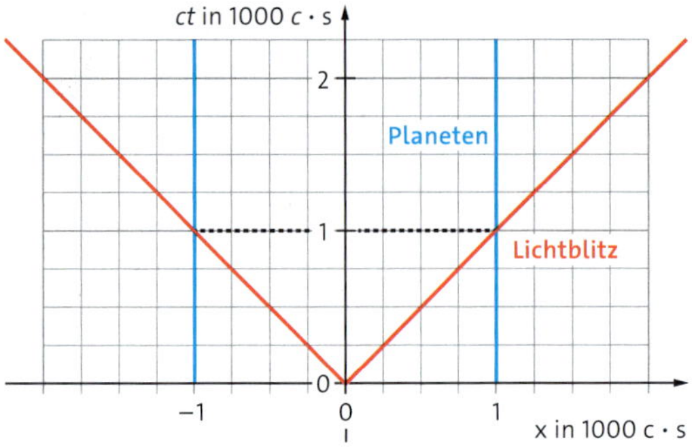

1 Minkowski-Diagramm: System des Planetensystems

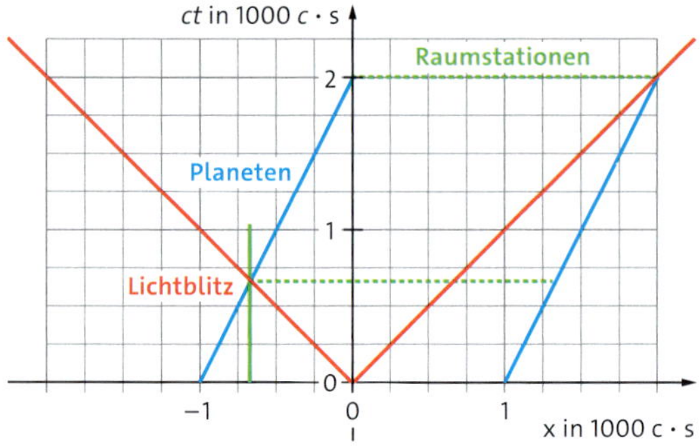

2 Minkowski-Diagramm: Bezugssystem der Erde

Inertialsystem • In beschleunigten Bezugssystemen treten also zusätzliche Kräfte auf, beispielsweise die Zentrifugalkraft, eine Trägheitskraft. Das Planetensystem als Ganzes ist nicht beschleunigt, auch wenn die Planeten einzeln beschleunigt sind. Ein nicht beschleunigtes Bezugssystem heißt **Inertialsystem**.

Allgemein orientiert man sich in der SRT an **Ereignissen**, die Ort und Zeit markieren.

Gleichzeitigkeit • Der Zeitunterschied Δt zwischen zwei Ereignissen ist grundlegend für die Zeitmessung. Im Beispiel der Sonneneruption ist Δt zwischen den Beobachtungen des Lichtblitzes auf den Planeten null. Aber auf den beiden Raumstationen ist der entsprechende Zeitunterschied Δt zwischen den Beobachtungen des Lichtblitzes nicht null, obwohl jede Raumstation beim Eintreffen des Lichtblitzes sich beim jeweiligen Planeten befindet. Also hängen Zeitdifferenzen und somit die Gleichzeitigkeit, $\Delta t = 0$, vom Bezugssystem ab.

Zwei Ereignisse, die in einem Bezugssystem gleichzeitig stattfinden, können in einem relativ dazu bewegten Bezugssystem ungleichzeitig auftreten.

Spezielle Relativitätstheorie • Unsere bisherigen Ergebnisse sind Beispiele für die spezielle Relativitätstheorie, die ALBERT EINSTEIN 1905 entwickelte. Dabei ist grundlegend, dass in allen Inertialsystemen die Lichtgeschwindigkeit im Vakuum eine Invariante ist und Naturgesetze die gleiche Form haben. Daraus folgern wir, dass die Zeitunterschiede Δt zweier Ereignisse **relativ** sind, also vom Bezugssystem abhängen. Beispielsweise gilt in allen Inertialsystemen für die Strecke Δs, die ein Lichtblitz in einer Zeit Δt zurücklegt:

$$\Delta t = \frac{\Delta s}{c}.$$

Im System des Sterns sind die beiden Strecken vom Stern zu den Planeten gleich:

$$\Delta s_1 = \Delta s_2.$$

Da die Lichtgeschwindigkeit eine Invariante ist, sind die entsprechenden Lichtlaufzeiten gleich:

$$\Delta t_1 = \frac{\Delta s_1}{c} = \frac{\Delta s_2}{c} = \Delta t_2.$$

Der Lichtblitz trifft also gleichzeitig auf beiden Planeten ein.

Aber im Inertialsystem der Erde ist die vom Licht zurückgelegte Strecke $\Delta s_{1,\,\text{Erde}}$ zum erdnahen Planeten länger als die entsprechende Strecke $\Delta s_{2,\text{Erde}}$ zum erdfernen Planeten:

$$\Delta s_{1,\,\text{Erde}} > \Delta s_{2,\,\text{Erde}}.$$

Da die Lichtgeschwindigkeit eine Invariante ist, sind die jeweiligen Lichtlaufzeiten ungleich:

$$\Delta t_{1,\text{Erde}} = \frac{\Delta s_{1,\text{Erde}}}{c} > \frac{\Delta s_{2,\text{Erde}}}{c} = \Delta t_{2,\text{Erde}}$$

Das Licht trifft in diesem Bezugssystem also nicht gleichzeitig auf beiden Planeten ein.

Minkowski-Diagramm • In der SRT stellt man Ereignisse im **Minkowski-Diagramm** dar: In jedem Bezugssystem gilt für einen Lichtblitz $x = c \cdot t$. Im Beispiel treffen die Lichtblitze im Bezugssystem des Planetensystems (▸Abb. 1) gleichzeitig bei den Planeten ein, nicht aber im Bezugssystem der Erde (▸Abb. 2).

1 Erklären Sie mit ▸Abb. 1 und ▸Abb. 2 das Eintreffen des Lichtblitzes bei den Planeten sowohl grafisch als auch rechnerisch.

Material A • Relativistischer Dopplereffekt

Eine Polizistin misst mit der Radarpistole die Geschwindigkeit v eines Autos. Dabei nutzt sie den relativistischen Dopplereffekt. Dieser ist im Fall von Licht stets anzuwenden und wird daher auch optischer Dopplereffekt genannt. Hierbei wird die Frequenz f_a der Radarpistole durch v zu einer Frequenz f_0 im Eigensystem des Autos. Wir analysieren diesen Effekt im Minkowski-Diagramm in der unteren Abbildung mithilfe der Periodendauer T_{em} bei der Emission. Wir betrachten dazu ein Fahrzeug, das mit $v = 0{,}8 \cdot c$ fährt und umkehrt, sowie das Radarsignal reflektiert wurde.

A1 a) Erläutern Sie die vier Weltlinien im Minkowski-Diagramm.
b) Das Radarsignal wird zum Zeitpunkt $t_{em} = 1$ s emittiert und bei $t_{refl} = 5$ s reflektiert. Ermitteln Sie die Zeitpunkte t_{abs} der Absorption und t_{An} der Ankunft des Autos.

A2 Wenn bei der Emission die erste Wellenlänge nicht abgesendet wird, dann verzögert sich der Zeitpunkt t_{em} um eine Periodendauer T_{em}.
a) Begründen Sie diese Verzögerung.
b) Erklären Sie, dass sich dann die Reflexion um eine Periodendauer T_{refl} beim Auto verzögert.
c) Ermitteln Sie für die Frequenzen $f_{em} = 10$ GHz die Periodendauer T_{em} und begründen Sie, dass T_{refl} um einen noch unbekannten Faktor k größer ist.
d) Erläutern Sie, warum die Periodendauer T_{abs} bei der Absorption um diesen Faktor k größer ist als T_{refl}.
e) Leiten Sie folgende Gleichung her:
$T_{abs} = k^2 \cdot T_{em}$.

A3 Um k zu ermitteln, analysieren wir den Ort x_{refl} und die Änderung dieses Ortes Δx_{refl} durch die Verzögerung.
a) Begründen Sie unter Verwendung des Minkowski-Diagramms folgende Gleichungen:

$$x_{refl} = \frac{1}{2} \cdot (t_{abs} + t_{em}) \cdot v,$$

$$x_{refl} = \frac{1}{2} \cdot (t_{abs} - t_{em}) \cdot c,$$

$$\Delta x_{refl} = \frac{1}{2} \cdot (T_{abs} + T_{em}) \cdot v,$$

$$\Delta x_{refl} = \frac{1}{2} \cdot (T_{abs} - T_{em}) \cdot c.$$

b) Leiten Sie mithilfe der letzten beiden Gleichungen folgende Formel her:

$$k = \sqrt{\frac{c+v}{c-v}}$$

c) Ermitteln Sie die beim Auto beobachtbare Frequenz f_0.
d) Leiten Sie für f_0 folgende Formel her:

$$f_0 = f_{em} \cdot \sqrt{\frac{c-v}{c+v}}$$

e) Leiten Sie für die Frequenz f_{abs} der von der Radarpistole erfassten reflektierten Welle einen Term abhängig von f_{em}, c und v her.
f) Leiten Sie einen Term für v abhängig von f_{em}, c und f_{abs} her.
g) Berechnen Sie f_{abs}.
h) Untersuchen Sie, an welchen Stellen Sie die Invarianz der Lichtgeschwindigkeit verwendet haben.

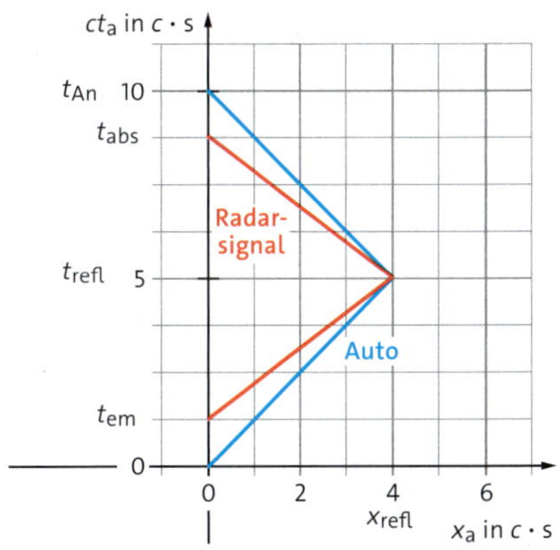

Material B • Zeichnen und Deuten von Minkowski-Diagrammen

B1 a) Im Minkowski-Diagramm zeichnet man die Achsen des Außensystems orthogonal zueinander. Dabei gibt die Zeitachse die Zeit t_a im Außensystem, also im System eines ruhenden Beobachters, an. Die Ortsachse gibt die Koordinate x_a zur Zeit $t_a = 0$ im Außensystem an. Erläutern Sie dies mit je einem Beispiel in den auf der Doppelseite abgebildeten Minkowski-Diagrammen.
b) Geben Sie begründet den Winkel an, den die Weltlinie des Lichts im Minkowski-Diagramm mit der Zeitachse einschließt. Erläutern Sie dies mit je zwei Beispielen in den abgebildeten Minkowski-Diagrammen.
c) Die Weltlinie eines Objekts schließt mit der Hochachse einen Winkel α ein. Begründen Sie, dass die Geschwindigkeit des Objekts gleich arctan α ist. Untersuchen Sie je zwei Beispiele in den abgebildeten Minkowski-Diagrammen.

1 Laser-Entfernungsmesser

Relativistische Phänomene

Der Laser-Entfernungsmesser misst die Lichtlaufzeit Δt vom Gerät zum Objekt und zurück, multipliziert mit c und zeigt das Produkt als die Entfernung $\Delta s = 2{,}505$ m an. Was gibt es dabei in verschiedenen Inertialsystemen zu entdecken?

Lichtuhr im Eigensystem • Wir fixieren in 60 cm Entfernung vom Laser-Entfernungsmesser einen Reflektor und erhalten so die Lichtuhr in ▸Abb. 2. Im **Eigensystem** der Lichtuhr legt der Lichtblitz bis zum Boden 60 cm zurück, wird reflektiert und legt bis zur Erfassung wieder 60 cm zurück. Die gesamte Strecke beträgt $\Delta s = 1{,}2$ m und die entsprechende **Lichtlaufzeit** Δt ist:

$$\Delta t = \frac{\Delta s}{c} = 4 \text{ ns}.$$

Ein System, in dem das Objekt ruht, nennen wir **Eigensystem** des Objekts, die Lichtlaufzeit im Eigensystem heißt **Eigenzeit** (▸Abb. 2).

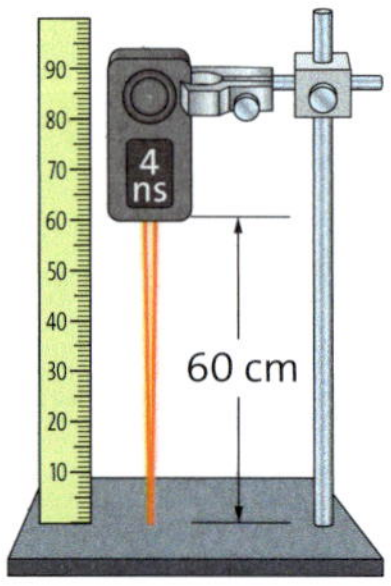

2 Lichtuhr im Eigensystem

Lichtuhr im Außensystem • Jedes andere Inertialsystem ist im Gegensatz zum Eigensystem (▸Abb. 2) mit einer Geschwindigkeit v bewegt, wir nennen es **Außensystem** (▸Abb. 3). Physikalische Größen im Außensystem markieren wir mit einem Index a. Entsprechend dem Satz des Pythagoras legt der Lichtblitz in ▸Abb. 3 vom Sender bis zum Boden folgende Strecke zurück:

$$\frac{\Delta s_a}{2} = \sqrt{(0{,}6^2 + 0{,}45^2)} \text{ m} = 0{,}75 \text{ m}.$$

Die entsprechende Lichtlaufzeit beträgt:

$$\frac{\Delta t_a}{2} = 0{,}75 \frac{\text{m}}{c} = 2{,}5 \text{ ns}.$$

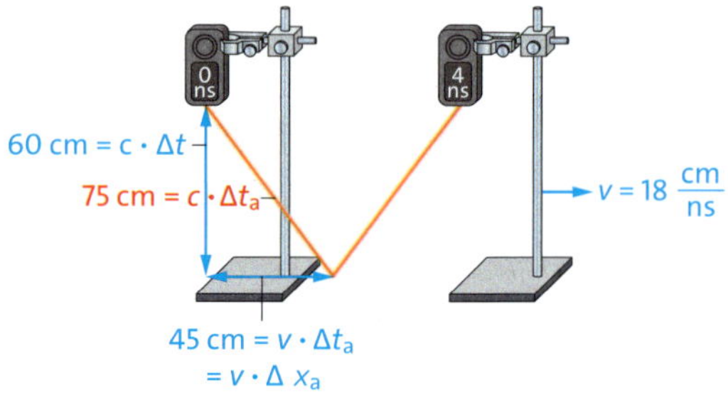

3 Lichtuhr im Außensystem

Das passt zu der von der Uhr zurückgelegten Strecke (▸Abb. 3):

$\Delta x_a = 2{,}5\ \text{ns} \cdot v = 45\ \text{cm}.$

Zeitdilatation • Im Außensystem legt das Licht vom Aussenden bis zum Empfangen also die Strecke $\Delta s_a = 1{,}5$ m zurück und benötigt dafür die Zeit $\Delta t_a = 5$ ns. Im Eigensystem dagegen nimmt das Licht die kürzeste Strecke im Raum und durch die Invarianz der Lichtgeschwindigkeit entspricht dieser die kürzeste Lichtlaufzeit, also die kürzeste Zeit.
So legt das Licht nur die Strecke $\Delta s = 1{,}2$ m zurück und benötigt somit auch nur die Eigenzeit $\Delta t = 4$ ns, welche die Lichtuhr in ▸Abb. 3 natürlich auch anzeigt.

Die zwischen zwei Ereignissen verstreichende Zeit hängt vom Inertialsystem ab und ist im Eigensystem am kürzesten. Dieses Phänomen heißt **Zeitdilatation**.

Lorentz-Faktor • Im Beispiel ist die Zeit Δt_a im Außensystem um den Faktor $\frac{5}{4}$ größer als die Eigenzeit Δt.

Wir leiten diesen Umrechnungsfaktor allgemein anhand von ▸Abb. 3 her. Entsprechend dem Satz des Pythagoras gilt:

$$(c \cdot \Delta t_a)^2 = (c \cdot \Delta t)^2 + (v \cdot \Delta t_a)^2.$$

Wir lösen nach Δt auf:

$$\Delta t = \sqrt{1 - \frac{v^2}{c^2}} \cdot \Delta t_a.$$

HENDRIK ANTOON LORENTZ leitete 1892 eine Formel zur Umrechnung der Zeitintervalle Δt sowie Δt_a her und verwendete dazu den Kehrwert der Wurzel, den sogenannten **Lorentz-Faktor** γ:

$$\gamma = \frac{1}{\sqrt{1 - \frac{v^2}{c^2}}}.$$

Damit gilt:

$$\Delta t_a = \gamma \cdot \Delta t.$$

Wir fassen zusammen:

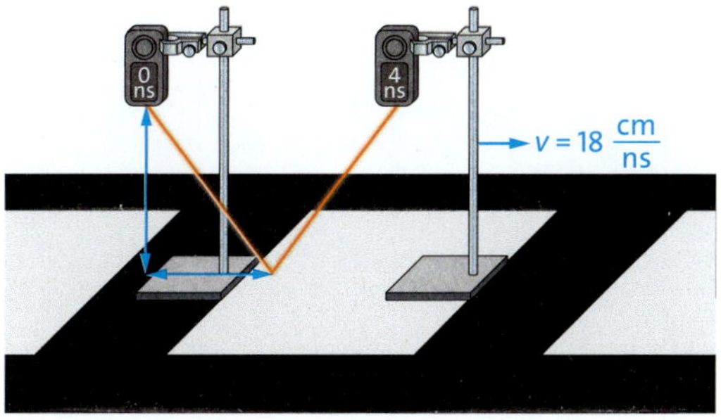

4 Lichtuhr am Zebrastreifen

Die Zeit Δt_a im Außensystem ist um den Lorentz-Faktor größer als die entsprechende Eigenzeit Δt. Also gilt $\Delta t_a = \gamma \cdot \Delta t$.

Längenkontraktion • Wenn die Lichtuhr in ▸Abb. 4 einen Zebrastreifen mit einer Streifenbreite von 45 cm überquert, dann bewegen sich das Außensystem mit dem Zebrastreifen und das Eigensystem mit der Lichtuhr relativ zueinander mit der Geschwindigkeit 18 $\frac{\text{cm}}{\text{ns}}$. Also ist $v = v_a$. In beiden Systemen wird die zurückgelegte Strecke als Produkt von Geschwindigkeit und Zeit ermittelt. Im Außensystem legt die Lichtuhr während der Zeit $\Delta t_a = 2{,}5$ ns folgende Strecke zurück:

$$\Delta x_a = \Delta t_a \cdot v = 45\ \text{cm}.$$

Im Eigensystem ist entsprechend:

$$\Delta x = \Delta t \cdot v = 36\ \text{cm}.$$

Zum Vergleich von Δx und Δx_a bilden wir den Quotienten:

$$\frac{\Delta x}{\Delta x_a} = \frac{\Delta t}{\Delta t_a} = \frac{1}{\gamma} \Rightarrow \Delta x = \frac{\Delta x_a}{\gamma}.$$

Diese Verkürzung der Strecke heißt **Längenkontraktion**. Wir fassen zusammen:

Bewegt sich ein Eigensystem mit einer Geschwindigkeit v entlang einer Strecke $\Delta x = v \cdot \Delta t$, so ist der Messwert Δx kleiner als der entsprechende Wert Δx_a im Außensystem. Für diese Längenkontraktion gilt:

$$\Delta x = \frac{\Delta x_a}{\gamma}.$$

1 Neles Zeitreise

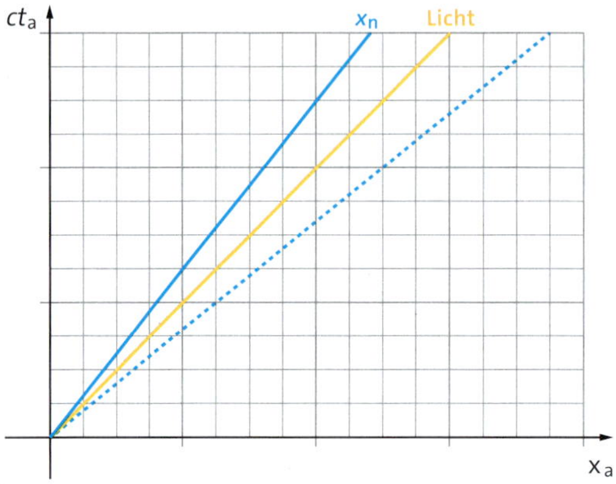

2 Minkowski-Diagramm

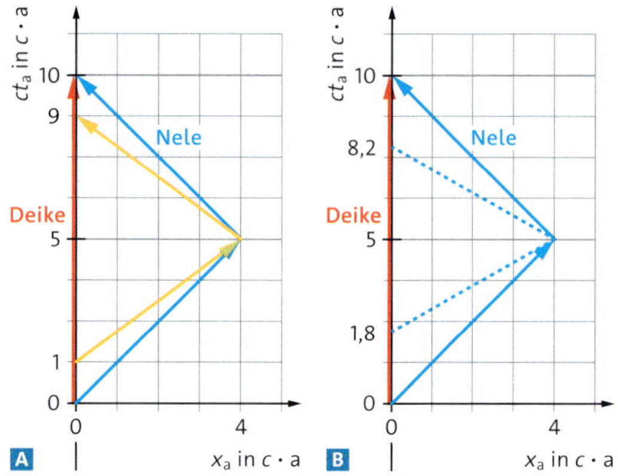

3 A, B Minkowski-Diagramme zur Zeitreise

Wir markieren Koordinaten im Außensystem mit einem a.

Physik der Zeitreise • Die beiden Zwillingsschwestern Nele und Deike in ▸Abb. 1 feiern ihren 15. Geburtstag. Da beschließt Nele, dass sie in 10 Jahren gerne 4 Jahre jünger sein möchte als Deike. Um das zu erreichen, plant sie eine Zeitreise, also eine besonders kurze Eigenzeit. Dabei legt sie nur 6 Jahre Eigenzeit Δt zurück, während auf der Erde Δt_a = 10 Jahre vergehen:

$$\frac{10}{6} = \frac{\Delta t_a}{\Delta t} = \gamma = \frac{1}{\sqrt{1 - \frac{v^2}{c^2}}}.$$

Sie löst nach v auf: $v = 0{,}8 \cdot c$.

Sie plant also mit einer Geschwindigkeit von 80 % der Lichtgeschwindigkeit Δt = 3 Jahre lang von der Erde weg zu fliegen, zu wenden und Δt = 3 Jahre lang zurück zu fliegen. Bei ihrer Landung ist sie dann 21 Jahre alt, wogegen Deike bereits 25 Jahre alt ist.

Bei der Wende beschleunigt Nele. Beschleunigte Bezugssysteme behandeln wir im Rahmen der allgemeinen Relativitätstheorie.

Minkowski-Diagramm • Deike analysiert die Reise in ihrem Minkowski-Diagramm in ▸Abb. 2: Sie trägt den Ort x_a auf der Querachse auf und die mit c multiplizierte Zeit $c \cdot t_a$ auf der Hochachse. Die Koordinaten $(x_a|ct_a)$ eines Objekts stellen seine Weltlinie dar. Die Weltlinie eines Lichtblitzes ist eine Gerade mit der Steigung 1 (gelbe Gerade in ▸Abb. 2). Deikes Weltlinie ist ihre ct_a-Achse, denn ihr Ort ist stets $x_{D,a} = 0$. Neles Weltlinie besteht zu jeder Zeit t aus $(x_{N,a}|ct_a)$ mit:
$x_{N,a} = v \cdot t_a = 0{,}8c \cdot t_a$ (blaue Gerade in ▸Abb. 2).

In ▸Abb. 3 ist auch Neles Weltlinie blau dargestellt, Deikes Weltlinie rot und die des Lichts gelb.

Deike sendet einen Lichtblitz zum Sendezeitpunkt 1 a. Das Licht trifft nach 4 Jahren, also zur Zeit 5 a auf Neles Raumschiff, wird reflektiert und trifft zur Zeit 9 a bei Deike ein. In Deikes Außensystem vergeht also die Zeit Δt_a = 8 a (▸Abb. 3A), aber im Eigensystem des Lichts gilt:

$$\Delta t = \sqrt{1 - \frac{c^2}{c^2}} \cdot \Delta t_a = 0 \text{ a}.$$

Im Eigensystem des Lichts sind also die Ereignisse auf der gelben Geraden in ▸Abb. 2 gleichzeitig. In Deikes System sind die Ereignisse auf der x_a-Achse gleichzeitig, denn hier ist $t_a = 0$.

Die Geraden der gleichzeitigen Ereignisse und der Weltlinie liegen anscheinend spiegelsymmetrisch zur Weltlinie des Lichts in ▸Abb. 2. Analog sind die Punkte auf der gepunkteten Geraden in ▸Abb. 2 in Neles System gleichzeitig.

Das Minkowski-Diagramm liefert eine globale Darstellung der Abläufe in zwei Inertialsystemen. Es zeigt, dass im Eigensystem des Lichts gar keine Zeit vergeht, während im Außensystem Zeit verstreicht.

1 Die gepunkteten Geraden in ▸Abb. 3B zeigen Ereignisse, die in Neles Bezugssystem vor und nach der Wende gleichzeitig sind. Deuten Sie die Ereignisse auf den gelben bzw. auf den gepunkteten Linien.

Material A • Transformierte Achsen im Minkowski-Diagramm

A1 **a)** Die Weltlinie eines Körpers, der sich mit einer Geschwindigkeit v im Außensystem bewegt, ist zugleich die Zeitachse des Körpers. Erläutern Sie das mithilfe von ▸ Abb. 2 und der nebenstehenden Abbildung.

b) Beim Wechsel des Bezugssystems in einem Minkowski-Diagramm ändern sich auch die Einheiten: Um die Einheit e_0 auf der Weltlinie im Eigensystem des Körpers zu ermitteln, gehen wir von der Einheit 1 bei der Zeitkoordinate t_a und der Ortskoordinate x_a im Außensystem des Beobachters in ▸ Abb. 2 aus. Die Zeit des Körpers im Punkt A ist somit gleich dem Produkt aus Koordinate und Einheit: $t_0 \cdot e_0$. Erläutern Sie dies mithilfe von ▸ Abb. 2.

c) Wir stellen diese Zeit mithilfe des Satzes von Pythagoras dar:

$$(ct_0 \cdot e_0)^2 = (ct_a)^2 + x_a^2$$

Begründen Sie dies mithilfe von ▸ Abb. 2.

d) Begründen Sie, dass gilt: $x_a = v \cdot t_a$.

e) Leiten Sie folgende Gleichung für die Einheit e_0 her:

$$e_0^2 = \left(1 + \frac{v^2}{c^2}\right) \cdot \gamma^2.$$

f) Begründen Sie, dass die Einheit auf der Achse der Eigenzeit eines im Außensystem bewegten Körpers stets größer als 1 ist.

A2 Wir untersuchen die Hypothese, dass die x_0-Achse des Ortes im Eigensystem des Körpers durch Achsenspiegelung der t_0-Achse an der Weltlinie des Lichts entsteht (▸ Abb. 2 und nebenstehende Abbildung). Dazu betrachten wir das Ereignis B in der Abbildung rechts mit den Koordinaten x_B und ct_B.

a) Erläutern Sie, dass die Weltlinie des Lichts im System mit den Koordinaten $(x_0|ct_0)$ die Winkelhalbierende darstellt und somit gilt: $x_0 = ct_0$.

b) Zeigen Sie, dass für B die Gleichung $x_B = ct_B$ gilt und dass B somit einem im Ursprung startenden Lichtsignal entspricht. Erklären Sie, warum dies die Hypothese bestätigt.

c) Ermitteln Sie die Geschwindigkeit des Körpers mithilfe der Abbildung rechts.

d) Berechnen Sie mit dem Ergebnis aus a) die Einheit e_0 und bestätigen Sie, dass die Einheiten in der Abbildung rechts maßstabsgerecht gezeichnet sind.

A3 Mithilfe der transformierten Koordinaten untersuchen wir Neles Zeitreise genauer.

a) Erklären Sie, warum Ereignisse auf der x_0-Achse im Eigensystem gleichzeitig sind.

b) Bestätigen Sie, dass die Steigung der x_0-Achse $\frac{4}{5}$ beträgt und erläutern Sie dies in ▸ Abb. 2.

c) Begründen Sie, dass die gepunkteten Linien in ▸ Abb. 3B Ereignisse darstellen, die in Neles System gleichzeitig sind.

d) Zeigen Sie, dass aus Neles Sicht während der Wende bei Deike 6,6 a verstreichen.

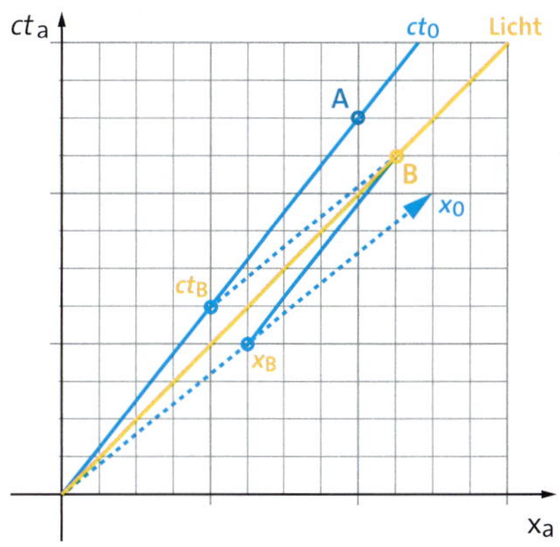

Material B • Myonen

B1 Myonen sind elektrisch geladene Teilchen, ihre Halbwertszeit ist 1,52 µs.

a) In einem Beschleuniger wurden Myonen auf eine Endgeschwindigkeit v beschleunigt. In diesem Zustand wurde eine Halbwertszeit von 48,1 µs gemessen. Erklären Sie das Messergebnis.

b) Ermitteln Sie die Geschwindigkeit v der Myonen im Beschleuniger.

B2 Die auf die Atmosphäre treffende kosmische Strahlung erzeugt in einer Höhe von 10 km ständig Myonen.

a) Ermitteln Sie die Strecke, die diese während ihrer Halbwertszeit maximal in Richtung Erdoberfläche fliegen können.

b) Erörtern Sie, warum man aufgrund dieser Halbwertszeit am Erdboden eintreffende Myonen erwarten kann.

c) Tatsächlich erzeugen die kosmischen Strahlen Myonen mit hoher kinetischer Energie. Realistisch ist eine Geschwindigkeit von $0{,}9996 \cdot c$. Ermitteln Sie Halbwertszeit und durchflogene Strecke der Myonen.

d) In der Tat werden am Erdboden zahlreiche Myonen gemessen. Erläutern Sie, wie diese Teilchen den Erdboden erreichen.

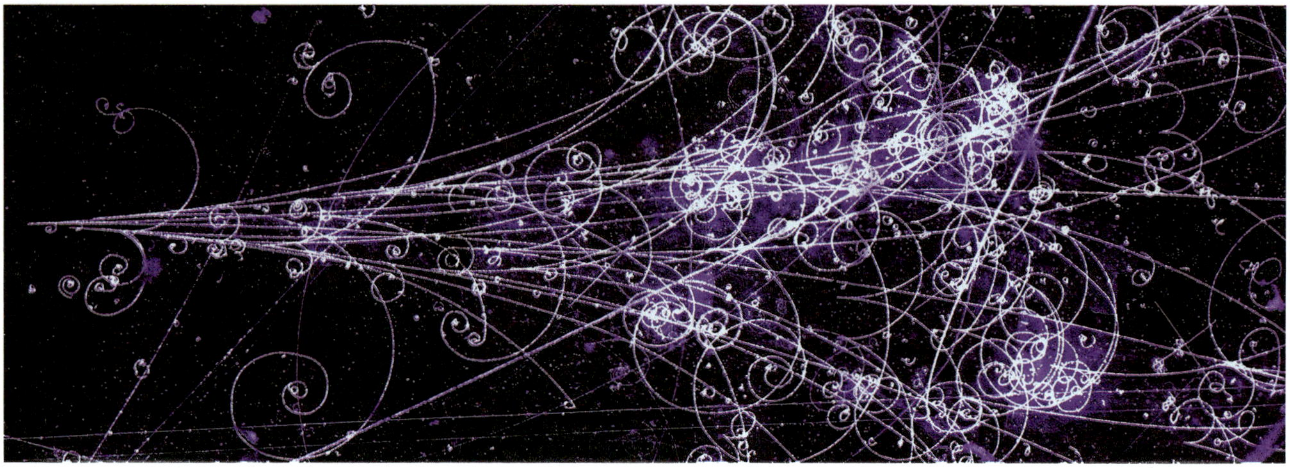

1 Blasenkammer

Relativistische Objekte

Einige der Linien zeigen die Bahnen von Elektronen in einer Blasenkammer. Eine der Bahnen hat z. B. einen maximalen Radius von 15 cm, ausgelöst durch ein Magnetfeld von 1,7 T. Gemäß der Newtonschen Mechanik hätte das Elektron demnach die Geschwindigkeit $v = 150 \cdot c$. Das ist unmöglich!

Die Zentripetalkraft $F_Z = \frac{m \cdot v^2}{r}$ stellen wir mit dem Impuls $p = m \cdot v$ dar, damit wir das Prinzip der Impulserhaltung direkt anwenden können.

Überprüfung • Bei der Kreisbahn in ▸Abb. 1 mit maximalem Radius 15 cm ist die Lorentz-Kraft gleich der Zentripetalkraft:

$$p \cdot \frac{v}{r} = B \cdot v \cdot e$$

$$\Longrightarrow p = B \cdot e \cdot r = 41 \cdot 10^{-21}\,\frac{\text{kg} \cdot \text{m}}{\text{s}}.$$

Grundlegend ist die Geschwindigkeit gleich dem Quotienten aus Impuls und Elektronenmasse:

$$v = \frac{p}{m} = \frac{41 \cdot 10^{-21}\,\frac{\text{kg} \cdot \text{m}}{\text{s}}}{9{,}1 \cdot 10^{-31}\,\text{kg}} = 150\,c.$$

Die Größen im Außensystem markieren wir mit einem a. Größen im Eigensystem können mit 0 markiert werden.

Bei Elementarteilchen sind die Größen im Eigensystem sogar Invarianten der Teilchenphysik.

Aber die Lichtgeschwindigkeit ist die Obergrenze der Geschwindigkeit. Also brauchen wir ein über die Newtonsche Mechanik hinausgehendes Konzept. Daher wenden wir die Relativitätstheorie an. Konkret untersuchen wir, ob im Eigensystem nicht nur die Zeit den kleinsten, sondern auch die Masse einen besonderen Betrag hat.

Relativistische Masse • Anfangs bewegt sich das Elektron in x-Richtung mit einer winzigen Impulskomponente p_y in y-Richtung. Die Elektronenmasse im Eigensystem nennt man **Eigenmasse** oder **Ruhemasse** m und es gilt: $p_y = m \cdot \frac{\Delta y}{\Delta t}$.

Im **Außensystem** der Blasenkammer verstreicht die Zeit $\Delta t_a = \Delta t \cdot \gamma$ verlangsamt. Da sich das Elektron kaum in y-Richtung bewegt, ist die Längenkontraktion in diese Richtung vernachlässigbar. Also gilt $\Delta y_a = \Delta y$.
Wird die Impulskomponente p_y an einem Molekül in der Blasenkammer reflektiert, dann übernimmt das Molekül den Impuls $2 \cdot p_y$, unabhängig vom Bezugssystem des Elektrons. Daher ist diese Impulskomponente in beiden Bezugssystemen gleich: $p_y = p_{y,a}$. Es gilt:

$$p_y = m_0 \cdot \frac{\Delta y}{\Delta t} = m_a \cdot \frac{\Delta y}{\Delta t_a} = p_{y,a}.$$

$$\Rightarrow m_a = m_0 \cdot \frac{\Delta t_a}{\Delta t} = m_0 \cdot \gamma.$$

Die Masse m_a im Außensystem nennt man **dynamische Masse** oder **relativistische Masse.** Entsprechend gilt für den Impuls p_a im Außensystem, für den **relativistischen Impuls**:

$$p_a = m_a \cdot v = m_0 \cdot \frac{v}{\sqrt{1 - \frac{v^2}{c^2}}} = 41 \cdot 10^{-21}\,\frac{\text{kg} \cdot \text{m}}{\text{s}}.$$

In diesem Bruch ist immer $v < c$, denn anderenfalls würde der Radikand negativ. Man erhält:
$v^2 = c^2 \cdot 0{,}999956$ oder $v = c \cdot 0{,}999978$.

Wenn sich ein Objekt mit einer Eigenmasse m mit einer Geschwindigkeit v im Außensystem bewegt, dann hat es im Außensystem die relativistische Masse $m_a = m_0 \cdot \gamma$ und den relativistischen Impuls $p_a = m_a \cdot v$.

Relativistische Energie • Wird ein Elektron in einer Elektronenablenkröhre (▸Abb. 2) von $v = 0$ um eine infinitesimale Geschwindigkeit dv beschleunigt, dann steigen seine Energie und Masse um infinitesimale Beträge dE und dm:

$$dm = \frac{dm_a}{dv} \cdot dv = \frac{m \cdot v}{c^2} \cdot dv \cdot \gamma^3.$$

Im Grenzfall $\frac{v}{c} \to 0$ geht γ gegen 1. Somit gilt:

$$dm = \frac{m \cdot v}{c^2} \cdot dv.$$

Wir ermitteln für eine nichtrelativistische Geschwindigkeit $v << c$, die Massenzunahme $\Delta m = m_a - m$ durch Integrieren auf beiden Seiten:

$$\Delta m = \int_m^{m_a} d\hat{m} = \frac{m}{c^2} \cdot \int_0^v \hat{v}\, d\hat{v} = \frac{1}{2}\frac{m}{c^2} \cdot v^2.$$

Multiplizieren mit c^2 ergibt den nichtrelativistischen Term der kinetischen Energie E_{kin}, d. h. die Energiezunahme ΔE beim Beschleunigen:

$$\Delta m \cdot c^2 = \frac{1}{2} m \cdot v^2 = E_{kin} = \Delta E = E_a - E.$$

Masse und Energie • Wir erhalten die gesamte kinetische Energie E_{kin} im Außensystem, indem wir die Energieunterschiede ΔE integrieren:

$$E_a - E = \int_0^{E_{kin}} d\hat{E} = E - c^2 \cdot \int_m^{m_a} d\hat{m}$$

$$= m_a \cdot c^2 - m \cdot c^2.$$

Diese Umformbarkeit von Energie in Masse und umgekehrt bezeichnet man als **Äquivalenz von Masse und Energie**.

Wir vermuten, dass das Elektron im Außensystem die Energie $E_a = m_a \cdot c^2$ und im Eigensystem die Energie $E = m \cdot c^2$ hat. Dies überprüfen wir anhand von ▸Abb. 1. Die den Elektronenbahnen entgegengesetzt gekrümmten Bahnen entstanden durch ein Teilchen, das die gleiche Masse wie das Elektron und die positive Ladung $q = e$ hat.

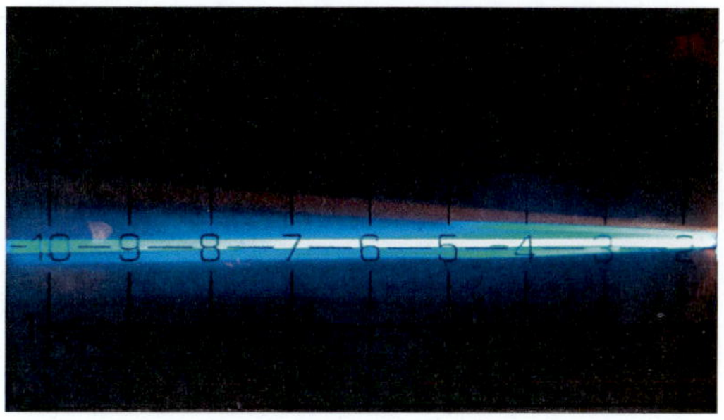

2 Elektronen mit nichtrelativistischer Geschwindigkeit

Aus dem gemeinsamen Anfangspunkt der beiden entgegengesetzt gekrümmten Linien schließen wir, dass zwei Teilchen gemeinsam entstanden sind.
In einer Versuchsreihe werden γ-Strahlen mit einer Energie E_γ zugeführt. Ab einer Energie von $E_\gamma = 1024$ keV kommt es zur Teilchenbildung wie in ▸Abb. 1. Dort entstanden also zwei Teilchen mit der Gesamtenergie $E_\gamma = 1024$ keV. Also müsste die Hälfte dieser Energie gleich der Eigenmasse des Elektrons multipliziert mit c^2 sein:

$$m \cdot c^2 = 9{,}1 \cdot 10^{-31}\,\text{kg} \cdot 9 \cdot 10^{16}\,\frac{\text{m}^2}{\text{s}^2} = 512\,\text{keV}.$$

Das **Positron** hat die gleiche Masse wie das Elektron und die Ladung $q = +e$. Das andere in ▸Abb. 1 gebildete Teilchen ist also ein Positron.

Integrationsvariablen markieren wir hier mit einem Hut.

Wenn sich ein Objekt mit einer Eigenmasse m in einem Außensystem mit einer Geschwindigkeit v bewegt, dann beträgt seine Energie im Eigensystem $E = m \cdot c^2$ und im Außensystem $E_a = m_a \cdot c^2$.
In allen Systemen gilt somit die Äquivalenz von Masse und Energie, $E = m \cdot c^2$.

1 In einem Linearbeschleuniger zur Strahlentherapie wird ein Elektron mit einer Spannung von $U = 5$ MeV beschleunigt.
a) Ermitteln Sie die relativistische Masse, den relativistischen Impuls, die Gesamtenergie und die kinetische Energie des Elektrons.
b) Berechnen Sie die entsprechenden Größen für ein Proton, das mit dieser Spannung beschleunigt wird.
c) Ermitteln Sie eine Spannung, durch die ein Proton auf 90 % der Lichtgeschwindigkeit beschleunigt wird.

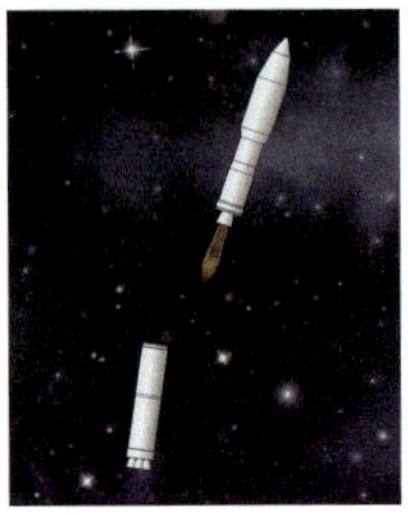

1 Ein Raumschiff löst sich von der letzten Stufe der Rakete

Verwendete relativistische Massen m_r und Impulsanteile:
1) erste Stufe (Außensystem Erde):
$m_1 = m \cdot \gamma(v)$
2) zweite Stufe (Außensystem Erde)
2a) Schreibweise abhängig von v und w:
$m_2 = m_1 \cdot \gamma(w)$,
zwei Impulsanteile:
Δp_2 und $\Delta p_{1,2}$ als vergrößertes Δp_1
2b) Schreibweise abhängig von u:
$\Delta p(u) = m \cdot \gamma(u) \cdot u$

Geschwindigkeitsaddition • Um eine besonders hohe **Endgeschwindigkeit** zu erreichen, verwenden viele Raumfahrzeuge zwei Stufen. So sprengt das Raumschiff in ▸Abb. 1 gerade die zweite Stufe ab.
Mit der ersten Stufe wird eine Geschwindigkeit v erreicht, während die zweite Stufe relativ zur ersten Stufe eine Geschwindigkeit w erzielt (▸Abb. 2). Wenn die Geschwindigkeiten nichtrelativistisch sind, dann gilt:

$$u = v + w.$$

Um die entsprechende Regel für relativistische Geschwindigkeiten herzuleiten, nutzen wir das **Prinzip der Impulserhaltung**.
Wenn das Raumschiff der **Eigenmasse** m von der ersten Stufe auf eine Geschwindigkeit v gebracht wird, so vergrößert sich die Masse im Außensystem der Erde um den Lorentz-Faktor $\gamma(v)$ zu $m_1 = m \cdot \gamma(v)$. Die erste Stufe führt somit folgenden Impuls zu:

$$\Delta p_1 = m_1 \cdot v = m \cdot \gamma(v) \cdot v,$$

$$\text{mit } \gamma(v) = \frac{1}{\sqrt{1 - \frac{v^2}{c^2}}}.$$

Die zweite Stufe erreicht relativ zum Außensystem der ersten Stufe eine Geschwindigkeit w. Dabei vergrößert sich der bereits vorhandene Impuls Δp_1 um den Lorentz-Faktor $\gamma(w)$:

$$\Delta p_{1,2} = m_1 \cdot \gamma(w) \cdot v = m_2 \cdot v,$$

$$\text{mit } \gamma(w) = \frac{1}{\sqrt{1 - \frac{w^2}{c^2}}}.$$

Zudem erzeugt die Erhöhung der Geschwindigkeit von m_1 um w analog zu Δp_1 folgenden neuen Impuls:

$$\Delta p_2 = m_1 \cdot \gamma(w) \cdot w = m_2 \cdot w.$$

Der Impuls ist die Summe dieser Impulse:

$$\Delta p = \Delta p_{1,2} + \Delta p_2 = m_2 \cdot (v + w).$$

Einsetzen ergibt:

$$\Delta p = m \cdot \frac{1}{\sqrt{1 - \frac{v^2}{c^2}}} \cdot \frac{1}{\sqrt{1 - \frac{w^2}{c^2}}} \cdot (v + w).$$

Diesen Impuls können wir auch mithilfe der Endgeschwindigkeit u und dem entsprechenden Lorentz-Faktor $\gamma(u)$ ausdrücken:

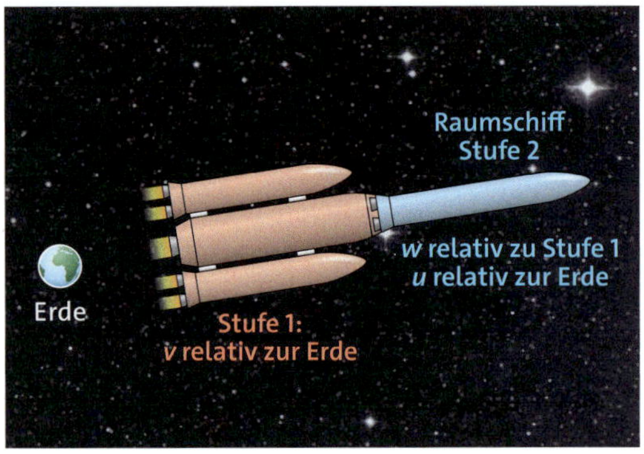

2 Addition der Geschwindigkeiten

$$\Delta p = m \cdot \gamma(u) \cdot u,$$

$$\text{mit } \gamma(u) = \frac{1}{\sqrt{1 - \frac{u^2}{c^2}}}.$$

Wir setzen die beiden Terme für Δp gleich und dividieren durch m:

$$\frac{u}{\sqrt{1 - \frac{u^2}{c^2}}} = \frac{v + w}{\sqrt{1 - \frac{v^2}{c^2}} \cdot \sqrt{1 - \frac{w^2}{c^2}}}$$

Auflösen ergibt die Endgeschwindigkeit:

$$u = \frac{v + w}{1 + \frac{v \cdot w}{c^2}}$$

Wenn ein Objekt relativ zu einem Inertialsystem I_2 eine Geschwindigkeit w hat und I_2 relativ zu einem anderen Inertialsystem I_1 eine Geschwindigkeit v hat, dann hat das Objekt relativ zu I_1 die Geschwindigkeit:

$$u = \frac{v + w}{1 + \frac{v \cdot w}{c^2}}$$

1 Ein Atomkern wird auf die Geschwindigkeit $v = \frac{c}{2}$ beschleunigt und emittiert dann beim Betazerfall in Flugrichtung ein Elektron mit der Relativgeschwindigkeit $w = 0{,}4\,c$. Ermitteln Sie die Geschwindigkeit u und den Impuls p des Elektrons.

2 Begründen Sie mithilfe der relativistischen Geschwindigkeitsaddition:
Für ein Objekt mit der Geschwindigkeit $v = c$ ist auch in einem dazu bewegten System $v = c$.

Material A • Masse des Neutrons

A1 In einem Versuch werden Elektronen mit einer Energie E auf eine Elektrode geschossen, sodass Gammastrahlen entstehen, die auf Deuterium treffen. Mit einem Detektor werden die dabei freigesetzten Neutronen aufgezeichnet (Abbildung rechts).

a) Deuten Sie den Versuch durch eine Reaktion. Geben Sie auch die Reaktionsgleichung an.
b) Stellen Sie eine Energiebilanz auf.
c) Setzen Sie die Energien von Deuterium, Proton und Gammaquant ein und ermitteln Sie die Masse des Neutrons.

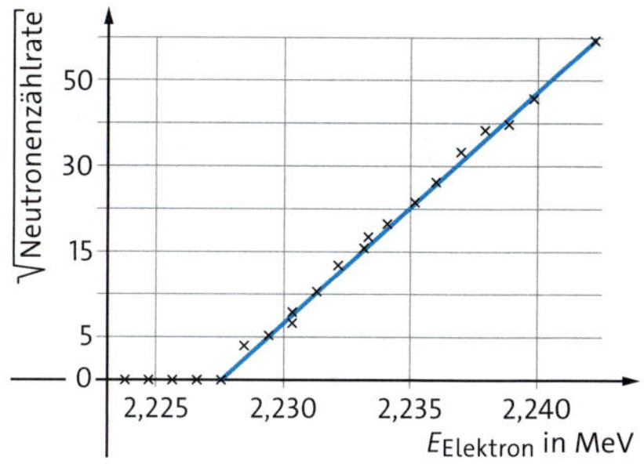

Material B • Historische Messung relativistischer Massen

B1 Bereits 1909 beschleunigte BUCHERER Elektronen mithilfe einer Spannung und stellte mittels eines Geschwindigkeitsfilters die Geschwindigkeit v fest. Danach ermittelte er mithilfe eines Magnetfeldes die Masse m der Elektronen.
a) Erstellen Sie eine Versuchsskizze.
b) Ermitteln Sie für die Messwerte in der Tabelle den Lorentz-Faktor γ und erstellen Sie das $E(\gamma)$-Diagramm.
c) Erläutern Sie, welchen Zusammenhang Sie für $E(\gamma)$ gemäß der Relativitätstheorie erwarten. Führen Sie eine entsprechende Regression durch.
d) Deuten Sie die beiden Parameter der linearen Regression physikalisch.
e) Erörtern Sie die Qualität der Regression und beurteilen Sie damit die Qualität der Beschreibung bewegter Massen durch die Relativitätstheorie.

$\frac{v}{c}$	m in in 10^{-30} kg
0,3787	0,9835
0,4281	1,008
0,5154	1,063
0,678	1,238

Material C • Ionen im Magnetfeld der Erde

C1 Die Fluchtgeschwindigkeit der Erde beträgt nur 11 $\frac{\text{km}}{\text{s}}$, während die Ionen des Sonnenwindes eine Geschwindigkeit von 400 $\frac{\text{km}}{\text{s}}$ haben und somit die Atmosphäre schnell abtragen könnten. Das verhindert jedoch das Erdmagnetfeld, indem es Ionen auf Kreisbahnen einfängt. Dabei treten ganz bestimmte Frequenzen f auf. Um das Auftreten dieser Frequenzen zu erklären, analysieren wir die bei der Kreisbewegung wesentlichen Kräfte.
a) Erläutern Sie diese wesentlichen Kräfte. Geben Sie den Zusammenhang zwischen diesen an.
b) Erklären Sie, warum die Zentripetalkraft gleich der zeitlichen Ableitung $\dot{p}$ des Impulses ist.
c) Erklären Sie, warum bei der Kreisbewegung die relativistische Masse m_a konstant ist und somit für die Zeitableitung $\dot{p}$ gilt: $\dot{p} = m_a \cdot \dot{v}$.
d) Erläutern Sie, dass bei der Kreisbewegung die Kreisfrequenz ω zeitlich konstant ist, dass $v = r \cdot \omega$ und somit für die zeitliche Ableitung $\dot{v}$ gilt: $\dot{v} = v \cdot \omega$.
e) Leiten Sie folgende Gleichung für ein im Magnetfeld B kreisendes Teilchen mit einer Ladung q und einer Masse m_a her:

$$\dot{p} = m_a \cdot v \cdot \omega = q \cdot v \cdot B$$

f) Leiten Sie daraus einen Term für die Kreisfrequenz ω her, mit der das Teilchen im Magnetfeld B kreist (Zyklotronfrequenz).
g) Recherchieren Sie die Massen der Ionen in der Abbildung. Überprüfen Sie, ob die Messwerte der Zyklotronfrequenz entsprechen und ob die Massen schon relativistisch sind.

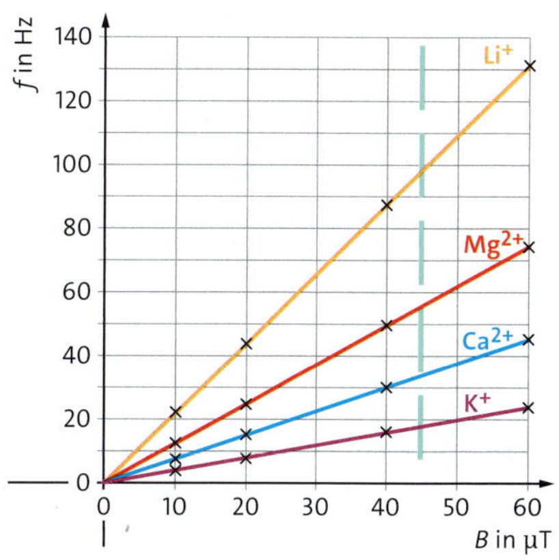

1 Freifallturm

2 Schwerelosigkeit

Allgemeine Relativitätstheorie

Beim Fallen im Freifallturm scheinen die Beine schwerelos zu schweben. Ist das wirklich die gleiche Schwerelosigkeit wie bei einem Astronauten beim Weltraumspaziergang?

Gravitation • Die Gravitationskraft F_G, welche die Masse m_E der Erde auf eine zweite Masse m_2 ausübt, die vom Erdmittelpunkt die Distanz $r > r_E$ hat, beschreibt das Newtonsche Gravitationsgesetz:

$$F_G = G \cdot \frac{m_{E,S}}{r^2} \cdot m_{2,S}.$$

Die Massen sind dabei die Ursachen der Gravitationskraft, entsprechend nennt man sie **schwere Massen** und markiert sie meist mit dem Index S. Die Masse $m_{2,S}$ befindet sich im **Gravitationsfeld** der Erde mit der Feldstärke G^*:

Die schwere Masse hat den Index S und die träge Masse hat den Index T.

$$G^* = G \cdot \frac{m_{E,S}}{r^2}.$$

Somit können wir die Gravitationskraft auch als das Produkt aus der **Gravitationsfeldstärke** G^* und der Masse $m_{2,S}$ im Feld darstellen:

$$F_G = G^* \cdot m_{2,S}.$$

Beim freien Fall wird die Masse m_2 durch das Gravitationsfeld beschleunigt. Gemäß dem zweiten Newtonschen Axiom ist die Beschleunigung der Quotient aus Gravitationskraft und der sogenannten **trägen Masse** $m_{2,T}$:

$$a = \frac{F_G}{m_{2,T}}.$$

Beschleunigungssensor • Um die Vorgänge beim Freifallturm zu messen, verwenden wir den Beschleunigungssensor des Smartphones. Im ersten Vorversuch beschleunigen wir den Beschleunigungssensor des Smartphones waagerecht in x-Richtung. Dabei zeigt er die Beschleunigung a_x an. Generell zeigt der Sensor die Beschleunigung, die er erfährt, mit richtigem Vorzeichen an.
Im zweiten Vorversuch legen wir den Beschleunigungssensor ruhig mit der Rückseite auf den Tisch. Dann zeigt er die Gravitationsfeldstärke G^* der Erde in $\frac{\text{N}}{\text{kg}}$ mit positivem Vorzeichen an. Der Sensor kehrt also das Vorzeichen der Gravitationsfeldstärke um, denn diese wirkt nach unten und hat somit negatives Vorzeichen:

$$G^* = -9{,}81\,\frac{\text{m}}{\text{s}^2} = -9{,}81\,\frac{\text{N}}{\text{kg}}.$$

Insgesamt zeigt ein Beschleunigungssensor stets die Summe aus seiner Beschleunigung a und der umgekehrten Gravitationsfeldstärke $-G^*$ an:

$$\vec{a}_{\text{Anzeige}} = \vec{a} - \vec{G}^*.$$

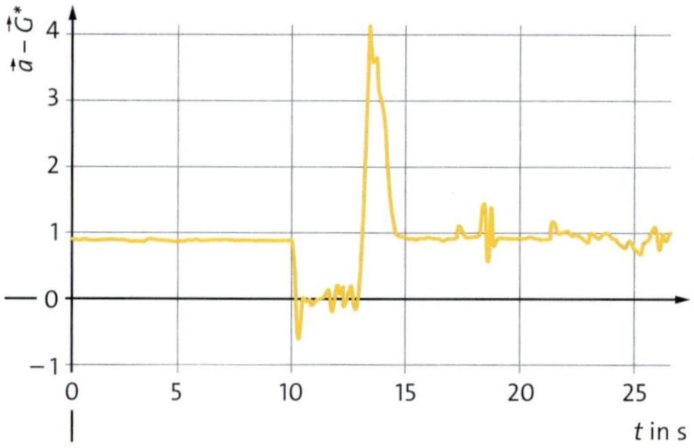

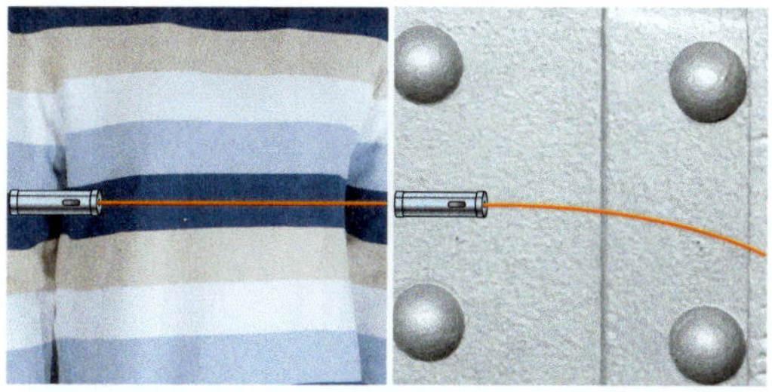

3 Beschleunigungssensor beim Freifallturm

4 Laserstrahl, A schwerelos, B im Gravitationsfeld

Ein Beschleunigungssensor unterscheidet nicht zwischen der Gravitationsfeldstärke G^* und der Beschleunigung. Bei $G^* = 0$ ist eine absolute Beschleunigung messbar, nicht nur eine relative.

Im Hauptversuch führen wir einen freien Fall im Freifallturm durch und zeichnen dabei mit dem Beschleunigungssensor des Smartphones die Anzeige als Funktion der Zeit auf (▸Abb. 3): Anfangs befindet sich das Smartphone oben im Freifallturm in Warteposition in Ruhe und zeigt daher $a_{\text{Anzeige}} = -G^* = 9{,}81\,\frac{\text{N}}{\text{kg}}$ an. Während des Fallens geht die Anzeige auf null: $a_{\text{Anzeige}} = a - G^* = 0$.
Also ist die Beschleunigung genauso groß wie die Gravitationsfeldstärke. Da wir bereits wissen, dass $G^* \cdot m_{2,\text{S}} = a \cdot m_{2,\text{T}}$ gilt, folgern wir:

$$m_\text{T} = m_\text{S}.$$

Primär beschreibt die Masse die Trägheit und ihr Betrag m_T wird durch das zweite Newtonsche Axiom festgelegt mit $m_\text{T} = \frac{F}{a}$. Die gleiche Masse verursacht im Gravitationsfeld G^* die Gravitationskraft $F_\text{G} = m_\text{S} \cdot G^*$ und hat somit die schwere Masse m_S.
Diese zahlenmäßige Gleichheit von m_S und m_T ist die Grundlage des von GALILEO eingeführten **Äquivalenzprinzips.**

Schwere Masse m_S und träge Masse m_T sind gleich groß. Das ist die Grundlage des Äquivalenzprinzips.

Schwerelosigkeit ist erkennbar an der Anzeige $a_{\text{Anzeige}} = a - G^* = 0$ des Beschleunigungssensors. Sie tritt stets im freien Fall als Folge der Äquivalenz von träger und schwerer Masse auf.

Daher sind die Schwerelosigkeit im Orbit in ▸Abb. 2 und im Freifallturm in ▸Abb. 1 physikalisch äquivalent.

Krümmung • Ein Fahrgast im Freifallturm beobachtet während des Fallens das Licht eines breiten Laserstrahls. Dazu leuchtet er in waagerechte Richtung, sodass das Licht den Pullover und die Wand streift (▸Abb. 4). Auf seinem Pullover erscheint eine geradlinige Leuchtspur, denn der Fahrgast befindet sich im Zustand der Schwerelosigkeit, sodass das Licht weder nach unten noch nach oben abgelenkt wird.
Der gleiche Laserstrahl erzeugt auf der Innenwand des Freifallturms eine nach unten gekrümmte Leuchtspur (▸Abb. 4). Denn einer geradlinigen Leuchtspur auf dem fallenden Pullover entspricht eine gekrümmte Leuchtspur auf dem ruhenden Turm.

Im Bezugssystem des Fahrgastes rast der Turm nach oben.

Die Krümmung des Laserstrahls ist hier so klein, dass man sie mit bloßem Auge nicht sieht.

Wie wird Geradlinigkeit festgestellt? Der beste Maßstab für Geradlinigkeit ist ein Lichtstrahl. Wenn also ein Lichtstrahl am ruhenden Turm gekrümmt ist, dann ist aus der Perspektive des im Gravitationsfeld ruhenden Beobachters der Raum gekrümmt.

Ein schwereloser Beobachter stellt geradlinige Lichtstrahlen und damit einen nicht gekrümmten Raum fest. Dagegen stellt ein im Gravitationsfeld ruhender Beobachter gekrümmte Lichtstrahlen und somit einen gekrümmten Raum fest.

1 Erläutern Sie mit ▸Abb. 4, ob die Krümmung des Raums in jedem Bezugssystem gleich ist.

Eine Masse erzeugt in ihrer Umgebung ein radiales Gravitationsfeld G^*. Dabei wird eine parallel zum Feld verlaufende Strecke, die ohne Feld eine Länge dr_0 hätte, um einen Faktor zu einer Länge dr_G gedehnt (▸Abb. 1).

Eine Zuordnung eines solchen Dehnungsfaktors für jede Richtung in Raum und Zeit heißt Metrik. Die Metrik in der Umgebung einer Masse heißt Schwarzschild-Metrik.

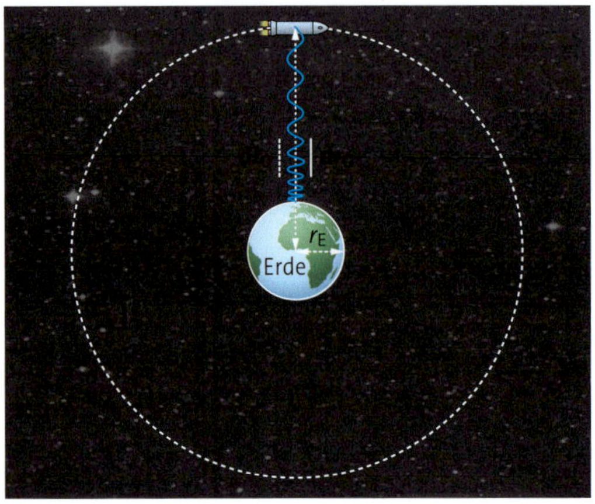

1 Zum Konzept der Raumdehnung bei r_E

Energie beim Freifallturm • Um die Krümmung von Raum und Zeit zu ermitteln, analysieren wir zunächst die Energie beim Freifallturm. Besonders einfach geht das, wenn ein Fahrgast mit einer Ruhemasse m_0 in einem unendlich hohen Freifallturm bei r_∞ oben in der Warteposition ruht. Dann gilt für seine Energie:

$$E = m_0 \cdot c^2.$$

Ist der Fahrgast von r_∞ bereits zu einem Abstand r vom Erdmittelpunkt gefallen, dann hat er eine Geschwindigkeit $v(r)$. Daher ist seine Energie um den Lorentz-Faktor $\gamma(v)$ vergrößert. Entsprechend der Energieerhaltung muss die Energie um einen Positionsfaktor $\varepsilon(r)$ verringert sein:

$$E(r,v) = m_0 \cdot c^2 \cdot \gamma(v) \cdot \varepsilon(r), \text{ mit } \gamma(v) \cdot \varepsilon(r) = 1.$$

Die kinetische Energie wird in der klassischen Physik mithilfe eines Summanden dargestellt, in der speziellen Relativitätstheorie dagegen mithilfe des Lorentz-Faktors. Entsprechend muss zur Energieerhaltung beim Fallen der Lorentz-Faktor durch Multiplikation mit einem entsprechenden Positionsfaktor im Gravitationsfeld kompensiert werden.

Um den Funktionsterm für $\varepsilon(r)$ zu ermitteln, leiten wir das obige Produkt nach r ab:

$$[\gamma(v(r)) \cdot \varepsilon(r)\,]' = 1' = 0.$$

Nach Ausführen der Ableitung, erhalten wir:

$$\varepsilon'(r) = -\frac{a}{c^2} \cdot \frac{1}{\varepsilon(r)}.$$

Wir wenden das Äquivalenzprinzip $a = G^*$ an:

$$\varepsilon'(r) = -\frac{G^*}{c^2} \cdot \frac{1}{\varepsilon(r)} = -\frac{G \cdot m_E}{c^2 \cdot r^2} \cdot \frac{1}{\varepsilon(r)}.$$

Wir setzen den Schwarzschild-Radius R_S ein:

$$\varepsilon'(r) = -\frac{R_S}{2r^2} \cdot \frac{1}{\varepsilon(r)}, \text{ mit } R_S = \frac{2G \cdot m_E}{c^2}.$$

Wir lösen diese Differentialgleichung (DGL) mit folgendem Ansatz:

$$\varepsilon(r) = \sqrt{1 - \frac{R_S}{r}}.$$

Wir bestätigen durch Einsetzen in die DGL, dass dieser Ansatz wirklich eine Lösung der DGL ist. Damit gilt:

$$E(r, v) = m_0 \cdot c^2 \cdot \sqrt{\frac{1 - \frac{R_S}{r}}{1 - \frac{v^2}{c^2}}}.$$

Wenn ein Körper mit Ruhemasse m_0 frei fällt, dann wird er durch folgenden Energieterm beschrieben:
$E(r, v) = m_0 \cdot c^2 \cdot \gamma(v) \cdot \varepsilon(r).$

Dehnung des Raums • Der Astronaut in ▸Abb. 1 umkreist die Erde in einem Orbit mit dem Umfang U_A. Für einen nicht gekrümmten Raum berechnet er folgenden Radius:

$$r_A = \frac{U_A}{2\pi}.$$

Tatsächlich ist der Raum durch die Gravitation aber gekrümmt. Die Gravitation wandelt daher eine parallel zum Feld verlaufende Strecke dr_0, die im nicht gekrümmten Raum eine Entfernung r_0 von einer felderzeugenden Masse m hat, in eine **gedehnte Strecke** dr_G um (▸Abb. 1).

Rotverschiebung • Der Astronaut misst diese physikalische Strecke dr_G mit einem Laser-Entfernungsmesser (▸Abb. 1). Er fliegt in großer Höhe mit $r \approx r_\infty$ und sendet Laserlicht mit einer Wellenlänge $\lambda \approx \lambda_\infty$ aus.
Ein ausgesandtes Photon hat also bei r_∞ folgende Energie:

$$E(r_\infty) = \frac{h \cdot c}{\lambda_\infty}.$$

Wenn das Photon nach unten fällt, bleibt seine Energie erhalten. Außerdem beschreibt der Positionsfaktor $\varepsilon(r_0)$ die Änderung der Energie aufgrund der Gravitation und tritt somit beim Energieterm auf. Entsprechend nimmt das Photon eine Wellenlänge $\lambda(r_0)$ an. Somit hat das Photon folgenden Energieterm:

$$E(r_0) = \varepsilon(r_0) \cdot \frac{h \cdot c}{\lambda(r_0)} = \frac{h \cdot c}{\lambda_\infty}.$$

Wir lösen nach $\lambda(r_0)$ auf:

$$\lambda(r_0) = \varepsilon(r_0) \cdot \lambda_\infty.$$

Diese Veränderung der Wellenlänge wurde erstmals 1960 von ROBERT POUND und GLEN REBKA nachgewiesen. Bei aufsteigendem Licht nimmt die Wellenlänge zu, man spricht entsprechend von der **Gravitations-Rotverschiebung.**

Schwarzschild-Metrik • Der Laser-Entfernungsmesser misst im Wesentlichen die Anzahl N der Wellenlängen, die bei der Strecke $\mathrm{d}r_\mathrm{G}$ auftreten (▸Abb. 1). Da $\lambda(r_0)$ gegenüber λ_∞ um den Faktor $\varepsilon(r_0)$ verkleinert ist, benötigt das Licht eine um den Faktor $\frac{1}{\varepsilon(r_0)}$ vergrößerte Anzahl N von Wellenbergen zum Durchlaufen der Strecke $\mathrm{d}r_\mathrm{G}$. Also ist die physikalische Länge $\mathrm{d}r_\mathrm{G}$ um den Faktor $\frac{1}{\varepsilon(r_0)}$ größer als die Strecke $\mathrm{d}r_0$:

$$\mathrm{d}r_\mathrm{G} = \mathrm{d}r_0 \cdot \frac{1}{\varepsilon(r_0)} = \mathrm{d}r_0 \cdot \frac{1}{\sqrt{1 - \frac{R_\mathrm{S}}{r_0}}}.$$

Diese Verlängerung hat KARL SCHWARZSCHILD 1916 als Teil seiner **Schwarzschild-Metrik** hergeleitet. Dazu hat er die Feldgleichung der allgemeinen Relativitätstheorie, die ALBERT EINSTEIN 1915 aufgestellt hatte, für den Fall einer Masse und ihrer Umgebung gelöst.

Verlangsamte Uhr • Beim Radius r_0 in ▸Abb. 1 gilt für die Wellenlänge $\lambda(r_0) = \lambda_\infty \cdot \varepsilon(r_0)$. Wir dividieren diese Gleichung durch c und erkennen, dass $\frac{\lambda}{c}$ die Periodendauer T ist:

$$T(r_0) = \varepsilon(r_0) \cdot T_\infty.$$

Somit ist die Periodendauer elektromagnetischer Wellen unten ebenso verringert wie deren Wellenlänge. Diese Periodendauer wird aber in Atomuhren als Maßstab für die Zeit verwendet. Ein Zeitintervall $\mathrm{d}t_0$, das ohne Gravitation bei r_∞ messbar ist, wird durch die Gravitation bei r_0 daher verringert. Für dieses verkleinerte Zeitintervall $\mathrm{d}t_\mathrm{G}$ mit Gravitation gilt somit:

$$\mathrm{d}t_\mathrm{G}(r_0) = \sqrt{1 - \frac{R_\mathrm{S}}{r_0}} \cdot \mathrm{d}t_0.$$

Dieser verlangsamte Gang der Uhren heißt **gravitative Zeitdilatation** und ist das zweite wesentliche Ergebnis der Schwarzschild-Metrik.
Die übrigen Ergebnisse dieser Metrik lassen sich dadurch zusammenfassen, dass in jeder senkrecht zum Feld verlaufenden Richtung weder eine Raumdehnung noch eine Zeitdehnung auftritt und dass sich unterschiedliche Richtungen nicht beeinflussen. Die Richtung parallel zum Feld, die Richtungen senkrecht zum Feld und die Zeit(-Richtung) beeinflussen einander daher nicht.

Eine Masse m krümmt in ihrer Umgebung die Raumzeit. Dabei werden radiale Strecken $\mathrm{d}r_0$ verlängert und Zeiten $\mathrm{d}t_0$ verkürzt:

$$\mathrm{d}r_\mathrm{G} = \mathrm{d}r_0 \cdot \frac{1}{\sqrt{1 - \frac{R_\mathrm{S}}{r_0}}},$$

$$\mathrm{d}t_\mathrm{G}(r_0) = \mathrm{d}t_0 \cdot \sqrt{1 - \frac{R_\mathrm{S}}{r_0}}.$$

1 Ein Satellit des Global Positioning Systems (GPS) umkreist in einer Höhe H von 20 200 km über dem Erdboden die Erde. Ein Referenzsatellit befindet sich bei einem Bahnradius von $r \approx \infty$.
a) Ermitteln Sie die Zeit t_E, um die eine Uhr am Erdboden voranschreitet, während eine Uhr im Referenzsatelliten um $t_\mathrm{Ref} = 24$ h fortschreitet.
b) Ermitteln Sie die Zeit t_H, die eine Uhr in der Höhe H währenddessen weitergeht.
c) Ermitteln Sie den Unterschied $\Delta t = t_\mathrm{H} - t_\mathrm{E}$, die in dieser Zeit Δt von Licht zurückgelegte Strecke und die Bedeutung für die Positionsbestimmung.

2 In der Höhe H aus Aufgabe 1 hat ein Sender eine Frequenz von $f_\mathrm{H} = 2{,}227$ GHz.
a) Ermitteln Sie die entsprechende Wellenlänge λ_H am Sender sowie die Wellenlänge λ_E beim Empfänger am Erdboden.
b) Deuten Sie den Wellenlängenunterschied.
c) Berechnen Sie die Energiemesswerte $E = h \cdot f$ der gesendeten Photonen beim Sender und beim Empfänger.

Material A • Gravitationslinsen

A1 a) Die beiden markierten Punkte in der oberen Abbildung können selbst mit einem Schulteleskop fotografiert werden und weisen im Zeitverlauf ein gemeinsames Muster von Helligkeitsschwankungen auf. Begründen Sie, dass das Licht der beiden Punkte aus nur einer Lichtquelle stammen muss.

b) Erläutern Sie anhand der unteren Abbildung, wie Bild 1 und Bild 2 entstanden sind. Vergleichen Sie mit einer Sammellinse und erläutern Sie den Begriff Gravitationslinse.

c) Die Bildhöhe in der oberen Abbildung entspricht einem Sehwinkel von 0,083°. Bestätigen Sie, dass der Abstand der beiden Bilder der Lichtquelle einem Sehwinkel von $\alpha = 0{,}0016°$ entspricht.

A2 a) Die Gravitationslinse, welche die beiden Bilder der Lichtquelle erzeugt, befindet sich in einer Entfernung von vier Milliarden Lichtjahren. Ermitteln Sie den Radius R der Gravitationslinse, den das Licht streift.

b) Das Licht wird an der Gravitationslinse um einen Winkel δ abgelenkt. Erläutern Sie anhand der unteren Abbildung, inwiefern der Ablenkwinkel δ ungefähr dem Sehwinkel α entspricht.

c) Generell kann man δ aus dem Schwarzschild-Radius R_S und dem Radius R der Gravitationslinse wie folgt berechnen: $\delta = 2 \cdot \frac{R_S}{R}$. Ermitteln Sie mittels dieser Gleichung und der Messwerte R_S der Gravitationslinse.

d) Ermitteln Sie aus R_S die Masse der Gravitationslinse und vergleichen Sie diese mit der Masse der Sonne sowie mit der Masse der Andromeda-Galaxie (siehe Tabelle).

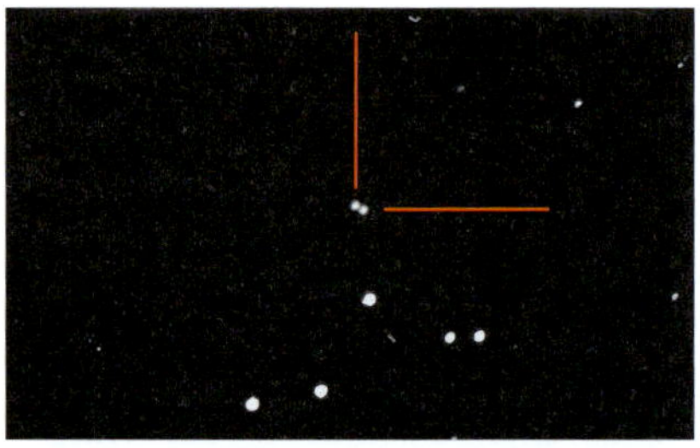

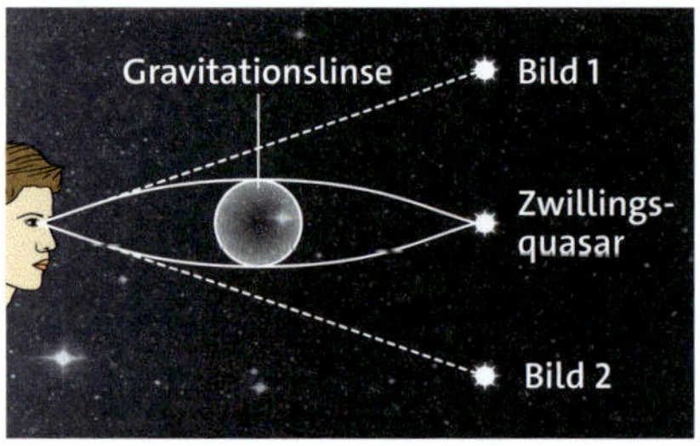

Material B • Gravitationswellen

B1 a) Die Masse M mit einem Schwarzschild-Radius R_S, verlängert aufgrund ihrer Gravitation eine Strecke L_0 entsprechend g_{rr}:

$$L_G = L_0 \cdot g_{rr} = L_0 \cdot \frac{1}{\sqrt{\left(1 - \frac{R_S}{R}\right)}}.$$

Erläutern Sie diese Verlängerung mithilfe der Schwarzschild-Metrik.

b) Mit einem Michelson-Interferometer kann man eine Verlängerung $\Delta L = L_G - L_0$ messen. Bei der ersten Beobachtung einer Gravitationswelle wurde z. B. eine relative Verlängerung von $\frac{\Delta L}{L_0} = 10^{-21}$ im Interferometer gemessen. Man nennt eine relative Verlängerung auch Dehnung $\varepsilon = \frac{\Delta L}{L_0}$. Konkret wurde die Verlängerung ΔL innerhalb eines Arms des Interferometers mit einer Länge von $L_0 = 4$ km festgestellt. Ermitteln Sie diese Verlängerung.

B2 a) Eine Länge L_0 im Raum ohne Gravitationswirkung wird durch die Masse M zur Länge L_G verlängert. Dem entspricht die Dehnung $\varepsilon = \frac{L_G - L_0}{L_0}$. Für die Raumdehnung ε in einer Entfernung R von der die Dehnung erzeugenden Masse M gilt:

$$\varepsilon = \frac{1}{\sqrt{\left(1 - \frac{R_S}{R}\right)}} - 1.$$

Leiten Sie diese Gleichung her.

b) Daraus folgt mithilfe der Tangentennäherung für kleine Quotienten $x = \frac{R_S}{R}$ folgende Relation:

$$\varepsilon = \frac{1}{2}x = \frac{1}{2} \cdot \frac{R_S}{R} = G \cdot \frac{M}{R} \cdot \frac{1}{c^2} = \frac{\Phi}{c^2}.$$

Dabei ist $\Phi = G \cdot \frac{M}{R}$ das Gravitationspotenzial. Leiten Sie diese Gleichung her. Zeigen Sie, dass die Sonne bei der Erde eine Dehnung von $\varepsilon = 9{,}9 \cdot 10^{-9}$ erzeugt.

c) Ermitteln Sie die Raumdehnungen, welche die Objekte in der Tabelle an der Erdoberfläche erzeugen.

Objekt	M in kg	R in m
Erde	$5{,}97 \cdot 10^{24}$	$6{,}37 \cdot 10^{6}$
Mond	$7{,}34 \cdot 10^{22}$	$3{,}80 \cdot 10^{8}$
Andromeda-Galaxie	$2{,}46 \cdot 10^{42}$	$2{,}37 \cdot 10^{22}$
Leo-Galaxienhaufen	$1{,}4 \cdot 10^{43}$	$3{,}31 \cdot 10^{23}$
zentrales schwarzes Loch in M87	$9{,}60 \cdot 10^{39}$	$5{,}19 \cdot 10^{23}$

Material C • Schwarzes Loch

Die Abbildung zeigt das erste Bild eines schwarzen Lochs, Durchmesser des hellen Bereichs 75 Mikrobogensekunden. Dazu wurden Radioteleskope auf der ganzen Erde so zusammengeschaltet, dass eine optisch wirksame Öffnung von ca. $d = 12\,000$ km entsteht. Beobachtet wurde bei $\lambda = 1{,}3$ mm.

C1 **a)** Ermitteln Sie den kleinsten beobachtbaren Sehwinkel α als Beugungswinkel des 1. Minimums, das an einem Spalt mit Breite d entsteht.
b) Vergleichen Sie diesen Sehwinkel α mit dem Bild des schwarzen Lochs. Erörtern Sie, inwieweit der theoretisch mögliche Sehwinkel erreicht wurde.

C2 Zum abgebildeten schwarzen Loch lässt sich die Winkelgröße ermitteln.
a) Das schwarze Loch hat eine Masse von $9{,}6 \cdot 10^{39}$ kg. Berechnen Sie den Schwarzschild-Radius R_S.
b) Die Galaxie M87 ist 54,8 Millionen Lichtjahre von der Erde entfernt. Ermitteln Sie die Winkelgröße, die der Schwarzschild-Radius in dieser Entfernung hat.
c) Erklären Sie, warum das schwarze Loch in der Abbildung dem dunklen mittleren Bereich entspricht. Erläutern Sie, was der helle Ring in diesem Bild darstellt.
d) Ermitteln Sie die Winkelgröße des schwarzen Lochs.
e) Vergleichen Sie diese mit der berechneten Winkelgröße von R_S. Erörtern Sie, inwieweit Theorie und Beobachtung übereinstimmen.
f) Ermitteln Sie die kürzeste Zeit T_{min}, in der ein Objekt das schwarze Loch umkreisen könnte. Erörtern Sie, inwieweit eine Bewegung oder Veränderung am Ring erkennbar ist und vergleichen Sie mit T_{min}.

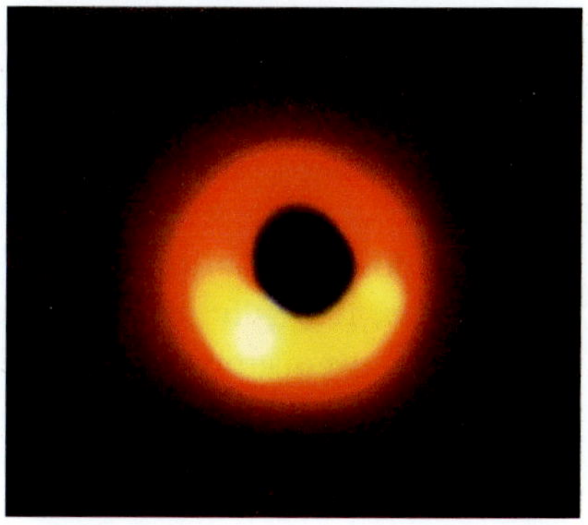

Material D • Sensoren zum autonomen Fahren

Ein autonomes Fahrzeug muss seine physikalische Bewegung vollständig erfassen, um Fahrfehler zu vermeiden. Klassisch wird die Bewegung durch die Geschwindigkeit $\vec{v}$ und die Rotation $\vec{\omega}$ dargestellt. Jedoch ist die Geschwindigkeit $\vec{v}$ physikalisch lokal kaum definiert. Stattdessen ist die Beschleunigung mitsamt der dynamisch gleichwertigen Gravitation entscheidend, was durch einen Trägheitssensor erfasst wird.

D1 **a)** Erläutern Sie, wie ein Beschleunigungssensor beim Elchtest Querbeschleunigung und Wankwinkel ermitteln kann.
b) Recherchieren Sie zum Gierwinkel und zur Gierwinkelgeschwindigkeit ω_{Gier}. Erläutern Sie, warum ω_{Gier} stets mit einer Beschleunigung einhergeht und somit messbar ist.

D2 **a)** Ein Laserkreisel misst ω_{Gier}. Erklären Sie die Funktionsweise.
b) Begründen Sie, dass eine Winkelgeschwindigkeit ω des Laserkreisels mit Radius R und Fläche A beim Licht folgenden Wegunterschied hervorruft:

$$\Delta s = 2\omega \cdot r \cdot dt = 2\omega \cdot r \cdot \frac{2\pi \cdot r}{c} = \frac{4\omega \cdot A}{c}.$$

c) Ermitteln Sie für das Maximum von ω_{Gier} im abgebildeten Diagramm den Wegunterschied Δs und den Phasenunterschied $\Delta\varphi$ bei $\lambda = 500$ nm und $R = 0{,}1$ m. Erläutern Sie, wie man $\Delta\varphi$ mithilfe einer gewickelten Glasfaser vervielfachen kann.
d) Funktionsweise und Aussagekraft dieser Sensoren beruhen auf der Relativitätstheorie. Beurteilen Sie diese These.

Doppelter Fahrspurwechsel beim Elchtest

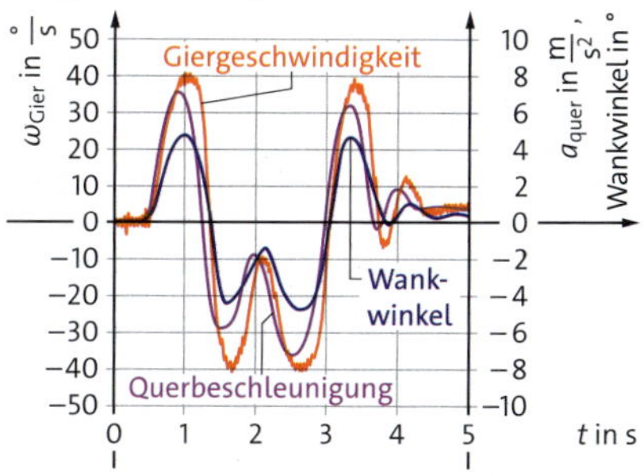

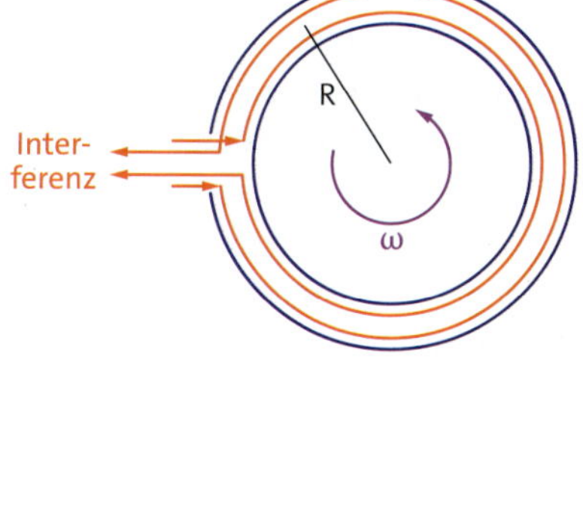

BLICKPUNKT

Elementarteilchen

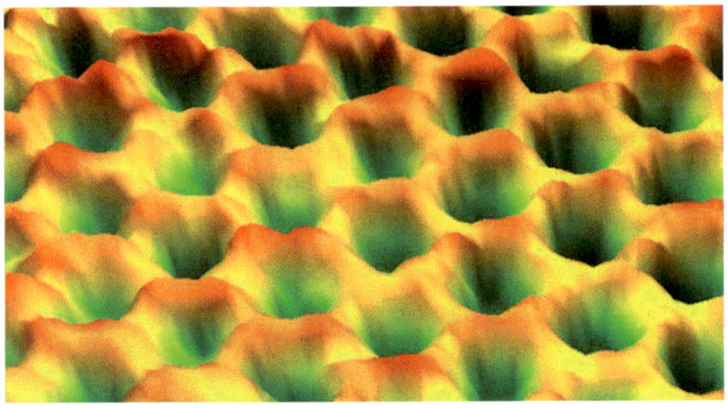

1 Ein Elektronenmikroskop kann einzelne Atome abbilden.

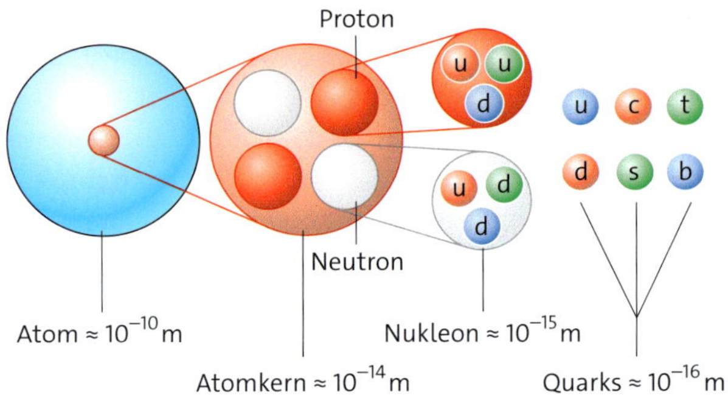

2 Bereits entdeckte Teilchen

Gibt es kleinste Teilchen? • Schon DEMOKRIT postulierte etwa 400 v. Chr. kleinste **Teilchen**. DALTON konnte 1808 Massenverhältnisse von **Atomen** ermitteln und somit die Hypothese kleinster Teilchen bestätigen. Heutzutage kann man Atome mit Elektronenmikroskopen sogar abbilden (▸Abb. 1). Aber die Atome sind nicht die kleinsten Teilchen: RUTHERFORD schoss 1911 α-Teilchen auf Goldatome und entdeckte, dass ein Atom aus leichten **Elektronen** und einem sehr kleinen und massereichen **Atomkern** besteht. Das Konzept seines **Streuversuchs** ist bis heute grundlegend zur Erforschung des Mikrokosmos. Die Streuversuche mit der höchsten Auflösung werden heutzutage am CERN im **Large Hadron Collider** (LHC) durchgeführt. Solche Streuversuche zeigen, dass Atomkerne aus **Protonen** und **Neutronen** bestehen und dass diese **Nukleonen** aus **Quarks** aufgebaut sind.

Fundamentale Wechselwirkungen • Zwei Teilchen können über bis zu vier **fundamentale Kräfte** wechselwirken: Alle Teilchen wechselwirken durch die **Gravitationskraft** oder **Schwerkraft**, dafür maßgeblich ist die **Masse** oder **Energie** der Teilchen. Teilchen mit **elektrischer Ladung** interagieren auch über die **elektrische Kraft**.
Die positiven Protonen im Kern stoßen einander ab. Die Protonen können trotzdem im Kern bleiben, da die anziehende **starke Wechselwirkung** die abstoßende elektrische Kraft übertrifft. Die starke Wechselwirkung reagiert nur auf einen neuen Ladungstyp, die **Farbladung.** Es gibt drei Ausprägungen von Farbladung: rot, grün und blau, die sich zu weiß neutralisieren. Die Träger der Farbladung sind die **Quarks**, aus denen die Nukleonen bestehen (▸Abb. 2).

Die Quarks interagieren zusätzlich über die **schwache Wechselwirkung** miteinander. Maßgeblich dafür ist die **schwache Ladung**. Die elektrische und die schwache Wechselwirkung konnten zur elektroschwachen Wechselwirkung vereint werden.

Antimaterie • Wir haben bereits das Positron als das **Antiteilchen** des Elektrons kennengelernt. Auch das Proton hat ein Antiteilchen, das **Antiproton**. Allgemein hat jedes Elementarteilchen ein solches Antiteilchen. Warum ist das so? Dafür ist die relativistische Energie E_a im Außensystem grundlegend. Zur Analyse bilden wir den Quotienten

$$p_a \cdot \frac{c}{E_a} = m \cdot \gamma \cdot v \cdot \frac{c}{m \cdot c^2 \cdot \gamma} = \frac{v}{c}.$$

Diesen setzen wir in γ^2 ein:

$$\frac{1}{\gamma^2} = 1 - c^2 \cdot \frac{p_a^2}{E_a^2} = \frac{m^2 \cdot c^4}{E_a^2}.$$

Wir lösen nach E_a^2 auf und erhalten so die **Energie-Masse-Impuls-Relation**:

$$E_a^2 = m^2 \cdot c^4 + c^2 \cdot p_a^2.$$

Das bedeutet für die obige Gleichung, dass wir nach der Energie auflösen. Da es sich um eine **quadratische Gleichung** handelt, gibt es zu jeder Lösung zur Energie E_a eine zweite Lösung zur Energie $-E_a$. Die physikalisch messbare Energie ist immer der Betrag dieser Lösung der Gleichung.

Die Lösung $-E_a$ stellt das Antiteilchen der Lösung zu E_a dar. Ein Antiteilchen hat stets die entgegengesetzte Ladung wie das entsprechende Teilchen und kann sich mit diesem zusammen in Energie umwandeln.

Übertragung fundamentaler Wechselwirkungen • Wenn zwei Teilchen wechselwirken, dann wird ein Impuls von einem Teilchen auf das andere übertragen. Diese Impulsübertragung führt ein Wechselwirkungsteilchen durch. Bei Streuversuchen wurden solche Wechselwirkungsteilchen entdeckt, welche die schwache Wechselwirkung übertragen: das **W^+-Boson** (W wie weak), das **W^--Boson** und das **W^0-Boson** (auch Z-Boson genannt, Z wie zero). Die Massen der W-Bosonen, Quarks, Elektronen, Myonen und Tauonen werden auf die Masse eines besonderen Bosons zurückgeführt, des **Higgs-Bosons, H**.
Ähnlich modelliert man die Übertragung der elektrischen Kraft mithilfe eines Teilchens, dem **virtuellen Photon, γ**. Virtuelle Teilchen haben prinzipiell die gleichen Eigenschaften wie die entsprechenden realen Teilchen. Bei virtuellen Teilchen ist aber das Prinzip der Energieerhaltung nur im Mittel erfüllt. Dies wäre ohne die quantenmechanische Unbestimmtheit nicht möglich.
Analog wurden Teilchen beobachtet, welche die starke Wechselwirkung übertragen, die **Gluonen, g**.
Die Übertragung der Gravitationskraft wird in der allgemeinen Relativitätstheorie sehr genau mithilfe der Krümmung der Raumzeit modelliert. Zusätzlich postulierten BLOKHINTSEV und HALPERIN 1934 das sogenannte **Graviton** als Teilchen der Übertragung der Gravitation.

Baryonen und Leptonen • Teilchen aus zwei oder drei Quarks nennt man **Baryonen**. Der Betazerfall ist eine Schlüsselreaktion zum Verständnis der Quarks: $n \rightarrow p + e + \overline{\nu}_e$.
Dabei zerfällt ein **Down-Quark** (d) im Neutron in ein **Up-Quark** (u) im Proton, ein Elektron e und ein elektronisches Antineutrino $\overline{\nu}_e$: $d \rightarrow u + e + \overline{\nu}_e$.
Ein zweites Paar bilden die Quarks **Strange** (s) und **Charm** (c), das dritte Paar bilden die Quarks **Bottom** (b) und **Top** (t).
Neben den Baryonen gibt es eine weitere Teilchenart, die **Leptonen**. Das bekannteste Lepton ist das **Elektron** (e) mit seinem Partner, dem **elektronischen Neutrino** (ν_e). Die beiden weiteren Paare sind das **Myon** (μ) mit dem **myonischen Neutrino** (ν_μ), sowie das **Tauon** (τ) mit dem **tauonischen Neutrino** (ν_τ).

Standard-Modell der Elementarteilchen • Zu den vier Teilchen u, d, e, $\overline{\nu}_e$ gibt es zwei analoge Quadrupel: c, s, μ, $\overline{\nu}_\mu$ und t, b, τ, $\overline{\nu}_\tau$. Diese drei Quadrupel nennt man **Generationen**,

Generation 1	Generation 2	Generation 3
Up, u $q = \frac{2}{3}\,e$ E = 2,4 MeV	Charm, c $q = \frac{2}{3}\,e$ E = 1,3 GeV	Top, t $q = \frac{2}{3}\,e$ E = 171 GeV
Down, d $q = -\frac{1}{3}\,e$ E = 4,8 MeV	Strange, s $q = -\frac{1}{3}\,e$ E = 104 MeV	Bottom, b $q = -\frac{1}{3}\,e$ E = 4,2 GeV
Elektron, e $q = -e$ E = 512 keV	Myon, μ $q = -e$ E = 106 MeV	Tauon, τ $q = -e$ E = 1,78 GeV
Neutrino, ν_e $q = 0\,e$ $E < 1$ eV	Neutrino, ν_μ $q = 0\,e$ $E < 2$ eV	Neutrino, ν_τ $q = 0\,e$ $E < 2$ eV
Wechselwirkungsteilchen: γ, $W^{+,0,-}$, g, Graviton		
Masse verursachendes Teilchen: Higgs-Boson		

3 Standard-Modell der Teilchen

mit jeweils zunehmender Ruheenergie (▸Abb. 3). Die Bosonen γ, g und $W^{+,0,-}$, das Higgs-Boson sowie die jeweiligen Antiteilchen komplettieren die Teilchen des Modells. Teilchen der 2. und 3. Generation sind kurzlebig und spielen in Alltagsgegenständen keine wesentliche Rolle.

Jenseits des Standard-Modells • PERLMUTTER und RIESS beobachteten um 2000 die beschleunigte Expansion des Universums. Diese wird durch eine Energiedichte des Raums modelliert, die **dunkle Energie**. Sie macht 68 % der Energie und Masse des Universums aus. Ebenfalls mithilfe der Gravitation entdeckte ZWICKY 1933 die **dunkle Materie**, die 26 % der Energie und Masse des Universums ausmacht. Die übrigen 6 % bilden die Baryonen und Leptonen. Das Standard-Modell ist somit eine großartige Entdeckung, die mit der dunklen Materie und der dunklen Energie komplettiert wird. Dabei zeigt die Kombination von Quantenphysik und Gravitation, dass die physikalisch beobachtbaren Längen vom Lichthorizont von $4 \cdot 10^{26}$ m bis zur Planck-Länge von $1{,}616 \cdot 10^{-35}$ m reichen. Also muss es kleinste Teilchen geben. Aber das kleinste Teilchen kann vermutlich noch entdeckt werden, denn die Teilchen des Standard-Modells liegen bei Größen über 10^{-20} m (▸Abb. 3).

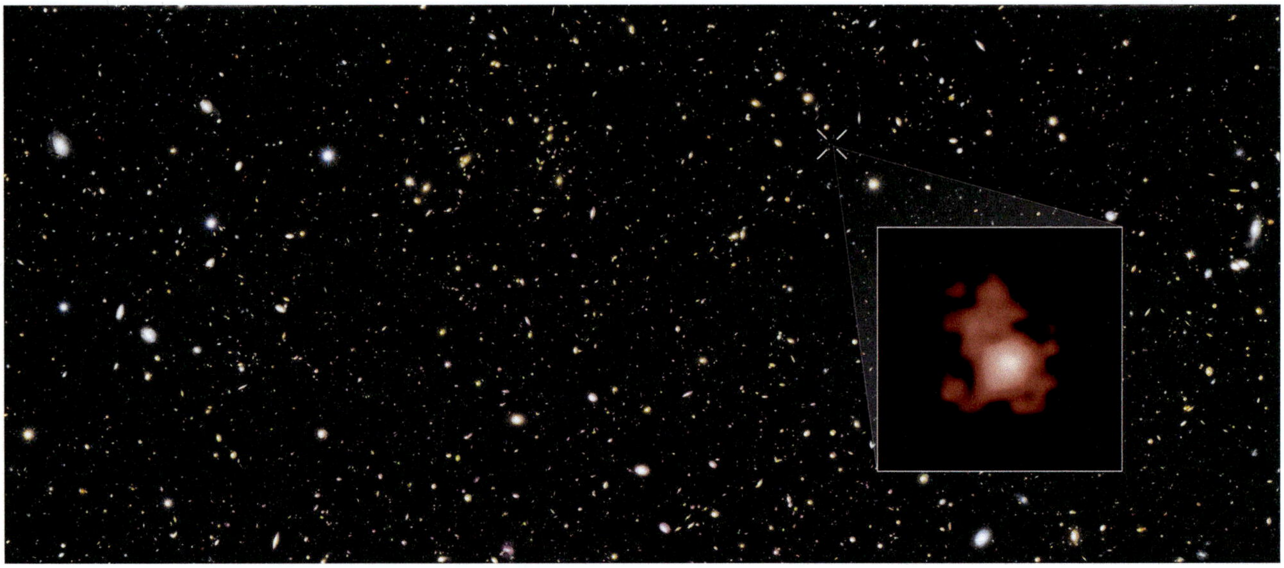

1 Eine Aufnahme des Hubble-Weltraumteleskops

Expansion des Universums

Diese Aufnahme zeigt einen Blick in die Tiefen des Universums, in einem kleinen Ausschnitt des nördlichen Himmels. Fast alle Lichtflecke sind keine Sterne, sondern Galaxien. Man kann erahnen, dass das Universum eine unvorstellbar große Zahl von diesen enthält. Herausvergrößert ist das Bild der Galaxie GN-z11. Warum erscheint diese Galaxie so rötlich?

Eine Rekordgalaxie • Die Galaxie GN-z11 ist die am weitesten entfernte Galaxie, die je beobachtet wurde. Sie emittierte das Licht, das wir heute empfangen, vor 13,4 Milliarden Jahren.

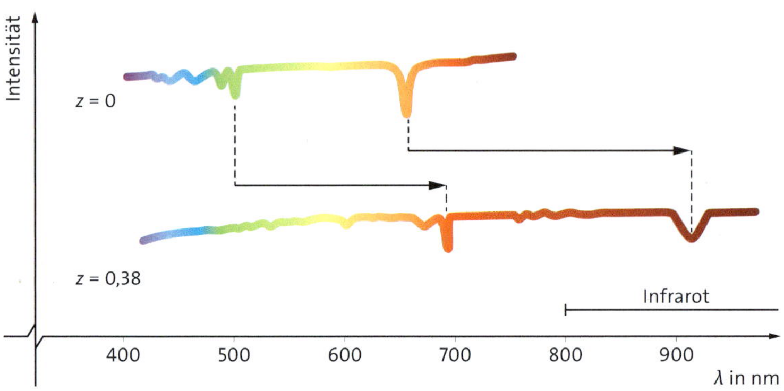

2 Spektren zweier Galaxien: Das untere Spektrum ist rotverschoben.

Von dieser Galaxie kommt bei uns vor allem infrarotes und rotes Licht an. Der Grund dafür ist die Rotverschiebung. Sie ist im Allgemeinen umso größer, je weiter entfernt eine Galaxie ist.

Rotverschiebung • Bei der Rotverschiebung sind die Spektren zu größeren Wellenlängen verschoben. Man kann sie für Sterne oder Galaxien bestimmen, wenn man das Spektrum mit einem optischen Gitter analysiert. Dabei zeigen sich charakteristische Absorptionslinien. In ▸Abb. 2 sind dies die kleinen Minima in der Intensität. Das obere Spektrum weist deutliche Absorptionslinien für 500 nm und 650 nm auf.
Das untere Spektrum in ▸Abb. 2 gehört zu der Galaxie B2 1208+32A. Für sie ist die rote Linie, mit einer ursprünglichen Wellenlänge von etwa 650 nm, um etwa 250 nm bis ins Infrarote verschoben. Die Rotverschiebung z ist definiert als relative Wellenlängenvergrößerung. Für die Galaxie B2 1208+32A erhalten wir

$$z = \frac{\Delta\lambda}{\lambda} = \frac{250\,\text{nm}}{650\,\text{nm}} = 0{,}38\,.$$

Bei der Galaxie GN-z11 ist $z = 11{,}1$. Das Spektrum ist so stark verschoben, dass die Darstellung im selben Diagramm unübersichtlich wäre.

Expansion des Raums • Man erklärt die Rotverschiebung mit der Expansion des Raums. Wenn der Raum zwischen unserer Galaxie und einer anderen Galaxie expandiert, dann vergrößern sich die Abstände r zwischen allen Objekten, die nicht aneinander gebunden sind. Körper vergrößern sich nicht, da ihre Atome durch Bindungskräfte zusammengehalten werden. Auch Galaxien und sogar ganze Galaxienhaufen werden durch die Gravitation zusammengehalten. Galaxienhaufen entfernen sich allerdings durch die Expansion voneinander.

Das Luftballonmodell • Nehmen wir zur Veranschaulichung der Expansion als Modell einen Luftballon, auf dessen Oberfläche wir Bilder von Galaxienhaufen kleben (▸Abb. 3). Wenn wir den Ballon aufblasen, entfernen sich die Galaxienhaufen voneinander, ohne dass sie sich selbst bewegen.
Das Aufblasen des Ballons modelliert daher die Expansion des Raums. Im Ballonmodell ist der Raum die Ballonoberfläche. Das Universum ist in diesem Modell also zweidimensional. Das Balloninnere und die Luft um den Ballon gehören nicht zum Universum. Es gibt auf der Ballonoberfläche keinen Mittelpunkt, von der die Expansion ausgeht. Und genauso hat auch unser Universum keinen Mittelpunkt.

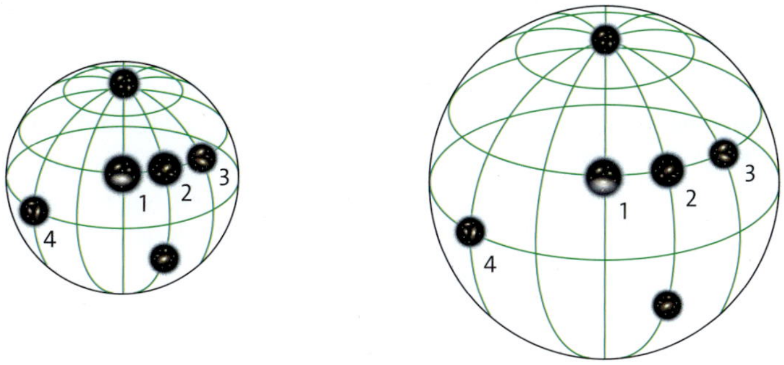

3 Ein Ballon mit auf die Oberfläche geklebten Galaxienhaufen wird aufgeblasen.

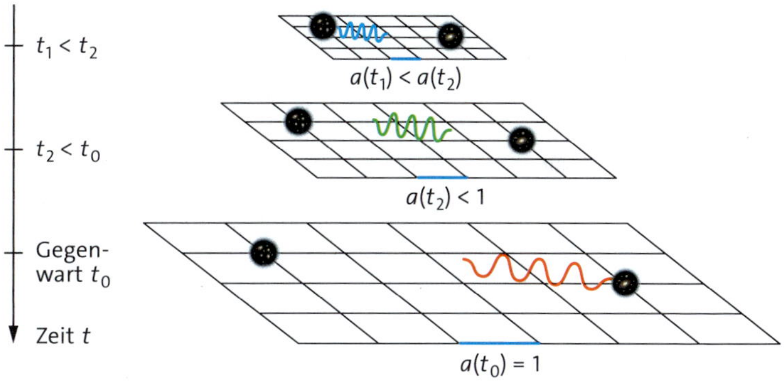

4 Bei der Expansion des Raums wachsen der Skalenfaktor a und die Wellenlänge λ gleichermaßen an.

Dehnung von Raum und Wellenlängen • ▸Abb. 4 zeigt, wie sich bei der Expansion des Raums auch die Wellenlänge des sich ausbreitenden Lichts immer mehr vergrößert. Als Resultat sind die Expansion und die dadurch verursachte Rotverschiebung umso größer, je länger das Licht zu uns unterwegs war. Je weiter eine Galaxie von uns entfernt ist, umso größer ist folglich dieser Effekt. Für Galaxien außerhalb unseres Galaxienhaufens gilt also:

> Je weiter eine Galaxie von uns entfernt ist, umso größer ist die Rotverschiebung des Lichts bei der Ankunft bei uns.

Der kosmische Skalenfaktor • Wenn das Universum überall ähnlich schnell expandiert, dann vergrößern sich alle Abstände r in der gleichen Zeit etwa um den gleichen Faktor. Diesen Faktor nennt man **kosmischen Skalenfaktor *a*.** Bezugswert ist der Skalenfaktor zum jetzigen Zeitpunkt t_0. Deshalb wird $a(t_0) = 1$ gesetzt. Wenn der Raum in der nächsten Milliarde Jahre um den Faktor 1,1 expandieren würde, könnte man schreiben: a(1 Milliarde Jahre) = 1,1.

Allgemein gilt: $a(t) = \frac{r(t)}{r(t_0)}$.

1 Die Galaxie GN-z11 hat das Licht, das wir heute empfangen, vor 13,4 Milliarden Jahren emittiert. Ihr Abstand von uns betrug damals 2,5 Milliarden Lichtjahre. Heute befindet sich die Galaxie in einem Abstand von 32 Milliarden Lichtjahren.
a) Erklären Sie mit der Expansion des Raums, warum das Licht deutlich mehr als 2,5 Milliarden Jahre bis zu uns brauchte. Fertigen Sie auch eine oder mehrere Skizzen an.
b) Berechnen Sie den Skalenfaktor des Universums vor 13,4 Milliarden Jahren.

Ein Lichtjahr (Lj) ist die Strecke, die Licht in einem Jahr zurücklegt. Das sind ca. 10 Billionen km.

Für nicht zu nahe Galaxien ist ihre Eigenbewegung gegenüber der Expansionsgeschwindigkeit vernachlässigbar.

Die Expansionsgeschwindigkeit • Aufgrund der Expansion vergrößern sich die Entfernungen r der Galaxien von uns. Die Geschwindigkeit $v_e = \dot{r}$, mit der die Galaxienhaufen aufgrund der Expansion von uns wegdriften, nennt man Expansionsgeschwindigkeit. Wie hängt die Expansionsgeschwindigkeit von der Entfernung der Galaxien ab?

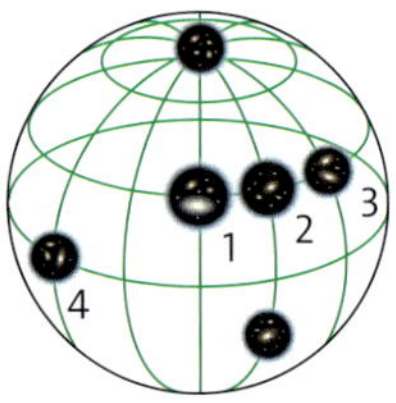

1 Das Ballonmodell

Wir benutzen noch einmal das Luftballonmodell (▸Abb. 1). Begeben wir uns gedanklich auf die Ballonoberfläche und beobachten die Bewegung der Galaxienhaufen von Galaxienhaufen 1 aus, dann folgt: Je weiter entfernt ein Haufen erscheint, umso schneller bewegt er sich von Haufen 1 weg. Wenn Haufen 3 von Haufen 1 doppelt so weit entfernt ist wie Haufen 2, dann entfernt er sich beim Aufblasen auch doppelt so schnell. Kann man diese aus dem Modell folgende Proportionalität zwischen der Entfernung und der Expansionsgeschwindigkeit der Galaxien auch im Universum beobachten? Wie misst man überhaupt die Entfernungen und die Expansionsgeschwindigkeiten von Galaxien?

Entfernungsbestimmung • Je weiter eine Lichtquelle entfernt ist, umso geringer erscheint ihre Helligkeit. Verzehnfacht man den Abstand einer Lichtquelle, dann verringert sich die Helligkeit auf ein Hundertstel des Ausgangswerts. Wenn man für eine bestimmte Klasse von Objekten weiß, wie viel Energie sie abstrahlen, dann kann man aus ihrer scheinbaren Helligkeit die Entfernung bestimmen.

Der Astronom EDWIN HUBBLE entdeckte den nach ihm benannten Zusammenhang 1929.

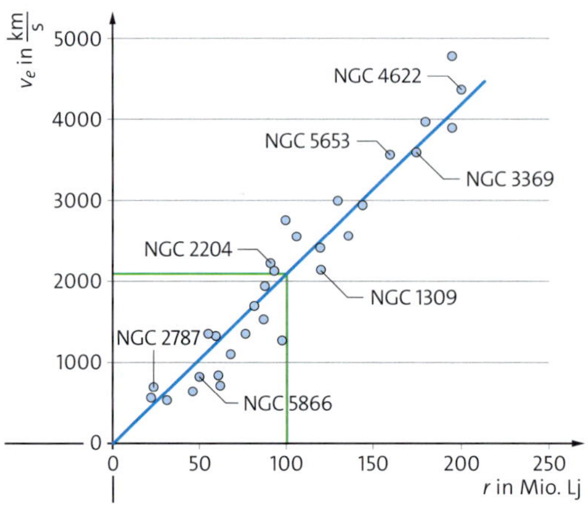

2 Hubble-Diagramm

In Galaxien kann man immer wieder eine bestimmte Klasse von Supernovae beobachten, man nennt sie Supernovae vom Typ Ia. Sie explodieren alle mit der gleichen charakteristischen Helligkeit. Diese ist so groß, dass man sie auch noch in weit entfernten Galaxien beobachten kann. Aus der scheinbaren Helligkeit bestimmt man die Entfernung der Supernovae und damit der Galaxien, in der sie sich befinden.

Bestimmung der Expansionsgeschwindigkeit • Je größer die Expansionsgeschwindigkeit einer Galaxie ist, umso größer ist die Rotverschiebung des von ihr emittierten Lichts. Für Galaxien mit Rotverschiebung $z << 1$ sind v_e und z in sehr guter Näherung zueinander proportional und es gilt:

$$z = \frac{\Delta\lambda}{\lambda} = \frac{v_e}{c}.$$

Dabei ist c die Lichtgeschwindigkeit. Mit dieser Formel kann man aus der Rotverschiebung einer Galaxie ihre Expansionsgeschwindigkeit berechnen. Sie gilt für Galaxien, die nicht zu nahe und nicht zu weit entfernt sind, d.h. für Entfernungen zwischen 20 Millionen und 500 Millionen Lichtjahren.

Das Hubble-Gesetz • Trägt man für Galaxien aus diesem Entfernungsbereich die so bestimmte Expansionsgeschwindigkeit v_e über der Entfernung r auf, dann erhält man eine Ursprungsgerade (▸Abb. 2). Offensichtlich sind v_e und r proportional zueinander. Die Proportionalitätskonstante H_0 heißt Hubble-Parameter. H_0 ist gleich der Steigung der Ausgleichsgeraden im Hubble-Diagramm. Aus ▸Abb. 2 erhält man für diese Steigung $2100\,\frac{km}{s}$ pro 100 Millionen Lichtjahre. Das Hubble-Gesetz lautet also:

Für Galaxien mit Entfernungen zwischen 20 und 500 Millionen Lichtjahren gilt: Die Geschwindigkeit v_e, mit der sich eine Galaxie von uns weg bewegt, ist proportional zu ihrer Entfernung r von uns:

$$v_e = H_0 \cdot r; \quad H_0 = 21\,\frac{km/s}{Mio.\,Lj}.$$

Kosmologie • Um die Expansion des Raums und die damit verbundenen Beobachtungen zu beschreiben, gibt es verschiedene kosmologische Modelle. Die Kosmologie ist die Wissenschaft vom Universum, seiner Entwicklung und seiner Eigenschaften. Das **Universum** ist definiert als alles, was durch Beobachtungen zugänglich ist und durch physikalische Theorien beschrieben werden kann. Das Universum enthält allen Raum und alle Zeit. Es gibt in der Kosmologie keinen Raum außerhalb des Universums und keine Zeit vor oder nach der Existenz des Universums.

Kosmologische Modelle versuchen, mit möglichst einfachen Annahmen die Beobachtungen der Astronomen bezüglich des Universums zu beschreiben. Was beobachtet man, wenn man das Universum mit Teleskopen genauer betrachtet?

Das kosmologische Prinzip • Zunächst einmal beobachtet man, dass das Universum in allen Richtungen etwa gleich aussieht. Dies mag auf den ersten Blick überraschen, denn ein Blick an den Sternenhimmel zeigt uns, dass die Objekte im Universum ungleich verteilt sind. So sehen wir in Richtung der Milchstraße viel mehr Sterne als in anderen Richtungen (▸Abb. 3).

Wenn wir uns aber in Gedanken immer weiter von der Erde weg bewegen, dann sehen wir zunächst unseren lokalen Galaxienhaufen, der Tausende von Galaxien enthält. Wiederum Tausende von Galaxienhaufen bilden spinnwebenartige Filamente (▸Abb. 4 A). Aus vielen Tausenden dieser Filamente ist das Universum aufgebaut. ▸Abb. 4 B zeigt einen würfelförmigen Ausschnitt aus der Grobstruktur unseres Universums. Die Kantenlänge des Würfels beträgt etwa 10 Milliarden Lichtjahre. Die Größe des beobachtbaren Universums beträgt mehr als 90 Milliarden Lichtjahre.

Aus Abb. 4 B erkennen wir, dass das Universum im sehr großen Maßstab in allen Richtungen etwa gleich aussieht. Man sagt, dass es annähernd **isotrop** ist. Außerdem ist die Wahrscheinlichkeit klein, dass wir einen besonderen Platz im Universum haben. Wir nehmen also an, dass das Universum an jeder Stelle ungefähr gleich aussieht: Das Universum ist annähernd **homogen.**

3 Unsere Heimatgalaxie, die Milchstraße, von uns aus gesehen.

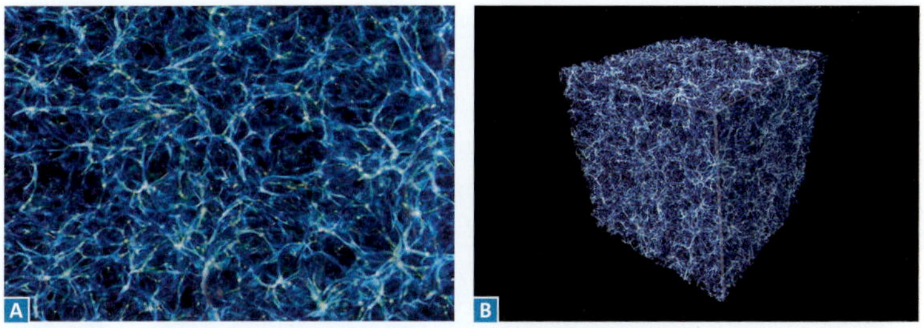

4 Simulation der **A** Filament-Struktur, **B** Grobstruktur des Universums

Isotropie und Homogenität des Universums bilden zusammen **das kosmologische Prinzip.**

Das kosmologische Prinzip lautet:
Abgesehen von lokalen Abweichungen ist das Universum zu allen Zeiten in guter Näherung isotrop und homogen.

Kosmologische Modelle sollten das kosmologische Prinzip beinhalten. Das bedeutet, dass das Universum im Modell zu verschiedenen Zeiten durchaus unterschiedlich aussehen kann, aber zu jedem beliebigen Zeitpunkt sollte es bezüglich aller Orte isotrop und homogen sein.

1 Ein Modell, welches das kosmologische Prinzip verletzt, ist folgendes: An einer bestimmten Stelle des Universums hat sich der Urknall ereignet und seither fliegen die Galaxien wie nach einer Explosion mit unterschiedlichen Geschwindigkeiten auseinander.
Erläutern Sie, inwiefern in diesem Modell das Universum weder isotrop noch homogen ist.
Hinweis: Begeben Sie sich in Gedanken auf eine der äußeren Galaxien.

BLICKPUNKT

Unser Platz im Universum

Unsere Heimatgalaxie • ▸Abb. 1 ist eine Darstellung, wie unsere Galaxie, die Milchstraße, von außen aussehen könnte. Wir befinden uns mit unserem Sonnensystem in einem der kleineren Spiralarme. Die Erdbahn um die Sonne wäre in dem gezeichneten Maßstab kleiner als ein Hundertstel Nanometer.

Die Lokale Gruppe • Wenn wir uns noch weiter von unserer Position entfernten, würden wir unsere lokale Galaxiengruppe sehen, wie sie in ▸Abb. 2 dargestellt ist. Die größten Objekte darin sind unsere Milchstraße und die Andromeda-Galaxie. Es gibt aber auch Zwerggalaxien, wie die Große und die Kleine Magellansche Wolke.

Haufen und Superhaufen • Mehrere Gruppen von Galaxien bilden einen Galaxienhaufen. Wir befinden uns im Virgo-Haufen (▸Abb. 3).

Die Galaxienhaufen wiederum bilden Superhaufen. ▸Abb. 4 zeigt mehrere Superhaufen unserer Umgebung, darunter auch Laniakea. In diesem Superhaufen halten wir uns auf.

In ▸Abb. 4 kann man bereits erahnen, wie sich aus vielen Superhaufen die gewebeartige Struktur des Universums bildet. Zwischen den galaxienreichen Filamenten befinden sich große leere Gebiete, die Voids genannt werden.

1 Position des Sonnensystems in der Milchstraße

3 Der Galaxienhaufen mit unserer Lokalen Gruppe

2 Unsere Lokale Galaxiengruppe

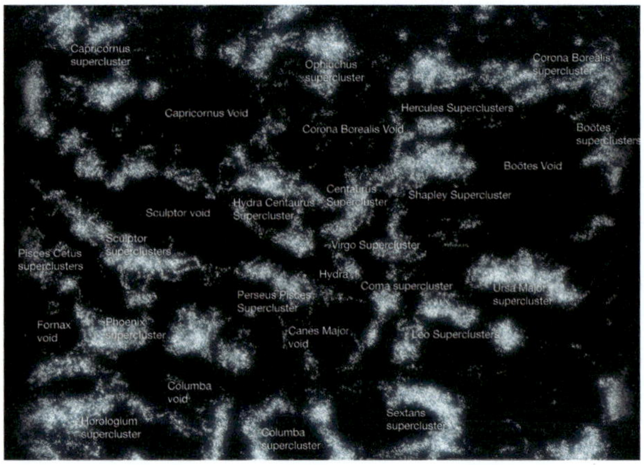

4 Struktur mit unserem Superhaufen

Material A • Gummibandmodell für das Hubble-Gesetz

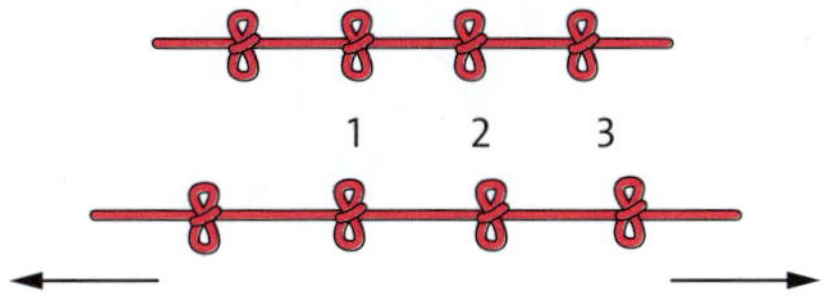

Wir befinden uns in einem Universum mit steigendem Skalenfaktor, aber fallendem, positivem Hubble-Parameter. Das kann man so verstehen:
Ein Gummiband dient als eindimensionales Modell für das Universum. Schleifen entlang des Gummibandes stehen für die Galaxienhaufen. Wir dehnen das Gummiband gleichmäßig. Man kann sich dabei in Gedanken auf eine der Schleifen setzen und beobachten, wie sich die Schleifen entfernen.
Dabei ist keine Schleife vor den anderen ausgezeichnet. Um diese Analogie zur Homogenität des Universums noch deutlicher zu machen, muss man sich das Gummiband unendlich lang oder geschlossen vorstellen.
Zum Zeitpunkt $t_0 = 0$ s soll die Länge des leicht gespannten Gummibands 2,0 m betragen. Nun wird das Gummiband so gedehnt, dass seine Gesamtlänge in 1 s um 0,1 m zunimmt.
d_{12} ist die Entfernung von Schleife 2 zu Schleife 1, d_{13} ist die Entfernung von Schleife 3 zu Schleife 1. Zum Zeitpunkt $t_0 = 0$ s sei $d_{12} = 0{,}2$ m und $d_{13} = 0{,}4$ m.

A1 Berechnen Sie jeweils den Skalenfaktor zu den Zeitpunkten $t_1 = 1$ s und $t_2 = 2$ s und stellen Sie eine Gleichung für $a(t)$ auf.

A2 **a)** Berechnen Sie d_{12} und d_{13} zum Zeitpunkt $t_1 = 1$ s.
b) Bestimmen Sie die Geschwindigkeiten, mit der sich die Schleifen 2 und 3 zum Zeitpunkt t_1 von der Schleife 1 wegbewegen.
c) Zeigen Sie, dass für die Schleifen 2 und 3 zu diesem Zeitpunkt das Hubble-Gesetz gilt und bestimmen Sie den zugehörigen Hubble-Parameter.
d) Wiederholen Sie Ihre Berechnungen für den Zeitpunkt $t_2 = 2$ s und zeigen Sie, dass sich der Wert des Hubble-Parameters ändert.

A3 Mithilfe der Definitionen für den Hubble-Parameter und den Skalenfaktor kann man folgende Gleichungen formulieren:

$$H(t) = \frac{v_e(t)}{r(t)} = \frac{\dot{r}(t)}{r(t)} = \frac{\dot{a}(t)}{a(t)}.$$

Bestimmen Sie mithilfe dieser Gleichungen die zeitliche Entwicklung des Hubble-Parameters für das Beispiel mit dem Gummiband.

Material B • Bestimmung der Entfernung von Galaxien

Die Entfernung einer Galaxie kann über die Helligkeit einer darin explodierenden Supernova vom Typ Ia bestimmt werden. Eine solche Explosion ist auch noch in weit entfernten Galaxien beobachtbar, da sie zum Zeitpunkt der größten Helligkeit ähnlich hell leuchtet wie die gesamte Galaxie. Zur Entfernungsbestimmung nutzt man aus, dass die von uns beobachtbare scheinbare Helligkeit eines Objekts umgekehrt proportional zum Quadrat seiner Entfernung von uns ist.

B1 Wenn man den Polarstern auf ein Tausendstel seines Abstands heranholen würde, dann würde er etwa so hell leuchten wie der gesamte Vollmond. Berechnen Sie das Verhältnis der scheinbaren Helligkeiten von Vollmond und Polarstern.

B2 Nehmen Sie an, man beobachtet zwei Supernovae vom Typ Ia, die eine in der Andromeda-Galaxie (Entfernung 2 Millionen Lj), die andere in einer weit entfernten Galaxie. Das Verhältnis der scheinbaren Helligkeiten soll 200 000 : 1 betragen. Berechnen Sie die Entfernung der weit entfernten Galaxie von uns.

B3 Allerdings verfälscht die Expansion des Raums das Ergebnis der Entfernungsbestimmung. Wenn das Universum statisch wäre, dann wäre die scheinbare Helligkeit der Supernova, die man jetzt misst, gleich der scheinbaren Helligkeit zum Zeitpunkt der Emission.
a) Erläutern Sie, wie die Expansion die scheinbare Helligkeit verändert.
b) Schätzen Sie mithilfe des Hubble-Gesetzes die Geschwindigkeit der Galaxie aus Aufgabe B2 ab.
c) Berechnen Sie, um wie viel die Entfernung der Galaxie im Zeitraum der Lichtausbreitung zugenommen hat.
d) Begründen Sie, warum das Hubble-Gesetz nicht für weit entfernte Galaxien anwendbar ist.

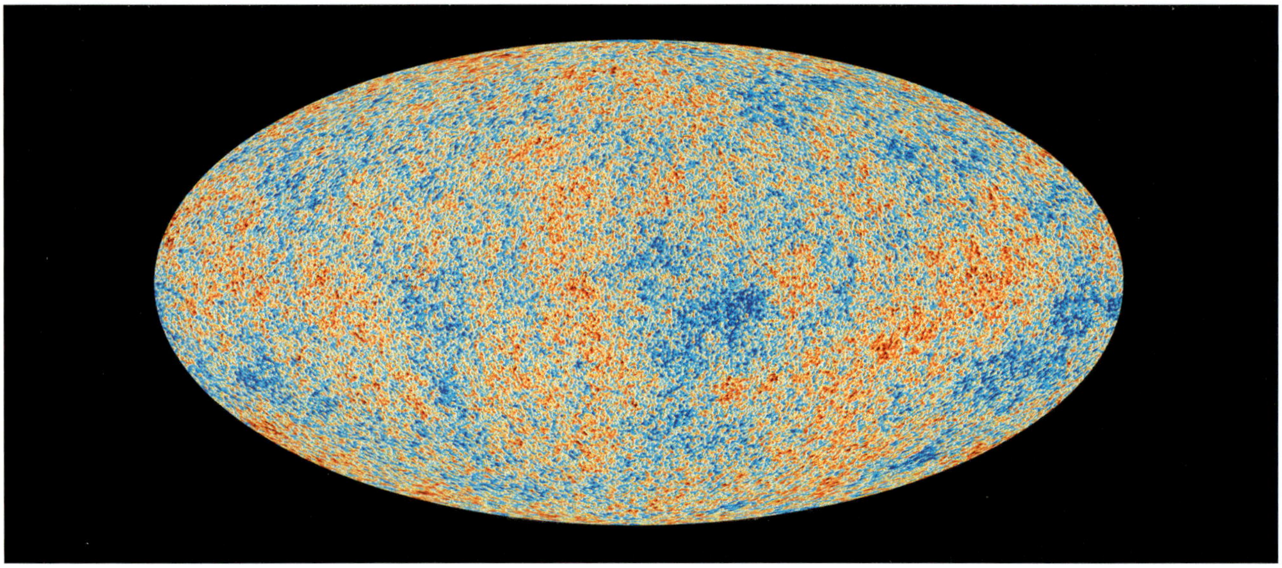

1 Kosmische Hintergrundstrahlung

Das frühe Universum

Diese Aufnahme ist ein „Kinderbild" unseres Universums. Sie zeigt den Zustand des Universums vor etwa 13 Milliarden Jahren, wenige 100 000 Jahre nach dem Urknall. Wie ist diese Aufnahme entstanden und was kann man daraus ablesen?

2 Planck, ein Teleskop für Mikrowellen und Infrarotstrahlung

Die kosmische Hintergrundstrahlung • Die Aufnahme des frühen Universums wurde mit dem Weltraumteleskop Planck erstellt (▸Abb. 2). Es durchmusterte den gesamten Himmel und registrierte dabei für jede Stelle die Intensität der empfangenen Mikrowellenstrahlung. Mit dem Auge kann man diese Strahlung nicht beobachten. Sie wird kosmische Hintergrundstrahlung genannt. Woher kommt die Strahlung?

Temperaturstrahlung • Mit dem Satelliten COBE hat man die Wellenlängenabhängigkeit der Hintergrundstrahlung gemessen. Man erhielt dabei den Graphen in ▸Abb. 3. Die Kurvenform ist typisch für die Strahlung, die ein Körper aufgrund seiner Temperatur aussendet. Wir kennen das Phänomen, dass heiße Körper elektromagnetische Strahlung abgeben, z.B. vom Toaster. Man kann das Glühen sehen und man kann die Infrarotstrahlung fühlen.

Die Strahlungskurven von Körpern kann man experimentell bestimmen oder auch mit einer Formel berechnen. Die berechneten Strahlungskurven von ▸Abb. 4 zeigen: Je niedriger die absolute Temperatur T des strahlenden Körpers ist, desto weniger Strahlung wird insgesamt abgegeben, desto mehr verschiebt sich aber auch das Maximum der Intensität zu größeren Wellenlängen, also zur Infrarotstrahlung. Es kann sich sogar bis in den Mikrowellenbereich verschieben – so wie dies bei der kosmischen Hintergrundstrahlung der Fall ist.

Die zugehörigen Temperaturen befinden sich dann im Bereich von wenigen Kelvin. Die Messwerte von COBE passen mit sehr guter Übereinstimmung zu der theoretischen Strahlungskurve eines Körpers mit einer Temperatur von 2,735 K, also etwa −270 °C.

Einfluss der Expansion • Um zu verstehen, wo die Strahlung herkommt, müssen wir berücksichtigen, dass sich die Wellenlängen durch die Expansion des Universums um ein Vielfaches vergrößern können. Je länger die Strahlung unterwegs war, umso weiter müssen wir in Gedanken in der Zeit zurückgehen.

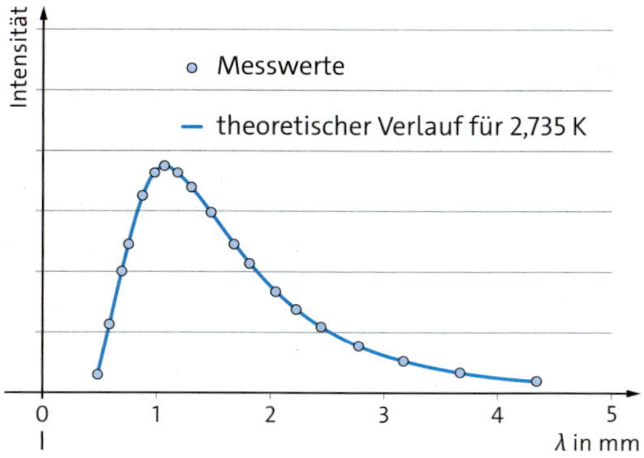

3 Intensität der Hintergrundstrahlung in Abhängigkeit von der Wellenlänge

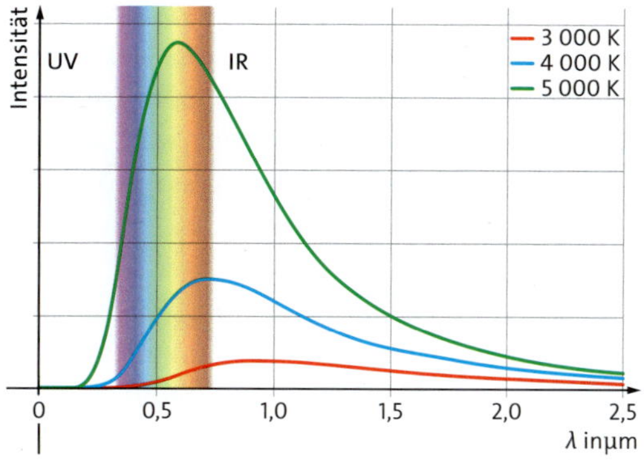

4 Theoretische Strahlungskurven von Körpern bei den Temperaturen 3 000 K, 4 000 K und 5 000 K

Das rotglühende Universum • Je weiter wir in der Zeit zurückgehen, umso kürzer waren die Wellenlängen und umso höher war die zugehörige Temperatur. Zu welcher Zeit und bei welcher Temperatur wurde die Strahlung emittiert?

Zu Beginn expandierte das Universum sehr schnell. Dabei sank die Temperatur von unvorstellbar hohen Werten über Milliarden Kelvin, Millionen Kelvin und Tausende Kelvin immer weiter ab. Bei etwa 3 000 K wurde das Universum durchsichtig und die zuletzt emittierte Strahlung breitete sich fast ungestört im Raum aus. Wie kann man das verstehen?

Bei Temperaturen oberhalb von 3 000 K sind Atome größtenteils ionisiert, die Materie besteht vor allem aus Atomkernen, Elektronen und elektromagnetischer Strahlung. Diesen Zustand nennt man **Plasma**. Licht wird in Plasma ständig gestreut, absorbiert und wieder emittiert. Plasma ist undurchsichtig, wie man es auch bei einer Kerzenflamme beobachten kann.

Erst als sich etwa 380 000 Jahre nach Beginn des Universums aus Kernen und Elektronen Atome gebildet hatten, konnte sich das Licht ausbreiten. Das rotglühende Universum war durchsichtig geworden und die zuletzt vom Plasma bei etwa 3 000 K emittierte Strahlung breitete sich im Raum aus. Durch die Expansion des Universums wurde sie über viele Milliarden Jahre so sehr rotverschoben, dass sie nun nicht mehr sichtbar ist, sondern nur noch mit Mikrowellen-Empfängern nachgewiesen werden kann.

Die von den beiden Satelliten COBE und Planck gemessene Mikrowellen-Hintergrundstrahlung ist also sozusagen das Nachglühen des Universums aus der Zeit, als dieses sich im Plasmazustand befand.

Das Universum war zu Beginn extrem heiß und undurchsichtig. Durch die Expansion kühlte es sich immer weiter ab. Etwa 380 000 Jahre nach Beginn war es soweit abgekühlt, dass sich aus dem Plasma Atome bildeten und das Universum wurde durchsichtig. In dieser Phase hatte es eine Temperatur von etwa 3 000 K. Die damals emittierte Strahlung wurde durch die Expansion des Raums zur kosmischen Hintergrundstrahlung mit Wellenlängen im Millimeter-Bereich.

1 Die momentane Temperatur des Universums beträgt etwa 2,7 K. Die Wellenlänge, bei der die maximale Abstrahlung eines Körpers erfolgt, ist umgekehrt proportional zur Temperatur des jeweiligen Strahlers.
a) Zeigen Sie anhand der Strahlungskurven aus ▸Abb. 3 und ▸Abb. 4, dass dieses Gesetz für Körper mit den Temperaturen 2,7 K und 3 000 K erfüllt ist.
b) Bestimmen Sie die Rotverschiebung z der Mikrowellenstrahlung.
c) Bestimmen Sie den Skalenfaktor des Universums zu dem Zeitpunkt, als es eine Temperatur von 3 000 K hatte.

Das ungefähre Alter des Universums • Aus dem Modell der kosmischen Expansion haben wir geschlossen, dass das Universum früher in einem dichten, heißen Zustand war. Können wir mit dem Modell auch eine Aussage über das Alter des Universums machen?

Wir gehen zunächst von einer gleichmäßigen Expansion mit linearem Skalenfaktor aus. Gemäß dem Wert des Hubble-Parameters entfernt sich eine Galaxie mit $21 \frac{\text{km}}{\text{s}}$ pro 1 Million Lichtjahre Entfernung. Daraus können wir berechnen, zu welcher Zeit die Galaxien bei gleichmäßiger Expansion sehr nahe beieinander gewesen sein müssen. Die sich ergebende Zeitspanne ist eine Näherung für das Alter des Universums:

$$t = \frac{1\ \text{Mio. Lj}}{21\ \frac{\text{km}}{\text{s}}} = 14\ \text{Milliarden Jahre}.$$

Mit einem Knall oder einer Explosion hat der Urknall nichts zu tun. Ein Knall oder eine Explosion ereignet sich in einen Raum hinein. Das Universum bestand aber zu Beginn nur aus Plasma, einen leeren Raum gab es nicht.

Die Gerade in ▸Abb. 1 beschreibt eine gleichmäßige Expansion des Universums. Das Universum wäre in diesem Modell also vor etwa 14 Milliarden Jahren extrem dicht und heiß gewesen. Diesen Beginn nennt man **Urknall.**

Expansion für immer oder Kollaps? • Wir sind in unserer Rechnung für das Alter des Universums von einer konstanten Expansionsrate ausgegangen. Da sich Materie aber gegenseitig anzieht, sollte die Expansion des Universums im Lauf der Zeit gebremst werden. Grundsätzlich wäre auch möglich, dass das Universum in ferner Zukunft sogar wieder kollabiert.

Betrachten wir zur Veranschaulichung einen Ball, den man mit einer bestimmten Geschwindigkeit von einem Planeten abwirft. Wenn die Gravitation des Planeten gering ist, dann kann der Ball entkommen (blaue Kurve in ▸Abb. 2). Ist sie groß, dann fällt er wieder auf die Oberfläche zurück (gelbe Kurve in ▸Abb. 2). Die grüne Kurve gehört zu dem Grenzfall, bei dem der Ball gerade nicht mehr zurückfällt. Seine Geschwindigkeit sinkt dabei asymptotisch auf den Wert $0 \frac{\text{m}}{\text{s}}$.

Analog dazu hängt die Expansion von der mittleren Massendichte des Universums ab. Sie wird durch den Parameter Ω_M (Omega M) beschrieben. ▸Abb. 3 zeigt den zeitlichen Ablauf der Expansion in der Vergangenheit und in der Zukunft für verschiedene Werte für Ω_M. Ausgangspunkt ist der jetzige Zeitpunkt mit der beobachteten zeitlichen Ableitung des Skalenfaktors $\dot{a}(t_0)$. Die blaue Kurve steht für ein immer weiter expandierendes Universum bei kleiner Massendichte. Die gelbe Kurve zeigt ein in Zukunft kollabierendes Universum bei großer Massendichte. Die grüne Kurve ist der Grenzfall dazwischen mit $\Omega_M = 1$.

Das kosmologische Standardmodell • Zahlreiche Beobachtungen zeigen, dass die Expansion die ersten 8 Milliarden Jahre gebremst und anschließend immer mehr beschleunigt ablief (rote Kurve in ▸Abb. 3). Das einfachste Modell, das diese und andere wichtige Beobachtungen beschreibt, wird als das **kosmologische Standardmodell** bezeichnet.

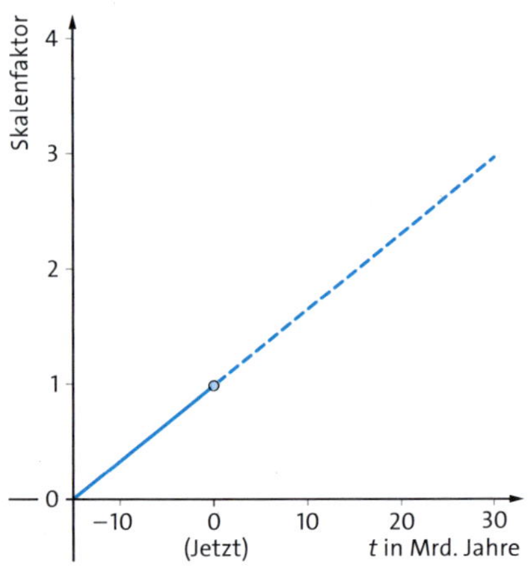

1 Skalenfaktor bei angenommener gleichmäßiger Expansion des Universums

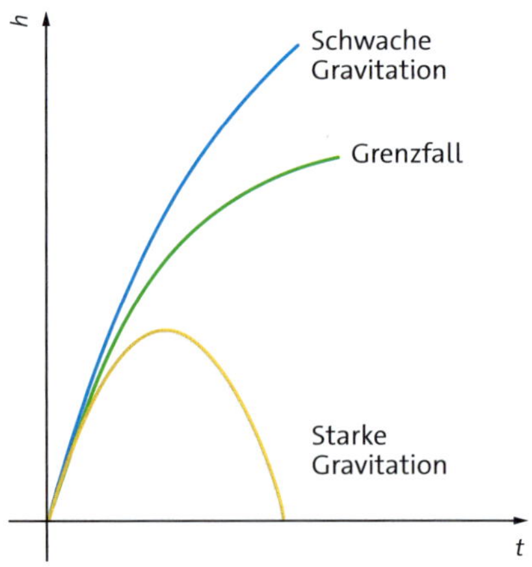

2 $s(t)$-Diagramme für das Abwerfen eines Balls bei verschieden starker Gravitation

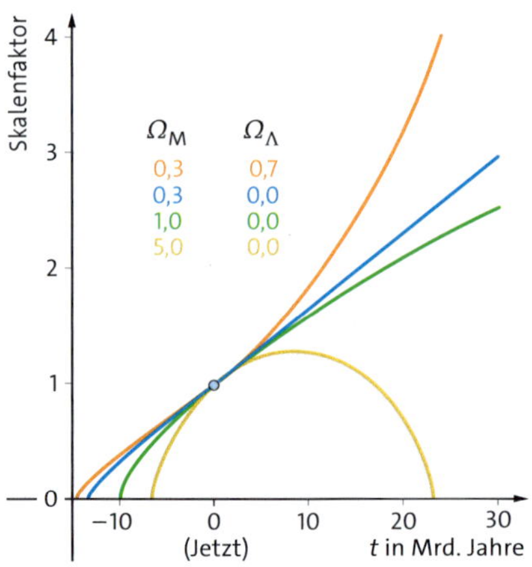

3 Expansion des Universums abhängig von den Parametern Ω_Λ und Ω_M

Dunkle Energie • Die physikalische Grundlage des kosmologischen Standardmodells ist die allgemeine Relativitätstheorie. Deren Gleichungen enthalten einen Term mit der sogenannten kosmologischen Konstanten Λ (Lambda). Diese Konstante ist frei wählbar. Ein großer Wert für Λ führt in der Theorie zu einer beschleunigten Expansion. Man kann Λ als Energie interpretieren, die das Universum expandieren lässt. Da man den Ursprung dieser Energie nicht kennt, nennt man sie **Dunkle Energie.**

Im kosmologischen Standardmodell steckt die Konstante Λ in einem Parameter Ω_Λ. Man passt die zwei Parameter Ω_Λ (für die Dunkle Energie) und Ω_M (für die gesamte Materie) so an, dass die Beobachtungen, z.B. die Verteilung der Materie im Kosmos, möglichst gut beschrieben werden. Die beste Beschreibung erhält man mit $\Omega_\Lambda = 0{,}7$ und $\Omega_M = 0{,}3$ (rote Kurve in ▸Abb. 3).
Für das Alter des Universums kommt man in diesem Modell auf 13,7 Milliarden Jahre. Dies stimmt überraschend gut mit dem Ergebnis aus der gleichmäßigen Expansion überein.

Das Universum ist etwa 14 Milliarden Jahre alt. Zu Beginn war es extrem dicht und heiß. Die ersten 8 Milliarden Jahre expandierte es gebremst. Seit 6 Milliarden Jahren erfolgt die Expansion beschleunigt.

Energie im Vakuum? • Eine mögliche Interpretation der kosmologische Konstante Λ ist, dass im Vakuum Energie steckt. Durch die Expansion würde sich diese Energie proportional zum Raum vergrößern. So hätte sie anfangs kaum Einfluss auf die Expansion gehabt. Im Lauf der Zeit wäre die Energie des Vakuums mit wachsendem Raum aber immer größer geworden und hätte 8 Milliarden Jahre nach dem Urknall gegenüber dem kontrahierenden Einfluss der Materie die Oberhand gewonnen.
Die abstoßende Wirkung der Energie des Vakuums konnte man tatsächlich im Labor nachweisen. Allerdings reicht die gemessene Wirkung bei weitem nicht aus, um damit die beschleunigte Expansion des Universums zu erklären.

Dunkle Materie • Auch bei der Materiedichte gibt es ein Problem: Die gesamte beobachtete Materie zusammen mit der Strahlung führt zu einem Wert für Ω_M von nur 0,05. Zusätzlich müsste es noch einmal die fünffache Menge an noch nicht gefundener Materie geben, um auf den Wert $\Omega_M = 0{,}3$ zu kommen. Diese sogenannte **Dunkle Materie** müsste sich in der Nähe der normalen Materie aufhalten, da sich beide gegenseitig anziehen.

Auch wenn das kosmologische Standardmodell viele Beobachtungen beschreiben kann, muss man eingestehen: Man hat bisher weder genug Materie noch genug Energie im Universum gefunden, um damit die beiden Konstanten Ω_M und Ω_Λ zu erklären.

Anisotropie der Hintergrundstrahlung • Was wir noch nicht geklärt haben, ist die Bedeutung der Farben im Einstiegsbild (▸Abb. 4). Die gemessene Hintergrundstrahlung ist zu einem hohen Grad isotrop, also aus jeder Richtung des Raums sehr ähnlich. Die Abweichungen betragen weit weniger als ein Promille. Stellt man diese minimalen Abweichungen durch Farben dar, dann erhält man das Einstiegsbild. Blau bedeutet eine etwas geringere Strahlungstemperatur, gelb und rot eine etwas höhere.
Der Grund für die leicht unterschiedlichen Temperaturen der Strahlung sind kleine räumliche Schwankungen in der Dichte, die zu unterschiedlichen Rotverschiebungen durch die Gravitation führten. Die Dichteschwankungen führten aber auch zur Bildung von Voids und aus Galaxienhaufen zusammengesetzten Filamenten.
Man hat umfangreiche Simulationen zur Entstehung dieser Strukturen des Universums gerechnet. Da man dabei mit Milliarden von Teilmassen rechnen musste, brauchte man gewaltige Rechenleistung. ▸Abb. 5 zeigt einen Screenshot aus dieser Simulation. Die durch die Simulation erhaltene Struktur ist der beobachteten sehr ähnlich, allerdings nur, wenn man die Dunkle Materie in die Berechnungen mit einbezieht.

1 Erläutern Sie, warum die einfache Altersabschätzung bei einem gebremst expandierenden Universum ein zu großes Alter ergibt.

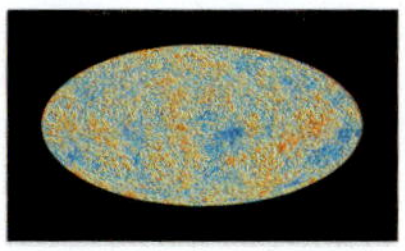

4 Kosmische Hintergrundstrahlung

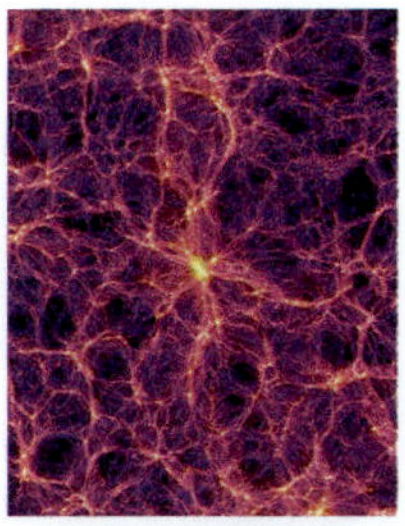

5 Durch Modellrechnungen erhaltene Struktur mit Voids (dunkle Stellen) und Filamenten (spinnwebenförmige Fasern)

BLICKPUNKT

Die Entstehung des Universums

Als das Weltall etwa 380 000 Jahre nach dem Urknall durchsichtig wurde, bestand es aus Wasserstoff- und Helium-Atomen sowie aus elektromagnetischer Strahlung. Aus der Materie bildeten sich später Sterne und Galaxien, aus der elektromagnetischen Strahlung wurde die Hintergrundstrahlung. Was weiß man über die Zeit, bevor das Universum durchsichtig wurde?
Kosmologische Modelle beschreiben die Entstehung des Universums. Insbesondere versuchen sie, die kosmische Hintergrundstrahlung zu beschreiben, deren hohes Maß an Isotropie, aber auch ihre Anisotropie. Noch keine Erklärung hat man für die Tatsache gefunden, dass das Universum viel mehr Materie als Antimaterie enthält.
Besonders wichtig zur Beschreibung der ersten Zeit sind Erkenntnisse aus der Teilchenphysik. In Teilchenbeschleunigern kann man Bedingungen erzeugen, wie sie im sehr heißen, jungen Universum geherrscht haben. Gemäß dem kosmologischen Standardmodell lief die erste Entwicklung des Universums in mehreren Schritten ab (▸Abb. 1).

Der Urknall • Der Moment, in dem das Universum entstand, wird Urknall genannt. Definitionsgemäß ist dies der Zeitpunkt 0 s. Über die Frage, wie der Urknall zustande kam, kann die Kosmologie keine Aussage machen. Nach dem Urknall war die Temperatur so hoch, dass das Universum aus einem Plasma von Quarks und Gluonen bestand. Quarks und Gluonen sind die Elementarteilchen, aus denen sich später Protonen und Neutronen bildeten.

Inflation • Von allen Seiten des Weltraums erreicht uns etwa die gleiche Hintergrundstrahlung. Der jetzt sichtbare Teil des Universums muss also zu einem frühen Zeitpunkt sehr gleichmäßig gewesen sein. Dies kann man nur dadurch erklären, dass die Teilgebiete des frühen Universums miteinander im Temperaturgleichgewicht standen. Dazu waren sie aber größtenteils zu weit voneinander entfernt. Um dieses Dilemma zu lösen, haben Theoretiker die Theorie der Inflation entwickelt. Demnach war die Ausdehnung des Universums anfangs so gering, dass alle Gebiete miteinander im Austausch waren und es nur kleine Unregelmäßigkeiten gab, die sogenannten Quantenfluktuationen. Dann wuchs das Universum innerhalb von 10^{-34} s auf das 10^{22}-Fache. Dabei blieben sowohl die Gleichverteilung als auch die Quantenfluktuationen erhalten, aus denen sich die Anisotropien entwickelten.

Bildung der Atome • Nach der Phase der Inflation bildeten sich aus dem Quark-Gluon-Plasma Protonen und Neutronen. Daraus wurden anschließend Helium-Kerne fusioniert, bis etwa drei Minuten nach dem Urknall die Temperatur dafür zu niedrig war. Dann war das Universum längere Zeit angefüllt mit Atomkernen, mit Elektronen und vor allem mit elektromagnetischer Strahlung. Dabei dehnte es sich weiter aus und kühlte weiter ab. Die ersten Atome bildeten sich ca. 250 000 Jahre nach dem Urknall. Je mehr Atome sich bildeten, umso durchsichtiger wurde das Universum. Die ersten Sterne begannen erst nach etwa 400 Millionen Jahren zu leuchten.

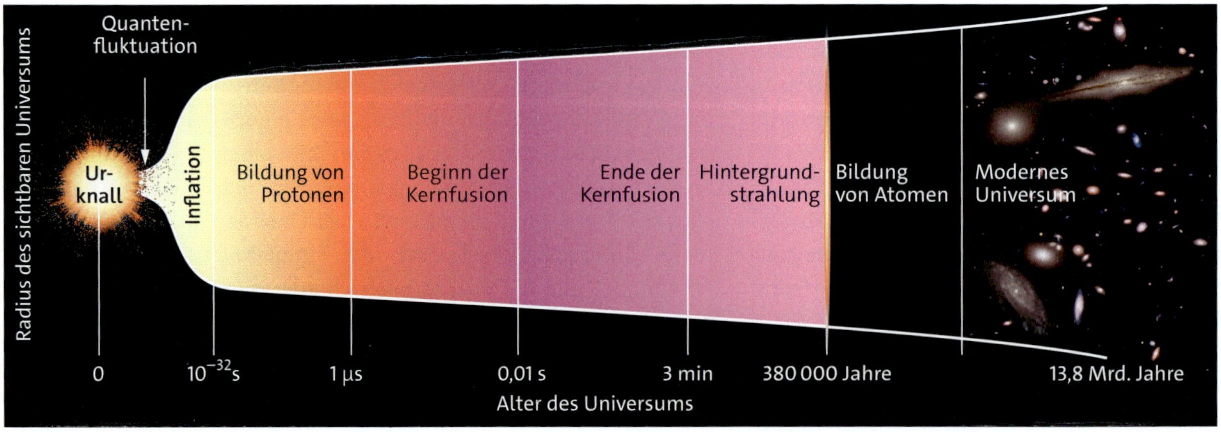

1 Die Entwicklung des Universums (nach links stark gedehnte Zeitskala)

Drei Arten der Wellenlängenverschiebung

Rotverschiebung durch Expansion • Diese Art von Rotverschiebung entsteht durch die Expansion des Raums. Durch diese werden elektromagnetische Wellen gedehnt. Dadurch vergrößert sich die Wellenlänge.

Rot- und Blauverschiebung aufgrund von Bewegung • Sie kennen den Doppler-Effekt bei Schall. Man kann ihn bei einem vorbeifahrenden Auto hören: Wenn sich das Auto auf den Beobachter zu bewegt, klingt das Motorengeräusch höher, die Frequenz ist größer. Wenn sich das Auto entfernt, ist die Frequenz kleiner.
Ganz ähnlich ist es bei Licht: Wenn sich eine Lichtquelle auf einen Beobachter zubewegt, dann ist die Lichtfrequenz erhöht, und umgekehrt. Wegen $c = \lambda \cdot f$ und weil die Lichtgeschwindigkeit c konstant ist, ist die Wellenlänge entsprechend verkleinert oder vergrößert. Das gesamte Spektrum der Lichtquelle ist zum Kurzwelligen bzw. zum Langwelligen hin verschoben, man nennt dies die Doppler-Blau- bzw. Rotverschiebung.
Auf diese Weise kann man z. B. die Geschwindigkeiten bestimmen, mit der sich Sterne innerhalb einer entfernten Galaxie auf uns zu oder von uns weg bewegen. ▸Abb. 2 zeigt schematisch die Bereiche mit Wellenlängenverschiebungen. In blauen Bereichen ist das Licht ins Blaue verschoben, also bewegen sich die Sterne auf uns zu, in den orangeroten Bereichen ist es umgekehrt. Man kann also sehen, dass die zwei Galaxien in ▸Abb. 2 in etwa gegenläufig rotieren.

Rot- und Blauverschiebung durch Gravitation • Eine dritte Ursache für die Wellenlängenverschiebung von Licht ist die Gravitation. Gemäß der allgemeinen Relativitätstheorie wird Licht rotverschoben, wenn es von einem Gebiet hoher Gravitation in ein Gebiet niedriger Gravitation kommt, und umgekehrt (▸Abb. 3).

Mehrere Ursachen gleichzeitig • Im Jahr 2018 hat man die Wellenlängenverschiebung bei dem Stern S2 aufgezeichnet. S2 bewegt sich auf einer stark elliptischen Bahn nahe um das Zentrum unserer Milchstraße (▸Abb. 4). Dort befindet sich ein supermassives Schwarzes Loch, dem S2 so nahe kommt wie kein anderer Stern.
Sein Spektrum wird dabei nicht nur aufgrund seiner hohen Geschwindigkeit verschoben. Es erfährt zusätzlich eine starke Rotverschiebung aufgrund der starken Gravitation in der Nähe des Schwarzen Lochs. Beide Effekte führen zusammen zu einer Verschiebung der Wellenlängen. Die Messergebnisse sind in sehr guter Übereinstimmung mit der Theorie.

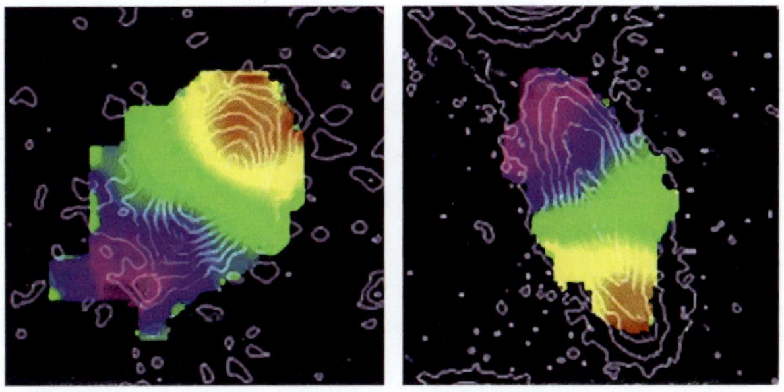

2 Aufnahmen zweier Galaxien, deren Teile entsprechend der Doppler-Blau- und Rotverschiebung eingefärbt wurden.

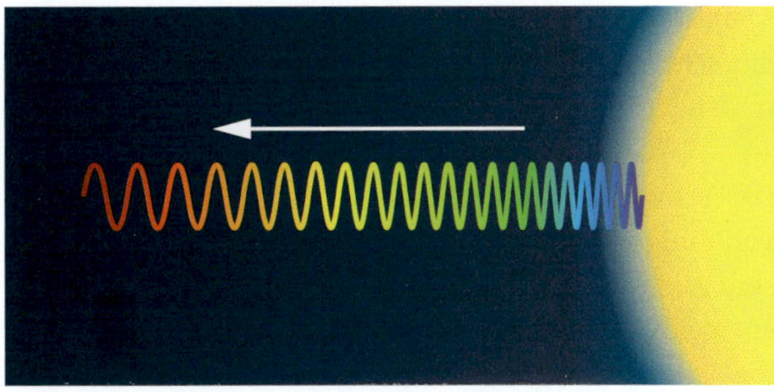

3 Wellenlängenverschiebung durch Gravitation nach der allgemeinen Relativitätstheorie (Effekt stark übertrieben)

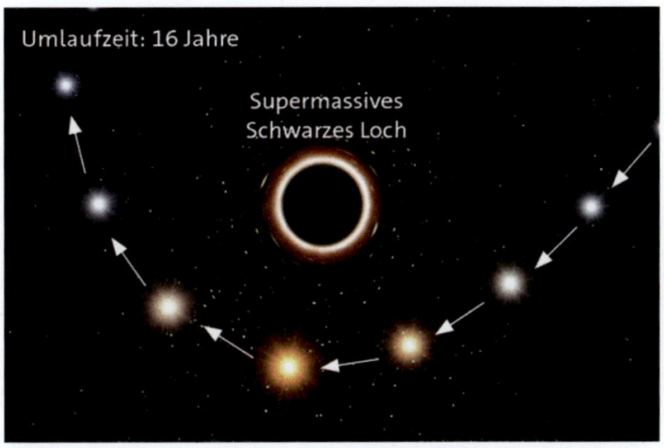

4 Bahn des Sterns S2 im Gravitationsfeld des supermassiven schwarzen Lochs im Zentrum unserer Milchstraße

METHODE

Bestimmung der Masse des supermassiven schwarzen Lochs in der Galaxie M87

▸Abb. 1 zeigt die berühmte erste Aufnahme eines schwarzen Lochs. Es handelt sich dabei um das supermassive schwarze Loch im Zentrum der Galaxie M87. Das Bild wurde im Radiowellenbereich aufgenommen und digital bearbeitet, um die Struktur schärfer darstellen zu können. Teleskope in verschiedenen Teilen der Welt wurden so zusammengeschaltet, dass sie wie ein Teleskop von der Größe der Erde wirkten. Deutlich sichtbar ist auf der Aufnahme in der Mitte ein dunkler Bereich, das schwarze Loch. Darum herum kreist strahlende Materie. In ▸Abb. 2 sieht man eine optische Aufnahme der Galaxie M87. Sichtbar ist auch der Materie-Jet, der von der Umgebung des schwarzen Lochs aus ins All geschleudert wird.

Das schwarze Loch hat eine Masse von einigen Milliarden Sonnenmassen. Wie kann man die Masse eines so weit entfernten und nicht einmal direkt beobachtbaren Objekts bestimmen? Wir wissen bereits: Je mehr Masse ein Zentralgestirn hat, umso größer muss die Geschwindigkeit eines um dieses laufenden Körpers sein, um auf einer Kreisbahn zu bleiben.
Umgekehrt kann man von der Geschwindigkeit eines Körpers und seinem Bahnradius auf die Masse des Zentralgestirns schließen.

Das supermassive schwarze Loch in M87 wird von vielen Sternen zum Teil eng umkreist. Aus der Dopplerverschiebung dieser Sterne kann man auf ihre Geschwindigkeit schließen.

Die starke Vergrößerung der Zentralregion von M87 im optischen Bereich in ▸Abb. 3 B zeigt, dass das schwarze Loch von leuchtender Materie verdeckt wird. Im roten und blauen Bereich wurden die Spektren von Sternen aufgenommen, die das schwarze Loch umkreisen. Sie sind in ▸Abb. 3 B dargestellt. Die Linien aus dem roten Bereich sind gegenüber denen aus dem blauen Bereich deutlich verschoben.

Wenn λ_B die Wellenlänge des blauen Bereichs ist und λ_R die des roten, dann erhält man die Geschwindigkeit v_r, mit der sich die Sterne auf uns zu- bzw. von uns wegbewegen, mit der Formel:

$$v_r = \frac{\lambda_R - \lambda_B}{\lambda_R + \lambda_B} \cdot c.$$

Aus den Daten ergibt sich für v_r ein Wert von etwa $500\,\frac{\text{km}}{\text{s}}$.

Der Winkelabstand der Zentren des roten und blauen Kreises beträgt etwa $7 \cdot 10^{-5}$ Grad. Aus der Entfernung der Galaxie von 50 Millionen Lichtjahren kann man daraus den Umlaufradius R der beobachteten Sterne bestimmen. Da die Sternenbahn jedoch gegenüber dem Erdbeobachter verkippt ist, müssen Geschwindigkeit und Bahnradius noch geometrisch korrigiert werden. Für den Bahnradius erhält man dann einen Wert von etwa 60 Lichtjahren und für die Bahngeschwindigkeit einen Wert von etwa $750\,\frac{\text{km}}{\text{s}}$. Mit diesen Daten ergibt sich für die Masse des schwarzen Lochs in der Galaxie M87 ein Wert von etwa 2,5 Milliarden Sonnenmassen.

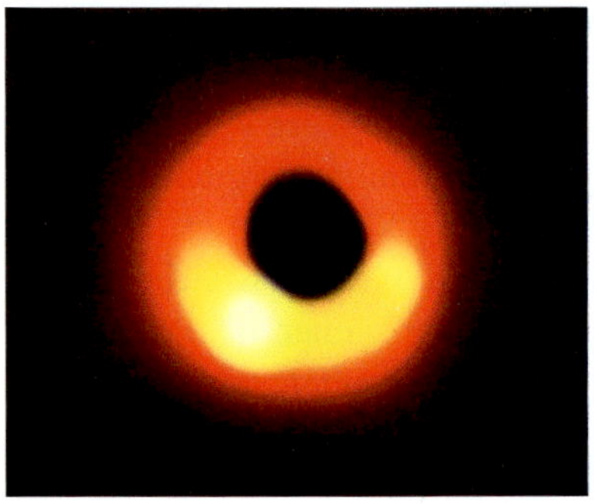

1 Radiowellenaufnahme des supermassiven Schwarzen Lochs in der Galaxie M87

2 Optische Aufnahme der Galaxie M87

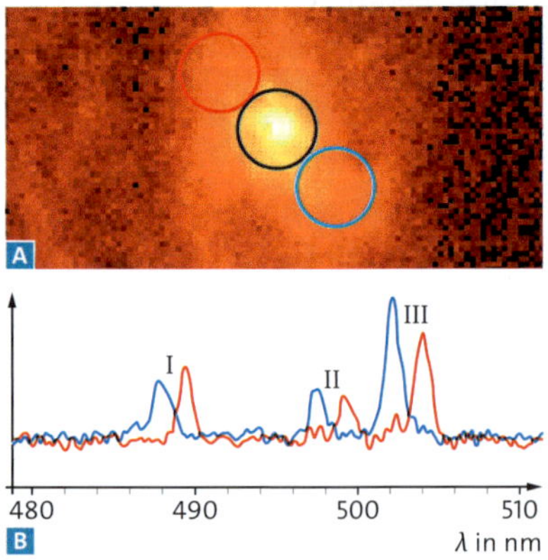

3 A Die Bereiche nahe des Galaxienzentrums, in denen Sternspektren aufgenommen wurden.
B Die rote (blaue) Kurve ist das Spektrum aus der rot (blau) umrandeten Region.

Material A • Es wird dunkel und wieder hell

A1 380 000 Jahre nach dem Urknall war das Universum noch rotglühend. Erklären Sie mit der Expansion, warum das Universum in den darauffolgenden Jahrmillionen immer dunkler wurde.

A2 Erst etwa 400 Millionen Jahre nach dem Urknall bildeten sich die ersten Sterne und begannen zu leuchten. Den Zeitraum, bevor die ersten Sterne leuchteten, nennt man das dunkle Zeitalter des Universums. Je mehr Sterne entstanden, umso heller wurde es im Universum. Allerdings wurde es nicht gleichmäßig hell wie im Plasmazustand nach dem Urknall, sondern in den Filamenten leuchteten immer mehr heiße Plasmakugeln, die Sterne, wie Glühwürmchen in der Nacht auf.

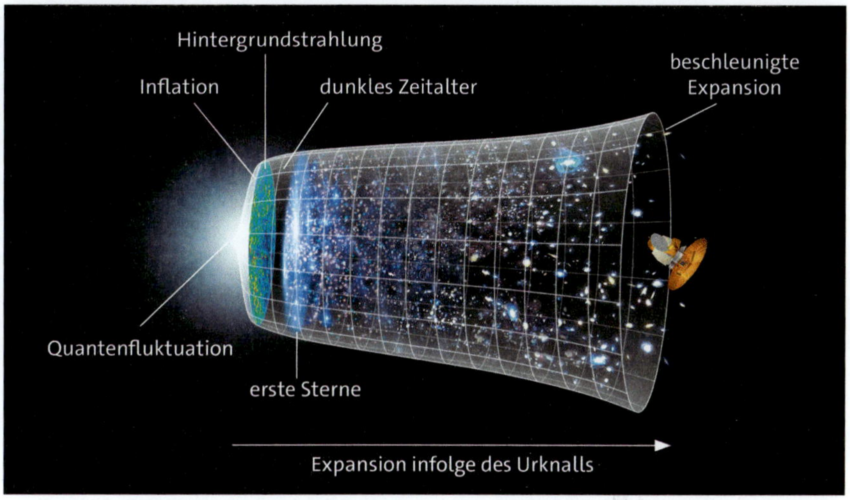

Es dauerte etwa eine Milliarde Jahre, dann war ein Großteil der Materie wieder zu Plasma geworden – im Inneren von Sternen.

Geben Sie zu jeder der Beschriftungen in der Abbildung eine Erläuterung in ein bis zwei Sätzen.

Material B • Auswertung von Originaldaten des Hubble-Weltraumteleskops

Für die Dopplerverschiebung eines Sternspektrums ist die Radialgeschwindigkeit v_r des Sterns maßgeblich. Die Radialgeschwindigkeit eines Sterns ist der Anteil seiner Geschwindigkeit, mit der er sich von uns entfernt. Der Stern kann sich zusätzlich noch tangential zu uns bewegen.

B1 **a)** Erläutern Sie die beiden unten angegebenen Formeln für λ_R und λ_B.

b) Rechts sehen Sie zwei Spektren, die das Hubble-Weltraumteleskop aufgenommen hat. Lesen Sie für die Spektrallinien I, II und III jeweils die Wellenlängen λ_R (rote Kurve) und λ_B (blaue Kurve) ab. Notieren Sie die Werte.

c) Leiten Sie aus den unten angegebenen Formeln die dritte Formel für die Radialgeschwindigkeit v_r in Abhängigkeit von den Wellenlängen λ_R und λ_B her.

d) Bestimmen Sie unter Verwendung aller abgelesenen Werte die Radialgeschwindigkeit.

$$\lambda_R = \lambda \cdot \left(1 + \frac{v_r}{c}\right) \quad \text{und} \quad \lambda_B = \lambda \cdot \left(1 - \frac{v_r}{c}\right).$$

$$v_r = \frac{\lambda_R - \lambda_B}{\lambda_R + \lambda_B} \cdot c.$$

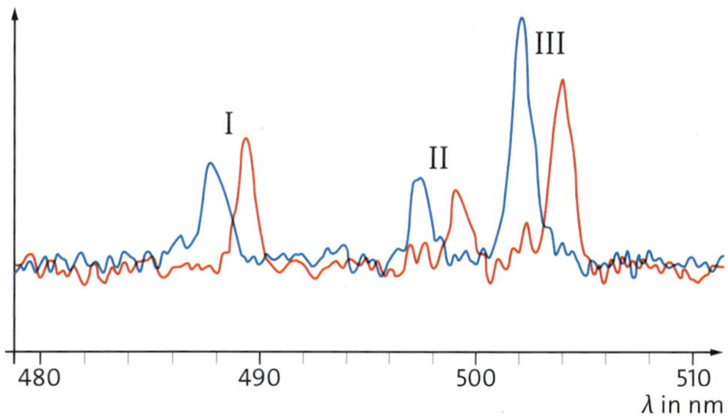

B2 Über die geometrische Anordnung der Sternbahnen kann man aus der Radialgeschwindigkeit den Betrag v der Gesamtgeschwindigkeit berechnen: $v = 750\,\frac{km}{s}$. Für den Bahnradius der Sterne erhält man den Wert 60 Lj.

a) Leiten Sie eine Formel für die Masse M des schwarzen Lochs in Abhängigkeit vom Bahnradius r und der Geschwindigkeit v her.
Hinweis: Zentripetalkraft = Gravitationskraft

b) Bestimmen Sie mit der Formel die Masse des schwarzen Lochs.

1 Die Milchstraße

Entstehung von Galaxien und Sternen

Wenn man in einer klaren Nacht fernab der Lichter der Zivilisation zum Himmel schaut, kann man meist ein helles Band sehen, das aus Milliarden von Sternen besteht, die Milchstraße. Sie ist die Galaxie, in der sich unser Sonnensystem befindet. Das Bild zeigt also den Anblick der Milchstraße von innerhalb unserer Galaxie. Wie würde die Milchstraße von außen aussehen?

Spiralgalaxien • Unsere Galaxie können wir nicht von außen betrachten, andere Galaxien hingegen schon. Dazu untersuchen wir mit dem Teleskop Stellen des Himmels, an denen wir zwischen den Sternen der Milchstraße hindurchschauen können. Die nächste Galaxie ist die Andromeda-Galaxie in einem Abstand von gut 2 Millionen Lichtjahren. Die weitesten sind viele Milliarden Lichtjahre von uns entfernt. Man schätzt, dass es einige Hundert Milliarden Galaxien im beobachtbaren Universum gibt.

Die meisten Galaxien in unserer Umgebung sind Spiralgalaxien, wie die Andromeda-Galaxie (▸Abb. 2 A). Sie hat einen Durchmesser von gut 200 000 Lichtjahren. Bei passender Blickrichtung sehen Spiralgalaxien aus wie die Galaxie M58 in ▸Abb. 2 B oder auch wie NGC 4546 in ▸Abb. 2 C. Tatsächlich sind die meisten Galaxien scheibenförmig. In der Mitte haben sie einen dickeren Bereich mit hoher Sternendichte, den sogenannten **Bulge.**

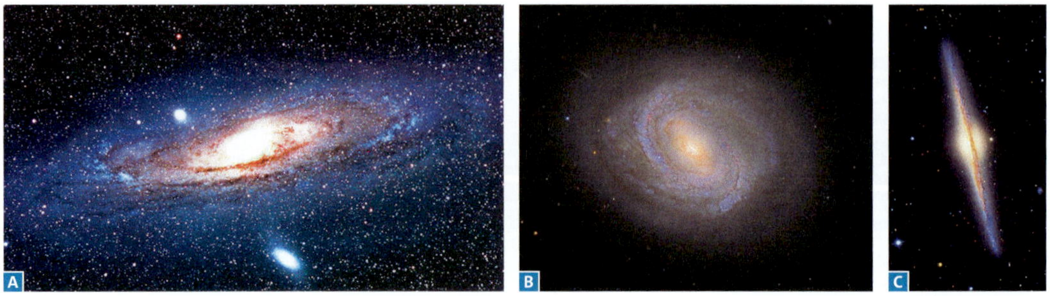

2 Spiralgalaxien sehen je nach Blickrichtung unterschiedlich aus: **A** Andromeda-Galaxie, **B** Galaxie M58, **C** Galaxie NGC 4546

Die Milchstraße – eine Balkenspiralgalaxie • Die Milchstraße ähnelt der Andromeda-Galaxie in Form und Größe. Um den Bulge befinden sich Spiralarme. Unsere Galaxie hat in der Mitte einen balkenförmigen Bulge wie M58. Solche Galaxien nennt man Balkenspiralgalaxien. Unser Sonnensystem befindet sich in einem der kleineren Spiralarme.
In der Milchstraße befinden sich mehrere Hundert Milliarden Sterne. Darüber hinaus enthält sie interstellares Gas und interstellaren Staub, die etwa 15 % der sichtbaren Materie ausmachen.

Unser Sonnensystem befindet sich in der Milchstraße. Die Milchstraße ist eine Balkenspiralgalaxie mit einem Durchmesser von etwa 200 000 Lichtjahren. Sie enthält einige Hundert Milliarden Sterne.

Galaxien sind nicht starr • Wenn man Galaxien beobachtet, könnte man denken, dass sie unveränderliche Objekte sind. Das ist aber nicht der Fall. Wenn man die Sterne einer Galaxie genauer untersucht und ihre Geschwindigkeiten misst, dann stellt man fest, dass alle Sterne einer Galaxie um ihr Zentrum kreisen. Dies muss so sein, da sonst die Galaxie aufgrund der gegenseitigen Anziehung der Sterne kollabieren würde. Die Sonne kreist z. B. mit einer Geschwindigkeit von $220\,\frac{km}{s}$ um das Zentrum der Milchstraße. Für einen Umlauf braucht sie etwa 240 Millionen Jahre.
Rotiert eine Galaxie als Ganzes? Dann müssten alle Sterne die gleiche Umlaufdauer haben. Geschwindigkeitsmessungen zeigen jedoch, dass dies nicht der Fall ist. Je größer der Bahnradius eines Sterns um das Galaxiezentrum ist, desto größer ist seine Umlaufdauer. Wie behalten Galaxien dann ihre Spiralstruktur?

Die Dichtewellentheorie • Eine plausible Erklärung liefert die **Dichtewellentheorie.** Demnach bewegen sich die Sterne auf leicht elliptischen Bahnen um das Galaxiezentrum. Diese Ellipsenbahnen rotieren dabei selbst um das Galaxiezentrum. Ihre Rotationsdauer ist größer als die Umlaufdauer der Sterne (▸Abb. 3). Zudem sind die Phasen der Ellipsen gegeneinander ein wenig verschoben. Auf diese Weise entstehen in diesem Modell Dichtewellen, die die Form von Spiralarmen haben und mit den Ellipsen rotieren. Ein Umlauf der ganzen Struktur dauert etwa eine Milliarde Jahre. Die Umlaufdauer der Sterne ist deutlich kürzer. Folglich überholen langlebige Sterne immer wieder die Dichtewellen und tauchen durch sie hindurch.
Die Verdichtungen sind allerdings in der Realität nicht so ausgeprägt wie in ▸Abb. 3. Sie erklären also nicht, wieso die Spiralarme so hell leuchten. Der entscheidende Faktor ist, dass mit den Sternen auch Gaswolken in die Dichtewellen laufen und dabei in ihrer Struktur gestört werden und kollabieren können. So entstehen entlang der Spiralarme neue, auch besonders hell leuchtende, aber kurzlebige Sterne. Wenn die Gaswolke die Dichtewelle wieder verlässt, sind diese hellen Sterne schon wieder erloschen.

Frühe Galaxien • Galaxien, die sehr weit von uns entfernt sind, haben häufig keine Spiralstruktur. Um das zu verstehen, müssen wir uns klarmachen, dass ein Blick in weite Ferne immer auch ein Blick in die Vergangenheit ist. Je weiter entfernt eine Galaxie ist, umso länger ist ihr Licht zu uns unterwegs. Dementsprechend können wir mit guten Teleskopen Momentaufnahmen von Galaxien machen, die zeigen, wie die Galaxien vor Milliarden von Jahren aussahen, also kurz nach ihrer Entstehung. Diese frühen Galaxien haben eine kugelförmige oder elliptische Form, aber noch keine Spiralstruktur.

Entstehung der Spiralstruktur • Wie entsteht die Spiralstruktur? Diese Frage versucht man durch Modellrechnungen mit Supercomputern zu beantworten. Man geht von zwei Galaxien aus, die sich aufgrund ihrer Gravitation aufeinander zu bewegen, und simuliert die weitere Entwicklung. Das Ergebnis ist, dass sich die Galaxien gegenseitig umkreisen und dabei zu einem Wirbel vermischen. Nach einigen Umdrehungen bildet sich eine Spiralstruktur (▸Abb. 4).

1 Berechnen Sie aus den Daten im Text die Entfernung der Sonne vom Zentrum der Milchstraße.

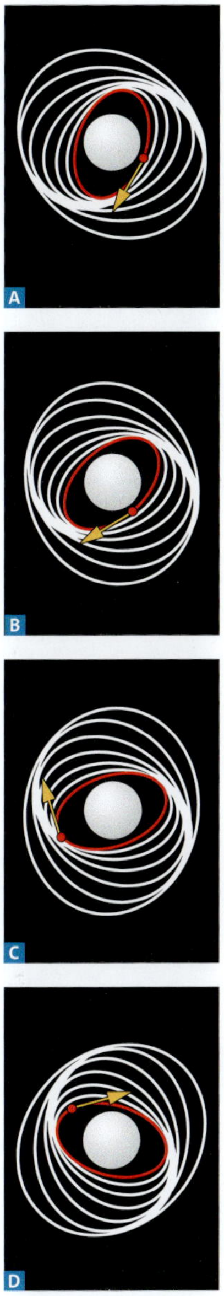

3 Schema zweier rotierender Dichtewellen in Form von Spiralarmen. Ein Stern ist rot hervorgehoben.

4 Spiralgalaxie: Momentaufnahme einer Simulation

Die Ausgangssituation • Wir haben uns mit Galaxien im Anfangsstadium und der Entstehung der Spiralstruktur beschäftigt. Wie und wann sind die Galaxien überhaupt entstanden? Wir wissen bereits: Als das Universum durch Expansion auf etwa 3 000 K abgekühlt war, bildeten sich überall aus Elektronen und Atomkernen neutrale Wasserstoff- und Helium-Atome. Diese Materie war nicht ganz gleichmäßig verteilt. Dies kann man immer noch daran erkennen, dass die kosmische Hintergrundstrahlung nicht ganz isotrop ist. Kann man mit diesen räumlichen Dichtefluktuationen auch die Entstehung der Galaxien erklären?

Entstehung von Galaxien • Man stellt sich die Entstehung der Galaxien in mehreren Schritten vor: Durch die Expansion des Universums bildeten sich aus den anfänglichen Dichtefluktuationen große Gebiete mit zum Teil etwas mehr und zum Teil etwas weniger Materie. Nun begann sich die Gravitation immer mehr auszuwirken. Gebiete mit mehr Materie zogen weitere Materie zu sich und wurden noch dichter. Die anderen Gebiete leerten sich dafür immer mehr. So entstanden die Filamente mit viel Materie und dazwischen die Voids mit wenig Materie.
Doch auch innerhalb der Filamente gab es verschieden dichte Gebiete unterschiedlichster Größe, in denen sich die Materie im Lauf der Jahrmillionen zusammenballte. Aus großen Zusammenballungen entstanden Galaxienhaufen, innerhalb dieser bildeten sich Galaxien und innerhalb dieser wiederum zahllose Sterne.

Aus den räumlichen Dichtefluktuationen des frühen Universums entstanden nach einer Phase der Expansion und Abkühlung Galaxienhaufen. Innerhalb der Galaxienhaufen bildeten sich einzelne Galaxien. In diesen entstanden die Sterne.

Entstehung von Sternen • Wie entstanden die Sterne aus den kleineren Materiewolken? Auch heute noch werden im Durchschnitt drei bis vier Sterne pro Tag in unserer Milchstraße „geboren“. Man geht davon aus, dass die Sternentstehung früher im Prinzip so ablief, wie sie heute noch in unserer Galaxie geschieht. Viele Entwicklungsstufen der Sternentstehung kann man also jetzt in unserer Milchstraße beobachten (▸Abb. 1).

Ein paar Beispiele: In ▸Abb. 1 A sieht man kalte Molekülwolken, die sich zu Sternen zusammenziehen. In ▸Abb. 1 B sind mehrere Sterne entstanden, welche die umliegende Gaswolke zum Leuchten bringen. Sterne, die ihre nähere Umgebung durch Sternwinde bereits gasfrei geblasen haben, sind in ▸Abb. 1 C zu sehen. ▸Abb. 1 D zeigt die Plejaden, ein Sternentstehungsgebiet mit jungen Sternen, die uns so nahe sind, dass man sie mit bloßem Auge sehen kann.

Man hat die Vorgänge beim Kollaps einer Wolke mit physikalischen Gleichungen modelliert und mit den Beobachtungen verglichen. Dabei ist man zu folgenden Erkenntnissen gekommen:

A

B

C

D

1 Sterngeburtsstätten im **A** Adlernebel und **B** Orionnebel, **C** junge Sterne im Rosettanebel, **D** Plejaden

Gleichgewicht und Kollaps • In der Milchstraße gibt es Tausende von Gaswolken mit Massen zwischen hunderttausend und mehreren Millionen Sonnenmassen. Jede Wolke hat eine bestimmte Temperatur und damit einen bestimmten Gasdruck. Zusammengehalten wird die Wolke von der Gravitation. Gravitation und Gasdruck sind normalerweise im Gleichgewicht (▸Abb. 2 A). Wenn eine solche Gaswolke von einer Dichtewelle erfasst wird, dann wird das Gleichgewicht gestört. Die Wolke kontrahiert und zerfällt in kleinere Wolkenfragmente, die sich im Lauf von vielen Jahrmillionen immer weiter abkühlen und schließlich zu Sternen kollabieren, wenn die Gravitation die Oberhand über den temperaturbedingt sinkenden Gasdruck gewinnt. Damit ein Wolkenfragment zu einem Stern kollabieren kann, muss die Temperatur niedrig genug sein. Ein Beispiel: Eine Wolke mit einer mittleren Dichte von $10^{-17}\frac{\text{kg}}{\text{m}^3}$ und einer Masse von 10 Sonnenmassen kollabiert unterhalb einer Temperatur von etwa 10 K.

Wie kühlt sich eine kosmische Gaswolke ab? Die Atome und Moleküle der Wolke stoßen auch bei geringer Dichte und Temperatur immer wieder zusammen. Dabei gehen sie in angeregte Zustände über. Bei der Rückkehr in den Grundzustand wird elektromagnetische Strahlung emittiert.

Ein neues Gleichgewicht • Wenn ein Wolkenfragment zu einem Stern kollabiert (▸Abb. 2 B), dann wird die durch Gravitation frei werdende Energie zunächst mit elektromagnetischer Strahlung in das All abgegeben. Im Lauf der Zeit behindert das dichter werdende Gas die Abstrahlung immer mehr, die thermische Energie im Inneren wächst an. Die Temperatur steigt. Gas- und Strahlungsdruck nehmen zu und bremsen den Kollaps der Gasmassen ab.
Wenn die Wolke zu einer dichten Kugel geworden ist, entsteht ein neues Gleichgewicht aus Gravitationsdruck einerseits und Gas- und Strahlungsdruck andererseits (▸Abb. 2 C). Aus einer Wolke, die hauptsächlich aus Wasserstoff und Helium bestand, ist nun eine Plasmakugel aus Protonen, Helium-Kernen und Elektronen geworden. Dieser Zustand wird Protostern genannt.

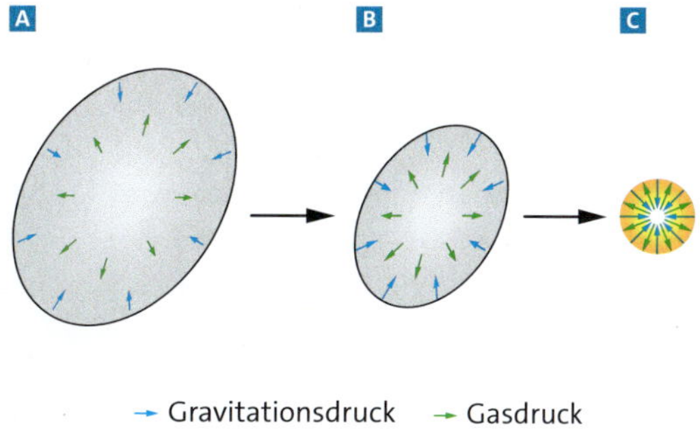

2 Ein Stern entsteht:
A Die Gaswolke ist im Gleichgewicht.
B Die Wolke ist nicht im Gleichgewicht und kollabiert.
C Neues Gleichgewicht beim Protostern

Wenn die Masse der Plasmakugel groß genug ist, dann steigt im weiteren Verlauf die Temperatur im Inneren des Protosterns auf einige Millionen Kelvin. Dort fusionieren nun Protonen über mehrere Zwischenschritte zu Helium-Kernen. Gas- und Strahlungsdruck steigen noch einmal deutlich an und es bildet sich ein neues Gleichgewicht mit dem Gravitationsdruck. Aus dem Protostern ist ein Stern geworden.

Protostern: von griech. *protos*: der Erste (Vorläufer eines Sterns)

Wenn Gaswolken aufgrund ihrer Gravitation kollabieren, dann steigt die Temperatur in ihrem Inneren. Ab einer Temperatur von einige Millionen Grad beginnt die Fusion von Protonen zu Helium-Kernen und ein Stern ist entstanden.

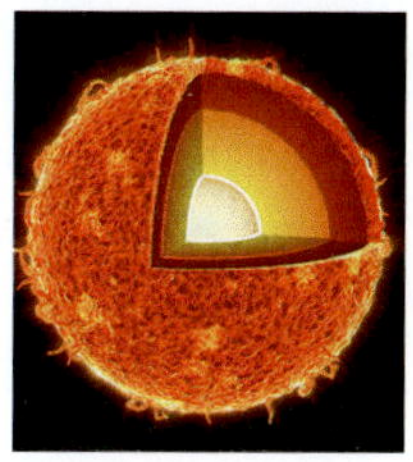

3 Querschnitt durch die Sonne. Der Kern ist weiß gezeichnet.

Den inneren Bereich eines Sterns, in dem die Fusion stattfindet, nennt man den Kern des Sterns (▸Abb. 3).

1 Ob eine Gaswolke kollabiert, hängt von ihrer Masse, ihrer Temperatur und ihrer Dichte ab. Wenn eine Wolke eine bestimmte Temperatur T und eine bestimmte Dichte ρ hat, dann braucht sie eine bestimmte Mindestmasse M, um zu kollabieren. Interpretieren Sie die Formel von Jeans, die diesen Zusammenhang quantitativ beschreibt:

$$M^2 \sim \frac{T^3}{\rho}.$$

BLICKPUNKT

Rotationskurven von Galaxien

Die Geschwindigkeit von Sternen • In einer Galaxie kreisen die Sterne um das Zentrum der Galaxie. Dabei werden sie von der Gravitationskraft auf ihren Kreisbahnen gehalten. Sterne, die sich im gleichen Abstand r vom Galaxiezentrum befinden, haben auch etwa die gleiche Bahngeschwindigkeit v.
Für Planeten gilt für die Bahngeschwindigkeit v in Abhängigkeit vom Bahnradius r der Zusammenhang:

$$v = \sqrt{\frac{G \cdot M}{r}}.$$

Die Bahngeschwindigkeit nimmt also mit wachsendem Bahnradius ab. Das zugehörige $v(r)$-Diagramm ist als blaue Kurve in ▸Abb. 2 eingezeichnet. Gilt für die Sterne einer Galaxie ein ähnlicher Zusammenhang?

Die Verteilung der Masse • Ein entscheidender Unterschied zwischen Planetensystem und Galaxie ist der Folgende: Beim Planetensystem enthält das Zentralgestirn fast die gesamte Masse. Wenn bei einer Galaxie fast die gesamte Masse im Zentrum konzentriert wäre, würde man einen ähnlichen Zusammenhang erwarten.
Die Masse im Zentrum einer Galaxie ist aber nicht so stark konzentriert wie in einem Planetensystem. In einer kleinen Umgebung um das Zentrum befindet sich auch nur ein kleiner Anteil der Gesamtmasse der Galaxie. Sterne in Zentrumsnähe müssen also gar nicht so große Geschwindigkeiten haben, um nicht ins Zentrum zu stürzen. Dementsprechend steigt die zugehörige Rotationskurve (rote Kurve in ▸Abb. 2) für kleine r zunächst an, bevor sie sich an die blaue Kurve annähert.

Das Messergebnis • Man hat die Bahngeschwindigkeiten in der Galaxie M33 (▸Abb. 1) mithilfe des Doppler-Effekts gemessen und die grüne Kurve in ▸Abb. 2 erhalten. Die Bahngeschwindigkeit v nimmt in der Nähe des Galaxiezentrums stark und weiter außen immer noch leicht mit dem Abstand r zu.
Einen ähnlichen Verlauf hat man auch bei den meisten anderen Galaxien festgestellt. Die Tatsache, dass die Bahngeschwindigkeit in den äußeren Bereichen der Galaxie nicht proportional zu $\frac{1}{r}$ abnimmt, könnte ein Hinweis darauf sein, dass sich in der Galaxie mehr Masse befindet als die beobachtete Masse.

1 Die Spiralgalaxie M33

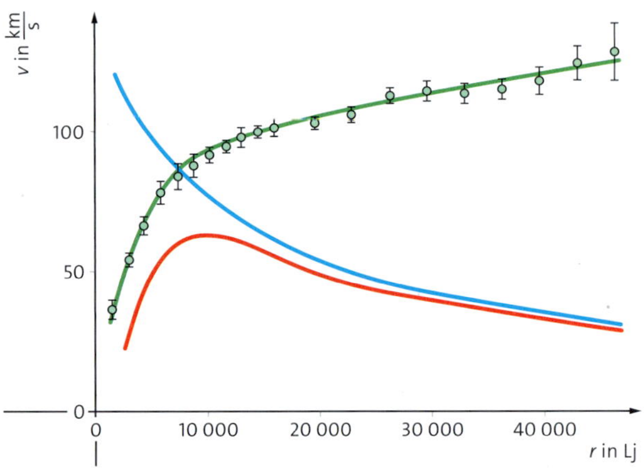

2 Rotationskurve für ein Planetensystem (blau), die erwartete Kurve für M33 (rot) und die gemessene für M33 (grün)

Die meisten Astronomen machen für den Verlauf der Rotationskurven die Dunkle Materie verantwortlich. Mit einer gleichmäßigen Verteilung der Dunklen Materie innerhalb der Galaxie kann man die grüne Kurve gut reproduzieren. Es gibt aber auch einige Galaxien, in denen die Rotationskurve nach außen abfällt, sodass man deren Verlauf mit der sichtbaren Materie erklären kann.
Eine andere Erklärung für die grüne Kurve wäre, dass das Gravitationsgesetz bei großen Entfernungen modifiziert ist, dass also die Gravitationskraft stärker ist, als es das $\frac{1}{r^2}$-Gesetz von Newton vorgibt.

1 Beschreiben Sie, wie die Rotationskurve einer Galaxie aussehen würde, wenn alle Sterne die gleiche Umlaufdauer T hätten.

Material A • Die Abstände und Geschwindigkeiten unserer Planeten

Planet	Merkur	Venus	Erde	Mars	Jupiter	Saturn	Uranus	Neptun
r in 10^6 km	58	108	150	228	778	1433	2872	4495
v in $\frac{\text{km}}{\text{s}}$	47,9	35,0	30,0	24,1	13,1	9,69	6,81	5,53

A1 In der Tabelle sind die Bahnradien und die Bahngeschwindigkeiten für die acht Planeten unseres Sonnensystems aufgeführt.

a) Zeigen Sie rechnerisch, dass die Bahngeschwindigkeit v in Abhängigkeit vom Bahnradius r näherungsweise proportional zu $\frac{1}{\sqrt{r}}$ ist.

b) Die Gravitationskraft hat im vorliegenden Fall die Rolle einer Zentripetalkraft. Setzen Sie die zugehörigen Formeln gleich und leiten Sie einen Zusammenhang zwischen v und r her.

c) Zeigen Sie die Proportionalität auch grafisch. Bestimmen Sie die Proportionalitätskonstante.

d) Bestimmen Sie unter Verwendung aller Wertepaare die Masse der Sonne.

Material B • Die Reaktionsgleichungen für die Kernfusion in der Sonne

B1 Die Fusionsreaktion kann in mehrere Unterschritte zerlegt werden. Die Reaktionsgleichung für den ersten Teilschritt lautet:

$4\,{}^1_1\text{H} \rightarrow 2\,{}^2_1\text{H} + 2\,\text{e}^+ + 2\,\nu_\text{e}$

a) Wiederholen Sie den Blickpunkt zur Kernfusion und stellen Sie für die beiden anderen Teilschritte und die gesamte Reaktion ebenfalls eine Reaktionsgleichung auf.

b) Leiten Sie durch Addition der Reaktionsgleichungen für die Teilreaktionen die Reaktionsgleichung für die Gesamtreaktion her.

Material C • Galaxienkollisionen

Die Andromeda-Galaxie befindet sich gut zwei Millionen Lichtjahre von uns entfernt. Geschwindigkeitsmessungen zeigen, dass sich die Andromeda-Galaxie und die Milchstraße in etwa fünf Milliarden Jahren ineinander schieben werden. Die Bilder zeigen vier Momentaufnahmen einer Simulation, die darstellt, wie die „Kollision" der Andromeda-Galaxie mit der Milchstraße von unserer Position aus aussehen könnte.

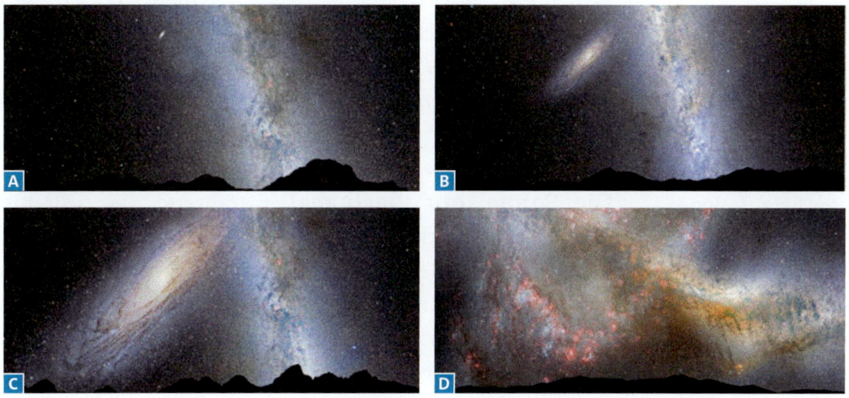

C1 a) Nähern Sie die Form der zwei Galaxien durch einen Zylinder mit einem Radius von 50 000 Lichtjahren und einer Höhe von 2 000 Lichtjahren an. Rechnen Sie mit einer Sternenanzahl von 400 Milliarden pro Galaxie. Berechnen Sie daraus den mittleren Abstand $\bar{r}$ zwischen zwei Sternen in einer Galaxie.

b) P sei die Wahrscheinlichkeit, dass ein Stern, der auf die Milchstraße zufliegt, einen dortigen Stern trifft. Skizzieren Sie mehrere Sterne mit Radius R und Abstand r. Erläutern Sie, warum P durch folgenden Term abgeschätzt werden kann:

$\frac{(2R)^2\pi}{r^2\pi} \cdot \frac{10\,000\,\text{Lj}}{2R}$.

C2 Dass man trotz der Vielzahl von Sternen mit nur sehr wenigen Kollisionen rechnen muss, zeigt, wie groß die Abstände zwischen den Sternen tatsächlich sind. Die großen mittleren Abstände zwischen den Sternen sind auch der Grund dafür, warum der Nachthimmel dunkel ist. Berechnen Sie mit der Formel aus B1 die Wahrscheinlichkeit für eine Sternkollision, wenn die beiden Galaxien „kollidieren".

1 Die Sonne im sichtbaren Licht (links) und eine UV-Aufnahme bei 30 nm (rechts)

Leben und Tod der Sterne

Im sichtbaren Licht wirkt die Sonnenoberfläche friedlich und bis auf ein paar Sonnenflecken sehr gleichmäßig. Eine Aufnahme im fernen UV-Bereich lässt ahnen, dass die Sonne gewissermaßen vor Hitze brodelt. Welche Temperaturen herrschen auf der Sonne und in ihrem Inneren? Haben andere Sterne ähnliche Temperaturen?

Die „Kern"-fusion heißt nicht so, weil sie im „Kern" der Sonne stattfindet, sondern weil sie für das Verschmelzen von Atom-„kernen" steht.

Die Sonne, ein Plasmaball • Während die Sonne auf der sichtbaren äußeren Schicht eine Temperatur von etwa 6000 K hat, beträgt die Temperatur in ihrem Kern 15 Millionen Kelvin. Diese Temperatur, zusammen mit einem Druck von 250 Milliarden bar, reicht aus, damit im Kern der Sonne Helium fusioniert wird.

Fusion zu Helium-Kernen • Bei der Fusionsreaktion verschmelzen Protonen über Deuterium- und Helium-3- zu Helium-4-Kernen (▸Abb. 2). Dabei werden einige der Protonen zu Neutronen umgewandelt. Gleichzeitig entstehen Positronen e^+ und Neutrinos ν_e. Die Bilanzgleichung der Kernreaktion lautet: $4\,{}^1_1\text{H} \rightarrow {}^4_2\text{He} + 2\,e^+ + 2\,\nu_e$.

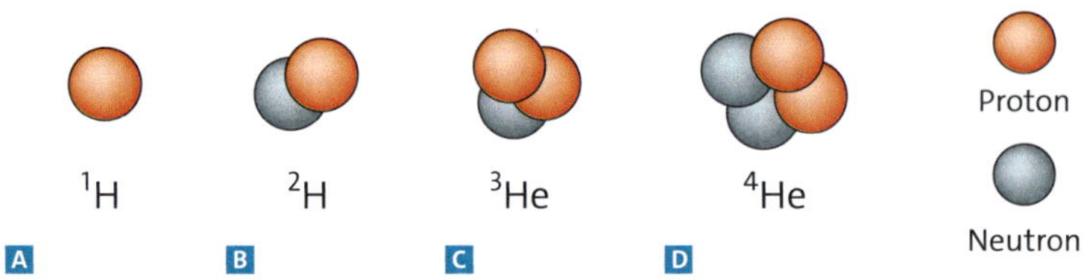

2 Modellbilder für **A** Proton, **B** Deuterium-Kern, **C** Helium-3- und **D** Helium-4-Kern

Masse ist Energie • Ein Helium-Kern hat etwa 99 % der Masse von 4 Protonen. Die Masse der Positronen und der Neutrinos ist so klein, dass sie hier keine Rolle spielt. Das restliche Prozent wird nach $E = m \cdot c^2$ als Energie abgegeben. Diese Energie wird durch Strahlung und Konvektion nach außen transportiert und mit der Sonnenstrahlung ins umgebende Weltall abgegeben. Pro Sekunde nimmt die Masse der Sonne auf diese Weise um 4 Millionen Tonnen ab. Das hört sich zwar nach viel an, ist aber in Bezug auf die riesige Sonnenmasse verschwindend wenig.

Lange Lebensdauer • Damit Protonen fusionieren können, müssen sie sich sehr nahe kommen. Da sie sich elektrisch abstoßen, müssen sie mit großer Geschwindigkeit zusammenstoßen, um zu fusionieren. Je höher die Temperatur des Plasmas ist, umso größer ist die Wahrscheinlichkeit, dass bei einem Zusammenstoß eine Fusion stattfindet. Allerdings dauert es selbst bei 15 Millionen Kelvin einige Milliarden Jahre, bis von z. B. 100 Protonen 50 zu Helium fusioniert sind. Die Reaktionsrate ist also extrem niedrig.

Sternenvielfalt • Die Farbe eines Sterns hängt von der Temperatur seiner Oberfläche ab. Sterne mit 3000 K Oberflächentemperatur erscheinen rötlich, Sterne mit 6000 K, wie unsere Sonne, erscheinen gelb und heiße Sterne mit Temperaturen von etwa 10 000 K erscheinen bläulich.
Sterne variieren stark in ihrer Größe und in ihrer Farbe. So gibt es relativ kleine rote Sterne, aber auch größere gelbe Sterne, wie unsere Sonne, und noch größere blaue Riesensterne. Es gibt sogar noch deutlich größere rote Riesensterne. Deren Durchmesser ist zum Teil größer als der Durchmesser der gesamten Erdbahn.

Das Hertzsprung-Russell-Diagramm • Man hat die Daten einer großen Anzahl von Sternen in ein Diagramm eingetragen (▸Abb. 3). Von rechts nach links ist die Temperatur und damit auch die Farbe aufgetragen. Nach oben ist nicht die Größe, sondern die Leuchtkraft der Sterne in Zehnerpotenzen aufgetragen. Dieses Diagramm nennt man **Hertzsprung-Russell-Diagramm (HRD).** Im HRD kann man verschiedene Bereiche erkennen:
- Die meisten Sterne befinden sich auf einer Linie, die Hauptreihe genannt wird. Hier verbringen sie den größten Teil ihrer Lebensdauer und fusionieren Protonen zu Helium.
- Rechts oben im Diagramm gibt es ein Gebiet mit kühleren, aber sehr großen Sternen, den Roten Riesen und Überriesen. Das sind Sterne in ihrem Endstadium.
- Links unten gibt es heiße Sterne mit geringer Leuchtkraft. Sie heißen Weiße Zwerge und sind die Reste von sonnenähnlichen Sternen.

Nachdem ein Stern aus einer Gaswolke entstanden ist, verbleibt er für etwa 80 % seiner „Lebensdauer" auf der Hauptreihe im HRD. In dieser Phase werden in seinem Kern Protonen zu Helium-Kernen fusioniert. Der Stern befindet sich dabei in einem stabilen Gleichgewicht von Gravitationsdruck und thermischem Druck.

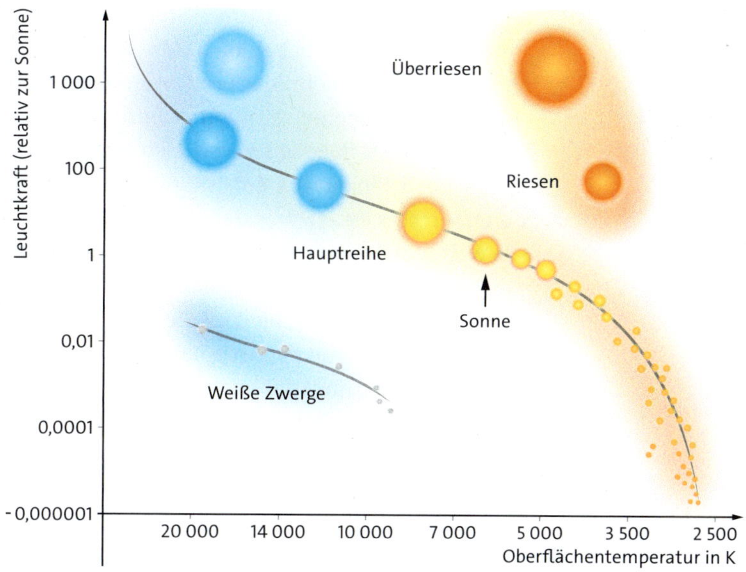

3 Das Hertzsprung-Russell-Diagramm (HRD): Die Größenunterschiede der Sterne sind nur angedeutet, sie sind in Wirklichkeit viel größer.

Die Leuchtkraft der Sterne • Da alle Sterne mit Ausnahme der Sonne Lichtjahre von uns entfernt sind, kann man ihre Größe nicht direkt messen. Was man jedoch relativ einfach messen kann, ist die scheinbare Helligkeit eines Sterns. Wenn man zusätzlich den Abstand des Sterns bestimmt hat, kann man aus seiner Helligkeit die Leuchtkraft berechnen.
Die Leuchtkraft L eines Sterns ist seine gesamte Strahlungsleistung, also die pro Sekunde abgegebene Gesamtenergie. Man gibt die Leuchtkraft eines Sterns als Vielfache der Leuchtkraft der Sonne an, z. B. hat der Rote Riese Beteigeuze eine Leuchtkraft von etwa 50 000-mal der Sonnenleuchtkraft.

Die Leuchtkraft L eines Sterns wächst stark mit seiner Temperatur T und ist proportional zu seiner Oberfläche A: $L \sim A \cdot T^4$.
Dieses Gesetz gilt übrigens näherungsweise für alle Körper, nicht nur für Sterne.

1 Berechnen Sie mit der Formel $E = m \cdot c^2$, wie viel Energie bei der Fusion von 1 kg Wasserstoff frei wird. Das Verbrennen von 1 kg Benzin setzt etwa 43 MJ frei. Vergleichen Sie.

2 Begründen Sie, ob blaue Sterne größer oder kleiner als rote Sterne mit gleicher Leuchtkraft sind.

Das Hauptreihenstadium • Sterne links oben auf der Hauptreihe haben mehr Masse als Sterne rechts unten. Je mehr Masse ein Stern hat, umso größer ist zu Beginn sein Vorrat an fusionierbarem Wasserstoff. Bedeutet das also, dass Sterne links oben länger auf der Hauptreihe sind als Sterne rechts unten? Das Gegenteil ist der Fall!
Je weiter links oben sich ein Stern im HRD befindet, umso größer sind Temperatur und Druck im Kern und umso schneller läuft die Fusion dort ab. So ist also nicht nur das Volumen größer, in dem die Fusion stattfindet, sondern die Fusion läuft in jeder Volumeneinheit des Kerns schneller ab. Entsprechend wächst für Hauptreihensterne die Oberflächentemperatur mit der Größe an und die Leuchtkraft wegen $L \sim A \cdot T^4$ noch viel stärker. Die Unterschiede in der Lebensdauer sind gewaltig: Sehr massereichen Sternen reicht der Wasserstoffvorrat nur einige Millionen Jahre. Kleinen roten Hauptreihensternen reicht er ein Vielfaches des bisherigen Alters des Universums, also viele zig Milliarden Jahre.

Instabile Phase • Das fusionierte Helium sammelt sich im Kern des Sterns an, d.h. in der Zone, in der Wasserstoff fusioniert wird. Ist im Kern der Wasserstoff verbraucht, stoppt die Fusion. Der Strahlungsdruck nimmt ab und der Stern kollabiert wieder. Dadurch steigt die Temperatur an und die Fusion von Helium setzt nun in weiter außen liegenden Schichten ein. Durch die dabei erzeugte Wärme bläht der Stern sich stark auf. Die durch Fusion gewonnene Energie wird nun also von einer viel größeren Oberfläche abgestrahlt, deren Temperatur aber geringer ist als vorher. Der Stern ist ein Roter Riese geworden. Man kann diesen Vorgang im HRD darstellen: Der Stern wandert nach rechts oben (▸Abb.1). Wenn die Temperatur im Kern aus Helium etwa 100 Millionen Kelvin erreicht hat, zündet innerhalb weniger Sekunden im gesamten Kern eine neue Stufe der Kernfusion: Aus Helium-Kernen werden Kohlenstoff- und Sauerstoff-Kerne gebildet.
Bei noch massereicheren Sternen kann sich der Vorgang des Aufblähens mit anschließender Zündung einer neuen Fusionsstufe wiederholen. Solche Sterne können neben Kohlenstoff auch Neon, Stickstoff, Sauerstoff, Calcium, Silicium bis hin zu Eisen fusionieren. So werden in verschiedenen Schalen verschiedene Elemente fusioniert, in der äußersten Schale fusioniert dabei immer noch Wasserstoff zu Helium. Eine Fusion über das Element Eisen hinaus findet nicht statt, weil dazu Energie aufgewendet werden müsste.
Wenn die Temperatur für eine weitere Fusion im Kern nicht ausreicht, kollabiert dieser und wird elastisch an sich selbst reflektiert. Die ebenfalls kollabierende Hülle trifft auf den wieder expandierenden Kern und wird dort ebenfalls elastisch reflektiert und mit großer Geschwindigkeit abgestoßen. Je mehr Masse ein Stern hat, umso dramatischer ist dieser Vorgang. Je nach Masse werden verschiedene Endstadien erreicht:

Weiße Zwerge • Für Sterne mit einer Masse von weniger als acht Sonnenmassen bleibt nach dem Kollaps ein kleiner heißer Kern übrig. Dieser sogenannte weiße Zwerg besteht aus stark verdichtetem Plasma. Ein Teelöffel seiner Materie hat die Masse eines Autos. Demzufolge ist das Volumen des Sterns klein und er kühlt aufgrund seiner geringen Oberfläche nur langsam ab. Dabei wandert er im HRD immer weiter nach unten bzw. nach rechts unten (▸Abb.1). Die Elektronen in seinem Plasma können nicht weiter verdichtet werden. Elektronendruck und Gravitationsdruck halten sich beim weißen Zwerg das Gleichgewicht.
Die abgestoßene Hülle nennt man planetarischen Nebel. Er kann verschiedenste Formen annehmen, leuchtet aber nur für etwa 10 000 Jahre. ▸Abb. 2 zeigt zwei Beispiele. Die rote Farbe zeigt Stickstoff an, Sauerstoff leuchtet grün.

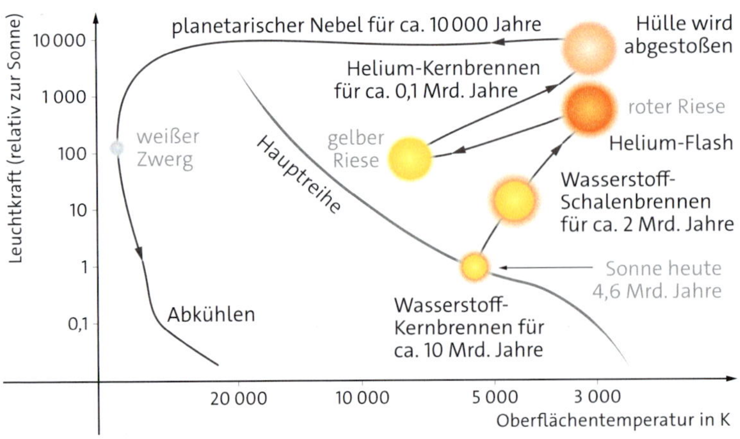

1 Die Entwicklung eines Sterns am Beispiel der Sonne

Neutronensterne • Bei Sternen mit einer Masse von etwa 8 bis 25 Sonnenmassen wird beim Kollaps des Kerns die Hülle in einer Supernova-Explosion weggeschleudert. Die Supernova leuchtet für einige Wochen so hell wie die gesamte Galaxie, in der sie sich befindet. ▸Abb. 2 A zeigt die Überreste einer Supernova aus dem Jahr 1054.

Im Zentrum bleibt ein Neutronenstern mit einer Masse von etwas mehr als einer Sonnenmasse. Sein Durchmesser beträgt einige zig Kilometer. Ein Neutronenstern entsteht, weil beim Kollaps die Elektronen mit den Protonen zu Neutronen reagieren. Dabei entsteht ein Objekt, das aus Materie besteht, die im großen Maßstab so dicht ist wie in Atomkernen. Ein Teelöffel dieser Materie hat die Masse von etwa 10^{12} kg, das entspricht der Masse von mehr als 1000 Supertanker-Schiffen.

Schwarze Löcher • Wenn die Sterne mehr als ca. 25 Sonnenmassen haben, kann nach der Supernova-Explosion aus dem Kern ein schwarzes Loch entstehen. Die Materie wird dabei so weit verdichtet, dass ein Gebiet entsteht, aus dem kein Licht entkommen kann.

Im Hauptreihenstadium fusionieren Sterne Protonen zu Helium-Kernen. Abhängig von ihrer Masse erreichen die Sterne verschiedene Endstadien:

$M < 8\,M_\odot$:	Weißer Zwerg
$8\,M_\odot < M < 25\,M_\odot$:	Neutronenstern
$M > 25\,M_\odot$:	Schwarzes Loch

Aus Sternenstaub • Bei Supernova-Explosionen werden auch Elemente gebildet, die schwerer sind als Eisen und im Universum sonst nicht vorkommen, z.B. Zink oder Iod. Beide Elemente kommen in unserem Stoffwechsel vor.

Die Atome unseres Körpers stammen also aus den Überresten von lange vergangenen Supernova-Explosionen. Aus einem Fragment eines solchen Überrests hat sich unser Sonnensystem gebildet. Die Sonne ist also kein Stern der ersten Generation.

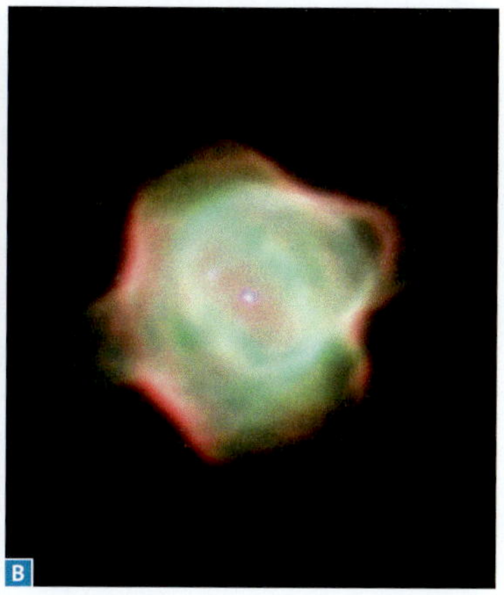

2 A Der Krebsnebel, Überrest einer Supernova-Explosion, B Planetarischer Nebel mit weißem Zwerg im Zentrum

Der Schwarzschild-Radius • Schwarze Löcher sind von der allgemeinen Relativitätstheorie vorhergesagte kugelförmige Bereiche, in denen die Raumkrümmung durch Gravitation so stark ist, dass ihnen nicht einmal Licht entkommen kann. Der Radius dieses kugelförmigen Bereichs heißt **Schwarzschild-Radius.** Mithilfe der Relativitätstheorie kann man eine Formel herleiten:

Der Schwarzschild-Radius R_S eines schwarzen Lochs ist proportional zu seiner Masse M:

$$R_S = \frac{2G \cdot M}{c^2}.$$

Dabei beträgt die Gravitationskonstante $G = 6{,}67 \cdot 10^{-11}\,\frac{\mathrm{N \cdot m}}{\mathrm{kg^2}}$

und die Lichtgeschwindigkeit $c = 3{,}00 \cdot 10^8\,\frac{\mathrm{m}}{\mathrm{s}}$.

1 Ein schwarzes Loch mit Erdmasse hat einen Schwarzschild-Radius von $R_S = 8{,}8$ mm. Bei einem schwarzen Loch mit der Masse der Sonne wäre $R_S = 3$ km. Vergleichen Sie das Massenverhältnis mit dem Verhältnis der Schwarzschild-Radien.

2 Berechnen Sie den Schwarzschild-Radius des supermassiven schwarzen Lochs im Zentrum der Galaxie M87. Seine Masse beträgt 2,5 Milliarden Sonnenmassen. Vergleichen Sie mit dem Radius der Neptunbahn.

Das Symbol ⊙ steht in der Astronomie für die Sonne.

BLICKPUNKT

Bestimmung der Entfernung der Supernova SN1987A

Im Februar 1987 wurde in einer benachbarten Zwerggalaxie, der Großen Magellanschen Wolke, das Aufleuchten einer Supernova beobachtet (▸Abb. 1). Die Helligkeit stieg für etwa 300 Tage stark an, dann nahm sie allmählich wieder ab (▸Abb. 2 A). Wenn man die Entfernung dieser Supernova bestimmt, dann kennt man auch die Entfernung der Großen Magellanschen Wolke.
1994 gelang mit dem Hubble-Weltraumteleskop eine detaillierte Aufnahme der näheren Umgebung der Explosion (▸Abb. 3). Das helle Objekt in der Mitte ist eine dichte Staubwolke, in der sich der Neutronenstern befindet. Dessen Existenz konnte 2019 nachgewiesen werden.
Der helle Ring in ▸Abb. 3 tritt nur selten bei Supernovae auf. Er wurde bereits vor der eigentlichen Explosion abgestoßen und war die hauptsächliche Lichtquelle von SN1987A. Er wurde bei der Explosion von energiereicher Strahlung getroffen und leuchtete auf. Wieso dauerte es 300 Tage, bis die Lichtkurve ihr Maximum erreichte?

Der Ring erscheint als Ellipse, weil er schräg zu uns steht (▸Abb. 2 B). Aus dem Verhältnis des verkürzten und des unverkürzten Durchmessers in ▸Abb. 3 kann man den Neigungswinkel bestimmen. Er beträgt etwa 45°. Als der Ring aufleuchtete, sandte er Licht auch in unsere Richtung (▸Abb. 2 B) aus. Das Licht, das von Punkt A ausgeht, erreichte uns eher als das Licht von Punkt B. Hätte man den Ring schon 1987 mit dem Hubble-Teleskop anvisieren können, hätte man folgendes beobachtet: Der Ring hätte für den Beobachter auf der Erde zuerst am Punkt A aufgeleuchtet. Das Aufleuchten hätte sich von unten nach oben über den ganzen Ring ausgebreitet, bis es nach 300 Tagen den Punkt B erreicht hätte.

Der Gangunterschied des Lichts von den Punkten A und B zu uns beträgt also ein knappes Lichtjahr. Aus dem Neigungswinkel des Rings kann man auf einen Ringdurchmesser von etwa $D = 1{,}2\,\text{Lj}$ schließen. Der Winkel, unter dem der Ringdurchmesser D von der Erde aus erscheint, beträgt etwa $\alpha = 4 \cdot 10^{-4}°$. Daraus können wir die Entfernung r der Supernova berechnen: $\tan\alpha = \frac{D}{r}$.
Wir erhalten als Näherung $r = 160\,000\,\text{Lj}$. Daraus können wir schließen, dass die Supernova vor etwa 160 000 Jahren explodiert ist und dass sich die Große Magellansche Wolke in einem Abstand von etwa 160 000 Lj befindet.

1 Das Aufleuchten der Supernova SN1987A

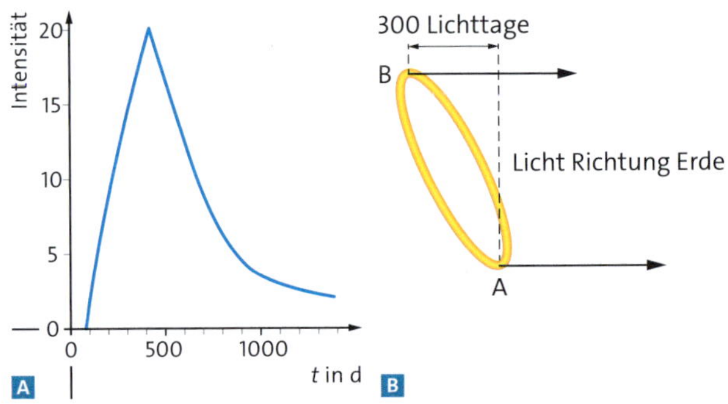

2 **A** Lichtkurve und **B** verschiedene Lichtlaufwege

3 Aufnahme von 1994 von SN1987A mit dem Hubble-Teleskop

Material A • Größe und Häufigkeit von Riesensternen

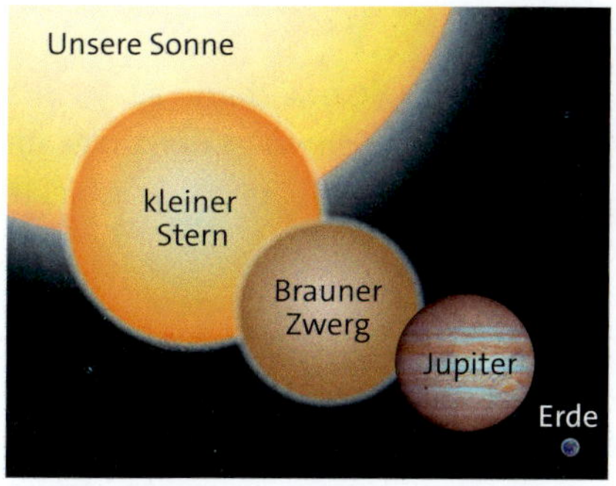

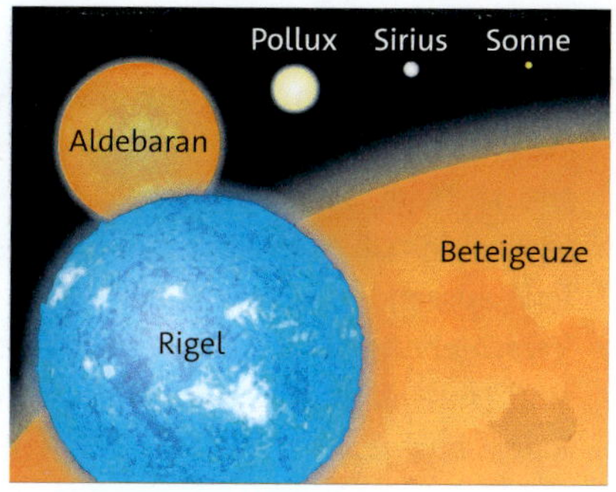

Wenn man Statistik mit Sternen machen will, muss man unterscheiden zwischen den Sternen, die man beobachten kann, und den Sternen, die es im Mittel in unserer Galaxie gibt. Dabei ergibt sich aus den Sterndaten:

1. Die weitaus meisten Sterne in der Milchstraße sind kleiner als die Sonne und leuchten eher orange bis rötlich (Abbildung links). Von den 50 Sternen in unserer Umgebung sind nur 10 heißer oder größer als die Sonne. Wenn unser Abschnitt der Milchstraße ein repräsentativer Ausschnitt ist, und davon gehen wir aus, dann sind sehr heiße Sterne und Riesensterne deutlich in der Unterzahl.
2. Die meisten Sterne, die wir beobachten können, sind Riesensterne, von denen es sowohl sehr heiße als auch kühlere gibt. Von den 50 hellsten Sternen am Himmel sind bis auf Alpha Centauri B alle heller und größer als die Sonne. Ein Größenvergleich ist in der rechten Abbildung gezeigt.

A1 Ordnen Sie die Sterne aus den Abbildungen in das HRD ein.

A2 In Bezug zur Aussage 1 der linken Spalte sagt Max: „Das ist wie beim Fernsehprogramm oder im Netz: Wenn man sich da die Leute so anschaut, denkt man, dass der durchschnittliche Mensch schön und berühmt ist. In Wirklichkeit ist es aber ganz anders, weil die durchschnittliche Person im Fernsehen gegenüber den Celebrities unterrepräsentiert ist." Erläutern Sie die Analogie von Max. Zeigen Sie auch die Mängel dieser Analogie auf.

Material B • Alter von Sternhaufen

B1 Die linke Abbildung zeigt den Sternhaufen M67, dessen Sterne alle etwa zur gleichen Zeit entstanden sind. Er enthält zahlreiche Hauptreihensterne und einige rote Riesen. Sterne, die sehr heiß und sehr hell sind, enthält er praktisch keine mehr.
Wenn man für einen Sternhaufen wie im HRD die Leuchtkraft *L* über der Temperatur *T* der Sterne aufträgt, kann man Aussagen über sein Alter machen.
a) Skizzieren Sie das *L*(*T*)-Diagramm für einen Sternhaufen, dessen Sterne noch jung sind.
b) Zeichnen Sie ein, welche Sterne zuerst die Hauptreihe verlassen und in welche Richtung im Diagramm sie sich bewegen.

B2 In der rechten Abbildung sind neben den Sternen von M67 in Gelb auch noch die Sterne des Sternhaufens NGC 188 in Blau eingetragen. Vergleichen Sie das Alter der Sternhaufen M67 und NGC 188. Die Farben dienen hier nur der Unterscheidung der Sterne der beiden Haufen.

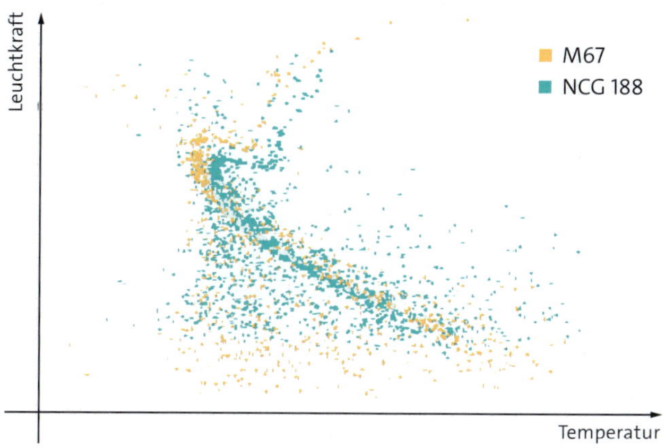

BLICKPUNKT

Gravitationswellen

Verschiebungen in der Raumzeit • Die allgemeine Relativitätstheorie sagt voraus, dass sich umkreisende Objekte Gravitationswellen aussenden. Diese sind kleine Verschiebungen in der Raumzeit, die sich mit Lichtgeschwindigkeit im Raum ausbreiten (▸Abb.1). Nachweisen kann man die Gravitationswellen theoretisch dadurch, dass sie einen Probekörper zum Schwingen bringen oder die Wellenlänge von elektromagnetischer Strahlung periodisch verändern.

Allerdings sind alle von Körpern im Sonnensystem erzeugten Gravitationswellen zu schwach, um einen messbaren Effekt zu erzeugen. Stärkere Gravitationswellen bekommt man von Körpern, die aufgrund ihrer großen Dichte eine große Raumzeitkrümmung erzeugen und sich zusätzlich in kleinem Abstand mit großer Frequenz umkreisen.

Todesspirale • Kandidaten dafür sind schwarze Löcher oder Neutronensterne, die miteinander verschmelzen. Sie umkreisen einander in einer immer enger werdenden Spirale. Bei diesem Vorgang wächst nicht nur die Frequenz der Gravitationswelle stark an, sondern auch ihre Amplitude. Erst in der letzten Sekunde vor der Verschmelzung ist die Amplitude der Gravitationswelle so groß, dass sie durch empfindlichste Messgeräte auf der Erde nachgewiesen werden kann. Mit der allgemeinen Relativitätstheorie kann man die Schwingungskurve in Abhängigkeit von den Massen der beteiligten schwarzen Löcher voraussagen.

Umgekehrt kann man aus einer gemessenen Schwingungskurve auf die Massen der beteiligten Objekte schließen.

Simulation der Verschmelzung • Es gibt Simulationen, die zeigen, wie eine solche Verschmelzung von schwarzen Löchern aussähe, wenn man sie optisch beobachten könnte. Zwei Screenshots sind in ▸Abb.2 gezeigt: das erste von etwa einer zwanzigstel Sekunde vor der Verschmelzung, das zweite vom Moment der Verschmelzung der beiden Schwarzen Löcher.

Nachweis ausgeschlossen? • Allerdings sind die nächsten Neutronensterne und schwarzen Löcher zu weit entfernt, um die Gravitationswellen von normalen Umläufen zu detektieren. Zudem sind Verschmelzungsprozesse sehr selten und wenn sie geschehen, dann meist in einer weit entfernten Galaxie.

Bis vor wenigen Jahren ging man daher davon aus, dass die zugehörigen Gravitationswellen nicht nachweisbar sind.
Die Technik, um Gravitationswellen nachzuweisen, wurde in den vergangenen Jahren immer mehr verbessert. Mit ihnen kann mittlerweile eine Raumdehnung um den Faktor 10^{-22} gemessen werden. Das entspricht einer Änderung des Durchmessers der Erdbahn um einen Atomdurchmesser. Die Kunst der Messung besteht darin, zu verhindern, dass das Signal der Gravitationswelle im Rauschen der Umgebungsvibrationen untergeht.

1 Schematische Darstellung der Krümmung der Raumzeit durch eine Gravitationswelle

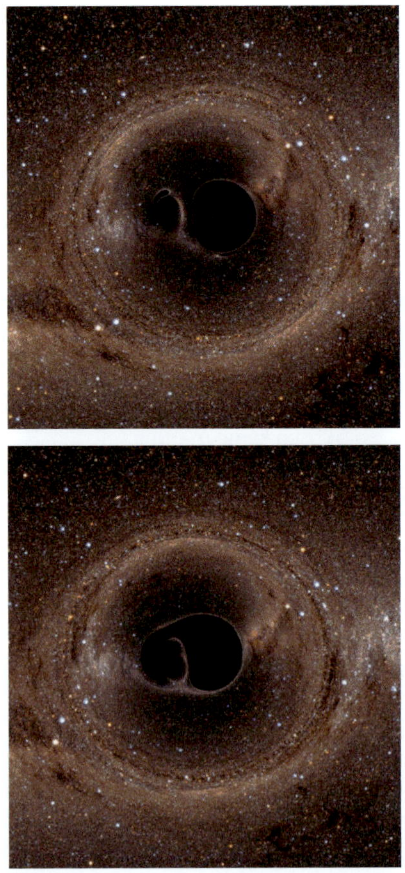

2 Momentaufnahmen einer Simulation der Verschmelzung von zwei schwarzen Löchern

Der Nachweis von Gravitationswellen

In Hanford und Livingstone in den USA, mehrere 1000 km voneinander entfernt, und in Virgo, Italien, wurden über viele Jahre drei Inteferometer-Messstationen aufgebaut und optimiert. Jeder Arm der Interferometer hat eine Länge von einigen Kilometern (▸Abb. 3). Um Vibrationen aus der Umgebung zu minimieren, wurden für die Reflexion schwere Spiegel aufgehängt.

Am 14. September 2014 war es so weit: Alle drei Messstationen zeichneten ähnliche Kurven auf, die sich nur durch Störschwingungen unterschieden (▸Abb. 4). Die dunkle Linie ist jeweils die theoretische Vorhersage. Für diese wurden die Massen der schwarzen Löcher so angepasst, dass Theorie und Experiment möglichst gut übereinstimmten.

Die Signale kamen leicht zeitversetzt an, zuerst in Livingston, dann in Hanford und schließlich in Virgo. Aus den geringen Zeitunterschieden konnte man die Richtung ermitteln, aus der die Gravitationswelle kam. Die Quelle war eine Galaxie in einer Entfernung von etwa einer Milliarde Lichtjahren, in der zwei schwarze Löcher miteinander verschmolzen waren. Die Gravitationswelle war also etwa 1 Milliarde Jahre unterwegs und ihre Energie verteilte sich in dieser Zeit im Raum. Wieviel Energie wurde dabei freigesetzt?

Durch Simulationen konnte man die Verschmelzung nachstellen. Das eine schwarze Loch hatte demnach eine Masse von 36, das andere von 29 Sonnenmassen.

Das neu entstandene vereinigte Objekt hatte jedoch statt 65 nur 62 Sonnenmassen. Die Energie von 3 Sonnenmassen wurde innerhalb weniger zehntel Sekunden ins All gestrahlt. In diesen Sekundenbruchteilen strahlten die verschmelzenden schwarzen Löcher so viel Energie ab, wie das gesamte restliche beobachtbare Universum mit allen Sternen und Galaxien zusammen aufweist.

Seit der ersten Entdeckung wurden zahlreiche weitere Ereignisse mit Gravitationswellen registriert. Auch die Verschmelzung von Neutronensternen hat man auf diese Weise beobachtet. 2017 bekamen die beteiligten Forscher den Nobelpreis für die Entdeckung der von EINSTEIN vorhergesagten Wellen.

Die Untersuchung von Gravitationswellen stellt eine völlig neue Möglichkeit zur Erforschung des Universums dar und wird noch zahlreiche neue Erkenntnisse ermöglichen. Bisher glaubte man zum Beispiel, dass schwarze Löcher entweder stellar sind, also nur einige wenige Sonnenmassen haben, oder supermassiv im Zentrum von Galaxien mit Milliarden Sonnenmassen auftreten. Schwarze Löcher mit bis zu 80 Sonnenmassen, wie sie in den letzten Jahren mithilfe der Gravitationswellen entdeckt wurden, hielt man nicht für möglich. Schlüssige Theorien für ihre Entstehung gibt es noch nicht.

1 Berechnen Sie mithilfe der Messkurven eine typische Wellenlänge der nachgewiesenen Gravitationswellen.

3 Das Interferometer in Hanford

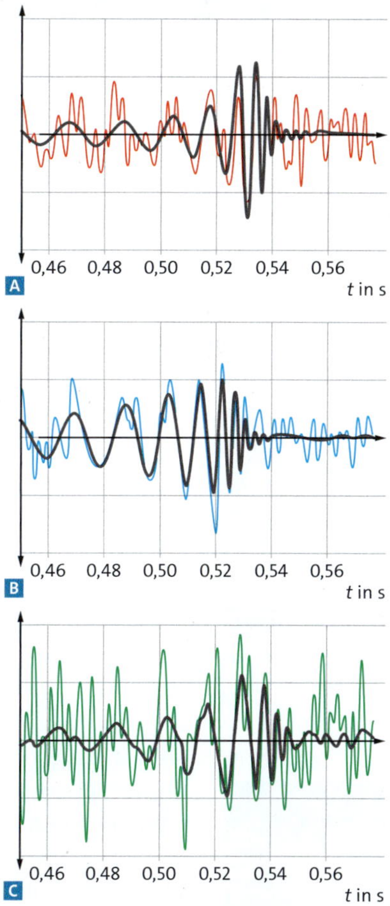

4 Die Messkurven aus
A Hanford (US-Staat Washington),
B Livingstone (US-Staat Louisiana),
C Virgo (Italien)

1 Der Satellit TESS

Exoplaneten

Seit 2018 umkreist der Satellit TESS die Erde. Mittlerweile hat er bereits über 50 Planeten in anderen Planetensystemen gefunden. Warum kann man die meisten dieser Planeten nicht direkt beobachten? Wie kann man Planeten indirekt entdecken?

Entdeckung neuer Welten • Planeten außerhalb unseres Sonnensystems heißen Exoplaneten. Sie umkreisen also einen anderen Stern als die Sonne. Unser Nachbarstern, Proxima Centauri, befindet sich in vier Lichtjahren Entfernung und tatsächlich hat dieser Stern mindestens einen Exoplaneten. Bis zum Jahr 2020 hat man über 4000 Exoplaneten entdeckt.

2 Bereich, in dem die meisten Exoplaneten entdeckt wurden.

▸Abb. 2 zeigt den kleinen Bereich unserer Milchstraße, in dem die meisten Exoplaneten entdeckt wurden. Es handelt sich um ein Gebiet mit einem Radius von etwa 10000 Lichtjahren. Der Großteil der entdeckten Planetensysteme ist also viele Hundert oder Tausend Lichtjahre entfernt.

3 Der erste direkt beobachtete Exoplanet (unten links)

Direkte Beobachtung • Da Planeten keine Lichtquellen sind, sondern lediglich das Licht ihres Zentralgestirns reflektieren, sind Exoplaneten auch mit den besten Teleskopen meist nicht direkt zu beobachten. Ein Großteil ist zu weit entfernt und auch die näheren verschwinden in der Regel im Glanz ihres Sterns. Nur relativ lichtstarke Exoplaneten mit ausreichend Abstand vom Stern und mit einer Entfernung von weniger als 200 Lichtjahren zu uns können bislang direkt beobachtet werden. ▸Abb. 3 zeigt eine Aufnahme eines Exoplaneten in der Nähe seines Sterns im Sternbild Skorpion.

Wie findet man Exoplaneten, die man nicht direkt beobachten kann? Es gibt dafür mehrere Methoden.

Die Transitmethode • Die Methode, mit der die meisten Exoplaneten entdeckt wurden, ist die Transitmethode. Wenn ein Planet vor einem Stern vorbeizieht, nennt man dies einen Transit. Während des Transits ist die scheinbare Helligkeit des Sterns verringert. Dies zeigt sich in dessen Lichtkurve (▸Abb. 4).

Aus der Lichtkurve kann man verschiedene Informationen gewinnen:

Zunächst kann man die Zeit für einen Transit und die Zeit für einen Umlauf des Planeten ablesen. Aus der Transitzeit des Planeten und dem Sterndurchmesser kann man auf die Geschwindigkeit des Planeten schließen. Den Sterndurchmesser erhält man z. B. aus der Temperatur und der Leuchtkraft des Sterns.
Aus der Umlaufdauer und der Geschwindigkeit des Planeten kann man die Masse des Sterns bestimmen. Schließlich kann man aus der Transittiefe, also aus dem relativen Intensitätsabfall der Lichtkurve, die Querschnittsfläche des Planeten und damit seinen Radius abschätzen.

Die Radialgeschwindigkeitsmethode • Die Radialgeschwindigkeitsmethode nutzt aus, dass sich Stern und Planet um einen gemeinsamen Schwerpunkt bewegen. Da die Masse des Sterns typischerweise deutlich größer als die Masse des Planeten ist, ist die Kreisbewegung des Sterns deutlich kleiner als die des Planeten. Dennoch macht sie sich durch den Doppler-Effekt in einer periodischen Rot- und Blauverschiebung des Sternspektrums bemerkbar. Das Vorhandensein massereicher Planeten um den Stern lässt sich so über eine Variation der Radialgeschwindigkeit nachweisen. Immer wenn sich der Planet auf uns zu bewegt, entfernt sich der Stern von uns und sein Spektrum ist rotverschoben, und umgekehrt. Der Anteil der Geschwindigkeit in unsere Richtung wird Radialgeschwindigkeit genannt. Eine aus der Verschiebung des Spektrums gewonnene Kurve der Radialgeschwindigkeit des Sterns 51 Peg ist in ▸Abb. 5 gezeigt. Wenn man zusätzlich zur Geschwindigkeit des Sterns die Geschwindigkeit des Planeten kennt, z. B. aus der Transitmethode, kann man die Masse des Planeten bestimmen.

Die Mikrogravitationslinsenmethode • Das Licht von Objekten kann durch einen davor liegenden Stern ein wenig abgelenkt werden. Grund dafür ist die Raumkrümmung durch den Stern, die sich in einem kleinen Gravitationslinseneffekt bemerkbar macht. Wenn sich um den Stern ein Planet bewegt, dann bewegen sich beide um einen gemeinsamen Schwerpunkt. Dadurch wird das durch den Gravitationslinseneffekt beeinflusste Bild, z. B. eines weiteren Sterns, periodisch verändert. Die dazu notwendige exakte Ausrichtung der Sterne

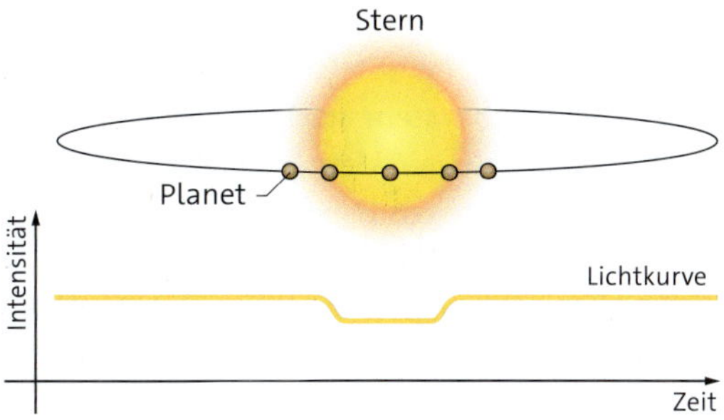

4 Lichtkurve eines Sterns beim Transit eines Planeten

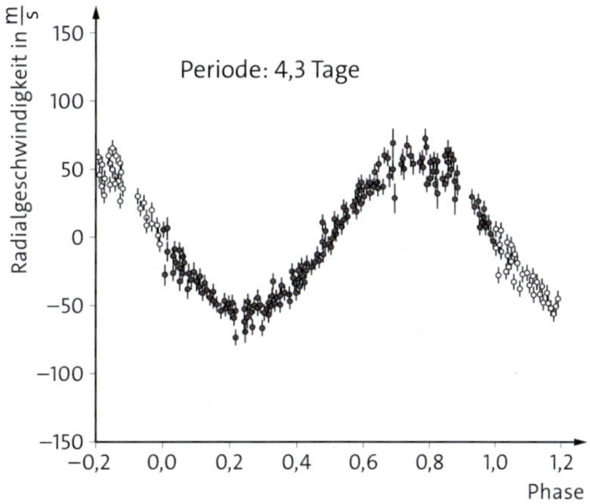

5 Graph der Radialgeschwindigkeit des Sterns 51 Peg über der Phase zum Nachweis des Planeten 51 Peg b

hintereinander ist zwar selten, aber der Effekt wurde bereits beobachtet.

Etwa 90 % der Exoplaneten wurden mit der Transit- oder der Radialgeschwindigkeitsmethode entdeckt. Mit der Mikrogravitationslinsenmethode gelang es vor allem Hinweise auf weiter entfernte Exoplaneten zu bekommen.

1 Für den Transit eines Exoplaneten kann es verschiedene Lichtkurven geben, je nachdem, ob der Transit auf oder neben dem Durchmesser erfolgt.
a) Zeichnen Sie zwei Beispiel-Lichtkurven.
b) Sonnenflecken sind Stellen mit Eruptionen auf der Sonnenoberfläche. Die Helligkeit ist an diesen Stellen geringer (▸Abb. 6).
Nehmen Sie an, ein Exoplanet passiert einen Stern und läuft dabei über einen Sonnenfleck dieses Sterns.
Skizzieren Sie, wie sich der Sonnenfleck auf die Lichtkurve auswirkt.

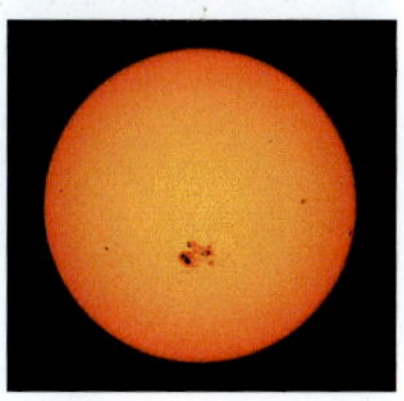

6 Sonnenflecken

Jedem Stern seine Planeten? • Unter den 400 uns nächstgelegenen Sternen konnte bei etwa 60 ein Planetensystem nachgewiesen werden. Heißt das, dass nur ein kleiner Teil der Sterne von Planeten umkreist wird?

Die Transitmethode ist die Methode, mit der am meisten Exoplaneten entdeckt wurden. Sie kann aber nur angewandt werden, wenn ein Planet vor dem Zentralgestirn vorbeiläuft. Man muss praktisch von der Seite auf das Planetensystem blicken. Bei den meisten Planetensystemen ist das jedoch nicht der Fall.

Wenn also bei einem Stern kein Planet entdeckt wird, bedeutet dies keineswegs, dass er keine Planeten hat, sondern nur, dass mit den bekannten Methoden bisher keiner nachgewiesen werden konnte. Man geht mittlerweile davon aus, dass jeder Stern im Schnitt von mehr als einem Planeten umkreist wird.

Flüssiges Wasser für Leben • Da Exoplaneten so weit entfernt sind, kann man sie in absehbarer Zeit genauso wenig besuchen wie unsere Nachbarsterne. Kann man wenigstens darüber Aussagen machen, ob Leben auf ihnen möglich ist?
Wir gehen mittlerweile davon aus, dass für die Entstehung von Leben in der uns bekannten Form flüssiges Wasser vorhanden sein muss. Dies bedeutet, dass es auf einem Planeten weder zu heiß noch zu kalt sein darf.

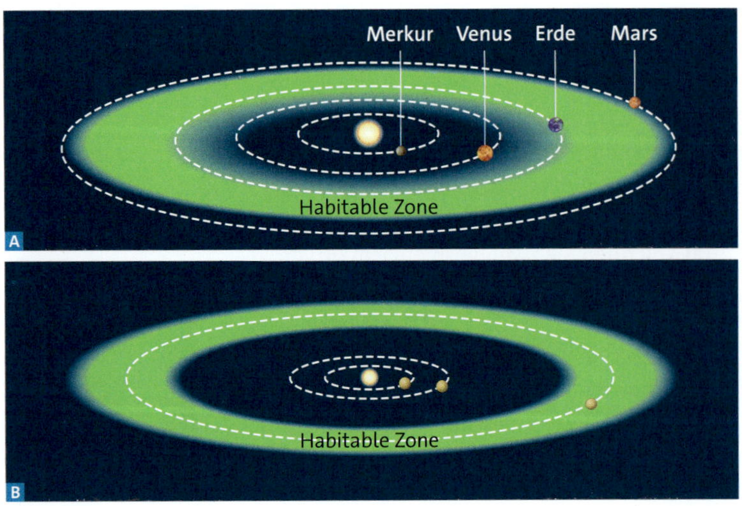

1 Die habitable Zone im Planetensystem **A** der Sonne und **B** des Sterns 55 Cancri

Die habitable Zone • Welche Temperatur sich auf einem Planeten einstellt, hängt davon ab, wie viel Energie das Zentralgestirn pro Sekunde emittiert und in welcher Entfernung sich der Planet befindet. Um jeden Stern gibt es eine ringförmige Zone, die habitable Zone genannt wird. In dieser Zone könnte Wasser, sofern vorhanden, dauerhaft in flüssiger Form vorliegen. Außerhalb dieser Zone ist es entweder zu kalt oder zu heiß dafür.

Die Erde befindet sich am inneren Rand der habitablen Zone des Sonnensystems, die Venus ist zu nahe an der Sonne, der Mars zu weit entfernt (▸Abb. 1).

Der Stern 55 Cancri befindet sich im Sternbild Krebs. In seiner Umgebung hat man fünf Exoplaneten entdeckt. 55 Cancri ist ein sonnenähnlicher Stern mit etwas geringerer Temperatur als die Sonne. Sein Radius und damit auch seine Leuchtkraft sind kleiner als die der Sonne. Seine habitable Zone befindet sich folglich ein wenig näher am Stern als bei der Sonne (▸Abb. 1).

Vier Planeten befinden sich zu nahe an 55 Cancri, als dass dort dauerhaft flüssiges Wasser vorliegen könnte. Der fünfte und äußerste Planet mit dem Namen 55 Cancri f befindet sich in der habitablen Zone des Sterns. Er ist jedoch wahrscheinlich kein erdähnlicher Planet, auf dem sich ein Ozean bilden könnte, sondern eher ein Gasriese von der Art des Jupiters. 55 Cancri f könnte allerdings Monde mit erdähnlicher Oberfläche haben. Wenn diese Monde groß genug sind, könnten sie auch von einer Atmosphäre umgeben sein.

Die mit Abstand meisten Exoplaneten, die man gefunden hat, befinden sich zu nahe an ihrem Zentralgestirn, sind also zu heiß für flüssiges Wasser. Viele andere sind wiederum zu kalt. Weniger als 5 Prozent der entdeckten Exoplaneten befinden sich innerhalb der habitablen Zone. Davon sind die Mehrzahl Gasplaneten.

Bis zum Jahr 2020 wurden nur etwa 30 erdähnliche Planeten gefunden, auf denen Wasser flüssig sein könnte. Das ist weniger als 1% der bis 2020 entdeckten 4000 Exoplaneten.

Leben auf anderen Planeten? • Wenn es auf anderen Planeten günstige Voraussetzungen für die Entwicklung von Leben gibt, dann kann man vielleicht aus der Ferne Hinweise darauf entdecken. Solche Hinweise könnten Sauerstoff, Wasserdampf, Methan oder Stickstoffverbindungen in der Atmosphäre eines Planeten sein. Wie kann man die Atmosphäre eines Planeten aus großer Entfernung untersuchen?

Wenn ein Exoplanet mit Atmosphäre an einem Stern vorbeizieht, passiert ein Teil des Sternenlichts zunächst die Atmosphäre (▸Abb. 2). Dabei absorbieren die in der Atmosphäre enthaltenen chemischen Stoffe bei bestimmten Wellenlängen teilweise das Sternenlicht.
Dadurch entstehen zusätzlich zu den Absorptionslinien des Sternenlichts noch weitere aufgrund der Planetenatmosphäre. Auf diese Weise können zahlreiche Stoffe, die nicht in Sternatmosphären vorkommen, nachgewiesen werden. Aus dem absorbierten Lichtanteil kann man auf die Häufigkeit der Stoffe schließen.

▸Abb. 3 zeigt schematisch ein Spektrum mit Absorptionslinien von Natrium und Kalium im sichtbaren Bereich und einen Teil des Absorptionsspektrums von Wasserdampf im Infrarot-Bereich. Im Diagramm ist nach oben der Anteil des absorbierten Lichts bei der jeweiligen Wellenlänge in Prozent angegeben.

Das Hubble-Weltraumteleskop hat eine Spezialkamera, um die Absorptionslinien im Wellenlängenbereich von etwa 2 000 nm aufzunehmen. In diesem Bereich haben Wasserdampf und Methan charakteristische Linien.
Die Punkte in ▸Abb. 4 zeigen Messwerte von Hubble für den Exoplaneten HD 189733b. Man hat zahlreiche Modellrechnungen dazu durchgeführt. Dazu geht man jeweils von einer bestimmten Zusammensetzung der Atmosphäre aus und berechnet die Absorption im Wellenlängenbereich zwischen 1,45 und 2,5 mm. Zwei Ergebnisse sind in ▸Abb. 4 dargestellt. Die blaue Kurve erhält man, wenn man eine Atmosphäre mit Wasserdampf modelliert. Wenn man zusätzlich Methan in der Atmosphäre annimmt, erhält man die orangefarbene Kurve.

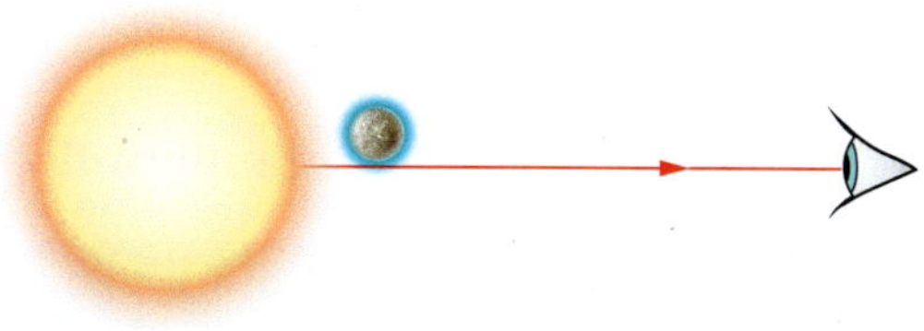

2 Die Atmosphäre des Planeten verringert die beobachtete Gesamthelligkeit des Sterns.

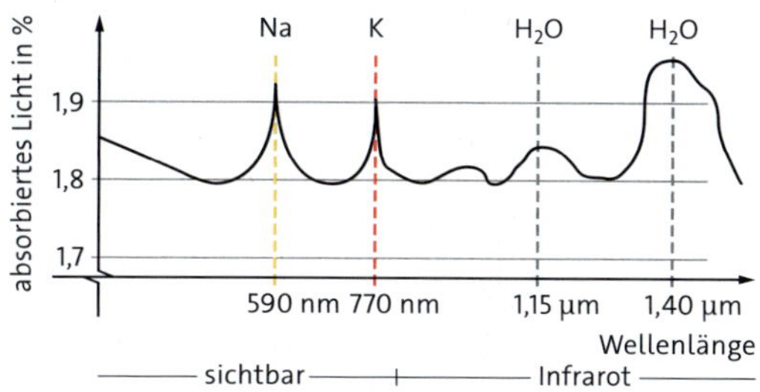

3 Schematische Darstellung eines Absorptionsspektrums

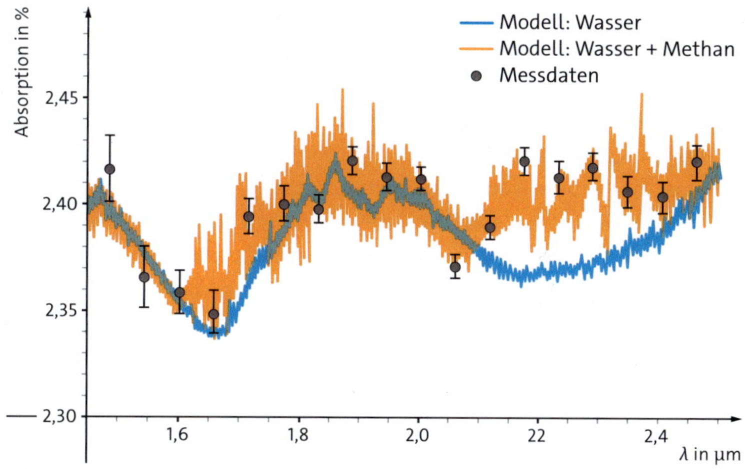

4 Messergebnisse des Hubble-Weltraumteleskops und Modellrechnung

Die Übereinstimmung der Messwerte mit der orangefarbenen Linie ist im Rahmen der Unsicherheiten sehr gut. Offensichtlich kann das Spektrum von HD 189733b durch eine Atmosphäre mit Wasserdampf und Methan erklärt werden.

1 Der Planet Merkur liegt nicht in der habitablen Zone des Sonnensystems.
a) Erläutern Sie, in welchem Bereich des HRD sich die Sonne etwa befinden müsste, damit Merkur in der habitablen Zone liegen würde.
b) Erläutern Sie, wieso sich in etwa 5 Milliarden Jahren Jupiter für relativ kurze Zeit in der habitablen Zone befinden wird.

BLICKPUNKT

Die Drake-Gleichung: Wie wahrscheinlich ist außerirdisches Leben?

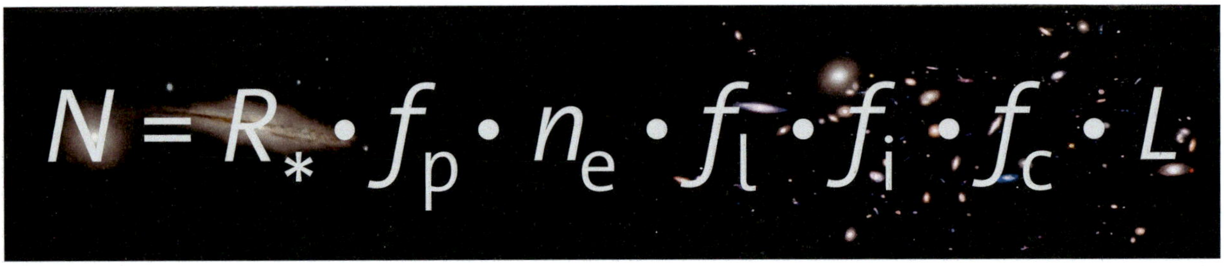

1 Drake-Gleichung

Wer hat sich noch nicht ausgemalt, wie ein erster Kontakt mit einer außerirdischen Zivilisation ablaufen könnte? Wie könnte man die Wahrscheinlichkeit dafür abschätzen? 1962 stellte der Astrophysiker FRANK DRAKE die nach ihm benannte Gleichung auf (▸Abb. 1). Dabei bedeuten die einzelnen Größen:

- N ist die Anzahl der außerirdischen Zivilisationen in unserer Galaxie, die fähig und gewillt sind, mit uns Kontakt aufzunehmen.
- R_* ist die mittlere Sternentstehungsrate pro Jahr in unserer Galaxie und hat etwa die Größenordnung 10.
- f_p ist der Anteil an Sternen mit Planetensystem. Wir gehen inzwischen davon aus, dass dieser Anteil nahe 1 liegt.
- n_e ist die Anzahl von Planeten in der habitablen Zone pro Stern. Unsere bisherigen Beobachtungen deuten darauf hin, dass n_e zwischen 1 und 5 liegt. Dies bedeutet, dass es in unserer Galaxie etwa 40 Milliarden Planeten in der habitablen Zone gibt.
- f_l ist unter den Planeten der Teil, die Leben beherbergen.
- f_i ist unter den Planeten mit Leben der Anteil mit intelligentem Leben.
- f_c ist unter den Planeten mit intelligentem Leben der Anteil, der mit uns Kontakt aufnehmen kann und will.
- L ist die Lebensdauer einer Zivilisation.

Für die drei Faktoren f_l, f_i und f_c kann es nur grobe Schätzungen geben: Hinweise für den Faktor f_l versucht man durch die Analyse von Planetenatmosphären zu bekommen. Man geht aber davon aus, dass auf einem Planeten in der habitablen Zone im Lauf von Milliarden von Jahren Leben entsteht.

Für die Tatsache, dass f_i klein ist, spricht, dass unter den 50 Milliarden Arten, die auf der Erde entstanden sind, nur eine so intelligent ist, dass sie eine technische Zivilisation hervorgebracht hat.
Ähnlich schwierig ist eine Abschätzung von f_c. Wie kommunikativ andere Zivilisationen sein könnten, ist reine Spekulation. Wenn allerdings außerirdische Zivilisationen mit anderen Zivilisationen so umgehen würden, wie Kolonialherren mit ihren Kolonien, dann sollten wir uns lieber nicht bemerkbar machen. Vielleicht denken so auch andere Zivilisationen. Zudem ist aufgrund der großen Abstände zwischen den Planetensystemen ein Informationsaustausch nur mit jahrelangen Wartezeiten möglich.

Bei der Abschätzung der mittleren Lebensdauer L einer Zivilisation können wir nur von unserer eigenen Zivilisation ausgehen. Erstaunlicherweise scheint es für die Zivilisation eines Planeten nicht unbedingt oberste Priorität zu sein, die Bedingungen auf dem Planeten optimal für künftige Generationen zu erhalten. Wenn wir unser Wirken auf der Erde beobachten, müssen wir annehmen, dass unsere Zivilisation vielleicht nur eine Lebensdauer von einigen hundert Jahren hat. Durch kluges Haushalten mit den Ressourcen könnte man die Lebensdauer aber wahrscheinlich um einige Größenordnungen erhöhen.

Da die Unsicherheiten bei den einzelnen Faktoren teilweise sehr groß sind, sind auch die Ergebnisse der Drake-Gleichung sehr unterschiedlich. Je nach Annahme erhält man Ergebnisse für N von 10^{-13} über 1 bis 10^6. Es gibt zahlreiche Varianten der Drake-Gleichung. Eine seriöse Aussage über die Wahrscheinlichkeit eines Kontakts mit einer außerirdischen Zivilisation kann jedoch mit keiner davon gemacht werden.

Material A • Lichtkurven

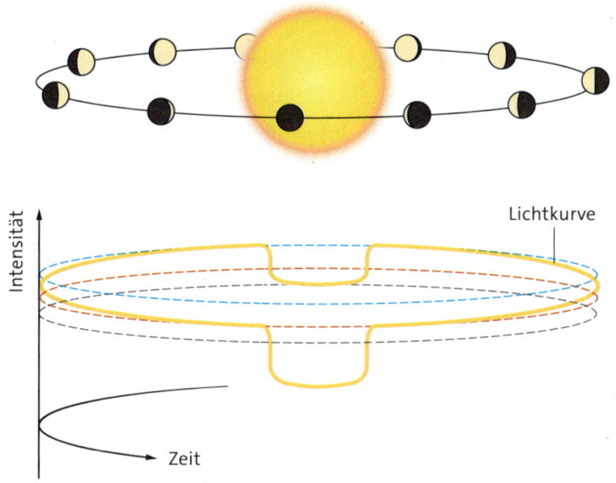

A1 In der Abbildung links ist die Lichtkurve räumlich so dargestellt, dass man jeden Punkt der Lichtkurve der entsprechenden Phase des Planetenumlaufs zuordnen kann.

a) Erklären Sie, warum die Lichtkurve zwei Einkerbungen aufweist.

b) Erklären Sie, warum die Lichtkurve von vorne nach hinten ansteigt.

A2 Erläutern Sie, wie folgende Lichtkurve (Originaldaten) zustande kommen könnte.

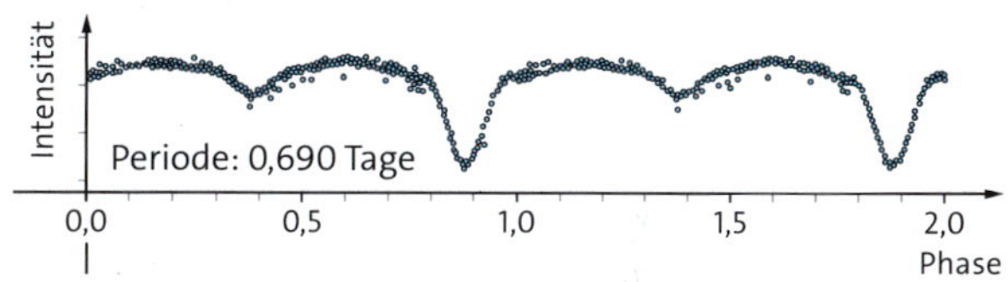

Material B • Das Planetensystem Trappist-1

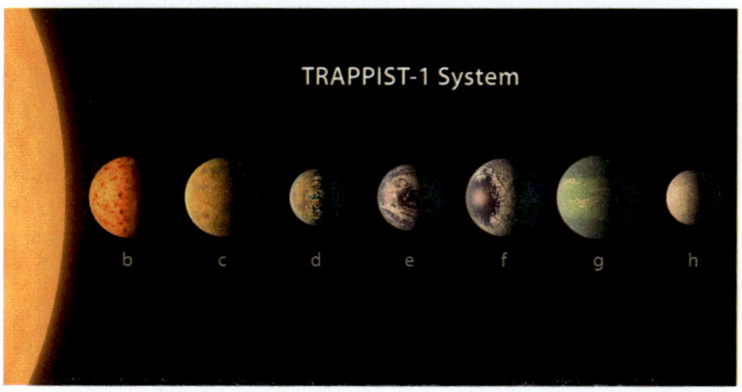

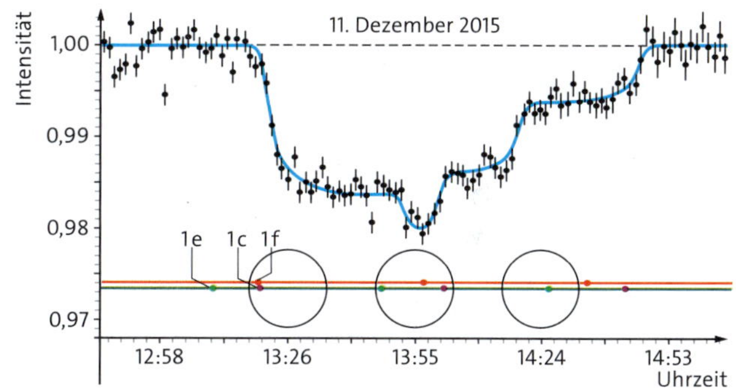

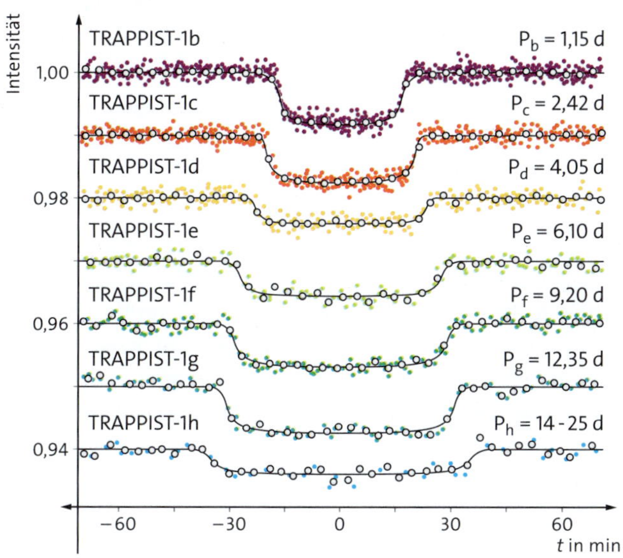

Der Stern Trappist-1 wird von wenigstens sieben Planeten umkreist. Die Oberflächen hat man nicht direkt beobachtet, die Abbildung zeigt eine künstlerische Darstellung. Die Aufreihung zeigt die Planeten in ihrer Reihenfolge von innen nach außen. Je weiter außen ein Planet den Stern umkreist, umso kleiner ist seine Geschwindigkeit.

B1 Treffen Sie mithilfe der Lichtkurven in der linken Abbildung Aussagen über die Flächen und Geschwindigkeiten der einzelnen Planeten und vergleichen Sie mit der künstlerischen Darstellung.

B2 Die Abbildung oben zeigt die Lichtkurve von Trappist vom 11. Dezember 2015.

a) Erklären Sie, wie die Lichtkurve zustande kam.

b) Kombinieren Sie aus den entsprechenden Lichtkurven aus B1 durch Addition die Gesamtlichtkurve.

Musteraufgabe mit Lösung • Astrophysik

Aufgabe • Temperatur, Leuchtkraft und Lebensdauer von Sternen

Für die Temperatur T und die Leuchtkraft L von Sternen gelten näherungsweise die folgenden Zusammenhänge:

$T \sim \frac{1}{\lambda_{max}}$ bzw. $L \sim A \cdot T^4$.

Die Temperatur des Sterns Sirius ist etwa 1,7-mal so hoch wie die Temperatur der Sonne. Der Radius ist ebenfalls etwa 1,7-mal so groß.

a) Bestimmen Sie den Faktor, um den die Oberfläche von Sirius größer ist als die Sonnenoberfläche.

b) Die Sonne strahlt maximal bei einer Wellenlänge von $\lambda_{max} = 500\,\text{nm}$. Bestimmen Sie die Wellenlänge, bei der Sirius maximal abstrahlt.

c) Berechnen Sie den Faktor, um den die Leuchtkraft von Sirius größer ist als die Leuchtkraft der Sonne.

d) Begründen Sie, warum die Lebensdauer von Sirius geringer ist als die Lebensdauer der Sonne.

e) Schätzen Sie mithilfe der Leuchtkraft von Sirius ab, um welchen Faktor sich die Lebensdauern von Sirius und der Sonne unterscheiden.

Die Lebensdauer von Sirius beträgt etwa 2 Milliarden Jahre.

f) Zeichnen Sie eine Skizze des HRD und tragen Sie die Sonne und Sirius ein.

g) Skizzieren Sie die Entwicklung von Sirius in dieses HRD. Begründen Sie.

h) Skizzieren Sie in das HRD die Sterne für einen Sternhaufen, der etwa 2 Milliarden Jahre alt ist. Begründen Sie.

Lösung

a) Die Oberfläche hängt quadratisch vom Radius ab, deshalb ist $A_{Sirius} = 1{,}7^2 \cdot A_{Sonne} = 2{,}9 \cdot A_{Sonne}$.

b) $\lambda_{max}^{(Sirius)} = \frac{1}{1{,}7} \cdot \lambda_{max}^{(Sonne)} = \frac{500\,\text{nm}}{1{,}7} = 294\,\text{nm}$.

c)

	R	$A \sim R^2$	T	$L \sim A \cdot T^4$
Sonne	1	1	1	1
Sirius	1,7	$1{,}7^2 = 2{,}9$	1,7	$2{,}9 \cdot 1{,}7^4 = 25$

d) Da der Stern Sirius größer als die Sonne ist, sind auch Temperatur und Druck in seinem Kern größer. Demzufolge läuft die Kernfusion (Anzahl der Fusionsreaktionen pro Kubikmeter und pro Sekunde) schneller ab als in der Sonne. Deshalb ist seine Lebensdauer t kleiner.

e) Die Lebensdauer ist proportional zum Fusionsvorrat, also zum Volumen V und umgekehrt proportional zur Strahlungsleistung L.

	L	$V \sim R^3$	$t \sim \frac{V}{L}$
Sonne	1	1	1
Sirius	25	$1{,}7^3 = 4{,}9$	$4{,}9 : 25 = 0{,}2$

Die Lebensdauer von Sirius ist also 0,2-mal so groß wie die der Sonne, also etwa 2 Milliarden Jahre.

f)

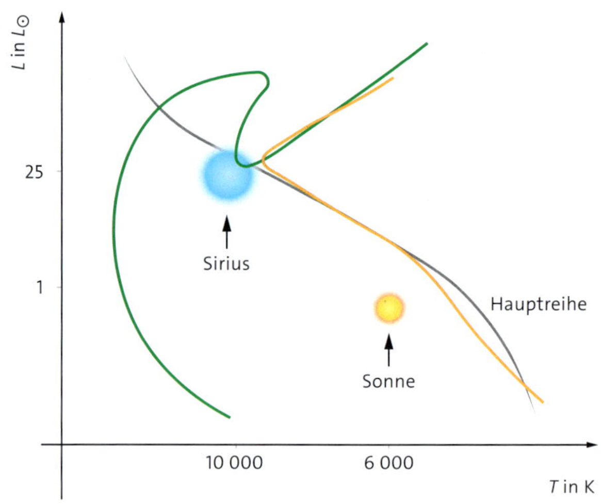

g) Sirius hat weniger als 8 Sonnenmassen. Er durchläuft also die Entwicklung zum weißen Zwerg (grüne Kurve in der Abbildung).

h) Alle Sterne des Sternhaufens mit größerer Leuchtkraft als Sirius haben bereits den Wasserstoffvorrat im Kern verbraucht und sind rote Riesen oder auf dem Weg dahin (gelbe Linie in der Abbildung).

Übungsaufgaben mit Hinweisen • Relativitätstheorie

Aufgabe 1 • Linearbeschleuniger

a) In einem Linearbeschleuniger werden Elektronen mit einer Spannung von 20 MV beschleunigt. Ermitteln Sie die Energie, die Masse und den Impuls eines Elektrons am Ausgang des Beschleunigers.

b) Erläutern Sie an dem Beispiel die Äquivalenz von Masse und Energie sowie den Lorentz-Faktor.

c) Hinter dem Beschleuniger werden die Elektronen durch ein magnetisches Feld mit $B = 5$ T um 90° umgelenkt. Leiten Sie eine Formel für den Bahnradius r her und berechnen Sie r.

d) Dahinter werden die Elektronen auf ein Blei-Target gelenkt, um Gammastrahlen für eine Strahlentherapie zu erzeugen. Ermitteln Sie die kürzeste Wellenlänge der dabei freigesetzten Photonen.

e) In einem anderen Linearbeschleuniger werden Myonen mit der Ladung $q = -e$, der Ruhemasse $106\ \frac{\text{MeV}}{c^2}$ und der Halbwertszeit von $T_\text{H} = 1{,}52\ \mu\text{s}$ mit einer Spannung von 500 MV beschleunigt. Anschließend durchfliegen sie einen $s = 27$ km langen Tunnel und werden in einem Detektor nachgewiesen. Ermitteln Sie die Flugdauer jeweils im Bezugssystem des Beschleunigers sowie in dem der Myonen. Erläutern Sie daran die Zeitdilatation, ermitteln Sie den Anteil $\frac{N}{N_0}$ der während des Fluges nicht zerfallenen Myonen sowie den Anteil $\frac{N_\text{a}}{N_0}$ der währenddessen nicht zerfallenen Myonen einer ruhenden Probe.

Aufgabe 2 • Maryland-Experiment

Zum Testen der Relativitätstheorie absolvierte ein Flugzeug mit einer Atomuhr an Bord in den Jahren 1975/76 Flüge von je 15 h Dauer in einer mittleren Höhe von $h = 9{,}144$ km mit einer Geschwindigkeit von $v = 500\ \frac{\text{km}}{\text{h}}$.
Bei der Landung zeigte die Uhr an Bord des Flugzeugs eine um
$\Delta t = 47{,}1\ \text{ns} \pm 1{,}5\ \text{ns}$
längere Flugdauer an als eine Referenzuhr am Boden.

a) Erläutern Sie die Zeitdilatation aufgrund der Geschwindigkeit der Uhr an Bord und berechnen Sie diese.

b) Erläutern Sie die Zeitdilatation aufgrund der Gravitation und berechnen Sie dazu den Schwarzschild-Radius der Erde sowie die gravitativen Zeitdilatationen am Boden und an Bord.

c) Ermitteln Sie die Differenz der gravitativen Zeitdilatationen und die gesamte Zeitdilation der Uhr am Boden aufgrund der Geschwindigkeit und der Gravitation. Vergleichen Sie mit dem Messwert und berechnen Sie den prozentualen Unterschied zwischen Theorie und Experiment.

Hinweise

Aufgabe 1

a) $E = 512\ \text{keV} + 20\ \text{MeV}$
$= 20{,}512\ \text{MeV}$
$m = \frac{E}{c^2} = 3{,}651 \cdot 10^{-29}\ \text{kg}$
$\gamma = \frac{E_0}{E} = 40{,}0625$
$v = c \cdot \sqrt{1 - \gamma^{-2}} = 299\,907\ \frac{\text{km}}{\text{s}}$
$p = m_0 \cdot \gamma \cdot v$
$= 4.387 \cdot 10^{-19}\ \frac{\text{kg} \cdot \text{m}}{\text{s}}$

c) $B \cdot v \cdot e = F_\text{L} = F_\text{Z} = \frac{p \cdot v}{r}$
Also: $r = \frac{p}{B \cdot e} = 0{,}55\ \text{m}$

d) $E_\text{kin} = E_\text{photon} = \frac{h \cdot c}{\lambda}$
Also: $\lambda = \frac{h \cdot c}{E_\text{kin}} = \frac{h \cdot c}{20\text{MeV}} = 62\ \text{fm}$

e) $\gamma = \frac{E_0}{E} = 5{,}717$
$v = c \cdot \sqrt{1 - \gamma^{-2}} = 295\,375\ \frac{\text{km}}{\text{s}}$
Außensystem: $t_\text{a} = \frac{s}{v} = 91{,}4\ \mu\text{s}$
Eigensystem: $t = \frac{t_\text{a}}{\gamma} = 16\ \mu\text{s}$
Eigensystem: $\frac{N}{N_0} = \left(\frac{1}{2}\right)^{\frac{t}{T_\text{H}}}$
$= 6{,}8 \cdot 10^{-4}$
Außensystem: $\frac{N_\text{a}}{N_0} = \left(\frac{1}{2}\right)^{\frac{t_\text{a}}{t_\text{H}}}$
$= 7{,}9 \cdot 10^{-19}$

Aufgabe 2

a) $\gamma = \frac{1}{\sqrt{1 - \frac{v^2}{c^2}}} = 1 + 1{,}07 \cdot 10^{-13}$
$t_\text{a} = 54\,000\ \text{s}$
$t = \frac{t_\text{a}}{\gamma} = t_\text{a} - 5{,}79\ \text{ns}$
$\Delta t_\text{SRT} = t_\text{a} - t = 5{,}79\ \text{ns}$

b) $R_\text{s} = \frac{2G \cdot m_\text{E}}{c^2} = 0{,}008854\ \text{m}$
$g_\text{tt}(R_\text{E}) = \sqrt{1 - \frac{R_\text{S}}{R_\text{E}}}$
$= 1 - 6{,}949 \cdot 10^{-10}$
$g_\text{tt}(R_\text{E} + h) = \sqrt{1 - \frac{R_\text{S}}{R_\text{E} + h}}$
$= 1 - 6{,}939 \cdot 10^{-10}$
$\Delta g_\text{tt} = g_\text{tt}(R_\text{E} + h) - g_\text{tt}(R_\text{E})$
$= 10^{-12}$
$\Delta t_\text{ART} = \Delta g_\text{tt} \cdot t_\text{a} = 53{,}78\ \text{ns}$

c) $\Delta t = \Delta t_\text{ART} - \Delta t_\text{SRT} = 47{,}99\ s$
Die Theorie stimmt im Rahmen der Messungenauigkeit mit den Messwerten überein.

Relativitätstheorie

Inertialsystem · In beschleunigten Bezugssystemen treten zusätzliche Kräfte auf, wie die Zentrifugalkraft, eine Trägheitskraft. Ein nicht beschleunigtes Bezugssystem heißt Inertialsystem.

Versuch von Michelson und Morley · 1887 untersuchten ALBERT MICHELSON und EDWARD MORLEY mit einem **Michelson-Interferometer** für verschiedene Ausbreitungsrichtungen die jeweilige die Lichtgeschwindigkeit. Denn sie gingen von der üblichen Addition von Geschwindigkeiten aus und erwarteten daher unterschiedliche Lichtgeschwindigkeiten parallel und senkrecht zur Bahngeschwindigkeit der Erde. Aber sie stellten fest, dass die Lichtgeschwindigkeit unabhängig von der Bewegung der Lichtquelle ist.

Lichtgeschwindigkeit: Die Lichtgeschwindigkeit ist unabhängig von der Geschwindigkeit eines gleichförmig bewegten Beobachters. Sie hat denselben Wert, unabhängig von der Geschwindigkeit der (gleichförmig) bewegten Lichtquelle.

Gleichzeitigkeit: Zwei Ereignisse, die in einem Bezugssystem gleichzeitig stattfinden, können in einem relativ dazu bewegten Bezugssystem ungleichzeitig auftreten.

Minkowski-Diagramm · In der speziellen Relativitätstheorie stellt man Ereignisse im Minkowski-Diagramm dar. In jedem Bezugssystem gilt für einen Lichtblitz: $x = c \cdot t$.
Das Minkowski-Diagramm zeigt, dass im Eigensystem des Lichts gar keine Zeit vergeht, während im Außensystem Zeit verstreicht.

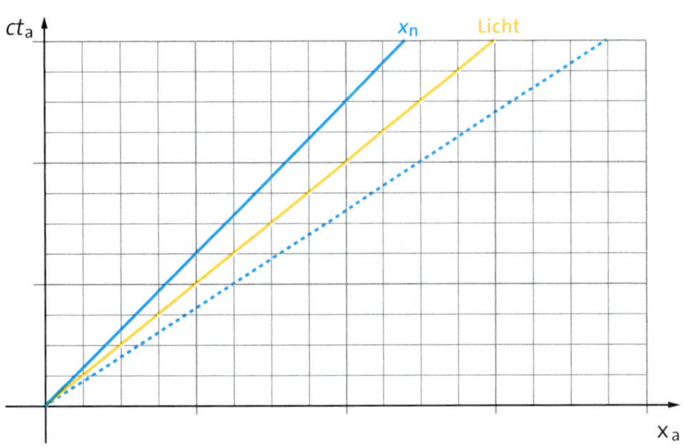

1 Minkowski-Diagramm

Eigensystem: Ein System, in dem das Objekt ruht, nennen wir Eigensystem des Objekts, die Lichtlaufzeit im Eigensystem heißt Eigenzeit.

Lorentz-Faktor: HENDRIK ANTOON LORENTZ leitete 1892 eine Formel zur Umrechnung der Zeitintervalle Δt sowie Δt_a her und verwendete dazu den **Lorentz-Faktor** γ:

$$\gamma = \frac{1}{\sqrt{1 - \frac{v^2}{c^2}}}.$$

Zeitdilatation: Die zwischen zwei Ereignissen verstreichende Zeit hängt vom Inertialsystem ab und ist im Eigensystem am kürzesten. Dieses Phänomen heißt Zeitdilatation.
Die Zeit Δt_a im Außensystem ist um den Lorentz-Faktor größer als die entsprechende Eigenzeit Δt:

$$\Delta t_a = \gamma \cdot \Delta t.$$

Längenkontraktion: Bewegt sich ein Eigensystem mit einer Geschwindigkeit v entlang einer Strecke $\Delta x = v \cdot \Delta t$, so ist der Messwert Δx kleiner als der entsprechende Wert Δx_a im Außensystem. Für diese Längenkontraktion gilt:

$$\Delta x = \frac{\Delta x_a}{\gamma}.$$

Masse: Die Masse im Eigensystem nennt man Eigenmasse oder **Ruhemasse** m.
Die Masse m_a im Außensystem nennt man **dynamische Masse** oder **relativistische Masse**.

$$m_a = m_0 \cdot \frac{\Delta t_a}{\Delta t} = m_0 \cdot \gamma.$$

Relativistischer Impuls: Wenn sich ein Objekt mit einer Eigenmasse m mit einer Geschwindigkeit v im Außensystem bewegt, dann hat es im Außensystem die relativistische Masse $m_a = m_0 \cdot \gamma$ und den relativistischen Impuls:

$$p_a = m_a \cdot v.$$

Relativistische Energie: Wenn sich ein Objekt mit einer Eigenmasse m in einem Außensystem mit einer Geschwindigkeit v bewegt, dann beträgt seine Energie im Eigensystem $E = m \cdot c^2$ und im Außensystem $E_a = m_a \cdot c^2$.

Äquivalenz von Masse und Energie: In allen Systemen gilt die Äquivalenz von Masse und Energie:

$$E = m \cdot c^2.$$

Addition von Geschwindigkeiten: Wenn ein Objekt relativ zu einem Inertialsystem I_2 eine Geschwindigkeit w hat und I_2 relativ zu einem anderen Inertialsystem I_1 eine Geschwindigkeit v hat, dann hat das Objekt relativ zu I_1 die Geschwindigkeit:

$$u = \frac{v + w}{1 + \frac{v \cdot w}{c^2}}$$

Äquivalenz von träger und schwerer Masse: Primär beschreibt die Masse die Trägheit und ihr Betrag m_T wird durch das zweite Newtonsche Axiom festgelegt mit $m_T = \frac{F}{a}$. Die gleiche Masse verursacht im Gravitationsfeld G* die Gravitationskraft $F_G = m_S \cdot G^*$ und hat somit die schwere Masse m_S. Diese zahlenmäßige Gleichheit von m_S und m_T ist die Grundlage des von GALILEO eingeführten Äquivalenzprinzips:
Schwere Masse m_S und träge Masse m_T sind gleich groß.

Schwarzschild-Metrik: Eine Masse erzeugt in ihrer Umgebung ein radiales Gravitationsfeld G*. Dabei wird eine parallel zum Feld verlaufende Strecke, die ohne Feld eine Länge dr_0 hätte, um einen Faktor zu einer Länge dr_G gedehnt.
Eine Zuordnung eines solchen Dehnungsfaktors für jede Richtung in Raum und Zeit heißt **Metrik**. Die Metrik in der Umgebung einer Masse heißt Schwarzschild-Metrik.

Raumkrümmung: Ein schwereloser Beobachter stellt geradlinige Lichtstrahlen und damit einen nicht gekrümmten Raum fest. Dagegen stellt ein im Gravitationsfeld ruhender Beobachter gekrümmte Lichtstrahlen und somit einen gekrümmten Raum fest.
Eine Masse m krümmt in ihrer Umgebung die Raumzeit. Dabei werden radiale Strecken dr_0 verlängert und Zeiten dt_0 verkürzt:

$$dr_G = dr_0 \cdot \frac{1}{\sqrt{1 - \frac{R_S}{r_0}}},$$

$$dt_G(r_0) = dt_0 \cdot \sqrt{1 - \frac{R_S}{r_0}}.$$

Energie beim freien Fall: Wenn ein Körper mit Ruhemasse m_0 frei fällt, dann wird er durch folgenden Energieterm beschrieben:

$$E(r, v) = m_0 \cdot c^2 \cdot \gamma(v) \cdot \varepsilon(r).$$

Dabei ist $\gamma(v)$ der Lorentz-Faktor und $\varepsilon(r)$ ein Positionsfaktor.

Rotverschiebung im Gravitationsfeld: Bei aufsteigendem Licht nimmt die Wellenlänge zu, man spricht entsprechend von der Gravitations-Rotverschiebung.

Zeitdilatation im Gravitationsfeld: Die Wellenlängenabnahme bei Annäherung an ein Gravitationszentrum bedeutet auch eine abnehmende Periodendauer elektromagnetischer Wellen. Ein Zeitintervall dt_0, das ohne Gravitation bei r_∞ messbar ist, wird durch die Gravitation bei r_0 daher verringert. Für dieses verkleinerte Zeitintervall dt_G mit Gravitation gilt somit:

$$dt_G(r_0) = \sqrt{1 - \frac{R_S}{r_0}} \cdot dt_0.$$

Dieser verlangsamte Gang der Uhren heißt gravitative Zeitdilatation.

Astrophysik

Das kosmologische Prinzip: Das Universum ist isotrop und man nimmt an, dass es auch homogen ist. Dies bedeutet, dass es in alle Richtungen und an jeder Stelle ungefähr gleich aussieht.

Expansion des Universums: Beim Urknall entstanden Raum, Zeit und Materie. Seither expandiert das Universum. Dabei dehnen sich der Raum und die Wellenlängen von elektromagnetischer Strahlung überall gleichmäßig. Objekte und Gruppen von Objekten, die aneinander gebunden sind, wie Galaxienhaufen, bleiben gleich groß.

Das Hubble-Gesetz: Durch die Dehnung des Raums bewegen sich Galaxien mit der Expansionsgeschwindigkeit v_e von uns weg. v_e ist umso größer, je größer die Entfernung r der Galaxie von uns ist. Für Galaxien mit Entfernungen zwischen 20 Mio. und 500 Mio. Lichtjahren gilt das Hubble-Gesetz:

$$v_e = H_0 \cdot r\text{; mit dem Hubbleparameter } H_0 = 21 \frac{\frac{\text{km}}{\text{s}}}{\text{Mio. Lj}}.$$

Kurz nach dem Urknall: Zu Anfang war das Universum extrem heiß, extrem dicht und undurchsichtig. In den ersten drei Minuten kühlte das Universum auf unter eine Milliarde Grad ab. In dieser Zeit entstanden Atomkerne und Elektronen. Nach 380 000 Jahren war das Plasma auf 3 000 K abgekühlt, sodass sich Atome bilden konnten. Das Universum wurde durchsichtig.

Die kosmische Hintergrundstrahlung: Die nach 380 000 Jahren emittierte elektromagnetische Strahlung kann man noch heute als Hintergrundstrahlung beobachten. Durch die Expansion des Universums hat sich die Wellenlänge der Strahlung auf das 1 000-Fache vergrößert. Die Hintergrundstrahlung ist in hohem Maße isotrop. Ihre dennoch vorhandene geringe Anisotropie ist ein Hinweis auf anfängliche Dichtefluktuationen der Materie, aus denen sich Galaxienhaufen gebildet haben.

Alter des Universums: Das Universum ist etwa 14 Milliarden Jahre alt. Während der ersten 8 Milliarden Jahre expandierte das Universum gebremst, seit etwa 6 Milliarden Jahren expandiert es beschleunigt.

Das kosmologische Standardmodell: Die zeitliche Entwicklung der Expansion kann durch kosmologische Modelle beschrieben werden. Das gebräuchlichste Modell verwendet zwei wesentliche Parameter Ω_Λ und Ω_M, die an die Messdaten angepasst werden. Dadurch erhält man Vorhersagen für zwei Größen:

- die mittlere Massendichte des Universums, die die Expansion bremst und
- den mittleren Energieinhalt des Universums, der die Expansion beschleunigt.

Für beide Größen bekommt man viel höhere Werte als beobachtet. Die fehlende Masse nennt man Dunkle Materie und die fehlende Energie nennt man Dunkle Energie.

Entstehung von Galaxien: Einige 100 Millionen Jahre nach dem Urknall entstanden aus der nicht ganz gleichmäßig verteilten Materie größere Strukturen, aus denen sich Galaxienhaufen und Galaxien bildeten. Durch Zusammenstöße mit anderen Galaxien und durch Eigenrotation bildeten sich aus ungeordneten Galaxien Spiralgalaxien.

Die Milchstraße: Unsere Heimatgalaxie ist die Milchstraße. Sie ist eine Balkenspiralgalaxie mit einem Durchmesser von 200 000 Lichtjahren. Sie enthält einige Hundert Milliarden Sterne, interstellares Gas und interstellaren Staub.

Gleichgewicht in Gaswolken: Gaswolken in einer Galaxie befinden sich normalerweise in einem Gleichgewicht aus Gasdruck und Gravitation. Durch Dichtewellen und Abkühlung wird das Gleichgewicht gestört und die Gaswolken kollabieren.

Entstehung von Sternen: Innerhalb der Galaxien kollabieren kleinere Wolken zu Protosternen. Dabei entsteht ein neues Gleichgewicht mit ungleich größerer Dichte und Temperatur. Wenn der Protostern genug Masse hat, erreicht er im Inneren eine Temperatur von mehr als einer Million Kelvin. Dann setzt Kernfusion ein und ein neuer Stern ist entstanden.

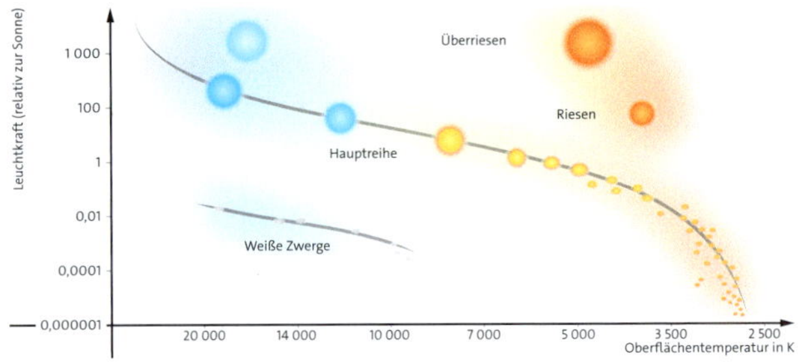

1 Hertzsprung-Russell-Diagramm

HRD: Leuchtkraft und Temperatur von Sternen werden im Hertzsprung-Russell-Diagramm dargestellt (▸Abb. 1).

Für alle Sterne gilt: Die Leuchtkraft eines Sterns hängt vor allem von seiner Temperatur T und seiner Oberfläche A ab: $L \sim A \cdot T^4$.

Kernfusion: Etwa 80 % seiner Lebensdauer verweilt ein Stern auf der Hauptreihe im HRD. Dabei fusioniert er Protonen zu Helium-Kernen:

$4\,{}^1_1\text{H} \rightarrow {}^4_2\text{He} + 2e^+ + 2\nu_e$.

Dabei wird ein Prozent der Masse als Energie frei und mit elektromagnetischer Strahlung abgestrahlt.

Je mehr Masse ein Hauptreihenstern hat,

- umso größer ist seine Leuchtkraft,
- umso höher ist seine Temperatur an der Oberfläche und im Sterninneren und
- umso kürzer ist seine Lebensdauer.

Das Ende von Sternen: Abhängig von ihrer Masse erreichen die Sterne verschiedene Endstadien:

$M < 8\,M_\odot$: Weißer Zwerg

$8\,M_\odot < M < 25\,M_\odot$: Neutronenstern

$M > 25\,M_\odot$: Schwarzes Loch

Schwarze Löcher: Schwarze Löcher sind von der allgemeinen Relativitätstheorie vorhergesagte kugelförmige Bereiche, aus denen nicht einmal Licht entkommen kann. Ihr Radius R_S heißt Schwarzschild-Radius und hängt von der Masse M des schwarzen Lochs ab: $R_S = \frac{2 \cdot G \cdot M}{c^2}$.

Exoplaneten: Exoplaneten werden vor allem durch die Transitmethode und die Radialgeschwindigkeitsmethode entdeckt.

Transitmethode: Wenn ein Planet sich auf der Sichtlinie zwischen seinem Zentralgestirn und uns bewegt, führt dies zu einer Verdunklung mit einer charakteristischen Lichtkurve.

Radialgeschwindigkeitsmethode: Stern und Planet bewegen sich um einen gemeinsamen Schwerpunkt. Die Bewegung kann durch eine periodische Doppler-Rot- und Blauverschiebung des Sternspektrums nachgewiesen werden.

Die habitable Zone: Die Zone um einen Stern, in dem Wasser dauerhaft in flüssiger Form existiert, heißt habitable Zone. In unserem Sonnensystem befindet sich nur die Erde in der habitablen Zone. Auf Planeten, die weiter von der Sonne entfernt sind, ist die Temperatur zu niedrig für die Entstehung von Leben; auf Planeten, die der Sonne näher sind, ist sie zu hoch.

Spektralanalyse: Wenn das Sternenlicht auf dem Weg zu uns teilweise durch die Gasatmosphäre eines Planeten geht, dann absorbieren die in der Atmosphäre enthaltenen Stoffe das Sternenlicht bei charakteristischen Wellenlängen. Durch die Spektralanalyse des Sternenlichts kann man so Hinweise auf die Gaszusammensetzung der Atmosphäre von Planeten erhalten.

Überprüfen Sie sich selbst:

Kann ich ...

- erklären, was ein Inertialsystem ist?
- den Versuch von Michelson und Morley beschreiben und die Bedeutung für die Lichtgeschwindigkeit nennen?
- Minkowski-Diagramme nutzen und beschreiben?
- die Phänomene der Zeitdilatation sowohl in der speziellen wie auch in der allgemeinen Relativitätstheorie beschreiben?
- erklären, was die träge Masse ist und was die schwere Masse ist?
- das Äquivalenzprinzip von Masse und Energie nennen, sowie das von träger und schwerer Masse?
- die Rotverschiebung im Gravitationsfeld erklären?
- die Entwicklung des Universums in Grundzügen beschreiben?
- die entfernungsabhängige Rotverschiebung der Galaxien beschreiben und als Folge der Expansion des Universums interpretieren?
- Galaxien als zusammengesetzte Systeme beschreiben?
- beschreiben, dass die Stabilität bzw. Instabilität von kosmischen Objekten von den Eigenschaften eines der Gravitation entgegenwirkenden Drucks abhängt?
- die Sternentstehung in Grundzügen beschreiben?
- das Hauptreihenstadium von Sternen beschreiben?
- die Nach-Hauptreihenentwicklung für verschiedene Sternmassen beschreiben?
- Methoden zum Nachweis extrasolarer Planeten beschreiben?
- erläutern, wie sich mithilfe der Spektralanalyse die Eigenschaften von Planetenatmosphären bestimmen lassen?

VEREINFACHTER AUSZUG AUS DER NUKLIDKARTE

Elemente

Hg 200,592 — Elementsymbol, Atommasse in u

Stabile Nuklide

O 16 99,757 — Elementsymbol, Massenzahl, Isotopenhäufigkeit in %

primordiale Nuklide (Nuklide, die mit der Erde entstanden)

Th 232 100 1,4 · 10[10] a α 4,012 — Elementsymbol, Massenzahl, Isotopenhäufigkeit in %, Halbwertszeit, Energie der Strahlung

instabile Nuklide (radioaktive Nuklide)

β^--Zerfall

Fr 225 4 min β^- 1,6 γ 182 — Elementsymbol, Massenzahl, Halbwertszeit, Endpunktsenergie in MeV, Energie der γ Strahlung in keV

β^+-Zerfall oder Elektroneneinfang (ε)

Np 234 4,4 d γ 1559 β^+ — Elementsymbol, Massenzahl, Halbwertszeit, Endpunktsenergie in MeV, Energie der γ Strahlung in keV

α-Zerfall

Pu 229 90 s α 7,465 — Elementsymbol, Massenzahl, Halbwertszeit, Teilchenenergie in MeV

spontane Spaltung

mit geringer Häufigkeit

Nuklide mit mehreren Zerfallsarten

Pa 229 1,5 d ε α 5,5 — Die Reihenfolge der Einträge und die Größe der Farbflächen symbolisiert vereinfacht die Häufigkeiten der Zerfallsarten.

Pa 230 17,4 d ε β^- 0,5 α 5,345 γ 952 — Für die untergeordnete Zerfallsart bedeutet
- kleines Dreieck in einer Ecke : ≤ 5%.
- diagonale Teilung: 5 – 50 %.

At 220 3,71 min β^- α 5,943 γ 241 — Die Reihenfolge der Farben bleibt dabei gleich.

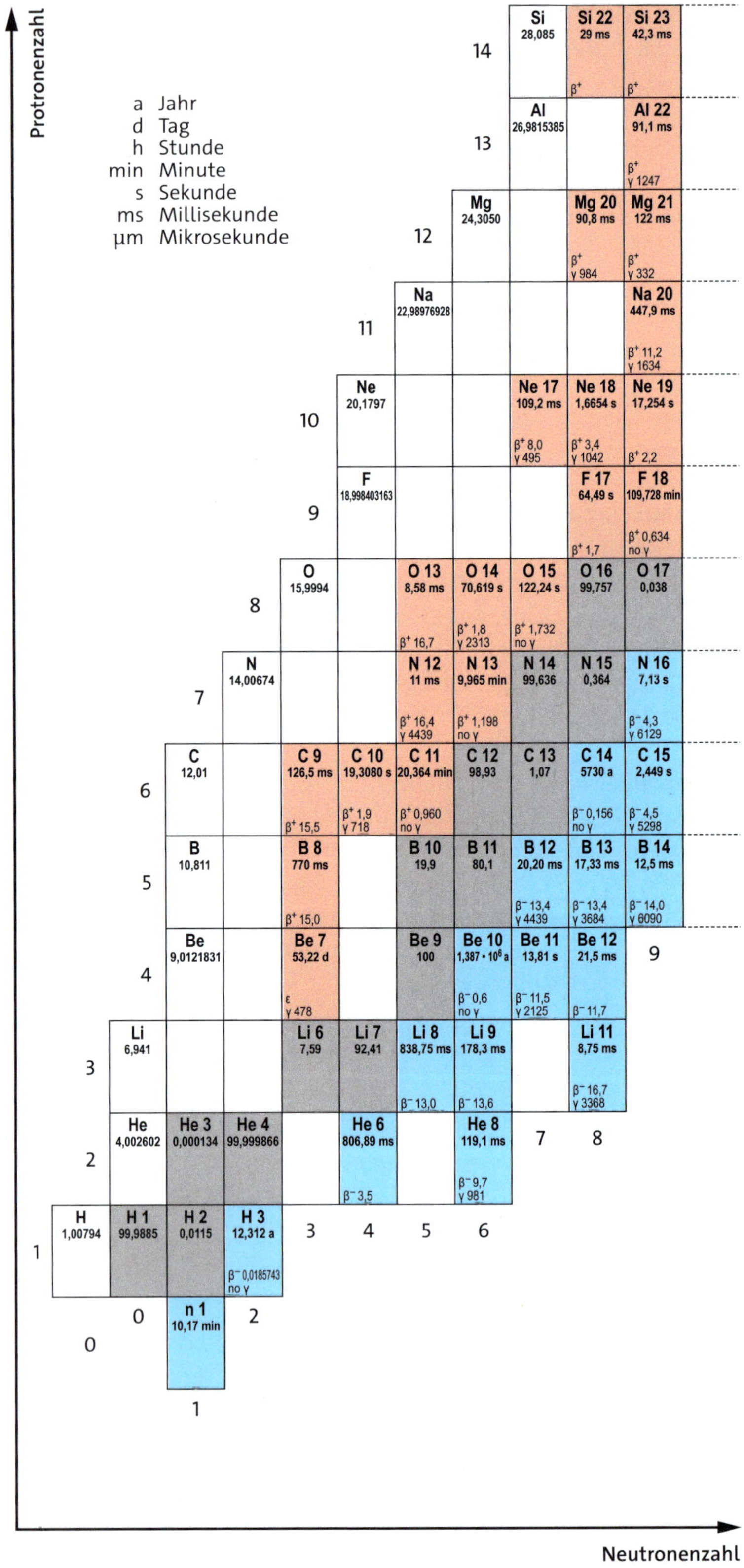

14	Si 24 140,5 ms β^+ 9,3 γ 664	Si 25 218 ms β^+ γ 452	Si 26 2,2453 s β^+ 3,8 γ 829	Si 27 4,15 s β^+ 3,8	Si 28 92,223	Si 29 4,685	Si 30 3,092	Si 31 157,36 min β^- 1,5	Si 32 153 a β^- 0,2 no γ	Si 33 6,11 s β^- 5,8 γ 1848	Si 34 2,77 s β^- 3,0 γ 1179	Si 35 0,78 s β^- γ 4101	Si 36 0,45 s β^- γ 175	Si 37 90 ms β^-	Si 38 >1 µs	Si 39 47,5 ms β^-	Si 40 33,0 ms β^-	Si 41 20,0 ms β^-	Si 42 12,5 ms β^-
13	Al 23 446 ms β^+ γ 451	Al 24 2,053 s β^+ 4,4 γ 1369	Al 25 7,183 s β^+ 3,3	Al 26 $7{,}17 \cdot 10^5$ a β^+ 1,2 γ 1809	Al 27 100	Al 28 2,245 min β^- 2,9 γ 1779	Al 29 6,56 min β^- 2,4 γ 1273	Al 30 3,62 s β^- 5,1 γ 2235	Al 31 644 ms β^- 5,7 γ 2317	Al 32 33 ms β^- γ 1941	Al 33 41,7 ms β^- γ 1941	Al 34 56,3 ms β^- 12,7 γ 929	Al 35 37,2 ms β^- 13,2 γ 64	Al 36 90 ms β^-	Al 37 10,7 ms β^-	Al 38 7,6 ms β^-	Al 39 7,6 ms β^-	27	28
12	Mg 22 3,8755 s β^+ 3,1 γ 583	Mg 23 11,3 s β^+ 3,1 γ 440	Mg 24 78,99	Mg 25 10,0	Mg 26 11,01	Mg 27 9,458 min β^- 1,8 γ 844	Mg 28 20,915 h β^- 0,5 γ 31	Mg 29 1,30 s β^- 4,4 γ 2224	Mg 30 335 ms β^- 6,1 γ 244	Mg 31 236 ms β^- γ 1613	Mg 32 86 ms β^- γ 2765	Mg 33 90,5 ms β^- 13,5 γ 1618	Mg 34 20 ms β^-	Mg 35 70 ms β^-	Mg 36 3,9 ms β^-	25	26		
11	Na 21 22,49 s β^+ 2,5 γ 351	Na 22 2,6018 a β^+ 0,5 γ 1275	Na 23 100	Na 24 14,997 h β^- 1,4 γ 1369	Na 25 59,6 s β^- 3,8 γ 975	Na 26 1,07128 s β^- 7,5 γ 1809	Na 27 301 ms β^- 8,0 γ 985	Na 28 30,5 ms β^- 14,0 γ 1474	Na 29 44,1 ms β^- 10,7 γ 55	Na 30 48 ms β^- 12,3 γ 1482	Na 31 17,35 ms β^- 15,4 γ 51	Na 32 13,2 ms β^- γ 885	Na 33 8,0 ms β^- 0,8 γ 885	Na 34 5,5 ms β^- γ 885	Na 35 1,5 ms β^-				
10	Ne 20 90,48	Ne 21 0,27	Ne 22 9,25	Ne 23 37,2 s β^- 4,4 γ 440	Ne 24 3,38 min β^- 2,0 γ 874	Ne 25 602 ms β^- 7,3 γ 90	Ne 26 197 ms β^- 7,3 γ 84	Ne 27 31,5 ms β^- 12,6 γ 63	Ne 28 20 ms β^- 12,2 γ 2063	Ne 29 15 ms β^- 15,7 γ 72	Ne 30 5,8 ms β^- γ 151		Ne 32 3,5 ms β^-	23	24				
9	F 19 100	F 20 11,0 s β^- 5,4 γ 1634	F 21 4,158 s β^- 5,3 γ 351	F 22 4,23 s β^- 5,5 γ 1275	F 23 2,23 s β^- 8,5 γ 1701	F 24 0,34 s β^- γ 1982	F 25 50 ms β^- γ 1703	F 26 8,2 ms β^- 18,2 γ 2018	F 27 5 ms β^- γ 2018		F 29 2,5 ms β^-	21	22						
8	O 18 0,205	O 19 26,476 s β^- 3,3 γ 197	O 20 13,5 s β^- 2,8 γ 1057	O 21 3,42 ms β^- 6,4 γ 1730	O 22 2,25 s β^- γ 72	O 23 97 ms β^- γ 2243	O 24 65 ms β^- γ 1832	17	18	19	20								
7	N 17 4,173 s β^- 3,2 γ 871	N 18 0,619 ms β^- 9,4 γ 1982	12	13	14	15	16												
6	C 16 0,747 s β^- 4,7	C 17 193 ms β^- γ 1375																	
5	B 15 9,93 ms β^- 16,0	11																	
	10																		

Protonenzahl

Neutronenzahl

Vereinfachter Auszug aus der Nuklidkarte
(Angaben nur zu häufigsten Energiewerten
und nur für den Grundzustand)

VEREINFACHTER AUSZUG AUS DER NUKLIDKARTE

Protronenzahl

92														U 238,02891			U 218 0,51 ms α 8,612	U 219 ≈ 42 µs α 9,774	
91										Pa 231,03588			Pa 213 5,3 ms α 8,235	Pa 214 17 ms α 8,116	Pa 215 14 ms α 8,088	Pa 216 105 ms α 7,948 γ 134	Pa 217 3,6 ms α 8,337 γ 466	Pa 218 113 µs α 9,616 γ 92	Pa 219 53 ns α 9,90
90								Th 232.0377			Th 210 16 ms α 7,917	Th 211 37 ms α 7,792	Th 212 31,7 ms α 7,809	Th 213 144 ms α 7,690	Th 214 87 ms α 7,678	Th 215 1,2 s α 7,392 γ 134	Th 216 26,0 ms α 7,923 γ 629	Th 217 237 µs α 9,261 γ 822	Th 218 117 ns α 9,666
89							Ac		Ac 207 27,0 ms α 7,693	Ac 208 95 ms α 7,572	Ac 209 87 ms α 7,577	Ac 210 0,35 s α 7,462	Ac 211 0,21 s α 7,477	Ac 212 0,93 s α 7,38	Ac 213 738 ms α 7,360	Ac 214 8,2 s α 7,215 γ 139 ε	Ac 215 0,17 s α 7,60	Ac 216 440 µs α 9,064	Ac 217 69 ns α 9,65
88			Ra				Ra 204 59 ms α 7,484	Ra 205 0,21 s α 7,340	Ra 206 0,24 s α 7,270	Ra 207 1,38 s α 7,133	Ra 208 1,110 s α 7,133	Ra 209 4,8 s α 7,003	Ra 210 3,70 s α 7,016	Ra 211 13,2 s α 6,909	Ra 212 13,0 s α 6,899	Ra 213 2,73 min α 6,625 γ 110	Ra 214 2,435 s α 7,137 ε no β^+	Ra 215 1,66 ms α 8,70 γ 834	Ra 216 182 ns α 9,349
87	Fr			Fr 200 46 ms α 7,470	Fr 201 53 ms α 7,369	Fr 202 0,372 s α 7,238	Fr 203 549 ms α 7,131	Fr 204 1,8 s α 7,031	Fr 205 3,92 s α 6,916 γ 565	Fr 206 15,9 s α 6,792 ε γ 629	Fr 207 14,8 s α 6,767	Fr 208 59,1 s α 6,641 ε γ 636	Fr 209 50,5 s α 6,646 ε γ 798	Fr 210 3,18 min α 6,545 γ 126 ε	Fr 211 3,10 min α 6,537 ε γ 540	Fr 212 20,0 min ε α 6,262 γ 1274	Fr 213 34,14 s α 6,775	Fr 214 5,0 ms α 8,427	Fr 215 86 ns α 9,36
86	Rn	Rn 197 55 ms α 7,260	Rn 198 65 ms α 7,205	Rn 199 0,59 s α 6,989 ε	Rn 200 1,06 s α 6,902	Rn 201 7,0 s α 6,72 ε	Rn 202 9,7 s α 6,640 ε	Rn 203 45 s α 6,498 ε	Rn 204 1,24 min α 6,417 ε	Rn 205 2,83 min ε α 6,263 γ 265	Rn 206 5,67 min α 6,260 ε γ 498	Rn 207 9,3 min ε α 6,133 β^+ γ 345	Rn 208 24,4 min α 6,138 ε γ 427	Rn 209 28,8 min ε β^+ 2,2 γ 408 α 6,039	Rn 210 2,4 h α 6,041 γ 458	Rn 211 14,6 h α 5,784 γ 674	Rn 212 24 min α 6,264 γ	Rn 213 19,5 ms α 8,089 γ 854	Rn 214 0,27 µs α 9,036
85	At		At 197 381 ms α 6,960	At 198 4,2 s α 6,753	At 199 6,92 s α 6,643 ε	At 200 43,2 s α 6,464 ε γ 666	At 201 1,5 min α 6,344 ε γ 592	At 202 184 s ε γ 677 α	At 203 7,4 min ε α 6,088 γ 639	At 204 9,2 min α 5,951 γ 684	At 205 26,2 min ε α 5,902 γ 719	At 206 29,4 min ε β^+ 3,1 α 5,703 γ 701	At 207 1,8 h ε β^+ α 5,759 γ 815	At 208 1,63 h ε α 5,640 γ 686	At 209 5,42 h ε β^+ γ 545 α 5,647	At 210 8,1 h ε β^+ γ 1181 α 5,524	At 211 7,214 h ε α 5,8695	At 212 314 ms α 7,68 γ 63	At 213 125 ns α 9,079
84	Po		Po 196 5,60 s α 6,5220 ε	Po 197 53,6 s ε α 6,281	Po 198 1,760 min α 6,182 ε	Po 199 5,47 min ε γ 246 α 5,952	Po 200 11,5 min ε α 5,863 γ 671	Po 201 15,6 min ε α 5,683 γ 890	Po 202 44,6 min ε γ 689 α 5,588	Po 203 36,7 min ε β^+ α 5,384 γ 909	Po 204 3,53 h ε α 5,377 γ 884	Po 205 1,66 h ε β^+ α 5,22 γ 872	Po 206 8,8 d ε α 5,2233 γ 1032	Po 207 5,80 h ε β^+ γ 992	Po 208 2,898 a α 5,1152 ε	Po 209 125,2 a α 4,883 ε	Po 210 138,376 d α 5,30433	Po 211 516 ms α 7,450	Po 212 0,3 µs α 8,785
83	Bi 208,980		Bi 195 183 s ε β^+ γ 808 α 5,42	Bi 196 5,13 min β^+ γ 1049 α 5,153	Bi 197 9,33 min ε γ 855	Bi 198 10,3 min ε 1063	Bi 199 27 min ε β^+ γ 842	Bi 200 36,4 min ε β^+ γ 1027	Bi 201 103 min ε β^+ 2,2 γ 629	Bi 202 1,71 h ε β^+ γ 961	Bi 203 11,76 h ε β^+ 1,4 γ 820	Bi 204 11,22 h ε γ 899	Bi 205 14,91 d ε β^+ γ 1764	Bi 206 6,24 d ε β^+ γ 803	Bi 207 31,55 a ε β^+ γ 570	Bi 208 $3,68 \cdot 10^{5}$ a ε γ 2615	Bi 209 100 $2,01 \cdot 10^{19}$ a α 3,077	Bi 210 5,012 d β^- 1,2 α 4,656	Bi 211 2,14 min α 6,6229 γ 351
82	Pb 207,2		Pb 194 12 min ε α 4,64 γ 582	Pb 195 ≈ 15 min ε γ 384	Pb 196 36,4 min ε γ 253	Pb 197 8,1 min ε β^+ γ 386	Pb 198 2,4 h ε γ 290	Pb 199 90 min ε β^+ γ 367	Pb 200 21,5 h ε γ 148	Pb 201 9,33 h ε β^+ γ 331	Pb 202 $5,25 \cdot 10^{4}$ a ε no γ	Pb 203 51,92 h ε γ 279	Pb 204 1,4	Pb 205 $1,73 \cdot 10^{7}$ a ε no γ	Pb 206 24,1	Pb 207 22,1	Pb 208 52,4	Pb 209 3,234 h β^- 0,644 no γ	Pb 210 22,2 a β^- 0,02 γ 47 α 3,72
81	Tl 204,384		Tl 193 21,6 min ε β^+ γ 324	Tl 194 33 min ε β^+ γ 428	Tl 195 1,16 h ε β^+ 1,8 γ 564	Tl 196 1,84 h ε β^+ γ 426	Tl 197 2,84 h ε β^+ γ 426	Tl 198 5,3 h ε β^+ γ 412	Tl 199 7,42 h ε γ 455	Tl 200 26,1 h ε β^+ γ 368	Tl 201 3,0422 d ε γ 167	Tl 202 12,23 d ε γ 440	Tl 203 29,52	Tl 204 3,78 a β^- 0,8 no γ	Tl 205 70,48	Tl 206 4,202 min β^- 1,5	Tl 207 4,77 min β^- 1,4	Tl 208 3,053 min β^- 1,8 γ 2615	Tl 209 2,162 min β^- 1,8 γ 1567
80	Hg 200,592		Hg 192 4,85 h ε γ 275	Hg 193 3,80 h ε β^+ γ 187	Hg 194 520 a ε no γ	Hg 195 10,53 h ε β^+ γ 780	Hg 196 0,15	Hg 197 64,14 h ε γ 77	Hg 198 10,04	Hg 199 16,94	Hg 200 23,14	Hg 201 13,17	Hg 202 29,74	Hg 203 46,59 d β^- 0,2 γ 279	Hg 204 6,82	Hg 205 5,2 min β^- 1,5 γ 204	Hg 206 8,15 min β^- 1,5 γ 305	Hg 207 2,9 min β^- 1,8 γ 351	Hg 208 ≈ 42 min β^- γ 474
			112	113	114	115	116	117	118	119	120	121	122	123	124	125	126	127	128

Neutronenzahl

95									Am 232 131 min ε α	Am 233 3,2 min ε α 6,780	Am 234 2,32 min ε	Am 235 10,3 min ε γ 291 α 6,457	Am 236 3,6 min ε γ 719	Am 237 73,6 min ε γ 280 α 6,042	Am 238 98 min ε β^+ γ 963 α 5,94	Am 239 11,9 h ε γ 278 α 5,774	Am 240 50,8 h ε γ 988 α 5,378	Am 241 432,6 a α 5,486 γ 60	Am 242 16,02 h β^- 0,6	Am 243 7364 a α 5,275 γ 75
94						Pu 228 1,1 s α 7,810	Pu 229 90 s α 7,465	Pu 230 102 s α 7,055 γ 96	Pu 231 8,6 min ε α 6,72	Pu 232 33,8 min ε α 6,800	Pu 233 20,9 min ε γ 235 α 6,31	Pu 234 8,8 h ε α 6,202	Pu 235 25,3 min ε γ 49 α 5,85	Pu 236 2,858 a α 5,768	Pu 237 45,2 d α 5,334 γ 60	Pu 238 87,7 a α 5,499	Pu 239 24110 a α 5,157	Pu 240 6561 a α 5,168	Pu 241 14,329 a β^- 0,02 α 4,896	Pu 242 $3{,}73 \cdot 10^5$ a α 4,902
93				Np 225 3,8 ms α 8,63	Np 226 31 ms α 8,06	Np 227 0,51 s α 7,68	Np 228 61,4 s ε α 7,063	Np 229 4 min α 6,890 ε	Np 230 4,6 min ε α 6,66	Np 231 48,8 min ε γ 371 α 6,258	Np 232 14,7 min ε γ 327	Np 233 36,2 min ε α 5,54	Np 234 4,4 d ε β^+ γ 1559	Np 235 396,1 d ε α 5,025	Np 236 $1{,}54 \cdot 10^5$ a ε β^- α γ 160	Np 237 $2{,}144 \cdot 10^6$ a α 4,790 γ 29	Np 238 2,099 d β^- 90 γ 984	Np 239 2,356 d β^- 0,4 γ 106	Np 240 61,9 min β^- 0,9 γ 566	Np 241 13,9 min β^- 1,3 γ 175
92		U 222 0,66 µs α 9,71	U 223 18 µs α 8,78	U 224 396 µs α 8,479 γ 387	U 225 59 ms α 7,868 γ	U 226 0,35 s α 7,566	U 227 1,1 min α 6,86 γ 247	U 228 9,1 min α 6,68 γ 98	U 229 58 min ε α 6,362 γ 123	U 230 20,23 d α 5,888	U 231 4,2 d ε γ 26 α 5,456	U 232 68,9 a α 5,320	U 233 $1{,}592 \cdot 10^5$ a α 4,824	U 234 0,0054 $2{,}455 \cdot 10^5$ a α 4,775	U 235 0,7204 $7{,}038 \cdot 10^8$ a α 4,395 γ 186	U 236 $2{,}342 \cdot 10^7$ a α 4,494	U 237 6,752 d β^- 0,2 γ 60	U 238 99,2742 $4{,}468 \cdot 10^9$ a α 4,198	U 239 23,45 m β^- 1,2 γ 75	U 240 14,1 h β^- 0,36 γ 44
91	Pa 220 0,78 µs α 9,65	Pa 221 5,9 µs α 9,08	Pa 222 2,9 ms α 8,54	Pa 223 6,5 ms α 8,01	Pa 224 0,846 s α 7,488 γ	Pa 225 1,8 s α 7,25	Pa 226 1,8 min α 6,864 ε	Pa 227 38,3 min α 6,466 γ 65 ε	Pa 228 22 h ε γ 911 α 6,076	Pa 229 1,50 d ε α 5,580	Pa 230 17,4 d ε β^- 0,5 α 5,345 γ 952	Pa 231 $3{,}276 \cdot 10^4$ a α 5,014 γ 27	Pa 232 1,31 d β^- 0,3 ε γ 969	Pa 233 27,0 d β^- 0,3 γ 312	Pa 234 6,7 h β^- 0,5 γ 131	Pa 235 24,4 min β^- 1,4	Pa 236 9,1 min β^- 2,0 γ 642	Pa 237 8,7 min β^- 1,4 γ 854	Pa 238 2,28 min β^- 1,7 γ 1015	Pa 239 1,8 h β^- γ 522
90	Th 219 1,05 µs α 9,34	Th 220 9,7 µs α 8,79	Th 221 1,68 ms α 8,15	Th 222 2,237 ms α 7,980 γ 390	Th 223 0,66 s α 7,324 γ 140	Th 224 1,04 s α 7,17 γ 177	Th 225 8,72 min α 6,482 ε γ 321	Th 226 30,7 min α 6,337 γ 111	Th 227 18,697 d α 6,038 γ 236	Th 228 1,9125 a α 5,423 γ 84	Th 229 7920 a α 4,845 γ 194	Th 230 $7{,}54 \cdot 10^4$ a α 4687	Th 231 25,52 h β^- 0,3 γ 26	Th 232 100 $1{,}4 \cdot 10^{10}$ a α 4,012	Th 233 22,15 min β^- 1,2 γ 29	Th 234 24,1 d β^- 0,2 γ 63	Th 235 7,2 min β^- 1,7 γ 417	Th 236 37,5 min β^- 1,0 γ 111	Th 237 5,0 min β^-	Th 238 9,4 min β^- γ 89
89	Ac 218 1,08 µs α 9,205	Ac 219 11,8 µs α 8,664	Ac 220 26,4 ms α 7,86 γ 134	Ac 221 52 ms α 7,65	Ac 222 5,0 s α 7,009 ε	Ac 223 2,10 min α 6,647 ε	Ac 224 2,78 h ε γ 216 α 6,142	Ac 225 9,920 d α 5,830 γ 100	Ac 226 29,37 h β^- 0,9 ε α 5,4 γ 230	Ac 227 21,772 a β^- 0,04 α 4,953	Ac 228 6,15 h β^- 1,2 γ 911	Ac 229 62,7 min β^- 1,1 γ 165	Ac 230 122 s β^- 2,9 γ 455	Ac 231 7,5 min β^- γ 282	Ac 232 119 s β^- γ 665	Ac 233 145 s β^- γ 523	Ac 234 44 s β^- γ 1847	Ac 235 62 s β^-	Ac 236 270 s β^-	148
88	Ra 217 1,6 µs α 8,99	Ra 218 25,6 µs α 8,39	Ra 219 10 ms α 7,678 γ 316	Ra 220 18 ms α 7,45 γ 465	Ra 221 28 s α 6,613 γ 149	Ra 222 33,6 s α 6,559 γ 324	Ra 223 11,43 d α 5,7162 γ 269	Ra 224 3,6319 d α 5,6854 γ 241	Ra 225 14,9 d β^- 0,3 γ 40	Ra 226 1600 a α 4,7843 γ 186	Ra 227 42,2 min β^- 1,3 γ 27	Ra 228 5,75 a β^- 0,04	Ra 229 4,0 min β^- 1,8 γ	Ra 230 93 β^- 0,7 γ 72	Ra 231 104 s β^- γ 410	Ra 232 4,2 min β^- γ 471	Ra 233 30 s β^-	Ra 234 30 s β^-	147	
87	Fr 216 0,7 µs α 9,004 γ 160	Fr 217 16 µs α 8,315	Fr 218 1 ms α 7,867	Fr 219 20 ms α 7,312	Fr 220 27,4 s α 6,68 β^- γ 45	Fr 221 4,806 min α 6,341 β^- γ 218	Fr 222 14,2 min β^- 1,7 γ 206	Fr 223 21,8 min β^- 1,1 α 5,34 γ 50	Fr 224 3,33 min β^- 2,8 γ 216	Fr 225 4,0 min β^- 1,6 γ 182	Fr 226 48 s β^- 3,2 γ 254	Fr 227 2,47 min β^- 1,8 γ 90	Fr 228 38 s β^- γ 474	Fr 229 50,2 s β^- γ 310	Fr 230 19,1 s β^- γ 711	Fr 231 17,6 s β^- γ 433	Fr 232 5 s β^- γ 125	146		
86	Rn 215 2,30 µs α 8,674	Rn 216 45 µs α 8,05	Rn 217 0,54 ms α 7,740	Rn 218 33,75 ms α 7,129	Rn 219 3,96 s α 6,819 γ 271	Rn 220 55,6 s α 6,288	Rn 221 25 min β^- 0,8 α 6,037 γ 186	Rn 222 3,8235 d α 5,48948	Rn 223 23,2 min β^- γ 593	Rn 224 107 Min β^- γ 261	Rn 225 4,5 min β^- γ 29	Rn 226 7,4 min β^-	Rn 227 20,2 s β^- γ 162	Rn 228 65 s β^- γ 125	Rn 229 12 s β^-	144	145			
85	At 214 558 ns α 8,819 γ	At 215 0,10 ms α 8,026	At 216 0,3 ms α 7,802	At 217 32,3 ms α 7,069 β^-	At 218 ≈ 2 s α 6,694 β^- γ	At 219 56 s α 6,208 β^-	At 220 3,71 min β^- α 5,943 γ 241	At 221 2,3 min β^-	At 222 54 s β^-	At 223 50 s β^-	At 224 76 s β^-	140	141	142	143					
84	Po 213 3,708 µs α 8,376	Po 214 163,6 µs α 7,6868	Po 215 1,781 ms α 7,3861 β^-	Po 216 0,15 s α 6,7783	Po 217 1,53 s α 6,543 β^-	Po 218 3,098 min α 6,0024 β^- γ	135	136	137	138	139									
83	Bi 212 60,55 min β^- 2,3 γ 727 α 6,051	Bi 213 45,61 min β^- 1,4 γ 440	Bi 214 19,9 min β^- 3,3 γ 609	Bi 215 7,6 min β^- γ 293	Bi 216 133 s β^- γ 549	Bi 217 98,5 s β^- γ 265														
82	Pb 211 36,1 min β^- 1,4 γ 405	Pb 212 10,64 h β^- 0,3 γ 239	Pb 213 10,2 min β^- 2,0 γ 978	Pb 214 26,8 min β^- 0,7 γ 352	Pb 215 147 s β^- γ 184	134														
81	Tl 210 1,30 min β^- 4,2 γ 800	130	131	132	133															
	129																			

Protronenzahl

Neutronenzahl

Naturkonstanten und Normwerte

Größe	Wert
Lichtgeschwindigkeit im Vakuum	$c = 2{,}99792458 \cdot 10^{8}\ \frac{\text{m}}{\text{s}}$
Plancksches Wirkungsquantum	$h = 6{,}62606896\ (33) \cdot 10^{-34}\ \text{J} \cdot \text{s}$
Elementarladung	$e = 1{,}602176487\ (40) \cdot 10^{-19}\ \text{C}$
elektrische Feldkonstante	$\varepsilon_0 = \frac{1}{\mu_0 \cdot c^2} = 8{,}85418781762... \cdot 10^{-12}\ \frac{\text{F}}{\text{m}}$
magnetische Feldkonstante	$\mu_0 = 4\pi \cdot 10^{-7}\ \frac{\text{N}}{\text{A}^2} = 12{,}566370614... \cdot 10^{-7}\ \frac{\text{N}}{\text{A}^2}$
Rydberg-Konstante	$R_\infty = 1{,}0973731568527\ (73) \cdot 10^{7}\ \frac{1}{\text{m}}$
Boltzmann-Konstante	$\sigma = 5{,}670400\ (40) \cdot 10^{-8}\ \frac{\text{W}}{\text{m}^2 \cdot \text{K}^4}$
Elektronenmasse	$m_e = 9{,}10938215\ (45) \cdot 10^{-31}\ \text{kg}$
Protonenmasse	$m_p = 1{,}672621637\ (83) \cdot 10^{-27}\ \text{kg}$
Neutronenmasse	$m_n = 1{,}674927211\ (84) \cdot 10^{-27}\ \text{kg}$
Atomare Masseneinheit	$1\ \text{u} = 1{,}660538782\ (83) \cdot 10^{-27}\ \text{kg}$
Masse eines Wasserstoffatoms (^{1}H)	$m_H = 1{,}01\ \text{u}$
Masse eines Heliumatoms (^{4}He)	$m_{He} = 4{,}00\ \text{u}$
Sonnenmasse	$1\ M_\odot = 1{,}98892\ (25) \cdot 10^{30}\ \text{kg}$
Hubble-Parameter	$H_0 \approx 68 - 74\ \frac{\text{km/s}}{\text{Mpc}}$
Gravitationskonstante	$G = 6{,}67428\ (67) \cdot 10^{-11}\ \frac{\text{m}^3}{\text{kg} \cdot \text{s}^2}$
Ortsfaktor in Deutschland	$g = 9{,}81\ \frac{\text{m}}{\text{s}^2}$
relative Permittivität von Luft (Dielektrizitätszahl)	$\varepsilon_r = 1{,}0$
Permeabilitätszahl von Luft	$\mu_r = 1{,}0$
sichtbarer Wellenlängenbereich	400 nm – 800 nm
Schallgeschwindigkeit in Luft (bei 1 bar und 20 °C in trockener Luft)	$c = 343\ \frac{\text{m}}{\text{s}}$

Umrechnung von Einheiten

Energie	$1\ \text{eV} = 1{,}602176 \cdot 10^{-19}\ \text{J}$ $1\ \text{kWh} = 3{,}60 \cdot 10^{6}\ \text{J}$
Temperatur	−273,15 °C = 0 K
Astronomische Längenmaße	Lichtjahr: $1\ \text{Lj} = 9{,}4605 \cdot 10^{15}\ \text{m}$ Parsec: $1\ \text{pc} = 3{,}0875 \cdot 10^{16}\ \text{m}$ Astronomische Einheit: $1\ \text{AE} = 1{,}496 \cdot 10^{11}\ \text{m}$
Druck	$\text{Pa} = 1\ \text{Nm}^{-2}$ $1\ \text{bar} = 10^{5}\ \text{Pa}$

Fallbeschleunigungen (Werte in $\frac{m}{s^2}$)

Hamburg	9,814	**Nordpol**	9,832	**Mondoberfläche**	1,62
Berlin	9,813	**Äquator**	9,780	**Marsoberfläche**	3,71
München	9,807	**1000 km oberhalb der Erdoberfläche**	7,33	**Sonnenoberfläche**	274

Halbwertszeiten

Isotop	Halbwertszeit	Isotop	Halbwertszeit
^{218}Rn	35 Millisekunden	^{137}Cs	30 Jahre
^{220}Rn	55,6 Sekunden	^{14}C	5730 Jahre
^{11}C	20,36 Minuten	^{235}U	703 800 000 Jahre
^{131}I	8 Tage	^{238}U	4 468 000 000 Jahre

Solarkonstanten der Planeten

Planet	S_E in $\frac{W}{m^2}$	Planet	S_E in $\frac{W}{m^2}$
Merkur	9123	Jupiter	50
Venus	2615	Saturn	15
Erde	1367	Uranus	3,7
Mars	589	Neptun	1,5

Die Sonne: Physikalische Eigenschaften

Äquatorradius	$6{,}96 \cdot 10^5$ km	**Oberflächentemperatur**	5 770 K
Masse	$1{,}99 \cdot 10^{30}$ kg	**Temperatur im Innern**	$1{,}5 \cdot 10^7$ K
Fallbeschleunigung am Äquator	274 $\frac{m}{s^2}$	**mittlere Dichte**	1 410 $\frac{kg}{m^3}$
Fluchtgeschwindigkeit	618 $\frac{km}{s}$	**Druck im Innern**	$2{,}5 \cdot 10^{14}$ kPa

Hall-Konstanten A_H in $\frac{m^3}{C}$

Aluminium	$-3{,}5 \cdot 10^{-11}$	**Gold**	$-7{,}2 \cdot 10^{-11}$	**Wolfram**	$1{,}2 \cdot 10^{-11}$
Bismut	$-5 \cdot 10^{-7}$	**Kupfer**	$-5{,}3 \cdot 10^{-11}$	**Zink**	$6{,}4 \cdot 10^{-11}$
Blei	$0{,}9 \cdot 10^{-11}$	**Platin**	$-2{,}0 \cdot 10^{-11}$	**Zinn**	$-0{,}3 \cdot 10^{-11}$
Cadmium	$5{,}9 \cdot 10^{-11}$	**Silber**	$-8{,}9 \cdot 10^{-11}$	**Indiumantimonid**	$-2{,}4 \cdot 10^{-4}$

Die Werte für Hall-Konstanten sind stark von der Temperatur und der Materialreinheit abhängig.
positive Werte: Löcher als Ladungsträger, negative Werte: Elektronen als Ladungsträger

Brechzahlen *n*

für den Einfall von Licht der Wellenlänge 589,3 nm aus dem Vakuum ($n = 1$)

Augenlinse, menschlich	1,35–1,42	**Glas**	1,45–2,14	**Luft, trocken (0 °C)**	1,000 28
Benzol	1,501	**Glycerin**	1,473 99	**Methanol**	1,329
Bleikristall	bis 1,93	**Kochsalz**	1,54	**Plexiglas**	1,49
Diamant	2,417	**Kohlenstoffdioxid**	1,000 45	**Rübenzucker (30-%-Lsg.)**	1,38
Ethanol	1,3614	**Kronglas**	1,46–1,65	**Rübenzucker (80-%-Lsg.)**	1,49
Eis (0 °C)	1,309	**Kunststoff-Brillenglas**	bis 1,76	**Stickstoff**	1,000 30
Flintglas	1,56–1,93	**Leinöl**	1,486	**Wasser**	1,333

Je nach Materialreinheit sind Abweichungen möglich. Brechzahlen für Gase unter Normbedingungen.

Vorgehensweise bei der Bearbeitung von Aufgaben

- Lesen Sie vor der Bearbeitung alle Aufträge durch.
- Notieren Sie stichwortartig anwendbare physikalische Regeln. Notieren Sie passende Formeln. Erstellen Sie einen Plan der Lösungsschritte.
- Beachten Sie die Operatoren (beschreiben, nennen, erklären, erläutern, deuten, ermitteln ...).

Operatoren

Analysieren:	diejenigen Bestandteile oder Eigenschaften eines Sachverhaltes herausarbeiten, die für die gegebene Fragestellung wichtig sind
Aufstellen einer Hypothese:	eine Vermutung formulieren, die sich anhand von Beobachtungen, Experimenten oder Untersuchungen begründen lässt
Begründen:	Sachverhalte auf Regeln, Gesetzmäßigkeiten oder kausale Zusammenhänge zurückführen
Beschreiben:	Sachverhalte und Zusammenhänge unter Verwendung der Fachsprache mit eigenen Worten wiedergeben
Bestätigen:	die Gültigkeit einer Aussage, die zu einem Experiment, zu Messdaten oder zu Schlussfolgerungen aus diesen gemacht wurde, feststellen
Beurteilen:	eine eigene Einschätzung eines Sachverhaltes formulieren, die mithilfe von Fachwissen und Fachmethoden gewonnen wurde und begründet werden kann
Deuten:	Zusammenhänge dahingehend untersuchen, wie sie erklärt werden können
Erklären:	unter Verwendung der Fachsprache nachvollziehbar auf allgemeine Aussagen und Gesetze zurückführen
Erläutern:	unter Verwendung der Fachsprache durch zusätzliche Informationen verständlich und anschaulich machen
Ermitteln:	rechnerisch, grafisch oder experimentell eine Lösung oder ein Ergebnis finden und formulieren
Erörtern:	Argumente und verschiedene Positionen zu einer Aussage oder einem Sachverhalt einander gegenüberstellen und zwischen ihnen abwägen
Herleiten:	die Bestimmungsgleichung einer naturwissenschaftlichen Größe aufstellen, aus bereits bekannten Größengleichungen mittels mathematischer Operationen
Nennen:	Sachverhalte, Begriffe, Daten lediglich aufzählen, ohne weitere Erläuterungen
Planen eines Experimentes:	zu einer gegebenen Fragestellung eine Experimentieranordnung finden oder eine Experimentieranleitung erstellen
Skizzieren:	das Wesentliche eines Sachverhaltes oder eines Ergebnisses übersichtlich grafisch darstellen
Vergleichen:	Gemeinsamkeiten, Ähnlichkeiten und Unterschiede zwischen mehreren Sachverhalten finden und formulieren
Zusammenfassen:	einen Sachverhalt auf die wesentlichen Punkte konzentriert wiedergeben

STICHWORTVERZEICHNIS

T

U

V

W

Z

BILDQUELLENVERZEICHNIS

Titelbild: Shutterstock.com/Phonlamai Photo (Foto), SOFAROBOTNIK GbR (Wortbild-Marke); **© Siemens AG:** 225/2; **akg-images**/Catherine Bibollet: 309/5, /DRK: 105/3, /Science Photo Library: 277/6; **Alexander Lauterwasser**, www.wasserklangbilder.de: 264/1; **Andreas Schnederle-Wagner:** 158/1; **Anneke Emse:** 276/1, 297/4+5, 298/3, 307/4, 308/2+3, 324/1, 325/8+9A+9B, 330/1, 333/m.l.+u.r., 341/4B, 451/o.r.; **Björn Mai,** Tremsdorf: 293/4, 295/u.l.; **Bridgeman Images**/A.Block/MLSC/Univ.of Az/Novapix;: 506/2B, /Look and Learn: 396/1, /Novapix: 495/4A, / National Portrait Gallery, London, UK: 230/o.l.; **Cavendishimplants.com:** 172/1; CMS: Simulated Higgs to two jets amd two electrons, Image creator: Lucas Taylor, © 1997-2021 **CERN**, http://cds.cern.ch/record/628469/?ln=de - lizenziert unter CC-BY-SA-4.0 Creative Commons — Attribution-ShareAlike 4.0 International — CC BY-SA 4.0: 375 u.r.; **ClipDealer GmbH/**Ulrich Schöttler: 438/1; **coastersandmore.de:** 224/1A+1B; **Cornelsen / newVision! GmbH, Bernhard A. Peter, Pattensen:** 11/3-5, 12/3+4, 14/o.l., 15/5+7, 16/o.m.+u.l., 17/B1-B3, 19/3+4, 20/1-3, 21/4-7, 22/u., 23/o.r., 24/1+2, 25/3+4, 26/2+3, 27/4+5, 28/2, 29/3, 30/m.l., o.l., u.l., 31/B, m.l., u.r., 33/3-5, 34/4, 35/5+6, 36/1+2, 38/1-3, 39/4-7, 40/2, 41/4+5, 42/1, 43/m.r., o.r., u.r., 45/2-4, 46/1, 47/o.r., u., 48/2+3, 49/4-6, 53/5+7, 54/o.l., o.r., u.l., 55/m.l., o.l., 57/1+2, 58/2, 59/3+4, 60/2, 61/u.r. 61/o.l., o.m., o.r., 64/2, 65/3, 66/1+3, 67/o.l., o.m., o.r., 69/3, 70/2, 71/3B, 72/1, 73/m.r., u.r., 74/2-4, 75/5-7, 78/2, 79/4+5, 81/o., 83/2+3, 84/2-4, 85/5, 86/u.r., 87/m.l., o.l., 89/2, 90/1+3, 91/m., o., 92/2, 93/3-5, 94/1+2, 98/2, 96/u.l., u.m., u.r., 97/m.l., u.l., 99/3, 100/2, 101/5, 102/o.l., o.m., o.r., 103/m., u.r., 104/2, 105/4, 106/1+2, 108/u.r., 109/m.l., u.r., 118/1+2, 124/2, 127/m.r., u.r., 129/3, 130/3, 132/u.l., u.m., 133/m., m.r., 135/5, 139/4, 141/V2, 143/2, 145/m.l., u.r., 153/3+4, 154/1-3, 155/6, 156/u.l., u.m., 157/A1, A3, m.l., 158/2, 159/3+4, 160/1, 161/3-5, 162, 163/1+2, 164/1-3, 165/6, 166/2, 167/3+4, 168/1+2, 169/3+4, 173/3, 174/1, 176/m.l., o.l., 177/2-4, 178/2, 180/1A+4, 181/7, 184/2, 185/A, B, 192/3, 194/2, 195/3+4, 196/1, 197/3+4, 199/o.m., 205/4+5, 208/o., u., 218/2, 219/3+4, 220/1, 221/2, 222/A B, V1, 223/m.l., m.r., 227/2-5, 229/A+B, m.l., V1, 234/u.l., 235/o.r., 237/1-3, 242/2, 250/1, 251/3, 253/m.l., o.l., 254/m., u.l., 258/1, 259/1, 265/4, 266/1+2, 267/m., u.l., 268/2+3, 269/5–7, 272/m.r., u.r., 273/m.r., o.l., 275/3-6, , 276/2+4, 277/5, 278/1+2, 279/3, 280/V3, 281/m.r., o.l., m.l., 284/2-4, 285/5+6, 286/1-3, 287/m., u.l., 288/3, 289/4+5, 290/3+4, 291/7, 292/2, 293/3, 294/1+2+4, 295/o.l., u.r., 296/2+3, 297/6+7, 299/m.l., 301/3-5, 302/2+3, 303/5, 304/m.l., o.l., u.l., 305/m.r., o.l., 307/5+6, 309/6+8, 310/1, 312/m, o.m., u.m., 313/m.l., o.r., o.l.,u.l., 314/4, 315/5+6, 317/4, 319/m.l., m.r., u.r., 322/2+4, 323/6, 324/2-5, 327/o.r., u., u.r., 329/5, 330/2+3, 334/3, 335/4-6, 337/o.l., 338/3, 339/5+7, 340/2, 341/4A+5, 344/m.r., o.r., u.r., 345/m.r., o.r., 352/1+3, 353/4A, 354/1, 355/2, 356/o.l., 357/u.m., u.r., 359/2, 360/1+2, 361/3, 362/1, 363/o.r., u.r., 364/2, 366/1+2, 367/3, 368/1+2, 369/o.l., u.r., 370/2+3, 372/1–3, 374/2, 375/o.r., 376/2, 377/3+4, 378/1, 379/2, 380/1+2, 381/m.l., m.r., o.r., 382/2, 383/3, 384/1, 385/m., o.m., 386/1+2, 388/2, 389/3B+4, 390/1+2, 391/o.r., u.r., 393/3-5, 394/1, 398/2, 399/3+4, 400/2, 401/3+4+6+7, 402/1, 403/4, 404/1, 405/m., u.m., u.r., 406/2+3, 407/4, 408/1-3, 409/4, 410/1+2, 411/3-5, 412/1-3, 413/4+5, 414/u., 415/m.r., u., u.r., 416/2+3, 417/4, 418/2A+3, 419/m.r., o.r., u.r., 421/2+3, 422/2+3, 423/u.l., 424/2, 425/3-5, 426/2+4, 427/5, 429/2, 430/m., 432/2+3, 434/1+4, 439/2, 443/1, 444/2, 445/3+4, 447/2-5, 451/m.r., 452/3, 453/5, 454/2, 456/1, 457/m.l., u.r., 460/m.r., o.r., u.r., 462/m.r., u.r., 463/m.l., u.l., u.r., 464/u.r., 465/u.l., u.r.; **Cornelsen/newVision!GmbH, Bernhard A. Peter, Pattensen, bearbeitet durch Werner Wildermuth:** 180/3, 191/3, 191/4, 199/m.l., 202/1, 225/4, 225/5; **Cornelsen/ Tom Menzel:** 69/2; **Cornelsen/Tom Menzel bearbeitet von Bernhard A. Peter, newVision! GmbH:** 32/2, 157/m.r., 157/A2, 165/5, 356/u.l., 357/o.r.; **Cornelsen/Christo Libuda:** 277/8; **Cornelsen/Jochim Lichtenberger:** 306/1; **Cornelsen/Karin Mall:** 85/7; **Cornelsen/Markus Gaa:** 267/o.l.; **Cornelsen/Oliver Meibert:** 32/1, 34/2, 37/o.r., 44/1, 52/2A+B, 52/3A-D, 53/6A+B, 141/V1, 166/1, 170/o.l., 194/1, 243/u.l.; **Cornelsen/Volker Döring:** 66/2; **Cornelsen/Werner Wildermuth:** 62/2, 63/3-5, 67/u.r., 108/u.l., 110/1+2, 111/3, 113/1, 114/m.r., o.m., u.r., 115/m.r., 116/A+B, 117/A+B, 125/3, 127/m.r., o.r., 128/2, 130/1+2, 131/4, 132/m., 134/2, 135/4, 136/2, 137/m., m.r., u.r., 139/5, 140/1-3, 144/1+2, 147/u.m., u.r., 171/1, 172/2, 175/3, 178/3, 180/2, 181/8, 182/m.l., o.l., 185/u.r., 186/1+2, 187/3+4, 188/1+3, 189/u.l., V1, V2, V3, 190/2, 192/1+2, 193/m.l., o.l., u.l., u.m., 198/1-3, 199/o.r., u.l., 200/2, 201/4, 202/3, 203/m.l., u.l., u.r., 204/2, 205/3B, 206/1B, 207/3, 209/B1, B2, B3, u., 211/2+3, 212/1+2, 213/3+4, 214/1+2, 215/4, 216/m.l., o.l., u.l., 217/m.l., o.l., 223/B1, 224/1C, 225/3, 228/3, 230/3, 231/3+4, 232/1, 233/2+3, 234/o.l., u.r., 235/o.l., u.r., 238/2, 239/3+4, 240/1, 241/2-5, 242/1, 243/m.r., u.m., 244/2+3, 245/B, 246/1, 247/3-5, 248/u.l., 249/o.r., u.r., 255/m.l., o.r., 256/m.r., o.r., 257/m.l., o.l., 260/1, 261/2, 282/1, 283/2+3, 291/5+6, 292/1, 298/2+4, 299/u., 300/2, 306/2+3, 308/1+4, 316/1+2, 317/3, 318/m.l., 319/o.l., 320/1, 321/2+3, 326/u.l., 329/3+4, 331/5+6, 332/o.r., u.l., 333/m., m.r., 336/1-3, 337/A+B, u.r., 340/3, 342/o.l., 343/u.l., u.r., 346/m.r., u.r., 347/m.r., o.r., 385/u.l., 397/4, 401/5, 421/4, 428/1, 2, 430/m.l., u.r., 435/m.r., 436/1, 437/1+2, 440/1, 441/o.r., 442/2, 446/1, 448/1+2, 449/1+2, 451/u.r., 452/4, 454/1+3+4, 455/7+8+10, 456/2+4, 457/m., m.r., 458/1+2, 459/3, 461/m.r., o.r., 464/o.r., 473/3, 474/1+2, 475/u.r., 476/2+3, 477/4, 478/2+3, 479/m.r., 482/2, 483/o.r., u.r., 485/o.l., o.r., 486/1, 488/m.r., o.r., 489/m.r., u.r., 490/2, 491/3, 492/2, 493/3+4, 494/1+2, 497/o.l., 499/3+4, 500/1-3, 502/1, 503/2+3, 504/3B, 505/m.r., 507/3, 509/2, 510/2, 512/2, 513/3, 514/1, 516/2, 517/o.m., o.r., u.r., 519/4, 521/4+5, 522/1, 523/2-4, 524/1, 525/m.r., o.l., o.r., u.l., 526/m.r., 528/1, 530/1, 532/r., 533, 534, 535; **Cornelsen/Werner Wildermuth; bearbeitet durch newVision!GmbH, Bernhard A. Peter, Pattensen:** 264/2, 265/5, 270/1, 270/2, 271/3, 272/o.l., 273/m.l., 274/2, 276/3, 280/V1, 348/o.l.; **David Monniaux:** 207/1; **Deutsche Bahn AG / Christian Bedeschinski:** 181/6; **dpa Picture-Alliance:** 392/2, /augenklick/firo sportphoto: 51/2; „Fluorecent minerals“ von **Dr. Hannes Grobe**/AWI/Wikimedia https://de.wikipedia.org/wiki/Datei:Fluorescent_minerals_hg.jpg - lizenziert unter CC BY-SA 2.5 (https://creativecommons.org/licenses/by-sa/2.5/deed.de): 416/1; Foto „Leuchtstoffröhre“ von **Dr. Patrick Bronner** www.PatrickBronner.de http://www.physikdidaktik.uni-karlsruhe.de/software/hydrogenlab/Atomphysik/08_Stunde/Spektralanalyse/Leuchtstoff.htm - lizenziert unter CC BY-SA 3.0 https://creativecommons.org/licenses/by-sa/3.0/de/ (https://creativecommons.org/licenses/by-sa/2.5/deed.de): 418/1; **Dr. Thomas John,** Grundpraktikum Physik, Universität des Saarlandes: 338/2; **Dr. Wiebke Salzmann:** 40/3, 86/o.l., 132/u.r., 142/o.l.+o.r., 298/1, 314/2+3, 318/o.l., 323/5, 327/m.r., 328/1; **ESA/**G. Porter: 376/1, /P. Carril: 115/o.r., /NASA/JPL-Caltech: 498/2, Planck Collaboration: 498/1, 501/4; 2M1207b - first image of an exoplanet von **ESO** aus https://www.eso.org/public/images/26a_big-vlt/ - lizenziert unter CC-BY 4.0.(https://creativecommons.org/licenses/by/4.0/: 520/3; SN1987A in the Large Magellanic Cloud von **ESO** aus https://www.eso.org/public/images/eso0708a/ - lizenziert unter CC-BY 4.0.(https://creativecommons.org/licenses/by/4.0/: 516/1 re.; Spiral galaxy NGC 1448 before and after the explosion of SN 2001el von **ESO** aus https://www.eso.org/public/images/?search=Spiral+galaxy+NGC+1448 - lizenziert unter CC-BY 4.0.(https://creativecommons.org/licenses/by/4.0/): 497/m.; Stern S2 von **ESO/M. Kornmesser** aus https://www.eso.org/public/images/eso1825a/ - lizenziert unter CC-BY 4.0.(https://creativecommons.org/licenses/by/4.0/): 503/4; **Experimente Physikalisches Institut, Albert-Ludwig-Universität Freiburg:** 338/1; **Hans-Otto Carmesin:** 12/2, 100/1, 156/u.r., 387/3, 454/5+6, 456/3, 481/2; Photographer **Helle Astrid Kjær**, East Greenland Ice-core Project, www.eastgrip.org.: 210/1, Pillars of Creation von **Jeff Hester and Paul Scowen (Arizona State University), and NASA/ESA** aus https://esahubble.org/images/opo9544a/ - lizenziert unter CC-BY 4.0.(https://creativecommons.org/licenses/by/4.0/): 508/1A; Hubble measures velocity of gas orbiting black hole von **Holland Ford, Space Telescope Science Institute/Johns Hopkins University; Richard Harms, Applied Research Corp.; Zlatan Tsvetanov, Arthur Davidsen, and Gerard Kriss at Johns Hopkins; Ralph Bohlin and George**

Hartig at Space Telescope Science Institute; Linda Dressel and Ajay K.Kochhar at Applied Research Corp. in Landover, Md.; and Bruce Margon from the University of Washington in Seattle NASA/ESA aus https://esahubble.org/images/?search=HUBBLE+MEASURES+VELOCITY unter - lizenziert unter CC-BY 4.0.(https://creativecommons.org/licenses/by/4.0/): 504/3A; **Imago Sportfotodienst GmbH**/Thomas Zimmermann: 10/1; **Imago Stock & People GmbH**//Leemage: 215/3, 365/3, 516/1l., /StockTrek Images: 525/m.l.; **Inka Katharina Pröhl:** 302/1, 432/1; **interfoto e.k./**Danita Delimont/Ellen Goff: 300/1, /Science & Society: 424/1, 425/6; **Johann Ridder:** 55/u.l.; **Jörn Schneider:** 174/2; Image „Virgo detector (aerial photo) von The Virgo collaboration/CCO 1.0, https://www.**ligo.caltech**.edu/image/; ligo20170927b - lizenziert unter CC0 1.0. (https://creativecommons.org/publicdomain/zero/1.0/deed.de): 340/1, 519/3; M. Moscibrodzka, Radboud-Universität: 108/A; **Marc Evers,** www.physikunterricht-online.de: 206/1A, 207/2, 265/3, 382/1 o.+u., 385/m.l.; Gravitational anomaly von **Mark A. Wieczorek** aus https://commons.wikimedia.org/wiki/File:MoonLP150Q_grav_150.jpg - lizenziert unter CC-BY SA 3.0. Lizenz, https://creativecommons.org/licenses/by-sa/3.0/: 109/u.l.; The Youngest Known Planetary Nebula von **Matt Bobrowsky, Orbital Sciences Corporation and NASA/ESA** aus https://esahubble.org/images/?search=The+Youngest+Known+Planetary+Nebu la - lizenziert unter CC-BY 4.0.(https://creativecommons.org/licenses/by/4.0/): 515/2B, **mauritius images/alamy stock photo/**Chris Brown: 422/1, / Karel Tupý: 71/3A, /Kim Christensen: 246/2, /Lourens Smak: 85/6, /sciencephotos: 205/3A, 352/2, /Zoonar GmbH: 331/4, **mauritius images/**Cultura: 200/1, /imageBroker/Oskar Eyb: 23/u.r., /Pitopia: 508/1C, /Science Source/Ted Kinsman: 70/1; **NASA/**WMAP Science Team: 505/o.r., /Goddard/GSFC: 7/o.l., 471, 473/4, 512/1,r., /Goddard: 281/m., 512/1 l., 515/2A, 521/6, /GSFC: 472/1, /JPL: 107/3, /JPL-Caltech: 520/2, /JSC: 104/1, 370/1, 484/2, /SDO, AIA: 98/1, NASA's Goddard Space Flight Center: 520/1; **NASA, ESA, K. France (University of Colorado, Boulder), and P. Challis and R. Kirshner (Harvard-Smithsonian Center for Astrophysics):** 516/3; Cosmic Web von **NASA, ESA, and E. Hallman** (University of Colorado, Boulder) aus https://esahubble.org/images/opo0820b/ - lizenziert unter CC-BY 4.0.(https://creativecommons.org/licenses/by/4.0/): 495/4B; Galaxie GN-z11 von **NASA, ESA, and P. Oesch** (Yale University), aus https://www.spacetelescope.org/images/heic1604a/ - lizenziert unter CC-BY 4.0.(https://creativecommons.org/licenses/by/4.0/): 492/1; Komet2I/Borisov von **NASA, ESA, D. Jewitt** (UCLA) aus https://esahubble.org/images/heic1918a/ - lizenziert unter CC-BY-Lizenz 4.0. (https://creativecommons.org/licenses/by/4.0/): 100/3; Lord of the stars von **NASA, ESA, and the Hubble Heritage Team** (STScI/AURA) Acknowledgment: P. Cote (Herzberg Institute of Astrophysics) and E. Baltz (Stanford University) aus https://esahubble.org/images/heic0815f/ - lizenziert unter CC-BY 4.0.(https://creativecommons.org/licenses/by/4.0/): 504/2; Nighttime Sky View of Future Galaxy Merger von **NASA, ESA, Z. Levay and R. van der Marel (STScI), T. Hallas, and A. Mellinger** aus https://esahubble.org/images/opo1220b/ - lizenziert unter CC-BY 4.0.(https://creativecommons.org/licenses/by/4.0/): 511/A-D; **Panther Media GmbH/**Tomasz Mikielewicz: 334/1; **Peter Lingemann**, dokspeicher.de: 303/4; **Prof. Dr. Dietrich Zawischa** (i.R.), Institut für Theoretische Physik, Leibnitz-Universität Hannover: 322/1; **S. Issaoun**, Radboud-Universität: 108/B; **sciencephotolibrary//** AMERICAN INSTITUTE OF PHYSICS: 358/1, /ANDREW LAMBERT PHOTOGRAPHY: 135/3 li.+re., 353/4B, /BABAK TAFRESHI: 506/1, /CLAUDE NURIDSANY & MARIE PERENNOU: 339/6, /DAVID PARKER: 165/4, /Giphotostock: 155/4, 268/1, /GORONWY TUDOR JONES, UNIVERSITY OF BIRMINGHAM: 480/1, /IBM RESEARCH: 490/1, /KING'S COLLEGE LONDON ARCHIVES: 334/2, /LAURENT LAVEDER: 327/u.l., /LIVING ART ENTERPRISES, LLC: 397/5, /LOREN WINTERS, VISUALS UNLIMIT: 64/1, /MARK GARLICK: 518/1, /MAX PLANCK INSTITUTE FOR ASTROPHYSICS/VOLKER SPRINGEL: 136/1, r., 501/5, /MAX PLANCK INSTITUTE FOR ASTROPHYSICS: 507/4, /Mikkel Juul Jensen: 4/o.l., 496/1-4, 151, /O'Meara, Stephen & Donna: 420/1, /POWER AND SYRED: 325/7, /ROYAL INSTITUTION OF GREAT BRITAIN: 230/o.r., /Science Photo Library: 392/1, /SCIENCE PICTURE CO: 509/3, /Science Source/Charles D. Winters: 328/2A+B, 389/3A, /TONY & DAPHNE HALLAS: 506/2C, /Turtle Rock Scientific: 155/5, /Victor Habbick Visions: 374/1; **Shutterstock.com/** Adam Bencsik: 190/1, /Albert Barr: 517/u.l., /Artur Didyk: 62/1, /begun1983: 371/5, /Bricolage: 388/1, /ChiccoDodiFC: 489/o.r., 504/1, /Chukov: 418/2B, /Cre8tive Images: 291/8, /Cristian Gusa: 325/6, /Daisy Daisy: 226/1, /Elpisterra: 141/u.r., /ersin ergin: 218/1, /ESB Professional: 58/1, /Ewa Studio: 406/1, /godrick: 109/u.m., /IanRedding: 405/o..m.li.+mi.+re., /IrinaK: 294/3, /irin-k: 357/o.l., /Jacob Lund: 40/1, /Jamen Percy: 204/1, /Kateryna Kon: 357/o.m., /Kevin Key: 495/3, /Krasowit: 6/o.l., 351/, /ktsdesign: 459/4, /Master1305: 12/1, /Mauro Rodrigues: 3/o.r., 123/, /Maximillian cabinet: 141/u.m., /Melinda Nagy: 68/1, /mendlerdaniel: 288/2B, /Mikhail Leonov: 167/u.r., /MNI: 180/1B, /Nejron Photo: 184/1, /peresanz: 400/1, /Phonlamai Photo: 1/, /Photosampler: 28/1, /robert cicchetti: 73/o.r., /sl_photo: 290/1, /Steven Kovick: 508/1D, /Stone36: 364/1 li.+re., /Supawadee56: 396/2, / Thyrymn2: 136/1, l., 508/1B, /Tragoolchitr Jittasaiyapan: 136/1, m.r., 510/1, /Tyler Olson: 397/3, /vellot: 482/1, /Vladimir Ya: 385/o.l., /wavebreakmedia: 82/1, 472/2; **Simulating Extreme Spacetimes Project (SXS),** Max-Planck-Institut für Gravitationsphysik: 518/2 o.+u., **stock.adobe.com/**2014/EyesTravelling: 90/2, /Adrien: 124/1, /Alex Staroseltsev: 5/o.l., 263, /Andrea Danti: 101/4, /Ansis: 78/1, /Archivist: 272/u.m., /asadykov: 74/1, /Augustas Cetkauskas: 128/1, /benjaminnolte: 76/1, /Chris Redan: 178/1, /cristianstorto: 452/2, /Daniel Jedzura: 288/2A, /Dario Sabljak: 138/1, /dhallcaballero: 417/5, /dieter76: 34/1, /dolphy_tv: 16/o.l., /Dutourdumonde: 296/1, /Eagle: 132/m.l., /Eberhard RUDERT: 138/2, /euthymia: 288/1A, /focus finder: 290/2, /frank peters: 48/1, /Gerhard1302: 26/1, /Ivica Drusany: 31/A, /joël BEHR: 133/u.r., /konradbak: 23/o.l., /lichtbildmaster: 314/1, /Liubov Levytska: 478/1, /Ludmila: 395/u.l., /Lukas Bast: 319/u.l., /Marco2811: 484/1, /Maria_Savenko: 452/1, /mattei: 309/7, /MelissaMN: 132/m.r., /Menyhert: 322/3, /Mihail: 288/1B, /Milan Lipowski: 455/9, /modify260: 277/7, /molotok289: 51/3, /nerthuz: 3/o.l., 9/r., /Nischaporn: 126/2, /nito: 444/1, /Orlando Florin Rosu: 92/1, 136/1, m.l., /OscarStock: 18/1, /Pituk: 244/1, /Robert Kneschke: 476/1, /Robert Przybysz: 52/1, /sborisov: 319/o.r., /scoutori: 53/4, / smuki: 126/1, /stockyes: 138/3, /tippapatt: 284/1, /tlovely: 475/m.r., /tournee: 274/1, /trekandphoto: 134/1, /vchalup: 398/1, /Voyagerix: 152/1; M 31 von **Tony and Daphne Hallas** aus https://esahubble.org/images/opo9940b/ - lizenziert unter CC-BY 4.0.(https://creativecommons.org/licenses/by/4.0/): 506/2A; **Ulf Konrad**: 37/m.r., 84/1, 86/u.l., 88/1; **Voith Group:** 238/1.

Datenquellen:

31.m: flighttracker24; **31.u:** https://doi.org/10.1371/journal.pone.0145402; **136.2:** scikit-image, https://scikit-image.org/docs/dev/auto_examples/filters/plot_entropy.html; **140.1:** Wikipedia: Der ursprünglich hochladende Benutzer war Degreen in der Wikipedia auf DeutschImproved Baba66 (opt Perhelion) on request;En. translation LocustaFr. translation Eric BajartNl. translation BoH - Übertragen aus de.wikipedia nach Commons; CC BY-SA 2.0 de, https://commons.wikimedia.org/w/index.php?curid=10287551; **144.1:** Morice, C. P., J. J. Kennedy, N. A. Rayner, und P. D. Jones (2012), Journal of Geophysical Research, doi:10.1029/2011JD017187 (globale Temperatur), https://cdiac.ess-dive.lbl.gov/trends/co2/lawdome-data.html (CO2-Konzentration 1850–1957), http://www.esrl.noaa.gov/gmd/ccgg/trends/ (CO2-Konzentration 1958–2021); **144.2:** CC BY-SA 3.0, https://commons.wikimedia.

org/w/index.php?curid=49295181, Global Warming Art project; **145.u:** Pulkovo Observatorium, Russland; in: http://icecap.us/images/uploads/winter.pdf; **282.1:** Ingo Berg, https://beltoforion.de/de/magnetisches_pendel/; **283.2A:** Hendrik Wernecke, https://itp.uni-frankfurt.de/~gros/Vorlesungen/SO/simulation_example/#simulation; **340.2:** LIGO – Laser Interferometer Gravitational-Wave Observatory; **352.1:** Claus Jönsson, Zeitschrift für Physik 161 (1961); **352.3:** D. E. Miller, J. R. Anglin, J. R. Abo-Shaeer, K. Xu, J. K. Chin, W. Ketterle: Physical Review; A 71, 4 (2005); **356.o:** C. Kurtsiefer, T. Pfau, J. Mlynek: Nature 386, 150-153 (1997); **377.3B+4B:** S. Dürr, T. Nonn, G. Rempe: Nature 395 (1998); **385.u:** D. M. Eigler, E. K. Schweizer: Nature 344, 524-526 (1990); **412.1:** Bundesanstalt für Materialforschung und -prüfung; **413.5:** Helmholtz-Zentrum Dresden Rossendorf / Ionenstrahlzentrum FWIZ; **435.m:** Mayer-Kuckuk, T. (1979): Kernphysik. Stuttgart: Teubner; **454.2:** Christian-Albrechts-Universität zu Kiel, Institut für Materialwissenschaft, https://www.tf.uni-kiel.de/matwis/amat/mw2_ge/kap_5/backbone/r5_3_1.pdf; **483.u:** http://www.biosensor-physik.de/biosensor/zyklotron-resonanz.htm; **489.u:** E. v. Hinüber: Automobiltechnische Zeitschrift, 6, 2002; **517.u.re:** Y. Lebreton, M. J. Goupil, J. Montalbán: EAS Publications Series 65 (2014); **519.4A+B:** LIGO – Laser Interferometer Gravitational-Wave Observatory; **519.4C:** EGO - European Gravitational Observatory; **521.5:** M. Mayor, D. Queloz, G. Marcy, P. Butler, R. Noyes, S. Korzennik, M. Krockenberger, P. Nisenson, T. Brown, T. Kennelly, C. Rowland, S. Horner, G. Burki, M. Burnet, M. Kunzli: International Astronomical Union Circular, 6251 (1995); **523.4:** G. Tinetti, C. A. Griffith, M. R. Swain, P. Deroo, J. P. Beaulieu, G. Vasisht, D. Kipping, I.Waldmann, J. Tennyson, R. J. Barber, J. Bouwman, N. Allardd, L. R. Brown: Faraday Discussions 147 (2010); **525.u.li:** M. Gillon et al.: Nature, 542 (2017)

Herzlicher Dank:

368, 382: Umsetzung nach einer Idee von Prof. Dr. Karl-Heinz Lotze, Jena